Nr. 18 • Teil I
S. 6833–7216

1963
1. Mai

# Chemisches Zentralblatt

Vollständiges Repertorium für alle Zweige der reinen und angewandten Chemie

1830 gegründet. 1897—1945 von der Deutschen Chemischen Gesellschaft fortgeführt. Im Auftrage der Deutschen Akademie der Wissenschaften zu Berlin, der Chemischen Gesellschaft in der DDR, der Akademie der Wissenschaften zu Göttingen und der Gesellschaft Deutscher Chemiker (in der BRD)

herausgegeben von Prof. Dr. Heinrich Bertsch und Prof. Dr. Dr. h. c. Wilhelm Klemm

134. Jahrgang

1963

Chefredakteure: Dr. Eugen Klever und Prof. Dr.-Ing. Eberhard Leibnitz

Akademie-Verlag GmbH., Berlin — Verlag Chemie, GmbH., Weinheim/Bergstr.

## Inhalt

# Sprachenbezeichnung in den Referaten des Chemischen Zentralblattes

(Abkürzungen laut DIN-Normblatt 1502, Beiblatt 1)

| | | | | | |
|---|---|---|---|---|---|
| Albanisch | = alb. | Griechisch | = griech. | Rumänisch | = rum. |
| Bulgarisch | = bulg. | Irisch | = ir. | Russisch | = russ. |
| Chinesisch | = chin. | Italienisch | = ital. | Schwedisch | = schwed. |
| Dänisch | = dän. | Japanisch | = jap. | Serbokroatisch | = serbokroat. |
| Deutsch | = dt. | Lateinisch | = lat. | Slowakisch | = slowak. |
| Englisch | = engl. | Litauisch | = litau. | Slowenisch | = slowen. |
| Estnisch | = estn. | Niederländisch | = niederl. | Spanisch | = span. |
| Finnisch | = finn. | Norwegisch | = norw. | Tschechisch | = tschech. |
| Flämisch | = fläm. | Persisch | = pers. | Türkisch | = türk. |
| Französisch | = franz. | Polnisch | = pol. | Ukrainisch | = ukrain. |
| | | Portugiesisch | = port. | Ungarisch | = ung. |

# CHEMISCHES ZENTRALBLATT

## VOLLSTÄNDIGES REPERTORIUM FÜR ALLE ZWEIGE DER REINEN UND ANGEWANDTEN CHEMIE

1830 gegründet
1897—1945 von der Deutschen Chemischen Gesellschaft fortgeführt

Im Auftrage der Deutschen Akademie der Wissenschaften zu Berlin,
der Chemischen Gesellschaft in der DDR,
der Akademie der Wissenschaften zu Göttingen
und der Gesellschaft Deutscher Chemiker (in der BRD)
herausgegeben von

Prof. Dr. **Heinrich Bertsch** und Prof. Dr. Dr. h. c. **Wilhelm Klemm**

134. JAHRGANG

**1963**

SEITE 6073—7600

**Chefredakteure: Dr. Eugen Klever und Prof. Dr.-Ing. Eberhard Leibnitz**

1963

AKADEMIE-VERLAG GMBH · BERLIN
VERLAG CHEMIE · GMBH · WEINHEIM/BERGSTR.

| Heft-Nr. | Seitenzahl | Ausgabedatum |
|---|---|---|
| 16 | 6073—6444 | 17. April 1963 |
| 17 | 6445—6832 | 24. April 1963 |
| 18/I | 6833—7216 | 1. Mai 1963 |
| 18/II | 7217—7600 | 1. Mai 1963 |

Herausgeber: Prof. Dr. Heinrich Bertsch, Berlin, u. Prof. Dr. Dr. h. c. Wilhelm Klemm, Münster. Chefredakteure und verantwortlich für den Inhalt: Dr. Eugen Klever, Berlin 30, Geisbergstr. 39, Fernsprecher: 249541, und Prof. Dr.-Ing. Eberhard Leibnitz, Berlin N 4, Schiffbauerdamm 19, Fernsprecher: 425571.



Verlag: Akademie-Verlag GmbH, Berlin W 8, Leipziger Str. 3—4 (Fernsprecher: 220441, Telex-Nr. 011773 Postscheckkonto Berlin 35021), und Verlag Chemie, GmbH, Weinheim/Bergstr. (Fernsprecher: Weinheim 3635 [Sammelnummer]; Fernschreiber: 0465516 chemieverl wnh; Postscheckkonten: Frankfurt/M. 145314 u. Berlin [West] 7430). Bestellnummer: 1007/134. Das Chemische Zentralblatt erscheint wöchentlich. Preis des Jahrganges einschl. Autoren-, Patent-, Sach- u. Formelregister: DM 1200,—; einseitig bedruckte Ausgabe: DM 1350,—. Abgabe der Zeitschrift nur mit sämtlichen Registern. Abbestellungen nur bis spätestens 6 Wochen vor Ablauf des Kalenderjahres.



Satz u. Druck: VEB Leipziger Druckhaus, Leipzig, III/18/203. 4/63.
Veröffentlicht unter der Lizenznummer 1273 des Presseamtes beim Vorsitzenden des Ministerrates.
Printed in Germany.

# Abkürzungsverzeichnis

| | |
|---|---|
| A | Ampère |
| A. | Äthylalkohol |
| Å | Ångström |
| a | Jahr (nur für Dimensionen) |
| Abb. | Abbildung(en) |
| abs. | absolut(e) |
| Ae. | Diäthyläther |
| akt. | aktiv(e) |
| allg. | allgemein(e) |
| App. | Apparat(e), Apparatur(en) |
| asymm. | asymmetrisch(e) |
| at | Atmosphäre, technisch |
| atm | Atmosphäre, physikalisch |
| Atomgew. | Atomgewicht |
| ausg. | ausgegeben |
| AZ. | Acetylzahl |
| bar | Bar |
| bes. | besonders, besondere, insbesondere |
| Best. | Bestimmung(en) |
| Bibl. | Bibliographie(n) |
| bin. | binär |
| Bldg. | Bildung(en) |
| bzgl. | bezüglich |
| Bzl. | Benzol |
| Bzn. | Benzin |
| bzw. | beziehungsweise |
| C. | Chem. Zentralblatt (nur bei Zitaten) |
| c | Curie |
| ca. | zirka |
| cal | Calorie (Grammcalorie) |
| Chlf. | Chloroform |
| const | constans |
| cP | Centipoise |
| cSt | Centistokes |
| $D._4^{20}$ | Dichte (bei 20⁰ gemessen u. bezogen auf Wasser von 4⁰) |
| D | Debye |
| d | Tag (nur für Dimensionen) |
| DAB. | Deutsches Arzneibuch |
| dad. gek. | dadurch gekennzeichnet |
| Darst. | Darstellung(en) |
| Deriv. | Derivat |
| Derivv. | Derivate |
| Dest. | Destillation(en) |
| dest. | destillieren, destilliert(e) |
| d.h. | das heißt |
| DK | Dielektrizitätskonstante |
| DL | Dosis letalis |
| DTA | Differentielle Thermoanalyse |
| $E^{1\%}_{1\,cm}$ | Extinktion (1%ige Lsg.; 1 cm Schichtdicke) |
| Eig. | Eigenschaft |
| Eigg. | Eigenschaften |
| Einfl. | Einfluß, Einflüsse |
| Einw. | Einwirkung(en) |
| EMK | Elektromotorische Kraft |
| Entw. | Entwicklung(en) |
| Ep. | Erstarrungspunkt |
| Epp. | Erstarrungspunkte |
| eV | Elektronenvolt |
| evtl. | eventuell |
| EZ. | Esterzahl |
| °F | Grad Fahrenheit |
| F. | Schmelzpunkt |
| FF. | Schmelzpunkte |
| Fl. | Flüssigkeit |
| Fll. | Flüssigkeiten |
| fl. | flüssig(e) |
| g | Gramm |
| Geh. | Gehalt(e) |
| gek. | gekennzeichnet(e) |
| gesätt. | gesättigt(e) |
| Geschw. | Geschwindigkeit(en) |
| Gew. | Gewicht(e) |
| ggf. | gegebenenfalls |
| Ggw. | Gegenwart |
| h | Stunde (nur für Dimensionen) |
| Herst. | Herstellung(en) |
| Hz | Hertz |
| I E. | Internationale Einheit |
| i.m. | intramuskulär(e) |
| inakt. | inaktiv(e) |
| I.P. | Isoelektrischer Punkt |
| IR | Infrarot (Ultrarot) |
| i.v. | intravenös(e) |
| J | Joule |
| JZ. | Jodzahl |
| °K | Grad Kelvin |
| kcal | Kilogrammcalorie |
| Koeff. | Koeffizient(en) |
| Koll. | Kolloid(e) |
| koll. | kolloid(e), kolloidal(e) |
| Kondens. | Kondensation(en) |
| Konst. | Konstante(n) |
| konst. | konstant(e) |
| Konstit. | Konstitution(en) |
| Konz. | Konzentration |
| Konzz. | Konzentrationen |
| konz. | konzentriert(e) |
| korr. | korrigiert(e) |
| Kp. | Siedepunkt |
| Kpp. | Siedepunkte |
| krist. | kristallisiert(e) |
| KW-Stoff | Kohlenwasserstoff |
| KW-Stoffe | Kohlenwasserstoffe |
| Labor. | Laboratorium, Laboratorien |
| l.c. | loco citato |
| Leg. | Legierung |
| Legg. | Legierungen |
| lösl. | löslich(e) |
| log | Logarithmus (allgemein) |
| Lsg. | Lösung |
| Lsgg. | Lösungen |
| Lsgm. | Lösungsmittel (Ein- u. Mehrzahl) |
| m | Meter |
| m | molar (Konzentrationsangabe) |
| Meth. | Methode(n) |
| Min. | Minute(n) (allgemein) |
| min | Minute (nur für Dimensionen) |
| Mitt. | Mitteilung(en) |
| mkr. | mikroskopisch(e) |
| ml | Milliliter |
| mμ | Millimikron |
| Mol | Grammolekül(e) |
| Mol. | Molekül |
| Moll. | Moleküle |
| mol. | molekular(e) |
| Molgew. | Molekulargewicht(e) |
| Mol.-Refr. | Molekularrefraktion(en) |
| n | normal (Konzentrationsangabe) |
| n- | normal (Isomerieangabe) |
| $n_D^{20}$ | Brechungsindex (bei 20⁰ u. D-Linie) |
| nachst. | nachstehend(e) |
| Nachw. | Nachweis(e) |
| Nd. | Niederschlag |
| Ndd. | Niederschläge |
| Oe | Oerstedt |
| opt.-akt. | optisch-aktiv(e) |
| p | Pond |
| PAe. | Petroläther |
| pH | Wasserstoffionenkonzentration (negativer dekad. Logarithmus) |
| pK | Dissoziationskonstante (negativer Logarithmus) |
| ppm | parts per million |
| Präp. | Präparat |
| Präpp. | Präparate |
| prim. | primär(e) |
| Prior. | Priorität(en), Unionspriorität(en) |
| Prod. | Produkt |
| Prodd. | Produkte |
| qual. | qualitativ(e) |
| quant. | quantitativ(e) |

| | |
|---|---|
| quart. | quartär(e) (Bindigkeit) |
| quatern. | quaternär(e) |
| °R | Grad Réaumur |
| r | Internationale Röntgeneinheit |
| rac. | racemisch(e) |
| rad | Einheit der absorbierten Strahlendosis |
| °Rank. | Grad Rankine |
| Red. | Reduktion |
| Redd. | Reduktionen |
| red. | reduziert(e) |
| Ref. | Referat |
| Reff. | Referate |
| rem | roentgen-equivalent-men |
| rep | roentgen-equivalent-physical |
| $R_F$ | Retentionsfaktor (anteilmäßige Steighöhe) |
| RhZ. | Rhodanzahl |
| Rk. | Reaktion |
| Rkk. | Reaktionen |
| *S* | Sedimentationskonstante |
| s | Sekunde (nur für Dimensionen) |
| s. | siehe |
| schm. | schmelzend(e) |
| sd. | siedend(e) |
| Sek. | Sekunde(n), allgemein |
| sek. | sekundär(e) |
| sog. | sogenannt(e) |
| spezif. Gew. | Spezifisches Gewicht |
| Std. | Stunde(n) (allgemein) |
| std. | stündig(e) |
| symm. | symmetrisch(e) |
| Synth. | Synthese(n) |
| Syst. | System(e) |
| SZ. | Säurezahl |
| t | Tonne, metrisch |
| Temp. | Temperatur(en) |
| tern. | ternär(e) |
| tert. | tertiär(e) |
| u. | und |
| u.a. | und andere, unter anderem |
| u. dgl. | und dergleichen |
| U/min | Umdrehungen pro Minute |
| ungesätt. | ungesättigt(e) |
| unlösl. | unlöslich(e) |
| unsymm. | unsymmetrisch(e) |
| Unters. | Untersuchung |
| Unterss. | Untersuchungen |
| USP. | United States Pharmacopeia |
| usw. | und so weiter |
| UV | Ultraviolett |
| V | Volt |
| Val | Grammäquivalent |
| Verb. | Verbindung |
| Verbb. | Verbindungen |
| verd. | verdünnt(e) |
| Verf. | Verfahren (Einzahl) |
| Verff. | Verfahren (Mehrzahl) |
| Verh. | Verhalten |
| Vers. | Versuch |
| Verss. | Versuche |
| Verw. | Verwendung(en) |
| Vf. | Verfasser(in) (Einzahl) |
| Vff. | Verfasser(innen) (Mehrzahl) |
| Vgl. | Vergleich(e) |
| vgl. | vergleiche |
| Vol. | Volumen, Volumina |
| Vork. | Vorkommen (Ein- u. Mehrzahl) |
| vorl. Mitt. | vorläufige Mitteilung(en) |
| Vorr. | Vorrichtung(en) |
| vorst. | vorstehend(e) |
| VZ. | Verseifungszahl |
| W | Watt |
| W. | Wasser |
| Wrkg. | Wirkung(en) |
| wss. | wässerig(e) |
| X | X-Einheit |
| z.B. | zum Beispiel |
| Zers. | Zersetzung(en) |
| z.T. | zum Teil |
| Zus. | Zusammensetzung(en) |
| ♂ | männlich (im biolog. Sinne) |
| ♀ | weiblich im biolog. Sinne |
| ° | Grad Celsius |
| %ig. | prozentig |
| ‰ig. | promillig |
| ~ | angenähert, etwa gleich mit, rund |
| ≧ | gleich oder größer als |
| ≦ | gleich oder kleiner als |
| > | größer als |
| < | kleiner als |
| ≙ | entspricht |
| ∞ | unendlich |
| ⌀ | Durchmesser |

## Griech. Abkürzungen

| | |
|---|---|
| $[\alpha]_D^{20}$ | Opt. Drehung, spezifische (gemessen mit D-Linie bei 20°) |
| $\lambda$ | Wellenlänge |
| $\lambda_{max}$ | maximale Wellenlänge |
| $\lambda_{min}$ | minimale Wellenlänge |
| $\mu$ | Mikrometer (auch Mikron genannt) |
| $\mu g$ | Mikrogramm (auch Gamma genannt) |
| $\Omega$ | Ohm |

## Kurzzeichen der Vorsätze für Einheiten

| | | |
|---|---|---|
| T | Tera- | $10^{12}$ Einheiten |
| G | Giga- | $10^{9}$ Einheiten |
| M | Mega- | $10^{6}$ Einheiten |
| k | Kilo- | $10^{3}$ Einheiten |
| h | Hekto- | $10^{2}$ Einheiten |
| da | Deka- | $10^{1}$ Einheiten |
| d | Dezi- | $10^{-1}$ Einheiten |
| c | Zenti- | $10^{-2}$ Einheiten |
| m | Milli- | $10^{-3}$ Einheiten |
| $\mu$ | Mikro- | $10^{-6}$ Einheiten |
| n | Nano- | $10^{-9}$ Einheiten |
| p | Pico- | $10^{-12}$ Einheiten |

## Patent-Abkürzungen

| | |
|---|---|
| **D. A. S.** | Deutsche Auslegeschrift |
| **D. B. P.** | Deutsches Bundes-Pat. |
| **D. P. [DDR]** | Deutsches [DDR] Patent |
| **D. R. P.** | Deutsches Reichs-Pat. |
| **A. P.** | Amerikanisches Patent |
| **Aust. P.** | Australisches Patent |
| **Belg. P.** | Belgisches Patent |
| **Can. P.** | Canadisches Patent |
| **Dän. P.** | Dänisches Patent |
| **E. P.** | Englisches Patent |
| **Finn. P.** | Finnisches Patent |
| **F. P.** | Französisches Patent |
| **Ind. P.** | Indisches Patent |
| **It. P.** | Italienisches Patent |
| **Jap. A. S.** | Japan. Auslegeschrift |
| **Jug. P.** | Jugoslawisches Patent |
| **Niederl. P.** | Niederländ. Patent |
| **Norw. P.** | Norwegisches Patent |
| **Oe. P.** | Österreichisch. Patent |
| **Poln. P.** | Polnisches Patent |
| **Schwed. P.** | Schwedisches Patent |
| **Schwz. P.** | Schweizer Patent |
| **Tschech. P.** | Tschechoslowakisches Patent |
| **UdSSR. P.** | Sowjetisches Patent |
| **Ung. P.** | Ungarisches Patent |

Für die fachliche Rechtschreibung in den Referaten und Registern des Chemischen Zentralblattes ist die 2. Auflage (Verlag Chemie GmbH Weinheim/Bergstr. u. VDI-Verlag GmbH Düsseldorf; 1959) der „Rechtschreibung der technischen und chemischen Fremdwörter" von Jansen-Mackensen bestimmend.

Dr. Eugen Klever und Prof. Dr.-Ing. Eberhard Leibnitz, Chefredakteure

# Chemisches Zentralblatt

1963 **Bibliographien** Nr. 18

## Neue Bücher

### C. Präparative organische Chemie. Naturstoffe

**Michael Francis Grundon and Harold Bernard Henbest**, Organic chemistry: an introduction. London: Oldbourne. 1962. (VIII + 208 S. m. Diagr.) 22 s. 6 d.

### $E_1$. Allgemeine Biologie und Biochemie

**Ernest Baldwin**, The nature of biochemistry. London: Cambridge U. Pr. 1962. (XIV + 112 S. m. Abb. u. Tab.) 13 s 6 d.

**P. A. Barker**, Atoms and the cell. London: Mills & B. 1962. (156 S. m. Diagr.) = Science in society, 5. 15 s.

**Neal D. Buffalo**, Principles of biology. London: Prentice-Hall. 1962. (365 S. m. Abb. u. Diagr.) 42 s.

**Camillo Lenti**, Manuale di biochimica. 2ª ediz. Vol. I: Parte generale. Torino: Ediz. „Minerva medica". 1960. (XXI + 671 S. m. Abb.) L. 7000.—.

**Ruth Porter and Eve Wiltshaw**, eds., Methotrexate in the treatment of cancer London: J. Wright. 1962. (92 S.) 32 s. 6 d.

### $E_2$. Enzymologie. Gärung

**Paul Delos Boyer** and others, eds., The enzymes. 2nd edit. completely revised. Vol. 6: Group transfer syntheses coupled to ATP cleavage. New York, London: Academic P. 1962. (XV + 684 S. m. Tab. u. Diagr.) 7 £ 3 s

**F. F. Nord**, ed., Advances in enzymology and related subjects of biochemistry. Vol. 24. New York, London: Interscience. 1962. (V + 572 S. m. Tab. u. Diagr.) 6 £.

### $E_3$. Mikrobiologie. Bakteriologie. Immunologie

**Irwin Clyde Gunsalus and Roger Yate Stainer**, The bacteria: a treatise on structure and function. Vol. 3: Biosynthesis. New York, London: Academic P. 1962. (XV + 718 S. m. Abb., Tab. u. Diagr.) 7 £.

**Pierre Lépine**, Les virus. Nouv. édit. Paris: Presses Universitaires de France. 1962. (128 S.) = Que sais-je? n° 945. 2,50 NF.

### $E_4$. Pflanzenchemie. Pflanzenphysiologie. Pflanzenpathologie

**William August Jensen**, Botanical histochemistry: principles and practice. San Francisco, London: Freeman. 1962. (VII + 408 S. m. Abb., Tab. u. Diagr.) 70 s.

**Sanford Marvin Siegel**, The plant cell wall: a topical study of architecture, dynamics, comparative chemistry and technology in a biological system. Oxford, London: Pergamon. 1962. (XIX + 123 S. m. 5 Taf., Tab. u. Diagr.) 42 s.

—. Routine control methods of testing water used in industry. Ist revision. London: British Standards Institution. 1962. (52 S. m. Tab. u. Diagr.) 12 s, 6 d.

### $E_5$. Tierchemie. Tierphysiologie. Tierpathologie

**A. C. Aggarwala and R. M. Sharma**, A laboratory manual of practical veterinary pathology. London: Asia Publng. 1962. 60 s.

**D. G. Harvey**, Biochemistry for veterinary students. London: Blackwell Scientific. 1962. (368 S. m. Abb.) 42 s.

**W. Montagna**, Advances in biology of the skin. Vol. 3. London: Pergamon Pr. 1962. (266 S. m. Abb.) 63 s.

**I. M. Weinstein and E. Beutler**, eds., Mechanisms of anemia. London: McGraw-Hill. 1962. (380 S. m. Abb. u. Diagr.) 116 s. 6 d.

**Marian Williams and Herbert Richard Lissner**, Biomechanics of human motion. Philadelphia, London: Saunders. 1962. (VII + 147 S. m. Abb., Tab. u. Diagr.) 38 s. 6 d.

## $E_6$. Pharmakologie. Therapie. Toxikologie. Hygiene

**W. Czernin,** Cement chemistry and physics for civil engineers, Translated from the German. London: Crosby Lockwood. 1962. (150 S. m. Abb. u. Diagr.) 25 s.

**D. M. Grodsinski,** Die Anwendungsmethoden radioaktiver Isotope in der Biologie. Kiew. Verl. der Ukrain. Akad. der Landwirtsch.-Wiss. 1962. (171 S. m. Zeichng.) 34 Kop. [russ.]

## $H_1$. Allgemeine chemische Technologie

**J. S. Cammerer,** Der Wärme- und Kälteschutz in der Industrie. 4., verb. Aufl. Berlin, Göttingen, Heidelberg: Springer. 1962. (XII + 497 S. m. 207 Abb.) 8°. DM 68,—.

**Paul L. Geiringer,** Handbook of heat transfer media. New York: Reinhold; London: Chapman & Hall. 1962. (XV + 256 S. m. Diagr.) 5 £.

## $H_3$. Elektrotechnik

**K. R. Hyde and D. J. O'Connor,** Processing studies on carbide-graphite fuel elements for a high temperature gas-cooled reactor. London: H.M.S.O. 1962. 5 s. 6 d.

## $H_4$. Wasser. Abwasser

**Günther Böhnecke und Arwed Hugo Meyl,** Denkschrift zur Lage der Meeresforschung. Wiesbaden: Steiner. 1962. (XI + 131 S. m. Taf.) 8°. DM 9,80.

**Hans Walter Flemming,** Die unterirdische Wasserspeicherung. München: Oldenbourg. 1962. (VII + 77 S. m. 3 Abb.) 8° = Schriftenreihe Gas- und Wasser-Fach: Wasser—Abwasser. Nr. 10. DM 18,—.

—, Aspects of water pollution control. Geneva: W.H.O.; London: H.M.S.O. 1962. (116 S. m. Tab.) = Public health papers no. 13. 6 s. 8 d.

## $H_5$. Anorganische Industrie

**Piero Colonna di Paliano,** Relazione del dott. ing. Piero Colonna di Paliano sul-l'industria dell'ossigeno. Milano: Tecnografica milanese. 1960. (26 S. m. Abb.)

## $H_6$. Silicatchemie. Baustoffe

**S. I. Ali-sade,** Basische Siemens-Martin-Schlacken als Baurohstoff. Baku: Aserneschr. 1962. (146 S. m. Abb.) 40 Kop. [russ.]

**Hans Berger,** Verarbeitung von Asbest mit Kunststoffen und Kautschuken. Stuttgart: Gentner. 1961. (192 S. m. Abb.) 8° = AWG-Reihe. Bd. 55. Gummi, Asbest, Kunststoffe. DM 10,80.

**M. Courtand et P. Lebelle,** Formulaire du béton armé. Tome II. Paris. Soc. de Diff. des Techniques du Bâtiment et des Travaux Publics. 1962. (728 S.) 90 NF.

**Albert Joisel,** Les fissures du ciment. Paris: Éditions de la „Revue des matériaux de constructions". 1962. (176 S. m. Abb.) 65 NF.

**Jakob Kratzert und Carl Rochelsberg,** Feuerfeste Baustoffe in der Zementindustrie. 2. Aufl. Wiesbaden, Duisburg, Berlin, Marktredwitz/Bay.: Didier-Werke. 1961. (70 S. m. Abb.) 8° = Didier-Feuerfest-Technik. Heft 8. Nicht im Buchhandel.

—, Die Anwendung hygroskopischer Salze bei der mechanischen Bodenverfestigung. Bad Godesberg: Kirschbaum. 1962. (31 S. m. Abb.) 4° = Forschungsarbeiten aus dem Straßenwesen. N.F.H. 50. DM 12,—.

—, Vicenza 1958. Ceramica, argenteria e oreficeria, marmo. Vicenza: Ente Fiera di Vicenza. 1958. (92 S. m. Abb.).

## $H_8$. Metallurgie. Korrosion

**Henry Martinod et Jean Calvet,** Sur la stabilité à chaud des aliages d'aluminium réfractaires du type AU2GN. Châtillon-sous-Bagneux: Office national d'études et de recherches aéronautiques. 1962. (23 S. m. Abb.) = Office national d'études et de recherches aéronautiques. Note technique. 67.

**Helmut Winterhager,** Hrsg., Abhandlungen aus dem Institut für Metallhüttenwesen und Elektrometallurgie der Technischen Hochschule, Aachen. N.F. Bd. 7. Aachen: Institut für Metallhüttenwesen und Elektrometallurgie. 1962. (129 Bl. m. Abb.) 4°. Nicht im Buchhandel.

**H. G. Zelders,** Corrosie en haar bestrijding. Haarlem: H. Stam. 1962. (180 S. m. Abb.) hfl. 13.75.

—, Werkstoffprobleme hochschmelzender und reaktiver Metalle. Vorträge und Diskussionen zum Kolloquium am 26. und 27. Oktober 1961 in Karl-Marx-Stadt. Herausgeg. vom Forschungsinstitut für Nichteisenmetalle Freiberg/Sa. Leipzig: Deutscher Verl. für Grundstoffindustrie. 1962. (256 S. m. Abb.) 8°. DM 33,50.

## $H_{11b}$. Plaste (Kunstharze, Plastische Massen)

—, Unsaturated polyester resin systems for low pressure fibre reinforced plastics. London: British Standards Institution. 1962. (20 S. m. Tab. u. Diagr.) 6 s.

## $H_{12}$. Kautschuk

**V. F. Evstratov and F. I. Iashunskaia, eds.**, Physico-mechanical testing of unvulcanised and vulcanised rubber. Translated from the Russian. London: Maclaren. 1962. (152 S. m. Tab. u. Diagr.) 45 s.

## $H_{14}$. Zucker. Kohlenhydrate. Stärke

**N. A. Bakanow, M. Je. Burman und N. W. Ssolnzewa**, Handbuch der Stärkesyrupindustrie. 2. überarb. u. vervollst. Ausg. Moskau: Pischtschepromisdat. 1962. (478 S. m. Abb.; 3 Bl. Skizzen) 1 Rbl. 70 Kop. [russ.]

**W. P. Mitrofanow und A. A. Rudsitzki**, Die Automatisierung der Rübenzuckergewinnung. Moskau: Pischtschepromisdat. 1958. (300 S.) 1 Rbl. 20 Kop. [russ.]

## $H_{15}$. Gärungsindustrie

**Wolfgang Kunze**, Technologie für Brauer und Mälzer. Leipzig: Fachbuchverl. 1962. (512 S. m. 325 Abb.) 8° = Lehrbücher für die Berufsausbildung. DM 16,80.

**Ferdinand Reiff u. a., Hrsg.**, Die Hefen. Bd. 2. Technologie der Hefen. Nürnberg: Carl. 1962. (XXVII + 983 S. m. 196 Abb. u. 160 Tab.) 4°. DM 175,—.

## $H_{16}$. Nahrungs-, Genuß- und Futtermittel

**N. D. Dijkstra en P. J. J. Philipsen**, Onderzoek naar de voederwaardeverliezen bij hooiwinning met behulp van ventilatie. Wageningen: Centrum voor Landbouwpublikaties en Landbouwdocumentatie. 1962. (64 S.) hfl. 3,90.

**Friedrich Ludwieg**, Radioaktive Isotope in Futter- und Nahrungsmitteln. Herkunft, Bestimmung, Bewertung. München: K. Thiemig. 1962. (VIII + 143 S.) 8° = Thiemig-Taschenbücher. Bd. 7. DM 9,80.

—, Frozen Foods year book. 1962—63, London: Refrigeration P. 1962. (3 + 182 S. m. Abb. u. Tab.) 20 s.

—, Technological, The, value of the sugar beet. Proceedings of the XIth session of the Commission internationale technique de sucrerie, Frankfurt 1960. Amsterdam: Elsevier Publishing Cy. 1962. (336 S. m. Abb.) hfl. 35.—.

## $H_{17}$. Fette. Seifen. Wasch- und Reinigungsmittel. Wachse. Bohnermassen usw.

**Reinhard Lüde**, Die Raffination von Fetten und fetten Ölen. 2., erw. Aufl. Dresden, Leipzig: Th. Steinkopff. 1962. (XII + 312 S. m. 89 Abb.) 8° = Technische Fortschrittsberichte. Bd. 58. DM 22,60.

**Herbert Manneck**, Moderne Wasch- und Reinigungsmittel. Bd. 5: Fettsäurekondensationsprodukte und nichtionogene Waschrohstoffe. Nachtrags-Bd. 2: Mit Anschluß-Literatur 1956/1961. Garmisch-Partenkirchen: Fachliteratur-, Ermittlungs- und Berichtsdienst Moser. 1962. (58 Bl.) 4°. DM 20,—.

**Salvatore Scuderi**, I semi oleosi, gli olii vegetali e le sostanze grasse. Genova: Scuola tipografica Opera SS. 1960. (86 S.) L. 1000.—.

## $H_{18a}$. Holz. Cellulose. Zellstoff. Papier. Papierdruck. Celluloid. Linoleum

**R. R. A. Higham**, Handbook of papermaking. London: O.U.P. 1962. 35 s.

**Ferdinand Wultsch und Ludwig Weissmann**, Mahlungseigenschaften von gequollenen Zellstoffen. Graz: Akademische Druck- und Verl.-Anstalt. 1959. (95 S. m. Abb.) 8°. ö. S. 70,—.

## $H_{18b}$. Textilfasern

**Pinchos Izrailevič Dmitrij Georgievič Luzeckij Giršin und Arnol'd Antonovič Tijsmán**, Nemecko-russkij tekstil'nyj slovař. Moskva: Glavnaja Red. inostrannych naučno-techničeskich slovarej Fizmatgiza. 1962. (559 S.) 8°. Rbl. 1.92.

**M. F. Makerova i S. A. Mendel'son**, Chimičeskie volokna. Sbornik tekstov na nemeckom jazyke. Sost. sbornika, kommentarija i slovarja. Moskva: Izd. literatury na inostrannych jazykach. 1962. (126 S.) 8°. Rbl.—.24. [russ.]

**William Ernest Morton and John William Stanley Hearle**, Physical properties of textile fibres. Manchester: Textile Institute; London: Butterworths. 1962. (XXI + 608 S. m. Abb., Tab. u. Diagr.) 5 £ 5 s.

**R. H. Peters**, Textile chemistry. Vol. I: The Chemistry of fibres. Amsterdam, New York: Elsevier Publishing Company. 1962. (XII + 460 S. m. 42 Tab. u. 164 Abb.) 75 s.

**A. F. Sak**, Die physikalisch-chemischen Eigenschaften der Glasfasern. Moskau: Rosstechisdat. 1962. (224 S. m. Abb.) 81 Kop. [russ.]

**L. Vanoosten**, Les matières textiles. 2e édit. Antwerpen: Plantyn. 1962. (104 S. m. Abb.) fr. 50.—.

## $H_{19}$. Brennstoffe. Erdöl. Mineralöle

**A. N. Glaskow** und **A. N. Parfenow,** Die elektrischen Anlagen der Erdöl- und Gasverarbeitungswerke· Moskau: Gosstoptechisdat. 1962. (343 S. m. Abb.) 90 Kop. [russ.]

**Werner Hansen,** 1000 Fachwörter für die Ölfeuertechnik. Englisch-deutsch. Deutsch–englisch. Stuttgart: Gentner. 1962. (66 S.) 8⁰ = AWG-Reihe, Bd. 122. Feuerungstechnik. DM 7,80.

**Eduard Kersten** u. a., Kolloquium Heizöle vom 8. und 9. Dezember 1960 in Markkleeberg. Brennstofftechnische Gesellschaft in der Deutschen Demokratischen Republik. Berlin: Akademie-Verl. 1962. (166 S. m. 80 Abb. u. 33 Tab.) 8⁰ = Freiberger Forschungshefte. Reihe A. 215. DM 20,—.

**Niilo Oksala,** Asfalttipäällysteiden stabiilisuuteen vaikuttavista tekijöistä. (Über die Faktoren mit Einfluß auf die Stabilität von Asphaltbelägen). Helsinki: Valtion Teknillinen Tutkimuslaitos. 1962. (61 S. m. Abb.) 8⁰.

**W. A. Oleinikow** und **N. Ss. Sotow,** Die automatische Regulierung technologischer Prozesse in der Erdöl- und petrolchemischen Industrie. Leningrad: Gosstoptechisdat, Leningrader Abt. 1962. (323 S. m. Zeichng.) 1 Rbl. 9 Kop. [russ.]

**G. P. Owanessow,** Die Bildung von Erdöl- und Gaslagerstätten in Baschkirien, ihre Klassifikation und Schürfmethoden. Moskau: Gosstoptechisdat. 1962. (295 S. m. Zeichng. u. Kart.; 4 Bl. Kart.) 1 Rbl. 60 Kop. [russ.]

**Ju. M. Wassiljew** und **O. Ss. Obrjadtschikow,** Perspektiven der Gas–Erdölfründigkeit von Pliozän-Ablage rungen in der Kaspischen Mulde. Moskau: Gosstoptechisdat. 1962. (180 S. m. Abb. u. Kart.) 1 Rbl. 4 Kop. [russ.]

## $H_{21}$. Leder. Gerbstoffe

—, Determination of the colour fastness of leather. London: British Standards Institution. 1962. (52 S.) 15 s.

## Ausgewertete Bibliographie-Fachzeitschriften

| | |
|---|---|
| Belgien | Bibliographie de Belgique — Belgische Bibliographie |
| ČSSR | Bibliography of Publications Dealing with the Polarography Method [Praha] |
| | Bulletin — Die Neuesten Forschungsergebnisse der Tschechoslowakischen Wissenschaft |
| | Nové Knihy (Neue Bücher) |
| | Novinky (Neuheiten) |
| Dänemark | Danske Bogmarked |
| Deutschland | Börsenblatt für den Deutschen Buchhandel — Frankfurter Ausgabe |
| | Börsenblatt für den Deutschen Buchhandel — Leipziger Ausgabe |
| | Deutsche Bibliographie. Wöchentliches Verzeichnis. Ausgabe II. [Frankfurt/Main] |
| | Deutsche Nationalbibliographie. Reihe A: Neuerscheinungen des Buchhandels [Leipzig] |
| England | British National Bibliography |
| Frankreich | Bibliographie de la France |
| Griechenland | Greek Bibliography [Athen] |
| Italien | Bibliografia Nazionale Italiana |
| Niederlande | Nieuwsblad voor de Boekhandel |
| Österreich | Österreichische Bibliographie |
| Schweiz | Schweizer Buch. Serie A und Serie B |
| UdSSR | Bücherverzeichnis des Jahres (Книжная летопись |
| | Neue Bücher (Новые книги) |
| USA | Publishers' Weekly |

# Namenregister

# Patentregister

| | Nr. | Seite |
|---|---|---|
| E.P. | 823026 | 7264 |
| E.P. | 824110 | 7171 |
| E.P. | 824595 | 7168 |
| E.P. | 825015 | 7166 |
| E.P. | 829150* | 7194 |
| E.P. | 829938 | 7166 |
| E.P. | 830237 | 7196 |
| E.P. | 832020 | 7127 |
| E.P. | 834231* | 7098 |
| E.P. | 834905 | 7186 |
| E.P. | 838233* | 7179 |
| E.P. | 838750 | 7189 |
| E.P. | 841075 | 7127 |
| E.P. | 841718 | 7185 |
| E.P. | 842563 | 7184 |
| E.P. | 842763 | 7186 |
| E.P. | 843209 | 7186 |
| E.P. | 847603 | 7184 |
| E.P. | 847733 | 7185 |
| E.P. | 850352 | 7090 |
| E.P. | 850873* | 7098 |
| E.P. | 850925 | 7187 |
| E.P. | 851287 | 7088 |
| E.P. | 851491* | 7193 |
| E.P. | 851674 | 7091 |
| E.P. | 853003 | 7191 |
| E.P. | 853318* | 7194 |
| E.P. | 856416 | 7201 |
| E.P. | 859284 | 7192 |
| E.P. | 863715 | 7092 |
| E.P. | 865042 | 7202 |
| E.P. | 865046 | 7190 |
| E.P. | 865240 | 7202 |
| E.P. | 869399 | 7151 |
| E.P. | 869693 | 7202 |
| E.P. | 870162 | 7154 |
| E.P. | 870541 | 7089 |
| E.P. | 870565 | 7156 |
| E.P. | 870887 | 7089 |
| E.P. | 870926 | 7202 |
| E.P. | 871068 | 7125 |
| E.P. | 871199 | 7088 |
| E.P. | 871210* | 7162 |
| E.P. | 871667 | 7153 |
| E.P. | 872052* | 7163 |
| E.P. | 872350 | 7091 |
| E.P. | 872536 | 7096 |
| E.P. | 872808 | 7146 |
| E.P. | 873232* | 7179 |
| E.P. | 873438 | 7125 |
| E.P. | 873463 | 7149 |
| E.P. | 873692 | 7096 |
| E.P. | 873780 | 7089 |
| E.P. | 874168 | 7189 |
| E.P. | 874216 | 7097 |
| E.P. | 874393* | 7162 |
| E.P. | 875907 | 7144 |
| E.P. | 875995* | 7177 |
| E.P. | 876015* | 7152 |
| E.P. | 876397* | 7162 |
| E.P. | 876461 | 7146 |
| E.P. | 876585 | 7197 |
| E.P. | 877039* | 7177 |
| E.P. | 877085 | 7093 |
| E.P. | 877087 | 7093 |
| E.P. | 877539* | 7179 |
| E.P. | 877670 | 7191 |
| E.P. | 877684* | 7173 |
| E.P. | 877817* | 7172 |
| E.P. | 878386 | 7154 |
| E.P. | 878516* | 7193 |
| E.P. | 878523* | 7193 |
| E.P. | 878652* | 7174 |
| E.P. | 878660 | 7191 |
| E.P. | 878679* | 7179 |
| E.P. | 879145* | 7216 |
| E.P. | 879234 | 7094 |
| E.P. | 879244* | 7177 |
| E.P. | 879464* | 7211 |
| E.P. | 879629 | 7096 |
| E.P. | 879963* | 7194 |
| E.P. | 880360* | 7180 |
| E.P. | 880445 | 7160 |
| E.P. | 880545* | 7211 |
| E.P. | 880840* | 7203 |
| E.P. | 881519* | 7173 |
| E.P. | 882140 | 7191 |
| E.P. | 882151* | 7173 |
| E.P. | 882462 | 7159 |
| E.P. | 882688* | 7174 |
| E.P. | 882687* | 7179 |
| E.P. | 882695 | 7160 |
| E.P. | 882983* | 7163 |
| E.P. | 883029* | 7162 |
| E.P. | 883234 | 7145 |
| E.P. | 883255 | 7145 |
| E.P. | 883429 | 7160 |
| E.P. | 883712* | 7163 |
| E.P. | 883958* | 7162 |
| E.P. | 884269* | 7163 |
| E.P. | 884414 | 7087 |
| E.P. | 884811* | 7179 |
| E.P. | 886106 | 7156 |
| E.P. | 887466* | 7203 |
| E.P. | 888966 | 7185 |
| E.P. | 889152 | 7145 |
| E.P. | 889402* | 7216 |
| E.P. | 889645 | 7188 |
| E.P. | 890300* | 7215 |
| E.P. | 890515* | 7215 |
| E.P. | 891346 | 7153 |
| E.P. | 891562 | 7143 |
| E.P. | 891649 | 7146 |
| E.P. | 892463 | 7157 |
| E.P. | 893337* | 7203 |
| E.P. | 894805* | 7179 |
| E.P. | 895978 | 7188 |
| E.P. | 896618* | 7128 |
| E.P. | 897141* | 7098 |
| E.P. | 897165* | 7198 |
| E.P. | 897208 | 7215 |

**Französische Patente (F.P.)**

| | Nr. | Seite |
|---|---|---|
| F.P. | 67808* | 7128 |
| F.P. | 72015* | 7128 |
| F.P. | 72623* | 7216 |
| F.P. | 73511* | 7132 |
| F.P. | 73837* | 7194 |
| F.P. | 73923 | 7157 |
| F.P. | 74690 | 7156 |
| F.P. | 74792* | 7162 |
| F.P. | 75033* | 7177 |
| F.P. | 75659 | 7155 |
| F.P. | 75729* | 7163 |
| F.P. | 76084 | 7159 |
| F.P. | 1150269* | 7128 |
| F.P. | 1150799* | 7128 |
| F.P. | 1150906* | 7128 |
| F.P. | 1151031 | 7128 |
| F.P. | 1172375* | 7172 |
| F.P. | 1172376* | 7172 |
| F.P. | 1172975 | 7170 |
| F.P. | 1176112* | 7173 |
| F.P. | 1181389 | 7170 |
| F.P. | 1182239* | 7180 |
| F.P. | 1184131* | 7179 |
| F.P. | 1184601* | 7172 |
| F.P. | 1194450 | 7177 |
| F.P. | 1196779* | 7130 |
| F.P. | 1200050 | 7170 |
| F.P. | 1200752 | 7151 |
| F.P. | 1201957 | 7179 |
| F.P. | 1203298* | 7180 |
| F.P. | 1204096 | 7186 |
| F.P. | 1205651 | 7171 |
| F.P. | 1209176* | 7179 |
| F.P. | 1209499* | 7194 |
| F.P. | 1210009 | 7165 |
| F.P. | 1211235* | 7216 |
| F.P. | 1211587 | 7193 |
| F.P. | 1212102 | 7191 |
| F.P. | 1213438* | 7201 |
| F.P. | 1213572* | 7194 |
| F.P. | 1214896* | 7177 |
| F.P. | 1216292 | 7210 |
| F.P. | 1218155* | 7194 |
| F.P. | 1218302* | 7174 |
| F.P. | 1219649* | 7194 |
| F.P. | 1219656* | 7195 |
| F.P. | 1219831 | 7191 |
| F.P. | 1220231 | 7190 |
| F.P. | 1220286 | 7197 |
| F.P. | 1220507 | 7193 |
| F.P. | 1220669* | 7194 |
| F.P. | 1220674* | 7195 |
| F.P. | 1220919 | 7193 |
| F.P. | 1221635 | 7187 |
| F.P. | 1222348 | 7188 |
| F.P. | 1223187 | 7188 |
| F.P. | 1224609* | 7194 |
| F.P. | 1225683 | 7193 |
| F.P. | 1228510 | 7202 |
| F.P. | 1228605 | 7191 |
| F.P. | 1230703 | 7193 |
| F.P. | 1230820 | 7192 |
| F.P. | 1231179 | 7156 |
| F.P. | 1231637* | 7211 |
| F.P. | 1231852* | 7195 |
| F.P. | 1231989* | 7174 |
| F.P. | 1234399* | 7179 |
| F.P. | 1234625 | 7185 |
| F.P. | 1234881* | 7152 |
| F.P. | 1234902* | 7173 |
| F.P. | 1234907* | 7173 |
| F.P. | 1235035* | 7173 |
| F.P. | 1235321* | 7174 |
| F.P. | 1235369* | 7173 |
| F.P. | 1235370* | 7173 |
| F.P. | 1236184 | 7184 |
| F.P. | 1236514 | 7202 |
| F.P. | 1236717 | 7187 |
| F.P. | 1237149* | 7177 |
| F.P. | 1237755 | 7189 |
| F.P. | 1238048 | 7192 |
| F.P. | 1238536 | 7189 |
| F.P. | 1238949 | 7187 |
| F.P. | 1239224 | 7184 |
| F.P. | 1239779 | 7125 |
| F.P. | 1240174* | 7132 |
| F.P. | 1240301 | 7127 |
| F.P. | 1240843* | 7152 |
| F.P. | 1241773* | 7132 |
| F.P. | 1242012 | 7190 |
| F.P. | 1242800* | 7177 |
| F.P. | 1244060* | 7177 |
| F.P. | 1246611* | 7163 |
| F.P. | 1252299* | 7177 |
| F.P. | 1252419* | 7179 |
| F.P. | 1253560 | 7153 |
| F.P. | 1255566 | 7153 |
| F.P. | 1255608* | 7163 |
| F.P. | 1255823 | 7157 |
| F.P. | 1255824 | 7157 |
| F.P. | 1257005* | 7163 |
| F.P. | 1258755* | 7177 |
| F.P. | 1260430 | 7156 |
| F.P. | 1263039 | 7156 |
| F.P. | 1263455 | 7154 |
| F.P. | 1264869* | 7211 |
| F.P. | 1265051* | 7208 |
| F.P. | 1265441* | 7177 |

**Indische Patente (Ind.P.)**

| | Nr. | Seite |
|---|---|---|
| Ind.P. | 64071* | 7173 |
| Ind.P. | 64196 | 7089 |
| Ind.P. | 64520* | 7194 |
| Ind.P. | 64567* | 7179 |
| Ind.P. | 64600* | 7194 |
| Ind.P. | 64628 | 7187 |
| Ind.P. | 64751 | 7184 |
| Ind.P. | 64868* | 7177 |
| Ind.P. | 64895 | 7153 |
| Ind.P. | 64948 | 7149 |
| Ind.P. | 65097* | 7173 |
| Ind.P. | 65140* | 7193 |
| Ind.P. | 65208* | 7132 |
| Ind.P. | 65226* | 7173 |
| Ind.P. | 65251* | 7172 |
| Ind.P. | 65289* | 7193 |
| Ind.P. | 65370 | 7149 |
| Ind.P. | 65574* | 7173 |
| Ind.P. | 65693 | 7092 |
| Ind.P. | 65725 | 7088 |
| Ind.P. | 66092* | 7216 |
| Ind.P. | 66373 | 7092 |
| Ind.P. | 66606 | 7092 |

**Italienische Patente (It.P.)**

| | Nr. | Seite |
|---|---|---|
| It.P. | 541346 | 7149 |
| It.P. | 545168* | 7195 |
| It.P. | 545539 | 7215 |
| It.P. | 546100 | 7178 |

**Japanische Auslegeschriften (Jap.A.S.)**

| | Nr. | Seite |
|---|---|---|
| Jap.A.S. | 5981/1960* | 7193 |
| Jap.A.S. | 6233/1960* | 7194 |
| Jap.A.S. | 7831/1960* | 7194 |
| Jap.A.S. | 10148/1960* | 7194 |
| Jap.A.S. | 10647/1960* | 7194 |
| Jap.A.S. | 14928/1960* | 7195 |
| Jap.A.S. | 15381/1960* | 7179 |
| Jap.A.S. | 15794/1960* | 7180 |
| Jap.A.S. | 15796/1960* | 7195 |
| Jap.A.S. | 16244/1960* | 7195 |
| Jap.A.S. | 16245/1960* | 7195 |
| Jap.A.S. | 17246/1960* | 7194 |
| Jap.A.S. | 17332/1960* | 7194 |
| Jap.A.S. | 17333/1960* | 7195 |
| Jap.A.S. | 17334/1960* | 7194 |
| Jap.A.S. | 17335/1960 | 7179 |
| Jap.A.S. | 17496/1960* | 7195 |
| Jap.A.S. | 17499/1960 | 7192 |
| Jap.A.S. | 17500/1960 | 7192 |
| Jap.A.S. | 17566/1960 | 7190 |
| Jap.A.S. | 17587/1960* | 7128 |
| Jap.A.S. | 17589/1960 | 7188 |
| Jap.A.S. | 17664/1960* | 7194 |
| Jap.A.S. | 17687/1960 | 7185 |
| Jap.A.S. | 17688/1960 | 7185 |
| Jap.A.S. | 17696/1960* | 7195 |
| Jap.A.S. | 17841/1960 | 7197 |
| Jap.A.S. | 17842/1960 | 7193 |

# Chemisches Zentralblatt

1963 Nr. 18 · Teil I 1. Mai


## A. Allgemeine, physikalische und anorganische Chemie

### $A_1$. Kernphysik und Kernchemie

**Der Einfluß der atomaren Bindung auf die Zerfallsrate negativer $\mu$-Mesonen.** I. M. Blair, H. Muirhead, T. Woodhead und J. N. Woulds. (Proc. physic. Soc. **80,** 938—44, 1/10. 1962; Liverpool, Univ., Nuclear Phys. Res. Labor.; engl.) — Die Zerfalls-Konst. $\lambda_D$ gebundener $\mu^-$-Mesonen in *V, Fe, Co, Ni, Zn, Sn, W* u. *Pb* wurden als Bruchteile der Zerfalls-Konst. freier negativer $\mu$-Mesonen bestimmt. V: $\lambda_D = 1{,}00 \pm 0{,}04$, Fe: $\lambda_D = 1{,}00 \pm 0{,}04$, Co: $\lambda_D = 0{,}94 \pm 0{,}04$, Ni: $\lambda_D = 0{,}96 \pm 0{,}04$, Zn: $\lambda_D = 0{,}93 \pm 0{,}04$, Sn: $\lambda_D = 0{,}87 \pm 0{,}04$; W: $\lambda_D = 0{,}78 \pm 0{,}04$, Pb: $\lambda_D = 0{,}86 \pm 0{,}04$. Die von anderen Vff. angegebenen anomal hohen Zerfalls-Konst. in den Elementen der Eisengruppe wurden nicht bestätigt. Die neuen Ergebnisse stimmen besser mit der Theorie überein. R. Wolter. 90◇

**Eine Messung der Einfanggeschwindigkeit negativer $\mu$-Mesonen in verschiedenen Elementen.** I. M. Blair, H. Muirhead und T. Woodhead. (Proc. physic. Soc. **80,** 945—46, 1/10. 1962; engl.) — Vgl. vorst. Referat. — Es wird über eine Best. der mittleren Lebensdauer $\tau$ (in ns) u. der Einfang-Geschw.-Konst. $\lambda_c$ (in Einheiten von $10^5 \cdot s^{-1}$) von $\mu^-$ in verschiedenen Elementen berichtet. *C*: $\tau = 2040 \pm 30$, $\lambda_c = 0{,}37 \pm 0{,}07$, *V*: $\tau = 271 \pm 5$, $\lambda_c = 32{,}4 \pm 0{,}7$, *Fe*: $\tau = 207 \pm 3$, $\lambda_c = 43{,}8 \pm 0{,}7$, *Co*: $\tau = 188 \pm 3$, $\lambda_c = 48{,}9 \pm 0{,}9$, *Ni*: $\tau = 158 \pm 3$, $\lambda_c = 59 \pm 1$, *Zn*: $\tau = 169 \pm 4$, $\lambda_c = 55 \pm 1$, *Sn*: $\tau = 92 \pm 3$, $\lambda_c = 105 \pm 4$, *W*: $\tau = 72 \pm 3$, $\lambda_c = 135 \pm 6$, *Pb*: $\tau = 67 \pm 3$, $\lambda_c = 145 \pm 7$. R. Wolter. 90◇

**Ausdruck für die Amplitude der Reaktion $2\pi \rightarrow N\bar{N}$ nach den Phasenverschiebungen der $\pi$-$\pi$- und $\pi$-N-Streuung.** I. A. Terentjew und F. M. Kuni. (Nachr. Leningrader Univ. **16,** Nr. 16, Ser. Physik Chem. Nr. 3, 5—18, 1961; russ., Auszug: engl.) — Nach der Mandelstam-Darst. u. entsprechend der Unitaritätsbedingung wird für die Partialwellenamplituden der Rk. $2\pi \rightarrow N\bar{N}$ eine Integralgleichung aufgestellt. Wird bei deren Lösung der unelast. absorptive Anteil berücksichtigt, so können die Partialwellen durch die Partialwellenamplituden der Rkk. $\pi\pi \rightarrow \pi\pi$ u. $\pi N \rightarrow \pi N$ ausgedrückt werden. M. Wiedemann. 90□

**Rückkehrpunkte für Pion-Nucleon-Streuung.** Francis R. Halpern. (Physic. Rev. [2] **125,** 1768—69, 1/3. 1962; San Diego, La Jolla, Calif., Univ. of California; engl.) — Aufstellung einer impliziten Gleichung für das Auftreten von Rückkehrpunkten (acnodes) auf den Landau-Kurven eines Feynman-Diagramms fünfter Ordnung. Herbert Weber. 90◇

**Pionenerzeugung bei der Grenze niedriger Energie.** Y. A. Kim. (Physic. Rev. [2] **125,** 1771—77, 1/3. 1962; Princeton, N.J., Princeton Univ., Palmer Phys. Labor.; engl.) — $\pi + N \rightarrow \pi + \pi + N$ bei niedriger Energie wird nach einer vereinfachten Kinematik diskutiert (Khuri-Treimann-Darst. für Prozesse mit Dreiteilchen-Endzustand). Herbert Weber. 90◇

**Über die KK$\pi\pi$-Wechselwirkungen.** Keiji Igi. (Progr. theoret. Physics [Kyoto] **25,** 201—10, Febr. 1961; Tokyo, Univ. of Tokyo, Dep. of Phys.; engl.) — Vf. betrachtet das K-Meson sowohl über den Austausch zweier Pionen zwischen dem Nucleon u. dem K-Meson als auch über die direkte K-Meson–Hyperon–Nucleon-Wechselwrkg. als gestreut. Die KK$\pi\pi$-Wechselwrkg. des isospinabhängigen Typs scheint eine bedeutende Rolle bei der K-Meson–Nucleon-Streuung zu spielen. Gerhard Schmidt. 90◇

**Messung der totalen Querschnitte von $K^-$-Mesonen in Wasserstoff und Deuterium im Impulsbereich 630—1100 MeV/c.** O. Chamberlain, K. M. Crowe, D. Keefe, L. T. Kerth, A. Lemonick, Tin Maung und T. F. Zipf. (Physic. Rev. [2] **125,** 1696 bis 1702, 1/3. 1962; Berkeley, Calif., Univ. of California, Lawrence Radiat. Labor.; engl.) — Die totalen $K^-$-n-Querschnitte wurden mit fl. $H_2$- oder $D_2$-Targets erhalten. Eine Resonanz trat im totalen $K^-$-p-Querschnitt bei ca. 1000 MeV/c auf. Herbert Weber. 90◇

**Über $K^-$-p-Wechselwirkungen bei 400 MeV/c.** Shigeo Minami. (Progr. theoret. Physics [Kyoto] **26,** 569—72, Okt. 1961; Osaka City Univ., Dep. of Phys.; engl.) —

Vf. zeigt, daß für die Winkelverteilungen der $K^-$-p-Streuungen ($K^- + p \rightarrow K^- + p$, $\rightarrow \pi^- + \Sigma^+$, $\rightarrow \pi^+ + \Sigma^-$) bei 400 MeV/c überwiegend die Interferenz zwischen $s_{1/2}$- u. $d_{3/2}$-Zuständen oder zwischen $p_{1/2}$- u. $p_{3/2}$-Zuständen verantwortlich ist. M. Wiedemann. 90□

**Eigenschaften des $\Sigma$-Zerfalls und die $\Sigma^0$-Lebensdauer.** J. Dreitlein und H. Primakoff. (Physic. Rev. [2] **125**, 1671—86, 1/3. 1962, Philadelphia, Pa., Univ. of Pennsylvania, Dep. of Phys.; engl.) — Unters. der Folgerungen einer möglichen Nichterhaltung der Parität im elektromagnet. Zerfall $\Sigma^0 \rightarrow \Lambda^0 + \gamma$ sowie der $\Lambda^0 \rightarrow \Sigma^0$-Konversion in $\Lambda^0$-Kern-Stößen u. der $\Sigma^\pm \rightarrow \Lambda^0$-Zerfälle als Meth. zur Best. der $\Sigma^0$-Lebensdauer. Herbert Weber. 90◇

**Erzeugung und Zerfall von intermediären Vektormesonen.** J. Bernstein und G. Feinberg. (Physic. Rev. [2] **125**, 1741—45, 1/3. 1962; Upton, N.Y., Brookhaven Nat. Labor.; New York, N.Y., Columbia Univ.; engl.) — Der Zerfall des intermediären Vektormesons W, von dem angenommen wird, daß es die schwachen Wechselwrkg. vermittelt, wird mit bes. Berücksichtigung der Zerfallsarten $W \rightarrow 2\pi$, $W \rightarrow K + \pi$ diskutiert. Die Erzeugung von W durch Pionen u. Kaonen wird nach einem Modell des „peripheren Stoßes" untersucht. Herbert Weber. 90◇

**Exakte numerische Lösung eines Dreikörper-Grundzustandproblems.** George A. Baker jun., J. L. Gammel, B. J. Hill und John G. Wills. (Physic. Rev. [2] **125**, 1754—58, 1/3. 1962; Los Alamos, N.Mex., Univ. of California, Los Alamos Scient. Labor.; engl.) — Numer. Lösung der Schrödinger-Gleichung zur Erlangung der Wellenfunktion für den Grundzustand von $^3H$. Die Meth. läßt sich auf das Problem der Nullenergie-Streuung anwenden. Herbert Weber. 90◇

**Untersuchungen über die Möglichkeit, das Photon durch ein elektromagnetisches Modell darzustellen.** Nikola St. Kalitzin und Ivan Todorov. (C. R. Acad. bulg. Sci. **11**, Nr. 1, 13—16, Jan./Febr. 1958; Phys. Inst. der Bulg. Akad. der Wiss.; dt.) — Singuläre Lösung der Wellengleichung von Maxwell für das Vakuum. Ch. Weiske. 90◇

**Streuung von Photonen an Protonen.** Lloyd G. Hyman. (Physic. Rev. [2] **125**, 1765—67, 1/3. 1962; Cambridge, Mass., Harvard Univ.; engl.) — Theoret. Unters. über die Zus. der Streuamplitude. Herbert Weber. 90◇

**Die Kernstreuung hochenergetischer Photonen.** W. S. C. Williams, H. S. Caplan und D. T. Stewart. (Proc. physic. Soc. **78**, 1125—34, 1/12. 1961; Glasgow, Univ., Dep. of Natural Philos; engl.) — Vff. untersuchten die Streuung von Photonen (50—130 MeV) an C-Kernen mittels eines Gesamtabsorptions-Čerenkov-Spektrometers in Verbindung mit einem Zählerteleskop im Winkelbereich von 90—135°. Die Ergebnisse wurden an Hand eines einfachen Modells über die Kernladungsverteilung mit Kernpolarisation analysiert u. zeigten die Ggw. von magnet. Dipolstreuung an. H. Schroeder. 90□

**Albedo der $\gamma$-Strahlen aus isotropen $^{60}Co$-, $^{137}Cs$- und $^{51}Cr$-Quellen für einige Substanzen.** B. P. Bulatov. (J. nuclear Energy, Part A **13**, 82—84, Okt. 1960; engl.) — Vgl. C. **1961**, 5. E. Klever. 90◇

**Die Einzelstreuungsapproximation zur Lösung des Problems der Streuung von $\gamma$-Strahlen in Luft.** D. K. Trubey. (Nuclear Sci. Engng. **10**, 102—16, Juni 1961; Oak Ridge, Tenn., Oak Ridge Nat. Labor.; engl.) — Vf. vergleicht die Ergebnisse mit Monte-Carlo-Berechnungen der Strahlungsintensität u. dem Teilchenfluß einer monoenerget. $\gamma$-Quelle in Luft. Die in einer Reihe von Diagrammen niedergelegten Ergebnisse zeigen, daß die einfache Näherungsbeziehung für nichtabgeschirmte Detektoren durchaus genügt. H. Schroeder. 90□

**Energie- und Winkelverteilung der Streustrahlung in einem mit Röntgenstrahlen bestrahlten Wassertank.** G. Hettinger und N. Starfelt. (Ark. Fysik **14**, 497—511, 1959; Lund, Univ., Radiat. Phys. Dep.; engl.) — Vff. untersuchten die spektrale Verteilung der Röntgenstreustrahlung in verschiedenen Richtungen in einem Wassertank mit Hilfe eines NaJ(Tl)-Scintillationsspektrometers. Als Primärstrahlung diente gefilterte Röntgenstrahlung aus einem normalen Röntgenstrahlgenerator mit einer maximalen Spannung von 300 kV. Die experimentellen Spektren wurden zur Best. der Photonenflußdichte bei verschiedenen Primärenergien u. Wassertiefen über alle Winkel integriert. G. Lehmpfuhl. 90□

**In leichten Substanzen durch Bremsstrahlung mit $E_{\gamma max} = 80$ MeV erzeugte Elektronenspektren.** Ss. P. Kruglow und I. W. Lopatin. (J. techn. Physik [UdSSR] **31**, 876—87, Juli 1961; russ.) — Die Energieverteilungen der Elektronen in Graphit u. Al werden für verschiedene Tiefen berechnet, wobei die Abschwächung der Bremsstrahlung berücksichtigt wird. M. Wiedemann. 90□

**Untersuchung der Winkelverteilung der durch $^{137}$Cs-$\gamma$-Strahlen aus Ag- und Bi-Targets ausgelösten Photoelektronen.** K. K. Aglinzew, W. W. Mitrofanow, A. A. Rimski-Korssakow und W. W. Smirnow. (Nachr. Akad. Wiss. UdSSR, physik. Ser. **25**, 1141—46, Sept. 1961; russ.) — Benutzt wurden ein Magnetspektrometer u. eine $^{137}$Cs-Quelle mit 6 c. Die Stärke der Targets betrug bei Ag 0,06, 0,08, 0,21, 0,70, 6 u. 15 $\mu$m u. bei Bi 0,02, 0,05, u. 0,37 $\mu$m. Für Ag stimmen die Ergebnisse bei dünnen Schichten mit der Slauter-Formel überein, für stärkere Ag-Schichten u. Bi nicht. G. Ewald. 90□

**Bildung von Elektronenpaaren durch $\gamma$-Strahlen aus ThD, untersucht mit Geiger-Müller-Zählern.** Andrzej Hrynkiewicz. (Zeszyty naukowe Uniw. jagiellońskiego, Ser. Nauk mat.-przyrodniczych, Mat., Fizyka, Chem. **1955**, 31—64; Kraków, Uniw. Jagiell., Kat. Fiz. dośw.; pol., Auszug: engl.) — Mit Hilfe zweier in Koinzidenz stehender Geiger-Müller-Zählrohre wurde die Winkelverteilung von Elektronenpaaren bestimmt, die durch $\gamma$-Strahlen aus ThD (2,62 MeV) in Pb erzeugt werden. Die Verteilung stimmt mit der nach Bethe u. Heitler errechneten nicht überein, da bei niedrigen Energien die Bornsche Näherung nicht anwendbar ist. Das experimentell ermittelte Verhältnis der Querschnitte der Elektronenpaare, bezogen auf Pb, ist für *Al* 0,021 ± 0004, für *Cu* 0,101 ± 0,012 u. für *Ag* 0,267 ± 0,025. — 80 Literaturangaben. F. Urban. 90□

**Die Entwicklung der durch Kernwechselwirkung eingeleiteten Kaskaden.** K. Pinkau. (Philos. Mag. [8] **6**, 657—67, Mai 1961; Bristol, Univ., H. H. Wills Phys. Labor.; engl.) — Die die Entw. von elektromagnet. Kaskaden beschreibende Verteilungsfunktion wurde unter der Annahme, daß die Primärteilchen $\gamma$-Strahlen mit einem bestimmten Energiespektrum u. einer bestimmten Winkelstreuung sind, abgeleitet. J. M. Spaeth. 90□

**Grundzustandsenergie des Nucleons.** Richard J. Drachman. (Physic. Rev. [2] **125**, 1758—60, 1/3. 1962; Waltham, Mass., Brandeis Univ.; engl.) — Mesonentheoret. Untersuchung. Herbert Weber. 90◇

**Feldtheorie der Nucleon–Nucleon-Streuung.** Iwao Sato. (Progr. theoret. Physics [Kyoto] **26**, 281—83, Aug. 1961; Sendai, Tohoku Univ., Dep. of Phys.; engl.) — Unter Verw. der Feldtheorie berechnet Vf. die Einpion- u. Zweipion-Austauschanteile der S-Matrix für die Nucleon–Nucleon-Streuung, zerlegt diese in die partiellen Wellenamplituden u. berechnet die Phasenverschiebungen für die Proton–Proton-Streuung bei 310 MeV. H. Schroeder. 90□

**Nichtstatischer Effekt bei der T = 0-Zweinucleonenwechselwirkung.** Tetsuo Hamada. (Progr. theoret. Physics [Kyoto] **24**, 222—23, Juli 1960; Sydney, Univ., School of Phys., Daily Telegraph. Theoret. Dep.; engl.) — Vgl. C. **1961**, 18207. — Zur pionentheoret. Interpretation der p-p- u. n-p-Streudaten wird darauf hingewiesen, daß der nichtstat. Effekt auch im $T = 0$-Zustand bei 300 MeV von Bedeutung sein muß. Gerhard Schmidt. 90◇

**Wechselwirkung von Nucleonen bei einer Energie zwischen $10^{14}$ und $10^{15}$ eV/Nucleon.** J. Pernegr, V. Petržílka und J. Vrána. (Českoslov. Časopis Fysiku **8**, 67—76, 1958; Praha, Fys. ústav ČSAV; Fak. techn. a jaderné fys. KU; tschech. — C. **1959**, 3017.) A. Blaschette. 90◇

**Nucleon–Kern-Streuung und die Wahl zwischen Ansätzen von Nucleon–Nucleon-Phasenverschiebungen.** Alvin M. Saperstein. (Progr. theoret. Physics [Kyoto] **25**, 716—17, April 1961; Buffalo, N.Y., Univ., Dep. of Phys.; engl.) — Theoret. Abhandlung. J. M. Spaeth. 90□

**Streuung von 14-MeV-Neutronen an Protonen.** J. Catalá, M. de la Cuadra, R. Font, J. Aguilar, J. Casanova und F. Senent. (An. Real Soc. españ. Física Quím., Ser. A **57**, 49—50, März/April 1961; Valencia, Fac. de Ciencias, Centro de Fís. Fotocorpuscular.; span.) — Die n-p-Streuung mit Neutronen von 14 MeV aus T(d, n)$^4$He wurde in Ilford-C2-Emulsionen untersucht. Es wurde gefunden, daß die Streuung im Schwerpunkts-Syst. schwach anisotrop ist. K. Huste. 90□

**Die Rückstreuungskorrektur an der Elektrozertrümmerung des Deuterons.** B. Bosco und R. B. De Bar. (Nuovo Cimento [10] **26**, 604—12, 1/11. 1962; Stanford, Calif., Stanford Univ., Inst. of Theoret. Phys., Dep. of Phys.; engl.) — Diskussion der S-Wellen-Rückstreuung für den Querschnitt der Elektrozertrümmerung des Deuterons. Gerhard Schmidt. 90◇

**Breakup der Deuteronen an H, D, $^3$He und $^4$He.** B. V. Rybakov, V. A. Sidorov und N. A. Vlasov. (Nuclear Physics [Amsterdam] **23**, 491—98, März 1961; Moskau, Akad. der Wiss., Kurchatow Atom. Energie Inst.; engl.) — Gastargets aus H, D, $^3$He u. $^4$He von 2—5 at Druck wurden im 1,5-m-Cyclotron mit 18,6-MeV-Deuteronen, D auch mit 8,6-MeV-Protonen u. 34,6-MeV-$\alpha$-Teilchen beschossen. Mittels eines Flugzeit-

Spektrometers mit vielen Kanälen wurden die Neutronenspektren aufgenommen. Bei den p + d- u. α + d-Rkk. können die Maxima durch Paarwechselwrkg. der Rk.-Prodd. im Endzustand gedeutet werden, die Spektren bei d + d u. $^3$He + d lassen sich durch höhere Drehimpulse im Endzustand deuten. M. Wiedemann. 90□

**Polarisation von d-d-Neutronen für Deuteronenenergien von 1,9—11 MeV.** P. S. Dubbeldam und R. L. Walter. (Nuclear Physics [Amsterdam] **28,** 414—25, Dez. 1961; Madison, Wis., Univ. of Wisconsin; engl.) — Vgl. C. **1961,** 9667. — Die Polarisation der Neutronen wurde gemessen, indem der Polarisationsvektor in einem Magnetfeld rotierte, während der Neutronendetektor fest bleibt. Als Analysator diente He unter hohem Druck in einer dünnwandigen Zelle. Dabei wurden Koinzidenzen zwischen den He-Rückstoßatomen u. den gestreuten Neutronen gemessen. Die Polarisation unter 45° (Schwerpunkts-Syst.) variierte von −0,12 ± 0,02 bei 1,9 MeV bis +0,30 ± 0,05 bei 11 MeV, sie ging bei 4,2 MeV durch den Nullpunkt. M. Wiedemann. 90□

**Geschwindigkeiten von (d–d)-Reaktionsprodukten in SCEPTRE III nach einem Zweigruppenmodell.** R. Herdan und T. P. Hughes. (Proc. physic. Soc. **77,** 987—96, 1/5. 1961; Aldermaston, Berks., Associate Electr. Industr. Ltd., Res. Labor.; engl.) — Theoret. Abhandlung. J. M. Spaeth. 90□

**Transformationsklammern für Zustände harmonischer Oscillatoren.** B. J. Verhaar. (Physica [Utrecht] **26,** 1045—46, Dez. 1960; Amsterdam, Univ., Inst. voor Theoret. Phys.; engl.) — Ableitung einer Beziehung zwischen den Transformationsklammern (vgl. Moshinsky, C. **1962,** 4415 u. Balashov u. Eltekov, C. **1961,** 7824) u. anderen Koeff. für numer. Berechnungen im Harmon.-Oscillator-Kernschalenmodell. Herbert Weber. 95◇

**Rotationszustände nichtsphärischer gerade-gerade-Kerne.** W. I. Beljak und D. A. Saikin. (Nachr. Akad. Wiss. UdSSR, physik. Ser. **25,** 1163—68, Sept. 1961; Physik. Inst. der Akad. der Wiss. der UdSSR; russ.) — Vff. untersuchen die Wechselwrkg. zwischen Rotation u. γ-Schwingungen für axiale gg-Kerne u. erhalten eine Gleichung für die γ-Schwingungen u. die Rotation, wobei sie von einem die Wellenfunktionen der individuellen Bewegung der Nucleonen berücksichtigenden Hamilton-Operator für einen axialen gg-Kern ausgehen. Für den Fall von E2-Übergängen werden die berechneten Wahrscheinlichkeiten mit experimentellen Ergebnissen bei 18 Nucliden zwischen $^{152}$Sm u. $^{240}$Pu verglichen. G. Ewald. 95□

**Schwingungszustände von Kernen in der Näherung der beliebigen Phase.** D. J. Thouless. (Nuclear Physics [Amsterdam] **22,** 78—95, Jan. 1961; Copenhagen, Univ., Inst. for Theor. Phys.; engl.) — Vf. untersucht die Eigg. von Zuständen, die sich durch Einteilchenanregungen des Grundzustandes eines Kerns beschreiben lassen, mit Hilfe einer Störungstheorie-Erweiterung für die Greensche Funktion. G. Jordan. 95◇

**Unelastische Streuung an deformierten Kernen.** J. S. Blair, D. Sharp und L. Wilets. (Physic Rev. [2] **125,** 1625—38, 1/3. 1962; Seattle, Wash., Univ. of Washington; engl.) — Die Verff. der Modelle des scharfen u. abgerundeten Cutoffs für elast. Streuung wurden auf die Berechnung von Kernmonopol- u. -oktupolanregungen in der adiabat. Approximation ausgedehnt. Herbert Weber. 95◇

**γ-Strahlen aus der unelastischen Streuung energiereicher Nucleonen.** A. B. Clegg und G. R. Satchler. (Nuclear Physics [Amsterdam] **27,** 431—47, Okt. 1961; Oxford, Clarendon Labor.; Oak Ridge, Tenn., Nat. Labor.; engl.) — Beiträge zur Kernstruktur u. effektiven Wechselwirkung. M. Wiedemann. 95□

**γ-Strahlen aus der Wechselwirkung von 14-MeV-Neutronen mit Lithium.** J. Benveniste, A. C. Mitchell, C. D. Schrader und J. H. Zenger. (Nuclear Physics [Amsterdam] **38,** 300—04, Okt. 1962; Livermore, Calif., Univ. of California, Lawrence Radiat. Labor.; engl.) — Vgl. C. **1961,** 17824. — Vff. bestimmen den Querschnitt für die Rk. $^7$Li(n, n')$^7$Li* → $^7$Li + γ(0,477 MeV) nahe 14 MeV durch Nachw. der γ-Strahlen. Zur Unterscheidung der γ-Strahlen von dem hohen Neutronenuntergrund wird eine Flugzeittechnik verwendet. Im Neutronenenergiebreich von 13,6—14,3 MeV ist der Querschnitt ca. 80 mbarn (± 12%). Die Ergebnisse lassen überdies einen Anstieg des Querschnittes bis zu 110 mbarn bei 14,7 MeV vermuten. Gerhard Schmidt. 95◇

**Durch unelastische Streuung von 2,95-MeV-Neutronen in $^{27}$Al angeregte γ-Strahlen.** L. Graudynja, O. Kosstotschkin, K. Petrshak und A. Ssorokina. (Nachr. Akad. Wiss. LettSSR **1962,** Nr. 1, 51—52; russ.) — 2,95-MeV-Neutronen wurden an Al unelast. gestreut u. mittels eines Scintillationsspektrometers mit Ringgeometrie das γ-Spektrum aufgenommen. Das Spektrum von $^{27}$Al zeigte Übergänge bei 0,83, 1,02, 2,25 u. 2,82 MeV. M. Wiedemann. 95□

**Parameter der $^{17}$F-Niveaus.** S. R. Salisbury und H. T. Richards. (Physic. Rev. [2] **126,** 2147—58, 15/6. 1962; Madison, Wis., Univ. of Wisconsin; engl.) — Vff.

verwenden die Daten des differentiellen Querschnittes der Rk. $^{16}O(p, p)^{16}O$ für $E_p$ = 2—7,6 MeV zur Best. der Parameter der $^{17}F$-Niveaus. Gerhard Schmidt. 95◇

**Die Winkelkorrelationen der $^{32}S$ (p, p' γ)-Reaktion von 5,7—6,34 MeV.** H. Hulubei, N. Martalogu, J. Frantz, M. Ivaşcu, N. Scîntei, A. Berinde und I. Neamu. (Physic. Rev. [2] **126**, 2174—77, 15/6. 1962; Bucharest, Inst. for Atom. Phys.; engl.) — Vff. bestimmen die Winkelkorrelationen zwischen den Protonen, die unelast. an $^{32}S$ gestreut worden sind, u. den 2,25-MeV-γ-Strahlen aus dem Zerfall des ersten angeregten Zustandes. Die Messungen erfolgen bei Energien der einfallenden Protonen von 5,7, 6,02, 6,2 u. 6,34 MeV, die Lage des Protonendetektors ist bei 60, 90, 120° u. nur in einem Falle bei 150°. Der Ausdruck für die experimentellen Korrelationsfunktionen wird wiedergegeben. Die Korrelationskurven bei 5,7 u. 6,2 MeV sind im Einklang mit einem konkurrierenden Prozeß zwischen den beiden Rk.-Mechanismen, dem Mechanismus der direkten Wechselwrkg. u. dem der Compoundkernbildung. Gerhard Schmidt. 95◇

**Querschnitte der Absorption von 6,6-MeV-Protonen durch $^{63}Cu$- und $^{65}Cu$-Kerne.** Ss. Ss. Wassiljew, Je. A. Romanowski und G. F. Timuschew. (Nachr. Moskauer Univ., Ser. III **17**, Nr. 1, 94—95, Jan./Febr. 1962; russ.) — Die unelast. Streuung von 6,6-MeV-Protonen an $^{63}Cu$ u. $^{65}Cu$ wurde untersucht. Der partielle Anregungsquerschnitt der 46 Niveaus in $^{63}Cu$ ergibt sich zu 240 ± 20 mbarn, der von 21 Niveaus in $^{65}Cu$ zu 70 ± 15 mbarn. M. Wiedemann. 95□

**Unelastische Streuung von Deuteronen an Chrom und Kobalt.** F. A. El Bedewi und S. Tadros. (Nuclear Physics [Amsterdam] **6**, 434—39, April 1958; Alexandria, Univ., Fac. of Sci.; engl.) — Mit 8,7-MeV-Deuteronen wurden unelast. Streu-Verss. an Cr bzw. Co durchgeführt. Als Detektor wurde ein magnet. Spektrometer mit photograph. Registrierung verwendet. Für das (1,44 ± 0,2)-MeV-Niveau von $^{52}Cr$ wurde ein Spin von $2^+$ in Übereinstimmung mit der theoret. Voraussage gefunden. Der auf den $^{59}Co$-Kern übertragene Drehimpuls des 1,27-MeV-Niveaus beträgt 2 Einheiten. H. Schroeder. 95□

**Zweiphotonenzerfall und die Lebensdauer der Riesenresonanzzustände.** B. Margolis. (Nuclear Physics [Amsterdam] **28**, 524—28, Dez. 1961; Columbus, Ohio, Ohio State Univ.; engl.) — Die relative Wahrscheinlichkeit des Zweiphotonenzerfalls im energiearmen $0^+$-$0^+$-Übergang wird mit der Lebensdauer der $1^-$-Zustände dieser Kerne im Riesenresonanzbereich in Beziehung gebracht. Die Lebensdauer wird nach der Theorie der Kern-Rkk. abgeschätzt. M. Wiedemann. 95□

**Lebensdauer der ersten angeregten Zustände von $^{15}C$ und $^{10}B$.** J. Lowe, C. L. McClelland und J. V. Kane. (Physic. Rev. [2] **126**, 1811—18, 1/6. 1962; Upton, N.Y., Brookhaven Nat. Labor.; engl.) — Vff. untersuchen die Lebensdauer der ersten angeregten Zustände von $^{15}C$ u. $^{10}B$ unter Verw. eines gepulsten Van de Graaff-Bündels mit einer speziellen Targettechnik, um die Dauer der Bündelimpulse auf das Target zu reduzieren. Die verwendeten Rkk. sind $^{10}B(p, p')^{10}B^*$, $^9Be(d, n)^{10}B^*$ u. $^{14}C(d, p)^{15}C^*$. Die mittleren Lebensdauern der Niveaus sind (3,73 ± 0,23) ns für $^{15}C$ u. (1,04 ± 0,02) ns für $^{10}B$. Das Ergebnis für $^{15}C$ in Verbindung mit neueren Messungen über die γ-Winkelverteilung u. Stripping bestätigt den Spin u. die Parität des ersten angeregten Zustandes von $^{15}C$ zu $5/2^+$. Gerhard Schmidt. 95◇

**Lebensdauer der ersten angeregten Zustände von $^{10}B$, $^{17}O$ und $^{17}F$.** 1. Mitt. N. H. Gale, J. B. Garg und J. M. Calvert. (Nuclear Physics [Amsterdam] **38**, 222—51, Okt. 1962; Manchester, Univ., Physic. Labor.; engl.) — Mit einem gepulsten Bündel bestimmen Vff. nach der Meth. der verzögerten Koinzidenzen die mittleren Lebensdauern der ersten angeregten Zustände von $^{10}B$, $^{17}O$ u. $^{17}F$ zu $(1{,}00 \pm 0{,}03) \cdot 10^{-9}$ s, $(4{,}30 \pm 0{,}21) \cdot 10^{-10}$ s bzw. $(4{,}29 \pm 0{,}22) \cdot 10^{-10}$ s. Die wichtigsten theoret. Behandlungen der Quadrupolerweiterung werden zusammengefaßt, deren Vorhersagen werden mit den experimentellen Ergebnissen verglichen. Gerhard Schmidt. 95◇

**Lebensdauer der ersten angeregten Zustände von $^{10}B$, $^{17}O$ und $^{17}F$.** 2. Mitt. **Analyse der Lebensdauermessungen verzögerter Koinzidenzen.** N. H. Gale. (Nuclear Physics [Amsterdam] **38**, 252—58, Okt. 1962; engl.) — 1. vgl. vorst. Referat. — Die Analyse der Messungen verzögerter Koinzidenzen erlaubt eindeutige Lebensdauermessungen selbst in dem Fall, in dem unbekannte Anteile prompter oder verzögerter Strahlungen, die nicht untersucht werden sollen, bei der Messung der Kurve verzögerter Koinzidenzen angenommen werden. Eine weitere Analyse ermöglicht die Aufnahme einer Kurve verzögerter Koinzidenzen für den Fall, daß der Verlauf der Kurve prompter Koinzidenzen bekannt ist. Gerhard Schmidt. 95◇

**Mittlere Lebensdauer des angeregten Zustandes bei 265 keV in $^{75}As$.** Franz R. Metzger. (Physic. Rev. [2] **127**, 220—24, 1/7. 1962; Swarthmore, Pa., Franklin Inst., Bartol Res. Foundat.; engl.) — Mittels einer Ultrazentrifuge, mit der eine $^{75}Se$-

Quelle auf Geschw. bis zu $11{,}5 \cdot 10^4$ cm/s gebracht wurde, werden Resonanz-Transmissions-Verss. durchgeführt. Wird für den 265-keV-Zustand in $^{75}$As ein Verzweigungsverhältnis $\Gamma_0/\Gamma$ von 0,96 angenommen, so führen die Daten der Transmission in Abhängigkeit von der Geschw. zu einer mittleren Lebensdauer des Niveaus von $(1{,}57 \pm 0{,}10) \cdot 10^{-11}$ Sekunden. Dieser Wert stimmt mit dem Ergebnis einer Selbstabsorptions-Unters. überein. Gerhard Schmidt. 95◇

**Über Rückstoßkerne, die bei der Emission von $\gamma$-Quanten entstehen.** T. N. Michalewa. (Nachr. Akad. Wiss. UsbekSSR, Ser. physik.-math. Wiss. **1961**, Nr. 5, 46—55; Moskau, Lomonossow-Univ.; russ., Auszug: usbek.) — Die Energiespektren der Rückstoßkerne, die bei der Emission von $\gamma$-Quanten entstehen, wurden mit einem elektrostat. Analysator bestimmt. Mittels NaJ-Scintillatoren wurden Rückstoß-$\gamma$-Koinzidenzen gemessen. Aus den verzögerten $\gamma$-$\gamma$-Koinzidenzen wurde eine Halbwertszeit von 60 $\mu$s bei $^{60}$*Co* ermittelt. M. Wiedemann. 95□

**Photoprotonen aus mittelschweren und schweren Elementen.** W. C. Barber und V. J. Vanhuyse. (Nuclear Physics [Amsterdam] **16**, 381—401, Mai 1960; Stanford, Calif., Stanford Univ., High Energy Phys. Labor.; engl.) — Vff. bestimmen die Energie- u. Winkelverteilungen der Protonen, die durch Elektronenbeschuß von *Nb*-, *In*-, *Ta*- u. *Au*-Targets erzeugt worden sind. Die Ausbeutekurven werden als eine Funktion der Elektronenenergie bis zu 40 MeV für Nb, In u. Ta gemessen. Die Winkelverteilungen sind in Vorwärtsrichtung stark ausgeprägt für Ta u. Au, weniger für Nb, für In dagegen ein wenig in Rückwärtsrichtung. Die Energieverteilungen sind nahezu stetige Funktionen mit Ausnahme von Ta, wo 2 Peaks bei ca. 9,5 u. 11,5 MeV beobachtet werden. Die Ausbeuten werden mit Hilfe einer berechneten Zahl von reellen u. virtuellen Photonen analysiert, die das Elektron durch das Target begleiten. Nachst., über die Photonenenergie integrierte Photoprotonenquerschnitte werden erhalten: Nb 230, In 90, Ta 60 u. Au 75 MeV·mbarn, die Ergebnisse haben eine geschätzte Genauigkeit von ±25%. Gerhard Schmidt. 103◇

**(d, $\alpha$)-Reaktionen an einigen leichten Kernen bei 13 MeV.** N. Cindro, M. Cerineo und A. Strzałkowski. (Nuclear Physics [Amsterdam] **24**, 107—17, April 1961; Zagreb, Inst. „Ruder Bošković"; Cracow, Centre of Nucl. Phys.; engl.) — Nach der Scintillationstechnik untersuchen Vff. die Winkelverteilungen der $\alpha$-Teilchen aus den Rkk. $^{10}B(d, \alpha)^8Be$, $^{10}$B(d, $\alpha$)$^8$Be*, $^{19}F(d, \alpha)^{17}O$ u. $^{19}$F(d, $\alpha$)$^{17}$O* mit 13-MeV-Deuteronen. Die Ergebnisse für $^{10}$B u. $^{19}$F zeigen Verteilungen mit Vorwärtspeak. Eine Anpassung an die Butler-Theorie zeigt das Überwiegen der direkten Prozesse beim Mechanismus dieser Rkk. an. Bei der Messung der Winkelverteilung für die Rk. $^{27}Al(d, \alpha)^{25}Mg$ ist es nicht möglich, den Grundzustand von den tiefliegenden angeregten Zuständen von $^{25}$Mg zu trennen. Die abs. Werte der differentiellen Querschnitte werden in allen Fällen bestimmt. Gerhard Schmidt. 103◇

**$^{16}$O (d, $\alpha$)$^{14}$N-Reaktion mit Deuteronen bei 15 MeV.** Takuji Yanabu, Sukeaki Yamashita, Teruo Nakamura, Kunio Takamatsu, Akira Masaike, Shigeru Kakigi, Dai Ca Nguyen und Kiyohiko Takimoto. (J. physic. Soc. Japan **16**, 2594—95, Dez. 1961; Kyoto, Kyoto Univ., Inst. for Chem. Res. and Fac. of Sci., Dep. of Phys.; engl.) — Vff. wiederholen Verss. zur Best. der Winkelverteilung der $\alpha$-Teilchen aus der Rk. $^{16}$O(d, $\alpha$)$^{14}$N, deren Ergebnisse von neueren Ergebnissen (Pellegrini, C. **1962**, 10344) verschieden waren. Die jetzt erhaltenen Werte weichen wiederum von den früheren Werten ab. Vff. führen dies teilweise auf die Empfindlichkeit der Winkelverteilung gegenüber Energieschwankungen der Deuteronen bei der Streuung in Vor- u. Rückwärtsrichtung zurück. H. Schroeder. 103□

**Untersuchung der Reaktion $^{27}$Al($\alpha$, $^7$Be)$^{24}$Na von der Schwelle bis 41 MeV.** Norbert T. Porile. (Physic. Rev. [2] **127**, 224—30, 1/7. 1962; Upton, N.Y., Brookhaven Nat. Labor., Dep. of Chem.; engl.) — Vf. bestimmt die Anregungsfunktionen für die Bldg. von $^{24}$Na, $^7$Be u. $^{22}$Na bei der Wechselwrkg. von $^{27}$Al mit $\alpha$-Teilchen von der Schwelle bis zu 41 MeV. Die Querschnitte bei 41,2 MeV sind 0,33, 0,14 bzw. 8,0 mbarn, die Anregungsfunktionen zeigen einen steilen Anstieg mit der Beschußenergie. Die Rückstoß-Eigg. obiger Nuclide werden bei 40 MeV untersucht. Die Ergebnisse für $^7$Be sind mit angenähert gleichen Beiträgen aus direkten Wechselwrkg. u. Verdampfungsprozessen im Einklang, während die Ergebnisse für $^{24}$Na u. $^{22}$Na zeigen, daß diese Nuclide hauptsächlich über Prozesse mit Compoundkern-Bldg. erzeugt werden. Aus den Ergebnissen wird geschlossen, daß bei 40 MeV angenähert 60% der Ausbeute von $^{24}$Na der ($\alpha$, $\alpha^3$He)-Rk. zugeschrieben werden kann. Gerhard Schmidt. 103◇

**Relative Ausbeuten der Isomerenpaare $^{69g}$Zn–$^{69m}$Zn und $^{52g}$Mn–$^{52m}$Mn bei einigen durch Protonen von 20—153 MeV ausgelösten Spallationsreaktionen.** I. B. Häller und G. Rudstam. (J. inorg. nuclear Chem. **19**, 1—8, Sept. 1961; Uppsala, Univ.,

Gustaf Werner Inst. for Nucl. Chem.; engl.) — Vff. bestimmten das Verhältnis der Spallationsausbeute der Isomere $^{69g}Zn$–$^{69m}Zn$ u. $^{52g}Mn$–$^{52m}Mn$ beim Beschuß von Metallen mit Protonen in Abhängigkeit von der Bestrahlungsenergie $E_p$ u. des Targetmaterials. $E_p$ reichte von 20 bis 100 MeV, als Targetmaterialien wurden *Mn, Co, Cu, Zn, Ga, As, Br* bzw. *Rb* (die ersten Elemente als Metalle, die beiden letzten als Salze) verwendet. Die Ergebnisse zeigen, daß bei vorgegebener Bestrahlungsenergie das Ausbeuteverhältnis mit steigender Massendifferenz zwischen Target u. Isomerenpaar ansteigt. Eine qual. Erklärung für diesen Effekt wird angegeben. H. Schroeder. 103□

**$^{86}$Br — ein neues Nuclid.** Andrew F. Stehney und Ellis P. Steinberg. (Physic. Rev. [2] **127,** 563—69, 15/7. 1962; Argonne, Ill., Argonne Nat. Labor.; engl.) — Vff. identifizieren durch chem. Abtrennung nach Neutronenbeschuß von angereichertem $^{86}$*Kr* (>99,8%) das Nuclid $^{86}$Br. Die Halbwertszeit dieses Nuclids ergibt sich zu $54 \pm 2$ Sekunden. Die $\beta$- u. $\gamma$-Scintillationszählung in Verbindung mit der Mehrkanal-Impulshöhenanalyse zeigen ein komplexes $\beta$-Spektrum mit einem Endpunkt von $7{,}1 \pm 0{,}5$ MeV für die energiereichste Komponente u. starke $\gamma$-Strahlen bei 1,57 u. 2,76 MeV an. Der Einfl. von $^{86}$Br auf die Interpretation früherer Daten über kurzlebige Spalt-Prodd. von Br wird diskutiert. Eine rohe Schätzung der relativen (n, p)-, (n, pn)- u. (n, $\alpha$)-Rkk. auf $^{86}$Kr liefert ein Verhältnis von 1:1:0,05. Gerhard Schmidt. 103◇

**Über den Zerfall von $^{106m}$Rh.** O. J. Segaert und J. L. Demuynck. (Nuclear Physics [Amsterdam] **16,** 492—501, Mai 1960; Ghent, Rijksuniv., Natuurkund. Labor.; engl.) — Vgl. C. **1962,** 16918. — Vff. erzeugen $^{106m}$Rh durch Bestrahlung von *Pd* mit 25-MeV-Deuteronen. Die $\beta$- u. $\gamma$-Strahlungen, die dem Zerfall des $133 \pm 4$-min-$^{106m}$Rh folgen, werden mit Scintillationsspektrometern untersucht. $^{106m}$Rh zerfällt hauptsächlich durch 790-, 950-, 1180- u. 1620-keV-$\beta$-Übergänge. $\gamma$-Strahlen von 220, 407, 450, 512, 620, 735, 820, 1055, 1140, 1225, 1560, 1740, 1860, 2120 u. 2280 keV können mit Sicherheit zugeordnet werden. Die relativen Intensitäten der $\beta$- u. $\gamma$-Strahlen werden wiedergegeben, ein versuchsweises Zerfallsschema von $^{106m}$Rh wird vorgeschlagen. Gerhard Schmidt. 103◇

**Suche nach einem Antimonisotop mit einer Halbwertszeit von 30 Tagen.** M. C. Palcos, R. Radicella und J. Rodriguez. (J. inorg. nuclear Chem. **19,** 182—83, Sept. 1961; Buenos Aires, Nat. Atom. Energy Comm., Radiochem. Div.; engl.) — Vff. versuchten, die von anderen Autoren bekanntgegebene Existenz eines bei der U-Spaltung entstehenden Sb-Isotops mit $t_{1/2} \sim 30$ d zu bestätigen. Sb-Aktivitäten wurden bei der Bestrahlung von $UO_2$ mit Neutronen bzw. 28-MeV-Deuteronen u. von $^{126}$Te (auf 80% angereichert), $^{128}$Te (auf 85% angereichert) u. $^{130}$Te (auf 78% angereichert) mit schnellen Neutronen aus der Rk. von 28-MeV-Deuteronen mit Be erhalten. In allen Fällen konnte keine Aktivität mit einer Halbwertszeit von 30 Tagen gefunden werden. H. Schroeder. 103□

**Radioaktiver Zerfall von $^{148}$Pm und $^{148m}$Pm.** C. W. Reich, R. P. Schuman, J. R. Berreth, M. K. Brice und R. L. Heath. (Physic. Rev. [2] **127,** 192—204, 1/7. 1962; Idaho Falls, Idaho, Phillips Petrol. Comp., Nat. Reactor Test. Stat.; engl.) — Vff. untersuchen den Zerfall der beiden $^{148}$Pm-Aktivitäten, die durch Neutronenbeschuß des Spalt-Prod. $^{147}$Pm erzeugt worden sind. Die Halbwertszeiten dieser beiden Aktivitäten werden zu $5{,}39 \pm 0{,}06$ Tagen bzw. $40{,}6 \pm 0{,}4$ Tagen gemessen. Die Energien u. relativen Intensitäten der beim Zerfall der 5,4-d-Aktivität emittierten $\gamma$-Strahlen sind 0,550 MeV (1,00), 0,910 MeV (0,55) u. 1,46 MeV (0,77). Die $\beta$-Absorptionsmessungen u. $\beta$-Scintillationsspektren zeigen die Ggw. einer $\beta$-Verzweigung von ca. 2,6 MeV aus dem 5,4-d-Zustand in $^{148}$Pm zum Grundzustand von $^{148}$Sm an. Der Zerfall der 41-d-Aktivität führt zu $\gamma$-Strahlen in $^{148}$Sm mit Energien u. relativen Intensitäten von 0,098 MeV (0,032), 0,188 MeV (ca. 0,01), 0,286 MeV (0,11), 0,309 MeV (0,05), 0,412 MeV (0,19), 0,431 MeV (0,08), 0,498 MeV (0,08), 0,548 MeV (0,99), 0,596 MeV (—), 0,627 MeV (1,00), 0,723 MeV (0,33), 0,913 MeV (0,20) u. 1,011 MeV (0,21). Die Ergebnisse der $\gamma$–$\gamma$- u. $\beta$–$\gamma$-Koinzidenz-Verss. zusammen mit den $\gamma$-Energien u. relativen Intensitäten zeigen in $^{148}$Sm die Ggw. von Niveaus bei 0,55, 1,18, 1,46, 1,59, 1,90, 2,02, 2,09 u. 2,19 MeV an. Das Konversionselektronenspektrum des 41-d-$^{148}$Pm weist die Ggw. von Übergängen von 60 u. 75 keV in Pm nach u. setzt somit fest, daß die 41-d-Aktivität ein isomerer Zustand ist. Gerhard Schmidt. 103◇

**Dysprosium-154, ein langlebiger $\alpha$-Strahler.** R. D. Macfarlane. (J. inorg. nuclear Chem. **19,** 9—12, Sept. 1961; Berkeley, Calif., Univ. of California, Lawrence Radiat. Labor.; engl.) — Gd-Oxidproben mit 33% $^{154}$Gd wurden mit 48-MeV-$\alpha$-Teilchen beschossen. Die über die Rk. $^{154}$Gd($\alpha$, 4n)$^{154}$Dy gebildete Aktivität wurde chem. mit einem Kationenaustauschchromatographie-Verf. abgetrennt. Spektrometr. wurde eine $\alpha$-Aktivität mit einer Energie von $2{,}85 \pm 0{,}05$ MeV nachgewiesen. Die Aktivität wurde unter Berücksichtigung der α-Zerfallssystematik der benachbarten Dy-Isotope u. auf Grund einer Anregungsfunktion dem $^{154}$Dy zugeschrieben. Die Halbwertszeit wurde zu ungefähr $1 \cdot 10^6$ a berechnet. Als untere Grenze für die Halbwertszeit eines möglichen β-Zerfalls wurden 10 a angegeben. H. Schroeder. 103□

**Spektrum der Konversionselektronen von $^{171}$Lu und $^{172}$Lu.** Z. Plajner, L. Malý und M. Vobecký. (Czechoslov. J. Physics **10,** 544—45, 1960; Praha, Ústav jader. výzkumu Českoslov. akad. věd.; russ., Auszug: engl.) — Tabellar. Zusammenstellung der numer. Ergebnisse der Zerfalls-Rkk. $^{171}$Lu(8,1 d) → $^{171}$Yb u. $^{172}$Lu(6,7 d) → $^{172}$Yb. Die Lu-Isotope wurden durch Bestrahlen von Ta mit 660-MeV-Protonen aus dem Synchrocyclotron gewonnen; die Trennung wurde chem. in 24 Std. durchgeführt. J. Tůmová. 103□

**α-Feinstruktur von $^{210}$Bi(RaE).** R. J. Walen und G. Bastin-Scoffier. (J. Physique Radium **20,** 589—93, Juni 1959; Bellevue, Seine-et-Oise, Labor. de l'Aimant Permanent du C.N.R.S.; franz.) — Durch mehrfache Extraktion mit Dithizon in Chlf., kathod. Nd. auf Ta u. schließlich Aufdampfen im Vakuum auf Pyrex wurde eine hochgereinigte RaE-Quelle von 1,5 mc auf 4×0,3 mm gewonnen. Mittels Magnetspektrometer wurden zwei α-Strahlen von 4,686 u. 4,649 MeV mit den Intensitäten $0{,}5 \cdot 10^{-6}$ bzw. $0{,}75 \cdot 10^{-6}$ nachgewiesen. Das Termschema $^{210}$Bi—$^{206}$Tl wird diskutiert. Der Grundübergang von RaE muß als verboten angesehen werden, RaE wird der Spin 1 zugeschrieben. M. Wiedemann. 103□

**Kinetische Energie der Spaltprodukte der Photospaltung von $^{232}$Th.** B. A. Botschagow, A. P. Komar, G. Je. Ssoljakin und W. I. Fadejew. (Atomenergie [UdSSR] **11,** 540—43, Dez. 1961; russ.) — Vff. bestimmen das Verhältnis der Massen $m_2/m_1$ u. die kinet. Energie der Spalt-Prodd., die bei der Photospaltung von $^{232}$Th mit γ-Strahlung von 69 MeV auftreten. Als Verhältnis $m_2/m_1$ wird 1,56 gefunden, für die charakterist. Energie der Spalt-Prodd. 61 ± 2 MeV für schwere u. 97 ± 2 MeV für leichte Kerne. R. Teichmann. 103□

**Ausbeute der verzögerten Neutronen bei der Spaltung von $^{239}$Pu und $^{232}$Th durch 14,5-MeV-Neutronen.** W. I. Schpakow, K. A. Petrshak, M. A. Bak, Ss. Ss. Kowalenko und O. I. Kosstotschkin. (Atomenergie [UdSSR] **11,** 539—40, Dez. 1961; russ.) — Zur Best. der Ausbeute an verzögerten Neutronen wird $^{239}$Pu u. $^{232}$Th mit 14,5-MeV-Neutronen beschossen. Diese werden durch die Rk. T(d,n)He gewonnen. Bei der Spaltung von $^{239}$Pu treten bei einem Zerfallsakt 0,0130 ± 0,0015, bei der Spaltung von $^{232}$Th 0,075 ± 0,007 verzögerte Neutronen auf. R. Teichmann. 103□

**Eine Anordnung zur Untersuchung kurzlebiger Spaltprodukt-Edelgase.** D. W. Ockenden und R. H. Tomlinson. (Canad. J. Chem. **40,** 1594—1604, Aug. 1962; Hamilton, Ontario, McMaster Univ., Dep. of Chem.; engl.) — Bei der therm. $^{235}$U-Spaltung frei werdende kurzlebige Kr- u. Xe-Isotope wurden in einer ausführlich beschriebenen App. untersucht. Eine gut emanierende $^{235}$U-Stearatschicht konnte durch Öffnen einer Cadmiumumhüllung eine definierte, kurze Zeit lang einem Neutronenbeschuß ($2 \cdot 10^{10}$ Neutronen$\cdot$cm$^{-2}\cdot$s$^{-1}$) ausgesetzt u. die gebildeten Edelgase mit He als Spülgas schnell in eine Gaschromatographiesäule übergeführt werden. Dort wurde an Aktivkohle als Füllung in wenigen Sek. eine scharfe Trennung von Kr u. Xe erzielt. Die jeweils zu untersuchende Fraktion konnte bereits 10—25 Sek. nach der Entstehung in ein Unters.-Gefäß geleitet werden, das sich auf dem Scintillationsmeßkopf eines 256-Kanal-Impulshöhenanalysators befand. Die γ-Spektren konnten bei Bedarf auch durch sehr kurzzeitiges Messen mehrerer Proben (jeweils kurz nach ihrer Gewinnung) additiv gewonnen werden. Auf diese Weise wurden frühere Ergebnisse in bezug auf $^{89}$Kr, $^{90}$Kr u. $^{139}$Xe bestätigt. Jedoch konnte keine γ-Strahlung des $^{91}$Kr festgestellt werden. Neue Ergebnisse wurden über $^{137}$Xe, $^{138}$Xe u. $^{140}$Xe gewonnen. γ-Spektren des $^{89}$Kr, $^{90}$Kr, $^{137}$Xe, $^{138}$Xe u. $^{139}$Xe sind abgebildet. T. Tamberg. 104□

**Zirkulation von im Kernreaktor bestrahlten Stoffen.** 1. Mitt. **Zirkulationsschema.** I. Kirko, K. Resnikowitsch, O. Todess und M. Filippow. (Nachr. Akad. Wiss. LettSSR **1961,** Nr. 6, 27—32; Inst. für Phys. der Akad. der Wiss. der LettSSR; russ., Auszug: engl.) — Für die Erzeugung kurzlebiger Nuclide im Reaktor wird ein in sich geschlossenes Transportband, bei fl. Stoffen ein geschlossenes Zirkulationsrohrleitungs-Syst. vorgeschlagen. In beiden Fällen durchläuft das Material nacheinander die Aktivierungszone des Reaktors u. die Abstrahlungseinrichtung. Im Falle feinkörniger Materialien u. Granulen wird das Wirbelbett-Verf. vorgeschlagen. G. Ewald. 104□

**Zirkulation von im Kernreaktor bestrahlten Stoffen.** 2. Mitt. **Analyse stationärer und nichtstationärer Systeme.** W. Krawtschenko und O. Todess. (Nachr. Akad. Wiss. LettSSR **1961,** Nr. 6, 32—41; russ., Auszug: engl.) — 1. vgl. vorst. Referat. G. Ewald. 104□

**Die Einrichtungen für Analysen bei hohem Strahlungsniveau des Oak Ridge National Laboratory.** Calvin E. Lamb. (Talanta [London] **6**, 20—27, 1960; Oak Ridge, Tenn., ORNL; engl.) W. Menz. 110□

**Organische Moderatoren und Kühlmittel.** Jiří Teplý und Karel Seidl. (Jaderná Energie **6**, 3—8, Jan. 1960; Praha, ČSAV, Úst. jad. výzk.; tschech.) — Bei der Wahl von Moderatoren u. Kühlmitteln für Kernreaktoren spielt neben der Wärmebeständigkeit auch die Strahlungsbeständigkeit, Korrosions-Wrkg., Dampfdruck, Rk. mit W. u. die induzierte Aktivität eine Rolle. In dieser Hinsicht sind die Polyphenyle vorteilhaft; ihre Nachteile sind ihr fester Zustand bei gewöhnlicher Temp., die Entflammbarkeit u. die geringe Kondens.-Wärme. Eine therm. Zers. erfolgt bei $< 400^0$ am langsamsten bei Diphenyl (I). Neben I werden die Methyl-, Isopropyl- u. Methylisopropyl-Derivv. von I, Santowax R u. OM, p- u. m-Terphenyl u. höhere Polyphenyle bis zu Noniphenyl untersucht. Für die meisten Prodd. ist ca. $400^0$ die obere Grenze der Verw. als Kühlmittel. Die Polymeren lösen sich in den Ausgangsstoffen bis zu 40—50%, bilden keine Ndd. u. verbessern einige Eigg. der Kühlmittel. Die kontinuierliche oder period. Regeneration wird zweckmäßig so geführt, daß ca. 30% Polymere im Kühlmittel verbleiben. R. K. Müller. 110□

**Über eine Möglichkeit der Messung der Geschwindigkeit geladener Teilchen.** E. M. Lasijew und W. A. Tumanjan. (Nachr. Akad. Wiss. ArmenSSR, Ser. physik.-math. Wiss. **14**, Nr. 6, 111—16, 1961; Inst. für Phys. der Akad. der Wiss. der ArmenSSR; russ., Auszug: armen.) — Die Verw. des relativist. Charakters der Wechselwrkg. fliegender Teilchen mit dem elektromagnet. Wellenfeld zur Messung der Geschw. geladener Teilchen wird behandelt. Der Abstand benachbarter Auftreffpunkte der fliegenden Teilchen mit den Maxima der Wellen wird ermittelt. M. Wiedemann. 112□

**Magnetspektrometer für die bei der $(n, \gamma)$-Reaktion emittierten Elektronen der inneren Konversion.** W. I. Pelechow und A. F. Malow. (Nachr. Akad. Wiss. UdSSR, physik. Ser. **25**, 1069—83, Sept. 1961; russ.) — Vff. beschreiben ein um $\pi\sqrt{2}$ doppelfokussierendes Magnetspektrometer für die Analyse von Elektronen, die beim Einfang von therm. Neutronen durch den Kern ausgelöst werden. Der theoret. Wert für die Auflösung beträgt für nach der K-Linie von $^{137}$Ba abgestrahlte Konversionselektronen mit einer Energie von 634 keV 0,52%, der mit einer 1 cm×3 cm großen $^{137}$Cs-Quelle gemessene Wert beträgt 0,56%, für Übergänge in $^{114}$Cd-Kernen 0,58%. G. Ewald. 112□

**$\beta$-Spektrometer mit doppelter Fokussierung am Winkel $\pi\sqrt{2}$.** Ss. A. Schesstopalowa. (Nachr. Akad. Wiss. UdSSR, physik. Ser. **25**, 1302—04, Okt. 1961; Allunions-Mendelejew-Forsch.-Inst. für Metrologie; russ.) — Die techn. Daten des Gerätes sind: Radius der Gleichgewichtskreisbahn 140 mm, Höhe der Quelle 15 mm, das Quellenzentrum befindet sich 24 mm über der Symmetrieebene des Magnetfeldes, Breite des 1. Spaltes 1 mm, Breite des 2. Spaltes 14 mm. Bei Th betrug die Halbwertsbreite der Linien 0,21%. Das Gerät wurde mit $^{137}$Cs geprüft, die Halbwertsbreite betrug 0,32 ± 0,02%. G. Ewald. 112□

**Intensitätseichung des Kristallspektrometers mit 2m Krümmungsradius.** W. F. Edwards, J. W. M. Dumond und F. Boehm. (Nuclear Physics [Amsterdam] **26**, 670—80, Sept. 1961; engl.) — Als Quellen dienten $^{75}$Se u. $^{180m}$Hf, dessen Zerfallsschema aufgestellt wurde. Das Kristallspektrometer mit Quarz wurde für genaue Messungen der relativen Intensität der $\gamma$-Strahlung im Bereich von 60—400 keV geeicht. Die relative Intensität kann auf mindestens 3% genau bestimmt werden. M. Wiedemann. 112□

**Zählertechniken in der Hochenergie-Kernphysik: Seltene Zerfälle von $\pi$- und $\mu$-Mesonen.** A. W. Merrison. (Proc. physic. Soc. **78**, 1116—24, 1/12. 1961; engl.) — Vf. beschreibt Zähleranordnungen zur Unters. der Zerfalls-Rk. $\mu^+ \rightarrow e^+ + \gamma$, die zum Verständnis schwacher Wechselwrkg. beiträgt. H. Schroeder. 112□

**Der Gasentladungsmechanismus für den Argon-Alkohol-Proportionalzähler.** K. v. Duuren und G. J. Sizoo. (Appl. sci. Res., B **7**, 379—99, 1959; Amsterdam, Vrije Univ., Natuurkund. Labor.; engl.) — Der Entladungsmechanismus im Ar-A.-Proportionalzähler wurde bei Drahtdurchmessern zwischen 0,003 u. 0,1 mm u. Gasdrücken zwischen 67 u. 220 mm Hg untersucht. Der Mechanismus der Gasverstärkung wird unter Berücksichtigung von Feldinhomogenitäten, der Bedeutung des mehratomigen Gasbestandteiles u. des Einfl. von Raumladungen diskutiert. W. Reusse. 112□

**Charakteristische Parameter für Geiger-Müller-Zählergase.** 1. Mitt. **Äthanol-Argon-Gemische.** Charles D. Storrs und Robert W. Kiser. (Appl. sci. Res. B **8**, 387—396, 1960; Manhattan, Kans., State Univ., Dep. of Chem.; engl.) — Messungen der Kennlinien von zylindr. Zählrohren aus Glas oder Messing mit W- oder Ag-Drähten als Anoden u. Äthanol-Ar-Gemischen verschiedener Zus. zeigen, daß der Gas-Verstärkungsfaktor bei ca. $10^7$ liegt. Die numer. Ergebnisse zeigen ferner, daß für die Unterscheidung zwischen Geiger- u. Proportionalzähler der Anteil der Townsend-Lawine u. der Photonenerregung einerseits, die Ionisierungsspannung des Gasgemisches andererseits maßgebend sind. W. Reusse. 112□

**Verbesserte Methode zur Ermittlung der effektiven Auflösungszeit von Geiger-Zählern.** Kenzo Tanaka, K. Katayama und T. Amano. (Rev. sci. Instruments **31,** 467—68, April 1960; Kyoto, Univ., Inst. of Phys.; engl.) — Die bes. bei der Messung von Röntgenstrahlen leicht anwendbare Meth. wird mathemat. abgeleitet. Die Röntgenstrahlen gelangen durch eine Schlitzblende ins Zählrohr. Ein Filter mit einer Durchlässigkeit von ca. 50% kann vor die Blende gesetzt werden. Bei verschiedenen Schlitzweiten, aber möglichst konst. Leistung der Röntgenquelle werden nun Zählraten mit u. ohne Filter bestimmt. Aus diesen Meßwerten kann auf einfache Weise die effektive Auflösungszeit berechnet werden. Vorteile u. Grenzen der Meth. werden diskutiert. T. Tamberg. 112□

**11-Zähler-Anordnung zur Messung der $\gamma$-$\gamma$-Winkelkorrelation.** A. I. Beljajewski und Ju. A. Gurjan. (Nachr. Akad. Wiss. UdSSR, physik. Ser. **25,** 1291—1301, Okt. 1961; Physik.-Techn. Ioffe-Inst. der Akad. der Wiss. der UdSSR; russ.) — Das Gerät besitzt 11 gleichmäßig in einem Kreis angeordnete $\gamma$-Zählrohre, die unter 5 Winkeln die Koinzidenzen registrieren. Das Gerät wurde mit $^{46}$Sc u. $^{22}$Na geprüft. G. Ewald. 112□

**Bestimmung des Reichweitespektrums schwach aktiver $\alpha$-Präparate.** P. Huber und F. Widder. (Helv. physica Acta **33,** 567—70, 1/10. 1960; Basel, Univ., Phys. Anst.; dt.) — Das zu untersuchende Präp. wird auf der Innenseite einer Hohlkugel aufgetragen, in deren Mittelpunkt eine dünne ZnS-Schicht als Scintillator vor einem Multiplier angebracht ist. Die Zahl der pro Zeiteinheit registrierten $\alpha$-Teilchen zeigt in Abhängigkeit vom Druck für einen $\alpha$-Strahler konst. Energie einen linearen Verlauf. Liegt ein Gemisch von $\alpha$-Strahlern vor, so ergibt sich eine stückweise lineare Kurve. Aus den einzelnen geradlinigen Teilen solcher Kurve lassen sich dann die relativen Aktivitäten u. die Energien der verschiedenen $\alpha$-Teilchen ermitteln. L. Roth. 112□

**Metallhaltige Scintillator-Lösungen.** A. R. Ronzio. (Int. J. appl. Radiat. Isotopes **4,** 196—200, Jan. 1959; Los Alamos, N.Mex., Univ. of California, Los Alamos Sci. Labor.; engl.) — Zur Weiterentw. fl. Scintillatoren im Hinblick auf erhöhte $\gamma$-Absorption u. Neutronen-Nachw.-Fähigkeit wurden Verss. zur Beladung der Scintillations-Fll. mit großen Mengen organ. Schwermetallsalze unternommen. Die Darst. der in KW-Stoffen lösl. Pb- u. Cd-Salze von Naphthensäuren sowie der Cd-, Pb-, Bi- u. U-Salze der 2-Äthylhexansäure wird eingehend beschrieben. Die Salze wurden Scintillations-Lsgg. von Terphenyl in Toluol u. in Triäthylbenzol zugesetzt u. ihr Einfl. auf die Impulshöhe der durch einen Photomultiplier registrierten Scintillation wurde gemessen. Die auf diese Weise erreichbaren Schwermetall-Konzz. führten zwar zu einer Neutronen-Nachw.-Fähigkeit der Lsgg., nicht jedoch zu einer wesentlich erhöhten $\gamma$-Absorption. T. Tamberg. 112□

**Impulshöhe von 0,14—2,3-MeV-Neutronen in einem Plaste-Scintillator.** M. Gettner und W. Selove. (Rev. sci. Instruments **31,** 450—51, April 1960; Philadelphia, Pa., Univ. of Pennsylvania, Dep. of Phys.; engl.) — Eine Probe des Plaste-Scintillators NE-102 wurde mit Neutronen definierter Energie beschossen u. die durch Rückstoßprotonen ausgelösten Scintillationen wurden mit Hilfe einer doppelten Koinzidenz-Vorr. registriert, die eine Impulshöhendiskriminierung gestattete. Aus den damit gewonnenen integralen Impulshöhenspektren wurden die einer bestimmten Neutronen-(Protonen-)Energie entsprechenden maximalen Impulshöhen entnommen. Auf analoge Weise ermittelte maximale Impulshöhen von Elektronen gleicher Energie wurden zum Vgl. herangezogen. Es ergaben sich bei Rückstoßprotonen von 1 MeV u. 0,2 MeV nur 20 bzw. 12,5% der Lichtausbeute von Elektronen gleicher Energie. T. Tamberg. 112□

**Dynamischer Elektronenverstärker.** Ladislav Kryška und Ludmila Eckertová. (Českoslov. Časopis Fysiku **10,** 420—24, 1960; Praha, Výzk. ústav pro vakuovou elektrotechniku; tschech.) — Konstruktion eines dynam. Elektronenverstärkers nach der Theorie von Krebs u. Meerbach (Dynodenabstand 2 cm, Länge 7 cm, Be-Bronze als Elektrodenwerkstoff, W-Spirale als Primärelektronenquelle, positive Elektrode als Kollektor, Frequenz 80—130 MHz, 200—650 V, Vakuum $10^{-8}$ bis $10^{-9}$ mm Hg). — Die maximal erzielte Verstärkung betrug ca. 5000 u. wird durch den Stabilitätswert des Koeff. der Sekundäremission u. die krit. Querfeldstärke begrenzt. Vorteilhaft ist die große Verstärkung bei einfacher Konstruktion. J. Tůmová. 112□

**Chemische Dosimetrie der verschiedenen Strahlungen eines Kernreaktors.** Jacques Pucheault. (J. Chim. physique Physico-Chim. biol. **53,** 705—13, Sept. 1956; Paris, Inst. du Radium; franz.) — Vgl. C. **1957,** 591. — Zusammenfassender Überblick an Hand der vorliegenden Literatur. Bes. besprochen wird die Red. von o-Phenanthrolineisen(III) zu o-Phenanthrolineisen(II) durch $\gamma$-Strahlen. Mit Hilfe dieser Meth. wurde die $\gamma$-Strahlung des Reaktors von Châtillon gemessen. C. Gottfried. 112

**Oxydation von Fe(II)-Ionen im wässerigen System Fe(II)/Cu(II). 1. Mitt. Einfluß von $^{60}$Co-$\gamma$-Strahlen.** Hiroshi Hotta, Akira Terakawa und Shinichi Ono. (Bull. chem. Soc. Japan **33**, 442—45, April 1960; Tokai, Ibaraki-ken, Japan Atomic Energy Res. Inst.; engl.) — Eine nichtvorbehandelte angesäuerte, wss. $Fe^{2+}$-Lsg. mit $10^{-3}$ m $Cu^{2+}$ ist als chem. Dosimeter für hohe Dosen brauchbar, da diese Cu-Konz. genügt, um den $O_2$-Einfl. zu unterdrücken. Somit stellt der G-Wert des Syst. eine Funktion der Zus. der Lsg. dar. Die Unterdrückung des $O_2$-Einfl. kann durch Wegfangen des $HO_2^-$-Ions durch $Cu^{2+}$ erklärt werden. Die Rk.-Mechanismen werden diskutiert. Claus Fischer. 112□

**Raumwinkel eines rechteckigen Detektors in bezug auf eine rechteckige Quelle (Target).** T. Dragnew. (Bull. Inst. Physique Rech. atom., Acad. bulg. Sci. **9**, Nr. 1, 133—36, 1961; bulg., Auszug: engl.) — Die Berechnung der Raumwinkel, wenn sowohl Quelle (Target) als auch Detektor rechteckige Form besitzen, wird behandelt. Falls der Abstand zwischen den Zentren größer ist als ihre Dimensionen, ist der Fehler $< 2\%$. M. Wiedemann. 112□

**Das Auflösungsvermögen mikroautoradiographischer Aufnahmen in Abhängigkeit von der Energie der verwendeten $\beta$-Strahlung.** 1. Mitt. W. Herrmann, G. Hartmann und R. Brust. (Atompraxis **7**, 315—20, Sept. 1961; Leipzig, Inst. für angew. Radioaktivität; dt.) — Vff. besprechen zunächst die in der Literatur zu findenden Definitionen des Auflösungsvermögens u. die Faktoren, die es beeinflussen. Es sollte das Auflösungsvermögen von fünf $\beta$-Strahlern mit sehr unterschiedlichen Grenzenergien experimentell bestimmt werden. Dazu wurde eine Näherungsberechnung der Schwärzungsverteilung eines Streifenrasters durchgeführt, u. die gewonnenen Ergebnisse werden mit den experimentell erhaltenen Werten eines opt. Analogiemodells (Licht als Strahlung, gefärbte Fl. als absorbierende Photoschicht, Photozelle als Detektor) verglichen. H. Hart. 112□

**Untersuchung des autoradiographischen Auflösungsvermögens mit Strahlungsquellen verschiedener Betaenergien.** S. Bleecken. (Atompraxis **7**, 321—24, Sept. 1961; Jena, Dt. Akad. der Wiss., Inst. für Mikrobiol. u. exp. Therapie; dt.) — Vf. berichtet über Messungen des mikroautoradiograph. Auflösungsvermögens einiger photograph. Emulsionen für $\beta$-Strahlung von $^3H$, $^{35}S$ u. $^{32}P$. Als strichförmige Strahlenquellen geringen Querschnitts (ca. 2 $\mu$ ∅, mehrere 100 $\mu$ lang) fanden Mikroorganismen (Hyphen von Pilzen aus der Familie der Basidiomyceten) Verw., die auf radioakt. markierten Nährböden gezüchtet worden waren. Die mit vier verschiedenen Emulsionen (AR 10 Strippingfilm von Kodak bzw. Gießemulsion K 5 von Agfa-Wolfen) erhaltenen Autoradiogramme werden ausgewertet u. besprochen, wobei die ermittelten Halbwertsbreiten h der Korndichteverteilung für die vier Emulsionen nur wenig voneinander abweichen (z. B. $^{32}P$: $3{,}2 \leqq h \leqq 3{,}8$ in $\mu$m). H. Hart. 112□

**Bemerkungen zur Verwendung von Pulvern bei Kernspuremulsionen.** Cao Xuan Chuan und Nguyên Bich Nhu. (J. Physique Radium **22**, 459—60, Juli 1961; Saïgon, Office de l'Énergie Atom.; franz.) — Vff. weisen auf zwei Fehlerquellen bei der Unters. von Kernspuremulsionen nach der Einbettungs-Meth. mit Pulvern der zu untersuchenden Subst. hin. Der Ursprung der Zerfälle wird nicht aufgenommen u. Teilchen, deren Energie nicht ausreicht, um die Probestückchen zu verlassen, werden nicht registriert. Ferner können die Teilchen schon im Probestückchen gestreut werden, so daß Fehler bei der Unters. der Winkelverteilung auftreten. Für den ersten Fall werden theoret. Abschätzungen der Korrektur durchgeführt. G. M. Neumann. 112□

**Informationsgehalt von Teilchenspuren.** Walter H. Barkas. (Physic. Rev. [2] **127**, 2287, 15/9. 1962; engl.) — Druckfehlerberichtigung einer Gleichung in der C. **1962**, 9977 referierten Arbeit. Herbert Weber. 112◇

## $A_2$. Optisches Verhalten der Materie

**Eine Suche nach Familien bei Metallliniensternen.** Mercedes Jaschek und Carlos Jaschek. (Z. Astrophysik **50**, 155—67, 1960; La Plata, Argentina, Observ. Astronom.; engl.) — Eine statist. Analyse der geschätzten Intensitäten der Metalllinien in den Spektren von 26 Metalliniensternen ergab, daß Familien bei diesen Sternen nicht nachweisbar sind. C. Gottfried. 113

**Abhängigkeit des Strömgrenschen Index m und der Farbindizes U–B, B–V von der Metallhäufigkeit bei sonnenähnlichen Sternen.** Bodo Baschek. (Z. Astrophysik **50,** 296—310, 1960; Kiel, Neue Univ., Inst. für theoret. Phys. u. Sternwarte; dt.) — Die Beziehung zwischen m u. log $\alpha$ ($\alpha = A_{\odot}/A$; A = Verhältnis zu Metallen) ist nahezu linear in Sternatmosphären mit einer effektiven Temp. von 5780° u. der Oberflächenschwerkraft log g = 4,44 (Sonne). Bestimmt wurde ferner die quant. Abhängigkeit von U—B u. B—V von log $\alpha$. C. Gottfried. 113

**Differentielle Wirkungsquerschnitte für unelastische Stöße von Wasserstoffatomen.** Gerhard Weber. (Wiss. Z. Friedrich-Schiller-Univ. Jena/Thür., math.-naturwiss. R. **9,** 59—65, 1959/60; Theoret.-Phys. Inst.; dt.) — Im Rahmen der Born-Oppenheimer-Näherung werden die differentiellen Wrkg.-Querschnitte für Stoßanregung u. -ionisation berechnet, aus denen dann durch numer. Integration auch die totalen Wrkg.-Querschnitte gewonnen werden können. Die in den aufgeheizten interstellaren Wolken vorkommenden Relativ-Geschw. der sich stoßenden H-Atome rechtfertigen zwar die Verw. der Born-Oppenheimer-Näherung nicht; doch es ist zu erwarten, daß wenigstens die Größenordnung der Stoßquerschnitte richtig erfaßt wird. I. Zoll. 113◇

**Hochtemperaturanregung von ionisiertem Helium.** J. B. Zirker. (Astrophysic. J. **129,** 424—31, März 1959; Sunspot, N.Mex., Geophys. Res. Directorate, Sacramento Peak Obs.; engl.) — Vf. berechnete die Anregung u. Ionisation von He II ($\lambda$ 4686) in Atmosphären, die von dem lokalen thermodynam. Gleichgewicht abweichen. Die Temp. in den He emittierenden Schichten der Sonnenchromosphäre dürfte zwischen $2{,}5 \cdot 10^4$ u. $4 \cdot 10^4$ liegen je nach dem Einfl. der Kopplung von H u. He II in Lyman $\alpha$. C. Gottfried. 113

**Die Mitte–Rand-Variation des Kontinuums für $\lambda$ = 5893 Å und der Flügel der NaD-Linien im Sonnenspektrum.** W. Mattig und E. H. Schröter. (Z. Astrophysik **52,** 195—226, 1961; Potsdam, Astrophysikal. Observ. der Dtsch. Akad. der Wiss.; dt.) — An Hand von 4 im Wellenlängenbereich $\lambda$ 5893 während der partiellen Sonnenfinsternis am 2. Okt. 1959 erhaltenen Spektrogrammen untersuchten Vff. die Mitte–Rand-Variation der kontinuierlichen Strahlung sowie die Intensitätsverteilung in den Flügeln der NaD-Linien. Die beobachtete Mitte–Rand-Variation der Flügel der NaD-Linien wurde mit früheren Beobachtungen u. mit der durch empir. Sonnnemodelle vorhergesagten Variation verglichen. Die von Minnaert u. Houtgast [1936] gebrachte Beziehung zur Beschreibung der Intensitätsverteilung in den Flügeln starker Fraunhoferscher Linien wurde durch eine neue genaue Formel ersetzt. Außerdem wurde aus den Beobachtungen die Tiefenabhängigkeit des selektiven Absorptions-Koeff. für die NaD-Linien hergeleitet. C. Gottfried. 113

**Atmosphärische Transmission der solaren Strahlung im nahen Infrarot.** David M. Gates. (J. opt. Soc. America **50,** 1299—1304, Dez. 1960; Boulder, Colo., Bur. of Stand.; engl.) — Mittels eines IR-Spektrometers mit NaCl-Prisma, Thermopaardetektor u. doppeltem Durchgang wurde im Oktober 1954 das Sonnenspektrum von 0,8—2,7 $\mu$ aufgenommen. Die selektive wie die kontinuierliche Absorption wurden untersucht. Für die monochromat. Daten gilt $\ln T = c_1 w^{1/2}$ mit T = Transmission u. w = Menge an Wasserdampf auf dem opt. Wege, $c_1$ = kontinuierliche Funktion der Wellenlänge. Im Kontinuum gilt $\ln T = c' m$ mit m = Menge an adsorbierendem Material u. $c'$ = Konstante. M. Wiedemann. 113□

**Emissionsspektrum der Aurora in College, Alaska.** L. Herman. (Ann. Géophysique **16,** 304—08, Juli/Sept. 1960; College, Alaska, Geophys. Inst.; engl.) — Während der Winter 1957 u. 1958 wurden in Alaska zahlreiche Spektrogramme aufgenommen, untersucht wurden die $H_\alpha$-Linie u. das erste positive Syst. des $N_2$. Die Emission von H-Linien scheint ein komplexer Vorgang u. nicht durch monokinet. Protonen, die sich entlang dem magnet. Meridian ausbreiten, deutbar zu sein. Die Intensität nimmt mit steigender Höhe stark ab, sie kann sich zwischen 100 u. 500 km um den Faktor $10^3$ ändern. Die Änderungen des Verhältnisses der Intensität des ersten u. zweiten positiven Syst. von $N_2$ werden z. T. durch die Änderung der Elektronen-Temp. mit der Höhe interpretiert. M. Wiedemann. 113□

**Einfluß der Elektronenkonzentration auf die scheinbare Wahrscheinlichkeit des Überganges $A^3\text{-}\Sigma_u\text{-}X^1\Sigma_g$ des Stickstoffmoleküls. Anwendung auf das Nordlichtspektrum.** H. Schram und R. Herman. (Mém. Soc. roy. Sci. Liège [4] **18,** 487—88, 1957; Paris-Mendon, Observ.; franz.) — Durch Vgl. zwischen den Ergebnissen, die in reinem u. sehr stark verd. $N_2$ erhalten worden waren, wurde der Desaktivierungs-Koeff. der metastabilen Moll. $N_2$ ($A^3\,\Sigma$) beim Stoß mit $N_2$ ($X^1\,\Sigma$) bestimmt. In reinem $N_2$ wurde ein beträchtlich größerer scheinbarer elektron. Effekt beobachtet als in verd. $N_2$. Man kann diesen Effekt erklären entweder als eine Desaktivierung durch Stoß mit den

Ionen oder als eine Änderung des mol. Desaktivierungs-Koeff. mit der Temperatur. Die so erhaltenen quant. Ergebnisse lassen sich zur Unters. des Ursprungs der Änderung mit der Höhe der relativen Intensität der Vegard-Kaplan-Banden in Nordlichten verwenden. C. Gottfried. 113

**Die Sauerstofflinien 6300 und 5577 Å der Luminescenz des Nachthimmels auf einer Station mit niederer Breite.** Daniel Barbier und Jeanine Glaume. (Ann. Géophysique **16,** 319—34, Juli/Sept. 1960; Inst. d'Astrophysique; franz.) — In Tamanrasset (Sahara), geomagnet. Breite 25° N u. Höhe 1400 m, wurde im Januar 1960 ein Ost—West gerichteter Bogen beobachtet, in dem die Intensität der Linien 6300 u. 5577 Å stark erhöht war u. der sich auf 200—300 km Höhe befand. M. Wiedemann. 113□

**Nacht- und Dämmerungsemission der Linien 6300—6364 Å des OI in der hohen Atmosphäre.** R. Robley. (Ann. Géophysique **16,** 335—57, Juli/Sept. 1960; Observ. du Pic de Midi; franz.) — Während des Internationalen Geophysikal. Jahres wurden auf dem Pic du Midi mittels eines Photometers Unterss. durchgeführt. Aus den Dämmerungseffekten folgt, daß die Skalenhöhe für $O_2$ im Winter etwa um den Faktor 2 höher ist als im Sommer, was durch vertikalen Transport von Mol.-Massen gedeutet wird. M. Wiedemann. 113□

**Störungstheorie für atomare Systeme.** A. Dalgarno. (Proc. Roy. Soc. [London], Ser. A **251,** 282—90, 26/5. 1959; Belfast, Queen's Univ., Dep. of Appl. Math.; engl.) — Vf. bespricht die Gleichungen der Hartreeschen u. Hartree-Fockschen Approximationen für ein gestörtes atomares Syst. u. zeigt, daß es 2 verschiedene Lösungs-Verff. gibt, von denen das eine in erster Ordnung im Fehler der nicht gestörten Wellenfunktion genau ist, das andere jedoch nicht. Für beide Fälle wurden explizite Ausdrücke für den Fehler in den abgeleiteten gestörten Energien entwickelt. Eine quant. Abschätzung der Genauigkeit der 2 Verff. wurde durch Berechnung der Dipol- u. Quadrupolpolarisierbarkeiten von *He* erhalten. C. Gottfried. 114

**Berechnung von Polarisierbarkeiten und Abschirmfaktoren.** A. Dalgarno und J. M. McNamee. (J. chem. Physics **35,** 1517—18, Okt. 1961; engl.) — Vgl. vorst. Referat. — Anwendung von Hartree-Fock-Orbitalen auf die Berechnung der Dipol- u. Quadrupolpolarisation sowie des Kernabschirmfaktors von *Be* ($1s^2\,2\,s^2$). Herbert Weber. 114◇

**Untersuchungen der Form von Ionisationswirksamkeitskurven von mehrfach geladenen monoatomaren Ionen. 1. Mitt. Instrumentation und relative Elektronenübergangswahrscheinlichkeiten für Krypton- und Xenonionen.** Robert W. Kiser. (J. chem. Physics **36,** 2964—68, 1/6. 1962; Manhattan, Kans., Kansas State Univ., Dep. of Chem.; engl.) — Vf. berichtet über die Best. der Ionisationsschwellenpotentiale von Mehrfachionisationsprozessen bei Kr u. Xe sowie die Vers.-Anordnung mit einem Flugzeitmassenspektrometer. Es zeigt sich, daß die Schwellenpotentiale dem angenommenen Schwellengesetz der k-ten Potenz bei k-facher Ionisation gehorchen: $Kr^{1+} = 14{,}0$; $Kr^{2+} = 38{,}0 \pm 0{,}5$; $Kr^{4+} = 117{,}5 \pm 2$; $Xe^{1+} = 12{,}1$; $Xe^{2+} = 33{,}3 \pm 0{,}5$; $Xe^{3+} = 64{,}3 \pm 1$; $Xe^{4+} = 103 \pm 2$ u. $Xe^{5+} = 157 \pm 3$ eV. Die Schwellenpotentiale u. die Elektronenübergangswahrscheinlichkeiten stimmen mit Literaturwerten überein. G. M. Neumann. 114□

**Zur Theorie der Elektronenschwingungsübergänge in Systemen mit vielen Schwingungsfreiheitsgraden.** K. K. Rebane. (Optik u. Spektroskopie [UdSSR] **9,** 557—63, Nov. 1960; russ.) — Vf. leitet einfache Formeln für die Momente einer Spektralbande ab, die im Resultat eines Elektronenschwingungsüberganges entsteht. Es werden Kristalle u. Moll. (komplizierte u. zweiatomige) betrachtet. Die erhaltenen Ausdrücke stimmen mit den Formeln von Lax (C. **1953,** 5451) überein. Die Ableitung zeigt, daß die Formeln von Lax auch dann richtig sind, wenn die Schwingungsbewegungen der Kerne nicht durch Normalkoordinaten beschrieben werden oder wenn die Verteilung der Energieniveaus des Syst. nicht dem Gleichgewichtszustand entspricht. Ferner kann die betrachtete Bande partielle oder völlige Linienstruktur besitzen. Am Beispiel einer allg. Unters. des Einfl. von Druck (allseitige Kompression) auf die Konturen der Spektralbanden von Kristallphosphoren wird die Anwendung der erhaltenen Formeln gezeigt. U.-L. Rau. 114◇

**Neuformulierung des Jahn-Teller-Theorems.** William L. Clinton und Bernard Rice. (J. chem. Physics **30,** 542—46, Febr. 1959; St. Louis, Mo., St. Louis Univ., Dep. of Chem.; engl.) — Das Jahn-Teller-Theorem wird auf der Grundlage des Hellmann-Feynman-Theorems neu formuliert (Anwendung auf $BH_3$ u. $NH_3^+$). A. Blaschette. 114◇

**Untersuchung der Zn–L-Spektren in den Legierungen des Systems Cu–Zn.** I. A. Rumjanzew und M. I. Korssunski. (Optik u. Spektroskopie [UdSSR] **7,** 850—52,

Dez. 1959; russ.) — Im Syst. Cu–Zn wurden die Röntgenspektren (L-Serie) in Abhängigkeit von der Zn-Konz. an Proben mit einem Zn-Geh. von 0—100% untersucht. Neben scharfen Unterschieden zeigen alle Spektren eine Komponente des L-Spektrums von reinem Zn. U.-L. Rau. 116◇

**Über einige Probleme der relativen Intensität in Atomspektren.** Wanda Hanus. (Postępy Fizyki **11**, 275—87, 1960; Toruń, Uniw. M. Kopernika, Kat. Fiz. teoret.; pol.) — Übersicht über theoret. Grundlagen. — 23 Literaturangaben. F. Urban. 118□

**Überblick über Elektronen-Übergangsspektren von anorganischen Ionen.** Rudolph J. Marcus. (Solar Energy **4**, Nr. 4, 20—23, Okt. 1960; Menlo Park, Calif., Stanford Res. Inst., Chem. Dep.; engl.) — Überblick. Tabellar. angegeben sind Literaturdaten von 73 Ionen. — 32 Literaturhinweise. C. Gottfried. 118

**Linienform der Ultraviolettabsorption in kristallinen Edelgasen.** Albert Gold und Robert S. Knox. (J. chem. Physics **36**, 2805—06, 15/5. 1962; Argonne, Ill., Argonne Nat. Labor.; engl.) — Die Unters. von Meijer (C. **1962**, 2626) wird durch den Vers. fortgesetzt, die beobachteten Linienbreiten nach der konventionellen Festkörpertheorie zu interpretieren. Danach ist es wahrscheinlich, daß das Exciton in einem festen Edelgas beweglich ist u. daß Phononenstreuung zur Verbreiterung beiträgt. Herbert Weber. 118◇

**Bemerkung zu einer Arbeit von A. Gold und R. S. Knox.** Paul H. E. Meijer. (J. chem. Physics **36**, 2806—07, 15/5. 1962; Washington, D.C., Catholic Univ. of America, Phys. Dep.; engl.) — Stellungnahme des Vf. zu der vorst. referierten Arbeit. Herbert Weber. 118◇

**Messungen von Oscillatorenstärken des Ti II im wandstabilisierten Lichtbogen.** K. H. Wobig. (Z. Astrophysik **55**, 100—10, 1962; Kiel, Univ., Inst. für Experimentalphys.; dt.) — Mit einem wandstabilisierten Lichtbogen wurden die relativen Oscillatorenstärken von Ti II-Linien bestimmt. Ti wurde als $TiCl_4$ eingegeben, wobei nacheinander $N_2$, Ar u. He bzw. He–$H_2$ als Führungsgas benutzt wurde. Es wurden im Bereich von 4000—4800 Å 25 Linien aus 11 Multipletts sowie 8 Linien aus 3 Multipletts bei 3000 Å ausgewertet. Mit Hilfe des f-Summensatzes wurden die relativen f-Werte in abs. umgerechnet. Eine direkte Messung abs. Oscillatorenstärken war nicht möglich, da kräftige Entmischungseffekte zwischen Ti u. Cl im Bogenplasma auftraten. Harro Zimmer. 118◇

**Die Dissoziationsenergien der Moleküle $H_2$, HD und $D_2$.** G. Herzberg und A. Fils. (J. molecular Spectroscopy **5**, 482—98, Dez. 1960; Ottawa, Nat. Res. Council, Div. of Pure Phys.; engl.) — Vff. untersuchten die Absorptionskanten von $H_2$, HD u. $D_2$ im fernen UV für die Rotationsniveaus $J = 0, 1, 2, 3, 4$ u. 5. Die Schärfe der beobachteten Grenzen für niedrige J-Werte im Vgl. zu den hohen J-Werten zeigt, daß der obere elektron. Zustand, bei dem es sich wahrscheinlich um den $C^1\pi_u$-Zustand handelt, kein Potentialmaximum hat, das die Werte der Dissoziationsgrenze verfälscht haben könnte. Aus den genau gemessenen Absorptionskanten wurden die folgenden Dissoziationsenergien $D_0^0$ erhalten: 36113,0 ± 0,3 ($cm^{-1}$) für $H_2$, 36399,9 ± 1,0 für HD u. 36743,6 ± 0,5 für $D_2$. Aus Daten der Literatur wurden die Nullpunktsenergien der 3 Moll. bestimmt. Addition dieser Nullpunktsenergien zu den $D_0^0$-Werten gibt für die 3 Moll. unabhängige $D_e$-Werte. Es wurde eine geringe Differenz von 1,6 ± 0,8 $cm^{-1}$ zwischen den $D_e(H_2)$- u. den $D_e(D_2)$-Werten gefunden, die einem elektron. Isotopeneffekt zugeschrieben wird. Berücksichtigt man diesen Einfl., dann erhält man für die Dissoziationsenergie für unendliche Massen den Wert $D_e(^\infty H_2) = 38287{,}0 \pm 0{,}8\ cm^{-1}$. Dieser Wert stimmt sehr gut mit einem von Kolos u. Roothaan erhaltenem theoret. Wert überein. C. Gottfried. 118

**NH und $NH_2$ im Spektrum des Ammoniaks.** P. Proisy. (Mém. Soc. roy. Sci. Liège [4] **18**, Nr. 1, 454—70, 1957; Lyon, Observ.; franz.) — Vf. untersuchte mikrophotometr. das Spektrum des $NH_3$ zwischen 4140 u. 4460 Å, 4900 u. 5000 Å sowie zwischen 5700 Å u. $H_\alpha$, wobei speziell auch die schwachen Linien berücksichtigt wurden. Diese Unters. der Strukturen des $NH_3$-Spektrums ergaben, daß beide Radikale NH u. $NH_2$ bei der Bldg. der sog. „α-Banden" beteiligt sind, wobei man unter α-Banden die Gesamtheit der Linien im sichtbaren Teil des bei schwachem Druck u. mit red. Anregung erhaltenen Spektrums versteht. Das IR-Spektrum kann prakt. dem Radikal $NH_2$ zugeschrieben werden. Eine große Anzahl von Linien konnte bisher noch nicht identifiziert werden. C. Gottfried. 118

**Analyse der α-Banden von Ammoniak.** D. A. Ramsay. (Mém. Soc. roy. Sci. Liège [4] **18**, Nr. 1, 471—79, 1957; Ottawa, Nat. Res. Council, Div. of Pure Phys.; engl.) — Vgl. vorst. Referat. — Das Absorptionsspektrum von $NH_2$, das sich von ca. 4000—8300 Å erstreckt u. aus irregulären Gruppen von Linien einer ziemlich offenen Struktur besteht, konnte nur genauer mit Hilfe der Isotopenverschiebungen $^{14}NH_2$—$^{15}NH_2$ analysiert werden. Bei der Unters. gewisser von Swings u. Mitarbeitern angegebenen Kometenspektren zeigt es sich, daß 6 der hervorragendsten Merkmale dieser Spektren ident. mit den starken Q-Zweigen sind, die in dem Absorptionsspektrum von $NH_2$ beobachtet wurden. Dies ist eine Bestätigung der Vermutung von Swings u. Mitarbeitern, daß $NH_2$ in Kometen auftritt. Die Anwendung auf den interstellaren Raum wird kurz diskutiert. C. Gottfried. 118

**Relative Temperaturkoeffizienten der charakteristischen Merkmale in dem $C_3$-Spektrum.** J. G. Phillips. (Mém. Soc. Roy. Sci. Liège [4] **18**, Nr. 1, 538—43, 1957; Univ. of California, Dep. of Astronomy; engl.) — In elektr. Kohlewiderstandsröhrenöfen, die in 50°-Stufen von 2916—3189° K erhitzt wurden, wurde bei jeder der Stufen die Intensität der 4049,77-Å-Bande des Swings-Syst. relativ zu der des Kontinuums gemessen, wobei die Intensität des Kontinuums nahe 4000 Å gemessen wurde. Aus den Messungen wurden die Anregungen der verschiedenen charakterist. $C_3$-Merkmale erhalten. Es konnte geschlossen werden, daß das $C_3$-Kontinuum einen niedrigeren Zustand hat, d. h. wenigstens 2,6 eV oberhalb des Grundzustandes des $C_3$-Moleküls. C. Gottfried. 118

**Spektrum des $C_3$-Moleküls zwischen 3600 Å und 4200 Å.** Norman H. Kiess und Herbert P. Broida. (Mém. Soc. roy. Sci. Liège [4] **18**, 544—48, 1957; Washington, D.C., Nat. Bur. of Stand.; engl.) — Vff. untersuchten die $C_3$-Banden, die stark in der leuchtenden Zone einer $C_2H_2$–$O_2$-Flamme mit einem Vol.-Verhältnis $C_2H_2 : O_2 \gtrsim 1$. Es wurde ein Kontinuum mit einem Maximum nahe 4000 Å beobachtet, das sich von 3600 bis 4200 Å erstreckt. Das Kontinuum fällt schneller auf der langwelligen Seite des Maximums ab als auf der kurzwelligen Seite. Neben diesem Kontinuum wurden 40 Schwingungsbanden beobachtet, die bei hoher Dispersion eine Struktur zeigen, die ähnlich der stärkeren Banden nahe 4050 Å sind. Es wurden die Wellenlängen u. relativen Intensitäten aller Linien dieser Banden zwischen 4007 u. 4103 Å gemessen. Tabellar. sind die Wellenlängen, Wellenzahlen u. relativen Intensitäten der gemessenen Bandenköpfe von $C_3$ zusammengestellt. C. Gottfried. 118

**Rotationsanalyse und gegenseitige Störung der Banden $\delta$ und $\beta$ in dem Absorptionsspektrum des Moleküls NO.** E. Miescher und A. Lagerqvist. (Mém. Soc. roy. Sci. Liège [4] **18**, 549, 1957; Bâle, Univ.; Stockholm, Univ.; franz.) — In dem Absorptionsspektrum des NO wurden 5 Banden des Syst. $\delta$ (C—x) u. 12 Banden des Syst. $\beta$ (B—x) zwischen 1980 u. 1590 Å analysiert. Das höhere C-Niveau des Syst. $\delta$, für das bisher ein $^2\Sigma$-Zustand angenommen worden war, ist ein $^2\Pi$-Zustand. Aus der Wechselwrkg. der 2 angeregten Zustände C $^2\Pi$ u. B$^2\Pi$ folgt eine starke Störung vom homogenen Typ zwischen gewissen Bandenpaaren der 2 Syst., bes. zwischen $\delta$ (2,0) u. $\beta$ (12,0) bei 1760 Å u. zwischen $\delta$ (3,0) u. $\beta$ (15,0) bei 1680 Å. C. Gottfried. 118

**Laboratoriumsmäßige Erzeugung und Bezeichnung der Spektren von Hydroxiden und Oxiden der Erdalkalien.** A. G. Gaydon. (Mém. Soc. roy. Sci. Liège [4] **18**, 507—12, 1957; London, Imp. Coll.; engl.) — Vf. berichtet über eine Unters. der Bandenspektren von *Ca, Sr, Ba* u. *Mg*. Es wurden als Quellen eine $O_2$–$H_2$-Flamme, ein Niederdruckbogen in $H_2O$-, $D_2O$- oder $H_2O$–$D_2O$-Dampf sowie ein Bogen in Luft bei Atmosphärendruck benutzt. Bei den Ca-Spektren wurden speziell die stärksten Syst. aus Orange u. aus Grün untersucht. Aus den Beobachtungen im Niederdruckbogen ergab sich eindeutig, daß der Strahler nur ein H-Atom enthält u. die Banden dem *CaOH* zuzuschreiben sind. Die grüne Bande ist am stärksten zwischen 5530 u. 5550 Å, die orangefarbene Bande ist diffuser u. liegt zwischen 6130 u. 6260 Å. Da sie auch eine Isotopenverschiebung zeigte, ist sie dem CaOH zuzuschreiben. Die mit dem Bogen in Luft bei 1 at erhaltenen Banden sind vollkommen verschieden von denen des CaOH, liegen jedoch in einem ähnlichen Spektralbereich. Die Banden in Grün liegen zwischen 5460 u. 5550 Å, die in Orange zwischen 5960 u. 6260 Å. Beide Syst. sind sehr komplex; es ist möglich, daß sie Übergängen zwischen elektron. Triplettzuständen von *CaO* zuzuschreiben sind. Aus den Bedingungen des Auftretens ist anzunehmen, daß es sich um $Ca_2O_2$ handelt. Auch bei den Sr-Spektren konnten die Banden einerseits dem *SrOH*, andererseits einem Oxid $Sr_2O_2$ zugeschrieben werden. Das gleiche ist bei den Ba-Banden der Fall. Die verschiedenen Banden können auch hier einerseits dem *BaOH* u. möglicherweise dem $Ba_2O_2$ zugeschrieben werden. Bei den Spektren des Mg im extremen Violett ist die Struktur äußerst komplex; es handelt sich aber wahrscheinlich um eine Mischung von *MgOH*-Banden mit einem oder mehr Syst. eines Oxids von Mg. C. Gottfried. 118

**Schwingungsinduzierte Kopplung von Elektronenzuständen bei $IrF_6$, $OsCl_6^{2-}$ und $IrCl_6^{2-}$.** M. S. Child. (Molecular Physics **3**, 605—07, Nov. 1960; Cambridge, Univ., Chem. Labor., Dep. of Theoret. Chem.; engl.) — Das Fehlen des dynam. Jahn-Teller-Effekts bei $IrF_6$, $OsCl_6^{2-}$, $IrCl_6^{2-}$ u. $PtF_6$ läßt sich durch die Ligandenfeldtheorie auf Grund atomspektroskop. Daten erklären. Die zu erwartenden Effekte liegen zwischen 2 u. 10 $cm^{-1}$, sind also nur bei hoher Auflösung zu erkennen. P. Sartori. 118□

**Optische Spektren der Übergangsmetallionen in Korund.** Donald S. McClure. (J. chem. Physics **36**, 2757—79, 15/5. 1962; Princeton, N.J., RCA Labor.; engl.) — Die polarisierten opt. Spektren von $Ti^{3+}$, $V^{3+}$, $Cr^{3+}$, $Mn^{3+}$, $Co^{3+}$ u. $Ni^{3+}$ in Korundeinkristallen wurden im Temp.-Bereich zwischen 4,2 u. 1200° K untersucht. Auf Grund des Punktladungsmodells u. des p–d-Mixing wurde eine Theorie der Bandenstärke entwickelt u. auf die Vers.-Ergebnisse angewendet, wobei sich eine gute Übereinstimmung ergab. Der Temp.-Einfl. zeigte, daß der elektron. Schwingungsbeitrag zur Bandenstärke bei niedrigen Temp. klein ist, bei höheren Temp. aber beträchtliche Werte annimmt. Die Kristallfeldparameter wurden als konvergente Gittersummen berechnet. Der beobachtete Parameter des trigonalen Feldes hat das entgegengesetzte Vorzeichen wie der nach dem Punktladungsmodell berechnete, wenn man annimmt, daß das verunreinigende Ion eine $Al^{3+}$-Stelle im Gitter besetzt. Er hat das gleiche Vorzeichen wie der für ein um 0,1 Å längs der $c_3$-Achse gegen einen unbesetzten Oktaederplatz verschobenes Ion berechnete. Einzelheiten der Spektren werden dahingehend gedeutet, daß die Umgebung eines Ions Störungen in einigen Elektronenzuständen aufweist.
Gerhard Schulze. 118□

**Optische Untersuchung der magnetisch verdünnten Kalium–Chrom-Alaune bei tiefen Temperaturen.** C. Ancenot und L. Couture. (J. Physique Radium **21**, 47—53, Jan. 1960; Bellevue, C.N.R.S., Labor. Aimé Cotton; franz.) — An Einkristallen aus K–Cr-Alaunen, bei denen Cr teilweise durch Al ersetzt worden ist, werden bei Temp. zwischen 20 u. 77° K opt. Unterss. mit gekreuzten Nicols vorgenommen u. die Absorptionsspektren im roten Spektralgebiet bestimmt. $Cr^{3+}$ besitzt dabei eine Reihe von sehr schmalen Absorptionslinien. Alle untersuchten Alaune unterliegen bei tiefen Temp. einer Phasenumwandlung. Im Gleichgewichtszustand bei tiefen Temp. sind auf Grund der kristallograph. Eigg. u. der Absorptionsspektren drei Kristallklassen zu unterscheiden: $n < 0{,}3$; $n = 0{,}53$ u. $n > 1{,}4$, wobei n das Verhältnis von Al-Ionen zu Cr-Ionen im Alaun ist. Nach sehr schneller Abkühlung auf tiefe Temp. sind alle Alaune metastabil. Sie besitzen die gleiche Kristallstruktur u. das gleiche Absorptionsspektrum bei tiefen Temp. wie oberhalb der Umwandlungspunkte. H. Fahlenbrach. 118□

**Spektrochemische Untersuchungen an Olefin–Aluminiumchlorid-Komplexen.** Chuya Matsumoto und Shigeru Tsutsumi. (J. chem. Soc. Japan, ind. Chem. Sect. [Kōgyō Kagaku Zassi] **63**, 165—67, Jan. 1960; Ôsaka-Daigaku, Kôgakubu; jap., Auszug: engl. S. A8.) — Äthylen bzw. Propylen ergeben durch 3 bis ca. 4 std. Einführung in eine Suspension von wasserfreiem $AlCl_3$ in Bzl. bei 60° einen grünlichgelben bzw. rötlichbraunen öligen Komplex, der beim Stehen unter Feuchtigkeitsausschluß in Nadeln krist. u. sich durch Berühren mit der feuchten Luft unter HCl-Entw. zersetzt. Vff. schließen nach den IR- u. UV-Absorptionsspektren dieser Komplexe sowie nach der massenspektroskop. Analyse ihrer therm. Zers.-Prodd., daß die Olefin-Moll. in den Komplexen noch C=C-Doppelbindungen behalten u. als Monomere existieren. Der Ziegler-Katalysator aus $TiCl_3$ u. Triäthylaluminium besitzt nach den UV- sowie IR-Absorptionsspektren eine ion. Grenzstruktur von $Ti^+CH_2—CH_3$. E. Maekawa. 118□

**Elektronenübergangsspektren von Hexahalogenidkomplexen.** Chr. Klixbüll Jørgensen. (Molecular Physics **2**, 309—32, Juli 1959; Copenhagen, TU of Denmark, Chem. Dep. A; engl.) — Vf. untersuchte die Elektronenübergangsspektren der *Cl*-, *Br*- u. *J*-Komplexe von *Ru(III)*, *Ru(IV)*, *Rh(III)*, *Pd(IV)*, *Sn(IV)*, *Sb(V)*, *W(VI)*, *Re(IV)*, *Os(III)*, Os(IV), *Ir(III)*, Ir(IV), *Pt(IV)* u. *Pb(IV)*. Sie wurden mit Hilfe einer gruppentheoret. Meth. als Übergang von $\pi$- (u. im Fall hoher Wellenzahlen, $\sigma$-) Elektronen gedeutet, welche hauptsächlich an den Liganden lokalisiert sind, auf verfügbare Niveaus gerader Parität $\gamma_5$, $\gamma_3$ u. $\gamma_1$. Die auffallende Gleichheit zwischen den Spektren der $d^4$- u. $d^5$-Syst. mit gleicher Ligandenanzahl wird durch die Ggw. nur eines wirksamen Anregungszustandes des Zentralions erklärt. Die zu erwartende Struktur der Gruppe der $\pi$-Übergangsbanden wird als Funktion von wachsenden Landé-Parametern $\zeta_{np}$ der Halogene berechnet. Vf. empfiehlt die Molekül–Orbital-Energien aus den Absorptionsspektren zu bestimmen als zu versuchen, sie mit Hilfe von unwirklichen Annahmen zu berechnen.
M.-L. Klaar. 118□

**Theorie der magnetischen Rotationsspektren.** H. F. Hameka. (J. chem. Physics **36**, 2540—47, 15/5. 1962; Baltimore, Md., Johns Hopkins Univ., Dep. of Chem.; engl.) — Vf. entwickelt eine allg. Theorie der opt. u. magnetoopt. Rotation im Resonanzfall, d. h. wenn die Frequenz des prim. Lichtes $\nu$ einer Absorptionsfrequenz des Syst. $\nu_R$ entspricht. Es zeigt sich, daß in diesem Fall die opt. u. magneto-opt. Rotationskraft physikal. bedeutungslose Größen werden, da sie nicht mehr meßbar sind, u. statt dessen die

Intensitäten der Emissionslinien untersucht werden müssen. Aus der Quantentheorie der Strahlungsfelder entwickelt Vf. nach der Störungs-Meth. von Heitler u. Ma allg. Beziehungen für die Linienintensitäten u. führt eine Dämpfungs-Konst. ein, um für $\nu = \nu_k$ ein endliches Ergebnis zu erhalten. Eine Anwendung der allg. Theorie für bestimmte Moll. wird nicht gegeben. G. M. Neumann. 119□

**Phasendispersion in der Interferometrie.** P. E. Ciddor. (Optica Acta [London] **7**, 399—403, Okt. 1960; Chippendale, N.S.W., Australia, C.S.I.R.O., Nat. Stand. Labor., Div. of Meteorology; engl.) — Vf. zeigt, daß die Interferenzgleichung für Interferometer mit Phasenwechseleffekten die Form $M\,\lambda = 2\,d - \lambda\,\nu/\pi$ haben sollte, worin $\nu = (\beta - \pi)$ u. $\beta$ der Phasenübergang bei Reflexion an einer reflektierenden Oberfläche ist. Diskussion u. Vgl. mit anderen Unterss. über den Phasenwechsel bei Reflexion ergibt, daß diese Phasendispersion nicht mit den allg. anerkannten experimentellen Ergebnissen von Interferometern mit Ag-Filmen in Einklang gebracht werden kann. W. Sobieski. 119□

**Spektrophotometrie und Lichtstreuung an Platin auf Trägerkatalysatoren.** P. Debye und B. Chu. (J. physic. Chem. **66**, 1021—27, Juni 1962; Ithaca, N.Y., Cornell Univ.; engl.) — Proben von *γ-Al₂O₃* bzw. *η-Al₂O₃* werden mit wss. Lsgg. von $[Pt(NO_2)_2(NH_3)_2]$ getränkt u. 3 Std. lang bei 1100° F in $N_2$ getempert; die Imprägnierung liefert Pt-Trägerkatalysatoren mit a) 0,096 bzw. b) 2% Pt. Nach Vakuumentgasung bei 500° werden an Suspensionen von a) bzw. b) in Gemischen von *1-Brom-* u. *1-Chlornaphthalin* die Transmission bei 3746—4408 Å u. der Brechungsindex für Wellenlängen maximaler Transmission bestimmt. Das auf $\gamma$- bzw. $\eta$-$Al_2O_3$ dispergierte Pt liegt teilweise in monoatomaren Schichten vor, während der Rest über größere Kügelchen mit verschiedenen Radien verteilt ist. Die Abhängigkeit der Extinktions-Koeff. u. Brechungsindices vom Verteilungsgrad des dispergierten Pt wird diskutiert.
Herbert Müller. 119□

**Zur Bildung von Anionenlücken in fremdionendotierten KBr-Kristallen durch Röntgenbestrahlungen.** H. Bauser und F. Lüty. (Physica Status solidi [Berlin] **1**, 608—18, 1961; Stuttgart, TH, II. Physikal. Inst.; dt.) — In röntgenbestrahlten KBr-Kristallen hat bei 90° K eine von 0—50% ansteigende Dotierung mit KCl folgende Wrkg.: a) bis 10% Beschleunigung, darüber Hemmung des Aufbaus der $\alpha$- u. $\beta$-Absorptionsbanden; b) bis 10% Abnahme der F-Bande auf die Hälfte, weiterhin kein Einfl.; c) Verschiebung der genannten Banden nach kurzen Wellen. Diese Effekte werden auf Grund eines speziellen Zentrenmodells (lokalisierte Elektronenanregung eines gestörten Gitterions, das sich ins Zwischengitter verlagert) gedeutet u. mit dem photochem. Verh. hydriddotierter Alkalihalogenide verglichen. J. Teltow. 119□

**Intensitäten und Polarisation charakteristischer Schwingungen in den Infrarotspektren vielatomiger Moleküle.** L. A. Gribow. (Optik u. Spektroskopie [UdSSR] **9**, 658—63, Nov. 1960; russ.) — Vgl. C. **1962**, 8870. — Vf. untersucht theoret. Intensitäten u. Polarisation völlig charakterist. Schwingungen u. präzisiert die Meth. zur Berechnung dieser Größen. U.-L. Rau. 120◇

**Störung der Rotationsschwingungsbanden einiger polarer komprimierter zweiatomiger Moleküle und „Bahnpaare“ mit „gehemmter“ Rotation.** Hai Vu. (J. Rech. Centre nat. Rech. sci. **1960**, 313—64, Dez.; Labor. des Hautes Pressions; franz.) — Vf. untersuchte die Störungen der Rotations-Schwingungs-Fundamentalbande der polaren Moll. *HCl*, *HBr*, *HF* u. *CO* in Ggw. der Fremdmoll. He, $H_2$, Ar, $O_2$, $N_2$, CO u. $CO_2$ bei verschiedenen Drücken dieser Gase u. bei Temp. zwischen 255 u. —195°. Es wurde die allmähliche u. mehr oder weniger vollständige Umwandlung der üblichen Doppelbande mit den P- u. Q-Zweigen in eine Bande mit nur einem Maximum beobachtet. Untersucht wurde weiter die Verschiebung dieser Bande in Abhängigkeit von der Dichte der Fremdgase sowie der sehr bedeutende Einfl. der Temp. auf das Profil dieser Bande. Diese Beobachtungen werden erklärt durch einen Kopplungseffekt durch kinet. u. van der Waalssche Kräfte zwischen einem akt. Mol. u. einem Störmol., verbunden mit einem Ausrichtungseffekt, der die freie Rotation des akt. Mol. hemmt. Zwischen den theoret. gefundenen u. den experimentellen Ergebnissen wurde eine befriedigende Übereinstimmung gefunden. C. Gottfried. 120

**Optische Eigenschaften von Einkristallen der Alkali- und Thalliumhalogenide.** Masahiro Ōura. (Rev. physic. Chem. Japan **30**, 25—33, Aug. 1960; Kyoto, Japan, Horiba Instruments, Inc., Dep. of Res.; engl.) — Nach der Bridgman-Stockbarger-Meth. wurden große Alkali- u. Tl-Halogenideinkristalle hergestellt u. die Absorptionsspektren von KRS-5 (Mischkristalle mit 42 Atom-% *TlBr* u. 58 *TlJ*), TlBr u. TlCl an Proben verschiedener Dicke gemessen u. mit den Ergebnissen anderer Unterss. verglichen.

Die Excitonenspitze konnte nicht ermittelt werden, die Verunreinigungsbande der *Tl*-Verb. u. die Rotverschiebung der Absorptionskante wurde jedoch gefunden. Die nach der Drudeschen Dispersionsformel ausgewerteten Messungen der Reflexionsspektren im fernen IR-Bereich ergaben die Dämpfungs-Konst. der Kristalle bei Zimmer-Temp. zu 0,045 für *NaF*, 0,15 für *TlCl* u. 0,18 für *NaF*. W. Sobieski. 120□

**Integrale Intensitäten der Infrarotabsorptionsbanden in der Reihe der Verbindungen $(CH_3)_nSiCl_{4-n}$.** L. A. Ignatjewa, P. A. Bashulin und I. K. Bajewa. (Nachr. Moskauer Univ., Ser. Math., Mechan., Astronom., Physik, Chem. **14**, Nr. 6, 127—30, 1959; Lehrstuhl für Optik; russ.) — Von den Verbb. $CH_3SiCl_3$ (**I**), $(CH_3)_2 \cdot SiCl_2$ (**II**), $(CH_3)_3SiCl$ (**III**), $(CH_3)_4Si$ (**IV**) werden die abs. integralen IR-Intensitäten (**A**) der symm. u. antisymm. $CH_3$-Valenzschwingungen, der symm. $CH_3$-Deformationsschwingungen, der symm. u. antisymm. SiC-Valenzschwingungen sowie der antisymm. SiCl-Valenzschwingungen gemessen. Frequenz- u. Intensitätsmessungen wurden an den gasförmigen Substanzen bei Drücken zwischen 4 u. 10 Torr mit Hilfe eines IKSS-2-Gerätes durchgeführt. Der durchschnittliche Fehler von **A** beträgt 20—25%. Die **A**-Werte der $CH_3$-Schwingungen nehmen in der Reihenfolge **I**—**IV** zu, während die der symm. SiC-Valenzschwingung von **I** über **II** nach **III** u. die der antisymm. SiC-Valenzschwingung von **II** über **III** nach **IV** abnehmen. Ebenfalls fällt der **A**-Wert der antisymm. SiCl-Valenzschwingung beim Übergang von **I** nach **II**. G. Engelhardt. 120□

**IR-Absorptionsspektren der Kobalt(III)-Komplexe, die Äthylendiamintetraessigsäure enthalten.** Eishin Kyuno. (J. chem. Soc. Japan, pure Chem. Sect. [Nippon Kagaku Zassi] **81**, 232—36, Febr. 1960; Kanazawa-Daigaku, Rigakubu, Kagaku-Kyôsitu; jap., Auszug: engl. S. A16.) — IR-Absorptionsspektren verschiedener Co(III)-Komplexe, die Äthylendiamintetraessigsäure (EDTA) enthalten, werden in Nujol-Mull gemessen. Die IR-Spektren der freien Säure $H[CoEDTA] \cdot 4\,H_2O$ (**I**) sowie $H[CoEDTAH \cdot (Cl)] \cdot 2\,H_2O$ (**II**) sind denen der entsprechenden Salze ähnlich, während das aus **I** durch Erhitzen hergestellte Anhydrid ein vollkommen verschiedenes Spektrum zeigt, obgleich die der Carboxylgruppe zuzuschreibende Absorption des Anhydrids von $M[CoEDTAH \cdot (Cl)] \cdot 2\,H_2O$ sehr ähnlich ist. Vf. schließt daraus, daß das Anhydrid eine Carboxylgruppe enthält u. die Zus. $[CoEDTAH]^0$ besitzt. **II** gibt beim Erhitzen kein Anhydrid. $Na \cdot [CoEDTA] \cdot 4\,H_2O$ ist diamagnet., während $H[CoEDTA] \cdot 4\,H_2O$ stark u. H[CoEDTA] sehr schwach paramagnet. sind. E. Maekawa. 120□

**Strukturabhängigkeit der Absorptionsspektren der Chelate von β-Diketonen. 1. Mitt. IR-Spektren.** J. Charette und P. Teyssié. (Spectrochim. Acta [London] **16**, 689—95, Juli 1960; Léopoldville, Lovanium Univ., Dep. of Phys. and Chem.; engl.) — Vff. bestimmten die IR-Spektren der Chelate von *Methacrylaceton*, *Polymethacrylaceton* u. *Pivaloylaceton* mit den Metallionen $Mg^{2+}$, $Mn^{2+}$, $Ni^{2+}$, $Zn^{2+}$, $Cu^{2+}$ u. $(UO_2)^{2+}$. Die IR-Verschiebungen der C=O-Frequenz werden in Beziehung zur Stabilitäts-Konst. der Komplexe gesetzt. Die Zuordnung der Absorptionsbanden auf die einzelnen Schwingungen wird durchgeführt u. Resonanzeffekte des in den Chelatring eingeschlossenen Metallatoms werden besprochen. M.-L. Klaar. 120□

**Infrarotabsorptionsspektren von Al enthaltenden Silicaten und einiger kristalliner Aluminate.** W. A. Kolessowa. (Optik u. Spektroskopie [UdSSR] **6**, 38—44, Jan. 1959; russ.) — Die IR-Absorptionsspektren im Bereich 1330—420 $cm^{-1}$ von *Korund* (**I**), $Ga_2O_3$ (**II**), *Hydrargillit* (**III**), *Na-Aluminat*, *Albit*, *Orthoklas*, *Leucit*, *Nephelin*, *Cyanit* (**IV**), *α-Spodumen* (**V**), *β-Spodumen* (**VI**), *Sekadeit* (**VII**) u. *Grossular* (**VIII**) als KBr-Preßlinge u. Suspensionen in Paraffinöl wurden untersucht. Frequenzen u. Spektrendiagramme werden angegeben. Eine breite strukturierte Bande bei 1100—800 $cm^{-1}$ in den Spektren aller Si-haltigen Verbb. wird den ν(SiO) zugeschrieben. Die Banden 1020 u. 967 $cm^{-1}$ von **III** entsprechen wahrscheinlich OH-Deformationsschwingungen. **I**, **III** u. alle untersuchten Verbb. mit Al im Anionengerüst besitzen eine intensive Absorption im Bereich 780—720 $cm^{-1}$, die aus mehreren Komponenten besteht u. nur bei **I** als einfaches breites Maximum auftritt. Vf. ordnet diese Bande den Valenzschwingungen von Al—O-Bindungen im Anionengerüst, d. h. Al—O-Bindungen mit kovalentem Charakter, zu. Bei **V**, **VII** u. **VIII**, wo Al als Kation vorliegt, fehlt diese Bande. Ein weiterer Beweis ist das Erscheinen dieser Absorption bei Umwandlung von **V** in **VI** durch Erhitzen auf 1000°. Bei der Umwandlung wird Al in das Anionengerüst eingebaut. Das Auftreten einer Bande bei 720 $cm^{-1}$ im Spektrum von **IV** weist auf die Teilnahme von Al am Aufbau des Anionengerüstes hin. Die ν(Ga—O) von **II** treten im Vgl. zu den ν(Al—O) von **I** (760 $cm^{-1}$) in Übereinstimmung mit der größeren Masse von Ga etwas niederfrequent verschoben auf. U.-L. Rau. 120□

**Untersuchung des photoelektrischen Nachweises im Impulsgebiet. Anwendung auf die Spektrometrie des Ramaneffektes.** François Valentin. (Ann. Physique [13] **4**, 1239—89, Nov./Dez. 1959; Bordeaux, Univ., Fac. des Sci.; franz.) — Vf. bespricht ausführlich die Möglichkeiten einer photoelektr. Registrierung von Strahlungen, die durch eine äußere Lichtquelle angeregt werden, wie Luminescenz, Raman-Effekt oder Rayleigh-Effekt u. beschreibt eine auf Grund dieser Betrachtungen entwickelte apparative Anordnung. Mit diesem App. wurde das Raman-Spektrum von *Toluol* aufgenommen. C. Gottfried. 120

**Messung der Breiten von Mikrowellenspektrallinien.** Edgar A. Rinehart, Roger H. Kleen und Chun C. Lin. (J. molecular Spectroscopy **5**, 458—73, Dez. 1960; Norman, Okla., Univ. of Oklahoma, Dep. of Phys.; engl.) — Vff. entwickelten einen neuen Mikrowellenspektrograph zur genauen Messung der Linienbreiten. Er wird ausführlich beschrieben. Mit dem Spektrograph wurden die scheinbaren Breiten der 3.3-$NH_3$-Linie mit einer geschätzten Genauigkeit von 5 kHz bei $\Delta\nu \sim 0{,}5$ MHz gemessen. C. Gottfried. 121

**Mikrowellenemission aus einem optisch gepumpten Atomsystem.** V. E. Derr, J. J. Gallagher, R. E. Johnson und A. P. Sheppard. (Physic. Rev. Letters **5**, 316—18, 1/10. 1960; Orlando, Fla., Martin Co.; engl.) — Es werden vorläufige Verss. mitgeteilt, bei denen die Mikrowellenemission bei ca. 9192 MHz aus einer opt. gepumpten Cs-Zelle direkt nachgewiesen wurde. Dieses atomare Syst. stellt auch die stabilste monochromat. Quelle dar, die bisher verfügbar ist. M. Wiedemann. 121 □

**Mikrowellenspektrum von JBr und die Bestimmung der Molekular- und Kernparameter.** Thadho S. Jaseja. (J. molecular Spectroscopy **5**, 445—57, Dez. 1960; Aligarh, India, Muslim Univ., Dep. of Phys.; engl.) — Es wurden die Mikrowellenspektren von $^{127}J^{79}Br$ (I) u. $^{127}J^{81}Br$ (II) entsprechend den Übergängen $J = 4 \rightarrow 5$ u. $J = 5 \rightarrow 6$ untersucht. Die Spektren ließen sich gut auf der Grundlage der Theorie von Bardeen u. Townes [1948] erklären. Die berechneten Frequenzen der Linien, entsprechend den erwarteten Übergängen stimmten befriedigend mit den beobachteten Frequenzen überein. Es wurden die folgenden Mol.- u. Kern-Konst. entsprechend dem Rotationsübergang $J = 5 \rightarrow 6$ erhalten: $B_e$ für **I** $1682{,}22 \pm 0{,}1$ (MHz), für **II** $1656{,}51 \pm 0{,}1$; $\alpha_e$ für **I** $10{,}49 \pm 0{,}1$, für **II** $10{,}26 \pm 0{,}1$; die Quadrupolkupplungs-Konst. e Q q für $^{79}Br$ $722 \pm 15$, für $^{81}Br$ $603 \pm 15$ u. für $^{127}J$ $2731 \pm 60$. Aus den beiden verschiedenen $B_e$-Werten ergibt sich für den Abstand J—Br der Wert 2,485 Å. C. Gottfried. 121

**Über das Abklingen der Luminescenz von $NH_4Br$:Tl bei Erregung mit ultraviolettem Licht.** Hartwig Blume, Peter Brauer und Karl Westermann. (Z. Naturforsch. **17a**, 662—66, Aug. 1962; Freiburg/Br., Univ., Physikal. Inst.; dt.) — Vff. berichten über Messungen der Abklingzeit der Luminescenz von $NH_4Br$ : Tl in Abhängigkeit von der Intensität des erregenden Lichtes, der Tl-Konz., der Temp. u. einer Strukturänderung des Tl-Zentrums. Die Temp.-Abhängigkeit wird mit Hilfe der Modelle von Bonanomi u. Rossel bzw. Vitol u. Plyavin gedeutet. Die berechneten Größen aus beiden Modellen sind durchaus sinnvoll, so daß eine Entscheidung zwischen beiden Modellen nicht möglich ist. G. M. Neumann. 125 □

**Zwischenmolekulare Energieübergabe in fluorescierenden Lösungen.** I. Ketskeméty. (Z. Naturforsch. **17a**, 666—70, Aug. 1962; Szeged, Ungarn, Univ., Inst. für Experimentalphys.; dt.) — Vf. zeigt, daß die auf einer Dipol-Dipol-Wechselwrkg. beruhenden Vorgänge der zwischenmol. Energieübergabe sich auch im Rahmen der klass. Quantentheorie quant. u. anschaulich diskutieren lassen. Bei einer derartigen Deutung sind alle Akte der Energieübergabe als solche mit Strahlung zu behandeln. Nach der üblichen quantenmechan. Auffassung ist im allg. zwischen Übergabeakten mit u. ohne Strahlung zu unterscheiden; es scheint aber, daß die in einer Umgebung von genügend kleinem Radius der einzelnen angeregten Moll. erfolgenden Elementarprozesse einheitlich als Akte ohne Strahlung aufgefaßt werden können. Ferner werden die die Übergabeprozesse begleitenden Löschprozesse betrachtet. G. M. Neumann. 125 □

## A$_3$. Elektrizität. Magnetismus. Elektrochemie

**Der Einfluß der Induktion auf Ionen- und Elektronenströme in einem dünnen Plasma.** Lennart Simons. (Soc. Sci. fenn., Comment. physico-math. **24**, Nr. 6, 1—9, 1960; Helsinki, Univ., Dep. of Phys.; engl.) — Ein dünnes zylindr. Plasma aus Deuterium befindet sich in einem begrenzenden Feld u. wird durch Ion-Cyclotron-Heizung aufgeheizt. Für Energien bis zur Fusionsschwelle werden nun für konst. Dichte des Plasmas wie für einen Abfall der Dichte auf Null an der Grenze des Plasmas Rechnungen über den Einfl. der Induktion auf Ionenbewegung u. Elektronenströme durchgeführt. Für die Phasenverschiebungen der Ionen- wie der Elektronenströme werden Formeln abgeleitet. M. Wiedemann. 131 □

**Herstellung hoher Ionendichten in Helium mit Hilfe hochexplosibler Ladungen.** G. E. Seay und L. B. Seely jun. und R. G. Fowler. (J. appl. Physics **32,** 2439—47, Nov. 1961; Los Alamos, N.Mex., Sci. Labor.; Norman, Okla., Univ. of Oklahoma; engl.) — In He werden Temp. von über 20000° K mit Ionendichten zwischen $10^{17}$ u. $10^{18}$ cm$^{-3}$ mit Hilfe von Stoßwellen, die durch Explosionen hervorgerufen werden, erzeugt. Aus Gleichgewichtsberechnungen unter Verw. der gemessenen Geschw. der durch Reflexion gegen eine Glasplatte ebenen Stoßwellen wird auf den Gaszustand hinter der reflektierten Stoßwelle geschlossen. Die während der Reflexion aufgenommenen Spektren stellen ein Kontinuum mit verbreiterten u. verschobenen Linien des normalen He-Spektrums u. verbotenen Linien dar. Die Zeitanalyse der Spektren ergibt eine Relaxationszeit an der Stoßwellenfront. Die Verss. zeigen, daß die Vorherbest. des Verh. der He-Zustände mit den Hauptquantenzahlen 2, 3 u. 4 eine Behandlung der Elektronen- u. Ioneneffekte erfordert. H. Schibilla. 131 □

**Die Elektronenlawine und ihre Entwicklung.** Heinz Raether. (Ergebn. exakt. Naturwiss. **33,** 175—260, 1961; Hamburg, Univ., Inst. für angew. Phys.; dt.) — Zusammenfassung der Ergebnisse, die mit oscillograph. Meth. über Elektronenlawinen u. ihre Entw. erhalten worden sind. L. Roth. 131 □

**Der Einfluß äußerer Bedingungen auf die Fackelentladung.** Václav Truneček. (Spisy vydávané přírodovédeckou Fak. Masarykovy Univ. [Publ. Fac. Sci. Univ. Masaryk] **1959,** 199—252; Brno, Univ., Ústav exp. fys.; tschech.) — Übersicht. — 48 Literaturangaben. J. Tůmová. 131 □

**Elektrodenvorgänge in der Bogenentladung.** G. Ecker. (Ergebn. exakt. Naturwiss. **33,** 1—104, 1961; Bonn, Univ., Inst. für theoret. Phys.; engl.) — Zusammenfassender Bericht über die Vorgänge an den Elektroden von Bogenentladungen. — 645 Literaturangaben. L. Roth. 131 □

**Über den Beitrag der Photonen zur Elektronenauslösung aus der Kathode in Glimmentladungen in Hg-Dämpfen.** E. Badareu und F. Wächter. (Ann. Physik [7] **7,** 418—24, 1961; Bukarest, C. I. Parhon-Univ., Labor. für Gaselektronik; dt.) — In einer ausführlich beschriebenen Vorr. wird der Anteil gemessen, den die in der Entladung erzeugten Photonen durch Elektronenauslösung an der Kathode zum Stromtransport beitragen. Die Unterss. werden sowohl für anomale Glimmentladungen in Hg-Dampf mit einfacher Kathode als auch mit Doppelkathode durchgeführt. Es ergibt sich, daß ein nicht vernachlässigbarer Anteil der Photonen vorhanden ist, der zu kleinen Entladungsdrücken hin ansteigt, dessen Zunahme beim Übergang von der einfachen zur Doppelkathode aber keineswegs ausreicht, um den damit verbundenen Stromanstieg zu erklären. L. Roth. 131 □

**Elektronenterme im Feld von zwei ungleichen Coulombzentren.** Ss. Ss. Gerstein und W. D. Kriwtschenkow. (J. exp. theoret. Physik [UdSSR] **40,** 1491—1502, Mai 1961; Verein. Inst. für Kernforsch.; russ., Auszug: engl.) — Für Elektronen im Feld zweier Coulomb-Ladungen verschiedener Größe werden die Terme für große u. kleine Abstände zwischen den Kernen ermittelt u. verglichen. Das Neumann-Wigner-Theorem von der Unmöglichkeit des Schnitts von Termen gleicher Symmetrie wird widerlegt. Diese Schnitte sind wichtig für Ladungsaustausch zwischen H-Atomen u. Kernen bei Stößen. M. Wiedemann. 131 □

**Ionisierungs- und Umladequerschnitte von Wasserstoffatomen und Ionen von 9—60 keV in Wasserstoff.** Fred Schwirzke. (Z. Physik **157,** 510—22, 1960; Karlsruhe, TH, Physikal. Inst.; dt.) — Die Wrkg.-Querschnitte wurden direkt gemessen durch Sammeln der durch Umladung u. Ionisation im Gas entstehenden langsamen Ionen u. Elektronen in einem transversalen elektr. Feld. Der Ionisierungsquerschnitt von Protonen in Wasserstoff nähert sich oberhalb von 60 keV vermutlich einem maximalen Wert. Bei niedriger Energie unterhalb von 22 keV ionisieren die neutralen Wasserstoffatome wirksamer als die Protonen. Die gemessenen u. die nach der Bornschen Näherung berechneten Ionisierungsquerschnitte für Protonen in Wasserstoff stimmen erst bei höheren Energien ($>$ 50 keV) näherungsweise überein, während beim Umladequerschnitt die theoret. Werte bereits bei 25 keV den experimentell ermittelten entsprechen. Die gemessenen Ionisierungsquerschnitte neutraler Wasserstoffatome sind ungefähr doppelt so groß wie die mit der Bornschen Näherung berechneten. Der maximale Wert des Umladequerschnitts wird für Protonen u. die Wasserstoffmolekülionen $H_2^+$ u. $H_3^+$ bei annähernd gleicher Geschw. erreicht. Die Ionisierungsquerschnitte des $H_2^+$ u. $H_3^+$ unterscheiden sich wenig u. sind größer als beim Proton. Die Vers.-Anordnung ermöglichte auch die Sekundärelektronenauslösung bei dem Anprall von $H^+$-, H-, $H_2^+$- u.

$H_3^+$-Teilchen auf eine Cu–Be-Platte zu messen. Die Sekundärelektronenausbeute wächst in der Reihenfolge $H^+$, $H^-$, $H_2^+$, $H_3^+$. Die Form der Ausbeutekurven in Abhängigkeit von der Energie läßt vermuten, daß die Sekundärelektronen nur aus einer bestimmten Oberflächenschicht aus dem Material entweichen können. I. Zoll. 131◇

**Anlagerung von Elektronen niedriger Energie an Sauerstoff.** D. C. Conway. (J. chem. Physics **36**, 2549—57, 15/5. 1962; Lafayette, Ind., Purdue Univ., Dep. of Chem.; engl.) — Vf. gibt einen Überblick über die experimentellen Daten der Elektronenanlagerung an reinem $O_2$ sowie an $C_2H_4$–$O_2$-, $CO_2$–$O_2$-, $N_2$–$O_2$-, $CH_4$–$O_2$- u. $He$–$O_2$-Mischungen. Die Ergebnisse werden mit einem Mechanismus interpretiert, der eine Modifikation der Hurst-Bortnerschen Erweiterung des Bloch-Bradbury-Mechanismus darstellt. Die Geschw.-Konst. der allg. Geschw.-Gleichung werden abgeschätzt u. gezeigt, daß die Gleichung mit den erhaltenen Rk.-Ordnungen übereinstimmt. Die Daten an Mischungen mit $CO_2$ u. $C_2H_4$ führen zu einer mittleren Lebensdauer von $10^{-9}$ s für das angeregte $O_2^-$-Ion. Ferner werden die verschiedenen Stabilisierungs- u. Desaktivierungs-Rkk. erörtert. G. M. Neumann. 131□

**Chemische Reaktionen in stillen Entladungen.** 2. Mitt. M. Suzuki. (J. electrochem. Soc. Japan **24**, 348—54, Aug. 1956; jap.) — 1. vgl. J. electrochem. Soc. Japan **24**, [1956], 207. — Übersicht. — 10 Literaturangaben. H. Roschkowski. 131□

**Über die stationären Konzentrationen von Stickstoffmonoxid bei der Entladung.** 3. Mitt. **Über die Rolle des Elektrodenflecks bei der Bildung der Stickstoffoxide in der Glimmentladung.** A. N. Malzew, Je. N. Jeremin und W. Ss. Martemjanow. (J. physik. Chem. [UdSSR] **35**, 1502—05, Juli 1961; russ., Auszug: engl.) — 2. vgl. C. **1960**, 9795. — Bei Drücken von 50—400 Torr u. Stromstärken bis 700 mA wurde die Bldg. von NO in einer Glimmentladung in Luft untersucht. Die Rk.-Prodd. wurden durch einen Kanal, der vom Elektrodenfleck ausging, aus dem Entladungsraum abgeleitet. Die stationäre NO-Konz. hatte ihren Maximalwert bei 700 mA; die größte Ausbeute (7,5%) ergab sich bei 50 Torr. Der Elektrodenfleck hat eine entscheidende Bedeutung für die NO-Bldg. bei Stromstärken $>$100 mA. G. Kirschstein. 131□

**Messung der Arbeit pro Ionenpaar in Stickstoff für Protonen und Heliumteilchen im Energiegebiet unterhalb 1 MeV.** L. Schaller, P. Huber und E. Baumgartner. (Helv. physica Acta **34**, 813—15, Dez. 1961; Basel, Univ., Physikal. Anst.; dt.) — Es wird die Paar-Bldg.-Arbeit ($\omega$) für Protonen im Energiebereich von 200—900 keV in 100-kV-Schritten gemessen. Die Paar-Bldg.-Arbeit erweist sich innerhalb von 1% als energieunabhängig. Der Mittelwert beträgt 37,0 eV/Ionenpaar. Für $He^+$-Teilchen werden im Energiegebiet von 250—650 keV im $N_2$-Gas Werte für $\omega_\alpha$ erhalten, die bei ca. 40 eV/Ionenpaar liegen. (Der mittlere Fehler beträgt ca. 2—3 eV/Ionenpaar.) H. Schibilla. 131□

**Mit einem Massenspektrometer untersuchte Dissoziationsenergien aus thermodynamischen Gleichgewichten.** Mark G. Inghram und William A. Chupka. (Mem. Soc. roy. Sci. Liège [4] **18**, 513—35, 1957; Chicago, Ill., Univ., Dep. of Phys.; Lemont, Ill., Argonne Nat. Labor.; engl.) — Vgl. C. **1958**, 4107. — Vff. geben an Hand von Literaturdaten u. eigenen Messungen einen zusammenfassenden Überblick über Best. der Dissoziationsenergien aus thermodynam. Gleichgewichten mit Hilfe eines näher beschriebenen Massenspektrometers. Tabellar. zusammengestellt sind die Ergebnisse für die *Ag*-, *Au*-, *C*- u. *Cu*-Syst. sowie die Syst. $Ba$–$BaO$, $Gd$–$Gd_2O_3$, $La$–$La_2O_3$, $Mg$–$MgO$, $Mo$–$MoO_3$, $Si$–$SiO_2$, $Sr$–$SrO$, $Ta$–$Ta_2O_5$, $Ti$–$TiO_2$, $Th$–$ThO_2$, $V$–$V_2O_5$ u. $Zr$–$ZrO_2$. — 53 Literaturhinweise. C. Gottfried. 131

**Massenspektrometrische Untersuchung der Moleküle $Cu_2$, $Ag_2$ und $Au_2$.** Jean Drowart und Richard E. Honig. (Mém. Soc. roy. Sci. Liège [4] **18**, 536—37, 1957; Bruxelles, Univ., Labor. de Chim. Phys. Moléculaire; engl.) — Vgl. C. **1958**, 1204. — Im Verlauf von Unterss. über die Verdampfung von Festkörpern wurden Cu, Ag u. Au in einem Massenspektrometer untersucht. mg-Proben wurden bei Drücken zwischen $10^{-6}$ u. $10^{-3}$ Torr bei Temp. von 1000—1550° verdampft, die Teilchen in der Dampfphase durch 70-eV-Elektronen ionisiert, massenspektrometr. analysiert u. ihre relativen Intensitäten elektr. registriert. In jedem Fall wurden nicht nur die vorherrschende Atomart, sondern auch zweiatomige Moll. in geringer Konz. festgestellt. Die beobachteten Intensitätsverhältnisse waren $Cu_2/Cu = 8 \cdot 10^{-4}$ bei 1540°, $Ag_2/Ag = 5 \cdot 10^{-4}$ bei 1260° u. $Au_2/Au = 7 \cdot 10^{-4}$ bei 1600°. Aus diesen Intensitätsverhältnissen wurden die angenäherten Dissoziationsenergien berechnet. Sie sind $D_0$ ($Cu_2$) = $2{,}0_2$ eV; $D_0$ ($Ag_2$) = $1{,}6_3$ eV u. $D_0$ ($Au_2$) = $2{,}1_8$ eV. C. Gottfried. 131

**Temperaturabhängigkeit von Dielektrizitätskonstanten.** E. E. Havinga. (Physics Chem. Solids **18**, 253—55, Febr. 1961; Eindhoven, Philips Res. Labor.; engl.) — Theoret. Arbeit, in der gezeigt wird, daß die Temp.-Abhängigkeit der Dielektrizitäts-Konst. in kub. (isotropen) Material von 3 Effekten, die durch Experimente bestimmt werden können, abhängt: 1. Vol.-Expansion, 2. Polarisationsänderung durch Vol.-Expansion, 3. Temp.-Abhängigkeit der Polarisation. Die Größe der einzelnen Effekte werden für *LiF, KCl, NaCl* u. *$BaTiO_3$* berechnet. Die Größenordnung ist in allen Verbb. gleich, nur 3. erweist sich für $BaTiO_3$ als negativ. K. H. Härdtl. 132◇

**Dielektrische Eigenschaften von basischem Sodalith und einem Silbernitrat-Zeolith-Komplex.** R. M. Barrer und E. A. Saxon-Napier. (Trans. Faraday Soc. **58**, 145—55, Jan. 1962; London, Imp. Coll., Chem. Dep., Phys. Chem. Labor.; engl.) — Zwei poröse Halbleiter, bas. Sodalith u. der $AgNO_3$-Einschlußkomplex des mit $Ag^+$ beladenen Austauschers Linde Molekularsieb A, werden in hydratisierter u. entwässerter Form auf ihre dielektr. Eigg. untersucht. Beim hydratisierten Sodalith u. beim Einschlußkomplex werden die Verluste bei kleinen Frequenzen durch Gleichstromleitfähigkeit verursacht, für die die Aktivierungsenergien bestimmt wurden. Im hydratisierten Sodalith wurde die Leitfähigkeit versuchsweise dem Protonenaustausch zwischen $H_2O$-Moll. u. $OH^-$ zugeschrieben, im $AgNO_3$-Komplex der Wanderung von $Ag^+$. Im Komplex wurde ein zweiter Relaxationsprozeß bei hohen Frequenzen beobachtet, der durch Wechselstromleitfähigkeit bestimmt wird. Versuchsweise wurde dieser Effekt der Rotation von $NO_3^-$ oder von $Ag^+ \ldots NO_3^-$-„Dipolen" zugeschrieben. Bei bestimmten Frequenzbereichen war es möglich, dielektr. Konst. u. Verlustfaktoren für die Kristalle zu bestimmen. Hansjoachim Thiele. 132◇

**Dielektrische Eigenschaften einiger durch Ionenaustausch beladener Analcime.** R. M. Barrer und E. A. Saxon-Napier. (Trans. Faraday Soc. **58**, 156—65, Jan. 1962; engl.) — Vgl. vorst. Referat. — Messungen der dielektr. Eigg. von Analcimen, die mit $Na^+$ (hydratisiert u. entwässert), $K^+$, $Rb^+$ u. $Cs^+$ beladen waren, wurden bei verschiedenen Frequenzen u. Temp. ausgeführt. Alle dielektr. Verluste waren vom Wechselstromtyp, ausgenommen die des Na-Analcim bei den niedrigsten untersuchten Frequenzen. Gesinterte Rb- u. Cs-Analcime zeigten bei Temp. unter 90° prakt. keine dielektr. Verluste. Beim Na-Analcim beobachtete Relaxationsvorgänge wiesen Aktivierungsenergien auf, die mit denen der Selbstdiffusion von $Na^+$ in diesem Mineral vergleichbar waren, obgleich die Relaxationen vom Wechselstromtyp waren. Eine ähnliche Situation kann in verschiedenen Gläsern entstehen, u. wie in diesen Gläsern besitzen die Relaxationen ein Spektrum von Relaxationszeiten. Wenn ähnliche Prozesse in den anderen Analcimen mit Energieschwellen auftreten, die denen der entsprechenden Selbstdiffusion gleichen, würden Verlustmaxima außerhalb des untersuchten Frequenzbereichs liegen u. nicht zu beobachten sein. Sinterung verringert die Verluste von Rb- u. Cs-Analcim stark, läßt aber die von K-Analcim zunehmen. Hansjoachim Thiele. 132◇

**Anisotropie der Durchschlagsfestigkeit bei Alkalihalogenidkristallen.** R. Cooper und A. Fernandez. (Proc. physic. Soc. **78**, 1261—63, 1/12. 1961; Manchester, Univ., Electrical Engng. Labor.; engl.) — Vff. untersuchen die Durchschlagsfestigkeit von getemperten *NaCl*- u. *KBr*-Proben (Dicke 0,050—0,070 cm) bei 20° in [1 0 0]-, [1 1 0]-, [1 1 1]-Richtung, bei 25° in [1 0 0]-Richtung u. als ‚equal component'-Proben. Der kleinste Wert wird bei NaCl wie KBr in [1 0 0]-Richtung gefunden. Bei NaCl unterscheidet sich dieser Wert nur wenig von dem in [1 1 0]-Richtung. Die bevorzugte Durchschlagsbahn hängt nicht von der Temp. ab, wie bei KBr im Temp.-Bereich von —190 bis +170° festgestellt wurde. In allen Fällen erfolgten die Durchschläge in [1 0 0]-Richtung, auch bei den ‚equal component'-Proben. I. Zoll. 132

**Unsymmetrische Hystereseschleife von $BaTiO_3$-Einkristallen mit nicht äquivalenten Elektroden.** V. Janovec, B. Březina und A. Glanc. (Czechoslov. J. Physics B **10**, 690—91, 1960; Prague, Czechoslov. Acad. Sci., Inst. of Phys.; engl.) — Im Zusammenhang mit der Frage von Einfl. von Raumladungen unterhalb der Oberfläche von $BaTiO_3$-Kristallen auf die ferroelektr. Eigg. werden Hystereseschleifen mit verschiedenen Elektrodenstoffen gemessen, wobei die Form der Hystereseschleife stark von der Verschiedenheit dieser Stoffe bestimmt wurde. Rechteckförmige Hysteresekurven ergaben sich mit Elektroden aus Fll. (wäss. Lsgg. von LiCl, KOH, $H_3PO_4$) oder aus Vakuumaufdampfschichten aus Pt, Au u. Ag. Flachere Hystereseschleifen mit höheren Koerzitivkraftwerten ergaben z. B. Elektroden aus Al, In u. koll. Ag. Unsymm. Hystereseschleifen wurden dann erzeugt, wenn die eine Elektrode aus der einen Gruppe von Stoffen, die andere aus der anderen Gruppe gewählt worden war. Dabei waren dann u. a. die positiven u. negativen Koerzitivkraftwerte verschieden.
H. Fahlenbrach. 133□

**Ladungseffekte bei inhomogener Verformung von Steinsalz.** F. Rueda und W. Dekeyser. (Philos. Mag. [8] **6**, 359—64, März 1961; Gent, Belgium, Labor. voor Kristallografie; engl.) — Die beim Eindrücken von Spitzen (mittels Mikrohärteprüfer) in die Oberflächen künstlicher NaCl-Kristalle auftretenden elektr. Ströme werden untersucht.

Der Effekt entspricht dem Transport negativer Ladungen durch wandernde Versetzungen. Cd-Dotierung (bis 0,6%) erhöht den Effekt geringfügig. Gewöhnliche Biegeverss. geben starke, aber unreproduzierbare Ströme. Eine Diskrepanz mit früheren Verss. von Fischbach u. Nowick (C. **1956**, 13607 u. C. **1960**, 720) wird geklärt. J. Teltow. 133□

**Piezowiderstandseffekt in Galliumarsenid.** M. Zerbst. (Z. Naturforsch. **17a**, 649–51, Aug. 1962; München, Siemens & Halske, Forsch.-Labor.; dt.) — Vf. berichtet über die Best. der einzelnen Konst. des Piezowiderstandseffektes in GaAs aus Messungen des Widerstandes in Abhängigkeit von der mechan. Belastung in verschiedenen Kristallrichtungen. Die Proben hatten einen spezif. Widerstand von einigen $10^{-3}$ $\Omega$ cm, entsprechend einer Dotierung von $10^{19}$ cm$^{-3}$ Donatoren bzw. Acceptoren u. ergaben folgende Konst.: n-GaAs: $\pi_{11} = -3{,}2$; $\pi_{12} = -5{,}4$; $\pi_{44} = -2{,}5$; p-GaAs: $\pi_{11} = -12$; $\pi_{12} = -0{,}6$; $\pi_{44} = +46$ in $10^{-12}$ cm$^2$/dyn. Die Ergebnisse werden mit bekannten Werten von Ge u. Si verglichen u. im Hinblick auf die Bandstrukturen diskutiert. G. M. Neumann. 133□

**Über die Theorie der Thermoelektrizität.** J. Tauc. (J. physic. Soc. Japan **14**, 1174–75, Sept. 1959; Prague, Czechoslovak. Acad. of Sci., Inst. of Techn. Phys.; engl.) — Vf. behandelt die Frage des inneren Feldes in einem Zweibänderhalbleiter mit einem temperaturabhängigen Bandabstand $\varepsilon_g$ in bezug auf die Theorie der Thermokraft solcher Halbleiter u. kommt zu dem Ergebnis, daß die Endformel für die Thermokraft dieselbe ist, unabhängig davon, ob $\varepsilon_g$ von der Temp. abhängt oder nicht. J. Rudolph. 133□

**Fernordnung in Fe–Al-Legierungen. 2. Mitt. Thermokraft.** G. Erez und P. S. Rudman. (Physics Chem. Solids **18**, 307–15, März 1961; Haifa, Israel Inst. of Technol. Dep. of Phys.; engl.) — 1. vgl. C. **1961**, 14565. — Die Thermokraft wird sowohl zwischen 100–950° für Fe-Al-Legg. mit 25,05 (Atom-%) Al als auch bei Raum-Temp. für Legg. zwischen 17,0–28,5 Al als Funktion der Temper-Temp. gemessen. Die krit. Temp. für die *$Fe_3Al$*-Struktur wird durch einen ausgeprägten Knick in der Thermokraft–Temp.-Kurve gekennzeichnet u. liegt für stöchiometr. $Fe_3Al$ bei 560 ± 5°. Für die *FeAl*-Struktur konnte nur ein Knick in der Kurve Thermokraft–Al-Konz. beobachtet werden. Die Messungen ergaben für die $Fe_3Al$-Struktur eine Zunahme, für die FeAl-Struktur eine Abnahme der Thermokraft. Dieses Ergebnis wird durch Änderung der Zustandsdichten bei Bldg. neuer Brillouin-Zonen erklärt. K. H. Härdtl. 133◇

**Die Photoelektronenemission: Einfluß der Oberfläche und des Volumens.** P. Vernier. (J. Physique Radium **22**, 463–64, Juli 1961; Dijon, Fac. des Sci.; franz.) — Vf. behandelt den photoelektr. Effekt vom wellentheoret. Standpunkt u. untersucht den Einfl. der Oberfläche u. des Vol. sowie die entsprechenden Auswahlregeln. Während die Emission bei einigen Metallen mit zunehmendem Winkel zwischen Oberfläche u. Lichtschwingung stark ansteigt u. auf einen großen Einfl. der Oberfläche hinweist, deuten jedoch andere experimentelle Ergebnisse mehr auf einen Vol.-Effekt. G. M. Neumann. 134□

**Feldemission von Vanadin.** G. Pankow. (Abh. Fritz-Haber-Inst. Max-Planck-Ges. Berlin-Dahlem **37**, 333–37, 1960; dt.) — V-Einkristallspitzen wurden mit Feldelektronenmikroskopen untersucht. Eine reine V-Oberfläche wurde nur durch Tempern in einer Wasserstoffatmosphäre erhalten. An dem reinen, kub. raumzentrierten V werden {0 1 1}-, {0 0 1}- u. {2 1 1}-Flächen beobachtet. Eine qual. Analyse der Adsorptionsschicht auf der noch ungereinigten V-Oberfläche wurde durch einen Vgl. von Eichaufnahmen mit adsorbiertem Sauerstoff, C, Ca u. Al auf V erhalten. Danach ist auf der noch ungereinigten V-Oberfläche vorzugsweise Sauerstoff u. Al adsorbiert. M. Drechsler. 134□

**Zur Analyse von Feldionenmikroskopaufnahmen mit atomarer Auflösung.** M. Drechsler und P. Wolf. (Abh. Fritz-Haber-Inst. Max-Planck-Ges. Berlin-Dahlem **37**, 109–22, 1960; dt.) — Vgl. C. **1962**, 7433. — Von W-Spitzen wurden Feldionenmikroskopaufnahmen atomarer Auflösung bei Betriebs-Temp. von 80° K erhalten. Bei Spitzen mit einem Radius von ca. 200 Å konnten erstnächste Nachbaratome getrennt abgebildet werden. Eine Aufnahmeauswertung erfolgt an Hand eines maßstabgerechten Modelles einer W-Spitze. Eine Berücksichtigung der Rangfolge der einzelnen Flächen ermöglicht es, auch höher indizierte Flächen einwandfrei zu indizieren. Zur Messung der Krümmungsradien der verrundeten Kristalloberfläche werden Meth. angegeben. Eine Best. von Vergrößerungen erfolgt 1. durch Ausmessung bekannter Gitterabstände, 2. durch Ausmessung von Flächenpolabständen unter Berücksichtigung der gemessenen lokalen Radien. Innerhalb einer Feldionenmikroskopaufnahme treten systemat. Schwankungen der Vergrößerung bis zu einem Faktor 3 auf. Abschließend wird eine Meth. der Messung von Netzebenenabständen beschrieben. M. Drechsler. 134□

**Zur Messung der Dicke von Bariumaufdampfschichten im Feldelektronenmikroskop.** E. Hess und M. Drechsler. (Abh. Fritz-Haber-Inst. Max-Planck-Ges. Berlin-Dahlem **37**, 137—42, 1960; dt.) — Die Elektronenaustrittsarbeit von auf W-adsorbiertem Ba durchläuft nach Becker mit zunehmender Bedeckung ein Minimum. Die Lage dieses Minimums wurde durch Vgl. des Ba-Nd. in einem Feldelektronenmikroskop u. in einem Auffänger zu $3{,}6 \cdot 10^{14}$ Atome pro $cm^2$ ermittelt. Es wird eine Meth. mitgeteilt, die mittels Eichaufnahmen eine Best. von Bedeckungsgraden zwischen einerMonolage u. 1/100 einer Monolage ermöglicht. M. Drechsler. 134□

**Direkte Beobachtungen einzelner adsorbierter Atome. Stickstoff auf Wolfram.** Gert Ehrlich und F. G. Hudda. (J. chem. Physics **36**, 3233—47, 15/6. 1962; Schenectady, N.Y., Gen. Electr. Res. Labor.; engl.) — Das Feldionenmikroskop wurde zur Unters. von Adsorptionserscheinungen angewendet. Einzelne N-Atome auf der Oberfläche einer W-Einkristallspitze können sichtbar gemacht werden. Adsorbierte N-Atome wurden bei Raum-Temp. u. dem Beobachtungsfeld von $4{,}5 \cdot 10^8$ V/cm auf {1 0 0}- und {1 3 0}-Flächen, dagegen nicht auf {1 1 0} beobachtet. Erst unterhalb 90° K wurden auch auf {1 1 0} einzelne N-Atome gefunden. Vermutlich ist Stickstoff nicht als $N_2$, sondern als Atom adsorbiert. Die aus den Messungen abgeschätzte Bindungsenergie beträgt auf der {1 1 0} 5,1 eV, dagegen auf anderen Flächen 6,7 eV. M. Drechsler. 134□

**Untersuchung der Adsorption von Wasserstoff, Äthan, Äthylen und Acetylen an Iridium mit dem Feldelektronenmikroskop.** John R. Arthur jun. und Robert S. Hansen. (J. chem. Physics **36**, 2062—71, 15/4. 1962; Ames, Iowa, Iowa State Univ., Inst. for Atomic Res. and Dep. of Chem.; engl.) — Feldelektronenbilder der Adsorption von Wasserstoff, Äthan, Äthylen u. Acetylen an Iridium wurden beobachtet u. die mittleren Elektronenaustrittsarbeiten in Abhängigkeit von der Temp. zwischen 4 u. 1700° K gemessen. Chemisorbierte KW-Stoffe zeigen oberhalb 700° K eine nennenswerte Oberflächendiffusion. Die Desorption von Wasserstoff auf Ir erfolgt oberhalb 400° K. Adsorbiertes Äthan desorbiert weitgehend bei 100° K, ein Rest jedoch erst bei 1000° K. Aus den Emissionsbildern wird geschlossen, daß chemisorbiertes Äthylen oberhalb 450° K zu chemisorbiertem Acetylen u. schließlich zu chemisorbiertem Kohlenstoff dehydriert wird, wobei der Wasserstoff desorbiert. M. Drechsler. 134□

**Zur Theorie der „Kaskaden"-Rekombination der Ladungsträger in homöopolaren Halbleitern.** W. L. Bontsch-Brujewitsch und W. B. Glassko. (Festkörperphysik [UdSSR] **4**, 510—23, Febr. 1962; Moskau, Lomonossow-Univ.; russ.) — Untersucht werden die angeregten Zustände neutraler u. geladener Haftstellenzentren in homöopolaren Halbleitern u. das Einfangen von Trägern durch diese Zentren. Im Fall neutraler Zentren laufen Kaskadenprozesse wahrscheinlich nur dann ab, wenn die Polarisierbarkeit des Zentrums extrem hoch ist. Bei gegensinnig geladenen Zentren kann die Abschirmung zu einer anomalen Abhängigkeit des Einfangquerschnitts von der Träger-Konz. u. der Temp. führen. H. Roschkowski. 135◇

**Eine dielektrische Näherung für die Verunreinigungsleitung.** D. G. H. Frood. (Proc. physic. Soc. **75**, 185—93, 1/2. 1960; Liverpool, Univ., Dep. of Theoret. Phys.; engl.) — Vf. beschreibt die Anwendung der Theorie der Dielektrika auf die elektr. Leitung beim Übergang von isolierenden zu leitenden Stoffen. Herbert Müller. 135□

**Form und Dicke von Raumladungsschichten, die überwiegend durch Haftstellen gebildet werden.** Albert Rose. (Helv. physica Acta **29**, 199—201, 30/6. 1956; Zürich, RCA Ltd., Labor.; engl.) — Unter der Annahme einer gleichmäßigen Energieverteilung der Haftstellen ergibt die Rechnung: Ladungsdichte u. Potential nehmen in Richtung auf das Innere des Halbleiters exponentiell ab. Die charakterist. Dicke der Raumladungsschicht ist unabhängig von der Spannung. Daraus können einige Beobachtungen an Störstellenhalbleitern besser als bei Annahme freier Ladungsträger erklärt werden. P. Brumm. 135□

**Voigt-Effekt bei Halbleitern.** Manuel Cardona. (Helv. physica Acta **34**, 796 bis 801, Dez. 1961; Zürich, Labor., RCA Ltd.; engl.) — Es werden die Best. u. die Aussagen des Voigt-Effektes freier Ladungsträger (f. L. V. E.) u. des Zwischenband-Voigt-Effektes (Z. V. E.) bei Halbleitern zusammengestellt u. diskutiert. Mit der Messung des f. L. V. E. in Abhängigkeit der Probenorientierung kann mehr als eine Komponente des effektiven Massentensors bestimmt werden. Aus dem Z. V. E. kann außerdem noch auf die g-Faktoren des Leitungs- u. Valenzbandes u. auf deren Anisotropie geschlossen werden. Die angeführte Theorie gilt streng nur für parabol., unendliche Bänder u. bei unverformten Valenzbändern. H. Schibilla. 135□

**Der Hall-Effekt in „Many-Valley"-Halbleitern.** S. H. Koenig. (Helv. physica Acta **34**, 765—70, Dez. 1961; Zürich, IBM Res. Labor.; engl.) — Es wird gezeigt, daß bei einem Halbleiter mit einer Bandstruktur mit vielen Tälern (vgl. n-Ge), bei dem die verschiedenen Täler unterschiedlich zum Hall-Strom beitragen, der gemessene Hall-Effekt eine Funktion der Probengeometrie u. der relativen Orientierung der Felder, der Stromdichte u. der kristallograph. Achsen darstellt. Bes. ist der Hall-Effekt eine Funktion der mittleren Zeit der Zwischenentalstreuung ($\tau$). Er stellt damit ein Hilfsmittel zur Messung von $\tau$ dar. H. Schibilla. 135□

**Der photoelektromagnetische Volumeneffekt in einem nichthomogenen Halbleiter.** S. Sikorski. (Bull. Acad. polon. Sci., Ser. Sci. techn. **8**, 371—78, 1960; Polish Acad. Sci., Dep. of Electron., Inst. of basic techn. Problems; engl.) — Beim von Trousil u. Tauc untersuchten u. von ihnen lichtelektr. Vol.-Effekt (BPV) genannten Vorgang wird in einer Halbleiterprobe mit im Dunkeln bereits vorhandenem Gradienten der Ladungsträger-Konz. durch Belichtung ein elektr. Feld erzeugt, das zu einem Strom durch Probe u. einen äußeren Kreis führen kann. Vf. beschreibt einen sog. photoelektromagnet. Vol.-Efekt (BPEM), bei dem eine zusätzliche elektr. Feldkomponente aufgebaut wird, wenn man die Probe in ein magnet. Feld bringt, welche dann senkrecht zum Magnetfeld u. zum „Tauc-Trousil-Feld" orientiert ist. An Ge-Plättchen vom p- u. n-Typ mit Widerstandsgradienten senkrecht zur Längsausdehnung werden mit einer schemat. angegebenen App. die durch BPEM aufgebauten elektr. Spannungen gemessen, die bei einer Feldstärke von ca. 7000 Gs, einer Lichtintensität von ca. 8000 lx u. einem mittleren spezif. Widerstand von 0,9 $\Omega$ cm beim n-Typ, 5,8 $\Omega$ cm beim p-Typ 0,40 mV bzw. 0,30 mV betragen. Die theoret. Behandlung des BPEM führt zu einem Verhältnis $E_x/E_y$ der Komponenten der erzeugten Feldstärke in Längs- u. Querrichtung der Probe, die in guter Übereinstimmung mit den experimentellen Ergebnissen steht. R. Nink. 135□

**Bestimmung von Halbleiterparametern mit Hilfe des durch die Photoleitfähigkeit kompensierten photomagnetischen Effektes.** W. A. Petrussewitsch. (Festkörperphysik [UdSSR] **4**, 461—64, Febr. 1962; Leningrad, Halbleiter-Inst. der Akad. der Wiss. der UdSSR; russ.) — Beschrieben wird ein einfaches Verf. zur Best. der Rekombinationsparameter, des ambipolaren Diffusions-Koeff. u. anderer Halbleiterparameter aus der spektralen Verteilung des photomagnet. Efektes, wenn die photomagnet. EMK durch einen Photostrom kompensiert wird. H. Roschkowski. 135◇

**Registrierung von Millimeter- und Submillimeterwellenstrahlung durch Absorption durch freie Ladungsträger in einem Halbleiter.** B. V. Rollin. (Proc. physic. Soc. **77**, 1102—03, 1/5. 1961; Oxford, Clarendon Labor.; engl.) — Es wird gezeigt, daß die Änderung der Beweglichkeit bzw. Leitfähigkeit eines geeigneten Halbleiters infolge auffallender Strahlung, die von freien Ladungsträgern absorbiert wird, bei niedrigen Temp. zur Grundlage eines Detektors für Strahlung von Millimeter- u. Submillimeterwellen hoher Empfindlichkeit u. kurzer Zeitkonst. gemacht werden kann. J.-M. Spaeth. 135□

**Untersuchung der Lebenszeit von Ladungsträgern bei verschiedenen Sättigungsstufen der Versetzungsgebiete durch Kupferatome.** L. Ss. Milewski. (Festkörperphysik [UdSSR] **4**, 429—33, Febr. 1962; Moskau, Baikow-Inst. für Metallurg. der Akad. der Wiss. der UdSSR; russ.) — Die Lebenszeit der Minoritätsträger in n- u. p-*Si* wurde als Funktion der Temp. gemessen. Die Konz. von Cu-Verunreinigungen in der Umgebung der Versetzungen wurde dabei durch therm. Behandlung variiert. In gewachsenen u. angelassenen Proben wird die Rekombination durch einfach geladene Zentren, die an den Versetzungslinien liegen, beherrscht. Werden die Versetzungen durch Cu-Atome abgeschirmt, so verläuft die Rekombination vorzugsweise an Verunreinigungszentren im Inneren des Kristalles, die wenigstens zwei Ladungszustände besitzen.
H. Roschkowski. 135◇

**Messung der thermischen Leitfähigkeit von Halbleitern bei hohen Temperaturen.** A. D. Stuckes. (Brit. J. appl. Physics **12**, 675—79, Dez. 1961; Manchester, Assoc. Electrical Ind. Ltd., Res. Dep.; engl.) — Überblick über verschiedene abs. u. relative Verf. zur Messung der therm. Leitfähigkeit bei Raum-Temp. u. Temp. bis über 1000°. Als stat. Verf. werden die abs. Meth. der axialen u. radialen Wärmeleitung sowie die relative Meth. des Vgl. der Wärmeleitung zwischen Cu- u. Halbleiterblöcken, die abwechselnd übereinander geschichtet sind, beschrieben. Als dynam. Verf. wird die Ångström-Meth. ausführlich behandelt. Anschließend vergleicht Vf. die nach den verschiedenen Meth. an Si, Ge, InSb, InAs u. einigen Telluriden erhaltenen Ergebnisse.
K. Roß. 135□

**Antiferromagnetische Halbleiter mit geringer Beweglichkeit.** Je. L. Nagajew. (Festkörperphysik [UdSSR] **4**, 413—23, Febr. 1962; Moskau, Wiss. Forsch.-Inst. für elektrotechn. Gläser; russ.) — Theoret. Unters. der lokalisierten Polaronen in antiferromagnet. Kristallen. Die Breite des Polaronenbandes u. die Beweglichkeit hängen

exponentiell von der Temp. ab. Im allg. ist die Aktivierungsenergie in den Fällen der Bandleitung u. der Leitung durch „zufällige Sprünge" unterschiedlich. Die Bewegung eines Polarons schließt innerhalb der Subgitter Übergänge ein, bei denen der Spin gewechselt wird (abhängig von Spin–Bahnkopplung) u. Übergänge, bei denen der Spin erhalten bleibt. Die letzteren sind von Emission oder Phononenabsorption begleitet. Die Aktivierungsenergie der ersten Übergangsart wird allein durch die Gitterpolarisation bestimmt. Im 2. Fall liegt zusätzlich eine Abhängigkeit von der Magnetisierung der Subgitter vor. Für die Thermo-EMK wird eine Gleichung abgeleitet.
H. Roschkowski. 135◇

**Zur Theorie der Arbeit pro Elektron-Loch-Paar in Halbleitern der IV. Gruppe.** W. Czaja. (Helv. physica Acta **34**, 760–64, Dez. 1961; Basel, Univ.; dt.) — Vf. begründet die Beziehung $\varepsilon$ = konst. $\Delta$E ($\varepsilon$ = mittlere Energie zur Erzeugung eines Elektron-Loch-Paares, $\Delta$E = Breite der verbotenen Zone; die Konst. ist unabhängig vom Halbleitermaterial, solange der Bindungscharakter u. das Kristallgitter unverändert bleiben). Diese Beziehung wird für Halbleiter der 4. Gruppe (*C*, *Si*, *Ge* u. $\alpha$-*Sn*) nachgewiesen.
H. Schibilla. 135□

**Empfindlichkeit von Ge- und Si-Photozellen im Bereich der Verunreinigungsanregung.** F. M. Berkowski und Ss. M. Rywkin. (Festkörperphysik [UdSSR] **4**, 366–75, Febr. 1962; Leningrad, Phys.-techn. Joffe-Inst. der Akad. der Wiss. der UdSSR; russ.) — Die Möglichkeit einer Sperrschicht-Photo-EMK, die durch Trägeranregung von Verunreinigungsniveaus auftreten soll, wird untersucht. Für die Überschuß-Konzz. der Elektronen u. Löcher werden Formeln abgeleitet, die diese als Funktionen der Parameter der Zentren u. der Lichtintensität beschreiben. Die Bedingungen, unter denen dieser Effekt experimentell beobachtet werden könnte, werden behandelt. Die spektrale Abhängigkeit des p-n-Photoeffekts wurde an Au-legierten Ge- u. Si-Proben gemessen. Die Ergebnisse stimmen mit den bekannten Au-Niveaus überein. Durch Unterss. der Kinetik der Photo-EMK u. der Photoleitfähigkeit sollte es möglich sein, die Komponenten der Elektronen u. Löcher am Erholungsprozeß festzustellen u. den „Grad der Bipolarität" der Anregung zu ermitteln.
H. Roschkowski. 135◇

**Optische Eigenschaften von Siliciumsonnenzellen und Überzügen für die Temperaturkontrolle.** C. A. Escoffery und Werner Luft. (Solar Energy **4**, Nr. 4, 1–10, Okt. 1960; El Segundo, Calif., Internat. Rectifier Corp.; engl.) — Da die Leistungsfähigkeit von Si-Sonnenzellen mit zunehmender Zellen-Temp. zurückgeht, bespricht Vf. die Möglichkeit einer Kontrolle der Zell-Temp. auf Grund von Messungen der Absorptions- u. Emissionsfähigkeit der Oberfläche der Zelle. Gemessen wurde die Absorptions- u. Emissionsfähigkeit einer unbedeckten, mit B dotierten Si-Zelle, von Zellen, die mit einem UV-reflektierenden Glas bedeckt waren u. von Zellen, die einen Überzug aus einem Siliciumoxid der Zus. zwischen SiO u. $SiO_2$ hatten. Die Meßergebnisse sind graph. wiedergegeben.
C. Gottfried. 135

**Strahlungsdefekte in n-Germanium durch Einwirkung schneller Elektronen.** B. M. Konowalenko, Ss. M. Rywkin und I. D. Jaroschetzki. (Festkörperphysik [UdSSR] **4**, 379–82, Febr. 1962; Leningrad, Phys.-techn. Joffe-Inst. der Akad. der Wiss. der UdSSR; russ.) — Die Temp.-Abhängigkeit des Hall-Koeff. in mit schnellen Elektronen bestrahltem n-Ge wird festgestellt. Werte für die Acceptoren-Konz. u. den Querschnitt für die Bldg. eines Defektes sind angegeben.
H. Roschkowski. 135◇

**Lawinendurchschlag in durch Legierung hergestellten Germanium-p-n-Übergängen.** Chiyoe Yamanaka und Tokuo Suita. (Technol. Rep. Osaka Univ. **6**, 243–50, Okt. 1956; engl.) — Gasentladungsähnliche Erscheinungen in Festkörpern, verbunden mit stabiler oder instabiler Trägermultiplikation, werden beschrieben. Die Multiplikationserscheinungen wurden mit beschriebenen stat. u. dynam. Verff. untersucht, es wurden $I_c$–$U_c$-Kennlinien u. Kollektorstromfluktuationen aufgenommen. Nach Überschreiten eines $I_c$-Schwellwertes u. der „Erhaltungs"-Kollektorspannung treten bei weiterer $I_c$-Vergrößerung die einzelnen Trägerlawinen ($10^6$ bis zu $10^7$ Träger) in Wechselwrkg.; die $I_c$–$U_c$-Kennlinie zeigt Sättigungserscheinungen. Bei weiterer $U_c$-Vergrößerung erfolgt jedoch der Durchschlag.
H. Böhm. 135□

**Neue halbleitende Verbindungen mit diamantähnlicher Struktur.** G. Busch, E. Mooser und W. B. Pearson. (Helv. physica Acta **29**, 192–93, 30/6. 1956; Zürich, ETH, Phys. Inst.; dt.) — Leitfähigkeitsmessungen an einigen Chalkogeniden zeigen, daß sie Halbleiter-Eigg. haben. Aus dem Temp.-Gang der Leitfähigkeit wurden folgende Aktivierungsenergien ermittelt: $ZnIn_2Se_4$ 2,6 (eV); $ZnIn_2Te_4$ 1,4; $HgIn_2Se_4$ 0,6; $CdIn_2Te_4$ 0,9. Die Aktivierungsenergie nimmt mit zunehmendem Molgew. ab.
P. Brumm. 135□

**Dielektrischer Susceptibilitätstensor von Cadmiumsulfid.** T. Masumi. (J. physic. Soc. Japan **14**, 1140–42, Sept. 1959; Tokyo, Univ. of Tokyo, Dep. of Appl. Phys.;

engl.) — Die Komponenten des stat. dielektr. Tensors $\|K_{stg}\|$ von CdS mit Wurtzitstruktur werden im Frequenzbereich von 100 Hz bis 50 MHz erneut bestimmt. Für die kristallograph. Richtungen $[2\bar{1}\bar{1}0]$ u. [0 0 0 1] wird Anisotropie der DK festgestellt (10,8 ± 1,6 bzw. 7,8 ± 1,4 bei 15°), die Rückschlüsse auf die Gitterschwingungsspektren von CdS u. den Elektronenstreumechanismus in einigen Halbleitern ermöglicht.
P. Frenzel. 135□

**Photospannung ohmscher Kontakte bei CdS.** W. Ruppel. (Helv. physica Acta **34**, 790—95, Dez. 1961; Zürich, Labor. RCA Ltd.; engl.) — Bei dem Kontakt zwischen In u. CdS werden Photospannungseffekte beobachtet. Die Unterss. der Photospannung in Abhängigkeit von der Beleuchtungsintensität zeigen, daß bei weißem Licht die Photospannung bei steigender Intensität ein Maximum durchläuft u. das Vorzeichen wechselt, während bei blauem Licht wohl das Maximum, aber kein Vorzeichenwechsel auftritt. Während der Unters. geht der ohmsche Kontakt zwischen In u. CdS in einen Sperrkontakt über. Die Ergebnisse werden im Hinblick auf die Ladungsträger- u. Potentialverteilung in dem Metall u. in dem Kristall diskutiert. H. Schibilla. 135□

**Energetische Struktur von Halbleiterverbindungen. Spektrum des Valenzbandes von anisotropen Verbindungen des SnS-Typs.** F. M. Gaschimsade und W. Je. Charzijew. (Festkörperphysik [UdSSR] **4**, 434—42, Febr. 1962; Leningrad, Phys.-techn. Joffe-Inst. der Akad. der Wiss. der UdSSR; Baku, Inst. für Phys. der Akad. der Wiss. der AserbaidshanSSR; russ.) — Ein Modell der chem. Bindung in Halbleiter-Verbb. des SnS-Typs (SnSe, GeS, GeSe u. $PbSnS_2$) u. in Halbleiterelementen der 5. Gruppe (As, Sb, Bi) wird vorgeschlagen. Im Fall der Verbb. vom SnS-Typ wird die Struktur des Valenzbandes mit Hilfe der LCAO-Meth. untersucht. Die Parameter der Cyclotronresonanz werden für die obere Kante des Leitungsbandes berechnet.
H. Roschkowski. 135◇

**Die Eigenschaften von $ZnSnAs_2$ und $CdSnAs_2$.** D. B. Gasson, P. J. Holmes, I. C. Jennings, B. R. Marathe und J. E. Parrott. (Physics Chem. Solids **23**, 1291 bis 1302, Sept. 1962; Aldermaston, Berkshire, Assoc. Electr. Ind. Res. Labor.; engl.) — Mit Hilfe von DTA u. Pulverröntgenaufnahmen kann gezeigt werden, daß $ZnSnAs_2$ sich bei 650° von der Chalkopyritstruktur zu einer verzerrten Zinkblendestruktur umwandelt. F. liegt bei 775°. Ein ähnliches Verh. wird bei $CdSnAs_2$ vermutet, doch liegt hier der Umwandlungspunkt derart nahe bei F. (593°), daß keine genauen Aussagen gemacht werden können. Die elektr. Eigg. sind deshalb von der Anlaß-Temp. abhängig, jedoch erweist sich $ZnSnAs_2$ immer als p-Leiter. Die Wärmeleitfähigkeit für diese Verb. beträgt 0,070 W/cm Grad für die nichtgeordnete Phase bzw. 0,115 W/cm Grad für die geordnete Phase. Aus der Messung ergibt sich eine effektive Löchermasse von 0,5 $m_0$ u. ein Bandabstand von 0,6 eV. Die größte Beweglichkeit für Raum-Temp. beträgt 22 $cm^2$/Vsec.
K. H. Härdtl. 135◇

**Transporteigenschaften von p-$Bi_2Te_3$–$Sb_2Te_3$-Legierungen im Temperaturbereich von 80—370° K.** L. R. Testardi, J. N. Bierly jun. und F. J. Donahoe. (Physics Chem. Solids **23**, 1209—17, Sept. 1962; Philadelphia, Pa., Franklin Inst. Labor.; engl.) — Von einer Reihe von p-leitenden Legg. aus dem $(Bi, Sb)_2Te_3$-pseudobin. Syst. wurden zwischen 80—370° K Thermokraft ($\alpha$), elektr. ($\sigma$) u. Wärmeleitfähigkeit (k) sowie Hall-Koeff. (R) gemessen. Die Meßergebnisse können mit einem „many-valley"-Bändermodell u. Streuung der Ladungsträger an akust. Phononen erklärt werden. $\alpha$ fällt von 250 $\mu$V/Grad für $Bi_2Te_3$ kontinuierlich auf 70 $\mu$V/Grad für $Sb_2Te_3$; $\sigma$ steigt von 530 $(\Omega\,cm)^{-1}$ für $Bi_2Te_3$ auf 4000 $(\Omega\,cm)^{-1}$ für $Sb_2Te_3$. Die Gitterwärmeleitfähigkeit sinkt von $1{,}5 \cdot 10^{-2}$ W/cm Grad für $Bi_2Te_3$ auf ein Minimum von $1{,}0 \cdot 10^{-2}$ W/cm Grad für 50 % $Bi_2Te_3$/50 % $Sb_2Te_3$, um wieder auf $2{,}0 \cdot 10^{-2}$ W/cm Grad für $Sb_2Te_3$ anzusteigen. Dieses Verh. der Gitterwärmeleitfähigkeit kann mit der Theorie von Klemens-Drabble u. einer Debye-Temp. von 142° K gedeutet werden. Das Maximum der Effektivität wird auf $2{,}7 \pm 0{,}3 \cdot 10^{-3}$/Grad geschätzt. K. H. Härdtl. 135◇

**Die optischen Eigenschaften von p-$Bi_2Te_3$–$Sb_2Te_3$-Legierungen zwischen 2—15 $\mu$.** R. Sehr und L. R. Testardi. (Physics Chem. Solids **23**, 1219—24, Sept. 1962; engl.) — Vgl. vorst. Referat. — Die opt. Durchlässigkeit u. Reflexion zwischen 2—15 $\mu$ wird an einer Reihe p-leitender $Bi_2Te_3$–$Sb_2Te_3$-Legg. bei verschiedenen Temp. mit dem elektr. Vektor in der Spaltebene gemessen. Mit Hilfe dieser Messungen wird der Brechungsindex, der Bandabstand u. die effektive Masse berechnet. Der Brechungsindex ist hoch (n = 8) u. nimmt mit zunehmender Wellenlänge durch Absorption freier Ladungsträger leicht ab. Der Bandabstand steigt von 0,14 eV für $Bi_2Te_3$ auf 0,28 eV für $Sb_2Te_3$. Die Temp.-Abhängigkeit des Bandabstandes beträgt zwischen — 188° u. Raum-Temp. — $1{,}5 \cdot 10^{-4}$ eV/Grad. Der effektive Massenparameter $\alpha_1/\alpha_3'$ sinkt von 0,30 für $Bi_2Te_3$ auf 0,22 für $Sb_2Te_3$.
K. H. Härdtl. 135◇

**Beweglichkeit und effektive Masse von Löchern in Galliumantimonid.** W. I. Iwanow-Omski, B. T. Kolomijetz und Tschshou-Chuan. (Festkörperphysik [UdSSR] **4**, 383—87, Febr. 1962; Leningrad, Phys.-techn. Joffe-Inst. der Akad. der Wiss. der UdSSR; russ.) — Leitfähigkeit, Hall-Effekt u. Thermo-EMK von p-GaSb mit einer Loch-Konz. zwischen $1{,}4 \cdot 10^{17}$ u. $2{,}7 \cdot 10^{19}$ cm$^{-3}$ wurden bei Raum-Temp. untersucht. Schätzungen für die Lochbeweglichkeit bei Wärmeschwingungen des Gitters u. für die effektiven Lochmassen werden angegeben. H. Roschkowski. 135◇

**Elektrische Eigenschaften einiger verdünnter kubischer Natriumwolframbronzen.** William McNeill und Lawrence E. Conroy. (J. chem. Physics **36**, 87—90, 1/1. 1962; Philadelphia, Pa., Temple Univ.; Minneapolis, Minn., Univ. of Minnesota, School of Chem.; engl.) — Vff. stellten durch Na-Diffusion aus $Na_{0,687}WO_3$-Einkristallen kub. $Na_xWO_3$-Einkristalle ($x = 0{,}363$; 0,291; 0,234) her. Die Zus. u. Homogenität der Kristalle wurde durch Röntgenaufnahmen festgestellt. Der Verlauf des spezif. elektr. Widerstandes in Abhängigkeit von der Temp. zeigt, daß der Leitungsmechanismus in Na-reichen Bronzen anders als in Na-armen Bronzen ist. Die ersteren zeigen typ. metall. elektr. Verh., während die Proben mit $x \leqq 0{,}23$ ein komplexeres elektron. Verh. zeigen, ähnlich dem von entarteten Halbleitern ($Na_{0,291}WO_3$ u. $Na_{0,234}WO_3$ weisen bei ca. 150 u. 320° K jeweils ein Leitfähigkeitsminimum auf). Die Ladungsträger sind bei allen Na-Konz. Elektronen. Polykristallines $Na_{0,025}WO_3$ mit einem Widerstand von $3 \cdot 10^{-3}\,\Omega$ cm u. einer Thermokraft von $-270\ \mu$V/grad wird außerdem beschrieben. D. Hoene. 135□

**Bandabstand von Wismuttrioxid.** D. M. Mattox und L. Gildart. (Physics Chem. Solids **18**, 215—17, Febr. 1961; Lexington, Ky., Univ.; engl.) — Eine neue Meth. zur Herst. polykristalliner Filme von $Bi_2O_3$ mit Schichtdicken zwischen 10—100 $\mu$ wird beschrieben. Dabei wird Bi-Metall in einem Graphittiegel in Luft geschmolzen u. die Temp. bis über F. von $Bi_2O_3$ (828°) erhöht. Darauf wird die Temp. langsam gesenkt, u. auf der Bi-Schmelze bildet sich der gewünschte $Bi_2O_3$-Film. Aus der Temp.-Abhängigkeit der elektr. Leitfähigkeit wird ein Bandabstand von $2{,}07 \pm 0{,}07$ eV zwischen 400 bis 550° K berechnet. Opt. Absorptionsmessungen ergeben einen Bandabstand von 3,1 eV bei 77° K u. von 2,85 eV bei 300° K. Daraus läßt sich eine Temp.-Abhängigkeit des Bandabstandes von $-1{,}1 \cdot 10^{-3}$ eV/Grad errechnen. K. H. Härdtl. 135◇

**Elektrischer Widerstand von festen und flüssigen Trijodiden von Antimon und Wismut.** Gaston Fischer. (Helv. physica Acta **34**, 827—33, Dez. 1961; Ottawa, Canada, Nat. Res. Council, Div. of Pure Phys.; engl.) — Aus Messungen des elektr. Widerstandes von $SbJ_3$ (I) u. $BiJ_3$ (II) in der festen u. fl. Phase ergibt sich, daß beide Verbb. Halbleiter mit hohen spezif. Widerständen bei Raum-Temp. u. großen Energiebandabständen darstellen. Halbleiter-Eigg. scheinen auch bei der fl. Phase zu bestehen. Die Schichtstruktur der Verbb. läßt auf extrem anisotrope Widerstands-Eigg. schließen. Bei den Verss. ist vermutlich in c-Achse gemessen worden. Die opt. Durchlässigkeit bei Raum-Temp. wird von I bei 40 $\mu$ u. von II bei 200 $\mu$ Dicke gemessen. Die opt. Absorptionskante liegt demnach für I bei $2{,}12 \pm 0{,}02$ eV u. für II bei $1{,}81 \pm 0{,}02$ eV. Die Widerstandswerte am F. betragen in der festen Phase für I $2{,}2 \cdot 10^6\,\Omega$cm, für II ca. 400 $\Omega$cm; in der fl. Phase für I $4{,}9 \cdot 10^3$ u. für II 4,2 $\Omega$cm. H. Schibilla. 135□

**Ionenleitung in Thalliumchlorid.** R. J. Friauf. (Physics Chem. Solids **18**, 203—06, Febr. 1961; Lawrence, Kans., Univ.; engl.) — Die elektr. Leitung von TlCl-Einkristallen wird mit Wechselstrom gemessen. Die Ergebnisse können mit der Formel $\sigma = \sigma_0 \cdot \exp \cdot (-W/kT)$ beschrieben werden, mit $W = 0{,}72$ eV u. $\sigma_0 = 8{,}9 \cdot 10^2\,(\Omega\text{cm})^{-1}$ für Temp. zwischen 160—370° bzw. $W = 0{,}82$ eV u. $\sigma_0 = 5{,}3 \cdot 10^3\,(\Omega\text{cm})^{-1}$ für 370 bis 420°. Die elektr. Leitung ist vorwiegend ion., da starke Polarisationserscheinungen auftreten. Auf Grund der Größe des Selbstdiffusions-Koeff. u. der Einstein-Beziehung erwartet man eine um den Faktor 10 kleinere elektr. Leitfähigkeit. Diese Diskrepanz u. deren Aufklärungs-Vers. wird diskutiert. K. H. Härdtl. 135◇

**Zur Frage der Halbleitung in Verbindungen von Elementen der I. bis III. Gruppe des periodischen Systems.** P. Junod und E. Mooser. (Helv. physica Acta **29**, 194 bis 196, 30/6. 1956; Zürich, ETH, Phys. Inst.; dt.) — Die Verb. *LiIn* u. *MgTl* zeigen den für Metalle charakterist. Anstieg der Leitfähigkeit mit der Temperatur. Dies wird auf die unabgesätt. Li–Li- u. Li–In-Bindungen bzw. Mg–Mg- u. Mg–Tl-Bindungen zurückgeführt. Allg. wird geschlossen, daß es keine Halbleiter gibt, die nur aus Elementen der ersten drei Gruppen des Period. Syst. bestehen. P. Brumm. 135□

**Bemerkungen zum Metall-Eigenhalbleiterkontakt.** G. Busch. (Helv. physica Acta **29**, 196—98, 30/6. 1956; Zürich, ETH, Phys. Inst.; dt.) — Für einen idealen Metall-Halbleiterkontakt wird der Verlauf des Potentials u. der Raumladungsdichte in der Grenzschicht berechnet. Die Ladungsdichte wird um so höher, je größer die DK, die Inversionsdichte u. die Differenz der Austrittsarbeiten sind. P. Brumm. 135□

**Der Einfluß von $\gamma$- und Neutronenbestrahlung auf pyrolytische Kohlenstoffschichtwiderstände.** Tatto Nakai und Takeshi Sakakibara. (J. sci. Res. Inst. [Tokyo] **54**, 88—96, März 1960; engl.) — Verschiedene Arten pyrolyt. C-Schichtwiderstände werden mit der $\gamma$-Strahlung von $^{60}$Co u. mit Neutronen bestrahlt. Der Widerstand sämtlicher Proben wächst mit der Bestrahlungsdosis; zwischen den einzelnen Proben bestehen charakterist. Unterschiede. Außerdem werden die Änderung des Temp.-Koeff. u. der Einfl. der Umgebungsatmosphäre untersucht. Schließlich werden noch die Rauschcharakteristiken betrachtet. L. Roth. 135□

**Ein Entwicklungstheorem für die elektrische Leitfähigkeit von Metallen. 1. Mitt. Elektrische Leitfähigkeit für longitudinale elektrische Felder.** Takeo Izuyama. (Progr. theoret. Physics [Kyoto] **25**, 964—80, Juni 1961; Tokyo, Univ., Fac. of Sci., Dep. of Phys.; engl.) — Es wird ein Elektronengas-Phononen-Syst. betrachtet u. ein allg. Schema zur direkten Berechnung der elektr. Leitfähigkeit eines Metalls entwickelt. H. Liepack. 136◇

**Hall-Effekt in Ce beim Phasenübergang erster Ordnung.** A. I. Lichter und W. A. Wentzel. (Festkörperphysik [UdSSR] **4**, 485—89, Febr. 1962; Moskau, Inst. für Hochdruckphys. der Akad. der Wiss. der UdSSR; russ.) — Der Hall-Koeff. von Ce nimmt während eines Phasenübergangs bei 7600 atm u. Raum-Temp. um das 4fache ab. Durch Anwendung des Zweibändermodells wird gezeigt, daß dieses Verh. auf den druckbedingten Übergang von 4f-Elektronen zum 5d-Zustand zurückgeführt werden könnte. H. Roschkowski. 136◇

**Einige Besonderheiten der Ladungsträger in Ferromagnetika.** W. L. Bontsch-Brujewitsch und R. A. Ssuriss. (Festkörperphysik [UdSSR] **4**, 309—16, Febr. 1962; Moskau, Lomonossow-Univ.; russ.) — Das Energiespektrum der Ladungsträger einer ferromagnet. Substanz wird behandelt. In einer mathemat. Abhandlung wird gezeigt, daß in Ggw. spontaner Magnetisierung die Träger sich in einem effektiven, austauschinduzierten Magnetfeld bewegen. H. Roschkowski. 136◇

**Über die durch ein parallel zur Drahtachse liegendes magnetisches Wechselfeld in einem ferromagnetischen Draht erzeugte elektromotorische Kraft.** Roman Skórski. (Prace Inst. Mechan. **8**, Nr. 29, 1—12, 1960; Warszawa, Inst. Mechan. prec.; pol.) — In Drähten aus ferromagnet. Material (*Fe, Co, Ni*), die in einem zur Drahtachse parallel liegenden magnet. Wechselfeld axial verdrillt werden, wird eine EMK in Form von Impulsen induziert. Die Amplituden der Impulse steigen mit dem Drehwinkel bei der Verdrillung bis zu einem Grenzwert an. Mit Umkehrung des Drehsinns ändert sich auch das Vorzeichen des Impulses. Fe u. Co liefern bei gleichem Drehsinn Impulse gleichen Vorzeichens, Ni solche entgegengesetzten Vorzeichens. Der Verlauf der Impulse im Fe-Draht entspricht der Überlagerung der Effekte, die bei gleichem Drehsinn in Co u. Ni auftreten. Unter gleichen Bedingungen verhalten sich die Amplituden bei Ni, Fe u. Co wie 15:3:1. Die Impulsdauer nimmt mit angelegter Feldstärke zu u. mit dem Durchmesser des Drahtes ab. Durch Kaltwalzen des Drahtes werden stark deformierte Impulse erhalten. Cr- u. Si-Zusatz zu Fe (ferrit. Stahl) verändert ebenfalls die Form der Impulse. Cu-Überzüge auf Ni- u. Fe-Drähten unterbinden die Erscheinung. In vernickelten Fe-Drähten tritt eine verstärkte Rückschwingung im Impuls auf. Die Erscheinung nimmt mit steigender Temp. ab u. verschwindet beim Curie-Punkt vollständig. Es wird eine atomist. Deutung gegeben. F. Urban. 136□

**Der Meissnereffekt in der quasichemischen Gleichgewichtstheorie der Supraleitung.** J. M. Blatt. (Progr. theoret. Physics [Kyoto] **24**, 851—76, Okt. 1960; Kensington, Australia, Univ. of New South Wales, Appl. Mathem. Dep.; engl.) — Mit Hilfe der quasichem. Gleichgewichtstheorie gelingt es, das als Meißner-Ochsenfeld-Effekt bekannte Herausdrücken eines Magnetfeldes aus einem Supraleiter zu erklären. Für das Auftreten dieses Effekts ist danach nur die Bose-Einstein-Kondens. von Elektronenpaaren wesentlich. Andere Forderungen, wie Energiespalte oder Plasmawellen, werden für die theoret. Erfassung des Meißner-Ochsenfeld-Effekts nicht benötigt. Im Gegensatz zu anderen Theorien wird auch keine willkürliche Phasenapproximation benutzt. H. Fahlenbrach. 136□

**Dauerringströme in einem idealen Bose-Gas.** J. M. Blatt. (Physic. Rev. Letters **7**, 82—83, 1/8. 1961; engl.) — Vgl. vorst. Referat. — Zur Theorie des elektr. Widerstandes untersucht Vf. ein in einem ringförmigen Vol. befindliches Syst. unterhalb des Bose-Einstein-Kondens.-Punktes, wo ein Einzelteilchenquantenzustand von einer makroskop. Teilchenzahl besetzt ist. In diesem Modell ergibt sich, daß durch die übliche Meth. Dauerringströme von unendlicher Lebensdauer unabhängig von der Ringgröße erzeugt werden. Die Ergebnisse werden mit der Theorie von Kohn-Luttinger verglichen. J. M. Spaeth. 136□

**Isotopen- und Druckeffekt in harten Supraleitern.** E. Bucher, D. Gross und J. L. Olsen. (Helv. physica Acta **34,** 775–77, Dez. 1961; Zürich, ETH, Labor. für Festkörper-Phys.; dt.) – Zum Nachw. des Unterschiedes zwischen sog. weichen Supraleitern (Pb, In, Sn, Hg usw.) u. harten Supraleitern (V, Nb, Ta, Ru usw.) wird überprüft, 1. ob der Isotopeneffekt bei sehr tiefen Temp. verschwindet (er wird noch unterhalb 1° K nachgewiesen) u. 2. inwieweit Meßfehler in der Größe $\partial \ln T_c/\partial \ln v$ ($T_c$ = supraleitende Sprung-Temp., v = Mol.-Vol.) ein falsches Verh. vortäuschen. Die Ergebnisse für *Ru* zeigen für den Ausdruck $\partial \ln G/\partial \ln v$ [G = N(O)V; N(O) = Zustandsdichte an der Fermi-Grenze, V = Kopplungs-Konst. in der Elektron–Phonon-Wechselwrkg.] deutliche Unterschiede zu weichen Supraleitern. H. Schibilla. 136□

---

**Spinwellen in ferromagnetischen Metallen.** D. M. Edwards. (Proc. Roy. Soc. [London], Ser. A **269,** 338–51, 25/9. 1962; Baldock, Herts., Serv. Electron. Res. Labor.; engl.) – Über die tiefliegenden Zustände eines ferromagnet. Metalls u. die damit zusammenhängenden thermodynam. Eigg. des Syst. wird qual. diskutiert. Daraus wird geschlossen, daß sich ein tiefliegender Zustand vom Grundzustand durch eine Anzahl von unabhängigen Teilchenerregungen u. durch Exciton-ähnliche Erregungen unterscheidet. Bei den letzteren Erregungen ist ein Elektron mit Minoritätsspin an ein Loch mit Majoritätsspin gebunden. Damit werden Spinwellen angeregt. Die spezif. Wärme bei tiefen Temp. u. die Abweichung der Magnetisierung von der Sättigung können dann durch die Summe von zwei Termen beschrieben werden, wovon der eine typ. für die kollektive Elektronentheorie, der andere für die Spinwellentheorie ist. Für die Existenz der Spinwellen großer Wellenlänge in Metallen wird ein formaler Beweis erbracht. Zur Berechnung ihrer Energien wird eine allg. Meth. beschrieben. Als Spezialfall fallen dabei die Herringschen Ergebnisse über die Spinwellenenergien ab. H. Fahlenbrach. 137□

**Ferromagnetische dünne Schichten.** 1. Mitt. **Allgemeines.** Wilfried Andrä. (Physica Status solidi [Berlin] **2,** 99–111, 1962; Jena, Inst. für Magnet. Werkstoffe der Dtsch. Akad. der Wiss.; dt.) – Umfangreicher Literaturbericht über ferromagnet. dünne Schichten; Begriffs-Best., die Herst.-Verff.- u. die Meß- u. Unters.-Meth. werden erläutert. – 170 Literaturzitate. H. Fahlenbrach. 137□

**Ferromagnetische dünne Schichten.** 2. Mitt. **Theorie der spontanen Magnetisierung.** Luboš Valenta. (Physica Status solidi [Berlin] **2,** 112–35, 1962; Prag, TH, Fak. für techn. Phys. u. Kernphys.; dt.) – 1. vgl. vorst. Referat. – Behandelt wird die Theorie der spontanen Magnetisierung dünner, ferromagnet. Schichten für tiefe u. höhere Temp. u. der Vgl. mit den experimentellen Ergebnissen. Es folgen Ausführungen über die Drigosche Modifikation der Klein-Smithschen Spinwellentheorie u. die Weiterentwicklung der Heisenbergschen Theorie durch Corciovel u. durch Hellenthal. H. Fahlenbrach. 137□

**Ferromagnetische dünne Schichten.** 3. Mitt. **Magnetokristalline und induzierte Anisotropie.** Z. Málek und W. Schüppel. (Physica Status solidi [Berlin] **2,** 136–66, 1962; Prag, Tschechoslov. Akad. der Wiss., Physik. Inst.; Jena, Dtsch. Akad. der Wiss., Inst. für Magnet. Werkstoffe; dt.) – 2. vgl. vorst. Ref.; vgl. C. **1962, 2634.** – Es wird die Kristallanisotropie u. die induzierte Anisotropie behandelt. Beschrieben werden die Meß-Meth. (Drehmagnet, schwingende Schicht, ferromagnet. Resonanz, Anisotropiefeldstärke, Einmündung in die Sättigung) zur Unters. der Anisotropien u. ferner die Forschungsergebnisse bei der magnet. Kristallanisotropie, der spannungsinduzierten u. bei der magnetfeldinduzierten Anisotropie. H. Fahlenbrach. 137□

**Temperaturabhängigkeit der einachsigen Anisotropie elektrolytisch hergestellter Ni- und Co-Schichten.** M. Rentsch. (Physica Status solidi [Berlin] **1,** Nr. 5, Kurze Orig.-Mitt. K105–K108, 1961; Jena, Inst. für magnet. Werkstoffe; dt.) – Elektrolyt. im Magnetfeld abgeschiedene dünne Schichten besitzen eine einachsige Anisotropie (Konst. $K^*$). Schichten aus Ni u. Co wurden bei einem äußeren Magnetfeld von 485 Oe elektrolyt. hergestellt u. im Drehmagneten zwischen –185 u. –20° vermessen. Mit zunehmender Temp. nimmt $K^*$ bei Ni- u. Co-Schichten, jedoch nicht linear, ab. Nur bei den Ni-Schichten waren die Meßwerte von $K^*$ reproduzierbar. Bei +20° war für die Ni-Schichten $K^* = 1{,}8 \cdot 10^3$ (erg/cm$^2$), für die Co-Schichten $K^* = 1{,}1 \cdot 10^4$. H. Fahlenbrach. 137□

**Magnetische Eigenschaften elektrolytisch dargestellter Permalloyschichten mit uniaxialer Anisotropie.** Alfred Politycki. (Z. angew. Physik **13,** 465–68, Okt. 1961; München, Siemens & Halske, AG., Forsch.-Labor.; dt.) – Für die elektrolyt. Herst. dünner Permalloy-Schichten (80% Ni, 20% Fe) mit einachsiger Anisotropie wird ein Verf. beschrieben. Die danach hergestellten Proben zeigten gleiche Hystereseschleifen u. Elementarbereichstrukturen wie Aufdampfschichten. Im Mittel wurden Anisotropiefeldstärken von 3,5 Oe u. Koerzitivkräfte $H_c$ von 2,7 Oe bei Schichten bis zu Dicken von 1000 Å bestimmt. Als Beziehung zwischen $H_c$ u. D gilt außerdem ungefähr das Néelsche Gesetz. H. Fahlenbrach. 137□

**Natürliche ferromagnetische Resonanz infolge von Formanisotropiefeldern in Fe-, Ni- und Co-Teilchen eines Elementarbereichs.** I. A. Derjugin und M. A. Ssigal. (Festkörperphysik [UdSSR] **4**, 494—500, Febr. 1962; Kiew, Schewtschenko-Univ.; russ.) — Die aus Hochfrequenzdispersions- u. -absorptions-Verss. gewonnenen Werte für die natürliche ferromagnet. Resonanz sind tabellar. dargestellt u. werden mit theoret. Werten verglichen. H. Roschkowski. 137◇

**Vergleich der nach verschiedenen Methoden bestimmten Größe kugelförmiger Teilchen von Fe, Co und Fe–Co-Legierungen in Hg.** F. E. Luborsky. (J. appl. Physics **33**, 1909—13, Juni 1962; Schenectady, N.Y., Gen. Electr. Res. Labor.; engl.) — Vgl. C. **1962**, 11099. — Im Hinblick auf magnet. Unterss. wurden kugelförmige Teilchen von Fe, Co u. Fe–Co-Legg. durch elektrolyt. Fällung in Hg mit Durchmessern von weniger als 3000 Å hergestellt. Ihre Größe wurde bestimmt durch elektronenmkr. Unters., Aufnahme der Magnetisierungskurven, Errechnung der Temp.-Abhängigkeit der magnet. Remanenz, Sn-Adsorption u. Analyse ihrer Wachstumskinetik. Die Ergebnisse der verschiedenen Meth. ergaben gute Übereinstimmung. R. Esenwein. 137□

**Einige Eigenschaften des Systems $Li_2O$–$xFe_2O_3$.** N. A. Smolkow und W. M. Grekow. (Nachr. Moskauer Univ., Ser. Math., Mechan., Astronom., Physik, Chem. **14**, Nr. 6, 137—41, 1959; Lehrst. für Magnetismus; russ.) — Vff. untersuchen die magnet. Eigg. der Li-Ferrite $Li_2O \cdot x\text{-}Fe_2O_3$, wobei x 1—6 beträgt. Als Ausgangsmaterial dient $Li_2CO_3$ u. $Fe_2O_3$, die im feuchten Zustand 48 Std. lang miteinander vermahlen u. anschließend bei einem Druck von 3 t/cm² unter Luft 3 Std. bei 950° geglüht werden. Die Curie-Punkte der Ferrite liegen bei $640 \pm 5^0$ (x = 2, 4, 5) bzw. $635 \pm 5^0$ (x = 3, 6). Es wird die Abhängigkeit der magnet. Durchlässigkeit $\mu$ vom Magnetisierungsfeld H, die Anfangs- u. maximale magnet. Durchlässigkeit $\mu_0$ u. $\mu_{max}$, die Koerzitivkraft $H_c$, die Restinduktion $B_r$ u. die maximale Induktion $B_m$ bei Zimmer-Temp. als Funktion der Zus. ermittelt. Weiterhin wird die Abhängigkeit des Drehwinkels $\varrho$ der Polarisationsebene vom äußeren magnet. Feld H bei Zimmer-Temp. u. das Hochfrequenz-Verh. untersucht. Die zu den Messungen verwendete App. wird beschrieben. Bei allen Unterss. zeigt $Li_2O \cdot 5\,Fe_2O_3$ die höchsten Werte. G. Engelhardt. 137□

**Über Versuche zur reproduzierbaren Herstellung eines Magnesium–Manganferrites mit rechteckförmiger Hystereseschleife.** P. Kleinert. (Abh. dtsch. Akad. Wiss. Berlin, Kl. Chem. Geol. Biol. **1961**, Nr. 3, 10—13; Jena, Inst. für Magnet. Werkstoffe; dt.) — Es wird über Unters. berichtet, einen Mg–Mn-Ferrit aus 40 (Mol-%) $Fe_2O_3$, 35 MgO u. 25 MnO reproduzierbar so herzustellen, daß er als Ringkern von 5 mm Ø bei einer Schaltzeit von 1,4 $\mu$s auf Grund einer möglichst rechteckigen Hystereseschleife eine möglichst hohe Nutzspannung besitzt. Zu den Verss. gehörte auch die Herst. der Ausgangsstoffe $\alpha$-$Fe_2O_3$ (**I**), $MgCO_3$ (**II**) u. $MnCO_3$ (**III**) u. die Wahl der weiteren keram. Herst.-Technologie. Weiter wird geprüft, inwieweit sich der gleiche Mg–Mn-Ferrit auch als Mikrowellenferrit für 3,2-cm-Wellen eignet.

Versuche: **I** aus durch Fällung aus $FeCl_2$-Lsg. mit Urotropin u. Oxydation mit $NaNO_2$ gewonnenem $\gamma$-FeOOH durch 2std. Verglühen bei 700°, Reinheit 99,98%. **II** aus $Mg(NO_3)_2$ durch Fällen mit $NH_3$ u. $(NH_4)_2CO_3$, Behandeln des Zwischenprod. $Mg(HCO_3)_2$ bei 60°, **III** durch Fällen von reinstem $MnCl_2$ mit $(NH_4)_2CO_3$ bei Zimmertemperatur. H. Fahlenbrach. 137□

**Magnetokristalline Anisotropie von durch Kobalt substituiertem Manganferrit.** J. C. Slonczewski. (Physics Chem. Solids **18**, 269—71, Febr. 1961; Yorktown Heights, N.Y., Internat. Business Machines Corp., Res. Center; engl.) — Vgl. C. **1963**, 788. — Messungen von Pearson ergaben eine Änderung der magnet. Anisotropie für $Co_xMn_{1-x} \cdot Fe_2O_4$ mit x. Vf. deutet diesen Effekt sowie die Temp.-Abhängigkeit der Anisotropie u. findet gute Übereinstimmung zwischen Theorie u. Messung. K. H. Härdtl. 137◇

**Der Einfluß einer Magnetfeldtemperung auf die Temperaturabhängigkeit der Anfangspermeabilität kobalthaltiger Ni–Zn-Ferrite.** F. Voigt. (Physica Status solidi [Berlin] **2**, K27—K31, 1962; Jena, Dtsch. Akad. der Wiss., Inst. für Magnet. Werkstoffe; dt.) — An Ni–Zn-Ferritproben mit einem Ni–Zn-Verhältnis von 1,5:1 u. 20 Mol-% $Fe_2O_3$-Überschuß wird bei Zusätzen von 0—1,5 Mol-% CoO die Temp.-Abhängigkeit der Anfangspermeabilität $\mu_0$ zwischen —150 u. +100° nach verschiedenen Wärmebehandlungen gemessen. Und zwar wurde nach der Sinter-Herst. einmal von 500° ohne, das andere Mal in einem transversal zur Meßflußrichtung angelegten

Magnetfeld von 5 kOe abgekühlt. Durch den Co-Geh. erhalten die $\mu_0$-T-Kurven Maxima. Drehmagnetmessungen ergaben einachsige magnetfeldinduzierte Anisotropien, die linear mit zunehmender Temp. abnahmen. Nach der Magnetfeldtemperung ist in jedem Elementarbereich der Kristallanisotropie die induzierte einachsige Anisotropie überlagert. $\mu_0$ u. ihr Temp.-Verlauf werden durch die resultierende Anisotropie u. ihren Temp.-Verlauf bestimmt. H. Fahlenbrach. 137□

**Untersuchung der Temperaturabhängigkeit der magnetischen Eigenschaften des Gadoliniums.** R. W. Telessnin, D. W. Almenewa und W. A. Pogoshew. (Festkörperphysik [UdSSR] **4**, 357—60, Febr. 1962; Moskau, Lomonossow-Univ.; russ.) — Die magnet. Viscosität, die Koerzitivkraft, magnet. Susceptibilität, Magnetisierung u. remanente Induktion wurden an einer Gd-Probe von 99,9%ig. Reinheit als Funktionen der Temp. zwischen 78 u. 300° K gemessen. Ein Minimum der Koerzitivkraft u. Maxima (bei Feldstärken unterhalb 12 Gauß) der Magnetisierung u. der remanenten Induktion wurden bei 210° K festgestellt. Die magnet. Viscosität ist gering, die Remagnetisierungs-Geschw. wurde durch Wirbelströme bestimmt. H. Roschkowski. 137◇

**Temperaturabhängigkeit der statischen, magnetischen und elektrischen Eigenschaften einiger Ferrite mit Granatstruktur.** R. W. Telessnin, A. M. Jefimowa und R. A. Jusskajew. (Festkörperphysik [UdSSR] **4**, 361—65, Febr. 1962; russ.) — Vgl. vorst. Referat. — Koerzitivkraft, remanente Induktion, Susceptibilität u. differentielle Susceptibilität von Ferriten der Zus. $5\,Fe_2O_3 \cdot 3\,A_2O_3$ mit A = *Dy*, *Ho*, *Er*, *Tu*, *Y* u. *Lu* u. die Leitfähigkeit der Er-, Tu- u. Y-Ferrite wurden als Funktionen der Temp. gemessen. Aus Röntgendaten wurden die Gitter-Konst. der Verbb. ermittelt (A =) Y 12,3452 (Å); Gd 12,4445; Tb 12,4275; Dy 12,3472; Ho 12,3545; Er 12,3248; Yb 12,3393; Tu 12,2849; Lu 12,2451. Bei allen Ferriten wird ein hoher elektr. Widerstand beobachtet. Das anomale Verh. der magnet. Eigg. in der Nähe des Néel-Punktes wird eingehend untersucht. Die Widerstands–Temp.-Kurven zeigen am Néel-Punkt den von Irchin u. Turow vorhergesagten Knick. H. Roschkowski. 137◇

**Magnetische Momente von Yttrium–Eisengranaten, die Ionen leichter Seltenerdmetalle enthalten.** A. Aharoni und M. Schieber. (Physics Chem. Solids **19**, 304—07, Mai 1961; Rehovoth, Israel, Weizmann Inst. of Sci., Dep. of Electron.; engl.) — Zwischen 100 u. 700° K wurde die Sättigungsmagnetisierung von Granaten der Zus. $Y_{6-x}M_xFe_{10}O_{24}$ gemessen, wobei M = Sm (mit x zwischen 0 u. 6), = Nd (mit $0 \leqq x \leqq 4$), = Pr (mit $0 \leqq x \leqq 2$) u. = La (mit $0 \leqq x \leqq 1$) gewählt wurde. Im untersuchten Temp.-Intervall wurden keine Kompensationspunkte gefunden. Bei den Mischgranaten mit M = Sm oder La, wurden bei tiefen Temp. magnet. Momente von ca. 10 Bohrschen Magnetonen ($\mu_B$) ähnlich wie bei reinem Y-Granat gefunden. Bei den Mischgranaten mit Nd u. Pr lagen diese Momente höher, u. zwar zwischen 11 $\mu_B$ (für x = 2 Pr) u. 13 $\mu_B$ (für x = 4 Nd). Alle untersuchten Granate zeigten die gleichen Curie-Temp. von $550 \pm 10°$ K. H. Fahlenbrach. 137□

**Theorie der magnetischen Eigenschaften von Eruptivgesteinen in Wechselfeldern.** F. D. Stacey. (Philos. Mag. [8] **6**, 1241—60, Okt. 1960; Canberra, Australia, Australian Nat. Univ., Geophys. Dep.; engl.) — In einem natürlichen ferromagnet. Gestein sind Körner verschiedener Größe vorhanden, wobei die magnet. Härte mit der Korngröße abnimmt, so daß die kleineren Körner größere Ummagnetisierungsfelder als die größeren erfordern. Auf dieser Basis werden für kugel- u. würfelförmige Körner Elementarbereich-Größenverteilungen berechnet u. Kurven hergeleitet, die den Anteil an thermomagnet. Remanenz angeben, der nach der Abmagnetisierung mit zunehmenden magnet. Wechselfeldern erhalten bleibt. Damit werden auch die Koerzitivkräfte, Sättigungsremanenzen u. die anhysteret. Magnetisierungen für die verschiedenen Größenverteilungen berechnet. Auch Unregelmäßigkeiten in der Kornform im Sinne von Formanisotropien werden betrachtet. Sie vergrößern die magnet. Härte (Koerzitivkraft) u. sollen Anlaß zu Restmagnetisierungen nach Abmagnetisierungen in sehr starken Magnetfeldern geben. H. Fahlenbrach. 137□

**Nachweis gekanteter magnetischer Momente in $Mn_2SnO_4$.** D. G. Wickham, N. Menyuk und K. Dwight. (Physics Chem. Solids **20**, 316—18, Aug. 1961; Lexington, Mass., M.I.T. Lincoln Labor.; engl.) — $Mn_2SnO_4$ krist. in der inversen Spinellstruktur: $Mn^{2+}(Mn^{2+}Sn^{4+})O_4$. Es wurde vorausgesagt, daß es sich antiferromagnet. verhalten sollte, da sich die magnet. Momente der Ionen auf A- bzw. B-Plätzen mit je 5 $\mu_B$ genau kompensieren. Trotzdem wurde von Vff. eine Sättigungsmagnetisierung bei tiefen Temp. von 0,37 $\mu_B$ festgestellt, die nicht auf $SnO_2$ bzw. $Mn^{3+}$-Überschuß zurückgeführt werden kann. Experimente in der Mischkristallreihe $Mn_2SnO_4$—$Mg_2SnO_4$ geben dagegen einen deutlichen Hinweis auf direkte Mn—Mn-Wechselwrkg. u. damit auf ein Verkanten der Spinrichtungen, so daß das resultierende Moment verschieden von 0 ist. K. H. Härdtl. 137◇

**Einfluß von Gasen als Verunreinigungen auf die magnetischen Eigenschaften von Kupfer.** E. Sonder und S. T. Sekula. (Physics Chem. Solids **21,** 315—17, Dez. 1961; Oak Ridge, Tenn., Solid State Div., Oak Ridge Nat. Labor.; engl.) — Proben von 99,999%ig. Cu werden bei 900° unter reduzierenden (CO) bzw. oxydierenden (Luft) Bedingungen getempert u. die Susceptibilität $\chi$ bei 80 u. 300° K gemessen. Während die reduzierte Probe keine Magnetfeldabhängigkeit von $\chi$ zeigt, ist sie für die oxydierte Probe erheblich. Aus dem Anstieg der Kurve $\chi$ gegen 1/H wird der Fe-Rest-Geh. auf $2 \cdot 10^{17}$ Fe-Atome/$cm^3$ geschätzt. K. H. Härdtl. 137◇

**Die paramagnetischen Susceptibilitäten einiger Uran-Molybdän-Legierungen zwischen 100° K und 300° K.** B. S. Chandrasekhar und J. M. Bardeen. (Physics Chem. Solids **21,** 206—09, Dez. 1961; Pittsburgh, Pa., Westinghouse Res. Labor.; engl.) — Es wird die paramagnet. Susceptibilität $\chi$ einiger U-Mo-Legg. mit 15—30 Atom-% Mo zwischen 100 u. 300° K gemessen. Die Proben wurden von 1200° K abgeschreckt u. liegen in der kub. $\gamma$-Phase vor. Oberhalb 160° K ist die Neigung der $\chi$-gegen Temp.-Kurve positiv u. sinkt mit steigender Mo-Konzentration. Unterhalb 160° K fällt $\lambda$ mit der Temperatur. Diese Erscheinungen werden mit dem Pauli-Paramagnetismus der Elektronen an der Fermi-Grenze erklärt. K. H. Härdtl. 137◇

**Gerät zur schnellen Messung magnetischer Anisotropien bei erhöhten Temperaturen.** H. Zijlstra. (Rev. sci. Instruments **32,** 634—38, Juni 1961; Eindhoven, Nederlands, N. V. Philips Gloeilampenfabr., Metallurg. Labor.; engl.) — Das Gerät besteht aus einem selbsterregten Torsionspendel, das die Probe enthält u. in einem Magnetfeld aufgehängt ist, wobei die Probe durch einen Ofen erhitzt wird. Die Resonanzfrequenz des Pendels, die von der Anisotropieenergie der Probe bestimmt wird, liegt zwischen 10 u. 100 Hz u. ermöglicht daher eine schnellere Best. der magnet. Anisotropie als mit dem Drehmagneten. Das Gerät gestattet die Ermittlung von Anisotropieänderungen, z. B. bei der Magnetfeldbehandlung ferromagnet. Proben. Zur Erprobung des Gerätes wird die Anisotropieänderung bei der Magnetfeldbehandlung von Alnico 500 im Temp.-Bereich zwischen 900 u. 400° untersucht, wobei zwischen 900 u. 400° die übliche Abkühlung durchgeführt wurde. H. Fahlenbrach. 137□

**Methode zur Analyse der Linienform der paramagnetischen Elektronenresonanz.** N. N. Tichomirowa und W. W. Wojewodski. (Optik u. Spektroskopie [UdSSR] **7,** 829—32, Dez. 1959; russ.) — Vff. entwickeln eine Meth. zur Analyse der Linienform der EPR. Am Beispiel der Deutung der EPR-Linien, des durch therm. Zers. von Polyvinylchlorid bei verschiedenen Temp. erhaltenen kohleartigen Rückstandes, wird die Anwendung dieser Meth. gezeigt. U.-L. Rau. 137◇

**Relaxationszeiten von $Cr^{3+}$- und $Fe^{3+}$-Ionen in Rutileinkristallen.** A. A. Manenkow, W. A. Miljajew und A. M. Prochorow. (Festkörperphysik [UdSSR] **4,** 388—91, Febr. 1962; Moskau, Phys. Lebedew-Inst. der Akad. der Wiss. der UdSSR; russ.) — Mit Hilfe einer Impulssättigungstechnik bei 9400 MHz u. der Temp. des fl. He wurde die Spin-Gitter-Relaxationszeit verschiedener Übergänge des $Fe^{3+}$ u. $Cr^{3+}$ in ihren paramagnet. Resonanzspektren bestimmt. Zwischen 1,7 u. 4,2° K hängen einige Übergänge des $Cr^{3+}$ schwächer als $T^{-1}$ von der Temp. ab, bei $Fe^{3+}$ ist die Abhängigkeit stärker als $T^{-1}$. Spin-Spin-Relaxation wurde bei beiden Ionenarten beobachtet. H. Roschkowski. 137◇

**Paramagnetische Elektronenresonanz und Spin-Gitter-Relaxation von $Er^{3+}$-Ionen in einem $CdF_2$-Einkristall.** G. M. Swerew, A. Ss. Kornijenko, A. M. Prochorow und A. I. Ssmirnow. (Festkörperphysik [UdSSR] **4,** 392—95, Febr. 1962; Moskau, Lomonossow-Univ.; russ.) — Die PMR von $Er^{3+}$-Ionen in $CdF_2$ wurde im Frequenzbereich von $9 \cdot 10^9$ bis $7{,}2 \cdot 10^{10}$ Hz untersucht. Für den g-Faktor ergab sich ein Wert von $6{,}758 \pm 0{,}010$ bei $9{,}5 \cdot 10^9$ Hz, er nahm mit steigender Frequenz ab. Für die Hyperfeinstruktur-Konst. wurde ein Wert von $(2{,}31 \pm 0{,}03) \cdot 10^{-2}$ $cm^{-1}$ erhalten. Die Temp.-Abhängigkeit der Spin-Gitter-Relaxation wurde zwischen 2 u. 18° K untersucht. H. Roschkowski. 137◇

**Lösungen von Alkalimetallen in Äthylendiamin.** Stanley Windwer und Benson R. Sundheim. (J. physic. Chem. **66,** 1254—58, Juli 1962; New York, N.Y., New York Univ., Dep. of Chem.; engl.) — Vff. untersuchten Lsgg. von *Li, Na, K, Rb* u. *NaJ* in hochgereinigtem *Äthylendiamin* spektrophotometr., mittels paramagnet. Elektronenresonanz u. Leitfähigkeitsmessungen (Au-Elektroden). Stabile Lsgg. von Li ließen sich nicht darstellen. Lsgg. von Na, K u. Rb geben ein Elektronenresonanzspektrum. Linienbreite bzw. g-Werte sind unabhängig von der Elektronendichte. Lsgg. von Li, Na, Na + NaJ, K u. Rb absorbieren stark zwischen 6500 u. 7500, Rb zusätzlich noch bei 9000 Å. Hierbei verschwindet die 9000-Å-Bande mit der Zeit. Die spezif. Leitfähigkeit nimmt mit steigender opt. Dichte zu. In gewissem Maße sind auch Zers.-Prodd. für die Leitfähigkeit verantwortlich zu machen. Die gefundenen g-Werte sind zu gering, um auf ein freies Elektron je Metallatom schließen zu lassen. Die sehr geringe Linienbreite spricht für einen freien Spin je 1000 gelöste Metallatome. Die paramagnet. Eigg. werden dem Elektron, die Lichtabsorption einem vermutlich monomeren Metallatom zugeschrieben. W. Bürger. 137◇

**Frequenzspektren der Elektron-Kern-Doppelresonanz paramagnetischer Defekte in Kristallen.** W. Ja. Sewin. (Festkörperphysik [UdSSR] **4**, 478—84, Febr. 1962; Brest, Pädagog. Puschkin-Inst.; russ.) — Eine allg. Meth. zur Berechnung der Doppelresonanzspektren u. ihrer Winkelabhängigkeiten für lokalisierte Elektronen u. Löcher wird beschrieben. Spinwellenfunktionen u. die Frequenzen magnet. Dipolübergänge zwischen Hyperfeinstrukturniveaus können für ein beliebiges Verhältnis der Dipol-Dipol- zur „Kontakt"-Hyperfein-Wechselwrkg. im Fall eines starken Magnetfeldes erhalten werden. H. Roschkowski. 137◇

**Knightsche Verschiebungen in metallischem Kalium, Indium und Yttrium.** W. H. Jones jun., T. P. Graham und R. G. Barnes. (Acta metallurg. [New York] **8**, 663—64, Sept. 1960; Ames, Iowa, Iowa State Univ., Inst. for Atomic Res. and Dep. of Phys.; engl.) — Zu den Messungen der Knightschen Verschiebungen in K wurde eine Dispersion von K in Xylol verwendet; die mittlere Teilchengröße war $<40\,\mu$, die Vers.-Temp. 25°. Als Bezugssubstanz wurde eine gesätt. wss. Lsg. von Kaliumformiat verwendet. Da In in festem Zustand wegen der großen Kernquadrupol-Wechselwrkg. keine kernmagnet. Resonanz zeigt, wurde eine Dispersion des Metalls (Teilchengröße $<20\,\mu$) in Siliconöl auf 155° bis zum Schmelzen des Metalls erhitzt u. die Resonanz-Temp. bei 130° gemessen. Die mit Bezug auf eine gesätt. wss. Lsg. von $InBr_3$ gemessene Verschiebung erwies sich als unabhängig von der Temperatur. Für $^{89}Y$ wurde die Verschiebung mit Bezug auf eine gesätt. Lsg. von $YCl_3$ an HCl gemessen. C. Gottfried. 137

**Kernspin-Gitter-Relaxationszeit in Germanium.** B. J. Wyluda. (Physics Chem. Solids **23**, 63—65, Jan./Febr. 1962; Murray Hill, N.J., Bell Telephone Labors., Inc.; engl.) — Aus n-leitenden Ge-Einkristallen mit spezif. Widerständen von 0,01—40 $\Omega\cdot$cm u. Elektronen-Konzz. von $4{,}3\cdot10^{17}$—$4{,}3\cdot10^{14}\,cm^{-3}$ werden 15 mil dicke Plättchen geschnitten, gewalzt u. zwischen 20 u. 295° K die Kernspin-Gitter-Relaxationszeiten $T_1$ mit einem Varian-Induktionsspektrometer bei 2 MHz u. 13,4 kGauß bestimmt. Die Temp.-Abhängigkeit von $T_1$ für reines Ge mit $4\cdot10^{14}$ Elektronen/cm³ folgt $T^{2,7}$; die Werte können mit der Funktion für die Kernquadrupolrelaxation von Van Kranendonk (C. **1955**, 10681) beschrieben werden. Herbert Müller. 137□

**Kernmagnetische Resonanz in strömenden Flüssigkeiten.** Louis R. Hirschel und Louis F. Libelo. (J. appl. Physics **32**, 1404—05, Juli 1961; White Oak, Silver Spring, Md., U. S. Naval Ordnance Labor.; engl.) — Es wird das kernmagnet. Resonanzsignal im stationären Zustand für eine fließende Fl. untersucht. Es ist von dem einer festgehaltenen Probe verschieden, da durch das Fließen gesätt. Teile der Probe durch ungesätt. ersetzt werden. Es ergibt sich ein größeres Signal, das eine komplizierte Funktion der Zeit ist, in welcher sich die Probe im Magnetfeld u. im Hochfrequenzfeld befindet, der Geschw. der Fl.-Strömung u. des Sättigungsgrades. J.-M. Spaeth. 137□

---

**Einfluß der Temperatur auf die elektrische Leitfähigkeit konzentrierter Lösungen von Natrium- und Kaliumhydroxid und -carbonat.** M. G. Manweljan, T. W. Krmojan, A. G. Jeganjan und A. M. Kotscharjan. (Nachr. Akad. Wiss. ArmenSSR, physik.-math., naturwiss. techn. Wiss. **9**, Nr. 2, 3—12, 1956; Chem. Inst. der Akad. der Wiss. der ArmenSSR; russ.) — Vgl. C. **1956**, 13031. — Die spezif. elektrolyt. Leitfähigkeit $\varrho$ der wss. Lsgg. steigt mit der Temp. (25—85,1°). $\varrho$ durchläuft bei NaOH- u. KOH-Lsgg. ein Maximum bei einer Konz. von 5—7 Val/Liter. Die $Na_2CO_3$- u. $K_2CO_3$-Lsgg. zeigen einen steten Anstieg von $\varrho$ (gemessen bis 5—7 Val/Liter). Es wird die Bldg. folgenden Dissoziationsschemas angenommen: $2\,NaOH \rightleftharpoons Na_2OH^+ + OH^-$. Die Aktivierungsenergien von 6—15n NaOH-Lsgg. sind doppelt so groß wie die von KOH-Lösungen. Ch. Weiske. 138◇

**Die Konzentrationsabhängigkeit des Soret-Effektes.** P. N. Snowdon und J. C. R. Turner. (Trans. Faraday Soc. **56**, 1812—19, Dez. 1960; Cambridge, Dep. of Chem. Engng.; engl.) — Die Änderung des Soret-Koeff. mit der Konz. in verd. wss. Elektrolyt-Lsgg. wird untersucht. Für die 1:1-Salze NaCl, KCl, NaJ u. KJ sowie für die mehrwertigen Salze $CdCl_2$, $CdJ_2$, $LaCl_3$, $Na_2SO_4$, $K_2SO_4$, $CdSO_4$ u. $La_2(SO_4)_3$ werden die Soret-Koeff. u. Transportwärmen für den Konz.-Bereich 0,05—0,001n bei 25° bestimmt. Für das unterschiedliche Verh. der untersuchten Salze kann jedoch noch keine allg. Theorie angegeben werden. Es werden lediglich die Transportwärmen für unendliche Verdünnung extrapoliert. Die Werte zeigen die von der Thermodynamik geforderte Additivität. Im Falle der mehrwertigen Salze ist diese Additivität nur in extrem verd. Lsgg. erfüllt. Für die Transportwärmen der untersuchten Ionen bei 25,3° u. unendlicher Verdünnung werden folgende Werte angegeben: $Na^+$ 850, $K^+$ 690, $Cd^{2+}$ 2100, $La^{3+}$ 4300; $Cl^-$ (0), $J^-$ —470, $SO_4^{2-}$ 1920 [cal/Mol]. D. Noack. 138◇

**Elektrochemische Messungen bei hohen Drücken.** A. Distèche. (J. electrochem. Soc. **109,** 1084—92, Nov. 1962; Liège, Belgium, Univ., Labor. of Gen. Biol.; engl.) — Messungen des pH-Wertes mit der Glaselektrodenkette Ag–AgCl/0,1n HCl/Glas/X, 0,1m KCl/AgCl–Ag (X = Elektrolyt) bei 1000 kg/cm² ergeben eine durch den Druck bewirkte Verschiebung der Dissoziations-Konst. auf den Wert $K_p$ u. erlauben die Berechnung der entsprechenden Vol.-Änderung für die Rk. $HA \rightarrow H^+ + A^-$. Durch Extrapolation auf die Ionenstärke Null u. die Säure-Konz. Null wird log $K_p/K$ für *HCOOH*, $H_3PO_4$ u. *Phosphatpuffer* ($K_1$) berechnet. Weiterhin werden Werte für Phosphat- ($K_2$), *Acetat-* u. *Bicarbonatpuffer*, $CH_3COOH$, *Kohlensäure*, $NaHCO_3$ u. $NH_3$-Lsgg. sowie Ergebnisse direkter Tiefsee-pH-Messungen (2350 m) mitgeteilt u. eine Übersicht. über Best. der Tiefseeleitfähigkeiten gegeben. P. Frenzel. 139◇

**Standard-EMK der Kette $H_2$; HBr(m); AgBr; Ag von 0—50°.** Hannah B. Hetzer, R. A. Robinson und Roger G. Bates. (J. physic. Chem. **66,** 1423—26, Aug. 1962; Washington, D.C., Nat. Bur. of Stand., Solution Chem. Sect.; engl.) — Die Standard-EMK $E^0$ der Kette Pt—$H_2$ (1 atm)/HBr (m), AgBr/Ag wird erneut im Temp.-Bereich von 0—50° bestimmt. Die Molalität m von HBr beträgt 0,005125—0,10085. $E^0$ gehorcht der Bezeichung $E^0 = 0{,}07109 - 4{,}87 \cdot 10^{-4}\,(t - 25) - 3{,}08 \cdot 10^{-6}\,(t - 25)^2$. (t in °C), $E^0$ (25°) = 0,07106 abs. V. Aus den Meßwerten werden die Aktivitäts-Koeff. bei 0, 25 u. 50° sowie der relative partielle molale Wärmeinhalt L von HBr bei 25° berechnet. Der mittlere molale Ionenaktivitäts-Koeff. bei 25° u. 0,01m HBr beträgt 0,906, L liegt im Bereich von 44—168 cal/Mol (Konzz. 0,005—0,10m). Abweichungen gegenüber Literaturwerten dürften durch die verschiedenen Herst.-Verf. der Elektroden bedingt sein. P. Frenzel. 140◇

**Die Wirkungsweise von Kohlenwasserstoffen in Brennstoffzellen mit Ionenaustauschermembranen.** L. W. Niedrach. (J. electrochem. Soc. **109,** 1092—96, Nov. 1962; Schenectady, N.Y., Gen. Electr. Co., Res. Labor.; engl.) — Das Verh. von KW-Stoffen u. *CO* in Brennstoffzellen mit Ionenaustauschermembran (verstärktes sulfoniertes Phenolformaldehydharz, $H^+$-Form) u. Pt- bzw. Pd-Schwarz-Elektroden wird untersucht. Elektr. Leistung erhält man bei Verw. von $C_3H_8$, $C_3H_6$, $C_2H_4$, $CH_4$ u. CO als Brennstoff. In allen Fällen wird zumindest teilweise Oxydation zu $CO_2$ festgestellt. Pt ergibt, vermutlich auf Grund der größeren Oberfläche, eine höhere Leistung als Pd. Die Leistung nimmt mit zunehmender Temp. im Bereich von 27—85° zu. Reines $H_2$ ist vorst. Brennstoffen stets überlegen. Vf. erörtert den Einfl. der Adsorption der Brennstoffe. Für CO u. $C_3H_6$ wird keine Grenzstromdichte beobachtet. P. Frenzel. 140◇

**Natriumtetrahydridoborat, ein interessanter anodischer Brennstoff.** 1. Mitt. Maurice E. Indig und Richard N. Snyder. (J. electrochem. Soc. **109,** 1104—06, Nov. 1962; Anderson, Gen. Motors Corp., Delco-Remy Div.; engl.) — Die Polarisation einer Ni/$NaBH_4$ (I)-Elektrode (bzgl. Hg/HgO-Elektrode) in 30%ig. KOH-Lsg. bzw. 12% I/40% NaOH-Lsg. bei 25, 45 u. 75° wird untersucht. Im Kontakt mit porösem Ni erfolgt durch Hydrolyse $H_2$-Entw.nach $I + 2\,H_2O \rightarrow BO_2^- + 4\,H_2$, die Gas-Entw. nimmt mit fortschreitender elektrochem. Oxydation zu, was durch Best. der Coulombschen Stromausbeuten bestätigt wird (43—49% bzgl. eines Übergangs von 8 Elektronen). Die mittlere Klemmenspannung der Elektrode beträgt 1,15 V, bei Verw. von Pt als Katalysator 0,075 V, es wird jedoch stärkeres Gasen festgestellt. H wird elektrochem. nicht wirksam. Vff. schließen, daß eine reversible I-Elektrode mit einem Übergang von 8 Elektronen nach $I + 8\,OH^- \rightarrow BO_2 + 6\,H_2O + 8\,e^-$ nicht verwirklicht werden kann. Lediglich der Austausch von 4 Elektronen erscheint möglich. P. Frenzel. 140◇

**Untersuchung des Mechanismus der Wasserstoffentwicklung an Nickel in alkalischen Lösungen durch Bestimmung des Bedeckungsgrades.** M. A. V. Devanathan und M. Selvaratnam. (Trans. Faraday Soc. **56,** 1820—31, Dez. 1960; Colombo, Univ. of Ceylon, Dep. of Chem., Phys. Chem. Labor.; engl.) — Mit Hilfe der Doppelladungs-Meth. von Devanathan u. Mitarbeitern (J. electroanalyt. Chem. [Amsterdam] **1,** [1959], 143) wird die Bedeckung von Ni-Kathoden mit adsorbiertem atomarem H in 2n alkal. Lsgg. bestimmt. Für anod. Stromdichten von 0,05—1,8 A·cm⁻² bei konst. kathod. Stromdichte von $10^{-4}$ A·cm⁻² werden Ergebnisse mitgeteilt.

Wie diese zeigen, ist die Readsorption bei Stromdichten $>0,6$ A·cm$^{-2}$ vernachlässigbar. Die Änderungen der adsorbierten H-Menge innerhalb eines Stromdichtenbereiches von $10^{-6}$ bis $10^{-1}$ A·cm$^{-2}$ an der Kathode bei konst. anod. Stromdichte von 1 A·cm$^{-2}$ werden mitgeteilt; daraus wird der Bedeckungsgrad $\Theta$ berechnet. An Hand dieser Werte wird der Mechanismus der H-Bldg. erläutert. Es zeigt sich, daß der geschwindigkeitsbestimmende Schritt die langsame Entladung eines $H_2O$-Mol. ist, dem eine schnelle Tafel-Rekombination folgt. Für die genannten Prozesse werden die Geschw.-Konst. angegeben. Vff. zeigen, daß die klass. Tafel-Gleichung u. andere Modifikationen dieser Gleichung nicht ausreichend sind. Es wird deshalb eine neue Gleichung vorgeschlagen, die einen anderen Wert für den Ionisationsstrom $i_0$ enthält. Dieser Wert beträgt $\overleftarrow{i_0} = \overrightarrow{i_0}\,(1-0{,}04)/0{,}04 = 240\ \mu$A·cm$^{-2}$. Berechnungen, denen die angegebene Gleichung unter Berücksichtigung des Ionisationsstroms u. des Bedeckungsgrades zugrunde liegt, zeigen, daß die Tafel-Gleichung für alle Stromdichten einen linearen Verlauf hat. D. Noack. 141◇

**Einige theoretische Probleme der Kontaktreduktion eines Metalls aus nichtwässerigen Lösungen.** 1. Mitt. B. W. Drosdow und Je. Ss. Posstnikowa. (J. angew. Chem. [UdSSR] **33**, 2531—36, Nov. 1960; russ.) — Die spezif. elektr. Leitfähigkeit $\lambda$ von Lsgg. von $CuCl_2$ in wss. A. nimmt mit dem Molanteil x des Lsgm. an W. zu. Die Kurven für log $\lambda$ in Abhängigkeit von 1/D (D = DK der Lsgg.) sind nicht streng linear, vielleicht weil der Einfl. des gelösten $CuCl_2$ auf D zu berücksichtigen ist. Der pH-Wert der Lsgg. nimmt mit x zu u. bei Zunahme der $CuCl_2$-Konz. von 0,5 auf 1,6n ab. Daß der pH-Wert der wss.-alkoh. Lsgg. viel niedriger ist als der von wss. Lsgg. wird mit der Bldg. von $C_2H_5OH_2^+$ statt $H_3O^+$ erklärt. Das Oxydationspotential nimmt linear mit 1/D zu u. ist in 1,6n Lsg. höher als in 0,5n. Die Dicke d des auf Al durch Kontakt-Red. in 5 Min. in Lsgg. mit 4,5% W. abgeschiedenen Cu erreicht ein Maximum bei ca. 1,2n $CuCl_2$-Konz. u. nimmt bei höherer Konz. ab. Bei Abnahme von x nimmt d ab. In Lsgg. mit 2,15% W. ist der Höchstwert von d von der $CuCl_2$-Konz. unabhängig. Bei Zunahme von x nimmt die Menge des abgeschiedenen Cu zu. R. K. Müller. 141□

**Einfluß von $SO_4^{2-}$-Ionen auf die Bildung von Kathodenfilmen bei der Elektrofällung von Chrom.** M. A. Schluger und W. A. Kasakow. (J. physik. Chem. [UdSSR] **33**, 1666—67, 1 Tafel, Juli 1959; russ.) — Durch starke $H_2$-Entw. konnte die Film-Bldg. während der Elektrolyse nicht beobachtet werden, sondern nur die Auflösung des Kathodenfilms (KF) nach Abschaltung des Stromes. KF bildet sich bei der Elektrolyse von Cr(VI) in $H_2SO_4$ bei 20° nur in Ggw. von $SO_4^{2-}$-Ionen, d. h. bei der Red. bis zu metall. Cr. (Bei Ggw. von $SO_4^{2-}$-Ionen verschiebt sich das Kathodenpotential bis zu Werten, bei denen $H_2$- u. Cr-Abscheidung eintritt.) Bei Potentialen, die der Red. zu $Cr^{3+}$ entsprechen, bildet sich kein Kathodenfilm. Erhöhung der $SO_4^{2-}$-Konz. erhöht die Festigkeit des Kathodenfilms. Lothar Müller. 141□

**Elektrolytische Abscheidung und Auflösung von Zink in Zincatlösungen.** Indra Sanghi und W. F. K. Wynne-Jones. (Proc. Indian Acad. Sci., Sect. A **46**, 309—21, Okt. 1957; Newcastle-on-Tyne, Univ. of Durham, King's Coll., Phys. Chem. and Coke Res. Labor.; engl.) — Unters. der Stromausbeute u. des Mechanismus der elektrolyt. Abscheidung u. Auflösung von Zn in Zincat-Lsgg. (1—5 bzw. 10n KOH, gesätt. mit ZnO). Weniger rauhe Ndd. erhält man bei Zusatz von *Pb-Acetat* bes. im Stromdichtebereich von 10—20 mA/cm$^2$, was auf die Bldg. eines Oberflächenfilms zurückgeführt wird. Bei der Auflösung wird die prim. Bldg. von *ZnO* bzw. *Zn(OH)$_2$* angenommen, das zum $[Zn(OH)_4]^{2-}$ weiterreagiert. Die Aufrechterhaltung des akt. u. reversiblen Zustandes der Elektroden im Abscheidungs–Auflösungs-Cyclus u. in einem Zn-Akkumulator wird durch den Zusatz von $Pb^{2+}$ in Spurenmengen ermöglicht. P. Frenzel. 141◇

**Die Kinetik der Abscheidung und Auflösung von Eisen. Einfluß von Legierungsverunreinigungen.** J. O'M. Bockris und D. Drazic. (Electrochim. Acta [London] **7**, 293—313, Mai/Juni 1962; Philadelphia, Pa., Univ. of Pennsylvania, John Harrison Labor. of Chem.; engl.) — Die Kinetik der Auflösung u. Abscheidung von Fe mit 0,2% (**A**) u. $<0{,}01$% Verunreinigungen (**B**; zonengeschmolzen) in $H_2$-freien u. $H_2$-enthaltenden $FeSO_4/Na_2SO_4/H_2SO_4$-Lsgg. wird untersucht. Vff. entwickeln eine Meth., die erlaubt, eine bekannte Menge von gelöstem $H_2$ an der Fe-Oberfläche konst. zu halten. Die Verunreinigungen haben keinen Einfl. auf den Mechanismus, bei geringerem Geh. nimmt lediglich die Geschw. der $H_2$-Entw. ab. Gelöstes $H_2$, das durch Korrosion bei pH 1,7—3,1 entsteht, beseitigt das Maximum der anod. Potential–Zeit-Kurve, die Steigung der Tafel-Geraden beträgt RT/F gegenüber 2,3·RT/F. Die Oberflächen-Konz. des gelösten $H_2$ in einer Fe-Membran steht im Zusammenhang mit der für den Grenzstrom der anod. Auflösung erforderlichen Elektrizitätsmenge. Die Bedeckung von **B** mit $H_2$ ist geringer als $^1/_{10}$ der einatomigen Schicht. Die stärkere Bedeckung von **A** bewirkt eine höhere Korrosionsgeschwindigkeit. Die pH-Abhängigkeit der Fe-Elektrode ist nicht auf das gebildete $H_2$ direkt, sondern auf die pH-Erniedrigung in der Doppelschicht auf Grund seiner Ionisierung zurückzuführen. P. Frenzel. 141 □

**Das anodische Verhalten von Kupfer in wässerigen Lösungen.** Donald J. Royer, Jacob Kleinberg und Arthur W. Davidson. (J. inorg. nuclear Chem. **4**, 115—27, März 1957; Lawrence, Kans., Univ. of Kansas, Dep. of Chem.; engl.) — Vff. untersuchen die anod. Oxydation des Cu in verschiedenen wss. Elektrolyten. Die einzelnen Elektrolysen werden 20 Min. lang unter $O_2$-freiem $N_2$ durchgeführt. Bei gleichbleibender Temp. (25 bzw. 40°) u. Stromdichte bilden sich in Ggw. von $CN^-$, $Cl^-$ oder $S_2O_3^{2-}$ stabile *Cu(I)-Cu(II)-Komplexe* [z. B. $Cu_2Cl_n^{3-n}$ u. $Cu[S_2O_3]_n^{1-2n}$]. Hierbei geht das Metall nur als $Cu^+$ über einen weiten Konz.-Bereich des Elektrolyten in Lösung. Bei 25° erfolgt die Lsg. des Cu in Ggw. oxydierender Anionen, wie $NO_3^-$, $SO_4^{2-}$ oder $ClO_3^-$, offensichtlich mit einer beträchtlich größeren Wertigkeit als 1; bei Temp.-Anstieg nimmt die Wertigkeit jedoch wieder ab u. fällt z. B. mit $ClO_3^-$ bei 98° auf 1 zurück. Oberhalb 70° bildet sich an der Anode ein blaugrüner $Cu(ClO_3)_2 \cdot 3\,CuO$-Komplex. Die Wertigkeit $>1$ wird der Tendenz des $Cu^+$ zugeschrieben, ein Elektron an die Anode abzugeben. Diese Rk. kann entweder durch Stabilisierung des Cu(I) zum Komplex oder durch Oxydation des Cu(I) verhindert werden. Die experimentellen Werte können so gedeutet werden, daß die prim. Elektroden-Rk. eine Oxydation zu Cu(I) ist. Der wirkliche Valenzwert hängt einerseits vom Grad der elektrochem. Oxydation oder von der Art der chem. Rk. ab. Untersucht wird außerdem das anod. Verh. in Ggw. von $J^-$, $F^-$ u. $SCN^-$ sowie die Abhängigkeit von der Konz., Temp. u. Stromdichte. Mit einem NaCN–$Na_2SO_4$-Elektrolytgemisch erhalten Vff. so bei einer $CN^-$-Konz. zwischen 0,63 u. 0.27 Mol-% an der Anode einen grünen $Cu_3(CN)_4 \cdot 5\,H_2O$-Komplex. P. Jurkat. 141 □

**Die anodische Auflösung binärer Legierungen.** R. F. Steigerwald und N. D. Greene. (J. electrochem. Soc. **109**, 1026—34, Nov. 1962; Troy, N.Y., Rensselaer Polytechn. Inst., Interdisciplin. Mat. Res. Center, Corrosion Res. Labor.; engl.) — Vff. teilen eine Meth. zur Berechnung der anod. Polarisationskurven (PK) bin. Legg. aus den PK ihrer Komponenten mit. Heterogene Legg. werden als einfache galvan. Paare, homogene Legg. mit Hilfe der erweiterten Tammannschen Theorie der Oberflächenanreicherung behandelt. Intermetall. Verbb. u. Zwischenphasen verhalten sich im allg. wie homogene Legg., bei stärkerer Mischkristallwechselwrkg. können jedoch die PK entlang der Stromachse verschoben sein. Zum Vgl. mit den berechneten Werten dienen potentiostat. PK in 1n $H_2SO_4$ bzw. 1n NaOH. Werte für die Syst. *Sn–Zn*, *Cd–Zn*, *Fe–Cr*, *Ti–Cr* u. *Fe–Ti* werden mitgeteilt. P. Frenzel. 141◇

**Das Wachstum von oxidischen Sperrschichten auf Aluminium.** W. J. Bernard und J. W. Cook. (J. electrochem. Soc. **106**, 643—46, Aug. 1959; North Adams, Mass., Sprague Electr. Co.; engl.) — Vgl. C. **1961**, 17112. — Das Wachstum von anod. in $NH_4$-Pentaborat/Äthylenglykol-Lsgg. erzeugten oxid. Sperrschichten auf Al wird durch Best. des Gew., der Kapazität u. der Geschw. verfolgt, die Schichtdickenzunahme bei konst. Potential berechnet u. mit Werten aus Interferenzmessungen verglichen. Die Ergebnisse passen sich der Beziehung $i = \alpha\, e^{\beta F}$ an ($i$ = Stromdichte; $\alpha$, $\beta$ = Konst.). P. Frenzel. 142◇

**Ionenwanderung während des Wachstums anodischer Oxidfilme auf Aluminium.** W. J. Bernard. (J. electrochem. Soc. **109**, 1082—84, Nov. 1962; engl.) — Vgl. vorst. Referat. — Anod., in wss. $NaH_2PO_4$-Lsgg. auf Al erzeugte Oxidfilme werden, im Gegensatz zu den im üblichen Boratelektrolyten hergestellten, nicht hydratisiert. Diese Beobachtung wird zur Unters. der Ionenwanderung während des Wachstums von Duplexschichten aus beiden Elektrolyten herangezogen. Unabhängig von den relativen Schichtdicken wandern Kationen u. Anionen, wobei die Wanderung der Kationen überwiegt, ohne daß eine Aussage über die relativen Beweglichkeiten gemacht werden kann. P. Frenzel. 142◇

**Kapazität der elektrischen Doppelschicht von Eisen während des erzwungenen kathodischen Abklingens der Passivität.** G. M. Schmid und Norman Hackerman. (J. electrochem. Soc. **109**, 1096—99, Nov. 1962; Austin, Tex., Univ. of Texas, Dep. of Chem.; engl.) — Die differentielle Kapazität $C_0$ der elektr. Doppelschicht von hochreinem zonengeschmolzenen Fe in 0,1n $Na_2SO_4$-Lsg. (pH 2,3—6,5) während des erzwungenen Abklingens der Passivität wird unter Verw. eines schnellen Einzelimpuls-Verf. untersucht. Die $C_0$/Zeit-Kurve zeigt am Ende des Flade-Plateaus ein Maximum zwischen 22 u. 35 $\mu f/cm^2$, das auf die Desorption eines nichtidentifizierten, geladenen Teilchens, möglicherweise von $HO^-$- oder $HO_2^-$-Ionen, zurückgeführt wird. Beim Potential der

$O_2$-Entw. (80—160 $\mu$A/cm²) beträgt $C_0$ 6—8 $\mu$f/cm², während der $H_2$-Entw. (30—100 $\mu$A/cm²) 19 $\mu$f/cm². Beide Potentiale sind pH-unabgängig. Die dem Flade-Bereich entsprechende Ladung wird zu 550—850, im Mittel zu 680 $\mu$Coulomb/cm² berechnet.
P. Frenzel. 142◇

**Einfluß der anodischen Stromdichte auf die Größe der Sauerstoffüberspannung.** Milan Šolc und Václav Srb. (Chem. Průmysl **11** (**36**), 290—93, Juni 1961; Praha, Ústav anorg. chemie ČSAV; Praha, Vysoká škola chemickotechnol.; tschech.) — Es wurde der Einfl. der Stromdichte an der Anode auf die $O_2$-Überspannung bei rostfreiem Stahl, Ni, Pt u. Au bei 25 u. 45° untersucht. Die Verss. wurden in n-KOH, für die Au- u. Pt-Anoden auch in n-$H_2SO_4$ durchgeführt. Die Gültigkeit der Tafel-Gleichung wurde überprüft, die zugehörigen Konst. b sind tabellar. angegeben. Die niedrigste Überspannung wurde bei rostfreiem Stahl, die größte bei Au u. Pt gemessen. Mit steigender Temp. sinkt die $O_2$-Überspannung bei allen Anoden. Für die industrielle Wasserelektrolyse im alkal. Medium wird die Stahlelektrode empfohlen, für die Darst. von Persalzen u. Perchloraten die Pt-Elektrode.
J. Schneider. 142□

**Der Einfluß von Acetylenverbindungen auf die kathodische Überspannung an Stahl in sauren Lösungen.** E. J. Duwell. (J. electrochem. Soc. **109**, 1013—17, Nov. 1962; St. Paul, Minn., Minnesota Mining and Mfc. Co.; engl.) — Vf. beschreibt eine App. zur Messung von Potentialänderungen bei konst. Stromdichte u. untersucht die H-Überspannung $\eta$ an einer Stahlkathode (S.A.E. 1010) in 1 m $CH_3COOH$/1 m $CH_3COONa$-Lsg. in Ggw. von 0,0116 Mol C≡C-Bindungen enthaltenden Verbb.: $R_1C{\equiv}CR_2$, ($R_1$ =) $CH_2OH$, ($R_2$ =) $H$, $CH_3$, $CH_2OH$; $CH_3CH(OH)$, $CH_2(OH)CH_2$, $CH_3C(CH_3)(OH)$, $CH_3 \cdot CH_2CHOH$, $CH_3CH(OH)CH_2$, $CH_3CH_2C(CH_3)(OH)$, $CH_3(CH_2)_2CHOH$, $CH_3(CH_2)_2C \cdot (OH)CH_3$, $CH_3CH(CH_3)CH_2C(OH)CH_3$, $CH_3(CH_2)_3CH(CH_2CH_3)CHOH$, $CH_3C(OH) \cdot (C_6H_5)$, *n-Pentyl*, *n-Hexyl-*, *n-Heptyl*, *n-Octyl*, $CH{\equiv}C(CH_2)_3$ bzw. $H$; *n-Propyl*, *n-Butyl* bzw. $H$, $CH_3$; *n-Pentyl*, $CH_2(OH)C{\equiv}C$ bzw. $CH_2OH$; $R_1{=}R_2$ = $CH_3CH_2(CH_3)(OH)$, $CH_3CH_2$, $p$-$(OH)_2C_6H_4$ sowie *Styrol*, *1-Äthinylcyclohexanol*, *Propiolsäure*, *Acetylendicarbonsäure* u. $C_2H_5OCOC{\equiv}CH$. Auf Grund der Adsorption dieser Verbb. nimmt $\eta$ zu, die kathod. Red. des gelösten $O_2$ wird offensichtlich inhibiert. Dagegen ist der Einfl. auf die anod. Oxydation des Stahls gering. Vf. schließt daher, daß die Oxydation in saurer Lsg. durch die Inhibition der kathod. Rkk. verlangsamt wird. Bes. wirksam sind Verbb., deren Dreifachbindung ster. nicht blockiert ist, die nichtion. Charakter u. große Moll. haben.
P. Frenzel. 142◇

**Zur Polarographie der Lösung des Kupfer–Cystin-Komplexes.** Hiroshi Hamaguchi und Yuichiro Kamemoto. (J. chem. Soc. Japan, pure Chem. Sect. [Nippon Kagaku Zassi] **81**, 346—47, Febr. 1960; Tôkyô-Kyôiku-Daigaku, Rigakubu; jap., Auszug: engl. S. A23—A24.) — Die Rk. zwischen Cystin (I) u. $Cu^{2+}$ wird polarograph. bei 25° untersucht. Während $Cu^{2+}$ in ammoniakal. Medien zwei polarograph. Wellen ($Cu^{2+} \rightarrow Cu^+$, $Cu^+ \rightarrow Cu^0$) zeigt, verschwindet die zweite Welle durch Zusatz von I zu den Systemen. Die Höhe der ersten Welle nimmt auch, jedoch viel langsamer ab u. erreicht nach 3½ Std. einen konst. Wert. Wenn eine äquimol. Menge I zugegeben wird, verschwindet die erste Welle auch vollkommen; Vff. schreiben dem Komplex nachst. Konstit. zu.

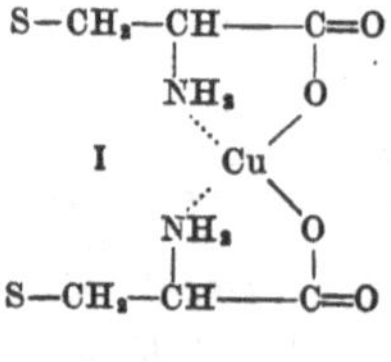

I

E. Maekawa. 142□

## $A_4$. Thermodynamik. Thermochemie

**Die thermische Ausdehnung kristalliner Körper.** 1. Mitt. **Die Faktoren der Ausdehnung.** J. Laval. (J. Physique Radium **22**, 451—58, Juli 1961; Paris, Coll. de France; franz.) — Vf. untersucht die therm. Spannungen, die durch die Schwingungen der Atome in einem kristallinen Körper u. die Abstoßungskräfte der Atome hervorgerufen werden. Mit steigender Temp. nehmen die therm. Spannungen zu u. verursachen eine therm. Ausdehnung der Körper. Vf. nimmt an, daß jede Grundschwingung der therm. Bewegung dieselbe Energie wie ein harmon. Oscillator besitzt u. berechnet unter Berücksichtigung der Temp. die therm. Spannungen in kub. Metallkristallen.
G. M. Neumann. 148□

**Die thermische Ausdehnung kristalliner Körper.** 2. Mitt. **Der Ausdehnungskoeffizient.** J. Laval. (J. Physique Radium **22**, 465—71, Aug./Sept. 1961; franz.) — 1. vgl. vorst. Referat. — Vf. berechnet den linearen Ausdehnungs-Koeff. u. seine Temp.-Abhängigkeit unter der Annahme, daß der Ausdehnungs-Koeff. direkt mit der Energie u. den Elementarschwingungen des kristallinen Körpres in Beziehung steht. Es zeigt sich, daß der Ausdehnungs-Koeff. annähernd wie die spezif. Wärme bei konst. Vol. mit der Temp. zunimmt. Beim abs. Nullpunkt wird er Null u. in der Nähe des F. nimmt er mit der abs. Temp. nach einem parabol. Gesetz zu. G. M. Neumann. 148□

**Das Gleichgewicht zwischen der flüssigen und der gasförmigen Phase quaternärer Ionenlösungen.** Andrzej Block-Bolten. (Arch. Hutnictwa **6,** 287—307, 1961; Kraków, PAN, Inst. Podst. Probl. Techn., Zakł. Metali; pol.) — Quasibin. Syst von Alkali -u. Erdalkalichloriden bzw. -bromiden wurden in HCl + HBr-Atmosphäre geschmolzen. Die thermodynam. Auswertung der Verss. zeigt, daß im Syst. (A, B)Cl–(A, B)Br die Zuordnungen A–Cl–A u. B–Br–B bzw. Cl–A–Cl u. Br–B–Br bevorzugt sind, wobei A das elektropositivere Kation sein soll. Die Wahrscheinlichkeit des Auftretens dieser Gruppierungen ist um so kleiner, je größer der Unterschied der Zus. der Gasphase u. der Anionen in der Salzschmelze ist. Je stärker die polarisierende Wrkg. der beteiligten Kationen ist, desto größer wird der Entropiezuwachs bei der Rk. der Schmelze mit der Gasphase. Beide Faktoren, der strukturelle u. der polarisierende, überlagern sich u. wirken einander entgegen. Die Entropie des Anionenaustausches steigt in der Reihenfolge $K^+$, $Na^+$, $Li^+$, $Ca^{2+}$, $Mg^{2+}$, die Wärmetönung der Rk. hat bei $Li^+$ wegen der Überlagerung der Effekte ein Minimum. — 13 Literaturangaben.
F. Urban. 150□

**Über die Gleichung der Phasenübergangskurve.** G. A. Martynow. (Ber. Akad. Wiss. UdSSR **129,** 620—22, 21/11. 1959; Inst. für Phys. Chem. der Akad. der Wiss. der UdSSR; russ.) — Vf. leitet eine Gleichung ab, die den Verlauf der Schmelzkurve exakt beschreibt. Zur Überprüfung der Richtigkeit der Gleichung wurden danach Zahlenwerte für das Syst. Eis–Wasser errechnet. Aus der angegebenen Tabelle ist ersichtlich, daß in allen Fällen die Abweichung zwischen experimentell u. rechner. ermittelten P-Werten bei einer Druckänderung von 1—2045 atm 4% nicht übersteigt.
G. Rudakoff. 150□

**Reduktion von Niob-Sauerstoffmischkristallen durch Erdalkalimetalle.** O. Kubaschewski. (J. Inst. Metals **89,** 295—96, April 1961; Teddington, Nat. Phys. Labor.; engl.) — In Fortsetzung der Unterss. am Syst. Zr–O (C. **1959,** 14328) wird die Reduzierbarkeit von Nb–O-Mischkristallen durch Erdalkalimetalle experimentell nachgewiesen.
H. Hochstein. 150□

**Exotherme Reaktionen, verursacht durch das Ausheilen von Defekten in Oxidgittern: Untersuchung der Zersetzung von Carbonaten.** C. N. R. Rao, S. R. Yoganarasimhan und M. P. Lewis. (Canad. J. Chem. **38,** 2359—62, Dez. 1960; Bangalore, Indian Inst. of Sci., Dep. of Inorg. and Phys. Chem.; engl.) — Kleine exotherme Maxima wurden in den DTA-Kurven von $MgCO_3$, $CaCO_3$, $CdCO_3$, $ZnCO_3$ u. $Ag_2CO_3$ nach deren Zers. zu den Oxiden beobachtet. Die Wärme-Entw. rührt wahrscheinlich vom Ausgleich innerer Kristalldefekte der metastabilen Oxidgitter her. Röntgenograph. konnte keine Strukturumwandlung der Oxide festgestellt werden. G. Talsky. 150□

**Differentialthermoanalyse von 8-Hydroxychinolinchelaten zweiwertiger Metalle.** Robert G. Charles. (Analytica chim. Acta [Amsterdam] **27,** 474—79, Nov. 1962; Pittsburgh, Pa., Westinghouse Res. Labor.; engl.) — Es wird das Verh. einer Anzahl Metalloxinate bei der DTA beschrieben. Die Verbb. werden in inerter Atmosphäre erhitzt, um Rkk. mit $O_2$ oder Wasserdampf zu verhindern. Die Cu-, Pb-, Zn-, Ni- u. Co-Chelate schmelzen unzersetzt. Der F. nimmt in der Reihenfolge $Pb < Cu < Zn < Ni < Co < Ba < Mn < Cd < Sr < Mg < Ca$ zu. Die Wärmebeständigkeit nimmt in der Reihenfolge $Ca > Mg > Sr > Cd > Mn > Ba > Co > Ni > Zn > Pb > Cu$ ab.
J. Peters. 150◇

**Thermogravimetrie einiger Uran(VI)-8-hydroxychinolinate.** Jon Bordner und Louis Gordon. (Talanta [London] **9,** 1003—07, Dez. 1962; Cleveland, Ohio, Case Inst. of Technol., Dep. of Chem.; engl.) — Das thermogravimetr. Verh. von $UO_2 \cdot (C_9H_6NO)_2C_9H_6NOH$ u. $[UO_2(C_9H_6NO)_2]_2C_9H_6NOH$, die durch Fällung aus homogener Lsg. mit 8-Acetoxychinolin hergestellt wurden, erwies sich als sehr ähnlich dem des $UO_2(C_9H_6NO)_2 \cdot C_9H_6NOH$, das durch direkte Fällung von U(VI) mit 8-Hydroxychinolin erhalten wurde. Gerhard Schulze. 150◇

**Thermodynamische Eigenschaften anorganischer Substanzen.** 4. Mitt. **Die Hochtemperaturwärmeinhalte von $TeO_2$ und $Na_2TeO_4$.** Reiji Mezaki und John L. Margrave. (J. physic. Chem. **66,** 1713—14, Sept. 1962; Madison, Wis., Univ. of Wisconsin, Dep. of Chem.; engl.) — 3. vgl. C. **1961,** 6055; 2. vgl. C. **1960,** 1077; 1. vgl. C. **1959,** 6377. — Die Wärmeinhalte von $TeO_2$ (I) bzw. $Na_2TeO_4$ (II) wurden nach der drop-Meth. im Temp.-Bereich von 445—1147° K bzw. 412—804° K bestimmt. Für festes **I** folgt zwischen 446 u. 960° K (Genauigkeit: ±1,8%): $H_T - H_{298,16} = 15{,}58\,T + 1{,}74 \cdot 10^{-3}\,T^2 + 1{,}20 \cdot 10^5\,T^{-1} - 5203$ (cal/Mol), $C_p = 15{,}58 + 3{,}48 \cdot 10^{-3}\,T - 1{,}20 \cdot 10^5 \cdot T^{-2}$ (cal/Grad·Mol); für fl. **I** zwischen 1018 u. 1146° K (±0,2%): $H_T - H_{298,16} =$

26,92 T + 0,26·10⁻³ T² — 8049, $C_p$ = 26,92 + 0,52·$10^{-3}$ T; Schmelzwärme von **I**: $\Delta H$ = 6946 cal/Mol bei 1006,18° K (= F.). Für festes **II** wurden zwischen 421 u. 804° K mit einer Genauigkeit von ±1,9% bestimmt: $H_T - H_{298,16}$ = 33,07 T + 0,20·$10^{-3}$·$T^2$ — 9877 (cal/Mol) u. $C_p$ = 33,07 + 0,40·$10^{-3}$T (cal/Grad·Mol). Zwischen 615 u. 635° beginnt **II** unter Zers. zu schmelzen. Die Normalentropien von **I** u. **II** wurden zu $S^0_{298}$ = 14 ± 2 u. 18,5 ± 2 cal/Grad·Mol berechnet. G. Gattow. 151 □

**Messungen des Gleichgewichtsdampfdruckes des Bariums bei der Reaktion $BaC_2 \rightleftharpoons Ba + 2C$.** Yoshio Yamanaka. (J. electrochem. Soc. Japan [Overseas Edit.] **28**, E190—E191, 1960; Naoetsu, Niigata, Shinetsu Kagaku Kogyo Co. Ltd., Naoetsu Factory; engl.) — $BaC_2$ wurde bei 1300—1500° bei 2 Torr aus $BaCO_3$ u. C dargestellt. Der Gleichgewichtsdruck des Ba bei der Rk. $BaC_2 \rightleftharpoons Ba + 2\,C$ beträgt bei 1100, 1150 u. 1200° 3,4·$10^{-3}$; 7,9·$10^{-3}$ u. 1,75·$10^{-2}$ Torr. $\Delta H_f$ für $BaC_2$ wurde zu 66,8 kcal/Mol bestimmt. H. Roschkowski. 156 □

**Das System $CdO-H_2O$.** L. S. Dent Glasser und R. Roy. (J. inorg. nuclear Chem. **17**, 98—101, April 1961; Pennsylvania State Univ., Coll. of Min. Ind., Dep. of Geophys. and Geochem.; engl.) — Die Darst. des $Cd(OH)_2$ (**I**) erfolgte durch Fällung aus $Cd(NO_3)_2$-Lsg. mit einem Überschuß an wss. NaOH. **I** krist. hexagonal mit a = 3,496, c = 4,702 Å u. ist einachsig negativ mit $n_\omega$ = 1,802 ± 0,004, $n_\varepsilon$ = 1,70. Hinweise für die Existenz von polymorphen Modifikationen von **I** liegen nicht vor. Das Syst. $CdO-H_2O$ wurde hydrothermal bis zu Temp. von maximal 340° u. bis zu $H_2O$-Drücken von 3000 bar untersucht. Aus der p–t-Kurve folgt für die Enthalpien der Rk. $Cd(OH)_2 \rightleftharpoons CdO + H_2O$ $\Delta H$ = 4,2 kcal (bei 500 bar; 279°), 4,7 (1000; 289°), 7,5 (2000; 303°). Für 1 bar $H_2O$-Druck errechnet sich eine Gleichgewichts-Temp. von —11°. Aus kinet. Messungen von **I** in $H_2O$-freier Atmosphäre zwischen 86 u. 190° wurde die Aktivierungsenergie der Dehydratations-Rk. von **I** zu 28,8 kcal bestimmt. G. Gattow. 156◇

**Thermodynamik der Martensitumwandlung.** K. P. Singh und J. Gordon Parr. (Acta metallurg. [New York] **9**, 1073—74, Dez. 1961; Edmonton, Alberta, Canada, Univ. of Alberta; Dep. of Min. and Metallurg.; engl.) — Durch Messungen der EMK der Zelle Pt/Martensit, $FeSO_4$ (geschmolzen), Ferrit/Pt wird nachgewiesen, daß die Differenz der Freien Energie zwischen Martensit u. Ferrit in reinem Fe 300 ± 70 cal/Mol beträgt. H. Hochstein. 156

**Thermodynamische Charakteristik flüssiger Lösungen Eisen–Sauerstoff.** Aleksander Krupkowski und Władysław Ptak. (Arch. Hutnictwa **6**, 265—85, 1961; Kraków, PAN, Inst. Podst. Probl. Techn., Zakł. Metali; pol.) — Die thermodynam. Eigg. des fl. Syst. Fe-O werden unter der Annahme bestimmt, daß das gesamte O als FeO vorliegt u. daß die fl. Phase mit $H_2$ u. $H_2O$ nach $Fe + H_2O \rightleftharpoons FeO + H_2$ im Gleichgewicht steht. Für dieses Gleichgewicht wird die Änderung der Freien Energie in Abhängigkeit von der Temp. u. der Zus. des Syst. abgeleitet u. mit Literaturangaben verglichen. Die großen Unterschiede sind durch Fehler bei der Best. der thermochem. Werte bedingt. Für die Berechnung der Aktivitäts-Koeff. von FeO wird einmal ein nichtlinearer, das andere Mal ein linearer Zusammenhang zwischen $\log f_{FeO}$ u. der Temp. sowie der Zus. angenommen. Im ersten Fall ist die Übereinstimmung mit experimentellen Werten besser. Ebenso stimmen die berechnete u. die experimentell bestimmte molare Lösungswärme von FeO in Fe besser überein. Der konventionelle Wert des Aktivitäts-Koeff. $\log \gamma_{FeO}$ ist dagegen im zweiten Fall prakt. 1. Die weiter berechnete Sättigungs-Konz. von FeO in Fe in Abhängigkeit von der Temp. im Bereich 1850—1900° K steht in Übereinstimmung mit experimentellen Werten. Für den monoeutekt. Punkt wurde 1531° K bei Annahme des F. für Fe von 1539° K gefunden. — 21 Literaturangaben. F. Urban. 156 □

**Thermodynamische Eigenschaften von festen Kupfer–Nickel-Legierungen.** R. A. Rapp und F. Maak. (Acta metallurg. [New York] **10**, 63—69, Jan. 1962; Göttingen, MPI für phys. Chem.; engl.) — Die Aktivität von Ni bei 700 u. 1000° in *CuNi*-Legg. mit 10—90 Atom-% *Ni* wurde mit einer galvan. Zelle mit festem (0,85 $ZrO_2$ + 0,15 *CaO*)-Elektrolyten bestimmt. Dabei wird festgestellt, daß die Aktivitäten von *Cu* u. *Ni* in Lsg. bei diesen Temp. positive Abweichung vom Raoultschen Gesetz zeigen. Das Leg.-Syst. hat positive Mischungswärmen u. (bei 850°) kleine negative Überschuß-Mischentropien. Die beim Legieren von Cu u. Ni auftretenden Änderungen der Elektronenkonfiguration werden bei den angewandten (hohen) Temp. nur durch kleine Effekte der thermodynam. Funktionen merkbar. — Vff. diskutieren den Anwendungsbereich dieser Meth. der Aktivitäts-Best. (der sich auf Legg. A—B ohne Verdrängungs-Rk. ausdehnt, wenn innerhalb der Zelle $|\Delta G^0_{ZrO_2}| \gg |\Delta G_{AO}| > |\Delta G_{BO}|$ ist) u. die Bedingungen zur Verhinderung von Neben-Rkk. zwischen Zelle u. umgebendem Gas. W. Sobieski. 156 □

**Struktur von Detonationswellen in Gasen.** B. Levitt und D. F. Hornig. (J. chem. Physics **36**, 219—27, 1/1. 1962; Princeton, N.J., Univ., Frick Chem. Labor.;

engl.) — Vff. untersuchen mit einer opt. Reflektions-Meth. die Struktur von Detonationswellen im Gemisch $H_2$:3 $O_2$ mit Anfangsdrücken von 20—40 lbs./sq.in. Die Detonationsfronten sind hinsichtlich Stoßwellendicke u. Planarität mit normalen Stoßwellen vergleichbar. Die Dichteänderungen in der Front sind geringer als die theoret. berechneten, was wahrscheinlich auf die Unvollständigkeit der Rotationsrelaxation von $O_2$ u. $H_2$ in der Front zurückzuführen ist. Verss. mit Stoßwellen in $O_2$ mit einer Mach-Zahl von 3,0, wo die End-Temp. 872° beträgt, zeigen, daß sich die Rotationswärmekapazität verringert, so daß bei höheren Temp. mit einer viel langsameren Rotationsrelaxation als bei Raum-Temp. zu rechnen ist. G. Krien. 157 □

**Beobachtungen an Gasdetonationswellen mit einem Mikrowelleninterferometer.** D. H. Edwards, E. M. Job und T. R. Lawrence. (Nature [London] **195,** 372—73, 28/7. 1962; Aberystwyth, Univ. Coll. of Wales, Dep. of Phys.; engl.) — Vff. untersuchen interferometr. mit 3-cm-Wellen Knallgasdetonationen (2 $H_2$ + $O_2$) bei Anfangsdrücken von 100—500 Torr u. zeigen, daß Detonations-Geschw.-Messungen allein kein zureichendes Kriterium für stabile Stoßwellen sind. Bei 450—350 Torr wird eine Detonations-Geschw. von 2800 m/s gemessen. Bei 300 u. 200 Torr lassen sich Unregelmäßigkeiten in der Detonationsfront nachweisen. G. Krien. 157 □

**Die Reaktionsprozesse, die für die Explosion in einem durch drei Grenzen festgelegten Teilgebiet verantwortlich sind.** 1. Mitt. **Der Initiierungsmechanismus der Wasserstoffverbrennung.** Christiane Kourilsky und Henri James. (Bull. Soc. chim. France **1962,** 563—72, März; Paris, Labor. de Chim. Gén. Fac. des Sci.; franz.) — Vff. untersuchen Knallgasexplosionen in Ggw. von verschiedenen Mengen *Methylchlorid* als Inhibitor, in dem sie entsprechende Gasgemische bei verschiedenen Drücken u. Temp. zur Explosion kommen lassen u. die Druckänderungen registrieren. Durch die Ergebnisse wird der heterogene Charakter des Initiiervorganges bewiesen, der dadurch gek. ist, daß durch eine dissoziative Chemisorption von $H_2$ die Rk.-Hemmung aufgehoben wird. Zwischen der 2. u. 3. Explosionsgrenze im Druck-Temp.-Diagramm sind die Explosionen als lineare Ketten-Rkk. erklärbar. G. Krien. 157 □

**Zündung von Explosionen durch „Hot Spots".** John Zinn. (J. chem. Physics **36,** 1949, 1/4. 1962; Los Alamos, Mex., Univ. of California, Los Alamos Sci. Labor.; engl.) — Vf. betrachtet die zeitliche Änderung der Temp. in einem durch mechan. Einw. erzeugten „Hot Spot" unter Annahme einer exothermen Rk. 1. Ordnung u. diskutiert den Verlauf der Rk., wenn einerseits der Einfl. der Wärmediffusion u. andererseits der Einfl. der Rk.-Wärme dominiert. Vernachlässigt man den Wärmeleitfähigkeits-Einfl., so läßt sich ein Ausdruck für einen krit. Durchmesser der „Hot Spots" angeben. Explosion oder Entzündung tritt ein, wenn der Durchmesser der Temp.-Herde größer ist als der krit. Durchmesser. G. Krien. 157 □

**Zur Theorie der Wärmeleitfähigkeit antiferromagnetischer Stoffe bei tiefen Temperaturen.** G. I. Uruschadse. (Festkörperphysik [UdSSR] **4,** 350—56, Febr. 1962; Tbilissi, Inst. für Kybernetik der Akad. der Wiss. der GrusinSSR; russ.) — Mathemat. Ableitung des Koeff. der Wärmeleitfähigkeit antiferromagnet. Dielektrika, die Beimengungen enthalten. H. Roschkowski. 158◇

**Messung des Wärmeleitfähigkeitskoeffizienten der Verbindung $Al_3Fe$.** Joseph Garcia. (Rev. de l'Aluminium **39,** 327—31, März 1962; Montpellier, Fac. des Sci.; franz.) — Der Wärmeleitfähigkeits-Koeff. der zwischen einem Stahlteil u. einer aufgegossenen Al-Schicht gebildeten dünnen Schicht der Verb. *$Al_3Fe$* mit niedriger Wärmeleitfähigkeit wurde gemessen. Er beträgt 0,019 cal/cm·s·Grad. F. Vier. 158 □

**Analyse der Impulsüberlagerungsmethode zur Messung der Ultraschallgeschwindigkeiten als Funktion von Temperatur und Druck.** H. J. McSkimin und P. Andreatch. (J. acoust. Soc. America **34,** 609—15, Mai 1962; Murray Hill, N.J., Bell Telephone Labor., Inc.; engl.) — Mit Hilfe der Impulsüberlagerungs-Meth. wurde die Geschw. von Longitudinalwellen in der X-Richtung u. von XY-Scherwellen in der Y-Richtung von *Quarz* im Bereich 1 atm—30000 lbs./sq.in. bei 25 u. —195,8° gemessen. Bei dieser Meth. läßt sich der Effekt der Kopplung zwischen Überleiter u. Probe vernachlässigbar klein machen. Kurven zur Erleichterung der Best. von Absolut-Geschw. sind für einen begrenzten Impedanzbereich der Proben wiedergegeben. W. Betcke. 159 □

**Schwingungsrelaxation in Stickstoff und anderen Gasen.** Malcolm C. Henderson. (J. acoust. Soc. America **34,** 349—50, März 1962; Washington, D.C., Catholic Univ. of America.; engl.) — In einer Kundtschen Röhre für Hochdruck wurden die Schwingungsrelaxationen in $N_2$ bei 203° u. in $O_2$ bei 50° zu 1 bzw. 90 Hz/atm. bestimmt. Zusatz von 1 u. 2% $H_2$ zu $N_2$ verschiebt den Wert auf ca. 20 bzw. 40 Hz/atm, von 25% $N_2$ bzw. 25% *CO* zu $O_2$ auf ca. 120 bzw. 180 Hz/atm. W. Betcke. 159 □

**Korrektur von Berechnungen der Schallabsorption in nichtassoziierten Flüssigkeiten.** R. E. Nettleton. (J. acoust. Soc. America **34**, 350—51, März 1962; Washington, D.C., Nat. Bureau of Standards; engl.) — Die unkorrekte Behandlung der Schwingungsrelaxation bei der Berechnung des Viscositäts- u. des Ultraschallabsorptions-Koeff. für $CCl_4$ u. $CHCl_3$ veranlaßte Vf. zu einer Neuberechnung. Die neuen Werte sind: 0,2729 bzw. 0,2934 Poise u. ($2\alpha/\nu^2$ =) 8,84 bzw. $7,88 \cdot 10^{-15}$. W. Betcke. 159□

## $A_5$. Kolloidchemie. Grenzschichtforschung

**Über die rhythmische Bildung von $CaCO_3$-Niederschlägen in Hydrogelen.** 2. Mitt. **Die Wirkung von Elektrolyten auf die periodische Bildung von $CaCO_3$-Niederschlag in Gelatine-Gel.** A. Buzágh und Veronika Fraknóy. (Kolloid-Z., Z. Polymere **181**, 10—13, März 1962; Budapest, Eötvös Lorand-Univ., Inst. für Kolloidchem. u. Kolloidtechnol.; dt.) — 1. vgl. C. **1958**, 5558. — Der Einfl. verschiedener Elektrolyte (KCl, NaCl, $BaCl_2$, $CaCl_2$) wechselnder Konz. auf die period. Bldg. von $CaCO_3$-Ndd. im Syst. $Ca(OH)_2$–Gelatinegel + $CO_2$ → $CaCO_3$ + $H_2O$ wurde untersucht. Es wurde festgestellt, daß die Geschw. der Nd.-Bldg. fast nicht, der Abstand der einzelnen ringförmigen Fällungszonen jedoch in Abhängigkeit von der Kationenwertigkeit verändert wird. Diese Wrkg. läßt sich aus der Veränderung der Löslichkeit des $CaCO_3$-Nd. erklären. H. Roschkowski. 164□

**Oberflächenspannungsmessungen.** 8. Mitt. **Die Oberflächenspannungen von schmelzflüssigem Silber, Zinn und Silber–Zinn-Legierungen.** I. Lauermann, G. Metzger und F. Sauerwald. (Z. physik. Chem. [Leipzig] **216**, 42—49, 1961; Halle-Wittenberg, Univ., Inst. für Phys. Chem.; dt.) — 7. vgl. C. **1959**, 16236. — Die Oberflächenspannung ($\sigma$) von Sn wurde zwischen 1115 u. 740°, von Ag zwischen 1250 u. 1000° u. von 7 verschiedenen Ag–Sn-Legg. (21,5—95,4 Atom-% Ag) zwischen 1200 u. 1000—750° gemessen. Die $\sigma$-Isothermen der Legg. zeigen Durchbiegungen zu tiefen Werten mit schwach ausgeprägten Wendepunkten, sie berühren sich im Bereich der Zus. von $Ag_3Sn$. Die Möglichkeit des Vorhandenseins intermetall. Verbb. in der Schmelze, die dieselbe Zus. haben wie in festem Zustand, wird diskutiert. W. Betcke. 166□

**Über den elektrostatischen und van der Waalsschen zusätzlichen Druck in wässerigen Schaumfilmen.** A. Scheludko und D. Exerowa. (Kolloid-Z. **168**, 24—28, Jan. 1960; Sofia, Bulgar. Akad. der Wiss., Inst. für Phys. Chem.; dt.) — Vgl. C. **1961**, **1471**. — Der zusätzliche Druck in Schaumfilmen aus wss. Saponin-Lsgg. wird bei verschiedenen Elektrolyt (KCl)-Geh. gemessen. Die Ergebnisse stimmen mit der Theorie der langsamen Koagulation der suspensoiden Kolloide gut überein. Die Konst. (K) in dem Ausdruck $\pi_{vw} = -K/h^3$ ($\pi_{vw}$ = van der Waalssche Druckkomponente, h = Filmdicke) wird für W. experimentell zu $K = 4 \cdot 10^{-14}$ bestimmt. W. Betcke. 166□

**Über das Grenzflächenverhalten pulverförmiger Festkörper in Flüssigkeiten. Untersuchungen an Alkalihalogeniden in organischen Flüssigkeiten mit Alkylaminen als grenzflächenaktiven Zusätzen.** Edelbert Bischoff. (Kolloid-Z. **168**, 8—23, Jan. 1960; Kirchheim-Bolanden, Labor. für Phys. u. Chem. der Grenzflächen; dt.) — Mit typ. Festkörpern (Sylvin, Steinsalz) u. Fll. (Bzl., $CCl_4$) werden unter Zusatz von grenzflächenakt. Aminen ($C_4$-, $C_8$-, $C_{11}$-, $C_{12}$-, $C_{16}$- u. $C_{18}$-Amin) Sedimentations- u. Flotations-Verss. in Schüttelzylindern sowie Sedimentations-Geschw.-Messungen durchgeführt. Aus den Sedimentationskurven können sog. Aggregations-Konst. (AK) gewonnen werden, die die Bldg. flockenförmiger Aggregate fester Körper in den betreffenden Fll. charakterisieren. Aus der Temp.-Abhängigkeit der AK werden sog. Haftenergien erhalten, die Aussagen über die Stabilität der Aggregate gestatten. Der Einfl. der organ. Amino-Verbb. ist in allen Fällen sehr ausgeprägt, bes. bei dynam. Verff. (Mahlabrieb, kontinuierliche Flotation). W. Betcke. 166□

**Dichtegradient und Gravitationsstabilität bei der freien Diffusion in Dreikomponentensystemen.** Richard P. Wendt. (J. physic. Chem. **66**, 1740—42, Sept. 1962; Madison, Wis., Univ. of Wisconsin, Dep. of Chem. and Enzyme Inst.; engl.) — Ableitung expliziter Ausdrücke u. Anwendung auf das Syst. *$H_2O$–KCl–Glycin*. A. Blaschette. 171◇

**Interferenzoptische Untersuchungen über gehemmte Diffusion.** Hyoungman Kim, Bhailal S. Patel und Gerson Kegeles. (J. physic. Chem. **66**, 1960—66, Okt. 1962; Worcester, Mass., Clark Univ., Dep. of Chem.; engl.) — Es wird eine Meth. entwickelt, die es ermöglicht, Diffusionsmessungen in Lsgg. durchzuführen, deren elektr. Leitfähigkeit zu niedrig ist, um konduktometr. Diffusionsmessungen durchführen zu können. Die Auswertung der nach der opt. Interferenz-Meth. erhaltenen Meßergebnisse erfolgt nach den Meth. von Wiedemann u. Gouy. Die Anwendungsmöglichkeiten der entwickelten Meth. wurden an Saccharose-Lsg. bei 25° überprüft. Die ermittelten

Diffusions-Koeff. stimmen mit den Werten von Gosting u. Morris (J. Amer. chem. Soc. **71**, [1949], 1998) überein. Die Genauigkeit der Meßergebnisse wird mit ca. 0,3% angegeben. D. Noack. 171◇

**Die Viscosität einiger Komplexsalze in wässeriger Lösung bei 35°.** 2. Mitt. P. K. Das. (J. Indian chem. Soc. **33**, 488—90, Juli 1956. Cuttack, Ravenshaw Coll., Mayurbhanj Chem. Labor.; engl.) — 1. vgl. C. **1955**, 6225. — Die Viscosität wss. Lsgg. von $[Co(NH_3)_6]_2(SO_4)_3$, $[Co(en)_3]_2(SO_4)_3$ u. $[Co(pn)_3]_2(SO_4)_3$ (en = Äthylendiamin; pn = Propylendiamin) wurde im Konz.-Bereich 0,0004—0,0015 m gemessen. Die Gleichung von Jones u. Dole läßt sich auf die verd. Lsgg. anwenden. Die experimentell gefundenen A′-Werte der Gleichung von Falkenhagen u. Vernon sind etwas größer, jedoch von der gleichen Größenordnung wie die berechneten. W. Betcke. 172□

**Einfluß von Magnesiumoxid auf die Viscosität von Schlacken von stark kohlenstoffhaltigem Ferromangan.** Isao Tanabe, Koichi Oku und Tsugunori Honda. (J. electrochem. Soc. Japan [Overseas Edit.] **28**, E 262—E 266, 1960; Takaoka, Toyama, Azumakato and Co. Ltd., Labor.; engl.) — Die Zähigkeit von Schlacken (10% MnO, 6% $Al_2O_3$, variable %-Geh. an CaO, $SiO_2$ u. FeO) mit Zusätzen von 0; 2,50; 5,00 u. 10% MgO wurde bei einer Abkühlungs-Geschw. von 1—2°/min von 1400° ab gemessen. Sie nimmt mit steigender Basizität bis zu einem Verhältnis (CaO + 1,39 MgO)/$SiO_2$ = ca. 1 ab, dann jedoch stark zu. Die Werte für 5- bzw. 10% ig. MgO-Zusatz unterscheiden sich nicht wesentlich. Das Minimum der Viscosität liegt im gleichen Zus.-Bereich wie das Maximum der spezif. elektr. Leitfähigkeit. H. Roschkowski. 172□

**Über die Dämpfung von Wasserwellen durch monomolekulare Filme.** F. C. Goodrich. (J. physic. Chem. **66**, 1858—63, Okt. 1962; Richmond, Calif., California Res. Corp.; engl.) — Es wird der Einfl. monomol. Schichten von Tetra-, Hexa- u. Octadecanol sowie von Stearinsäure auf W. auf die Dämpfung von Wasserwellen bei 22—23° untersucht. Die Ergebnisse werden mit theoret. Werten verglichen, die nach der Gibbsschen Elastizitätsbeziehung berechnet wurden. Wie die Ergebnisse zeigen, ist die experimentell beobachtete Schwächung geringer, als nach der Theorie minimal angenommen wurde. — Diskussion. D. Noack. 173◇

**Eine Untersuchung der Sedimentation in kurzen Säulen mit Hilfe der Interferenzoptik.** F. E. LaBar und R. L. Baldwin. (J. physic. Chem. **66**, 1952—59, Okt. 1962; Palo Alto, Calif., Stanford Univ. School of Med., Dep. of Biochem.; engl.) — An einem Standard-Syst. (Saccharose in W.) wird das Sedimentationsgleichgewicht in kurzen Säulen bei vier verschiedenen Geschw. zwischen 24000 u. 42000 U/min in der Ultrazentrifuge mit Hilfe interferenzopt. Meth. untersucht. Die Abweichungen zwischen den experimentellen u. den berechneten Werten sind gering. Vff. geben ferner eine exakte Beziehung für die Berechnung der Gleichgewichtssedimentation für den Fall an, daß das scheinbare Molgew. eine lineare Funktion der Konz. ist. Mit Hilfe der Beziehung von Nazarian wird eine Meth. entwickelt, die Diffusions-Konst. D aus der Geschw. der Gleichgewichtseinstellung zu ermitteln. Es zeigte sich dabei, daß die Korrekturglieder der Gleichung von Nazarian vernachlässigbar sind. D. Noack. 174◇

**Die Berechnung von Chemisorptionsisothermen an einem Modell für Halbleiteroberflächen.** F. Garcia-Moliner und A. Esteve-Pastor. (An. Real. Soc. españ. Física Quím., Ser. A **57**, 71—80, März/April 1961; Madrid, Inst. de Fís. „Alonso de Santa Cruz"; engl.) — Vff. geben eine Ableitung für eine „a priori"-Berechnung der Isothermen in der Elektronentheorie der Chemisorption von Gasen auf Halbleiteroberflächen. Die Meth. ist mit gewissen Einschränkungen für eine willkürliche Bedeckung gültig u. nicht an eine genaue Vorstellung über den physikal. Zustand des Halbleiters gebunden. Der Ionisationsgrad verliert bei hohen Bedeckungen an Bedeutung. Für eine Adsorption mit gegebener Ladung gibt es keinen bestimmten Zusammenhang zwischen dem Typus der Isotherme u. der n- oder p-Natur des Halbleiters. Bei kleinem Bedeckungsgrad erhält man dieselben Ergebnisse wie mit einfacheren Methoden. Der Einfl. der Ladungsübertragung auf die Änderung der differentiellen Adsorptionswärme wird diskutiert. Es wird eine Möglichkeit angegeben, wie bei dieser Ableitung Annahmen für weniger beschränkte Modelle berücksichtigt werden können. K. Huste. 176□

**Die Wechselwirkung von Sauerstoff mit Germaniumaufdampfschichten bei tiefen Temperaturen.** M. J. Bennett und F. C. Tompkins. (Proc. Roy. Soc. [London], Ser. A **259**, 28—44, 22/11. 1960; London, Imp. Coll. of Sci. and Technol., Dep. of Chem.; engl.) — Zwischen 78 u. 493°K verläuft die Adsorption von Sauerstoff auf Ge in 2 Stufen, von denen die erste ein verhältnismäßig schneller Prozeß ist, sie ist fast völlig irreversibel. Nur bei 78 u. 90°K ist daneben auch reversible Adsorption zu beobachten. Der Mechanismus, nach dem O-Atome u. $O_2$-Mol. an Ge gebunden werden, wird ausführlich erörtert. Offenbar handelt es sich in erster Linie um Platzwechselvorgänge an den Enden von Versetzungen. G. Kirschstein. 176□

**Die Adsorptionseigenschaften der Oberfläche von kristallisiertem Titandioxid.** L. G. Ganitschenko, W. F. Kisselew und W. W. Murina. (Kinetik u. Katalyse [UdSSR] **2,** 877—86, Nov./Dez. 1961; Moskau, Lomonossow-Univ., Phys. Fak.; russ.) — Vgl. C. **1963,** 1184. — Es wird der Hydratationsgrad der $TiO_2$-Oberfläche u. der therm. Dehydratisierungsgrad (Unters. der reversiblen Wasseradsorption) bei verschiedenen Temp. untersucht. Es wurde $TiO_2$ verwendet, das bei Temp. zwischen 25 u. 830° vorbehandelt war. Beim Übergang Anatas (I) → Rutil (II) treten starke Änderungen der Hydratationsfähigkeit, der Adsorptions-Eigg. der Oberfläche u. der Größe der spezif. Oberfläche auf. Die differentielle Adsorptionswärme von Wasserdampf an I wird untersucht u. auf die Rolle der Adsorptionswechselwrkg. der Wasser-Moll. mit der $TiO_2$-Oberfläche bei der Hydratation hingewiesen. G. Engelhardt. 176□

**Kristallographische Flächenspezifität der Adsorption an Übergangsmetallen. Untersuchungen mit dem Feldelektronenmikroskop.** W. J. M. Rootsaert, L. L. van Reijen und W. M. H. Sachtler. (Z. Elektrochem., Ber. Bunsenges. physik. Chem. **66,** 722—25, Okt. 1962; Amsterdam, Kon./Shell-Labor.; dt.) — Einige Möglichkeiten, die das Feldelektronenmikroskop zur Erforschung von Adsorptionsvorgängen bietet, werden kurz behandelt. Als Beispiele werden Ergebnisse über die flächenspezif. Adsorption von *Xe*, $H_2$, *CO* u. *HCOOH* an *W* u. *Pt* genannt. Die Adsorptionswärme von Xe an W beträgt auf der {4 1 1}-Fläche 7,5 kcal/g-Atom u. an {1 1 1} 5,0 kcal/g-Atom. Bei $H_2$ auf W wurden auf {2 1 1} 46 kcal/mol gemessen. Die Ursachen der Flächenspezifität der Adsorption werden diskutiert. M. Drechsler. 176□

**Präparative Linearchromatographie. Die Gleichung der Elutionskurven und die Wiedergewinnung der gelösten Stoffe.** P. C. Haarhoff, P. C. van Berge und Victor Pretorius. (J. South African chem. Inst. **14,** 82—92, Okt. 1961; Pretoria, Univ., Dep. of Phys. Chem.; engl.) — Vff. entwickeln eine Gleichung für die Elutionskurven von Proben mit begrenzten Vol. am Kolonneneintritt; die sich entlang der Kolonne ändernden experimentellen Bedingungen werden berücksichtigt. Weiterhin wird abgeleitet, wie das Eluat eines Zweikomponentengemisches, bes. bei Überlappung, unterteilt werden muß, um Fraktionen gewünschter Reinheit zu erhalten.
F.-M. Friedrich-Anderseck. 177◇

**Analyse der Zonenausbreitung bei der Papierchromatographie durch ein Erfassungsgrenzverfahren.** Kanai Lal Mallik und J. Calvin Giddings. (Analytic. Chem. **34,** 760—63, Juni 1962; Salt Lake City, Utah, Univ. of Utah, Dep. of Chem.; engl.) — Vff. entwickeln eine Theorie, die die in der Papierchromatographie beobachtbaren Größen, wie $R_F$-Wert, mittlere Wanderungs-Geschw., Fleckenlänge u. die mol. Parameter zueinander in Beziehung setzt. Die Theorie wird auf Alanin, Valin, Glycin u. Serin in Butanol–Essigsäure–W. (250:60:250), Methylorange in W. u. Bromphenolblau in 3% ig. wss. NaCl-Lsg. angewendet. Die erhaltenen Ergebnisse werden in Form der Diffusions- u. Adsorptionserscheinungen innerhalb des Papiers erläutert u. diskutiert. F. M. Friedrich-Anderseck. 177◇

**Elektrostatische Wechselwirkungen zwischen einfachen Ionen und stark aufgequollenen Polyelektrolytgelen. Selektivität in der Reihe der Alkaliionen.** Jehuda Feitelson. (J. physic. Chem. **66,** 1295—98, Juli 1962; Jerusalem, Hebrew Univ., Dep. of Phys. Chem.; engl.) — Vf. diskutiert die rein elektrostat. Wechselwrkg. zwischen aufgequollenen geladenen Gelen (Ionenaustauscherharzen) u. einfachen Ionen. Zur Beschreibung des elektrostat. Potentials im Gel wird die Theorie der Polyelektrolyte von Fuoss, Katchalsky u. Lifson angewandt. Vf. zeigt, daß das Aktivitätsverhältnis der Ionen zwischen Gel u. umgebender Lsg. durch die geringst mögliche Entfernung von Ion u. Polyelektrolyt beeinflußt wird. Die Selektivität von Ionenaustauscherharzen für verschiedene Ionen wird durch verschiedene elektrostat. Wechselwrkg. erklärt u. hängt von der Zus. des Austauscherharzes ab. Für die dichtest mögliche Annäherung eines Ions an das Polymere liefern die experimentellen Daten vernünftige Werte. Die von Myers u. Boyd bestimmten Selektivitäten stimmen gut mit berechneten Daten überein.
G. M. Neumann. 177□

**Chromatographie auf mit Ionenaustauschern imprägniertem Papier.** 5. Mitt. **Untersuchung der Komplexgleichgewichte.** G. Alberti, V. Caglioti und M. Lederer. (J. Chromatogr. [Amsterdam] **7,** 242—47. Febr. 1962; Rome, Italy, Ist. di Chim. Gen. ed Inorg.; engl.) — 4. vgl. C. **1961,** 10462. — Vff. benutzen die Chromatographie an Papieren, die mit Dowex-50 bzw. Amberlite SA-2 imprägniert sind, zur Unters. des

Komplexgleichgewichtes verschiedener Kationen. Für $Al^{3+}$ in HCl–HF-Lsgg. wurde festgestellt, daß in der Hauptsache das Kation $AlF_2^+$ vorliegt, in Lsgg. geringer HF-Konz. auch $AlF^{2+}$. M. Finke. 177□

**Zur Abnahme des Wirkungsgrades der Anionenaustauscher.** Takao Yamamoto, Teruyuki Kanie und Kazunobu Kodama. (J. chem. Soc. Japan, pure Chem. Sect. [Nippon Kagaku Zassi] **81**, 673—74, April 1960; Nagoya-Atutaku, Siritu-Kôgyô-Kenkyûzyo; jap.; Auszug: engl. S. A 46.) — Sowohl der mit 30% ig. $H_2O_2$ oxydierte Anionausnetauscher (Diaion SA 100 u. SA 200; Polystyrol-Derivv.) als auch der benutzte Austauscher, dessen anionenaustauschende Wrkg. um 5—20% abgenommen hat, zeigen nach Behandlung mit HCl bei 5,8 $\mu$ u. nach Behandlung mit NaOH bei 6,3 $\mu$ eine neue Absorption. Vff. schließen, daß die Abnahme des Wrkg.-Grades mindestens zum Teil auf der Bldg. von Carboxylgruppen beruht. E. Maekawa. 177□

**Über Ionenaustauschgleichgewichte. 6. Mitt. Die Heterogenität der Ionenaustauscher.** Erik Högfeldt. (Ark. Kemi **13**, 491—506, 1959; Stockholm, Royal Inst. of Technol., Dep. of Inorgan. Chem.; Upton, Long Island, N.Y., Brookhaven Nat. Labor., Dep. of Chem.; engl.) — 5. vgl. C. **1959**, 715. — Die aus vorläufigen Messungen erhaltenen Werte für die Ionenaustauschgleichgewichtsquotienten einzelner Harzkörner schwanken beim $Ag^+$–$H^+$-Austausch an Dowex-50 von Korn zu Korn. Dieser Heterogenitätsfaktor wurde theoret. untersucht, u. zwei Grenzfälle werden diskutiert: Der Austauscher wird 1. als Mischung zweier Arten von akt. Gruppen u. 2. einer unendlichen Artenzahl von akt. Gruppen mit verschiedenen Gleichgewichts-Konst. betrachtet. Werte für den $Ag^+$–$H^+$-Austausch an Wofatit KS stimmen mit beiden Grenzbedingungen gut überein. Bes. betont werden die Schwierigkeiten, die die Herst. einer einheitlichen Verteilung bereitet. W. Hein. 177◇

**Adsorptionsuntersuchungen bei hohen Temperaturen an verschieden beladenen Formen von Zeolith A und X.** P. E. Eberly jun. (J. physic. Chem. **66**, 812—16, Mai 1962; Baton Rouge, La., Humble Oil & Refining Co., Baton Rouge Refinery, Esso Res. Labor.; engl.) — Zur Messung der Adsorptionswärmen von Bzl. u. n-Hexan an verschieden beladenen Formen von Zeolith X zwischen 260° u. 428° wurde die pulsierende Strömungs-Meth. angewendet. An mit einwertigen Ionen ($Li^+$, $Na^+$, $K^+$) beladenem Zeolith X wurden 16,0 bzw. 12,0 kcal/Mol für Bzl. bzw. n-Hexan gemessen. Beträchtliche Unterschiede wurden für die Adsorptionswärme des Bzl. an mit zweiwertigen Ionen beladenem Austauscher festgestellt. Für die $Mg^{2+}$-, $Ca^{2+}$-, $Zn^{2+}$-, $Sr^{2+}$-, $Cd^{2+}$- u. $Ba^{2+}$-Formen von Zeolith X wurden für Bzl. 11,6, 21,8, 11,2, 23,3, 24,0 bzw. 10,0 kcal/Mol gemessen. Ähnliche Größen wurden für Hexen-(1) u. n-Hexan an mit zweiwertigen Ionen beladenem Zeolith A festgestellt. Die größte Adsorptionswärme für Hexen-(1) mit 21,5 kcal/Mol wurde an mit Cd beladenem Zeolith A gemessen; bei Beladung mit $Ca^{2+}$ betrug sie 16,4 kcal/Mol. Hansjoachim Thiele. 177◇

**Anionenaustauschuntersuchungen an Beryllium(II)-, Cer(IV)-, Thorium(IV)- und Uran(VI)-carbonatkomplexionen.** Seizo Misumi und Tomitsugu Taketatsu. (Bull. chem. Soc. Japan **32**, 876—78, Aug. 1959; Hakozaki, Fukuoka, Kyushu Univ., Fac. of Sci., Dep. of Chem.; engl.) — Makromengen der genannten Ionen in 0,1—1,2 m $(NH_4)_2CO_3$-Lsg. u. $^{144}Ce$- u. $^{234}Th$-Spurenmengen in 0,04—0,6 m $K_2CO_3$-Lsg. wurden einzeln an je 1 g Dowex 1-X8 ($CO_3^{2-}$-Form) adsorbiert u. die Verteilungs-Koeff. ($K_d$), Metall in der Harzphase/Metall in der Lsg., bestimmt. In allen Fällen nahm $K_d$ stark mit steigender $CO_3^{2-}$-Konz. ab. Nach dem Verhältnis zwischen $K_d$ u. der $K_2CO_3$-Konz. müssen die Ce- u. Th-Komplexe negativ geladen sein. W. Hein. 177◇

**Untersuchung von Uran(VI) in aliphatischen Dicarbonsäuren mit Anionenaustauschern.** M. R. Zaki und K. Shakir. (Z. analyt. Chem. **185**, 423—29, 1962; Cairo, Atomic Energy Establ.; engl.) — Uran(VI) bildet mit aliphat. Dicarbonsäuren (Oxal-, Bernstein-, Adipinsäure) anion. Komplexe, die in Lsg. bis zu pH 5 beständig sind u. von Lewatit MN ($Cl^-$) quant. zurückgehalten werden. Die Durchbruchskapazitäten der verwendeten Austauschersäule für die einzelnen U-Komplexe werden angegeben. Störungen durch $Li^+$, $Cu^{2+}$, $Ni^{2+}$, $Co^{2+}$, $Cr^{3+}$, $Fe^{3+}$, $Al^{3+}$, $Mn^{2+}$, $Th^{4+}$, $Zr^{4+}$, $Ce^{4+}$ u. $PO_4^{3-}$ werden untersucht. Th u. Zr bilden anion. Oxalatkomplexe in 1%ig. Oxalsäure-Lsg., die mit $NH_3$ auf pH 2,5 bzw. 5 eingestellt ist; diese Komplexe werden von Lewatit MN ($Cl^-$) quant. zurückgehalten. U oder Zr werden mit 0,4n HCl, Th mit 4—5n HCl eluiert. Hansjoachim Thiele. 177◇

**Über die Korrektur für ungerührte Lösungsfilme in Ionenaustauschermembranzellen.** D. Mackay und P. Meares. (Kolloid-Z. **167**, 31—39, Nov. 1959; Old Aberdeen, Univ. of Aberdeen, Chem. Dep.; engl.) — Ableitung von Gleichungen für den Fluß zweier Kationen in einem bi-ion. Austauschermembran-Syst., die eine Best. der Filmdicke aus den Flußmessungen bei bekannten Lineardimensionen der Membranen ermöglichen. Somit können die Flüsse auf ungenügende Rührung korrigiert werden. Nach den Verss. in einer Diffusionszelle mit einer Zeo-Karb 315-Membran ist die Filmdicke in guter Näherung nur durch die Zellform u. die Wirksamkeit der Rührung bestimmt u. unabhängig von der Membranoberfläche, Lsg.-Konz., Zus. u. Temperatur. Die minimale Filmdicke lag bei $4{,}5 \cdot 10^{-3}$ cm, wozu eine Rührgeschw. von 270 U/Min. notwendig war. W. Hein. 177◇

**Schwächung des Lichtes durch Holzrauch.** W. W. Foster. (Brit. J. appl. Physics **10,** 416—20, Sept. 1959; Dep. of Sci. and Ind. Res., Torry Res. Station; engl.) — Auf der Grundlage experimenteller Beobachtungen der opt. Eigg. des Rauchs von Eichenholzsägespänen wird gezeigt, daß die Schwächung des Lichtes hauptsächlich von der Streuung an Tröpfchen herrührt u. daß die Einfl. von Absorption vernachlässigbar sind. Messung der effektiven opt. Dichte des Rauches bis zu hohen Massen-Konz. ergaben einen mittleren effektiven Radius der Rauchteilchen zwischen 0,10 u. 0,20 μ. In Übereinstimmung mit theoret. Überlegungen erwies sich das Lambert-Beersche Gesetz im gesamten experimentellen Bereich als gültig. C. Gottfried. 180

## $A_6$. Strukturforschung

**Die allgemeine Theorie der van der Waalsschen Kräfte.** I. E. Dzyaloshinskii, E. M. Lifshitz und L. P. Pitaevskii. (Advances in Physics **10,** 165—209, April 1961; Moscow, U.S.S.R. Acad. of Sci., Inst. of Phys. Problems; engl.) A. Blaschette. 182◇

**Molekülorbitale des $B_{10}H_{14}$.** Emmett B. Moore jun. (J. chem. Physics **37,** 675—77, 1/8. 1962; Seattle, Wash., Boeing Sci. Res. Labor.; engl.) — Wiederholung der LCAO-Behandlung des $B_{10}H_{14}$ (vgl. Vf. u. Mitarbeiter, C. **1963,** 6491) unter der Voraussetzung, daß die Coulomb-Integrale der B-Atome gleich den Ionisationsenergien der Valenzzustände sind. Die vereinfachte Rechnung liefert verbesserte theoret. Werte. A. Blaschette. 182□

**Die Elektronenstrukturen von Metallnitrosyl- und -carbonylverbindungen.** Harry B. Gray, Ivan Bernal und Ernst Billig. (J. Amer. chem. Soc. **84,** 3404—05, 5/9. 1962; New York, N.Y., Columbia Univ., Dep. of Chem.; engl.) — Es wird ein MO-Energieniveauschema für Komplexe vom Typ $Me(L)_5(NO)$ bzw. $Me(L)_5(CO)$ abgeleitet u. an Hand der magnet. u. spektroskop. Eigg. am Beispiel der Verbb. $Fe(NO)[S_2CN \cdot (CH_3)_2]_2$ u. $Mn(CO)_5X$ mit X = $NO_3$, Cl, Br, J geprüft. Es eignet sich auch zur Deutung der Eigg. von $[Me(H_2O)_5(NO)]^{n+}$- u. $[Me(CN)_5(NO)]^{n-}$-Komplexen. A. Blaschette. 182◇

**Züchten von Siliciumbikristallen mit Hilfe des „Piedestal"-Verfahrens nach Dash.** R. Gereth. (J. electrochem. Soc. **109,** 1068—70, Nov. 1962; Palo Alto, Calif., Shockley Transistor, Unit of Clevite Transistor; engl.) — Si-Bikristalle werden im Inertgas ohne Verw. von Quarztiegeln mit Hilfe des modifizierten Dash-Verf. aus der Schmelze gezogen, wobei von einem „Doppelkeim", der eine Kleinwinkelkorngrenze aufweist, ausgegangen wird. Der O-Geh. der gezogenen Bikristalle liegt unter der Erfassungsgrenze der Absorptionslinie bei 9 μ. Vf. beschreibt weiterhin eine Kristallzieh- u. eine Ätzapparatur. P. Frenzel. 190◇

**Die Herstellung von Einkristallen einiger Seltenerdmetalltelluride.** P. Bro. (J. electrochem. Soc. **109,** 1110, Nov. 1962; Wilmington, Mass., Avco Corp., Res. and Adv. Dev. Div.; engl.) — Einkristalle von Seltenerdmetalltelluriden der Zus. $M_2Te_3$ (**I**) u. $MT_2$ (**II**) (M = La, *Ce, Pr, Nd*) werden mit Hilfe einer Überführungs-Meth. in der Dampfphase hergestellt. **I**, dargestellt aus den Komponenten in entgasten evakuierten Quarzrohren (QR) bei 800°, weist als Rohprod. eine Te-reiche Phase an der Oberfläche u. eine metallreiche Phase im Innern auf u. ist zur Herst. der Einkristalle nicht geeignet. Nach Umschmelzen im Graphittiegel bei Temp. bis zu 1800° in induktionsbeheizten QR werden die Einkristalle im Ofen mit Temp.-Gefälle in evakuierten QR, die $J_2$ u. das vorst. Prod. im Gewichtsverhältnis von 0,09—0,37 enthalten, hergestellt. **II**-Kristalle treten nach 1—2 Tagen im Mittelteil (700—830°), **I**-Kristalle in der Nähe der **I**-Quelle (ca. 900°) auf. Am kälteren Rohrende (ca. 650°) scheidet sich wahrscheinlich das entsprechende Jodid ab. Die Kristalle sind an der Luft bis auf die Bldg. eines kaum wahrnehmbaren Überzugs innerhalb von einigen Wochen stabil. Der Überzug kann in $Br_2$/$CH_3COOH$/A.-Lsg. abgezogen werden. Die **I** sind kub.-raumzentriert, die **II** tetragonal. Einige **II**-Verbb. zeigen 2 Umkehrungen des Hall-Effekts u. stark anisotropes thermoelektr. Verhalten. P. Frenzel. 190◇

**Synthetische Hydroxylapatitkristalle. 1. Mitt. Einbau von Natrium und Kalium.** W. F. Neuman, T. Y. Toribara und B. J. Mulryan. (Arch. Biochem. Biophysics **98,** 384—90, Sept. 1962; Rochester, N.Y., Univ. of Rochester, Dep. of Radiation Biol.; engl.) — Ein Verf. u. eine App. für die Fällung, das Kristallwachstum u. das Altern bas.

Ca-Phosphate unter mit Bezug auf Ionenstärke, pH u. Temp. angenähert physiolog. Bedingungen werden beschrieben. Die so dargestellten Kristalle zeigten die Kristallstruktur von Hydroxylapatit u. hatten spezif. Oberflächen von ca. 150 $m^2/g$. Aus einem K-Ionen enthaltenden Medium wurden nur Spuren nicht austauschbaren K in die feste Phase eingebaut, die beim Altern der Kristalle verschwanden. Na wurde in größeren Mengen eingefangen, der Geh. stieg der beim Altern. Kristallograph. u. physiolog. Bedeutungen der Ergebnisse werden besprochen. H. Roschkowski. 190□

**Die Darstellung von Uranoxideinkristallen durch Sublimation.** W. van Lierde, R. Strumane, E. Smets und S. Amelinckx. (J. nuclear Mater. [Amsterdam] **5**, 250—53, Febr. 1962; Mol, Belgium, Studiecentrum voor Kernenergie, Solid State Phys. Dep.; engl.) — Ein aus gesintertem $UO_2$ bestehendes Rohr wird an beiden Enden durch gekühlte Elektroden verschlossen u. das Ganze in eine Vakuum-App. eingebaut. Durch Vorerhitzen des $UO_2$-Rohres mit Hilfe einer Heizwendel wird die Leitfähigkeit soweit erhöht, daß auch zwischen den beiden Hauptelektroden ein Strom durch das $UO_2$-Rohr fließt, durch den das Rohr zum Glühen gebracht wird. Bei Einstellung geeigneter Druck- u. Temp.-Bedingungen beginnt das $UO_2$ im Hohlraum des Rohres nach kälteren Bereichen hin zu sublimieren u. lagert sich vor allem an den Hauptelektroden in Gestalt halbkugelförmiger Drusen ab. Beim Schlagen mit dem Hammer zerfallen diese Drusen in Einkristalle. Die Vff. konnten nach diesem Verf. $UO_2$-Einkristalle von 4—12 mm Größe u. einem Gew. bis zu 5 g isolieren. Im Röntgendiagramm erweisen sich die Kristalle einwandfrei als Einkristalle, die Zusammensetzung entspricht der Formel $UO_{2,00014}$. Die Sublimation ändert den Geh. an Verunreinigungen wie folgt (alle Angaben in ppm): Al: 10 → 12, Si: 20 → 20, Fe: 12 → 9, B: 0,2 → 0,17, Mg: 5 → 18,5, Pb: 0 → 4, Cu: 0 → 6, Ca: 5 → 45, Cr: 10 → 10 u. C: 50 → 500. F. Weigel. 190◇

**Der Kristallhabitus von Urandioxid.** R. G. Robins, R. S. Wilks und B. T. Bradbury. (J. nuclear Mater. [Amsterdam] **5**, 262—63, Febr. 1962; Harwell, Didcot, Berks., A. E. R. E., Metallurg. Div., U. K. A. E. A. Res. Group; engl.) — Der Kristallhabitus von Urandioxid in Abhängigkeit von der Darst.-Meth. wurde untersucht. Aus der Dampfphase abgeschiedene Kristalle zeigen bevorzugt {1 1 1}{1 0 0}-Habitus. Elektrolyt. abgeschiedene Kristalle zeigen je nach Zus. u. Konz. des Elektrolyten verschiedenen Habitus. Beobachtet wurden: {1 1 1}{1 0 0}, {1 1 1}{1 0 0}{3 3 1} u. {1 1 1}{1 0 0}{1 1 3}. Elektronenmkr. Unters. an Bruchflächen von Urandioxid, das auf 98% der theoret. Dichte gesintert worden war, zeigten kugelkalottenförmige Poren im Innern der Körner, die mitunter gut entwickelte Kristallflächen aufwiesen. Bei diesen sog. „negativen Kristallen" wurde der Habitus {1 1 1}{1 0 0}{1 1 0} beobachtet. Natürlich vorkommender Uranit zeigt den Habitus {1 1 0}{1 1 1} oder {1 0 0}{1 1 0}. Die Beobachtungen wurden unter Heranziehung der Regel von Dounay und Harker diskutiert. F. Weigel. 190◇

**Thermodynamische und strukturelle Aspekte allotroper Umwandlungen.** A. R. Ubbelohde. (Proc. IVth int. Sympos. Reactivity Solids, Amsterdam **1960**, 249—56, 1961; London, England, Imp. Coll. of Sci. and Technol., Dep. of Chem.; engl.) — Theoret. Betrachtung unter bes. Berücksichtigung von „λ-Punkt"-Erscheinungen u. des möglichen Auftretens von Hybridkristallen. Abwandlungen des klass. Phasengesetzes allotroper Umwandlungen durch diese strukturellen Gegebenheiten werden besprochen.
H. Roschkowski. 190◇

**Die physikochemischen Eigenschaften metastabiler Aluminiumoxidarten.** Adam Bielański und Anna Sedzimir. (Proc. IVth int. Sympos. Reactivity Solids, Amsterdam **1960**, 301—09, 1961; Cracow, Poland, School of Mining and Metallurg., Dep. of inorg. Chem.; engl.) — Bei der Dehydratation von *Böhmit* u. *Bayerit* in Luft wurden nur die $\gamma$-, $\delta$-, $\Theta$- u. $\chi$-Modifikationen nach der Klassifizierung von Rooksby beobachtet. Im physikal.-chem. Verh. der Tieftemp.-Modifikationen $\gamma$ u. $\delta$ untereinander sowie der Hochtemp.-Modifikationen $\Theta$ u. $\chi$ untereinander wurden kaum, zwischen den beiden Gruppen jedoch größere Unterschiede beobachtet. Untersucht wurden im einzelnen der Glühverlust, die Dichte, die Geschw. der Auflösung in Säuren u. Laugen, die Sorptions-Eigg. u. die BET-Oberfläche. Zur Aufrechterhaltung der Gitterstruktur der Tieftemp.-Modifikationen scheint eine geringe Menge Restwasser nötig zu sein.
H. Roschkowski. 190◇

**Thermische Bildung von Ätzgrübchen nach polymorpher Umwandlung.** S. W. Kennedy und J. H. Patterson. (Nature [London] **194**, 1072, 16/6. 1962; Univ. of Adelaide, Dep. of Phys. and Inorg. Chem.; engl.) — Vff. berichten über einige Beobachtungen des Verh. von krist. $TlNO_3$ bei Temp. $> 70^0$. Nahe der Umwandlungs-Temp. der orthorhomb. in die pseudokub. trigonale Form bei $76^0$ u. letzterer in eine fast kub. Form bei $143^0$ wurde die Bldg. therm. Ätzgruben, ausgehend von Fehlstellen, sowie die Bldg. submkr. Körner von 50 $\mu^2$ Größe nach polymorpher Umwandlung beobachtet.
D. Noack. 190□

**Gitterdefekte und Reaktivität von Feststoffen.** W. Dekeyser. (Proc. IVth int. Sympos. Reactivity Solids, Amsterdam **1960,** 376—91, 1961; Ghent, Belgium, Labor. voor Kristallkunde; engl.) — Überblick über die hauptsächlichen Gitterdefekte: Leerstellen, Zwischengitterplätze, Fremdionen bzw. -atome, Versetzungen, Excitonen, Elektronen u. Löcher, therm. Schwingungen u. Oberflächengebiete u. ihre Einfl. auf die Rk.-Fähigkeit von Feststoffen. Bes. wird auf die Bldg. von F-Zentren u. die Rk. von $H_2$ mit Alkalihalogeniden eingegangen, die mit Silberhalogeniden oder Nitraten dotiert sind. — 59 Literaturangaben. H. Roschkowski. 190◇

**Einfluß von Gitterdefekten auf die Reaktionsfähigkeit von Graphit.** Gerhart R. Hennig und Manuel A. Kanter. (Proc. IVth int. Sympos. Reactivity Solids, Amsterdam **1960,** 649—60, 1961; Lemont, Ill., Argonne Nat. Labor.; engl.) — Während in Ggw. von Schraubenversetzungen, Frenkel-Defekten u. eingefrorenen Defekten verstärkte Rk.-Fähigkeit von Graphit gegenüber $O_2$ beobachtet wurde, ist dieses in Ggw. von Zwillingsgrenzen u. Kleinwinkelgrenzen nicht der Fall. Über opt., elektronenmkr. u. kinet. Unterss. an den einzelnen Defekten wird eingehend berichtet.
H. Roschkowski. 190◇

**Wanderung geladener Versetzungen in Natriumchlorid.** J. E. Caffyn und T. L. Goodfellow. (Proc. physic. Soc. **79,** 1285—88, 1/6. 1962; London, Northampton Coll. of Advanced Technol., Dep. of Appl. Phys.; engl.) — Es wird gezeigt, daß die Ladungsverteilung entlang Kantenversetzungslinien bei Einkristallen ion. Festkörper durch reine Biegung sichtbar u. bestimmt werden kann. Vff. beschreiben einen Vers., bei dem die Probe durch Vierpunktbeschwerung deformiert u. die Potentiale, die zwischen den Kristallflächen u. einer Elektrode, die auf der elast. neutralen Achse liegt, gemessen wurden. Bei NaCl sind unter den Vers.-Bedingungen die Oberflächen positiv geladen, wodurch gezeigt wird, daß die positive Ladung durch wandernde Kantenversetzungslinien getragen wird. D. Noack. 190◇

**Versetzungen, Packungsfehler und Zwillinge in der Spinellstruktur.** J. Hornstra. (Proc. IVth int. Sympos. Reactivity Solids, Amsterdam **1960,** 563—70, 1961; Eindhoven, Netherlands, N. V. Philips' Gloeilampenfabriken, Philips Res. Labor.; engl.) — Die atomare Struktur von Versetzungen u. Packungsfehlern wird von einem Modell des Spinellgitters abgeleitet, das nur die elektrostat. Wechselwrkg. zwischen den Ionen berücksichtigt. Die Faktoren, die die Wahl der Gleitebene bestimmen, werden besprochen. Die wichtigsten sind die Anzahl von Teilversetzungen, in die eine Versetzung aufgespalten werden kann u. die Bedingung der Elektroneutralität. Vf. gelangt zu der Annahme, daß {1 1 1} die Gleitebene ist, was durch Unters. der mechan. Verzwillingung bestätigt wird. Die Versetzungen können aus vier, durch 3 Packungsfehler getrennten Teilversetzungen bestehen. Die möglichen Arten der Packungsfehler werden mit Hilfe einer Erweiterung der bei der Beschreibung dichtgepackter Gitter üblichen a b c-Benennung besprochen. Einige Packungsfehler können als Zwillingslamellen aufgefaßt werden. Abschließend wird die Olivin–Spinell-Umwandlung besprochen, bei der derartige Mechanismen eine wichtige Rolle spielen. Ausführliche graph. Darstellungen.
H. Roschkowski. 190◇

**Mechanismus der Diffusion in Festkörpern.** C. Ernest Birchenall. (Proc. IVth int. Sympos. Reactivity Solids, Amsterdam **1960,** 24—37, 1961; Princeton, N.J., Princeton Univ., Dep. of Chem.; engl.) — In den meisten kristallinen Festkörpern geht die Diffusion durch einen Defektmechanismus, die Wanderung von Zwischengitteratomen oder -ionen oder Gitterleerstellen vor sich. Wenn die Defekt-Konz. durch therm. Bewegungen in einem Gleichgewichts-Syst. bestimmt wird, so ist die Aktivierungsenergie der Diffusion proportional der Summe der Enthalpien für die Bldg. u. die Wanderung der Defekte. Dabei läuft die Diffusion nach dem Prozeß mit der kleinsten Aktivierungsenergie ab. Formeln zur Berechnung des Diffusions-Koeff. u. der Defekt-Konz. werden angegeben u. ein Überblick über aus der Literatur stammende Ansichten über Diffusionsmechanismen gegeben. — 75 Literaturangaben. H. Roschkowski. 190◇

**Isotopeneffekte bei der Diffusion.** A. B. Lidiard. (Proc. IVth int. Sympos. Reactivity Solids, Amsterdam **1960,** 52—56, 1961; Reading, Berkshire, Univ., Phys. Dep.; engl.) — Gleichungen für den Diffusions-Koeff. von Atomen in Kristallen enthalten einen Faktor, der die auf Grund des Mechanismus des Vorgangs bestehende Beziehung zwischen den Sprüngen der Atome beschreibt. Er hängt außer vom Mechanismus von der Gittergeometrie u. gewissen relativen Sprunghäufigkeiten ab (z. B. Verhältnis der Leerstellenwanderungs-Geschw. des Lsgm. zu der des gelösten Stoffes im Fall der Verunreinigungswanderung). Die Best. dieses Faktors führt zur Aufklärung der Mechanismen der Diffusion. Für Ionenleiter wurde dies durch Unters. der Ionenleitfähigkeit u. Selbstdiffusion erreicht. Auf ein von Schoen, Tharmalingam u. Vf. entwickeltes

Verf., das sich auf die Vermutung stützt, daß die Sprunghäufigkeit proportional $M^{-0,5}$ ist, wobei M die Masse eines Isotops ist, wird hingewiesen. Dieser Isotopeneffekt ist dem besprochenen Faktor proportional. Experimentelle Daten von Chemla an *NaCl* bestätigen die $M^{-0,5}$-Abhängigkeit. H. Roschkowski. 190◇

**Das Diffusionsvermögen von Arsen in Silicium.** W. J. Armstrong. (J. electrochem. Soc. **109,** 1065—67, Nov. 1962; Poughkeepsie, N.Y., Internat. Business Machines Corp., Components Div.; engl.) — Die Diffusion von As in Si wird im offenen Syst. bei Temp. von 1100—1350° untersucht, wobei zur Best. der Diffusionstiefe u. der Konz. die Bldg. von pn-Übergängen herangezogen wird. Die Werte des Diffusions-Koeff. D stimmen gut mit früheren Werten überein, es ergeben sich jedoch für die Diffusionsgleichung $D = 68{,}6 \exp(-97600/RT)$ ein höherer $D_0$-Wert u. eine höhere Aktivierungsenergie. Die Oberflächen-Konz. des As liegt im Bereich von $10^{17}$—$10^{19}$. P. Frenzel. 190◇

**Untersuchung der Diffusion von Selen und Quecksilber in festem und flüssigem Tellur.** Sch. Mowlanow und A. A. Kulijew. (Festkörperphysik [UdSSR] **4,** 542—45, Febr. 1962; Baku, Phys. Inst. der Akad. der Wiss. der AserbaidshanSSR; russ.) — Der Diffusionsprozeß wurde mit Hilfe der radioakt. Isotope $^{75}$Se u. $^{203}$Hg untersucht. Die Temp.-Abhängigkeit der Diffusions-Koeff. kann durch $D_{Se} = 2{,}6 \cdot 10^{-2} \exp \cdot (-28600/RT)$ u. $D_{Hg} = 3{,}4 \cdot 10^{-5} \exp(-18700/RT)$ für festes Te bzw. $D_{Se} = 3{,}6 \cdot 10^{-3} \cdot \exp(-5700/RT)$ u. $D_{Hg} = 2{,}7 \cdot 10^{-3} \exp(-5200/RT)$ cm²/s beschrieben werden. Am F. des Te ergibt sich somit eine Unstetigkeit. H. Roschkowski. 190◇

**Über die Druckabhängigkeit der Selbstdiffusion von $^{110}$Ag in Silberbromid.** A. N. Murin, B. G. Lurie und N. A. Lebedew. (Proc. IVth int. Sympos. Reactivity Solids, Amsterdam **1960,** 489—93, 1961; Leningrad, Acad. of Sci., Radiolog. Inst.; dt.) — Der Diffusions-Koeff. (D) von $^{110}$Ag in polykristallinen AgBr-Proben wurde zwischen 180 u. 280° u. Drücken von 1—8000 atm. bestimmt. Aus den D-Werten u. den aus der Literatur bekannten Leitfähigkeitswerten von AgBr- u. AgBr + $CdBr_2$-Kristallen wurde der Korrelations-Koeff. $f_0$ der Einstein-Gleichung $D_0 = f_0 \sigma_0 kT/Ne^2$ ermittelt, er liegt zwischen 0,4 u. 1,4 mit einer Tendenz zu niedrigen Werten bei geringen Drücken u. hohen Temp. u. umgekehrt. Mögliche Ursachen dieses Verh. werden besprochen. H. Roschkowski. 190◇

**Sauerstoffdiffusion in Oxiden.** R. Haul, D. Just und G. Dümbgen. (Proc. IVth int. Sympos. Reactivity Solids, Amsterdam **1960,** 65—82, 1961; Bonn, Univ., Inst. für phys. Chem.; dt.) — Die Selbstdiffusion von O wurde mit Hilfe des Isotopenaustausches ($^{18}$O) zwischen gasförmigem u. kristallin gebundenem (*CdO*, $TiO_2$, $SiO_2$) O untersucht. Die durch Kr-Tieftemp.-Adsorption ermittelten Kristalloberflächen wurden der Berechnung der Diffusions-Koeff. zugrunde gelegt. Bei Messungen an CdO-Kristallen im Temp.-Bereich zwischen 600 u. 850° wurde eine Aktivierungsenergie von 93 ± 5 kcal/Mol festgestellt. $D_0$ beträgt $8 \cdot 10^6$ cm²/s u. entspricht einer geschätzten Aktivierungsenergie von 42 e.u. Dabei wurde jedoch an gesintertem CdO ein kleinerer $D_0$-Wert festgestellt. Die Abhängigkeit des Diffusions-Koeff. vom $O_2$-Druck wurde bei 766° von 75 bis 690 Torr bestimmt. Die beobachtete Abnahme des Diffusions-Koeff. mit steigendem $O_2$-Druck folgt der Beziehung $D \approx p^{-1/6}$ u. läßt auf einen Leerstellenmechanismus schließen. Zusätzlich wird über Verss. an mit Oxiden ein- u. dreiwertiger Metalle dotiertem *CdO* berichtet. Die Abhängigkeit der Sauerstoffdiffusion von Temp. u. Druck wird auch an $TiO_2$-Kristallen verfolgt. Über vorläufige Experimente an $SiO_2$ in der Form von Quarzglasfäden u. Quarzkristallen wird berichtet. H. Roschkowski. 190◇

**Diffusionskinetik in Urandioxid.** J. Belle, A. B. Auskern, W. A. Bostrom und F. S. Susko. (Proc. IVth int. Sympos. Reactivity Solids, Amsterdam **1960,** 452—66, 1961; Pittsburgh, Pa., Bettis Atomic Power Labor.; engl.) — Die Selbstdiffusions-Koeff. des O-Ions in stöchiometr. (I) u. nichtstöchiometr. (II) $UO_2$ wurden mit Hilfe der Isotopenaustausch-Rk. zwischen $UO_2$ u. mit $C^{18}O_2$ angereichertem $CO_2$ bestimmt. In I verläuft die Selbstdiffusion nach $D = 1{,}2 \cdot 10^3 \exp(-65{,}300/RT)$ im Temp.-Bereich 550—780°, die Aktivierungsenergie für die Selbstdiffusion der O-Ionen in II beträgt 29,7 kcal/Mol. Für I u. II wird vermutet, daß die Diffusion durch paarweisen Austausch von Zwischengitter- u. Gitterionen verläuft. Die Bldg.-Energie eines Frenkel-Defekts wird zu 71,2 kcal/Mol abgeschätzt. Selbstdiffusions-Koeff. für U in $UO_2$ wurden durch Best. der Abnahme der Oberflächenaktivität ermittelt, indem ein dünner Film von α-akt. $UO_2$ ($^{234}$U) auf relativ α-inakt., gesinterte $UO_2$-Kügelchen aufgetragen wurde. Die vor u. nach Anlassen bei hohen Temp. gemessenen Aktivitäten führen zu der Diffusionsgleichung $D = 4{,}3 \cdot 10^{-4} \exp(-88{,}000/RT)$ innerhalb von 1450—1785°. Diffusions-Koeff. der Spaltprod. $^{85}$Kr u. $^{133}$Xe wurden aus kinet. Messungen des Bruchteils der

Gasisotrope gewonnen, der nach der Bestrahlung beim Hochtemp.-Anlassen freigesetzt wurde. Die jeweiligen Aktivierungsenergien ähneln der der U-Diffusion in $UO_2$. Ein Mechanismus dieses Prozesses wird besprochen u. mit der Anionen- u. Kationendiffusion im Fluoritgitter des $UO_2$ verglichen. H. Roschkowski. 190◇

**Diffusion in hochschmelzenden Oxiden.** B. Wuensch und T. Vasilos. (Proc. IVth int. Sympos. Reactivity Solids, Amsterdam **1960,** 57—64, 1961; Wilmington, Mass., AVCO Corp., Res. and Advanc. Dev. Div.; engl.) — Die Diffusion von $Ni^{2+}$ aus *NiO* in *MgO* wird beschrieben. Experimentell wurde derart vorgegangen, daß entweder sorgfältig polierte (1 0 0)-Oberflächen eines MgO-Einkristalls bei Temp. von 1000—1850° NiO-Dämpfen ausgesetzt wurden oder nach einer „sandwich"-Technik NiO (durch therm. Zers. von $NiCl_2$) als dünner Film zwischen 2 MgO-Einkristallflächen abgeschieden wurde u. die Probe danach im erwähnten Temp.-Bereich angelassen wurde. Die Konz.-Verteilungen des $Ni^{2+}$ im MgO wurden danach durch Röntgenabsorptions-Best. bzw. röntgenspektrometr. bestimmt. Zwischen 1000 u. 1850° ist der Diffusions-Koeff. des $Ni^{2+}$ graph. wiedergegeben. Ergebnisse an polykristallinem MgO sind gleichfalls aufgeführt. Die Aktivierungsenergie für die Diffusion in den MgO-Einkristall wird zu 2,01 eV angegeben u. durch einen Leerstellenmechanismus, ähnlich dem für Alkalihalogenide vorgeschlagenen, erklärt. H. Roschkowski. 190◇

**Korngrenzen und Sintermechanismus.** H. G. van Bueren und J. Hornstra. (Proc. IVth int. Sympos. Reactivity Solids, Amsterdam **1960,** 112—21, 1961; Eindhoven, Netherlands, N. V. Philip's Gloeilampenfabr., Philips Res. Labor.; engl.) — Die Absorption von Leerstellen an Korngrenzen, die für einen der Hauptmechanismen des Sinterns gehalten wird, wird theoret. untersucht. Diese Absorption ist eine Funktion der Struktur u. der Beweglichkeits-Eigg. der einzelnen Korngrenze. Mögliche Strukturen der Korngrenzen werden besprochen, u. es wird abgeleitet, daß der Sinterprozeß als Kombination von Diffusion u. plast. Fließen anzusehen ist. Der im einzelnen mathemat. beschriebene Mechanismus führt zu vertretbaren Sinterzeiten, die dem Porenradius proportional sind u. zu einer Temp.-Abhängigkeit, die der der Selbstdiffusion entspricht. H. Roschkowski. 190◇

**Sintern kristalliner Festkörper.** 1. Mitt. **Zwischen- und Endzustand von Diffusionsmodellen.** R. L. Coble. (J. appl. Physics **32,** 787—92, Mai 1961; Schenectady, N.Y., Gen. Electric Res. Labor.; engl.) — Vf. beschreibt Modelle für die Vol.-Diffusion beim Sintern von Pulverpreßkörpern. Das Modell für das Anfangsstadium des Sinterns besteht aus sich berührenden Kugeln, die an den Berührungsstellen unter Ausbldg. von Schläuchen zusammenwachsen. Im Zwischenzustand nehmen die Kristallkörner die Form eines Tetrakaidekaeders (TD) an, u. an den Korngrenzen treten Porenkanäle auf. Die Poren stellen im Endzustand tetraedr. Einschlüsse an Punkten dar, an denen 4 TD zusammenstoßen. Für zylindr. u. geschlossene Poren werden über die Vol.- u. Korngrenzendiffusion Ausdrücke für die Sinter-Geschw. abgeleitet; die Korngrenzen stellen in allen Fällen Senken für Leerstellen dar. Aus den Modellen folgt eine konst. Geschw. der Dichteänderung der Preßlinge, wenn Diffusions-Koeff. u. Korngröße konst. sind. Ausdrücke für die Verdichtungs-Geschw. bei diskontinuierlichem Kornwachstum werden unter Berücksichtigung von Poren-Vol. u. Korngröße angegeben. Herbert Müller. 190□

**Sintern kristalliner Festkörper.** 2. Mitt. **Experimentelle Prüfung der Diffusionsmodelle in Pulverpreßkörpern.** R. L. Coble. (J. appl. Physics **32,** 793—99, Mai 1961; engl.) — 1. vgl. vorst. Referat. — Aus 0,3-$\mu$- $Al_2O_3$-Pulver, teilweise mit Zusätzen von 0,25% MgO, werden mit 3 u. 10 t/in.² Tabletten gepreßt, die 30—$10^4$ Min. lang bei 1430—1675° gesintert werden; von den Proben wird während des Erhitzens die relative Dichteänderung gemessen. Während des Sinterns steigt die Dichte mit ln t (t Zeit) an, während die Korngröße mit $t^{1/3}$ zunimmt. Die aus dem Zwischen- u. Endzustand des Sinterns berechneten scheinbaren Diffusions-Koeff. D von $Al_2O_3$ stimmen größenordnungsmäßig mit Meßwerten aus dem Anfangsstadium überein. Alle D-Werte, die aus Sinter-Verss. erhalten werden, sind größer als die D-Werte von O in $Al_2O_3$. Offenbar ist der Sinterprozeß durch die Vol.-Diffusion von $Al^{3+}$ bestimmt, während der Transport von $O^{2-}$ entlang der Korngrenzen erfolgt. Zusätze von MgO verhindern nicht das diskontinuierliche Kornwachstum, die Sinter-Geschw. steigt dagegen an. Herbert Müller. 190□

**Sintern kristalliner Festkörper.** R. L. Coble und J. E. Burke. (Proc. IVth int. Sympos. Reactivity Solids, Amsterdam **1960,** 38—51, 1961; engl.) — Vgl. vorst. Referate. H. Roschkowski. 190◇

**Chemisches Sintern berthollidischer Verbindungen.** G. Parravano. (Proc. IVth int. Sympos. Reactivity Solids, Amsterdam **1960,** 83—90, 1961; Ann Arbor, Mich., Univ. of Michigan, Dep. of Chem. and Metallurg. Engng.; engl.) — Die Rolle von Fest-

körper-Rkk. beim Sintern berthollid. Verbb. wird untersucht. Unter gewissen Bedingungen ist die Änderung der freien Energie der chem. Umsetzung der bestimmende Faktor für das Zusammenschmelzen teilweise nicht stöchiometr. Festkörper. Die chem. Rk. u. damit das Sintern werden von einem diffusionsbestimmten Materialtransport geleitet. Mathemat. Ausdrücke für die Diffusion u. Sinterprozesse für den Fall zweier kugelförmiger Teilchen werden angegeben u. daraus erhaltene Ergebnisse mit experimentellen Daten von ZnO-Mikrokugeln verglichen. Gleichungen für das Schrumpfen von Poren als Ergebnis chem. Rkk. werden ebenfalls angegeben.
H. Roschkowski. 190◇

**Sintern in Systemen mit vielen Komponenten.** G. C. Kuczynski und P. F. Stablein jun. (Proc. IVth int. Sympos. Reactivity Solids, Amsterdam **1960**, 91—104, 1961; Notre Dame, Ind., Univ. of Notre Dame, Dep. of Metallurg. Engng.; engl.) — Sintererscheinungen in Bündeln aus Cu- u. Ni-Drähten bei Vers.-Temp. von 485—1070° im Vakuum oder unter He-Atmosphäre wurden untersucht. Dabei wurde festgestellt, daß im ersten Stadium des Sinterprozesses die gegenseitige Diffusion den Vorgang beherrscht. Da sich durch die unterschiedlichen Diffusions-Geschw. von Cu in Ni u. umgekehrt Fehlstellen in den Sinterhälsen auf der Cu-Seite bilden, verläuft das Wachstum dieser Hälse erst weiter, wenn eine krit. Konz. der Leerstellen erreicht ist, bei der sich diese in Form von Gruben abscheiden. In diesem Stadium dehnen sich die Bündel unter dem Einfl. des Kirkendall-Hartley-Effektes aus. Bei tieferen Temp. scheint Oberflächendiffusion vorzuherrschen. H. Roschkowski. 190◇

**Das Sintern reiner und dotierter Metalloxide.** P. E. D. Morgan und A. J. E. Welch. (Proc. IVth int. Sympos. Reactivity Solids, Amsterdam **1960**, 105—111, 1961; London, Imp. Coll. of Sci. and Technol., Inorg. Chem. Res. Labor.; engl.) — Das isotherme Schrumpfen von kompaktem *MgO*, $Al_2O_3$, $SnO_2$, $TiO_2$ u. $Nb_2O_5$ wurde bei Temp. von bis zu 1400° dilatometr. gemessen. Die lineare Schrumpfung aller reinen Oxide folgte in einem großen Porositätsbereich der Gleichung $dL/dT = -k/t$ (L = Länge des Oxidstabs, t = Zeit bei der Temp. T; k = Geschw.-Konst.). Die Abhängigkeit von k von der Temp. folgt der Exponentialgleichung $k = k_0 \exp(-E/RT)$. Dabei ist E eine Aktivierungsenergie. MgO, $Al_2O_3$, $TiO_2$ u. $Nb_2O_5$ zeigen erst nach Schrumpfung zu hoher Dichte bemerkbares Kristallwachstum, $SnO_2$ krist., wahrscheinlich infolge seiner Flüchtigkeit, früher. Die Geschw. der Erwärmung beeinflußt das isotherme Schrumpfverhalten. Über einige zusätzliche Verss. an mit $TiO_2$ u. $Fe_2O_3$ dotiertem MgO wird kurz berichtet.
H. Roschkowski. 190◇

**Kaliumextraktion am Muskovit. 1. Mitt. Präparation durch Behandlung mit geschmolzenem $LiNO_3$.** R. D. Bronson, J. M. Spain und J. L. White. (Clays and Clay Minerals **9**, 39—43, 1960; Lafayette, Ind., Purdue Univ., Agronomy Dep.; engl.) — Zur Rk. (Entzug des K aus Muskovit) zwischen geschmolzenem $LiNO_3$ u. Muskovit wird ein Verf. mit kontinuierlichem Transport der Schmelze entwickelt u. die notwendige App. dazu gebaut. In dieser App. behandelter Muskovit zeigt makroskop. ein Aufquellen. Der K-Geh. war nach 409 Std. von 7,45 auf 0,70% gesunken. Die strukturellen Veränderungen wurden röntgenograph. verfolgt. J. Heinze. 190□

**Strukturvorgänge bei der Dissoziation von Calciumcarbonat.** Rune Hedin. (Proc. IVth int. Sympos. Reactivity Solids, Amsterdam **1960**, 661—71, 1961; Stockholm, Sweden, Cement och Betonginst.; engl.) — Vor u. nach Erhitzen bei bestimmten Temp., $CO_2$-Drücken u. Zeiträumen wurde das abs. u. spezif. Gew. reiner $CaCO_3$-Kristalle (Kantenlänge 1—2 mm) gemessen u. daraus die Menge dissoziierter Substanz u. die Porosität des gebildeten Oxids ermittelt. Elektronenmkr. Unterss. der Oberflächenstruktur des Oxids führen zu nachst. Ergebnissen: Während der Dissoziation wird das Oxid in Form gleichförmiger Kristallite mit der Gitterstruktur des stabilen Oxids gebildet, die Kristallite vereinigen sich zu einer Struktur, deren Porosität bei hohen Dissoziations-Geschw. (DG) (bestimmt durch Temp. u. $CO_2$-Druck) kleiner wird u. bei einer endlichen DG den Wert Null annimmt. Bei der Bldg. einer solchen dichten Oxidschicht wird DG im Inneren der Kristallite herabgesetzt. Bis zu 1150° wird derart eine Oxidstruktur aus dichten Schalen mit porösen Kernen gebildet. Bei 1200° u. Atmosphärendruck wird DG im Inneren der Körner so groß, daß auch dort das dichte Oxid entsteht. Erhitzung des Oxids auf hohe Temp. wird von einer Rekristallisation begleitet, es entstehen bei hohem Gasdruck kugelförmige, bei niedrigem Gasdruck ungleichförmige Oxidteilchen.
H. Roschkowski. 190◇

**Aufrechterhaltung der Kristallorientierung hexagonaler Eisenoxidverbindungen im Verlauf von Reaktionen in festem Zustand (Topotaxie).** F. K. Lotgering. (Proc. IVth int. Sympos. Reactivity Solids, Amsterdam **1960**, 584—86, 1961; Eindhoven, Netherlands, N. V. Philips' Gloeilampenfabrieken, Philips Res. Labor.; engl.) — Im Syst.

BaO–MeO–$Fe_2O_3$ (Me = Zn, Co usw.) treten die Verbb. M = $BaFe_{12}O_{19}$, $Me_2W$ = Ba·$Me_2F_{16}O_{27}$, $Me_2Z$ = $Ba_3Me_2Fe_{24}O_{41}$ u. $Me_2Y$ = $Ba_2Me_2Fe_{12}O_{22}$ mit nahe verwandten kub. Strukturen auf. Dabei bilden die O- bzw. Ba-Ionen dicht gepackte Gitter, deren Abstände sich bei allen Verbb. gleichen. Die vier hexagonalen Verbb. sind ferromagnet. mit starker kristalliner Anisotropie in bezug auf die c-Achse u. gestatten derart ihre Orientierung im magnet. Feld. Die Verbb. können in festem Zustand ineinander übergeführt werden. Nach Rkk. ,wie z. B. $^1/_3$ $Zn_2Z$ + $^1/_3$ ZnO + CoO + 4 $Fe_2O_3$ → CoZnW, wird röntgenograph. festgestellt, daß die vor der Rk. im Magnetfeld erzeugte Orientierung der Kristalle nicht nur beibehalten, sondern in einigen Fällen gesteigert wird. Für dieses Verh. wird der Begriff Topotaxie vorgeschlagen. Bei einigen Rkk. werden jedoch schwach orientierte Prodd. gebildet. Bei diesem Verh. spielt evtl. die langsame Ba-Diffusion eine Rolle, der Mechanismus ist jedoch noch nicht geklärt. H. Roschkowski. 190◇

**Reaktionsmechanismen der Spinellbildung im festen Zustand.** Hermann Schmalzried. (Z. physik. Chem. [Frankfurt/M.] [N. F.] **33**, 111—28, Juli 1962; Göttingen, MPI für phys. Chem.; dt.) — Vf. untersucht den Mechanismus von Festkörper-Rkk. zwischen CoO auf der einen u. $TiO_2$, $Al_2O_3$ u. $Cr_2O_3$ auf der anderen Seite. Zu diesem Zweck wird die Wagnersche Theorie für Festkörper-Rkk. auf Anionenwanderung erweitert, u. die wesentlichen Formeln zur Berechnung von Rk.-Geschw. werden zusammengestellt. Markierungs-Verss. u. Messungen der Rk.-Geschw. für die Spinell-Bldg.-Rk. in sauerstoffhaltiger Atmosphäre u. der Vgl. mit den aus Selbstdiffusions-Koeff. u. Freien Bldg.-Enthalpien für die Spinell-Bldg.-Rk. berechneten Rk.-Konst. können nur gedeutet werden, falls man Transport von Sauerstoff über die Gasphase annimmt. Dagegen ist in sauerstofffreier Atmosphäre im Falle von $Co_2TiO_4$ u. $CoCr_2O_4$ die Spinell-Bldg.-Rk. durch entgegengesetzte Kationendiffusion zu deuten. Bei $CoAl_2O_4$ sind die Ergebnisse nicht eindeutig. D. Noack. 190◇

**Reaktionen zwischen festen Halogeniden.** Hermann Schmalzried. (Z. physik. Chem. [Frankfurt/M.] [N. F.] **33**, 129—42, Juli 1962;dt.) — Vgl. vorst. Referat. — Vf. untersucht den Mechanismus von Festkörper-Rkk. zwischen *KCl* u. $SrCl_2$ bzw. $BaCl_2$ sowie *KBr* u. $SrBr_2$ bzw. $BaBr_2$. Die Ergebnisse können gedeutet werden unter der Annahme, daß die Ionen durch die Rk.-Prodd. diffundieren. Die Theorie von Wagner, auf Anionenwanderung erweitert, gestattet eine quant. Beschreibung der Zusammenhänge. Als geschwindigkeitsbestimmender Schritt wird die Diffusion von $K^+$-Ionen durch die Rk.-Schicht gefunden. D. Noack. 190◇

**Die thermische Umwandlung von Pyrophyllit in Mullit.** L. Heller. (Amer. Mineralogist **47**, 156—57, Jan./Febr. ; Jerusalem, Geol. Surv.; engl.) — Unters. der Rkk. ,die beim Erhitzen von Pyrophyllitpulver u. -fasern zwischen 970 u. 1200° ablaufen. Bei 970° wurde ein Anhydrid mit a = 5,23, b = 8,90 u. c = 9,33 Å erhalten, dessen Gitter teilweise ungeordnet ist. Bei 1150° erscheinen die ersten Mullitreflexe, der b-Wert des Anhydrids hat sich auf 8,75 Å verringert. Aufnehmen bei 1200° enthalten Reflexe von vorzugsweise orientiertem Mullit u. von Cristobalit. Die Mullitfasern sind mit ihren [1 1 0]-, [0 1 0]- u. [1 2 0]-Richtungen parallel zur Faserachse orientiert. Stets ist die Kettenachse der verknüpften Oktaedergruppen senkrecht zur Faserachse angeordnet. Die komplexen Diagramme konnten noch nicht völlig gedeutet werden. Es ist jedoch erwiesen, daß die therm. Umwandlung von Pyrophyllit in Mullit über eine intermediäre krist. Phase verläuft. H. Moenke. 190□

**Die Kristallstruktur von Kaliummethylendisulfonat.** Mary R. Truter. (J. chem. Soc. [London] **1962**, 3393—99, Sept.; Leeds, Univ., Dep. of Inorg. and Structural Chem.; engl.) — Kaliummethylendisulfonat, $K_2[CH_2(SO_3)_2]$ krist. monoklin mit a = 12,556; b = 7,773; c = 7,253 Å (alle ± 0,005 Å), $\beta$ = 90° 30′ ± 1′, Z = 4. D. berechnet = 2,369; gemessen 2,37 g/cm³, Raumgruppe C 2/c. Mit einem Gütefaktor von 0,10 ergeben dreidimensionale Fourier-Synth. die Atomkoordinaten u. S–C-Abstände von 1,770 ± 0,007; S–O 1,461 ± 0,05 Å u. einen S–C–S-Winkel von 119,7 ± 0,7°. Die Werte sind für Drehschwingungen korrigiert. Die tetraedr. C-Atome sind mit je zwei tetraedr. S(VI)-Atomen verbunden. Die Verbb. sind isomorph mit K-Iminodisulfonat u. Kaliumpyrosulfat. H. Roschkowski. 195□

**Synthetischer Fluor-Magnesium-Richterit.** Gerald V. Gibbs, John L. Miller und Haskiel R. Shell. (Amer. Mineralogist **47**, 75—82, Jan./Febr. 1962; Noris, Tenn., Bur. of Mines, U. S. Dep. of the Interieur, Metallurgy Res. Labor.; engl.) — Angabe der chem. u. physikal. Konst. von synthet. F–Mg-Richterit-Einkristallen. Die Elementarzelle enthält 2 ($Na_{1,97}Mg_{6,01}Si_{7,97}O_{22,04}F_{1,96}$). Spaltwinkel (1 1 0) ∧ (1 $\bar{1}$ 0): 55° 33′; D = 2,994 g·cm⁻³; 2achsig negativ; $\alpha$ = 1,5756, $\beta$ = 1,5894, $\gamma$ = 1,5954; c ∧ z 11,4°, $a_0$ = 9,929, $b_0$ = 17,914, $c_0$ = 5,274 Å, $\beta$ = 108° 16′, Raumgruppe I 2/m.

H. Moenke. 195□

**Synthesen und Gitterkonstanten von reinem Zoisit und Klinozoisit.** Carl W. F. T. Pistorius. (J. Geology **69,** 604—09, Sept. 1961; Pretoria, Council Sci. and Ind. Res., Nat. Phys. Res. Labor.; engl.) — Zoisit u. Klinozoisit wurden aus Mischungen von Hydroxiden synthetisiert. Für Zoisit waren 650°, 19,7 kbar $p_{H_2O}$ u. eine Ausgangs-Zus. von Anorthit günstig, während die besten Bedingungen für Klinozoisit bei 678° u. 17,2 kbar $p_{H_2O}$ liegen. Die Gitter-Konst. für reinen Zoisit sind $a_0 = 16{,}15$, $b_0 = 5{,}581$, $c_0 = 10{,}06$ Å, die Raumgruppe ist P n m a. Die entsprechenden Werte für Klinozoisit sind $a_0 = 8{,}887$, $b_0 = 5{,}581$, $c_0 = 10{,}14$ Å, $\beta = 115° 56'$. Die Raumgruppe ist $P2_1/m$. Diese Daten werden hinsichtlich ihrer Bedeutung für die Stabilität von Zoisit u. Klinozoisit diskutiert.
J. Heinze. 195□

**Kristalluntersuchung von Böhmit durch Elektronenmikroskopie und Elektronenbeugungsaufnahmen.** Hermann Bosmans und Pierre Michel. (C. R. hebd. Séances Acad. Sci. **249,** 1532—33, 2 Tafeln, 19/10. 1959; Louvain, Belgique, Inst. Agronom. Heverlee; Strasbourg, Labor. de Miner. et Petrogr.; franz.) — Vff. stellen durch Hydrothermal-Synth. Böhmit her, dessen Netzebenenabstände durch Elektronenbeugung u. elektronenmkr. Aufnahmen bestimmt werden: a = 3,68; b = 12,1; c = 2,86 Å.
G. Krien. 195□

**Röntgenstrahlen-Analyse von Tricarbonylcycloocta-1.3.5-trienylchrom.** V. S. Armstrong und C. K. Prout. (J. chem. Soc. [London] **1962,** 3770—76, Sept.; Oxford, Chem. Crystallography Labor.; engl.) — Die Kristallstruktur von $(CO)_3C_8H_{10}Cr$ (I) wurde aus z. T. dreidimensionalen Patterson-Analysen ermittelt u. nach der Meth. der kleinsten Quadrate verfeinert. Das konjugierte Syst. des KW-Stoffes ist annähernd eben u. liegt auf der den Carbonylgruppen abgewandten Seite des Cr-Atoms, diese ordnen sich pyramid. an. Die Methylengruppen des KW-Stoffes liegen auf der dem Cr-Atom fernen Seite. **I** krist. monoklin, a = 7,04; b = 7,31; c = 10,31 Å(alle ± 0,02 Å), $\gamma = 106{,}5 \pm 0{,}1°$, Z = 2, D. gemessen = 1,585 ± 0,005; D. berechnet = 1,577. Raumgruppe $P\,2_1$. Angabe der Atomparameter. H. Roschkowski. 195□

**Die Wirkungen von Strahlung auf Metalle.** Frederick Seitz. (Science [Washington] **138,** 563—71, 2/11. 1962; Urbana, Ill., Univ. of Illinois, Dep. of Phys.; engl.) — Übersicht. — 56 Literaturangaben. A. Blaschette. 197◇

**Wirkung energiereicher Strahlung an der Oberfläche von Feststoffen.** N. Riehl, W. Marth und R. Sizmann. (Proc. IVth int. Sympos. Reactivity Solids, Amsterdam **1960,** 446—51, 1961; München, TH; engl.) — Beim Beschuß von polykristallinem *Cu* mit Rückstoßatomen von ThC (100 000 eV) konnten elektronenmkr. auf der Oberfläche keine „Spieße" oder „Krater" festgestellt werden. Verss. mit radioakt. *Au* als bestrahltem Stoff zeigen, daß, sollten „Spieße" u. „Krater" existieren, diese nicht durch „Verdampfen" einer größeren Anzahl von Atomen von der Oberfläche entstehen. Bei der Bestrahlung von polykristallinem Cu mit α-Teilchen von $^{210}$Po (maximal $10^{15}$ Teilchen/$cm^3$) wird beobachtet, daß die Oberfläche nach der Bestrahlung geglättet erscheint. Vff. erklären diese Erscheinung als Vol.-Diffusionseffekt in den nahe der Oberfläche liegenden, von α-Strahlen erreichbaren Kristallteilen. Berechnungen dieses Effekts auf Grund der Theorie der Bldg. von Frenkel-Defekten durch α-Teilchen ergeben jedoch um eine Größenordnung zu kleine Werte. Die Möglichkeit eines „kalten" Sinterprozesses wurde durch Bestrahlung von $^{10}$B mit heißen Neutronen untersucht. Der Neutronenfluß betrug $10^{13}$ $cm^{-2} \cdot s^{-1}$. Durch die Rk. $^{10}B + n \rightarrow {}^7Li + \alpha$ wird eine sehr starke Strahlung im B-Pulver erreicht. Die Existenz eines Sintereffektes wurde durch Best. der mechan. Härte der gepreßten Borschicht vor u. nach der Bestrahlung nachgewiesen.
H. Roschkowski. 197◇

**Modellsinterversuche in flüssigem Medium.** F. Eisenkolb und I. Kalning. (Planseeber. Pulvermetallurgie **5,** 2—19, April 1957; Dresden, TH, Inst. für Werkstoffk.; dt.) — Vgl. C. **1962,** 1778. — Es wurden Modellsinter-Verss. unter Einw. bestimmter sek. Faktoren durchgeführt. Unter ähnlichen Vers.-Bedingungen wie die von Kuczynski (K) wurden scheinbare Selbstdiffusions-Koeff. von Metallen bestimmt u. mit denen mit radioakt. Indicatoren ermittelten verglichen. Die Werte von K konnten jedoch in keinem Fall bestätigt werden. Dagegen wird die Theorie von Thümmler bestätigt, die zeigt, daß das Modell von K zur Best. von Selbstdiffusions-Koeff. ungeeignet ist. Dagegen konnte gezeigt werden, daß durch geeignete chem. Rkk. mit dem Probenmaterial eine aktivierende Wrkg. auf den Sintervorgang erreicht werden kann. Dieses zeigt z. B. die deutliche Zunahme der Breite der Sinterstellen in allen anorgan. Salzschmelzen. Verss. mit amalgamierten Cu-Proben zeigten, daß ein von der Zers.-Temp. u. teilweise auch von der Stärke der Mischkristallschicht abhängiger Einfl. auf den Sintervorgang vorhanden ist. Die aktivierte Oberfläche eines kompakten gröberen Pulverteilchens besitzt ebenso wie die Teilchen eines Feinstpulvers eine höhere Zahl von Gitterfehlstellen, die bereits bei tieferen

Temp. einen erhöhten Materialtransport ermöglicht. Dagegen scheint bei den Modell-Verss. mit Metallschmelzen, die sich mit der festen Komponente nicht legieren, keine Beschleunigung des Materialtransportes nachzuweisen sein, da dabei die veränderte Grenzflächenspannung nicht groß genug ist. H. Fahlenbrach. 197□

**Beobachtung von Versetzungen in Metallen mit Hilfe des Elektronenmikroskops.** L. G. Orlow, M. P. Ussikow und L. M. Utewski. (Fortschr. physik. Wiss. [UdSSR] **76,** 109—52, Jan. 1962; russ.) — Übersicht. — 111 Literaturangaben. E. Klever. 197◇

**Röntgenbeobachtungs- und -bestimmungsmethode kleiner Versetzungsdichten in Germanium.** L. I. Datzenko. (Festkörperphysik [UdSSR] **4,** 524—29, Febr. 1962; Kiew, Halbleiter-Inst. der Akad. der Wiss. der UdSSR; russ.) — Ein Verf. zur Erzeugung von Abb. einzelner Versetzungen mit Hilfe der anomalen Absorption von Röntgenstrahlen wird beschrieben. Es werden dabei großflächige Strahlenaustrittsöffnungen benötigt. Versetzungsdichtenmessungen an *Ge*-Kristallen nach dieser Meth. ergeben mit Ätz-Verss. übereinstimmende Werte. H. Roschkowski. 197◇

**Vergleich der Strukturveränderungen in Ni durch Verformung bei 4,2 und 300° K und durch ständiges Kriechen.** I. A. Gindin, W. W. Kosinetz und Ja. D. Starodubow. (Festkörperphysik [UdSSR] **4,** 465—69, Febr. 1962; Charkow, Phys.-techn. Inst. der Akad. der Wiss. der UdSSR; russ.) — Eine röntgenograph. Analyse der in hochreinem Ni mit einer mittleren Korngröße von 1—1,5 mm durch Verformung erzeugten Änderungen der Substruktur wurde durchgeführt. Die Proben wurden bei 4,2 oder 300° K um 3,5% gereckt u. danach Kriech-Unters. bei 700° durchgeführt. Proben, die bei 4,2° K verformt u. danach vor Erwärmung auf 700° 80—100 Std. lang auf Raum-Temp. gehalten wurden, zeigen eine feinere Substruktur als bei 300° K gereckte Proben. Durch Anlassen bei Raum-Temp. wird wahrscheinlich die Anzahl der Mikroverzerrungen verkleinert. Bei Proben, die nach Streckung bei 4,2° K schnell auf 700° gebracht wurden, sind die Verzerrungen stärker. Das Hoch-Temp.-Kriechen führt zu einer Abnahme der Verzerrungen u. einem Ansteigen der Fehlorientierung der Subkörner. Nach einer bei 4,2° K durchgeführten Verformung zeigen die Proben eine bes. feine Blockstruktur, die während des Kriechens unverändert bleibt. H. Roschkowski. 197◇

**Darstellung von Legierungen des Platins mit unedlen Metallen.** W. Bronger und W. Klemm. (Z. anorg. allg. Chem. **319,** 58—81, 1962; Münster, Univ., Anorg.-Chem. Inst.; dt.) — Durch Red. von Gemischen aus Pt-Metallpulver u. pulverförmigen Oxiden unedler Metalle mit $H_2$ bzw. $NH_3$ zwischen 900 u. 1200° wurden folgende intermetall. Phasen erhalten: $Pt_3Al$, $Pt_{13}Al_3$, $Pt_3Sc$ (kub., a = 3,954 Å), $Pt_5Y$, $Pt_5La$ [a = 5,386 Å, c = 4,378 Å, Raumgruppe P 6/m m m ($D^1_{6h}$)], $Pt_{15}Be$ (hexagonal, a = 22,13 Å, c = 27,12 Å), $Pt_3Mg$ (kub., a = 3,906 Å), $Pt_7Mg$ (kub., a = 7,824 Å), $Pt_2Ca$ (kub., a = 7,598 Å), $Pt_7Ca_2$, $Pt_5Ca$ (hexagonal, a = 5,322 Å, c = 4,368 Å), $Pt_2Sr$, $Pt_3Sr$, $Pt_5Sr$, $Pt_7Li$ (a = 7,758 Å) u. $Pt_3Cr$. — Bei den $Pt_2$Me-Legg. handelt es sich um bekannte Laves-Phasen ($Cu_2$Mg-Typ). Die $Pt_5$Me-Verbb. kristallisieren bis auf $Pt_5Y$ im $Cu_5$Ca-Typ, die $Pt_3$Me-Phasen, von denen $Pt_3Al$ u. $Pt_3Sc$ strukturell aufgeklärt sind, bis auf $Pt_3Sr$ im $Cu_3$Au-Typ. Zwischen der Pt- u. der $Pt_3$Me-Struktur finden sich geordnete Überstrukturphasen; von diesen konnte die $Pt_7$Me-Struktur vollständig, die $Pt_{13}Me_3$-Struktur angenähert aufgeklärt werden. Von der $Pt_{15}$Me-Phase ist bisher nur bekannt, daß ein dem Pt eng verwandter Aufbau vorliegt, mit einer großen, hexagonal verzerrten Elementarzelle. Der Übergang $Pt_5Me \rightarrow Pt_2Me$ wurde am Beispiel der Ca-Legg. untersucht. Außer $Pt_7Ca_2$ treten zwischen $Pt_7Ca_2$ u. $Pt_5Ca$ noch weitere Überstrukturen auf. Die Raumchemie der Legg. des Pt mit den Elementen der 1. bis 3. Gruppe des Perioden-Syst. wird besprochen. P. Scharner. 197□

**Die Zusammensetzung des Gold–Silicium-Eutektikums.** E. G. Heath. (J. Electronics and Control [1] **11,** 13—15, Juli 1961; London, Westinghouse Brake & Signal Co. Ltd., Phys. Res. Labor.; engl.) — Au–Si-Legg. mit 3,15 ± 0,05 Gew.-% zeigen unter dem Einfl. der Schwerkraft keine Neigung zur Trennung in die Komponenten. Ihnen wird daher eutekt. Zus. zugeschrieben. H.-G. Moslé. 197□

**Untersuchung von CuAu I mit Hilfe der Durchstrahlungselektronenmikroskopie.** M. Hirabayashi und S. Weissmann. (Acta metallurg. [New York] **10,** 25—36, Jan. 1962; New Brunswick, N.J., State Univ., Rutgers Coll. of Engng.; engl.) — Der Ordnungsvorgang von *CuAu I* wurde an Hand elektronenmkr. Durchstrahlung dünner Folien untersucht u. bei niedrigen Glüh-Temp. eine Bldg. geordneter plättchenförmiger *CuAu I*-Keime, die kohärent mit der ungeordneten Matrix u. parallel zu den (1 0 1)-Ebenen sind, festgestellt. Höhere Glüh-Temp. bewirken zuerst ein Anpassen jener Verzerrungen, die nur eine kurze Reichweite haben, in Form von Mikrozwillingen; später weitreichende Anpassung in Form grober Zwillingslamellen, deren Keimbildungszentren unterschiedliche Orientierung zur c-Achse haben. Die Zwillingsebene ist nach (1 0 1) orientiert, die Keim-Bldg. der Zwillinge scheint an der freien Oberfläche oder anderen Zwillingen, nicht aber an Versetzungen zu erfolgen. Die geordneten Bezirke bleiben innerhalb der Lamellen intakt, nicht aber an den Zwillingsgrenzen. Bei der Ordnungseinstellung nimmt die mechan. Festigkeit der Proben zu, was mit Kohärenzverzerrungen zwischen geordnetem Keim u. ungeordneter Matrix erklärt wird; werden diese durch Zwillings-Bldg. abgebaut, dann nimmt die mechan. Festigkeit ab. W. Sobieski. 197□

**Die Struktur von kaltverformtem Silber und Silber–Magnesiumoxid-Legierungen.** M. J. Klein und R. A. Huggins. (Acta metallurg. [New York] **10**, 55–62, Jan. 1962; Stanford, Calif., Univ., Dep. of Materials Sci.; engl.) — Versetzungsdichten u. -anordnungen wurden in plast. verformtem *Ag* u. *Ag–MgO*-Legg. durch Messung der Röntgenlinienverbreiterung u. elektronenmkr. untersucht. Die Struktur der kaltverformten *Ag–MgO*-Legg. wies sehr viele zu Subkorngrenzen angeordnete Versetzungen auf, wobei der Durchmesser der Subkörner wesentlich kleiner als die mittlere freie Weglänge zwischen den Oxidteilchen war. Die sehr schnell in frühen Verformungsstadien gebildete Substruktur hat nur geringe Vorzugsorientierung, wie Elektronenbeugungs- u. Röntgenaufnahmen zeigen. W. Sobieski. 197□

**Stapelfehler in plastisch verformten verdünnten Silberlegierungen.** M. J. Klein, J. L. Brimhall und R. A. Huggins. (Acta metallurg. [New York] **10**, 13–15, Jan. 1962; engl.) — Vgl. vorst. Referat. — In kalt gewalztem *Ag* u. verd. *Ag*-Legg. werden röntgenograph. Stapelfehler gefunden, die zeigen, daß kleine Zusätze von *Mg*, *Cu* u. $O_2$ die Stapelfehlerhäufigkeit von *Ag* erniedrigen. Aus dem metallograph. Aussehen der Proben u. Messungen der Zwillingshäufigkeit in Verbindung mit den röntgenograph. Unterss. wird geschlossen, daß die festgestellte Abnahme der Stapelfehlerhäufigkeit durch eine Zunahme der relativen Stapelfehlerenergie bewirkt wird. W. Sobieski. 197□

**Ausdehnung beim Sintern von Cu–Ni-Pulverpreßlingen infolge des Kirkendall-Effektes.** B. Fischer und P. S. Rudman. (Acta metallurg. [New York] **10**, 37–43, Jan. 1962; Haifa, Technion, Israel Inst. of Technol., Dep. of Phys.; engl.) — Die Längenänderung von *Cu–Ni*-Pulverpreßlingen wurde beim Sintern u. Homogenisieren gemessen; die Ergebnisse werden als Überlagerung einer Schrumpfung infolge Porenausfüllung u. einer Ausdehnung infolge der porenbildenden Wrkg. des Kirkendall-Effekts gedeutet. Das Zeit–Temp.-Verh. dieser beiden völlig voneinander unabhängigen Prozesse ist nur eine Funktion von $Dt \sim t\exp[-Q/RT]$ mit $Q = 42$ kcal/Mol. Die sehr druckempfindliche Vol.-Diffusion wird als prim. Mechanismus der Längenänderung erkannt. Vgl. der dilatometr. erhaltenen Ergebnisse mit solchen aus röntgenograph. Messungen der Diffusion zeigen, daß fast alle durch den Kirkendall-Effekt erzeugten Leerstellen in Form sehr stabiler Poren ausgeschieden werden. — Die Theorie der Poren-Bldg. längs Versetzungen von Coulomb u. Friedel stimmt gut mit den experimentellen Ergebnissen überein. W. Sobieski. 197□

**Beweglichkeit von Sb, Fe und Co in festem Kupfer.** P. P. Kusmenko, L. F. Osstrowski und W. Ss. Kowaltschuk. (Festkörperphysik [UdSSR] **4**, 490–93, Febr. 1962; Kiew, Schewtschenko-Univ.; russ.) — Die Beweglichkeiten werden mit Hilfe von $^{124}Sb$, $^{59}Fe$ u. $^{60}Co$ gemessen. Die Verunreinigungen wandern bei Stromdurchgang durch die Probe zur Anode. Es wird gezeigt, daß die aus dem spontanen Austausch der Leitungselektronen herrührende Kraft auf die Verunreinigungen die des elektr. Feldes um den Faktor 30 übersteigt. Die Streuquerschnitte der diffundierenden Verunreinigungen betragen $\sigma_{Sb} = 5{,}6\ (\cdot 10^{-16}\ cm^{-2})$; $\sigma_{Fe} = 6{,}7$; $\sigma_{Co} = 4{,}8$. Für die effektiven Ladungen gilt $q_{(Sb,Fe,Co)} = 1{,}3;\ 1{,}4;\ 1{,}2\ e$. Sie sind kleiner als aus Widerstandsmessungen gewonnene Werte. H. Roschkowski. 197◇

**Diskontinuierliche Auflösung abgeschiedenen Zinns in festen α–Blei–Zinn-Lösungen.** Martti Sulonen. (Proc. IVth int. Sympos. Reactivity Solids, Amsterdam **1960**, 257–63, 1961; Helsinki, Inst. of Technol., Labor. of Phys. Metallurg.; engl.) — Proben von vier Pb-Sn-Legg. mit 7,0; 10,5; 15,5 u. 18,9 Atom-% Sn wurden bei 200° homogenisiert u. danach auf eine Abscheidungs-Temp. $T_p$ abgeschreckt. Nach vollständiger Abscheidung wurden die Proben auf eine Auflösungs-Temp. $T_{Sol}$ erhitzt. Die metallograph. Unters. zeigt, daß die Auflösung an den α-Korngrenzen beginnt u. mit der Wanderung der Korngrenzen in die Körner fortschreitet. Die Geschw. der Korngrenzenwanderung G, d. h. die Wachstums-Geschw. der umgewandelten Gebiete, ist unabhängig von der Zeit, ändert sich jedoch mit $T_p$, $T_{Sol}$ u. der Zus. der Legierung. Oberhalb der Solous-Temp. $T_s$ ist für konst. $T_p$ u. Zus. die Beziehung zwischen log G u. $1/T_{Sol}$ linear, eine Aktivierungenergie von 23,5 kcal/g Atom wird erhalten. Für konst. $T_{Sol}$ ist G eine Funktion des Zwischenschichtabstandes *l*. Oberhalb $T_S$ liegt diese Abhängigkeit nicht vor. Der Vorgang läuft durch Diffusion entlang der Korngrenzen ab, der Diffusionsabstand ist dabei nahezu gleich *l*. Oberhalb $T_S$ ist die Diffusion wahrscheinlich der die Geschw. bestimmende Schritt. H. Roschkowski. 197◇

**Die Kristallstrukturen von $ThPb_3$, $UPb_3$, ThPb und UPb.** Allan Brown. (Acta crystallogr. [Copenhagen] **14**, 856—60, 10/8. 1961; Wembley, Gen. Electr. Co. Ltd., Hirst Res. Centre; engl.) — Die Verbb. *$ThPb_3$* (**I**), *$UPb_3$* (**II**), *ThPb* (**III**) u. *UPb* (**IV**) wurden aus den Elementen (in Glaskapseln bei Temp. zwischen 500 u. 600° u. $10^{-5}$ Torr im Verlauf von 3—7 Tagen) dargestellt. Die Glaskapseln wurden unter Paraffin geöffnet, um Oxydation der Proben zu verhindern. Aus Pulveraufnahmen ergab sich für **I** u. **II** kub. Symmetrie. Wegen der geringen Differenzen zwischen den Atomstreufaktoren von Pb,Th u. U war es nicht eindeutig möglich, zu unterscheiden, ob die Atomanordnung geordnet oder gestört ist. Aus den Gitterdimensionen wird auf eine geordnete L $1_2$-Struktur geschlossen. **I** a = 4,855 ± 0,001 (Å), $D_{ber.}$ = 12,31 (gcm$^{-3}$); **II** a = 4,7915 ± 0,0002, $D_{ber.}$ = 12,93. **III** u. **IV** sind tetragonal mit nahen Beziehungen zu den kub. Strukturen von **I** u. **II**. Auf Grund dieser Beziehungen u. auf Grund von Betrachtungen über die Packungsdichte ergeben sich innenzentrierte Gitter der Raumgruppe I 4/amd. Die Struktur ist verwandt mit der von *α-$ThSi_2$*. **III** a = 4,545 ± 0,001; c = 5,644 ± 0,003; $D_{ber.}$ = 12,51. **IV** a = 4,579 ± 0,001; c = 5,259 ± 0,001; $D_{ber.}$ = 13,27. Für **III** u. **IV** sind die indizierten d-Werte u. die Atomparameter angegeben. Aus Vgl. mit der Struktur des α-$ThSi_2$ scheint bei **III** u. **IV** eine Pseudozelle vorzuliegen, die wahre Zelle hat $c_t$ = 2c.

Ernst Schulte. 197□

**$MX_2$-Verbindungen von Thorium und die Polymorphie von Thoriumdisilicid.** Allan Brown. (Acta crystallogr. [Copenhagen] **14**, 860—65, 10/8. 1961; Wembley, Gen. Electr. Co. Ltd., Hirst Res. Centre; engl.) — Vgl. C. **1961**, 16753. — Aus Debye-Scherrer- u. Einkristallaufnahmen wurden die Kristallstrukturen von Phasen der Zus. $MX_2$-bestimmt. So wurden Strukturen des hexagonalen C 32-Typs gefunden, wenn X = Ni, Cu, Ag, Au, Zn, Cd, Al oder Si (*β-$ThSi_2$*) ist, Strukturen des tetragonalen $C_c$-Typs bei X = Si (α-$ThSi_2$) oder Ga. Verwandte nichtstöchiometr. Phasen sind *$ThSi_{1,67}$* (defekter C 32-Typ), *$ThGe_{1,5}$* (gestörter C 32-Defekttyp) u. *$ThGe_{1,62}$* (defekter $C_c$-Typ). *$ThGe_2$* hat ein flächenzentriertes orthorhomb. Gitter. Die Kristallstrukturen dieser Phasen werden von den Atomradien r u. der Wertigkeit e der X-Atome beeinflußt. Bei kleinen e·r-Werten werden Strukturen des C 32-Typs erhalten. Si besitzt den krit. e·r-Wert, *$ThSi_2$* ist dimorph. Ge hat den höchsten e·r-Wert, die orthorhomb. Struktur des *$ThGe_2$* kann von den C 32- u. $C_c$-Strukturen abgeleitet werden. Die nichtstöchiometr. Phasen werden an der Grenze zwischen beiden Strukturtypen gebildet. Gitter-Konst. der Verbb. in Å: *$ThNi_2$* (a =) 3,960 ± 0,003; (c =) 3,844 ± 0,004. *$ThCu_2$* 4,387 ± 0,001; 3,472 ± 0,001. *$ThAg_2$* 4,837 ± 0,002; 3,353 ± 0,002. *$ThAu_2$* 4,740 ± 0,002; 3,402 ± 0,002. *$ThZn_2$* 4,497 ± 0,002; 3,718 ± 0,002. *$ThCd_2$* 5,005 ± 0,002; 3,514 ± 0,002. *$ThAl_2$* 4,388 ± 0,002; 4,162 ± 0,002. *$ThGa_2$* 4,243 ± 0,001; 14,690 ± 0,002. *β-$ThSi_2$* 4,136 ± 0,001; 4,126 ± 0,001. *α-$ThSi_2$* 4,135; 14,375. *$ThGe_2$* 4,15 ± 0,01; 4,04 ± 0,01; 16,69 ± 0,01. *$ThSi_{1,67}$* 3,986 ± 0,001; 4,228 ± 0,001. *$ThGe_{1,5}$* 4,06 ± 0,01; 4,18 ± 0,01.

Ernst Schulte. 197□

**Die Natur der Keimbildung der Niederschläge im System Silicium–Lithium.** J. W. Ferman und R. A. Swalin. (Proc. IVth int. Sympos. Reactivity Solids, Amsterdam **1960**, 264—72, 1961; Minneapolis, Minn., Univ. of Minnesota, Dep. of Metallurg.; engl.) — Die Konz.-Abhängigkeit der Abscheidungskinetik von Li aus Si folgt in der zweiten Hälfte des Abscheidungsprozesses einem einfachen Exponentialgesetz. Für die charakterist. Zeit τ gilt die Beziehung $1/\tau \sim C_0^{1/3}$, wobei $C_0$ der Li-Geh. am Beginn der Abscheidung ist. Mkr. erscheinen die Li-Abscheidungen als Platten oder flache Sphäroide in Mengen bis $5 \cdot 10^8$ cm$^{-3}$. Aus der Häufigkeit u. Form der Teilchen berechnete τ-Werte stimmen mit den experimentellen Werten überein. Aus einem Vgl. der Beziehung $1/\tau \sim C_0^{1/3}$ mit der Beobachtung von Pell, daß für konst. $C_0$ $1/\tau$ proportional der Konz. von Sauerstoff, $1/\tau \sim C_0^{2/3}$ ist, wird geschlossen, daß die Teilchenhäufigkeit proportional des konz. gelösten $O_2$ ist. H. Roschkowski. 197◇

**Einfluß von hydrostatischem Druck auf die Zwischengitterdiffusion in α-Eisen.** A. J. Bosman. (Proc. IVth int. Sympos. Reactivity Solids, Amsterdam **1960**, 494—501, 1961; Amsterdam, Univ., Dep. of Phys.; engl.) — Durch Messung des zeitlichen Abfalls der magnet. Permeabilität wurde der Einfl. des hydrostat. Drucks (1 bzw. 3000 kg/cm²) auf die mittlere Verweilzeit von Zwischengitter-C-Atomen in α-Eisen bestimmt. Zwischen 239 u. 259° K scheint die relative Änderung der mittleren Verweilzeit weniger als 1% zu betragen. Das entsprechende Aktivierungs-Vol. ist sehr klein. Es wird geschlossen, daß die halbempir. Beziehung von Keyes zwischen Aktivierungs-Vol. u. Aktivierungsenergie hier nicht gültig ist. Das gleiche gilt für feste Lsgg. von N in α-Fe.

H. Roschkowski. 197◇

**Oxidkeimbildung und die Substruktur des Eisens.** E. A. Gulbransen und K. F. Andrew. (J. electrochem. Soc. **106**, 511—15, Juni 1959; Pittsburgh, Pa., Westinghouse Electr. Corp., Res. Labor.; engl.) — Die anfänglichen Stufen der Rk. zwischen $O_2$

u. reinem Fe werden elektronenopt. untersucht. Die Oxydation verläuft diskontinuierlich, wobei die Orientierung des Oxids nach dem Metallkorn erfolgt. Die Keim-Bldg.-Bereiche sind abhängig von der Atmosphäre der vorausgegangenen Temperung. Vakuumtemperung bewirkt eine regellose Anordnung, Anlassen in $H_2$-Atmosphäre eine sehr regelmäßige. Da beim Anlassen von Fe in trockenem u. feuchtem $H_2$, nicht jedoch im Vakuum, Versprödung eintritt, zeigen die Keim-Bldg.-Zentren vermutlich die Fe-Struktur an, auf die die Versprödung zurückzuführen ist. P. Frenzel. 197◇

**Verformung und Bruch von Kristallen aus Aluminium mit 5,5% Kupfer.** C. J. Beevers und R. W. K. Honeycombe. (Acta metallurg. [New York] **10,** 17—24, Jan. 1962; Sheffield, Univ., Dep. of Metallurgy; engl.) — Deformations-Verss. an therm. u. chem. vorbehandelten Einkristallen einer Leg. aus *Al* u. 5,5% *Cu* ergeben, daß der Bruch längs der zuletzt akt. Oktaedergleitebene verläuft, wobei die Schubspannung auf dieser Ebene beim Bruch konst. ist. Der Hauptmechanismus dabei ist die Bldg. von Rissen an Aufschichtungen von Versetzungen, was aus der Existenz eines Schubspannungskriteriums für den Bruch geschlossen wird. Im Gegensatz zum Sprödbruch bilden sich hier viele Rißkeime in der Scherzone. W. Sobieski. 200□

**Unelastische Entlastung von Kupfer und Aluminium.** A. R. Rosenfield und B. L. Averbach. (Acta metallurg. [New York] **10,** 71—74, Jan. 1962; Cambridge, Mass., MIT, Dep. of Metallurgy; engl.) — An Einkristallen u. polykrist. Proben von *Cu* u. *Al* wurden die mechan. Hysteresiskurven im Bereich plast. Verformung von $10^{-4}$ bei 25° u. —196° gemessen u. die beobachtete Abweichung von elast. Entlastung auf die Zurückbewegung der aufgestauten Gleitversetzungen zu ihrem Ursprung zurückgeführt. Die Spannung, bei der beim Entlasten das entgegengesetzte plast. Fließen beginnt, hängt mit der Kraft zusammen, die Gleitversetzungen zum Durchschneiden eines Waldes sich schneidender Versetzungen unter Sprung-Bldg. benötigen. Die berechneten Sprung-Bldg.-Energien betragen für *Cu* 1,0 (eV) bei 25°; 1,4 bei —196° u. für *Al* 0,2 bzw. 0,4 eV. Ihre Temp.-Abhängigkeit wird mit Einschnüren der Stapelfehler am Schnittpunkt von Halbversetzungen gedeutet. W. Sobieski. 200□

**Untersuchungen der Verbreiterung von Röntgenlinien an kaltverformtem Uran.** R. Krishnan, V. S. Arunachalam und M. K. Asundi. (Acta metallurg. [New York] **10,** 75—78, Jan. 1962; Bombay, Trombay, Atom. Energy Establ., Metallurgy Div.; engl.) — Unterss. der Verbreiterung von Röntgenlinien wurden an kaltverformtem *U* für verschieden starke Verformungen durchgeführt. Es wird gezeigt, daß bei Vernachlässigung der Dimensionsverteilung der Teilchengrößen die Hinzuziehung der Reflexe 2. Ordnung zur Trennung des Teilchengrößeneffektes von der Gitterverzerrung entfallen kann. Die Fourier-Analyse der Reflexe (1 1 1), (1 1 2) u. (1 3 1) ergibt, daß die Fragmentation nach einiger Verformung aufhört, die Verzerrung einen Sättigungswert erreicht u. der Spannnngstensor nicht mehr isotrop ist. Für verschieden starke Verformungen wurden die elast. Verzerrungsenergien berechnet u. gefunden, daß für große Verformungen nur ein zu vernachlässigender Betrag der Verformungsenergie auf die Verzerrung des Kristallgitters entfällt. W. Sobieski. 200□

**Ergebnisse einer Ultraschallmeßreihe.** Norman G. Einspruch und Rohn Truell. (J. appl. Physics **33,** 3087—88, Okt. 1962; Dallas, Tex., Texas Instr. Inc., Corporate Res. Labor.; Providence, R.I., Brown Univ., Metals Res. Labor.; engl.) — Die Ergebnisse neun verschiedener Unters.-Gruppen über Zeitmessungen des Kompressionswellendurchgangs an einer gegebenen geschmolzenen $SiO_2$-Probe sind zusammengestellt. Aus der Übereinstimmung von 7 der Einzelberichte wird geschlossen, daß die Unstimmigkeiten der aus der Literatur bekannten Werte für die elast. Konst. verschiedener Stoffe auf Unterschiede in den dort verwandten Proben zurückzuführen sind. H. Roschkowski. 200□

## A$_7$. Gleichgewichte. Kinetik

**Zur Frage der Assoziation beim Bleitetraacetat.** G. Rudakoff. (Z. Naturforsch. **17b,** 622, Sept. 1962; Jena, Friedrich-Schiller-Univ., Inst. für Phys. Chem.; dt.) — Unter Ausschaltung der Hydrolyse des $Pb(CH_3COO)_4$ (Reinheitsgrad von 100%) wurde dessen Molgew. in Eisessig u. Bzl. nach der differential-ebullioskop. Meth. im Konz.-Bereich zwischen 0,01 u. 0,1 Mol/kg bestimmt; danach zeigt es keine Assoziation. G. Heller. 223□

**Bestimmung der Stabilitätskonstanten von Nitratothoriumkomplexen mit Anionenaustauscherharzen.** J. Danon. (J. inorg. nuclear Chem. **13,** 112—18, April 1960; Rio de Janeiro, Brasil, Centro Brasil. de Pesq. Fis.; engl.) — Mit Hilfe von $^{234}Th$ wird die Verteilung von Th(IV) zwischen wss. $LiNO_3$-Lsg. u. der Nitrat-Form von Dowex-1 bei $LiNO_3$-Konzz. von 1,55—8,44m untersucht. Die $NO_3^-$-Aktivität (a) in Lsg. u. Harz-Phase wird bestimmt u. die Abhängigkeit des Verteilungs-Koeff. von a unter Berücksichtigung von durch Eindringen des Trägerelektrolyten in die Harzphase verursachten Effekten ermittelt. Für die Stabilitäts-Konst. ($\beta_i$) der Komplexe $[Th(NO_3)_{4-i}]^i$ (i = 1, 0, −1, −2) wurden die Werte log $\beta_i$ = +0,22; 0,00; −0,80 ± 0,17 bzw. −1,70 ± 0,22 erhalten. W. Betcke. 223◇

**Die Instabilitätskonstante von Chromazid.** M. Ardon. (J. inorg. nuclear Chem. **20,** 173—74, Nov. 1961; Jerusalem, Hebrew Univ. of Jerusalem, Dep. of Inorg. and Analyt. Chem.; engl.) — Sherif u. Oraby (C. **1963,** 6503) berechneten die Instabilitäts-Konst. K von Cr(III)-Azid (**I**) aus der opt. Dichte von aus $Cr(NO_3)_3$ u $NaN_3$ bereiteten Lsgg. gegen $Cr(NO_3)_3$ als Vergleich. Da die bas. Natur des $NaN_3$ ein Steigen des pH der Lsg. u. damit eine Hydrolyse von $Cr(NO_3)_3$ verursacht, sollte der pH der Vgl.-Lsg. ebenfalls erhöht werden. Letztere hat bei pH 4,8 [0,006m an Cr(III)] zwei Absorptionsmaxima bei 435 u. 585 m$\mu$, während die **I**-Lsg. Maxima bei 440 u. 592 m$\mu$ besitzt. Das nicht komplexgebundene, hydrolysierte Co(III) in den Azid-Lsgg. trägt daher beträchtlich zur gesamten opt. Dichte bei. Auch die Einbeziehung der Hydrolysen-Konst. des Cr(III)-Ions u. des pK von $HN_3$ zur Berechnung von K liefert wegen der Bldg. von polynuclearen Cr(III)-Teilchen bei pH > 4 keine korrekten Resultate. Zur Erlangung verläßlicher Werte von K müßten Lsgg. höherer Acidität benutzt werden, in denen die Konz. an polynuclearen Teilchen klein ist. P. Scharner. 223□

**Eine spektralphotometrische Untersuchung der Zusammensetzung und Stabilität eines aus 3.4-Dihydroxybenzophenon und Molybdän(VI) gebildeten Chelates.** Jaakko Halmekoski. (Suomen Kemistilehti B **35,** 108—11, 1962; Helsinki, Univ. of Helsinki, Dep. of Chem.; engl.) — 3.4-Dihydroxybenzophenon (**I**) u. das $MoO_4^{2-}$-Anion (**II**) bilden in neutraler Lsg. ein farbiges Chelat mit einem mol. Verhältnis von **I** : **II** = 2 : 1, dessen Stabilitäts-Konst. spektralphotometr. zu K = $(55,6 \pm 1,9)\cdot 10^5$ bestimmt wurde. Zwischen den Stabilitäts-Konst. der Molybdat-Chelate von 4-substituierten Brenzcatechin-Derivv. (**I**, *Protocatechualdehyd, 4-Acetylbrenzcatechin, Brenzcatechin, 4-Methylbrenzcatechin*) u. deren Ionisation-Konst. besteht eine lineare Beziehung, das Ausmaß der Chelat-Bldg. wächst mit dem pK-Wert. P. Scharner. 223□

**Potentiometrische Untersuchungen an Plutonium.** K. Schwabe und D. Nebel. (Z. physik. Chem. [Leipzig] **220,** 339—54, 1962; Dresden, Zentralinst. für Kernphys., Bereich Radiochem.; dt.) — Zur Unters. der Komplexgleichgewichte zwischen Pu(IV) bzw. Pu(III) u. Acetat wird die Änderung des Redoxpotentials mit der Acetat-Konz. bei konst. Pu(IV)- u. Pu(III)-Konz. zur Best. der Komplex-Konst. herangezogen. Vff. nehmen an, daß bei gleichen Pu(IV)-Ausgangs-Konzz. u. gleichem Meß-Verf. stets eine gleiche minimale Pu(III)-Konz. vorliegt. Pu(IV) in $HClO_4$ wird elektrolyt. aus Pu-Stamm-Lsg. [Pu(III), Pu(IV), Pu(V) (?), Pu(VI)] hergestellt. Die potentiometr. Messungen werden mit den Ketten Au/Pu(IV); $HClO_4$ (c = 0,1) ||HCl (c = 0,1), $Hg_2Cl_2$/Hg u. Au/Pu (IV), $HClO_4$ + Na-Acetat (c = 0,1)|| HCl (c = 0,1), $Hg_2Cl_2$/Hg durchgeführt. Unterhalb pH 4,8 beträgt die maximale Ligandenzahl 5, die Stabilitäts-Konst. der einzelnen Komplexe sind (Ionenstärke 0,1; 25°): $K_1' = [PuAc^{3+}]/[Pu^{4+}][Ac^-] = 2,05\cdot 10^5$ ($Ac^-$ = Acetat); $K_2' = [PuAc_2^{2+}]/[Pu^{4+}][Ac^-]^2 \sim 1\cdot 10^9$; $K_3' = [PuAc_3^{+}]/[Pu^{4+}]\cdot[Ac^-]^3 \sim 8\cdot 10^{13}$; $K_4' = [PuAc_4]/[Pu^{4+}][Ac^-]^4 \sim 2\cdot 10^{18}$; $K_5' = [PuAc_5^{-}]/[Pu^{4+}][Ac^-]^5 = 3,98\cdot 10^{22}$ u. $K_5'' = [PuAc_5^{2-}]/[Pu^{3+}][Ac^-]^5 \sim 5,1\cdot 10^{16}$. Das Standardpotential Pu(IV)/Pu(III), bezogen auf die Standardwasserstoffelektrode u. bei 25°, für die Kette Au/$Pu^{4+}$, $Pu^{3+}$, $HClO_4$ (c = 0,1) ||HCl (c = 0,1), $Hg_2Cl_2$/Hg ergibt sich bei Abschätzung der individuellen Aktivitäts-Koeff. nach Kielland (1937) u. des Diffusionspotentials zu +1,006 ± 0,003 V. P. Frenzel. 223□

**Stabilitätskonstanten der Chlorokobalt(II)-Komplexe.** D. F. C. Morris und E. L. Short. (Electrochim. Acta [London] **7,** 385—91, Mai/Juni 1962; London, Brunel Coll. of Technol., Dep. of Chem.; engl.) — $^{60}$Co wird als Tracer bei Unterss. von wss. Lsgg., die Co(II)-Chlorokomplexe enthalten, verwendet. Ihre Stabilitäts-Konst. $\beta_j = [CoCl_j^{(2-j)+}]/[Co^{2+}][Cl^-]^j$ bei 20° u. der Ionenstärke 0,691m ($HClO_4$) werden mit Hilfe eines Kationenaustausch-Verf. (Amberlite IR-120, 30—50 mesh, $H^+$-Form) ermittelt, wobei die Gleichgewichtsverteilung von $^{60}$Co zwischen Ionenaustauscher u. Lsg. mit einem $\gamma$-Strahlenscintillationszähler gemessen wird. In Harzphase u. Lsg. werden keine mehrkernigen Komplexe festgestellt, die Bldg. von Hydrolyse-Prodd. von Co(II)·aq· oder von Hydroxohalogenokomplexen ist auszuschließen. Die $\beta_j$-Werte betragen $\beta_1$ = 4,90 ± 0,5; $\beta_2$ = 3,2 ± 0,1; $\beta_3 \sim 0$; $\beta_4 \sim 0$; $K_1$ = 4,90; $K_2$ = 0,65 ($K_j = \beta_j/\beta_{j-1}$). *$CoCl_3^-$* u. *$CoCl_4^{2-}$* werden bei Konzz. bis 0,582m nicht beobachtet. Vff. vergleichen die Ergebnisse mit spektrophotometr. u. Extraktions-Untersuchungen.

P. Frenzel. 223□

**Potentiometrische Untersuchungen an Kupfer(II)-Komplexen von N-p-Toluolsulfonylglycin.** G. S. Kachhawaha und J. N. Gaur. (J. sci. ind. Res. [New Delhi], Sect. B **21,** 399, Aug. 1962; Jaipur, Univ. of Rajasthan, Dep. of Chem.; engl.) — Die

Arylsulfonyl-Derivv. der α-Aminosäuren fungieren als biproteide, zweizähnige Liganden u. bilden mit einigen Metallionen stabile Komplexe, z. B. erhält man durch Rk. von N-p-Toluolsulfonylglycin mit $Cu^{2+}$ einen blauen 2 : 1-Chelat-Komplex, der weder mit $K_4[Fe(CN)_6]$-Lsgg. noch mit NaOH ausgefällt wird; durch längeres Durchleiten von $H_2S$ wird CuS gebildet. G. Heller. 223 □

**Über die Stabilität von inneren Metallkomplexen.** Basudeb Das Sarma und Priyadaranjan Rây. (J. Indian chem. Soc. **33**, 841—51, Nov. 1956; Calcutta, Univ., Coll. of Sci., Inorg. Chem. Labor.; engl.) — Die Stabilitäts-Konst. (K) der schon früher dargestellten Verbb. *Bis-[biguanid]-kupfer(II)-chlorid-2-Wasser*, *Bis-[methylbiguanid]-kupfer(II)-chlorid-2,5-Wasser*, *Bis-[phenylbiguanid]-kupfer(II)-chlorid-Wasser*, *Bis-[diäthylbiguanid]-kupfer(II)-chlorid-1,5-Wasser*, *Äthylendibiguanidkupfer(II)-chlorid-1,5-Wasser*, *m-Phenylendibiguanidkupfer(II)-chlorid-1,5-Wasser*, *Bis-[biguanid]-nickel(II)-chlorid-2-Wasser*, *Bis-[phenylbiguanid]-nickel(II)-chlorid-2,5-Wasser*, *Äthylendibiguanid-nickel(II)-chlorid* u. der durch Erhitzen von Metallsalz, Dicyandiamid u. dem entsprechenden Amin in wss. Lsg. neu dargestellten Verbb. *Bis-[äthylbiguanid]-kupfer(II)-chlorid-0,5-Wasser*, *Bis-[dimethylbiguanid]-kupfer(II)-chlorid*, *Bis-[methylbiguanid]-nickel(II)-chlorid-4,5-Wasser*, *Bis-[äthylbiguanid]-nickel(II)-chlorid-0,5-Wasser*, *Bis-[dimethylbiguanid]-nickel(II)-chlorid-0,5-Wasser* u. *Bis-[diäthylbiguanid]-nickel(II)-chlorid-0,5-Wasser* werden ermittelt. Die Veränderung der Stabilität der Komplexe infolge von Substitution wird mit den Veränderungen der sauren Dissoziations-Konst. der Liganden in Beziehung gesetzt. Die K-Werte der Cu-Komplexe sind $10^4$—$10^6$ mal so groß wie die der entsprechenden Ni-Komplexe. Die ersteren dissoziieren in zwei Schritten mit definierten K für die Mono- u. Bis-[biguanid]-Komplexe, letztere in einem Schritt. Die Dissoziation der Dibiguanid-Komplexe erfolgt dagegen sowohl bei Cu als auch bei Ni in einem Schritt. W. Betcke. 223 □

**Wechselwirkung zwischen Gelöstem und Lösungsmittel im System Chlorwasserstoff–Wasser–Tri-n-butylphosphat.** A. S. Kertes. (J. inorg. nuclear Chem. **14**, 104—13, Juli 1960; Jerusalem, Israel, Hebrew Univ., Dep. of Inorg. and Anal. Chem.; engl.) — Es wurde versucht, die im heterogenen Gleichgewicht zwischen wss. HCl u. reinem Tri-n-butylphosphat (TBP) auftretenden Verbb. mit Hilfe von Messungen der HCl-Verteilung sowie der Vol.-Änderung, Dichte, Viscosität u. Leitfähigkeit der TBP-Phase u. ihres W.-Geh. zu identifizieren. Der Ionisationsgrad der Verbb. in der TBP-Phase wurde berechnet. Aus zwei Knickpunkten, die die Funktionskurven der physikal. Eigg. der TBP-Phase in Abhängigkeit von der HCl-Konz. zeigen, wird auf die Bldg. zunächst eines TBP-Monohydrats u. weiter zweier HCl-Addukte geschlossen. Letztere werden als $[(TBP)_2 \cdot HCl \cdot (H_2O)_6]$ u. $[TBP \cdot HCl \cdot (H_2O)_3]$ formuliert. W. Betcke. 224◇

**Extraktion der Lanthaniden mit Acetylaceton.** W. B. Brown, J. F. Steinbach und W. F. Wagner. (J. inorg. nuclear Chem. **13**, 119—24, April 1960; Lexington, Ky., Univ., Dep. of Chem.; engl.) — Die Extrahierbarkeit von Nd, Sm, Gd, Tb, Dy, Ho, Er, Yb u. Y aus wss. Lsg. in Acetylaceton (I) nimmt mit steigendem pH-Wert von Werten $<$ 10% bei pH 4 bis zu Werten zwischen 30 u. $>$ 65% bei pH ca. 6 zu. Sie ist am größten bei Yb (37,7 bzw. 84,6% bei pH 4,35 bzw. 5,79) u. nimmt mit wachsendem Ionenradius (r) linear (Knick bei Dy) ab. Ebenso nimmt die Löslichkeit der Acetylacetonate in I linear mit wachsendem r ab. Trennungen sind nur im optimalen pH-Bereich (5,5—6) durchführbar, lediglich Yb läßt sich im gesamten Bereich von den anderen Ionen trennen. Die analyt. Messungen wurden mit spektrometr. u. komplexometr. Meth. durchgeführt. W. Betcke. 224◇

**Die Extraktion von Thorium(IV) durch Diester der Orthophosphorsäure, $(GO)_2 \cdot PO(OH)$.** D. F. Peppard, G. W. Mason und S. McCarty. (J. inorg. nuclear Chem. **13**, 138—50, April 1960; Lemont, Ill., Argonne Nat. Labor.; engl.) — Die Extraktion von Th(IV) aus wss. saurer Lsg. in Toluol-Lsgg. des Orthophosphorsäure-bis-[2-äthylhexyl]- (**I**) u. -bis-[p-(1.1.3.3-tetramethylbutyl)-phenyl]-esters (**II**) wird bei konst. $ClO_4^-$-, $Cl^-$- u. $NO_3^-$-Ionenstärke der wss. Lsg. in Abhängigkeit vom pH-Wert der wss. Lsg. u. von der Extraktionsmittel-Konz. der organ. Phase radiometr. untersucht. Im **I**-Syst. zeigt der Verteilungsquotient (K) eine direkte Abhängigkeit 3. Ordnung von der **II**-Konz. der organ. Phase u. eine umgekehrte Abhängigkeit 4. Ordnung von der $H^+$-Konz. der wss. Phase. Im **I**-Syst. ist K bei allen drei Anionen in der wss. Lsg. direkt in 3. Ordnung von der **I**-Konz. abhängig, die Aciditäts-Abhängigkeit ist aber bei der wss. $NO_3^-$-Lsg. umgekehrt 3. Ordnung, im Falle der $ClO_4^-$- u. der $Cl^-$-Lsg. dagegen umgekehrt 4. Ordnung bei niedrigen bis umgekehrt nahezu 3. Ordnung bei hohen $H^+$-Konzentrationen. Die extrahierten Teilchen werden als Koordinationskomplexe (Koordinationszahl 6) der Th(IV)-Salze der zweifach veresterten Phosphorsäuren mit den sauren Estern u. evtl. einem Anion formuliert. Die Stabilitätsverhältnisse sowie der Einfl. der entsprechenden Monoester als Verunreinigungen werden diskutiert. W. Betcke. 224◇

**Die Extraktion von Niob(V) aus salpetersaurer Lösung mit Tri-n-butylphosphat.** C. J. Hardy und D. Scargill. (J. inorg. nuclear Chem. **13**, 174—80, April 1960; Harwell, Didcot, Berks., A.E.R.E.; engl.) — Die Extrahierbarkeit von Nb(V), das sich in Konzz. $< 10^{-7}$m in Form stabiler Lsgg. herstellen läßt, aus salpetersaurer Lsg. in reines oder verd. Tri-n-butylphosphat (TBP) wird in Abhängigkeit von der $HNO_3$- u. der TBP-Konz. radiometr. untersucht. Es treten nichtextrahierbare Nb-Teilchen auf, deren Menge bei vorangehendem Erhitzen der Lsg. u. mit zunehmender $HNO_3$-Konz. abnimmt. Das Verh. von Nb in $HNO_3$-Lsg. wird auf der Grundlage der Existenz von Hydroxonitrato-Komplexen des hypothet. $Nb^{5+}$-Ions erklärt, die im Gleichgewicht mit den nichtextrahierbaren (polymeren) Formen liegen. W. Betcke. 224◇

**Die Vorgänge bei der Gewinnung von Uran aus Phosphorsäure.** F. Habashi. (J. inorg. nuclear Chem. **13**, 125—37, April 1960; Wien, TH, Inst. für anorg. chem. Technol.; dt.) — Die Verteilung von U(VI) zwischen wss. phosphorsaurer Lsg. u. einer Lsg. von Dioctylpyrophosphorsäure (I) in n-Hexan wird in Abhängigkeit von den Konz.-Verhältnissen untersucht. Der Verteilungs-Koeff. (D) nimmt bei Steigerung der $H_3PO_4$-Konz. der wss. Phase von 2m auf 7m (bei Extraktion mit 2% ig. I-Lsg.) von ca. 200 auf 20 ab. Durch teilweise Neutralisation bei hoher $H_3PO_4$-Konz. wird D erhöht, ebenso durch Steigerung der I-Konz. in der organ. Phase, doch läßt sich die Lsg. bei einem I-Geh. von 25% infolge zu hoher Viscosität nicht mehr handhaben. Bei Erhöhung der U(VI)-Anfangs-Konz. von 0,4 auf 2,0 mg/ml in 8m $H_3PO_4$ nimmt D von 22,0 auf 8,2 ab. U(IV) wird in wesentlich geringerem Maße extrahiert. Fe(III) u. Th(IV) werden erheblich mitextrahiert, V(IV) merklich, Fe(II) u. V(V) gar nicht. Das Extraktions-Verh. wird auf die Bldg. verschiedener $UO_2^{2+}$-Komplexe in wss. u. organ. Phase zurückgeführt, deren Bldg.-Möglichkeiten diskutiert werden. W. Betcke. 224◇

**Die Reaktion zwischen Thenoyltrifluoraceton und seinem Uranylkomplex in Benzol.** Sigfred Peterson. (J. inorg. nuclear Chem. **14**, 126—27, Juli 1960; Oak Ridge, Tenn., Oak Ridge Nat. Labor., Chem. Technol. Div.; engl.) — Löslichkeits-Verss. bestätigen die Annahme von King [1958], nach der das $UO_2^{2+}$-Chelat des Thenoyltrifluoracetons (TTA) in Bzl.-Lsg. mit überschüssigem TTA eine Anlagerungs-Verb. bildet. Das Verh. der Lsg. ist nicht ideal. Die Bldg.-Konst. des Komplexes wächst bei Zunahme der TTA-Konz. von 0,17 auf 1,53m vom Wert 3,2 auf 4,6 an. W. Betcke. 224◇

**Die selektive Adsorption von sechswertigem Uran durch ein nichtionisches phosphoryliertes Harz aus Lösungen von Di-n-butylphosphorsäure in Benzol.** J. Kennedy, F. A. Burford und P. G. Sammes. (J. inorg. nuclear Chem. **14**, 114—22, Juli 1960; Harwell, Didcot, Berks., A.E.R.E.; engl.) — Aus einer Lsg. des $UO_2(DBP)_2$-Komplexes (HDBP = Dibutylphosphorsäure) in Bzl. wird $UO_2^{2+}$ an das nichtion. Harz Diäthylpolystyrolmethylenphosphonat (I) unter Bldg. von $UO_2(DBP)_2 \cdot 2\,I$ adsorbiert. Der Verteilungs-Koeff. (K) u. die Geschw. der Gleichgewichts-Einstellung sind vom Geh. der Bzl.-Lsg. an überschüssigem HDBP abhängig. K geht beim Verhältnis HDBP:$UO_2 \cdot (DBP)_2 = 0{,}3:1$ durch ein Maximum ($> 600$), wobei das Gleichgewicht erst nach $> 160$ Std. erreicht wird, während dieses beim Verhältnis 10:1 mit K = 70 nach ca. 5 Std. ausgebildet ist. Die Befreiung von 2 Mol HDBP bei der Absorption des $UO_2$-Komplexes aus überschüssiges HDBP enthaltenden Lsgg. zeigt, daß in der Bzl.-Lsg. $UO_2(DBP)_2 \cdot 2\,HDBP$ vorliegt. Mit einer Lsg. von Dimethylformamid in Bzl. läßt sich $UO_2^{2+}$ quant. eluieren. Die Adsorption ist selektiv gegenüber radioakt. Spalt-Prodd. wie La(III), Zr(IV), Nb(V), Th(IV) u. Fe(III). In Abwesenheit von U(VI) wird HDBP unter Bldg. von I·HDBP adsorbiert. Der Rk.-Mechanismus wird diskutiert. W. Betcke. 224◇

**Der Einfluß verschiedenartiger Alkylsubstituenten in Trialkylphosphaten auf die Extraktion von Actiniden.** T. H. Siddall III. (J. inorg. nuclear Chem. **13**, 151—55, April 1960; Aiken, S. C., E. I. du Pont de Nemours & Co., Savannah River Labor.; engl.) — Die Extrahierbarkeit von Np(VI), Pu(VI), Np(IV), Pu(IV) u. Th aus wss. 3,0n salpetersaurer Lsg. in Lsgg. von Trialkylphosphaten mit n-Butyl, Isobutyl, n-Amyl, Isoamyl, n-Hexyl, n-Octyl, 2-Äthylhexyl, 2-Butyl, 3-Amyl, 3-Methyl-2-butyl u. 4-Methyl-2-amyl als Substituenten wird radiometr. untersucht. Die Verteilungs-Koeff. liegen bei Np(IV) u. Pu(VI) zwischen 3 u. 5, bei Pu(IV) u. Np(VI) zwischen 15 u. 25. Bei Th sind sie im Falle der letztgenannten Substituenten extrem klein, sonst liegen sie zwischen 2,5 u. 4. Dieses Verh. wird damit erklärt, das im Falle des Th drei, bei den anderen Actiniden nur zwei Moll. des Extraktionsmittels im Komplex mit dem Metallion koordiniert sind. W. Betcke. 224◇

**Die Fällung von Ruthenium aus Nitratlösungen mit anorganischen und organischen Sulfiden.** R. L. Moore. (J. inorg. nuclear Chem. **14**, 38—41, Juli 1960; Richland, Wash., Gen. Electr. Co., Hanfort Labor. Operat.; engl.) — Gewisse organ. Verbb. mit

SH-Gruppen, wie *2.3-Dimercaptopropanol-(1)* u. *β-Mercaptopropionsäure*, sind zur Fällung von Ru aus salpetersauren Lsgg. radioakt. Spaltprodd. geeignet u. bieten gegenüber $H_2S$ den Vorteil, daß die bei der $H_2S$-Fällung infolge zu hoher Acidität, Temp. oder Strahlungsdosierung möglichen Zers. unter S-Abscheidung vermieden werden. Spuren Ru können durch Mitfällung von $Ag^+$, $Mo^{3+}$ oder $Cu^{2+}$ mitgerissen werden. $U^{6+}$, $U^{4+}$, $Pu^{4+}$, $Pu^{3+}$ u. andere Spaltprodd. werden nicht mitgefällt. Ru wird als organ. Komplex gefällt, Sulfid tritt im Nd. nicht auf. — Sulfid- u. organ. Fällung werden unter wechselnden Bedingungen untersucht. W. Betcke. 224◇

**Die Rolle des aktivierten Übergangszustandes in der chemischen Kinetik.** A. I. Leonow. (J. physik. Chem. [UdSSR] **35,** 2328—34, Okt. 1961; Inst. für Silicatchem. der Akad. der Wiss. der UdSSR; russ., Auszug: engl.) — Unters. über den Einfl. eines aktivierten Übergangszustandes auf eine Vielzahl physikochem. Prozesse bei chem. Rkk. oder katalyt. Vorgängen. W.-D. Heußner. 225□

**Programmierung und zugehörige Tabellen zur Berechnung kinetischer Gleichungen nach Frost und Schwemer mit Hilfe von Rechenautomaten.** Charles A. Burkhard. (Ind. Engng. Chem. **52,** 678, Aug. 1960; Erie, Pa., General Electric Co., Locomotive and Car Equipm. Dep.; engl.) — Die vom Herausgeber von „Ind. Engng. Chem." 1155 Sixteenth Street, N.W., Washington 6, D. C., erhältliche Programmierung erlaubt die Berechnung von Geschw.-Konst. $k_1$ u. $k_2$ für Syst. mit zwei aufeinanderfolgenden konkurrierenden Rkk. zweiter Ordnung (vgl. Frost u. Schwemer, C. **1953,** 6456.) A. Blaschette. 225◇

**Zersetzungsgeschwindigkeit des Stickstoffmonoxids zwischen 3000 und 4300° K.** E. Freedman und J. W. Daiber. (J. chem. Physics **34,** 1271—78, April 1961; Buffalo, N.Y., Cornell Aeronaut. Labor.; engl.) — In einem Stoßwellenrohr werden Gemische von NO u. Ar auf Temp. von 3000—4300° K erhitzt u. die Zers. des NO mit photoelektr. Detektoren u. spektralphotometr. Meth. im fernen UV in Abhängigkeit von der Zeit verfolgt. Sie verläuft nach mindestens drei Mechanismen. Die Anfangs-Geschw. hängt von der Sauerstoff-Konz. ab; sie ist vom Seldowitsch-Mechanismus $N_2 + O \rightleftharpoons N + NO$ unabhängig u. ergibt sich aus der Summe der voneinander unabhängigen, direkten Dissoziations-Rk. $NO + Ar \rightarrow N + O + Ar$ mit $k = 7 \cdot 10^{12} \exp(-150000/RT)$ Liter/Mol·s u. der bimol. Rk. $2\,NO \rightarrow N_2 + O_2$ mit $k = 4{,}79 \cdot 10^{20}\, T^{-5/2} \exp(-85500/RT)$ Liter/Mol·s. F. Huber. 225□

**Apparatur zur Messung hoher kinetischer Konstanten von Reaktionen in Lösungen.** Jacques Émile Dubois und Gérard Mouvier. (C. R. hebd. Séances Acad. Sci. **255,** 1104—06, 6/8. 1962; Paris, Fac. des Sci., Labor. de Chim. Org. phys.; franz.) — Beschreibung einer App., in der eine sehr geringe Konz. einer Verb. in einem Rk.-Medium konst. gehalten u. ihr Verbrauch schnell u. kontinuierlich gemessen werden kann. Am Beispiel der elektrophilen Bromierung eines Olefins (benötigte Menge: einige $\mu$g) wird gezeigt, daß Geschw.-Konst. im Bereich von 50—$10^8$ Liter/Mol·min erfaßbar sind. Das $Br_2$ wird elektrolyt. aus NaBr gebildet, sein Verbrauch coulometr. verfolgt; die beiden Vorgänge sind elektron. gekoppelt. A. Blaschette. 225◇

**Austauschprozesse in Halogenfluoriden.** A. N. Hamer. (J. inorg. nuclear Chem. **9,** 98—99, 1 Tafel, Jan. 1959; Capenhurst, Chester, U.K.A.E.A., Ind. Group, Res. and Dev. Branch.; engl.) — Zur Klärung des F-Austausches in bin. Gemischen von Halogenfluoriden wurden die magnet. Kernresonanzspektren der Syst. untersucht. Es ergibt sich, daß die F-Atome von $BrF_5$ Platzwechsel wesentlich langsamer vornehmen als die sich untereinander schnell austauschenden F-Atome von HF, $ClF_3$, ClF u. $BrF_3$. Spuren von HF in $ClF_3$ verbreitern durch die genannten Austauschvorgänge die Resonanzlinien u. verändern die Temp.-Abhängigkeit der Spin–Spin-Kopplung. Das Breitenmaximum liegt bei 50 Mol-% HF in der bin. Mischung. Meßverf. u. Proben-Herst. werden beschrieben. H. Böhm. 225□

**Untersuchung der Wackenroderschen Reaktion mit Hilfe der radiopapierchromatographischen Methode.** 5. Mitt. **Die Reaktion des Thiosulfats mit starken Säuren.** E. Blasius und R. Krämer. (Z. anorg. allg. Chem. **318,** 113—21, 1962; Berlin, TU, Anorgan.-Chem. Inst.; dt.) — 4. vgl. C. **1963,** 1197. — Bei der Rk. des $S_2O_3^{2-}$ mit Säuren tritt neben der Zers. in $SO_3^{2-}$ u. S Polythionsäure-Bldg. ein. In starken konz. Säuren mit niedrigem pH-Wert, wie konz. HCl u. konz. $H_2SO_4$, werden Tetra-, Penta- u. Hexathionat gebildet. In verd. starken oder in schwachen Säuren sind Tri- u. Tetrathionat bevorzugt. In allen Säuren ist das Thiosulfat eine gewisse Zeit beständig. R. Krämer. 225□

**Untersuchung der Wackenroderschen Reaktion mit Hilfe der radiopapierchromatographischen Methode.** 6. Mitt. **Die Reaktion des Thiosulfats mit schwefliger Säure.** E. Blasius und R. Krämer. (Z. anorg. allg. Chem. **319,** 1—8, 1962; Berlin, TU, Anorg.-

chem. Inst.; dt.) — 5. vgl. vorst. Referat. — In der gelben Lsg. aus Thiosulfat u. Sulfit sind Thiosulfat, Sulfit u. Trithionat enthalten. Die Trithionatmenge nimmt auf Kosten des Thiosulfats u. Sulfits zu. Nach Verbrauch des Sulfits wird die Lsg. farblos u. der Aufbau von Tetra-, Penta- u. Hexathionat beginnt. R. Krämer. 225□

**Kinetische Untersuchung über den Galliumisotopenaustausch zwischen Galliumionen und Galliumäthylendiamin-N.N.N'.N'-tetraacetat sowie -N-2-Hydroxyäthyläthylendiamin-N.N'.N'-triacetat in Wasser.** K. Saito und M. Tsuchimoto. (J. inorg. nuclear Chem. **23**, 71—79, Dez. 1961; Tokyo, Univ., Inst. for Nucl. Study; engl.) — Der Isotopenaustausch ($^{67}Ga$) zwischen $Ga^{3+}$ u. seinen Komplexen mit EDTA bzw. N-2-Hydroxyäthyläthylendiamin-N.N'.N'-triessigsäure ist in neutraler Lsg. verhältnismäßig langsam, in bas. u. stark sauren Lsgg. sehr schnell. Die Austausch-Geschw. ist bei pH 8 u. 1 meßbar. Die Geschw.-Konst. ist unabhängig von der Konz. des nichtkomplex gebundenen $Ga^{3+}$ u. proportional der Konz. des Komplexes. Nahe pH 8 ist die Konst. proportional $[OH^-]$: die Arrheniussche Aktivierungsenergie beträgt ca. 26 kcal/Mol für beide Komplexe. Unterhalb pH 1 ist die Konst. proportional $[H^+]^{2,4}$, die scheinbare Aktivierungsenergie ist kleiner (ca. 15 kcal/Mol). Der Austauschmechanismus scheint in diesen beiden pH-Gebieten unterschiedlich zu sein, obwohl er unter sonst gleichen Bedingungen für beide Komplexe anscheinend gleich ist. K-H. Birr. 225□

**Kinetik der Zersetzung symmetrischer quecksilberorganischer Verbindungen.** A. N. Nessmejanow, A. Je. Borissow und I. Ss. Ssaweljewa. (Nachr. Akad. Wiss. UdSSR, Abt. chem. Wiss. **1961**, 2241—42, Dez.; Inst. für elementorg. Verbb. der Akad. der Wiss. der UdSSR; russ.) — Es wurden die Geschw.-Konst. der Zers. symm. Hg-Verbb. gemäß: $R_2Hg + HCl \rightarrow RHgCl + RH$ in Dioxan u. Tetrahydrofuran in Ggw. von 3,6 u. 10% W. bei ca. 30° bestimmt. Die Hg-Verbb. zersetzen sich in Dioxan in der Regel schneller als in Tetrahydrofuran (bei 3,6% W.); bei Erhöhung des W.-Geh. im Rk.-Medium sinkt die Zers.-Geschw. stark ab. Untersucht wurden: *Distyryl-*, *Di-o-*, *Di-p-methoxyphenyl-*, *Bis-[transpropenyl]-*, *Bis-[cis-propenyl]-*, *Bis-[3-acetoxybuten-(2)-yl-(2)]-* (cis u. trans), *Bis-[1.2-diphenylvinyl]-*, *Di-p-*, *Di-m-tolyl-*, *Diphenyl-*, *Divinyl-*, *Di-p-Fluorphenylquecksilber.* Helmut Schäfer. 225

**Reaktionsfähigkeit von amorphem Siliciumdioxid in wässerigen Lösungen.** C. Okkerse und J. H. de Boer. (Proc. IVth int. Sympos. Reactivity Solids, Amsterdam **1960**, 240—48, 1961; Rijswijk, Netherlands, Nat. Def. Res. Council TNO, Chem. Labor.; Delft, Technol. Univ.; Geleen, Staatsmijnen in Limburg, Central Labor.; engl.) — Die Änderungen der Porentextur von $SiO_2$ während des Erhitzens in wss. Lsgg. u. nachfolgenden Trocknens bei 120° wurden untersucht. Es tritt eine Abnahme der spezif. Oberfläche u. ein Anstieg der Anzahl von Hydroxylgruppen an der Oberfläche auf. Das Poren-Vol. wird nicht verändert. Die beobachteten Erscheinungen werden auf der Grundlage des Teilchenwachstums erklärt. Die Geschw. der Umwandlung bei konst. Temp. scheint hauptsächlich von der ursprünglichen Textur u. dem pH-Wert der Lsg. abzuhängen. H. Roschkowski. 225◇

**Thermische Hydrolyse von Calciumfluorid und von Fluorit mit Zusätzen von Siliciumdioxid unter dynamischen Bedingungen.** M. A. Michailow und T. I. Wedernikowa. (Nachr. sibir. Abt. Akad. Wiss. UdSSR **1959**, Nr. 3, 49—61; Fernöstliche Filiale der Sibir. Abt. der Akad. der Wiss. der UdSSR; russ.) — Kinetik der therm. Hydrolyse von $CaF_2$ u. Fluorit unter Zusatz von 30% $SiO_2$ in einem Temp.-Bereich zwischen 1050 u. 1250°. Je nach der Temp. verkürzt der $SiO_2$-Zusatz die Dauer der therm. Hydrolyse um das 3 bis 9fache. Diese beschleunigende Wrkg. von $SiO_2$ resultiert daraus, daß das entstehende CaO aus der Rk.-Zone in Form von $Ca_2SiO_4$ entfernt u. das Gleichgewicht entsprechend verschoben wird. Die Unters. der gasförmigen Rk.-Prodd. ergab, daß die Hauptmenge an Fluor als Fluorwasserstoff u. bedeutend weniger als $H_2[SiF_6]$ entweicht. Die Geschw. der Hydrolyse des Fluorits mit 30% $SiO_2$ u. die Konz. der erhaltenen HF-Lsgg. wurden in Abhängigkeit von der Geschw. des Wasserdampfstromes untersucht. Bei Änderung des Dampfverbrauchs von 0,68—0,041 g/min resultiert eine relativ geringe Abnahme der Rk.-Geschw. u. eine erhebliche Zunahme sowohl der Konz. der Lsg. als auch des Verhältnisses von HF zu $H_2[SiF_6]$ im Kondensat. Bei der Unters. der Abhängigkeit der Rk.-Geschw. von der Korngröße der Komponenten der Schicht ergab sich ein Maximum der Rk.-Geschw. bei einer mittleren Korngröße der Komponenten. Verwendet man als Zusatz krist. $SiO_2$, so wird im Vgl. zum amorphen $SiO_2$ die Rk.-Geschw. im Anfangszustand des Prozesses etwas herabgesetzt, was jedoch auf die Gesamtdauer der Rk. ohne wesentlichen Einfl. ist. G. Rudakoff. 225□

**Heterogener isotopischer Ionenaustausch mit Manganomanganiten der Formel $Mn_5O_8 \cdot 3H_2O$.** Peter M. Gäfgen. (Proc. IVth int. Sympos. Reactivity Solids,

Amsterdam **1960**, 213—21, 1961; Zürich, ETH, Phys. Inst.; dt.) — In Suspensionen wenig fehlgeordneten Manganits in einer wss., radioakt. markierten $MnSO_4$-Lsg. wurde die Kinetik der Radioaktivitätsverteilung an Körnern mit einem Durchmesser zwischen 0,060 u. 0,105 mm im Temp.-Bereich von 20—160° verfolgt. Die experimentellen Austauschisothermen lassen die Überlagerung von drei Prozessen erkennen, der Diffusion von Mn(II)-Ionen in die Poren des schwammartigen Manganits, des Austauschs von Mn(II)-Ionen der Lsg. u. des Zwischengitters u. des Austauschs der Mn(II)-Ionen gegen Mn(IV)-Ionen des Gitters des Manganits. Die experimentellen Aktivierungsenergien der beiden letzten Prozesse betragen für wenig fehlgeordneten Manganit $E_{k_2} = 13{,}49 \pm 2$ (kcal/Mol) u. $E_{k_3} = 20{,}80 \pm 2$, für stark fehlgeordneten Manganit 3,42 u. 6,66. Die Anreicherung von Mn aus der Lsg. im stark fehlgeordneten Manganomanganit läßt auf die Bldg. von α-MnOOH nach der Gleichung $MnO_2 + Mn^{2+} + H_2O \rightarrow 2\,MnOOH + 2H^+$ schließen, was auch durch die Änderung des pH von 6 auf 3,0—3,5 bestätigt wird.
H. Roschkowski. 225◇

**Der Einfluß gasförmiger Verunreinigungen auf die Oxydation von Magnesium bei hoher Temperatur.** J. E. Castle, S. J. Gregg und W. B. Jepson. (J. electrochem. Soc. **109**, 1018—23, Nov. 1962; Exeter, Univ., Dep. of Chem.; engl.) — Für den kinet. Verlauf der Oxydation von Mg in $O_2$ bei 475—570° werden bei Verw. einer Vakuummikrowaage in ruhendem $O_2$ von 100 Torr gegenüber der einer Thermowaage mit strömendem $O_2$ von 760 Torr Unterschiede festgestellt, die nicht auf verschiedene Vorbehandlung zurückzuführen sind. Die Beendigung der Schutz-Wrkg. des Oxidfilms ist in strömendem $O_2$ durch die Rk. der in $O_2$ enthaltenen Verunreinigungen mit Mg bedingt. Nach ihrer Entfernung durch Gettern (Mg) oder katalyt. Oxydation (Cu/Fe-Oxidmischung auf Kaolin) erfolgt nur geringe Oxydation (3 $\mu g/cm^2$ bei 525° nach 50 Std., Mikrowaage). Die Verunreinigungen sind vermutlich, wie Verss. mit reinem $O_2$ u. unter Zusatz von 500 ppm $n$-$C_9H_{20}$ zeigen, KW-Stoffe, die an der Oxidoberfläche katalyt. unter Abscheidung von C gespalten werden. C wird in der wachsenden Oxidschicht eingebaut. Die Geschw. des Filmwachstums ist abhängig vom Partialdruck der Verunreinigungen, so daß die Oxydations-Geschw. scheinbar eine Abhängigkeit vom $O_2$-Druck aufweist
P. Frenzel. 225◇

**Die Tieftemperaturoxydation von Germanium.** M. J. Bennett und F. C. Tompkins. (Proc. IVth int. Sympos. Reactivity Solids, Amsterdam **1960**, 154—61, 1961; London, Imp. Coll. of Sci. and Technol., Dep. of Chem.; engl.) — Vff. berichten über eingehende Unterss. der Oxydationskinetik unter Einschluß des während der schnellen Chemisorption u. des langsameren Einbauprozesses infolge Sinterns eintretenden Oberflächenverlusts. Obgleich die Lokalisierung der Rk.-Wärme an der Oberfläche eine Rolle spielen kann, kann der Oberflächenverlust nicht allein dadurch erklärt werden. Zur Erklärung werden Platzwechselvorgänge an besonderen Oberflächenstellen herangezogen. Die Rk.-Kinetik wird über den gesamten Rk.-Verlauf durch die Elovich-Gleichung beschrieben. Aus der Druckabhängigkeit der Geschw. wird geschlossen, daß der die Geschw. bestimmende Prozeß O-Atome einschließt. Aus Oberflächenpotentialwerten gelangt man zu der Ansicht, daß die chemisorbierte Bindung zu einem kleinen Teil ion. ist, u. daß weitere Adsorption durch pseudoion. oder Ladungsübergangsprozesse vor sich geht. Diese Theorie entspricht der Änderung des Oberflächenpotentials bei Adsorption u. Desorption von O, den Ergebnissen bei Zuständen schneller u. langsamer Erholung u. der Abhängigkeit der Oberflächenleitung vom Ausmaß der Oxydation. Ebenso stimmt die Platzwechseltheorie mit der Gleichung von Elovich u. anderen kinet. Daten überein.
H. Roschkowski. 225◇

**Die Oxydation einer Eisenlegierung mit 5% Chrom im Temperaturbereich von 600—850°.** J. M. Perrow und W. W. Smeltzer. (J. electrochem. Soc. **109**, 1023—26, Nov. 1962; Hamilton, Ontario, Canada, McMaster Univ., Dep. of Metallurg. and Metallurg. Engng.; engl.) — Bei der Oxydation ($O_2$-Atmosphäre, 200 Torr) einer Fe–5% Cr-Leg. mit geringen Beimengungen an S, P, Si u. Mn im Temp.-Bereich von 600—850° erfolgt auf geschliffenen, angelassenen Proben anfänglich metastabiles nadelförmiges Wachstum, im weiteren Verlauf Zunder-Bldg. [Duplexschicht aus *Fe-Chromit* u. *Fe(III)-Cr(III)-Oxid*]. Die mit Fe-Chromit bedeckte Leg. ist gegenüber innerer Oxydation empfindlich. Dadurch u. auf Grund der mechan. Zerstörung der Oxidschicht ergeben sich nichtreproduzierbare Geschw.-Kurven.
P. Frenzel. 225◇

**Eine kinetische Untersuchung über die Oxydation von Zinksulfid.** Tsuguyasu Wada und Kichizo Niwa. (J. Fac. Sci., Hokkaido Univ., Ser. III **5**, 8—16, März 1957; engl.) — Vgl. C. **1960**, 5099. — Unterss. über die Geschw. der Oxydation von ZnS bei 540—700° durch Luft oder $O_2$ bei verschiedenen Drücken ergeben bei graph. Wiedergabe des Logarithmus der Geschw. als Funktion der reziproken Temp. eine geknickte Linie; die Geschw. wird von der Gasdiffusion in höheren u. der chem. Rk. im tieferen Temp.-Bereich bestimmt. Für den tieferen Temp.-Bereich ist die Oxydations-Geschw. proportional zur Oberfläche des Sulfids. Die Abhängigkeit der Geschw. vom $O_2$-Druck ist bei Drücken $>50$ Torr nahezu 0. Ordnung. Die die Geschw. bestimmende Rk. ist wahrscheinlich die zwischen dem adsorbierten $O_2$-Mol. u. der ZnS-Oberfläche erfolgende Umsetzung. Berechnete u. gefundene Werte stimmen miteinander überein. W. Wesly. 225□

**Austauschreaktionen zwischen Gasen und Festkörpern: Zinkdampf und polykristallines Zinkoxid.** E. A. Secco. (Proc. IVth int. Sympos. Reactivity Solids, Amsterdam **1960**, 188—94, 1961; Antigonish, Nova Scotia, Canada, St. Francis Xavier Univ., Chem. Dep.; engl.) — Der Austausch von Zn zwischen Zn-Dampf u. ZnO wurde in einem stat. Syst. bei verschiedenen Temp., Zn-Drücken u. Molenbrüchen des Zn in fester Phase untersucht. Änderung des Zn-Druckes zwischen $8{,}5\cdot10^{-2}$ u. $2{,}5\cdot10^{-1}$ atm hatte keinen merklichen Einfl. auf die Austausch-Geschw., sie blieb unabhängig vom Molenbruch des festen Zn im Gebiet 0,40—0,60. Im verwendeten Temp.-Gebiet (720 bis 840°) traten zwei unterschiedliche Rkk. auf. Der Anfangsprozeß ist ein schneller, einfacher Austausch, der nach der Geschw.-Gleichung 1. Ordnung $k = 4{,}6\cdot10^5 \exp(-39{,}5/RT)\, s^{-1}$ verläuft. Dieser Prozeß verläuft im ZnO bis zu einer Tiefe von 20—25 Mol.-Schichten. Bei dieser Tiefe beginnt ein diffusionsbestimmter Prozeß, der zwischen 720 u. 780° durch die Diffusionsgleichung $D = 10^2 \exp(-73{,}0/RT)\, cm^2\cdot s^{-1}$ wiedergegeben wird. Bei 800° nimmt die Diffusionsgleichung die Form $D = 10 \exp(-73{,}0/RT)\, cm^2\, s^{-1}$ an u. stimmt hier mit der Gleichung überein, die für ZnO-Einkristalle gefunden wurde. Kinet. u. strukturelle Erklärungen für dieses Verh. werden besprochen. H. Roschkowski. 225◇

**Verlauf und Produkte der Reduktion des Silberpolysilicats $Ag_2SiO_3$ mit Wasserstoffgas.** Friedrich Wodtcke und Friedrich Liebau. (Z. Elektrochem., Ber. Bunsenges. physik. Chem. **66**, 690—97, Okt. 1962; Berlin-Adlershof, Dtsch. Akad. der Wiss., Inst. für Anorg. Chem.; Würzburg, MPI für Silicat-Forsch.; dt.) — Die Kinetik der Red. des $Ag_2SiO_3$ (I) wurde bei 0, 20, 40, 60 u. 80° in konst. $H_2$-Strom untersucht u. mit derjenigen der Red. des $Ag_2Si_2O_5$ (II) verglichen. Die Rk.-Ordnung, bezogen auf den Anteil an nicht red. Ag (n), ist 0 bei 0° (% $Ag_{red.} = kt$; $k = 8{,}09\cdot10^{-2}\, h^{-1}$), 1 bei 20° [$\log n/n_0 = -k(t-5)$; $n_0 = 100\%$, $k = 9{,}5\cdot10^{-3}\, h^{-1}$] u. steigt bei höheren Red.-Temp. kontinuierlich bis 2,5 bei 80° ($1/n^{1,5} - 1/n_0^{1,5} = 1{,}5\, kt$; $k = 1{,}21\cdot10^{-3}\, h^{-1}$) an. Die wie bei **II** nur bei 20° festgestellte Induktionsperiode von 5 Std. ist wahrscheinlich die zur Bldg. der ersten Ag-Kristallkeime benötigte Zeit. Es wird gefolgert, daß die Red. bei 0° von der Oberfläche her erfolgt, während sie von 20° ab gleichzeitig im gesamten Kristall abläuft, wobei die im kontinuierlichen Anstieg der Rk.-Ordnung zum Ausdruck kommende Verzögerung der Rk. auf die mit steigender Temp. zunehmende Kondens. der bei der Red. gebildeten Polykieselsäure $(H_2SiO_3)_x$ zurückgeführt wird. Die Ag-Kristallite scheiden sich in bezug auf die kristallograph. Achsen der ursprünglichen I-Kristalle orientiert ab. Die hohe katalyt. Aktivität derartiger Trägerkatalysatoren ist wahrscheinlich auf die bevorzugte Ausbildung der (1 1 1)-Flächen des Ag zurückzuführen. P. Scharner. 225□

**Wachstumsmorphologie und Kinetik bei Metall-Gas-Reaktionen.** H. F. Fischmeister. (Proc. IVth int. Sympos. Reactivity Solids, Amsterdam **1960**, 195—206, 1961; Uppsala, Univ., Inst. of Chem.; Stockholm, Swedish Inst. of Metal Res.; engl.) — Untersucht wurden die Zusammenhänge der Wachstumsform des Oxids u. der Kinetik der Oxydation, bes. in den Syst. $Ag/H_2S$ ($+H_2O$) u. $Cu/O_2$, die beide im Anfangsstadium der Rk. sowohl diskrete Oxidkerne als auch Whiskerwachstum zeigen. Die Stärke einer ebenen Bodenschicht wird in Beziehung zu den Dimensionen der Oxid- (bzw. Sulfid-)kerne u. Whisker gesetzt durch einen Vgl. der Menge des gebildeten Rk.-Prod. mit dem durch elektronenmkr. Unters. ermittelten diskontinuierlichen Wachstums des Oxids. Im allg. tragen die Whisker nicht viel zum Vol. des Rk.-Prod. bei. Die das Wachstum der Kerne u. Whisker bestimmenden Faktoren u. ihr möglicher Einfl. auf die Rk.-Kinetik werden besprochen. H. Roschkowski. 225◇

**Kinetik und Mechanismus von Reaktionen in den äußersten Schichten eines Kristalls.** J. S. Anderson und K. J. Gallagher. (Proc. IVth int. Sympos. Reactivity Solids, Amsterdam **1960**, 222—33, 1961; Teddington, England, Nat. Chem. Labor.; Swansea, Wales, Univ. Coll., Dep. of Chem.; engl.) — Vff. behandeln theoret. einige Probleme, die sich aus der Energieverteilung in einem reagierenden Syst. ergeben. Es wird angenommen, daß ein beträchtlicher Beitrag zur Kinetik von Rkk.

im festen Zustand durch die infolge notwendig nicht isothermer Verhältnisse begünstigte Diffusion geleistet wird. Relaxationszeiten beim Energieübergang sind vergleichbar mit dem Zeitablauf chem. Vorgänge u. es wird gefolgert, daß auftretende Wärmemaxima durch chem. frei werdende Energie u. die Wanderung von Oberflächenatomen in der Zukunft noch eingehend untersucht werden müssen. H. Roschkowski. 225◇

**Reaktionsgeschwindigkeit von Prozessen, die Festkörper mit verschiedenen spezifischen Oberflächen einschließen.** B. V. Erofeev. (Proc. IVth int. Sympos. Reactivity Solids, Amsterdam **1960**, 273—82, 1961; Minsk, Acad. of Sci. of B.S.S.R., Inst. of phys. org. Chem.; engl.) — Die auf der Proportionalität zwischen der Rk.-Geschw. chem. Prozesse bei Feststoffen u. den Oberflächen eines anfänglichen festen Stoffes u. eines festen Prod. beruhende Gleichung $d\alpha/dt = k\alpha^{2/3}(1-\alpha)^{2/3}$ (1) wird unter Zuhilfenahme der Gleichung $\alpha = 1 - \exp(-kt^n)$ (2), die das Fortschreiten von Rkk. während Bldg. u. Wachstum von Keimen des festen Prod. beschreibt, zu einer Näherungsgleichung für die Rk.-Geschw. umgewandelt: $d\alpha/dt = k\cdot\alpha^x(1-\alpha)^y$ (3). x bzw. y in Gleichung (3) stehen in Beziehung zu n in Gleichung (2), was durch Unters. der Kinetik der polymorphen Umwandlungen von $NH_4NO_3$ bestätigt wird. Eine Unters. der Abhängigkeit der therm. Zers. von $KMnO_4$ u. $(NH_4)_2Cr_2O_7$ von der Oberfläche der Anfangssubstanzen zeigt, daß die äußere Oberfläche fester Stoffe bei verschiedenen Prozessen unterschiedliche Einfl. ausübt. Die anfängliche Zers.-Geschw. (Z) steigt mit der spezif. Oberfläche von $KMnO_4$, die maximale Z hängt nur schwach von der Oberfläche ab. Die Kurven der Z von $(NH_4)_2Cr_2O_7$ zeigen je nach der spezif. Oberfläche der Substanz verschiedene Maxima. H. Roschkowski. 225◇

**Große präexponentielle Faktoren bei Phasenumwandlungen.** R. A. W. Hill. (Proc. IVth int. Sympos. Reactivity Solids, Amsterdam **1960**, 294—300, 1961; Stevenston, Ayrshire, Scotland, Imp. Chem. Ind., Ltd.; engl.) — Wenn eine Phasenumwandlung Atom für Atom an der Zwischenschicht zwischen reagierender u. entstehender Phase vor sich geht, wird eine lineare Geschw.-Gleichung erwartet, $u_i = (\delta kT/h)\exp(-A_i/RT)$, wobei $\delta$ der Abstand zwischen Atomebenen u. $A_i$ die Aktivierungsenergie des Prozesses sind. Der „präexponentielle" Faktor ($\delta kT/h$) liegt meist in der Größenordnung $10^4$ bis $10^5$. Abweichungen zu größeren Werten werden vom Vf. durch Diffusions- u. Keim-Bldg.-Prozesse an der Zwischenschicht erklärt, die zu einer diffusen Schicht mit vielen Kernen verschiedener Größe führen. Es wird auf die Vers.-Ergebnisse verschiedener Autoren u. eingehender auf die Dehydratisierung von Chromalaun eingegangen, deren komplexer Verlauf durch die Theorie des Vf. u. Einführung wahrscheinlicher Werte für die abs. Geschw. von Diffusion u. Keim-Bldg. erklärt werden kann. — 39 Literaturangaben. H. Roschkowski. 225◇

**Beiträge der Selbsterhitzung zur Reaktivität von Feststoffen.** Peter Gray und M. J. Harper. (Proc. IVth int. Sympos. Reactivity Solids, Amsterdam **1960**, 283—93, 1961; Leeds, Univ., Phys. Chem. Dep.; engl.) — Vff. berichten über Näherungslösungen der Differentialgleichungen für homogene, exotherme Reaktionen.
H. Roschkowski. 225◇

**Kinetik und Mechanismus der Festkörperreaktionen.** F. S. Stone. (Proc. IVth int. Sympos. Reactivity Solids, Amsterdam **1960**, 7—23, 1961; Bristol, Univ., Dep. of phys. and inorg. Chem.; engl.) — Überblick. — 86 Literaturangaben (bis 1959).
H. Roschkowski. 225◇

**Kinetik und Mechanismus der thermischen Zersetzung von Nickeloxalat.** P. W. M. Jacobs und A. R. Tariq Kureishy. (Proc. IVth int. Sympos. Reactivity Solids, Amsterdam **1960**, 352—61, 1961; London, Imp. Coll., Dep. of Chem.; engl.) — Die therm. Zers. von dehydratisiertem Ni-Oxalat wurde zwischen 240 u. 280° untersucht. Bei 240° verläuft die Rk. quant. nach $Ni(COO)_2 \rightarrow Ni + 2\,CO_2$. Eine Anfangs-Rk. mit sich verlangsamender Geschw. verläuft bis zu ca. 1% der Gesamt-Zers., sie ist mit einem Oberflächenprozeß verknüpft. Die Haupt-Rk. besteht in der Fortpflanzung 2dimensionaler Kerne, sie wird weder durch Ni, Au oder Pt katalysiert, durch Wasserdampf jedoch gehemmt. Inerte Gase (He, $N_2$, $CO_2$) setzen die Rk.-Geschw. herab, da sie die Abgabe von während der Verss. durch das dehydratisierte Salz aufgenommenem W. verlangsamen. Bei hohen $CO_2$-Drücken findet eine Rk. mit Ni-Kernen statt. Die Aktivierungsenergien der Anfangs- u. Haupt-Rk. betragen übereinstimmend 32,9 kcal/Mol.
H. Roschkowski. 225◇

**Die Kinetik der thermischen Zersetzung einiger Substanzen, die sich zu Oxiden zersetzen, und die Bildung aktiver Feststoffe durch solche Prozesse.** D. Dollimore, J. Dollimore und D. Nicholson. (Proc. IVth int. Sympos. Reactivity Solids Amsterdam **1960**, 627—37, 1961; Salford, Great Britain, Roy. Techn. Coll., Dep. of Chem. and Phys.; engl.) — Die therm. Zers. von $Zn(C_2O_4)\cdot 2\,H_2O$ (I), $Al_2(C_2O_4)_3\cdot 2\,H_2O$ (II) u. $H_3BO_3$ (III) verläuft in Übereinstimmung mit Unterss. von Mampel [1940] zunächst nach $\alpha = kt^4$, gefolgt von $vt'/r = 1 - (1 - \alpha)^{1/3}$ u. im Endstadium nach der Gleichung $\log(1 - \alpha) = kt + const.$ Dabei verläuft die Zers. von **I** in einer Dehydratationsstufe u. einer Umwandlungsstufe zum Oxid, während **II** direkt in $Al(OH)_3$ u. **III** in $HBO_2$ umgewandelt u. bei weiterer Erwärmung in die Oxide übergeführt werden. Die Änderungen der Oberflächengrößen während der Rkk. werden durch $N_2$-Adsorption bestimmt. H. Roschkowski. 225◇

**Die Reaktionsfähigkeit des Aluminiumoxids bei der Spinellbildung.** Jan Hlaváč. (Proc. IVth int. Sympos. Reactivity Solids [Amsterdam] **1960**, 129—37, 1961; Prag, ČSSR, Chem.-technolog. Hochsch.; engl.) — Die Kinetik der Rk. $Al_2O_3 + MgO$ wurde zwischen 950 u. 1300° in der festen Mischung der Oxide untersucht. Die experimentellen Werte für die Rk.-Geschw. folgen für α- u. $\gamma$-$Al_2O_3$ der kinet. Gleichung von Serin u. Ellickson [1941]. Dabei ist $\gamma$-$Al_2O_3$ reaktiver. Die Aktivierungsenergien betragen für $\gamma$-$Al_2O_3$ 82, für $\alpha$-$Al_2O_3$ 107 kcal/Mol. Im Fall einer gleichzeitigen Umwandlung der γ- in die α-Modifikation treten Abweichungen von der benutzten Geschw.-Gleichung auf. H. Roschkowski. 225◇

**Die Feststoffreaktion zwischen Bariummetatitanat und Bariumcarbonat zur Bildung von Bariumorthotitanat.** Eric R. McCartney, Lieselotte K. Templeton und Joseph A. Pask. (Proc. IVth int. Sympos. Reactivity Solids, Amsterdam **1960**, 672—81, 1961; Berkeley, Calif., Univ. of California, Dep. of Miner. Technol., Ceramic Labor.; engl.) — Die Rkk. in Mischungen von pulverförmigem $BaTiO_3$ u. $BaCO_3$ bekannter Teilchengröße unter Bldg. von $Ba_2TiO_4$ wurden auf Grund des Gew.-Verlusts durch $CO_2$-Entw. verfolgt. Eine allg. Eig. dieser heterogenen Rk. ist die Bldg. einer $BaCO_3$-haltigen fl. Phase auf der Oberfläche der $BaCO_3$-Teilchen, die sich auf $BaTiO_3$- u. sich bildende $Ba_2TiO_4$-Oberflächen ausdehnt. Der Mechanismus der Rk. schließt einen Keim-Bldg.-Prozeß u. einen Diffusionsprozeß ein. Zwischen 800 u. 1500° folgt die Rk. in fein gepulverten Mischungen einer Gleichung 1. Ordnung. Im Gemisch aus grobem $CaCO_3$ u. fein gefälltem $BaTiO_3$ wird das parabol. Geschw.-Gesetz befolgt. In Gemischen mit grobem $BaTiO_3$ gilt 0. Rk.-Ordnung, es liegt ein spezieller Fall des Diffusionsprozesses vor. In vielen Fällen wechselt die Rk.-Ordnung mit dem Fortschreiten der Reaktion. Die Aktivierungsenergien betragen 56—58 (kcal/Mol) für den Prozeß 1. Ordnung u. 28—31 für den Diffusionsprozeß. H. Roschkowski. 225◇

**Reaktionen zwischen verschiedenen Glasarten und Erdalkalimetalloxiden.** J. A. Hedvall. (Proc. IVth int. Sympos. Reactivity Solids, Amsterdam **1960**, 622—26, 1961; Göteborg, Sweden, Silikat-Inst.; engl.) — Bei Unterss. der Rkk. in pulverisierten Mischungen aus „Crown"-, „Supremax"-, Blei-Kalium- u. Natrium-Strontium-Gläsern u. SrO, CaO oder MgO bei Temp. zwischen 400 u. 600° wurde festgestellt, daß die Rk.-. Fähigkeit wasserhaltiger Gläser in allen Fällen höher war als die dehydratisierter Gläser. Bes. im ersten Fall wurden derart hohe Rk.-Ausbeuten erhalten, daß die Glasstruktur zerstört wurde. Die Rk.-Mechanismen, bes. der Einfl. der Oberflächenänderung während der Rkk., werden besprochen. H. Roschkowski. 225◇

**Die quecksilbersensibilisierte photochemische Zersetzung von Kohlenstoffdioxid durch 1849 Å ($Hg^*6^1P_1$).** Yuji Mori. (Bull. chem. Soc. Japan **34**, 1128—31, Aug. 1961; Tokyo, Inst. of Technol. Meguro-ku, Labor. of Phys. Chem.; engl.) — Die photosensibilisierte Zers. von $CO_2$ durch $Hg^*(6^1P_1)$ u. die direkte Photolyse durch 1849 Å wurde nach einer stat. Meth. gemessen. In der photosensibilisierten Rk. entsteht nur CO, jedoch kein $O_2$, dafür aber HgO, das sich an den Fenstern des Rk.-Gefäßes niederschlägt. Bei der nichtsensibilisierten Photolyse von $CO_2$ entsteht CO u. $O_2$ im Verhältnis 1:5, wobei das $O_2$-Defizit durch Adsorption an der Wand u. durch $O_3$-Bldg. gedeutet werden kann. Der scheinbare Auslöschungsquerschnitt wurde durch Annahme eines einfachen Mechanismus erhalten. Der hohe Wert für den scheinbaren Auslöschungsquerschnitt des $Hg^*(6^1P_1)$ wird vom Standpunkt intermol. Wechselwrkg. zwischen angeregtem Hg-Atom u. $CO_2$ im Grundzustand diskutiert. M. Schenk. 226◇

**Bestrahlung von Phosphornitridchloriden.** 1. Mitt. **Bestrahlung von niederen Homologen.** M. W. Spindler und R. L. Vale. (Makromolekulare Chem. **43**, 231—36, 1961; Wantage, Wantage Res. Labor., Isotope Res. Div.; engl.) — Trimeres u. höhermol., lineares u. cycl. Phosphornitridchlorid (**I**) wurde bei 120°, bei Raum-Temp. u. bei —78° mit Elektronen (4 MeV) bestrahlt. Bei der Bestrahlung von trimerem **I** werden unlösl. gummiartige Prodd. erhalten, die beim Stehenlassen an der Luft nach mehreren Tagen auf die gleiche Weise härten wie Gummi, der durch therm. Polymerisation erhalten wurde. Sauerstoff begünstigt die Bldg. des Gummis. Bei Zugabe von Benzochinon trat bei Raum-Temp. kein Effekt auf, aber bei —70° wurden höhere Ausbeuten an Gummi erhalten. Die cycl. Polymeren des **I** sind gemäß ihres aromat. Charakters gegen die Bestrahlung stabil, die linearen Polymeren u. das I-Gel dagegen recht empfindlich. Die durch Bestrahlung erhaltenen Polymeren besitzen nach dem IR-Spektrum P—O—P-Bindungen. F. Rochlitz. 226□

**Bestrahlung von Phosphornitridchloriden. 2. Mitt. Strahlungsinduzierte Pfropfcopolymerisation.** M. W. Spindler und R. L. Vale. (Makromolekulare Chem. **43,** 237—41, 1961; engl.) — 1. vgl. vorst. Referat. — Mit Hilfe von $^{60}$Co-$\gamma$-Strahlen wurde eine Reihe von Pfropfcopolymeren aus Styrol u. Phosphornitridchloridkautschuk dargestellt. Von den erhaltenen Copolymeren wird der Quellungsgrad in Bzl. u. das Maß ihrer Stabilität mitgeteilt. F. Rochlitz. 226□

**Reaktionen von neutronenaktivierten As-Atomen in organischem Medium. 1. Mitt. Die Bildung von Phenylarsenverbindungen während des Neutronenbeschusses von $AsCl_3$ in Benzol.** K. E. Siekierska, A. Sokolowska und I. G. Campbell. (J. inorg. nuclear Chem. **12,** 18—29, 1959; Warsaw, Inst. of Nuclear Res., Dep. of Radiochem.; engl.) — Bei der Bestrahlung einer 0,1 m $AsCl_3$-Lsg. in trockenem Bzl. mit einem therm. Neutronenfluß von $10^8$ Neutronen/cm$^2$·s während ca. 3 Halbwertszeiten des $^{76}$As wurden gebildet: 0,08% *Triphenylarsin* (I); 16,10% *Diphenylarsinoxid* (II) + *Phenylarsinoxid* (III) + *Diphenylarsonsäure* (IV); 3,96% *Phenylarsonsäure* (V); 63,89% $AsO_3^{3-}$; 15,71% $AsO_4^{3-}$ u. 0,15% *As*. Nach der gleichen Bestrahlung von krist. I wurden gefunden: 9,61% I; 5,36% IV; 22,35% $AsO_3^{3-}$; 10,58% $AsO_4^{3-}$ u. 5,72% As. Die Bestrahlung von 0,1 m I in Bzl. mit $10^9$ Neutronen/cm$^2$·s während 2 Halbwertszeiten des $^{76}$As lieferte: 4,42% I; 15,22% II 16,25% III; 3,13% IV; 9,24% V; 44,20% $AsO_3^{3-}$ u. 7,25% $AsO_4^{3-}$. Die Bestrahlung von krist. I mit $10^{12}$ Neutronen/cm$^2$·s während 1 Halbwertszeit ergab: 22,11% I; 27,39% II; 11,3% III; 1,7% IV; 23,1% V; 3,7% $AsO_3^{3-}$ u. 7,2% $AsO_4^{3-}$. Die Bestandteile wurden an $Al_2O_3$-Säulen getrennt u. mit verschiedenen Lsgm. eluiert. Papierchromatograph. Trennungen wurden auf Whatman-Nr. 1-Papier mit Laufmitteln aus Butanol u. $CH_3COOH$ bzw. $NH_3$ durchgeführt. R. Krämer. 226◇

**Die thermische Zersetzung von bestrahltem Kaliumbromat.** Joseph Jach. (Proc. IVth int. Sympos. Reactivity Solids, Amsterdam **1960,** 334—44, 1961; Dover, N.J., Picatinny Arsenal; engl.) — Bei der therm. Zers. von unbestrahlten u. $\gamma$-Strahlen ausgesetzten $KBrO_3$ (I)-Kristallen vom mittleren Ø 0,3 mm im Temp.-Bereich 342 bis 412° entstehen KBr u. $O_2$. Bei unbestrahltem I ist das Verh. in Bereichen niedriger bzw. hoher Temp. unterschiedlich. Bis 367° wird die anfängliche schnelle Gas-Entw. durch einen exponentiellen Abfall nach $p = p_\infty (1 - e^{-kt})$ abgelöst, zwischen 379 u. 412° verläuft der gleiche Prozeß nach einer Beschleunigungsperiode. Arrhenius-Diagramme der Exponentialperioden sind linear, zwischen dem Hoch- u. dem Tieftemp.-Bereich liegt ein Unstetigkeitsbereich mit einem angenähert 10fachen Anstieg der Geschw. mit der Temp., die Aktivierungsenergien der linearen Bereiche entsprechen 62 (kcal/Mol) im niedrigeren u. 53 im höheren Temp.-Bereich. Die Aktivierungsenergie der Beschleunigungsperiode bei höheren Temp. beträgt 41 kcal/Mol. Die p/T-Diagramme der bestrahlten Proben folgen im gesamten Temp.-Bereich der Exponentialgleichung. Die Aktivierungsenergien des mit $9{,}5 \cdot 10^7$ r bzw. $6{,}2 \cdot 10^8$ r bestrahlten Materials betragen 53 bzw. 48 kcal/Mol. Mkr. Unterss. lassen erkennen, daß oberflächliches Schmelzen bei der Zers. eine wichtige Rolle spielt. Die beobachteten Bestrahlungs-Wrkg. werden im Licht der heutigen Theorien von Bestrahlungsschäden besprochen.
H. Roschkowski. 226◇

**Bestrahlung von Verbindungen im festen Zustand.** M. Camp, S. K. Deb, B. L. Evans, H. M. Montagu-Pollock und A. D. Yoffe. (Proc. IVth int. Sympos. Reactivity Solids, Amsterdam **1960,** 321—33, 1961; Cambridge, Cavendish Labor., Res. Labor. for the Phys. and Chem. of Solids; engl.) — Die Photolyse von *$TlN_3$*, *$Hg_2N_6$* u. *Triphenilmethylazid* u. die Zers. von *Silberazid* u. *Silbercyanamid* im Elektronenstrahl wurden untersucht. Aus dem opt. Absorptionsspektrum u. der Photoleitfähigkeit oberhalb —60° wurden die Elektronenenergieniveaus des festen $TlN_3$ ermittelt. Oberhalb Raum-Temp. wurde die Geschw. seiner photochem. Zers. als Funktion der Temp., Lichtintensität u. Wellenlänge gemessen. Die Aktivierungsenergie hat je nach Wellenlänge ein oder zwei Maxima. Die Zers. dieses Azids verläuft wahrscheinlich nach einem Elektronenübergangsmechanismus: $N_3^- \rightleftharpoons N_3 + e$, das entstehende positive Loch führt zu der Rk. $2\,N_3 \rightarrow 3\,N_2$. $Hg_2N_6$ u. Triphenylmethylazid sind größtenteils kovalent. Es wird vermutet, daß die Zers. durch Spaltung der längsten N—N-Bindung beginnt. Die Zers. der Ag-Verbb. durch Strahlen hoher Intensität wird durch die Bldg. häufiger kleiner Ag-Kerne bestimmt, die nach dem bisherigen Azidgitter geordnet sind. Strahlen geringer Intensität haben die gleiche Wrkg. wie Erhitzung. H. Roschkowski. 226◇

**Einfluß der Protonenbestrahlung auf die katalytische Aktivität.** Aija Spilners und R. Smoluchowski. (Proc. IVth int. Sympos. Reactivity Solids, Amsterdam **1960,**

475—78, 1961; Pittsburgh, Pa., Carnegie Inst. of Technol.; engl.) — Die Zers. von HCOOH zu $CO_2$ u. $H_2$ in Ggw. von metall. Cu wurde unter isothermen Bedingungen im Temp.-Gebiet von 150—185° untersucht u. die Geschw.-Konst. u. Aktivierungsenergien der nach 0. Ordnung verlaufenden Rk. wurden bestimmt. Bestrahlung mit 350 MeV-Protonen (ca. $10^{15}/cm^2$) setzt die Aktivierungsenergie von ca. 25 kcal auf etwa die Hälfte herab. Unters. der katalyt. Aktivität von elektrolyt. poliertem Cu zeigen, daß in diesem Fall Rk.-Geschw. u. Aktivierungsenergie niedrig sind. Es wird vermutet, daß dieser Bestrahlungs-Einfl. auf beschleunigte Oberflächendiffusion zurückzuführen ist. Eine halbquant. Abschätzung wird angegeben. H. Roschkowski. 227◇

**Einfluß der Gasart auf den photokatalytischen Effekt an Platinkatalysatoren.** I. W. Krylowa, W. A. Ogarew und N. I. Kobosew. (J. physik. Chem. [UdSSR] **35,** 2311—15, Okt. 1961; Moskau, Lomonossow-Univ.; russ., Auszug: engl.) — Vff. untersuchen durch UV-Strahlung hervorgerufene photokatalyt. Effekte bei der Zers. von $H_2O_2$ an $Pt/SiO_2$ unter $N_2$-, $O_2$-, $H_2$-, Luft- u. Ar-Atmosphäre bei verschiedenen Drücken bis 760 Torr u. im Vakuum. Der größte beobachtete Abfall der Aktivität des Katalysators wird in Inertgasatmosphären festgestellt u. kann nicht durch eine Photooxydation von Pt erklärt werden. W.-D. Heußner. 227□

**Über die Ausbildung der Porenstruktur von Alumosilicatkatalysatoren bei Einwirkung von oberflächenaktiven Stoffen.** K. W. Toptschijewa, T. W. Antipina, Che-Ssujan Li und Je. A. Leontjew. (Kinetik u. Katalyse [UdSSR] **2,** 887—93, 1 Tafel, Nov./Dez. 1961; Moskau, Lomonossow-Univ., Chem. Fak.; russ.) — Beschreibung einer Meth. zur Darst. gleichmäßig grobporiger Alumosilicatkatalysatoren. Das intermicellare W. im Hydrogel des Alumosilicats wird durch oberflächenakt. Stoffe verdrängt. Als Ausgangsmaterial dient ein Hydrogel der Zus. 12% $Al_2O_3$ + 88% $SiO_2$, als oberflächenakt. Stoffe werden Isobutyl- (I) u. Isoamylalkohol (II) sowie Bzl. verwendet. Die Behandlung des Gels mit **I, II** bzw. Bzl. führte zu keiner Änderung der chem. Zus. u. der Natur der Oberfläche. Das Alumosilicat behält das Strukturskelett des Hydrogels, die Teilchengröße bleibt ebenfalls erhalten. G. Engelhardt. 227□

**Mechanismus der katalytischen Oxydation von Schwefeldioxid an Vanadinkatalysatoren.** Haruichi Hara, Akiyoshi Adachi und Naoji Kurata. (J. chem. Soc. Japan, ind. Chem. Sect. [Kōgyō Kagaku Zassi] **63,** 56—59, Jan. 1960; Osaka-Suita, Nippon-Syokubai-Kagaku; jap., Auszug: engl. S. A2.) — Nach Hougen u. Watson werden die Geschw. einzelner möglicher geschwindigkeitsbestimmender Stufen der Oxydation von $SO_2$ zu $SO_3$ an V-Katalysatoren berechnet u. mit gemessenen Daten verglichen. Die Oberflächen-Rk. zwischen den am Katalysator adsorbierten O-Atomen u. den adsorbierten $SO_2$-Moll. stellt offenbar die geschwindigkeitsbestimmende Stufe dar. E. Maekawa. 227□

**Oxydation der zur CO–$H_2$-Synthese dienenden Eisenkatalysatoren durch Wasser und Wasserdampf.** A. Ja. Rosowski, A. N. Baschkirow, Ju. B. Kagan und Je. G. Pokrowskaja. (Kinetik u. Katalyse [UdSSR] **2,** 830—37, Nov./Dez. 1961; Akad. der Wiss. der UdSSR, Inst. für erdölchem. Synth.; russ.) — In der Anfangsphase bei ca. 100° wird die Rk.-Geschw. durch die Bldg.-Geschw. von Oxidkeimen bestimmt. Bei 150—200° ist die Keim-Bldg.-Geschw. sehr groß. W. wirkt katalyt., bes. bei hohen Temp., was bei der Festlegung der optimalen Bedingungen für die Synth. organ. Verbb. aus CO, C u. $H_2$ von Bedeutung ist. G. Engelhardt. 227□

## $A_8$. Präparative anorganische Chemie. Komplexverbindungen. Metallorganische Verbindungen

**Die Reaktionen von Distickstofftetroxid mit Lithiumcarbonat, mit einer Reihe von Magnesiumverbindungen und mit Aluminiumchlorid.** J. D. Archambault, H. H. Sisler und G. E. Ryschkewitsch. (J. inorg. nuclear Chem. **17,** 130—34, April 1961; Gainesville, Fla., Univ. of Florida, Dep. of Chem.; engl.) — Vff. untersuchten die Rkk. von fl. $N_2O_4$ (I) mit $Li_2CO_3$ (II), bas. Mg-Carbonat (III); MgO (IV), $Mg(OH)_2$ (V), $MgCl_2$ (VI), $Mg(ClO_4)_2$ (VII) u. wasserfreiem $AlCl_3$ (VIII). **II** bildet mit **I** $LiNO_3$ u. $N_2O_3$ (kleiner Zusatz von W. erhöht die Rk.-Geschw.). Die Rk. ist geeignet zur Darst. von wasserfreiem $LiNO_3$. **I** reagiert mit **III, IV** u. **V** langsamer u. unvollständiger als mit **II**. Das gebildete $Mg(NO_3)_2$ scheint sich als Schutzschicht auf **III, IV** u. **V** abzuscheiden. Hydratisiertes **VI** reagiert mit **I** unter Bldg. von hydratisiertem Mg-Nitrat. Wasserfreies **VI** bildet mit **I** ein Addukt $Mg(NO_3)_2 \cdot N_2O_4$ im Gemisch mit $Mg(NO_3)_2$. Das Prod. läßt sich durch therm. Zers. zur Darst. von wasserfreiem $Mg(NO_3)_2$ verwenden. Die Rk. von **I** mit **VII** ergibt ein Gemisch von $Mg(NO_3)_2$ u. $NOClO_4$, die Hydratation dieses Gemisches ergibt $Mg(ClO_4)_2 \cdot$

6 $H_2O$. Mit **VIII** bildet I ein Gemisch von $Al(NO_3)_3$ u. $NO[Al(NO_3)_4]$, durch Erhitzen auf 80° wird $NO[Al(NO_3)_4]$ in $Al(NO_3)_3$ u. dieses in $Al_2O(NO_3)_4$ umgewandelt. Die Rkk. werden durch Dissoziation von I in $NO^+$ u. $NO_3^-$ bewirkt. D. Hoene. 243□

**Gaschromatographische Trennung von Schwefeltetrafluorid und Thionylfluorid.** J. W. Robson und W. B. Askew. (J. Chromatogr. [Amsterdam] **7**, 409–11, März 1962; Wilmington, Del., E. I. Du Pont de Nemours & Co., Exp. Stat., Central Res. Dep.; engl.) — Vff. beschreiben die durch Dest. nicht erreichbare Reinigung von $SF_4$. Die hauptsächliche Verunreinigung, $SOF_2$, sowie $SiF_4$ u. HF werden an 10% Tetraäthylenglykoldimethyläther auf körnigem NaF in einer 6 Fuß langen u. 3/4 Zoll starken Cu-Säule bei 0° abgetrennt. Als Schleppgas dient He (500–1000 ml/Min.), die Anzeige erfolgte mit Thermistoren. Probenein- u. -auslaß sowie das Sammelgefäß für das reine $SF_4$ bestehen aus Metall. Es ist möglich, in einem einzigen Durchgang eine Reinheit von $>$ 98% $SF_4$ zu erreichen. M. Finke. 253□

**Existenz und Bildung des Festkörpers $B_6O$.** H. F. Rizzo, W. C. Simmons und H. O. Bielstein. (J. electrochem. Soc. **109**, 1079–82, Nov. 1962; Ohio, Wright-Patterson Air Force Base, U.S. Air Force, Office of Aerospace Res., Aeronautic. Res. Labor.; engl.) — *Hexabormonoxid* (I), $B_6O$, wird als reines kristallines Pulver u. als Festkörper (Verunreinigungen außer B u. O $\leq$ 1%) durch Rk. von B mit $B_2O_3$, bes. nach $(5 + 1/3)$ B (fest) + $1/3$ $B_2O_3$ (fl.) $\rightarrow$ $B_6O$ (fest) bei 1300–1400°, hergestellt u. die Zus. kristallograph., chem. u. mit Hilfe von Dichtemessungen sichergestellt. $D._{exp.}$ beträgt für heißverpreßtes I maximal 2,588; $D._{ber.}$ 2,59; hexagonal, a = 5,395, c = 12,342 Å, Z = 2. Vff. teilen Werte der Röntgenbeugungs-Unterss. mit u. erörtern Analysenergebnisse. Oberhalb 1760° erfolgt Zers. in kristallines B u. wahrscheinlich $O_2$. I ist gegen HF, HCl u. verd. $HNO_3$ beständig, beim Erhitzen in konz. $HNO_3$ tritt Zers. ein. Die Beständigkeit gegenüber $O_2$ ist etwas besser als die von B. Beim Heißverpressen mit 5 Gew.-% Si lösen sich 2,32 Gew.-% Si. Die mittlere Vickers-Härte (100 g Belastung), die nur von der von Diamant u. Borazon (kub. BN) übertroffen wird, beträgt 3820 (kg/mm²) gegenüber 3450 für $B_4C$ u. 3100 für $TiB_2$. P. Frenzel. 258◇

**Über die Reaktion von Bor mit Silicium.** E. Colton. (J. inorg. nuclear Chem. **17**, 108–11, April 1961; Milwaukee, Wis., Allis-Chalmers Mfg. Co., Res. Div.; engl.) — Si u. B reagieren in einer Festkörper-Rk. an der Luft oder unter Edelgas-Atmosphäre zwischen 1200 u. 1370° zu $B_4Si$, das oberhalb 1370° in $B_6Si$ u. Si übergeht. Die Rk.-Prodd. wurden röntgenograph. identifiziert. Unter $H_2$ bildet sich vornehmlich Si, das sowohl B als auch die Boride löst. Sein Gitterparameter wurde zu 5,418 Å gefunden. Die Existenz anderer beschriebener Siliciumboride konnte nicht bestätigt werden. H. Bürger. 258◇

**Natriumhydridoborat-Boran-Komplexe.** E. B. Baker, R. B. Ellis und W. S. Wilcox. (J. inorg. nuclear Chem. **23**, 41–44, Dez. 1961; Birmingham, Ala., Southern Res. Inst.; engl.) — Bei der Elektrolyse von $NaBH_4$-Lsgg. in Polyäthylenglykoldimethyläther wird metall. Na an der Kathode u. $H_2$ an der Anode abgeschieden. Die Abscheidung von Diboran erfolgt erst, nachdem die Hälfte der benötigten Elektrizitätsmenge durch die Lsg. geschickt worden ist. In der Lsg. bildet sich ein Komplex der Formel $NaBH_4 \cdot BH_3$. Verss. zur Isolierung der Verb. schlugen fehl. Beim Abdampfen des Lsgm. verbleibt eine feste Substanz der Formel $NaBH_4 \cdot BH_3 \cdot$Lsgm., die sich bei weiterem Lsgm.-Entzug zersetzt. K.-H. Birr. 258□

**Dimethylborisoycanat.** Josef Goubeau und Hugo Gräbner. (Chem. Ber. **93**, 1379–87, 10/6. 1960; Stuttgart, TH, Labor. für anorg. Chem.; dt.) — Dimethylborisocyanat kann durch Rk. von gasförmigem Dimethylborbromid u. Silberisocyanat unter Ausschluß von Spuren an Feuchtigkeit u. O erhalten werden. Auffallend ist die bei –80° beginnende Polymerisation der Verb., deren Rk. mit W., Alkoholen, Aminen u. $O_2$ untersucht wird. Neben physikal. Eigg. werden die IR-Spektren (vgl. auch C. **1960**, 375) mitgeteilt.

Versuche: *Dimethylborisocyanat* (I), $C_3H_6BNO$, Kp. 41,3° (extrapoliert aus der Dampfdruckkurve), F. –119°, 0,1 m Dimethylborbromid läßt man innerhalb 10 bis 12 Std. im Hochvakuum bei –50 bis –60° durch trockenes Silberisocyanat in zwei Vorlagen von –78 bzw. –180° überdest., in der ersteren wird I angereichert, indem bei –90° im Hochvakuum das Ausgangs-Prod. in die zweite Vorlage abdest. wird; wasserklare Fl., $D._4^{-78}$ 1,146, mol. Verdampfungsenthalpie $\Delta H_{41,3}$ = 7,3 kcal/Mol; lösl. in Ae., Aceton, Toluol, Xylol u. Dimethylborbromid; 90% (Ausbeute). — Rkk. des **I** a) mit Methanol: Durch Zusammenkondensieren bei –180°, langsames Erwärmen auf –80°, dann auf 20° u. Abdestillieren der flüchtigen Anteile im Hochvakuum: *Dimethylborinsäure*, $C_2H_7BO$, F. –38°, Kp. 22,5°, *Carbaminsäuremethylester*, F. 50,5°, *Isocyansäure* u. *Dimethylborisocyanat-Polymerisat* (**II**); b) mit Isopropylalkohol in Aceton: *Carbaminsäureisopropylester*, F. 92°, *Isocyanursäure* u. **II**; c) mit Methylamin in Xylol: *N-Methyl-*

*harnstoff*, F. 101° u. *B.B-Dimethyl-N-methylborazan*, d) mit Diäthylamin in Ae.: *N.N-Diäthylharnstoff*, F. 72°, u. *B.B-Dimethyl-N.N-diäthylborazon*, e) mit Trimethylamin im Verhältnis 1:1 durch Zusammenkondensieren bei —180°: $(CH_3)_2BNCO \cdot N(CH_3)_3$, grob krist. Substanz, leicht lösl. bei —78° in Aceton, wenig lösl. in Ae.; f) mit $O_2$ selbstentzündliche, detonierende Gemische. H. Groß. 258 □

**Ein neuer und bequemer Weg zu den Aminboranen.** Eugene C. Ashby und Walter E. Foster. (J. Amer. chem. Soc. **84**, 3407—08, 5/9. 1962; Baton Rouge, La., Ethyl Corp., Chem. Res. and Dev. Div.; engl.) — *Aminborane* $H_3BNR_3$ entstehen in hohen Ausbeuten bei der Red. von Borsäureestern mit $H_2$ u. Al in einem tert. Amin (Trimethyl-, Triäthylamin, Dimethylanilin). Sek. Amine bilden dabei *Borazene*, prim. Amine *Borazine*. Am günstigsten reagiert Triphenylborat; Halogenide geben in der Reihe $BBr_3$–$BCl_3$–$BF_3$ abnehmende Ausbeuten, Alkylborate teilweise geringe Ausbeuten. Auch Si- u. P-Halogenide werden von Al/$H_2$ zu Silanen bzw. Phosphinen reduziert; in Ggw. von Olefinen bilden sich dabei Alkyl-Derivv. von B, P u. Si. H. Bürger. 258 □

**Cäsiumsalze, die das Ion $ClHCl^-$ enthalten.** R. E. Valleé und Darl H. McDaniel. (J. Amer. chem. Soc. **84**, 3412, 5/9. 1962; Cincinnati, Ohio, Univ. of Ohio, Dep. of Chem.; engl.) — Wasserfreies CsCl absorbiert bei —78,5°, nicht aber bei 0° HCl unter Bldg. der Verbb. *CsCl·0,75 HCl* u. *CsCl·HCl*, deren extrapolierte Dampfdrücke bei 30° 4,4 bzw. >400 atm betragen. Ein nach West (C. **1958**, 5606) in wss. Lsg. erhaltenes Prod. wurde als $CsCl \cdot 0{,}74\ Cl \cdot 0{,}74\ H_2O$ erkannt. H. Bürger. 277 □

**Untersuchung über die Reaktion von Berylliumsulfat mit Oxin.** Arun K. Bhattacharya und G. S. Rao. (Current Sci. **28**, 241, Juni 1959; Saugar, Univ. of Saugar, Dep. of Chem.; engl.) — Vff. weisen absorptionsspektrograph. die Bldg. eines Be-8-Hydroxychinolatkomplexes beim Mischen von $BeSO_4$-Lsg. mit alkohol. 8-Hydroxychinolin-Lsg. nach. Die Dissoziations-Konst. beträgt $2{,}35 \cdot 10^{-3}$. Walter Franke. 281 □

**Über das Reaktionsverhalten von Magnesiumäthoxidhydrid.** Richard Bauer. (Z. Naturforsch. **17 b**, 625—26, Sept. 1962; Heidelberg, Eltro GmbH & Co., Forsch.-Inst.; dt.) — Vgl. C. **1963**, 438. — Das farblose, in Ae. unlösl. $HMgOC_2H_5$ (**I**) ist bei Ausschluß oxydierender oder hydrolysierender Einw. völlig stabil. Im Vakuum zerfällt es durch rasche Pyrolyse bei 300—350° in MgO, $H_2$ u. $C_2H_4$, bei Temp. über 230° u. einem Vakuum von $<10^{-3}$ mm in Mg u. $C_2H_5OH$; der bei beiden Vorgängen als Neben-Rk. auftretende Zerfall in MgO u. $C_2H_6$ hat nur untergeordnete Bedeutung. Die saure Hydrolyse zu $H_2$, $Mg(OH)_2$ u. $C_2H_5OH$, bzw. die Methanolyse zu $H_2$ u. $CH_3OMgOC_2H_5$ verlaufen unter Entw. der zu erwartenden Menge $H_2$. Zum Nachw. der $C_2H_5O$-Gruppe wird mit trockenem HCl umgesetzt, wobei in exothermer Rk. $H_2$, $MgCl_2$ u. $C_2H_5OH$ gebildet wird. Diboran wird an **I** in exothermer Rk. glatt angelagert; bei Abfuhr der entstehenden Rk.-Wärme entsteht ätherunlösl. $BH_4MgOC_2H_5$, das bei der Hydrolyse in 4 $H_2$, $Mg(OH)_2$, $B(OH)_3$ u. $C_2H_5OH$ zerfällt; ohne Abfuhr der Wärme wird mehr Diboran aufgenommen. $AlH_3$ lagert sich analog zu ätherunlösl. $AlH_4MgOC_2H_5$ an; die Rk. verläuft unvollständig ohne feststellbare Wärmeentwicklung. Reduzierbare organ. Gruppierungen (CO-Gruppe in Aceton, Benzophenon) werden relativ langsam u. schonend reduziert. G. Heller. 282 □

**Vorhersage chemischer Zusammensetzung. Fällung von Calciumhydrogenorthophosphat.** R. W. Mooney, A. J. Comstock, R. L. Goldsmith und G. J. Meisenhelter. (Ind. Engng. Chem. **52**, 427—28, Mai 1960; Towanda, Pa., Sylvania Electr. Prod., Inc.; engl.) — Die Fällung $(NH_4)_2HPO_4 + CaCl_2 \rightarrow CaHPO_4 + 2\ NH_4Cl$ wird bei variierten Fällungsbedingungen statist. untersucht. Als günstigste Bedingungen werden ermittelt: entweder 65° u. mittlere Konz. der Reaktanten oder 95° u. hohe Konzentration. Temp. dazwischen sind ungünstig. G. Pankow. 283 □

**Hydrothermale Reaktionen zwischen Calciumhydroxid und kieselsäurehaltigen Stoffen bei 120—220°.** Gunnar O. Assarsson. (Zement-Kalk-Gips **14** (**50**), 537—44, Dez. 1961; Stockholm, Geol. Landesanst.; dt. — C. **1961**, 3936 u. 4277).
H. Schumann. 283 □

**Koordinationspolymere mit anorganischen Grundgerüsten, die durch Doppelbrücken zwischen tetraedrischen Elementen gebildet wurden.** B. P. Block, Selwyn H. Rose, C. W. Schaumann, E. S. Roth und Joseph Simkin. (J. Amer. chem. Soc. **84**, 3200—01, 20/8. 1962; Wyndmoor, Pa., Pennsalt Chem. Corp., Res. and Dev. Dep.; engl.) — Vgl. C. **1963**, 3534. — Vff. stellten Polymere des *Be* u. *Zn* dar, in denen Phosphinatanionen Doppelbrücken zwischen den tetraedr. Metallatomen bilden: $\{Be[OP(C_6H_5)_2O]_2\}_x$ (**I**), $\{Zn[OP(C_6H_5)_2O]\}_{2x}$ (**II**) u. $\{Zn[OP(C_6H_5)(CH_3)O]_2\}_x$ (**III**). Die Verbb. sind in den meisten Lsgm. unlösl., nur für **III** konnte ebullioskop. in Bzl. ein durchschnittliches Molgew. von 5600 (15 Einheiten) bestimmt werden. **III** wird bei 150° glasig u. erweicht bei 200°; aus der Schmelze oder aus dem benzolfeuchten Prod. können lange, flexible Fäden gezogen werden. Die Struktur der Polymeren ist wahrscheinlich mit der l. c. für $\{Cr(AcCHAc)[OP(C_6H_5)_2O]_2\}_x$ angenommenen verwandt, wie auch aus der Isolierung

u. Charakterisierung eines Dimeren {Be(AcCHAc)[OP($C_6H_5)_2O$]}$_2$ hervorgeht. Die Verbb. sind therm. sehr stabil; bei der thermogravimetr. Unters. beginnt der Gew.-Verlust bei **I** bei 530°, bei **II** bei 495° u. bei **III** bei 415°, während er bei Cu[OP($C_6H_5)_2O]_2$ bereits bei 293° beginnt.

Versuche: {*Be*[*OP*($C_6H_5)_2O]_2$}$_x$ (**I**), durch Erhitzen von 5,0 g Be(AcCHAc)$_2$ u. 21,0 g ($C_6H_5)_2$P(O)OH (**IV**) auf 100° bei 1 mm; 8,6 g (Ausbeute). — {*Zn*[*OP*($C_6H_5)_2O]_2$}$_x$ (**II**), durch Polymerisation von 100 ml einer wss. Lsg. von 21,95 g Zn(OAc)$_2$·2 $H_2O$ (**V**) mit 200 ml einer benzol. Lsg. von 4,36 g **IV**; 4,1 g. — {*Zn*[*OP*($C_6H_5$)($CH_3$)*O*]$_2$}$_x$ (**III**), aus 1,56 g ($C_6H_5$)($CH_3$)P(O)OH u. 1,10 g **V** in 300 ml abs. A.; 1,12 g. P. Scharner. 288□

**Einschluß von Beimischungen in CdSe und Gleichgewichte im System CdSe–CdCl$_2$.** A. Reisman und M. Berkenblit. (J. electrochem. Soc. **109**, 1111—13, Nov. 1962; Yorktown Heights, N.Y., Internat. Business Machines, Thomas J. Watson Res. Center; engl.) — Vff. berichten über DTA- u. röntgenograph. Unterss. über Gleichgew. im geschlossenen u. offenen Syst. CdSe (**I**)–$CdCl_2$ (**II**) u. über die Art des Einbaues der Aktivatoren Cu u. Ag. Das Zustandsdiagramm für Unterss. im offenen u. geschlossenen Syst. wird mitgeteilt. Das Eutektikum liegt bei ca. 77,5 Mol% **II**. Die Liquiduskurve verschiebt sich bei höheren Temp. nach der **I**-reicheren Seite. Für **II** liegt die obere Löslichkeitsgrenze in **I** bei ca. 0,5 Mol-% **II**. $CuCl_2$ reagiert bei 550 u. 990° mit **I** nach $CuCl_2$ + **I** → **II** + *CuSe* unter teilweiser Auflsg. des CuSe in **I** (<1 Mol-%), AgCl nach 2 AgCl + **I** → *Ag$_2$Se* + **II**. $Ag_2Se$ wird in das **I**-Gitter eingebaut (1 Se-Leerstelle für 2 Ag-Atome). Ist die molare Menge von AgCl kleiner als die von **I**, wird das tern. Syst. $Ag_2Se$–**I**–**II**, im umgekehrten Fall $Ag_2Se$–AgCl–**II** angenommen. Entsprechend gilt für $CuCl_2$–**I** CuSe–**I**–**II** bzw. CuSe–$CuCl_2$–**II**. Bei der Rk. von **I** mit $SiO_2$ u. $SiO_2$-haltigen Werkstoffen entsteht *CdO*, das mit $SiO_2$ unter Bldg. von zwei Verbb. der Zus. *x CdO·y SiO$_2$* weiterreagiert. CdO u. **I** setzen sich mit $Al_2O_3$ auch in Ggw. von **II** nicht um. **I**-Sinterschichten haften bei Verw. von **II** als Flußmittel auf Glas nur bei Darst. in Ggw. von $O_2$ (1%) u. Erhitzen über 522°. P. Frenzel. 289◇

**Phasenumwandlungen von Aluminiumhydroxiden.** L. E. Oomes, J. H. de Boer und B. C. Lippens. (Proc. IVth int. Sympos. Reactivity Solids, Amsterdam **1960**, 317—20, 1961; Delft, Technol. Univ.; Limburg, Geleen, Netherlands, Staatsmijnen, Central Labor.; engl.) — Amorphes *Al*(*OH$_3$*) wandelt sich in wss. Lsg. von NaOH bzw. KOH bei Raum- u. erhöhten Temp. bei pH-Werten >7 in gelatinösen *Böhmit* (**I**) um. **I** wandelt sich bei pH > 9 in *Bayerit* (**II**) um, **II** wird jedoch durch sehr schnelle Rk. zu *Gibbsit* (**III**) bei pH-Werten oberhalb 12 nicht mehr erhalten. Bei pH > 12 u. Temp. > 80° wandelt sich gut krist. **III** in krist. **I** um. Vff. erklären die über die beschriebenen Zwischenstufen erfolgende Umwandlung der Verb. mit dem größten (gelatinöses **I**) zur Verb. mit dem geringsten Energieinhalt (krist. **I**) durch den Unterschied der Oberflächenenergien des amorphen u. krist. **I** u. den geringen Unterschied des Energiegeh. von krist. **I** u. **III**. H. Roschkowski. 294◇

**Bildung von Aluminiumoxid aus „Hydrogen"-Alunit.** P. T. Davey und T. R. Scott. (Nature [London] **195**, 376, 28/7. 1962; Melbourne, Australia, C.S.I.R.O., Div. of Mineral Chem.; engl.) — Aus bas. Al-Sulfat (**I**) mit 39,5 (%) $Al_2O_3$, 40,5 $SO_3$ u. 20 $H_2O$, das zur Alunitreihe gehört u. dessen Röntgendiagramm fast ident. mit dem der K- u. Na-Verb. ist, läßt sich durch Calcinieren über 1000° leicht $Al_2O_3$ herstellen. Zwischen 600—800° wird **I** in ein amorphes Prod. der ungefähren Zus. 2 $Al_2O_3$·4 $SO_3$ umgewandelt. Zwischen 750 u. 950° verliert das entwässerte **I** $SO_3$ u. rekristallisiert als $\gamma$-$Al_2O_3$, das nur 2—4% restliches $SO_3$ enthält. $\gamma$-$Al_2O_3$ wird normalerweise durch Entwässerung von $\beta$-$Al_2O_3$·3 $H_2O$ erhalten, bei 900—1000° in $\Theta$-$Al_2O_3$ u. bei 1150° in $\alpha$-$Al_2O_3$ umgewandelt. Bei der Darst. von $\alpha$-$Al_2O_3$ aus **I** fehlt das Zwischenprod. $\Theta$-$Al_2O_3$. Es wird angenommen, daß restliches $SO_3$ die direkte Umwandlung von $\gamma$-$Al_2O_3$ in $\alpha$-$Al_2O_3$ bewirkt. Andererseits ist es möglich, daß restliches Na bei der Darst. von $\alpha$-$Al_2O_3$ aus Na-Aluminaten die Bldg. von $\Theta$-$Al_2O_3$ als Zwischenprod. verursacht. D. Hoene. 294□

**Reaktionen von Aluminiumalkoxiden mit Acetylchlorid.** R. C. Mehrotra und R. K. Mehrotra. (J. Indian chem. Soc. **39**, 23—27, Jan. 1962; Gorakhpur, Univ., Chem. Labor.; engl.) — Prim., sek. u. tert. Al-Alkoxide reagieren mit Acetylchlorid unter Bldg. von z. T. krist., meist wasserlösl. Verbb. des Typs *Al*(*OR*)$_2$*Cl*, *Al*(*OR*)*Cl$_2$·0,5 CH$_3$COOR* u. *AlCl$_3$·1,5 CH$_3$COOR* (je nach dem Molverhältnis R = *Methyl-*, *Isopropyl*, *n-*, *sek.-* oder *tert.-Butyl*) von z. T. charakterist. Geruch. Die Rkk. sind im allg. exotherm; eine Ausnahme bildet die Rk. mit tert.-Butoxid, die zu einer instabilen Verb. führt.

Versuche: Durch Kochen des Al-Alkoxids mit $CH_3COOCl$ in den Molverhältnissen 1:1 (a), 1:2 (b) u. 1: >3 (c) unter Rückfluß wurden erhalten: Mit *Al-Methoxid*, a) weißes Pulver; b) keine Kristallisation, Rückstand gelber Festkörper; c) nach Abzug des Lsgm.

aus der gelben Lsg. dunkler, halbfester Rückstand. — Mit *Al-Isopropoxid*: a) Beim Abzug des Lsgm. klare Fl., beim Trocknen Paste (I), aus Isopropanol (IP) weiße Kristalle; b) beim Abdunsten gelbe, aus IP weiße Kristalle, wahrscheinlich $AlCl_2(OR) \cdot 2\,ROH$ (R = Isopropyl); c) rote, mit der Zeit erstarrende Fl., aus IP gelbe Kristalle (II, wahrscheinlich $AlCl_3 \cdot 4\,ROH$). Mit *Al-n-Butoxid*: a) Weißes Pulver; b) gelbe Paste, zersetzt sich beim Destillieren unter Hinterlassung eines Al-reicheren Rückstands; c) rote Paste. — Mit *Al-sek.-Butoxid*; a) farblose Paste; b) gelbe Paste; c) rote Paste. — Mit *Al-tert.-Butoxid*: c) Weißes Pulver (Rk. ohne Wärmeabgabe), das Rk.-Prod. zersetzt sich z. T. in einer Nebenreaktion. — Aus einer äquimol. Lsg. von I u. II in IP wurden helle Kristalle der Zus. $AlCl_2(OC_3H_7) \cdot 2\,C_3H_7OH$ erhalten. W. Betcke. 294□

**Die Löslichkeiten von Lanthanchloridheptahydrat und Lanthanchloridhexahydrat in Wasser und eine Untersuchung der thermischen Zersetzung hydratisierten Lanthanchlorids.** J. E. Powell und H. R. Burkholder. (J. inorg. nuclear Chem. **14**, 65—70, Juli 1960; Ames, Iowa, Iowa State Univ., Inst. for Atom. Res. and Dep. of Chem.; engl.) — Mit einer Thermowaage, deren Aufbau beschrieben wird, wird festgestellt, daß in Luft bei einem $H_2O$-Partialdruck von 10 Torr $LaCl_3 \cdot 7\,H_2O$ (I) bei 53 bis 54° in $LaCl_3 \cdot 3\,H_2O$, dieses bei 90—96° in $LaCl_3 \cdot H_2O$ übergeht, welches sich bei 130 bis 135° zersetzt, wobei $LaCl_3$ entsteht, das jedoch eine geringe Menge *LaOCl* enthält; die Zers. zu *LaOCl* als Haupt-Rk. tritt nicht unterhalb 360—550° ein. Bei den Thermolyse-Verss. kann kein Hinweis auf das Auftreten von $LaCl_3 \cdot 6\,H_2O$ (II) gefunden werden. Es kann jedoch wie I aus wss. Lsg. gewonnen werden. Zur Gewinnung von II wird I auf mehr als 95° erhitzt, wobei dieses zu einer klaren Fl. schmilzt; es wird auf ca. 60° abgekühlt, geschüttelt, wobei eine feste Phase auftritt u. langsam auf ca. 70° erwärmt, bis das meiste der festen Phase wieder aufgelöst ist; es wird langsam abgekühlt u. die Mutterlauge möglichst quant. von den II-Kristallen abdekantiert; es gelingt auf diese Weise nur mit I verunreinigtes II darzustellen. Reineres II kann durch Umschmelzen gewonnen werden. In Ggw. von W. ist I stabiler als II. Die Löslichkeiten L von I u. II, das beträchtlich löslicher als I ist, werden tabellar. u. graph. mitgeteilt; L von I (II) beträgt z. B. bei 40 bzw. 70° 321,7 (526) bzw. 512 (2100) g I (II)/100 g $H_2O$. F. Huber. 301□

**Abtrennung von Neodym und Praseodym durch Destillation ihrer Oxide bei hoher Temperatur im Sonnenofen.** Félix Trombe und Marc Foëx. (C. R. hebd. Séances Acad. Sci. **255**, 1516—18, 24/9. 1962; franz.) — Pr u. Nd bilden verhältnismäßig leichtflüchtige Oxide $Me_2O_3$, die eine Abtrennung von anderen Seltenerdmetalloxiden in $O_2$-haltiger Atmosphäre ermöglichen. Bei ca. 2500° wurde eine ca. 8fache Anreicherung von Pr u. Nd im Destillat beobachtet. H. Bürger. 306◇

**Über einige chemische Eigenschaften der Oxide TiO und $Ti_2O_3$. Darstellung und Untersuchung von neuen ternären sauerstoffhaltigen Verbindungen des dreiwertigen Titans.** André Lecerf. (Ann. Chimie [13] **7**, 513—35, 1962; Talence, Gironde, Fac. des Sci. de Bordeaux, Labor. de Chim.; franz.) — Äquivalente Mischungen von *Ti* u. $TiO_2$ werden 10 Std. lang unter Ar auf 1300° erhitzt u. das erhaltene *TiO* mit HCl-Gas bzw. S bei 500° umgesetzt; als Rk.-Prodd. werden $TiCl_4$ u. $TiO_2$ bzw. *TiS* u. $TiO_2$, jedoch nie Oxidchloride oder -sulfide erhalten. Demnach ist TiO nicht das Oxid von $Ti^{2+}$, sondern eine feste Lsg. von O in β-Ti; tern., O-haltige Verbb. mit $Ti^{2+}$ konnten nicht hergestellt werden. Durch 4std. Erhitzen von Ti–$TiO_2$-Gemischen auf 1300° wird kristallines $Ti_2O_3$ dargestellt, das bei 900—1000° mit $Li_2O$ bzw. $Li_2CO_3$ zu $LiTiO_2$ (I) umgesetzt wird. I krist. kub. flächenzentriert in der Raumgruppe F m 3 m mit a = 4,140 ± 0,001 Å u. der experimentell bestimmten Dichte $D_{\cdot exp} = 3{,}80 \pm 0{,}05$ g/cm³. In der Elementarzelle sind $Li^+$ u. $Ti^{3+}$ statist. über die Oktaederplätze verteilt; ein Ordnungsvorgang bei tiefen Temp. konnte nicht nachgewiesen werden. Nach $2\,MgTiO_3 + C \rightarrow MgTi_2O_4$ (II) + MgO + CO wird bei 1400° krist. II erhalten, das bei Raum-Temp. durch Behandlung mit 4n HCl von beigemengtem MgO befreit wird. II krist. kub. flächenzentriert in der Raumgruppe F d 3 m mit a = 8,474 ± 0,002 Å u. $D_{\cdot exp} = 4{,}05 \pm 0{,}05$ g/cm³ u. besitzt Spinellstruktur; die gemessenen u. berechneten Intensitäten der Röntgenbeugungslinien sind tabellar. angegeben. Gemische aus $TiO_2$ u. dem 6fachen Überschuß an Mn-Pulver werden 5 Std. lang auf 1400° erhitzt u. nach dem Abkühlen das überschüssige Mn mit 0,1n HCl entfernt. Der Rückstand besteht aus kub. flächenzentriertem $MnTi_2O_4$ (III), das in der Raumgruppe F d 3 m mit a = 8,600 ± 0,002 Å u. $D_{\cdot exp} = 4{,}37 \pm 0{,}05$ g/cm³ krist. u. einen normalen Spinell mit 8 Moll. III in der Elementarzelle darstellt; die berechneten u. gemessenen Röntgenbeugungsintensitäten sind tabellar. angegeben. III bildet mit $Mn_2TiO_4$ feste Lsgg. der Zus. $Mn^{2+}_{1+x}Ti^{3+}_{2(1-x)} \cdot Ti^{4+}_x O_4$; eine Verb. mit x = 0,62 wird analog wie III bei 1100° hergestellt u. röntgenograph. untersucht. Die feste Lsg. ist einphasig u. krist. kub. flächenzentriert. In allen tern. $Ti^{3+}$-Verbb. besitzt $Ti^{3+}$ die Koordinationszahl 6. Aus thermodynam. Betrachtungen folgt, daß die tern. $Ti^{3+}$-Verbb. nur mit Metalloxiden MO dargestellt werden können, wenn für die Freien Enthalpien der Rkk. $Ti_2O_3 + {}^1/_2 O_2 \rightarrow 2\,TiO_2$ ($\Delta G_1^0$) u. $M + {}^1/_2 O_2 \rightarrow MO$ ($\Delta G_2^0$) $\Delta G_1^0 > \Delta G_2^0$ gilt. Herbert Müller. 321◇

**Orthotitanate von Dialkoholen und von Brenzcatechin.** Antonin Deluzarche und Mathilde Brini. (Bull. Soc. chim. France **1961**, 537—38, März; Strasbourg, Inst. de Chim., Groupe de Chim. du Pétrole; franz.) — Äthylenglykol u. Brenzcatechin substituieren 3 Cl des $TiCl_4$ unter Bldg. von Einheiten der Zus. [—R—O—Ti(Cl)(O—)—O—] (R = $-C_2H_4-$, $-C_6H_4-$). α.ω-Dialkohole ($C_{2-6}$, $C_{10}$) reagieren mit $(C_2H_5O)_4Ti$ (I) bzw. $(C_4H_9O)_4Ti$ (teilweise zögernd) unter Umesterung. Hierbei entstehen polymere, unlösl. Prodd., für die IR-Spektren zufolge teils netzartig verzweigte ($C_2$), teils assoziierte Monomere angenommen werden.

Versuche: *Äthylenglykol-(1.2)-orthotitanat*, weißes, unlösl., unschmelzbares Pulver, durch Erhitzen von 15 g Äthylenglykol u. 23 g **I** auf 80°, Abdestillieren des A., 3 Std. lang bei 140°, 4 Std. lang bei 130°/4 Torr. — Analog: *Propandiol-(1.3)-orthotitanat*, aus **I** u. Propandiol-(1.3). — *Butandiol-(1.4)-orthotitanat*, glasartig, aus **I** u. Butandiol-(1.4). — *Pentandiol-(1.5)-orthotitanat*, glasartig, aus **I** u. Pentandiol-(1.5). — *Hexandiol-(1.6)-orthotitanat*, gelb, glasartig, aus **I** u. Hexandiol-(1.6). — *Decandiol-(1.10)-orthotitanat*, durchscheinender brauner Festkörper, aus **I** u. Decandiol-(1.10). — Rk. von $TiCl_4$ mit Äthylenglykol gibt einen Festkörper der Zus. $C_6H_{12}Cl_2O_6Ti_2$, mit Brenzcatechin eine schwarze, unlösl. Substanz der Zus. $C_{18}H_{12}Cl_2O_6Ti_2$. H. Bürger. 321◇

**Beitrag zur Untersuchung der Titansäureester.** Antonin Deluzarche. (Ann. Chimie [13] **6**, 661—76, Juli/Aug. 1961; franz.) — Vgl. vorst. Referat. — Verschiedene Verff. zur Darst. von Verbb. der Zus. $Ti(OR)_4$ werden verglichen, verschiedene Wege zur Darst. von $X_{4-n}Ti(OR)_n$ (X = Halogen) (**A**) überprüft u. eine Übersicht über Hydrolyse u. Alkoholyse (Umesterung) gegeben. $(C_2H_5O)_4Ti$ (**I**) zersetzt sich bei 235° zu Äthanol, Acetaldehyd, Acetal u. Ae., daneben bilden sich $C_2H_4$, $C_2H_6$ u. wenig $CO_2$. **I** löst in der Kälte 1 Mol $AlCl_3$; u. a. bilden sich dabei Verbb. der Reihe **A**. $SiCl_4$ bildet mit **I** Kieselsäureester sowie Ti-O-Si-Verbindungen. Methylmagnesiumjodid reagiert mit **I** zum bei Raum-Temp. unbeständigen $4\,Ti(CH_3)_3OC_2H_5 \cdot 3\,MgJ(OC_2H_5)$. Unterss. über die Assoziation von Titansäureestern werden zusammengestellt. H. Bürger. 321◇

**Organische Titanverbindungen.** Akio Yamamoto. (Waseda appl. chem. Soc. Bull. **22**, 16—23, Febr. 1956; jap.) — Übersicht. — 102 Literaturangaben. H. Roschkowski. 321□

**Reaktion von Zirkoniumhydrid und Tetrachlorkohlenstoff.** Takuya Hata und Tatsuo Maekawa. (J. chem. Soc. Japan, pure Chem. Sect. [Nippon Kagaku Zassi] **81**, 677, April 1960; Amagasaki, Mitubisi-Denki KK.; jap., Auszug: engl. S. A47.) — Die Rk. zwischen $ZrH_2$ u. $CCl_4$ wird bei 25°, dem Kp. des $CCl_4$, 150 u. 250° untersucht. Bei tieferen Temp. bilden sich $C_2Cl_6$ u. $ZrCl_4$ als Haupt-Prodd., während sich bei höheren Temp. $ZrCl_4$ als Hauptprod. u. daneben freies C bilden. E. Maekawa. 322□

**Künstliche Darstellung einiger Zirkoniumminerale (Zirkon, Eudialyt, Katapleit, Elpidit); Vergleich mit ihren natürlichen Bildungsbedingungen.** M. Christophe-Michel-Lévy. (Bull. Soc. franç. Minéralog. Cristallogr. **84**, 265—69, Juli/Sept. 1961; Paris, Sorbonne, Labor. Minéralog.-Cristallogr.; franz.) — Die unbekannten Bldg.-Bedingungen der 5 Zr-Silicate: *Zirkon* (**I**), *Eudialyt* (**II**), *Katapleit* (**III**), *Elpidit* (**IV**) u. *Pektolith* (**V**), bes. die Frage der Bedeutung des (Na + K)/Al-Quotienten wurden durch Synth. aus Reinchemikalien aufzuklären versucht. Bei 300—500° wurde in einem 40 ml-Autoklaven die Synth. dosierter Gemische vorgenommen. Hierbei wurden neben den genannten synthet. Kristallen bei Ausschluß von $Al_2O_3$ noch 4 weitere, bisher in der Natur nicht vorgefundene, gebildet. Im weniger alkal. Bereich entstand hauptsächlich **I**, bei vorgelegter 5%ig. Soda-Lsg. mit u. ohne $Al_2O_3$ **II**, wenn die Temp. 440° überstieg, unterhalb 380° **IV**; **III** wurde in Spuren zwischen 410 u. 530° gefunden, ebenso **V** bei entsprechender Zus. der Mischung. Zugesetztes NaF oder $Na_2SiF_6$ förderte die Bldg. gut ausgebildeter Kristalle. R. Kaiser. 322□

**Hexacyanoferrat(II)-Komplexe des Zirkoniums.** J. N. Gaur. (Z. anorg. allg. Chem. **318**, 323—27, 1962; Jaipur, India, Univ. of Rajasthan, Chem. Labor.; engl.) — Die Rkk. zwischen $ZrOCl_2$ u. $K_4[Fe(CN)_6]$ wurden manganometr., argentometr., potentiometr. u. konduktometr. untersucht. In sehr schwach sauren, auch stark verd. Lsgg. beider Komponenten bildet sich $(ZrO)_2[Fe(CN)_6] \cdot 2\,H_2O$ (Trocknung bei 60°), das bei 200° wasserfrei wird u. sich bei höheren Temp. zersetzt. In stark salzsaurem Medium bildet sich sehr hygroskop. $Zr[Fe(CN)_6] \cdot 8\,H_2O$, das bei 200° in das Dihydrat übergeht u. sich beim weiteren Erhitzen zersetzt. G. Heller. 322□

**Darstellung von Dialkylzinndijodiden.** Sumio Matsuda und Haruo Matsuda. (J. chem. Soc. Japan, ind. Chem. Sect. [Kōgyō Kagaku Zassi] **63**, 114—18, Jan. 1960; Ôsaka-Daigaku, Kôgakubu, Ôyôkagaku-Kyôsitu; jap., Auszug: engl. S. A5.) —

Aus *Sn*-Folien u. Alkyljodiden werden durch Kochen in organ. Lsgm., am besten in *n-Butanol* (I) oder *Cyclohexanol* (II), unter Zusatz von wenig *Zn* oder *Mg Dialkylzinndijodide* in guten Ausbeuten hergestellt. *Methyljodid* (III) ergibt jedoch durch Erhitzen des Gemisches im Autoklaven auf 130—140° ein Gemisch aus den Methylzinnjodiden der allgemeinen Zus. $(CH_3)_nSnJ_{4-n}$. Dialkylzinndijodide ergeben durch Versetzen mit KOH leicht *Dialkylzinnoxide*. Alkylbromide u. -chloride reagieren mit Sn kaum unter denselben Bedingungen.

Versuche: *Dialkylzinndijodide*, $R_2SnJ_2$, aus Alkyljodiden RJ u. Sn-Folien (im Mol-Verhältnis 2,4 : 1) [nachst. in der Reihenfolge R, Kp., als Lsgm. verwendeter Alkohol (in Gew.-% bezogen auf Alkyljodide), Rk.-Temp. u. -Dauer, physikal. Eigg. u. Ausbeute angegeben]: *n-Propyl-*, $Kp._{2,5}$ 103—104°, II (3%), 102 bis ca. 135°, 3 Std., $D._4^{20}$ 2,2099, $n_D^{20}$ 1,6309, 91,5%; *Isopropyl-*, $Kp._{2,5}$ 95,5 bis ca. 96,2°, A. (3%), 78—103°, 3 Std., $D._4^{20}$ 2,2088, $n_D^{20}$ 1,6350, 87,9%; *n-Butyl-*, $Kp._3$ 143—145°, I (3%), 140—145°, 3 Std., $D._4^{20}$ 2,0198, $n_D^{20}$ 1,6054, 95,6%; *Isobutyl-*, $Kp._3$ 124—126°, I (3%), 110 bis ca. 135°, $1^1/_2$ bis ca. 3 Std., $D._4^{20}$ 2,0738, $n_D^{20}$ 1,6127, 89%; *sek.-Butyl-*, $Kp._3$ 113,5°, I (3%), 113 bis ca. 135°, 3 Std., $D._4^{20}$ 2,0999, $n_D^{20}$ 1,6294, 72,2%; *Isoamyl-*, $Kp._2$ 120,5 bis ca. 121°, I (3%), 137 bis ca. 147°, 3 Std., $D._4^{20}$ 1,9237, $n_D^{20}$ 1,5964, 87,6%; *Cyclohexyl-*, Kp.—, I (3%), 131 bis ca. 144°, 3 Std., —, —, 29,0%; *n-Octyl-*, $Kp._1$ 225—230°, n-Octylalkohol (3%), 180 ± 5°, 3 Std., $D._4^{20}$ 1,5654, $n_D^{20}$ 1,5533, 46,3%; *2-Äthylhexyl-*, Kp. —, I (3%), 170 ± 5°, 3 Std., —, —, 26,3%; *n-Decyl-*, Kp. —, I (3%), 180 ± 5°, 3 Std., —, —, 25,0%; *n-Dodecyl-*, F. 46,5—48,0°, I (3%), 180 ± 5°, 3 Std., —, —, 28,7%; *Phenyl-*, nicht reagiert. — Methylzinnjodide: III ergibt mit Sn in I durch 3std. Erhitzen auf 130 bis ca. 140° im Autoklaven in Ggw. von Mg *Trimethylzinnjodid* ($Kp._8$ 49—50°), *Dimethylzinndijodid* ($Kp._{4-5}$ 85°) u. *Methylzinntrijodid* ($Kp._3$ 106—110°). — *Dialkylzinnoxide*, aus Dialkylzinndihalogeniden durch Zutropfen zu einer 15- bis ca. 20%ig. NaOH-Lsg. u. durch 3std. Kochen des Gemisches unter Umrühren (nachst. Alkylrest, Halogen im Ausgangsprod. u. Ausbeute): *n-Propyl*, J, 93,4%; *Isopropyl*, J, 90,2%; *n-Butyl*, J, 95 bis ca. 96%; *sek.-Butyl*, J, 91,3%; *Isobutyl*, J, 93,8%; *Isoamyl*, J, 94,1%; *Cyclohexyl*, Cl, 94,1%; *n-Octyl*, Cl, 93,7%; *n-Octyl*, J, 93,6%; *n-Decyl*, Cl, 92,1%; *n-Dodecyl*, J, 93,3%.

E. Maekawa. 327 □

**Hydrogenolyse von Chlormethanen mit Triphenylzinnhydrid.** Donald H. Lorenz und Ernest I. Becker. (J. org. Chemistry **27**, 3370—71, Sept. 1962; Brooklyn, N.Y., Polytechn. Inst. of Brooklyn, Chem. Labor.; engl.) — Bei der stufenweisen Hydrogenolyse von Chlormethanen durch Triphenylzinnhydrid (I) nimmt die Rk.-Fähigkeit in der Reihe $CH_2Cl_2 < CHCl_3 < CCl_4$ zu u. verhält sich damit umgekehrt wie die gegenüber $LiAlH_4$. Mit $CCl_4$ reagiert I bereits bei Raum-Temp. in exothermer Rk. zu Chlf. u. Triphenylzinnchlorid (II). $CH_3Cl$ reagiert langsamer, erst nach 13std. Rk. bei 70° erfolgt nahezu quant. Red. zu II u. $CH_2Cl_2$. Bei der Rk. von $CH_2Cl_2$ mit I entstehen erst nach 18 Std. unter Rückfluß $CH_3Cl$ u. 92% II. Die Meth. ist möglicherweise zur selektiven Einführung von D in polyhalogenhaltige Moll. mit Hilfe eines Triarylzinndeuterids geeignet.

P. Scharner. 327 □

**Untersuchung der Spaltung der Sn–O–C-Bindung in den Monoalkoxyzinntrialkylen.** Jacques Valade und Michel Pereyre. (C. R. hebd. Séances Acad. Sci. **254**, 3693—95, 21/5. 1962; Bordeaux, Fac. des Sci., Labor. de Chim. org.; franz.) — *Alkoxyzinntrialkyle* reagieren mit Säurechloriden zu *Trialkylzinnchloriden*, mit Säureanhydriden u. Carbonsäuren zu *Acyloxyzinntrialkylen* u. mit schwer flüchtigen Estern langsam unter Umesterung.

Versuche: *Methoxytributylzinn* (I), $C_{13}H_{30}OSn$, $Kp._2$ 117°, $n_D^{20}$ 1,4738, $D._4^{20}$ 1,1294, aus *Tributylzinnchlorid* (II) u. Na-Methylat. Reagiert mit Acetyl- bzw. Benzoylchlorid exotherm in 90%ig. Ausbeute zu II. — *Tributylzinnacetat*, F. 84°, aus I u. Acetanhydrid oder Eisessig; 86% (Ausbeute). — *Tributylzinnpropionat*, $C_{15}H_{32}O_2Sn$, F. 68°, aus I u. Propionsäure; 93%. — *Tributylzinnbenzoat*, $C_{19}H_{32}O_2Sn$, $Kp._1$ 166—168°, $n_D^{20}$ 1,5157, $D._4^{20}$ 1,1926, aus I u. Benzoesäure; 85%. — *Phenoxytributylzinn*, $C_{18}H_{32}OSn$, $Kp._1$ 152°, $n_D^{20}$ 1,5171, $D._4^{20}$ 1,1666, aus I u. Phenylacetat oder -benzoat; 85%. — *Cyclohexoxytributylzinn*, $C_{18}H_{38}OSn$, $Kp._{0,7}$ 139—140°, $n_D^{20}$ 1,4842, $D._4^{20}$ 1,1120, aus I u. Cyclohexylacetat; 76%. — *Butoxytributylzinn*, $C_{16}H_{36}OSn$, $Kp._{1,4}$ 137—138°, $n_D^{20}$ 1,4690, $D._4^{20}$ 1,0189, aus I u. Butylacetat; 75%.

H. Bürger. 327 □

**Die Darstellung und einige Eigenschaften von Phosgenit.** Reino Näsänen, Paavo Meriläinen und Leila Oja. (Suomen Kemistilehti B **35**, 105—107, 1962; Helsinki, Univ. of Helsinki, Dep. of Chem.; engl.) — *Phosgenit* ($Pb_2Cl_2CO_3$; I) läßt sich aus äquimolaren Mengen von krist. $PbCl_2$ u. einer wss. Lsg. von NaOH, durch die $CO_2$ geleitet wird, darstellen; der pH-Wert der Lsg. muß bei 3—4,5 liegen. Bei der therm. Zers. von I beginnt der $CO_2$-Verlust bei 250°, bei 420° liegt nur noch $PbCl_2 \cdot PbO$ vor.

Die Gitter-Konst. von tetragonalem, künstlichem I wurden zu a = 8,150 Å u. c = 8,867 Å bestimmt. Zur Best. des Löslichkeits-Prod. pL von I wurden äquimolare Mengen von $PbCO_3$ u. I im Kontakt mit einer NaCl-Lsg. gehalten, durch die $CO_2$ geleitet wurde. Mit dieser Meth. wurde pL zu 9,91 ermittelt. P. Scharner. 328□

**Löslichkeit einiger Bleisalze in Alkaliacetaten. 2. Mitt. Bleihexacyanoferrat(III)-nitrat und Bleithiosulfat.** Carlos J. Sambucetti und Ariel H. Guerrero. (An. Asoc. quím. argent. **43,** 121—25, Juni 1955; Buenos Aires, Estudio Quím. APA; span.) — 1. vgl. C. **1955,** 8106. — $Pb_2[Fe(CN)_6]NO_3$ (I) bildet mit $NH_4$-Acetat (II) 3 Doppelsalze, $PbS_2O_3$ ein Doppelsalz. Aus einer Lsg. von 1 g II, 0,2 ml Essigsäure, 7,5 g I u. 20 ml W. fallen nach 4—5 Tagen rote Nadeln von $Pb_2Fe(CN)_6NO_3 \cdot Pb(OOCCH_3)_2 \cdot 5\,H_2O$ aus. Aus einer Lsg. von 1 g II, 0,2 ml Essigsäure, 10 g I u. 20 ml W. bilden sich nach 48 Std. rote hexagonale Platten von $PbHFe(CN)_6 \cdot NH_4OOCCH_3 \cdot H_2O$. Orangefarbene rechteckige Stangen von $Pb_2Fe(CN)_6OOCCH_3 \cdot 3\,NH_4OOCCH_3$ oder $(NH_4)_3Fe(CN)_6 \cdot 2\,Pb(OOCCH_3)_2$ entstehen nach 10 Tagen aus einer Lsg. von 5 g II, 0,2 ml Essigsäure, 6,3 g I u. 20 ml $H_2O$. Die Kristallisation erfolgt in allen Fällen bei 20—25° rascher als bei niedrigerer Temperatur. — Beim Zusatz von $PbS_2O_3$ zu einer Lsg. von 0,5 g II, 0,2 ml Essigsäure u. 50 ml W. bis zur Sättigung erhält man $Pb(OOCCH_3)_2 \cdot 2\,PbS_2O_3$ (III), das bei Zimmer Temp. auskristallisiert. III zersetzt sich in Ggw. von $Na_2S_2O_3$ sehr rasch zu PbS, langsamer in Kontakt mit $Na_2S_2O_3$-Lsg. am Licht. R. K. Müller. 328□

**Formen höherer Vanadinoxide nach ihren Leitfähigkeitswerten.** N. I. Bogdanowa und Ss. M. Arija. (J. allg. Chem. [UdSSR] **30 (92),** 3—7, Jan. 1960; Leningrad, Univ.; russ.) — Die Unters. der elektr. Leitfähigkeit von Vanadinoxiden bestätigt die Existenz „gemischter" Verbb. der Zus. $VO_{1,67}$, $VO_{1,75}$, $VO_{1,80}$ u. $VO_{1,84}$ u. weist auf die Ggw. von Verbb. im Intervall $VO_{1,84}$—$VO_{1,88}$ hin. U.-L. Rau. 330□

**Niobdihydrid, $NbH_2$.** G. Brauer und Horst Müller. (J. inorg. nuclear Chem. **17,** 102—07, April 1961; Freiburg/Br., Univ., Chem. Labor., Anorg. Abt.; dt.) — $NbH_2$ (I) entsteht durch Einw. von verd. HF auf Nb-Pulver über die Stufe des NbH. Als besseres Darst.-Verf. beschreiben Vff. die kathod. Hydrierung von an Au-Drähten befestigten Nb-Blechen (99,9%), die vor der Hydrierung 15 Min. lang bei 2000° ausgeglüht wurden; Anodenmaterial: BC, Elektrolyt: 6n $H_2SO_4$, Abstand zwischen den Elektroden: ca. 3 cm, Elektrolysebedingungen: 3 V u. 100 mA, Dauer: 2—4 Tage. Der Homogenitätsbereich von I liegt zwischen $NbH_{2,00}$ bis ca. $NbH_{2,07}$; zwischen $NbH_{0,94}$ u. $NbH_{1,99}$ erstreckt sich im Syst. Nb–H ein Zweiphasengebiet. I krist. kub. mit einer flächenzentrierten Anordnung der Nb-Atome. Die Gitterdimension, die prakt. über dem Homogenitätsbereich von I konst. ist, beträgt a = 4,563 ± 0,001 Å; $D_{(exp.)}$ 6,6 ± 0,2; $D_{(rönt.)}$ 6,63 g/cm³. Obwohl die H-Lagen röntgenograph. nicht bestimmbar waren, wird in Analogie zu den Dihydriden anderer Übergangsmatelle angenommen, daß I dem $CaF_2$-Typ zuzuordnen ist. I ist eine instabile Verb., die bereits unter Normalbedingungen $H_2$ abgibt. Bringt man I sofort nach der Herst. in ein Vakuum von ca. $10^{-6}$ Torr, so gelingt es, die Hälfte des H abzupumpen, wobei reines NbH zurückbleibt. G. Gattow. 331◇

**Die Mitfällung des Protactiniums mit den Dioxiden von Mangan, Blei und Zinn.** C. A. Goodall und R. L. Moore. (J. inorg. nuclear Chem. **11,** 290—96, Dez. 1959; Richland, Wash., Gen. Electr. Co., Hanford Labor. Operat.; engl.) — Es wurde die Mitfällung von $^{233}Pa$ aus Lsgg., die Th u. $HNO_3$ enthielten, untersucht. $MnO_2$, $PbO_2$ u. $SnO_2$ sind als Träger wirksam. Hohe Konzz. an Th u. $HNO_3$ sowie hohe Strahlungsintensitäten vermindern den Dekontaminationsfaktor. Die Ggw. von $F^-$, $PO_4^{3-}$ u. $Zr^{4+}$ stört. Dabei werden offenbar 1 : 1-Pa–$F^-$- u. Pa–$PO_4^{3-}$-Komplexe gebildet. R. Krämer. 333◇

**Infrarotspektrum und Strukturbeweis für ein neues Metallcarbonyl.** Ingo W. Stolz, Gerard R. Dobson, und Raymond K. Sheline. (J. Amer. chem. Soc. **84,** 3589—90, 20/9. 1962; Tallahassee, Fla., Florida State Univ., Dep. of Chem.; engl.) — Durch Bestrahlung einer auf 77° K gekühlten Lsg. von $W(CO)_6$ in Methylcyclohexan/Isopentan (1 : 4) wurde $W(CO)_5$ (I) dargestellt u. unmittelbar nach dem Auftauen IR-spektroskop. nachgewiesen. Es zeigt Banden bei 2075, 1936 u. 1912 $cm^{-1}$, die für eine von 5 CO-Gruppen gebildete quadrat. Pyramide charakterist. sind. I besitzt bei Raum-Temp. eine Halbwertszeit von ca. 2 Minuten. Bei Zugabe von Acetonitril bildet sich $W(CO)_5(CH_3CN)$. Für I wird eine $d^2sp^2$-Hydridisierung angenommen. H. Bürger. 337□

**Plutonium. 1. Mitt. Herstellung und Eigenschaften.** Jan Rydberg. (Svensk kem. Tidskr. **72,** 363—80, 1960; Stockholm, Försvarets Forskningsanstalt; schwed.) — Übersicht. — 23 Literaturangaben. A. Senning. 343□

**Plutonium. 2. Mitt. Verwendung.** Jan Rydberg. (Svensk kem. Tidskr. **72,** 381—96, 1960; schwed.) — 1. vgl. vorst. Referat. — Übersicht. — 21 Literaturangaben. A. Senning. 343□

**Reduktion von höheren Manganoxiden mit Schwefeldioxid.** Jan Beneš und Zdeněk Uhlíř. (Chem. Průmysl **11 (36)**, 285—87, Juni 1961; Pardubice, Vysoká škola chem.-technol.; tschech.) — Es wurde die Red. von $MnO_2$ mit $SO_2$ zu $MnSO_4$ neben $MnS_2O_6$ u. der Einfl. der Temp. u. der Konz. von $O_2$, $H_2SO_4$ u. $SO_2$ auf die erwünschte maximale $MnSO_4$-Bldg. untersucht. Als günstigste Rk.-Temp. wird 70° gefunden, die Ausbeute fällt mit der Konz. von $O_2$ u. $H_2SO_4$. J. Schneider. 350□

**Eine neue Metallchloridsynthese.** T. E. Austin und S. Y. Tyree jun. (J. inorg. nuclear Chem. **14**, 141—42, Juli 1960; Chapel Hill, N.C., Univ., Dep. of Chem.; engl.) — $FeCl_3$, $NbCl_5$ u. $MoCl_4$ werden durch 18—24std. Rückflußkochen des entsprechenden Oxids mit der 15fachen Menge Hexachlorbutadien-(1.3) dargestellt. Während des Kochens wird in langsamem Strom $Cl_2$ durch das Rk.-Gemisch geleitet, bis das Oxid vollständig gelöst ist. W. Betcke. 354◇

**Die Komplexe des Pyridinaldazins. 3. Mitt. IR-Spektren und weitere synthetische Untersuchungen.** Wilmer J. Stratton und Daryle H. Busch. (J. Amer. chem.Soc. **82**, 4834—39, 20/9. 1960; Columbus, Ohio, Ohio State Univ., McPherson Chem. Labor.; engl.) — 2. vgl. C. **1959**, 7061. — Die Unterss. der Übergangsmetallkomplexe des 2-Pyridinaldazins (I) wurden auf Co u. Cu ausgedehnt u. die Verbb. $[Co_2(C_{12}H_{10}N_4)_3]J_4 \cdot 2\,H_2O$ (**II**), $[Cu_2(C_{12}H_{10}N_4)]Cl_4$ (**III**), $[Cu(C_{12}H_{10}N_4)]Cl_2 \cdot 0{,}5\,H_2O$ (**IV**), u. $[Cu_2(C_{12}H_{10}N_4)]Cl_2$ (**V**) dargestellt. Als neuer Ligand wird das Bis-[diacetylhydrazon]-azin (BHA) beschrieben, es bildet mit Fe(II) u. Ni(II) binucleare Brückenkomplexe der Form $M_2(BHA)_3{}^{4+}$, die ähnlich denen des I sind. Die IR-Spektren der I-Komplexe zeigen Merkmale, die die ungewöhnliche Struktur dieser Verbb. andeuten. Die dreizähnige Chelatbindung von I ist begleitet von verschiedenen Aufspaltungen der Schwingungen des Pyridinringes u. der C=N-Valenzschwingung der Azingruppe. Hierauf beruhen die Unterschiede zwischen diesen u. den binuclearen Brückenkomplexen, in denen I symm. angeordnet ist.

Versuche: **II**, aus 6 g $CoCl_2 \cdot 6\,H_2O$ in 30 ml luftfreiem W. unter Zugabe einer Lsg. von 2 g I in 50 ml A. u. einer Lsg. von 13 g KJ in 10 ml W., unter Eiskühlung Stehenlassen, Filtrieren, mit A. u. Ae. Waschen, im Vakuum über $P_2O_5$ Trocknen; schwarze Nadeln. — **III**, aus einer Lsg. von 3,5 g $CuCl_2 \cdot 2\,H_2O$ in 300 ml A., dazu eine Lsg. von 2 g I in 100 ml A. langsam unter Rühren. Es fällt sofort ein gelbgrüner Nd. von **III**, Filtrieren u. über $P_2O_5$ Trocknen. — **IV**, aus einer Lsg. von 2 g I u. 2,1 g $CuSO_4 \cdot 5\,H_2O$ in 100 ml W., 15 Min. Rühren, bis die zuerst auftretende hellgrüne Farbe sich zu Rotbraun umgewandelt hat, Filtrieren. Nach Zugabe von 5 g KCl in 10 ml W. fällt **IV**; schwarze Kristalle, die sich in W. unter Bldg. einer olivgrünen Lsg. lösen. — **V**, aus 2,1 g I in 10 ml A. + 10 ml luftfreiem W. Erhitzen, Kühlen, die Lsg. nach Bldg. eines I-Nd. mit 40 ml W. u. 1 g CuCl Versetzen, 30 Min. lang bei Raum-Temp. Rühren. — *2-Pyridinaldazindikupfer(I)-bromid*, aus **V** u. 2 g KBr. — *Bis-[diacetyl]-azin* (**VI**), F. 32—34°, aus 9 ml 95%ig. Hydrazin durch langsames Zutropfen unter starkem Rühren zu einer Mischung von 48 g Diacetyl u. 25 ml W. unter Eiskühlung. Dazu 500 ml W., nach Abtrennung einer öigen Phase wird diese in 200 ml warmem W. gelöst u. filtriert. 12 Std. langes Stehen bei 0°; Nadeln; 20 g (Ausbeute). — *Bis-[diacetylhydrazon]-azin* (**VII**), F. 127—141° (A.), aus 20 g **VI** in 50 ml A., tropfenweise unter Rühren zu 11,2 ml Hydrazin (95%) in 100 ml W., Kühlen auf dem Eisbad; hellgelbe Nadeln; 9,5 g. — $[Fe(C_8H_{16}N_6)_3]J_4$ (**VIII**), aus 2 g **VII** u. 2,8 g $FeSO_4$ in 50 ml W. unter Rühren. Nach Abfiltrieren von restlichem **VII** Zugabe von 8 g KJ in 15 ml W., über Nacht auf 0° Kühlen, danach Filtrieren. Mikrokristallines Pulver neben teerigem Nd., mit A. u. Ae. Waschen, über $P_2O_5$ im Vakuum Trocknen. — $[Ni_2(C_8H_{16}N_6)_3]J_4 \cdot 4\,H_2O$, analog **VIII**; gelbbraune Nadeln. W. Graf. 356□

**Reaktionen und Stabilität von Metall–Guanylalkylharnstoff-Komplexen.** Rabindra Lal Dutta und Priyadaranjan Rây. (Proc. Sympos. Chem. Co-ordinat. Compounds, Agra, India **1959**, Nr. 3, 49—56, 1960; Calcutta, Indian Assoc. for the Cult. of Sci.; engl.) — Es werden Guanylalkylharnstoffkomplexe des Cu(II) u. Ni(II) beschrieben u. eine neue einfache Darst.-Meth. für Guanylalkylharnstoffe (I) aus Dicyandiamid, Cu-Acetat u. den entsprechenden Alkoholen angegeben. Die hergestellten Komplex-Verbb. haben folgende Zus.: 1. $[Cu(GuH)_2]X_2 \cdot x\text{-}H_2O$ (II; GuH = *Guanylmethyl-*, *-äthyl-*, *-isopropyl-*, *-n-hexyl-*, *-n-butyl-* oder *-hydroxyäthylharnstoff* u. X = $CH_3COO$, ½ $SO_4$, *Br*, *J*, *SCN*, $NO_3$, ½ $CO_3$, $ClO_4$, $NO_2$, ½ $S_2O_6$, ½ $C_2O_4$, $HPO_4$ usw.). Die rosenroten Substanzen bilden sich im neutralen Medium beim Kochen von Dicyandiamid (2 Mol), Cu-Acetat (1 Mol) u. dem jeweiligen Alkohol; 2. $[Cu(Gu)_2]$ (GuH = I); diese Komplexe entstehen beim Versetzen der Lsg. von **II** (X = Cl oder Acetat) mit Alkali; 3. $[Cu(GuH)Cl_2]$ (GuH = *Guanylmethyl-* oder *-äthylharnstoff*), tiefblaue krist. Substanzen, die sich in wss. Lsg. umwandeln: 2 $[Cu(GuH)Cl_2] \rightleftharpoons [Cu(GuH)_2]Cl_2 + CuCl_2$. Sie bilden sich bei einem pH von 4 aus der wss. Lsg. des entsprechenden **II**; 4. $[Ni(Gu)_2]$ (GuH = *Guanylmethyl-*, *-äthyl-*, *-isopropyl-*, *-n-butyl-*,

*-isobutyl-* oder *-isoamylharnstoff*; 5. $[Ni(GuH)_2](OH)_2$. Diese gelben Verbb. werden beim Zufügen von Alkali zu einer wss. Lsg. von I-Salzen u. $NiCl_2$ erhalten; 6. $[Ni(GuH)_2]X_2 \cdot x H_2O$ (GuH = *Guanylmethyl-, -äthyl-, -isopropyl-, -n-butyl-, -isobutyl-, -isoamyl-* u. *-n-hexylharnstoff*, X = *Cl*, $^1/_2$ $SO_4$, *Br*, *J*, *SCN*, $ClO_4$, $NO_3$, $^1/_2$ $S_2O_6$). Das Chlorid entsteht beim Umsetzen von $NH_4Cl$ oder HCl mit obigen Ni-Komplexbasen. Die anderen Salze werden aus dem Chlorid durch doppelte Umsetzung mit dem entsprechenden Alkalisalz gewonnen. Sie sind diamagnetisch. An den Komplexen wurden spektrophotometr. Unterss., Best. der Stabilitäts-Konst., magnet. u. konduktometr. Messungen durchgeführt.

Versuche: *Guanylmethylharnstoffsulfat*, F. 128—130° (W.), Dicyandiamid (25 g), Cu-Acetat (25 g) u. $CH_3OH$ (300 ml) werden 3 Std. lang am Rückfluß gekocht u. filtriert. Das im Kühlschrank ausgeschiedene Komplexacetat wird in $H_2O$ gelöst u. mit $(NH_4)_2 \cdot SO_4$ das Komplexsulfat ausgefällt, dieses in 100 ml $H_2O$ suspendiert u. $H_2S$ eingeleitet. Nach dem Abfiltrieren des CuS wird das Filtrat eingeengt, gekühlt u. mit Aceton versetzt; weiße Kristalle. Analog werden dargestellt: *Guanyläthylharnstoffsulfat*, F. 137 bis 138°; *Guanyläthylharnstoffhydrochlorid*, F. 166—167°; *Guanyl-n-butylharnstoffsulfat*, F. 135—137°; *Guanylisobutylharnstoffsulfat*, F. 143—147°; *Guanylisobutylharnstoffhydrochlorid*, F. 167—168°; *Guanylisoamylharnstoffsulfat*, F. 150—151° u. *Guanylhexylharnstoffsulfat*, F. 133—135°. W. Dietzel. 358□

**Palladiumkomplexe von N.N.N'.N'-Tetramethyl-o-phenylendiamin.** F. H. C. Stewart. (Chem. and Ind. **1958**, 264, 1/3. 1958; Khartoum, Sudan, Univ., Dep. of Chem.; engl.) — Bei der Rk. von N.N.N'.N'-Tetramethyl-o-phenylendiamin mit wss. $K_2PdCl_6$-Lsg. entsteht ein Chelatkomplex der Zus. $PdCl_2, C_6H_4[N(CH_3)_2]_2$ der in gelben Nadeln, F. 229° (Zers.) krist. u. in den üblichen Lsgm. wenig lösl. ist. Bei Behandlung des Komplexes mit NaJ wird unter Zers. $PdJ_4$ gebildet. In analoger Weise entsteht der orangefarbene Bromo- u. der ziegelrote Jodokomplex. H.-J. Thiele. 365◇

**Über komplexe Verbindungen des Palladiums mit Glutaminsäure.** P. Spacu und I. Scherzer. (Z. anorg. allg. Chem. **319**, 101—06, 1962; Bukarest, Univ., Labor. für anorg. Chem.; dt.) — Durch Rk. einer konz. $K_2[PdCl_4]$-Lsg. mit Glutaminsäure ($GH_2$, Mol-Verhältnis 1:4) wird das innerkomplexe, krist., gelbe *Palladiumglutaminat*, $\left[Pd\left(\begin{matrix}OOC\\NH_2\end{matrix}\!\!>\!CH-(CH_2)_2-COOH\right)_2\right][Pd(GH)_2]$ in maximal 60%ig. Ausbeute erhalten. Infolge der freien COOH-Gruppen besitzt letzteres die Eigg. einer Säure u. kann mit NaOH in Ggw. von Phenolphthalein titriert werden. Durch Rk. einer $Na_2[PdG_2]$-Lsg. mit überschüssiger Pb-Acetat-Lsg. entsteht das entsprechende schwerlösl. $Pb[PdG_2] \cdot 2 H_2O$. Durch Thioharnstoff (Thio) wird die relativ schwach an das Pd gebundene Aminosäure schon bei Raum-Temp. aus dem $[Pd(GH)_2]$-Komplex verdrängt, u. es entsteht $[Pd(Thio)_4](GH)_2$, das mit 20%ig. $K_3[Cr(SCN)_6]$-Lsg. (I) sofort einen gelbbraunen, krist. Nd. der Zus. $[Pd(Thio)_4]_3[Cr(SCN)_6]_2$ ergibt. Bei Einw. von wss. Äthylendiamin (en) wird $[Pd(GH)_2]$ vollständig in $[Pd\ en_2]G$ (II) umgewandelt, wobei die Aminosäure in die äußere Sphäre des Komplexes verdrängt wird. II gibt mit I einen violetten, krist. Nd. der Zus. $[Pd\ en_2]_3[Cr(SCN)_6]_2$. P. Scharner. 365□

**Neue Chelatverbindungen des aromatischen Typs.** John F. Geldard und Francis Lions. (J. Amer. chem. Soc. **84**, 2262—63, 5/6. 1962; Sidney, Univ. of Sidney, Dep. of Org. Chem.; engl.) — Zugabe von Alkali zur Lsg. des roten Fe(II)-Komplexes

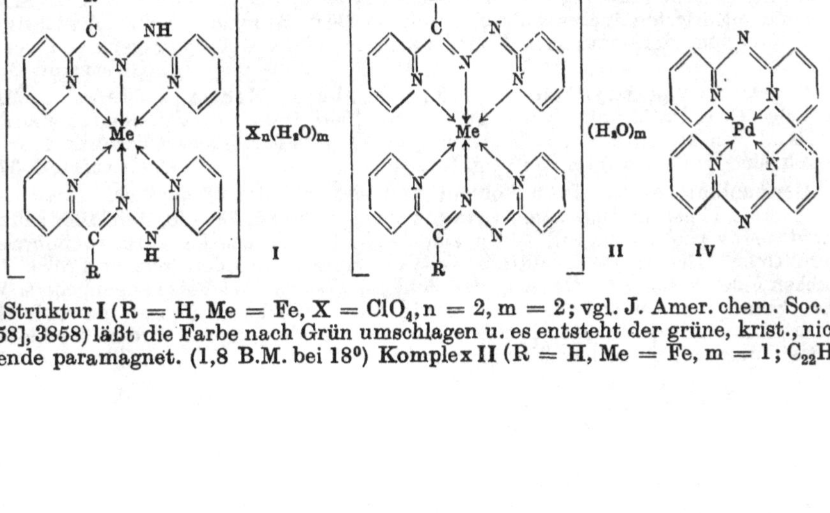


I II IV

der Struktur I (R = H, Me = Fe, X = $ClO_4$, n = 2, m = 2; vgl. J. Amer. chem. Soc. **80**, [1958], 3858) läßt die Farbe nach Grün umschlagen u. es entsteht der grüne, krist., nichtleitende paramagnet. (1,8 B.M. bei 18°) Komplex II (R = H, Me = Fe, m = 1; $C_{22}H_{18}$·

$FeN_8 \cdot H_2O$). Ähnliche, nichtleitende Komplexe können mit fast allen 2 wertigen Übergangsmetallen leicht dargestellt werden, wie z. B. der braune Ni(II)-Komplex der Struktur II (R = H, Me = Ni, m = 1,5; $C_{22}H_{18}N_8Ni \cdot 1,5\ H_2O$). Neutrale Komplexe von ähnlichem Typ wurden mit den 1-Pyridyl-, 2-Pyrimidyl- u. 3-Methyl-2-pyrazinylhydrazonen von Aldehyden, wie 6-Methylpyridin-2-aldehyd (III), Chinolin-2-aldehyd, Isochinolin-1-aldehyd, Isochinolin-3-aldehyd u. Chinolin-8-aldehyd u. 2-Acylpyridinen (Acyl = $CH_3CO$ bis n-$C_6H_{13}CO$) u. Metallen, wie Fe, Ni, Co, Cd, Zn, Mn u. Cu, dargestellt. Ein typ. Beispiel ist der aus dem α-Pyridylhydrazon von III ($C_{12}H_{12}N_4$, F. 208–210°, Nadeln) dargestellte neutrale, rote Zn-Komplex ($C_{24}H_{22}N_8Zn$, aus Bzl.–PAe. rote Nadeln). Die intensiv gefärbten Metallkomplexe sind in organ. Lsgm., wie Ae., Bzl., KW-Stoffen, $CCl_4$, Cyclohexanon u. einwertigen Alkoholen, leicht lösl.; mit wachsender Kettenlänge von R wächst die Löslichkeit in gesätt. KW-Stoffen. II mit R = n-$C_6H_{13}$, Me = Fe, m = 0; $C_{34}H_{42}FeN_8$ (F. 186°), wird am besten aus n-Hexan in dunkelgrünen, kleinen Kristallen erhalten; ähnlich wird II mit R = n-$C_4H_9$, Me = Ni, m = 0; $C_{30}H_{34}N_8Ni$ (F. 249–250°), aus Cyclohexan in roten Nadeln gewonnen. Behandlung von II mit Säuren führt wieder zur Bldg. der Komplexsalze I; die Verteilung des chelatisierten Metalls zwischen W. u. einem mit W. nicht mischbaren Lsgm. hängt von der $H^+$-Konz. ab. Best. der Stabilitäts-Konst. von I u. II zeigen, daß diese sehr stabil sind; alkohol. Lsgg. der Liganden von I können die Übergangsmetalle leicht aus ihren EDTA-Komplexen extrahieren. Einige Komplexe von II können sublimiert werden. N-heterocycl. Hydrazone von einfachen Aldehyden u. Ketonen geben mit Übergangselementen nur zweizähnige, nicht sehr stabile Komplexe. Osazone bilden stabilere Komplexe, bes. mit Pd(II). Durch Behandlung von Bis-[2.2'-dipyridylamin]-palladium(II)-perchlorat mit Alkali entsteht der orangefarbene, neutrale, in Bzl. lösl. Komplex IV ($C_{20}H_{16}N_6Pd$), dem im IR-Spektrum die >NH-Banden vollständig fehlen. P. Scharner. 365□

**Osmiumoxidpentafluorid $OsOF_5$.** Neil Bartlett, N. K. Jha und J. Trotter. (Proc. chem. Soc. [London] **1962,** 277, Aug.; Vancouver, B.C., Univ. of British Columbia, Dep. of Chem.; engl.) — Bei der Einw. von $F_2$ auf $OsO_2$ oder Os in Ggw. von $O_2$ entsteht u. a. smaragdgrünes, flüchtiges, paramagnet. *$OsOF_5$*, F. 59,8°, orthorhomb. bei 23 ± 2°, a = 9,540 ± 0,004, b = 8,669 ± 0,004, c = 5,019 ± 0,004; Z = 4, $D_{2h}^{16}$ — Pnma oder $C_{2v}^{9}$ — $Pn2_1a$. $OsOF_5$ ist in trockener Luft beständig, hydrolysiert rasch an feuchter Luft u. bildet mit W. ozonartig riechende Gase u. $OsO_4$; es ist nahezu isostrukturell mit den Hexafluoriden der Actiniden u. den orthorhomb. Tieftemp.-Modifikationen von $RhF_6$, $OsF_6$, $IrF_6$ u. $PtF_6$. P. Sartori. 366□

## $A_9$. Mineralogische und geologische Chemie

**Erde und Kosmologie.** R. H. Dicke. (Science [Washington] **138,** 653–64, 9/11. 1962; Princeton, N.J., Princeton Univ., Palmer Phys. Labor.; engl.) — Übersicht über moderne Probleme unter besonderer Berücksichtigung eines möglichen Einfl. der kosm. Materie durch Fern-Wrkg. auf das geophysikal. Verh. der Erde (Ausdehnung, Erdinneres, Magnetfeld u. Oberflächen-Temp. der Erde, geochem. Aspekte). — 39 Literaturangaben. A. Blaschette. 378◇

**Kohle als Quelle von Beryllium.** J. Jedwab. (Bull. Soc. belge Géol. Paléontol. Hydrol. **69,** 67–77, 1960; Inst. Interuniversitaire des Sci. Nucl.; franz.) — Vgl. C. **1962,** 15161. — Vf. sichtete krit. die Arbeiten, die sich mit dem Vork. von Be u. Ge in den Aschen von Kohlen befassen, wobei Kohlen aus allen Teilen der Welt Berücksichtigung fanden. Festgestellt wurde, daß fast alle Aschen Be enthielten; die an Be reichsten Kohlen hatten den niedrigsten Aschegehalt. Der Geh. an Be in Be-reichen Kohlen liegt zwischen 100 u. 1000 ppm, doch sind auch Konzz. zwischen 1000 u. 4000 ppm gefunden worden. C. Gottfried. 378

**Gegenwart von Beryllium in gewissen belgischen Kohlen.** J. Jedwab. (Bull. Soc. belge Géol. Paléontol. Hydrol. **69,** 77–82, 1960; franz.) — Vgl. vorst. Referat. — An Hand von Daten aus der Literatur gibt Vf. tabellar. einen Überblick über den Be-Geh. einer großen Anzahl von belg. Kohlen. C. Gottfried. 378

**Germanium in den Braunkohlenflözen des Sokolov-Distriktes.** Pravoslav Šantruček. (Věstník ústředního Ustavu geologického **36,** 75–78, Jan. 1961; Praha, Ústřed. ústav geol.; tschech.) — Spektrograph. Unters. des Ge-Vork. in Bohrtiefen bis zu 150 m. Der analyt. ermittelte Ge-Geh. einiger besonders reicher Proben liegt zwischen 0,002 u. 0,019%. Ge ist in den Sohlen u. Decken der Flöze angereichert. Vom genet. Standpunkt ist die Ge-Ermittlung in den Kohlenletten (dünne, unregelmäßige Schichten in undurchlässigen „Cypris"-Tonen) von Bedeutung; es wird so der Ge-Geh. bereits in dem ursprünglichen Pflanzenmaterial bewiesen. J. Tůmová. 378□

**Gerät zur Altersbestimmung nach der $^{14}C$-Methode.** G. Kohl und G. Kuckelt. (Mber. dtsch. Akad. Wiss. Berlin **1**, 459–63, 1959; Dt. Akad. der Wiss., Forschungsgemeinschaft, Inst. für Gerätebau; dt.) — Zur Alters-Best. C-haltiger Fossilien auf Grund ihres $^{14}C$-Geh. wurde eine App. entwickelt, bei der die Probe als gasförmige Verb. dem Zählgas eines Gasproportionalzählrohres beigegeben wird. Das Zählrohr ist gegen die Umgebungs- u. Höhenstrahlung durch einen Stahlpanzer von 120–200 g/cm² abgeschirmt, außerdem wird meßtechn. die diesen Panzer durchdringende restliche Höhenstrahlung durch einen dichten Kranz von in Antikoinzidenz mit dem Meßzählrohr geschalteten Höhenstrahlzählrohren eliminiert. Probenaufbereitung u. Elektronik werden beschrieben. W. Reusse. 378□

**Über die Datierung von Pb-Mineralien.** W. Schütze. (Geochim. cosmochim. Acta [London] **26**, 617–47, Juni 1962; Frankfurt/M., Univ., Inst. für Kernphys.; dt.) — Aus der Steilheit von Isochronen prim. Bleie u. parallel verlaufender Ausgleichsgeraden sek. Bleie, ebenso aus der Konstanz des mittleren $^{238}U/^{204}Pb$-Verhältnisses findet man für das Alter des Planeten-Syst. einen Wert von $T_E = 5{,}0 \pm 0{,}1$ Ga (1 Ga = $10^9$ Jahre). Dieses Ergebnis zeigt, daß die Erde aus einer Meteoritenwolke kondensiert u. bis zu einer Zeit, in der die prim. Bleie abgeschieden wurden, ein geschlossenes Syst. geblieben ist. Es ergibt sich weiter, daß in dem Zeitraum bis zur Abscheidung eine gute Durchmischung stattgefunden haben muß. Es folgen gewisse Regeln für die Alters-Best. von Pb-Mineralien, die erkennen lassen, daß nur ein kleiner Teil von ihnen datierbar ist. J. Heinze. 378□

**Häufigkeit von $^{236}U$ in der Natur.** W. D. Davis und J. L. Mewherter. (Geochim. cosmochim. Acta [London] **26**, 681–84, Juni 1962; Schenectady, N.Y., Gen. Electr. Co., Knolls Atomic Power Labor.; engl.) — In Pechblende aus Belg. Kongo u. Carnotit aus Colorado wurden als obere Grenze für $^{233}U$, $^{236}U$ u. $^{237}U$ massenspektrometr. weniger als ppb im Uran festgestellt. J. Heinze. 378□

**Untersuchung des Schwefelisotopenverhältnisses in Goldquarzlagerstätten des Yellowknife Distrikts.** R. K. Wanless, R. W. Boyle und J. A. Lowdon. (Econ. Geol. **55**, 1591–1621, Dez. 1960; Ottawa, Ontario, Geol. Surv. of Canada; engl. — C. **1961**, 8593.) W. Franke. 378□

**Untersuchung an synthetischem Bindheimit-$Pb_2Sb_2O_7$.** Günther Friedrich und Reinhard Marx. (Z. Erzbergbau Metallhüttenwes. **15**, 72–75, Febr. 1962; Aachen, Inst. für Mineralog. u. Lagerstättenlehre; Stolberg, Zink-Akt.-Ges.; dt.) — Nach dem Erkalten eines Pb-Raffinierofens konnten dunkelrote, stark glänzende, kub. Kristalle von *Bindheimit* (I) am Magnesitmauerwerk gefunden werden. Die oktaedr. Individuen erreichen eine Kantenlänge von maximal 5 mm. Beschreibung der Bldg.-Bedingungen u. Mitt. der Ergebnisse von chem., röntgenograph. u. opt. Untersuchungen. Die Übereinstimmung mit dem Mineral I ist sehr gut. Als Formel geben Vff. an: $Pb_y^{II} Sb_{2-x}^{V} O_7$ ($2 < y < 3$; $0 < x < 1$). Pb ist z. T. durch Fe u. Mg, Sb ist durch As ersetzt. $a_0$ = 10,47 Å. H. Moenke. 380□

**Vorkommen von Chenevixit am Hoggar.** R. Pierrot und J. Walter. (Bull. Soc. franç. Minéralog. Cristallogr. **84**, 325, Juli/Sept. 1961; Paris, B.R.G.M.; Alger, B.R.G.M.; franz.) — Im jüngeren Granitmassiv unweit Tamanrasset (Algerien) finden sich Aplitgänge, welche in Limonit-Kongregationen Pyromorphite, in Quarzpegmatiten Wolframit führen, in Greisenformationen tritt Chenevixit (I) als Überzug u. gelbgrünes Pulver auf. Sein Pulverdiagramm zeigt Identität mit dem I von Cornailles u. San Domingo de Pena. R. Kaiser. 380□

**Über das Vorkommen von Cornubit am Kap Garonne (Var).** Y. Laurent und R. Pierrot. (Bull. Soc. franç. Minéralog. Cristallogr. **84**, 318–19, Juli/Sept. 1961; franz.) — Vgl. vorst. Referat. — Die erneute Auffindung einer geringen Menge des seltenen Minerals *Cornubit* (I) in einer As-reichen Lagerstätte am Kap Garonne ermöglichte seine Identifizierung als: $5\,CuO \cdot 1\,As_2O_5 \cdot 2{,}5\,H_2O$. Debye-Scherrer-Aufnahmen erwiesen die Identität mit dem I von Wheal Carpenter. R. Kaiser. 380□

**Eigenschaften und Paragenese von Coffinit aus der Woodrow-Grube, Neu Mexiko.** Robert H. Moench. (Amer. Mineralogist **47**, 26–33, Jan./Febr. 1962; Denver, Colo., Denver Federal Center, U. S. Geol. Surv.; engl.) — Auflicht- u. Durchlichtmkr. Charakterisierung von gut krist. Coffinit aus der Woodrow-Mine. Mineralparagenese: Pyrit, Schwerspat, Bleiglanz, Wurtzit, Kobaltspat, Kupferkies. Die Bldg. der massiven sulfid. Verdrängungskörper u. die Kristallisation der Uranerze ist zeitlich nicht getrennt. H. Moenke. 380□

**Ein neuer Fund von gediegenem Gold im Freiberger Erzbezirk.** Johannes Rentzsch. (Bergakademie [Freiberg] **13**, 757–58, Dez. 1961; Freiberg, Bergakad., Inst. für Mineralog. u. Lagerstättenlehre; dt.) — Nach einem Rückblick über Berggoldfunde im sächs. Erzgebirge wird über einen neuen Goldfund berichtet, der beim Auffahren einer Gezeugstrecke des „Glückauf"-Schachtes im Freiberger Erzrevier gemacht worden ist. Es handelt sich um Goldflitterchen, die in Haarklüften einer vererzten Gneisträmmerzone aufsitzen. Der Erzfall wird nach dem mkr. Befund nur wenige t Erz enthalten. R. Kaiser. 380□

**Grossular-Spessartin-Granat aus der Victory Grube, Gabbs, Nevada.** Donald E. Lee. (Amer. Mineralogist **47,** 147—51, Jan./Febr. 1962; Menlo Park, Calif., U. S. Geol. Surv.; engl.) — Drei Granate aus der Viebory Grube haben eine außergewöhnliche Zus. durch ihren hohen Grossulargehalt. Der extremste besteht aus 41,4 (Mol-%) Grossular, 42,8 Spessartin, 12,4 Almandin u. 3,4 Andradit. Die Dichte beträgt 3,92, die Lichtbrechung 1,780 u. die Kantenlänge der Elementarzelle 11,756 ± 0,005 bzw. 11,725 ± 0,005. Er stammt aus einer aplit. Scherzone. F. Enslin. 380□

**Die quantitative Abschätzung von Kaolinit durch Differentialthermoanalyse.** A. R. Carthew. (Amer. Mineralogist **40,** 107—17, Jan./Febr. 1955; Melbourne, Commonwealth Sci. and Ind. Res. Organizat., Div. of Building Res.; engl.) — Der Einfl. von Geh., Partikelgröße (PG) u. Kristallisationsgrad (KG) von Kaolinit auf den Flächeninhalt u. die Gestalt des Peaks bei ca. 600° der DTA-Kurve wurde untersucht. Der Flächeninhalt zeigt keine streng lineare Abhängigkeit vom eingesetzten Gew. bei Anwendung von $Al_2O_3$ als inerte Vgl.-Substanz. Kleinere Abweichungen als 2 $\mu$ in der PG von Kaolinit haben einen kleinen Einfl. auf die Dehydratationswärme, die mit zunehmendem KG abnimmt. Die Neigung des Peaks ist unabhängig vom Kaolinit-Geh., sie steigt jedoch mit abnehmender PG u. KG an. Das Verhältnis des Flächeninhalts zur Breite des Peaks bei der halben Amplitude ist prakt. dem Gew. von Kaolinit proportional u. steigt mit abnehmender PG, abnehmendem KG sowie mit der Neigung des Peaks an. Diese empir. Beziehungen erlauben eine quant. Abschätzung von Kaolinit in Tonen verschiedener PG u. KG. Ernst Schulte. 380□

**Isomorphe Substitution in natürlichem und synthetischem Alunit.** Raymond L. Parker. (Amer. Mineralogist **47,** 127—36, Jan./Febr. 1962; Denver, Colo., U. S. Geol. Surv.; engl.) — Die bei 100° synthetisierten K-reichen Alunite unterscheiden sich von den Mineralien durch die etwas kleinere Elementarzelle, durch niedrigere Alkali- u. Al-Geh. sowie durch einen höheren $H_2O$-Gehalt. Nach Ansicht des Vf. ist dies auf eine Teilsubstitution von $K^+$ u. $Na^+$ durch $H_3O^+$ zurückzuführen. Nach Erhitzen dieser Verbb. auf 300° stimmen die Gitter-Konst. mit denen des Minerals Alunit nahezu überein. H. Moenke. 380□

**Manganfluorapatit von Honnali, Shimoga District (Mysore State).** M. G. Chakrapani Naidu und V. Venkatachalapatry. (Current Sci. **28,** 244—45, Juni 1959; Bangalore, Central Coll., Dep. of Geol.; engl.) — Vff. weisen opt. Mn-Fluorapatit in Quarziten als akzessor. Bestandteil nach, meist als Einschluß in Quarz. W. Franke. 380□

**Staurolith aus metamorphen Schiefern in der Gegend von Głuchołazy (Ostsudeten).** Alfred Majerowicz. (Arch. mineralog. [Warszawa] **23,** 135—47, 1959; Wrocław, Uniw., Katedra Miner. i Petrografii; pol.) — Der bei Głuchołazy gefundene Staurolith hat die Brechungsindices $n_\alpha = 1{,}737$, $n_\beta = 1{,}742$ u. $n_\gamma = 1{,}749$. Er zeigt starken Pleochroismus. Die von ihm eingeschlossenen Mineralien Turmalin, Ilmenit, Quarz u. Glimmer zeigen, daß seine Bldg. in der Amphibolit-Fazies (Staurolith–Disthen-Subfazies) stattgefunden hat. — 22 Literaturangaben. F. Urban. 380□

**Über die relative Stabilität von Talk, Anthophyllit und Enstatit.** W. S. Fyfe. (Amer. J. Sci. **260,** 460—66, Juni 1962; Berkeley, Calif., Univ. of California, Dep. of Geol.; engl.) — Druckerhitzungen zwischen 760 u. 840° in Ggw. von W. ergaben bei 1000 bis 2000 bar Umsetzungen von Talk in Antophyllit u. Quarz u. von Enstatit u. Quarz in Anthophyllit bei Rk.-Zeiten von mehreren Wochen. Die durch Synth. gewonnenen Minerale wurden mkr. u. röntgenograph. identifiziert. R. Kaiser. 380□

**Akzessorische Zirkone aus dem Granitkomplex der Lausitz (Sachsen).** Günter Hoppe. (Freiberger Forsch.-H., Reihe C, Heft **129,** 35—50, 1962, 8 Tafeln; Greifswald; dt.) — Die Zirkone aus dem Lausitzer Komplex liefern Aussagen hinsichtlich ihrer Entstehungsgeschichte u. der Entstehung der Gesteine, in denen sie auftreten, sowie über die Verwandtschaftsbeziehungen der Gesteine untereinander. Sie ergänzen die Ergebnisse, die mit den üblichen petrograph. Meth. erhalten werden können. J. Heinze. 380□

**Eine Methode zur Zurückberechnung der chemischen Analysen von Tongesteinen zu Vergleichszwecken.** G. D. Nicholls. (Amer. Mineralogist **47,** 34—46, Jan./Febr. 1962; Manchester, Univ., Dep. of Geol.; engl.) — Vf. schlägt ein Vgl.-Schema für tonmineralhaltige Sedimentgesteine vor, indem er eine Anzahl von Normformeln postuliert, aus denen die wahrscheinliche mineralog. Zus. berechnet werden kann, falls die Art der Tonmineralien in einer Probe bekannt ist. H. Moenke. 380□

**Zur Herkunft des Eisens in oolithischen Eisenerzlagerstätten.** Oskar Oelsner. (Freiberger Forsch.-H., Reihe C, Heft **129**, 5—21, 1962, 5 Tafeln; Freiberg, Bergakad., Inst. für Mineralog. u. Lagerstättenlehre; dt.) — Für die Herkunft des Fe in marin-oolith. Lagerstätten sind Prodd. des initialen Magmatismus u./oder einer terrestr. Mobilisation durch den Pflanzenwuchs verantwortlich. Bzgl. des Ablagerungsortes muß unterschieden werden zwischen Geosynklinalsedimenten u. Sedimenten auf labilen Schelfen. Einen Sonderfall stellen die in Norddeutschland auftretenden Sedimente in Vorsenken aufsteigender Salzstöcke dar. Die Unterscheidung erfordert in jedem Fall geolog., paläogeograph. u. geochem. Untersuchungen. J. Heinze. 380□

**Verbreitung und Genese der Buntmetallerz-Spuren in den paläozoischen und mesozoischen Sedimenten Nordwestdeutschlands.** Gerhard Mempel. (Z. Erzbergbau Metallhüttenwes. **15**, 62—72, Febr. 1962; Hannover, Niedersächs. Landesamt für Bodenforsch.; dt.) — Aus der Zusammenstellung der Funde von Pb-, Zn- u. Cu-Mineralien in paläozoischen u. mesozoischen Sedimenten ergibt sich, daß im Karbon eine Erzführung vom Ruhrgebiet nach NO bis zur Weser vorhanden ist, die an das Rotliegende der Osnabrücker Schwelle gebunden ist. Die Vererzung ist älter als das Rotliegende, das selbst erzfrei ist. Der Zechstein hat nur dort Erze, wo er unmittelbar auf älterem Paläozoikum liegt. Alters-Best. an Bleiglanzen des Zechsteins ergaben karbon. Alter. Im Mesozoikum sind keine Zusammenhänge zwischen Erz u. tert. Vulkanismus zu erkennen. F. Ensslin. 380□

**Erzkundliche Untersuchung des Zentralgebiets der Zinklagerstätte von Reocin (Provinz Santander, Spanien).** G. Monseur. (Ann. Soc. géol. Belgique, Mém. **85**, 3—64, Juni 1962; franz.) — Es sind 3 getrennte, sich überlagernde Erzhorizonte vorhanden, die sich in zwei Abfolgen gebildet haben. Die Vererzung in allen 3 Horizonten ist gleich. Die erste Abfolge lieferte dunkle Zinkblende mit Bleiglanz u. helle Blende mit wenig Bleiglanz, während für die zweite das Vorherrschen von Markasit u. Gangdolomit charakterist. ist. Sie lieferte Bleiglanz, Melnikovit–Pyrit, Markasit u. Pyrit. Die Vererzung dürfte hydrothermal sein. F. Ensslin. 380□

**Granodioritischer Erzstock zwischen Vodochody und Hoštice.** Miroslav Ciniburk. (Věstník ústředního Ústavu geologického **36**, 73—74, Jan. 1961; Praha, Ústřed. ústav. geol.; tschech.) — Ausführliche petrograph. Analyse des Ausganges von Adergesteinen zwischen Vodochody u. Hoštice nördlich von Prag. Es handelt sich um an Kalifeldspat sehr armen biotit. bis amphibol.-biotit. *Granodiorit.* Ergebnis der planimetr. Analyse: 25,4% Quarz, 57% Plagioklas, 6,1% Kalifeldspat, 8,6% Biotit, 2,9% opakes Erz u. Spuren von Epidot. J. Tůmová. 380□

**Auftreten eines neuen Kupfer-Mineralisationstyps im Südost-Altai.** A. A. Tytschinski, W. I. Ssotnikow und Je. I. Nikitina. (Geol. u. Geophysik [UdSSR] **1961**, Nr. 12, 70—79; Nowosibirsk, Inst. für Geol. u. Geophys. der Sibir. Abt. der Akad. der Wiss. der UdSSR; russ.) — Zus. u. Genese des Artuluck-Kupfererzes, das einen neuen hydrothermal-metasomat. Typ der Cu-Vererzung darstellt. Ch. Weiske. 380◇

**Ursprung der von ultrabasischen Gesteinen begleiteten Chromitlagerstätten des östlichen Teiles der indischen Halbinsel.** S. Deb, F. N. I. und K. L. Chakraborty. (Proc. nat. Inst. Sci. India, Part A **27**, 508—19, Sept. 1961; Calcutta, Jadavpur Univ., Dep. of Geol. Sci.; engl.) — Die chromitführenden ultrabas. Gesteine erstrecken sich von Bihar nach Madras über beinahe 1000 Meilen. Sie sind archaischen Ursprungs u. parallel oder subparallel zu den tekton. Hauptzonen der Halbinsel. Sie stellen Intrusionen in algonk. Sedimenten dar. Die Hauptchromitlagerstätten sind Banderze, die durch spätmagmat. Segregationen entstanden sind (Bihar u. Madras) oder spätmagmat. Injektionen (Orissa u. Andrah Pradesh). F. Ensslin. 380□

**Kontaktmetasomatische Eisen- und Kupfer-Erzlagerstätten aus dem Kamaishi Bergbaugebiet, Nordost-Japan.** Akio Tsusue. (J. Fac. Sci., Univ. Tokyo, Sect. II **13**, 133—80, 4 Tafeln, 25/9. 1961; engl.) — In karbon. u. perm. Schalsteine u. Kalke intrudierten nach einer starken Faltung Porphyrite, Quarz, Diorite u. Granodiorite während der Kreide. Hierbei bildeten sich am Kontakt mit Kalk Erzablagerungen vor der Pegmatit- u. Lamprophyr-Bldg. aus. Die Haupterze sind Magnetit u. Kupferkies. Am Kontakt trat durch Metasomatose Skarn-Bldg. ein, wobei sich auch Paigeitgesteine absetzten. Es wurden Verdrängungsstrukturen von Granat–Pyroxenskarn oder dunkelgrünem Pyroxenskarn durch Magnetit sowie von dunkelgrünem Pyroxenskarn durch Kupferkies u. Pyrrhotin u. durch Kupferkies, Cubanit u. Pyrrhotin beobachtet. F. Ensslin. 380□

**Eisensand-Lagerstätten seewärts der Westküste von North Island, New Zealand.** J. C. McDougall. (New Zealand J. Geol. Geophysics **4**, 283—300, Aug. 1961; Wellington, New Zealand, Oceanographic Inst., Dep. of Sci. and Ind. Res.; engl.) — In den

Schelfsanden an der Küste wurde in Tiefen von 5—50 Faden der Magnetitanteil durch magnet. Aufbereitung bestimmt. Die höchsten Konzz. an Magnetit finden sich dicht an der Küste u. können Werte bis 80% erreichen (Mittel: ca. 30%). Die Anreicherung findet durch die Brandung statt. Der Magnetit ist reich an $TiO_2$. In der magnet. Fraktion sind im Mittel 7,5% $TiO_2$ enthalten. F. Ensslin. 380□

**Der größte, nicht aufgeschlossene Sulfiderzkörper in den östlichen Vereinigten Staaten: Ein Förderungsfortschrittsbericht.** R. M. Coiner und J. Richard Lucas. (Mineral Ind. J. **8,** 1—6, Dez. 1961; engl.) — Der Erzkörper besteht zu 70—95% aus Pyrrhotit neben Pyrit, Marmatit-Blende u. Kupferkies. Ein typ. Roherz enthält 35,21(%) Fe, 1,96 Zn, 0,63 Cu, 0,34 Pb u. 25,37 S. Die Vorräte betragen 200 Mio. Tonnen. Durch Flotation können die Sulfide leicht in einem Sammelkonzentrat angereichert werden. Dieses wird geröstet u. gelaugt, am vorteilhaftesten scheint die Laugung unter Druck zu sein, wobei Ausbeuten an Zn von 97—98% erhalten wurden. F. Ensslin. 380□

**Gold und Silber in Manganerzen der Polk Co. Arkansas.** Lyndon L. Foley. (Econ. Geol. **55,** 1757, Dez. 1960; Tulsa, Okla.; engl.) — Nachgewiesen wurden 1,4% Cu; 0,67 oz./t Ag u. 0,02 oz./t Au. W. Franke. 380□

**Geologie, Mineralogie und Entstehung ausgewählter Fireclay-Minerale von Latah County, Idaho.** Herman Ponder und W. D. Keller. (Clays and Clay Minerals **9,** 44—92, 1960; Columbia, Mo., Univ. of Missouri; engl.) — Die Fireclay-Lagerstätten des Latah County kommen in zwei Formen vor, nämlich als Verwitterungsrückstände u. als limn. Sedimente. Die ersten entstanden durch Oberflächenverwitterung granit. (Granodiorite, Gneise) Massive, die limn. Sedimente aus verwitterten Rückständen u. zum geringen Teil aus vulkan. Aschen. Eine typ. Zus. der Rückstandstone ist: 65(%) Kaolinminerale, 20 Quarz, 12 K-haltiger Glimmer u. Spuren von Montmorillonit–Chlorit–Mixed–Layer-Tonen. Die sedimentären Lagerstätten variieren in ihrem Ton-Geh. von beinahe reinem Kaolin bis zu solchen, die ebensowenig Ton enthalten wie die Rückstandslagerstätten. Bei Abnahme des Kaolin-Geh. steigt der Geh. an Quarz, K-haltigem Glimmer u. anderen Mineralien. In beiden Typen sind die Kaolinminerale Halloysit u. Endellit vorhanden. Die limn. Lagerstätten enthalten außerdem Säume von schlecht krist. Kaolin, der sich aus der vulkan. Asche gebildet hat. Endellit hat sich wahrscheinlich in zwei verschiedenen geolog. Umgebungen gebildet: Einmal als Umwandlungs-Prod. eines granodiorit. Gneises durch Oberflächenverwitterung u. zum anderen als Umwandlungs-Prod. abgelagerter vulkan. Aschen in Frischwasserseen. Endellit scheint bei der Verwitterung relativ häufig zu entstehen. J. Heinze. 380□

**Die chemische Verwitterung der Schichtsilicattone im vom Löß stammenden Tama-Siltlehm des südwestlichen Wisconsin.** R. C. Glenn, M. L. Jackson, F. D. Hole und G. B. Lee. (Clays and Clay Minerals **9,** 63—83, 1960; Madison, Wis., Univ. of Wisconsin, Dep. of Soils; engl.) — Die chem. Verwitterung der Tonminerale in den Haupthorizonten des Prairiebodenprofils von Tama wurde untersucht. Dioktaedr. Montmorillonit hat sich in beträchtlichem Maß sowohl in kalkigen als auch nichtkalkigen Horizonten durch chem. Verwitterung der trioktaedr. Eisenmagnesiumglimmer gebildet, wobei Vermiculit ein intermediäres Stadium darstellt. Die Entstehung des Lößmontmorillonits beginnt lange vor der Auswaschung des freien $CaCO_3$ u. führt zu einem Maximum von 14% im B-Horizont. J. Heinze. 380□

**Einige chemische Hinweise auf die Bauxitentstehung in Jamaica.** Donald John Burns. (Econ. Geol. **56,** 1297—1303, Nov. 1961; Kingston, Jamaica, Geol. Survey Dep.; engl.) — Aus chem. Analysen von Bauxit u. weißem Kalkstein wurde festgestellt, daß letzterer nicht das Muttergestein des Bauxits sein kann. Der hohe Anteil an $P_2O_5$ in dem säureunlösl. Rückstand des Kalkes u. das Vork. von organ. Strukturen in dem Phosphatband schließen dies aus. Das letztere ist der Verwitterungsrückstand des Kalkes. Wahrscheinlich sind cretaceische Tuffe das Muttergestein des Bauxits.
F. Ensslin. 380□

**Kanadische Vorkommen von Uran und Thorium.** A. H. Lang, J. W. Griffith und H. R. Steacy. (Canada, Dep. Mines techn. Surv., geol. Surv. Canada, econ. Geol. Ser. **1962,** Nr. 16, 1—324, 9 Tafeln.) — Ausführliche Beschreibung der bis 1957 bekannten u. abgebauten U- u. Th-Erze. Die kanad. Prod. an U nimmt wertmäßig mit 274 Millionen Dollar die erste Stelle der kanad. Erz-Prod. ein. Es treten 70 U-Mineralien auf, von denen die wichtigsten *Brannerit*, *Uraninit*, *Uranothorit* u. *Uranophan* sind. Die wichtigsten Fundpunkte sind Konglomerate, Gänge mit Adern von Pechblende u. Syenit- u. Granitpegmatite. Die Hauptförderung stammt aus Konglomeraten von Blind River, wo große Erzreserven vorhanden sind. F. Ensslin. 380□

**Die Erze von Sudbury: Ihre Mineralogie und Entstehung.** J. E. Hawley. (Canad. Mineralogist **7** 1—207, 1962; Kingston, Queen's Univ., Dep. of Geol. Sci.; engl.) —

Ausführliche Beschreibung der Mineralogie u. Chemie der Erz-Vork. u. krit. Durchsicht der Literatur. Eine Interpretation der Geschichte u. mineralog. Gegebenheiten wird zum Schluß vorgelegt. J. Heinze. 380□

**Bestimmung der Eigenschaften von Sedimenten.** John C. Griffiths. (J. Geology **69**, 487—98, Sept. 1961; University Park, Pa., State Univ., Coll. of Miner. Ind.; engl.) — Ein Gestein ist definiert durch die Angabe von fünf fundamentalen Eigenschaften. Dieses kann symbol. durch die Beziehung P = f (m, s, sh, o, p) ausgedrückt werden, wobei m = Zus., (Arten der Mineralkörner u. ihre relativen Verhältnisse), s = Größe, sh = Gestalt, o = Orientierung u. p = Packung der Körner bedeuten. Die Wichtigkeit dieser Funktion wird an Beispielen gezeigt. J. Heinze. 385□

**Geochemische Veränderungen in vier Rückstandsböden.** Nicholas M. Short. (J. Geology **69**, 534—71, Sept. 1961; Livermore, Calif., Univ. of California, Lawrence Radiation Labor.; engl.) — Die Veränderungen der Konzz. von Si, Al, Mg, Ca, Na, K, Ti, Ba, Co, Cr, Cu, Ga, Mn, Ni, Pb, Sc, Sr, V, Zn, u. Zr wurden spektrochem. in vier Böden u. ihrem Muttergestein bestimmt. Ferner wurden analysiert die Korngrößenverteilung, die Mineralogie der Korngrößenfraktionen, die Bodenfeuchtigkeit, der pH-Wert, das Redox-Potential, lösl. Salze, freies Fe-Oxid, organ. Material u. die Austauschfähigkeit. Danach ergibt sich, daß Anreicherung bzw. Wegtransport der meisten Spurenelemente direkt proportional dem Geh. an Ton u. Schlamm ist, daß das Klima von größerem Einfl. auf die Verteilung der Spurenelemente ist, als die Zus. des Ausgangsgesteins u. daß eindeutige Abgrenzungen der zwei sal. u. maf. Muttergesteine aus den unterschiedlichen Konzz. an Si, Fe, Cu, Sc, V u. Zr gegeben werden. J. Heinze. 385□

**Der hydrothermal veränderte granatführende Rhyodacit der Bohrung Fallstein 18 im nördlichen Harzvorland.** Hans Jürgen Rösler und Fritz Reuter. (Freiberger Forsch.-H., Reihe C, Heft **129**, 21—34, 1962, 5 Tafeln; Freiberg u. Berlin; dt.) — Die fast 2000 m tiefe Bohrung Fallstein 18, westlich von Veltheim im nördlichen Harzvorland, traf nach mesozoischen Schichten auf eine geringmächtige Sedimentfolge. Darauf folgt ein mächtiger extrusiver (submarin?) Rhyodacitkörper mit Pyrit- u. Sideritvererzung im oberen Teil, dessen Liegendgrenze nicht erreicht wurde. Aus den mkr., chem. u. spektroskop. Unterss. des Bohrkerns folgt, daß es sich hier um ein Analogon zu dem „Quarzkeratophyr" der $FeS_2$-Lagerstätte „Einheit" bei Elbingerode handelt. Die petrograph. Übereinstimmung des Rhyodacits mit den sogenannten Quarzkeratophyrtuffen (Rhyodacittuffen) des Unterkarbons Ostthüringens ist erstaunlich u. reicht bis in kleinste Einzelheiten. J. Heinze. 385□

**Zur Petrographie und systematischen Stellung pelitischer Gesteine aus der Nordlausitzer Grauwackenformation.** Winfried Lorenz. (Geologie **11**, 197—207, Febr. 1962; Freiberg, Sachsen; dt.) — Die pelit. Gesteine der Bohrung Dubrau 1/56 sind Argillite, die sich stofflich von den psammit. Grauwacken dieses Gebietes unterscheiden. Sie sind Analoga zu normalen Tonschiefern in Grauwacke-Tonschieferfolgen anderer Formationen. F. Ensslin. 385□

**Chemische Untersuchungen von Schiefern aus dem Oberen Kambrium bei Hynneberg, Närke.** G. Assarsson und V. Grundulis. (Geol. Fören. Stockholm Förh. **83**, 269—77, Mai/Okt. 1961; Stockholm, Geol. Surv., Chem. Labor.; engl.) — 9 repräsentative Proben des oberkambr. Alaunschiefers bei Hynneberg in Mittelschweden wurden chem. u. mineralog. untersucht. Die Mineralbestandteile (Glimmer, Pyrit, Quarz) wurden röntgenograph. qual. bestimmt. Die quant. Verteilung wurde aus den chem. Analysen berechnet. Die organ. Fraktion wurde durch Flotation angereichert (Aschen-Geh. 20—30%) u. danach die Zus. zu $C_{10}H_{11}O$ bestimmt. Kleine Beträge von S u. N wurden außerdem gefunden. Die Entstehung dieses Gesteins wird als das Ergebnis der gemeinsamen Sedimentation des anorgan. u. organ. Materials aufgefaßt. Das letztere führte bei seiner Zers. zur Bldg. von Chelaten u. anderen Komplexen, zusammen mit Fe- u. Al-Hydroxiden u. Silicagel. J. Heinze. 385□

**Geochemische Untersuchungen der Gruszów-Lager in der Kohlengrube „Gleiwitz".** Lidia Chodyniecka. (Acta geol. polon. **12**, 307—34, 2 Tafeln, 1962; Gliwice, Politechniki Slaskiej w Gliwicach, Katedra Miner. i Petrografii; pol.) — Eine 80 m mächtige Gesteinsserie aus dem unteren Horizont des Gruszów-Lagers der Grube „Gleiwitz" wurde mkr., chem. u. spektroskop. untersucht. Montmorillonit ist Hauptbestandteil der Gesteine. Daneben kommen Illit u. Nontronit vor. In der Mehrzahl der Fälle sind vulkan. Gläser gefunden worden. Bei den Schwermineralien überwiegt Zirkon, während in den jüngeren oberschles. Karbonschichten Granate dominieren. Das Sedimentationsgebiet unterlag einer dreimaligen Hebung u. Senkung. J. Heinze. 385□

**Carbonatsandsteine der „Poruba-Serie" der Ostrava-Schichten des oberschlesischen Steinkohlenbeckens.** R. A. Kühnel. (Věstník ústředního Ústavu geologického **36,** 49—56, Jan. 1961; Ostrava, Kat. mineralog. a geochem. Vys. školy báňské; tschech.) — Beschreibung der Carbonatsandsteine in Bohrtiefen von 800—1160 m mit chem., DTA- u. mkr. Analyse. Sie bestehen aus scharfkantigen Quarzkörnchen, Glimmer u. geringen Feldspat- u. Kohlebruchanteilen in der Carbonat–Kaolinit-Matrix. Der hohe Geh. der Matrix (50%) sowie die anwesende Lamellenlage führt Vf. zur Annahme, daß der Kalkstein zusammen mit dem Quarz als Schlamm von verschiedenen Seeströmen abgelagert wurde. — Zusammensetzung: 11—20(%) CaO, 2—7 MgO, 4—7 FeO, 0,5 MnO,14—19 $CO_2$, d. i. bis ca. 50 Carbonat. J. Tůmová. 385□

**Über neue Funde von Melilith- und Monticellit-Gesteinen in Alkalimassiven des Kusnetzk-Alatau.** A. W. Bosin. (Ber. Akad. Wiss. UdSSR **139,** 699—701, 21/7. 1961; Inst. für Geol. u. Geophys. der sibir. Abt. der Akad. der Wiss. der UdSSR; russ.) W. Hödt. 385□

**Ein Problem der quartären Verwitterung: der „Ferretto" von Norditalien.** Pierre Gabert. (C.R. somm. Séances Soc. géol. France **1960,** 22—24, 1961; franz.) — Mit „Ferretto" bezeichnet man in Piemont u. in der Lombardei eine ca. 6—8 m dunkelrote bis orangerote alluviale Bodenschicht, deren oberste Schicht tonigen Charakter besitzt. Der Boden ist sehr sauer, die pH-Werte liegen zwischen 4,5 u. 6. Zehn Bodenproben verschiedener Fundorte wurden chem. analysiert. Der relativ hohe $Al_2O_3$-Geh. liegt zwischen 24 u. 31%, ebenso ist der Geh. an $Fe_2O_3$ ziemlich hoch; dagegen ist der Geh. an $SiO_2$ mit 45—47,72% sehr niedrig. Zwei Proben wurden thermogravimetr. untersucht. Die Kurve der einen Probe war typ. für *Kaolin,* die der zweiten Probe dagegen komplexer; wahrscheinlich handelt es sich um ein Gemisch von Kaolin u. *Illit,* was auch röntgenograph. festgestellt werden konnte. Die Zers. des Ursprungsgesteins erfolgte wahrscheinlich in einem heißen u. feuchten Klima. C. Gottfried. 385

**Über die Herkunft der Syenit-Diorite des Malaja-Kul-Teiga-Bergmassivs.** G. Ss. Fedossejew. (Geol. u. Geophysik [UdSSR] **1961,** Nr. 12, 57—62; Nowosibirsk, Inst. für Geol. u. Geophys. der Sibir. Abt. der Akad. der Wiss. der UdSSR; russ.) — Die Syenit-Diorite sind gabbroiden Ursprungs. Ihre Genese wird nach der Theorie der magmat. Substitution von Korgiusky erklärt. Angabe der Analysendaten. Ch. Weiske. 385◇

**Petrochemische Besonderheiten der devonischen Effusiva der Uimen-Depression (Altai).** K. A. Anikijew und G. B. Kotschkin. (Geol. u. Geophysik [UdSSR] **1961,** Nr. 12, 63—69; Leningrad, Allunions Wiss. Geol.-Forsch.-Inst.; russ.) — Angabe der chem. Zers. der Effusiva. Die Effusiva werden hinsichtlich des Chemismus mit denen anderer Regionen verglichen. Ch. Weiske. 386◇

**Beitrag zum Studium der wesentlichen Bestandteile ferromagnetischer historischer Lavaergüsse am Ätna (Sizilien).** J. Bolfa. (Neues Jb. Mineralog., Abh. **94,** 1049—59, Juli 1960; Nancy, Univ., Inst. de Minér.; franz.) — Durch opt. u. thermomagnet. Analyse der opaken Mineralien in Ätna-Lavaergüssen histor. Abkunft u. Ableitung der chem. Zus. wird gezeigt, daß es sich vorzugsweise um einheitliche Titanomagnetite handelt. W. Gottwald. 386□

**Über die Uredelgase in den Achondriten Kapoeta und Staroe Pesjanoe.** J. Zähringer. (Geochim. cosmochim. Acta [London] **26,** 665—80, Juni 1962; Heidelberg, Max-Planck-Inst. für Kernphys.; dt.) — Die beiden Chondriten enthalten hohe Beträge der Uredelgase He, Ne u. Ar. Das Verhältnis $^4He/^3He$ ist ca. 3800. Die Isotopen-Zus. des Ur-Ne hat ein um 30% höheres $^{20}Ne/^{22}Ne$-Verhältnis als atmosphär. Ne. Im Kapoeta-Meteorit sind die Uredelgase in der Glasphase konzentriert. Durch stufenweises Entgasen bei steigenden Temp. konnten die Urgase von den radiogenet. u. Spallations-Prodd. getrennt werden. Es wird angenommen, daß die Urgase hauptsächlich an Kristallbaufehler gebunden sind u. daß die Temp. der Meteorite seit dem Gaseinschluß stets unterhalb 300° geblieben sind. Die relative Häufigkeit aller Edelgase steht in guter Übereinstimmung mit der kosm. Verteilung. Das deutet auf Einfangen des Gases aus einer protoplanetar. Wolke. J. Heinze. 388□

**Tritium und Argon-39 im Bruderheim-Meteorit.** St. Charalambus und K. Goebel. (Geochim. cosmochim. Acta [London] **26,** 659—63, Juni 1962; Genf, C.E.R.N., Nuclear Phys. Div.; engl.) — Der T- u. $^{39}Ar$-Geh. des Bruderheimer Steinmeteoriten wurde bestimmt. Zum Zeitpunkt des Falles betrug die durchschnittliche T-Aktivität 0,44 count/min per g, der entsprechende Wert für $^{39}Ar$ war 0,01. Aus T–$^3He$ u. $^{38}Ar$–$^{39}Ar$ wurde ein Alter von 28 $\pm$ 3 Millionen Jahren berechnet. Aus anderen Meth. ($^{22}Na$, $^{26}Al$, $^{36}Cl$) wurde 30 $\times$ $10^6$ Jahre bestimmt. J. Heinze. 388□

**Der Gehalt an Fettsäuren im Meerwasser.** J. Frank Slowey, Lela M. Jeffrey und Donald W. Hood. (Geochim. cosmochim. Acta [London] **26,** 607—16, Juni 1962;

A & M Coll. of Texas, Dep. of Oceanography and Meteorology; engl.) — Eine Meth. zur Schnellbest. von Fettsäuren aus Meerwasser wird beschrieben. Durch Extraktion mit Äthylacetat werden die Fettsäuren isoliert. Anschließend werden sie in Methylester übergeführt u. gas–fl.-chromatograph. bestimmt. Das Verf. eignet sich für Fettsäuren mit Kettenlängen zwischen $C_{10}$ u. $C_{20}$. Die Fettsäuren zeigen beträchtliche Änderungen in den relativen Beträgen der einzelnen Säuren in Abhängigkeit von der Wassertiefe. Tiefwasser zeigt fast keine ungesätt. Säuren u. eine Tendenz nach kurzkettigen Säuren. J. Heinze. 393□

**Chemische Untersuchungen in der Ostsee.** F. T. Manheim. (Geol. Fören. Stockholm Förh. **83,** 314—15, Mai/Okt. 1961; Stockholm, Geol. Surv., Geochem. Labor.; engl.) — Vgl. C. **1962,** 11499. — Die Beziehungen zwischen Ablagerungsort u. Elementverteilung bei Ostsee-Sedimenten wurden untersucht. Maximale Schwermineral-Konzz. wurden an den Grenzen der Stagnationsbassins gefunden. In diesen Gebieten sind Cu, Zn, Pb u. Ag anscheinend durch Ausfällung als Sulfid angereichert worden. U wurde ebenfalls angereichert, u. Konzz. bis zu 32 g/t wurden in postglazialen Sedimenten gefunden. J. Heinze. 393□

**Spurenanalytische Untersuchungen an Tiefseetonen aus dem Atlantik. Ein Beitrag zur Deutung der geochemischen Sonderstellung von pelagischen Tonen.** K. H. Wedepohl. (Geochim. cosmochim. Acta [London] **18,** 200—31, Febr. 1960; Göttingen, Univ., Miner.-petrograph. Inst.; dt.) — 18 Proben u. 2 Mischungen (mit keinen oder geringen Carbonat-Geh.) wurden mit Röntgenfluorescenz-, spektroskop. u. colorimetr. Meth. untersucht. Drei Klassen unterschiedlichen geochem. Verh. konnten festgestellt werden: a) Die mittleren Häufigkeiten von Ti, V, Cr, Ga, Rb u. Zr sind in küstennahen u. pelag. Sedimenten gleich. b) Im Durchschnitt sind La, Sc, Y u. Ba in küstennahen u. pelag. Tonen gleich häufig im Atlantik, jedoch häufiger im Pazifik. c) Die durchschnittlichen Häufigkeiten an Zn, Ni, Pb, Cu, Co, Mn u. Mo nehmen zu von küstennahen über atlant. zu pazif. Tonen ohne Rücksicht auf ähnliche Zus. der Hauptelemente. Für die Erklärung gewisser Anomalien in der Zus. wird auf einen Beitrag durch vulkan. Prozesse hingewiesen. Das Verhältnis zwischen den Anreicherungen im Atlantik- u. Pazifik-Ton (1:3,4) wird als das reziproke Verhältnis der Sedimentations-Geschw. dieser Sedimente gedeutet. J. Heinze. 393□

**Die Anwendung der Statistik auf die Geochemie pelagischer Schlamme.** K. E. Chave und F. T. Mackenzie. (J. Geology **69,** 572—82, Sept. 1961; Bethlehem, Pa., Lehigh Univ.; engl.) — Eine statist. Meth. zur geochem. Deutung pelag. Schlamme wird auf die zur Verfügung stehenden Analysen angewendet. Allg. Aussagen sind wegen des Mangels genügend vieler u. guter Analysen noch nicht möglich. J. Heinze. 393□

**Der Strontium-90-Gehalt der Stratosphäre.** Herbert W. Feely. (Science [Washington] **131,** 645—49, 4/3. 1960; Westwood, N.J., Isotopes Inc.; engl.) — Von November 1957 bis Mai 1959 wurden ca. 1400 systemat. bei Lockheed-U-2-Flügen genommene Proben auf den $^{90}$Sr-Geh. untersucht. Eine geringe $^{90}$Sr-Konz. in der Stratosphäre läßt dort auf eine kleine Verweilzeit des $^{90}$Sr schließen. Für den Gesamtgeh. an $^{90}$Sr in der Atmosphäre ergaben sich in der nördlichen Hemisphäre von 10 zu 10° (von 0°—90° N.) folgende Geh. in mc/Meile²: 6,4; 4,2; 4,1; 5,0; 8,3; 12,2; 13,8; 11,3 u. 10,7. Für die südliche Hemisphäre (von 0°—90° S.): 4,9; 1,8; 2,0; 2,7; 3,6; 3,1; 3,2; 2,9 u. 2,7. Ernst Schulte. 396◇

# B. Allgemeine und theoretische organische Chemie

**Arbeiten des Bureau International d'Étalons Physico-Chimiques. 11. Mitt. Untersuchung der physikalischen Konstanten von zwanzig organischen Verbindungen.** J. Timmermans und Hennaut-Roland. (J. Chim. physique Physico-Chim. biol. **56,** 984—1023, Nov./Dez. 1959; Bruxelles, Univ. Libre; franz.) — 9. vgl. C. **1956,** 4663. — Zusammenstellung der exakt ermittelten physikal. Eigg. (Kp.; F.; Dichten; Brechungsindices; Molrefraktion; Viscosität; Oberflächenspannung; DK) von *1.2.4-Trimethylbenzol, n-Propyl-, n-Amylformiat, n-Propyl-, n-Butylacetat, Methyl-, n-Propyl-, n-Butyl-, n-Amylpropionat, Triäthylorthoformiat, Phenetol, Phenylessigsäureäthylester, Cyclobutanon, Furan, Äthylendiamin, Cyclohexylamin, Äthanolamin, Cyanessigsäureäthylester, Morpholin, Thiophen.* — 170 Literaturangaben. A. Blaschette. 400◇

**Schwingungsspektren ungeordneter Ketten.** J. L. Martin. (Proc. Roy. Soc. [London], Ser. A **260,** 139—46, 7/2. 1961; Teddington, Middlesex, Nat. Phys. Labor., Math. Div.; engl.) — Die vom Vf. erörterten dynam. Syst. sind lange Ketten von Partikeln mit statist. verteilten Massen. Die harmon. Kräfte der nächsten u. übernächsten

Nachbarteilchen werden in Rechnung gestellt. Um die Schwingungsfrequenzen zu erhalten, muß die Verteilung der Eigenwerte einer speziellen Matrix bestimmt werden. Mit Hilfe der beschriebenen Meth. werden die Schwingungsspektren für verschiedene Grade der Wechselwrkg. zwischen übernächsten Nachbarteilchen gefunden. Die Ergebnisse stützen eine Theorie, die die Eigg. der Spektren von ungeordneten Ketten mit den Eigg. der Spektren nahezu regulärer Ketten mit gestörten Schwingungszuständen in Zusammenhang bringt. M.-L. Klaar. B 114□

**Das Ultraviolettabsorptionsspektrum von Dicyanacetylen.** F. A. Miller und R. B. Hannan jun. (Spectrochim. Acta [London] **12**, 321—30, Okt. 1958; Pittsburgh, Pa., Univ. of Pittsburgh, Mellon Inst. and Dep. of Chem.; engl.) — Es wird das UV-Spektrum von *Dicyanacetylen* in Lsg. u. als Dampf, bei niedriger u. hoher Auflösung gemessen. Im Dampfspektrum erfolgte Aufspaltung der Hauptmaxima, außerdem wird eine Verschiebung von 870 $cm^{-1}$ nach höheren Frequenzen beobachtet. Eine Schwingungsanalyse für das 2680 Å-Syst. wird durchgeführt. M. Schüle. B 118□

**Lösungsmittelstörung im nahen Ultraviolettspektrum von Benzol.** N. S. Bayliss und N. W. Cant. (Spectrochim. Acta [London] **18**, 1287—94, Okt. 1962; Nedlands, Western Australia, Univ. of Western Australia, Dep. of Chem.; engl.) — Der Einfl. von Lsgm. auf die Störbande von *Bzl.* wurde im 0.0-Bereich der Absorption bei 2600 Å bestimmt. Als Lsgm. wurden verwendet: $CCl_4$, Chlf., Dichlormethan, symm.-Tetrachloräthan, Methanol, A., Äthylenglykol, Ae., Dioxan u. $H_2O$. Ergebnisse: 1. Bei den O-haltigen u. chlorierten Lsgm. ist die Intensität der Störbande etwa der Anzahl der O- bzw. Cl-Atome pro Mol. proportional. Eine Ausnahme bildet das kleine $H_2O$-Mol. sowie das große symm.-Tetrachloräthan-Mol.; 2. die Intensität der Bande ist unabhängig vom Dipolmoment des Lsgm.; 3. die Intensität der Störbande wächst mit dem $n_D$ des Lsgm.; 4. die größte Störung wurde bei $CCl_4$ gefunden. Die Ergebnisse deuten darauf hin, daß die Störung als 0.0-Bande des $^1B_{2u} \rightarrow {}^1A_{1g}$-Übergangs zugeordnet werden kann. W. Graf. B 118□

**Struktur und Eigenschaften cyclischer Verbindungen.** 5. Mitt. **Spannungseffekte bei der Ultraviolettlichtabsorption cyclischer Verbindungen.** Owen H. Wheeler. (Bol. Inst. Quím. Univ. nac. autonoma México **8**, 93—100, Dez. 1956; México, Univ. Nac. Autonoma, Inst. de Quím.; span.) — Übersetzung der C. **1957**, 4344 referierten Arbeit. M. Reiher. B 118□

**Struktur und Eigenschaften cyclischer Verbindungen.** 6. Mitt. **Die Ultraviolettabsorption isolierter Doppelbindungen.** O. H. Wheeler und J. L. Mateos. (Bol. Inst. Quím. Univ. nac. autonoma México **8**, 101—07, Dez. 1956; span.) — 5. vgl. vorst. Referat. — Übersetzung der C. **1957**, 5800 referierten Arbeit. M. Reiher. B 118□

**Das Absorptionsspektrum von aromatischen Azoverbindungen und verwandten Verbindungen.** 1. Mitt. **Azoxybenzole.** Peter H. Gore und Owen H. Wheeler. (Bol. Inst. Quím. Univ. nac. autonoma México **8**, 108—15, Dez. 1956; Mexico, Univ. Nac. Autonoma, Inst. de Quím.; London, Acton Techn. Coll., Dep. de Quím.; span.) — Übersetzung der C. **1956**, 10676 referierten Arbeit. M. Reiher. B 118□

**Einfluß von Säuren auf die Elektronenspektren der Amine aus der Reihe der von aromatischen Kohlenwasserstoffen abgeleiteten Azaverbindungen.** Sadhan Basu. (J. Chim. physique Physico-Chim. biol. **56**, 981—83, Nov./Dez. 1959; Paris, Centre de mécan. ondul. appl.; franz.) — Mit Hilfe der MO-Meth. werden die durch Protonierung hervorgerufenen Verschiebungen des nächsten Banden-Syst. im Elektronenspektrum der nachst. zwei Verb.-Reihen berechnet: *Chinolin, 2-, 3-, 4-, 5-, 6-, 7-* u. *8-Aminochinolin*; *Isochinolin, 1-, 3-, 4-, 5-, 6-, 7-* u. *8-Aminoisochinolin.* Je nach Stellung des Substituenten werden hypso- oder bathochrome Verschiebungen erhalten, die im allg. gut mit den experimentellen Befunden übereinstimmen. A. Blaschette. B 118◇

**Das sichtbare Absorptionsspektrum von Chlorophyll a, b und β-Carotin in monomolekularen Wasser–Luft-Grenzschichten.** Germille Colmano. (Nature [London] **193**, 1287—88, 31/3. 1962; Baltimore, Md., Res. Inst. for Advanced Study, Photosynth. Group; engl.) — Durch Aufsprühen einer Lsg. von *Chlorophyll a, b* u. *β-Carotin* (Mol-Verhältnis 6:3:1) in Bzl. auf $10^{-3}$ m Phosphatpuffer-Lsg. (pH 8) erhaltene monomol. Filme (Filmdruck 20 dyn/cm) zeigen das gleiche Absorptionsspektrum (Abb.) wie Chlorella pyrenoidosa. Die Verschiebung der Absorptionsmaxima der Chlorophylle gegenüber denen in organ. Lsgm. beweist ihr Vorliegen in lebenden Zellen in Form monomol. Filme an fl. Grenzschichten. F. Heller. B 118□

**Untersuchungen über die Abhängigkeit der optischen Aktivität von der chemischen Konstitution.** 52. Mitt. **Rotationsdispersion von Bromphenylimino- und -aminocampher.** B. K. Singh und B. S. Saxena. (J. sci. ind. Res. [New Delhi], Sect. B **19**, 75—76,

Febr. 1960; Varanasi, Banaras Hindu Univ., Org. Res. Sect.; engl.) — 51. vgl. C. **1962**, 786. — Vff. bestimmten die Rotationsdispersion von *o-*, *m-*, *p-Bromphenylimino-* (I) u. *-amino-d-campher* (II) in Methanol, A., Aceton, Äthylacetat, Chlf., Bzl. u. Cyclohexan. Die Dispersion gehorcht der eingliedrigen Drudeschen Gleichung, jedoch sind die charakterist. Wellenlängen nicht ident. mit den Absorptionsmaxima. Auch die Anwendung der zweigliedrigen Gleichung ergab im Falle von o- u. p-I von $\lambda_{max}$ abweichende charakterist. Wellenlängen. Bei geringer Änderung der dieser Berechnung zugrunde liegenden experimentellen Drehwerte ergab sich im Falle von m-I nahezu die charakterist. Wellenlänge, wie sie für $\lambda_{max}$ gemessen wurde. Die Mol.-Drehung der verschiedenen Stellungsisomeren folgt in allen Lsgm. der Reihe o $<$ m $<$ unsubstituiert $<$ p, im Falle von **II** der Reihe o $<$ p $<$ unsubstituiert $<$ m (außer in Äthylacetat). Gleiches gilt für die entsprechenden Cl-Derivv; somit gilt für diese Verbb. die Cohensche Regel in allen Lsgm. mit Ausnahme von Äthylacetat. N. Seiler. B 119□

**Ramanspektren von Alkoholen: Intensitätsmessungen.** K. Venkateswarlu und S. Mariam. (Z. Physik **168,** 195—98, 1962; Annamalainagar, S. India, Annamalai Univ., Dep. of Phys.; engl.) — Von folgenden Alkoholen wurden die Maxima-, Standard- u. integrierten Intensitäten einiger intensiver Ramanlinien gemessen: *Methyl-*, *Äthyl-*, *n-Propyl-*, *Isopropyl-*, *n-Butyl-*, *Isobutyl-*, *tert.-Butyl-*, *Amyl-*, *Isoamyl-*, *tert.-Amyl-*, *Allylalkohol* u. *Cyclohexanol.* Die Standardintensitäten einiger charakterist. Schwingungen in den verschiedenen Alkoholen wurden verglichen, wobei größere Schwankungen beobachtet wurden. Die gemessenen Daten sind tabellar. zusammengestellt. Harro Zimmer. B 120◇

**Infrarotspektrographische Untersuchungen einiger β-Diketone.** M. C. De Wilde-Delvaux und Ph. Teyssié. (Spectrochim. Acta [London] **12,** 289—93, Okt. 1958; Louvain, Belgique, Univ. de Louvain, Labor. de Chim. Macromol.; franz.) — Im IR-Bereich 1800—1500 $cm^{-1}$ werden *Methacryloylaceton* u. sein *Polymeres*, *2-Heptyl-*, *2-Heptyl-4-methyl-*, *2-Pentyl-* u. *4-Methylcyclohexandion-(1.3)* untersucht u. mit *Acetylaceton* verglichen. Die Keto–Enol-Tautomerie ist von der Polarität des Lsgm. abhängig, bei den Derivv. von Cyclohexandion-(1.3) konzentrationsabhängig, demnach ist die H-Bindung hier intramolekular. Bei der Ketonform ist die CO-Bande fast immer aufgespalten. M. Schüle. B 120□

**Stereochemische Untersuchungen an Dicarbonsäuren.** 3. Mitt. **Die Infrarotabsorption einiger α.α-disubstituierter Säuren verschiedenen Typs.** Lennart Schotte und Andreas Rosenberg. (Ark. Kemi **8,** Nr. 54, 551—66, 1956; Uppsala, Univ., Chem. Inst. and Inst. of Biochem., Labor. of Org. Chem.; engl.) — 2. vgl. C. **1960,** 6450. — Vff. untersuchten die IR-Spektren in Nujol oder KBr von *meso-* (F. 218°, aus $Cl_2$ u. Na-Maleinat in gesätt. wss. NaCl-Lsg.), *rac.-α.α'-Dichlorbernsteinsäure* (F. 173—175°, aus $Cl_2$ u. Maleinsäureanhydrid in $CCl_4$), *meso-* (F. 259—260°), *rac.-α.α'-Dibrombernsteinsäure* (F. 170°), *meso-* (F. 194—195°, W., durch Rk. von Äthyl-α-brom-n-butyrat mit dem Na-Salz von Äthylmalonsäurediäthylester, Hydrolyse u. Decarboxylierung), *rac.-α.α'-Diäthylbernsteinsäure* (F. 131—133°, durch Eindampfen der Mutterlauge der meso-Verb., Aufnehmen in Äther, Umsetzung mit Acetylchlorid zum Anhydrid u. dessen Hydrolyse), *meso-* (F. 118—120°), *rac.-α.α'-Diäthylglutarsäure* (F. 91—93°), *meso-* (F. 192 bis 193°), *rac.-α.α'-Dibromadipinsäure* (F. 141—143°), *meso-* (F. 118°) u. *rac.-α.α'-Dithiodimilchsäure* (*α.α'-Dithiodipropionsäure*, **I**, F. 148—149°).Die Spektren der rac.- u. meso-Formen der Bernstein- u. Glutarsäuren zeigen mit Ausnahme der Diäthylbernsteinsäuren deutliche Unterschiede [z. B. Aufspaltung der ν(C=O) bei den rac.-Formen], die der Adipinsäuren sind sehr ähnlich. Eine Aufspaltung der ν(CO) von Dicarbonsäuren cycl. Syst. ist wahrscheinlicher für die meso-Form [erläutert am Beispiel der cis(meso)- u. trans(rac.)-1.2-Dithian-3.6-dicarbonsäure]. Das Spektrum der meso-Form von **I** zeigt eine Aufspaltung der CS-Bande, bei Lsg. in N.N-Dimethylformamid sind die Spektren in diesem Bereich identisch. W. Schramm. B 120◇

**Infrarotsummenbanden der nichtebenen CH-Deformationsschwingungen von substituierten Benzol-Verbindungen.** D. H. Whiffen. (Spectrochim. Acta [London] **7,** 253—63, Dez. 1955; Edgbaston, Birmingham, Univ., Chem. Dep.; engl.) — IR-Banden substituierter Benzole wurden im Bereich von 1650—2000 $cm^{-1}$ Summenbanden von Grundschwingungen, die bei 700—1000 $cm^{-1}$ auftreten, zugeordnet. Folgende Verb.-Typen wurden ausführlich besprochen u. für die verschiedenen Substitutionen ein spezif. Mittelwert als charakterist. ermittelt: *Monosubstituiertes Bzl.* (*$CH_3$, OH, CN, Cl, $NO_2$*); *o, m-* u. *p-substituiertes Bzl.* (*$CH_3$/$CH_3$, $CH_3$/OH, $CH_3$/CN, Cl/Cl*); *1.2.3-trisubstituiertes Bzl.* (*$CH_3$/$CH_3$/$CH_3$, $CH_3$/HO/$CH_3$*); *1.2.4-trisubstituiertes Bzl.* (*$CH_3$/$CH_3$/$CH_3$, OH/$CH_3$/$CH_3$*); *1.3.5-trisubstituiertes Bzl.* (*$CH_3$/$CH_3$/$CH_3$, $CH_3$/$CH_3$/OH*) sowie von *1.2.3.4-*,

*1.2.3.5-* u. *1.2.4.5-Tetramethylbenzol.* Die Regelmäßigkeit, mit der die Summenbanden erscheinen, erlaubt ihre Anwendung als Hilfsmittel bei der Zuordnung von Grundschwingungen. M. Schüle. B 120□

**Infrarotbanden-Zuordnung des 2900-cm$^{-1}$-Bereichs. Methylgruppenschwingungen in $XC_6H_4COOCH_3$-, $XC_6H_4CH_3$- und $XC_6H_4COCH_3$-Molekülen.** Marie-Thérèse Forel, Nelson Fuson und Marie-Louise Josien. (J. opt. Soc. America **50**, 1228—31, Dez. 1960; Bordeaux, Univ., Fac. des Sci.; engl.) — Spektren von monomethylaromat. Verbb., wie *Methyl-X-benzoaten* (X = *p-*, *o-$NH_2$*, *p-*, *o-*, *m-OH*, *p-F*, *p-*, *o-Cl*, *p-*, *m-*, *o-Br*, *p-*, *m-*, *o-J*, *p-*, *m-*, *o-$NO_2$*, *H*), *X-Toluolen* (X = *o-*, *m-$NH_2$*, *o-*, *m-SH*, *o-*, *m-F*, *o-*, *m-Cl*, *o-*, *m-Br*, *o-J*, *o-*, *m-CN*, *o-*, *m-$NO_2$*, *o-OH*; p-Verbb. vgl. Fuson u. Mitarbeiter, C. **1960**, 2808) u. *X-Acetophenonen* (X = *p-$NH_2$*, *p-F*, *p-Cl*, *p-Br*, *p-J*) u. *Aceton*, besitzen einen 150 cm$^{-1}$ breiten Absorptionsbereich bei 2920 cm$^{-1}$. In diesen Bereich fallen im allg. 4 Banden, die, nach fallenden Wellenzahlen geordnet, folgenden Methylgruppenschwingungen zuzuordnen sind: totalasymm. Valenz-, axiale asymm. Valenz- (welche ihre Symmetrie in bezug auf die Symmetrieebene des Mol. behält), totalsymm. Valenz- sowie der 2. Oberton der asymm. Deformationsschwingung. Die genaue Lage dieses Absorptionsbereichs hängt ab von dem Sitz der Methylgruppe. Innerhalb bestimmter Verb.-Reihen, z. B. den p-X-Methylbenzoaten, ist die Lage des Bereichs beachtlich empfindlich gegenüber der Natur des Substituenten. M.-L. Klaar. B 120□

**Mikrowellenspektrum und Struktur von Trichlorfluormethan.** J. H. N. Loubser. (J. chem. Physics **36**, 2808—09, 15/5. 1962; Bloemfontein, South Africa, Univ. of the Orange Free State, Dep. of Phys.; engl.) — Das Rotationsspektrum von *$CCl_3F$* wird im Bereich von 20000—40000 MHz untersucht; die Frequenzen werden gemessen. Die Linien von 3 natürlich vorkommenden, isotop. Verbb., $C^{35}Cl_3F$ (**I**), $C^{37}Cl_3F$ (**II**) u. $C^{35}Cl_2\cdot{}^{37}ClF$ (**III**) werden identifiziert; **I** u. **II** sind symm. Kreisel-Moll., **III** zeigt das Spektrum eines leichten abgeplatteten, asymm. Kreisels. Die Übergänge $J = 4 \rightarrow 5$ u. $J = 6 \rightarrow 7$ werden untersucht. Berechnete u. gefundene Werte, der Rotations-Konst. u. Frequenzen stimmen befriedigend miteinander überein. Die damit bestimmten Parameter sind D(C–Cl) 1,754 ± 0,001 (Å); D(C–F) 1,362 ± 0,003; ∢ ClCl 111° ± 0,3°. W. Wesly. B 121□

**Mikrowellenspektrum von Carbonylchloridfluorid. Effekte der Zentrifugalverzerrung und Struktur.** A. M. Mirri, A. Guarnieri, P. Favero und G. Zuliani. (Nuovo Cimento [10] **25**, 265—73, 16/7. 1962; Padova, Univ., Ist. di Chim. Fis.; CNR, Labor. di Spettroscopia a radiofrequenza; ital.) — Durch eine Analyse der Zentrifugaleffekte bei den Übergängen vom a- u. b-Typ werden die Rotations-Konst. von *$F^{35}ClCO$* mit einer höheren Genauigkeit erhalten: A = (11830,31 ± 0,05) MHz, B = (5285,95 ± 0,05) MHz, C = (3648,95 ± 0,05) MHz. Für $F^{37}ClCO$ ist A = (11829,42 ± 0,05) MHz, B = (5127,73 ± 0,05) MHz, C = (3572,54 ± 0,05) MHz. Die Strukturparameter $r_{CF}$, $r_{CO}$, $r_{CCl}$, ∢ FCCl u. ∢ ClCO wurden abgeleitet. Herbert Weber. B 121◇

**Drei-Niveau-Maser-Wirkung in Gas.** 2. Mitt. **Experimentelle Untersuchung an Ameisensäure.** Tatsuo Yajima. (J. physic. Soc. Japan **16**, 1709—18, Sept. 1961; Tokyo, Univ., Fac. of Sci., Dep. of Phys.; engl.) — 1. vgl. J. physic. Soc. Japan **16**, [1961], 1594. — Das Rotationsspektrum von *HCOOH* bei Mikrowellenfrequenzen wurde zum Studium des quantenmechan. Verh. des 3-Niveau-Masers verwendet. Bei Verw. der $2_{11} \leftarrow 1_{10}$ Linie bei 46581 MHz als Pumpfrequenz wurde die induzierte Emission $2_{11} \rightarrow 2_{12}$ bei 4916 MHz erhalten; bei starkem Pumpen erfolgte Aufspaltung durch einen Resonanzmodulationseffekt. Die Ergebnisse stimmen im allg. mit der Theorie (vgl. l. c.) überein; einige Abweichungen werden diskutiert. Die Anwendung auf ein 4-Niveau-Syst. von **I** wird beschrieben. G. Winkhaus. B 125□

**Die Fluorescenz von Aldosteron in Schwefelsäure.** J. Bruinvels und J. van Noordwijk. (Nature [London] **193**, 1260—62, 31/3. 1962; Amsterdam, Univ., Pharmacotherapeut. Labor.; engl.) — *Aldosteron* (**I**) zeigt in 36n $H_2SO_4$ nach Erhitzen auf dem Wasserbad infolge Verschiebung des Gleichgewichtes von der Hemiacetalform zur Aldehydform Fluorescenz; die optimale Wellenlänge für Anregung u. Fluorescenz liegt bei 460 bzw. 505 m$\mu$. Die Trennung gelang im Farrand-Spektrofluorometer unter Verw. eines Filters (maximale Durchlässigkeit bei 520 m$\mu$) hinter der Küvette. Die Höhe des Fluorescenzmaximums über dem tiefsten Punkt der Kurve ist direkt proportional der **I**-Konz. im Bereich von 0,25—4 $\mu$g/ml. F. Heller. B 125□

**Dipolmomente und Schwingungsspektren organischer Thiosulfonate (Disulfoxide).** N. I. Grischko und Je. N. Gurjanowa. (J. physik. Chem. [UdSSR] **32**, 2725—30, Dez. 1958; Moskau, Phys.-chem. Karpow-Inst.; russ., Auszug: engl.) — Das Dipolmoment $\mu$ u. die Raman-Spektren (in Bzl. bzw. Dioxan) von organ. Antibiotica mit der allg. Gruppe $RSO_2SR'$ wurden untersucht: *Äthanthiosulfonsäureäthylester* ($\mu$ = **4,34**,

Bzl.); *Benzolthiosulfonsäurephenylester* (5,27, 5,45, Dioxan); *Allylthiosulfonsäureallylester* (3,96); *Toluolthiosulfonsäuretolylester* (5,89; 5,87, Dioxan); *p-Chlorbenzolthiosulfonsäure-p-chlorphenylester* (3,36); *Benzolthiosulfonsäureäthylester* (5,08); *Toluolthiosulfonsäureäthylester* (5,28); *p-Brombenzolthiosulfonsäureäthylester* ($Kp._{2-3}$ 158°, $D._4^{18}$ 1,537, $n_D^{17}$ 1,6084; 4,05); *Benzolsulfonsäureäthylester* (4,78); *p-Toluolsulfocarbinol* (3,87); *p-Brombenzolthiosulfonsäure-p-bromphenylester* (3,36); *β-Naphthalinthiosulfonsäureäthylester* [$Kp._{2-3}$ 122° (Zers.); $D._4^{18}$ 1,140; $n_D^{17}$ 1,6441; 4,94]. — Aus den Ergebnissen wird geschlossen, daß die Verbb. die Thiosulfonatgruppe $R-SO_2-S-R$ u. nicht die Disulfoxidgruppe R—SO—SO—R enthalten. J. Tůmová. B 132◇

**Oberflächenionisationsenergie von organischen Verbindungen: Phthalocyanine.** Martin Pope. (J. chem. Physics **36**, 2810—11, 15/5. 1962; New York, N.Y., New York Univ., Phys. Dep., Radiation and Solid State Labor.; engl.) — Die Oberflächenionisationsenergie (zum Transport eines Elektrons von der Kristalloberfläche in das Vakuum erforderliche Energie) von *Phthalocyanin* u. seinem *Cu-* u. *Mg*-Komplex wird zu 5,20, 5,00 bzw. 4,96 eV bestimmt. Meßverf. u. -gerät entsprechen der von Millikan [1920] zur Best. der Elektronenladung angewandten Arbeitsweise. W. Wesly. B 134□

**Mitteilung über das Freipräzessionsprotonensignal von Fluorbenzol im Erdfeld.** Don D. Thompson und Robert J. S. Brown. (J. chem. Physics **36**, 2812, 15/5. 1962; La Habra, Calif., California Res. Corp.; engl.) — Das Freipräzessionsprotonensignal von *Fluorbenzol* (u. *Bzl.*) im Erdfeld wird wiedergegeben u. erörtert. Eine Nachprüfung der von Fujiwara u. Shimizu (C. **1961**, 2929) ausgeführten Berechnungen des Spektrums zeigt deren Richtigkeit. W. Wesly. B 137□

**Hochaufgelöste Protonenresonanzspektren einiger p-disubstituierter Benzole.** R. E. Richards und T. P. Schaefer. (Trans. Faraday Soc. **54**, 1280—90, Sept. 1958; Oxford, Phys. Chem. Labor.; engl.) — Bei hoher Auflösung wurde das Protonenresonanzspektrum folgender Benzole aufgenommen: *p-Chlorjod-*, *p-Bromjod-*, *p-Jodmethyl-*, *p-Chlornitro-*, *p-Bromnitro-*, *p-Chlorbrom-*, *p-Nitromethyl-*, *p-Chlormethylbenzol* u. *p-Isopropylbenzaldehyd*. Die chem. Verschiebungen ändern sich stark mit der Natur der Substituenten, die Spin–Spin-Kopplungs-Konst. nur wenig. M. Schüle. B 137□

**Einfluß der Lösungsmittel auf die chemische Verschiebung der OH-Gruppe im Kernresonanzspektrum von Phenolen.** I. Gränacher. (Helv. physica Acta **31**, 734 bis 737, 30/12. 1958; Basel, Univ., Phys. Anstalt; dt.) — Es wird die chem. Verschiebung der OH-Protonenresonanzlinien von *Phenol* (**I**; Lsgm. sind: Tetrahydrofuran, Ae., Aceton, Äthylacetat, Cyclohexanon, $CS_2$, Thiophen, Chlorbenzol u. Bzl.), *p-Chlorphenol* (**II**; Lsgm. wie bei **I**), *o-Chlorphenol* (Lsgm.: Aceton, Ae., Dioxan, n-Hexan, Cyclohexan u. Bzl.) bei 23° u. 34,2 MHz untersucht. Als Nullpunkt wurde die Lage der Benzollinie gewählt. In Lsgm., die gute Protonenacceptoren sind, verschiebt sich die Linie nach kleinerem Feld, in den übrigen verschiebt sie sich nach größerem Feld. Die Aktivierungsenergie des Protonenaustausches zwischen Phenol u. Methanol wurde gemessen, sie beträgt $E_\alpha = 5 \pm 1$ kcal/Mol. M. Schüle. B 137□

**Analyse des EPR-Spektrums des positiven Ions von N.N.N'.N'-Tetramethylbenzidin.** Z. Galus und Ralph N. Adams. (J. chem. Physics **36**, 2814, 15/5. 1962; Lawrence, Kans., Univ. of Kansas, Dep. of Chem.; engl.) — Durch anod. Oxydation von *N.N.N'.N'-Tetramethylbenzidin* (**I**) an einer Pt-Elektrode in 50% ig., wss. Acetonpuffer-Lsg. (pH 3,8) erhält man das positive **I**-Radikalion, dessen Spektrum aus 11 Hauptgruppen mit je 6 Linien besteht. Das Spektrum von $I^+$, in dessen Benzolringen H durch D ersetzt ist, beweist, daß die Hauptkopplung in $I^+$ auf $CH_3$-Protonen beruht. Die Kopplungs-Konst. betragen: $a_{H_{Methyl}} = 4{,}70$ (Gauß), $a_{H_{Ring}} = 0{,}78$ mit einer Unsicherheit von $\pm 0{,}03$. W. Wesly. B 137□

**EPR-Spektrum eines freien Azulenradikal-Anions.** Harmon W. Brown und Robert C. Jones. (J. chem. Physics **36**, 2809—10, 15/5. 1962; Palo Alto, Calif., Varian Assoc., Instrument Div.; engl.) — Das EPR-Spektrum des *Azulen* (**I**)-*Radikalanions* (durch Lösen von **I** in Tetrahydrofuran unter $N_2$, Zusatz von Butyl-Li u. Entgasen) wird untersucht. Es besteht aus 2 Quintett- u. 1 Triplettaufspaltung mit 4,83, 2,13 u. 1,04 Gauß. Das Spektrum wird erklärt mit einer Wechselwrkg. des ungepaarten Elektrons mit 2 Gruppen von je 4 u. 1 Gruppe von je 2 Protonen. Als Struktur wird ein negatives Anion eines über $C_{(2)}—C_{(2')}$ oder $C_{(6)}—C_{(6')}$ gebundenen Dimeren angenommen. W. Wesly. B 137□

**Die Leitfähigkeit von Tetra-n-butylammoniumpikrat in Benzol–o-Dichlorbenzol-Mischungen bei 25°.** W. R. Gilkerson und R. E. Stamm. (J. Amer. chem. Soc. **82**, 5295—98, 20/10. 1960; Columbia, S.C., Univ., Dep. of Chem.; engl.) — Die Leitfähigkeit von *Tetra-n-butylammoniumpikrat* wurde als Funktion der Konz. ($0{,}4 \cdot 10^{-5}$ bis $20 \cdot 10^{-4}$ Mol/Liter) in Mischungen von Bzl. u. o-Dichlorbenzol (**I**), deren DK zwischen 2,274 u. 10,0 liegt, bei 25° untersucht u. die Ionenpaardissoziations-Konst. K sowie die Grenzäquivalentleitfähigkeit $\Lambda_0$ bestimmt: 0 (Mol-%): $\Lambda_0$ = 77; K = —; 10: 62,5; 2,54·$10^{-13}$; 24,83: 47, 3,54·$10^{-10}$; 50,03: 30 ± 3, 2,74·$10^{-7}$; 74,82: 25, 7,25·$10^{-6}$; 100: 36,8, 1,92·$10^{-5}$. $\Lambda_0$ folgt nicht der Waldenschen Regel. Der Abstand a dichtester Annäherung wurde zu 6,64 Å erhalten. H. P. Rettig. B 138□

**Physikochemische Gesichtspunkte konduktometrischer Säure-Base-Titrationen in nichtwässerigen Medien.** N. van Meurs und E. A. M. F. Dahmen. (J. electroanalyt. Chem. [Amsterdam] **1**, 458—85, Nov. 1960; Amsterdam, Shell Internat. Res. Mij. N. V., Kon./Shell-Labor.; engl.) — Die konduktometr. Titration organ. Säuren u. Basen in nichtwss. Lsgm. wird untersucht. Bestimmt werden die elektr. Leitfähigkeit λ von *saurem* u. *neutralem Diäthylammonium-* u. *Piperidiniumoxalat* sowie *-sulfat* in Methanol (I), allein bzw. im Gemisch mit Pyridin, Bzl. u. Dimethylformamid (II), die Temp.-Abhängigkeit von λ für *Essigsäure* in Dioxan (**III**), *Propionsäure* in **III**-W. (für *Ameisensäure* Hinweis zur Berechnung der Temp. des maximalen λ) sowie die Aktivierungsenergie für viscoses Fließen für **III**–W.-Mischungen. Weiterhin werden titriert: $H_2SO_4$ (Lsgm. **I**; mit Diäthylamin); *Oxalsäure* (II + Bzl.; Piperidin); *Adipinsäure* (II + Xylol; Tetrabutylammoniumhydroxid); *Äthylendiamin* [I + Propanol-(2); HCl]. Bes. Dissoziationsgrad der gebildeten Salze u. die Ionenbeweglichkeiten beeinflussen die Form der Titrationskurven. Zweiwertige Säuren u. Basen assoziieren vermutlich in Abhängigkeit von ihrer Kettenlänge, dem Lsgm. u. der Temp. zu ringförmigen Gebilden. Die für einige Basen beobachteten anomalen Temp.-Effekte werden durch die Temp.-Abhängigkeit der Dissoziations-Konst. der vorliegenden sauren Verbb. erklärt. P. Frenzel. B 138□

**Dissoziationskonstanten von stereoisomeren Cyclopropancarbonsäure-Paaren.** J. Šmejkal, J. Jonáš und J. Farkaš. (Collect. czechoslov. chem. Commun. **25**, 1746—50, Juli 1960; Prag, Tschechoslow. Akad. der Wiss., Chem. Inst., Abt. für organ. Synth.; dt.) — Vgl. C. **1959**, 2781. — Die pK'$_a$-Werte von folgenden Cyclopropancarbonsäuren wurden potentiometr. im Syst. Methylcellosolve–W. (80 : 20 Gew.-%) bestimmt: *cis-* (F. 51°, cis-Lage bzgl. $CO_2H$-Gruppe) pK'$_a$ 8,09, *trans-2-[Isobuten-(1)-yl]-3.3-dimethyl-* (F. 112°) 7,55; *cis-* (F. 54°) 8,24, *trans-2-Isobutyl-3.3-dimethyl-* (F. 21°) 7,90; *cis-* (F. 104,5°) 7,49, *trans-2-Phenyl-* (F. 92°) 6,81; *trans-2-Phenyl-cis-* 7,26 u. *-trans-3-methyl-* 7,04; *cis-2-Phenyl-cis-* 8,04 u. *-trans-3-methyl-* 7,58; *cis-* 8,11 u. *trans-2-Phenyl-3.3-dimethyl-* 7,42; *trans-2-Cyclohexyl-* 7,48. Die Differenzen in den pK'$_a$-Werten von Stereoisomeren werden durch ster. Einfl. bewirkt, weil die Acidität jener Isomeren immer niedriger ist, bei denen sich in der Nähe der COOH-Gruppe ein geräumiger Substituent befindet. Der Effekt ist außerordentlich stark, wenn die COOH-Gruppe gleichzeitig durch 2 Substituentengruppen abgeschirmt wird. Die angeführte Gesetzmäßigkeit wurde zur Konfigurationszuweisung im Falle der stereoisomeren *2.2-Dimethyl-3-isopropoxycyclopropancarbonsäuren* benutzt, von denen dem Isomeren vom F. 39—40° mit pK'$_a$ 7,55 trans-, dem vom F. 110° mit pK'$_a$ 8,30 cis-Konfiguration zugeschrieben wird.

Versuche: *Isopropyl-β.β-dimethylvinyläther* (I), $C_7H_{14}O$, Kp.$_{740}$ 105—106°, durch Dest. von 20,0 g Isobutyraldehyddiisopropylacetal über $KHSO_4$; $n_D^{20}$ 1,4091; 9,30 g (Ausbeute). — Cyclopropancarbonsäuren: *cis-2-Phenyl-cis-3-methyl-*, $C_{11}H_{12}O_2$, F. 142° (PAe.), durch Anlagerung von Diazoessigsäureäthylester (**II**) an cis-β-Methylstyrol, alkal. Hydrolyse des Estergemisches (43,5%) u. Zusatz an PAe. (5faches Vol.). — *trans-2-Phenyl-trans-3-methyl-*, $C_{11}H_{12}O_2$, F. 80°, neben vorst. Verb. aus dem PAe.-Extrakt; Reinigung über das Chlorid. — *trans-2-Cyclohexyl-*, $C_{10}H_{16}O_2$, F. 57,5—59,5° (wss. Methanol), Kp.$_{0,5}$ 135—138°, aus 45 g Vinylcyclohexan (Kp.$_{740}$ 123—124°, durch Pyrolyse von β-Cyclohexyläthylacetat bei 500°) mit 14,4 g **II** in Ggw. von Cu(II)-Acetat u. alkal. Hydrolyse; 487 g. *Chlorid*, $C_{10}H_{15}ClO$. — *2.2-Dimethyl-trans-3-isopropoxy-*, $C_9H_{16}O_3$, F. 39—40° (PAe.), aus 16,0 g **I** u. 11,4 g **II** über ein Estergemisch (Kp.$_{15}$ 95 bis 100°; 7,08 g) u. alkal. Hydrolyse. *cis-Verb.*, F. 110° (Cyclohexan), aus den PAe.-Mutterlaugen. — *β.β-Dimethyl-β-formylpropionsäure, 2.4-Dinitrophenylhydrazon*, $C_{12}H_{14}N_4O_6$, F. 187° (A.), aus vorst. Verb. durch kurzes Erhitzen mit 10%ig. HCl u. Zusatz des Hydrazins. I. Frič/Prag. B 139

**Voltametrische und chronopotentiometrische Untersuchung der anodischen Oxydation von Methanol, Formaldehyd und Ameisensäure.** R. P. Buck und L. R. Griffith. (J. electrochem. Soc. **109**, 1005—13, Nov. 1962; Richmond, Calif., California Res. Corp.; engl.) — Die anod. Oxydation von $CH_3OH$, $HCHO$ u. $HCOOH$ an platinierten Pt-Elektroden, bes. die pH-Abhängigkeit der Stromspannungskurven, der Überspannung u. der kinet. Parameter, wird in wss. Lsgg. im Bereich von 10 m KOH bis 9 m $H_2SO_4$ bei Konzz. von 0,01—0,1 m voltametr. mit linearer Potentialänderung untersucht. Vff. erörtern die Rk.-Mechanismen (Bldg. von Methylat, Methylenglykolat, Formiat, $CO_3^{2-}$ u. $CO_2$) sowie die Bedeutung der Adsorption an der Elektrodenoberfläche.

P. Frenzel. B 141◇

**Polarographische Untersuchung der Isobenzpyryliumsalze.** Vorl. Mitt. M. Vajda. (Collect. czechoslov. chem. Commun. **25,** 1952—54, Juli 1960; Budapest, Univ., Organ.-chem. Inst.; dt.) — Die pH-Abhängigkeit der polarograph. Kurven einiger substituierter Isobenzpyryliumsalze, wie *1-Phenyl-3-methyl-1-äthylisobenzpyryliumperchlorat, 1-[3.4-Dimethoxyphenyl]-3-methyl-4-äthyl-6.7-dimethoxyisobenzpyryliumsulfat,* wird beschrieben. Zwei verschiedene Säuren–Basen-Gleichgewichte werden zur Aufklärung der pH-Abhängigkeit in Betracht gezogen. P. Zuman/Prag. B 142

**Bestimmung der kritischen Lösungstemperatur des Systems n-Butylalkohol–Wasser–Wasserstoff durch das Wärmekurvenverfahren.** Kentarō Itō. (Rep. sci. Res. Inst. [Kagaku Kenkyusho Hokoku] **32,** 207—11, Nov. 1956; jap.) H. Guischard. B 150□

**Ternäre Flüssigkeits-Gleichgewichte.** 4. Mitt. **Verschiedene Systeme.** M. Raja Rao und C. Venkata Rao. (J. appl. Chem. **7,** 659—66, Dez. 1957; Waltair, Andhra Univ., Dep. of Chem. Technol., Chem. Engng. Res. Labor.; engl.) — 3. vgl. C. **1959,** 6753. — Die Phasengleichgewichte folgender tern. Syst. wurden nach der Meth. von Othmer u. Mitarbeiter untersucht bei ca. 30°: *Essigsäure* (**I**; 99,9%) -*W.*-*Hexan* (**II**; Kp. 67—69°), *Äthylenglykol* (**III**, $Kp._{760}$ 197,2°, $D.^{31}$ 1,1070, $n^{31}$ 1,4272) -*W.*-*n-Butanol* (**IV**, Kp. 117,7°, $D.^{30}$ 0,8018, $n^{30}$ 1,3940), **III**-*W.*-*Äthylmethylketon* (**V**, Kp. 79,6°, $D.^{30}$ 0,7946, $n^{30}$ 1,3740) u. **V**-*W.*-*Cyclohexan* (**VI**, Kp. 80,8°, $D.^{31}$ 0,7681, $n^{31}$ 1,4202). Die Binoden wurden turbidimetr. bestimmt. Zur Best. der Konoden wurden für **I**–W.–**II** die beiden Phasen chem. analysiert, für W.–**III**–**IV** u. W.–**V**–**VI** die Dichten der gesätt. Lsg. entlang der binodalen Kurven, für W.–**III**–**V** deren Brechungsindices verwendet. Die Ergebnisse sind in Tabellen wiedergegeben. Ch. Schlage. B 150□

**Dampf-Flüssigkeits-Gleichgewichte des Äthylacetat–Trichloräthylen-Systems.** M. Raja Rao, K. V. Kurmanadha Rao und C. Venkata Rao. (J. appl. Chem. **7,** 666—71, Dez. 1957; Waltair, Andhra Univ., Dep. of Chem. Technol.; engl.) — Die experimentellen Daten für das Dampf–Fl.-Gleichgewicht *Äthylacetat* (Kp. 77,0°, $n_D^{30}$ 1,3680, $D.^{30}$ 0,8889) -*Trichloräthylen* (Kp. 86,9°, $n_D^{30}$ 1,4720, $D.^{30}$ 1,4480) bei 760 bzw. 700 Torr u. 60, 65 u. 70° sind angegeben. Sie wurden über die Brechungsindices mit Hilfe einer Eichkurve bestimmt nach Gleichgewichtseinstellung in einer leicht abgewandelten Gleichgewichts-Dest.-App. nach Colburn (Skizze). Das Syst. verhält sich ideal innerhalb des geschätzten Meßfehlers von 0,5 Mol-%. Ch. Schlage. B 150□

**Ternäre Dampf-Flüssigkeits-Gleichgewichte: Das System Äthylmethylketon–Benzol–Cyclohexan.** P. Dakshinamurty und C. Venkata Rao. (J. appl. Chem. **7,** 654—59, Dez. 1957; Waltair, Andhra Univ., Dep. of Chem. Technol.; engl.) — Vff. bestimmten die Gas–Fl.-Gleichgewichte des Syst. *Äthylmethylketon* (**I**, $Kp._{760}$ 79,50°, $n_D^{30}$ 1,37410) -*Bzl.* ($Kp._{760}$ 80,1°, $n_D^{30}$ 1,4950) -*Cyclohexan* (**II**, $Kp._{760}$ 80,60°, $n_D^{30}$ 1,4210) bei 760 mm Hg mit Hilfe einer Gleichgewichts-Dest.-App. nach Colburn (vgl. Vff., C. **1957,** 7603). Das fl. tern. Gemisch wurde analysiert durch Best. von $n_D^{30}$, Auswaschen von **I** mit dest. W. u. wiederholer Best. des Brechungsindex. Die experimentell gefundenen Werte stimmen mit den nach Margules berechneten innerhalb 3% überein (Tabelle). Es wurde kein tern. Azeotrop beobachtet. Das bin. Azeotrop **I**—**II** (47,7 Mol-% **I**) siedet bei 71,6°, **I**–Bzl. (46,3 Mol-% **I**) bei 78,4°, so daß **I** als Zusatz bei der Trennung von Bzl.–**II** geeignet erscheint. Das Azeotrop Bzl.–**II** (53,0 Mol-% Bzl.) siedet bei 77,6°. Ch. Schlage. B 150□

**Trennung von Pyridinbasen durch Kristallisation ihrer Hydrochloride.** Danuta Rostafińska. (Roczniki Chem. [Ann. Soc. chim. Polonorum] **32,** 1171—81, 1958; Warszawa, Inst. Chem. ogóln.; pol., Auszug: engl.) — Auf Grund der Gleichgewichtskurven der tern. Syst. hält Vf. die vollständige Trennung von *2.6-Lutidin* (**I**) u. *4-Picolin* (**II**) durch Kristallisation ihrer Hydrochloride für möglich. Aus Gemischen von *3-Picolin* (**III**) u. **II** kann nur ein Bestandteil unvollständig abgetrennt werden. Der Rest geht in das eutekt. Gemisch der Hydrochloride von **II** u. **III** über. Aus dem Gemisch **I** + **II** + **III** kann nur **I** vollständig u. rein abgetrennt werden. Reines **II** wird nur teilweise erhalten. Der Rest besteht aus dem Eutektikum **II** + **III**-Hydrochlorid. F. Urban. B 150□

**Differentialthermogramme ausgewählter organischer Säuren und ihrer Derivate.** G. Chesters, O. N. Allen und O. J. Attoe. (Proc. Soil Sci. Soc. America **23,** 454—57, Nov./Dez. 1959; Madison, Wis., Univ. of Wisconsin, Dep. of Soils and Dep. of Bacteriol.; engl.) — 38 organ. Säuren u. Säure-Derivv. wurden durch DTA charakterisiert. 0,5 g Substanz wurde mit 3 Teilen calciniertem $Al_2O_3$ („Alumina") im Elektroofen mit 10° Temp.-Anstieg je Min. bis 1050° aufgeheizt u. die Temp.-Differenz zwischen Probe u. Ofen mit Thermoelementen gemessen u. graph. registriert. Die verschiedenen Gipfel negativer sowie positiver Wärmetönung entsprechen dem F., einer evtl. Kristallwasser- oder $CO_2$-Abgabe bzw. der in einer oder mehreren Stufen (je nach Aktivierungsenergie) stattfindenden Verbrennung (bei freiem Luftzutritt durch die Mischung). Die Lage der Maxima negativer u. positiver Wärmetönung ist sehr charakterist. für die Verbb. u. die Thermogramme sind gut u. schnell reproduzierbar. Selbst die Unterscheidung von Isomeren wie *Malein-* u. *Fumarsäure* oder *Pyrogallol* u. *Phloroglucin* war leicht möglich. Obwohl der Wrkg.-Mechanismus nicht ganz klar ist, enthüllen die Thermogramme grundsätzlich Unterschiede in der Mol.-Struktur. Außer vorst. Verbb. wurden untersucht: *Oxalsäure, Mesoxalsäure, Bernsteinsäure, Fe(III)-Oxalat, Äpfelsäure, Weinsäure, Citronensäure, Diglykolsäure, Fe(III)-Citrat, Aconitsäure, Zimtsäure, Stearinsäure, Ölsäure, Linolsäure, Phenol, Benzoesäure, Anthranilsäure, p-Aminobenzoesäure, Hydrochinon, Chinhydron, Tannin, Salicylsäure, Mandelsäure, Phthalsäure, Phthalsäureanhydrid,* $NH_4$*-Acetat, Acetamid, Guanidincarbonat, Harnstoff, Indolyl-(3)-essigsäure, β-[Indolyl-(3)]-propionsäure, γ-[Indolyl-(3)]-buttersäure, Guanin·HCl, Harnsäure.* Die Meth. könnte für die Identifizierung von Fraktionen der organ. Bodensubstanz verwendet werden. G. Jagnow. B 155□

**Eigenschaften von Naphthenkohlenwasserstoffen $C_{12}$—$C_{29}$ verschiedener Strukturtypen.** A. D. Petrow, B. D. Saloga, W. G. Malanitschewa, Je. P. Sacharow, O. M. Nefedow, Je. R. Tereschtschenko und M. A. Tschelzowa. (J. allg. Chem. [UdSSR] **30 (92)**, 1769—80, Juni 1960; Inst. für org. Chem. der Akad. der Wiss. der UdSSR; russ.) — Es wurden die Epp., Dichten, Viscositäten u. Verbrennungswärmen (Tabelle) verschiedener *Alkane, Cyclohexyl-, Dicyclohexyl-, Tricyclohexyl-, Dekalyl-, Bis-* u. *Trisdekalylalkane* der Zus. $C_{12}$—$C_{29}$ bestimmt. Die Werte für die Dichte u. Verbrennungswärme pro Vol. erhöhen sich, die für die Verbrennungswärme pro Gew.-Einheit vermindern sich mit zunehmender Zahl der Naphthenringe in den Molekülen. Der Einfl. der Struktur auf Viscosität u. Ep. wird erörtert. — *2-Methyl-5-äthylnonan,* $C_{12}H_{26}$, Ep. —116°; $D._4^{20}$ 0,7529. — *5.8-Diäthyldodecan,* $C_{16}H_{34}$, Ep. —92°; $D._4^{20}$ 0,7822. — *7.8-Dipropyltetradecan,* $C_{20}H_{42}$, Ep. —86°; $D._4^{20}$ 0,7942. — *11-Methylheneikosan,* $C_{22}H_{46}$, Ep. —15°; $D._4^{20}$ 0,7942. — *2-Methyl-2-cyclohexylhexan,* $C_{13}H_{26}$, Ep. —87°; $D._4^{20}$ 0,8330. — *1-Methyl-4-[1.1.3-trimethylbutyl-(1)]-cyclohexan,* $C_{14}H_{28}$, Ep. —95°; $D._4^{20}$ 0,8246. — *2.2-Dimethyl-1-cyclohexylhexan,* $C_{14}H_{28}$, Ep. —80°; $D._4^{20}$ 0,8262. — *2.2.4-Trimethyl-1-cyclohexylpentan,* $C_{14}H_{28}$, Ep. —114°; $D._4^{20}$ 0,8233. — *2.5-Dimethyl-2-cyclohexylhexan,* $C_{14}H_{28}$, Ep. —83°; $D._4^{20}$ 0,8446. — *1-Methyl-4-[1.1.3.3-tetramethylbutyl-(1)]-cyclohexan,* $C_{15}H_{30}$, Ep. —72°; $D._4^{20}$ 0,8366. — *1.2-Dimethyl-4-[1.1.3-trimethylbutyl-(1)]-cyclohexan,* $C_{15}H_{30}$, Ep. —80°; $D._4^{20}$ 0,8321. — *1.3-Dimethyl-4-[1.1.3-trimethylbutyl-(1)]-cyclohexan,* $C_{15}H_{30}$, Ep. —80°; $D._4^{20}$ 0,8340. — *3-Äthyl-1-cyclohexylheptan,* $C_{15}H_{30}$, Ep. —65°; $D._4^{20}$ 0,8230. — *2.4-Dimethyl-2-äthyl-1-cyclohexylpentan,* $C_{15}H_{30}$, Ep. —76°; $D._4^{20}$ 0,8365. — *1.2.2.4-Tetramethyl-1-cyclohexylpentan,* $C_{15}H_{30}$, Ep. —84°; $D._4^{20}$ 0,8442. — *2.4-Dimethyl-2-n-propyl-1-cyclohexylpentan,* $C_{16}H_{32}$, Ep. —83°; $D._4^{20}$ 0,8368. — *2.4-Dimethyl-2-isopropyl-1-cyclohexylpentan,* $C_{16}H_{32}$, Ep. —78°; $D._4^{20}$ 0,8438. — *2-Methyl-2-isobutyl-1-cyclohexylhexan,* $C_{17}H_{34}$, Ep. —68°; $D._4^{20}$ 0,8382. — *2-Methyl-2-isobutyl-1-cyclohexylheptan,* $C_{18}H_{36}$, Ep. —66°; $D._4^{20}$ 0,8345. — *2-Methyl-2-isobutyl-1-cyclohexyloctan,* $C_{19}H_{38}$, Ep. —64°; $D._4^{20}$ 0,8303. — *2-Methyl-2-isobutyl-1-cyclohexylnonan,* $C_{20}H_{40}$, Ep. —57°; $D._4^{20}$ 0,8373. — *3-Methyl-1.1-dicyclohexylbutan,* $C_{17}H_{32}$, Ep. +8°; $D._4^{20}$ 0,8885. — *3.4-Dicyclohexylhexan,* $C_{18}H_{34}$, Ep. —27°; $D._4^{20}$ 0,8962. — *2-Methyl-2-isobutyl-1.3-dicyclohexylpropan,* $C_{20}H_{38}$, Ep. —45°; $D._4^{20}$ 0,8820. — *3.4-Dimethyl-3.4-dicyclohexylhexan,* $C_{20}H_{38}$, Ep. —7°; $D._4^{20}$ 0,9270. — *2-Methyl-1.1-dicyclohexyloctan,* $C_{21}H_{40}$; $D._4^{20}$ 0,9090. — *2.2.5.5-Tetramethyl-3.4-dicyclohexylhexan,* $C_{22}H_{42}$, Ep. —6°; $D._4^{20}$ 0,9020. — *3-n-Decyl-1.5-dicyclohexylpentan,* $C_{27}H_{52}$, Ep. —50°; $D._4^{20}$ 0,8695. — *1.1.1-Tricyclohexylheptan,* $C_{25}H_{46}$, Ep. +10°; $D._4^{40}$ 0,9344. — *2-Methyl-1.1.1-tricyclohexyloctan,* $C_{27}H_{50}$, Ep. +2°; $D._4^{40}$ 0,9269. — *4-[β-Cyclohexyläthyl]-1.7-dicyclohexylheptan,* $C_{27}H_{50}$, Ep. —25°; $D._4^{40}$ 0,9005. — *1.1.1-Tricyclohexyldecan,* $C_{28}H_{52}$, Ep. +3°; $D._4^{40}$ 0,9167. — *1.1.1-Tricyclohexylundecan,* $C_{29}H_{54}$, Ep. —5°; $D._4^{40}$ 0,9035. — *2-Methyl-2-α-dekalylhexan,* $C_{17}H_{32}$; $D._4^{20}$ 0,8798. — *α-n-Octyldekalin,* $C_{18}H_{34}$, Ep. —14,5°; $D._4^{20}$ 0,8689. — *α-[Octyl-(2)]-dekalin,* $C_{18}H_{34}$, Ep. —68°; $D._4^{20}$ 0,8749. — *α-[2-Äthylhexyl-(1)]-dekalin,* $C_{18}H_{34}$, Ep. —55,5°; $D._4^{20}$ 0,8739. — *2.5-Dimehyl-2-[α-dekalyl]-hexan,* $C_{18}H_{34}$; $D._4^{20}$ 0,8867. — *1.4-Bis-[2-äthylhexyl-(1)]-dekalin,* $C_{26}H_{50}$, Ep. —42°; $D._4^{20}$ 0,8762. — *1.1-Bis-[α-dekalyl]-äthan,* $C_{22}H_{38}$, Ep. 22°; $D._4^{20}$ 0,9774. — *1.1-Bis-[α-dekalyl]-butan,* $C_{24}H_{42}$, Ep. +18°; $D._4^{20}$ 0,9620. — *1.1-Bis-[α-dekalyl]-hexan,* $C_{26}H_{46}$, Ep. +10°; $D._4^{20}$ 0,9592. — *1.1-Bis-[α-dekalyl]-octan,* $C_{28}H_{50}$, Ep. +6°; $D._4^{20}$ 0,9521. — *1.1-Bis-[α-tetralyl]-äthan,* $C_{22}H_{26}$, Ep. +24°; $D._4^{20}$ 1,0570. Helmut Schäfer. B 156△

**Die Verbrennung von gasförmigem Methyljodid, untersucht durch Blitzlicht-Photolyse und kinetische Spektroskopie.** J. F. McKellar und R. G. W. Norrish. (Proc. Roy. Soc. [London], Ser. A **263**, 51—57, 22/8. 1961; Cambridge, Univ., Dep. of Phys. Chem.; engl.) — Unter den verschiedenen Bedingungen einer langsamen u. einer explosiven Rk. wurde die Verbrennung von gasförmigem, hochgereinigtem *$CH_3J$* untersucht u. das Verh. der Substanz, der freien Radikale OH u. JO sowie der Verbrennungs-Prodd. Formaldehyd (I) u. $J_2$ mit der Meth. der kinet. Spektroskopie verfolgt. Bei niedrigen Drücken von ca. 1,0—5,5 cm Hg ergibt sich aus dem Verh. des $CH_3J$ u. der OH-Radikale in allen Fällen das Vorliegen der Rk. $CH_3 + O_2 \rightarrow H_2CO + OH$. Auch bei höherem Druck läßt sich unter den Bedingungen einer langsamen Rk. in der Gasphase I, das entsprechend der angeführten Rk. gebildet wird, nachweisen. Ebenfalls unter den gleichen Bedingungen zeigt das Verh. der JO-Radikale u. des $J_2$, daß die prim. durch die photolyt. Dissoziation des $CH_3J$ gebildeten J-Atome in Form von JO-Radikalen weggefangen werden. Aus diesen Radikalen wird das Endprod. $J_2$ nach 2 JP $\rightarrow$ $J_2 + O_2$ gebildet. Wolfgang Wagner. B 157□

**Überprüfung der Gleichung von G. M. Pantschenkow (Abhängigkeit des Viscositätskoeffizienten von der Temperatur für binäre flüssige Gemische).** F. P. Dowshenko. (J. physik. Chem. [UdSSR] **31**, 2517—21, Nov. 1957; Odessa, Ing.-Bau-Inst.; russ., Auszug: engl.) — Die Gleichung von Pantschenkow (C. **1951**, II. 1249) für die Temp.-Abhängigkeit des Zähigkeits-Koeff. bin. fl. Syst. wird an den Beispielen *Chlf.*–*$CCl_4$*; *Anilin* (I)–*Nitrobenzol* (II), I–*Dimethylanilin* (III); III–*Bzl.*; *A.*–*Chlf.*; *Phenol*–II u. *A.*–*Isobutylalkohol* überprüft. Die experimentellen Ergebnisse stimmen mit der Theorie überein. Die Existenz einer Parallele zwischen der Änderung der Bindungsenergie u. der Viscosität von Fll. gleicher Mol.-Struktur stimmt mit der Ansicht von Golik [1949] überein. H. Roschkowski. B 172□

**Freie Radikale in bestrahlten Kristallen.** D. Pooley. (Res. appl. in Ind. **15,** 171 bis 176, April 1962; Pasadena, Calif., California Inst. of Technol., Gates and Crellin Labor.; engl.) — Überblick über die Erzeugung von freien Radikalen in organ. Kristallen durch Bestrahlung u. über die Art der radikalbildenden Prozesse. Art, Struktur u. Orientierung der Radikale wird durch Elektronenresonanz, die Nullfeld-Meth. u. Elektronen–Kern-Doppelresonanz bestimmt. — 10 Literaturangaben.
B. Schmitt. B 182◇

**Einfluß der Kernladung auf die Energiezustände im Elektronengasmodell.** S. Olszewski. (Acta physica polon. **18,** 107—20, 1959; Warszawa, Pol. Acad. of Sci., Inst. of Phys. Chem., Electrode Process Labor.; engl.) — Die Energiezustände im Elektronengasmodell werden als Funktion der Kernladung Z u. der Verteilung der punktförmigen Kernladungen im Potentialkasten berechnet. Die Meth. wird auf das Zwei- (*Äthylen*) u. das Vierzentrenproblem (*Butadien*) sowie auf die Berechnung der Absorptionsmaxima für niedrige Elektronenübergänge in symm. *Cyaninfarbstoffen* angewendet. A. Blaschette. B 182◇

**Über die Coulomb- und Austauschoperatoren im Elektronengasmodell.** S. Olszewski. (Acta physica polon. **18,** 121—32, 1959; engl.) — Vgl. vorst. Referat. — Die in den Hartree-Fock-Gleichungen für mol. Elektronenzustände des linearen Elektronengasmodells auftretenden Coulomb- u. Austauschoperatoren werden für den Fall eines gegen Null gehenden Potentialtopfradius als explizite u. endliche Funktionen des Elektronenortes angegeben. Die Integrodifferentialgleichungen gehen dabei in gewöhnliche Differentialgleichungen über. A. Blaschette. B 182◇

**Elektronographische Untersuchung von Harnstoff.** A. N. Lobatschew und B. K. Wainstein. (Kristallographie [UdSSR] **6,** 395—401, Mai/Juni 1961; Akad. der Wiss. der UdSSR, Inst. für Kristallographie; russ.) — Durch Messung der Intensitäten von 60 Elektronenbeugungsreflexen h 0 l wurden die Koordinaten der Atome in der Elementarzelle des *Harnstoff* (I)-Kristalls bestimmt: C=O 128 (Å), C—N 1,07, $N—H_{(1)}$ 1,07, $N—H_{(2)}$ 1,05, $NH_{(1)}\cdots O$ 1,96 bzw. $NH_{(2)}\cdots O$ 2,04 (alle $\pm 0,06$); ∢ HNH 117°, ∢ $H_{(1)}NC$ 122,5°, ∢ $H_{(2)}NO$ 120,5°, ∢ NCO 120,9°. Die Atomlagen stimmen gut mit den aus röntgenograph. u. neutronograph. Daten überein. Ein Vgl. der H-Bindung in I u. Thioharnstoff (II) zeigt, daß sie in der II-Struktur schwächer zu sein scheint. Aus der beobachteten Anisotropie der therm. Bewegung der N-Atome wird geschlossen, daß das N-Atom Torsionsschwingungen um die Mol.-Achse ausführt. Auch die Schwingungen der H-Atome der NH···O-Bindung zeigen deutliche Anisotropie. F. Lenz. B 182□

**Über kristallchemische Untersuchungen von Verbindungen mit Carbonyl- und Thiocarbonylgruppen.** Ju. Taschpulatow und S. W. Swonkowa. (J. physik. Chem. [UdSSR] **32,** 2690—93, Dez. 1958; Moskau, Physikal.-chem. Karpow-Inst.; russ., Auszug: engl.) — Überblick über röntgenograph. Unterss. des Einfl. der C=O-Abstände bei cycl. u. acycl. *Säureamiden* auf die Abstände von C—N-Gruppen zeigen, daß das Valenzschema $>N^{+\vartheta_1}=C—O^{-\vartheta_1}$ die Atomabstände bedeutend beeinflußt. Der

Vgl. bekannter Werte zeigt, daß eine Vergrößerung des C=O-Abstandes von 1,15 auf 1,27 einen fast linearen Abfall des C—N-Abstandes von 1,48 auf 1,28 Å zur Folge hat. Bei Verbb. mit C=S-Gruppen (cycl. u. acycl. *Thiosäureamide*) ist dies jedoch umgekehrt; mit steigendem C=S-Abstand (1,60—1,71 Å) steigt auch der C—N-Abstand (1,28 bis 1,33 Å). Durch diese Ergebnisse wird das Valenzschema $>N^+=C-S^-$ nicht bestätigt.
J. Tůmová. B 182◇

**Die Kristall- und Molekularstruktur von 4.4′-Dihydroxydiphenyl.** M. S. Farag und Naima Abdel Kader. (J. Chem. U.A.R. **3,** 1—10, 1960; Cairo, Nat. Res. Centre; engl.) — Dreh-, Schwenk- u. Weißenberg-Aufnahmen ergaben für *4.4′-Dihydroxydiphenyl* die monoklinen Zellendimensionen a = 10,54 ± 0,05 (Å); b = 5,36 ± 0,01; c = 7,95 ± 0,03; $\beta$ = 96° ± 30′. Raumgruppe ist $C_{2h}^5$ — P $2_1$/c; Z = 2. Die Struktur wurde mit Hilfe der Bragg-Lipson-Streifen [1936] festgelegt u. mit mehreren zweidimensionalen Fourier-Projektionen verfeinert. Die gefundenen Parameter sind: $C_{(1)}$ (x =) 0,068; (y =) 0,000; (z =) 0,037; $C_{(2)}$: 0,115; —0,189; 0,147; $C_{(3)}$: 0,242; —0,189; 0,217; $C_{(4)}$: 0,323; 0,000; 0,176; $C_{(5)}$: 0,278; 0,189; 0,068; $C_{(6)}$: 0,151; 0,189; —0,004; O: 0,449; 0,000; 0,243. In dem Gitter sind die Moll. in Schichten angeordnet mit ihren Hauptlängen nahezu parallel (1 0 $\bar{2}$); sie liegen genau in der (0 2 0)-Ebene. Die Moll. bilden eine Zick-Zack-Kette von gefalteten Moll. u. schwachen H-Bindungen zwischen benachbarten O-Atomen. Die Phenyl—Phenyl-Bindung, die formal eine Einzelbindung ist, hat einen Wert von 1,48 Å, der zwischen den Bindungslängen einer Einzel- u. Doppelbindung liegt. Der Abstand C—O beträgt 1,37 Å, der Abstand C—C im Ring 1,39 ± 0,01 Å u. der mittlere Valenzwinkel 120 ± 2°. Der kürzeste Abstand zwischen C-Atomen benachbarter Moll. beträgt 3,67 Å u. die Länge der H-Bindung 2,89 Å.
C. Gottfried. B 195

**Einige neue Brom-Amin-Komplexe.** W. B. Witmer und R. A. Zingaro. (J. inorg. nuclear Chem. **15,** 82—86, Sept. 1960; College Station, Tex., Agric. and Mech. Coll. of Texas, Dep. of Chem.; engl.) — Bei Rk. von $Br_2$ u. 2-Brom- (**I,** Kp.$_{2,7}$ 49°; $n^{20}$ 1,5713) bzw. 2-Chlorpyridin (**II,** Kp.$_7$ 49,0°; $n^{20}$ 1,5322) in Chlf. entstehen *Amin-Halogen-Komplexe* der Zus. $(C_5H_4BrNH)^+ Br^- \cdot C_5H_4BrN \cdot Br_2$ (**III**) bzw. $(C_5H_4ClNH)^+ \cdot Br^- \cdot C_5H_4ClN \cdot Br_2$ (**IV**). Bei Bldg. von **III** bzw. **IV** findet wahrscheinlich Bromierung von Chlf. unter HBr-Freisetzung statt, da die Rk. in $CCl_4$ nur sehr langsam verläuft, wobei das erforderliche HBr möglicherweise durch Bromierung von **I** bzw. **II** entsteht. Zum Vgl. wird das Syst. **II**-$J_2$ in Hexan bei 28° spektrophotometr. untersucht, dessen Gleichgewichts-Konst. K = 3,3 für den 1 : 1-Komplex beträgt. IR-Spektren (Abb.) von **III** u. **IV.** — $C_{10}H_9Br_5N_2$ (**III**), F. 87—91° (Zers.), durch 5tägiges Stehen aus **I** u. $Br_2$ in Chlf.; orangefarbene Kristalle; mit wss. KJ Freisetzung von $J_2$. — $C_{10}H_9Br_3Cl_2N_2$ (**IV**), F. 74—83° (Zers.), analog vorst. Verb. aus **II**; orangefarbene Kristalle.
G. Kirsten. B 223□

**Freie Kohlenwasserstoffradikale.** 2. Mitt. **Ihre Reaktionen in der Gasphase.** A. F. Trotman-Dickenson. (Petroleum [London] **21,** 406—08, Nov. 1958; Edinburgh, Univ., Chem. Dep.; engl.) — 1. vgl. C. **1960,** 3167. — Es werden kurz besprochen: Disproportionierungs-, Zers.- u. Isomerisierungs-Rkk. von Alkylradikalen, Radikaladditionen an Doppelbindungen, Rkk. von Biradikalen (Carbenen). K. Prchal. B 225□

**Die Rolle der nichtbindenden Abstoßung bei sekundären Isotopeneffekten.** 1. Mitt. **$\alpha$- und $\beta$-Substitutionseffekte.** L. S. Bartell. (J. Amer. chem. Soc. **83,** 3567 bis 3571, 5/9. 1961; Ames, Iowa, Iowa State Univ., Dep. of Chem.; engl.) — Vgl. C. **1960,** 16387. — Während bisher $\beta$-D-Isotopeneffekte bei Carboniumion-Rkk. allg. einer Schwächung der C—H- bzw. C—D-Bindungen durch Hyperkonjugation zugeschrieben wurden, zeigt Vf., daß die Effekte halbquant. mit nichtbindenden Wechselwrkg. erklärt werden können. Hierbei ergibt sich, daß die bei der Umwandlung einer tetraedr. in eine trigonale Form auftretende Verminderung der nichtbindenden Abstoßung für Moll. mit H-Atomen größer ist als für solche, die D enthalten; ferner sind bei summar. Betrachtung der Valenz- u. Spreizschwingungen die Abstoßungseffekte zwischen D-Atomen größer als für H-Atome, für die eine größere Schwingungsamplitude charakterist. ist. Als Berechnungsbeispiele werden die Solvolyse tert.-Alkylchloride u. sek.-p-Toluolsulfonate sowie die Dissoziation des Komplexes zwischen Trimethylbor u. Trimethylamin gewählt, wobei sich ergibt, daß die Ergebnisse erheblich von den Annahmen zur Mol.-Struktur abhängen. Ferner zeigt sich, daß die durch H/D-Isotope verursachten Unterschiede in der Verminderung der nichtbindenden Abstoßung beim Übergang von tetraedr. Konfigurationen in trigonale Übergangszustände oder Prodd. mit den beobachteten Differenzen der freien Energie zwischen den H- u. D-Verbb. verglichen werden können. Auch der $\alpha$-D-Isotopeneffekt kann mit der gleichen halbquant. Meth. gedeutet werden. Es zeigt sich also, daß einfache nichtbindende Komponenten des

Kraftfeldes, das sich bei Änderung der Mol.-Dichte bei Rkk. tiefgreifend wandelt, qual. oder halbquant. viele solche Effekte erklären, die bisher speziellen Wechselwrkg.-Effekten zugeschrieben wurden. B. Gnauck. B 225□

**Zweifache Umlagerung vom Wagner-Meerwein-Typ von 2.3-disubstituierten Indolen.** Masao Nakazaki. (Bull. chem. Soc. Japan **33**, 461—65, April 1960; Kita-ku, Osaka, Osaka City Univ., Inst. of Polytechn.; engl.) — Beim Erhitzen von 2-Methyl-3-phenylindol (I) mit $Al_2O_3$ auf 220—240° entsteht *2-Phenyl-3-methylindol* (II); analog liefert 5.6-Dihydro-7H-benzo-[c]-carbazol (III) unter Dehydrierung *11H-Benzo-[a]-carbazol* (IV). Es wird angenommen, daß bei diesen Rkk. eine doppelte Wagner-Meerwein-Umlagerung erfolgt. Aus den UV-Spektren u. Elektronendichten wird abgeleitet, daß die treibende Kraft der Umlagerungen in der mesomeren Stabilisierung der Prodd. durch die Phenylgruppe in 2-Stellung zu suchen ist. Die UV-Spektren von I—IV sowie *5.6-Dihydro-11H-benzo-[a]-carbazol* (VI) u. *7H-Benzo-[c]-carbazol* sind zwischen 220 u. 350 mμ angegeben. Wegen abweichender Literaturangaben (vgl. Ockenden u. Schofield, C. **1954**, 3465) über I wurde dessen Konstit. durch Ozonolyse überprüft. Hierbei entstand *o-Acetamidobenzophenon*, dessen Konstit. durch unabhängige Synth. durch Ozonolyse von 2.3-Diphenylindol (V), reduktive Hydrolyse des Ozonids u. Acylierung sichergestellt wurde, obwohl Ockenden u. Schofield (l. c.) bei dieser Rk. o-Benzamidobenzophenon erhalten haben wollen.

Versuche: *2-Methyl-3-phenylindol* (I), $C_{15}H_{13}N$, F. 78—79° (PAe.), $Kp._3$ 196—200°, a) durch Zugabe von $BF_3$-Ätherat zu Phenylacetonphenylhydrazon (F. 82—83°) in Essigsäure (Es) u. 3std. Kochen; 57,5% (Ausbeute); b) nach Trenkler [1888] mit $ZnCl_2$; 34,6%. *Pikrat*, $C_{21}H_{16}N_4O_7$, F. 139—140° (braune Nadeln aus A.). — *2.3-Diphenylindolozonid*, $C_{20}H_{15}NO_3$, Zers. bei 152—153° (A.), a) durch 1std. Ozonisierung von 1 μg V in Es bei Raum-Temp.; 0,47 g; b) durch 1½std. Ozonisierung von 2,7 g V in Äthylacetat bei 0°; 1,5 g. — *o-Aminobenzophenon*, $C_{13}H_{11}NO$, F. 103—105° (gelbe Prismen aus wss. A.), durch 5std. Kochen vorst. Ozonids (1,50 g) in Es u. HJ; 0,81 g. — *o-Acetamidobenzophenon*, $C_{15}H_{13}NO_2$, F. 86—88° (wss. A.), a) durch ³/₄std. Ozonisierung von 0,7 g I in Es; 0,291 g; b) durch 2std. Kochen vorst. Verb. mit Acetanhydrid u. Stehenlassen (1 Nacht). — *2-Phenyl-3-methylindol* (II), F. 89—90° (wss. A.), $Kp._2$ 194 bis 195°, a) durch 1std. Erhitzen von I, $AlCl_3$ u. NaCl auf 220° u. 5 Min. auf 220—240°; b) aus Propiophenonphenylhydrazon nach Fischer. *Pikrat*, F. 144—145° (A.). — *11H-Benzo-[a]-carbazol* (IV), F. 227—229° (Bzl.), a) durch Erhitzen (20 Min.) von VI [F. 163—164° (Methanol). *Pikrat*, $C_{22}H_{16}N_4O_7$, F. 153—154°, schwarze Nadeln aus A.], mit 5% ig. Pd-Kohle auf 250—260°; b) durch Erhitzen (10 Min.) von 1,0 g III, $AlCl_3$ u. NaCl auf 220° u. 5 Min. auf 220—240°; 0,206 g. — *5.6-Dihydro-7H-benzo-[c]-carbazol* (III), $C_{16}H_{13}N$, F. 102—103° (Methanol), durch Zugabe von Es zu β-Tetralon u. Phenylhydrazin, 1std. Kochen u. Stehenlassen bei Zimmer-Temp. (1 Nacht). *Pikrat*, $C_{22}H_{16}N_4O_7$, F. 129—132° (schwarze Nadeln aus A.). — *7H-Benzo-[c]-carbazol*, F. 135—136° (Bzl.-Ligroin), durch ½std. Erhitzen von 0,5 g III u. 5% ig. Pd-Kohle auf 250—260°; 0,27 g. B. Gnauck. B 225□

**Mechanismus der Plancher-Umlagerung. 1. Mitt. Zweifache Umlagerung vom Wagner-Meerwein-Typ von Indoleninen.** Masao Nakazaki, Koji Yamamoto und Kikuo Yamagami. (Bull. chem. Soc. Japan **33**, 466—72, April 1960; engl.) — Vgl. vorst. Referat. — Beim Vers. der Synth. von 2.3-Dimethyl-3-phenylindolenin (I) aus 3-Phenylbutanon-(2)-phenylhydrazon [IX, $C_{16}H_{18}N_2$, F. 76—78,5° (wss. A.), $Kp._2$ 160 bis 170°] in Ggw. von $ZnCl_2$, $BF_3$-Ätherat u. alkohol. HCl wurde *3.3-Dimethyl-2-phenylindolenin* (VII) erhalten, das offenbar durch Umlagerung des intermediär gebildeten I entsteht. Die Darst. von I gelang auch nicht durch Einw. von $CH_3J$ auf 2-Methyl-3-phenylindol (II, F. 78—79°, $Kp._3$ 194—196°; Pikrat, F. 139—141°) in Ggw. von $NaNH_2$ in fl. $NH_3$; es wurde *1.2-Dimethyl-3-phenylindol* isoliert. Die Synth. mißlang auch durch Anwendung der Grignard-Rk. auf II. Durch Erhitzen mit Polyphosphorsäure (III) gelang die Umlagerung von Spiro-[cyclopentan-1.3′-pseudo-2′-phenylindol] (IV) in *4a-Phenyltetrahydrocarbazolenin* (VI). Analog konnte 11b-Methyl-5.6-dihydro-11bH-benzo-[c]-carbazol (V) in *6a-Methyl-5.6-dihydro-6aH-benzo-[a]-carbazol* (VIII) umgelagert werden. Zur Deutung der Rkk. wird eine doppelte Wagner-Meerwein-Umlagerung angenommen, die durch den Angriff von $H^+$ am N-Atom des Indoleninkerns eingeleitet wird. Vff. vermuten, daß die Richtung der Umlagerungen durch die thermodynam. Stabilität der Prodd. bestimmt wird, wobei der Grad der mesomeren Stabilisierung durch die Phenylgruppe u. ihre ster. Behinderung eine Rolle spielt. In Übereinstimmung hiermit ist auch die glatte Umlagerung von 6-Phenyl-spiro-[4.5]-decen-(6)-on-(8) in *10-Phenyl-2-keto-$\Delta^{1,9}$-oktahydronaphthalin* mit III. Die UV-Spektren von IV—VIII (in A.) sind zwischen 220 u. 330 mμ angegeben.

Versuche: *3-Phenylbutanon-(2)*, Kp.$_{20}$ 107—115°, durch Zugabe von 24,5 g. α-Methylbenzylcyanid (Kp.$_{11}$ 106—112°, Kp.$_2$ 71—79°) in Ae. zu $CH_3MgJ$ in Ae., 4std. Stehen bei Zimmer-Temp. u. Zusatz von verd. $H_2SO_4$; 21,2 g (Ausbeute). — *3.3-Dimethyl-2-phenylindolenin* (**VII**), $C_{16}H_{15}N$, Kp.$_2$ 145—155° (?, hellgelb), a) durch Erhitzen (40 Min.) vorst. Verb. (11,8 g) mit Phenylhydrazin (**X**) auf 100°, Zugabe von $ZnCl_2$ zum Ae.-Extraktrückstand in abs. A. u. 20std. Kochen; 2,3 g; b) durch 3std. Kochen von 2,7 g **IX** u. $BF_3$-Ätherat in Essigsäure; 1,2 g; c) durch Sättigen der **IX**-Lsg. in abs. A. mit HCl-Gas u. Stehen (2 Tage) bei Zimmertemperatur. *Pikrat*, F. 170—172°. — *1.2-Dimethyl-3-phenylindol*, $C_{16}H_{15}N$, F. 111—112° (A.), durch Zusatz von 5 g **II** in A. zu $NaNH_2$/fl. $NH_3$, Zutropfen von $CH_3J$ in Ae. u. Stehen (1 Nacht) bei Zimmer-Temp.; 4 g. *Pikrat*, $C_{22}H_{18}N_4O_7$, F. 199—201° (braunschwarze Nadeln aus A.). — *Spiro-[cyclopentan-1.3'-pseudo-2'-phenylindol]* (**IV**), $C_{18}H_{17}N$, Kp.$_1$ 164—167° (hellgelb), durch 1std. Erhitzen (Wasserbad) von 5 g Cyclopentylphenylketon (**XI**, Kp.$_{10}$ 135—136°, aus Cyclopentancarbonsäurechlorid nach Friedel-Crafts. 2.4-Dinitrophenylhydrazon, F. 142°) mit **X** u. Sättigen des Rückstandes in abs. A. mit HCl-Gas; 4,9 g. *Pikrat*, $C_{24}H_{20}N_4O_7$, F. 175° (A., gelb). — *4a-Phenyl-1.2.3.4-tetrahydrocarbazolenin* (**VI**), $C_{18}H_{17}N$, F. 126—127° (wss. A.), a) durch 1std. Erhitzen (Wasserbad) von 2-Phenylcyclohexanon (Kp.$_{10}$ 140—146°) mit **X**, Sättigen des Rückstandes in abs. A. mit HCl-Gas u. 10std. Stehen bei Raum-Temp.; b) durch Zugabe von 15 g **XI** u. **X** zu **III**, Erhitzen (10 Min.) auf 150° u. Lösen in W.; 7,7 g; c) durch Erhitzen (10 Min.) von 1,4 g **IV** mit **III** auf 155°; 1,0 g. *Pikrat*, $C_{24}H_{20}N_4O_7$, F. 182—183° (gelbe Prismen aus A.). — *11b-Methyl-5.6-dihydro-11bH-benzo-[c]-carbazol* (**V**), $C_{17}H_{15}N$, Kp.$_1$ 159—163° (hellgelb), durch 2std. Erhitzen (Wasserbad) von 8,1 g α-Methyl-β-tetralon (Kp.$_{10}$ 137—142°) mit **X**, Sättigen des Rückstandes in abs. A. mit HCl-Gas, Stehen (1 Nacht) bei 5° u. Gießen in Eiswasser; 4,1 g. *Pikrat*, $C_{23}H_{18}N_4O_7$, F. 167—167,5° (gelbe Prismen aus A.). — *6a-Methyl-5.6-dihydro-6aH-benzo-[a]-carbazol* (**VIII**), $C_{17}H_{15}N$, Kp.$_2$ 160—164° (hellgelb), a) durch Zusatz von **III** zu 5,2 g β-Methyl-α-tetralon (Kp.$_2$ 116—120°) u. **X** (heftige Rk.) u. Zugabe von W.; 3,4 g; b) durch 1/4std. Erhitzen von **V** mit **III** auf 180°. *Pikrat*, $C_{23}H_{18}N_4O_7$, F. 169—170° (gelbe Prismen aus A.).
B. Gnauck. B 225□

**Mechanismus der Plancher-Umlagerung.** 2. Mitt. **Zweifache Umlagerung vom Wagner-Meerwein-Typ von Indoleniniumverbindungen.** Masao Nakazaki. (Bull. chem. Soc. Japan **33**, 472—75, April 1960; engl.) — 1. vgl. vorst. Referat. — Wie Leuchs u. Mitarbeiter [1932], untersuchte Vf. die Rk. von $CH_3J$ mit 3.3-Dimethyl-2-phenylindolenin (I, Kp.$_9$ 178—179°; Pikrat, F. 167—168°), wobei 2 Prodd. erhalten wurden, deren Konstit. im Gegensatz zu früheren Befunden (l. c.) als *1.3.3-Trimethyl-2-* (II, F. 203°) u. *1.2.3-Trimethyl-3-phenylindoleniniumjodid* (III, F. 226—227°) festgelegt wird. **II** konnte durch Erhitzen in **III** (3 Std. bei 120—150° u. ½ Std. bei 180° in Methanol [Ma] im Rohr) umgelagert werden. Glatt verlief auch die Umlagerung von Spiro-[cyclopentan-1.3'-pseudo-2'-phenylindol]-methojodid (**IV**) mit $CH_3J$ in *4a-Phenyl-1.2.3.4-tetrahydrocarbazolenin* (**VIII**), *Methojodid* (**VI**). Obgleich 6a-Methyl-5.6-dihydro-6aH-benzo-[a]-carbazolmethojodid (**V**) nicht in kristalliner Form erhalten werden konnte, ließ sich diese Verb. in *11b-Methyl-5.6-dihydro-11bH-benzo-[c]-carbazolmethojodid* (**VII**) umlagern. Die Rkk. verlaufen als doppelte Wagner-Meerwein-Umlagerungen. Die UV-Spektren von **II**—**IV**, **VI** u. **VII** (in Methanol bzw. A.) zwischen 220 u. 330 mμ sind abgebildet.

Versuche: *1.3.3-Trimethyl-2-phenylindoleniniumjodid* (**II**), $C_{17}H_{18}JN$, F. 202—203° (gelbe Nadeln aus W.), durch 4std. Erhitzen von 12,7 g **I** u. $CH_3J$ in Ma auf 100° im Rohr; 3,6 g (Ausbeute), daneben aus den weniger lösl. Fraktionen *1.2.3-Trimethyl-3-phenylindoleniniumjodid* (**III**), $C_{17}H_{18}JN$, F. 226—227° (Methanol). — *Spiro-[cyclopentan-1.3'-pseudo-2'-phenylindol]-methojodid* (**IV**), $C_{19}H_{20}JN$, F. 186,5—188° (gelbe Nadeln aus A.), durch 2std. Erhitzen von 1 g Spiro-[cyclopentan-1.3'-pseudo-2'-phenylindol] (Kp.$_1$ 164—167°; Pikrat, F. 175°) mit $CH_3J$ in Ma auf 100° im Rohr; 0,55 g. — *4a-Phenyl-1.2.3.4-tetrahydrocarbazoleninmethojodid* (**VI**), *Hydrat*, $C_{19}H_{20}JN \cdot H_2O$, F. 116—118° (Zers.; W.), a) durch 3std. Erhitzen von **VIII** mit $CH_3J$ in Ma auf 100°; b) durch 3std. Erhitzen von **IV** in Ma auf 160° im Rohr u. 1/4 Std. auf 200°. — *11b-Methyl-5.6-dihydro-11bH-benzo-[c]-carbazolmethojodid* (**VII**), $C_{18}H_{18}JN$, F. 202—204° (A.), a) durch 3std. Erhitzen der freien Base (Kp.$_2$ 160—165°; Pikrat, F. 167—167,5°) mit $CH_3J$ in Ma auf 100° im Rohr; b) analog aus **V**.
B. Gnauck. B 225□

**Die katalytische Isomerisierung von $\Delta^3$-Caren in $\Delta^4$-Caren in der Dampfphase.** L. M. Yeddanapalli und P. Desikan. (J. sci. ind. Res. [New Delhi], Sect. B **18**, 392, Sept. 1959; Madras, Loyola Coll., Dep. of Chem.; engl.) — Bei der Dampfphasenaromatisierung an Chrom-γ-Al-Katalysatoren wird *$\Delta^3$-Caren* (I, Kp. 169—171°; $n_D^{28}$ 1,4710—1,4720) bei 200° zu 55% in $\Delta^4$-Caren (II, Kp. 165—167°; $n_D^{28}$ 1,4730—1,4740) isomerisiert. p- u. m-Menthadiene entstehen nicht. Durch Oxydation von **II** mit $KMnO_4$

bei 0° in Aceton wird *1.1-Dimethyl-2-[γ-ketobutyl]-cyclopropan-3-carbonsäure* (*Semicarbazon*, F. 182—183°) erhalten. Das Katalysat wird in Ä. an $Al_2O_3$ säulenchromatograph. in 45% **I** u. **II** getrennt; es stellt ein Gleichgewichtsgemisch dar, in dem **II** gegen Decyclisierung durch γ-Al bei hohen Temp. stabiler ist als **I**. D. Jahnke. B 225

**Reaktionsmechanismus der langsamen Oxydation von Kohlenwasserstoffen durch stille elektrische Entladungen. 8. Mitt. Beziehung zwischen der Reaktion der langsamen Oxydation von Kohlenwasserstoffen und der Ozonbildung.** Eiichi Inoue und Kiichiro Sugino. (J. electrochem. Soc. Japan **24**, 33—36, Jan. 1956; Tokyo, Inst. of Technol.; jap., Auszug: engl.) — 7. vgl. C. **1959**, 13122. — Für die Inhibierung der $O_3$-Bldg. bei der langsamen Oxydation von KW-Stoffen durch stille elektr. Entladung werden (bereits früher beschriebene) Rkk. aufgeführt. Für die Geschw. der $O_3$-Bldg. u. die krit. KW-Stoff-Konz. zur völligen Inhibierung der $O_3$-Bldg. durch Luftbeimischung werden Gleichungen angegeben. Mit *n-Hexan*, *Cyclohexan* u. *n-Heptan* ausgeführte Unterss. zeigen, daß die Geschw. der $O_3$-Bldg. gemäß der abgeleiteten Gleichung sich linear mit der KW-Stoff-Konz. ändert. Die krit. KW-Stoff-Konz. beträgt ca. 1,1 Vol.-% für Luft. W. Wesly. B 225□

**Untersuchungen über die Oxydation von organischen Sulfiden. 5. Mitt. Sterische Effekte auf die Oxydation von o-substituierten Phenylalkylsulfiden und Phenylalkylsulfoxiden.** Gian Maria Gasperini, Giorgio Modena und Paolo Edgardo Todesco. (Gazz. chim. ital. **90**, 12—22, Jan. 1960; Bologna, Univ., Ist. di Chim. ind.; ital.) — 4. vgl. C. **1963**, 866. — Die Geschw. der Oxydation von folgenden Phenylmethylsulfiden (**A**) zu den Sulfoxiden (**B**) in 6 vol.-% ig. wss. A.–0,1m $HClO_4$ u. die von den **B** zu den Sulfonen mit Perbenzoesäure in Dioxan–W. (1 : 1) bei 25 ± 0,02° wird gemessen, u. folgende $k_2$-Werte ($s^{-1}\cdot Mol^{-1}\cdot$Liter) werden gefunden: **A** (Darst. durch Alkylierung der Thiophenole): *2-Methyl-* (Kp.$_{17}$ 96—97°) $k_2\cdot 10^3 = 2{,}78$ (E = 14,3 kcal/Mol; ln A = 18,2); *2-Methoxy-* (Kp.$_{18}$ 127—128°) 2,90; *2-Chlor-* (Kp.$_{18}$ 116 bis 117°) 0,56; *2-Brom-* (Kp.$_{17}$ 132—133°) 0,60; *2-Nitro-* [F. 58—59° (A.)] 0,15; *2.4.6-Trimethyl-* (Kp.$_{17}$ 115—116°) 0,28 (16,9; 20,4); *2.4.6-Tribrom-* [F. 60° (A.); Rk. zu langsam]. **B** (aus den **A** mit $H_2O_2$ in $CH_3OH/H_2SO_4$ bzw. mit Perbenzoesäure in Chlf.): *2-Methyl-* ($C_8H_{10}OS$, F. 48—49°, Kp.$_4$ 119—120°) $k_2\cdot 10^3 = 6{,}95$; *2-Chlor-* ($C_7H_7ClOS$, Kp.$_3$ 120 bis 121°) 1,50; *2.4.6-Trimethyl-* ($C_{10}H_{14}OS$, F. 58—59°, Kp.$_5$ 139—140°) 3,95. Die Oxydation der **A** zu **B** wird in Ggw. einer o-Gruppe leicht verlangsamt, die ster. Wrkg. ist beachtlich in Ggw. von 2 o-Substituenten. Die Einführung einer o-$CH_3$-Gruppe verzögert die Oxydation der **B** stark, während die Einführung eines 2. o-Substituenten schwächer wirkt. Die Ergebnisse der Kinetik werden auch bzgl. der UV-Spektren (Tabellen der λ-Werte) der untersuchten Verbb. erörtert. — Durch Vgl. der Verhältnisse der Geschw.-Konst. m-$k_2$/o-$k_2$ u. p-$k_2$/o-$k_2$ kann der ster. Effekt besser ausgewertet werden: für den Substituenten $CH_3$ 1,6 u. 2,3; für $OCH_3$ — u. 2,7; für Cl 2,5 u. 4,0 u. für $NO_2$ 4,0 u. 2,1. Diese Werte bestätigen eindeutig den ster. o-Effekt. G. Platzer. B 225□

**Untersuchungen über die Oxydation von organischen Sulfiden.** 6. Mitt. **Oxydation von aliphatischen Cyclosulfiden.** Ado Cerniani, Giorgio Modena und Paolo Edgardo Todesco. (Gazz. chim. ital. **90**, 382—90, Febr./März 1960; ital.) — 5. vgl. vorst. Referat. — Die Oxydation der aliphat. Cyclosulfide [**A**; $(CH_2)_nS$, in wss. A. (6 Vol.-% W.)–0,1m $HClO_4$ mit $H_2O_2$ bei 0—36,8° wird untersucht. Die **A** werden mit etwa derselben Geschw. wie die einfachen aliphat. Sulfide zu den entsprechenden Cyclosulfoxiden oxydiert, wobei die Größe des Ringes die Rk.-Geschw. nur in den ersten Verbb. bemerkenswert beeinflußt. Die Geschw. der **A** erfolgt in der Reihenfolge $C_3 < C_4 > C_5 \sim C_6$. Diese Reihe stimmt mit den Dissoziations-Konst. der Dijodide $(CH_2)_2SJ_2$ (vgl. McCullough u. Mulsey, C. **1959**, 11519) überein.

Versuche: Sulfide (**A**), durch Cyclisierung der Dibromalkane mit $Na_2S$ in wss.-alkohol. Lsg., Wasserdampf-Dest. u. Reinigung über die entsprechenden Hg(II)-Komplexe: *Trimethylen-* (**I**), Kp. 95—96°, durch Ringschluß von 3-Chlorpropylmercaptan mit verd. NaOH; $n_D^{20}$ 1,5094. — *Tetramethylen-*, Kp. 119—120°; $n_D^{20}$ 1,5040. — *Pentamethylen-*, Kp. 141—142°; $n_D^{20}$ 1,5063. — *Hexamethylen-*, Kp. 170—171°; $n_D^{20}$ 1,5134. — Sulfoxide, durch langsame Zugabe von 0,1 Mol 36%ig. wss. $H_2O_2$-Lsg. zu 0,1 Mol eisgekühltem **A** unter kräftigem Rühren bei <5°, 12std. Stehen der Lsg.; 70—80% (Ausbeute): *Trimethylen-* (**II**), $C_3H_6OS$, Kp.$_{14}$ 91—92°; $n_D^{20}$ 1,5156. — *Tetramethylen-*, $C_4H_8OS$, Kp.$_{14}$ 113—114°; $n_D^{20}$ 1,5174. — *Pentamethylen-*, $C_5H_{10}OS$, Kp.$_{14}$ 124 bis 125°. — *Hexamethylen-*, $C_6H_{12}OS$, Kp.$_{14}$ 144—145°. — *Trimethylensulfon*, F. 77 bis 78° (PAe.), aus 0,1 Mol **II** mit 0,12 Mol $H_2O_2$ durch gelindes Erwärmen u. Verdampfen des W. im Vakuum. Die UV-Absorptionsspektren von **I** u. **II** sind graph. dargestellt. G. Platzer. B 225□

**Einfluß einiger struktureller Änderungen auf die Antioxydans-Wirkung schwefelhaltiger Verbindungen.** Giovanna Fenech, Alessandro Tommasini und Giacomo Valenti. (Gazz. chim. ital. **90,** 635—47, April 1960; Messina, Univ., Ist. di Chim. farmaceut. e tossicol.; ital.) — Die Antioxydans-Wrkg. verschiedener S-haltiger organ. Verbb. in 0,0008%ig. wss. Lsg. wurde an 0,4% ig. wss. Lsgg. von *Vitamin C* im Dunkeln bzw. in diffusem Licht bei Raum-Temp. sowie bei 60° geprüft. Als wirksamste Mittel erwiesen sich Verbb. mit einer C=S-Gruppierung (bes. Thioharnstoffe); weniger akt. sind Mercaptane, Disulfide u. Sulfide. Als Gesamtergebnis wird festgestellt, daß eine um so größere inhibierende Wrkg. auf Oxydationsvorgänge vorliegt, je stärker ausgeprägt die Neigung der Verbb. zu einer Bldg. von R—S·-Radikalen ist. Der geringere Antioxydanseffekt der Mercaptane erklärt sich daraus, daß diese auch eine ion. Dissoziation erfahren können. *2-Mercaptofuran* ist wirksamer als Thiophenole, die kaum einen Effekt zeigen. Als wirksamste Substanz der gesamten Reihe erwies sich *Methylthioharnstoff.* Außer den genannten Verbb. wurden auf ihre Antioxydans-Wrkg. untersucht: *Tetramethyl-, Tolyl-, Naphthylthioharnstoff, 4-Methylthiosemicarbazid, 1.5-Diphenylthiocarbohydrazid, 1.5-Diphenylthiocarbazon, Dithiobiuret, Dithiooxaldiamid, N.N'-Äthylenthioharnstoff, 2-Thiobarbitursäure, 2-Thiono-$\Delta^4$-tetrahydropyrimidinon-(6), Thiolessig-* u. *-benzoesäure, Allyl-, Neopentylmercaptan, α-Mercaptobernstein-, -phenylessigsäure, 2-Mercaptobenzoesäure* (?), *4-Methyldithiobrenzcatechin, Diphenyl-, Dibenzyl-, Dibenzoyldisulfid, α.α'-Dithiodiessigsäure, Dicarboxydiphenyldisulfid, Diallyl-, Dipropenylsulfid.*

H.-E. Toussaint. B 225□

**Der sekundäre Wasserstoffisotopeneffekt.** E. A. Halevi. (Int. J. appl. Radiat. Isotopes **7,** 192—97, Jan. 1960; Israel Inst. of Technol., Dep. of Chem.; engl.) — Vgl. C. **1963,** 4674. — Vortrag. Ausführliche Diskussion der sog. „sek. H-Isotopeneffekte", die sich z. B. als Einfl. der D-Substitution in $CH_3$- oder $CH_2$-Gruppen auf Solvolyse-Rkk. äußern, bei denen keine C—H-Bindungen gelöst oder gebildet werden. Vf. ist der Ansicht, daß zur Erklärung dieser Effekte die Betrachtung der Schwingungsfrequenzverschiebungen bei der Deuterierung nicht ausreicht. Es müßten vielmehr auch elektron. Einfl., die sich in geringen Unterschieden in den Elektronenkonfigurationen der Grundzustände der isotopen Moll. äußern, berücksichtigt werden. K. Prchal. B 225□

**Mechanismus der Verdrängungsreaktionen durch heiße Wasserstoffatomen bei Alkanen.** David Urch und Richard Wolfgang. (J. Amer. chem. Soc. **83,** 2982 bis 2991, 20/7. 1961; New Haven, Conn., Yale Univ., Sterling Chem. Labor.; engl.) — Vgl. Estrup u. Wolfgang, C. **1961,** 15717 u. früher. — Wie l. c. wurden Alkane mit T umgesetzt, das durch die Kern-Rk. $^3He(n, p)^3H$ gewonnen wurde. Die mit T markierten Verbb. wurden chromatograph. getrennt u. mit einem Zählrohr untersucht. Zur Ausschaltung der therm. Markierung durch T wurden die Rkk. auch in Ggw. geringer Mengen $O_2$ bzw. $J_2$ durchgeführt. $J_2$ u. $O_2$ bewirkten die Bldg. prakt. ident. Prod.-Gemische. Folgende Alkane wurden untersucht: *$CH_4$, $C_2H_6$, $C_3H_8$, Cyclopropan, Isobutan* (**II**), *n-Butan* (**I**), *n-Pentan* (**III**), *2-Methylbutan* (**IV**), *Neopentan* (**V**), *Cyclopentan* u. *n-Hexan* (**VI**). Hauptprodd. waren wie l. c. HT u. die markierte Ausgangsverbindung. Es ergab sich ferner, daß 90 ± 10% der Ausbeute an mit T markierter Ausgangs-Verb. auf die Rk. von „heißem" T zurückgeht. Die Nebenprodd. (höhere u. niedere Alkane, Alkene, isomere Alkane) bildeten sich teils nur in Abwesenheit von $O_2$ bzw. $J_2$, teils aber auch in deren Ggw., d. h. ihre Bldg. ist teilweise auf therm. Verdrängungs-Rkk., teilweise aber auf die Rkk. der heißen T-Atome zurückzuführen. Folgende Rk.-Typen werden angenommen (mit **I** als Beispiel): 1. Abspaltung von H-Atomen $T^* + C_4H_{10} \rightarrow CH_3CH_2\cdot\dot{C}HCH_3$ oder $CH_3CH_2CH_2CH_2\cdot + HT$, 2. Verdrängungs-Rk. $T^* + C_4H_{10} \rightarrow CH_3CH_2CH_2\cdot CH_2T$ oder $CH_3CH_2CHTCH_3 + H$, 3. Abspaltung von Alkylgruppen $T^* + C_4H_{10} \rightarrow CH_3T + CH_3CH_2CH_2\cdot$ oder $CH_3CH_2T + CH_3CH_2\cdot$ oder $CH_3CH_2CH_2T + CH_3\cdot$, 4. Radikal-Bldg. entweder durch Verdrängung zweier H-Atome oder einer Alkylgruppe u. eines H-Atoms gemäß $T^* + C_4H_{10} \rightarrow CH_3CH_2\dot{C}HT + CH_3\cdot + H$ bzw. $CH_3CH_2\dot{C}HT + CH_4$ oder durch Verdrängung eines einzelnen Atoms oder einer einzelnen Gruppe, wobei das Primärprod. so stark angeregt ist, daß es anschließend zerfällt gemäß $T^* + C_4H_{10} \rightarrow CH_3CH_2CH_2CH_2T^* + H$, $CH_3CH_2CH_2CH_2T^* \rightarrow CH_2TCH_2CH_2\cdot + CH_3\cdot$. Die nach diesen Mechanismen gebildeten Radikale reagieren entweder unter C—C-Bindungsbruch gemäß $CH_3CH_2CH_2CHT\cdot \rightarrow CH_3CH_2\cdot + CH_2{=}CHT$ oder, falls diese Zers. nicht sofort eintreten kann, reagieren sie mit dem Radikalfänger-Mol., womit die Bldg. von $CH_3J$ bzw. $C_2H_5J$ erklärt wird. Folgende Prod.-Verteilungen, bezogen auf die Bldg. des T-haltigen Ausgangs-Prod. (Rk.-Typ 2), wurden ermittelt (Relativausbeuten in der Folge: Rk. 1, Rk. 3, Rk. 4 = Bldg. von $CH_2TJ$, Rk. 4 = Bldg. von Alken, Rk. 5 = Bldg. von umgelagerten oder höheren Prodd.): aus $CH_4$ 1,0, —, 0,12, —, —; aus $C_2H_6$ 1,82, 0,12, 0,14, 0,11, ca. 0,03; aus $C_3H_8$ 1,97, 0,15, 0,06, 0,08, 0,00; aus **I** 1,99, 0,15, 0,07, 0,08, 0,01; aus **II** 1,92, 0,17, 0,05, 0,09, 0,01; aus **III** 2,37, 0,19, 0,08, 0,10, 0,00;

aus **IV** 2,20, 0,21, 0,09, 0,09, 0,00; aus **V** 1,40, 0,23, 0,09, ca. 0,05, 0,01; aus **VI** 3,28, 0,33, 0,07, 0,12, 0,02. Die Angaben zur Rk. 5 umfassen auch alle niederen Alkane, die nicht durch Verdrängung von Alkylgruppen entstehen können, also z. B. im Falle des **V** die Bldg. von markiertem $C_2H_6$, $C_3H_8$, **I, IV** u. **III**. Vff. vermuten, daß durch den Angriff von heißen T-Atomen unter einem spitzen Winkel zur C—H-Achse die Abspaltungs-Rk. 1 ausgelöst wird, während beim Angriff unter einem größeren Winkel die Verdrängungs-Rk. 2 erfolgt. Der Angriff von T auf eine C—C-Bindung erfolgt etwa senkrecht zur C—C-Bindungsachse. Die eintretenden T-Atome verdrängen direkt eine andere Gruppe, ohne daß es zur Bldg. einer metastabilen Zwischenstufe kommt. Wie aus den ster. Betrachtungen zu erwarten ist, erfolgt die Verdrängung von Alkylgruppen weniger häufig als die von H-Atomen, obwohl die C—C-Bindung schwächer ist als die C—H-Bindung. Die Verdrängungs-Rkk. laufen sehr schnell, etwa in der Größenordnung von $10^{-14}$ s, ab, die der Schwingungsdauer der C—H-Bindung entspricht; wegen der kurzen Dauer des Stoßes u. der geringen Größe des H-Atoms wird die Energie nur auf die eine oder zwei Bindungen übertragen, die gerade getroffen werden. Hiermit wird erklärt, daß bei den prim. Verdrängungs-Rkk. nur eine, höchstens aber zwei Bindungen gelöst werden, die Prodd. dieser Rkk. nicht erheblich angeregt sind u. trotz der Ggw. sehr energiereicher H-Atome kaum Prodd. sehr hoher Bldg.-Energie entstehen. Bei diesen schnellen Verdrängungs-Rkk. bestimmt nicht die verfügbare Energiemenge in erster Linie den Rk.-Ablauf, sondern der Ort u. die Richtung des Stoßes. Diese Art der „heißen" Verdrängungs-Rkk. wird durch den Ausdruck „Stoßmodell" charakterisiert. Berechnungen auf Grund dieser Vorstellungen führten zu gut mit den experimentellen Daten übereinstimmenden Ergebnissen. B. Gnauck. B 225□

**Stereochemie der heißen Wasserstoff-Verdrängung an sp³-Kohlenstoff-Wasserstoff-Bindungen.** Michael Henchman und Richard Wolfgang. (J. Amer. chem. Soc. **83**, 2991—96, 20/7. 1961; engl.) — Vgl. vorst. Referat. — Wie l. c. wurde die Rk. von „heißen" T-Atomen mit *opt.-akt. Butanol-(2)* (**I**) untersucht, u. zwar von D-**I** (98% opt. rein) bei 25° bzw. von L-**I** (79% opt. rein) bei 100° im Dampfzustand. Nach der Rk. wurde das Prod. gaschromatograph. gereinigt u. über das Brucinsalz von Butyl-(2)-hydrogenphthalat nach Kantor u. Hauser (C. **1956**, 3551) opt. gespalten. Zur Best. des mit dem asymm. C-Atom verbundenen T wurde das Rk.-Gemisch mit Benzophenon in Ggw. von Al-tert.-Butylat in abs. Toluol einer 30std. Oppenauer-Oxydation bei 100 ± 5° unterworfen u. die Aktivität des gebildeten Benzhydrols bestimmt. Es wurde festgestellt, daß bei der Verdrängung des mit dem asymm. C-Atom direkt verbundenen H-Atoms die Konfiguration zu 91 ± 6% erhalten bleibt. Für die Verdrängungs-Rkk. sämtlicher H-Atome in **I** beträgt das Ausmaß der Erhaltung der Konfiguration 94 ± 3%. Diese Ergebnisse sind in völliger Übereinstimmung mit dem Modell für die Verdrängungs-Rkk. heißer H-Atome, nach dem eine schnelle lokalisierte Wechselwrkg. etwa während der charakterist. Periode einer Schwingung der C—H-Bindung erfolgt. Dementsprechend kann eine Inversion nicht auftreten, da wegen der kurzen Stoßzeit u. des geringen H-Atomdurchmessers keine gleichzeitige Anregung mehrerer Schwingungsarten möglich ist. Vff. diskutieren den Ausdruck „Stoßkomplex", der jedoch bei der vorliegenden Rk. eine andere Bedeutung besitzt als bei therm. Reaktionen. Bei den Rkk. heißer H-Atome tritt eine unbegrenzt große Zahl von Stoßkomplexen auf, unter denen jedoch keine Gleichverteilung der Energie erfolgt, da sie nicht einmal eine Schwingung überdauern. Ihre Prodd. sind jeweils durch die Art u. Weise der Komplex-Bldg. vorbestimmt. Bei den Rkk. heißer H-Atome mit einer kinet. Energie von 2—10 eV beträgt die Häufigkeit der wirksamen Stöße ca. 50%. Diese im Vgl. zu den meisten therm. Rkk. viel größere Stoßwirksamkeit ist teilweise auf das Fehlen solcher Atome zurückzuführen, deren Energieinhalt kleiner ist als die Aktivierungsenergie; bedeutsamer ist jedoch die Tatsache, daß der Energieinhalt der heißen H-Atome viel höher ist als die Aktivierungsenergie, so daß die Rk. auch dann erfolgt, wenn der Ort u. die Richtung des Stoßes energet. ungünstig sind. Somit werden viele zur Rk. führende Stoßarten möglich u. die Unterschiede in der Aktivierungsenergie bestimmen nicht mehr den Rk.-Weg u. die Art der Rk.-Produkte. B. Gnauck. B 225□

**Verdrängungsreaktion an Äthylen-C—H-Bindungen durch heiße Wasserstoffatome.** David Urch und Richard Wolfgang. (J. Amer. chem. Soc. **83**, 2997—98, 20/7. 1961; engl.) — Vgl. vorst. Referat. — Vff. untersuchten wie l. c. die Rk. zwischen Rückstoß-T-Atomen [gewonnen durch die Kern-Rk. $^3He(n, p)^3H$] u. *cis-* bzw. *trans-1.2-Dichloräthylen* (**I**) in u. ohne Ggw. von $O_2$, wobei folgende Rkk. ablaufen: **I** + T → CHTClCHCl· → CHT=CHCl + Cl·. In Ggw. von Radikalfängern ($O_2$) war die relative Ausbeute an T-Vinylchlorid (**II**) erwartungsgemäß geringer, folgende Prod.-Zus. wurde ermittelt: trans-**I** → 10,0% $H_2$, 0,8% $C_2H_4$, 21,7% $C_2H_2$, 3,6% $CH_3Cl$, 77% $C_2H_3Cl$,

2,7% trans-I u. 1,3% cis-I; trans-I in Ggw. von $O_2$ [Ausbeuten in vorst. Reihenfolge] → 10,0%, 0,5%, 16,7%, 3,0%, 51%, 2,8%, 1,4%; cis-I → 10,0%, 1,2%, 22,6%, 3,4%, 72%, 1,8%, 3,9%; cis-I + $O_2$ → 10,0%, 22,6%, 3,5%, 52%, 1,5%, 3,1%. Vff. vermuten, daß sich **II** hauptsächlich durch obige Rkk. bildet u. nicht durch eine einstufige Cl-Atomverdrängungsreaktion. Die hohe $C_2H_2$-Ausbeute rührt wohl von der HCl-Abspaltung von angeregtem **II** oder von der Verdrängung eines HCl-Mol. durch Rückstoß-T u. folgende Eliminierung von Cl aus HClC=CT her. Aus den I-Mengen im Prod. wird geschlossen, daß bei der Verdrängungs-Rk. die Konfiguration zu 70% erhalten bleibt. Die Rk. verläuft also auch über einen direkten Mechanismus ohne Bldg. einer gemeinsamen Zwischenstufe entsprechend dem früher (vgl. vorvorst. Ref.) für gesätt. Syst. vorgeschlagenen Mechanismus. Die 30%ig. Isomerisierung rührt vermutlich entweder von der Rotation um die Doppelbindung der Prod.-Mol. der prim. Verdrängungs-Rk. oder von einer Addition heißer H-Atome an die Doppelbindung her. Auf jeden Fall ist aber auf eine schnelle H-Verdrängungs-Rk. von heißen H-Atomen mit $sp^2$-C—H-Bindungen zu schließen, wobei der Angriff vermutlich senkrecht zur Bindungsachse unter Bldg. eines Prod. unveränderter Konfiguration erfolgt.

B. Gnauck. B 225□

**Anomaler Salzeffekt auf die Geschwindigkeit der Hydrolyse von Chloroform.** Kozo Tanabe und Yoshihisa Watanabe. (J. Res. Inst. Catalysis, Hokkaido Univ. **7**, 79—86, Nov. 1959; Hokkaido Univ., Res. Inst. for Catalys., Fac. of Sci., Dep. of Chem.; engl.) — Vgl. Horiuti u. Mitarbeiter, J. Res. Inst. Catalysis, Hokkaido Univ. **3**, [1955], 147. — Wie l. c. untersuchten Vff. die Kinetik der Hydrolyse von *Chlf.* bei 100°, wobei wiederum ein Geschw.-Maximum bei ca. pH 4 gefunden wurde, wenn die Ionenstärke gering ($10^{-3}$ bis $10^{-6}$) gehalten wurde. Mit steigender Salz-Konz. wird das Maximum vermindert u. nach höheren pH-Werten verschoben. Zusatz von 0,01n bzw. 0,1n $NaSO_4$ setzt die Geschw. bei pH 4 auf $^1/_6$ bzw. $^1/_{16}$ des ursprünglichen Wertes herab, wobei das Geschw.-Maximum verschwindet u. die Rk.-Geschw. unabhängig vom pH-Wert wird, wie Hine u. Langford (C. **1961**, 6099) beobachtet haben. Zur Deutung des Geschw.-Maximums reicht der Rk.-Mechanismus dieser Autoren nicht aus, daher wird der folgende Ablauf angenommen: Chlf. + B → $CCl_3^-$ + $H^+B$, $CCl_3^-$ + HA → $CCl_2$:ClH + $A^-$, B + $CCl_2$:ClH + HA → $BH^+$ + $CCl_2$ + HCl + $A^-$, wobei HA bzw. B eine Brønsted-Säure ($H_2O$ oder $H_3O^+$) bzw. -Base u. $CCl_2$:ClH ein Isomeres von Chlf. bedeuten.

B. Gnauck. B 225□

**Anomale Hydrolyse einiger Derivate des 2-Aminoäthyldiphenylphosphats.** G. J. Durant, J. H. Turnbull und W. Wilson. (Chem. and Ind. **1958**, 157—58, 8/2.; Birmingham, Univ., Chem. Dep.; engl.) — Vff. beschreiben die Hydrolyse von *2-Aminoäthyldiphenylphosphat* (**I**), bei der in stark alkal. Lsg. 2 Mol Phenol entstehen. Spektrophotometr. wurde gezeigt, daß das erste Mol. Phenol schneller gebildet wird als das zweite. Durch Papierelektrophorese der Hydrolyse-Prodd. konnte die Ggw. von 2-Aminoäthyldihydrogenphosphat u. wenig -phenylhydrogenphosphat nachgewiesen werden. Die Rk. geht wahrscheinlich über cycl., nichtstabile Zwischenprodukte. Bei geringerer Hydroxylionen-Konz. geht **I** eine Spaltung der Alkyl–Sauerstoff-Bindung ein unter Bldg. des Diphenylphosphatanions u. Äthylenimmoniumkations. In wss. $KHCO_3$-Lsg. bildet sich aus **I** ohne Phenol-Bldg. Diphenylhydrogenphosphat. Bei *2-Dimethylaminoäthyldiphenylphosphat* scheint die Spaltung der Alkyl–Sauerstoff-Bindung extrem schnell abzulaufen, da Verss., diesen Ester aus Dimethylaminoäthanol u. Di-O-phenylphosphorylchlorid darzustellen, stets zum Piperaziniumdiphenylphosphat (Dimerisation des Äthylenimmoniumkations) führten.

D. Jahnke. B 225△

**Die Gesetze der Substitution von Wasserstoffatomen im Benzolkern durch Alkylgruppen.** 8. Mitt. **Über die Orientierung der Alkylgruppen bei der katalytischen Alkylierung des Benzols mit sauren Katalysatoren.** I. A. Alexejewa, W. G. Pljussnin, Je. P. Babin und G. A. Alexejewa. (J. physik. Chem. [UdSSR] **34**, 726—33, April 1960; Akad. der Wiss. der UdSSR, Ural-Zweigstelle, Chem. Inst.; russ., Auszug: engl.) — 7. vgl. C. **1963**, 3565. — Die Prodd. der Alkylierung von *Bzl.* u. *Isopropylbenzol* (**I**) mit $C_3H_6$ in Ggw. von $AlCl_3$ (20—60°), HF (20°), $H_2SO_4$ (20°) u. $H_3PO_4$ (235°) auf Kieselgur werden fraktioniert u. die Raman-Spektren der Fraktionen untersucht. Die Diisopropylbenzol (**II**)-Fraktion besteht bei Verw. von $AlCl_3$ aus viel 1.3- u. wenig 1.4-**II**, bei HF u. $H_2SO_4$ aus etwa gleich viel 1.3- u. 1.4- u. weniger 1.2-**II**, bei $H_3PO_4$ überwiegt unter den 3 Isomeren 1.3-**II**. Die Entalkylierung von **I** u. **II** führt zu einem Gleichgewicht mit 1.3-:1.4-**II** = 3:1. Von den Triisopropylbenzolen (**III**) entsteht mit $AlCl_3$ nur 1.3.5-**III** ($Kp._{747}$ 235—236°, $n_D^{20}$ 1,4888, $D._4^{20}$ 0,8554), mit HF u. $H_2SO_4$ hauptsächlich 1.2.4-**III** ($Kp._{738}$ 238—240°, $n_D^{20}$ 1,4916, $D._4^{20}$ 0,8607. Das Raman-Spektrum von 1.3.5-**III** entspricht dem der 1.3.5-substituierten Bzl.-Derivv. nach Kohlrausch.

R. K. Müller. B 225□

**Die Gesetze der Substitution von Wasserstoffatomen im Benzolkern durch Alkylgruppen.** 9. Mitt. **Kinetische Gleichungen einiger aufeinanderfolgender monomolekularer, reversibler Reaktionen.** N. M. Rodigin, Je. P. Babin und W. G. Pljussnin. (J. physik. Chem. [UdSSR] **34**, 966—72, Mai 1960; russ., Auszug: engl.) — 8. vgl. vorst. Referat. — Eine Meth. zur Lsg. von kinet. Gleichungen einiger monomol. reversibler Folge-Rkk. mit 1 oder 2 reversiblen Stufen unter Anwendung der Operator-Meth. mit Laplace-Karson-Umwandlungen wird beschrieben. Für die Best. der Bedingungen, unter denen maximale Ausbeuten an bestimmten Rk.-Prodd. erhalten werden, werden Gleichungen entwickelt. R. K. Müller. B 225 □

**Die Gesetze der Substitution von Wasserstoffatomen im Benzolkern durch Alkylgruppen.** 10. Mitt. **Die Beziehung zwischen den Geschwindigkeitskonstanten der Bildung von Isopropylbenzolen und Gleichungen für die Zusammensetzung der Produkte der Alkylierung von Isopropylbenzol durch Propylen in Gegenwart von Aluminiumchlorid.** Je. P. Babin, W. G. Pljussnin, M. I. Nassakina und N. M. Rodigin. (J. physik. Chem. [UdSSR] **34**, 1389—94, Juli 1960; russ., Auszug: engl.) — 9. vgl. vorst. Ref.; vgl. auch C. **1960**, 10901. — In den Prodd. der Alkylierung von *Isopropylbenzol* mit $C_3H_6$ bei 60° in Ggw. von $AlCl_3$ sind neben Di-, Tri- u. Tetraisopropylbenzol auch geringe Mengen Bzl. enthalten, woraus geschlossen wird, daß die 1. Stufe der Rk. reversibel ist. Das Verhältnis der Geschw.-Konst., nach der Gleichung für reversible Folge-Rkk. berechnet, ist $\beta_1:k_1:k_2':k_3:k_4' = 0{,}38:1:0{,}20:0{,}065:0{,}003$ bei $g_1 = 0{,}14$ u. $g_2 = 1{,}44$. Diese Verhältnisse sind ähnlich wie bei der Folge-Rk. der Alkylierung von Bzl. mit $C_3H_6$ unter analogen Bedingungen. R. K. Müller. B 225 □

**Induktometrische Effekte von Alkylgruppen bei elektrophiler aromatischer Substitution.** K. N. Ayad und R. F. Garwood. (Chem. and Ind. **1957**, 1073, 3/8.; London, Queen Mary Coll., Dep. of Chem.; engl.) — Bei der Nitrierung von *m-Nitro-tert.-butylbenzol* (**I**) entsteht fast ausschließlich 3.4-Dinitro-tert.-butylbenzol (**II**), das zu 3.4-Diamino-tert.-butylbenzol red. wurde, während nur wenig 3.5-Dinitro-tert.-butylbenzol u. kein 2.3- u. 3.6-Dinitro-tert.- butylbenzol erhalten wurde. **II** liefert bei weiterer Nitrierung in schlechter Ausbeute 3.4.6-Trinitro-tert.-butylbenzol. Der Verlauf der **I**-Nitrierung zeigt, daß der o-p-dirigierende Einfl. der tert.-Butylgruppe (Elektronenschub) dem m-dirigierenden Einfl. der Nitrogruppe überwiegt. K. Zieloff. B 225

**Nucleophile Reaktionen mit direkter Verschiebung in homologen Reihen. Transmission elektronischer Effekte durch eine gesättigte aliphatische Kette.** Antonio Iliceto, Antonino Fava und Andrea Simeone. (Gazz. chim. ital. **90**, 660—70, April 1960; Padova, Univ., Ist. di Chim. gen.; Ist. di Chim. org., Centro di Studio per la Chim. nucl.; Camerino, Univ., Ist. di Chim. gen.; ital.) — Beim Isotopenaustausch von *ω-Phenylalkyljodiden* (**A**), $C_6H_5(CH_2)_nJ$, mit $Na^{131}J$ in Aceton werden für die Glieder mit $n = 1-5$ bei 25° die relativen (auf den Wert für $n = 2$ bezogenen) Geschw.-Konst. 484; 1 (abs. k-Wert $2{,}45\cdot10^{-2}$ Liter·Mol$^{-1}$ s$^{-1}$); 2,46; 1,90; 2,06 gemessen. In der Reihe der *ω-[p-Nitrophenyl]-alkyljodide* (**B**) lauten die Vgl.-Zahlen 658; 1 (abs. k-Wert $8{,}56\cdot10^{-2}$); 1,28; 0,89; 0,80. Das Verhältnis der Geschw.-Konst. der **B** zu den **A** für $n = 1-5$ beträgt 4,78; 3,49; 1,82; 1,64; 1,37. Der alternierende Effekt bei den Anfangsgliedern steht im Einklang mit früheren Ergebnissen bei der Darst. der **A** aus den entsprechenden Chloriden u. NaJ in Aceton; er wird auf eine ster. Hinderung zurückgeführt, die bes. die Minimalwerte für $n = 2$ erklären soll. Die Ergebnisse machen eine Beteiligung der Arylgruppe am Übergangszustand (elektrophile Assistenz) bei der nucleophilen Substitution der **A** u. **B** unwahrscheinlich.

Versuche: *4-Phenylbutanol-(1)*, $Kp_{13}$ 116—117°, durch Red. von γ-Phenylbuttersäure mit $LiAlH_4$. — *4-Phenyl-1-chlorbutan*, $Kp._2$ 90—91°, aus vorst. Verb. u. $SOCl_2$; 75% (Ausbeute). — *5-Phenyl-1-chlorpentan*, $Kp._{0,2}$ 71—72°, analog; 77%. — *2-[p-Nitrophenyl]-1-chloräthan*, F. 48—49° (Ligroin), durch Zugeben von $HNO_3$ (D. 1,52) zu β-Chloräthylbenzol bei —15°, Gießen in W. u. Ausäthern; 45%. — Analog: *3-[p-Nitrophenyl]-1-chlorpropan*, $C_9H_{10}ClNO_2$, $Kp._{0,2}$ 112—113°; 32%; daneben *3-[o-Nitrophenyl]-1-chlorpropan*, $Kp._{0,2}$ 103—107°; 40%. — *4-[p-Nitrophenyl]-1-chlorbutan*, $C_{10}H_{12}ClNO_2$, $Kp._{0,2}$ 123—125°; 28%; daneben *4-[o-Nitrophenyl]-1-chlorbutan*, $Kp._{0,15}$ 115—120°; 39%. — *5-[p-Nitrophenyl]-1-chlorpentan*, $C_{11}H_{14}ClNO_2$, $Kp._{0,2}$ 140°; 15%; daneben *5-[o-Nitrophenyl]-1-chlorpentan*, $Kp._{0,25}$ 132—137°; 51%. — ω-Aryljodalkane, aus den entsprechenden Chloriden u. NaJ in Aceton: *α-Jodtoluol*, $Kp._{2,5}$ 78—78,2°; 87%. — *β-Jodäthylbenzol*, $Kp._3$ 88,5—89°. — *3-Phenyl-1-jodpropan*, $Kp._3$ 105—105,5°; 85%. — *4-Phenyl-1-jodbutan*, $Kp._3$ 116,5—117°; 83%. — *5-Phenyl-1-jodpentan*, $Kp._{0,7}$ 110,5 bis 111,5°; 77%. — *p-Nitrobenzyljodid*, F. 127—127,5°; 78%. — *p-[β-Jodäthyl]-nitrobenzol*,

F. 99—100°; 76%. — *3-[p-Nitrophenyl]-1-jodpropan*, F. 24—25° (Ae.–PAe.); 67%. — *4-[p-Nitrophenyl]-1-jodbutan*, F. 46—47° (Ae.–PAe.); 64%. — *5-[p-Nitrophenyl]-1-jodpentan*, F. 12—13° (Ae.–PAe.); 82%. H.-E. Toussaint. B 225□

**Nucleophile Substitutionen bei Äthylenderivaten. Nucleophile Substitutionen in 1-Arylsulfonyl-1-methyl-2-halogenäthylenen.** Giorgio Modena, Ferdinando Taddei und Paolo Edgardo Todesco. (Ricerca sci. **30**, 894—97, Juni 1960; Bologna, Univ., Ist. di Chim. ind.; ital.) — Vgl. C. **1961**, 796 u. C. **1962**, 12613. — Die nucleophile Substitution von Halogen in cis- u. trans-1-Arylsulfonyl-2-halogenäthylenen (**A**) durch Basen erfolgt nach 2 Rk.-Mechanismen: 1. durch direkte Substitution u. 2. durch Eliminierung u. Addition. Um zu entscheiden, ob die Rk. nach dem 1. oder 2. Mechanismus abläuft, wurde die nucleophile Substitution bei cis- u. trans-1-Arylsulfonyl-1-methyl-2-halogenäthylenen (**B**) durch $CH_3O^-$, $C_6H_5S^-$, Dibutylamin (**I**) u. Cyclohexylamin (**II**) bei 25, 35 u. 45° in $CH_3OH$ untersucht. Die Aktivierungsenergien E (kcal/Mol) u. ln A-Werte der Rk. von *trans-1-p-Toluolsulfonyl-1-methyl-2-chloräthylen* (*trans*-**III**) mit $CH_3O^-$ betragen E = 15,3, ln A = 17,6; mit $C_6H_5S^-$ 17,4, 22,3; mit **I** 15,2, 14,4; von *cis*-**III** 18,1, 22,3; 16,5, 21,8; 15,1, 14,5; von *trans-1-p-Nitrobenzolsulfonyl-1-methyl-2-chloräthylen* (*trans*-**IV**) 16,8, 23,4; 15,9, 24,1; 14,9, 17,9; mit **II** 16,1; 17,5; von *cis*-**IV** 19,2, 27,2; 14,7, 23,8; 13,8, 15,5; 15,3, 17,0; von *trans-1-p-Nitrobenzolsulfonyl-1-methyl-2-bromäthylen* (*trans*-**V**) 18,5, 26,0; 15,5, 24,3; 15,3, 17,4; 14,7, 13,2; von *cis*-**V** 17,9, 25,0; 15,8, 26,0; 15,2, 18,2; 14,7, 16,3. Ein Vgl. mit **A** zeigt, daß die Rk.-Geschw. bei den **B** (β-Substituenten) 100—1000mal kleiner ist. In beiden Reihen bleibt bei der Rk. mit $CH_3O^-$ u. $C_6H_5S^-$ die Konfiguration erhalten, bei der Rk. mit den Aminen nicht. Aus dem geringen Unterschied zwischen den Cl- u. Br-Verbb. wird geschlossen, daß bei den **B** der 1. Mechanismus wirksam ist, bei den **A** in einigen Rkk. der 2. Mechanismus. G. Platzer. B 225□

**Die Wirkung der Kernsubstitution auf die Reaktion aromatischer Amine mit Äthylenoxid.** Morris Freifelder und George R. Stone. (J. org. Chemistry **26**, 1477—80, 17/5., Correction **26**, 5620, Dez. 1961; North Chicago, Ill., Abbott Labor., Org. Chem. Dep.; Res. Div.; engl.) — Bei der Rk. von kernsubstituierten Anilinen (**A**) mit Äthylenoxid unter Bldg. von *N.N-Bis-[2-hydroxyäthyl]-anilinen* wird eine Abhängigkeit der Ausbeute von ster. Aufbau u. Basizität der **A** festgestellt. Für die **A** werden folgende Halbneutralisationspotentiale in mV ermittelt: *o-Äthoxy-* 298, *p-Phenoxy-* (Darst. analog **I**, s. Vers.-Teil; 100% Ausbeute) 300, *o-Methoxy-* 305, *o-Allyloxy-* 315, *o-Butoxy-* (87%) 325, *o-Phenoxy-* (93%) 375, *p-Chlor-* 378, *m-Chlor-* 404, *o-Methylmercapto-* 405, *o-Fluor-* 435, *m-Trifluormethyl-* 440, *p-Trifluormethyl-* 456, *o-Chlor-* 464.

Versuche: *2-Aminophenylcyclohexyläther* (**I**), $C_{12}H_{17}NO$, F. 57,5—58°, aus 2-Nitrophenylcyclohexyläther ($Kp._{0,3}$ 155—158°; $n_D^{23}$ 1,5310) durch Hydrierung an 5%ig. Pa/Kohle in A. bei 2,5 atm; 57% (Ausbeute). *Hydrochlorid*, F. 179—181°. — Analog: *3-Butoxyanilin*, ca. 100%. — *4-Butoxyanilin*, ca. 100%. — *4-Trifluormethylnitrobenzol*, $C_7H_4F_3NO_2$, F. 47—48°, aus 0,5 Mol p-Nitrobenzoesäure u. 2 Mol $SF_4$, 7std. Rk. bei 175° in der Bombe; 78,5%. — *3-Trifluormethylnitrobenzol*, F. 59—61°, $Kp._{18}$ 93—96°, $n_D^{24}$ 1,4718, analog aus m-Nitrobenzoesäure; 68,5%. — *3-Trifluormethylanilin*, $Kp._{18}$ 84 bis 86°, $n_D^{25}$ 1,4775, aus vorst. Verb. durch Hydrierung an Raney-Ni bei 2,5 atm; 95%. — *4-Trifluormethylanilin*, $Kp._{30}$ 102—102,5°, $n_D^{22}$ 1,4831, analog; 80%. — *N.N-Bis-[2-hydroxyäthyl]-2-methoxynaphthylamin-(1)*, $C_{15}H_{19}NO_3$, F. 75—76°, aus 2-Methoxynaphthylamin-(1) u. Äthylenoxid im Mol-Verhältnis 1 : 2, 5std. Erhitzen auf 90 bis 100° in der Bombe; 89%. — Analog: N.N-Bis-[2-hydroxyäthyl]-X-aniline, 5 Std., 90—100° (Verf. a), 18 Std., 125° (Verf. b), 26 Std., 180° in Bzl. (Verf. c), 24 Std., 200° (Verf. d), 15 Std., 150° (Verf. e): X = *-2-methyl*, $C_{11}H_{17}NO_2$, $Kp._1$ 166°, $n_D^{25}$ 1,5448; nach a); 91%. — *-4-methyl-*, $C_{11}H_{17}NO_2$, $Kp._{0,75-85}$ 162—166°, $n_D^{25}$ 1,5667; nach a); 76%. — *-2-methoxy-*, $C_{11}H_{17}NO_3$, $Kp._{1,3}$ 165°, $n_D^{25}$ 1,5515; nach a); 94%. — *-3-methoxy-*, $C_{11}H_{17}NO_3$, $Kp._{0,3}$ 195°, $n_D^{25}$ 1,5718; nach a); 78%. — *-4-methoxy-*, $C_{11}H_{17}NO_3$, F. 70 bis 71°; nach a); 83,5%. — *-4-äthoxy-*, $C_{12}H_{19}NO_3$, $Kp._{0,3}$ 182°, $n_D^{25}$ 1,5583; nach a); 94,5%. — *-4-butoxy-*, $C_{14}H_{23}NO_3$, $Kp._{0,3}$ 195°; nach a); 90%. — *-4-phenoxy-*, $C_{16}H_{19}NO_3$, F. 98 bis 100° (Bzl.–PAe.); nach a); 86%. — *-3-chlor-*, $C_{10}H_{14}ClNO_2$, F. 90—92°; nach a); 97%. — *-4-chlor-*, $C_{10}H_{14}ClNO_2$, F. 96—97° (Isopropanol–Pentan); nach a); 94%. — *-4-fluor-*, $C_{10}H_{14}FNO_2$, F. 54—55° (Bzl.–PAe.); nach a); 90%. — *-3-trifluormethyl-*, $C_{11}H_{14}F_3NO_2$, $Kp._{0,3}$ 163°, $n_D^{25}$ 1,5150; nach a); 67%. — *-4-trifluormethyl-*, $C_{11}H_{14}F_3NO_2$; nach a); Prod. polymerisiert sich bei der Dest.; 95%. — *2-äthoxy-*, $C_{12}H_{19}NO_3$, $Kp._{0,8}$ 168 bis 170, $n_D^{25}$ 1,5363; nach b); 93%. — *-2-butoxy-*, $C_{14}H_{23}NO_3$, $Kp._{0,3}$ 161—163°, $n_D^{25}$ 1,5273; nach b); 90,8%; nach a); 41%; daneben *Mono-[β-hydroxyäthyl]-Deriv.*, $C_{12}H_{19}NO_2$, $Kp._{0,5-0,3}$ 140—150°, F. 61—62° (Cyclohexan); 33%. — *-2-phenoxy-*, $C_{16}H_{19}$·$NO_3$, $Kp._{0,4-0,5}$ 207—216°, $n_D^{25}$ 1,5870; nach c); 67%; nach e) *Mono-[β-hydroxyäthyl]-*

*Deriv.*, $C_{14}H_{15}NO_2$, Kp.$_1$ 139—146°, F. 44—46°; 36%. — *-2-cyclohexyloxy-*, $C_{16}H_{25}NO_3$, Kp.$_{0,3}$ 194—196°, $n_D^{25}$ 1,5422; nach d); 67%. — *-2-methylmercapto-*, $C_{11}H_{17}NO_2S$, Kp.$_{0,4-0,5}$ 172—178°, $n_D^{25}$ 1,5848; nach e); 88,5%. — *-2-chlor-*, $C_{10}H_{14}ClNO_2$, Kp.$_{0,3}$ 162—168°, $n_D^{25}$ 1,5576; nach e); 90%; nach a) 18 Std. *Mono-[β-hydroxyäthyl]-Deriv.*, $C_8H_{10}ClNO$, Kp.$_{1,7}$ 143—149°; 45%. — *-2-fluor-*, $C_{10}H_{14}FNO_2$, Kp.$_{1,3-1,5}$ 172—176, $n_D^{25}$ 1,5440; nach b); 81,4%; nach a) 64% Ausgangsmaterial; daneben *Mono-[β-hydroxyäthyl]-Deriv.*, $C_8H_{10}FNO$, Kp.$_{30}$ 172°, $n_D^{25}$ 1,5500; 12%. — *-2-trifluormethyl-*, $C_{11}H_{14}F_3NO_2$, Kp.$_{1,0}$ 165 bis 172°, $n_D^{25}$ 1,4933; nach e); 45%; nach b) 22%; daneben *Mono-[β-hydroxyäthyl]-Deriv.*, $C_9H_{10}F_3NO$, Kp.$_{0,9-1,2}$ 106—107°, $n_D^{25}$ 1,5003; 24%. — *-2-allyloxy-*, $C_{13}H_{19}$·$NO_3$, Kp.$_{0,3}$ 195°, $n_D^{25}$ 1,5516; nach b); 77,5%. — *-3-butoxy-*, $C_{14}H_{23}NO_3$, Kp.$_{0,3}$ 195 bis 206°, nach a); 90%. H. Schüler. B 225 □

**Räumliche Struktur und Reaktionsfähigkeit.** 17. Mitt. **Wechselwirkung zwischen einander entfernten Atomgruppen nach den Untersuchungsergebnissen der Kinetik der Reaktion von Aminoderivaten des Diphenylamins und Azobenzols mit p-Nitrobenzoylchlorid und Pikrylchlorid.** L. M. Litwinenko und N. F. Lewtschenko. (J. allg. Chem. [UdSSR] **30** (**92**), 2704—14, Aug. 1960; Charkow, Univ.; russ.) — 16. vgl. C. **1963**, **4677**. — Es wurde die Kinetik der Rk. von *4-Aminodiphenylamin* u. *trans-4-Aminoazobenzol* u. ihren *4'-Nitro-Derivv.* mit *p-Nitrobenzoylchlorid* u. *Pikrylchlorid* in Bzl. untersucht. Die Geschw.-Konst. für 25 u. 50° sowie Aktivierungsenergie u. -entropie wurden bestimmt. Die Ergebnisse werden mit den bei den Amino- u. Aminonitro-Derivv. des Biphenyls, Stilbens, Diphenyläthers u. -sulfids erhaltenen verglichen. Im Vgl. mit dem Syst. des Biphenyls ist die Wechselwrkg. im Syst. des Diphenylamins zwischen den Bzl.-Kernen bzw. ihren Substituenten trotz gegenseitiger größerer Entfernung wesentlich stärker. Wesentlich ist dabei die p.π-Konjugation des freien Elektronenpaares der NH-Brücke mit den Bzl.-Kernen. Im Syst. des Azobenzols beeinflußt die p'-Nitrogruppe die p-Aminogruppe schwächer als im Syst. des Biphenyls, da die Substituenten weiter voneinander entfernt sind. Ungeachtet ihrer leicht beweglichen π-Elektronen ist die —N=N-Gruppe ein wesentlich schlechterer Überträger von elektron. Wechselwrkg. als die —NH-Gruppe. Helmut Schäfer. B 225

**Räumliche Struktur und Reaktionsfähigkeit.** 18. Mitt. **Über die gegenseitige Beeinflussung voneinander entfernter Atomgruppierungen nach den Ergebnissen der Untersuchung der Kinetik der Reaktionen von Aminoderivaten des Diphenyläthers, Diphenylsulfids und Diphenylselenids mit Pikrylchlorid.** L. M. Litwinenko und R. Ss. Tscheschko. (J. allg. Chem. [UdSSR] **30** (**92**), 3682—92, Nov. 1960; russ.) — 17. vgl. vorst. Referat. — Es wurde die Kinetik der Rk. von *4-Aminodiphenyläther*, *4-Aminodiphenylsulfid* u. *4-Aminodiphenylselenid* sowie deren *4'-Nitro-Derivv.* mit *Pikrylchlorid* in Bzl. untersucht. Die Geschw.-Konst. für 25 u. 50° wurden berechnet. In den Syst. wird die Wechselwrkg. zwischen den Bzl.-Kernen bzw. den Substituenten über die O-, S- u. Se-Brücken merklich besser übertragen als im Syst. des Biphenyls. Noch besser vermittelt das N-Atom im Syst. des Diphenylamins die elektron. Wechselwrkg. zwischen den Substituenten der beiden Bzl.-Kerne. Helmut Schäfer. B 225

**Räumliche Struktur und Reaktionsfähigkeit.** 19. Mitt. **Synthese von Aminoderivaten des Benzophenons und die Kinetik ihrer Acylierung.** L. M. Litwinenko und N. F. Lewtschenko. (J. allg. Chem. [UdSSR] **31** (**93**), 562—68, Febr. 1961; russ.) — 18. vgl. vorst. Referat. — Es wurden *4-Aminobenzophenon* u. *4-Amino-4'-nitrobenzophenon* synthetisiert u. die Kinetik ihrer Rk. mit p-Nitrobenzoylchlorid u. Pikrylchlorid in Bzl. untersucht. Die Geschw.-Konst. für 25, 50 u. 70° sowie $E_A$ u. lg A wurden berechnet. Die Acylierungs-Geschw. wird mit der von analogen Syst. des Biphenyls u. Diphenylmethans verglichen. Die elektron. Wechselwrkg. zwischen den beiden Bzl.-Kernen bzw. den p.p'-Substituenten wird im Syst. des Benzophenons über die CO-Gruppe schwächer übertragen als im Syst. des Diphenyls. Die Übertragung von Elektroneneffekten erfolgt hauptsächlich nach einem Induktionsmechanismus. Dieser ist in gewissem Grade mit einem Konjugationseffekt der π-Elektronen der Carbonylgruppe mit den Bzl.-Kernen gekoppelt, der durch die fast coplanare Konformation des Syst. begünstigt ist.

Versuche: *4.4'-Dinitrobenzophenon* (I), F. 189—190°, man gibt zu 4 g 4.4'-Dinitrodiphenylmethan in 100 ml sd. Eisessig 6,2 g $CrO_3$ in 100 ml Eisessig u. kocht 5 Std. lang; 90% (Ausbeute). — *4-Acetamido-4'-nitrodiphenylmethan* (II), $C_{15}H_{14}N_2O_3$, F. 165° (Eisessig, A.), aus 3,42 g 4-Amino-4'-nitrodiphenylmethan in 15 ml Eisessig u. 1,7 g Acetanhydrid (1 Std. lang stehen); gelbgrün; 98%. — *4-Amino-4'-nitrobenzophenon*, F. 180 bis 181° (A.–Bzl.), a) man gibt zu 0,5 g I in 5 ml sd. Pyridin 5 ml 1 n $Na_2S_2$ in Pyridin–W., kocht $^1/_2$ Std. lang u. gießt in W.; 50%; b) durch Erhitzen des N-Acetyl-Deriv. in 50% ig. $H_2SO_4$; 100%. *Acetyl-Deriv.*, $C_{15}H_{12}N_2O_4$, F. 205° (A.–W. 1 : 1), aus 1,6 g II in 40 ml Eisessig mit 2,4 g $CrO_3$ in 40 ml Eisessig (3 Std. lang kochen); 71%.

Helmut Schäfer. B 225

**Die Gleichgewichte und Reaktionsgeschwindigkeiten im System tertiärer Alkohol–tertiärer Alkylester–Olefin.** J. Roček. (Collect. czechoslov. chem. Commun. **25**, 1751—61, Juli 1960; Prague, Czechoslov. Acad. of Sci., Inst. of Chem., Dep. of Organ. Synth.; engl.) — Die Gleichgewichte zwischen *1-Methylcyclohexen* (**I**), *1-Methylcyclohexanol* (**II**) u. *1-Methylcyclohexylacetat* (**III**) in Essigsäure (**IV**) von veränderlichem Wasser-Geh. wurden experimentell untersucht. Die Gleichgewichts-Konst. für die Rkk. **I** + **IV** → **III** ($K_{ad}$ = 0,021), **I** + $H_2O$ → **II** ($K_{hyd}$ = 0,70) u. **II** + **IV** → **III** ($K_{est}$ = 0,029) wurden aus den Vers.-Daten direkt oder indirekt berechnet. Die Geschw.-Konst. für die Hydratisierung von **I** u. Addition von **IV** an **I** wurden durch ein rechner. Verf. bestimmt, dessen Berechtigung durch den Vgl. mit analogen kinet. Daten für *1-Methylcyclopenten* (F. 35,3°) bewiesen wurde. Eine Abschätzung der Geschw. der Hydrolyse von **III** u. der relativen Geschw. der Veränderung des 1-Methylcyclohexylcarboniumions als Zwischenprod. der Rk. von **I**, **II** u. **III** wurde durchgeführt. I. Frič/Prag. B 225

**Geschwindigkeiten der Reaktion von Chlor mit alkylsubstituiertem Diphenylen und verwandten Verbindungen.** P. B. D. de la Mare, D. Muriel Hall, Margaret M. Harris und M. Hassan. (Chem. and Ind. **1958**, 1086—87, 16/8.; London, Univ. Coll., William Ramsay and Ralph Forster Labor.; Bedford Coll., Chem. Dep.; engl.) — Die Chlorierungs-Geschw. $k_2$ [Liter·Mol$^{-1}$·min$^{-1}$] nachst. Verbb. wurden in $CH_3COOH$ bei 25° gemessen (in [] $k_2$; relative Reaktivität; Orientierung). *Bzl.* (**I**) [0,90·10$^{-4}$; 1; —]. *Toluol* (**II**) [0,032; 356; 59,8% o-, 0,48% m-, 39,7% p-]. *Diphenyl* (**III**) [0,038; 422; 53% o-, 47% p-]. *4.4'-Ditolyl* (**IV**) [0,42; 4670; hauptsächlich 2- (Nitrierung)]. *3.3'-Ditolyl* (**V**) [15,8; 1,76·10$^5$; unbekannt]. *3.3'.4.4'-Tetramethyldiphenyl* (**VI**) [116; 1,29·10$^6$; unbekannt]. *2.2'-Ditolyl* (**VII**) [0,0263; 262; unbekannt]. *2.2'-[Butylen-(2.4)]-diphenyl* (**VIII**) [0,068; 755; unbekannt]. *2.2'-[Äthylen]-diphenyl* (**IX**) [1,1; 1,22·10$^4$; hauptsächlich 2- (Nitrierung)]. *Fluoren* (**X**) [10,2; 1,13·10$^5$; hauptsächlich 2- (Nitrierung u. Chlorierung)]. Phenyl- u. Methylgruppen aktivieren annähernd gleich o- u. p-Stellung (**I**, **II**, **III**). Methylgruppen zeigen den üblichen Kumulationseffekt auf die Rk.-Fähigkeit am Diphenyl-Syst. (**IV**, **V**, **VI**), hindern jedoch in die Koplanarität hindernder Stellung die Reaktivität (**VII**). Die Verbb. **VIII**, **IX** u. **X** weisen ansteigende Reaktivität mit zunehmend planarer Lage auf. H.-J. Weigmann. B 225□

**Direkte aromatische Aminierung.** 3. Mitt. **Untersuchungen über aromatische Aminierung mit N-Benzoyloxypiperidin und Hydrazinen.** Peter Kovacic, Robert P. Bennett und J. Lindsley Foote. (J. org. Chemistry **26**, 3013—14, Aug. 1961; Cleveland, Ohio, Case Inst. of Technol., Dep. of Chem. and Chem. Engng.; engl.) — 2. vgl. C. **1962**, 460. — Aus N-Benzoyloxypiperidin (**I**, F. 61—63,5°) u. Phenol (**II**) entstehen bei 140—145° in Ggw. von $BF_3$ *N-[o-Hydroxyphenyl]-piperidin* (**III**), F. 73—74,5°, u. *Benzoesäure* (**IV**). Bei einem molaren **II** : **I**-Verhältnis von 10 : 1 (20 : 1) beträgt die Ausbeute an **III** 25% (32%), an **IV** 85% (98%). Die ausschließliche Bldg. der o-Form von **III** wird durch einen cycl. Übergangskomplex aus **I**, **II** u. $BF_3$ erklärt. Aus Toluol (**V**) u. **I** (10 : 1) entstehen bei 102—107° in Ggw. von $BF_3$ **IV** (67%) u. ein Gemisch aus niedermol. Polymeren des $\Delta^1$-Piperideins, vorwiegend *Tripiperidein*. Hydrazin, Hydraziniumsulfat u. 1.1-Dimethylhydrazin wirken im Syst. **V**–$AlCl_3$ (100—110°) ebenfalls nicht aminierend. A. Blaschette. B 225◇

**Bestimmung der optischen Drehung von β-Fructofuranose mittels kinetischer Messungen.** Bjørn Andersen und Hans Degn. (Acta chem. scand. **16**, 215—20, 1962; Copenhagen, Univ., Fys.-kem. Inst.; engl.) — Vgl. C. **1961**, 8337. — Vff. hydrolysieren Saccharose (**I**) mit Hilfe eines hochakt. β-Fructofuranosidase-Präp. bei pH 4,75 (in 1 m $CH_3COOH$ bzw. Acetatpuffer) innerhalb von 3 Min. zu 90% u. untersuchen den Rk.-Verlauf durch direkte polarimetr. Messungen (bei 546 mμ). Ferner werden unter gleichen Vers.-Bedingungen die Rotations-Konst. für α-Glucose-Enzymgemische u. *β-Fructopyranose* (**III**) ermittelt. Es zeigt sich, daß nach vollständiger Spaltung von **I** zu *α-Glucopyranose* (**II**) u. *β-Fructofuranose* (**IV**) eine Änderung der opt. Drehung vonstatten geht, die durch die weitere Umwandlung beider Verbb. bedingt ist. Unter der Voraussetzung, daß die **I**-Hydrolyse spontan abläuft u. die Weiterrkk. von **II** u. **IV** als Rkk. 1. Ordnung aufzufassen sind, läßt sich die opt. Drehung als Funktion der Vers.-Zeit (t) in Form einer Differentialgleichung ausdrücken, die, graph. aufgetragen, bei größeren t-Werten eine Gerade ergibt. Aus der Summe der Rotationswerte wird nach Subtraktion der geringen Geschw.-Konst. für **II** ($k_G$/2,303 min$^{-1}$ = 0,01087) die Geschw.-Konst. der Umwandlung von **IV** zu **III** ($k_F$/2,303 min$^{-1}$ = 0,0997) erhalten. Die Identität der aus den Umwandlungs-Rkk. von **II** u. **IV** u. den für die Hydrolyse errechneten Geschw.-Konst. zeigt, daß die Umwandlung von **IV** nur aus einer einzigen Rk. besteht, u. zwar der Bldg. eines Gleichgewichtsgemisches von 31,56% **IV** u. 68,44% **III** (25°). Die spezif. Rotation von **IV**, die nicht in kristallisierter Form darstellbar ist, beträgt $[\alpha]_{546}^{25}$ + 1,7°. P. Fahrnlaender. B 225□

**Über die Kinetik des Hochtemperaturcrackens von Isopentan.** A. M. Brodski, K. P. Lawrowski und Wei-chan Ssu. (Kinetik u. Katalyse [UdSSR] **1**, 340—44, Sept./Okt. 1960; Akad. der Wiss. der UdSSR, Inst. für erdölchem. Synth.; russ.) — Die Kinetik des Hochtem.-Crackens wurde im Temp.-Intervall von 700—840° u. bei einem Druck von 110 Torr untersucht. Die Zus. der Prodd. (in fallender Menge $CH_4$, $C_2H_4$ + $C_2H_6$, $H_2$, $C_3H_6$ u. wenig andere $C_4$-KW-Stoffe sowie $C_2H_2$ u. Koks) wurde gaschromatograph. ermittelt. Die Rk. verläuft bei hohen Temp. nach der 1. Ordnung, wobei die Autoinhibierung der Rk. mit zunehmender Zerfallstiefe bis zu einem hohen Umwandlungsgrad nicht beobachtet wird. Die Aktivierungsenergie bis 800° u. einem vorexponentiellen Faktor von $10^{14}$ $s^{-1}$ beträgt 60,5 ± 2 kcal/Mol. Hans Matern. B 225□

**Freie-Radikale-Mechanismen für inhibierte organische Zersetzungen.** B. W. Wojciechowski und K. J. Laidler. (Canad. J. Chem. **38**, 1027—34, Juli 1960; Ottawa, Univ. of Ottawa, Dep. of Chem.; engl.) — Vff. besprechen die Inhibierung (z. B. durch NO u. Propylen) der Pyrolyse von $C_2H_6$, $CH_4$, *Äthern*, *Acetaldehyd* (**I**) u. *Aceton* (**II**) u. nehmen an, daß die Rkk. nach einem Radikalmechanismus ablaufen, wobei der Inhibitor sowohl bei der Start- als auch bei der Abbruchs-Rk. beteiligt ist. Folgende vier Haupttypen an Rk.-Mechanismen bei der Inhibierung durch NO treten auf: 1. Kettenabbruch durch ein $\mu$-Radikal (das Rkk. 1. Ordnung eingeht) u. HNO (Rk.-Ordnung) 1, [Beispiel] $C_2H_6$:[Kettenträger] $C_2H_5$ u. H, [Kettenabbruch] $C_2H_5$ + HNO; 2. Kettenabbruch durch ein $\beta$-Radikal (geht Rkk. 2. Ordnung ein) u. HNO, 1,5, $C_2H_6$ (Anfangsgeschw. der Zers.): H u. $C_2H_5$, H + HNO; 3. Kettenabbruch durch $\mu$-Radikal u. NO, 1, Dimethyläther bzw. Ae.: $CH_3OCH_2$ bzw. $C_2H_5OC_2H_4$ u. $CH_3$, $CH_3OCH_2$ bzw. $C_2H_5OC_2H_4$ + NO; 4. Kettenabbruch durch $\beta$-Radikal u. NO, 2, **I** bzw. **II**, $CH_3$ u. $CH_3CO$ bzw. $CH_3 \cdot COCH_2$, $CH_3$ + NO. Für die verschiedenen Fälle werden Rk.-Mechanismen u. kinet. Gleichungen angegeben, die in Übereinstimmung mit experimentellen Literaturangaben sind. In Ggw. von Inhibitoren tritt als wichtigste Start-Rk. die H-Abspaltung, wie z. B $C_2H_6 + NO \rightarrow C_2H_5 + HNO$ oder $C_2H_6 + C_3H_5 \rightarrow C_2H_5 + C_3H_6$, auf. — 21 Literaturhinweise. B. Gnauck. B 225□

**Die Pyrolyse von Di-tert.-butylperoxid in der Gasphase.** F. Bessinger und V. Pretorius. (J. South African chem. Ind. **12**, 106—13, Okt. 1959; Pretoria, Univ., Dep. Fis. Chem.; afrikan.) — Pyrolyse von *Di-tert.-butylperoxid* (**I**; $n_D^{25}$ 1,3867) bei 160°/50 Torr liefert innerhalb 6 Min. Zers. von ca. 5% des eingesetzten **I** zu Aceton (**II**; 61,8%), Äthan (**III**; 28,9%), Methan (**IV**; 3,3%), Methyläthylketon (**V**; 3,8%) u. tert.-Butanol (**VI**; 1,9%). Vor der massenspektrometr. Analyse der Rk.-Prodd. wird unzersetztes **I** durch selektive Absorption an Na entfernt (Kurve). Die Zers.-Geschw. von **I** wird im Gebiet von 150—180° manometr. verfolgt (Kurve, Tabelle), die Temp.-Abhängigkeit der Zers. festgestellt (Kurve) u. die Gesamtaktivierungsenergie zu 35,7 kcal/Mol bestimmt. Die Zers. von **I** verläuft nach folgenden Rk.-Gleichungen: a) **I** → 2 $(CH_3)_3CO$. (**IA**), b) **IA** → **II** + $CH_3$., c) 2 $CH_3$. → **III**, d) **I** + $CH_3$. → .$CH_2(CH_3)_2COOC(CH_3)_3$ (**IB**), e) **IA** + **I** → **VI** + **IB**, f) **IB** → **V** + **IA**. Die nach a) zersetzte **I**-Menge ist gleich der zersetzten Gesamtmenge **I** minus der nach d) + e) zersetzten **I**-Menge, wobei letztere durch Messung des gebildeten **IV** bzw. **VI** bestimmt werden. Die Aktivierungsenergie für a) ergibt sich zu $E_a$ = 35,5 kcal/Mol. Für b) u. e) gilt log (d [**II**]/dT)/(d [**VI**]/dT)·[**I**] = $E_e - E_b/4{,}606\,T$ + Konstante. Da $E_e - E_b \sim 0$ u. $E_b = 17 \pm 3$ kcal/Mol (vgl. Brinton u. Volman, C. **1952**, 7632), ergibt sich $E_e \sim 14$ kcal/Mol in guter Übereinstimmung mit dem Wert von 12 kcal/Mol (vgl. Frost u. Pearson, Kinetics and Mechanism, 1. Aufl., Wiley, New York 1953, S. 310). Für c) u. d) gilt log (d [**III**]/dt)/d) [**IV**]/dT)·[**I**]$^2$= $2\,E_d - E_c/4{,}606\,T$ + Konst., wofür $2\,E_d - E_c$ = 33 kcal/Mol ermittelt wird, was bei Annahme von $E_c = 0$ $E_d$ = 16,5 kcal/Mol liefert in Übereinstimmung mit dem geschätzten Wert von 15 kcal/Mol (vgl. Trotman-Dickenson, C. **1956**, 6629).

G. Kirsten. B 225□

**Die kobaltkatalysierte Zersetzung von tert.-Butylhydroperoxid in Gegenwart einiger fünfgliedriger Heterocyclen.** J. A. Bigot. (Recueil Trav. chim. Pays-Bas **80**, 825—30, Aug. 1961; Univ. of Chicago, Inst. of Org. Chem.; engl.) — Die Rkk. zwischen *tert.-Butylhydroperoxid* (**I**) u. Verbb. mit akt. H-Atomen oder reaktiven Doppelbindungen, wie z. B. *Tetrahydrofuran* (THF), *Pyrrol* oder *Furan*, werden untersucht u. mit der Rk. zwischen **I** u. Butadien verglichen. In Ggw. des Co-Salzes von 2-Äthylhexansäure (**II**) als Katalysator reagieren die untersuchten Verbb. in der Reihenfolge *Pyrrol* > *Furan* > *Thiophen* entsprechend ihrem zunehmenden aromat. Charakter. Bei Rk. von **I** mit Thiophen kann kein Prod. isoliert werden.

Versuche: *2-tert.-Butylperoxytetrahydrofuran*, $C_8H_{16}O_3$, Kp.$_6$ 54°, durch Zufügen von **I** zu THF in Ggw. von **II** in 1 Std., 2 std. Kochen u. mehrstd. Stehen; $n_D^{20}$ 1,4350; 44% (Ausbeute). — *2.5-Bis-[tert.-butylperoxy]-2.5-dihydrofuran*, $C_{12}H_{22}O_5$, Kp.$_{0,3}$ 70°, a) durch 5 std. Kochen aus **I** u. Furan analog vorst. Meth. u. Chromatographie an $Al_2O_3$

mit Bzl.–PAe. 1 : 1; $n_D^{20}$ 1,4580; 55% (berechnet auf verbrauchtes I); b) analog a) mit CuCl als Katalysator; bei Redest. heftige Explosion bei ca. 30°. Mit Phenylhydrazin u. Essigsäure in A. unter Gas- u. Wärme-Entw. *Maleindialdehyd-bis-phenylhydrazon*, $C_{16}H_{16}N_4$; 88%. — *2.5-Bis-[tert.-butylperoxy]-2.5-dihydropyrrol* (?), analog vorst. Meth. aus 38 g I u. 14 g Pyrrol in Bzl. unter teilweiser Zers. des Rückstands bei 14 Torr u. einer Bad-Temp. von 60° oder bei Raum-Temp.; 7 g dunkelbraunes Prod. (F. > 300°); daneben als Zers.-Prod. *gelbe Fl.*; $n_D^{22}$ 1,4330; 2,1 g; u. *Maleinimid*, F. 84°; 0,1 g.

G. Kirsten. B 225□

**Abschätzung der Konzentration atomaren Wasserstoffs und der Kettenlänge bei der thermischen Zersetzung von Acetaldehyd.** W. D. Moissejew und M. B. Neiman. (J. physik. Chem. [UdSSR] **34**, 1960—66, Sept. 1960; Moskau, Akad. der Wiss. der UdSSR, Inst. für phys. Chem.; russ., Auszug: engl.) — Vff. entwickelten eine Meth., durch Zugabe von markiertem Äthylen eine Best. der Konz. an atomaren H bei der therm. Zers. von *Acetaldehyd* bei 470° u. 300 Torr zu bestimmen (App.-Skizze). Unter diesen Bedingungen ändert sich die H-Konz. von $2 \cdot 10^8$ (Atome/cm³) auf $2 \cdot 10^6$ bei 50%ig. Zers. (1 Tabelle). Über die Berechnung der Geschw.-Konst. wurde die Kettenlänge zu 500 bis 700 bestimmt.

Klaus Schulze. B 225◇

**Untersuchungen über Pyrolyse.** 13. Mitt. **Alkyl–Sauerstoff- und Acyl–Sauerstoff-Spaltung als Konkurrenzreaktion bei der Pyrolyse von Estern; α.α-disubstituierte Carbonsäurecyanmethylester.** R. N. Bennett, A. A. Deans, J. G. H. Harris, P. D. Ritchie und J. S. Shim. (J. chem. Soc. [London] **1958,** 4508—15, Dez.; Glasgow, Roy. Coll. of Sci. and Technol., Chem. Technol. Dep.; engl.) — 12. vgl. C. **1959, 14363.** — Bei der Pyrolyse (1,46—0,50 Sek.) von α-substituierten *Benzoesäure-* bzw. *Essigsäure-[α-cyan(cyclo)alkyl]-estern* mit β-ständigen H-Atomen in der Alkoholkomponente findet zu 90% Spaltung der Alkyl-O-Bindungen unter Bldg. von Carbonsäuren (C) u. *α,β-ungesätt.* Nitrilen, daneben Spaltung der Acyl-O-Bindungen unter Bldg. von Acylcyaniden (AC) u. Ketonen statt. Bei hohen Temp. (ca. 500°) zerfallen außerdem die C unter Bldg. von KW-Stoffen u. $CO_2$, die AC unter Bldg. von CO u. Nitrilen. Der Rk.-Mechanismus wird diskutiert.

Versuche: Benzoesäureester: *1-Cyan-1-methyläthylester* (I), Kp.$_{70}$ 184—185°, F. 36°, nach Davis [1910]; 42% (Ausbeute). — *1-Cyan-1-methylpropylester* (II), $C_{12}H_{13} \cdot NO_2$, Kp.$_{18}$ 175°, a) analog I aus Äthylmethylketon (III), Benzoylchlorid u. wss. KCN; 40%; b) durch 1std. Erhitzen äquimol. Mengen III-Cyanhydrin, Benzoylchlorid u. Pyridin auf 100°; 35%. — *1-Cyancyclopentylester* (IV), $C_{13}H_{13}NO_2$, F. 51—52°, nach Aloy u. Rabaut [1918]; aus A. Prismen; 65%. — *1-Cyancyclohexylester* (V), $C_{14}H_{15}NO_2$, F. 73—74°, analog IV; aus A. Prismen; 70%. — *1-Cyancycloheptylester* (VI), $C_{15}H_{17}NO_2$, F. 72,5°, analog IV; Prismen aus Methanol; 20%. — *α-Methylacrylonitril*, $C_4H_5N$, Kp. 91 bis 91,5°, durch Pyrolyse von 90,7 g I bei 400°, Kühlen der Fraktion vom Kp. 70—95° (44 g), Dekantieren u. Dest.; daneben *Bzl.*, *Benzoesäure* (VII; 30 g), *Benzonitril* [VIII; 2 g (roh)] u. eine Spur *Aceton.* — *Gemisch aus α-Äthylacrylonitril* u. *Angelica-* u. *Tiglinsäurenitril*, Kp. 114—122°, a) analog vorst. Verb. aus II bei 510°; daneben VII u. Spuren von III u. VIII; b) analog aus nachst. Verb. bei 425—525°; 12,5—2,1%; daneben *HCN*, *Keten* u. 41,2—39,0% *Essigsäure.* — *Essigsäure-[1-cyanpropyl]-ester*, Kp.$_{13}$ 92—94°, durch Erwärmen von III-Cyanhydrin u. Acetanhydrid mit wenig konz. $H_2SO_4$; 68%. — *1-Cyancyclopenten*, Kp. 165—166°, durch Pyrolyse von IV bei 495°; 78%; daneben 5% *Cyclopentanon*, 3% *Bzl*, 84% VII u. 6% VIII; liefert durch alkal. Hydrolyse 86% *Cyclopenten-1-carbonsäure.* — *1-Cyancyclohexen*, Kp. 195—198°, analog aus V bei 495°; 77%; daneben 0,8% *Bzl.*, 6% *Cyclohexanon*, 82% VII u. 6% VIII; liefert durch alkal. Hydrolyse *Cyclohexen-1-carbonsäure.* — *1-Cyancyclohepten*, $C_8H_{11}N$, Kp. 213—214°, analog aus VI bei 495°; 58%; daneben 29% *Cycloheptanon*, 93% *Bzl.*, *HCN*, 56% VII u. 28% VIII; liefert durch alkal. Hydrolyse *Cyclohepten-1-carbonsäure.*

L. Lamza. B 225△

**Untersuchungen über Pyrolyse.** 14. Mitt. **Pyrolyse von 2.2-Dimethyltrimethylendibenzoat.** A. Golomb und P. D. Ritchie. (J. chem. Soc. [London] **1958,** 4515—18, Dez.; engl.) — 13. vgl. vorst. Referat. — *2.2-Dimethyltrimethylenglykoldibenzoat* (I) liefert durch Pyrolyse prim. β-Benzoyloxy-α.α-dimethylpropion- (II) u. Benzaldehyd (III). II wird dann unter Bldg. von Isobutylbenzoat decarbonyliert, das hauptsächlich unter Spaltung der Alkyl-O-Bindung in Benzoesäure u. Isobuten sowie in geringem Umfang unter Spaltung der Acyl-O-Bindung in III u. Isobutyraldehyd (IV) zerfällt. Der Rk.-Mechanismus wird diskutiert.

Versuche: *2.2-Dimethyltrimethylenglykoldibenzoat* (I), Kp.$_9$ 225°, Kp.$_{40}$ 271°, F. 51 bis 53°, durch Rk. von 2.2-Dimethylpropandiol-(1.3) mit Benzoylchlorid in Pyridin; 77% (Ausbeute). — *Isobuten*, durch Pyrolyse von I bei 500° u. 140 Sek. Kontaktzeit;

daneben *Bzl.*, *W.*, **III**, **IV**, *Benzoesäure*, *Isobutanol*, *CO*, $CO_2$ u. ca. 50% unverändertes I. — *Isobutyraldehyd* (**IV**), durch analoge Pyrolyse von Benzoesäureisobutylester; daneben **III**. L. Lamza. B 225△

**Die Pyrolyse von Bariumcyclohexan-1.4-dicarboxylat.** C. F. H. Allen, G. A. Reynolds, S. K. Webster und J. L. R. Williams. (J. org. Chemistry **27**, 1447—48, 12/4. 1962; Rochester, N.Y., Eastman Kodak Co., Kodak Res. Labor.; engl.) — Durch trockene Dest. von *Ba-Cyclohexan-1.4-dicarboxylat* im Cu-Gefäß nach Zelinsky [1901] oder im Glasgefäß mit Stahlrührer oder durch Erhitzen von *Cyclohexan-1.4-dicarbonsäure* entsteht ein Gemisch aus Benzaldehyd, o-Tolualdehyd u. 3 nicht bekannten Carbonyl-Verbb., viel $H_2$, Methan, wenig $CO_2$, sehr wenig Äthan, Äthylen, Propylen, Buten, Butadien, 1.4-Dimethylcyclohexadien (?) u. ein Gemisch aus KW-Stoffen u. einem Ester. Die Carbonyl-Verbb. wurden durch Papierchromatographie ihrer 2.4-Dinitrophenylhydrazone, die Gase massenspektrometr. u. der nicht getrennte ölige Rückstand IR-spektrometr. identifiziert. Der Rk.-Mechanismus wird kurz diskutiert. Die Decarboxylierung von 7-Oxobicyclo-[2.2.1]-heptan-1-carbonsäure gelang nicht.

Versuche: *7-Oxobicyclo-[2.2.1]-heptan-1-carbonsäure*, sublimiert bei ca. 350°. *2.4-Dinitrophenylhydrazon*, $C_{14}H_{14}N_4O_6$, F. 210°. *Semicarbazon*, $C_9H_{13}N_3O_3$, F. 201°. *Chlorid* (**I**), Kp.$_4$ 95—98°; $n_D^{25}$ 1,4998; 48% (Ausbeute). *Methylester*, $C_9H_{12}O_3$, F. 41° (PAe.), Kp.$_{1,5}$ 85—86°, durch Rühren von 9,4 g **I** mit 1,6 g Methanol in Methylenchlorid; 4 g (*2.4-Dinitrophenylhydrazon*, $C_{15}H_{16}N_4O_6$, F. 148—149°. *Semicarbazon*, $C_{10}H_{15}N_3O_3$, F. 209—210°); daneben 2 g einer *Verb. vom Kp.*$_{1,5}$ *91—92°* u. 2 g Rückstand. G. Ziebarth. B 225△

**Vakuumultraviolettphotochemie.** 4. Mitt. **Photolyse von Propan.** H. Okabe und J. R. McNesby. (J. chem. Physics **37**, 1340—46, 15/9. 1962; engl.) — 3. vgl. C. **1963**, 6506. — Die Photolyse von $C_3H_8$, $C_3D_8$, $CH_3CH_2CD_3$ u. $CH_3CD_2CH_3$ wurde bei Raum-Temp. untersucht. Die Isotopenanalyse zeigte, daß $H_2$ u. $CH_4$ fast vollständig durch Mol.-Eliminierung gebildet werden. $C_2H_4$ wird in fast gleichen Anteilen durch Mol.-Eliminierungsprozesse u. Disproportionierung von Äthylradikalen (R) gebildet, $C_2H_6$ durch Disproportionierung der R u. durch Assoziation von Methylradikalen. Die Prozesse $C_3H_8 \rightarrow CH_3CCH_3 + H_2$, $C_3H_8 \rightarrow CHCH_2CH_3 + H_2$, $C_3H_8 \rightarrow CH_2CHCH_3 + H_2$, $C_3H_8 \rightarrow CH_3CH + CH_4$, $C_3H_8 \rightarrow CH_2CH_2 + CH_4$, $C_3H_8 \rightarrow H + C_3H_7$ u. $C_3H_8 \rightarrow CH_3 + C_2H_5$ erklären befriedigend die Bldg. der beobachteten Photolyse-Prodd. [$H_2$, $CH_4$, $C_2H_6$, $C_2H_4$, $C_3H_6$, iso-, n-$C_4H_8$, Buten-(1), Isopentan]. W. Schramm. B 226◇

**Quecksilber-photosensitivierte Zersetzung von Äthylen.** J. R. Majer, B. Mile und J. C. Robb. (Trans. Faraday Soc. **57**, 1342—55, Aug. 1961; Birmingham, Univ., Dep. of Chem.; engl.) — Vgl. Trans. Faraday Soc. **57**, [1961], 1336. — Bei ½std. Bestrahlung von $C_2H_4$ bei 40 Torr in Ggw. von Hg-Dämpfen mit einer 2537 Å Hg-Resonanzlampe besteht das Gemisch der Rk.-Prodd. aus 11% $C_2H_6$, 44% $C_2H_2$, 2,0% Propan (**I**)/Propen, 1,1% Buten, 35% n-Butan (**II**), 0,4% Butadien-(1.3) (**III**), 0,04% n-Pentan (**IV**), 1,4% Isopentan (**V**), 0,5% 3-Methylbuten-(1) (**VI**), 0,3% „Pentadien" (?), 1,3% Hexanen (**A**), 2,2% Hexen-(1) (**VII**) u. 0,2% $C_8$-KW-Stoffen. Vff. leiten Gleichungen für die stat. Konz. der aus $C_2H_4$ durch H-Addition gebildeten Äthylradikale ab u. diskutieren den Rk.-Mechanismus u. Einfl. des $C_2H_4$-Druckes auf Bldg. u. Ausbeute von **II** sowie von **I**, **V**, **VI**, **A** u. **VII** (Kurven). Die Bldg.-Geschw. von **II** in Abhängigkeit von der Belichtungsdauer wird erst nach einer Induktionsperiode von 10 Min. konst.; analoges gilt für die anderen Prodd. mit Ausnahme von **VII**. Im Druckgebiet von 0—20 Torr steigt die **II**-Ausbeute bei konst. Belichtungsdauer mit zunehmendem $C_2H_4$-Druck, wird danach druckunabhängig u. sinkt bei $>$50 Torr ab. Für **I** ist das Bldg.-Maximum im Vgl. zu **II** zu niedrigeren, für **VII** zu höheren Drucken hin verschoben. Unterss. in Ggw. von $SF_6$ bei verschiedenen Drucken zeigen, daß $SF_6$ nicht wesentlich mit $C_2H_4$ oder $H_2$ bei der Deaktivierung angeregter Hg-Atome konkurriert u. somit ohne Einfl. auf die **II**-Ausbeute ist (Kurven). Die Abhängigkeit der **II**-Bldg. von der Lichtintensität scheint auf einen ausschließlichen Einradikalmechanismus bei der **II**-Bldg. hinzuweisen. Bei zunehmendem $H_2$-Druck erreicht die **II**-Bldg. einen Sättigungswert (Kurve). Bei Zusatz von $D_2$ zum Rk.-Syst. entstehen Monodeuteroäthylradikale, die mit den aus $C_2H_4$ entstehenden Äthylradikalen zur Bldg. von **II**, D-Butan u. $D_{2(1.4)}$-Butan führen, wofür die entsprechenden Bldg.-Gleichungen abgeleitet sind. Mögliche Bldg.-Mechanismen für Buten-(1), **I**, **III** u. **VII** werden diskutiert. Maximale Ausbeuten an **VII** werden bei 80 Torr, an $C_3$-KW-Stoffen bei 20 Torr $C_2H_4$-Druck erhalten. Zusatz von $SF_6$ zum Syst. verringert die **I**- bzw. **VII**-Ausbeuten. Analoges gilt bei steigendem $H_2$-Druck. Neben der Zers. von $C_2H_4$ zu $C_2H_2$ u. $H_2$ findet zusätzlicher Abbau zu Vinylradikalen u. atomarem H statt. $SF_6$ zeigt ca. $^1/_3$ der Aktivität von $C_2H_4$ bei der Desaktivierung angeregter $C_2H_4$-Moleküle. Bei niedrigen Drucken werden „heiße" Radikaleffekte beobachtet. Für die Bldg. der Rk.-Prodd. werden höhere, aus Äthylradikalen u. $C_2H_4$ entstandene Radikale verantwortlich gemacht, wogegen **II** fast ausschließlich durch Äthylradikalzusammenschluß entsteht. G. Kirsten. B 226◇

**Photochemische Bildung organischer Verbindungen aus Mischungen einfacher Gase.** W. Groth und H. v. Weyssenhoff. (Ann. Physik [7] **4**, 69—77, 1959; Bonn, Univ., Inst. für Phys. Chem.; dt.) — Aus Gasmischungen von $CH_4$ bzw. $C_2H_6$ mit $NH_3$ u. $H_2O$-Dampf können sich auf photochem. Wege einfache organ. Verbb. bilden. Hg-sensibilisierte Rkk. in $C_2H_6$–$NH_3$–$H_2O$ lieferten einfache Amino- u. Fettsäuren (*Glycin, α-Alanin, α-Aminobuttersäure; Ameisen-, Essig-, Propionsäure*), die quant. analysiert wurden. Bei der direkten Photolyse von $CH_4$–$NH_3$–$H_2O$ mit den Resonanzwellenlängen des Xe wurde *Glycin* erhalten, das sich durch Papierchromatographie nachweisen ließ. A. Blaschette. B 226◇

**Die Blitzphotolyse von Diacetylen.** J. H. Callomon und D. A. Ramsay. (Canad. J. Physics **35**, 129—33, Febr. 1957; Ottawa, Nat. Res. Council, Div. of Pure Phys.; engl.) — Vff. geben eine kurze Beschreibung einer Mikrosekundenblitz-Apparatur. Die Absorptionsspektren der unbeständigen Übergangs-Verbb. werden mit einer zweiten Blitzröhre aufgenommen. Es werden die Ergebnisse der Blitzphotolyse des *Diacetylens* [**I**, aus Butin-(2)-diol-(1.4)] untersucht. Von **I** bei 0,5 Torr wurden 20 μs nach Beginn der Photolyse in Absorption die $C_2$-Swan-Banden, die $C_2$-Phillips-Banden, die $C_2$-Deslandres-d'Azambuja-Banden, die 4050-Å-Banden von $C_3$ u. die CH-Banden bei 3143 Å aufgenommen. Die Rotations-Temp. dieser Banden betrug ca. 3000—5000°K. Die $C_2$-Swan-Banden wurden auch nach einem einzigen Blitz im Emissionsspektrum festgestellt. Beim Zufügen von He im Überschuß 100 : 1 zu **I** verschwanden alle Banden-Syst. mit Ausnahme der $C_3$-Banden. Vff. nehmen an, daß in Abwesenheit von He hauptsächlich eine Wärme-Rk. stattfindet, u. daß die hohe Temp. durch eine Wärmeexplosion, ausgelöst durch den Photolyseblitz, von **I** bedingt ist. Durch die Zugabe von He wird die Wärme-Rk. unterdrückt u. die photochem. Rk. wird vorherrschend. Unter diesen Bedingungen wird nur $C_3$, nicht aber $C_2$ gebildet. Daher ist nur $C_3$ ein Prod. der photochem. Rk. von **I**. Der mögliche Mechanismus der Zers. wird diskutiert. K. Huste. B 226□

**Die photolytische Zersetzung von Ketonen bei hohen Temperaturen.** 1. Mitt. **Aceton.** J. A. van den Berg und V. Pretorius. (J. South African chem. Inst. **12**, 87—93, Okt. 1959; Pretoria, Univ., Dep. Fis. Chem.; afrikan.) — Die Photolyse von *Aceton* (**I**) wird bei 240—310°, verschiedenen Anfangsdrucken $p_0$ u. wechselnder Bestrahlungsdauer t mit einer Hochdruck–Hg-Lampe (Zeiß VZ Dr Hg 200) massenspektrometr. untersucht. Bei $p_0$ = 100 Torr u. t = 300 Sek. werden folgende Bldg.-Geschw. R [Moll. · $cm^{-3} \cdot s^{-1} \cdot 10^{-13}$] bei **I**-Konzz. von 1,85—1,66 Moll. · $cm^{-3} \cdot 10^{-18}$ u. Temp. von 522—580°K für folgende Rk.-Prodd. gefunden (Tabelle): *CO* 7,8—8,8; $CH_4$ 3,7—7,3; $C_2H_6$ (**II**) 4,5—3,00; $C_2H_5COCH_3$ (**III**) 2,23—3,00; $(CH_2COCH_3)_2$ (**IV**) 0,74—2,16 u. $C_2H_4$ (**V**) 0,13—0,31. Bei 274° u. t = 240 Sek. beträgt R in Abhängigkeit von $p_0$ (**I**-Konzz. 0,353—3,53) für *CO* 1,46—15,5, $CH_4$ 0,48—11,5, **II** 0,86—5,15, **III** 0,33—4,7, **IV** 0,08 bis 3,4 u. **V** < 0,07—0,35. Mit zunehmendem t (22—323 Sek.) bleibt R für *CO* nahezu konst., durchläuft für $CH_4$ u. **II** Maxima, sinkt für **III** von 4,45—2,3, beträgt für **IV** 0,80—1,39 u. für **V** nach 144 Sek. 0,09, nach 323 Sek. 0,17. *CO*, $CH_4$, **II** u. **III** werden mit ca. 10% Genauigkeit bestimmt, **IV** nach der Beziehung $R_{IV} = \frac{1}{2} (R_{CH_4} - R_{III})$ berechnet. Propan wurde nicht nachgewiesen. Da die Verhältnisse $R^2_{III}/R_{II}R_V$ u. $R_V/R_{IV}$ im Bereich 522 bis 580°K konst. bleiben, erfolgt die **V**-Bldg. höchstwahrscheinlich durch Disproportionierung von Acetonylradikalen nach der Gleichung 2 $CH_3CO\dot{C}H_2$ (**I A**) → 2 $\dot{C}H_3$ + 2 CO + **V**. Die Aktivierungsenergie für die Bldg. von $CH_4$ errechnet sich zu 9,6 kcal/Mol in Übereinstimmung mit früheren Werten. Aus vorst. Rk.-Gleichung u. den Rkk. **I** + Licht → 2 $\dot{C}H_3$ + CO, 2 $\dot{C}H_3$ → **II**, $\dot{C}H_3$ + **I** → $CH_4$ + **I A**, $\dot{C}H_3$ + **I A** → **III** u. 2 **I A** → **IV** ergibt sich die Beziehung $R_{CO} = R_{II} + \frac{1}{2} R_{CH_4} + \frac{1}{2} R_{III}$, die experimentell bestätigt werden konnte. App. (Abb.) u. Meßmeth. werden beschrieben. G. Kirsten. B 226□

**Die photolytische Zersetzung von Ketonen bei hohen Temperaturen.** 2. Mitt. **Methyläthylketon.** J. A. van den Berg und V. Pretorius. (J. South African chem. Inst. **12**, 94—99, Okt. 1959; afrikan.) — 1. vgl. vorst. Referat. — Die photolyt. Zers. von *Methyläthylketon* (**I**) verläuft bei Temp. von 200—300° nach folgenden Einzel-Rkk.: a) **I** + Licht → $\dot{C}H_3$ + $\dot{C}_2H_5$ + CO (**II**), b) $\dot{C}H_3$ + **I** → $CH_4$ (**III**) + $CH_3CO\dot{C}_2H_4$ (**I A**), c) $\dot{C}_2H_5$ + **I** → $C_2H_6$ (**IV**) + **IA**, d) 2 $\dot{C}H_3$ → **IV**, e) 2 $\dot{C}_2H_5$ → **IV** + $C_2H_4$ (**V**), f) 2 $\dot{C}_2H_5$ → $C_4H_{10}$ (**VI**), g) $\dot{C}H_3$ + $\dot{C}_2H_5$ → **III** + **V**, h) $\dot{C}H_3$ + $\dot{C}_2H_5$ → $C_3H_8$ (**VIII**), i) **IA** + $\dot{C}H_3$ → $CH_3COC_3H_7$ (**VIII**), j) 2 **IA** → $(CH_3COC_2H_4)_2$ (**IX**). Bei $p_0$ = 100 Torr u. Bestrahlungsdauer t = 300 Sek. werden folgende Bldg.-Geschw. R [Moll. · $cm^{-3} \cdot s^{-1} \cdot 10^{-18}$] bei **I**-Konzz. von 1,69—1,96 Moll. · $cm^{-3} \cdot 10^{-18}$ u. 298—221° für folgende Rk.-Prodd. gemessen (Tabelle): **II** 7,9—8,0; **III** 3,80—2,47; **IV** 1,80—1,60; **V** 0,31—0,20; **VII** 0,71—1,65;

**VI** 0,48—1,18; **VIII** 0,50—0,58; **IX** 2,24—1,30. Bei 281° u. t = 300 Sek. beträgt R in Abhängigkeit von $p_0$ (I-Konzz. 0,48—1,78) für **II** 2,8—8,5; **III** 0,96—3,40; **IV** 0,63—1,90; **V** 0,10—0,29; **VII** 0,66—1,52; **VI** 0,38—1,10; **VIII** 0,21—0,58 u. **IX** 0,47—1,91. Bei t = 300 bzw. 600 Sek. wird für I-Konzz. von 1,62 bzw. 1,54 R bestimmt für **II** zu 7,6 u. 7,7, **III** 3,5 u. 2,8, **IV** 2,05 u. 1,64, **V** 0,35 u. 0,33, **VII** 1,46 u. 1,32, **VI** 0,99 u. 0,75, **VIII** 0,64 u. 0,53, **IX** 1,96 u. 1,37. Vff. leiten Beziehungen für die Geschw.-Konst. $k_a$—$k_j$ der Rkk. a) bis j) ab u. tragen die Ergebnisse tabellar. u. graph. auf. Die Verhältnisse $k_b\,k_f^{1/2}/k_h$, $k_c/k_f^{1/2}$ u. $k_b\,k_j^{1/2}/k_i$ sind bei einer bestimmten Temp. konst., ihre Logarithmen ändern sich linear mit der reziproken abs. Temp. (Arrhenius-Kurven); $k_g/k_h$ bleibt über das untersuchte Temp.-Gebiet konstant. Die Aktivierungsenergien der H-Abspaltungs-Rkk. b) bzw. c) ergeben sich aus dem Steigungsmaß der Arrhenius-Kurven zu 6,8—7,1 bzw. 8,7 kcal/Mol. Der mittlere Wert von $k_g/k_h$ = 0,1 ist in Übereinstimmung mit früheren Befunden. G. Kirsten. B 226□

**Die photolytische Zersetzung von Ketonen bei hohen Temperaturen.** 3. Mitt. **Diäthylketon.** J. A. van den Berg und V. Pretorius. (J. South African chem. Inst. **12,** 100—05, Okt. 1959; afrikan.) — 2. vgl. vorst. Referat. — Die photolyt. Zers. von *Diäthylketon* (I) verläuft bei Temp. von 220—300° nach folgenden Rkk.: a) **I** + Licht → 2 $\dot{C}_2H_5$ + CO, b) 2 $\dot{C}_2H_5$ → $C_4H_{10}$ (**II**), c) 2 $\dot{C}_2H_5$ → $C_2H_4$ (**IV**) + $C_2H_6$ (**III**), d) **I** + $\dot{C}_2H_5$ → **III** + $\dot{C}_2H_4COC_2H_5$ (**IA**), e) $\dot{C}_2H_5$ + **IA** → $C_4H_9COC_2H_5$ (**V**), f) 2 **IA** → $(C_2H_4COC_2H_5)_2$ (**VI**), wobei f) nur indirekt bewiesen wird. Bei $p_0$ = 30 Torr u. t = 360 Sek. werden folgende Bldg.-Geschw. R [Moll.·$cm^{-3}$·$s^{-1}$·$10^{-14}$] bei I-Konzz. von 0,43 bis 0,52 Moll.·$cm^{-3}$·$10^{-18}$ u. 570—493°K für folgende Rk.-Prodd. gemessen (Tabelle): CO 3,6—3,3; **II** 1,69—2,49; **III** 2,01—0,93; **IV** 0,23—0,27; **V** 0,20—0,13; **VI** 0,79—0,28. Bei 265° u. t = 300 Sek. beträgt R in Abhängigkeit von $p_0$ (I-Konzz. 0,227—0,482) für CO 2,40—3,25, **II** 1,54—2,13, **III** 0,94—1,50, **IV** 0,31—0,23, **V** 0,11—0,22 u. **VI** 0,27—0,53. Bei 264,5 bzw. 278° (im Original fälschlicherweise °K), t = 180—600 Sek. u. I-Konzz. von 0,511—0,444 beträgt R für CO 3,0, **II** 1,90, **III** 1,24—1,35, **IV** 0,11—0,28, **V** 0,10 bis 0,19 u. **VI** 0,43—0,50. **VI** wurde nach der Beziehung $R_{VI} = \frac{1}{2}(R_{III}-R_{IV}-R_V)$ berechnet. Vff. leiten Beziehungen für die Geschw.-Konst. $k_a$—$k_f$ der Rkk. a)—f) ab (Tabellen) u. bestimmen aus den Verhältnissen von log $k_d/k_c^{1/2}$ bzw. log $k_d/k_b^{1/2}$ u. der reziproken abs. Temp. (streng linearer Verlauf) die Aktivierungsenergie für d) zu 8,0 ± 0,2 kcal/Mol. in Übereinstimmung mit früheren Befunden, jedoch abweichend von dem Wert 4,1 von Dorfman u. Sheldon (J. chem. Physics **17,** [1949], 511).
G. Kirsten. B 226□

**Photolyse von Diäthylketon in Perfluordimethylcyclobutan.** R. D. Doepker und Gilbert J. Mains. (J. physic. Chem. **66,** 690—93, April 1962; Pittsburgh, Pa., Carnegie Inst. of Technol., Dep. of Chem.; engl.) — Photolyse von *Diäthylketon* (I, Kp. 100,2 bis 100,4°) in Perfluordimethylcyclobutan-Lsg. im Bereich von 2537 Å bei 26° liefert Quantenausbeuten für Bldg. von $C_2H_4$, CO u. n-$C_4H_{10}$ in der Größenordnung von $10^{-2}$. Gegenüber Photolyse in Gasphase unter gleichen Rk.-Bedingungen stellen die Werte eine Ausbeuteverminderung dar; sie wird erklart durch gesteigerte Rekombination der prim. gebildeten $C_2H_5$- u. $C_2H_5CO$-Radikale. In Lsg. zeigt sich dagegen eine starke Vergrößerung des $C_2H_4$/n-$C_4H_{10}$-Bldg.-Verhältnisses; dabei ist die Abnahme der n-$C_4H_{10}$-Bldg. auf Lsg.-Stabilisation der $C_2H_5CO$-Radikale zurückzuführen, die nicht wie in Gasphase bevorzugt in CO u. $C_2H_5$-Radikale, die unter Kombination zu n-$C_4H_{10}$ zusammentreten, zerfallen, sondern mit $C_2H_5$-Radikalen unter Disproportionierung $C_2H_4$ bzw. $C_2H_6$ bilden. Bei Unterss. von 1 : 1-Mischungen von I mit volldeuteriertem I kann hierbei Disproportionierung im Lsgm.-Käfig durch Vgl. der Häufigkeit des Auftretens von $C_2H_5D$ bzw. $C_2D_5H$ ausgeschlossen werden. Analoge Disproportionierungs-Rkk. im gleichen Lsgm. werden auch bei Photolyse von *Azoäthan* festgestellt.
H.-D. Freyer. B 226□

**Entstehung von Aerosolen bei der Radiolyse von gasförmigen Kohlenwasserstoffen.** W. Ss. Bogdanow. (Ber. Akad. Wiss. UdSSR **136,** 121—24, 1/1. 1961; Moskau, Akad. der Wiss. der UdSSR, Inst. für organ. Chem.; russ.) — Vf. bestrahlte *$CH_4$*, *Äthan*, *Propan*, *n-Butan*, *$C_2H_4$*, *Propylen*, *$CH_4$* + $O_2$, $C_2H_4$ + $O_2$ u. *$C_2H_4$* mit Elektronen (10 µA u. 100 µA) bei 20° u. 1 atm. Hierbei wurde die Bldg. von Aerosolen beobachtet, die aus fl. oder festen Prodd. bestehen. Die Aerosolmenge ist der Bestrahlungsdauer nicht proportional, sondern durchläuft ein Maximum. Klaus Schulze. B 226◇

**Elektrochemische Untersuchung von Katalysatoren und Mechanismus der katalytischen Hydrierung.** 3. Mitt. **Hydrierung von Croton- und Butyraldehyd in der Absorptionsschicht Wasserstoff/Palladium.** G. P. Chomtschenko und G. D. Wowtschenko. (Nachr. Moskauer Univ., Ser. Math., Mechan., Astronom., Physik, Chem.

[UdSSR] **12,** Nr 3, 159—64, 1957; russ.) — 2. vgl. C. **1956,** 13353; 4. vgl. C. **1962,** 792. — Ein Pd-Katalysator ist im Gegensatz zu Pt insofern spezif., als *Butyraldehyd* (**I**) in der $H_2$-Adsorptionsschicht nicht hydriert wird, *Crotonaldehyd* (**II**) aber ebenso wie an Pt hydriert wird. An Pd sind 76% des $H_2$ akt., 6% schwach akt., 18% inakt., woraus sich seine heterodynam. katalyt. Natur ergibt. Die Adsorbierbarkeit u. die Orientierung der Moll. von **I, II** u. *n-Butanol* (**III**) an der Oberfläche eines Pd-Elektrodenkatalysators wird bestimmt. Die Änderung des Potentials mit der Zeit zeigt, daß diese Verbb. ein Dipolmoment haben u. daß bei der Orientierung am Pd adsorbiertes **II** das Potential nach der anod. Seite verschiebt, **I** u. **III** zuerst nach der kathod., dann nach der anod. Seite. Die möglichen Elektronen-Rkk. mit Pd werden erörtert.

R. K. Müller. B 227□

**Reduktion organischer Verbindungen mit Urushibara-Katalysatoren unter hohem Druck.** 7. Mitt. **Besonderheiten verschiedener Urushibara-Katalysatoren, gezeigt bei der Reduktion von Benzophenon.** Shin-ichi Taira. (Bull. chem. Soc. Japan **34,** 261—70, Febr. 1961; Tokyo, Tokyo Metropolitan Univ., Dep. of Chem.; engl.) — 6. vgl. C. **1962,** 6011. — Es wird die Red. von *Benzophenon* (**I**) mit verschiedenen Urushibara-Katalysatoren, z. B. U–Ni–A, U–Ni–B, U–Ni–BA usw., bei hohem Druck unter variierten Bedingungen untersucht. Reinheit von **I**, Konz. u. pH der Lsg., Rk.-Temp. u. Katalysatormenge beeinflussen die Umsetzung. Die Darst. wirksamer Katalysatoren aus Metallchloriden durch Fällung mit Zn-Staub in wss. Lsg. bei niedriger Temp. wird beschrieben. Zn-, ZnO- u. Alkalireste dienen als Träger. Durch einmalige Vakuum-Dest. gereinigtes **I** ist leichter mit einem U–Ni–B-Katalysator zu reduzieren, der aus Ni-Acetat gewonnen war als durch einen aus $NiCl_2$. Die Wirksamkeit verschiedener Urushibara-Ni- u. Co-Katalysatoren wird untersucht; Cu-Katalysatoren sind nicht so wirkungsvoll wie Ni-Katalysatoren, sondern etwa vergleichbar dem Raney-Cu.

Versuche: *Benzhydrol,* F. 68—69°, aus **I** durch Red. mit $H_2$ u. einem Katalysator, der 1 g Ni, Co oder Cu enthält, in A. im Autoklaven bei pH 9—11 u. Rühren bei ca. 60°; 90—95% Ausbeute. L. Johannsen. B 227□

**Reduktion organischer Verbindungen mit Urushibara-Katalysatoren unter hohem Druck.** 8. Mitt. **Reduktion von Acetophenon, speziell mit nach verschiedenen modifizierten Methoden dargestelltem Urushibara-Nickel-Katalysator.** Shin-ichi Taira. (Bull. chem. Soc. Japan **34,** 1072—76, Aug. 1961; engl.) — 7. vgl. vorst. Referat. — Es wird die Red. von *Acetophenon* (**I**) mit verschiedenen Urushibara-Katalysatoren beschrieben u. ein Verf. zur Regenerierung von gebrauchtem Katalysator angegeben.

Versuche: *Methylphenylcarbinol,* $Kp._{15}$ 89—91°, aus **I** durch katalyt. Red. im Autoklaven in A. bei pH 9—11 u. 60—70°. L. Johannsen. B 227□

**Spektroskopische Methoden zur Untersuchung katalytischer Umwandlungen auf Metallfilmen.** W. M. Grjasnow, W. D. Jagodowski und W. I. Schimuliss. (Nachr. Akad. Wiss. UdSSR, physik. Ser. **22,** 1136—40, Sept. 1958; Moskau, Lomonossow-Univ., chem. Fak., Labor. für Mol.-Spektroskopie; russ.) — Die Unterss. wurden in einer Quarzküvette mit im Vakuum aufgedampften durchlässigen Pd-Schichten (Vakuum $10^{-6}$ mm Hg, Schichtdicke 10—100 Å) mit Hilfe des Spiegelmonochromators ZMR-2 u. photoelektr. Registrierung der UV-Spektren durchgeführt. Untersucht wurde der Verlauf der Isomerisierung von *Allyl-* zu *Propenylbenzol* sowie von *Cyclohexadien-(1.3)* zu *Bzl.* u. *Cyclohexen* (**I**) bzw. von **I** zu Bzl. u. *Cyclohexan* bei Gasdrücken zwischen 0,3—0,5 mm Hg. Die Rkk. werden durch die Metallschicht bereits bei Zimmer-Temp. katalysiert; die spektrograph. Angaben werden tabellar. u. graph. zusammengestellt.

J. Tůmová. B 227◇

**Zur Frage der katalytischen Umwandlungen von Ketonen. Die Isomerisierung von α-Methyl-α-äthylbutyrophenon.** T. Je. Salesskaja. (J. allg. Chem. [UdSSR] **30 (92),** 2166—70, Juli 1960; Leningrad, Technol. Inst. der Cellulose-Papier-Ind.; russ.) — Aus 32 ml sek.-Butylphenylketon wurde durch Erhitzen mit 10 g $NaNH_2$ u. 50 g Äthyljodid in 150 g Bzl. *α-Methyl-α-äthylbutyrophenon* [**I**; $Kp._{12}$ 125—126°; 22 g (Ausbeute); *Oxim,* F. 120,8—121°, aus A.] erhalten. Die Isomerisierung von **I** (20 g **I** in 4 Std. bei 320° zu 35 g $ZnCl_2$ zutropfen) lieferte ein Gemisch aus *4-Methyl-4-phenylhexanon-(3)* u. vorwiegend *3-Äthyl-3-phenylpentanon-(2)* ($C_{13}H_{18}O$, $Kp._7$ 113—117°). Aus 4,5 g des Gemisches wurden durch Erhitzen mit 10 g KOH in 30 ml A. (130—140°, 4 Std., im Rohr) 2,0 g eines Gemisches aus *2-Phenylbutan* u. vorwiegend *3-Phenylpentan* ($Kp._{20}$ 69—92°) erhalten. Die Nitrierung des KW-Stoffgemisches mit Nitriergemisch, Red. mit Sn in HCl–A., Rk. mit Benzoylchlorid u. Kristallisation aus A. u. Butanol lieferte ein Gemisch (F. 139—144,2°) aus *2-[p-Benzoylaminophenyl]-butan* u. *3-[p-Benzoylaminophenyl]-pentan, 3-[2.4-Bis-benzoylaminophenyl]-pentan* ($C_{25}H_{26}N_2O_2$, F. 243—243,5°) u. wenig unreines *2-[2.4-Bis-benzoylaminophenyl]-butan* (F. 225,1—226,2°).

Helmut Schäfer. B 227△

**Synthese von Dienen aus Olefinen und Aldehyden. 1. Mitt. Synthese von Isopren aus Isobutylen und Formaldehyd.** M. I. Farberow, A. M. Kutin, G. I. Kischinski und T. P. Wernowa. (J. allg. Chem. [UdSSR] **30 (92)**, 875—84, März 1960; Forschungsinst. für Monomere für synthet. Kautschuk; Jaroslawl, Technol. Inst.; russ.) — Es wurde die Umwandlung von aus Isobutylen u. Formaldehyd erhaltenem *4.4-Dimethyl-1.3-dioxan* [I; Kp. 131—133°; $D._4^{20}$ 0,9624; $n_D^{20}$ 1,4239; 73—76% (Ausbeute)], *3-Methylbutandiol-(1.3)* (II; $Kp._{15}$ 107—109°; $D._4^{20}$ 0,9872; $n_D^{20}$ 1,4447; 7—10%) u. *4.4-Dimethyl-5-hydroxymethyl-1.3-dioxan* (III; $Kp._{11}$ 115—120°; $D._4^{20}$ 1,0887; $n_D^{20}$ 1,4600; 7—8%) zu *Isopren* (**IV**) am Ca-Phosphat (Gemisch)-Kontakt untersucht. Der Einfl. der Kontaktzeit u. Verdünnung mit Wasserdampf auf die Ausbeute an **IV** wurden bei 300 bis 400° bestimmt (Tabellen, graph. Darst.). Wasserdampf beeinflußt die Ausbeute relativ wenig. Die Ausbeute an **IV** (Kp. 4°; $D._4^{20}$ 0,6805; $n_D^{20}$ 1,4219; *Addukt mit Maleinsäureanhydrid*, F. 63—63,5°, aus Bzn.) aus **I** beträgt bei 375° u. der Vol.-Geschw. 0,7 ml **I**/ml Katalysator·Std. 78,2%, bezogen auf eingesetztes **I**. Daneben werden erhalten: 6,4% *Isobutylen*; 1,8 g *2-Methylbuten-(2)-ol-(4)* (Kp. 139—140°; *Phenylurethan*, F. 63—63,5°); 0,3% *Isovaleraldehyd* (Kp. 90—94°; *2.4-Dinitrophenylhydrazon*, F. 117,5 bis 118° aus A.); 1,0% *4-Methyl-2.3-dihydropyran* (**V**; $C_6H_{10}O$, Kp. 118,5—119°; $D._4^{20}$ 0,9116; $n_D^{20}$ 1,4490); 4,8% *höher sd. KW-Stoffe* u. 2,8% *Kohle*. Der Umwandlungsgrad von **II** (**III**) bei 350—400° zu ungesätt. Verbb. beträgt 70—80 (40—50)%, die Ausbeute an **IV** 70—80 (40)%, bezogen auf eingesetztes **II** (**III**). **V** wurde durch Hydrierung an Pd/Kohle zu *4-Methyltetrahydropyran* (Kp. 105—107°; $D._4^{20}$ 0,8569; $n_D^{20}$ 1,4190) u. dessen Umwandlung mit $P_2O_5$–$H_3PO_4$–KJ zu *3-Methyl-1.5-dijodpentan* ($C_6H_{12}J_2$, $Kp._4$ 120—121°; $D._4^{20}$ 2,039; $n_D^{20}$ 1,5870) identifiziert. Helmut Schäfer. B 227△

**Synthese von Dienen aus Olefinen und Aldehyden. 2. Mitt. Synthese von Divinyl aus Propylen und Formaldehyd.** M. I. Farberow, A. M. Kutin, G. I. Kischinski und T. P. Wernowa. (J. allg. Chem. [UdSSR] **30 (92)**, 1099—1106, April 1960; russ.) — 1. vgl. vorst. Referat. — Es wird die Zers. des aus Propylen u. Formaldehyd erhaltenen *4-Methyl-1.3-dioxan* [**I**; Kp. 114—116°; $D._4^{20}$ 0,9741; $n_D^{20}$ 1,4165; 80—85% (Ausbeute)] am Ca-Phosphat (Gemisch)-Katalysator bei 275—425° untersucht. Als Rk.-Prodd., werden *Propylen* (**II**), *Divinyl* (**III**; mit Maleinsäureanhydrid → *Tetrahydrophthalsäure*, F. 164,5—165° bzw. *Anhydrid*, F. 102,5—103,5°), *Buten-(3)-ol-(1)* (**IV**; Kp. 114,2—115°; $D._4^{20}$ 0,8453; $n_D^{20}$ 1,4212; *Acetat*, Kp. 124,7—125,2°; $D._4^{20}$ 0,9302; $n_D^{20}$ 1,4206; *3.5-Dinitrobenzoat*, F. 152° aus A.) u. wenig *Butyraldehyd* (**V**; *2.4-Dinitrophenylhydrazon*, F. 123—124°) erhalten. Der Einfl. von Temp., Kontaktzeit u. Verdünnung mit Wasserdampf auf die Ausbeute wird graph. u. tabellar. angegeben. Maximale Ausbeuten an **III** werden bei 375—425° erzielt. Bei 375° (350°), einer Vol.-Geschw. von 0,22 (0,55) ml **I**/ml Katalysator·Std. u. einer Verdünnung mit Wasserdampf von 1 : 18 (1 : 12) Mol werden erhalten (in %, bezogen auf **I**): 5,9 (3,1) **II**; 70,3 (28,0) **II**; 8,6 (23,1) **IV** u. wenig **V**. Die Hydrierung von **IV** an Cu-Chromit bei 80 at/20—140° liefert *n-Butanol* (Kp. 117 bis 117,5°). Die Dehydratisierung des bei der Synth. von **I** als Nebenprod. erhaltenen *4-Hydroxytetrahydropyran* ($Kp._{20}$ 85—95°; $D._4^{20}$ 1,0701; $n_D^{20}$ 1,4585; 7—10%) am Ca-Phosphat-Katalysator liefert *2.3-Dihydropyran* (Kp. 93°; $D._4^{20}$ 0,9389; $n_D^{20}$ 1,4480; 20%). Helmut Schäfer. B 227△

# C. Präparative organische Chemie. Naturstoffe

**Reinheit und Stabilität von käuflichem, mit Jod-131 markiertem Natriumjodhippurat.** Gösta Magnusson. (Nature [London] **195**, 591—92, 11/8. 1962; Stockholm, Serafimerlasarettet, Karolinska Inst., Dep. of Med. and Dep. of Clinical Chem.; engl.) — Chromatograph. u. elektrophoret. Trennungen einer käuflichen Lsg. von $^{131}J$-Natriumjodhippurat (**I**) zeigen verschiedene Fraktionen, von denen **I** als größere Fraktion (**A**) 80—95% der Gesamtaktivität aufweist. Die restliche Aktivität ist nahezu in der kleineren Fraktion (**B**) enthalten, die hauptsächlich aus $^{131}NaJ$ besteht, das bei Darst. von **I** durch Austausch-Rk. zwischen nichtakt. Jodhippurat u. $^{131}NaJ$ nicht völlig abgetrennt wurde. Durch Zers. von **I** im Licht nimmt der **I**-Geh. ab. Eine 3. Fraktion (**C**) zeigt nur 0,5—0,7% der Gesamtaktivität. Die $R_F$-Werte betragen in n-Butanol/Essigsäure/W. (4 : 1 : 1): **A** 0,92, **B** 0,23 u. **C** 1,0; in n-Amylalkohol/Pyridin/W. (35 : 35 : 30): **A** 0,50, **B** 0,62 u. **C** 0,94. H.-D. Freyer. 480◇

**Synthese von $^{14}C_{(CO)}$-Dimethylformamid und $^{14}C_{(1')}$-3-[2'-Aminobutyl]-indolacetat.** Jacob Szmuszkovicz und Richard C. Thomas. (J. org. Chemistry **26**, 960—62, März 1961; Kalamazoo, Mich., Upjohn Co., Dep. of Chem.; engl.) — Aus $H^{14}COOH$ wurde *$^{14}C_{(CO)}$-Dimethylformamid* (**I**) u. aus diesem durch Umsetzung mit Indol, Kondens. mit 1-Nitropropan u. Red. mit $LiAlH_4$ *$^{14}C_{(1')}$-3-[2'-Aminobutyl]-indolacetat* (**II**) in 36%ig. Ausbeute (bezogen auf Indol) dargestellt.

Versuche: $^{14}C_{(CO)}$-*Dimethylformamid* (I), durch 3std. Einleiten von $NH(CH_3)_2$ in $H^{14}COOH$ bei 100° unter Abdestillieren des Rk.-Wassers bei 58—59° (Bad-Temp.), Erhitzen auf 200° u. Abdestillieren bis 105°; 89% (Rohausbeute). — $^{14}C_{(CO)}$-*Indol-3-aldehyd*, F. 193—195°, durch 2std. Umsetzung von Indol mit $POCl_3$ u. überschüssigem I bei Raum-Temp. u. 4 Min. langes Kochen mit NaOH; 72% (Ausbeute). — $^{14}C_{(1')}$-*3-[2'-aci-Nitrobutyliden]-pseudoindol*, F. 134—135° (Methanol), aus vorst. Verb. mit $NH_4$-Acetat u. 1-Nitropropan durch 1¼std. Rk. bei 100° unter Austreiben des Rk.-Wassers im $N_2$-Strom; 72%. — $^{14}C_{(1')}$-*3-[2-Aminobutyl]-indolacetat* (II), F. 163—64°, durch 5std. Red. vorst. Verb. mit $LiAlH_4$ in Tetrahydrofuran bei Siede-Temp., Zers. mit NaOH u. Eindampfen des Filtrats mit $CH_3COOH$ im Vakuum; 70,4%. H.-G. Floß. 480□

**Die Dehydrierung von Aminen zu Iminen.** R. G. R. Bacon, W. J. W. Hanna, D. J. Munro und D. Stewart. (Proc. chem. Soc. [London] **1962,** 113, März; Belfast, Northern Ireland, Queen's Univ., Dep. of Organ. Chem.; engl.) — Vff. erhalten bei der Oxydation von Bis-[3.5.5-trimethylhexyl]-amin mit Silberpicolinat (I) in W. oder polaren organ. Lsgm. das entsprechende *Aldimin* (80% Ausbeute). 3.5.5-Trimethylhexylamin wird durch I in das entsprechende *Nitril* übergeführt (10%). Vff. vermuten für diese Rk. einen radikal. Mechanismus. A. Gude. 490□

**Derivate von 5-Brom-1.1.1-trichlorpenten-(3).** William J. Pyne. (J. org. Chemistry **27,** 3483—89, Okt. 1962; Painesville, Ohio, Diamond Alkali Co. Res. Dep.; engl.) — Die Darst. von *5-Brom-1.1.1-trichlorpenten-(3)* (I) wird beschrieben. Umsetzungen von I mit verschiedenen Reagentien führen im allg. zum Ersatz des Br-Atoms durch einen neuen Substituenten. Das über das Acetat (III) erhaltene *5.5.5-Trichlorpenten-(2)-ol-(1)* (V) läßt sich für weitere zahlreiche Rkk. verwenden.

Versuche: *5-Brom-1.1.1-trichlorpenten-(3)* (I), $C_5H_6BrCl_3$, $Kp._1$ 75—76°, durch Einleiten von Butadien in die Lsg. von Bromtrichlormethan u. Acetylperoxid in Dimethylphthalat, 8std. UV-Bestrahlung unter Temp.-Erhöhung von 50 auf 110°; $n_D^{20}$ 1,5346; 75% (Ausbeute). — 5.5.5-Trichlorpenten-(2)-yl-(1)-Verbb.: *-thiocyanat*, $C_6H_6Cl_3NS$, $Kp._{0,07}$ 88°, durch 5std. Kochen von I mit NaSCN in 60%ig. A.; $n_D^{20}$ 1,5447; 84%. — *-cyanid* (II), $C_6H_6Cl_3N$, $Kp._{1,5}$ 112—114°, aus I u. KCN in 75%ig. A.; $n_D^{20}$ 1,5014; 58%. — *-acetat* (III), $C_7H_9Cl_3O_2$, $Kp._{0,5}$ 78—80°, aus I u. K-Acetat in Essigsäure; $n_D^{20}$ 1,4878; 83%. — *-phthalimid*, $C_{13}H_{10}Cl_3NO_2$, F. 83—84° (A.), aus I u. K-Phthalimid in Dimethylformamid; 36%. — *-mercaptan*, $C_5H_7Cl_3S$, $Kp._{0,1}$ 60—61°, aus I u. NaHS in 80%ig. A.; $n_D^{20}$ 1,541; 53%. — *-thiuroniumbromid*, $C_6H_{10}BrCl_3N_2S$, F. 166—167° (A.), aus I u. Thioharnstoff in 85%ig. A.; 85%. — *-hexaminiumbromid*, $C_{11}H_{18}BrCl_3N_4$, F. 179° (A.), aus I u. Hexamethylentetramin in Chlf.; 100%. — *-jodid*, $C_5H_6Cl_3J$, $Kp._{0,8}$ 86—90°, aus I u. KJ in Aceton; $n_D^{20}$ 1,5780; 60,5%. — *-O.O-diäthyldithiophosphat*, $C_9H_{16}Cl_3O_2PS_2$, aus I u. $NH_4$-O.O-Diäthyldithiophosphat (VII) in 70%ig. A.; 71%. — *-äthylxanthogenat*, $C_8H_{11}Cl_3OS_2$, $Kp._{1,2}$ 149—153°, aus I u. Na-Äthylxanthogenat in A.; $n_D^{20}$ 1,5681; 53%. — *-N-[1-methylpropyl]-N-[tetrahydrothienyl-(3')]-dithiocarbamat-1'.1'-dioxid*, $C_{14}H_{22}Cl_3NO_2S_3$, F. 103—104° (A.), aus I u. Na-N-[1-Methylpropyl]-N-[tetrahydrothienyl-(3')]-dithiocarbamat-1'.1'-dioxid in 45%ig. A.; 88%. — *3.4.5-Tribrom-1.1.1-trichlorpentan*, $C_5H_6Br_3Cl_3$, $Kp._{0,03}$ 96—99°, durch Einleiten von $Cl_2$ in die Lsg. von I in $CCl_4$; $n_D^{20}$ 1,5803; 77%. — *5-Brom-1.1.1.3.4-pentachlorpentan*, $C_5H_6BrCl_5$, $Kp._{2,5}$ 121—124°, aus I u. $Br_2$ analog; $n_D^{20}$ 1,5402; 88%. — *1.1.1.3.4-Pentachlor-5-cyanpentan*, $C_6H_6Cl_5N$, $Kp._{0,5}$ 119—120°, aus II u. $Cl_2$ analog; $n_D^{20}$ 1,5200; 55%. — *1.1.1.3.4-Pentachlor-5-acetoxypentan*, $C_7H_9Cl_5O_2$, $Kp._{0,5}$ 88—91°, aus III u. $Cl_2$ analog; $n_D^{20}$ 1,4996; 42%. — *Bis-[5.5.5-trichlorpenten-(2)-yl-(1)]-sulfid*, $C_{10}H_{12}Cl_6S$, F. 54,5° (PAe.), durch 4std. Erhitzen von I mit $Na_2S$ in 70%ig. A.; 29,5%. *Sulfon*, $C_{10}H_{12}Cl_6O_2S$, F. 97 bis 98° (A.), durch Zugabe von 30%ig. $H_2O_2$ zum Sulfid in Essigsäure während 2 Std. bei 100°; 74%. — *5.5.5-Trichlorpenten-(2)-yl-(1)-malonsäurediäthylester*, $C_{12}H_{17}Cl_3O_4$, $Kp._{0,8}$ 144—148°, durch Zugabe von Malonester u. anschließend von I zu Na-Äthylat in A. u. 1std. Kochen; $n_D^{20}$ 1,4755; 16,5%. — *7.7.7-Trichlorhepten-(4)-säure*, $C_7H_9Cl_3O_2$, $Kp._{1,8}$ 142—144°, durch 10std. Kochen vorst. Verb. in Essigsäure–konz. HCl; $n_D^{20}$ 1,5008; 67%. — *2-Acetyl-7.7.7-trichlorhepten-(4)-säureäthylester* (IV), $C_{11}H_{15}Cl_3O_3$, $Kp._{0,5}$ 128—132°, durch Zugabe von Essigester u. anschließend von I zu Na-Äthylat in A. u. 10std. Kochen; $n_D^{20}$ 1,4860; 62%. — *1.1.1-Trichlorocten-(3)-on-(7)*, $C_8H_{11}Cl_3O$, $Kp._{0,8}$ 100—105°, durch 4std. Rühren von IV in wss. KOH bei Raum-Temp.; $n_D^{20}$ 1,4870; 73%. — *3-Methyl-1-phenyl-4-[5.5.5-trichlorpenten-(2)-yl-(1)]-Δ²-pyrazolinon-(5)*, $C_{15}H_{15}Cl_3N_2O$, F. 128—130° (Methanol), durch 6std. Erhitzen von IV u. Phenylhydrazin auf dem Wasserbad; 72%. — *3-Methyl-1-p-nitrophenyl-4-[5.5.5-trichlorpenten-(2)-yl-(1)]-Δ²-pyrazolinon-(5)*, $C_{15}H_{14}Cl_3N_3O_3$, F. 148—150° (Methanol), durch 6std. Erhitzen von IV u. p-Nitrophenylhydrazin auf 100—110°; 65%. — *1-Brom-2.5.5.5-tetrachlor-3.4-bis-[trichlormethylmercapto]-* oder *1-Brom-3.5.5.5-tetrachlor-2.4-bis-[trichlormethylmer-*

*capto]-pentan*, $C_7H_5BrCl_{10}S_2$, Kp.$_{0,1}$ 80°, durch 96std. Erhitzen von 59 g I mit $Cl_3CSCl$ auf 92—130°; $n_D^{20}$ 1,5743; 30g. — *2.5.5.5-Tetrachlor-3.4-bis-[trichlormethylmercapto]-* oder *3.5.5.5-Tetrachlor-2.4-bis-[trichlormethylmercapto]-pentyl-(1)-acetat*, $C_9H_8Cl_{10}O_2S_2$, Kp.$_{0,1}$ 80—95°, durch 44std. Erhitzen von III mit $Cl_3CSCl$ auf 90—95°; $n_D^{20}$ 1,5400—1,5448. — *5.5.5-Trichlorpenten-(2)-ol-(1)* (V), $C_5H_7Cl_3O$, Kp. 82—83°, durch Einleiten von HCl-Gas in die Lsg. von III in Methanol, 2std. Kochen; $n_D^{20}$ 1,505; 73%. — *Bis-[5.5.5-trichlorpenten-(2)-yl-(1)]-äther*, $C_{10}H_{12}Cl_6O$, Kp.$_{0,9}$ 164—167°, durch Lösen von NaOH in 570 g V, Zugabe von Butadiensulfon u. Erhitzen auf 70° während 50 Std.; $n_D^{20}$ 1,4211; 100 g. — 5.5.5-Trichlorpentene-(2): *1-[2.4-Dichlorphenoxy]-*, $C_{11}H_9Cl_5O$, Kp.$_{1,6}$ 173—177°, durch Zugabe von $K_2CO_3$ u. anschließend von I zur Lsg. von 2.4-Dichlorphenol in Äthylmethylketon u. 2std. Kochen; $n_D^{20}$ 1,5747; 65%. — *1-[Benzoyloxy]-*, $C_{12}H_{11}Cl_3O_2$, Kp.$_3$ 156—158°, analog vorst. Verb. aus Benzoesäure; $n_D^{20}$ 1,5445; 43%. — *1-[Butyryloxy]-*, $C_9H_{13}Cl_3O_2$, Kp.$_1$ 110—111°, analog vorst. Verb. aus Buttersäure; $n_D^{20}$ 1,4837; 86%. — *1-[Trichloracetoxy]-*, $C_7H_6Cl_6O_2$, Kp.$_{0,7}$ 116—117°, durch 2std. Erhitzen von Trichloracetylchlorid u. V auf dem Wasserbad; $n_D^{20}$ 1,5146; 94%. — *1-[p-Nitrobenzoyloxy]-*, $C_{12}H_{10}Cl_3NO_4$, F. 82—83° (A.), analog vorst. Verb. aus p-Nitrobenzoylchlorid; 64%. — *1-[3.5-Dinitrobenzoyloxy]-*, $C_{12}H_9Cl_3N_2O_6$, F. 68—70° (A.), analog vorst. Verb. aus 3.5-Dinitrobenzoylchlorid; 49,5%. — *5.5.5-Trichlorpenten-(2)-yl-(1)-N.N-diäthyldithiocarbamat*, $C_{10}H_{16}Cl_3NS_2$, durch aufeinanderfolgende Zugabe von Diäthylamin, NaOH u. I zu $CS_2$ bei 0° u. 4std. Kochen; 69,5%. — *5.5.5-Trichlorpenten-(2)-yl-(1)-äthylcarbonat*, $C_8H_{11}Cl_3O_3$, Kp.$_{0,4}$ 110°, durch Zugabe von Chlorameisensäureäthylester zu V u. 6std. Erhitzen auf dem Wasserbad; $n_D^{20}$ 1,4825; 35%. — *5.5.5-Trichlorpenten-(2)-yl-(1)-chlorformiat* (VI), $C_6H_6Cl_4O_2$, Kp.$_{0,4}$ 74—76°, aus V u. $COCl_2$; $n_D^{20}$ 1,4970; 93%. — 5.5.5-Trichlorpenten-(2)-yl-(1)-carbamate: *unsubstituiert*, $C_6H_8Cl_3NO_2$, F. 94—96° (A.), durch Einleiten von $NH_3$ in die Lsg. von VI in $CCl_4$ u. 2—3std. Erhitzen auf dem Wasserbad; 32%. — *N-Methyl-*, $C_7H_{10}Cl_3NO_2$, Kp.$_{0,4}$ 116—117°, analog aus Methylamin; $n_D^{20}$ 1,5048; 43%. — *N.N-Dimethyl-*, $C_8H_{12}Cl_3NO_2$, Kp.$_{0,1}$ 120—123°, analog aus Dimethylamin; $n_D^{20}$ 1,4962; 68%. — *N.N-Diäthyl-*, $C_{10}H_{16}Cl_3NO_2$, Kp.$_{0,1}$ 110—112°, analog aus Diäthylamin; $n_D^{20}$ 1,4920; 80%. — *N-Butyl-*, $C_{10}H_{16}Cl_3NO_2$, Kp.$_{0,3}$ 148—151°, durch Zugabe von Butyl-(1)-isocyanat zu V, 1std. Erhitzen auf 100° u. 4 Std. lang auf 110°; $n_D^{20}$ 1,4930; 43%. — *N-Propyl-*, $C_9H_{14}Cl_3NO_2$, Kp.$_{0,1}$ 125—126°, analog aus Propylisocyanat; $n_D^{20}$ 1,4940; 59%. — *N-[1-Methylpropyl]-*, $C_{10}H_{16}Cl_3NO_2$, Kp.$_{0,9}$ 134°, analog aus Butyl-(2)-isocyanat; $n_D^{20}$ 1,4878; 43%. — *N-Phenyl-*, $C_{12}H_{12}Cl_3NO_2$, F. 56,7° (A.), analog aus Phenylisocyanat; 49%. — *N-[2-Chlorphenyl]-*, $C_{12}H_{11}Cl_4NO_2$, durch Zugabe von 2-Chloranilin zur Lsg. von VI in Aceton u. 2std. Kochen; $n_D^{20}$ 1,5601; 45%. — *N-[2.4-Dichlorphenyl]-*, $C_{12}H_{10}Cl_5NO_2$, analog aus 2.4-Dichloranilin; $n_D^{20}$ 1,5743; 92%. — *N-[2.4.6-Trichlorphenyl]-*, $C_{12}H_9Cl_6NO_2$, F. 93° (n-Hexan), analog aus 2.4.6-Trichloranilin; 52%. — *S-[5.5.5-Trichlorpenten-(2)-yl-(1)-oxycarbonyl]-O.O-diäthyldithiophosphat*, $C_{10}H_{16}Cl_3O_4PS_2$, durch Zugabe von VI zur Lsg. von VII in Aceton bei 24—35° u. 2std. Erhitzen auf dem Wasserbad; 76%. — *5.5.5-Trichlorpenten-(2)-yl-(1)-allophanat*, $C_7H_9Cl_3N_2O_3$, F. 182—183° (Methanol), aus VI u. Harnstoff durch 3std. Erhitzen auf dem Wasserbad; 44%. A. Trede. 520◇

**Katalytische Dimerisation von Monoalkylacetylenen.** Nobue Hagihara, Masuhiko Tamura, Hiroshi Yamazaki und Magosaburo Fujiwara. (Bull. chem. Soc. Japan **34**, 892—93, Juni 1961; Sakai, Osaka Univ., Inst. of Sci. and Ind. Res.; engl.) — Es wurde beobachtet, daß mit einem bei der Rk. von Cr-Tetra-tert.-butylat (I) mit Diäthyl-Zn erhaltenen Katalysator (K-1) Monoalkylacetylen-Verbb. in guten Ausbeuten dimerisiert werden können. Bei Verw. eines aus I u. Triäthyl-Al gewonnenen Katalysators werden trialkylierte Benzole erhalten. *2.4-Di-n-propylbuten-(1)-in-(3)* (II; $C_{10}H_{16}$, Kp.$_{40}$ 88—89°; $n_D^{20}$ 1,455) wird durch 10std. Erwärmen von n-Propylacetylen mit K-1 in nahezu quant. Ausbeute gewonnen. Die Struktur von II wird durch Vgl. des IR-Spektrums mit der aus 6-Ketononin-(4) u. Triphenylmethylenphosphoran mittels Wittig-Rk. gewonnenen authent. Verb. bewiesen. Analog II werden *2.4-Di-n-butylbuten-(1)-in-(3)* ($C_{12}H_{20}$, Kp.$_5$ 64,5—65°; $n_D^{20}$ 1,459) u. *2.4-Di-tert.-butylbuten-(1)-in-(3)* ($C_{12}H_{20}$, Kp.$_{90}$ 92—93°; $n_D^{20}$ 1,438) erhalten. W. Hampel. 530◇

**Homologe des Monovinylacetylens. 9. Mitt. Zur Charakteristik der Eninkohlenwasserstoffe mit tert.-Butyl- und Isopropylgruppen.** I. A. Faworskaja und Ju. P. Arzybaschewa. (J. allg. Chem. [UdSSR] **30 (92)**, 789—94, März 1960; Leningrad, Univ.; russ.) — 8. vgl. C. **1961**, 1881. — Es wurden *4-tert.-Butylpenten-(4)-in-(2)* (I), *3-tert.-Butylpentin-(1)-ol-(3)* (II) u. *5-Methyl-4-isopropylhexin-(2)-ol-(4)* (III) dargestellt. Die Hydrierung von I lieferte *2.2.3-Trimethylhexan*, die Dehydratisierung von III *5-Methyl-4-isopropylhexen-(4)-in-(2)*. Bei der Dehydratisierung von II entstand ein Gemisch *isomerer KW-Stoffe* $C_9H_{14}$, dessen Zus. IR-analyt. nicht eindeutig ermittelt werden konnte u. das als Komponenten wahrscheinlich *3-tert.-Butylpenten-(3)-in-(1)* u. *3.4-Dimethyl-3-äthylpenten-(4)-in-(1)* enthält.

Versuche: *4-tert.-Butylpenten-(4)-in-(2)* (**I**), $C_9H_{14}$, Kp.$_{130}$ 79—80°, man gibt zu 50 g 3-tert.-Butylbuten-(3)-in-(1) (Kp.$_{130}$ 47°; D.$_4^{20}$ 0,7609; $n_D^{20}$ 1,43147) in 250 ml fl. $NH_3$ in 4 Std. 10,7 g Na, gibt bei —38° tropfenweise 50,3 g Dimethylsulfat zu, rührt 2 Std. u. läßt über Nacht stehen; D.$_4^{20}$ 0,7887; $n_D^{20}$ 1,45126; 38% (Ausbeute). — *2.2.3-Trimethylhexan*, Kp.$_{752}$ 126—127°, durch Hydrierung von **I** in A. an Pt; D.$_4^{20}$ 0,7325; $n_D^{20}$ 1,40925. — *3-tert.-Butylpentin-(1)-ol-(3)* (**II**), $C_9H_{16}O$, Kp.$_{90}$ 94°, aus 2.2-Dimethylpentanon-(3) u. $C_2H_2$ in Ggw. von KOH; D.$_4^{20}$ 0,8720; $n_D^{20}$ 1,4456; 50%. — Gemisch *isomerer KW-Stoffe* $C_9H_{14}$, Kp.$_{130}$ 72°, man leitet **II** bei 300° im $N_2$-Strom über Porzellan; D.$_4^{20}$ 0,7837; $n_D^{20}$ 1,44296. — *5-Methyl-4-isopropylhexin-(2)-ol-(4)* (**III**), $C_{10}H_{18}O$, Kp.$_{45}$ 99°, man gibt zu 18 g Mg unter Ae. tropfenweise 81 g Äthylbromid, gibt unter Eiskühlung 45 g Diisopropylketon zu u. läßt 2 Tage lang stehen; D.$_4^{20}$ 0,8818; $n_D^{20}$ 1,4560; 75%. — *5-Methyl-4-isopropylhexen-(4)-in-(2)*, $C_{10}H_{16}$, Kp.$_{45}$ 76°, man leitet **III** im $CO_2$ Strom bei 330° über Porzellan; D.$_4^{20}$ 0,8034; $n_D^{20}$ 46677; 66%.

Helmut Schäfer. 530△

**Vinylierung von Monoäthern des Äthylenglykols.** B. I. Michantjew und E. A. Prjachina. (J. allg. Chem. [UdSSR] **30** (**92**), 958—60, März 1960; Woronesh, Univ.; russ.) — Es wurden *Äthylenglykol-n-butyl-* (**I**), *-crotyl-* (**II**) u. *-methallyläther* (**III**) synthetisiert. Die Vinylierung von **I**—**III** lieferte *Äthylenglykolvinyl-n-butyl-* (**IV**), *-vinylcrotyl-* (**V**) bzw. *-vinyl-α-methallyläther* (**VI**). **IV** u. **V** wurden zu *Äthylenglykoläthyl-n-butyläther*, **VI** zu *Äthylenglykoläthyl-sek.-butyläther* hydriert.

Versuche: *Äthylenglykol, n-Butyläther* (**I**), Kp.$_{22}$ 78—80°, man gibt zu 500 g Äthylenglykol bei 50° portionsweise 70 g Na, dann tropfenweise 300 g n-Butylchlorid u. rührt 3—4 Std.; D.$_4^{20}$ 0,8981; $n_D^{20}$ 1,4197; 61% (Ausbeute). — Analog mit 430 g eines Gemisches aus Crotyl- u. α-Methylallylbromid: *Crotyläther* (**II**), $C_6H_{12}O_2$, Kp.$_{21-22}$ 85 bis 87°; D.$_4^{20}$ 0,9387; $n_D^{20}$ 1,4428; 27,6%. — *α-Methallyläther* (**III**), $C_6H_{12}O_2$, Kp.$_{20-21}$ 68 bis 70°; D.$_4^{20}$ 0,9147; $n_D^{20}$ 1,4310; 17,6%. — *Vinyl-n-butyläther* (**IV**), $C_8H_{16}O_2$, Kp.$_{20-21}$ 70 bis 72°, aus **I** u. $C_2H_2$ in Ggw. von 10% KOH (4 Std. bei 18 at/150°); D.$_4^{20}$ 0,8658; $n_D^{20}$ 1,4213; 70%. — Analog: *Vinylcrotyläther* (**V**), $C_8H_{14}O_2$, Kp.$_{21-22}$ 77—80°, aus **II**; D.$_4^{20}$ 0,8958; $n_D^{20}$ 1,4410; 59%. — *Vinyl-α-methallyläther* (**VI**), $C_8H_{14}O_2$, Kp.$_{36}$ 72—74°, man löst 0,5 g K in 30,7 g **III** u. erhitzt mit $C_2H_2$ (3 Std./150°); D.$_4^{20}$ 0,8761; $n_D^{20}$ 1,4300; 69%. — *Äthyl-n-butyläther*, $C_8H_{18}O_2$, Kp.$_{21-23}$ 68—69°, Kp.$_{17}$ 59—61°, durch Hydrierung von **IV** bzw. **V** in A. an Raney-Ni; D.$_4^{20}$ 0,8414—0,8426; $n_D^{20}$ 1,4055—1,4060; 62 bzw. 81%. — *Äthyl-sek.-butyläther*, $C_8H_{18}O_2$, Kp.$_{37-38}$ 69—71°, aus **VI**; D.$_4^{20}$ 0,8327; $n_D^{20}$ 1,4026; 75%.

Helmut Schäfer. 570△

**Hydroxylierung ungesättigter Verbindungen; DL-arabo-Methylit.** Shin'ichi Sasaki. (J. chem. Soc. Japan, pure Chem. Sect. [Nippon Kagaku Zassi] **80**, 686—87, Juni 1959; Sendai, Tôhoku-Univ., Naturwiss. Fak.; jap., Auszug: engl.) — Vgl. C. **1959**, 13169. — Das aus trans-2-Hydroxypenten-(3)-säure hergestellte *DL-arabo-α.β-Dihydroxy-γ-valerolacton* (F. 91°; vgl. C. **1958**, **9467**) gibt durch tropfenweisen Zusatz in Tetrahydrofuran (THF) zu einem gut gerührten Gemisch aus $LiAlH_4$ u. THF, 4—5std. Kochen, Gießen in W., Einengen des mit 50%ig. Essigsäure versetzten Gemisches im Vakuum u. Kochen des Rückstandes mit Acetanhydrid *DL-arabo-Methylittetraacetat* [$C_{13}H_{20}O_8$, F. 74—75° (aus A. Prismen)], das durch 1std. Kochen in verd. $H_2SO_4$ (1 : 100) u. Behandeln der wss. Lsg. mit Amberlite IR-4B *DL-arabo-Methylit* [Kp.$_3$ 176°; *Tetrabenzoat*, $C_{33}H_{28}O_8$, F. 119—120°] liefert.

E. Maekawa. 580

**Die Oxydation cyclischer Phosphite zu cyclischen Phosphaten.** L. Keay und E. M. Crook. (J. chem. Soc. [London] **1961**, 710—15, Febr.; Dayton, Ohio, Monsanto Chem. Co., Res. and Engng. Div.; London, Univ. Coll., Dep. of Biochem.; engl.) — Die Synth. cycl. Phosphate (**P**) u. die Faktoren, die die Ring-Bldg., Ringgröße u. Stabilität beeinflussen, werden mit bes. Beachtung der Beständigkeit der Ester diskutiert. Die gegenwärtigen Synth.-Möglichkeiten u. ihre Grenzen wurden aufgezeigt. *Äthylester* der **P** mit 5- oder 6gliedrigen Ringen wurden durch Oxydation der entsprechenden Phosphite mit HgO oder $N_2O_4$ dargestellt. **P** wurden auch durch Oxydation von cycl. Chlorphosphiten u. nachfolgende Hydrolyse ohne Isolierung der als Zwischenprodd. auftretenden *Chlorphosphate* dargestellt. *Di-* u. *Trimethylenhydrogenphosphat* wurden am besten als *Guanidiniumsalze* isoliert.

Versuche: *Triäthylphosphat*, $C_6H_{15}O_4P$, Kp.$_{24}$ 106—108°, a) durch Zugabe von 35 g HgO zu einer Lsg. von 16,6 g Triäthylphosphit (**I**) in 75 ml abs. Aceton unter Kühlung, mehrstd. Stehen bei Zimmer-Temp., Filtrieren, Einengen u. Dest. des Öles (Meth. **A**); 85% (Ausbeute); b) durch allmähliche Zugabe einer gekühlten Lsg. von $N_2O_4$

in trockenem Chlf. zu einer mit Aceton/$CO_2$ gekühlten Lsg. von 16,6 g **I** in trockenem Chlf. unter Rühren bis zum Bleiben der grünen Farbe, 1 std. Stehen bei Zimmer-Temp., Einengen u. Dest. des Öles (Meth. **B**); 85%. — *Triisopropylphosphat*, $C_9H_{21}O_4P$, Kp.$_{18}$ 102° nach **A**; 81%. — *Triphenylphosphat*, $C_{18}H_{15}O_4P$, F. 49—50°, nach **A**; 61%. — *Diäthylchlorphosphat*, $C_4H_{10}ClO_3P$, Kp.$_{18}$ 94—96°, durch Oxydation von 15,6 g **III** in Chlf.; 58%. — *Äthyläthylenphosphat*, $C_4H_9O_4P$, Kp.$_{0,7-0,8}$ 106—108°, Kp.$_{0,03}$ 89—90°, aus **VI** a) nach **A**; 28%; b) nach **B**; 42%. — *Äthyltrimethylenphosphat* (**II**), $C_5H_{11}O_4P$, Kp.$_{0,1}$ 114 bis 116°, aus **VII**, a) nach **A**; 52%; b) nach **B**; 65%. — *Phenyltrimethylenphosphat*, $C_9H_{11}O_4P$, F. 74—75°, aus **VIII** nach **B**; aus $CCl_4$ Nadeln; 76%. — *Bariumäthyl-[3-hydroxypropyl]-phosphat*, $C_{10}H_{24}BaO_{10}P_2$, durch 10 Min. Erwärmen von 0,7 g **II** in wss. $Ba(OH)_2$ auf 80°, Zugabe von A., Filtrieren, Zugabe von Aceton unter Schütteln, Abfiltrieren Nd., des Waschen mit Aceton u. Trocknen; 0,4 g. — *Guanidiniumtrimethylenphosphat*, $C_4H_{12}N_3O_4P$, durch Oxydation von 7 g **V** nach **B**, 1 std. Rühren des Öles in wss. Guanidiniumcarbonat-Lsg. u. Zugabe von Aceton; 52%. — *Silberäthylenphosphat* (**X**), $C_2H_4AgO_4P$, durch Oxydation von 6,3 g **IV** (nach **B**), Gießen des Öles in kaltes W., Schütteln, Zugabe einer Suspension von 16,7 g Ag-Acetat in W., 1 std. Rühren, Zugabe von Triäthylamin bis pH 7, Abfiltrieren des AgCl u. Aufarbeitung des Filtrats; 43%. — *Guanidiniumäthylenphosphat*, $C_3H_{10}N_3O_4P$, durch Rk. von 2,3 g **X** mit Guanidiniumhydrochlorid in W., Abfiltrieren des AgCl, Gefriertrocknung des Filtrats, Lösen des weißen Rückstandes in sd. Methanol, Zusatz u. Kühlen auf —10°; 88%. — *Diäthylchlorphosphit* (**III**), Kp.$_{25}$ 54 bis 56°, durch Rk. von je 2 Val. A. u. Diäthylanilin (**IX**) mit $PCl_3$ in Ae. bei 0°, Filtrieren u. Destillation. — *Äthylenchlorphosphit* (**IV**), Kp.$_{20}$ 48°, nach Lucas, Mitchell u. Scully (vgl. C. **1951**, II. 1884). — Analog: *Trimethylenchlorphosphit* (**V**), Kp.$_{19}$ 68—69°. — *Äthylenphosphit* (**VI**), Kp.$_{19}$ 57—58°. — *Äthyltrimethylenphosphit* (**VII**), Kp.$_{16}$ 68—69°. — *Phenyltrimethylenphosphit* (**VIII**), Kp.$_{0,3}$ 81—82°, aus **V** u. Phenol in Ae. in Ggw. von **IX** bei 0°. G. Heller. 590☐

**Konstitution des Cardiolipins. Vorhandensein von Glycerindiphosphorsäure in den Produkten der Salzsäurehydrolyse.** Marguerite Faure und Marie-Josephe Morelec-Coulon. (C. R. hebd. Séances Acad. Sci. **246**, 2181—83, 9/4. 1958; franz.) — In dem aus Cardiolipin, das nach der von Vff. beschriebenen Meth. (vgl. Ann. Inst. Pasteur **91**, [1956], 537) gewonnen wird, durch Kochen mit äthanol. HCl erhaltenen Hydrolysat, dessen in W. lösl., zur Entfernung der Fettsäureäthylester zuvor mit Ae. ausgewaschener Anteil einer erneuten Hydrolyse durch 1 std. Kochen mit 1 n HCl unterworfen wird, werden nach Abdest. von HCl im Vakuum aus dem Rückstand *Glycerinmonophosphorsäure* (**I**), *Glycerindiphosphorsäure* (**II**) u. freies *Glycerin* (**III**) aufgefunden. Das Mol-Verhältnis von **I** : **II** : **III** beträgt 4 : 1 : 4. Daneben sollen 12 Mol *Fettsäuren* vorliegen. Für **I**, **II** u. **III** sind Best.-Meth. angegeben. M. Blaschette-Huttinger. 590☐

**Methansulfenylchloride.** 2. Mitt. **Die Reaktion von Methansulfenylchlorid mit Äthylenoxid.** Irwin B. Douglass und Judith A. Douville. (J. org. Chemistry **25**, 2221—22, Dez. 1960; Orono, Maine, Univ., Dep. of Chem.; engl.) — Vgl. C. **1961**, 3628. — Methansulfenylchlorid (**I**) reagiert mit Äthylenoxid (**III**) unter Bldg. von *Dimethyldisulfid* (**VI**), *Äthylendichlorid* (**VII**) u. *Methansulfinsäure-2-chloräthylester* (**V**). Es wird primär die Bldg. von *Methansulfensäure-2-chloräthylester* (**II**) aus **I** u. **III** angenommen. **II** kann über *Methanthiosulfinsäure-S-methylester* u. *Methansulfinylchlorid* (**IV**) durch jeweilige Rk. mit **I**, **V**, **VI** u. **VII** liefern. **IV** setzt sich mit **III** glatt zu **V** um.

Versuche: *Methansulfenylchlorid* (**I**), durch Rk. von $Cl_2$ mit **VI** in Aceton-Trockeneis. — *Methansulfinsäure-2-chloräthylester* (**V**), $C_3H_7ClO_2S$, Kp.$_{22}$ 110°, a) durch Einleiten von **III** in **IV** unter Rühren bei —20°; $n_D^{25}$ 1,4760; $D._4^{25}$ 1,2998; 82% (Ausbeute); b) analog aus 29,5 g **III** u. **I**; 38,2 g (Ausbeute); daneben 25 g *Äthylendichlorid* (**VII**) u. 26,6 g *Dimethyldisulfid* (**VI**), c) durch Zutropfen von 0,66 Mol **I** zu 0,66 Mol **III**; 84%; daneben 76% **VII** u. 92% **VI**. D. Frank. 600☐

**Über die Darstellung und Spaltung von Fluorsulfinsäureestern.** Albrecht Zappel. (Chem. Ber. **94**, 873—80, 1961; Leverkusen, Farbenfabriken Bayer AG, Anorg.-Wiss. Labor.; dt.) — Vf. versuchte die Darst. von *Fluorsulfinsäurealkylestern* aus Chlorsulfinsäurealkylestern durch Fluorierung mit KF, NaF, $KHF_2$, TlF u. $KSO_2F$, wobei sich letzteres als wirksamstes Fluorierungsmittel erwies. Als Nebenprodd. entstehen z. B. bei der Darst. von Fluorsulfinsäurebutylester (**I**) *Buten-(1)* (**II**), *1-Fluor-*, *1-Chlor-* u. *2-Chlorbutan* sowie *Dibutylsulfit* (**IV**). Die therm. Spaltung von **I** liefert *1-* u. *2-Fluorbutan* (**IV**) u. **II**, die von Fluorsulfinsäure-β-methoxyäthylester unter Druck *2-Fluoräthylmethyläther* u. *Fluormethan*, die von Fluorsulfinsäure-α-carbäthoxyäthylester *Fluoräthan*, *Äthylen*, *α-Fluorpropionsäureäthylester* u. *Bis-[1-carbäthoxyäthyl]-sulfit*. Die Zers. erfolgt am besten in Ag-Gefäßen in Ggw. von tert.-Aminen bei schnellem Erhitzen auf 180—200°.

Versuche: Chlorsulfinsäurealkylester: *-β-methoxyäthyl-* (**V**), $C_3H_7ClO_3S$, Kp.$_5$ 62°, durch Zugeben von $SOCl_2$ bei 0° zu Glykolmonomethyläther u. Erwärmen auf ca. 40°; $n_D^{20}$ 1,4640; $D._4^{20}$ 1,293; daneben *Bis-[β-methoxyäthyl]-sulfit* ($C_6H_{14}O_5S$, Kp.$_4$ 112°; $n_D^{20}$ 1,4414; $D._4^{20}$ 1,172). — *-α-carbäthoxyäthyl-* (**III**), $C_5H_9ClO_4S$, Kp.$_3$ 65°, analog aus Milchsäureäthylester; $n_D^{20}$ 1,4580; $D._4^{20}$ 1,274; daneben *Bis-[α-carbäthoxyäthyl]-sulfit*, $C_{10}H_{18}O_7S$, Kp.$_1$ 134°; $n_D^{20}$ 1,4410; $D._4^{20}$ 1,174. — Fluorsulfinsäurealkylester: *-n-butyl-* (**I**), $C_4H_9FO_2S$, Kp. 112°, Chlorsulfinsäure-n-butylester u. $KSO_2F$ werden 2 Std. auf 100° erhitzt u. bei ca. 30 Torr trockendest.; 80% (Ausbeute). — *-β-methoxyäthyl-*, $C_3H_7FO_3S$, Kp.$_{200}$ 96°, analog aus **V**; wasserklar, erstickend riechend; 73%. — *-α-carbäthoxyäthyl-*, $C_5H_9FO_4S$, Kp.$_{11}$ 64°, analog aus **III**; 70%.

Gottfried Schreiber. 600 □

**Untersuchungen in der Reihe der organischen Schwefelverbindungen. 6. Mitt. Synthese von β-Hydroxyäthylsulfofluor-N.N-dimethylcarbamat.** B. M. Gladstein und L. S. Ssoborowski. (J. allg. Chem. [UdSSR] **30** (**92**), 1950—54, Juni 1960; russ.) — 5. vgl. C. **1962**, 10424. — Durch Chlorierung von N.N-Dimethyl-β-rhodanäthylurethan (**I**) u. nachfolgendes Umsetzen mit KF wird *N.N-Dimethyl-β-fluorsulfonyläthylurethan* (**II**) als undestillierbares Öl erhalten. **I**-Jodmethylat, das aus **I** u. $CH_3J$ in methanol. Lsg. zugänglich ist, spaltet bei 90—100° $CO_2$ unter Bldg. von *N.N-Dimethyl-β-rhodanäthylaminjodmethylat* ab. Erhitzt man **I** mit $CH_3J$ im Rohr, so wird das *Jodmethylat* des *Äthylensulfids* erhalten. **I**-Jodmethylat tauscht beim Erwärmen mit AgCN in Aceton leicht das J gegen den CN-Rest aus, doch ließen sich analyt. reine Präpp. nicht gewinnen.

Versuche: *N.N-Dimethyl-β-rhodanäthylurethan* (**I**), $C_6H_{10}N_2O_2S$, Kp.$_9$ 80—84°, durch 18 std. Rühren von Äthylenchlorhydrin mit KSCN bei 60—80° u. Zugeben von N.N-Dimethylcarbamoylchlorid in Ggw. von Triäthylamin. *Jodmethylat*, $C_7H_{13}JN_2O_2S$, mit $CH_3J$ in Methanol. — *Äthylensulfidjodmethylat*, $C_3H_7JS$, F. 180°, durch 16 std. Erwärmen von **I** mit $CH_3J$ im Rohr auf dem Wasserbad. — *N.N-Dimethyl-β-fluorsulfonyläthylurethan* (**II**), $C_5H_{10}FNO_4S$, tiefrotes Öl, durch Einleiten von $Cl_2$ in die wss. Aufschlämmung von **I** unter Belichtung. Ausziehen mit Bzl., Eindampfen, Erwärmen mit KF auf 60° u. Ausziehen mit Aceton. — *N.N-Dimethyl-β-rhodanäthylaminjodmethylat*, $C_6H_{13}JN_2S$, durch Erhitzen von **I**-Jodmethylat auf 90—100°. — *Triäthylmethansulfonylammoniumsalze*: *Chlorid*, $C_7H_{18}ClNO_2S$, F. 176—180°, durch Zutropfen von Triäthylamin zu Methansulfochlorid in Äther. *Fluorid*, $C_7H_{18}FNO_2S$, ölig, analog aus Methansulfofluorid.

H.-E. Toussaint. 600◇

**Notiz zur Hydrierung von Säureanhydriden.** Hans Musso und Karl Figge. (Chem. Ber. **95**, 1844, 16/7. 1962; Göttingen, Univ., Organ.-Chem. Inst.; dt.) — Acetanhydrid wurde an braunem $PdO/BaSO_4$ (a), Pd-Mohr (b) u. an $PtO_2$ (c) bei Raum-Temp. u. Normaldruck hydriert u. liefert dabei *Acetaldehyd* [*2.4-Dinitrophenylhydrazon* (**II**) bestimmt] u. *Äthanol* (**III**): nach a) in 120 Std. 78% (Ausbeute) **II** u. 20% **III**; nach b) in 192 Std. 84% **II** u. 15% **III**; nach c) 1. aus 0,96 g **I** mit 3,8 g $PtO_2$ in 336 Std. 2,7% **II** u. 80% **III**, 2. aus 1,98 g **I** u. 4,25 g $PtO_2$ in 144 Std. 2,4% **II** u. 80% **III**. Propionsäureanhydrid ergibt durch analoge Hydrierung nach a) in 120 Std. 90% *Propionaldehyd-2.4-dinitrophenylhydrazon* u. 10% *Propanol*. H.-J. Weigmann. 670

**Neue allgemeine Methode zur Darstellung von Alkenaldehyden.** Marc Julia und Georgette Tschernoff. (C. R. hebd. Séances Acad. Sci. **245**, 1246—49, 7/10. 1957; Paris, École nat. super. de Chim.; franz.) — Semicarbazon = SC; Dinitrophenylhydrazon = DNP. Der Äthylester (**I**) der 2-Phenoxycyclopropancarbonsäure (**II**) liefert bei der Umsetzung mit $LiAlH_4$ *2-Phenoxycyclopropylcarbinol* [**III**; $C_{10}H_{12}O_2$, Kp.$_{0,6}$ 117°, $n_D^{24}$ 1,5398; 80% (Ausbeute)]. Setzt man **I** mit $CH_3MgBr$, $C_2H_5MgBr$ oder $C_6H_5MgBr$ um, so erhalt man folgende 2-Phenoxycyclopropyldialkylcarbinole: *Dimethyl-* (**IV**), $C_{12}H_{16}O_2$, Kp.$_{0,8}$ 103°; $n_D^{22}$ 1,5210; 90%. — *Diäthyl-* (**V**), $C_{14}H_{20}O_2$, Kp.$_{0,07}$ 112°; $n_D^{20}$ 1,5164; 81%. — *Diphenyl-* (**VI**), $C_{22}H_{20}O_2$, F. 137° (A.); 33%. — **II** wird mit $CH_3Li$ in *2-Phenoxycyclopropylmethylketon* [**VII**; $C_{11}H_{12}O_2$, Kp.$_{0,07}$ 82°; $n_D^{20}$ 1,5300; 85%; *SC*, $C_{12}H_{15}N_3O_2$, F. 138—139° (A.)] übergeführt, das bei der Rk. mit Dinitrophenylhydrazin (**VIII**) das *DNP* des *Lävulinaldehyds*, F. 228°, liefert. **VII** wird mit $KBH_4$ zu *2-Phenoxycyclopropylmethylcarbinol* (**IX**; $C_{11}H_{14}O_2$, Kp.$_{0,2}$ 95°, $n_D^{18,6}$ 1,5283; 78%) red. u. mit $C_6H_5MgBr$ in *2-Phenoxycyclopropylmethylphenylcarbinol* (**X**; $C_{17}H_{18}O_2$, Kp.$_{0,2}$ 151°, $n_D^{18}$ 1,5735; 48%) umgewandelt. Die vorst. *Carbinole* liefern beim Kochen mit ½ n $H_2SO_4$ *$\Delta^2$- oder $\Delta^3$-Alkenaldehyde*, die in eine Lsg. von Semicarbazid eingeleitet u. daraus als *SC* isoliert werden: *4-Methylpenten-(3)-al-(1)* (**XI**). *SC*, $C_7H_3N_3O$, F. 122°, aus **IV**; 45%. *DNP*, $C_{12}H_{14}N_4O_4$, F. 104° (gelbe Kristalle), aus **IV** u. **VIII** in saurer Lösung. — *4-Methylpenten-(2)-al-(1)* (**XII**), durch Red. von Isobutylidenessigsäureäthylester mit $LiAlH_4$ zum *Carbinol* u. Oxydation der letzteren mit $MnO_2$ · *SC*, $C_7H_{13}O_3O$, F. 172°. *DNP*, F. 175° (orangerote Kristalle), aus **XII** u. **VIII**; b) aus **XI**–*DNP* durch Erhitzen. — *4-Äthylhexen-*

(3)-al-(1), Kp.$_{19}$ 69°, analog **XI** aus **V**; 48%. *SC*, $C_9H_{17}N_3O$, F. 133°. *DNP*, $C_{14}H_{18}N_4O_4$, F. 90°. — *4-Äthylhexen-(2)-al-(1)*. *DNP*, $C_{14}H_{18}N_4O_4$, F. 148°, aus vorst. Verb. durch Erhitzen. — *4.4-Diphenylbuten-(3)-al-(1)*. *DNP*, $C_{22}H_{18}N_4O_4$, F. 156° aus **VI** u. **VIII** in saurer Lösung. — *Penten-(2)-al-(1)*, analog **XI** aus **IX**; 40—50%. *SC*, F. 171°. *DNP*, $C_{13}H_{12}N_4O_4$, F. 158—159°. — *Penten-(3)-al-(1)*, *DNP*, F. 85°, neben vorst. *DNP* aus **IX** u. **VIII** in saurer Lsg. je nach Rk.-Bedingungen. — *4-Phenylpenten-(3)-al-(1)*, analog **XI** aus **X**; 36%. *SC*, $C_{12}H_{15}N_3O$, F. 145°. — *4-Phenylpenten-(2)-al-(1)*. *DNP*, $C_{17}H_{16}N_4O_4$, F. 178°. — *Crotonaldehyd*, Kp. 100—110°, analog **XI** aus **III**. *SC*, F. 195°. *DNP*, F. 189°. — *4-Methylpentanal-(1)*, durch katalyt. Hydrierung von **XI**. *SC*, F. 125°. — *4-Methylpenten-(3)-säure*, durch $Ag_2O$ Oxydation von **XI**. *Dibromderiv.*, F. 98°. — *1-Phenylnaphthalin*, aus **VI** u. sd. HBr–Eisessig; 50%. *4-Nitroderiv.*, F. 126°. *4-Bromderiv.*, F. 71 bis 72°. Für die *SC* u. die *DNP* der *Alkenaldehyde* sind die UV-Maxima angegeben.

H. Gleinig. 670◇

**Neue Darstellungsmethode für Nonansäure-N-vanillylamid.** A. Buzas und C. Dufour. (Ann. pharmac. franç. **17**, 453—55, Juni 1959; Sevran, Seine-et-Oise, Société E.A.C.; franz.) — Vff. beschreiben eine neue Darst.-Meth. für *N-Vanillylnonansäureamid* aus Vannillinbenzyläther.

Versuche: *Vanillinbenzyläther*, F. 63—64° (A.), durch Zugabe von KOH zu Vanillin in A., 5std. Kochen unter Zugabe von Benzylchlorid, Stehen über Nacht bei 5° u. Waschen mit A. u. W.; 78% (Ausbeute). — *O-Benzylvanillylamin*, durch Sättigen der alkohol. Lsg. vorst. Verb. mit $NH_3$ u. Hydrierung bei 50—60°/60 at in Ggw. von Raney-Ni. *Hydrochlorid*, F. 210° (A.). — *N-[O-Benzylvanillyl]-nonansäureamid*, F. 103° (A.), durch 12std. Rk. vorst. Verb. mit Pelargonylchlorid in wasserfreiem Pyridin bei 50° u. Gießen in W.; 65%. — *N-Vanillylnonansäureamid*, F. 59—60° (Essigsäureäthylester), durch Hydrierung vorst. Verb. in A. an Pd-Kohle. Gottfried Schreiber. 810◇

**Untersuchungen auf dem Gebiet der Lipide.** 6. Mitt. **Synthese von Triglyceriden der Pflanzenöle.** G. A. Sserebrennikowa, L. D. Smirnow, I. K. Ssarytschewa und N. A. Preobrashenski. (J. allg. Chem. [UdSSR] **31 (93)**, 1537—39, Mai 1961; russ.) — 5. vgl. J. allg. Chem. [UdSSR] **30 (92)**, [1960], 1117. — Durch weiteres stufenweises Acylieren von Monoglyceriden wurden einige neue *Triglyceride* synthetisiert, wie sie in pflanzlichen Ölen in der Natur vorkommen.

Versuche: *α-Linoleyl-α'-oleylglycerin*, $C_{39}H_{70}O_5$, D.$_4^{20}$ 0,9337, $n_D^{20}$ 1,4722. — *α-Linoleyl-β-linolenoyl-α'-olein* (**I**), $C_{57}H_{98}O_6$, F. —37 bis —35,5° u. —25,5 bis —24°, durch 4std. Erwärmen vorst. Verb. mit Linolensäurechlorid in Chlf.–Chinolin unter $N_2$ auf 54—56°, Verdünnen mit Ae. u. Ansäuern mit 0,5n $H_2SO_4$; D.$_4^{20}$ 0,9230, $n_D^{20}$ 1,4791; 7% (Ausbeute). — *α-Linoleyl-β-linolenoyl-α'-stearin*, $C_{57}H_{100}O_6$, F. —14 bis —13° u. —8 bis —7°, analog **I**; D.$_4^{20}$ 0,9226, $n_D^{20}$ 1,4758; 23,3%. — *α.α'-Dioleylglycerin*, $C_{39}H_{72}O_5$, F. 20—21,5°, D.$_4^{22}$ 0,9163, $n_D^{22}$ 1,4688. — *α.α'-Dioleyl-β-linolenin*, $C_{57}H_{100}O_6$, F. —48°, —27° u. —15°, analog **I** aus vorst. Verb.; D.$_4^{20}$ 0,9166, $n_D^{20}$ 1,4749; 28,3%. — *α-Palmitoyl-β.α'-dilinolein*, $C_{55}H_{98}O_6$, F. —6,5 bis —5°, analog **I** aus α-Palmitoylglycerin; D.$_4^{20}$ 0,9141, $n_D^{20}$ 1,4729; 15,5%. — *α-Palmitoyl-β.α'-dilinolenin*, $C_{55}H_{94}O_6$, F. —11 bis —10°, D.$_4^{20}$ 0,9401, $n_D^{20}$ 1,4818; 19,3%. H.-E. Toussaint. 810◇

**Untersuchungen auf dem Gebiet der Lipide.** 7. Mitt. **Synthese einiger Triglyceride des Lein- und Sojaöls.** T. K. Mitrofanowa, Je. N. Swonkowa, I. K. Ssarytschewa, Ss. P. Iwaschtschenko und N. A. Preobrashenski. (J. allg. Chem. [UdSSR] **31 (93)**, 2178—80, Juli 1961; Moskau, Lomonossow-Inst. für chem. Feintechnol.; russ.) — 6. vgl. vorst. Referat. — α-Stearoylglycerin (**I**) wird mit Ölsäurechlorid (**II**) zu *α-Stearoyl-β.α'-diolein* (**III**) umgesetzt; aus α-Stearoyl-α'-linolenoylglycerin (**IV**) erhält man analog *α-Stearoyl-β-oleyl-α'-linolenin*. Einige weitere synthet. *Triglyceride* werden beschrieben.

Versuche: *α-Steroyl-β.α'-diolein* (**III**), $C_{57}H_{106}O_6$, F. 21—21,5° (Aceton), durch Zutropfen von **II** (Kp.$_{0,5}$ 140—142°) zu **I** in Chinolin bei 0°, 5std. Kochen unter $N_2$, Verdünnen mit Ae., Ansäuern mit 10%ig. $H_2SO_4$ bei 5—6° u. Eindampfen; 27,5% (Ausbeute). — *α-Stearoyl-β-oleyl-α'-linolenin*, $C_{57}H_{102}O_6$, F. —3 bis —2° (Aceton–Ae.), analog **III** aus **IV** u. **II**; 47,4%. — *α-Stearoly-β-linoleyl-α'-linolenin*, $C_{57}H_{100}O_6$, F. —10,2 bis —9,5°, aus **IV**; D.$_4^{20}$ 0,9199, $n_D^{20}$ 1,4763; 34,6%. — *α.α'-Dilinolenoyl-β-olein*, $C_{57}H_{96}O_6$, F. —22 bis —21° u. —13 bis —12°, aus α.α'-Dilinolenin u. **II**; D.$_4^{20}$ 0,9248, $n_D^{20}$ 1,4767; 25,6%. — *α.α'-Dilinolenoyl-β-linolein*, $C_{57}H_{94}O_6$, F. —16 bis —15°; D.$_4^{20}$ 0,9319, $n_D^{20}$ 1,4775; 49,5%. H.-E. Toussaint. 810◇

**Untersuchungen auf dem Gebiet der Lipide.** 8. Mitt. **Synthese von α.β-Dilinolein.** W. I. Schwetz, L. W. Wolkowa und N. A. Preobrashenski. (J. allg. Chem. [UdSSR] **31 (93)**, 2181—83, Juli 1961; russ.) — 7. vgl. vorst. Referat. — Glycerin-α-benzyläther (**I**) wird mit 9.10.12.13-Tetrabromstearinsäurechlorid zu *α.β-Bis-[9.10.12.13-tetrabrom-*

*stearoyl]-α'-benzylglycerin* acyliert, aus dem man den Benzylrest hydrogenolyt. abspaltet. Deshalogenieren mittels Zn führt weiter zu *α.β-Dilinolein*, dessen Struktur durch die Hydrierung zu *α.β-Disterain* bestätigt wird.

Versuche: *9.10.12.13-Tetrabromstearinsäure*, F. 115—116° (Dichloräthan), durch ½std. Stehen von Linolsäure mit $Br_2$ in Chlf. bei 10—15°; 27,2% (Ausbeute). *Chlorid*, $C_{18}H_{31}Br_4ClO$, F. 58—59° (Methanol), durch Zutropfen von $SOCl_2$ zur Säure in Toluol bei 0° u. 3std. Rühren bei 70°; 99,8%. — *α.β-Bis-[9.10.12.13-tetrabromsteraroyl]-α'-benzylglycerin*, $C_{46}H_{74}Br_8O_5$, F. 67,5—68° (Ae.), durch Zugeben vorst. Chlorids in Chlf. zu **I** in Chinolin bei 0° u. 3std. Rühren bei 70°; 99,8%. — *α.β-Bis-[9.10.12.13-tetrabromstearoyl]-glycerin*, $C_{39}H_{68}Br_8O_5$, F. 71—72° (Methanol), durch Hydrieren vorst. Verb. in Eisessig/Cyclohexan (4 : 1) über Pd-Schwarz; 97,8%. — *α.β-Dilinolein*, $C_{39}H_{68}O_5$, gelbliches Öl, durch ½std. Erwärmen vorst. Verb. mit Zn-Staub in Aceton auf 40°, 1std. Kochen, Eindampfen, Ausäthern, Eindampfen u. Chromatographieren in PAe. an $SiO_2$; $D._4^{20}$ 0,9421, $n_D^{20}$ 1,4832; 59,2%. — *α.β-Distearin*, F. 71,5—72° (Chlf.-PAe.), durch Hydrieren vorst. Verb. in Eisessig über $PtO_2$; 69,3%. H.-E. Toussaint. 810◇

**Untersuchungen auf dem Gebiet der Lipide.** 9. Mitt. **Synthese einiger Triglyceride des Sojaöls.** T. K. Mitrofanowa, I. K. Ssarytschewa, Ss. P. Iwaschtschenko, Ju. B. Pjatnowa, G. A. Sserebrennikowa und N. A. Preobrashenski. (J. allg. Chem. [UdSSR] **31** (**93**), 2984—86, Sept. 1961; russ.) — 8. vgl. vorst. Referat. — α-Oleylglycerin (**I**) wird mit den entsprechenden Fettsäurechloriden in Ggw. von Chinolin weiter zu *α-Oleyl-β.α'-distearin* (**II**) u. *Triolein* acyliert. Die Synth. einiger weiterer neuer *Triglyceride* wird beschrieben.

Versuche: *α-Oleyl-β.α'-distearin* (**II**), $C_{57}H_{108}O_6$, F. 25—27° (Aceton), durch 5std. Kochen von **I** mit Stearinsäurechlorid ($Kp._{0,5}$ 156—157°, F. 22—23,5°) in Chlf.-Chinolin unter $N_2$, Verdünnen mit Ae. bei 5—6°, Ansäuern mit 10%ig. $H_2SO_4$, Eindampfen u. Chromatographieren an $SiO_2$; 28,3% (Ausbeute). — *Triolein*, $C_{57}H_{104}O_6$, F. 4—5°, analog **II** aus **I**; $D._4^{20}$ 0,9146, $n_D^{20}$ 1,4767; 51%. — *α-Linoleyl-β.α'-distearin*, $C_{57}H_{106}O_6$, F. 36—38°, analog **II**; 41,2%. — *α-Linolenoyl-β.α'-distearin*, $C_{57}H_{104}O_6$, F. 31—31,5°; 25,4%. — *α-Linoleyl-β-palmitoyl-α'-linolenin*, $C_{55}H_{96}O_6$, F. —5 bis —3°, analog **II** aus α-Linoleyl-α'-linolenin u. Palmitinsäurechlorid ($Kp._{0,4}$ 141—143°); 14,7%.

H.-E. Toussaint. 810◇

**Untersuchung auf dem Gebiet zusammengesetzter Lipide.** 2. Mitt. **Synthese ungesättigter und gesättigter α-Kephaline.** W. I. Schwetz, L. W. Wolkowa und N. A. Preobrashenski. (J. allg. Chem. [UdSSR] **31** (**93**), 2184—86, Juli 1961; Moskau, Lomonossow-Inst. für chem. Feintechnol.; russ.) — Vgl. auch vorst. Referate. — α.β-Dilinolein wird mit O-[β-Phthalimidoäthyl]-phosphorsäuredichlorid (**I**) kondensiert u. das Prod. zu *Dilinolyl-N-phthaloyl-α-kephalin* (**II**) hydrolysiert. Mit Hydrazinhydrat erhält man aus **II** *Dilinoleyl-α-kephalin* (**III**), dessen katalyt. Hydrierung *Distearoyl-α-kephalin* liefert; letzteres ist auch direkt aus α.β-Distearin u. **I** zugänglich.

Versuche: *Dilinoleyl-N-phthaloyl-α-kephalin* (**II**), $C_{49}H_{76}NO_{10}P$, gelbes Öl, durch Zutropfen von α.β-Dilinolein zu **I** in Chlf. bei 0° in Ggw. von Triäthylamin, 48std. Stehen bei 15—17°, Zugeben von wenig W. u. Pyridin u. 2std. Stehen bei 18—20°; 70,1% (Ausbeute). — *Dilinoleyl-α-kephalin* (**III**), $C_{41}H_{74}NO_8P$, durch Zugeben von 0,5n NaOH u. dann wss. Hydrazinhydrat zu **II** in Äthylenglykolmonoäthyläther bei 5°, 1½std. Erwärmen auf 60°, Eindampfen, Ausäthern, Einengen, ½std. Schütteln mit wss. Methanol. u. Ionenaustauscher Amberlite IRS-50 (N); 42,5%. — *Distearoyl-N-phthaloyl-α-kephalin*, $C_{49}H_{84}NO_{10}P$, F. 48—48,5°, analog **II** aus **I** u. α.β-Distearin; 30,4%. — *Distearoyl-α-kephalin*, $C_{41}H_{82}NO_8P$, F. 180—181° (Chlf.-Methanol), a) durch 1std. Kochen vorst. Verb. mit Hydrazinhydrat u. A. u. Ansäuern mit 83%ig. Ameisensäure; 49%; b) durch Hydrieren von **III** in Eisessig über Pt-Schwarz; 67,5%. H.-E. Toussaint. 810◇

**Synthese von Linol-, γ-Linolen-, Arachidon- und Dokosapentaen-(4.7.10.13.16)-säure.** J. M. Osbond und J. C. Wickens. (Chem. and Ind. **1959**, 1288, 10/10.; Welwyn Garden City, Herts., Roche Products Ltd., Res. Dep.; engl.) — *Linol-*, *γ-Linolen-*, *Arachidon-* u. *Dokosapentaen-(4.7.10.13.16)-säure* werden durch partielle Hydrierung der entsprechenden 3fach ungesätt. Säuren dargestellt. Sie besitzen die *all-cis*-Konfiguration.

Versuche: *Undecadiin-(2.5)-ol-(1)* (**I**), F. 1,2—1,5°, durch Kondens. von 1-Bromoctin-(2) (**IV**) mit dem Di-Grignard-Komplex aus Propargylalkohol in Tetrahydrofuran (THF) in Ggw. von Cu(I)-Salzen. — *1-Bromundecadiin-(2.5)* (**II**), durch Rk. von **I** mit $PBr_3$ in Ae./Pyridin. — *Tetradecatriin-(2.5.8)-ol-(1)* (**III**), F. 28—30°, analog **I** aus **II**. — *1-Bromtetradecatriin-(2.5.8)* (**V**), F. 5,5—7,5°, aus **III** analog **II**. — *Heptadecatetrain-(2.5.8.11)-ol-(1)*, F. 56—57°, aus **V** analog **I**. — *1-Bromheptadecatetrain-(2.5.8.11)* (**VI**), F. 26,5—28°, aus vorst. Verb. analog **II**. — *Tetradecanol-(1)*, F. 38—38,5°, durch katalyt.

Red. von **III**; 74% (Ausbeute). — *Octadecadiin-(9.12)-säure* (**VII**), F. 45—46°, durch Kondens. von **IV** mit dem Di-Grignard-Komplex aus Decin-(9)-säure in THF in Ggw. von Cu(I)-Salzen. — *Octadecatriin-(6.9.12)-säure* (**VIII**), F. 53—54°, analog **VII** aus **II** u. Heptin-(6)-säure. — *Eikosatetrain-(5.8.11.14)-säure* (**IX**), F. 81—82°, analog **VII** aus **V** u. Hexin-(5)-säure. — *Dokosapentain-(4.7.10.13.16)-säure* (**X**), F. 100—101,5°, analog **VII** aus **VI** u. Pentin-(4)-säure. — *Stearinsäure*, F. 69—70°, a) durch Hydrierung von **VII**; 84%; b) analog aus **VIII**; 85%. — *Behensäure*, F. 80—82°, durch katalyt. Hydrierung von **X**; 80%. — *Arachinsäure*, F. 72,2—75,5°, aus **IX**; 80%. — *Linolsäure*, durch partielle Hydrierung von **VII** in Ggw. von Lindlars-Katalysator (vgl. C. **1953**, 1312). *Tetrabromid*, F. 114,5—116°. *Methylestertetrabromid*, F. 58—59°. — *γ-Linolensäure*, aus **VIII**. *Hexabromid*, F. 199,5—200°. *Methylesterhexabromid*, F. 175—177°. — *Arachidonsäure*, aus **IX**, *Oktabromid*, F. 234—235°. *Methylesteroktabromid*, F. 228—229°. — *Dokosapentaen-(4.7.10.13.16)-säure*, aus **X**. L. Lamza. 810△

**Darstellung und einige Eigenschaften von N-[4-Dimethylamino-3.5-dinitrophenyl]-maleinimid und der entsprechenden Derivate der Maleinamidsäure.** R. W. Burley und T. Haylett. (Chem. and Ind. **1959**, 1285—86, 10/10.; Pretoria, South Africa, National Chem. Res. Labor.; engl.) — *N-[4-Dimethylamino-3.5-dinitrophenyl]-maleinimid* (**I**) ist in essigsaurer Lsg. bei Raum-Temp. über einen Monat stabil; beim Verdünnen mit W. nimmt die Zers.-Geschw. mit steigendem Wassergeh. zu. Eine 0,0065m Lsg. von **I** in 30%ig. Essigsäure geht bei 30° in 24 Std. quant. in *N-[4-Dimethylamino-3.5-dinitrophenyl]-maleinamidsäure* (**II**) u. bei weiterem 6tägigen Stehen in *4-Dimethylamino-3.5-dinitroanilin* über. Die Zers.-Rkk. werden IR-spektroskop. u. papierchromatograph. verfolgt.

Versuche: *4-Dimethylamino-3.5-dinitroanilin*, $C_8H_{10}N_4O_4$, F. 160°, aus 4-Dimethylamino-3.5-dinitrophenylazid nach Blanksma u. Verberg [1934]. — *N-[4-Dimethylamino-3.5-dinitrophenyl]-maleinamidsäure* (**II**), $C_{12}H_{12}N_4O_7$, F. 176° (Essigsäure), durch Zugabe von 3,1 g Maleinsäureanhydrid in Eisessig zu 7 g vorst. Verb. in Eisessig; 9,8 g (Ausbeute). — *N-[3.5-Dinitrophenyl]-maleinamidsäure*, $C_{10}H_7N_3O_7$, F. 174—175°, analog **II**. — *N-[4-Dimethylamino-3.5-dinitrophenyl]-maleinimid* (**I**), $C_{12}H_{10}N_4O_6$, F. 181° (Amylacetat oder Essigsäure), durch 1std. Kochen von 9 g **II** mit Acetanhydrid, Gießen in W. u. Neutralisieren mit Soda; 4,9 g. — *N-[3.5-Dinitrophenyl]-maleinimid*, $C_{10}H_5N_3O_6$, F. 181°, analog **I**. L. Lamza. 820△

**Eine verbesserte Darstellung von aliphatischen ω-Hydroxysäuren und deren Estern.** D. G. M. Diaper und D. L. Mitchell. (Canad. J. Chem. **38**, 1976—82, Okt. 1960; Kingston, Ontario, Canada, Royal Military Coll. of Canada, Dep. of Chem.; engl.) — *ω-Hydroxysäuren* bzw. deren *Ester* werden durch reduktive Spaltung der entsprechenden Ozonide aus ungesätt. Carbonsäuren mit $NaBH_4$ oder $H_2$ in sehr guten Ausbeuten erhalten.

Versuche: *10-Hydroxydecansäure*, F. 77° (Bzl.), a) durch Ozonisieren von Undecen-(10)-säure (**I**) in Methanol bei 0°, Zugabe zu einer Lsg. von NaOH u. $NaBH_4$ in 50%ig. A., 10std. Stehen bei 20°, Eindampfen im Vakuum bei 40° u. Ansäuern mit verd. HCl; 91% (Ausbeute); b) analog a) durch Hydrieren des Ozonids mit 2000 lbs./sq.in. $H_2$ in A. in Ggw. von Raney-Ni W-2 bei 130—150°; 56%; c) durch Verseifen des Acetyl-Deriv. mit KOH in verd. Alkohol. *Äthylester*, F. 15°, Kp.$_{0,07}$ 114—115°, a) durch Ozonisieren des **I**-Äthylesters in abs. A. u. 24std. Stehen mit $NaBH_4$ in abs. A. bei 5°; 94%; b) Ozonisieren des **I**-Methylesters u. 30std. Stehen mit einer 3%ig. äthanol. $NaBH_4$-Lsg.; 82%; c) durch Hydrieren des Ozonids; $n_D^{22}$ 1,4410; 71% [*N-Phenylcarbamat*, $C_{19}H_{29}NO_4$, F. 52—54°]. *Acetyl-Deriv.*, F. 34,5—36°, durch Oxydation von **II** mit Luft in 20%ig. $MnCl_2$-Lsg.; 65—68%. — *Essigsäureundecen-(10)-ylester*, durch Acetylieren von Undecen-(10)-ol-(1) mit Acetanhydrid nach Chuit [1926]; 83—86%. — *10-Acetoxydecanal* (**II**), Kp.$_{0,3}$ 113—118°, durch Ozonisieren vorst. Verb. in Essigsäure u. Red. mit Zn in Ae./W. nach Adams u. Noller [1926]. *Oxim*, $C_{12}H_{23}NO_3$, F. 67,5—68°; aus A. Prismen. *p-Nitrophenylhydrazon*, $C_{18}H_{27}N_3O_4$, F. 118°; aus wss. Essigsäure gelbe Nadeln. — *9-Hydroxynonansäure*, F. 50—51° (Äthylacetat), a) aus Linolsäureozonid in abs. A. u. 48std. Red. mit $NaBH_4$ in verd. A.; 42%; b) analog a) aus Ölsäure; 50%; c) analog a) aus Elaidinsäure; 74%. *Methylester*, Kp.$_{0,1}$ 103—109°, a) durch Ozonisieren von 20,6 g Ölsäuremethylester u. Red. mit $NaBH_4$; $n_D^{21}$ 1,4433; 11,75 g; daneben *Nonanol*, Kp.$_{0,1}$ 80—100°; $n_D^{22}$ 1,4340; 7,2 g; b) analog durch Hydrieren des Ozonids; c) aus Linolsäuremethylester analog a) oder b) [*N-Phenylcarbamat*, F. 53—54°]. *Äthylester* ($C_{11}H_{22}O_3$, Kp.$_{0,2}$ 110—118°), a) durch Ozonisieren von Linolsäureäthylester u. Red. mit $NaBH_4$ in abs. A.; $n_D^{21}$ 1,4441; 73%; b) analog a) durch Red. mit $H_2$; 65% [*N-Phenylcarbamat*, $C_{18}H_{27}NO_4$, F. 60—61,5° (2.2.4-Trimethylpentan/Bzl.)]. *Isopropylester*, $C_{12}H_{24}O_3$, Kp.$_{0,4}$ 116—120°, durch Ozonisieren von Ölsäureisopropylester u. Red.

mit $NaBH_4$; $n_D^{25,5}$ 1,4399; 70,5% [N-Phenylcarbamat, $C_{19}H_{29}NO_4$, F. 66,5—68° (2.2.4-Trimethylpentan/Bzl.)]. — (—)-*Nonandiol-(1.3)*, $C_9H_{20}O_2$, Kp.$_{0,1}$ 97—99°, durch Ozonisieren von Ricinolsäure u. Red. mit $NaBH_4$; $n_D^{23,5}$ 1,4506, $[\alpha]_D^{22}$ —6,0 bzw. —6,3° (c = 10; A.); 72%. — (±)-*Nonandiol-(1.3)*, $C_9H_{20}O_2$, Kp.$_{0,1}$ 97—99°, durch Rk. von n-Heptanal mit Bromessigsäureäthylester nach Reformatski, Abfiltrieren u. 2std. Kochen mit $LiAlH_4$ in Ae.; $n_D^{23}$ 1,4512; 52,5%. *N-Phenylcarbamat*, $C_{16}H_{25}NO_3$, F. 83 bis 84,5° (2.2.4-Trimethylpentan). *Bis-N-phenylcarbamat*, $C_{23}H_{30}N_2O_4$, F. 85—85,5° (2.2.4-Trimethylpentan). W. Hampel. 850◇

**Ester und Derivate von N-substituierten Dithiocarbaminsäuren und O-Alkylhydrogendithiocarbonaten.** J. L. Garraway. (J. chem. Soc. [London] **1962**, 4072 bis 4076, Okt.; Ashford, Kent, Univ. of London, Wye Coll.; engl.) — Vgl. C. **1962**, 4905. — Vf. beschreibt die Darst. von ω-[*N-Alkylthiocarbamoylmercapto*]-*alkansäuren* durch Einw. von ω-Halogenalkansäuren oder der entsprechenden Nitrile auf Na-Salze der N-Alkyldithiocarbaminsäuren. β-[*Alkoxythiocarbonylmercapto*]-*propionsäuren* werden durch Addition von K—O-Alkyldithiocarbonaten an Acrylsäure (**I**) erhalten. β-[N-Alkylthiocarbamoylmercapto]-propionsäuren werden durch $PCl_3$ zu *3-Alkyltetrahydro-4-oxo-2-thionothiazinen* cyclisiert. Die UV-Spektren der dargestellten u. der l. c. beschriebenen Verbb. in abs. A. wurden aufgenommen (Bandentabelle). Die UV-spektrophotometr. Best. der Geschw.-Konst. der Zers. in A. bei 26° ergab für die β-Thiocarbamoylmercaptopropionsäuren, die entsprechenden 3-substituierten Tetrahydro-4-oxo-2-thionothiazine bzw. die analogen 3-substituierten Rhodanine folgende Werte ($10^{-4}$ $min^{-1}$): *unsubstituiert*, 0; 10,0; —. — *Methyl-*, 0; 43,0; 0. — *Phenyl-*, 1,35; 14,3; 39,0. — *p-Tolyl-*, 0,76; 9,7; 65,0. — *p-Chlorphenyl-*, 1,60; 41,9; 270. — *2.4-Dichlorphenyl-*, 2,38; 30,5; 235. — *p-Nitrophenyl-*, 3,93; 41,8; 167.

Versuche: β-[N-Alkylthiocarbamoylmercapto]-propionsäuren, durch 1std. Erhitzen von Na-β-Chlorpropionat mit Na-N-Alkyldithiocarbamat in W. auf dem Wasserbad (Verf. **A**): *unsubstituiert*, $C_4H_7NO_2S_2$, F. 124—125° (W.); 24% (Ausbeute). — *N-Methyl-*, $C_5H_9NO_2S_2$, F. 85—86,5° (W.); 39%. — *N-Äthyl-*, $C_6H_{11}NO_2S_2$, F. 95—96° (W.); 36%. — *N-n-Propyl-*, $C_7H_{13}NO_2S_2$, F. 75—76° (W.); 15%. — *N-Isopropyl-*, $C_7H_{13}NO_2S_2$, F. 59,5—60,5° (W.); 11%. — *N-n-Butyl-*, $C_8H_{15}NO_2S_2$, F. 83 bis 84° (W.); 27%. — *N-Isobutyl-*, $C_8H_{15}NO_2S_2$, F. 75—77° (W.); 25%. — *N.N-Dimethyl-*, $C_6H_{11}NO_2S_2$, F. 143—145° (W.); 53%. — *N.N-Diäthyl-*, $C_8H_{15}NO_2S_2$, F. 95—96° (W.); 54%. — *N.N-Di-n-propyl-*, $C_{10}H_{19}NO_2S_2$, F. 34,5—35,5° (W.); 25%. — *N.N-Diisopropyl-*, $C_{10}H_{19}NO_2S_2$, F. 105—106° (W.); 12%. — *N.N-Di-n-butyl-*, $C_{12}H_{23}NO_2S_2$. — *N.N-Diisobutyl-*, $C_{12}H_{23}NO_2S_2$, F. 69,5—70,5° (W.); 32%. — *N.N-Tetramethylen-*, $C_8H_{13}NO_2S_2$, F. 169—170° (W.); 36%. — *N.N-Pentamethylen-*, $C_9H_{15}NO_2S_2$, F. 103,5 bis 104,5° (W.); 46%. — ω-[N.N-Dimethylthiocarbamoylmercapto]-alkansäuren, durch ½std. Kochen von Na-N.N-Dimethyldithiocarbamat mit ω-Bromcarbonsäurenitril in A., Hydrolyse mit konz. HCl u. Umkristallisieren aus Bzl.–PAe. (3:17): *-essigsäure*, $C_5H_9NO_2S_2$, F. 152—153°, nach **A**; 50%. — *-propionsäure*, $C_6H_{11}NO_2S_2$, F. 143—145°, nach **A**; 53%. — *-buttersäure*, $C_7H_{13}NO_2S_2$, F. 96,5—98°; 34%. — *-valeriansäure*, $C_8H_{15}NO_2S_2$, F. 91,5—92,5°; 27%. — *-capronsäure*, $C_9H_{17}NO_2S_2$, F. 82 bis 83,5°; 27%. — *-önanthsäure*, $C_{10}H_{19}NO_2S_2$, F. 84—85°; 36%. — β-[Alkoxythiocarbonylmercapto]-propionsäuren, durch Zugabe von **I** zu K—O-Alkyldithiocarbonaten in Methanol: *Methoxy-*, $C_5H_8O_3S_2$, Kp.$_{0,7}$ 139°, nach **A**; 19%. — *Äthoxy-*, $C_6H_{10}O_3S_2$, F. 70—71° (PAe.); 33%. — *n-Propoxy-*, $C_7H_{12}O_3S_2$, F. 53—55° (PAe.); 24%. — *Isopropoxy-*, $C_7H_{12}O_3S_2$, F. 42—43° (PAe.); 34%. — *n-Butoxy-*, $C_8H_{14}O_3S_2$, F. 37—38° (PAe.); 18%. — *Isobutoxy-*, $C_8H_{14}O_3S_2$, F. 53—54,5° (PAe.); 34%. — 3-Alkyltetrahydro-4-oxo-2-thionothiazine, durch 1std. Kochen von β-[N-Alkylthiocarbamoylmercapto]-propionsäuren mit $PCl_3$: *unsubstituiert*, $C_4H_5NOS_2$, F. 120 bis 121° (W.); 10%. — *3-Methyl-*, $C_5H_7NOS_2$, F. 80,5—81,5° (W.); 41%. — *3-Äthyl-*, $C_6H_9NOS_2$, F. 65—66° (W.); 40%. — *3-n-Propyl-*, $C_7H_{11}NOS_2$, F. 25,5—26,5° (W.); 55%. — *3-Isopropyl-*, $C_7H_{11}NOS_2$, F. 47—49° (W.); 65%. — *3-n-Butyl-*, $C_8H_{13}NOS_2$, Kp.$_3$ 159—161°; 37%. — *3-Isobutyl-*, $C_8H_{13}NOS_2$, Kp.$_1$ 142—143°; 20%.

A. Trede. 880◇

**Die Addition von N-alkylsubstituierten Dithiocarbamin- und Alkoxydithioameisensäuren an Propiolsäure.** J. L. Garraway. (J. chem. Soc. [London] **1962**, 4077—80, Okt.; engl.) — Vgl. vorst. Referat. — Vf. beschreibt die Darst. von β-[*N-Alkylthiocarbamoylmercapto*]- (**A**) u. β-[*Alkoxythiocarbonylmercapto*]-*acrylsäuren* (**B**) durch Addition von Na- oder $NH_4$-Salzen der N-Alkyldithiocarbaminsäuren bzw. O-Alkyldithiokohlensäuren an Propiolsäure (**I**). Durch Kochen von cis-β-[N.N-Dialkylthiocarbamoylmercapto]-acrylsäuren in W.–HBr werden die isomeren *trans-Verbb.* erhalten. **A** werden durch $PCl_3$ zu *3-Alkyl-3.4-dihydro-4-oxo-2-thionothiazinen* (**C**) cyclisiert. Die

UV-Spektren der dargestellten Verbb. wurden in abs. A. aufgenommen (Bandentabelle). **A** u. **B** werden in abs. A. bei 26° zersetzt, die Geschw.-Konst. betragen bei *β-[Thiocarbamoylmercapto]-*, $2{,}86 \cdot 10^{-5}$ [$min^{-1}$], *β-[N-Methylthiocarbamoylmercapto]-*, $2{,}50 \cdot 10^{-3}$, *β-[N.N-Dimethylthiocarbamoylmercapto]-*, $2{,}86 \cdot 10^{-5}$, u. *β-[Methoxythiocarbonylmercapto]-acrylsäure*, $2{,}86 \cdot 10^{-5}$. **C** sind unter diesen Bedingungen stabil.

Versuche: β-[N-Alkylthiocarbamoylmercapto]-acrylsäuren (**A**), a) durch Zugabe von **I** zu $NH_4$-N-Alkyldithiocarbamat in Methanol unter Kühlung; b) durch Zugabe von **I** zu Na-N.N-Dialkyldithiocarbamat in Methanol unter Kühlung u. 2tägiges Stehen: *unsubstituiert*, $C_4H_5NO_2S_2$, F. 164° (Zers.; W.), nach a); 18% (Ausbeute). — *N-Methyl-*, $C_5H_7NO_2S_2$, F. 139° (Zers.), nach a); 28%. — *N-Äthyl-*, $C_6H_9NO_2S_2$, F. 133° (Zers.), nach a); 18%.— *N-n-Propyl-*, $C_7H_{11}NO_2S_2$, F. 137° (Zers.), nach a); 17%. — *N-Isopropyl-*, $C_7H_{11}NO_2S_2$, F. 134° (Zers.), nach a); 9%. — *N-n-Butyl-*, $C_8H_{13}NO_2S_2$, F. 139° (Zers.), nach a); 23%. — *N-Isobutyl-*, $C_8H_{13}NO_2S_2$, F. 133° (Zers.), nach a); 28%. — *cis-*, F. 165° (Zers.; 50%ig. Methanol), nach b); 21%; u. *trans-N.N-Dimethyl-*, $C_6H_9NO_2S_2$, F. 155° (Zers.; Essigester), aus der cis-Verb. durch 1std. Kochen mit W. u. konz. HBr; 25%. — *cis-*, F. 158° (Zers.), nach b); 41%; u. *trans-N.N-Diäthyl-*, $C_8H_{13}NO_2S_2$, F. 116—118°, aus der cis-Verb. analog; 20%. — *N.N-Di-n-propyl-*, $C_{10}H_{17}$·$NO_2S_2$, F. 155° (Zers.), nach b); 40%. — *N.N-Di-n-butyl-*, $C_{12}H_{21}NO_2S_2$, F. 128—129°, nach b); 60%. — *N.N-Diisobutyl-*, $C_{12}H_{21}NO_2S_2$, F. 125—127°, nach b); 43%. — *N.N-Tetramethylen-*, $C_8H_{11}NO_2S_2$, F. 199° (Zers.), nach b); 30%. — *N.N-Pentamethylen-*, $C_9H_{13}NO_2S_2$, F. 152—154°, nach b); 26%. — β-[Alkoxythiocarbonylmercapto]-acrylsäuren (**B**), durch Zugabe von **I** zu $NH_4$-O-Alkyldithiocarbonat in Methanol unter Kühlung: *Methoxy-*, $C_5H_6O_3S_2$, F. 169° (Zers.); 17%. — *Äthoxy-*, $C_6H_8O_3S_2$, F. 150° (Zers.); 21%. — *n-Propoxy-*, $C_7H_{10}O_3S_2$, F. 113—114°; 9%. — *Isopropoxy-*, $C_7H_{10}O_3S_2$, F. 152° (Zers.); 15%. — *n-Butoxy-*, $C_8H_{12}O_3S_2$, F. 90—92°; 10%. — *Isobutoxy-*, $C_8H_{12}$·$O_3S_2$, F. 106—107°; 5%. — *3-Alkyl-3.4-dihydro-4-oxo-2-thionothiazine* (**C**), durch 1std. Kochen von **A** mit $PCl_3$: *3-Methyl-*, $C_5H_5NOS_2$, F. 75—76° (W.); 42%. — *3-Äthyl-*, $C_6H_7NOS_2$, F. 48—49°; 14%. — *3-n-Propyl-*, $C_7H_9NOS_2$, F. 39—40°; 42%. — *3-n-Butyl-*, $C_8H_{11}NOS_2$, F. 38—39°; 41%. — *3-Isobutyl-*, $C_8H_{11}NOS_2$, Kp.$_2$ 136—138°; 19%.

A. Trede. 880◇

**Hexacyanäthan.** S. Trofimenko und B. C. McKusick. (J. Amer. chem. Soc. **84**, 3677—78, 5/10. 1962; Wilmington, Del., E. I. du Pont de Nemours and Co., Inc., Central Res. Dep., Exper. Stat.; engl.) — Durch Rk. von Pentacyanäthyl-Na (**II**) mit ClCN, bes. in Ggw. von $AlCl_3$, wird *Hexacyanäthan* (**I**) dargestellt. **I** zersetzt sich bereits bei Raum-Temp. zu *Tetracyanäthylen* u. polymeren Prodd.; in Essigester, Tetrahydrofuran oder Dimethoxyäthan zerfällt es über Nacht vollständig. Die Struktur von **I** wird durch das IR- u. das Massenspektrum gestützt. Die Verbrennungswärme von **I** beträgt 990 kcal/Mol bei 25°; hieraus ergibt sich nach der Meth. von Kirshenbaum u. Grosse (C. **1956**, 13619) eine Flammen-Temp. der Rk. $C_8N_6 + 8\,O_2 \rightarrow 8\,CO_2 + 3\,N_2$ von 4000—4600° K u. die Bldg.-Wärme von **I** mit 240 kcal/Mol bei 25°. Verbb. mit akt. H-Atomen reagieren mit **I** zu *HCN* u. Teeren.

Versuche: *Hexacyanäthan*, $C_8N_6$, Zers. bei 150—300° (geschlossene Capillare; Sublimation $>$150°), durch ½ std. Kochen von **II**, $AlCl_3$ u. ClCN, Eindampfen, Trocknen, Sublimieren bei 75°/2 Torr u. Waschen mit Bzl.; 17% Ausbeute. E. Reichelt. 890◇

**Darstellung von γ-ungesättigten α-alkylierten Aminen.** Henri Cottin. (C. R. hebd. Séances Acad. Sci. **255**, 1302—04, 27/8. 1962; Angers, Ecole Nat. de Méd. et de Pharmac., Labor. de Chim. organ.; franz.) — Vgl. C. **1962**, 8581. — Aus Cyanessigsäureäthylester wird mit Hexylbromid bzw. Benzylchlorid *α-Hexyl-* [$C_{14}H_{23}NO_2$, Kp.$_{20}$ 168°, $D._4^{20}$ 0,955, $n_D^{20}$ 1,4452; 50% (Ausbeute)] bzw. *α-Benzyl-α-allylcyanessigsäureäthylester* ($C_{15}H_{17}NO_2$, Kp.$_{20}$ 187°, $D._4^{20}$ 1,046, $n_D^{20}$ 1,5026; 25%) dargestellt; daneben treten in ca. 30%ig. Ausbeute die *Dihexyl-* bzw. die *Dibenzyl-Verb.* sowie (im 2. Fall) erhebliche Teermengen auf. Trotz Zugabe von Ae. u. Anwendung eines Cyanacetatüberschusses sind hier die Ausbeuten nicht zu verbessern. Dank der Stabilität der Nitrilgruppe können die Verbb. durch ½ std. Kochen mit 10%ig. NaOH in 80%ig. Ausbeute zu *2-Hexyl-* ($C_{10}H_{19}N$, Kp.$_{20}$ 156°, $D._4^{25}$ 0,861, $n_D^{25}$ 1,4425) bzw. *2-Benzylpenten-(4)-säurenitril* ($C_{12}H_{13}N$, Kp.$_{20}$ 158°, $D._4^{23}$ 0,974, $n_D^{23}$ 1,5186) verseift werden. Diese Verbb. werden wie die früher (l. c.) dargestellten Nitrile mit Na in A. in 80%ig. Ausbeute in folgende Penten-(4)-ylamine übergeführt: *2-Hexyl-*, $C_{11}H_{23}N$, Kp.$_{22}$ 122°, $D._4^{18}$ 0,819, $n_D^{18}$ 1,4507. *Hexachloroplatinat (H)*, $C_{22}H_{48}Cl_6N_2Pt$, F. 173°. *Pikrat (P)*, $C_{17}H_{26}N_4O_7$, F. 129°. — *2-Benzyl-*, $C_{12}H_{17}N$, Kp.$_{22}$ 128°, $D._4^{18}$ 0,939, $n_D^{18}$ 1,5208. *H*, $C_{24}H_{36}Cl_6N_2Pt$, F. 185°. *P*, $C_{18}H_{20}N_4O_7$, F. 137°. — *2-Methyl-*, $C_6H_{13}N$, Kp.$_{760}$ 121°, $D._4^{22}$ 0,793, $n_D^{22}$ 1,4342. *H*, $C_{12}H_{28}Cl_6N_2Pt$, F. 145°. *P*, $C_{12}H_{16}N_4O_7$, F. 124°. — *2-Äthyl-*, $C_7H_{15}N$, Kp.$_{760}$ 139°, $D._4^{22}$ 0,799, $n_D^{22}$ 1,4385. *H*, $C_{14}H_{32}Cl_6N_2Pt$, F. 168°. *P*, $C_{13}H_{18}N_4O_7$, F. 143°. — *2-n-Propyl-*

$C_8H_{17}N$. Kp.$_2$ 66°, D.$_4^{17}$ 0,806, $n_D^{17}$ 1,4445. *H*, $C_{16}H_{36}Cl_6N_2Pt$, F. 198° *P*, $C_{14}H_{20}N_4O_7$, F. 157°. — *2-Isopropyl-*, Kp.$_{15}$ 55°, D.$_4^{17}$ 0,817, $n_D^{17}$ 1,4484. *H*, F. 195°. *P*, F. 171°. — *2-Butyl-*, $C_9H_{19}N$, Kp.$_{15}$ 74°, D.$_4^{20}$ 0,803, $n_D^{20}$ 1,4499. *H*, $C_{18}H_{40}Cl_6N_2Pt$, F. 210°. *P*, $C_{15}H_{22}N_4O_7$, F. 148°. B. Gnauck. 910◇

**Organische Verbindungen des Phosphors.** 3. Mitt. **Eine neue Methode zur Darstellung primärer Phosphine.** F. Pass, E. Steininger und H. Zorn. (Mh. Chem. **93**, 230—36, 1962; Wien, TH, Inst. für Chem. Techn. organ. Stoffe; dt.) — 2. vgl. C. **1960**, 17086. — $PH_3$ bildet mit $AlCl_3$ einen 1:1-Komplex der Zus. $PH_3 \cdot AlCl_3$ (**I**), welcher bei der Rk. mit Alkylhalogeniden (**A**) überwiegend Monosubstitution am P zeigt. Eine Reihe von *Alkylphosphinen* wird nach diesem Verf. dargestellt.

Versuche: $AlCl_3 \cdot PH_3$ (**I**), durch Leiten von $PH_3$ [aus AlP durch Zers. mit W., in Dioxan) über wasserfreies $AlCl_3$ mit einer Geschw. von ca. 8 Liter/h bei 75—80°, Erwärmen auf 82° gegen Ende der Rk. u. mehrfaches kurzes Kühlen bis zur Kristallisation von **I**; 85—90% ($PH_3$-Aufnahme, bezogen auf $AlCl_3$). — Prim. Alkylphosphine: durch Zugabe der **A** (Chloralkan, wenn nicht anders vermerkt) zu frisch bereitetem **I** bei 80° bis zur unter Aufschäumen u. Temp.-Abfall erfolgenden Braunfärbung u. vorsichtige Zers. mit Eis/HCl unter $N_2$; das Verhältnis **I**:**II** ist im folgenden angegeben; Ausbeuten sind auf **II** bezogen: *n-Butyl-*, $C_4H_{11}P$, Kp.$_{760}$ 76°, 3:2,2; D.$_4^{20}$ 0,7693; $n_D^{20}$ 1,4372; 37% (Ausbeute). — *tert.-Butyl-*, $C_4H_{11}P$, Kp.$_{760}$ 54°, 3:2,2; D.$_4^{20}$ 0,7360; $n_D^{20}$ 1,4252; 50%. — *n-Amyl-*, $C_5H_{13}P$, Kp.$_{760}$ 102°, 3:2,25; D.$_4^{20}$ 0,7769; $n_D^{20}$ 1,4431; 48%. — *n-Hexyl-*, $C_6H_{15}P$, Kp.$_{760}$ 128°, a) aus 1-Chlorhexan; 1,3:1; D.$_4^{20}$ 0,7909; $n_D^{20}$ 1,4482; 55%; b) aus 1-Bromhexan; 1,3:1; 64%. — *n-Octyl-*, $C_8H_{19}P$, Kp.$_{760}$ 169°, a) aus 1-Chloroctan; 2,5:1,9; D.$_4^{20}$ 0,8082; $n_D^{20}$ 1,4548; 62%; b) aus 1-Bromoctan; 2:1,45; 76%. — *n-Nonyl-*, $C_9H_{21}P$, Kp.$_{760}$ 187°, 3:2,15; D.$_4^{20}$ 0,8122; $n_D^{20}$ 1,4571; 65%. — *n-Decyl-*, $C_{10}H_{23}P$, Kp.$_{760}$ 203°, aus 1-Bromdecan; 2,5:1,8; D.$_4^{20}$ 0,8163; $n_D^{20}$ 1,4591; 68%. — *n-Dodecyl-*, $C_{12}H_{27}P$, Kp.$_{100}$ 176°, 2,5:1,7; D.$_4^{20}$ 0,8227; $n_D^{20}$ 1,4622; 70%. — *n-Tetradecyl-*, $C_{14}H_{31}P$, Kp.$_{100}$ 199°, 2,5:1,8; D.$_4^{20}$ 0,8268; $n_D^{20}$ 1,4638; 74%. — *n-Hexadecyl-*, $C_{16}H_{35}P$, Kp.$_2$ 121°, 2:1,7; D.$_4^{20}$ 0,8281; $n_D^{20}$ 1,4648; 81%. — *n-Octadecyl-*, $C_{18}H_{39}P$, F. —15°, Kp.$_{20}$ 204°, 2,15:1,5; D.$_4^{20}$ 0,8289; $n_D^{20}$ 1,4651; 83%. — *Cyclopentyl-*, $C_5H_{11}P$, Kp.$_{760}$ 121°, aus Bromcyclopentan; 1,5:1,27; D.$_4^{20}$ 0,8818; $n_D^{20}$ 1,4899; 15%. — *Cyclohexyl-*, $C_6H_{13}P$, Kp.$_{760}$ 138°, 2,5:1,5; D.$_4^{20}$ 0,8750; $n_D^{20}$ 1,4860; 28%.

H.-J. Weigmann. 980

**Die Einwirkung von Schwefelmonochlorid auf Phenole.** Z. S. Ariyan und L. A. Wiles. (J. chem. Soc. [London] **1962**, 3876—79, Okt.; Shrivenham, Swindon, Wilts., Royal Military Coll. of Sci., Dep. of Chem. and Metallurgy; engl.) — Vff. untersuchen die Einw. von $S_2Cl_2$ auf Phenole, in den meisten Fällen werden *Diarylsulfide* mit unterschiedlichem S-Geh. erhalten. Mit Pikrinsäure u. Pentachlorphenol findet keine Rk. statt, mit Naphthalindiol-(1.5) entsteht *4.8-Bis-[chlordisulfido]-naphthalindiol-(1.5)*. Hinweise für das Entstehen von Diaryloxysulfiden u. -disulfiden (vgl. Giacomello [1935] liegen nicht vor.

Versuche: *Bis-[p-hydroxyphenyl]-disulfid*, $C_{12}H_{10}O_2S_2$, F. 151° (Bzl.), a) aus $S_2Cl_2$ u. Phenol in Bzl. bei 0° unter $N_2$; 78% (Ausbeute); b) durch Zutropfen von $S_2Cl_2$ in PAe. zu Na-Phenolat unter Rühren. *Dibenzoat*, $C_{26}H_{18}O_4S_2$, F. 167° (Bzl.-A.). *Diacetat*, $C_{16}H_{14}O_4S_2$, F. 89° (A.). — *Bis-[5-chlor-2-hydroxyphenyl]-sulfid*, $C_{12}H_8Cl_2O_2S$, F. 177° (Bzl.), aus p-Chlorphenol u. $S_2Cl_2$ in Bzl. bei 0° u. 4 Tage bei Raum-Temp.; 79%. — *Bis-[3-hydroxy-2.4.6-trimethylphenyl]-tetrasulfid*, $C_{18}H_{22}O_2S_4$, F. 159—160° (Bzl.-PAe.), aus 2.4.6-Trimethylphenol u. $S_2Cl_2$ in Bzl., 3 Tage bei Raum-Temp. rühren; 52%. — *4-Chlormethyl-2.3.5.6-tetramethylphenol*, $C_{11}H_{15}ClO$, F. 152° (Bzl.-PAe.), a) durch 3std. Kochen von $S_2Cl_2$ u. Pentamethylphenol in Bzl.; 59%; b) durch 6std. Erwärmen von 2.3.5.6-Tetramethylphenol, konz. HCl u. 40%ig. wss. HCHO auf 60—65°; 85%. — *Bis-[4-hydroxynaphthyl-(1)]-trisulfid*, $C_{20}H_{14}O_2S_3$, F. 195° (Zers.; Essigsäure), aus $S_2Cl_2$ u. α-Naphthol in Bzl. bei 0°; 63%. — *4-Mercaptonaphthol-(1)*, F. 113—114° (PAe.), durch 1std. Kochen von vorst. Verb. mit Zn in Essigsäure-konz. HCl. — *Bis-[2-hydroxynaphthyl-(1)]-sulfid*, F. 215° (A.), aus $S_2Cl_2$ u. β-Naphthol in Bzl. bei 0°; 57%. — *9-[Phenoxydisulfido]-anthracen*, $C_{20}H_{14}OS_2$, durch Schütteln von Na-Phenolat u. 9-[Chlordisulfido]-anthracen in Chlf. während eines Tages bei Raum-Temp.; 25%.

A. Trede. 1090◇

**Reaktion von Äthoxychlorchinonen mit Aminen.** 2. Mitt. **Reaktionen von Äthoxytrichlor-1.4-benzochinon.** A. Ja. Berlin und A. N. Makarowa. (J. allg. Chem. [UdSSR] **30** (**92**), 1582—85, Mai 1960; Inst. für exp. u. klin. Onkol. der Akad. der med. Wiss. der UdSSR; russ.) — 1. vgl. C. **1962**, 1962. — Das durch Rk. von Chloranil mit A. in Ggw. von Triäthylamin zugängliche *Äthoxytrichlor-1.4-benzochinon* (**I**) wird durch $Na_2S_2O_4$ zum *Hydrochinon* reduziert. Mit Äthylenimin tauscht **I** bevorzugt den Äthoxyrest unter Bldg. von *Äthyleniminotrichlor-1.4-benzochinon* (II) aus. II setzt sich mit Morpholin zu *2.5-Dichlor-3-äthylenimino-6-morpholino-1.4-benzochinon* um, doch findet daneben auch eine Substitution des Äthyleniminorestes unter Bldg. von *2.5-Dichlor-3.6-dimorpholino-1.4-benzochinon* statt.

Versuche: 1.4-Benzochinone: *Äthoxytrichlor-* (I), $C_8H_5Cl_3O_3$, F. 98—99°, durch $^1/_4$std. Erhitzen von Chloranil mit wenig Triäthylamin in A.; aus A. gelbe Blättchen. — *2.5-Dihydroxy-3.6-dichlor-* (*Chloranilsäure*), F. 280—281°, durch Zutropfen von KOH zu I u. Behandeln des Nd. mit verd. HCl; hellrote Blättchen. — *Äthyleniminotrichlor-*(II), $C_8H_4Cl_3NO_2$, F. 185—186°, aus I u. wenig Äthylenimin in A.; kirschrote Plättchen; 75% (Ausbeute). — *2.5-Dichlor-3-äthylenimino-6-morpholino-*, $C_{12}H_{12}Cl_2N_2O_3$, F. 142—143°, aus II u. Morpholin in Methanol; aus A. dunkelgrüne Blättchen; 70%; daneben *2.5-Dichlor-3.6-dimorpholino-1.4-benzochinon*, F. 202—203°, aus A. hellrote Plättchen. — *2.5-Dichlor-3-äthylenimino-6-cyclohexylamino-*, $C_{14}H_{16}Cl_2N_2O_2$, F. 185—186°, durch 24std. Stehen von 0,1 g II mit Cyclohexylamin u. Triäthylamin in Methanol unter Kühlung; aus A. gelbbbraune Plättchen; 0,03 g; daneben *Cyclohexylaminotrichlor-1.4-benzochinon*, $C_{12}H_{12}Cl_3NO_2$, F. 125—126°, aus A. kirschrote Prismen, 0,02 g; u. *2.5-Dichlor-3.6-[bis-[cyclohexylamino]-1.4-benzochinon*, 0,04 g. — *Äthoxytrichlorhydrochinon*, $C_8H_7Cl_3O_3$, F. 127—128° (wss. A.), aus I u. wss. $Na_2S_2O_4$. H.-E. Toussaint. 1190◇

**Ester des Acetoncyanhydrins mit aromatischen Säuren.** L. M. Jagupolski und R. W. Belinskaja. (J. allg. Chem. [UdSSR] **30** (**92**), 2014—16, Juni 1960; Inst. für organ. Chem. der Akad. der Wiss. der UkrainSSR; russ.) — Zur Unters. ihrer möglichen Verwendbarkeit als Insekticide wurden einige *Ester* des *Acetoncyanhydrins* (I) mit aromat. Carbonsäuren, Sulfonsäuren u. Phosphonsäuren dargestellt. Nach ersten Prüfungen besitzen p-Chlor-, p-Fluor- u. p-Nitrobenzoesäure-2-cyanpropyl-(2)-ester keine nennenswerte insekticide Wirkung. *p-Nitrobenzolsulfonsäure-2-cyanpropyl-(2)-ester* (II) stellt ähnlich anderen Nitrobenzolsulfonsäureestern ein Alkylierungsmittel dar. Beim Erhitzen von II mit Pyridin wird nahezu quant. das *N-[2-Cyanpropyl-(2)]-pyridiniumsalz* gebildet.

Versuche: 2-Cyanpropyl-(2)-ester, aus den Säurechloriden u. I in Pyridin: *p-Nitrobenzoesäure-*, $C_{11}H_{10}N_2O_4$, F. 124—125° (Bzl.); 73,2% (Ausbeute). — *p-Chlorbenzoesäure-*, $C_{11}H_{10}ClNO_2$, F. 63—64° (wss. A.); 71,5%. — *p-Fluorbenzoesäure-*, $C_{11}H_{10}$·$FNO_2$, F. 36—37° (PAe.); 92,8%. — *p-Trifluormethylbenzoesäure-*, $C_{12}H_{10}F_3NO_2$, F. 65 bis 66° (PAe.); 72%. — *p-Nitrobenzolsulfonsäure-* (II), $C_{10}H_{10}N_2O_5S$, F. 63,5—64,5° (wss. A.); 53,7%. — *2.5-Dichlorbenzolsulfonsäure-*, $C_{10}H_9Cl_2NO_3S$, F. 99,5—100,5° (wss. A.); 61,2%. — *p-Brombenzolsulfonsäure-*, $C_{10}H_{10}BrNO_3S$, F. 92—93° (wss. A.); 50%. — *p-Toluolsulfonsäure-*, $C_{11}H_{13}NO_3S$, F. 97—98° (wss. A.); 60%. — *Phenylphosphonsäure-bis-[2-cyanpropyl-(2)-ester]*, $C_{14}H_{17}N_2O_3P$, F. 72—73° (wss. A.); 70%. — *p-Chlorphenylphosphonsäure-bis-[2-cyanpropyl-(2)-ester]*, $C_{14}H_{16}ClN_2O_3P$, F. 76—77° (wss. A.); 54%. — *Diphenyldithionopyrophosphonsäure-bis-2-[cyanpropyl-(2)-ester]*, $C_{20}$·$H_{22}N_2O_3P_2S_2$, F. 107—108° (PAe.), aus I u. Phenylthiophosphonsäuredichlorid. — *N-[2-Cyanpropyl-(2)]-pyridiniumperchlorat*, $C_9H_{11}ClN_2O_4$, F. 191—192°, durch ½std. Erhitzen von II mit Pyridin auf dem Wasserbad u. Umsetzen mit wss. $NaClO_4$; 94,7%. H.-E. Toussaint. 1210◇

**Über einige Umwandlungen der Cyanformylamine.** Józefa Jankiewicz-Wasowska. (Roczniki Chem. [Ann. Soc. chim. Polonorum] **34**, 85—91, 1960; Gliwice, Politechn. Śląska, Kat. Chem. i Technol. Mat. bud.; pol.) — Die aus Carbonyldicyanid u. Aminen gebildeten *Cyanformylamine* (RR'NCOCN) unterscheiden sich in ihrer Rk.-Fähigkeit gegen $NH_4OH$ u. A. entsprechend der Art des Amins. Prim. Cyanformylamine (R' = H) bilden unter dem Einfl. von $NH_4OH$ Harnstoff-Derivv., mit A. Urethanderivate. Ammonolyse u. Alkoholyse verlaufen über das Isocyanat unter Abspaltung von HCN. Sek. Cyanformylamine können HCN nicht abspalten, sie reagieren deshalb auch nicht mit Äthanol. $NH_4OH$ hydrolysiert sie in einfacher Rk. zu den Komponenten. Der Unterschied im Rk.-Mechanismus zeigt sich auch bei der Einw. alkohol. $AgNO_3$-Lsg.: Prim. Cyanformylamine spalten sofort AgCN ab, die Lsg. der sek. bleibt klar. N.N'-Bis-[cyanformyl]-äthylendiamin (I) bildet mit $NH_4OH$ den bisher unbekannten *N-Carbamoyl-N.N'-äthylenharnstoff* (II). Mit A. entsteht *N-[Äthoxycarbonyl]-N.N'-äthylenharnstoff* (III), der auch aus I durch Hydrolyse über N.N'-Äthylenharnstoff erhalten werden kann. III geht mit $NH_4OH$ in II über.

Versuche: Die Ammonolyse der Cyanformylamine wurde mit 5%ig. $NH_4OH$ auf dem Wasserbad durchgeführt. Erhalten wurden: *o-Tolylharnstoff*, F. 186—187°, aus N-Cyanformyl-o-toluidin (IV); 75% (Ausbeute). — *N-Carbamoyl-N.N'-äthylenharnstoff* (II), F. 196—197° (A.), a) aus I; 44%; b) aus III mit 35%ig. $NH_4OH$; 82%. — *N-Methylanilin*, aus N-Cyanformyl-N-methylanilin. — *N.N-Diäthyloxamid*, $C_6H_{12}N_2O_2$, F. 125

bis 126° (Bzl.), aus N-Cyanformyldiäthylamin. — *Oxalsäureamidpiperidid*, F. 120—122° (Bzl. + Äthylacetat), aus N-Cyanformylpiperidin. — N.N'-Bis-[cyanformyl]-hydrazin (V) liefert bei der Ammonolyse ein amorphes, noch nicht identifiziertes Prod. (F. 165°, Zers.). — Die Alkoholyse von Cyanformylaminen wurde durch mehrstd. Kochen mit abs. A. durchgeführt. Erhalten wurden: *N-[o-Tolyl]-urethan*, F. 39—41°, aus **IV**. — *N-[Äthoxycarbonyl]-N.N'-äthylenharnstoff* (**III**), $C_6H_{10}N_2O_3$, F. 125—127° (Bzl./Ligroin), a) aus **I**; 72%; b) aus N.N'-Äthylenharnstoff u. Chlorameisensäureäthylester in Bzl.; 44%. — *N.N'-Bis-[äthoxycarbonyl]-hydrazin*, F. 129—131° (W.), aus **V**. — *N.N'-Äthylenharnstoff*, F. 131—132° (Bzl.), durch 1 std. Erwärmen von **I** mit W. auf dem Wasserbad.
F. Urban. 1280□

**Die Reaktion von N-Chlorbenzamid mit Kaliumfluorid.** Leon Rand und Marvin J. Albinak. (J. org. Chemistry **25,** 1837, Okt. 1960; Detroit, Mich., Univ., Dep. of Chem.; engl.) — Vff. berichten von einer ungewöhnlichen Hofmann-Rk. in nichtwss. Lösung. Ein Gemisch aus 15,5 g N-Chlorbenzamid (**II**) u. 2,9 g KF in 100 cm³ Bzl. oder Cyclohexen liefert durch 12 std. Kochen 13,5 g *N-Benzoyl-N'-phenylharnstoff* [**I**; F. 206—208° (A.), positive $AgNO_3$-Rk.]. **I** entsteht auch bei der Rk. von **II** mit Phenylisocyanat, das als Zwischenprod. vermutet wird. G. Marquard. 1280

**Über die Reaktion von Diazoniumsalzen mit Mono- und Dihydroxyphenylalkylaminen.** Helga Wittmann. (Mh. Chem. **93,** 1—8, 1962; Graz, Univ., Med.-chem. Inst. u. Pregl-Labor.; dt.) — Vf. berichtet über die Rk. von Benzol- (**I**) bzw. p-Nitrobenzoldiazoniumchlorid (**II**) mit Sympatol (**III**), Suprifen (**IV**), Dilatol (**V**), Adrenalin (**VI**), Aludrin (**VII**) u. Corbasil (**VIII**) im alkal. u. im neutralen Milieu sowie über die Rk. mit Chinonimidchlorid (**X**). **VI**, **VII** u. **VIII** kuppeln nicht; **III**, **IV** u. **V** geben dagegen keine Indophenolreaktion.

Versuche: Azobenzole: *4-Hydroxy-*, $C_{12}H_{10}N_2O$, F. 154°, a) durch Versetzen der Lsg. von **III** in 10%ig. NaOH mit 2%ig. **I**-Lsg. unter Eiskühlung u. Ansäuern mit verd. HCl; aus A. orangegelbe Nadeln; 50% (Ausbeute); b) analog aus **IV**-Hydrochlorid; 36%; c) analog aus **V**-Hydrochlorid; 66%. — *2-Hydroxy-5-[1-hydroxy-2-methylaminoäthyl]-4'-nitro-*, $C_{15}H_{16}N_4O_4$, F. 175°, durch Kuppeln von **III** in A. mit 2%ig. **II** in Ggw. gesätt. Na-Acetat-Lsg. unter Eiskühlung; aus A./W. gelbe Nadeln; 43%. — *2-Hydroxy-5-[1-hydroxy-2-methylaminopropyl]-4'-nitro-, Hydrochlorid* (**IX**), $C_{16}H_{18}N_4O_4 \cdot HCl$, F. 230°, durch Versetzen der Lsg. von **IV** u. Na-Acetat in 50%ig. A. mit 2%ig. **II**-Lsg., Gießen auf Eis, mehrstd. Stehen u. Erwärmen des amorphen Prod. mit Bzl.; aus A. ockergelbe Nadeln; daneben *Verb. vom F. 190—192°* (Bzl.). — *2-Hydroxy-5-{1-hydroxy-2-[1-phenylbutyl-(3)-amino]-propyl}-4'-nitro-, Hydrochlorid*, $C_{25}H_{28}N_4O_4 \cdot HCl$, F. 250°, analog **IX** aus **V**-Hydrochlorid; aus A. orangefarbene Blättchen; 30%. — *4-Hydroxy-4'-nitro-*, F. 214°, analog **IX** durch Rk. von 2.2-Bis-[4-hydroxyphenyl]-propan mit **II**; aus Bzl. orangegelbe Kristalle; 95%. — *Brenzcatechinindophenol*, $C_{12}H_9NO_3$, F. 210° (Zers.), durch Versetzen der Suspension von Brenzcatechin u. **X** in konz. NaCl-Lsg. mit 10%ig. NaOH u. Ansäuern mit Essigsäure; aus A. dunkelblaue Nadeln; 44%. — *Aludrinindophenol*, durch Versetzen des mit wenig W. verriebenen Gemisches aus **VII** u. **X** mit 10%ig. NaOH, Ansäuern mit Essigsäure u. Chromatographie in A. an $Al_2O_3$.
H.-J. Weigmann. 1320

**Umsetzungen des Phenylphosphoroxy-bis-anilids.** V. Gutmann, G. Mörtl und K. Utvary. (Mh. Chem. **92,** 1258—60, 1961; Wien, TH, Inst. für Anorgan. u. Allg. Chem.; dt.) — Die durch Rk. von *Phenylphosphonsäuredianilid* (**I**) mit K in Dioxan unter $H_2$-Entw. entstandene Lsg. enthält das *Mono-* u. das *Di-K-Salz* von **I**. Durch Umsetzung mit Methyljodid entstehen daraus die entsprechenden *N-Methyl-Verbb.*, während mit Phenylphosphonsäuredichlorid (**II**) *Polymere* des Typs $-[N(C_6H_5)-P(O)(C_6H_5)]_n-$ gebildet werden.

Versuche: *Phenylphosphonsäure, Dianilid* (**I**), $C_{18}H_{17}N_2OP$, F. 211—212° (A.), durch Rk. von **II** mit Anilin in $CCl_4$. *Gemisch der K-Salze* (**III**), durch 2—3 std. Erwärmen von **I** mit K in Dioxan unter $N_2$. *Bis-[N-methylanilid]*, $C_{20}H_{21}N_2OP$, F. 92—93° (A./W.), durch 8 std. Rk. von **III** mit Methyljodid in Dioxan unter $N_2$; daneben *Phenylphosphonsäure-[N-methyl-N.N'-diphenyldiamid]*, $C_{19}H_{19}N_2OP$, F. 148—149° (A./W.). — *Polymere Verbb.*, durch Zutropfen der äquivalenten Menge **II** in abs. Dioxan zur Lsg. von **III** u. 10 std. Rühren bei Raumtemperatur. H.-J. Weigmann. 1380

**Darstellung von 1.2.3.4.5-Pentamethylcyclopentadien, 1.2.3.4.5.5-Hexamethylcyclopentadien und 1.2.3.4.5-Pentamethylcyclopentadienylcarbinol.** L. de Vries. (J. org. Chemistry **25,** 1838, Okt. 1960; Richmond, Calif., California Res. Corporation; engl.) — *1.2.3.4.5-Pentamethyl-* (**I**; $C_{10}H_{16}$, Kp.$_{13,5}$ 58,3°; $n_D^{20}$ 1,4748), *1.2.3.4.5.5-Hexamethylcyclopentadien* (**II**; $C_{11}H_{18}$, Kp.$_{6,4}$ 52,8°; $n_D^{20}$ 1,4719) u. *1.2.3.4.5-Pentamethyl-*

*cyclopentadienylcarbinol* (**III**; $C_{11}H_{18}O$, F. 30,5°, Kp.$_{1,1}$ 65,5°; $n_D^{20}$ 1,4955) wurden als neue, nicht dimerisierbare u. nichtklass. Kationen bildende Cyclopentadien-Derivv. dargestellt u. gaschromatograph. analysiert. **I** wurde in 75%ig. Ausbeute aus Tiglinaldehyd u. Buten-(2)-yl-(2)-Li über *Bis-[buten-(2)-yl-(2)]-carbinol* (Kp.$_{1,5}$ 56,3°; $n_D^{20}$ 1,4719) durch $MnO_2$-Oxydation in Pentan zu *Bis-[buten-(2)-yl-(2)]-keton* Kp.$_{4,2}$ 58,0°; $n_D^{20}$ 1,4731), Cyclisierung mit Ameisensäure–Phosphorsäure zu *2.3.4.5-Tetramethylcyclopenten-(2)-on-(1)* (Kp.$_{3,3}$ 59,8°; $n_D^{20}$ 1,4772), Rk. mit $CH_3Li$ u. Wasserabspaltung unter $J_2$-Zusatz gewonnen. **II** wurde aus **I** durch Zugabe von 1 Val $NaNH_2$ in fl. $NH_3$ über *Pentamethylcyclopentadienyl-Na* (**IV**) u. anschließende Rk. mit $CH_3J$ in 67%ig. Ausbeute erhalten. **III** wurde in 52%ig. Ausbeute durch Rk. von **IV** mit 1 Val Chlorameisensäureäthylester in Tetrahydrofuran, 1std. Kochen u. Red. mit $LiAlH_4$ in Ae. dargestellt. IR- u. UV-Maxima s. Original. G. Marquard. 1810

**Die Reaktionsprodukte von 2.4.7-Tribromtropon und Anilinen.** Tetsuo Nozoe, Kozo Doi und Shigetaka Endo. (Bull. chem. Soc. Japan **33**, 1285—87, Sept. 1960; Sendai, Tohoku Univ., Fac. of Sci., Dep. of Chem.; engl.) — 2.4.7-Tribromtropon (**I**) reagiert mit Anilin (**II**) in Bzl. unter Bldg. von *7-Anilino-2.4-dibrom-* (**III**) u. *2-Anilino-4.7-dibromtropon* (**IV**), die auf Grund unterschiedlicher Löslichkeit in Chlf. getrennt werden. Die Struktur von **III** wird durch Hydrolyse mit alkohol. KOH bewiesen, wobei *3.5-Dibromtropolon* (**V**) erhalten wird. Aus **I** u. Na-Acetat in Essigsäure entstehen *3.6-Dibromtropolon* u. **V**. Bei der Rk. von **I** mit p-Toluidin entstehen neben den Hauptprodd. *2.4-Dibrom-7-p-toluidinotropon* (**VI**) u. *4.7-Dibrom-2-p-toluidinotropon* (**VII**) vier weitere Verbb., u. zwar *2.4-Dibrombenz-p-toluidid* (**IX**), *2.5-Dibrombenz-p-toluidid* (**X**), *3.5-Dibromsalicyliden-p-toluidin* (**VIII**) u. eine unbekannte *Verb.* von F. 158°. Die Identifizierung der gewonnenen Verbb. sowie deren Bldg.-Mechanismus werden beschrieben. Die UV-Absorptionsspektren sind angegeben.

Versuche: *2-Anilino-4.7-dibromtropon* (**IV**), $C_{13}H_9Br_2NO$, F. 197—198°, durch 3std. Kochen von **I** u. **II** in Bzl. in Ggw. von Na-Acetat; aus Bzl. gelbe Nadeln; 66% (Ausbeute); daneben *7-Anilino-2.4-dibromtropon* (**III**), $C_{13}H_9Br_2NO$, F. 179,5°, durch Extrahieren mit Chlf.; aus Bzl. gelbe Nadeln; 21%. — *3.5-Dibromtropolon* (**V**), F. 154 bis 155° (Methanol), a) durch 20 Min. langes Kochen von **III** mit alkohol. KOH, Ansäuern mit verd. HCl u. Extrahieren mit Chlf.; b) analog aus 90 mg **VI**; 40 mg. — *4.7-Dibrom-2-p-toluidinotropon* (**VII**), $C_{14}H_{11}Br_2NO$, F. 194,5°, durch 3std. Kochen von 40 g **I** mit p-Toluidin analog **IV**, Waschen mit W., Extrahieren mit Aceton u. Umkristallisieren des Rückstandes; aus Bzl. gelbe Nadeln; 55%; daneben *2.4-Dibrom-7-p-toluidinotropon* [**VI**; $C_{14}H_{11}Br_2NO$, F. 177°, durch Chromatographie der Mutterlaugen an $Al_2O_3$; aus Bzl. gelbe Nadeln; 5,6%] u. *Verb.* $C_{14}H_{12}BrNO_2$ [F. 157,5—158°; gelbe Platten; 2,3 g]. — *2.5-Dibrombenz-p-toluidid* (**X**), $C_{14}H_{11}Br_2NO$, F. 155—155,5°, durch Eindampfen der Acetonextrakte von **VII**, Umkristallisieren aus Äthylacetat u. Chromatographie an $Al_2O_3$; aus Bzl. Nadeln; 0,25 g; daneben *2.4-Dibrombenz-p-toluidid* [**IX**; $C_{14}H_{11}Br_2NO$, F. 174°; aus Bzl. Nadeln; 0,2 g] u. 0,4 g **VIII**. — *2.4-Dibrombenzoesäure*, F. 166—169°, durch ½std. Erhitzen von **IX** mit 75%ig. $H_2SO_4$ auf 130°. — *2.5-Dibrombenzoesäure*, F. 151—153°, analog vorst. Verb. aus **X**. — *3.5-Dibromsalicyliden-p-toluidin* (**VIII**), $C_{14}H_{11}Br_2NO$, F. 129—129,5°, durch 1std. Erhitzen von 3.5-Dibromsalicylaldehyd u. p-Toluidin in A.; orangefarbene Nadeln. W. Hampel. 1980◇

**Autokatalyse von verschiedenen Phenolen bei der Synthese von zwei- und dreikernigen Novolaken.** Jacob S. Rodia. (J. org. Chemistry **26**, 2966—69, Aug. 1961; St. Paul, Minn., Minnesota Mining and Manufact. Co., Cent. Res. Dep; engl.) — Die Rk. eines Halogenmethylphenols mit einem Phenol wird unter den verschiedensten Bedingungen untersucht. In Abwesenheit von sauren Katalysatoren werden dabei *kernalkylierte Phenole* erhalten. Phenole, die ster. oder durch intramol. H-Brücken gehindert sind, reagieren nicht ohne Katalysator. Der Rk.-Mechanismus wird diskutiert. IR-Banden s. Original.

Versuche: *3.5-Dibrom-2-hydroxybenzylbromid* (**I**), F. 118,5—119°. — Diphenylmethane: *3.3'.5.5'-Tetrabrom-2.4'-dihydroxy-*, F. 194—195° (Eisessig), durch 12std. Erhitzen von **I** u. 2.6-Dibromphenol auf 140° in Ggw. von p-Toluolsulfonsäure (**VI**) unter $N_2$ (Meth. **A**); 21% (Ausbeute). — *3.5-Dibrom-3'.5'-dimethyl-2.2'-dihydroxy-*, $C_{15}H_{14}$·$Br_2O_2$, F. 178,6—179,6° (verd. A.), durch 5std. Erhitzen von **I** u. 2.4-Xylenol auf 140° unter $N_2$; 40%. — *3.5-Dibrom-3'.5'-dimethyl-2.4'-dihydroxy-*, $C_{15}H_{14}Br_2O_2$, F. 164 bis 164,8° (Bzl.), durch 4std. Erhitzen von **I** u. 2.6-Xylenol auf 100° unter $N_2$; 73,4%. — *3.5-Dibrom-2.2'-dihydroxy-*, analog durch Rk. von **I** u. Phenol; 98%; daneben *3.5-Dibrom-2.4'-dihydroxy-*. — *3.5-Dibrom-5'-chlor-2.2'-dihydroxy-*, F. 192—193°, aus **I** u. p-Chlorphenol (**IV**); 90%. — *3.5-Dibrom-4-hydroxybenzylbromid* (**II**), F. 148—149° (Bzl.). — *5-Chlor-3'.5'-dibrom-2,4'-dihydroxy-*, F. 127,2—128° (Bzl.), aus **II** u. **IV**; 68,7%. — *5.3'.5'-Tribrom-2.4'-dihydroxy-*, F. 146—149° ($CCl_4$), durch 2std. Rk. von **II** u. p-Bromphenol nach **A.** — *2.6-Bis-[hydroxymethyl]-4-chlorphenol* (**V**), F. 164° (Zers.), durch 2tägiges Stehen von **IV**, Formalin u. NaOH bei 20°. — *2.6-Bis-[chlormethyl]-4-chlorphenol* (**III**), F. 91—91,6°, durch Rk. vorst. Verb. mit konz. HCl bei 20°. — *2.6-Bis-[2'-hydroxy-5'-chlorbenzyl]-4-chlorphenol*, F. 230—231° (Eisessig), a) durch 7std. Erhitzen von **V** mit **VI** auf 130° unter $N_2$; b) durch 6std. Erhitzen von **III** u. **IV** auf 100° unter $N_2$; 99,3%. W. Hampel. 2260□

**Untersuchungen über die Halogenierung von Benzalacetophenon.** 1. Mitt. **Bromierung.** (Kurze, vorl. Mitt.) S. Y. Ambekar, S. D. Jolad und S. Rajagopal. (Mh. Chem. **92**, 1303—06, 1961; Dharwar, Karnatak Univ., Dep. of Chem.; dt.) — Die Bromierung von teilweise mit Alkylgruppen verätherten Polyhydroxychalkonen mit reaktiven OH-Gruppen im Benzoylteil wird untersucht. Bromsubstitution in der freien 5'-Stellung wird bei Anwendung von äquimolaren Rk.-Verhältnissen der Addition an der Doppelbindung vorgezogen. Überschüssiges $Br_2$ (rein oder in Lsg.) bewirkt sowohl Substitution als auch Addition. Der Rk.-Mechanismus wird diskutiert.

Versuche: 2'-Hydroxy-4-methylchalkone: *2-Brom-*, $C_{16}H_{13}BrO_2$, F. 130° (A.), durch ½std. Kochen von **I** mit KJ in Aceton, Eindampfen u. Behandeln mit wss. $Na_2S_2O_3$-Lösung. *Dibromid* (**I**), $C_{16}H_{13}Br_3O_2$, F. 174°, durch Versetzen der Eisessig-Lsg. des Chalkons mit 10%ig. $Br_2$/Eisessig unter Schütteln u. mehrstd. Stehen bei Raum-Temp.; aus Eisessig hellgelbe Rhomben. — *4'-Methoxy-2.5'-dibrom-*, $C_{17}H_{14}Br_2O_3$, F. 225°, a) analog **I** aus 2'-Hydroxy-4'-methoxy-2-brom-4-methylchalkon (**II**); aus Eisessig Schuppen oder Platten; b) durch Versetzen der A.-Lsg. von 5-Brompäonol u. 2-Brom-4-methylbenzaldehyd mit 40%ig. wss. KOH unter Schütteln, mehrstd. Stehen, Zugabe von Eis/W. u. vorsichtiges Ansäuern; c) durch Rk. des Dibromids mit KJ in sd. Aceton. *Dibromid*, $C_{17}H_{14}Br_4O_3$, F. 204°, analog **I** aus **II**; aus Eisessig prismat. Stäbchen. H.-J. Weigmann. 2380

**Über den Einfluß einer Benzoyloxygruppe in Stellung 2 des Naphthalins auf die Bromierung des Naphthalinkernes.** Lidia Prajer-Janczewska. (Mh. Chem. **92**, 1306—07, 1961; Wrocław, Univ., Inst. für Organ. Chem.; dt.) — Durch Rk. von 2-Benzoyloxynaphthalin in heißer Essigsäure mit $Br_2$ entsteht *8-Brom-2-benzoyloxynaphthalin* neben *1-Brom-2-benzoyloxynaphthalin* (F. 100—101°). Die entsprechenden *Bromnaphthole* werden daraus durch Verseifen mit alkohol.-wss. Alkali gewonnen. *8-Brom-β-naphthol* (F. 113—114°; aus Ligroin Nadeln. *Benzoyl-Deriv.*, F. 141—142°; aus A. Prismen. *Tosyl-Deriv.*, F. 84—85°; aus Methanol Säulen. *Benzolsulfonyl-Deriv.*, F. 62—63°; aus Methanol rechteckige Platten. *Acetyl-Deriv.*, F. 63—64°; aus Methanol Nadeln. *Methyläther*, F. 67—68°, durch Rk. mit $CH_2N_2$; aus Methanol Säulen) ergibt durch Oxydation mit $KMnO_4$ *3-Bromphthalsäure.* H.-J. Weigmann. 2700

**Untersuchungen über Oxytetracycline und verwandte Verbindungen.** 10. Mitt. **Synthese von Terranaphthoesäure.** Zen-ichi Horii, Yasumitsu Tamura, Kunihiko Tanaka und Takefuni Momose. (Chem. pharmac. Bull. [Tokyo] **7**, 281—86, Mai 1959; Osaka, Univ., Pharmaceut. Fac.; engl.) — 9. vgl. Pharmac. Bull. [Tokyo] **5**, [1957], 6; 11. vgl. C. **1963, 4341**; vgl. auch C. **1962,** 4519. — Die Synth. von *1-Hydroxy-4-methyl-3-naphthoesäure* u. *Terranaphthoesäure* (**I**) aus 2-Äthoxycarbonyl-3-methylindanon-(1) bzw. 1-Oxo-3-methyl-7-methoxyindan-2-carbonsäureäthylester werden beschrieben. Die UV- u. IR-Spektren der natürlichen u. synthet. **I** sind angegeben.

Versuche: *2-Äthoxycarbonyl-3-methylindanon-(1)* (**III**), Kp.$_{0,01}$ 102—103°, Kp.$_{0,4}$ 131—134°, a) durch Zugabe einer äther. Lsg. von β-[2-Äthoxycarbonylphenyl]-buttersäureäthylester zu Na-Äthylat in Ae., 40std. Stehen, 6std. Kochen u. Zugabe zu konz. HCl/Eis; gelbe Fl.; 49% (Ausbeute); b) durch ³/₄std. Zugabe von 3-Methylindanon-(1) in Ae. zu einem sd. Gemisch aus Kohlensäurediäthylester u. NaH in abs. Ae., 1std. Kochen, Stehen über Nacht u. Zugabe zu Eis/Essigsäure; 64%. *Semicarbazon*, $C_{14}H_{17}N_3O_3$, F. 138—139°. — *[1-Oxo-2-äthoxycarbonyl-3-methylindanyl-(2)]-essigsäureäthylester* (**IV**), $C_{17}H_{20}O_5$, Kp.$_{0,3}$ 150—168°, durch 2std. Kochen von **III** mit Na-Äthylat in Bzl., Zugabe von Bromessigsäureäthylester u. 6std. Kochen; hellgelbes viscoses Öl; 70%. — *[2-Carboxy-α-methylbenzyl]-bernsteinsäure* (**V**), $C_{13}H_{14}O_6$, F. 179,5—180,5° (Äthylacetat/Bzn.), durch 1std. Kochen von **IV** mit KOH in W./A., Eindampfen im Vakuum, Ansäuern mit verd. HCl u. Extrahieren mit Äthylacetat; 82%. — *[2-Methoxycarbonyl-α-methylbenzyl]-bernsteinsäuredimethylester*, $C_{16}H_{20}O_6$, Kp.$_{0,1}$ 168—170°, durch Methylieren von **V** mit $CH_2N_2$; 68%. — *1-Oxo-4-methyl-1.2.3.4-tetrahydronaphthalin-2.3-dicarbonsäuredimethylester* (**II**), $C_{15}H_{16}O_5$, F. 104° (A.), Kp.$_{0,1}$ 145°, durch 2½std. Kochen vorst. Esters mit Na in abs. Bzl. unter $N_2$ u. Extrahieren mit 1%ig. KOH; 66%. — *1-Methyl-4-oxo-1.2.3.4-tetrahydro-2-naphthoesäure*, $C_{12}H_{12}O_3$, F. 167° (Bzl./Bzn.), durch 12std. Kochen von 5,5 g **II** mit 20%ig. HCl, Extrahieren mit Äthylacetat, Schütteln der Extrakte mit $NaHCO_3$-Lsg. u. Ansäuern; 1,6 g. — *1-Hydroxy-4-methylnaphthalin-2.3-dicarbonsäuredimethylester* (**VI**), $C_{15}H_{14}O_5$, F. 121—122° (A.), durch Zugabe von $Br_2$ in Chlf. zu **II** in Chlf./Ae. bei 5—10°, 2½ std. Stehen, Eindampfen, Erwärmen mit 2.4.6-Kollidin auf 100°, Verdünnen mit Ae., Absaugen von 2.4.6-Kollidinhydrobromid u. Waschen mit verd. HCl; 56%. — *1-Hydroxy-4-methyl-3-naphthoesäure*, $C_{12}H_{10}O_3$, F. 203 bis 207° (W.), a) durch 15std. Kochen von 0,5 g von **VI** mit 20% ig. HCl u. Extrahieren mit Äthylacetat; 0,15 g; b) analog mit HBr. — *1-Oxo-7-methoxy-3-methylindan-2-carbonsäureäthylester*, $C_{14}H_{16}O_4$, $Kp._{0,5}$ 145—150°, a) durch 6std. Kochen von β-[2-Methoxycarbonyl-3-methoxyphenyl]-buttersäuremethylester mit Na-Äthylat in abs. Bzl. analog **III** nach a); 61,4%; b) aus 7-Methoxy-3-methylindanon-(1) analog **III** nach b); 72%. — *[1-Oxo-2-äthoxycarbonyl-7-methoxy-3-methylindanyl-(2)]-essigsäureäthylester*, $C_{18}H_{22}O_6$, $Kp._{0,15}$ 184°, aus vorst. Verb. analog **IV**; hellgelbes viscoses Öl; 84%. — *[2-Carboxy-3-methoxy-α-methylbenzyl]-bernsteinsäure*, $C_{14}H_{16}O_7$, F. 184—187° (Äthylacetat/Bzn.), durch 1std. Kochen vorst. Verb. mit KOH in W./A. analog **V**; 69%. — *[2-Methoxycarbonyl-3-methoxy-α-methylbenzyl]-bernsteinsäuredimethylester*, $C_{17}H_{22}O_7$, F. 92,5° (A.), $Kp._{0,15}$ 178—179°, durch Methylieren vorst. Verb. mit $CH_2N_2$; 75%. — *1-Oxo-4-methyl-8-methoxy-1.2.3.4-tetrahydronaphthalin-2.3-dicarbonsäuredimethylester*, $C_{16}H_{18}O_6$, durch 3½ std. Kochen vorst. Verb. mit Na in Toluol unter $N_2$ analog **II**; aus A. hellgelbe Kristalle; 37%. — *1-Hydroxy-4-methyl-8-methoxynaphthalin-2.3-dicarbonsäuredimethylester*, $C_{16}H_{16}O_6$, F. 122—123°, aus vorst. Verb. analog **VI**; 50%. — *1.8-Dihydroxy-4-methyl-3-naphthoesäure* (*Terranaphthoesäure*; **I**), $C_{12}H_{10}O_4$, F. 232—233° (Zers.), durch 2½ std. Erhitzen vorst. Verb. mit 48% ig. HBr auf 130° unter $N_2$ u. Extrahieren mit Äthylacetat; aus W. gelbe Nadeln; 60%. W. Hampel. 2700◇

**Mesomorphie und chemische Konstitution.** 9. Mitt. **Darstellung und mesomorphes Verhalten der 7-n-Alkoxyfluoren- und -fluorenon-2-carbonsäuren und ihrer n-Propylester.** G. W. Gray und A. Ibbotson. (J. chem. Soc. [London] **1957**, 3228—35, Juli; Hull, Univ.; engl.) — 8. vgl. C. **1959**, 13746. — Das durch Acetylierung von 2-Hydroxyfluoren in 90% ig. Ausbeute erhältliche *2-Acetoxyfluoren* [F. 130° (Eisessig)] liefert durch Friedel-Crafts-Rk. in 58% ig. Ausbeute *2-Acetoxy-7-acetylfluoren* [F. 124—125° (75% ig. Essigsäure)], das durch 3std. Kochen mit KOH in wss. A. in *2-Acetyl-7-hydroxyfluoren* (**I**; $C_{15}H_{12}O_2$, F. 209°; Tafeln aus Essigsäure; 35%) übergeführt wird. Durch Rk. von **I** mit einem 10% ig. Überschuß an Alkyljodiden (12 Std.) oder Alkylbromiden (20 Std.) in Methyläthylketon in Ggw. von wasserfreiem $K_2CO_3$ wurden *2-Acetyl-7-methoxy-* ($C_{16}H_{14}O_2$), *2-Acetyl-7-propoxy-* ($C_{18}H_{18}O_2$), *2-Acetyl-7-pentoxy-* ($C_{20}H_{22}O_2$), *2-Acetyl-7-heptoxy-* ($C_{22}H_{26}O_2$), *2-Acetyl-7-octyloxy-* ($C_{23}H_{28}O_2$), *2-Acetyl-7-nonyloxy-* ($C_{24}H_{30}O_2$) bzw. *2-Acetyl-7-decyloxyfluoren* ($C_{25}H_{32}O_2$) in Ausbeuten von ca. 66% erhalten, die durch Zugabe von wss. NaOBr-Lsg. zu ihrer Suspension in Dioxan <40° *7-Methoxy-* ($C_{15}H_{12}O_3$), *7-Propoxy-* ($C_{17}H_{16}O_3$), *7-Pentoxy-* ($C_{19}H_{20}O_3$), *7-Heptoxy-* (**II**; $C_{21}H_{24}O_3$), *7-Octyloxy-* (**III**; $C_{22}H_{26}O_3$), *7-Nonyloxy-* (**IV**; $C_{23}H_{28}O_3$) bzw. *7-Decyloxyfluorencarbonsäure-(2)* (**V**; $C_{24}H_{30}O_3$) in ca. 55% ig. Ausbeute liefern. **II, III, IV** u. **V** werden durch 1½ std. Kochen mit $Na_2Cr_2O_7$ in Essigsäure in *7-Heptoxy-* ($C_{21}H_{22}O_4$, F. 227,5°; *Propylester*, F. 84°), *7-Octyloxy-* ($C_{22}H_{24}O_4$, F. 272,5°; *Propylester*, F. 81°), *7-Nonyloxy-* ($C_{23}H_{26}O_4$, F. 269,3°; *Propylester*, F. 115°) u. *7-Decyloxyfluorenoncarbonsäure-(2)* ($C_{24}H_{28}O_4$, F. 265°; *Propylester*, F. 96,5°) in 25—50% ig. Ausbeute übergeführt. Wie die 4′-n-Alkoxydiphenylcarbonsäuren-(4) u. ihre n-Propylester sind auch die dargestellten Fluoren-Derivv. im Gegensatz zu den Fluorenon-Derivv. mesomorph. Das relative mesomorphe Verh. von Diphenyl, Fluoren u. Fluorenonsäuren u. -estern ist dem der Mono- bzw. Dianile von 4-Aminodiphenyl, 2-Aminofluoren u. -fluorenon, Benzidin u. 2.7-Diaminofluoren u. -fluorenon analog. Die bei den Fluorenoncarbonsäuren u. ihren Estern beobachtete geringe mesomorphe therm. Stabilität u. ihre hohen FF. erklären die Abwesenheit von Mesophasen bei diesen Verbindungen. Das Diphenyl-Ring-Syst. ist im mesomorphen Zustand eben. K. Zieloff. 2750△

**Cyclische Acetylene.** 3. Mitt. **Synthese von 1.1′-Dianthryldiacetylen. Eine Modellsubstanz eines Anthracenringe enthaltenden cyclischen Tetraacetylens.** Shuzo Akiyama und Masazumi Nakagawa. (Bull. chem. Soc. Japan **33**, 1291—93, Sept. 1960; Nakanoshima, Osaka, Osaka Univ., Fac. of Sci., Dep. of Chem.; engl.) — 2. vgl. Bull. chem. Soc. Japan **33**, [1960], 230. — Durch Red. mit Zn-Staub ergibt 1-Carboxyanthrachinon (**I**) *1-Carboxyanthracen* (**II**), dessen Säurechlorid mit Äthoxy-Mg-malonsäurediäthylester (**III**) umgesetzt wird u. nach Esteraustausch-Rk. u. Decarboxylierung mit Propionsäure (**IV**)/$H_2SO_4$ *1-Acetylanthracen* (**V**) liefert. **V** wird mit $PCl_5$ chloriert u. durch Abspaltung von HCl in *1-Äthinylanthracen* (**VI**) umgewandelt. **VI** zersetzt sich bei Zimmer-Temp. u. ergibt gelbe *Cu-* u. *Ag-Acetylide*. Durch oxydative Kupplung von **VI** nach Eglinton u. Galbraith (C. **1960**, 6147) gelingt die Darst. des stabilen *Dianthryl-(1)-diacetylens* (**VII**). Die IR-Spektren vgl. Original.

Versuche: *1-Carboxyanthracen* (**II**), $C_{15}H_{10}O_2$, F. 245° (gelbe Stäbchen), aus **I** durch Red. mit Zn-Staub in wss. $NH_3$. — *1-Acetylanthracen* (**V**), $C_{16}H_{12}O$, F. 106—107° (hellgelbe Würfel aus Bzl.), durch Einw. von $SOCl_2$ auf **II**, Zugabe des Chlorids in Toluol (To.) zu **III** in sd. To., 3std. Kochen, Kühlen mit Eis, Zers. mit 6n $H_2SO_4$, 3std. Kochen des orangefarbenen Öls (*Anthroyl-(1)-malonsäurediäthylester*) mit **IV** u. konz. $H_2SO_4$, Zugabe von 4n $H_2SO_4$ u. weiteres 8std. Kochen; 68% (Ausbeute). — *1-Äthinylanthracen* (**VI**), $C_{16}H_{10}$, F. 90° (PAe. oder sublimiert bei $0{,}5 \cdot 10^{-4}$ mm), durch Zugabe von **V** u. $PCl_5$ zu $POCl_3$, 1std. Kochen, Zugabe des isolierten dunkelbraunen Öls (Chlorid-Verbb.) zu $NaNH_2$ in fl. $NH_3$; 55%. — *Dianthryl-(1)-diacetylen* (**VII**), $C_{32}H_{18}$, F. 289—291° (feine gelbe Nadeln aus Bzl., Zers.), durch Zugabe von Cu(II)-Acetat-Monohydrat zu **VI** in $CH_3OH$-haltigem Pyridin, 9std. Rühren bei 55° u. chromatograph. Reinigung.

B. Gnauck. 2800□

**Cyclische Acetylene.** 4. Mitt. **Synthese eines Anthracenringe enthaltenden cyclischen Tetraacetylens.** Shuzo Akiyama, Soichi Misumi und Masazumi Nakagawa. (Bull. chem. Soc. Japan **33**, 1293—98, Sept. 1960; Nakanoshima, Osaka, Osaka Univ., Fac. of Science, Dep. of Chem.; engl.) — 3. vgl. vorst. Referat. — Aus 1.8-Dichloranthrachinon (**I**) wird über *1.8-Dichloranthracen* mit CuCN *1.8-Dicyananthracen* (**II**) dargestellt. Verss., aus **II** mit $CH_3MgJ$ in Anisol *1.8-Diacetylanthracen* (**III**) zu erhalten, schlugen fehl, doch konnte **III** analog l. c. über *1.8-Dicarboxyanthracen* erhalten werden. **III** liefert weiter über *Chlorid-Verbb.* analog l. c. *1.8-Diäthinylanthracen* (**IV**), das ziemlich instabil u. ein rotes *Cu-* u. gelbes *Ag-Acetylid* bildet. Durch oxydative Kupplung wird schließlich **IV** in das cycl. *Dianthrylen-(1.1'.8.8')-bis-diacetylen* (**V**) umgewandelt. **V** wird durch Red. mit Na in fl. $NH_3$ in *Bis-[9.10-dihydroanthrylen-(1.1';8.8')]-dibuten-(2)* (**VI**) umgewandelt, das weiter durch katalyt. Hydrierung *Bis-[9.10-dihydroanthrylen-(1.1'; 8.8')-dibutan* (**VII**) ergibt. **V** ist gegenüberLicht- u. Luft-Einw. stabil u. wird beim Erhitzen auf über 370° (evakuiertes Rohr) schwarz, ohne die Kristallform zu ändern. IR- u. UV-Spektren vgl. Original.

Versuche: *1.8-Dichloranthracen*, $C_{14}H_8Cl_2$, F. 157—158° (hellgelbe Nadeln aus A.), durch Red. von **I** mit Zn-Staub in wss. $NH_3$ (→ *1.8-Dichlor-9.10-dihydroanthranol*, $C_{14}H_{10}Cl_2O$, F. 136—136,5°; $CCl_4$) u. Zusatz von wenig konz. $H_2SO_4$ zur Lsg. in Äthanol. — *1.8-Dicyananthracen* (**II**), $C_{16}H_8N_2$, F. 304—306°, durch 24std. Kochen vorst. Verb. mit CuCN in Chinolin; lange gelbe Nadeln aus Essigsäure; 48% (Ausbeute). — *1.8-Dicarboxyanthracen*, $C_{16}H_{10}O_4$, F. 347° (Zers.), a) durch ca. 70std. Erhitzen von **II** mit KOH in Äthylenglykol auf 150—155°; gelbe Nadeln aus 95%ig. A.; 94%; b) durch Einw. von CuCN auf **I** in Benzylcyanid (→ *1.8-Dicyananthrachinon*), Hydrolyse mit $H_2SO_4$ u. Red. mit Zn-Staub in $NH_4OH$. *Dichlorid*, $C_{16}H_8Cl_2O_2$, F. 255—257° (Zers. im Rohr); orangefarbene Nadeln aus Toluol. — *1.8-Diacetylanthracen* (**III**), $C_{18}H_{14}O_2$, F. 179—180°, durch Zugabe von Äthoxy-Mg-malonsäurediäthylester (aus Mg u. Malonester in abs. A.) in abs. Xylol (Xy.) zu vorst. Säurechlorid in heißem Xy., 1std. Kochen, Zers. mit Eis/4n $H_2SO_4$, Mischen des orangeroten Öls mit Propionsäure u. konz. $H_2SO_4$, 4std. Kochen, Zugabe von 4n $H_2SO_4$ u. weiteres Kochen; hellgelbe kub. Kristalle aus Bzl.; 50%. — *1.8-Diäthinylanthracen* (**IV**), $C_{18}H_{10}$, F. 150—151° (PAe.), durch 1½std. Kochen von **III** mit $PCl_5$ u. $POCl_3$, Zugabe des dunkelroten Öls in abs. Ae. zu $NaNH_2$ in fl. $NH_3$ u. 2std. Rühren unter Trockeneis-A.-Badkühlung; 37%. — *Dianthrylen-(1.1'.8.8')-bis-diacetylen* (**V**), $C_{36}H_{16}$, Zers. oberhalb 370°, durch Zugabe von Cu(II)-Acetat-Monohydrat zu **IV** in methanolhaltigem Pyridin, 4std. Rühren bei 55° u. 3 Std. bei Zimmer-Temp.; kleine orangefarbene Würfel aus Dimethylformamid; 95%; explodiert bei der Verbrennung. — *Bis-[9.10-dihydroanthrylen-(1.1';8.8')]-bis-buten-(2)* (**VI**), $C_{36}H_{32}$, F. 365—368°, durch 7std. Rühren von **V** mit Na in fl. $NH_3$ (Kühlung mit Trockeneis–A.), Zugabe von $NH_4NO_3$, Eindampfen u. Zugabe von W.; gelbe Nadeln aus Bzl., Zers.; 48%. — *Bis-[9.10-dihydroanthrylen-(1.1';8.8')]-bis-butan* (**VII**), $C_{36}H_{36}$, F. 316—338° (Bzl.), durch Hydrieren von **VI** in Bzl. in Ggw. von 5%ig. Pd/Kohle; nahezu 100%. B. Gnauck. 2800□

**Mesomorphie und chemische Konstitution.** 10. Mitt. **Die 2-p-n-Alkoxybenzylidenaminophenanthrene. Beweis für die Planarität des Diphenyl-Ringsystems im mesomorphen Zustand.** G. W. Gray. (J. chem. Soc. [London] **1958**, 552—55, Febr.; Hull, Univ.; engl.) — 9. vgl. C. **1963**, 6959. — Das durch Friedel-Crafts-Rk. von Phenanthren (F. 99°) neben 45—46% *3-Acetylphenanthren* (F. 71—72°) in 10—11%ig. Ausbeute erhältliche *2-Acetylphenanthren* [F. 142—143° (Bzl.)] wurde in das Gemisch des *cis-* u. *trans-Oxims* (F. 190—193°) in 98%ig. Ausbeute übergeführt. Aus dem bei seiner Beckmann-Umlagerung erhältlichen Gemisch von *2-Acetylaminophenanthren* u. *N-Methylphenanthrencarbonsäureamid-(2)* wird durch Hydrolyse *2-Aminophenanthren* (F. 84 bis 85°) in 65%ig. Ausbeute isoliert, das durch Rk. mit den entsprechenden p-Alkoxybenzaldehyden in *2-p-Methoxy-* ($C_{22}H_{17}NO$), *2-p-Äthoxy-* ($C_{23}H_{19}NO$), *2-p-n-Propoxy-*

($C_{24}H_{21}NO$), *2-p-n-Butoxy-* ($C_{25}H_{23}NO$), *2-p-n-Pentoxy-* ($C_{26}H_{25}NO$), *2-p-n-Hexoxy-* ($C_{27}H_{27}NO$), *2-p-n-Heptoxy-* ($C_{28}H_{29}NO$), *2-p-n-Octyloxy-* ($C_{29}H_{31}NO$), *2-p-n-Nonyloxy-* ($C_{30}H_{33}NO$), *2-p-n-Decyloxy-* ($C_{31}H_{35}NO$), *2-p-n-Dodecyloxy-* ($C_{33}H_{39}NO$), *2-p-n-Hexadecyloxy-* ($C_{37}H_{47}NO$) u. *2-p-n-Octadecyloxybenzylidenaminophenanthren* übergeführt wurde. Der Vgl. der mesomorphen Wärmestabilitäten vorst. Verbb. mit denen der 4-p-n-Alkoxybenzylidenaminodiphenyle beweist die ebene Konfiguration des Diphenyls in der Mesophase seiner Derivate. K. Zieloff. 2850△

**Struktur von Nimbiol.** S. N. Choudhuri, H. N. Khastgir und P. Sengupta. (Chem. and Ind. **1959**, 1284—85, 10/10.; Calcutta, East India Pharmaceut. Works Ltd.; engl.) — Vgl. C. **1963**, 4721. — Durch Dehydrierung von Desoxonimbiol mit Se wird unter milden Bedingungen *1.1.7-Trimethyl-1.2.3.4-tetrahydrophenanthrol-(6)* ($C_{17}H_{20}O$, F. 147—148°) u. *1.1.7-Trimethyl-1.2.3.4-tetrahydrophenanthren* ($C_{17}H_{20}$, F. 81—82°) erhalten; unter energischeren Bedingungen entsteht *1.7-Dimethylphenanthrol-(6)* (I; $C_{16}H_{14}O$, F. 189—190°). Durch 42 std. Dehydrierung bei 340—360° wird neben I *Pimanthren* ($C_{16}H_{14}$, F. 82—83°. *Pikrat*, F. 130—131°) erhalten. Auf Grund dieser Ergebnisse u. des Vgl. des opt. Verh. von Nimbiolmethyläther mit dem von Sugiolmethyläther wird für *Nimbiol* ($C_{18}H_{24}O_2$) nebenst. Konstit. angenommen. L. Lamza. 2850△

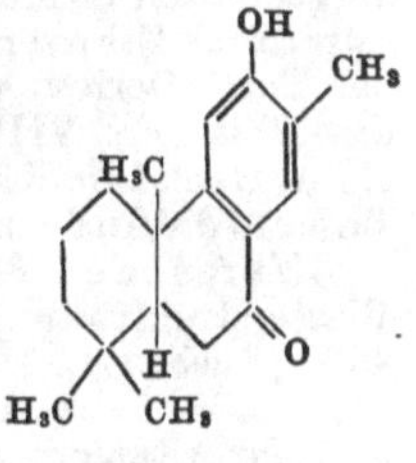


**Synthesen mit Nitrilen.** 3. Mitt. **Zur Kenntnis des 5.7.12.14-Tetrahydropentacen-1.4;6.13;8.11-trichinons.** H. Junek. (Mh. Chem. **93**, 44—48, 1962; Graz, Univ., Med.-chem. Inst. u. Pregl-Labor.; dt.) — 2. vgl. C. **1962**, 17734. — 5.7.12.14-Tetrahydropentacentrichinon-(1.4;6.13;8.11) (I) wird durch Chlorsulfonsäure (II) in das *2.9-Disulfochlorid*, dieses durch Anilin (III) bzw. N-Methylanilin (IV) in das *2.9-Bis-[sulfonanilid]* bzw. *-bis-[N-methylanilid]* übergeführt; beide sind pH-Indicatoren. I reagiert bis 170° mit 1 Mol., bis 180—195° mit 2 Mol Cyanessigsäure (V) unter Bldg. von *6-Cyanacetoxy-13-hydroxy-* bzw. *6.13-Bis-[cyanacetoxy]-6.13-dihydropentacendichinon-(1.4;8.11)* (**VI**). **VI** ist im Gegensatz zu anderen Diestern in Alkalien lösl. unter Farbumschlag von Braun nach Blaugrün; es hat Indicatoreigenschaften. In wss. Lsg. erfolgt Hydrolyse zu **I**. **VI** wird durch Acetanhydrid zum *Diacetat* (**VII**) umgeestert, u. es bildet sich beim Schmelzen mit **V** zurück. **VI** entsteht auch aus **I**, **V** u. $POCl_3$ bei 90°. Malonsäuredinitril (**VIII**) geht beim Erhitzen mit I in Ggw. von $NH_3$ lediglich in das *Dimere* oder das *Trimere* über.

Versuche: 5.7.12.14-Tetrahydropentacentrichinon-(1.4;6.13;8.11)-2.9-disulfonsäure: *Dichlorid*, $C_{22}H_{10}Cl_2O_{10}S_2$, F. >350°, durch 12 Min. langes Erwärmen von 0,4 g I mit II auf 50°, Zugabe von Eisessig unter Eiskühlung, Absaugen des Nd. u. Waschen mit Eisessig; Plättchen aus Acetophenon; 0,4 g (Ausbeute). — *Dianilid*, $C_{34}H_{22}N_2O_{10}S_2$, F. >350°, durch 5 Min. langes Kochen von 0,1 g vorst. Verb. mit **III** in Pyridin, Versetzen mit Pyridin, Absaugen des Nd. u. Waschen mit Bzl.; violette Spieße aus III/Pyridin; 0,15 g. — *Bis-[N-methylanilid]*, $C_{36}H_{26}N_2O_{10}S_2$, F. >350°, analog vorst. Verb. aus 0,3 g vorvorst. Verb. u. **IV**/Pyridin; braunviolette Platten aus **IV**/Pyridin; 0,2 g. — *6.13-Bis-[cyanacetoxy]-6.13-dihydropentacendichinon-(1.4;8.11)* (**VI**), $C_{28}H_{14}N_2O_8$, F. >300°, a) durch 3 Min. langes Erhitzen von 0,3 g **I** mit 5 g **V** auf 185°, Aufnehmen in W., Absaugen des Nd. u. Waschen mit W. u. A.; dunkelbraune, flache Spieße aus Nitrobenzol; 0,3 g (daneben 0,1 g einer N-reicheren, in Nitrobenzol unlösl. Substanz); b) durch 3 Min. langes Erhitzen von 0,3 g **VII** mit **V** auf 185° u. Aufarbeitung wie bei a); 0,3 g; c) durch 10 Min. langes Kochen von 0,2 g **I** mit **V** u. $POCl_3$ bei 90°, Zers. mit W. unter Eiskühlung u. Absaugen; 0,1 g. — *6-Cyanacetoxy-13-hydroxy-6.13-dihydropentacendichinon-(1.4;8.11)*, $C_{25}H_{13}NO_7$, F. >350°, aus **I** u. **V** bei 170° analog der Darst. von **VI** nach a); zu Bündeln verwachsene, dunkelbraune Nadeln aus Nitrobenzol. — *Dimeres Malonsäuredinitril* [*2-Amino-1.1.3-tricyanpropen-(1)*], $C_6H_4N_4$, F. 170°, durch 3 Min. langes Kochen von 3 g **VIII** mit 1,5 ml W. u. 0,3 ml wss. $NN_4OH$ (D. 0,9), Filtrieren (Nd. 0,1 g *Trimeres vom F. 290°*), Kühlen mit Eis u. Absaugen; Spieße aus Eisessig, 0,6 g. — *Trimeres Malonsäuredinitril vom F. 221°*, $C_9H_6N_6$, durch 5 Min. langes Kochen von 2,6 g **VIII** mit 7 ml wss. $NH_4OH$, Eindampfen zur Trockne u. Ausziehen mit kaltem A.; goldgelbe, glänzende Platten aus Nitrobenzol; 0,2 g. G. Fischer. 2950□

**Acyllacton-Umlagerung.** 20. Mitt. **Zur protonkatalysierten Umlagerung von α-Acyllactamen in alkoholischer Lösung.** Friedhelm Korte, Karl Heinz Büchel, Helmut Mäder, Gerd Römer und Hans Hermann Schulze. (Chem. Ber. **95**, 2424—37, herausgeg. 8/10. 1962; Bonn, Univ., Organ.-Chem. Inst.; dt.) — 19. vgl. C. **1962**, 18771. — 3-Äthoxalyl-1-methyl- (**VIII**) bzw. -1-phenylpyrrolidon-(2) (**IX**) sind unter den Bedingungen der Acyllactonumlagerung (vgl. C. **1961**, 6842) stabil; **VIII** ging bei 180 std. Erhitzen in A. /5% ig. HCl oder Butanol /5% ig. HCl keine nennenenswerte

Rk. ein. 3-Äthoxalyl-1-methylpiperidon-(2) (**X**) wird durch Erhitzen in A./HCl zu *2-Carbäthoxy-1-methyl-$\Delta^2$-tetrahydropyridin* (**VII**) umgelagert, das durch Hydrieren zu *N-Methyl-α-pipecolinsäureäthylester* identifiziert wird. Die Bldg. von **VI** wird durch Hydrolyse von **X** durch das im Gleichgewicht $C_2H_5OH + HCl \rightleftharpoons C_2H_5Cl + H_2O$ vorhandene W. zur Aminosäure, deren Decarboxylierung zu [4-Äthoxalylbutyl]-methylamin, dessen Aldol-Kondens. u. Dehydratisierung des Prod. erklärt. Unter gleichen Bedingungen werden N-Methylpyrrolidon-(2) (**I**) u. -piperidon-(2) (**III**) alkoholyt. gespalten. Verss., die durch Verseifen von **I** zu *N-Methyl-γ-aminobuttersäure*, deren Tosylierung bzw. Benzoylierung, Verestern der Acyl-Derivv. u. Kondens. der Prodd. mit Oxalestern oder Äthylformiat (**VI**) dargestellten *N-Methyl-N-tosyl-* bzw. *-benzoyl-γ-amino-α-formyl-* bzw. *-oxalylbuttersäureester* durch Erhitzen mit Säuren in A. zu cyclisieren, führten nicht zu Pyrrolinen; im Falle der Tosyl-Derivv. wird neben der unveränderten Verb. nur *1-Methyl-3-oxalylpyrrolidon-(2)* isoliert. **VIII** bzw. **IX** bzw. **X** werden aus **I** bzw. 1-Phenylpyrrolidon-(2) (**II**) bzw. **III** u. Oxalsäurediäthylester (**V**) in Ggw. von Basen dargestellt. Der Einfl. der Art der Base auf die Ausbeute von **VIII** wurde untersucht. Die besten Ergebnisse lieferte K-Pulver.

Versuche: *3-Oxalyl-1-methylpyrrolidon-(2)*, $C_7H_9NO_4$, F. 170° (Sublimation im Wasserstrahlvakuum bei 130—150°), durch 6std. Kochen von **VIII** mit wss. Essigsäure; 46% (Ausbeute). *Äthylester* (**VIII**), $C_9H_{13}NO_4$, F. 51—52° (Ligroin), a) durch Zutropfen von **I** u. **V** in abs. Ae. zu NaH in abs. Ae., 20std. Rühren bei 50°, Zutropfen von 5n HCl u. Aufarbeiten der Ae.-Schicht; 45—75%; b) durch Zutropfen von **I** u. **V** zu K-Pulver in Ae. bei 0—10°, mehrstd. Einw. bei 10—20°, 12std. Rühren bei Raum-Temp. u. Aufarbeiten wie bei a); 62%; c) analog a) in Ggw. von $C_2H_5ONa$ statt NaH; 5,7%; d) analog a) mit $NaNH_2$ statt NaH; 6,7%; e) mit Na-Pulver statt NaH; 4,8%; f) mit Trityl-Na; 11,1%; g) mit N-Na-N-Methylanilin; 21,1% (Diisopropylamino–MgBr katalysiert die Kondens. nicht); *Cu-Chelat*, $C_{18}H_{24}CuN_2O_8$, F. 175—176°, durch Kochen von **VIII** mit Cu(II)-Acetat in abs. A. u. Zugabe von Ae.; grüne Kristalle aus A./Ae. (1:2); 73%. *Methylester*, $C_8H_{11}NO_4$, F. 78—79° (Ligroin), Kp.$_{0,2}$ 113°, analog **VIII** nach a) mit Oxalsäuredimethylester (**IV**) statt **V**; 2,7%. — *3-Oxalyl-1-phenylpyrrolidon-(2)*, F. 229° (Ligroin), a) durch 14std. Schütteln von **IX** mit 1n NaOH/A.; 81%; b) durch 30std. Kochen von **IX** mit Eisessig; 80%. *Äthylester*(**IX**), $C_{14}H_{15}NO_4$, F. 111—112° (Ligroin), durch Zutropfen von **II** u. **V** zu feingeschnittenem K in A./Ae. (1:150); 71%; **IX**-*Cu-Chelat*, $C_{28}H_{28}CuN_2O_8$, F. 230°; durch 10std. Schütteln von **IX** in Bzl. mit gesätt. Cu-Acetat-Lsg.; gelbgrün. — *3-Äthoxalyl-1-methylpiperidon-(2)* (**X**), $C_{10}H_{15}NO_4$, F. 25° (Ae./PAe. bei —30°), Kp.$_{0,01}$ 105°, a) durch 1std. Rühren von K in abs. Ae. unter Zutropfen von wenig abs. A., Zutropfen von **III** u. **V** in abs. Ae., 24std. Rühren, Absaugen, Eintragen des *K-Salzes* (hellbraun) in Eis/W./HCl u. Ausschütteln mit Chlf.; 23%; b) durch Schütteln des *Cu-Chelats* [$C_{20}H_{28}CuN_2O_8$, F. 184—186°, a) durch 12std. Stehen von **X** u. Cu-Acetat in A./Ae.; grüne Nädelchen aus Ae./A. (1 : 1); 52,5%; b) durch 10 Min. langes Stehen des K-Salzes von **X** in gesätt. Cu-Acetat-Lsg.; 76%] in Chlf. mit eiskalter konz. $H_2SO_4$ bei 0°; 69%. — *3-Hydroxymethylen-1-methylpiperidon-(2)*, $C_7H_{11}NO_2$, F. 68—69°, durch Zutropfen von **III** u. **VI** zu K in abs. Ae., Rühren über Nacht, Eintragen des *K-Salzes* in Eis/W. u. Zugabe von konz. HCl bis pH 5—6; Nadeln aus Ae./PAe. (2 : 1); 23%. — *3-Acetyl-1-methylpiperidon-(2)*, $C_8H_{13}NO_2$, Kp.$_{0,01}$ 50—52°, analog **X** aus **III** u. Essigsäureäthylester durch 24std. Rühren u. Zers. mit verd. HCl bis pH 3—4; hellgelb; 5%. — *3-Carbäthoxy-1-methylpiperidon-(2)*, $C_9H_{15}NO_3$, Kp.$_{0,1}$ 90—95°, a) als Vorlauf der Dest. von **X**; b) neben **VII**; 10—12%. — *2-Carbäthoxy-1-methyl-$\Delta^2$-tetrahydropyridin* (**VII**), $C_9H_{15}NO_2$, Kp.$_{0,2}$ 48—50°, durch 24std. Kochen von **X** in 14%ig. äthanol. HCl u. rasche Aufarbeitung; 50%. — *N-Methyl-α-pipecolinsäure, Äthylester*, $C_9H_{17}NO_2$, Kp.$_9$ 86°, durch Hydrieren von **VII** in Ggw. von Raney-Ni in A. bei Raum-Temp.; 96%. *Hydrazid*, $C_7H_{15}N_3O$, F. 86,5° (Ae.). — *N-Tosyl-N-methyl-γ-aminobuttersäure*, $C_{12}H_{17}NO_4S$, F. 98° (dest. W.), durch 5std. Kochen von **I** in NaOH, Zugabe von p-Toluolsulfonylchlorid u. Ae. bei 0° u. 12std. Rühren unter Eiskühlung; 98%. *Äthylester*, $C_{14}H_{21}NO_4S$, Kp.$_{0,03}$ 170°, mit A. u. HCl-Gas; 85%. — *α-Äthoxalyl-N-tosyl-N-methyl-γ-aminobuttersäureäthylester, Cu-Chelat*, $C_{36}H_{48}CuN_2O_{14}S_2$, F. 148—149°, durch Zutropfen von vorst. Ester u. **V** zu K in abs. Ae./A., 15std. Rühren bei Raum-Temp., Zugabe von Eis, Eindampfen der Ae.-Extrakte, Lösen in Bzl. u. Zugabe von Cu(II)-Acetat-Lsg.; hellgrün aus Bzl./Ligroin; 17%. — *α-Hydroxymethylen-N-tosyl-N-methyl-γ-aminobuttersäureäthylester, Cu-Chelat-Hydrat*, $C_{30}H_{40}CuN_2O_{10}S_2 \cdot H_2O$, F. 98—100°, analog vorst. Chelat mit **VI** statt **V** u. in Ae. statt Bzl.; blaßgrün aus wss. Methanol. — *N-Benzoyl-N-methyl-γ-aminobuttersäure*, $C_{12}H_{15}NO_3$, F. 78° (Ligroin), durch 5std. Kochen von **I** mit NaOH, Zutropfen von Benzoylchlorid bei 0°, 12std. Rühren bei 0° u. Zutropfen von 5n HCl; 82%. *Äthylester*, $C_{14}H_{19}NO_3$, Kp.$_{0,2}$ 148—150°, mit A./konz. $H_2SO_4$ (90 Std. bei Raum-Temp.); 75%. *Methylester*, $C_{13}H_{17}NO_3$, Kp.$_{12}$ 208—211°, durch Zutropfen von Dimethylsulfat zum *K-Salz* (aus der Säure in $CH_3OH$/W. u. $K_2CO_3$) in Aceton u.

15std. Kochen; 70%. — *3-Oxalyl-1-benzoyl-1-methyl-γ-aminobuttersäuremethylester, 3-O-Methyl-Deriv.-Cu-Chelat*, $C_{32}H_{36}CuN_2O_{12}$, F. 221°, durch 4std. Rühren von K-Pulver in abs. Ae./abs. $CH_3OH$, Zugabe von **IV** u. vorst. Methylester in abs. Ae., 1std. Rühren, Abgießen des Ae., Zugabe von frischem Ae., Zutropfen von 5n HCl, Rühren bis zur Lsg. des Nd., Aufarbeiten der Ae.-Phase, Rühren mit Cu-Acetat in $CH_3OH$, Filtrieren u. Zugabe von W.; aus $CH_3OH$/W. (2 : 1) u. Bzl. hellgrün; 13%. Analog: *3-O-Äthyl-Deriv.-Cu-Chelat*, $C_{34}H_{40}CuN_2O_{12}$, F. 173—174°, mit **V** statt **IV** in abs. Ae./abs. A.; blaßgrün aus Ae.; 59%. — UV-Maxima sind angegeben. B. Gnauck. 3000◇

**Acyllacton-Umlagerung.** 21. Mitt. **Synthese von N-Methylanabasein, N-Methylanabasin und deren Isomeren.** Karl Heinz Büchel und Friedhelm Korte. (Chem. Ber. **95**, 2438—43, herausgeg. 8/10. 1962; dt.) — 20. vgl. vorst. Referat. — Durch Claisen-Kondens. von N-Methylpiperidon-(2) (**I**) mit Nicotinsäure- (**II**), Isonicotinsäure- (**III**), Picolinsäure- (**IV**) bzw. Benzoesäureäthylester (**V**) werden *α-Aroyl-N-methylpiperidone* erhalten, die durch Erhitzen in konz. wss. HCl unter Decarboxylierung in ölige *2-Aryl-$\Delta^2$-tetrahydropyridine* umgewandelt werden. Diese färben sich an der Luft braun, absorbieren $CO_2$ u. $O_2$ u. lassen sich leicht katalyt. zu *Piperidin-Derivv.* hydrieren. Die C=C-Doppelbindungsfrequenzen der Tetrahydropyridine liegen bei 1630 $cm^{-1}$, die der Pikrate bei 1690. Diese Verschiebung ist für die Bldg. der Iminium-Form der Salze von Enaminen charakteristisch.

Versuche: *N-Methylpiperidon-(2)* (**I**), $Kp._{10}$ 96°, durch 6std. Hydrieren von N-Methylpyridon-(2) in Ggw. von Raney-Ni in A. bei Raum-Temp. u. 150 at; 96% (Ausbeute). *3-Nicotinoyl-Deriv.* (**VI**), $C_{12}H_{14}N_2O_2$, F. 70—71° (Ligroin/Aceton), durch Zutropfen von **I** u. **II** in abs. Ae. zu K-Pulver in abs. Ae., 24std. Rühren, 1std. Kochen, Abfiltrieren, Zers. des *K-Salzes* mit verd. HCl, Extraktion mit Chlf., Eindampfen, 2std. Schütteln mit Cu(II)-Acetat in Chlf./W. u. Zers. des *Cu-Chelats* mit 3n $H_2SO_4$ (pH 4—5); 28%. *3-Isonicotinoyl-Deriv.*, F. 81—82° (Ligroin), aus **I** u. **III** analog **VI** durch 12std. Rühren bei Raum-Temp., 4std. Rühren bei 100°, Ansäuern mit verd. HCl auf pH 4—5, Filtrieren u. Extraktion der wss. Phase mit Chlf.; 37%. *3-α-Picolinoyl-Deriv.*, F. 73—76° (Ligroin), durch Zutropfen von **I** u. **IV** in abs. Toluol zu K-Pulver in abs. Toluol (dabei Erwärmung auf 140—150°), 24std. Rühren bei Raum-Temp., 2std. Rühren bei 100° u. Zers. des *K-Salzes* mit verd. HCl; 20%. *3-Benzoyl-Deriv.*, $C_{13}H_{15}NO_2$, F. 81—83° (Ligroin), $Kp._{0,2}$ 170—180°, durch Zutropfen von **I** u. **V** in abs. Toluol + wenig abs. A. zu K-Pulver in abs. Toluol bei 70—90°, 24std. Rühren bei Raum-Temp., Ansäuern mit verd. HCl auf pH 3—4, Extraktion der wss. Phase mit Ae. u. Aufarbeiten der Extrakte u. der Toluolschicht; 36%; *2.4-Dinitrophenylhydrazon*, $C_{19}H_{19}N_5O_5$, F. 205—206°, aus A. gelbe Nädelchen. — *1-Methyl-2-[pyridyl-(3)]-$\Delta^2$-tetrahydropyridin* (**VII**, *N-Methylanabasein*), $C_{11}H_{14}N_2$, $Kp._{12}$ 133—135°, durch Kochen von **VI** mit konz. HCl bis zum Ende der $CO_2$-Entw.; 76%. *Pikrat* (P.)-*Hydrat*, $C_{11}H_{14}N_2 \cdot C_6H_3N_3O_7 \cdot H_2O$, F. 128—129,5°, aus A. gelbe Nadeln. — Analog: *1-Methyl-2-[pyridyl-(4)]-$\Delta^2$-tetrahydropyridin*, $C_{11}H_{14}N_2$, Kp. 82—85°; 90%. *Dipikrat* (Dp.), *Hydrat*, $C_{11}H_{14}N_2 \cdot 2\,C_6H_3N_3O_7 \cdot H_2O$, F. 120—123°, aus A. gelbe Nadeln. — *1-Methyl-2-[pyridyl-(2)]-$\Delta^2$-tetrahydropyridin*, $C_{11}H_{14}N_2$, $Kp._{0,2}$ 75°; 83%. P., $C_{11}H_{14}N_2 \cdot C_6H_3N_3O_7$, F. 127—129°, aus A. gelborangefarbene Nadeln. — *1-Methyl-2-phenyl-$\Delta^2$-tetrahydropyridin*, $C_{12}H_{15}N$, $Kp._{0,05}$ 67°; 81%. P., $C_{12}H_{15}N \cdot C_6H_3N_3O_7$, F. 144°, aus A. hellgelbe Nadeln. — *1-Methyl-2-[pyridyl-(3)]-piperidin* (*dl-N-Methylanabasin*), $C_{11}H_{16}N_2$, $Kp._{0,4}$ 62°, durch Hydrieren von **VII** in Eisessig in Ggw. von 5%ig. Pd/Kohle unter Normaldruck; 94%. Dp., $C_{11}H_{16}N_2 \cdot 2\,C_6H_3N_3O_7$, F. 237—239°, aus A. gelbe Nadeln. — Analog: *1-Methyl-2-[pyridyl-(4)]-piperidin* („*N-Methyl-4.2'-anabasin*"); 81%. Dp., F. 222—223°, aus A. gelbe kub. Kristalle; aus W. federförmige Nadeln. — *1-Methyl-2-[pyridyl-(2)]-piperidin* („*N-Methyl-2.2'-anabasin*"), $Kp._{0,15}$ 53°; 80%. P., $C_{11}H_{16}N_2 \cdot C_6H_3N_3O_7$, F. 143—145°, aus A. gelbe Prismen. — *1-Methyl-2-phenylpiperidin*, $C_{12}H_{17}N$, $Kp._{0,05}$ 58—60°; 87%. P., $C_{12}H_{17}N \cdot C_6H_3N_3O_7$, F. 170—171°, aus A. gelbes Pulver. — UV-Maxima sind angegeben.
B. Gnauck. 3000◇

**Acyllacton-Umlagerung.** 22. Mitt. **Umlagerung von α-Aroylpyrrolidonen in konzentrierter Salzsäure zu Pyrrolinderivaten.** Friedhelm Korte und Hans-Jürgen Schulze-Steinen. (Chem. Ber. **95**, 2444—52, herausgeg. 8/10. 1962; dt.) — 21. vgl. vorst. Referat. — Beim Erhitzen von 3-Aroyl-N-methylpyrrolidonen-(2) mit HCl werden *2-Aryl-N-methyl-$\Delta^2$-pyrroline* (**A**) gebildet. Diese Rk. läuft wahrscheinlich unter hydrolyt. Öffnung des Lactamringes, Decarboxylierung u. Enamin-Bldg. ab. Die **A** sind hygroskop. Öle, verfärben sich an der Luft u. polymerisieren sich nach längerem Stehen. In Ggw. von Pd werden sie zu den entsprechenden *Pyrrolidinen* hydriert. Das so dargestellte *N-Methyl-2-[pyridyl-(3)]-$\Delta^2$-pyrrolin* ist mit der von Späth u. Mitarbeitern [1938 u. früher] als 1-Nicotinoyl-3-methylaminopropan bezeichneten Verb. identisch.

1.3-Diacylpyrrolidone-(2) (**B**) geben mit HCl analog *2-Aryl-$\Delta^1$-pyrroline* (**C**). — **B** werden aus N-Acylpyrrolidonen-(2) (**D**) mit Benzoesäure- (**I**), Nicotinsäure- (**II**) bzw. Isonicotinsäureäthylester (**III**) dargestellt. Durch Rk. mit verd. HCl lassen sich die Zwischenstufen *3-Aroylpyrrolidone-(2)* isolieren, die durch Erhitzen mit konz. HCl **C** liefern. Durch Umacylierungs-Rkk. können die Kondens. von **D** mit Estern uneinheitlich verlaufen. So bildet sich bei der Kondens. von N-Acetylpyrrolidon-(2) (**IV**) mit **III** *Isonicotinoylessigester* [$C_{10}H_{11}NO_3$, F. 60° (Ligroin), Kp.$_{0,03}$ 80—82°] als Nebenprodukt. Es wird angenommen, daß der bei der Kondens. frei werdende A. eine Alkoholyse der N-Acetylgruppe bewirkt, worauf Kondens. des gebildeten Essigesters mit noch nicht umgesetztem **III** erfolgt. Entsprechend ergibt ein Gemisch aus je 1 Vol **IV**, $NaOC_2H_5$ u. A. nach 8std. Rühren *Pyrrolidon-(2)* (**V**) u. *Acetessigester*; N-Benzoylpyrrolidon-(2) (**VI**), $NaOC_2H_5$ u. A. liefern **V** u. **I**. **VI** u. **II** führen zu *2-Phenyl-$\Delta^1$-pyrrolin* u. *2-[Pyridyl-(3)]-$\Delta^1$-pyrrolin* (**VII**; *Myosmin*; vgl. Späth u. Mamoli [1936]); auch hier tritt offenbar Alkoholyse auf. Die Synth. von **VII** kann durch Anwendung von N-Nicotinoylpyrrolidon-(2) verbessert werden.

Versuche: *3-Benzoyl-1-methylpyrrolidon-(2)* (**IX**), $C_{12}H_{13}NO_2$, Kp.$_{0,1}$ 125°, durch Zutropfen von N-Methylpyrrolidon-(2) u. **I** zu K-Pulver in abs. Bzl. (Temp.-Anstieg auf 60—80°), 2tägiges Rühren bei Raum-Temp. u. Zers. mit Eiswasser; 50% (Ausbeute). — Analog: *3-α-Picolinoyl-1-methylpyrrolidon-(2)* (**VIII**), $C_{11}H_{12}N_2O_2$, F. 92° (Ligroin), Kp.$_{0,05}$ 123°, mit α-Picolinsäureäthylester; 41%. — *3-Nicotinoyl-1-methylpyrrolidon-(2)* (**XI**), F. 44—45° (Ligroin), mit **II**; 52%. — *3-Isonicotinoyl-1-methylpyrrolidon-(2)* (**XII**), F. 85° (Bzl.), mit **III**; 42%. — *1-Methyl-2-phenyl-$\Delta^2$-pyrrolin* (**X**), $C_{11}H_{13}N$, Kp.$_7$ 99°, durch 20std. Erhitzen von **IX** mit HCl (D. 1,19) auf 130° im Rohr; hellgelbes Öl; 55% [*Pikrat* (P.), $C_{11}H_{13}N \cdot C_6H_3N_3O_7$, F. 141°, aus A. gelbe Nadeln]. Liefert durch Hydrieren in Eisessig in Ggw. von Pd/Kohle bei Raum-Temp. 6,1 g *1-Methyl-2-phenylpyrrolidin*, $C_{11}H_{15}N$, Kp.$_7$ 88°; P., $C_{11}H_{15}N \cdot C_6H_3N_3O_7$, F. 148°, aus A. gelbe Nadeln. — *1-Methyl-2-[pyridyl-(2)]-$\Delta^2$-pyrrolin*, $C_{10}H_{12}N_2$, Kp.$_9$ 127°, analog **X** aus **VIII**; hellgelb; 58%. Liefert durch Hydrieren „*2.2'-Nicotin*", Kp.$_9$ 105°; *Dipikrat* (Dp.), $C_{10}H_{14}N_2 \cdot 2\, C_6H_3N_3O_7$, F. 178°, aus A. gelbe Nadeln. — *1-Methyl-2-[pyridyl-(3)]-$\Delta^2$-pyrrolin*, Kp.$_{0,1}$ 60°, analog **X** aus **XI**; hellgelb; 62% (P., $C_{10}H_{12}N_2 \cdot C_6H_3N_3O_7$, F. 156°, aus W. gelbe Nadeln. *Hexachloroplatinat*, $C_{10}H_{12}N_2 \cdot H_2PtCl_6$, orangerote Kristalle aus sehr verd. HCl). Liefert durch Hydrieren „*3.2'-Nicotin*", Kp.$_8$ 109°; Dp., $C_{10}H_{14}N_2 \cdot 2\, C_6H_3N_3O_7$, F. 228°, aus W. gelbe Nadeln. — *1-Methyl-2-[pyridyl-(4)]-$\Delta^2$-pyrrolin*, Kp.$_7$ 122—125°, analog **X** aus **XII**; hellgelbes Öl; 55% (P., $C_{10}H_{12}N_2 \cdot C_6H_3N_3O_7$, F. 156°, aus W. gelbe Nadeln). Liefert durch Hydrieren „*4.2'-Nicotin*", $C_{10}H_{14}N_2$, Kp.$_8$ 105°; Dp., $C_{10}H_{14}N_2 \cdot 2\, C_6H_3N_3O_7$, F. 195°, aus W. gelbe Nadeln. — *1-Benzoylpyrrolidon-(2)* (**VI**), F. 92°, durch Zutropfen von Benzoylchlorid zu **V** in Pyridin u. 12std. Stehen; aus A. Nadeln; 75%. — *3-Benzoylpyrrolidon-(2)*, $C_{11}H_{11}NO_2$, F. 120° (Bzl.), Kp.$_{0,01}$ 150—160°, analog **IX** aus vorst. Verb. u. **I** u. 3std. Rühren mit halbkonz. HCl; 40%. — *2-Phenyl-$\Delta^1$-pyrrolin*, F. 44°, Kp.$_8$ 116 bis 118°, durch 3std. Kochen vorst. Verb. mit konz. HCl; 62%. P., $C_{10}H_{11}N \cdot C_6H_3N_3O_7$, F. 198° (Zers.), aus A. glänzende Blättchen. — *3-Isonicotinoylpyrrolidon-(2)*, $C_{10}H_{10}N_2O_2$, F. 115° (Ligroin), aus **V** u. Acetanhydrid über **IV** durch dessen Kondens. mit **III** u. schonende Hydrolyse; 32%. — *2-[Pyridyl-(4)]-$\Delta^1$-pyrrolin* („*4.2'-Myosmin*"), F. 91° (Ligroin), Kp.$_8$ 125°, durch 4std. Kochen vorst. Verb. oder von rohem α-Isonicotinoyl-1-methylpyrrolidon-(2) mit konz. HCl; 48%. Dp., $C_9H_{10}N_2 \cdot 2\, C_6H_3N_3O_7$, F. 164°, aus A. glänzende Schuppen. — *1-Nicotinoylpyrrolidon-(2)*, $C_{10}H_{10}N_2O_2$, F. 103°, durch Zutropfen von $SOCl_2$ zu Nicotinsäure; 100%, Zutropfen von **V** zum *Nicotinoylchlorid-hydrochlorid* (F. 155°) in Pyridin (Temp.-Anstieg auf 60—80°), Erhitzen, Kühlen, Stehen über Nacht u. Zers. mit konz. $NaHCO_3$-Lsg.; aus Bzl. gelbe Nadeln; 74%. — *2-[Pyridyl-(3)]-$\Delta^1$-pyrrolin* (**VII**; *Myosmin*), $C_9H_{10}N_2$, F. 44°, Kp.$_7$ 129°, durch Zutropfen von vorst. Verb. u. **II** zu NaH (50%ig. Suspension in Öl) in abs. Bzl., 2—3tägiges Rühren bei 40—50°, Zers. mit Eiswasser, Neutralisieren mit verd. HCl [→ 45% *1.3-Dinicotinoylpyrrolidon-(2)*] u. 3std. Kochen in konz. HCl; aus Ligroin glänzende Schuppen; 39% (bezogen auf **II**). Dp., F. 184°, gelbe Kristalle aus A.–W. (1:1). — UV- u. IR-Maxima einiger Verb. sind angegeben. B. Gnauck. 3000◇

**Acyllacton-Umlagerung. 23. Mitt. Synthesen von cyclischen Aminosäuren nach dem Reaktionsprinzip der Acyllacton-Umlagerung.** Karl Heinz Büchel und Friedhelm Korte. (Chem. Ber. **95**, 2453—59, herausgeg. 8/10. 1962; dt.) — 22. vgl. vorst. Referat. — Durch Erhitzen von α-Äthoxalylpyrrolidonen-(2) bzw. -piperidon-(2) in starken, wss. Säuren u. nachfolgende katalyt. Hydrierung werden *dl-Hygrinsäure* (**IV**), *dl-Prolin* (**VII**) bzw. *dl-N-Methylpipecolinsäure* u. aus diesem das hygroskop. *dl-Homostachydrin* erhalten. Während durch Lösen von α-Äthoxalyl-N-methylpyrrolidon-(2) (**I**) in konz. HCl bei Raum-Temp. nur eine partielle Hydrolyse unter Bldg. der 3-Oxalyl-Verb. erfolgt, führt 20std. Erhitzen in konz. HCl zu *1-Methyl-$\Delta^2$-pyrrolincarbonsäure-(2)* (**II**), die in Form von *α-Keto-δ-methylaminovaleriansäure* als *2.4-Dinitrophenylhydrazon* (DNP; **III**) nachgewiesen wird. Der Ablauf der Umlagerung kann UV-spektroskop. bei 285 mμ verfolgt werden. Bei längerem Erhitzen findet weitere Decarboxylierung von **II** zu *N-Methylpyrrolin* u. dessen Polymerisations-Prodd. statt. Das Gemisch aus **II** u. **III** liefert durch katalyt. Hydrierung **IV**. Die Claisen-Kondens. von N-Acetylpyrrolidon-(2) (**V**) mit Oxalsäurediäthylester (**VI**) ergibt *3-Äthoxalyl-1-acetylpyrrolidon-(2)* (**VIII**), das bei der Aufarbeitung mit verd. HCl partiell zu *3-Äthoxallyl-* u. *3-Oxalylpyrrolidon-(2)* hydrolysiert wird. Beide Verbb. ergeben durch Umlagerung u. Hydrieren ebenfalls **VII**. Bei 100° führt die Rk. von **V** u. **VI** zu *N.N'-Oxalyl-bis-[γ-aminobuttersäureäthylester]* u. *2.3-Dioxo-4-carbäthoxypiperidin*.

Versuche: *3-Äthoxalyl-1-methylpyrrolidon-(2)* (**I**), aus N-Methylpyrrolidon-(2) u. **VI** in Ggw. von K-Pulver; 60—65% (Ausbeute). — *α-Keto-δ-methylaminovaleriansäurehydrochlorid*, DNP (**III**), $C_{12}H_{15}N_5O_6 \cdot HCl$, F. 183—184°, durch 20std. Kochen von **I** in konz. HCl, Einengen, Zugabe von W. u. von 2.4-Dinitrophenylhydrazin in 2n HCl, gelbe Kristalle aus 2n HCl. — *dl-Hygrinsäure* (**IV**), $C_6H_{11}NO_2$, F. 174—175° (A./Ae.), durch 20std. Kochen von **I** in konz. HCl, Einengen, Abfiltrieren vom *α-Oxalyl-N-methylpyrrolidon-(2)*, Zugabe von W., Hydrieren in Ggw. von $PtO_2$ bei Raum-Temp. u. Normaldruck [→ *Hydrochlorid*, $C_6H_{11}NO_2 \cdot HCl$, F. 183—185° (A./Ae.); 95%] u. Filtrieren der wss. Lsg. über Duolite A-7. — *N-Acetylpyrrolidon-(2)* (**V**), Kp.$_{12}$ 109—110°, durch Erhitzen von Pyrrolidon-(2) mit überschüssigem Acetanhydrid; 95%. — *α-Äthoxalyl-N-acetylpyrrolidon-(2)* (**VIII**), $C_{10}H_{13}NO_5$, Kp.$_{0,05}$ 90—95° (hellgelb), durch Zutropfen von 127 g **V** u. **VI** in abs. Ae. zu K-Pulver in abs. Ae. unter Eiskühlung, 8std. Rühren bis 10° u. Einrühren in 2n HCl; hellgelbes Öl; 209 g (roh); daneben *3-Äthoxalylpyrrolidon-(2)*, $C_8H_{11}NO_4$, F. 134—136° (Ligroin). — *3-Oxalylpyrrolidon-(2)*, F. 208—210° (Zers.), durch 24std. Erwärmen von 5 g **VIII**-Verb. in 6n HCl auf 60°; 1,2 g. — *N.N'-Oxalyl-bis-[γ-aminobuttersäureäthylester]*, $C_{14}H_{24}N_2O_6$, F. 103—106°, durch rasches Zutropfen von 127 g **V** u. **VI** zu K-Pulver in Toluol in Ggw. von A. bei 100°, Einrühren in 2n HCl u. Extraktion mit Ligroin; filzige Nadeln; 160 g (roh); daneben 26 g *2.3-Dioxo-4-carbäthoxypiperidin*, F. 148° (Bzl.), aus dem Rückstand der Ligroinextraktion. Liefert mit sd. 6n HCl *N.N'-Oxalyl-bis-[γ-aminobuttersäure]*, F. 212°. — *dl-Prolin* (**VII**), $C_5H_9 \cdot NO_2$, F. 214—215°, durch 1std. Kochen von 22,7 g **VIII** in konz. HCl, Einengen, Zusatz von W. u. von $PtO_2$, Hydrieren [→ **VII**-*Hydrochlorid*, F. 156—158° (A./Ae.)] u. Entsalzen über Duolite A-7; 78%. — *α-Keto-δ-aminovaleriansäure*, DNP, F. 217—218°. (Zers.), aus **VIII** analog **III**; gelbe Kristallpulver aus 2n HCl. — *dl-N-Methylpipecolinsäure*, $C_7H_{13}NO_2$, F. 208—210° (A./Ae.), durch Kochen (5 Min.) von α-Äthoxalyl-N-methylpiperidon-(2) in 6n HCl, Verdünnen mit W., Hydrieren analog **IV** (→ 100% *Hydrochlorid*, $C_7H_{13}NO_2 \cdot HCl$, F. 195—200°) u. Entsalzen; 98%. — *α-Keto-ε-methylaminocapronsäurehydrochlorid*, DNP, $C_{13}H_{17}N_5O_6 \cdot HCl$, F. 207°, aus vorst. Verb. analog **III**; gelbe Nädelchen aus 2n HCl. — *dl-Homostachydrin*, $C_8H_{15}NO_2$, F. 207—208° (A./Ae), durch Methylierung vorvorst. Verb. mit $CH_3J/Ag_2O$ in $CH_3OH$. *Hydrochlorid*, $C_8H_{15}NO_2 \cdot HCl$, F. 211° (A./Ae.). B. Gnauck. 3000◇

**Acyllacton-Umlagerung. 24. Mitt. Synthese von Schierlingsalkaloiden nach dem Reaktionsprinzip der Acyllacton-Umlagerung.** Karl Heinz Büchel und Friedhelm Korte. (Chem. Ber. **95**, 2460—64, herausgeg. 8/10. 1962; dt.) — 23. vgl. vorst. Referat. — Durch Erhitzen von 1.3-Dibutyryl- (**V**) bzw. α-Butyryl-1-methylpiperidon-(2) in konz. HCl erhält man *γ-Conicein* (**I**) bzw. *N-Methyl-γ-conicein* (**II**), die katalyt. zu *dl-Coniin* (**III**) bzw. *dl-N-Methylconiin* hydriert werden können. Im Gegensatz zu den Literaturangaben ist **I** nach den IR- u. Kernresonanzdaten nicht 2-Propyl-$\Delta^2$-, sondern -$\Delta^1$-tetrahydropyridin, während **II** als Enamin vorliegt. Analog wird *α-Pipecolin* aus 1.3-Diacetylpiperidon-(2) dargestellt.

Versuche: *N-Butyrylpiperidon-(2)*, $C_9H_{15}NO_2$, Kp.$_{0,1}$ 82—86°, durch Zutropfen von Butyrylchlorid zu Piperidon-(2) (**VI**) u. Pyridin u. 12std. Stehen; 87,3% (Ausbeute). — *1.3-Dibutyrylpiperidon-(2)* (**V**), $C_{13}H_{21}NO_3$, Kp.$_{0,05}$ 102—104°, durch ½std. Rühren von K-Pulver in abs. Ae. mit wenig abs. A., Zutropfen von 1 Mol vorst. Verb. u. 1,25 Mol Buttersäureäthylester (**IV**) in abs. Ae., 12std. Rühren u. Gießen in 2n HCl; 57,7 g (roh). — *γ-Conicein* (**I**), $C_8H_{15}N$, Kp.$_9$ 54°, durch Zugabe von 50 g rohem **V** zu sd. 10n HCl, 3std. Kochen, Alkalisieren (KOH) u. Dampf-Dest.; $n_D^{20}$ 1,4603; 12 g. *Pikrat* (P.), $C_8H_{15}N \cdot C_6H_3N_3O_7$, F. 77—78°, aus A. gelbe Prismen. — *dl-Coniin* (**III**), $C_8H_{17}N$, Kp.$_9$ 51—53°, durch 5std. Hydrieren von 5 g **I** in 2n HCl in Ggw. von $PtO_2$ bei Raum-Temp.; $n_D^{20}$ 1,4551; 4,5 g. P., $C_8H_{17}N \cdot C_6H_3N_3O_7$, F. 75°, gelbes Kristallpulver aus W./A. (10:1). — *3-Butyryl-1-methylpiperidon-(2)*, $C_{10}H_{17}NO_2$, Kp.$_{0,01}$ 80—81°, analog **V** aus 1 Mol N-Methylpiperidon-(2) u. 1,5 Mol **IV**; 42 g. — *N-Methyl-γ-conicein* (**II**), $C_9H_{17}N$, Kp.$_{12}$ 65°, analog **I** aus vorst. Verb. (1std. Kochen); $n_D^{20}$ 1,4715; 41%. P., $C_9H_{17}N \cdot C_6H_3N_3O_7$, F. 80°, orangegelbe Prismen aus A./Ae. (2:1). — *dl-N-Methylconiin*, $C_9H_{19}N$, Kp.$_{10}$ 68 bis

69°, analog III aus 7 g II; $n_D^{20}$ 1,4510; 6,1 g. P., $C_9H_{19}N \cdot C_6H_3N_3O_7$, F. 110—111°, aus A. hellgelbe Nadeln. *Hydrochlorid*, $C_9H_{19}N \cdot HCl$, F. 167—168° (abs. A./Ae.). — *N-Acetylpiperidon-(2)*, Kp.$_{12}$ 117—120°, durch Erhitzen von **VI** mit überschüssigem Acetanhydrid; 95%. — *1.3-Diacetylpiperidon-(2)*, Kp.$_{0,1}$ 75—90° (roh), analog **V** aus 1 Mol vorst. Verb. u. 2 Mol Äthylacetat; 25 g. — *α-Pipecolin*, Kp. 120—122°, aus vorst. Verb. (20 g) durch 6std. Kochen in 10n HCl u. Hydrieren in Ggw. von $PtO_2$; $n_D^{20}$ 1,4478; 3,5 g. P., F. 132—134°, aus A./Ae. gelbe Prismen. — NMR-Daten sind angegeben.
B. Gnauck. 3000◇

**Untersuchungen über die Komponenten von Rhizoma nupharis.** 7. Mitt. **Untersuchungen über die Struktur von Anhydronupharandiol.** Yoshio Arata. (J. pharmac. Soc. Japan [Yakugakuzasshi] **77**, 225—28, 25/3. 1957; Kanazawa, Univ., Pharmakol. Inst.; jap., Auszug: engl.) — 6. vgl. J. pharmac. Soc. Japan [Yakugakuzasshi] **73**, [1953], 828. — Das Red.-Prod. von Desoxynupharidin (I) wird wiederholt der erschöpfenden Methylierung u. Red. unterworfen u. das dabei erhaltene *Prod.* $C_{15}H_{30}O$ *Anhydronupharandiol* (II) genannt. Die Oxydation von **II** mit $CrO_3$ führt zu einem *Lacton* $C_{15}H_{28}O_2$. Dieses wird durch alkal. Verseifung in die entsprechende *Hydroxysäure* übergeführt, deren Methylester bei der Oxydation mit $CrO_3$ *Isocapronsäure* u. eine *zweibasige Säure* $C_{15}H_{28}O_4$ (III) gibt. **III**-Anhydrid wird durch $LiAlH_4$ zum entsprechenden *Diol* red., das mit $H_2SO_4$ wieder in **II** übergeführt wird. Das Zn-Staub-Dest.-Prod. von **III**-Imid gibt eine positive Ehrlich-Reaktion. Es wird gefolgert, daß der Ätherring in **II** 5gliedrig ist u. das Äther-O von 2 $CH_2$-Gruppen flankiert ist. Die früher (J. pharmac. Soc. Japan [Yakugakuzasshi] **68**, [1948], 77) für **I** vorgeschlagene Strukturformel wird widerrufen.

Versuche: *Dijodnupharan*, $C_{15}H_{30}J_2$, Kp.$_2$ 193—195°, aus 2,4 g **II**, 20 cm³ HJ (D. 1,7) u. 2 g rotem P durch 8std. Erhitzen u. Ausäthern; 3,2 g (Ausbeute). — *Anhydronupharandiol* (II), $C_{15}H_{30}O$, Kp.$_2$ 114—115°, aus 3 g vorst. Verb. in Aceton u. $Ag_2O$ durch 10std. Ausschütteln; 0,6 g. — *Hydroxynupharanal*, $C_{15}H_{30}O_2$, F. 130—133° (Aceton), aus 9,2 g **II** in 75 cm³ Essigsäure u. 9 g $CrO_3$ durch 10std. Zutropfen u. Ausäthern; 0,5 g. *S-Benzylisothiuroniumsalz*, F. 113—115°. — *Hydroxynupharanoesäurelacton*, $C_{15}H_{28}O_2$, Kp.$_3$ 151—153°, neben vorst. Verb.; 4,5 g. — *Hydroxynupharanoesäure*, *S-Benzylisothiuroniumsalz*, $C_{23}H_{40}N_2O_3S$, F. 114—115° (Aceton). *Methylester*, Kp.$_2$ 142 bis 145°, aus 3 g des vorst. Lactons u. KOH-Lsg. im Überschuß durch 1std. Erhitzen u. Einw. von $CH_2N_2$. — *Nupharandiol*, $C_{15}H_{32}O_2$, Kp.$_{2,5}$ 175°, aus 0,9 g vorvorst. Verb. in 10 cm³ Ae. u. 0,8 g $LiAlH_4$ durch 7std. Erwärmen; 0,8 g. *Diacetyl-Deriv.*, $C_{19}H_{36}O_4$, Kp.$_2$ 155—160°, aus 1,5 g Diol, 20 cm³ Eisessig u. 1,3 g konz. $H_2SO_4$ durch 3std. Erhitzen. — *Nupharanoedisäure* (III), F. 125—128° (Aceton), aus 5 g vorvorst. Ester in 150 cm³ Eisessig durch 6std. Zutropfen von 3 g $CrO_3$ in Eisessig u. Ae.-Extraktion. *Dimethylester*, $C_{17}H_{32}O_4$, Kp.$_2$ 148—152°. *Bis-S-benzylisothiuroniumsalz*, $C_{31}H_{48}N_4O_4S_2$, F. 128—129°. *Bis-p-phenylphenacylester*, $C_{43}H_{48}O_6$, F. 87—88,5° (A.). *Anhydrid*, $C_{15}H_{26}O_3$, Kp.$_2$ 168 bis 173°, durch 1std. Erhitzen von 0,3 g **II** auf 170° bei 20 Torr. F. Mossner. 3061

**Untersuchungen über die Komponenten von Rhizoma nupharis.** 8. Mitt. **Erschöpfende Methylierung von Desoxynupharidin.** Yoshio Arata und Tsutomu Ōhashi. (J. pharmac. Soc. Japan [Yakugakuzasshi] **77**, 229—31, 25/3. 1957; jap., Auszug: engl.) — 7. vgl. vorst. Referat. — Die Zus. der beim katalyt. Hydrieren unter Erhitzen aus Desoxynupharidin (I) erhaltenen Prodd., $C_{15}H_{25}NO$ u. $C_{15}H_{27}NO$, wird zu $C_{15}H_{27}NO$ (*Tetrahydrodesoxynupharidin*) u. $C_{15}H_{29}NO$ (*Hexahydrodesoxynupharidin*; **II**) berichtigt. Wiederholte erschöpfende Methylierung von **II** u. Ozonolyse der dabei erhaltenen *Verb.* $C_{15}H_{26}O$ geben eine *einbasige Säure* $C_{10}H_{18}O_3$ (III) u. ein *Methylketon* $C_9H_{16}O_2$ (IV). **III** wird über den *Methylester* u. den durch Einw. von $CH_3MgJ$ erhaltenen Alkohol u. die daraus erhaltene *Anhydro-Verb.* in **IV** übergeführt. **I** enthält 2 $CH_3$–C-Gruppierungen, von denen eine bereits geklärt ist.

Versuche: *N-Methylhexahydrodesoxynupharidinjodmethylat* (V), $C_{17}H_{34}JNO$, F. 144° (Essigester), Kp.$_2$ 129—130°, aus dem durch Hydrieren der Des-Base $C_{16}H_{25}NO$ in 30 cm³ Eisessig in Ggw. von Pd-Kohle erhaltenen Öl; $[\alpha]_D^{20}$ —58,60°. — *Verb.* $C_{15}H_{28}O$, durch erschöpfende Methylierung von **V**. — *Säure* $C_{10}H_{18}O_3$, aus 2,7 g vorst. Verb. in Chlf. durch Sättigen mit $O_3$, Zers. u. Ausäthern. *S-Benzylisothiuroniumsalz*, F. 152,5 bis 153°. *p-Phenylphenacylester*, F. 55°. — *Verb.* $C_{14}H_{26}O_2$, neben vorst. Verbindung. *Semicarbazon*, $C_{15}H_{29}N_3O_2$, F. 69—71,5° (90%ig. $CH_3OH$ oder Essigester/PAe.). — *Verb.* $C_{15}H_{28}O$, Kp.$_7$ 135—140°, aus **V** durch Behandlung mit $Ag_2O$. — *Säure* $C_{10}H_{18}O_3$ (III), Kp.$_{2,5}$ 185—190°, aus 12,5 g vorst. Verb. durch Ozonisieren. *S-Benzylisothiuroniumsalz*, $C_{18}H_{28}N_2O_3S$, F. 152,5—153° (Aceton). *p-Phenylphenacylester*, $C_{24}H_{28}O_4$, F. 55° (60%ig. A.). — *Methylketon* $C_9H_{16}O_2$ (IV), neben **III**. *Semicarbazon*, $C_{10}H_{19}N_3O_2$, F. 142,5—143° (Essigester). F. Mossner. 3061

**Untersuchungen über die Komponenten von Rhizoma nupharis.** 9. Mitt. **Die Struktur von Anhydronupharandiol.** Yoshio Arata, Masai Koseki und Kango Sakai. (J. pharmac. Soc. Japan [Yakugakuzasshi] **77**, 232—35, 25/3. 1957; jap., Auszug: engl.) — 8. vgl. vorst. Referat. — Die $O_3$-Oxydation der Des-Base $C_{16}H_{29}NO$ (I) gibt *Tetrahydrofuryl-(3)-formaldehyd* u. *Tetrahydrofuroesäure-(3)*. Beim Behandeln des durch Erhitzen von Dijodnupharan (II) mit $(CH_3)_3N$ erhaltenen *Bis-ammoniumsalzes* mit $Ag_2O$ u. Erhitzen wird *Nupharadien* (III) gebildet. Die Oxydation des Ozonolyse-Prod. von III mit $KMnO_4$ bzw. $PbO_2$ führt zu *4.8-Dimethylnonansäure* bzw. *5.9-Dimethyldecansäure*. Aus den Rkk. wird für *Anhydronupharandiol* die Struktur von *3-[4.8-Dimethylnonyl]-tetrahydrofuran* gefolgert.

Versuche: *Tetrahydrofuroesäure-(3)*, $Kp._{2}$ 155—180°, durch Ozonisieren von 3,2 g I in 30 cm³ Chlf. u. Ausäthern. *S-Benzylisothiuroniumsalz*, $C_{13}H_{18}N_2O_3S$, F. 147° (Aceton); $[\alpha]_D^{25}$ +4,1°. — *Tetrahydrofuryl-(3)-formaldehyd*, neben vorst. Verbindung. *2.4-Dinitrophenylhydrazon*, $C_{11}H_{12}N_4O_5$, F. 121° (50—70%ig. A.). — *Bis-[trimethylammonium]-nupharandijodid*, $C_{21}H_{48}J_2N_2$, F. 204—205° (A.), aus 15,4 g II in 20 cm³ 40% ig. $(CH_3)_3N$-Lsg. durch mehrstd. Erhitzen; 12 g (Ausbeute). — *Nupharadien* (III), $C_{15}H_{28}$, $Kp._{18}$ 118 bis 128°, aus 9 g vorst. Verb. in $CH_3OH$ durch 3 std. Schütteln mit $Ag_2O$; 2,3 g. — *4.8-Dimethylnonansäure*, $Kp._{20}$ 155—165°, aus dem Ozonierungs-Prod. von III durch Oxydation mit $KMnO_4$. *S-Benzylisothiuroniumsalz*, $C_{19}H_{32}N_2O_2S$, F. 135,0—135,5° (Aceton). *p-Phenylphenacylester*, $C_{25}H_{32}O_3$, F. 61—63° ($CH_3OH$). — *5.9-Dimethyldecansäure*, aus 1 g des Ozonisierungs-Prod. von III in 70 cm³ 80% ig. $CH_3COOH$ u. 2,3 g $PbO_2$ durch 8 std. Erhitzen. *S-Benzylisothiuroniumsalz*, F. 127—128° (Aceton). — *Tetrahydrogeranylmalonsäure, Diäthylester*, $C_{17}H_{32}O_4$, $Kp._{2}$ 134—135°, aus 0,9 g Na in A., 5 g Tetrahydrogeranylbromid u. 5 g Malonsäurediäthylester durch 3 std. Erhitzen. *p-Bromphenacylester*, $C_{29}H_{34}Br_2O_6$, F. 97,5—99° (A.), aus 3 g Diäthylester in 20% ig. NaOH durch 10 std. Erhitzen u. Rk. der freien Säure mit p-Bromphenacylbromid. F. Mossner. 3061

**Quartäre Ammoniumsalze und andere Umsetzungsprodukte des 5.5-Bis-[chlormethyl]-furfuraldazins.** Fl. Knotz. (Mh. Chem. **93**, 58—64, 1962; Graz, Univ., Inst. für Organ. u. Pharmazeut. Chem.; dt.) — Die große Reaktivität der Cl-Atome im 5.5'-Bis-[chlormethyl]-furfurolaldazin (I) ermöglicht die Synth. *quart. Ammoniumchloride* mit tert. Basen. Die Rk. von I mit Thioharnstoff (II) u. die Bldg. von *Bis-[5-(N-benzoylhydrazonomethyl)-furfuryl-(2)]-diäthylammoniumchlorid* aus O-[5-(N-Benzoylhydrazinomethyl)-furfuryl-(2)]-schwefligsäurechlorid (III) werden beschrieben.

Versuche: *5.5'-Bis-[pyridiniomethyl]-furfurolaldazindichlorid*, $C_{22}H_{20}Cl_2N_4O_2$, F. 170° (Zers.), durch 5 Min. langes Erwärmen von I mit Pyridin unter Schütteln, Lösen in A. u. Fällen mit Essigester; aus Essigester/A./Carboraffin gelbe Nadeln; ~100% (Ausbeute). — *5.5'-Bis-[urotropiniomethyl]-furfurolaldazindichlorid* (IV), $C_{24}H_{34}Cl_2N_{10}O_2$, F. 193° (Zers.), durch Erwärmen von 0,7 g I mit Urotropin in abs. A.; aus W./Dioxan gelbliche Stäbchen; 1,1 g. — *5.5'-Bis-[β-picoliniomethyl]-furfurolaldazindichlorid*, $C_{24}H_{24}Cl_2N_4O_2$, F. 158° (Zers.), analog IV mit β-Picolin, dann Fällen mit Chlorbenzol; aus A./Essigester/Carboraffin gelbe Platten; 0,9 g. — *5.5'-Bis-[chinoliniomethyl]-furfurolaldazindichlorid*, $C_{30}H_{24}Cl_2N_4O_2$, Verfärbung bei 175°, beginnende Verkohlung bei 192°, analog IV mit Chinolin u. Kristallisation aus abs. A./Chlorbenzol; 0,35 g. — *5.5'-Bis-{N-[1-phenyl-2.3-dimethyl-5-oxopyrazolinyl-(4)]-dimethylammoniomethyl}-furfurolaldazindichlorid*, $C_{38}H_{44}Cl_2N_8O_4$, F. 129—131°, analog IV mit Pyramidon; aus A./Chlorbenzol gelbliche Blättchen; 0,45 g. — *5.5'-Bis-[guanylmercaptomethyl]-furfurolaldazin*, $C_{14}H_{16}N_8O_2S_2$, F. 134—138°, durch Zugabe von I zur sd. Lsg. von II in A., kurzes Kochen u. Versetzen der wss. Lsg. des gereinigten *Dihydrochlorids* mit $NH_4OH$; aus W. Büschel gelblicher Nadeln; 100% (Hydrochlorid). — *Bis-[5-(N-benzoylhydrazonomethyl)-furfuryl-(2)]-diäthylammoniumchlorid*, $C_{30}H_{32}ClN_5O_4$, F. 172° (Zers.), durch Eintragen von III in das Gemisch aus Diäthylamin u. abs. A. bei —1 bis —2° unter Rühren u. mehrstd. Stehen; aus A./Bzl./Carboraffin mikrokristallines Pulver.

H.-J. Weigmann. 3061◇

**Synthese α,β-ungesättigter Ketone der Furanreihe und Untersuchungen ihrer Umwandlungen.** 3. Mitt. **Kondensation von 5-Nitrofurfurol mit Methylketonen.** S. N. Nasarowa und T. W. Usstimenko. (J. allg. Chem. [UdSSR] **30** (92), 2017—21, Juni 1960; Rostow/Don, Univ.; russ.) — 2. vgl. C. **1963**, 2825. — Die Kondens. von 5-Nitrofurfurol (I) mit Aceton liefert in saurer Lsg. glatt *Bis-[5-nitrofurfuryliden]-aceton* (II); in alkal. Lsg. treten über Rkk. der Nitrogruppe ungeklärte Umwandlungen ein. Benzalaceton tauscht beim Erhitzen mit I nicht den Arylidenrest aus, sondern gibt *5-Nitrofurfurylidenbenzalaceton*. Mit Acetophenon kondensiert I zu *5-Nitrofurfurylidenacetophenon* (III), das im Gegensatz zu den analogen 5-Halogen-Verbb. (aus denen III durch Rk. mit $AgNO_3$ ebenfalls darzustellen ist) leicht mit Carbonylreagentien Derivv.

der CO-Gruppe bildet. Die Kondens. von I mit Acetofuran verläuft normal. Bes. III erscheint wegen hoher bakterieider Wirksamkeit von Interesse.

Versuche: *Bis-[5-nitrofurfuryliden]-aceton* (II), $C_{13}H_8N_2O_7$, F. 184—185° (Essigsäure) bzw. 197° ($CCl_4$), a) durch Zutropfen von konz. $H_2SO_4$ zu I u. Aceton in Eisessig unter Kühlung, 5std. Stehen im Sonnenlicht u. Gießen in Eiswasser; 36,8% (Ausbeute); b) durch kurzes Erhitzen von I-Diacetat in Eisessig in Ggw. von wenig konz. $H_2SO_4$ auf dem Wasserbad, Zutropfen von Aceton u. weiterer $H_2SO_4$ bei 0°, 2std. Rühren u. Stehen über Nacht; 57%. *2.4-Dinitrophenylhydrazonhydrat*, $C_{19}H_{12}N_6O_{10} \cdot H_2O$, F. 221 bis 222° (W.). — *5-Nitrofurfurylidenbenzalaceton*, $C_{15}H_{11}NO_4$, F. 124—125° (wss. Methanol), durch 24std. Stehen von Benzalaceton mit I in Eisessig in Ggw. von konz. $H_2SO_4$; 41,2%. *2.4-Dinitrophenylhydrazon*, $C_{21}H_{15}N_5O_7$, F. 223—224°; 83%. — *5-Nitrofurfurylidenacetophenon* (III), $C_{13}H_9NO_4$, F. 137—138° (Essigsäure), a) analog II nach a) 46,5%, nach b) 74,6%; c) durch 24std. Stehen von 5-Bromfurfurylidenacetophenon mit $AgNO_2$ in Eisessig u. 1std. Kochen; 33%. *2.4-Dinitrophenylhydrazon*, $C_{19}H_{13}N_5O_7$, F. 254 bis 255° (Nitrobenzol). *Oxim*, $C_{13}H_{10}N_2O_4$, F. 118—119° (wss. A.). *Semicarbazon*, $C_{14}H_{12} \cdot N_4O_4$, F. 214° (Essigsäure). *Thiosemicarbazon*, $C_{14}H_{12}N_4O_3S$, F. 207° (Dichloräthan). — *5-Nitrofurfurylidenacetofuran*, $C_{11}H_7NO_5$, F. 178—179° (Essigsäure), analog II nach a) 30%, nach b) 17%. *2.4-Dinitrophenylhydrazon*, $C_{17}H_{11}N_5O_8$, F. 225—226° (Essigsäure).

H.-E. Toussaint. 3061◇

**Untersuchungen auf dem Gebiet der Chinone.** 15. Mitt. **Kondensation von p-Benzochinon mit Benzoylessigester.** A. N. Grinew, Pan Bon Chwar und A. P. Terentjew. (J. allg. Chem. [UdSSR] **27** (**89**), 821—23, März 1957; Moskau, Univ.; russ.) — 14. vgl. C. **1959**, 4456. — Die Kondens. von p-Benzochinon (I) mit Benzoylessigsäureäthylester (II) führt bei hohen I-Konzz. zu *2.6-Diphenylbenzo-[1.2:b;4.5:b']-difuran-3.7-dicarbonsäurediäthylester*, bei langsamer I-Zugabe dagegen zu *2-Phenyl-5-hydroxybenzofuran-3-carbonsäureäthylester* in 84,2% ig. Ausbeute. Die Verseifungs-, Decarboxylierungs- u. Verätherungs-Prodd. vorst. Benzofurans u. -difurans werden dargestellt.

Versuche: *2.6-Diphenylbenzo-[1.2:b;4.5:b']-difuran-3.7-dicarbonsäurediäthylester*, $C_{28}H_{22}O_6$, F. 191—192° (Dichloräthan–Aceton 1 : 1), a) aus 10 g II u. 7 g $ZnCl_2$ in 7 g abs. A. durch Zugabe von 5,5 g I in 8—10 Min. bei 80—90° u. 30 Min. langes Rühren bei 80—90°; 4,5 g (Ausbeute); b) aus 38,2 g II, 2,8 g $ZnCl_2$ u. 28 g abs. A. durch Zugabe von 21,6 g I in 45 Min.; 10 g. *Freie Säure*, aus 1,2 g Ester mit NaOH in A.; 1 g. — *2.6-Diphenylbenzo-[1.2:b;4.5:b']-difuran*, $C_{22}H_{14}O_2$, F. >300°, aus 1 g vorst. Säure bei 150—160° in 1½ Std.; 0,7 g. — *2-Phenyl-5-hydroxybenzofuran-3-carbonsäureäthylester*, $C_{17}H_{14}O_4$, F. 154—155° (Essigsäure), a) aus den Mutterlaugen vorst. Esters durch 3tägiges Stehenlassen mit W. u. Ausziehen mit Ae.; gelbliche Kristalle; 4 g; b) 14 g; c) aus II, $ZnCl_2$ u. A. im Kolben eines Extraktors u. I in der Extraktionshülse in 26 Std. bei 110—120° (Bad-Temp.); 84,2%. *p-Brombenzoat*, $C_{24}H_{17}BrO_5$, F. 134—135° (A.). *Freie Säure*, $C_{15}H_{10}O_4$, F. 214° (50% ig. Essigsäure), aus 2,5 g Ester mit alkohol. NaOH; 2 g. — *2-Phenyl-5-hydroxybenzofuran*, F. 186—186,5° (Essigsäure), aus 1 g vorst. Säure mit 0,8 g CaO durch Erhitzen auf 250—300°; 0,45 g. — *2-Phenyl-5-methoxybenzofuran-3-carbonsäure*, $C_{16}H_{12}O_4$, F. 177° (Essigsäure), aus 5 g vorvorst. Verb. in 2n NaOH mit $(CH_3)_2SO_4$ in Dioxan; 4,8 g. *Äthylester*, $C_{18}H_{16}O_4$, F. 124—125° (Essigsäure).

P. Rögner. 3061◇

**Untersuchungen auf dem Gebiet der Chinone.** 16. Mitt. **Synthese von substituierten Benzofuranen.** A. N. Grinew, Pan Bon Chwar und A. P. Terentjew. (J. allg. Chem. [UdSSR] **27** (**89**), 1087—89, April 1957; russ.) — 15. vgl. vorst. Referat. — Die Ausbeute an *2-Methyl-5-hydroxybenzofuran-3-carbonsäureäthylester* bei der Rk. von p-Benzochinon (I) mit Acetessigsäureäthylester (II) wird durch Benutzung eines Extraktors von 67 auf 98% gesteigert. Unter den *Derivv.* zeigt das über die *freie Säure* (III) dargestellte *2-Methyl-5-hydroxybenzofuran* (IV) im Unterschied zum *Ester* stark phenol. Eigg., z. B. $FeCl_3$-Rk. u. Komplex-Bldg. mit I.

Versuche: *2-Methyl-5-hydroxybenzofuran-3-carbonsäureäthylester*, F. 137° (A.), aus II, $ZnCl_2$ u. abs. A. u. I in 27 Std. bei 110—120° (Bad-Temp.); 98% (Ausbeute). *Benzoat*, $C_{19}H_{16}O_5$, F. 102° (A.). — *2-Methyl-5-hydroxybenzofuran* (IV), $C_9H_8O_2$, F. 35 bis 36°, $Kp._6$ 134°, aus III u. CaO im Katalytofen bei 250—300° unter $N_2$ in 2 Std.; 33%. *Komplex mit* I, $C_{24}H_{20}O_6$, F. 106—107°, aus 0,5 g IV in Bzn. u. einer gesätt. Lsg. von 0,36 g I in Bzl.; rote Kristalle; 0,5 g. *p-Nitrobenzoat*, $C_{16}H_{11}NO_5$, F. 133—134° (A.-Dioxan 4 : 1). — *2-Methyl-5-methoxybenzofuran*, $Kp._{10}$ 117—118°, aus 7,4 g IV in wss. 10% ig. NaOH u. $(CH_3)_2SO_4$; $n_D^{22}$ 1,5672; 6,3 g. — *[2-Methylbenzofuryl-(5)-oxy]-essigsäure*, $C_{11}H_{10}O_4$, F. 144—145° (A.), aus 1,5 g IV, Bromessigsäureäthylester u. Na in abs. A. durch 1std. Kochen auf dem Wasserbad, Zugeben von 10% ig. wss. NaOH, einige Min. langes Erwärmen, Zugeben von W., Filtrieren u. Ansäuern mit HCl; 2 g. —

*Nitroso-2-methyl-5-hydroxybenzofuran*, $C_9H_7NO_3$, F. 170—171° (A.), aus 2 g **IV** u. 1,5 g $ZnCl_2$ in 8 ml abs. A. mit einer konz. wss. $NaNO_2$-Lsg. 10 Min. auf dem Wasserbad erwärmen; 2,4 g. P. Rögner. 3061◇

**Untersuchungen auf dem Gebiet der Chinone.** 17. Mitt. **Reaktion von 2.3-Dichlorchinon und Benzoylessigester.** A. N. Grinew, N. K. Wenewzewa und A. P. Terentjew. (J. allg. Chem. [UdSSR] **27** (**89**), 1090—91, April 1957; russ.) — 16. vgl. vorst. Referat. — Durch Kondens. von 2.3-Dichlorchinon (**I**) mit Benzoylessigsäureäthylester (**II**) entstehen nebeneinander *α-[2.5-Dihydroxy-3.4-dichlorphenyl]-benzoylessigsäureäthylester* (**III**), *6.7-Dichlor-2-phenyl-5-hydroxybenzofuran-3-carbonsäureäthylester* (**IV**) u. *7.8-Dichlor-2.5-diphenylbenzo-[2.1:b;5.6:b']-difuran-3.4-dicarbonsäurediäthylester* (**V**). **III**, der mit $FeCl_3$ u. p-Benzochinon eine Farb-Rk. gibt, konnte in **IV** übergeführt werden, jedoch konnte die Kette der postulierten Intermediärverbb. zu **V** nicht geschlossen werden, da **III** bei Oxydation verharzte.

Versuche: *7.8-Dichlor-2.5-diphenylbenzo-[2.1:b;5.6:b']-difuran-3.4-dicarbonsäurediäthylester* (**V**), $C_{28}H_{20}Cl_2O_6$, F. 229° (Dichloräthan), aus 15,5 ml **II** u. 8,6 g $ZnCl_2$ in 9 ml abs. A. durch Zugabe von 11,1 g **I** in 20 Min. bei 85—90° u. 30 Min. langes Erhitzen; 0,8 g (Ausbeute). — *α-[2.5-Dihydroxy-3.4-dichlorphenyl]-benzoylessigsäureäthylester* (**III**), $C_{17}H_{14}Cl_2O_5$, F. 168—170° (Dichloräthan), aus der alkohol. Mutterlauge von **V**; 4,1 g. — *6.7-Dichlor-2-phenyl-5-hydroxybenzofuran-3-carbonsäureäthylester* (**IV**), $C_{17}H_{12}Cl_2O_4$, F. 186 bis 187° (Essigsäure oder A.), a) aus der äther. Mutterlauge von **III**; 18,7 g; b) aus 1 g **III**, 0,29 g $ZnCl_2$, 0,5 ml **II** u. 0,5 ml abs. A. durch 1std. Erhitzen auf 85—90°; 0,45 g. P. Rögner. 3061◇

**Untersuchungen auf dem Gebiet der Chinone.** 18. Mitt. **Synthese substituierter Naphthofurane.** A. N. Grinew, G. K. Prokofjewa und A. P. Terentjew. (J. allg. Chem. [UdSSR] **27** (**89**), 1688—89, Juni 1957; russ.) — 17. vgl. vorst. Referat. — 1.4-Naphthochinon (**I**) u. durch Oxydation von 1.4-Dichlornaphthalin entstandenes 5.8-Dichlor-1.4-naphthochinon (**II**) werden mit Butyryl- (**III**), Isobutyryl- (**IV**), p-Nitrobenzoyl- (**V**) u. Acetessigsäureäthylester (**VI**) zu *substituierten Naphtho-[1'.2':5.4]-furanen* kondensiert.

Versuche: Naphtho-[1'.2':5.4]-furane: *2-Propyl-3-carbäthoxy-4'-hydroxy-*, $C_{18}H_{18}O_4$, F. 164° (A.), aus **III**, $ZnCl_2$ u. abs. A. durch Zugabe von **I** bei 100° u. 40 Min. langes Kochen; 77% (Ausbeute). *Benzoat*, $C_{25}H_{22}O_5$, F. 110—112° (A.-Dioxan 10:1), aus 1 g vorst. Verb. in 3 ml Pyridin u. 0,5 g Benzoylchlorid unter Eiskühlung u. 4std. Stehenlassen bei Raum-Temp.; 1,2 g. *Freie Säure*, $C_{16}H_{14}O_4$, F. 240° (50% ig. Essigsäure), aus dem Ester mit alkohol. NaOH; 100%. — *2-Isopropyl-3-carbäthoxy-4'-hydroxy-*, $C_{18}H_{18}O_4$, F. 151—152° (Bzn.), aus 3,2 g **I**, 5 g **IV**, 2,8 g $ZnCl_2$ u. 3,5 ml abs. A.; 3,3 g. — *2-[p-Nitrophenyl]-3-carbäthoxy-4'-hydroxy-*, $C_{21}H_{15}NO_6$, F. 250—251° (Nitrobenzol), aus **I**, **V**, $ZnCl_2$ u. abs. A., 30 Min. bei 120—130°; rote Kristalle; 76%. — *2-Methyl-3-carbäthoxy-4'-hydroxy-5'.8'-dichlor-*, $C_{16}H_{12}Cl_2O_4$, F. 183° (A.), aus **II**, **VI**, $ZnCl_2$ u. abs. A.; 85%. *Freie Säure*, $C_{14}H_8Cl_2O_4$, F. 330° (Zers.; 50% ig. Essigsäure), aus dem Ester mit alkohol. NaOH; 96%. P. Rögner. 3061◇

**Mit Metamekonin verwandte ortho-substituierte Chlorbenzole.** J. A. McRae, Marjorie Allen und R. Y. Moir. (Canad. J. Chem. **39**, 995—1004, Mai 1961; Kingston, Ontario, Canada, Queen's Univ., Dep. of Chem.; engl.) — Metamekonin ergibt durch Nitrieren, Red. u. Diazotieren *7-Chlormetamekonin* (**I**), das bei der selektiven Demethylierung mit $H_2SO_4$ *7-Chlor-6-hydroxy-5-methoxyphthalid* (**II**) liefert. In analoger Weise gibt das aus $CH_2O$ u. 5-Chlorveratrumsäure (**IV**) erhältliche *4-Chlormetamekonin* (**V**) *4-Chlor-5-hydroxy-6-methoxyphthalid* (**VI**). Die Kondens. von $CH_2O$ mit 2-Chlorveratrumsäure (**VII**) in saurer Lsg. ergibt statt des erwarteten **I** sehr wenig **II**. Dechlorierungs-Verss. von 5-Chlorvanillinsäure (**III**) u. **VI** waren erfolglos. Die Synth. der Verbb. sowie deren physikal. Eigg. werden beschrieben. Die in Tetrahydrofuran u. in KBr gemessenen IR-Spektren werden diskutiert.

Versuche: *5-Chlorvanillinsäure* (**III**), $C_8H_7ClO_4$, F. 252—254°, durch Oxydation von 5-Chlorvanillin. — *5-Chlorveratrumaldehyd*, $C_9H_9ClO_3$, F. 55—55,6°, durch Methylieren von 5-Chlorvanillin. — *5-Chlorveratrumsäure* (**IV**), $C_9H_9ClO_4$, F. 189,8—190,4° (A.), durch Oxydation von 17 g vorst. Verb. mit $KMnO_4$ in wss. $NaHCO_3$-Lsg. bei 60—80°, Kühlen, Einleiten von $SO_2$ u. Ansäuern mit verd. HCl; 15,6 g (Ausbeute). — *2-Chlorveratrumsäure* (**VII**), F. 202,5—204,5°, durch Methylierung von 2-Chlorvanillin u. Oxydation analog **IV**. — *4-Chlor-5-hydroxy-6-methoxyphthalid* (**VI**), $C_9H_7ClO_4$, F. 236,4 bis 237,2° (A.), a) durch 2tägiges Erhitzen von 2 g **III** mit 36—38% ig. $CH_2O$-Lsg. in Essigsäure/konz. HCl auf 80—85° u. Zugabe von Eis; 1,18 g; b) durch 2tägiges Erhitzen von 10 g **IV** auf 95—100° analog a); 2,77 g; daneben 1,66 g **V**; c) durch 2tägiges Erhitzen von **V** mit konz. $H_2SO_4$ auf 60°. — *4-Chlormetamekonin* (**V**), $C_{10}H_9ClO_4$, F. 171,2—171,8°

(A.), durch Methylieren von 0,2 g **VI** mit $CH_2N_2$ in Ae.; 0,13 g. — *4-Chlor-5-äthoxy-6-methoxyphthalid* (**VIII**), $C_{11}H_{11}ClO_4$, F. 141,4—141,8° (A.), durch Kochen von 1,63 g **VI** mit Äthyljodid in abs. Aceton, Zugabe von Drierite, ½ std. Rühren, Zugabe von $Ag_2O$ während 7 Std. u. Absaugen; 1,48 g. — *7-Chlormetamekonin* (**I**), $C_{10}H_9ClO_4$, F. 195,8—196,6°, a) durch Diazotieren von 15 g 7-Aminometamekonin u. Verkochen mit CuCl in HCl; aus n-Butanol Nadeln; 5 g; b) durch Methylieren von 0,5 g **II** mit äther. $CH_2N_2$-Lsg.; aus A. Nadeln; 0,42 g. — *5-Methoxy-6-hydroxy-7-chlorphthalid* (**II**), $C_9H_7ClO_4$, F. 235—235,8° (A.), a) durch 3½tägiges Erwärmen von 2 g **I** mit konz. $H_2SO_4$ auf 60°; 1,47 g; b) durch 76std. Erwärmen von 5 g **VII** mit $CH_2O$-Lsg. in Essigsäure/konz. HCl auf 80—90°, 7std. Erwärmen auf 100°, Verdünnen mit wenig W., Abtrennen von **VII**, Verdünnen mit W. u. Einengen im Vakuum; 1,95 g. — *5-Methoxy-6-äthoxy-7-chlorphthalid*, $C_{11}H_{11}\cdot ClO_4$, F. 177,2—177,6° (A.), aus 2 g **II** analog **VIII**; 1,59 g. — *3-Chlor-4-äthoxy-5-methoxyphthalsäure*, Form **A**, F. 200—201°, Form **B**, F. 203—207°, a) durch 1std. Oxydation von **VIII** mit $KMnO_4$ in 5%ig. KOH bei 100°; daneben das *Anhydrid* (F. 133,5 bis 134°); b) durch Oxydation vorst. Verb. analog a). *Dimethylester*, $C_{13}H_{15}ClO_6$, F. 70,4 bis 71,4°, a) durch Methylieren der Form **A** $CH_2N_2$ in Ae.; aus PAe. Nadeln; b) durch Methylieren von **B** analog a). W. Hampel. 3061◇

**Fluorierte heterocyclische Derivate des Schwefels, Selens und Phosphors.** C. G. Krespan und C. M. Langkammerer. (J. org. Chemistry **27**, 3584—87, Okt. 1962; Wilmington, Del., E. I. du Pont de Nemours & Co., Exp. Stat., Central Res. Dep.; engl.) — Die Einw. von Tetrafluoräthylen (**I**) auf S führt unter verschiedenen Bedingungen zu *Oktafluorthiolan* (**II**) u. *Oktafluor-1.4-dithian* (**III**); daneben entsteht wenig *2-Trifluormethylpentafluor-1.3-dithiolan*. Die Rk. verläuft über radikal. Zwischenstufen u. beginnt mit dem Angriff der radikal. Enden der S-Kette auf **I**. Aus **I** u. Se werden die analogen Verbb. erhalten, aus **I** u. P in Ggw. von $J_2$ bilden sich *Oktafluor-1-jodphospholan* (**IV**) u. *Oktafluor-1.4-dijod-1.4-diphosphan*. — NMR-Spektren vgl. Original.

Versuche: *Oktafluorthiolan* (**II**), $C_4F_8S$, Kp. 42—43°, a) durch Erhitzen von S u. **I** in $CCl_4$ während 6 Std. auf 150°; $n_D^{25}$ 1,3050; 15% (Ausbeute); b) durch Erhitzen von S, **I** u. $J_2$ während 8 Std. auf 300°; 8%. — *Oktafluor-1.4-dithian* (**III**), $C_4F_8S_2$, Kp. 81,5°, F. —6,6°, a) durch Einleiten von **I** in die Lsg. von S in $CS_2$ bei 300° u. 12std. Erhitzen auf 300°; $n_D^{25}$ 1,3581; 51%; b) neben **II** nach b); 22%; c) analog b) ohne Lsgm.; 61%. — *2-Trifluormethylpentafluor-1.3-dithiolan*, $C_4F_8S_2$, Kp. 77°, F. —83°, neben **II** u. **III**; $n_D^{25}$ 1,3492; <3%. — *2.2.4-Tris-[trifluormethyl]-trifluor-1.3-dithiolan*, $C_6F_{12}S_2$, Kp. 112—113°, aus S u. Hexafluorpropylen bei 300° in 36 Std.; 13%. — *Oktafluorselenolan*, $C_4F_8Se$, Kp. 62—63°; 10%, u. *Oktafluor-1.4-diselenan*, Kp. 108°; 5%, durch Erhitzen von Se, $J_2$ u. **I** während 7 Std. auf 250°. — *Oktafluor-1-jodphospholan* (**IV**), Kp. 116—119°; 4%, u. *Oktafluor-1.4-dijod-1.4-diphosphan*, $C_4F_8J_2P_2$, F. 73—75,5° (PAe.); 27%, durch Erhitzen von rotem P, $J_2$ u. **I** während 8 Std. auf 220°. — *Diammoniumsalz der ω-H-Oktafluorbutanphosphonsäure*, $C_4H_9F_8N_2O_3P\cdot H_2O$, aus **IV** durch Hydrolyse in kaltem W., Behandlung mit 12%ig. $H_2O_2$ u. Zugabe von $NH_4OH$. A. Trede. 3071◇

**Fluorierte Thiolane und ein Selenolan.** C. G. Krespan. (J. org. Chemistry **27**, 3588—94, Okt. 1962; engl.) — Vgl. vorst. Referat. — Beim Erhitzen von S mit Tetrafluoräthylen (**I**) bzw. Chlor- (**II**) oder Bromtrifluoräthylen (**III**) u. verschiedenen Olefinen bilden sich die entsprechenden, partiell fluorierten *Thiolane*, aus Se, **I** u. Propylen (**IV**) wird ein *Selenolan* erhalten. Daneben findet teilweise Cyclodimerisierung des Olefins statt. Die Rk. verläuft durch Angriff der radikal. Enden der S-Kette auf **I** bzw. **II** oder **III**, das entstandene Biradikal reagiert mit dem Olefin zu einem Addukt, das dann den Thiolanring schließt. Die Konstit. der Addukte wird mit Hilfe der NMR-Spektren bewiesen. An Stelle des Olefins lassen sich auch Bzl. oder Thiophen (**V**) einsetzen. Durch Erhitzen von **I** u. **IV** mit P in Ggw. von $J_2$ wird *1.1.2.2-Tetrafluor-1.4-dijodpentan* erhalten. — IR-Spektren vgl. Original.

Versuche: 2.2.3.3-Tetrafluorthiolane, durch mehrstd. Erhitzen von S mit **I** u. einem Olefin in $CS_2$ auf 150° im Druckgefäß: *unsubstituiert*, $C_4H_4F_4S$, $Kp._{150}$ 74°; 15% (Ausbeute). — *5-Methyl-*, $C_5H_6F_4S$, $Kp._{100}$ 72°; 40%. — *5.5-Dimethyl-* (**VI**), $C_6H_8F_4S$, $Kp._{100}$ 75°; 43%. — *4.5-Dimethyl-*, $C_6H_8F_4S$, $Kp._{100}$ 82°; 44%. — *5-Phenyl-*, $C_{10}H_8F_4S$, $Kp._{00}$ 102—103°; 20%; daneben *1-Phenyl-2.2.3.3-tetrafluorcyclobutan*; 48%. — *5-Chlor-*, $C_4H_3ClF_4S$, $Kp._{170}$ 85°; 36%. — *5-Äthoxy-*, $C_6H_8F_4OS$, $Kp._{80}$ 90°; 32%. — *5-Hydroxymethyl-*, $C_5H_6F_4OS$, $Kp._{20}$ 102°; 35%. — *5-Acetoxy-* (**VII**), $C_6H_6F_4O_2S$, $Kp._{50}$ 106°, $Kp._{20}$ 86—87°; $n_D^{25}$ 1,4099; 56%; daneben *2.2.3.3-Tetrafluorcyclobutylacetat*, $Kp._{20}$ 60°, $Kp._{50}$ 86°; 9%. — *5-[2.2.3.3-Tetrafluorcyclobutyl]-*, $C_8H_6F_8S$, $Kp._{16}$ 76—77°; 13%, $Kp._{10}$ 80°; 12% (Isomerengemisch). — *5-Trifluormethyl-*, $C_5H_3F_7S$, Kp. 98°; 11%. — *5-Methoxycarbonyl-*, $C_6H_6F_4O_2S$, $Kp._{20}$ 80—81°; 14%; daneben *2.2.3.3-Tetrafluorcyclobutancarbonsäuremethylester*; 19%. — *5-Cyan-*, $C_5H_3F_4NS$, $Kp._{50}$ 112°; 20%; daneben *1-Cyan-2.2.3.3-*

*tetrafluorcyclobutan*, Kp.$_{120}$ 89—91°; 31%. — *5.5-[2-Cyantrimethylen]-*, $C_8H_7F_4NS$, Kp.$_1$ 86°, Kp.$_2$ 115°, F. 95—96° (cis–trans-Isomerengemisch); 56% insgesamt. — *4.5-Tetramethylen-*, $C_8H_{10}F_4S$, Kp.$_{20}$ 94°; 23%. — *2.2.3.3-Tetrafluorthiolandicarbonsäure-(4.5)-anhydrid*, $C_6H_2F_4O_3S$, F. 68—69°; 17%. — *2.2.3-Trifluor-3-chlor-5-methylthiolan-*, $C_5H_6Cl\cdot F_3S$, Kp.$_{100}$ 96°, aus S, **II** u. **IV** analog vorst. Verbb.; 30%. — *2.2.3-Trifluor-3-brom-5-methylthiolan*, $C_5H_6BrF_3S$, Kp.$_{50}$ 93°, aus S, **III** u. **IV** analog vorst. Verbb.; $n_D^{25}$ 1,4637; 36%. — *2.2-Difluor-3.3-dichlor-5-methylthiolan*, Kp.$_{20}$ 79—80°, aus S, 1.1-Dichlor-2.2-difluoräthylen u. **IV**; 2%. — *2.2.3.3-Tetrafluor-5-methylselenolan*, $C_5H_6F_4Se$, Kp.$_{100}$ 84—85°, aus Se, **I** u. **IV** in Ggw. von $J_2$; 8%. — *2.2.3.3-Tetrafluor-5.5-dimethylthiolan-1.1-dioxid*, $C_6H_8F_4O_2S$, Kp.$_6$ 77—78°, durch Erhitzen von **VI** mit 30%ig. $H_2O_2$ in Eisessig während 10 Std. auf dem Dampfbad; 38%. — *2.2.3.3-Tetrafluor-2.3-dihydrothiophen*, $C_4H_2F_4S$, Kp. 96°, durch Erhitzen von **VII** mit $P_2O_5$ auf 160—190° während 2 Std.; 47%. — *4.4.5.5.9.9.10.10-Oktafluor-2.6.11-trithiatricyclo-[6.3.0.0$^{3.7}$]-undecan* (?), $C_8H_4F_8S_3$, Kp.$_{0.2}$ 52—53°, durch 3std. Erhitzen von S, **I** u. **V** auf 150°; 13%. — *2.2.3.3.7.7.8.8-Oktafluor-Δ$^4$-oktahydrobenzo-[1.2:b;3.4:b′]-dithiophen* u. *1.1.2.2.7.7.8.8-Oktafluor-Δ$^4$-oktahydrobenzo-[1.2:b;4.3:b′]-dithiophen* (?), Isomerengemisch), $C_{10}H_6F_8S_2$, Kp.$_2$ 97—102°, F. 72—73° (95%ig. A., $CCl_4$), durch 5½std. Erhitzen von S, **I** u. Bzl. auf 150°; 28%. — *1.1.2.2-Tetrafluor-1.4-dijodpentan*, $C_5H_6F_4J_2$, Kp.$_{12}$ 80—81°, durch 11std. Erhitzen von **I**, **IV**, $J_2$ u. rotem P in $CS_2$ auf 160°; $n_D^{23}$ 1,5035; 24%.

A. Trede. 3071◇

**3-Substituierte Thiophene. Darstellung und Metallierung von 3-Methoxythiophen.** Salo Gronowitz. (Ark. Kemi **12,** Nr. 25, 239—46, 1958; Uppsala, Royal Agricult. Coll., Inst. of Organ. Chem.; engl.) — *3-Methoxythiophen* (**I**) wird durch Rk. von 3-Bromthiophen u. Na-Methylat in $CH_3OH$ in Ggw. von KJ u. CuO dargestellt, mit n-Butyllithium metalliert u. durch anschließendes Carbonisieren in *3-Methoxythiophen-2-carbonsäure* (**II**) übergeführt, die auch aus 3-Hydroxythiophen-2-carbonsäuremethylester erhalten wird. Desulfurieren von **II** mit Raney-Ni führt unter Demethoxylierung zur *Valeriansäure*, während die mit Raney-Ni W7 nach Sicé (C. **1954,** 2822) durchgeführte Desulfurierung *3-Methoxyvaleriansäure* (**III**) liefert. Durch Verestern von 3-Hydroxythiophen-5-carbonsäure mit Dimethylsulfat wird *3-Methoxythiophen-5-carbonsäure* erhalten.

Versuche: *3-Methoxythiophen* (**I**), $C_5H_6OS$, Kp.$_{65}$ 80—82°, durch 100std. Kochen eines Gemisches aus 3-Bromthiophen, Na in $CH_3OH$, KJ u. CuO unter starkem Rühren, Verdünnen mit W. u. Extrahieren mit Ae.; $n_D^{25}$ 1,5292; 81% (Ausbeute). — *3-Methoxythiophen-2-carbonsäure* (**II**), $C_6H_6O_3S$, F. 178,5—179,5°, a) durch Zutropfen von n-Butyl-Li-Lsg. zu **I** in absol. Ae. unter $N_2$, ½std. Kochen, Gießen auf Trockeneis/Ae., Hydrolysieren mit W. bei —10°, Extrahieren mit $NaHCO_3$-Lsg. u. Ansäuern mit HCl; aus wss. A. feine Nadeln; 86%; b) durch 2std. Schütteln von 0,5 g 3-Hydroxythiophen-2-carbonsäuremethylester mit 2n NaOH u. Dimethylsulfat, mehrstd. Stehen bei Raum-Temp., 3std. Kochen, Ansäuern mit HCl u. mehrmaliges Extrahieren mit Ae.; 0,27 g. — *Penten-(2)-säuremethylester*, Kp. 139—142°, nach Clinton u. Laskowski (J. Amer. chem. Soc. **70,** [1948], 3135); $n_D^{25}$ 1,4402; 86%. — *3-Methoxyvaleriansäure* (**III**), Kp.$_{16}$ 120—122°, durch 2std. Kochen von **IV** mit 33%ig. wss. NaOH, Ansäuern mit HCl u. Extrahieren mit Ae.; $n_D^{25}$ 1,4263; 64%. *Methylester* (**IV**), Kp.$_{55}$ 77—78°, durch 5std. Kochen vorst. Verb. u. Na in absol. $CH_3OH$, Neutralisieren mit HCl, Abdestillieren des $CH_3OH$, Zugeben zu W. u. Aufnehmen der organ. Schicht in Ae.; $n_D^{25}$ 1,4098; 55%. *Chlorid*, aus **III** u. $SOCl_2$. *Amid*, $C_6H_{13}NO_2$, F. 85—85,5°, a) durch Zutropfen des Säurechlorids zu konz. $NH_4OH$ u. Abdampfen; aus Benzol Flocken; b) durch Desulfurieren von 0,9 g **II** nach Sicé (l. c.) u. Überführen von 0,4 g saurem Material über das Chlorid in das Amid. *S-Benzylisothiuronium-Salz*, $C_{14}H_{22}N_2O_3S$, F. 150—152° (W.). — *Valeriansäure-S-benzylisothiuronium-Salz*, $C_{13}H_{20}N_2O_2S$, F. 145—148° (W.), durch Lösen von **I** in wss. NaOH, langsames Zugeben von Raney-Ni unter Kühlen, 6std. Kochen, Filtrieren u. Isolieren nach Gronowitz (C. **1963,** 6575). — *3-Methoxythiophen-5-carbonsäure*, $C_6H_6O_3S$, F. 166—168° (wss. A.), durch ½std. Schütteln von 2 g 3-Hydroxythiophen-5-carbonsäure, 10%ig. NaOH u. Dimethylsulfat bei Raum-Temp., 2std. Kochen u. Ansäuern mit HCl; 1,9 g. *Methylester*, $C_7H_8O_3S$, F. 38—39°, mit $CH_2N_2$; aus wss. Methanol lange Nadeln. H. Smalla. 3071

**Untersuchungen über Nematocide.** 2. Mitt. **Struktur eines zweiten aus Tagetes-Wurzeln isolierten nematociden Prinzips.** J. H. Uhlenbroek und J. D. Bijloo. Recueil Trav. chim. Pays-Bas **78,** 382—90, Mai 1959; Weesp, Netherlands, Philips-Roxan Cent. Res. Labor.; 's-Graveland, Agrobiol. Labor. „Boekesteyn"; engl.) — 1. vgl. C. **1962,** 6495; 3. vgl. C. **1962,** 10827. — Aus Tageteswurzeln wurde ein zweiter nematocid. wirksamer Bestandteil isoliert u. als *5-[Buten-(3)-in-(1)-yl]-2.2′-bithienyl* (**I**) identifiziert. Durch katalyt. Hydrierung entsteht aus **I** *5-Butyl-2.2′-bithienyl* (**II**). UV- u. IR-Spektren von **I** u. **II** wurden aufgenommen.

Versuche: *5-[Buten-(3)-in-(1)-yl]-2.2'-bithienyl* (I), $C_{12}H_8S_2$, durch Extrahieren von Tageteswurzeln mit A., Isolieren der unverseifbaren Fraktion nach Uhlenbroek (C. **1962**, 6495), Lösen in PAe., Chromatographieren an $Al_2O_3$ u. Eluieren mit PAe./Ae.; gelbliches Öl. — *Thiophen-2.5-dicarbonsäure*, a) durch $^3/_4$std. Schütteln von I in Aceton/wss. $KMnO_4$ u. 2n $H_2SO_4$; b) durch Oxydation von I mit alkal. $KMnO_4$. — *Thiophen-2-carbonsäure*, durch Oxydation von 2-Vinylthiophen oder 2-[Butadien-(1.3)-yl]-thiophen analog vorst. Verbindung. — *2-Butyl-5-jodthiophen*, durch portionsweises Zugeben von HgO u. J zu 2-Butylthiophen in Bzl. <30° u. $^1/_2$std. Stehen; 96%. — *5-Butyl-2.2'-bithienyl* (II), $C_{12}H_{14}S_2$ (II), Kp.$_{0,5}$ 128—130°, a) durch Erhitzen vorst. Verb., 2-Jodthiophen u. Cu bis zur exothermen Rk., $^1/_2$std. Erhitzen auf 200° u. Extrahieren mit Chlf.; daneben *2.2'-Bithienyl*; b) durch Schütteln von I u. 10%ig. Pd/Kohle in A. unter $H_2$, Chromatographieren an $Al_2O_3$ u. Eluieren mit PAe.; gelbliches Öl. H. Smalla. 3071

**Untersuchungen über aktive Komponenten von Digenea simplex Ag. und verwandte Verbindungen.** 77. Mitt. **Eine neue Synthese von DL-Prolin.** Yasushi Sanno. (Annu. Rep. Takeda Res. Lab. **18,** 22—24, Okt. 1959; jap., Auszug: engl.) — 76. vgl. J. pharmac. Soc. Japan [Yakugakuzasshi] **78,** [1958], 1371; vgl. auch C. **1961,** 13902. — Eine neue Meth. zur Darst. von *DL-Prolin*, ausgehend von $\beta$-Cyanäthylmalonsäurediäthylester (I) wird beschrieben.

Versuche: *γ-Formylaminopropylmalonsäurediäthylester*, durch Hydrieren von I in Ameisensäureäthylester an Raney-Ni bei 90—120°; daneben *2-Oxopiperidin*. — *γ-Aminopropylmalonsäurediäthylester, Hydrochlorid*, $C_{10}H_{20}ClNO_4$, F. 88°, a) durch Hydrieren von I in HCl an $PtO_2$; 83% (Ausbeute); b) durch Verseifen vorst. Verb. mit 10%ig. äthanol. HCl. *Pikrat*, $C_{16}H_{22}N_4O_{11}$, F. 126°. — *α-[γ-Aminopropyl]-α-brommalonsäurediäthylester, Hydrobromid*, $C_{10}H_{19}Br_2NO_4$, F. 116°, durch Bromieren vorst. Verb. mit $Br_2$; 82%. *Pikrat*, $C_{16}H_{21}BrN_4O_{11}$, F. 128°. — *Pyrrolidin-2.2-dicarbonsäurediäthylester*, Kp.$_{17}$ 134°, durch Ringschluß aus 4 g vorst. Verb. in Pyridin; 75%. *Pikrat*, $C_{16}H_{20}N_4O_{11}$, F. 116°. — *DL-Prolin*, $C_5H_9NO_2$, F. 207° (Zers.), durch Verseifen vorst. Verb. mit 10%ig. HCl u. Decarboxylieren der Dicarbonsäure mit $Ag_2O$° 75%.

P. Golinske. 3081◇

**Die Struktur von monobromiertem Indol-3-carbonsäureäthylester und die Darstellung von 7-Bromindol.** B. E. Leggetter und R. K. Brown. (Canad. J. Chem. **38,** 1467—71, Sept. 1960; Edmonton, Univ. of Alberta, Dep. of Chem.; engl.) — Die von Majima u. Kotake [1930] durch Bromieren von Indol-3-carbonsäureäthylester (I) in Essigsäure erhaltene Monobrom-Verb., die als *6-Bromindol-3-carbonsäureäthylester* bezeichnet wurde, ergibt beim Verseifen u. Decarboxylieren ein Gemisch von *5-* u. *6-Bromindol* (F. 74—75°). Es kann bewiesen werden, daß bei der Monobromierung von I ein Gemisch von *5-* u. *6-Bromindol-3-carbonsäureäthylester* entsteht. Zur Darst. von *7-Bromindol* aus 7-Bromindol-2-carbonsäure (II) werden zwei Wege beschrieben. **II** wird erhalten durch Fischer-Ringschluß von Brenztraubensäureäthylester-2-bromphenylhydrazon (IV) mit Polyphosphorsäure oder durch Überführung von 2-Nitro-3-carboxytoluol mittels Hunsdiecker-Rk. in *2-Nitro-3-bromtoluol*, das durch Reissert-Kondens. mit Oxalsäurediäthylester bei 20° *2-Nitro-3-bromphenylbrenztraubensäureäthylester* ergibt, der durch reduktiven Ringschluß in **II** übergeführt wird.

Versuche: *2-Nitro-3-bromtoluol*, F. 27°, durch Bromieren von 41,5 g Ag-2-Nitro-3-methylbenzoat in $CCl_4$ bei 25°, 3std. Kochen unter $CO_2$-Entw. u. Wasserdampf-Dest.; 18 g (Ausbeute). — *2-Nitro-3-bromphenylbrenztraubensäureäthylester, K-Enolat*, durch $^1/_4$std. Stehen von K-Äthylat mit Oxalsäurediäthylester in abs. A./Ae., Zugabe vorst. Verb. in Ae. u. 7tägiges Stehen bei 25°; 67%. — *2-Nitro-3-bromphenylbrenztraubensäureäthylester* (III), $C_{11}H_{10}BrNO_5$, F. 114—115° (A.), durch Lösen vorst. Verb. in W., Kühlen auf 0° u. Ansäuern mit 6n HCl. — *Brenztraubensäureäthylester-2-bromphenylhydrazon* (IV), $C_{11}H_{13}BrN_2O_2$, F. 44—46° (A.), durch 1std. Kochen von Brenztraubensäureäthylester u. 2-Bromphenylhydrazin in A.; 91%. — *7-Bromindol-2-carbonsäure* (II), $C_9H_6BrNO_2$, F. 242—244° (verd. A.), a) durch Zugabe einer Lsg. von **III**-K-Enolat in warmem 4n $NH_4OH$ zu einer sd. Lsg. von $FeSO_4$ in $NH_4OH$ u. W., $^1/_2$std. Erwärmen auf 90°, Filtrieren u. Ansäuern bei 25° mit 6n HCl; 60%; b) durch 2std. Kochen des Äthylesters mit 2,5n NaOH u. Ansäuern mit 6n HCl; 55,5%. *Äthylester*, $C_{11}H_{10}BrNO_2$, F. 85—86° (A.), durch langsames Erhitzen von **IV** mit Polyphosphorsäure auf 70° u. 10 Min. lange Steigerung auf 150°, Verdünnen mit W. u. Extrahieren mit Ae.; 46%. — *7-Bromindol*, $C_8H_6BrN$, F. 42—43°, durch 48std. Kochen von **II** mit Chinolin in Ggw. von $CuCrO_2$, Ansäuern mit 1n HCl, Extrahieren mit Ae., Chromatographie an $Al_2O_3$ u. Extrahieren mit n-Pentan; 48%. — *Gemisch aus 5- u. 6-Bromindol*, $C_8H_6BrN$, F. 74—75° (verb. A.), durch $2^1/_2$std. Erhitzen eines Gemisches aus 5- u. 6-Bromindol-3-carbonsäure mit Chinolin auf 140° unter $CO_2$-Entw. u. Ansäuern mit 1n HCl; 46%. W. Hampel. 3081◇

**Carbodiimide. 1. Mitt. Umsetzung von Isocyanaten zu Carbodiimiden mit Phospholenoxid-Katalysator.** Tod W. Campbell, John J. Monagle und Veronika S. Foldi. (J. Amer. chem. Soc. **84,** 3673—77, 5/10. 1962; Wilmington, Del., E.I. du Pont de Nemours & Co., Inc., Text. Fibers Dep. and Organ. Chemicals Dep., Jackson Labor.; engl.) — Aromat. u. aliphat. Isocyanate (**A**) werden in Ggw. von 1-Äthyl-3-methyl-$\Delta^3$-phospholen-1-oxid (**I**) in *Carbodiimide* (**B**) umgewandelt. Dabei reagieren 2 Moll. **A** unter Abspaltung von $CO_2$ zu 1 Mol. **B.** Aliphat. **A** reagieren langsamer als aromatische. Phenylisocyanat (**II**) wird durch längeres Kochen unter Einleiten von $N_2$ auch in Abwesenheit eines Katalysators in *Diphenylcarbodiimid* (**III**) übergeführt. Ohne Verdrängung des $CO_2$ aus dem Gleichgewicht durch $N_2$ findet keine Umsetzung statt (vgl. hierzu Stalle [1908]). Elektrophile Substituenten in aromat. **A** beschleunigen die Rk.; z. B. reagiert p-Nitrophenylisocyanat (**IV**) bei 60° fast explosiv. Nucleophile Substituenten verringern die Geschw. der Reaktion. Auch acycl. Phosphinoxide, Phosphine, einige Amine sowie Stibinoxide katalysieren die Rk.; es wird angenommen, daß z. B. das Phosphinoxid (**C**) sich mit dem **A** unter $CO_2$-Bldg. zum entsprechenden Phosphinimid umsetzt, das dann mit weiterem **A** zu **B** u. **C** reagiert. Hierfür spricht auch die Rk. von Benzoylisocyanat (**V**) in Ggw. von **C** zu *Benzonitril* (**VI**). Allerdings wird hier bei der Zugabe des Katalysators zu **V** eine krist. Verb. erhalten, die beim Erhitzen in $CO_2$, **VI** u. nichtidentifizierte Prodd. zerfällt. Phenylisothiocyanat (**VII**), das nach 20std. Kochen in Xylol mit **I** kein **B** lieferte, gibt bei längerem Erhitzen mit 4% **I** ohne Lsgm. wenig unreines **III**. Die dargestellten **B** können ohne Isolierung in weitere Rk. eingesetzt werden. 4.4'-Methylen-bis-[phenylisocyanat] (**VIII**) u. $C_6H_5CHO$ reagieren in Ggw. von **I** zu *N.N'-Dibenzyliden-4.4'-diaminodiphenylmethan.*

Versuche: *1-Äthyl-3-methyl-$\Delta^3$-phospholen-1-oxid* (**I**), $C_7H_{13}OP$, Kp.$_{1,2-1,3}$ 115—119° durch 42std. Kochen von Cu-Stearat, Äthyldichlorphosphin u. frisch dest. Isopren unter $N_2$, 2tägiges Stehen, 5tägiges Kochen, Einengen, Zutropfen von W., Alkalisieren mit 30%ig. NaOH bis pH 8, Filtrieren, Extraktion mit Chlf., Eindampfen, Dest. des *Phosphins* [51% (Ausbeute)], 6std. Rk. mit überschüssigem 3%ig. $H_2O_2$ bei 50° u. Extraktion mit Bzl.; $n_D^{25}$ 1,5050. — Carbodiimide (**B**): *Diphenyl-* (**III**), $C_{13}H_{10}N_2$, Kp.$_{0,4-0,45}$ 119—120°, a) durch 2½std. Erwärmen von **II** in abs. Bzl. in Ggw. von **I** unter $N_2$; $n_D^{25}$ 1,6372; 94%; b) durch Erwärmen von 56,2 g **VII** u. **I** auf 60—70°, 13½std. Erhitzen auf 177—185° u. Fraktionieren; 3,9 g (unrein); c) durch 48std. Kochen von **II** unter Einleiten von $N_2$; 50%; d) durch 13½std. Erhitzen von **VII** u. **I** auf 120°; 16%. — *Di-p-tolyl-*, $C_{15}H_{14}N_2$, F. 56,6—57,5°, Kp.$_{2,4}$ 165°, durch 4std. Kochen von p-Tolylisocyanat u. **I** in Xylol; 88%; b) durch 24std. Erhitzen im Vakuum wird ein cycl. Trimeres (?) erhalten. — *Di-m-tolyl-*, Kp.$_{1,1}$ 151°, durch 16std. Stehen von m-Tolylisocyanat u. **I**; 98%. — *Di-o-tolyl-*, Kp.$_{0,15-0,10}$ 118—122°, durch 9½std. Erhitzen von o-Tolylisocyanat u. **I** auf 50—55°; $n_D^{25}$ 1,6230; 87%. — *Bis-[p-methoxyphenyl]-*, $C_{15}H_{14}\cdot N_2O_2$, F. 52—53°, Kp.$_{1,3}$ 193—194°, durch 4std. Kochen von p-Methoxyphenylisocyanat u. **I** in Xylol; 99%. — *Bis-[o-methoxyphenyl]-*, F. 73,5—74°, durch 16 Std. Stehen von o-Methoxyphenylisocyanat u. **I** unter etwas verringertem Druck, 1std. Erhitzen auf 100°, Zugabe von Cyclohexan u. Kühlen; 92%. — *Bis-[p-chlorphenyl]-*, $C_{13}H_8Cl_2N_2$, F. 56—57° (Isooctan), durch ca. 2std. Stehen von p-Chlorphenylisocyanat (**IX**) u. **I** bei Raum-Temp. im Vakuumexsiccator; 91%. — *Bis-[m-chlorphenyl]-*, F. 42—43°, analog vorst. Verb.; 99%. — *Bis-[p-nitrophenyl]-*, $C_{13}H_8N_4O_4$, F. 166—167° u. 335—350° (nach Wiedererstarren zu orangefarbenen Blättchen), a) durch Zugabe von **I** in $CCl_4$ zu **IV** (F. 56—57°) in $CCl_4$, langsames Erwärmen auf 62°, 2std. Stehen bei 62° u. Kühlen; hellgelbe Nädelchen; 95%; b) durch Schmelzen von 21 g **IV**, Zugabe von **I** bei ca. 60° (explosionsartige Rk.), Absaugen des $CO_2$, Lösen in Chlf. bei Raum-Temp., Entfärben mit Kohle u. Fällen mit PAe.; 18 g. — *Bis-[m-nitrophenyl]-*, F. 157—159°, durch Schmelzen von m-Nitrophenylisocyanat u. Zugabe von **I**; gelbe Nädelchen aus Xylol/Cyclohexan (1 : 1); 91%. — *Bis-[o-nitrophenyl]-*, F. 97—98,5°, durch Lösen von o-Nitrophenylisocyanat in Cyclohexan bei ca. 50°, Filtrieren, Zugabe von **I** u. ¼std. Stehen; hellgelbe Nädelchen aus Cyclohexan; 96%. — *Di-α-naphthyl-*, $C_{21}H_{14}N_2$, F. 91—91,5° (Bzl.), durch 4std. Kochen von α-Naphthylisocyanat u. **I** in Xylol; 99%. — *Di-n-butyl-*, $C_9H_{18}N_2$, Kp.$_8$ 82°, a) durch 15std. Kochen von 50 g n-Butylisocyanat (**X**) in Ggw. von **I**; 6,2 g; b) durch ¼std. Kochen von **X** u. **I** in Dekalin; 60%. — *Bis-[octyl-(2)]-*, Kp.$_{1,5}$ 108—109°, durch langsames Erhitzen von 21,5 g Octyl-(2)-isocyanat (Kp.$_{100}$ 114—116°) u. **I** auf 135° u. Erhitzen auf 140—145° (½ Std.) u. 150—160° (1½ Std.); 16,5 g. — 3-tert.-Butylguanidine: *1.2-Ditolyl-* (ohne nähere Bezeichnung), $C_{19}H_{25}N_3$, F. 126—126,5° (A.), durch 24std. Kochen von „Ditolylcarbodiimid" in Bzl. u. tert.-Butylamin (**XI**). *Sulfat*, $C_{19}H_{25}N_3\cdot H_2SO_4$, F. 183—186°, durch Erwärmen mit überschüssiger $H_2SO_4$ auf dem Dampfbad. — *1.2-Bis-[p-nitrophenyl]-*, $C_{17}H_{19}N_5O_4$, F. 208—209,5°, durch Zugabe von 1 Tropfen **I** zu **IV** in sd. Bzl., 10 Min. langes Kochen, Zugabe von überschüssigen

XI bei 50° u. Eindampfen; orangefarbene Blättchen aus abs. A.; 74%. — *1.2-Bis-[p-chlorphenyl]-*, $C_{17}H_{19}Cl_2N_3$, F. 140—142° (wss. A.), analog vorst. Verb. aus **IX**; 71%. — *N.N'-Benzyliden-4.4'-diaminodiphenylmethan*, $C_{27}H_{22}N_2$, F. 130,5—131,5° (abs. A.), durch 4std. Kochen von 4,52 g **VIII** u. **I** in gereinigtem $C_6H_5CHO$ u. Gießen in PAe.; 20%; in Abwesenheit von **I** führt die Rk. zu dunklen, gummiartigen Produkten. — *Verb. $C_{22}H_{15}N_3O_2$*, durch 1std. Erwärmen von **V** (Kp.$_{38}$ 94—96°) u. **I** in abs. Toluol auf 45°; 3,3 g; gibt beim Erhitzen auf 220° 20% **VI** u. einen festen Rückstand (trimeres $C_6H_5CN$?). IR-Daten sind angegeben. E. Reichelt. 3091◇

**Über aromatische Glycerinäther und deren Ketale.** K. Kratzl, E. Klein und W. Grosch. (Mh. Chem. **93**, 49—57, 1962; Wien, Univ., Organ.-Chem. Inst.; dt.) — *Derivv. des 1.3-Dioxolans* mit vermutlicher Tranquilizer-Wrkg. wurden dargestellt. Gruppe A umfaßt Kresol- u. Guajacoläther, dargestellt entweder durch Rk. von o-Kresol (**I**) bzw. Guajacol (**II**) mit dem Tosylester des 2.2-Diisopropyl-4-hydroxymethyl-1.3-dioxolans oder durch Ketalisierung der α-Glycerinäther von **I** bzw. **II** mit Diisopropylketon (**III**). Wegen der besseren Löslichkeit in W. wurden entsprechende *Säure-Derivv.* (Gruppe B) entweder durch Rk. der Äthersäurenäthylester mit **III** u. Verseifung oder durch Umsatz der entsprechenden Tosylester der Dioxolane mit dem Ester der Vanillinsäure usw. hergestellt. Nach Verseifung erhält man wasserlösl. Na-Salze. 2.2-Diisopropyl-4-chlormethyl-1.3-dioxolan u. das entsprechende Jod-Deriv. erwiesen sich als extrem reaktionsträge.

Versuche: *3-Methyl-4-hydroxybenzoesäure, Hemihydrat* (**IV**), durch Umlagerung von Benzoesäure-o-kresylester mit $AlCl_3$ u. Alkalischmelze des 3-Methyl-4-hydroxybenzophenons. — Propandiole-(1.2), durch mehrstd. Kochen der entsprechenden Carbonsäure in 20%ig. NaOH mit 3-Chlorpropandiol-(1.2) (**V**) u. Ansäuern mit starker HCl; die entsprechenden Äthylester durch mehrstd. Kochen der Carbonsäure-α-glycerinäther in abs. A. in Ggw. konz. $H_2SO_4$ unter Feuchtigkeitsausschluß: *3-[2-Methoxy-4-carboxyphenoxy]-*, $C_{11}H_{14}O_6$, F. 168—169° (W.), aus Vanillinsäure durch 6std. Kochen; 55% (Ausbeute). *Äthylester* (**VI**), $C_{13}H_{18}O_6$, F. 94—96°; aus Bzl. Nadeln; 80%. — *3-[2.6-Dimethoxy-4-carboxyphenoxy]-*, $C_{12}H_{16}O_7$, F. 132—134° (W. oder Essigester), aus Syringasäure; 69%. *Äthylester*, $C_{14}H_{20}O_7$, F. 34°, Kp.$_{0,001}$ 220°; 75%. — *3-[2-Methyl-4-carboxyphenoxy]-*, $C_{11}H_{14}O_5$, F. 158—159° (W.), aus **IV**; 55%. *Äthylester* (**VIII**), $C_{13}H_{18}O_5$, F. 91—92°; aus Bzl. Nadeln; 80%. — 2.2-Diisopropyl-1.3-dioxolane: *4-Chlormethyl-* (**IX**), $C_{10}H_{19}ClO_2$, Kp.$_{12}$ 92—94°, durch 24std. Kochen von **III**, **V** u. p-Toluolsulfonsäure (**X**) in abs. Bzl. unter Wasserabscheidung; 64%. — *4-Hydroxymethyl-*, Kp.$_9$ 115°, analog **IX** aus **III**, Glycerin u. **X**; 50—60%. *Tosylester* (**XI**), $C_{17}H_{26}O_5S$, F. 41 bis 43° (Ae./PAe.), durch Eintragen in die Lsg. von p-Toluolsulfochlorid in abs. Pyridin unter Eiskühlung u. 24std. Stehen bei Raum-Temp. unter Feuchtigkeitsausschluß; 60%. — *4-[2-Methylphenoxymethyl]-*, $C_{17}H_{26}O_3$, Kp.$_{10}$ 178—180°, a) durch Eintragen von **I** u. **XI** in abs. äthanol. Na-Lsg. u. 2std. Erhitzen auf 120°; 66%; b) durch 20std. Kochen von **I**-α-Glycerinäther mit **III** u. **X** in Toluol unter Wasserabscheidung; 78%. — *4-[2-Methoxyphenoxymethyl]-*, $C_{17}H_{26}O_4$, F. 40—43°, Kp.$_{0,1}$ 110°, a) analog vorst. Verb. nach a) aus **II**; Nadeln; 58%; b) analog vorst. Verb. nach b); 69%. — *4-Jodmethyl-*, $C_{10}H_{19}JO_2$, Kp.$_{10}$ 119—120°, a) durch 24std. Kochen von **XI** mit bei 120° getrocknetem NaJ in abs. Aceton unter Lichtausschluß; 60%; b) durch 24std. Kochen von 3-Jodpropandiol-(1.2) [aus 2.3-Epoxypropanol-(1)] mit **III** u. **X** in Bzl. unter Wasserabscheidung u. Lichtausschluß; 70%. — *4-[2-Methoxy-4-carbäthoxyphenoxymethyl]-*, Kp.$_{10^{-3}}$ 130° (Luftbad), a) durch 21std. Kochen von **VI**, **III** u. **X** in Bzl. unter Wasserabscheidung; 73%; b) durch Eintragen von 6,55 g Vanillinsäureäthylester in abs. äthanol. Na-Lsg., Zugabe von **XI** u. 2½std. Erwärmen auf 120°; 10,1 g. — *4-[2-Methoxy-4-carboxyphenoxymethyl]-* (**VII**), $C_{18}H_{26}O_6$, F. 113—114°, a) durch 1std. Kochen vorst. Verb. in A. mit wss. KOH, Verdampfen des A. im Vakuum u. vorsichtiges Ansäuern der verd. Lsg. mit stark verd. Essigsäure bis pH 6; aus A. Nadeln; 85%; b) analog durch 2std. Kochen mit wss. NaOH; 1,95 g (aus 10,1 g). — *4-[2-Methyl-4-carbäthoxyphenoxymethyl]-*, Kp.$_{10^{-3}}$ 140—145° (Luftbad), a) durch 22std. Kochen von **VIII**, **III** u. **X** in Bzl. unter Wasserabscheidung; 81%; b) durch Eintragen von 7,5 g **IV**-Äthylester u. **XI** in abs. äthanol. Na-Lsg. u. Einengen im Vakuum; 11 g (verunreinigt mit **XI**). — *4-[2-Methyl-4-carboxyphenoxymethyl]-*, $C_{18}H_{26}O_5$, F. 142—144° (Methanol), a) analog **VII** nach a) aus vorst. Verb.; jedoch mit methanol. KOH; 55%; b) analog aus 11 g des nach b) erhaltenen Gemisches vorst. Verb.; 2 g. H.-J. Weigmann. 3102◇

**Über neuartige substituierte Pyrazolon-Derivate.** 1. Mitt. **Pyrazolonylcarbinole.** K. Stach. (Arch. Pharmaz. **295/67**, 853—59, Nov. 1962; Mannheim-Waldhof, C. F. Boehringer & Söhne G. m. b. H., Chem. Forschungslabor.; dt.) — Durch Umsetzung von Phenazonaldehyd (**VII**; 4-Formyl-2.3-dimethyl-1-phenylpyrazolon) bzw. 2.3-Dimethyl-1-

phenylpyrazolonylketonen (**A**) mit Grignard-Verbb. (**B**) in Tetrahydrofuran (THF) werden *2.3-Dimethyl-1-phenylpyrazolonylcarbinole* mit antipyret., spasmolyt. u. analget. Wrkg. dargestellt.

Versuche: 1-Phenyl-2.3-dimethylpyrazolone-(5) (**A**): *4-Acetyl-* (**I**), F. 150 bis 152°, a) aus Phenazon (**V**) in $CS_2$/Nitrobenzol durch Zusetzen von $AlCl_3$ bei 15—20°, Zutropfen von $CH_3COCl$ in $CS_2$, 2std. Stehen bei Raum-Temp., 2std. Kochen, Zers. der wss. Phase mit 5n HCl < 40°, Waschen mit Ae., Alkalisieren mit konz. NaOH, Extrahieren mit Chlf., Eindampfen u. Waschen mit Ligroin; 90—95% (Ausbeute); b) durch Zugabe von **V** u. $AlCl_3$ zu $CH_3COCl$ bei ca. 15—20°, 1std. Rühren bei Raum-Temp., 2std. Erhitzen auf 100°, Eindampfen, Lösen in W., Alkalisieren u. Aufarbeiten wie bei a); 94%. — *4-Propionyl-* (**II**), F. 146—148°, analog **I** nach a); 90—95%. — *4-Butyryl-* (**III**), F. 112—115°, analog **I** nach a) bzw. b) mit Butyrylchlorid; 90—95 bzw. 92,5%. — *4-Isobutyryl-* (**IV**), F. 147—149°, analog **I** nach a); 90—95%. — [1-Phenyl-2.3-dimethylpyrazolon-(5)-yl-(4)]-carbinole, aus **B** in Ae. bzw. Ae./THF durch Zutropfen von **A** bzw. **VII** in THF bei 20—25°, 1std. Stehen bei dieser Temp., 3std. Erwärmen auf 30—35°, Zers. mit gesätt. $AlCl_3$-Lsg. bei 15—20° u. Aufarbeiten der organ. Phase: *Dimethyl-*, $C_{14}H_{18}N_2O_2$, F. 124—126°, aus **I** u. $CH_3MgJ$; 55—60%. — *Methyl-[n-propyl]-*, $C_{16}H_{22}N_2O_2$, F. 103—105°, a) aus **I** u. n-$C_3H_7MgBr$; 65—70%; b) durch Zusetzen von THF zu n-$C_3H_7MgBr$ in Ae., portionsweise Zugabe von **I** unter Rühren bei 20—25° u. 3std. Rk. bei 30—35°; 72%; c) analog b) durch Darst. des $C_3H_7MgBr$ in sd. THF; 69,5%; d) analog c) in sd. Ae.; 62%. — *Methyl-[n-butyl]-*, $C_{17}H_{24}N_2O_2$, F. 71—73°, aus **I** u. n-$C_4H_9MgBr$; 35—40%. — *Methylphenyl-*, $C_{19}H_{20}N_2O_2$, F. 116—118°, aus **I** u. $C_6H_5MgBr$; 70—75%. — *Diäthyl-*, $C_{16}H_{22}N_2O_2$, F. 107—109°, aus **II** u. $C_2H_5MgBr$; 65—70%. — *Di-n-propyl-*, $C_{18}H_{26}N_2O_2$, F. 87—89°, aus **III** u. n-$C_3H_7MgBr$; 75—80%. — *Methyl-n-propyl-*, $C_{16}H_{22}N_2O_2$, F. 103—105°, aus **III** u. $CH_3MgJ$. — *Methylisopropyl-*, F. 104—106°, aus **IV** u. $CH_3MgJ$; 70—75%. — *n-Propyl-* (**VI**), $C_{15}H_{20}N_2O_2$, F. 71—74°, a) aus **VII** u. n-$C_3H_7MgBr$; 50—55%; b) durch Rk. von Mg u. n-$C_3H_7Br$ in Ae., Zusetzen von **VII** unter Rühren bei 20°, 4std. Kochen, Zers. mit $NH_4Cl$-Lsg. u. Extrahieren mit Ae.; 46%. — *Isopropyl-*, F. 113—115°, aus **VII** u. iso-$C_3H_7MgBr$; 60—65%. — *n-Butyl-*, $C_{16}H_{22}N_2O_2$, F. 93—96°, aus **VII** u. n-$C_4H_9MgBr$; 50—55%. — *sek.-Butyl-*, $C_{16}H_{22}N_2O_2$, F. 95—98°; aus **VII** u. sek.-$C_4H_9MgBr$; 60—65%. — *Cyclohexyl-*, $C_{18}H_{24}N_2O_2$, F. 150 bis 152°, aus **VII** u. $C_6H_{11}MgBr$; 50—55%. — *Äthyl-*, $C_{14}H_{18}N_2O_2$, F. 90—93° (Essigester), analog **VI** nach b) mit Äthyl-MgBr; 38%. H. Gleinig. 3122◇

**Die Darstellung einiger Arylpyrazolylsulfide.** G. Cowell und I. L. Finar. (J. chem. Soc. [London] **1962**, 4146—50, Okt.; London, Northern Polytechn.; engl.) — Die Umsetzung von mehreren 2-[o-Nitrophenylmercapto]-propandion-(1.3)-Derivv. (**A**) mit Phenylhydrazin (**I**) bzw. $N_2H_4 \cdot H_2O$ (**II**) führt zu substituierten *4-[o-Nitrophenylmercapto]-pyrazolen.* Diese werden ebenfalls erhalten durch Einw. von o-Nitrobenzolsulfenylchlorid (**III**) auf 1-Phenylpyrazole (**B**) in Lsg. oder durch Zusammenschmelzen. Auf N-unsubstituierte Pyrazole (**C**) überträgt **III** die o-Nitrophenylmercaptogruppe je nach Rk.-Bedingungen auf die 1- oder auf die 4-Stellung oder auf beide Stellungen. Durch Hydrolyse in Essigsäure wird die o-Nitrophenylmercaptogruppe aus der 1-Stellung wieder abgespalten. Die Rk. von **III** mit Acetanilid in Essigsäure liefert *o-Nitrophenyl-o-nitrobenzolthiolsulfonat* (F. 147—148°) u. nicht, wie früher (C. **1960**, 9188) angenommen, Bis-[o-nitrophenyl]-disulfon.

Versuche: 4-[o-Nitrophenylmercapto]-pyrazole, a) durch 1½std. Erhitzen der Lsg. von **A** u. **I** in A.-Eisessig auf dem Dampfbad; b) durch 2½std. Erhitzen der Lsg. von **A** u. **II** in Essigsäure auf dem Dampfbad; c) durch Kochen von **III** u. **B** in Äthylendichlorid bis zum Ende der HCl-Entw.; d) durch 4std. Erhitzen von **III** u. **B** auf 120—130°: *1-Phenyl-3.5-dimethyl-*, $C_{17}H_{15}N_3O_2S$, F. 149—150° (wss. Essigsäure), nach a) 94% (Ausbeute), nach c) 72%, nach d) 77%. — *1.5-Diphenyl-3-methyl-*, $C_{22}H_{17}N_3O_2S$, F. 181 bis 182°, nach a) 96%, nach c) 75%, nach d) 78%. — *1.3.5-Triphenyl-*, $C_{27}H_{19}N_3O_2S$, F. 172—173°, nach a) 80%, nach c) 61%, nach d) 67%. — *3.5-Dimethyl-* (**IV**), $C_{11}H_{11} \cdot N_3O_2S$, F. 170—171°, nach b); 78%. — *3-Methyl-5-phenyl-* (**V**), $C_{16}H_{13}N_3O_2S$, F. 150—151°, nach b); 82%. — *3.5-Diphenyl-* (**VI**), $C_{21}H_{15}N_3O_2S$, F. 234,5—236° (wss. Essigsäure), nach b); 91%. — *1-Phenyl-*, $C_{15}H_{11}N_3O_2S$, F. 119—120°, nach d); 66%. — *1-Phenyl-5-methyl-*, $C_{16}H_{13}N_3O_2S$, F. 99—100°, nach c) 76%, nach d) 77%. — *1-Phenyl-3-methyl-*, $C_{16}H_{13}N_3O_2S$, F. 105—106°, nach c) 71%, nach d) 74%. — *1.3-Diphenyl-5-methyl-*, $C_{22}H_{17}N_3O_2S$, F. 187—188°, nach c) 76%, nach d) 84%. — 1-[o-Nitrophenylmercapto]-pyrazole, a) durch 8std. Kochen von **III** u. **C** in Äthylendichlorid; b) durch Zugabe von **III** in Ae. zu **C** in Ae. u. Pyridin; c) durch 2std. Erhitzen von **IV** mit **III** in Äthylendichlorid auf dem Dampfbad; d) durch Zugabe von **III** in Ae. zu **IV**, **V** bzw. **VI** in Ae. u. Pyridin: *4-[o-Nitrophenylmercapto]-3.5-dimethyl-*, $C_{17}H_{14}N_4O_4S_2$, F. 234—235° (Chlf.-PAe.); nach a), c) u. d) je 89%. — *4-[o-Nitrophenylmercapto]-3-methyl-5-phenyl-*, $C_{22}H_{16} \cdot$

$N_4O_4S_2$, F. 203—204°, nach d); 96%. — *4-[o-Nitrophenylmercapto]-3.5-diphenyl-*, $C_{27}H_{18}$·$N_4O_4S_2$, F. 215—216°, nach d); 87%. — *3.5-Dimethyl-*, $C_{11}H_{11}N_3O_2S$, F. 112—113° (Ae.), nach b); 83%. — *5-Phenyl-3-methyl-*, $C_{16}H_{13}N_3O_2S$, F. 124—126°, nach b); 68%. — *3.5-Diphenyl-*, $C_{21}H_{15}N_3O_2S$, F. 154—160°, nach b); 79%. — **IV**, durch Erhitzen von **III** u. **C** während 10 Min. auf 120—130°; 81%. — **V**, analog; 68%. — **VI**, analog; 44%. — *N-[o-Nitrophenylmercapto]-acetanilid*, $C_{14}H_{12}N_2O_3S$, F. 118—119° (A.), durch Zugabe von Pyridin zu **III** u. Acetanilid in Ae. u. 1½std. Kochen; 35%. — *Bis-[o-nitrophenyl]-disulfid*, F. 194—196°, aus vorst. Verb. durch 1½std. Kochen in wss. Essigsäure. — *Bis-[o-nitrophenyl]-disulfon*, $C_{12}H_8N_2O_8S_2$, F. 185° (Zers.; Aceton), durch 5std. Schütteln von o-Nitrobenzolsulfinsäure mit $KMnO_4$ in Eisessig. A. Trede. 3122◇

**Synthese von Analgetica.** 17. Mitt. **Antipyrinderivate.** 4. Mitt. Torizo Takahashi und Ken Kanematsu. (Chem. pharmac. Bull. [Tokyo] **6**, 98—101, Febr. 1958; Kyoto, Univ., Med. Fac., Pharmac. Inst.; engl.) — 16. bzw. 3. vgl. J. pharmac. Soc. Japan [Yakugakuzasshi] **78**, [1958], 18. bzw. **76**, [1956], 1180; vgl. auch C. **1961**, 18311. — Die Zers. von Bis-{N-[1-phenyl-2.3-dimethyl-5-oxopyrazolinyl-(4)]-methylamino}-methan (**IV**) mit Paraformaldehyd (**III**) u. KCN durch Erhitzen mit Eisessig liefert *N-[1-Phenyl-2.3-dimethyl-5-oxopyrazolinyl-(4)]-methylaminoacetonitril* (**II**) u. *1-Phenyl-2.3-dimethyl-4-methylaminopyrazolon-(5)* (**I**). Die Kondens. von **I** mit **III** u. KCN durch Erwärmen mit Eisessig liefert ebenfalls **II**. Die entsprechende Rk. von **III** mit **I** u. 4-[N-Formylmethylamino]-1-phenyl-2.3-dimethylpyrazolon-(5) (**V**) in verd. HCl liefert **IV**, in konz. HCl entsteht aus **III** mit **I**, **IV**, **V** u. 1-Phenyl-2.3-dimethyl-4-formamidopyrazolon-(5) jeweils *1-Phenyl-2.3-dimethyl-4-dimethylaminopyrazolon-(5)*.

Versuche: *N-[1-Phenyl-2.3-dimethyl-5-oxopyrazolinyl-(4)]-methylaminoacetonitril* (**II**), $C_{14}H_{16}N_4O$, F. 75—76°, a) durch 10std. Erhitzen von 3,4 g **IV**, 0,24 g **III** u. 1,24 g KCN in Eisessig auf 100—120°; aus Ae. Nadeln; 1,5 g (Ausbeute); b) analog a) aus 3,4 g **IV**, 0,5 g **III** u. 2,5 g KCN in Eisessig; 3,2 g; c) durch 10std. Erhitzen von 4,34 g **I**, 0,63 g **III** u. 1,7 g KCN in 33%ig. Essigsäure auf 40—50°; 3,2 g; d) durch 2std. Erhitzen von N-[1-Phenyl-2.3-dimethyl-5-oxopyrazolinyl-(4)]-methylaminoacetamid u. $P_2O_5$ auf 150—160°. — *1-Phenyl-2.3-dimethyl-4-methylaminopyrazolon-(5)* (**I**), *N-Benzolsulfonylderiv.*, $C_{18}H_{19}N_3O_3S$, F. 136°, neben **II** nach a) u. Kochen mit Benzolsulfonsäure in Chlf. in Ggw. von $K_2CO_3$; aus Bzl. Prismen. — *Bis-{N-[1-phenyl-2.3-dimethyl-5-oxopyrazolinyl-(4)]-methylamino}-methan* (**IV**), $C_{25}H_{30}N_6O_2$, F. 175°, a) durch 5std. Erhitzen von 10 g Na–N-[1-Phenyl-2.3-dimethyl-5-oxopyrazolinyl-(4)]-methylaminomethansulfonat mit **III** u. KCN in verd. HCl (250 W./155 10%ig. HCl) auf 100°; aus Ae. blaßgelbe Kristalle; 5,1 g; b) durch 4std. Erhitzen von 10 g **I**, **III** u. KCN in W./10%ig. HCl (380 : 230) auf dem Wasserbad; 3,5 g; c) durch Kondens. von 4 g **V**, **III** u. KCN analog b) in verd. HCl; 1,3 g. — *1-Phenyl-2.3-dimethyl-4-dimethylaminopyrazolon-(5)*, $C_{13}H_{17}N_3O$, F. 108°, a) durch 5std. Kochen von 2,5 g **I**, **III**, KCN u. konz. HCl; aus Ligroin Prismen; 1,9 g; b) analog a) aus 2,5 g **V**, **III**, KCN u. konz. HCl; 1,4 g; c) analog a) aus 1 g **IV**, **III**, KCN u. konz. HCl; 0,8 g. P. Golinske. 3122◇

**1.2.4-Substituierte 4H-Imidazolinone-(5).** Sara Ginsburg. (J. org. Chemistry **27**, 4062—63, Nov. 1962; New York, N.Y., Columbia Univ., Coll. of Physicians and Surgeons, Dep. of Neurology and Biochem.; engl.) — Durch Kondens. von Alanin-, Leucin- bzw. Phenylalanin-n-propylamiden mit Orthoessig- bzw. Orthopropionsäuretriäthylester wurden 1.2.4-substituierte *4H-Imidazolinone-(5)* dargestellt.

Versuche: n-Propylamide, durch 4—6tägiges Stehen des Aminosäureäthylesterhydrochlorids in n-Propylamin bei Raum-Temp., Eindampfen, Lösen in wenig $CH_3OH$, Zugabe der theoret. Menge $NaOCH_3$ in $CH_3OH$, Einengen, Extraktion mit Aceton u. Dest.: *dl-Alanin-*, $C_6H_{14}N_2O$, Kp.$_{0,03}$ 75°; 74% (Ausbeute). *Pikrolonat*, $C_{16}H_{22}$·$N_6O_6$, F. 198—199°. — *l-Leucin-*, $C_9H_{20}N_2O$, Kp.$_{0,1}$ 91°; 81%. *Pikrolonat*, $C_{19}H_{28}N_6O_6$, F. 238°. — *dl-Phenylalanin-*, $C_{12}H_{18}N_2O$, Kp.$_{0,05}$ 129°; 64%. *Pikrolonat*, $C_{22}H_{26}N_6O_6$, F. 212°. — 1-n-Propyl-4H-imidazolinone-(5), durch 1—1½std. Erhitzen einer der vorst. Verbb. mit 1,15 Val Orthoester u. 1 Tropfen Eisessig auf 110—120° u. Dest. im Vakuum: *2-Äthyl-4-methyl-*, $C_9H_{16}N_2O$, Kp.$_{0,2}$ 76—77°; 54%. *Pikrolonat*, $C_{19}H_{24}N_6O_6$, F. 181°. — *2-Methyl-4-isobutyl-* (**I**), $C_{11}H_{20}N_2O$, Kp.$_{0,2}$ 88°; 70%. *Pikrolonat*, $C_{21}H_{28}N_6O_6$, F. 191°. — *2-Methyl-4-benzyl-*, $C_{14}H_{18}N_2O$, Kp.$_{0,3}$ 118°; 55%. *Pikrolonat*, $C_{24}H_{26}N_6O_6$, F. 189°. — *1-n-Propyl-2-methyl-4-isobutyl-5-acetoxyimidazol* (**I**-*Enolacetat*), $C_{13}H_{22}N_2O_2$, Kp.$_{0,1}$ 99°, durch ½std. Kochen von **I** mit Acetanhydrid auf dem Dampfbad; 68%. Gisela Schreiber. 3122◇

**Cyclisierung der N-Phenylcarbamate von Äthinylcarbinolen.** Keiiti Sisido, Keisuke Hukuoka, Minoru Tuda und Hitosi Nozaki. (J. org. Chemistry **27**, 2663—65, Juli 1962; Kyoto, Univ., Fac. of Engng., Dep. of Ind. Chem.; engl.) — Während bei der Einw. von Phenylisocyanat (**I**) auf Propargylalkohol dessen N-Phenylcarbamat (**II**) entsteht, erhält man aus 1-Äthinylcyclohexanol-(1) (**III**) u. aus 3-{2-[2.6.6-Trimethylcyclohexen-(1)-yl-(1)]-äthyl}-butin-(1)-ol-(3) (**IV**) mit **I** zwei Verbb., denen man auf Grund ihrer NMR-Spektren die Konstit. des *5.5-Pentamethylen-* (**V**) bzw. des *5-Methyl-5-{2-[2.6.6-trimethylcyclohexen-(1)-yl-(1)]-äthyl}-3-phenyl-4-methylenoxazolidinons-(2)* zuschreibt. Ozonolyse von **V** führt zu *3-Phenyl-5.5-pentamethylenoxazolidindion-(2.4)*, das unabhängig aus 1-Hydroxycyclohexancarbonsäure-(1)-äthylester (**VIII**) synthetisiert wird, indem man dessen *Phenylcarbamat* cyclisiert. **II** geht beim Erhitzen mit methanol. **KOH** in *3-Phenyl-4-methyl-$\Delta^4$-oxazolinon-(2)* (**VI**) über, dessen katalyt. Hydrierung zu *3-Phenyl-4-methyloxazolidinon-(2)* (**VII**) führt. IR-Banden sind für alle synthetisierten Verbb., Werte für NMR-Spektren für **V**, **VI** u. **VII** angegeben.

Versuche: 3-Phenyl-4-methylenoxazolidinone-(2): *5.5-Pentamethylen-* (**V**), $C_{15}H_{17}NO_2$, F. 167—167,5° (PAe.), durch 4std. Kochen von **I** u. **III** in Toluol, Einengen im Vakuum, Aufnehmen in PAe., Ausziehen der Lsg. mit 5% ig. methanol. KOH, Neutralisation der methanol. Lsg. mit verd. HCl, Extraktion mit PAe. u. Einengen der PAe.-Lsg.; 88% (Ausbeute). — *5-Methyl-5-{2-[2.6.6-trimethylcyclohexen-(1)-yl-(1)]-äthyl}-*, $C_{22}H_{29}NO_2$, F. 129—130° (PAe.), analog **V** aus **I** u. **IV** (vgl. Oroshnik u. Mebane, J. Amer. chem. Soc. **71**, [1949], 2062). — *N-Phenylcarbaminsäure-[1-äthoxycarbonyl-cyclohexyl-(1)]-ester*, $C_{16}H_{21}NO_4$, F. 109,5—110,5° ($CH_3OH$; Nadeln), durch 3std. Kochen von **VIII** mit **I** in Toluol u. Einengen. — *3-Phenyl-5.5-pentamethylenoxazolidindion-(2.4)*, $C_{14}H_{15}NO_3$, F. 139,5—140° ($CH_3OH$; Nadeln), a) durch Sättigen der Lsg. von **V** in $CH_2Cl_2$ bei —70° mit $O_3/O_2$ innerhalb von 20 Min., Zugabe einer Suspension von Zn-Staub in Eisessig unter Rühren, 3std. Rühren bei Raum-Temp., 1std. Kochen, Einengen, Versetzen mit W., Waschen des abfiltrierten Nd. mit Ae., Ae.-Extraktion des Filtrats u. Einengen der mit W. gewaschenen Ae.-Lsgg.; b) durch ½std. Erhitzen vorst. Verb. auf 200—220° bei 15 mm Druck. — *3-Phenyl-4-methyl-$\Delta^4$-oxazolinon-(2)* (**VI**), $C_{10}H_9NO_2$, F. 97,5—98° ($CH_3OH$; Nadeln), durch 10 Min. langes Rühren der Lsg. von 5 g **II** in Ae. mit einigen Tropfen 10% ig. methanol. KOH bei Raum-Temp. u. Einengen; 2 g. — *3-Phenyl-4-methyloxazolidinon-(2)* (**VII**, $C_{10}H_{11}NO_2$, F. 52—52,5° (Ae.), durch Hydrierung von **VI** an Pd/Kohle in A. bei Raum-Temp., Abfiltrieren u. Einengen.

Gisela Schreiber. 3132□

**5-Sulfanilamido- und 3-Sulfanilamido-1.2.4-thiodiazole.** U. Wörffel und R. Behnisch. (Arch. Pharmaz. **295/67**, 811—16, Nov. 1962; Wuppertal-Elberfeld, Farbenfabriken Bayer AG., Pharm. Wiss. Abt.; dt.) — 3-substituierte 5-Chlor-1.2.4-thiodiazole (**A**) werden mit p-Acetylaminobenzolsulfonsäureamid (**I**) in *3-substituierte 5-[4-Acetylaminobenzolsulfonamido]-1.2.4-thiodiazole* übergeführt, deren Hydrolyse zu *3-substituierten 5-Sulfanilamido-1.2.4-thiodiazolen* führt. Die Rk. von in 3-Stellung substituierten 5-Amino-1.2.4-thiodiazolen mit p-Nitrobenzolsulfonylchlorid u. a. Sulfonylchloriden gibt nur schlechte Ausbeuten. Mit Nitrobenzolsulfonsäureamiden reagieren die **A** nicht oder schlecht. — Thioacylierung von Guanidinhydrochlorid (**IV**) mit Thionokohlensäurediäthylester (**V**) u. dehydrierende Cyclisierung des Prod. mit $Br_2$ liefert *3-Amino-5-äthoxy-1.2.4-thiodiazol* (**II**), das mit p-Acetylaminobenzolsulfonylchlorid (**III**) in *3-[4-Acetylaminobenzolsulfonamido]-5-äthoxy-1.2.4-thiodiazol* übergeführt wird, dessen Hydrolyse mit 2n NaOH (½ Std. bei 100°) jedoch nur Zers.-Prodd. gibt; analog reagierte das Prod. aus 3.5-Diamino-1.2.4-thiodiazol u. **III** (*3-p-Acetylaminobenzolsulfonamido-5-amino-1.2.4-thiodiazol?*) bei der Hydrolyse. Mit Chlorthionoameisensäureestern läßt sich **IV** nicht thioacylieren. Umsetzung von **II** mit p-Carbobutoxyaminobenzolsulfonylchlorid (**VI**) in Ggw. von Pyridin u. alkal. Hydrolyse des Prod. gibt *3-Sulfanilamido-5-äthoxy-1.2.4-thiodiazol.*

Versuche: 5-Chlor-1.2.4-thiodiazole (**A**), nach Goerdeler u. Mitarbeitern (C. **1957**, 8794) aus den entsprechenden Carbonsäureamidinen u. $Cl_3CSCl$: *3-n-Propyl-*, Kp.$_{16}$ 74°; 47,7% (Ausbeute). — *3-Isopropyl-*, Kp.$_{13}$ 63°; 50,7%. — *3-sek.-Butyl-*, Kp.$_{13}$ 77°; 47%. — *3-Isobutyl-*, Kp.$_4$ 54—56°; 51%. — *3-tert.-Butyl-*, Kp.$_{15}$ 68—71°; 56,5%. — *3-[Pentyl-(3)]-*, Kp.$_5$ 66—68°; 54%. — *3-[2-Methoxyäthyl]-*, Kp.$_{14}$ 96—98°; 57,5%. — *3-[2-Äthoxyäthyl]-*, Kp.$_{13}$ 105—106°; 57%. — *3-[Äthylmercaptoäthyl]-*, Kp.$_{13}$ 127—132°; 13%. — *3-[2.4-Dimethylbenzyl]-*, Kp.$_8$ 161—164°; 45,5%. — *3-o-Chlorbenzyl-*, Kp.$_2$ 140 bis 141°; 38%. — *3-p-Chlorbenzyl-*, Kp.$_3$ 146—149°; 33%. — *3-[2.6-Dichlorbenzyl]-*, Kp.$_{14}$ 138—140°; 31,5%. — *3-[3.4-Dichlorbenzyl]-*. — *3-p-Methoxybenzyl-*. — *3-o-Methoxybenzyl-*. — 5-Sulfanilamido-1.2.4-thiodiazole: *3-Äthyl-*, $C_{10}H_{12}N_4O_2S_2$, F. 199—200°, aus dem Acetyl-Deriv. durch ½std. Kochen mit 2n NaOH, Ansäuern mit Essigsäure u. Umfällen mit $NH_4OH$/Essigsäure, ca. 100%. *N-p-Acetyl-Deriv.*, $C_{12}H_{14}N_4O_3S_2$, F. 246 bis 248° (Zers.; 75% ig. Essigsäure), aus **I** u. $K_2CO_3$ in Diphenyläther durch Zutropfen von 3-Äthyl-5-chlor-1.2.4-thiodiazol bei 200°, 4std. Rühren bei 200°, Dekantieren, Reinigen des Rückstandes durch Dampf-Dest. u. Ansäuern mit Essigsäure; 70%. — Analog: *3-Methyl-*, F. 212—214°. *N-p-Acetyl-Deriv.*, F. 245—246° (Zers.); 74%. — *3-n-Propyl-*, F. 162—164°. *N-p-Acetyl-Deriv.*, F. 208—210°. — *3-Isopropyl-*, F. 198—199°. *N-p-Acetyl-*

*Deriv.*, F. 229—230°; 69%. — *3-tert.-Butyl-*, F. 131—132°. *N-p-Acetyl-Deriv.*, F. 142 bis 143°. — *3-sek.-Butyl-*, *N-p-Acetyl-Deriv.*, F. 199°. — *3-Isobutyl-*, *N-p-Acetyl-Deriv.*, F. 195—197,5°. — *3-[Pentyl-(3)]-*, *N-p-Acetyl-Deriv.*, F. 209—210°. — *3-[2-Methoxyäthyl]-*, F. 179—181°. *N-p-Acetyl-Deriv.*, F. 164—165°. — *3-[2-Äthoxyäthyl]-*, F. 172—173°. *N-p-Acetyl-Deriv.*, F. 188—189°; 63,5%. — *3-[2-Äthylmercaptoäthyl]-*. *N-p-Acetyl-Deriv.*, F. 188—189°. — *3-Benzyl-*, F. 235—236°. *N-p-Acetyl-Deriv.*, F. 191—192°; 65%. — *3-[2.4-Dimethylbenzyl]-*, F. 199°. — *3-o-Chlorbenzyl-*, F. 191—192°. *N-p-Acetyl-Deriv.*, F. 227—228°. — *3-p-Chlorbenzyl-*, F. 226—227°. — *3-[2.6-Dichlorbenzyl]-*, F. 193—195°. — *3-[3.4-Dichlorbenzyl]-*, F. 99—100°. — *3-o-Methoxybenzyl-*, F. 128°. — *3-p-Methoxybenzyl-*, F. 205°. — *3-Phenyl-*, F. 198°. *N-p-Acetyl-Deriv.*, F. 268—270° (Zers.). — *3-p-Chlorphenyl-*, F. 207—208°. *N-p-Acetyl-Deriv.*, F. 274—276° (Zers.). — *3-Methylmercapto-*, F. 194—195°. *N-p-Acetyl-Deriv.*, F. 241° (Zers.). — *3-Amino-5-äthoxy-1.2.4-thiodiazol* (**II**), $C_4H_7N_3OS$, F. 131—132° (W.), durch Lösen von **IV** in heißem abs. A., Kühlen, Zugabe von $CH_3ONa$, Absaugen, Einengen im Vakuum < 23°, Zutropfen von **V**, 5tägiges Stehen bei Raum-Temp., Zusetzen von methanol. $Na_2CO_3$, Zutropfen von $Br_2$ in Methanol, Rühren bei Raum-Temp. über Nacht u. Eindampfen; 14,5%. — *3-Amino-5-isopropoxy-1.2.4-thiodiazol*, F. 130°; analog **II**. — *3-[4-Acetylaminobenzolsulfonamido]-5-äthoxy-1.2.4-thiodiazol*, $C_{12}H_{14}N_4O_4S_2$, F. 215—216° (verd. Essigsäure), aus **II** in Pyridin durch Zusetzen von **III**, 24 std. Rühren bei Raum-Temp., 1 std. Erhitzen auf 100°, Eindampfen u. Digerieren mit verd. HCl auf dem Wasserbad; 42%. — *3-Sulfanilamido-5-äthoxy-1.2.4-thiodiazol*, $C_{10}H_{12}N_4O_3S_2$, F. 147—147,5° (verd. Essigsäure), durch 3 std. Rk. von **II**, **VI**, Pyridin u. $CH_2Cl_2$ bei 60°, Zusetzen von 2n NaOH, Dest. mit Wasserdampf u. Ansäuern mit Essigsäure; 22%. H. Gleinig. 3173◇

**Wechselwirkung zwischen alkylsubstituierten Thiureten und aromatischen Aminen: Bildung von N-Arylguanyl-N′-alkylthioharnstoffen und ihre Oxydation zu den entsprechenden 3-Arylamino-5-alkylamino-1.2.4-thiadiazolen.** S. N. Dixit. (J. Indian chem. Soc. **38**, 221—24, April 1961; Varanasi, Banaras Hindu Univ., Organ. Chem. Res. Section; engl.) — Vgl. C. **1962**, 8604. — Die Hydrohalogenide von N-Alkylthiureten reagieren mit aromat. Aminen unter Bldg. der entsprechenden *$N^1$-Arylguanyl-$N^3$-alkylthioharnstoffe*. Die Struktur dieser Verbb. wird bewiesen durch Kondens. der entsprechenden Alkylthiocyanate mit Arylguanidinen oder durch Rk. von N′-Alkyl-N-cyanthioharnstoffen mit aromat. Aminen. Die Guanylthioharnstoffe gehen bei der Oxydation mit $J_2$ unter Ringschluß in die *3-Arylamino-5-alkylamino-1.2.4-thiadiazole* über.

Versuche: Thioharnstoffe, a) durch ½ std. Kochen von mono- bzw. dialkylsubstituierten Thiurethydrojodiden mit aromat. Aminen in A., Filtrieren, Eindampfen, Extrahieren mit Ae./$CS_2$, Entschwefeln mit Na-Plumbit u. Zers. der Hydrojodide mit Alkali: *$N^1$-Phenylguanyl-$N^3$-methyl-*, F. 60—61° (Chlorbenzol). *Hydrojodid*, $C_9H_{13}JN_4S$, F. 158° (W. oder Chlorbenzol), aus Anilin u. $N^5$-Methylthiurethydrojodid (**I**). *Pikrat*, F. 177°. — *$N^1$-[p-Tolylguanyl]-$N^3$-methyl-*, $C_{10}H_{14}N_4S$, F. 71—72° (Chlorbenzol), aus **I** u. p-Toluidin. *Hydrojodid*, $C_{10}H_{15}JN_4S$, F. 156°. *Pikrat*, F. 193°. — *$N^1$-[p-Phenetylguanyl]-$N^3$-methyl-*, $C_{11}H_{16}N_4OS$, F. 91—92° (Chlorbenzol), aus **I** u. Phenetidin. *Hydrojodid*, $C_{11}H_{17}JN_4OS$, F. 184° (W.). *Pikrat*, F. 134°. — *$N^1$-[p-Tolylguanyl]-$N^3$-äthyl-*, F. 64—65°, aus $N^5$-Äthylthiurethydrojodid (**II**) u. p-Toluidin. *Hydrojodid*, $C_{11}H_{17}J \cdot N_4S$, F. 152°. *Pikrat*, F. 148°. — *$N^1$-[p-Phenetylguanyl]-$N^3$-äthyl-*, $C_{12}H_{18}N_4OS$, F. 101°, aus **II** u. p-Phenetidin. *Hydrojodid*, $C_{12}H_{19}JN_4OS$, F. 154°. *Pikrat*, F. 161°. — *$N^1$-Phenylguanyl-$N^3$.$N^3$-dimethyl-* (**VI**), $C_{10}H_{14}N_4S$. F. 106°, a) aus $N^5$.$N^5$-Dimethylthiurethydrojodid (**III**) u. Anilin; b) durch ½ std. Kochen von N′.N′-Dimethyl-N-cyanthioharnstoff (**IV**) mit Anilin in A. (Meth. **A**). *Hydrojodid* (**V**), $C_{10}H_{15}JN_4S$, F. 148°. *Pikrat*, F. 130°. — *$N^1$-[p-Phenetylguanyl]-$N^3$.$N^3$-dimethyl-* (**VII**), $C_{12}H_{18}N_4OS$, F. 94—95°, a) aus **III** u. p-Phenetidin; b) aus **IV** nach **A**. *Hydrojodid* (**VIII**), $C_{12}H_{19}JN_4OS$, F. 158°. — 1.2.4-Thiadiazole, durch Oxydation der entsprechenden Guanylthioharnstoffhydrojodide mit $KJ/J_2$ in A.: *3-Phenylamino-5-methylamino-*, $C_9H_{10}N_4S$, F. 153°. *Pikrat*, F. 195°. — *3-p-Tolylamino-5-methylamino-*, $C_{10}H_{12}N_4S$, F. 128°. *Pikrat*, 175°. — *3-p-Phenetylamino-5-methylamino-*, $C_{11}H_{14}N_4OS$, F. 137°. *Pikrat*, F. 167°. — *3-p-Tolylamino-5-äthylamino-*, $C_{11}H_{14}N_4S$, F. 134°. *Pikrat*, F. 210°. — *3-p-Phenetylamino-5-äthylamino-*, $C_{12}H_{16}N_4OS$, F. 144—145°. *Pikrat*, F. 172°. — *3-Phenylamino-5-dimethylamino-*, $C_{10}H_{12}N_4S$, F. 186 bis 187°, a) aus **V**; b) aus **VI**. *Pikrat*, 191°. — *3-p-Phenetylamino-5-dimethylamino-*, $C_{12}H_{16}N_4OS$, F. 178°, a) aus **VIII**; b) aus **VII**. *Pikrat*, F. 182°. W. Hampel. 3173□

**Synthese von Corazol (α.β-Pentamethylentetrazol) aus Caprolactam.** R. G. Gluschkow und Je. Ss. Golowtschinskaja. (Med. Ind. UdSSR **14**, Nr. 1, 12—15, Jan. 1960; Chem.-Pharmazeut. Allunions-Ordshonikidse-Forschungsinst.; russ.) — Vgl. C. **1961**, 5432. — Die Darst. von *Cardiazol* (**I**; *Corazol*; *α.β-Pentamethylentetrazol*) aus ε-Caprolactam (**II**) über *Caprolactim-O-benzolsulfonat* (**III**), dessen Umwandlung mit Hydrazin in *ε-Caprolactimhydrazid* (**IV**) u. Ringschluß mit HONO zu **I** liefert nur geringe

Ausbeuten an I, als Nebenprodd. außerdem II u. *Diphenyldisulfid*. Die geringe Ausbeute an I wird dadurch erklärt, daß bei der Rk. von II mit Benzolsulfochlorid in Chlf. in Ggw. von Pyridin neben III oder auch als Hauptprod. *ε-Caprolactimchlorid* gebildet wird (daneben *Pyridinbenzolsulfonat*, $C_{11}H_{11}NO_3S$, F. 131—132°), das leicht zu II hydrolysiert wird. I kann aus II in 53—54% ig. Ausbeute ohne Isolierung der Zwischenprodd. erhalten werden, wenn I mit Dimethylsulfat prim. in *O-Methyl-ε-caprolactim* (70—75%), dieses mit überschüssigem Hydrazin in IV übergeführt wird. IV liefert mit $NaNO_2$ u. Säure bei pH > 3 glatt I, ohne das dabei $HN_3$ entsteht. Zur Reinigung wird I bei < 10° aus W. umkristallisiert. Helmut Schäfer. 3184△

**Alkylierung von Aminen mit Estern und Lithiumaluminiumhydrid.** 2. Mitt. William B. Wright jun. (J. org. Chemistry **27**, 1042—45, 12/3. 1962; Pearl River, N.Y., Lederle Labor., Organ. Chem. Res. Section; engl.) — 1. vgl. C. **1961**, 464. — Durch Rk. von sek. Aminen mit Estern u. $LiAlH_4$ entstehen mit unterschiedlichen Ausbeuten tert. Amine in einem Rk.-Schritt. Die Ausbeuten hängen von den Rk.-Partnern u. den benutzten Rk.-Bedingungen ab. Aus prim. Aminen u. Estern entstehen keine sek. Amine, nur geringe Mengen der entsprechenden Amide konnten isoliert werden. Mit $^1/_4$ Mol $LiAlH_4$ u. überschüssigem Ester entstehen in niedrigen Ausbeuten die entsprechenden Amide. Rk.-Mechanismen werden diskutiert.

Versuche: *N-Benzylpiperidin*, $Kp._{14}$ 120—124°, durch Zutropfen von 0,1 Mol des entsprechenden sek. Amins in Tetrahydrofuran (THF) zu $LiAlH_4$ in THF unter $N_2$, $^1/_4$—$^1/_2$std. Rühren, Zutropfen des entsprechenden Esters in THF zu der sd. Lsg. (1 Std.), 18std. Kochen, Kühlen, Zugabe von W., 15% ig. NaOH u. wieder W., Filtrieren, Waschen mit THF, Versetzen mit konz. HCl, Einengen u. Verdünnen mit W.; $n_D^{25}$ 1,525 (Meth. **A**); 85% (Ausbeute). *Pikrat*, $C_{18}H_{20}N_4O_7$, F. 183—184°, mit alkohol. Pikrinsäure. — *N-Benzoylpiperidin*, $C_{12}H_{15}NO$, $Kp._{14}$ 170—175°, analog vorst. Verb. ohne Zusatz von HCl (Meth. **B**); 15%. — *1-Methyl-4-benzylpiperazin*, $Kp._{12}$ 128—132°, nach **A**; $n_D^{25}$ 1,525; 60%. *Dipikrat*, $C_{24}H_{24}N_8O_{14}$, F. 265° (Zers.). — *1-Phenyl-4-benzylpiperazin*, $Kp._1$ 160 bis 170°, nach **A**; 63%. *Dipikrat*, $C_{29}H_{26}N_8O_{14}$, F. 185—187°. — *N-Äthylpiperidin*, Kp. 126—130°, nach **A**; $n_D^{25}$ 1,442; 80%. *Pikrat*, $C_{13}H_{18}N_4O_7$, F. 170—172°. — *N-Acetylpiperidin*, $C_7H_{13}NO$, $Kp._{14}$ 103—105°, nach **B**; 20%. — *N-Butylpiperidin*, Kp. 170—174°, nach **A**; $n_D^{25}$ 1,445; 55%. *Pikrat*, $C_{15}H_{22}N_4O_7$, F. 133—134°. — *1-Butyl-4-phenylpiperazin*, $Kp._{12}$ 166—172°, nach **A**; $n_D^{25}$ 1,542; 6%. *Dipikrat*, $C_{26}H_{28}N_8O_{14}$, F. 150—152°. — *N-Phenäthylpyrrolidin*, $Kp._{11}$ 118—124°, nach **A**; $n_D^{25}$ 1,523; 17%. *Pikrat*, $C_{18}H_{20}N_4O_7$, F. 140—142°. — *N-[β-Phenäthyl]-piperidin*, $Kp._{15}$ 134—138°, nach **B**; $n_D^{25}$ 1,527; < 20% (roh). *Pikrat*, $C_{19}H_{22}N_4O_7$, F. 150—151°. — *3-Piperidinopropanol*, $Kp._{12}$ 102 bis 105°, aus Propiolacton u. Piperidin nach **A**; $n_D^{25}$ 1,475; 48%. *Pikrat*, $C_{14}H_{20}N_4O_8$, F. 66—67°. — *1.3-Dipiperidinopropan*, $Kp._{11}$ 136—140°, aus 3-Piperidinopropionsäure äthylester nach **B**; $n_D^{25}$ 1,484; 23%. *Dipirat*, $C_{25}H_{32}N_8O_{14}$, F. 225—227°. — *Benzanilid*, F. 164—166°, a) nach **A** (18std. Rk.); 17%; b) durch Zutropfen von $LiAlH_4$ in THF zu einem Überschuß des Amins in THF u. 3std. Kochen (Meth. **C**); 37—42%. — *N-Cyclohexylbenzamid*, F. 148—149°, nach **B** (3std. Rk.). — *N-Cyclohexylacetamid*, F. 108 bis 109°, a) nach **C**; 28—35°; b) nach **A** (18std. Rk.); 37%. P. Golinske. 3200◇

**Desoxydation von Pyridin-N-oxiden.** Douglas I. Relyea, Pliny O. Tawney und Allan R. Williams. (J. org. Chemistry **27**, 477—81, 9/2. 1962; Wayne, N.J., United States Rubber Comp., Res. Center; engl.) — Schwefel u. einige Schwefel-Verbb. reagieren leicht bei 115—150° mit Pyridin- (I), α-Picolin- (II) u. γ-Picolin-N-oxid (III) unter Bldg. von *Pyridin* (V), *α-Picolin* u. *γ-Picolin*. Bei Rk. von I mit Hydrazobenzol wird neben V *Azobenzol* u. bei Rk. mit Hydrochinon neben V etwas *p-Benzochinon* gebildet. I reagiert nicht mit Benzylanilin, Dibenzyl, Diphenylamin, Brenzcatechin, Pyrrol, Heptaldehyd, Isopropanol, n-Octen-(1), Naphthalin u. 1.4-Diazabicyclo-[2.2.2]-octan.

Versuche: *Pyridin* (V), Kp. 112—114°, $Kp._{50-90}$ 50—60°, a) durch 18std. Erhitzen von 1 (Mol) I u. 0,042 $S_8$ auf 135°; $n_D^{20}$ 1,5090; 0,64 (Mol.-Ausbeute); daneben 0,32 *Pyridinschwefeltrioxid*; b) analog aus 0,5 I u. 0,25 2-Mercaptobenzthiazol in 6 Std. bei 150° unter $N_2$; 0,3; daneben 22 g *Benzthiazolon-2-Mercaptobenzthiazol-Komplex*, $C_{14}H_{10}N_2OS_3$, F. 126—128°; c) aus 1 I u. 1 Thiophenol in 64 Std. bei 140° unter $N_2$; 0,23; daneben 0,39 *Diphenyldisulfid*; d) aus 3 I u. 1 Thioharnstoff in 16 Std. bei 140° unter $N_2$; 2,8; daneben 0,98 *Iminoaminomethansulfonsäure*, F. 221—230° (Zers.) [bildet mit W. eine orangefarbene *Verb. vom F. 290—295°* (Zers.)]; e) aus 1,5 I u. 0,5 Hydrazobenzol in 42 Std. bei 145° unter $N_2$ bei Feuchtigkeitsausschluß; 0,37; daneben 0,37 *Azobenzol*, F. 68,7—69,2°; f) aus 1 I u. 1 Hydrochinon in 120 Std. bei 150° unter $N_2$ bei Feuchtigkeitsausschluß; 0,13; daneben wenig *p-Benzochinon* (*Disemicarbazon*, F. 242 bis 244°). *Pikrat*, F. 167—168°. — *α-Picolin*, Kp. 124—127°, $Kp._{60}$ 57—62°, a) durch 96std. Erhitzen von 1 II u. 1 n-Butylmercaptan auf 115° unter $N_2$; $n_D^{20}$ 1,4980; 0,52;

daneben 0,45 *Di-n-butyldisulfid*, Kp. 128—130°; $n_D^{20}$ 1,5032; b) aus 0,5 **II** u. Di-n-butylsulfid in 24 Std. bei 150° unter $N_2$; 0,07; c) analog in 67 Std.; 0,14; d) durch 64std. Erhitzen von 1 **II** u. 0,25 Schwefel in o-Dichlorbenzol (**IV**) auf 150°; 0,37; e) durch 24std. Erhitzen von **II** auf 150° unter Feuchtigkeitsausschluß; < 1%. *Pikrat*, F. 166,8—167,8°. — *γ-Picolin*, durch 64std. Erhitzen von **III** u. Schwefel in **IV** auf 150°; 0,27. — *Tetrakis-[pyridyl-(4)]-thiophen*, F. 248,2—251,2°, durch 18std. Erhitzen von **III** u. Schwefel auf 145°; 31%. A. Ackermann. 3231 □

**Pyridin-4-sulfonsäure.** R. F. Evans und H. C. Brown. (Chem. and Ind. **1958**, 1559; 22/11; Lafayette, Ind., Purdue Univ.; engl.) — *Pyridin-4-sulfonsäure* (**I**, $C_5H_5 \cdot NO_3S$, F. 317—318°, *S-Benzylisothiuronium-Deriv.*, $C_{13}H_{15}N_3O_3S_2$, F. 149—151°. *N-Oxid*, $C_5H_5NO_4S$, F. 307—309°, durch Oxydation von **I** mit $H_2O_2$ in Eisessig) erhält man a) durch Oxydation von 4-Mercaptopyridin in wss. $Ba(OH)_2$ mit $H_2O_2$, b) im Bombenrohr aus 4-Chlorpyridin u. $Na_2SO_3$ bzw. 4-Hydroxypyridin u. $NaHSO_3$, c) durch Spaltung des N-Pyridyl-(4)-pyridiniumchloridhydrochlorids (aus Pyridin u. $SOCl_2$) mit $Na_2SO_3$ bei 100°. Die UV-Spektren werden angegeben. Der $pK_a$ für **I** wurde in W. bei 25° zu 3,44 berechnet. Hans-Dieter Jacobi. 3231 ◇

**Synthesen von 2.6-Di-tert.-butylpyridin-3- und -4-sulfonsäuren.** H. C. Van Der Plas und H. J. Den Hertog. (Recueil Trav. chim. Pays-Bas **81**, 841—52, Sept./Okt. 1962; Wageningen, Agric. Univ., Labor. of Org. Chem.; engl.) — 4-Äthoxypyridin (**III**) wird mit tert.-Butyl-Li (**I**) über *2-tert.-Butyl-4-äthoxypyridin* in *2.6-Di-tert.-butyl-4-äthoxypyridin* (**V**) übergeführt. **V** reagiert mit 25%ig. HCl unter Bldg. von *2.6-Di-tert.-butyl-4-hydroxypyridin* (**X**), das mit $PCl_5/POCl_3$ in *2.6-Di-tert.-butyl-4-chlorpyridin* (**IX**) umgesetzt wird. **IX** wird mit $SO_3$ in fl. $SO_2$ in 3-Stellung sulfoniert; das Prod. (**VIII**) wird mit Raney-Ni zu *2.6-Di-tert.-butylpyridin-3-sulfonsäure* (**II**) red., die auch durch Sulfonierung von *2.6-Di-tert.-butylpyridin* erhalten wird. Zur Darst. von *2.6-Di-tert.-butylpyridin-4-sulfonsäure* (**XI**) wird **IX** mit äthanol. KHS gekocht u. das entstehende Gemisch, aus dem kein Prod. isoliert werden konnte, mit $H_2O_2$ in $CH_3COOH$ oxydiert; daneben entsteht *Bis-[2.6-di-tert.-butylpyridyl-(4)]-sulfon* (**XIV**). — **XI** wird auch durch Rk. von 4-Methylmercaptopyridin (**IV**) mit **I** u. Oxydation des erhaltenen Gemisches mit $H_2O_2$ in $CH_3COOH$ in geringer Ausbeute erhalten. Bei Verss., **IX** mit $Na_2SO_3$ in W. zum Na-Salz von **XI** umzusetzen, konnte kein Prod. isoliert werden. In Verss., **VIII** durch Sulfonieren von **V** zu *2.6-Di-tert.-butyl-4-äthoxypyridin-3-sulfonsäure* (**VI**), Hydrolyse dieser Verb. zu *2.6-Di-tert.-butyl-4-hydroxypyridin-3-sulfonsäure* (**VII**) u. deren Chlorierung darzustellen, wurde beim Erhitzen von **VI** mit 25%ig. HCl oder HBr/Eisessig auch die $SO_3H$-Gruppe hydrolysiert; **VII**, das aus **VI** mit $AlCl_3$ in Tetrachloräthan dargestellt werden konnte, verlor bei der Umsetzung mit $C_6H_5POCl_2$ ebenfalls die $SO_3H$-Gruppe unter Bldg. von **IX** statt **VIII**. — Bei dem Vers., **XI** durch Rk. von **X** mit $P_4S_{10}$ zu 2.6-Di-tert.-butyl-4-mercaptopyridin u. dessen Oxydation darzustellen, wurde in der 1. Stufe nur *Bis-[2.6-di-tert.-butylpyridyl-(4)]-sulfid* (**XIII**) u. nach dessen Oxydation **XIV** erhalten. Während **II** gegenüber $NH_4OH$ bei ca. 180° u. W. bei 240° im Rohr stabil ist, wird **XI** bei diesen Rkk. zu *4-Amino-2.6-di-tert.-butylpyridin* (**XV**) bzw. **X** umgesetzt.

Versuche: *tert.-Butyllithium* (**I**), aus tert.-Butylchlorid u. Li in Ae.; 60—70% (Ausbeute). — *2-tert.-Butyl-4-äthoxypyridin*, $C_{11}H_{17}NO$, $Kp._{15}$ 115—116°, durch Zugeben von **III** in PAe. zu **I** bei —75° unter $N_2$, Abdampfen des Ae., 7 Std. Kochen, Verdünnen mit W. u. Extrahieren mit PAe.; $n_D^{20}$ 1,494; 45—50%. *Pikrat*, $C_{11}H_{17}NO \cdot C_6H_3N_3O_7$, F. 121—122° (wss. A.). — *2.6-Di-tert.-butyl-4-äthoxypyridin* (**V**), $Kp._{21}$ 141—142°, analog vorst. Verb. aus **I** u. vorst. Verb. in Ae.; 55—60%. *Tetrachloroaurat*, $C_{15}H_{25}NO \cdot HAuCl_4$, F. 193—194° (wss. A.). — *2.6-Di-tert.-butyl-4-hydroxypyridin* (**X**), $C_{13}H_{21}NO$, F. 172° (wss. A.), a) durch 5std. Erhitzen von **V** mit 25%ig. HCl auf 160° im Rohr; 70—75%; b) analog a) aus dem Na-Salz von **VI**; 75%; c) analog a) aus **VII**; d) durch 10std. Erhitzen von **XI** mit W. im Rohr auf 240°. *Tetrachloroaurat*, $(C_{13}H_{21}NO)_2 \cdot HAuCl_4$, F. 199—201° (wss. A.). — *3.5-Dibrom-2.6-di-tert.-butyl-4-hydroxypyridin*, $C_{13}H_{19}Br_2NO$, F. 146—147° (wss. A.). — *2.6-Di-tert.-butyl-4-chlorpyridin* (**IX**), $C_{13}H_{20}ClN$, $Kp._{12}$ 110—112°, a) durch 1½std. Erhitzen von **X**, $PCl_5$ u. $POCl_3$; 80—85%; b) durch 3std. Erhitzen von **VII** mit $C_6H_5POCl_2$ auf 160°, Verdünnen mit W., Alkalisieren u. Ae.-Extraktion. *Tetrachloroaurat*, $C_{13}H_{20}ClN \cdot HAuCl_4$, F. 254—256° (A.). — *2.6-Di-tert.-butylpyridin*, durch Hydrierung von **IX** in alkohol. NaOH in Ggw. von Pd/Kohle. — *2.6-Di-tert.-butyl-4-chlorpyridin-3-sulfonsäure* (**VIII**), *Na-Salz*, $C_{13}H_{19}ClNNaO_3S$, durch 24std. Rk. von **IX**, $SO_3$ u. fl. $SO_2$ bei —10°, Eindampfen, Zugabe von Eis, Alkalisieren mit NaOH u. Extrahieren mit Ae.; 10—15%. — *2.6-Di-tert.-butylpyridin-3-sulfonsäure* (**II**), durch 3tägiges Kochen von **VIII**-Na-Salz u. Raney-Ni mit 6n NaOH in A. u. Isolieren als *S-Benzylthiuronium-Salz*, $C_{21}H_{31} \cdot N_3O_3S_2$, F. 213—215° (wss. A.). — *2.6-Di-tert.-butyl-4-äthoxypyridin-3-sulfonsäure* (**VI**),

*Na-Salz*, $C_{15}H_{24}NNaO_4S$, durch 6std. Rk. von **V** u. $SO_3$ in fl. $SO_2$ bei $-10^0$, Eindampfen u. Zugabe von Eis, $Na_2CO_3$-Lsg. u. NaOH; aus wss. A.; 40—45%. *S-Benzylthiuronium-Salz*, $C_{23}H_{34}N_3O_4S_2$, F. 215—216⁰ (wss. A.). — *2.6-Di-tert.-butyl-4-hydroxypyridin-3-sulfonsäure* (**VII**), $C_{13}H_{21}NO_4S$, F. 256,5—258⁰ (wss. A./HCl), durch Erhitzen von $AlCl_3$, **VI**-Na-Salz u. Tetrachloräthan auf 120⁰, Abdestillieren des Lsgm. im Vakuum, Zufügen von W., Einengen u. Ansäuern mit HCl bis pH 2—3; 75%. (Ein S-Benzylthiuroniumsalz konnte nicht erhalten werden.) — *2.6-Di-tert.-butylpyridin-4-sulfonsäure* (**XI**), $C_{13}H_{21}NO_3S$, F. 344—346⁰ (Zers.; Bzl./A.), a) durch Erhitzen von **IX**, KHS, W. u. A. im Rohr auf 100⁰ (8 Std.), Filtrieren (→ **XIII**), Einengen, Zugabe von W. u. NaOH, Extrahieren mit Ae., Eindampfen u. 1½std. Erwärmen auf dem Wasserbad mit 30%ig. $H_2O_2$ u. $CH_3COOH$; daneben **XIV**; 45—50%; b) aus 8 g **XII** u. **I** durch Dest. des Prod. bei 170—190⁰/3 Torr, mehrtägiges Stehen, Filtrieren (→ **XIII**), Eindampfen u. 1½std. Erhitzen mit wss. $H_2O_2$ u. $CH_3COOH$ auf dem Wasserbad; 2 g; daneben **XIII**. — *Bis-[2.6-di-tert.-butylpyridyl-(4)]-sulfid* (**XIII**), $C_{26}H_{40}N_2S$, F. 125—126⁰ (A.), durch Erhitzen von **X** u. $P_4S_{10}$ auf 140—150⁰ (5 Min.); 45—50%. — *Bis-[2.6-di-tert.-butylpyridyl-(4)]-sulfon* (**XIV**), $C_{26}H_{40}N_2O_2S$, F. 250—251⁰ (Bzl./A.), durch Erwärmen von **XIII** mit 30%ig. $H_2O_2$ in $CH_3OOH$; 85—90%. — *2-tert.-Butyl-4-methylmercaptopyridin* (**XII**), $C_{10}H_{15}NS$, $Kp._{10}$ 105—107⁰, aus **IV** (nach King u. Ware [1939]) in PAe. u. **I** in Ae.; 40—45%. *Pikrat*, $C_{10}H_{15}NS \cdot C_6H_3N_3O_7$, F. 113—114⁰ (wss. A.). — *4-Amino-2.6-di-tert.-butylpyridin* (**XV**), durch Erhitzen von **XI** mit 25%ig. $NH_4OH$ (17 Std.) auf 180⁰ im Rohr, Alkalisieren mit wss. NaOH u. Ae.-Extraktion. *Tetrachloroaurat*, $C_{13}H_{22}N_2 \cdot HAuCl_4$, F. 193—195⁰ (wss. A.). *Pikrat*, $C_{13}H_{22}N_2 \cdot C_6H_3N_3O_7$, F. 146—150⁰ (wss. A.). — UV-Daten der Pikrate von **IV** sowie von 3- bzw. 4-Aminopyridin sind angegeben. H. Henze. 3231◇

**Eine einfache Synthese einiger Hydroxypyridincarbonsäuren.** F. W. Broekman, A. Van Veldhuizen und H. Janssen. (Recueil Trav. chim. Pays-Bas **81**, 792—96, Sept./Okt. 1962; Wageningen, Agric. Univ., Labor. of Physical and Colloid Chem.; engl.) — *3-Hydroxypicolinsäure* u. *4-Hydroxynicotinsäure* werden aus 3-Hydroxy-2-jod- (**I**) u. 4-Hydroxy-3-jodpyridin (**II**) über die *Cyan-Verbb.* synthetisiert.

Versuche: *2-Cyan-3-hydroxypyridin*, $C_6H_4N_2O$, F. 211—212⁰ (Zers.; W.), a) durch 15std. Erhitzen unter Rühren von 4,4 g **I**, $Cu_2(CN)_2$ u. p-Xylol, Kühlen, Extrahieren mit sd. A., Filtrieren, Eindampfen u. Extrahieren mit sd. W.; 41% (Ausbeute); b) analog a) bei 120—125⁰; 62%; c) analog a) bei 125—130%; 52—58%; d) analog a) bei 135⁰; 30—40%; e) analog a) in Toluol statt p-Xylol bei 110⁰; 57—63%; f) anlog e) in 8 Std.; 23%; g) analog f) in Isoamylalkohol bei 130⁰; 25%; h) analog g) in 4 Std.; 63%; i) analog g) in 6 Std.; 55%. — *3-Hydroxypicolinsäure*, $C_6H_5NO_3$, F. 206,5—208⁰ (W.), a) durch 3½std. Kochen vorst. Verb. mit 10%ig. KOH, Neutralisieren mit konz. HCl, Filtrieren über Kieselgel, Ansäuern mit 3n HCl bis pH 2,9, Zugabe von gesätt. Barytwasser (→*Ba-Salz*), Titrieren mit 0,3n $H_2SO_4$ in heißem W./A., 1std. Erhitzen auf dem Dampfbad, Filtrieren u. Eindampfen; 28%; b) durch 6std. Kochen von **I** u. $Cu_2(CN)_2$ in Isoamylalkohol, Filtrieren, Eindampfen, Entfärben mit Norit in A., Eindampfen, Hydrolyse mit 10%ig. KOH, Ansäuern mit konz. HCl, Filtrieren, Einengen, Zugabe von 3n HCl bis pH 2,9, Filtrieren u. Einengen; 29%. — *4-Hydroxynicotinsäure, Hemihydrat*, $C_6H_5NO_3 \cdot \frac{1}{2} H_2O$, F. 249—251⁰, durch 12std. Kochen von **II**, $Cu_2(CN)_2$ u. Isoamylalkohol, Kühlen, Filtrieren, Eindampfen, Lösen in A., Filtrieren, Eindampfen, Extraktion mit sd. W., Hydrolyse mit KOH u. Aufarbeiten wie bei vorst. Verb. nach b); 38,5%. — Pyridin, Dimethylformamid u. W. eigneten sich nicht als Lsgm. für die Rk. von **I** mit $Cu_2(CN)_2$. H. Henze. 3231◇

**Synthese von β-[Acridyl-(9)]-alanin und seinem N-Oxid.** L. B. Radina und S. W. Puschkarewa. (J. allg. Chem. [UdSSR] **31** (**93**), 2362—67, Juli 1961; Swerdlowsk, Forschungs.-Inst. für Poliomyelitisprophylaxe; russ.) — Vff. beschreiben die Darst. von *β-[-Acridyl-(9)]-α-alanin* (**I**) a) aus Acridal (**III**; 9-Formylacridin) über das mit Hippursäure (**IV**) gewonnene Azlacton u. b) aus 9-Brommethylacridin (**V**) über den durch Malonester-Synth. erhaltenen *[Acridyl-(9)-methyl]-acetamidomalonsäurediäthylester* (**II**). Die auf den gemeinsamen Ausgangsstoff 9-Methylacridin bezogenen Ausbeuten an **I**-*Dihydrochlorid* betragen 8 bzw. 31,9%. Aus **II** erhält man mit Perbenzoesäure (**VI**) **II**-N-Oxid, das durch Hydrolyse in **I**-N-Oxid, durch Hydrolyse u. Red. in **I** übergeführt wird. **I**-N-Oxid ist im Gegensatz zu **I** an der Luft beständig.

Versuche: *Acridalhippursäureazlacton*, $C_{23}H_{14}N_2O_2$, F. 253—255⁰, aus 6,2 g **III**, 6,2 g **IV** u. 3,1 g Na-Acetat in 45 ml Acetanhydrid durch 1std. Erhitzen auf dem Wasserbad; aus Bzl. zitronengelbe Nadeln; 71,2% (Ausbeute). — *α-Benzoylamino-β-[acridyl-(9)]-acrylsäure*, F. 257⁰, aus 3 g vorst. Verb. in 200 ml 0,2%ig. NaOH durch 4½std. Erhitzen auf dem Wasserbad, Heißfiltration u. Ansäuern des Filtrats; gelbes Pulver; 95,5%. — *β-[Acridyl-(9)]-α-alanin* (**I**), *Hydrat*, F. 187—189⁰ (Zers.), aus 3,5 g vorst. Verb. u.

1,81 g rotem P in 11,3 ml Acetanhydrid durch 3½ std. Kochen mit 11,3 ml 50%ig. HJ, Behandeln des Nd. mit 20 ml 10%ig. $NH_4OH$, Filtrieren u. Eindampfen; wird an der Luft sofort rot; 45,8%. *Dihydrochloridhydrat*, $C_{16}H_{16}Cl_2N_2O_2 \cdot H_2O$, F. 219—220° (Zers.), a) durch Umkristallisieren des Hydrats aus einem 1:1-Gemisch von verd. HCl (1:1) u. A.; b) durch 4std. Kochen von 2,15 g **II** in 5 ml HCl (1:1) u. Umkristallisieren; 1,8 g; c) aus der Suspension von 1 g **I**-N-Oxid in 50 ml W. durch 4std. Hydrierung mit Ni-Katalysator bei Raum-Temp.; aus A.-HCl zitronengelbe Kristalle; 0,61 g *N-Oxid, Hydrochloridhydrat*, $C_{16}H_{15}ClN_2O_3 \cdot H_2O$, Zers. bei 186—190° (verd. HCl), aus 2 g **II**-N-Oxid durch 2std. Kochen mit 5 ml HCl (1:1); 69%. *N-Oxid, Hydrat*, $C_{16}H_{14}N_2O_3 \cdot H_2O$, F. 203—205° (Zers.), aus 1,1 g vorst. Hydrochlorids in 50 ml W. durch Zutropfen von Diäthylamin bis pH 7; aus W. gelbe Nädelchen; 1,0 g. — *[Acridyl-(9)-methyl]-acetamidomalonsäurediäthylester* (**II**), $C_{23}H_{24}N_2O_5$, F. 144,5—146° ($CCl_4$), durch Verrühren von 2,0 g Acetamidomalonester mit Na-Alkoholat (20 ml A., 0,25 g Na), Erwärmen auf dem Wasserbad, Zugabe von 2,7 g **V** in 30 ml Bzl., 2std. Kochen, Filtrieren, Einengen u. Verreiben mit 20 ml Ae.; 53%. *N-Oxid*, $C_{23}H_{24}N_2O_6$, F. 209—210°, durch Zugabe von 2 g **II** zu 60 ml einer Lsg. von **VI** in Chlf. (0,017 g/ml), Kaltstellen über Nacht, Filtrieren, Einengen des Filtrats u. Verreiben mit Ae.; aus A. gelbe Nadeln; 83% (Rohprod.).

Heinz Preuß. 3231◇

**Darstellung von 3-[Sulfanilamido]-6-methoxypyridazin.** Zdzisław Brzozowski, Alodia Jackiewicz, Feliks Muzalewski, Tadeusz Stefański und Teresa Szczepkowska. (Roczniki Chem. [Ann. Soc. chim. Polonorum] **34,** 299—301, 1960; Starogard Gdański, Zakłady Farmac.; pol.) — Durch Umsetzung von 3-[Sulfanilamido]-6-chlorpyridazin (**I**) mit Na-Methylat in Ggw. von Pyridin wird **I**-freies *3-[Sulfanilamido]-6-methoxypyridazin* (**II**) erhalten. Die Reinigung des so dargestellten **II** gelingt auf Grund der verschiedenen Löslichkeit des wasserfreien u. des wasserhaltigen Na-Salzes in Wasser.

Versuche: *3-[Sulfanilamido]-6-methoxypyridazin* (**II**), F. 181—182°, durch Umsetzung von 89,5 g **I** mit 19,6 g Na in 280—400 g abs. $CH_3OH$ in Ggw. von 9 g Pyridin bei 120—125° unter Druck (7—8 at, 10—15 Std.), Kühlen, Filtrieren, Abdestillieren des Lsgm. im Vakuum, Trocknen des erhaltenen Na-Salzes bei 60°, Lösen in W. bei 80°, Kühlen auf —3°, Filtrieren des ausgeschiedenen wasserhaltigen Na-Salzes, Trocknen bei 80—100°, Suspendieren in Methanol bei 50° u. Ansäuern mit $CH_3COOH$ auf pH 5,5 bis 6; 70% Ausbeute. F. Urban. 3272□

**Untersuchungen an potentiellen Amöbiciden.** 7. Mitt. **Synthese einiger 3-Alkyl-2-styryl-8-hydroxy- (und 8-methoxy)-chinazolone-(4).** R. N. Iyer und M. L. Dhar. (J. sci. ind. Res. [New Delhi], Sect. C **17,** 193—96, Dez. 1958; Lucknow, Central Drug Res. Inst.; engl.) — 6. vgl. C. **1961,** 9401. — Einige potentielle Amöbicide, *3-Alkyl-(aryl)-2-styryl-8-hydroxy*(u. *8-methoxy*)*-chinazolone-(4)* werden durch Kondens. von 3-Alkyl-2-methyl-8-methoxychinazolonen-(4) mit einem Überschuß an aromat. Aldehyden ohne Benutzung eines bes. Kondens.-Mittels dargestellt.

Versuche: *3-Methoxyacetanthranil*, $C_{10}H_9NO_3$, F. 137° (Bzl.), durch 5std. Erhitzen von 33 g 3-Methoxyanthranilsäure mit Acetanhydrid auf 140—150°; 30 g (Ausbeute); gibt durch Kochen mit W. wieder *3-Methoxyacetanthranilsäure*, F. 197°. — 2-Methyl-8-methoxychinazolone-(4): *3-Butyl-*, $C_{14}H_{18}N_2O_2$, F. 82° (W.), durch 6std. Erhitzen von 5 g vorst. Verb. mit 5 g Butylamin auf dem Wasserbad; 4,2 g. — *Unsubstituiert*, $C_{10}H_{10}N_2O_2$, F. 263° (W.), analog vorst. Verb. mit $NH_4OH$ (D. 0,91). — *3-Methyl-*, $C_{11}H_{12}N_2O_2$, F. 143° (W.). — *3-Äthyl-*, $C_{12}H_{14}N_2O_2$, F. 75° (W.). — *3-Propyl-*, $C_{13}H_{16}N_2O_2$, F. 137° (W.). — *3-Pentyl-*, $C_{15}H_{20}N_2O_2$, F. 90° (wss. A.). — *3-Isopentyl-*, $C_{15}H_{20}N_2O_2$, F. 93° (wss. A.). — *3-Phenyl-*, $C_{16}H_{14}N_2O_2$, F. 155° (wss. A.), 6std. Erhitzen auf 140—150°. — *3-Benzyl-*, $C_{17}H_{16}N_2O_2$, F. 115° (A.), analog vorst. Verbindung. — *3-[β-Phenyläthyl]-*, $C_{18}H_{18}N_2O_2$, F. 167° (A.). — 2-Methyl-8-hydroxychinazolone-(4): *3-Butyl-*, $C_{13}H_{16}N_2O_2$, F. 112° (W.), durch 10std. Kochen von 2 g der entsprechenden 8-Methoxy-Verb. mit konst. sd. HBr (Kp. 125°), Eindampfen im Vakuum, Alkalisieren mit wss. 5%ig. NaOH, Extrahieren mit Bzl. u. Ansäuern der wss. Phase mit 5%ig. Essigsäure; 1,5 g. — *Unsubstituiert*, $C_9H_8N_2O_2$, F. 248° (W.), analog vorst. Verbindung. — *3-Methyl-*, $C_{10}H_{10}N_2O_2$, F. 160° (W.). — *3-Äthyl-*, $C_{11}H_{12}N_2O_2$. F. 112° (A.). — *3-Propyl-*, $C_{12}H_{14}N_2O_2$. F. 119° (wss. A.). — *3-Pentyl-*, $C_{14}H_{18}N_2O_2$, F. 55° (wss. A.) — *3-Isopentyl-*, $C_{14}H_{18}N_2O_2$, F. 103° (wss. A.). — *3-Phenyl-*, $C_{15}H_{12}N_2O_2$, F. 222° (wss. A.). — *3-Benzyl-*, $C_{16}H_{14}N_2O_2$, F. 109° (wss. A.) — *3-[β-Phenyläthyl]-*, $C_{17}H_{16}N_2O_2$, F. 113° (A.). — 8-Methoxychinazolone-(4): *2-Styryl-*, $C_{17}H_{14}N_2O_2$, F. 268° (A.), durch 10std. Erhitzen des entsprechenden 2-Methylchinazolons (1 g) mit Benzaldehyd auf 170—180°; 1 g. — *2-[p-Methoxystyryl]-*, $C_{18}H_{16}N_2O_3$, F. 249° (Aceton), analog vorst. Verbindung. — *2-[3.4-Diäthoxystyryl]-*, $C_{21}H_{22}N_2O_4$, F. 261°

(Cellosolve). — *2-Styryl-3-methyl-*, $C_{18}H_{16}N_2O_2$, F. 188° (A./Aceton). — *2-[p-Methoxystyryl]-3-methyl-*, $C_{19}H_{18}N_2O_3$, F. 152° (A.). — *2-[3.4-Diäthoxystyryl]-3-methyl-*, $C_{22}H_{24}N_2O_4$, F. 176° (A.). — *2-Styryl-3-äthyl-*, $C_{19}H_{18}N_2O_2$, F. 147° (A.). — *2-[p-Methoxystyryl]-3-äthyl-*, $C_{20}H_{20}N_2O_3$, F. 174° (A.). — *2-[3.4-Diäthoxystyryl]-3-äthyl-*, $C_{23}H_{26}N_2O_4$, F. 171° (A.). — *2-Styryl-3-phenyl-*, $C_{23}H_{18}N_2O_2$, F. 205° (A.). — *2-[p-Methoxystyryl]-3-phenyl-*, $C_{24}H_{20}N_2O_3$, F. 184° (A.). — *2-[3.4-Diäthoxystyryl]-3-phenyl-*, $C_{27}H_{26}N_2O_4$, F. 199° (A.). — 2-Styryl-3-alkyl-8-hydroxychinazolone-(4), a) durch Demethylierung der entsprechenden Methoxy-Verb. mit HBr; b) durch Kondens. der entsprechenden 8-Hydroxy-Verb. mit einem Benzaldehyd: *Unsubstituiert*, $C_{16}H_{12}N_2O_2$, F. 252° (A/Aceton). — *2-Styryl-3-methyl-*, $C_{17}H_{14}N_2O_2$, F. 218° (A.). — *2-[p-Methoxystyryl]-3-methyl-*, $C_{18}H_{16}N_2O_3$, F. 219° (A.). — *2-Styryl-3-äthyl-*, $C_{18}H_{16}N_2O_2$, F. 189° (A.). — *2-Styryl-3-phenyl-*, $C_{22}H_{16}N_2O_2$, F. 243° (A./Aceton). P. Golinske. 3272◇

**Synthese von in 3- und in 7-Stellung substituierten Adeninderivaten.** René Denayer. (Bull. Soc. chim. France **1962**, 1358—64, Juli; Bruxelles, Union Chim., Chem. Bedijven, Div. Pharm.; franz.) — Vf. gewinnt durch Umsetzung von *4.6-Diamino-5-formylaminopyrimidin* (**I**) mit NaH in Dimethylformamid (DMF) u. anschließende Rk. mit Alkylhalogeniden eine Reihe von *4.6-Diamino-5-[N-formyl-N-alkylamino]-pyrimidinen* (**A**). **I** wird ausgehend von Malonsäurediamid (**VI**) u. Äthylformiat (**VII**) über *4.6-Dihydroxypyrimidin, 4.6-Dihydroxy-5-nitropyrimidin, 4.6-Dichlor-5-nitropyrimidin, 4.6-Diamino-5-nitropyrimidin, 4.5.6-Triaminopyrimidin* u. dessen Formylierung synthetisiert. Therm. Cyclisierung der **A** liefert die in 7-Stellung entsprechend *substituierten Adenine* (**B**). **I** (*Na-Verb.*) geht durch Rk. mit Chlorameisensäurebutylester (**III**) in *4.6-Diamino-5-[N-formyl-N-butoxycarbonylamino]-pyrimidin,* mit Chlorameisensäureäthylester (**IV**) in *6-Amino-7-formyl-8-hydroxypurin* (**IX**) u. mit Chloressigsäureäthylester (**V**) in *4-Amino-5-formyl-7-hydroxy-5.6-dihydropteridin* (**X**) über. **IX** wird durch Erhitzen mit Formamid (**XI**) in *8-Hydroxyadenin* umgewandelt. *7-[γ.γ-Dimethylallyl]-adenin* wird entweder durch Cyclisierung von *4.6-Diamino-5-[N-formyl-N-(γ.γ-dimethylallyl)-amino]-pyrimidin* in Diäthanolamin (**XIV**) bei 220° erhalten, oder ausgehend von 4.5-Diamino-6-methylmercaptopyrimidin über *4-Amino-5-formylamino-6-methylmercaptopyrimidin,* dessen Umwandlung in *4-Amino-5-[N-formyl-N-(γ.γ-dimethylallyl)-amino]-6-methylmercaptopyrimidin,* Ringschluß zu *6-Methylmercapto-7-[γ.γ-dimethylallyl]-purin* (**VIII**) u. Ersatz der 6-Methylmercapto-Gruppe in **VIII** durch die $NH_2$-Gruppe synthetisiert. **I** liefert mit *γ.γ-Dimethylallylbromid* (**II**) ein *quart. Pyrimidiniumsalz,* das nach Behandlung mit Amberlite IR 400 ($OH^-$-Form) oder mit 5%ig. NaOH u. Erhitzen auf 60—65° in *3-[γ.γ-Dimethylallyl]-adenin* (**XII**) übergeht, welches sich als ident. mit *Triacanthin* erweist. Analog **XII** werden weitere in 3-Stellung *substituierte Adenine* (**C**) gewonnen. Aus **I** u. Äthylenoxid (**XIII**) wird *3-[β-Hydroxyäthyl]-adenin* (**XV**) erhalten. Für die Bldg. der **C** wird ein Mechanismus erörtert. Die Maxima der UV-Spektren sind für alle **B** u. **C** sowie für **X** angegeben.

Versuche: *γ.γ-Dimethylallylbromid* (**II**), $Kp._{67}$ 61—63°, a) aus Isopren u. HBr in Essigsäure; 70% (Ausbeute); b) durch Einw. von HBr auf 2-Methylbuten-(3)-ol-(2) bei 0°; 65%. — Pyrimidine: *4.6-Dihydroxy-*, durch Umsetzung von **VI** mit 2 Mol **VII** in A. in Ggw. von 3 Val Na; 70—75%. — *4.6-Dihydroxy-5-nitro-*, durch Nitrieren vorst. Verb. in Essigsäure bei 80°; 92%. — *4.6-Dichlor-5-nitro-*, F. 101—102° (Bzl.), durch Rk. vorst. Verb. mit $POCl_3$; 85%. — *4.6-Diamino-5-nitro-*, durch Einw. von alkohol. $NH_3$ auf vorst. Verb.; 96%. — *4.5.6-Triamino-*, durch Hydrierung vorst. Verb. an Raney-Ni; 95%. — *4.6-Diamino-5-formylamino-* (**I**), $C_5H_7N_5O$, durch Aufkochen vorst. Verb. mit 98%ig. HCOOH, Eindampfen, Lösen des mit A. gewaschenen *Diformiats* in W. u. Alkalisieren mit $NH_4OH$; 82%. — 4.6-Diamino-5-[N-formyl-N-alkylamino]-pyrimidine (**A**), a) durch Rk. von 0,02 Mol in 150 ml DMF gelöstem **I** mit 0,5 g NaH bei 50—60°, 3—4 std. Kochen nach Zusatz von 0,02 Mol des entsprechenden Alkylhalogenids, Eindampfen im Vakuum, Aufnehmen in W. u. Alkalisieren der filtrierten Lsg. mit $K_2CO_3$; 25—70%; b) analog a) jedoch Abfiltrieren des bereits während der Rk. gebildeten Nd. u. Umkristallisieren: *-methyl-*, $C_6H_9N_5O \cdot 0,5H_2O$, F. 285°, nach a). — *-(γ.γ-dimethylallyl)-*, $C_{10}H_{15}N_5O \cdot 0,5H_2O$, F. 285°, nach b). — *-benzyl-*, $C_{12}H_{13}N_5O \cdot H_2O$, F. 273—274°, nach b). — *-(γ-dimethylaminopropyl)-*, $C_{10}H_{18}N_6O \cdot 2H_2O$, nach a). — *-furfuryl-*, $C_{10}H_{11}N_5O_2$ F. 253° nach a). — *-cyclopentyl-*, $C_{10}H_{15}N_5O \cdot H_2O$, F. 272° (Zers.), nach a). — *-(β-dimethylaminoäthyl)-*, $C_9H_{16}N_6O$, F. 246—247°, nach a). — *-p-chlorbenzhydryl-*, nach a); Öl. — *-butoxycarbonyl-*, $C_{10}H_{15}N_5O_3$, F. 240° (Zers.), nach a) aus **I**, NaH u. **III**. — *6-Amino-7-formyl-8-hydroxypurin* (**IX**), $C_6H_5N_5O_2 \cdot 0,5H_2O$, F. > 300°, nach a) aus **I**, NaH u. **IV**. — *8-Hydroxyadenin*, $C_5H_5N_5O$, F. > 300°, durch 20 Min. langes Erhitzen von **IX** mit **XI** auf 200°, Eindampfen im Vakuum u. Behandeln des Rückstandes mit Wasser. — *4-Amino-5-formyl-7-hydroxy-5.6-dihydropteridin* (**X**), $C_7H_7N_5O_2$, F. ca. 300° (Zers.), nach a) aus **I**, NaH u. **V**. — *4.5-Diamino-6-methylmercaptopyrimidin*, $C_5H_8N_4S$,

F. 155—156°, durch Rk. von 4.5-Diamino-6-mercaptopyrimidin mit $CH_3J$ in 1n KOH; 70%. — *4-Amino-5-formylamino-6-methylmercaptopyrimidin*, $C_6H_8N_4OS$, F. 222°, durch 5 Min. langes Kochen vorst. Verb. mit 98%ig. HCOOH, Einengen auf die Hälfte des Vol., Verdünnen mit W. u. Alkalisieren mit $NH_4OH$. — *4-Amino-5-[N-formyl-N-(γ.γ-dimethylallyl)-amino]-6-methylmercaptopyrimidin*, $C_{11}H_{16}N_4OS$, F. 167° u. 178—179°, durch Lösen von 4,2 g vorst. Verb. in DMF bei 50°, Zugabe von 0,55 g NaH, mehrstd. Rühren bei Raum-Temp. nach Zusatz von 3,4 g **II**, Eindampfen im Vakuum, Aufnehmen in W. u. Abfiltrieren des nach dem Neutralisieren abgeschiedenen Nd.; 3,3 g. — *6-Methylmercapto-7-[γ.γ-dimethylallyl]-purin* (**VIII**), $C_{11}H_{14}N_4S$, F. 141—142°, durch Cyclisierung von 2,5 g vorst. Verb. bei 200° im Vakuum in Ggw. von ca. 5—10% $K_2CO_3$; 1,5 g. — 7-Substituierte Adenine (**B**), durch 20 Min. langes Erhitzen der entsprechenden **A** in **XI** auf 200°, Einengen im Vakuum u. Zusetzen von W., in einigen Fällen von $K_2CO_3$-Lsg. [Meth. c)]; d) durch 20 Min. langes Erhitzen der entsprechenden **A** in **XIV** auf 220° u. Aufarbeitung wie vorst.; e) durch Erhitzen der entsprechenden **A** im Gemisch mit ca. 5% $K_2CO_3$ auf 220° bei 1 mm Druck u. Aufarbeitung analog c) u. d): *7-Methyl-*, $C_6H_7N_5$, F. 344—345°, nach c). — *7-[γ.γ-Dimethylallyl]-*, $C_{10}H_{13}N_5$, F. 194°, nach d); oder durch 20std. Kochen von 1 g **VIII** mit konz. $NH_4OH$; 0,6 g. — *7-Benzyl-*, $C_{12}H_{11}N_5 \cdot 0{,}25H_2O$, F. 234°, nach c). — *7-[γ-Dimethylaminopropyl]-*, $C_{10}H_{16}N_6$, F. 198—199°, nach e). — *7-Furfuryl-*, $C_{10}H_9N_5O$, F. 203°, nach e). — *7-Cyclopentyl-*, $C_{10}H_{13}N_5 \cdot 0{,}25H_2O$, F. 242°, nach c), d) oder e). — *7-[p-Chlorbenzhydryl]-*, $C_{18}H_{14}ClN_5$, F. 230°, nach e). — *7-[β-Dimethylaminoäthyl]-*, $C_9H_{14}N_6$, F. 181°, nach e). — *7-[β-Diäthylaminoäthyl]-*, $C_{11}H_{18}N_6$, F. 180°, anch e). — 3-substituierte Adenine (**C**): *3-[γ.γ-Dimethylallyl]-* (*Triacanthin*; **XII**), $C_{10}H_{13}N_5$, F. 230°, durch Lösen von **I** in DMF, mehrstd. Rühren mit **II** bei 60—80°, Abfiltrieren des *3-[γ.γ-Dimethylallyl]-4.6-diamino-5-formylaminopyrimidiniumbromids* ($C_{10}H_{16}BrN_5O$; 80%) u. Erwärmen des Salzes mit 5%ig. NaOH auf 60—65°; 88%. — *3-[β-Hydroxyäthyl]-* (**XV**), $C_7H_9N_5O$, F. 279—280°, durch Einleiten von **XIII** in eine 5%ig. wss. Lsg. von **I** bei 80° u. pH 6,5, Eindampfen im Vakuum, Alkalisieren u. Aufbewahren in der Kälte; 45%. — *3-Methyl-*, $C_6H_7N_5 \cdot H_2O$, F. 302°, aus **I** u. $CH_3Br$ oder $CH_3J$ analog **XII**. — *3-Benzyl-*, $C_{12}H_{11}N_5 \cdot 0{,}5H_2O$, F. 278—279°, aus **I** analog **XII**. — *3-Furfuryl-*, $C_{10}H_9N_5O \cdot H_2O$, F. 245°, aus **I** analog **XII**. — *3-Äthyl-*, $C_7H_9N_5$, F. 233°, aus **I** analog **XII**. — *3-[β.γ-Dihydroxypropyl]-*, $C_8H_{11}N_5O_2$, F. 298 bis 300° (Zers.), analog **XV** aus **I** u. 2.3-Epoxypropanol-(1). H. Gleinig. 3272□

**Untersuchungen über Thiazinochinazoline.** N. K. Ralhan, K. K. Narula und H. S. Sachdev. (J. org. Chemistry **27**, 4061—62, Nov. 1962; Candigarh, Panjab Univ., Dep. of Chem.; engl.) — Durch Kondens. von 2-Mercapto-4.4.6-trimethyl-4H-1.3-thiazin (**I**) mit Anthranilsäure (**II**) u. **II**-Derivv. entstehen *2.4.4-Trimethyl-10-oxo-Derivv.* (**B**) von *4H.10H-1.3-Thiazino-[2.3:b]-chinazolin* (**I**), eines neuen Ringsystems. Die **B**, die in kalten Laugen relativ stabil sind, werden durch längeres Erhitzen in 5%ig. KOH auf 60 bis 70° in *N-[4.4.6-Trimethyl-2.3-dihydro-1.3-thiazinyliden-(2)]-anthranilsäuren* übergeführt, die durch Erhitzen wieder zu **B** cyclisiert werden. Durch Kochen in alkohol. HCl werden die **B** in *2-Mercapto-4-keto-1.4-dihydrochinazolin* u. *4-Methylpenten-(3)-on-(2)* gespalten. Die **B** wirken gegen *Proteus vulgaris*.

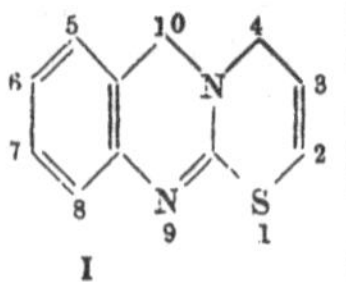

I

Versuche: *2.4.4-Trimethyl-10-oxo-4H.10H-1.3-thiazino-[2.3:b]-chinazolin*, $C_{14}H_{14}N_2OS$, F. 247—248°, durch 4std. Erhitzen von **I** u. 1 Val **II** auf 120—125° bis zum Ende der $H_2S$-Entw., Neutralisieren mit $Na_2CO_3$, Abfiltrieren, Waschen mit W. u. Umkristallisation aus verd. A. oder $CH_3COOH$; 77% (Ausbeute). Analog: *8-Methyl-Deriv.*, $C_{15}H_{16}N_2OS$, F. 227°, aus 3-Methylanthranilsäure; 56%. *7-Methyl-Deriv.*, F. 188°, aus 4-Methylanthranilsäure; 44%. *6-Methyl-Deriv.*, F. 267°, aus 5-Methylanthranilsäure; 58%. *7-Chlor-Deriv.*, $C_{14}H_{13}ClN_2OS$, F. 243°, aus 4-Chloranthranilsäure; 50%. — *N-[4.4.6-Trimethyl-2.3-dihydro-1.3-thiazinyliden-(2)]-anthranilsäure*, $C_{14}H_{16}O_2S$, F. 290° (verd. A.), durch 5std. Erhitzen vorst. Verb. mit 5%ig. NaOH auf 60—70°, Ansäuern mit $CH_3COOH$ u. Umfällen aus NaOH. — *1.4-Dihydro-2-mercapto-4-ketochinazolin*, F. 285° (Eisessig), durch 8std. Kochen vorvorst. Verb. in gesätt. alkohol. HCl u. Einengen.

Gisela Schreiber. 3272◇

**N-substituierte Phenoxazine. Das Sauerstoffanalogon des Chlorpromazins.** Jerzy Cieślak, Stanisław Kurzepa und Krystyna Ostalska. (Roczniki Chem. [Ann. Soc. chim. Polonorum] **34**, 103—10, 1960; Warszawa, Uniw., Kat. Chem. organ.; Zakł. Farmakol. Inst. Matki i Dziecka; pol.) — Für die Synth. der O-analogen Verb. des Chlorpromazins, des *2-Chlor-10-[N.N-dimethylaminopropyl]-phenoxazins* (**I**) wurde die Ausgangssubstanz 2-Chlorphenoxazin (**II**) auf nachst. Weg erhalten: o-Amino-p-chlorphenol u. 1-Chlor-2.6-dinitrobenzol (**III**) werden zu 2-Chlor-8-nitrophenoxazin kondensiert, das zur 8-Amino-Verb. red. u. dann diazotiert wird.

Beim Verkochen des Diazoniumsalzes in alkohol. Lsg. entsteht nicht das erwartete II, sondern *9-Chlortriazolo-[k. l]-phenoxazin.* Erst durch Erhitzen mit $Cu/H_2SO_4$ wird daraus unter $N_2$-Abspaltung II erhalten. Diese Rk.-Folge ist allg. zur Darst. des unsubstituierten u. der asymm. 1-, 2-, 3- u. 4-substituierten Phenoxazine geeignet. Durch Kondens. der Phenoxazine mit 1-Chlor-3-[N.N-dimethylamino]-propan (**IV**) werden dann die O-analogen Verbb. des Chlorpromazins erhalten.

Versuche: *1-Nitrophenoxazin,* F. 165—166°, aus o-Aminophenol u. **III** nach Ullmann [1909]. — *1-Aminophenoxazinhydrochlorid,* F. 249—250°, durch Red. vorst. Verb. mit $SnCl_2$ nach Kehrmann u. Löwy [1911]. — *Triazolo-[k.l]-phenoxazin,* $C_{12}H_7 \cdot N_3O$, F. 168—169°, durch Diazotieren vorst. Verb. in Ggw. von A., Bzl. u. konz. $H_2SO_4$ in der Wärme; Nadeln aus Aceton; 90% (Ausbeute). — *Phenoxazin,* $C_{12}H_9NO$, F. 155 bis 156°, a) nach Kehrmann u. Neil [1914]; b) aus vorst. Verb. durch Erwärmen in abs. A. in Ggw. von Cu-Pulver u. konz. $H_2SO_4$ u. Eingießen der Lsg. in W.; Kristalle aus wss. Aceton; 89%. — *10-[γ-(N.N-Dimethylamino)-propyl]-phenoxazin,* $C_{17}H_{20}N_2O$, $Kp._{0,005}$ 120—125°, durch Umsetzung vorst. Verb. (0,05 Mol) mit $NaNH_2$ (0,05 Mol) in heißem Xylol u. Eintropfen in eine Lsg. von **IV** (0,05 Mol) in Xylol, 1std. Kochen, Eingießen in W., Ansäuern mit 10%ig. HCl, Abtrennen der wss. Schicht u. Extraktion der mit festem NaOH alkalisierten Lsg. mit Ae.; 94%. *Hydrochlorid,* $C_{17}H_{21}ClN_2O$, F. 102—103°. — *2-Chlor-9-nitrophenoxazin,* F. 240—241°, aus 2-Amino-4-chlorphenol u. **III** nach Boothroyd u. Clark (C. **1954,** 6006). — *2-Chlor-9-aminophenoxazinhydrochlorid,* F. 228—230°, durch Red. vorst. Verb. mit $SnCl_2$. — *9-Chlortriazolo-[k.l]-phenoxazin,* $C_{12}H_6ClN_3O$, F. 186—187°, durch Diazotieren vorst. Verb. in alkohol.-benzol. Lsg. in Ggw. von $H_2SO_4$ in der Wärme; Nadeln aus Aceton; 85%. — *2-Chlorphenoxazin* (**II**), $C_{12}H_8ClNO$, F. 144—145°, durch Verkochen vorst. Verb. in Ggw. von Cu-Pulver u. $H_2SO_4$; Blättchen aus Aceton; 91%. — *2-Chlor-10-[N.N-dimethylamino-propyl]-phenoxazin* (**I**), $Kp._{0,005}$ 125—130°, aus je 0,05 Mol **II**, **IV** u. $NaNH_2$ in Xylol; 91%. *Hydrochlorid,* $C_{17}H_{20}ClN_2O$, F. 215—216°. F. Urban. 3282□

**Perjodatoxydation. 1. Mitt. Struktur und einige Reaktionen perjodatoxydierter Methyl-4.6-O-benzyliden-α-D-glucoside.** R. D. Guthrie und John Honeyman. (J. chem. Soc. [London] **1959,** 2441—48, Juli/Aug., London, King's Coll.; Manchester, Shirley Inst.; engl.) — Bei der Perjodatoxydation von Methyl-4.6-O-benzyliden-α-D-glucosid (**I**) entsteht ein Dialdehyd mit 2 Moll. W., von denen nur eines kovalent gebunden vorliegt, der Hemialdal-Hydrat- (Hemialdal = —CH(OH)·O·CH(OH)—)-Struktur besitzt u. *7.9-Dihydroxy-6α-methoxy-2-phenyl-trans-1.3-dioxano-[5.4:e]-1.4-dioxepanhydrat* (**II**) darstellt. **II** sowie die wasserfreie Verb. lassen sich durch Acetylierung u. Benzoylierung in die entsprechenden *Diester* überführen, Methylierung oder Propylierung führt zu kristallinen *Diäthern* u. Kochen mit Methanol zum *Monomethyläther* (**V**). Der Rk.-Mechanismus wird diskutiert u. bes. auf ein in W. vorliegendes Gleichgewicht zwischen der Dialdehyd- u. der Hemialdalform hingewiesen, wodurch bei Kristallisation des Monoäthers aus W. die Bldg. von **II** u. bei Kristallisation von **II** aus Alkohol die Bldg. des entsprechenden Monoäthers erklärt wird. Bei der Perjodatoxydation von Methyl-4.6-O-äthyliden-α-D-glucosid (**III**) entsteht analog *7.9-Dihydroxy-6α-methoxy-2-methyl-trans-1.3-dioxano-[5.4:e]-1.4-dioxepan* (**VIII**). **II** bzw. **V** reagieren mit einem Mol. Phenylhydrazin (**X**) zu *2'.4(5)-Diphenyl-2-methoxy-3(6)-hydroxy-1'.3'-dioxano-[5'.6':8.7]-1-oxa-4.5-diaza-$\Delta^{5(3)}$-cycloocten* (**VII**). Die Hydrolyse von **VII** bzw. von **II** in Ggw. von **X** führt zum *Glyoxal-bis-phenylhydrazon.* Die IR- u. UV-Maxima sind angegeben.

Versuche: *7.9-Dihydroxy-6α-methoxy-2-phenyl-trans-1.3-dioxano-[5.4:e]-1.4-dioxepan,* $C_{14}H_{18}O_7$, F. 144—145°, durch Oxydation von **I** in wss. Lsg. mit $NaJO_4$ u. Kristallisation des entstandenen *Monohydrats* [**II**; $C_{14}H_{18}O_7 \cdot H_2O$, F. 143—144° (W./Aceton; W./N.N-Dimethylformamid); $[\alpha]_D^{17}$ +60,8° (8 Min. c = 4,0; Pyridin) → +64,0° (17 Min.) → +61,3° (100 Min.) → 62,4° (17 Std., konst.); 65—80% (Ausbeute)] aus Nitromethan; $[\alpha]_D^{18}$ +62,5° (13 Min.; c = 4,0; Pyridin) → +64,0° (3 Std.) → +63,0° (24 Std., konst.). *Diacetat,* $C_{18}H_{22}O_9$, F. 177—179°, durch 17std. Stehen von **II** in Pyridin/Acetanhydrid, aus A. Nadeln; $[\alpha]_D^{20}$ +84,7° (c = 1,81; Chlf.); 81%. *Dibenzoat,* $C_{28}H_{26}O_9$, F. 177—178°, durch Zutropfen von Benzoylchlorid (**XI**) in Pyridin zu **II** oder wasserfreiem **II** bei 0°; aus A. Nadeln; $[\alpha]_D^{18}$ +5,9° (c = 1,77; Chlf.). *Dimethyläther* (**IV**), $C_{16}H_{22}O_7$, F. 194° (Sublimation, a) durch allmähliches Versetzen von **II** in sd. Methyljodid mit trockenem $Ag_2O$, 13std. Kochen, Filtrieren u. Eindampfen der Lsg.; $[\alpha]_D^{17}$ +117° (c = 0,71; Chlf.), $[\alpha]_D^{18}$ +60,7° (c = 0,56; Pyridin), $[\alpha]_D^{19}$ +104° (c = 0,2; $CH_3OH$); 76%; b) analog aus wasserfreiem **II**. *Di-n-propyläther,* $C_{20}H_{30}O_7$, F. 139,5—141° (Bzn.; n-Heptan), durch 1½std. Zugabe von $Ag_2O$ zu **II** in sd. n-Propyljodid u. Chlf. u. weiteres 24std. Kochen; $[\alpha]_D^{21}$ +35,3° (c = 1,02; Pyridin); 48%. *7(9)-Methyläther* (**V**), $C_{15}H_{20}O_7$,

F. 145—146°, a) durch Kochen von 2 g **II** mit Methanol; $[\alpha]_D^{17}$ +79,3° (6 Min.) → 84,6° (23 Std., konst.; c = 3,27, Pyridin); 1,36 g; b) aus wasserfreiem **II** u. Methanol; gibt durch Methylierung **IV**; gibt in sd. W. **II**. *7(9)-Acetat-9(7)-methyläther*, $C_{17}H_{22}O_8$, F. 204° (Sublimation), durch Acetylierung von **V**; aus A. Nadeln; $[\alpha]_D^{20}$ +74,0° (c = 0,3; Chlf.). *7(9)-Äthyläther*, $C_{16}H_{22}O_7$, F. 144—145°, a) durch Rk. von **II** mit A., b) durch mehrmalige Umkristallisation von **II** mit A./Bzn., A./N.N-Dimethylformamid bzw. A./Dimethylsulfoxid; gibt mit W. **II**. *9(7)-n-Propyläther*, $C_{17}H_{24}O_7$, F. 139—142°, durch Rk. von **II** mit n-Propanol; gibt mit W. **II**. *7(9)-Benzyläther* (**VI**), $C_{21}H_{24}O_7$, F. 163—165°, a) durch ½std. Kochen von **II** mit Benzylalkohol (**IX**) in n-Heptan; aus A. Nadeln; $[\alpha]_D^{17}$ —2,3° (10 Min.) → —9,0° (24 Std.; c = 1,8; Pyridin; b) durch Kochen von **V** in **IX**; daneben *9(7)-Benzyläther*, F. 161—163°, $[\alpha]_D^{21}$ +28,3° (c = 1,29; Pyridin); **VI** gibt durch ½std. Kochen in Methanol **V**; gibt durch Kristallisation aus W. **II**. *9(7)-Acetat-7(9)-benzyläther*, $C_{23}H_{26}O_8$, F. 174—175° (A./n-Heptan), durch Acetylierung von **VI**; $[\alpha]_D^{21}$ +38,6° (c = 1,6; Chlf.). — *Glyoxal-bis-phenylhydrazon*, F. 165—166° (Zers.), durch 1½std. Kochen von **II** mit **X** in verd. Essigsäure/A.; aus verd. A. gelbe Platten; 70%. — *2'.4(5)-Diphenyl-2-methoxy-3(6)-hydroxy-1'.3'-dioxano-[5'.6':8.7]-1-oxa-4.5-diaza-$\Delta^{5(3)}$-cycloocten* (**VII**), $C_{20}H_{22}N_2O_5$, F. 182—183° (n-Heptan), a) durch Rk. von **II** u. **X** in W. bei ca. 80° u. Chromatographie des Rohprod. (75%) an $Al_2O_3$; b) Versetzen einer heißen Lsg. **II** mit Phenylhydrazinhydrochlorid u. Na-Acetat; c) durch Erhitzen von **V** mit **X** u. Methanol u. Chromatographie; $[\alpha]_D^{20}$ +8,6° (c = 1,81; Chlf.); gibt durch Hydrolyse in Ggw. von **X** vorst. Verbindung. *Benzoat*, $C_{27}H_{26}N_2O_6$, F. 123 bis 124°, durch Zugabe von **XI** in Pyridin zu einer Lsg. von **VII** in Pyridin; aus verd. A. gelbe Nadeln; $[\alpha]_D^{21}$ +158° (c = 1,2; Chlf.; 45%. *Methyläther*, $C_{21}H_{24}N_2O_5$, F. 118 bis 121° (verd. A.), durch Methylierung von **VII**. — *7.9-Dihydroxy-6α-methoxy-2-methyl-trans-1.3-dioxano-[5.4:e]-1.4-dioxepan* (**VIII**), F. 130—131°, durch Oxydation von **III**; $[\alpha]_D^{20}$ +8,8° (W.), $[\alpha]_D^{16}$ +97,6° (20 Min.) → +91,0° ((24 Std.; c = 2,72; Pyridin. *Dimethyläther*, $C_{11}H_{20}O_7$, F. 178° (PAe./wenig A.), durch Methylierung von **VIII**; $[\alpha]_D^{22}$ +85,8° (c = 0,17; Pyridin). D. Jahnke. 3370△

**Perjodatoxydation.** 2. Mitt. **Die Einwirkung von Aminen auf das Perjodatoxydationsprodukt von Methyl-4.6-O-benzyliden-α-D-glucosid.** R. D. Guthrie, John Honeyman und Margaret A. Parsons. (J. chem. Soc. [London] **1959**, 2449—51, Juli/Aug.; engl.) — 1. vgl. vorst. Referat. — Das Perjodatoxydations-Prod. von Methyl-4.6-O-benzyliden-α-D-glucosid reagiert entweder als offener Dialdehyd oder in der Hemialdalform (**I**) mit Aminen.

Versuche: *2.4-O-Benzyliden-3-O-[D-1-methoxy-2-oxoäthyl]-D-erythrose, Dioxim* (**IV**), $C_{14}H_{18}N_2O_6$, F. 99—101°, durch 12 Min. lange Rk. von 7.9-Dihydroxy-6α-methoxy-2-phenyl-trans-1.3-dioxano-[5.4:e]-1.4-dioxepan (**I**) mit Hydroxylaminhydrochlorid u. Natriumacetat in W. bei 70° u. Extraktion mit $CHCl_3$; aus PAe. Nadeln; $[\alpha]_D^{18}$ —11,9° (c = 1,85; Chlf.); 59% (Ausbeute); gibt mit $CuSO_4$ in W. in Ggw. von wenig $NH_4OH$ einen hellgrünen Komplex, mit $Ni(NO_3)_2$ einen Komplex. *Bis-O-acetyloxim*, $C_{18}H_{22}N_2O_8$, F. 122,5—124° (wss. A.), durch Rk. von **IV** mit Acetanhydrid in Pyridin bei 0°; $[\alpha]_D^{21}$ —22,8° (c = 1,58; Chlf.). *Bis-O-methyloxim*, $C_{16}H_{22}N_2O_6$, F. 112—113°, durch Methylierung von **IV**; aus wss. A. Nadeln; $[\alpha]_D^{18}$ —15,9° (c = 0,9; Chlf.); 58%. *Bis-N-cyclohexylaldimin* (**V**), $C_{26}H_{38}N_2O_4$, F. 115—117°, a) durch Zugabe von **I** zu sd. Cyclohexylamin (**II**)/W.; 72%; b) durch Rk. von **I** mit **II**-Hydrochlorid u. Na-Acetat; c) durch ¼std. Erhitzen von **I** in **II** auf 95°; d) durch ¼std. Kochen von **I** mit **II** in Methanol; aus n-Heptan Nadeln; $[\alpha]_D^{17}$ +11,0° (c = 1,2; Chlf.); $[\alpha]_D^{21}$ —28,6° (c = 0,5; Pyridin); 80%. — *6α-Methoxy-2-phenyl-trans-1.3-dioxano-[5.4:e]-1.4-dioxepan, 7.9-Di-o-toluidino-Deriv.*, $C_{28}H_{32}N_2O_5$, F. 138—140° (Zers.), durch ¼std. Erwärmen von **I** mit o-Toluidin auf 95°, Zugabe von W., Kühlen u. Ansäuern mit Essigsäure; aus Aceton Nadeln; $[\alpha]_D^{21}$ +6,3° (c = 0,5; Pyridin). *7.9-Bis-[2.5-dimethylanilino]-Deriv.*, $C_{30}H_{36}N_2O_5$, F. 155—156° (Zers.), aus **I** u. p-Xylidin; aus Aceton Nadeln; $[\alpha]_D^{21}$ +108° (c = 0,5; Pyridin); 80%. *7.9-Dianilino-Deriv.*, $C_{26}H_{28}N_2O_5$, F. 165—167° (Zers.), a) durch Rk. von **I** mit Anilin (**III**); 72%; b) durch Zugabe von **I** zur sd. Lsg. von **III**-Hydrochlorid in Na-Acetat/W.; 56%; c) durch Kochen von **I** in Methanol u. Zugabe von **III** u. anschließende Chromatographie; d) durch Erwärmen von **III** mit 7(9)-Hydroxy-6α.9(7)-dimethoxy-2-phenyl-trans-1.3-dioxano-[5.4:e]-1.4-dioxepan auf 80°; aus Dimethylformamid Nadeln; $[\alpha]_D^{21}$ +29,2° (c = 0,5; Pyridin). *7.9-Bis-benzylamino-Deriv.*, $C_{28}H_{32}N_2O_5$, F. 95—96°, durch Rk. von **I** mit Benzylamin; aus PAe. Nadeln; $[\alpha]_D^{21}$ +35,4° (c = 0,5; Pyridin).
D. Jahnke. 3370△

**Neuer Zugang zum 1-Phenyl-7.8-(„8.9")-diäthoxy-4.5-dihydro-3H-3-benzazepin.** Michel Hamon. (C. R. hebd. Séances Acad. Sci. **255**, 1519—20, 24/9. 1962; Paris, Hôpital Boucicaut, Labor. de Pharm.; franz.) — Das durch 24std. Red. von 2-[2-Benzoylaminoäthyl]-4.5-diäthoxybenzil (I) mit $KAlH_4$ in 90% ig. A. bei 40° unter gelegentlichem Schütteln, Verdünnen mit W., Neutralisation mit konz. HCl u. Verdünnen bis zur beginnenden Trübung erhaltene *2-[2-Benzoylaminoäthyl]-4.5-diäthoxyhydrobenzoin* [$C_{27}H_{31}NO_5$, F. 169–170°; 67% (Ausbeute)] wird durch Einw. von 85% ig. $H_3PO_4$ bei Raum-Temp. in *1-Phenyl-3-benzoyl-7.8-diäthoxy-4.5-dihydro-3H-3-benzazepin* [$C_{27}H_{27}$·$NO_3$, F. 91° (Cyclohexan); 89%] übergeführt, dessen Konstit. durch Hydrolyse mit sd. äthanol. KOH zu *Benzoesäure* u. *1-Phenyl-7.8-diäthoxy-4.5-dihydro-3H-3-benzazepin* bewiesen wird. I entsteht bei der Rk. von 1-Benzoyl-6.7-diäthoxy-3.4-dihydroisochinolin mit Benzoylchlorid. Gisela Schreiber. 3370◇

**Cyclisierung der Mandelsäureamide von β-Phenyläthylaminen zu Oxotetrahydrobenzazepinen.** Michel Hamon. (C. R. hebd. Séances Acad. Sci. **255**, 1619–20, 1/10. 1962; franz.) — Vgl. vorst. Referat. — N-[2-(3.4-Diäthoxyphenyl)-äthyl]-mandelsäureamid ($C_{20}H_{25}NO_4$, F. 89–90°) läßt sich durch 1½ std. Erwärmen mit 83% $P_2O_5$ enthaltender $H_3PO_4$ auf 60° mit 83% ig. Ausbeute zu *2-Oxo-1-phenyl-7.8-diäthoxy-2.3.4.5-tetrahydro-1H-3-benzazepin* cyclisieren. Auf analogem Wege entsteht in 3 Std. aus N-[2-Phenyläthyl]-mandelsäureamid (F. 97–98°) *2-Oxo-1-phenyl-2.3.4.5-tetrahydro-1H-3-benzazepin*, $C_{16}H_{15}NO$, F. 189°. Vorst. Verb. liefert bei 1½ std. Kochen mit KOH in Amylalkohol *o-[2-Aminoäthyl]-diphenylessigsäure*, $C_{16}H_{17}NO_2$, F. 165–168°. *Hydrochlorid*, $C_{16}H_{17}NO_2$·HCl, F. ca. 130°. Gisela Schreiber. 3370◇

**2.3-O-Isopropyliden-L-erythro-tetruronsäure und -L-erythrose und die Methyl-D-erythro- und -D-threo-tetrofuranoside.** J. N. Baxter und A. S. Perlin. (Canad. J. Chem. **38**, 2217–25, Nov. 1960; Saskatoon, Saskatchewan, Prairie Regional Labor., Nat. Res. Council of Canada; engl.) — Die Oxydation von 2.3-O-Isopropyliden-β-L-rhamnose (I) mit Hypojodit, gefolgt von Perjodatspaltung der erhaltenen *Aldonsäure*, liefert *2.3-O-Isopropyliden-L-erythro-tetruronsäure*. Die Red. von I mit $NaBH_4$ u. Perjodatoxydation des erhaltenen *Glycits* gibt *2.3-O-Isopropyliden-L-erythrose*. Beide Prodd. werden in hohen Ausbeuten erhalten u. können leicht zu *L-erythro-Tetruronsäure* bzw. *L-Erythrose* hydrolysiert werden. *Methyl-α-* u. *-β-D-erythro-* u. *-D-threo-tetrofuranoside* werden nach Fischers Glykosid-Synth. aus den entsprechenden D-Erythrose- bzw. D-Threoseformaten dargestellt. Gegenüber $Pb(CH_3COO)_4$ ist das β-D-Threosid reaktionsfähiger als das entsprechende α-Anomere.

Versuche (FF. korr., Kp. = Luftbad-Temp., opt. Drehungen bei ca. 25°, die Lsgg. werden bei 40° im Vakuum eingeengt): *2.3-O-Isopropyliden-L-rhamnose* (I), F. 88 bis 90°, durch 3 std. Entwässern von 30 g L-Rhamnosehydrat bei 100° im Vakuum, Zugabe von abs. Aceton, das etwas HCl enthält, 1–2 std. Schütteln bei Raum-Temp. u. Einleiten von $NH_3$; $[\alpha]_D$ +17° (c = 2; W.); 5 g (Ausbeute). — *2.3-O-Isopropyliden-L-erythruronsäure*, $C_7H_{10}O_5$, F. 103–104° (Essigester/Hexan), durch Zugabe von 1 n NaOH zu 1 g I in W. u. $J_2$ unter Eiskühlung (¼ Std.), ¾ std. Stehen, Entfärben mit Thiosulfat, ¼ std. Rühren mit $Ag_2CO_3$, Filtrieren, Zugabe von $NaJO_4$ zu dem Filtrat bei 5° u. ½ std. Stehen; $[\alpha]_D$ +1,4° (c = 1,4; W.); 0,65 g. — *L-erythro-Tetruronsäure*, durch Erhitzen vorst. Verb. auf dem Dampfbad (1 Std.); $[\alpha]_D$ −18°. — *D-Erythronsäure-γ-lacton*, $C_4H_6O_4$, F. 100–102° (A.), durch Red. von 0,3 g vorvorst. Verb. mit $NaBH_4$ in W./Methanol (2:1) u. 1½ std. Erhitzen des sirupartigen Prod. in 80% ig. Essigsäure auf 100°; $[\alpha]_D$ −73° (c = 2,4; W.); 0,1 g. — *2.3-O-Isopropyliden-L-erythrose*, $C_7H_{12}O_4$, F. 29–31°, $Kp._{10}$ 60–70°, a) durch Zutropfen von 2 g I in W. zu $NaBH_4$ in W. bei 0°, 4 std. Stehen bei Raum-Temp., Einstellen mit Essigsäure auf pH 6, portionsweise Zugabe von $NaJO_4$ (¼ Std.) u. 3 std. Stehen bei 25°; $[\alpha]_D$ +72° (c = 2,4; Methanol); 1,3 g; b) analog a) aus dem neben I erhaltenen Sirup. — *Erythrit*, $C_4H_{10}O_4$, F. 118 bis 120°, durch ½ std. Erhitzen vorst. Verb. mit 0,1 n $H_2SO_4$ auf dem Dampfbad u. Red. der entstandenen *L-Erythrose* ($[\alpha]_D$ +39°) mit wss. $NaBH_4$. — *2.3-O-Isopropyliden-L-rhamnit*, durch 8 std. Hydrieren von 0,5 g I in abs. A. bei 100°/1400 lbs./sq.in. an Raney-Ni; $[\alpha]_D$ +5,5° (c = 4,1; Methanol); 0,5 g; gibt durch Perjodatoxydation vorvorst. Verbindung. — *Methyl-β-D-erythro-tetrofuranosid*, $C_5H_{10}O_4$, $Kp._{0,5}$ 80–90°, durch 5 Min. lange Rk. von Di-O-formyl-D-erythrose in Methanol mit 2,5% ig. methanol. HCl bei 25°, Reinigen mit $AgCO_3$, $H_2S$, Filtrieren, Einengen u. Chromatographie an Cellulose mit Bzl./A./W. (500:50:1); $n_D$ 1,4630; $[\alpha]_D$ −148° (c = 1,5; W.). *2.3-Carbonat*, $C_6H_8O_5$, F. 73° (Essigester/Hexan), durch 18 std. Stehen von 0,9 g des Glykosids in Pyridin mit $COCl_2$ in Toluol; $[\alpha]_D$ −152° (c = 2,4; Chlf.); 1 g. — *Methyl-α-D-erythro-tetrofuranosid*, $C_5H_{10}O_4$, $Kp._{0,2}$ 65–85°, neben vorst. Verb. durch weiteres Eluieren; $[\alpha]_D$ +133° (c = 1,2; W.); $n_D$ 1,4665. *Bis-[p-nitrobenzoat]*, $C_{19}H_{16}N_2O_{10}$, F. 109–110° (Essigester/Hexan), durch 4 std. Stehen von 0,1 g des Glykosids in Pyridin mit p-Nitrobenzoylchlorid bei 55°; $[\alpha]_D$ −17,3° (c = 1,7; Chlf.); 0,3 g. — *Methyl-β-D-threo-tetrofuranosid*, $C_5H_{10}O_4$, $Kp._{0,2}$ 80–90°, durch Rk. von Di-O-formyl-D-threose mit methanol.

HCl u. Trennung durch Chromatographie; $[\alpha]_D$ $-193^0$ (c = 1,1; W.). *Bis-[p-nitrobenzoat]*, $C_{19}H_{16}N_2O_{10}$, F. 55—57⁰ (Essigester/Pentan), durch Rk. des Glykosids mit p-Nitrobenzoylchlorid; $[\alpha]_D$ $-213^0$ (c = 1,6; Chlf.). — *Methyl-α-D-threotetrofuranosid*, $C_5H_{10}O_4$, Kp.$_{0,2}$ 85—100⁰, neben vorst. Verb.; $[\alpha]_D$ $+97^0$ (c = 1,6; W.). *Bis-[p-nitrobenzoat]*, $C_{19}H_{16}N_2O_{10}$, F. 131—133⁰ (Essigester/Hexan), durch Rk. des Gemisches aus α- u. β-Glykosid (0,5 g) mit p-Nitrobenzoylchlorid; $[\alpha]_D$ $-115^0$ (c = 2; Chlf.); 0,6 g; durch 5 Min. lange Rk. von Tri-O-acetyl-D-threose in Chlf. mit 40% ig. HBr/Eisessig, Einengen, 18std. Schütteln des Sirups in Methanol mit $Ag_2O$ u. Drierit, Desacetylierung u. Papierchromatographie entsteht ein *Gemisch von Methyl-α- u. -β-D-threotetrofuranosid.* P. Golinske. 3400◇

**·Notiz über die Umsetzung von Kohlenhydraten mit Olefinen.** Vinzenz Prey und Friedrich Grundschober. (Chem. Ber. **95,** [1962], 1845—47, Wien, TH, Inst. für Organ. Chem.; dt.) — Vff. stellen fest, daß prim. u. sek. OH-Gruppen von Kohlenhydraten entsprechend der Markownikoff-Regel an Isobutylen (I) zu tert.-Butyläthergruppierungen addiert werden. Als Katalysatoren sind Lewis-Säuren geeignet, vorzugsweise $ZnCl_2$ in der Wärme. $BF_3$ bewirkt oberhalb $-60^0$ Polymerisation, als Diätherat ist es bei 0⁰ verwendbar. Konz. $H_2SO_4$ kann nur in der Kälte angewendet werden. Die Konstit. der dargestellten *tert.-Butyläther* wird durch unabhängige Synth. mit tert.-Butylbromid (II)/$Ag_2O$ in Dimethylformamid (DMF) bewiesen. IR-Spektren vgl. Original.

Versuche: *2.3;4.5-Diisopropyliden-1-O-tert.-butylfructopyranose*, $C_{16}H_{28}O_6$, Kp.$_{12}$ 160⁰, a) durch 24std. Erwärmen von 2.3;4.5-Diisopropylidenfructopyranose (III) u. wasserfreiem $ZnCl_2$ mit verflüssigtem I auf 100⁰ u. Aufnehmen in PAe.; $[\alpha]_D^{20}$ $-23,7 \pm 1,4^0$ (c = 4,5; PAe.); 58% (Ausbeute); b) durch Versetzen von III in DMF mit II u. entwässertem $CaSO_4$, Zugabe von $Ag_2O$ unter Rühren bei Raum-Temp., 2tägiges Stehen u. Eindampfen im Vakuum; 16%. — *1.2;5.6-Diisopropyliden-3-O-tert.-butylglucofuranose*, $C_{16}H_{28}O_6$, Kp.$_{14}$ 165⁰, a) analog vorst. Verb., jedoch bei 70—80⁰, aus 1.2;5.6-Diisopropylidenglucofuranose (IV); $[\alpha]_D^{20}$ $-5,9 \pm 1,1^0$ (c = 5,7; PAe.); 41,8%; b) analog mit konz. $H_2SO_4$ bei $-60^0$; 36%; c) analog mit $BF_3$ bei $-80$%; 10%; d) mit I-Gas u. $BF_3$-Diätherat bei 0⁰ in Ae.; 36%; e) analog vorst. Verb. nach b) aus **IV**; 14%.
P. Golinske. 3400

**Derivate des D-Glucosamins.** 4. Mitt. **Die Anomeren des 1.3.4.6-Tetrabenzoyl-N-carbobenzoxy-D-glucosamins.** Hans Weidmann und Howard K. Zimmermann jun. (Liebigs Ann. Chem. **633,** 198—202, 13/7. 1960; College Station, Tex., Agric. and Mechan. Coll., Chem. Inst.; dt.) — 3. vgl. C. **1961,** 3656. — Durch Carbobenzoxylierung von *1.3.4.6-Tetrabenzoyl-α-D-glucosaminhydrobromid* (**I**) wird *1.3.4.6-Tetrabenzoyl-N-carbobenzoxy-α-D-glucosamin* (**II**) erhalten. Die Rk. von 1-α-Brom-3.4.6-tribenzoyl-D-glucosaminhydrobromid (**III**) mit Benzoylchlorid (**IV**) bzw. mit Carbobenzoxychlorid (**V**) ergibt die *N-Benzoyl-* (**VI**) bzw. *N-Carbobenzoxy-Verb.* (**VII**). Mit Methanol bzw. A. reagiert **VII** zu den entsprechenden *β-Glucosaminiden.* Mit Ag-Benzoat erhält man aus **VI** reines *β-Pentabenzoyl-D-glucosamin* (**VIII**), aus **VII** *1.3.4.6-Tetrabenzoyl-N-carbobenzoxy-β-D-glucosamin* (**IX**). Die Hydrierung von **IX** ergibt *1.3.4.6-Tetrabenzoyl-β-D-glucosaminhydrobromid* (**X**), das zu **VIII** benzoyliert werden kann. Das Gemisch der Anomeren **II** u. **IX** [F. 76—78⁰ (Cyclohexan), $[\alpha]_D^{25}$ $+55,3^0$ (c = 7,35; Chlf.)] läßt sich auf verschiedene Weise trennen: a) durch Hydrieren an Pd-Schwarz in A. in Ggw. von HBr bei 3 at, Abtrennen des in Chlf. lösl. **I** vom unlösl. **X** u. Zerlegung der *Hydrobromide*, b) durch 2maliges Umkristallisieren aus Äthylacetat/Cyclohexan, Abfiltrieren des **II** u. Gewinnung von **IX** aus der Mutterlauge, u. c) durch Rk. mit $TiCl_4$ in Chlf., wobei **II** unangegriffen bleibt.

Versuche: *1.3.4.6-Tetrabenzoyl-N-carbobenzoxy-α-D-glucosamin* (**II**), $C_{42}H_{35}NO_{11}$, F. 92—95⁰ (Zers.), aus **I** u. **V** durch 1std. Schütteln in Chlf. mit gesätt. $NaHCO_3$-Lsg.; $[\alpha]_D^{24}$ $+98^0$ (c = 2,38; Chlf.); 71% (Ausbeute). — *1-α-Brom-3.4.6-tribenzoyl-D-glucosamin*, $C_{27}H_{24}BrNO_7$, F. 143⁰ (Zers.), aus **III** durch Schütteln in Chlf. mit wss. $NaHCO_3$-Lsg. bei 0⁰; $[\alpha]_D^{24}$ $+119^0$ (c = 2,14; Chlf.); 94%. — *1-α-Brom-3.4.6-tribenzoyl-N-carbobenzoxy-D-glucosamin* (**VII**), F. 102—104⁰ (Zers.), durch 1std. Schütteln einer Chlf.-Lsg. von **III** u. **V** unter Eiskühlung mit gesätt. $NaHCO_3$-Lsg.; $[\alpha]_D^{25}$ $+105^0$ (c = 0,8; Chlf.); 47%. — *Methyl-3.4.6-tribenzoyl-N-carbobenzoxy-β-D-glucosaminid*, $C_{36}H_{33}NO_{10}$, F. 129⁰ (Methanol), a) durch mehrstd. Stehen von **VII** in Methanol; 65%; b) aus Methyl-3.4.6-tribenzoyl-β-D-glucosaminidhydrobromid durch Carbobenzoxylierung; $[\alpha]_D^{25}$ $-4^0$ (c = 1,62; Chlf.). — *Äthyl-3.4.6-tribenzoyl-N-carbobenzoxy-β-D-glucosaminid*, $C_{37}H_{35}NO_{10}$, F. 109—110⁰, aus **VII** durch mehrstd. Stehen in A. bei 0⁰; $[\alpha]_D^{24}$ $-12,5^0$ (c = 1; Chlf.); 42%. — *1-α-Brom-3.4.6-tribenzoyl-N-benzoyl-D-glucosamin* (**VI**), F. 128⁰, analog **VII** mit **IV**; 62%. — *β-Pentabenzoyl-D-glucosamin* (**VIII**), F. 210,5⁰, aus **VI** u. Ag-Benzoat; $[\alpha]_D^{23}$ $-3,5^0$ (c = 2; Chlf.), $+36^0$ (c = 0,84; Pyridin). — *1.3.4.6-Tetrabenzoyl-N-carbobenzoxy-β-D-glucosamin* (**IX**), $C_{42}H_{35}NO_{11}$, F. 145⁰, a) durch 20std. Schütteln einer Lsg.

von **VII** in Chlf. mit Ag-Benzoat; 47%; b) durch Carbobenzoxylierung von **X**; $[\alpha]_D^{24}$ −9,8° (c = 2,06; Chlf.); 82%. — *1.3.4.6-Tetrabenzoyl-β-D-glucosamin, Hydrobromid* (**X**), $C_{34}H_{30}$·BrNO$_9$, F. 183° (Zers.; aus Aceton/Isopropyläther), durch Hydrierung von **IX** an Pd-Schwarz in A. in Ggw. von 1 Val HBr; $[\alpha]_D^{26}$ +11° (c = 0,92; Methanol), +36° (c = 1,25; Pyridin); 87%. *Freies Amin*, $C_{34}H_{29}NO_9$, F. 151° (A.), durch 1/4 std. Schütteln einer Suspension von **X** in Chlf. mit gesätt. $NaHCO_3$-Lsg.; $[\alpha]_D^{25}$ +2° (c = 2,5; Chlf.), +43° (c = 2,0; Pyridin); 85%. J. Gante. 3400□

**Nitro- und Aminophenylosotriazole.** H. El Khadem und M. H. Meshreki. (Nature [London] **194**, 373—74, 28/4. 1962; Alexandria, Egypt, U.A.R., Univ., Dep. of Chem.; engl.) — *Glucose-p-nitrophenylosotriazol* (**I**) wird durch Nitrierung von Glucosephenylosotriazoltetraacetat mit rauchender $HNO_3$ u. $H_2SO_4$ zu *Glucose-p-nitrophenylosotriazoltetraacetat* (**II**) u. Abspaltung der Acetylgruppen mit Alkali synthetisiert. Durch Oxydation von **I** mit $KMnO_4$ entsteht *2-p-Nitrophenyl-1.2.3-triazol-4-carbonsäure* (F. 237°) u. daraus durch Hydrogenolyse an Pd/$BaSO_4$ bei 20° *2-p-Aminophenyl-1.2.3-triazol-4-carbonsäure* (F. 265°). *Glucose-p-aminophenylosotriazoltetraacetat* (F. 120°) wird durch katalyt. Hydrierung aus **II** hergestellt, läßt sich in ein *Sulfonamid* umwandeln u. bildet einen stabilen *Azofarbstoff*. Glucose-m-tolyl- u. -m-chlorphenylosotriazoltetraacetat werden ebenfalls in 4-Stellung, p-substituierte Phenylosotriazoltetraacetate aber in 3-Stellung nitriert. E. Schraven. 3400□

**Synthese und Charakterisierung von 4α.6β-Bis-[D-glucopyranosido]-D-glucose.** I. J. Goldstein und Bengt Lindberg. (Acta chem. scand. **16**, 383—86, 1962; Stockholm, Träforskningsinst., Träkem. avdeln.; engl.) — *4α.6β-Bis-[D-glucopyranosido]-D-glucose* (**I**) wird durch Koenings-Knorr-Kondens. von *Tetra-O-acetyl-α-D-glucopyranosylbromid* (**III**) u. *1.2.3.2'.3'.4'.6'-Hepta-O-acetyl-β-maltose* (**II**; F. 147—149°, $[\alpha]^{20}$ +64°) u. nachfolgende Entacetylierung synthetisiert. Durch verschiedene Abbau-Rkk. u. durch Red. zu dem *Trisaccharidalkohol* **IV** wird die Struktur bestätigt. Das *Hendecaacetat* von **I** konnte mit $TiCl_4$ nicht zur 4α.6α-Verb. anomerisiert werden.

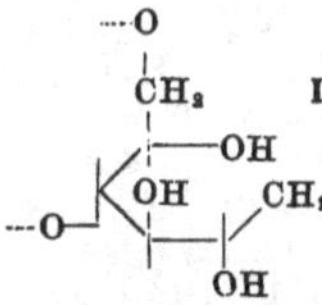

IV

Versuche: *4α.6β-Bis-[D-glucosido]-D-glucose* (**I**), durch 1 std. Schütteln von 7,3 g **II** mit $Ag_2O$ in abs. Chlf. im Dunkeln bei 20°, 1 std. Zugeben von 4,9 g **III** u. $J_2$ in abs. Chlf., 72 std. Schütteln, Filtrieren durch Celite, Waschen mit verd. $Na_2S_2O_3$ u. W., Entacetylieren nach Zemplén, Entionisieren an Amberlite IR-120 u. Dowex 3 u. Gradientenelution an Kohle/Celite mit wss. A.; $[\alpha]_D^{20}$ +82°; 0,49 g (Ausbeute). Daneben 1,8 g *Glucose* (**V**) u. 2,6 g *Maltose* (**VI**). 1/2 std. Hydrolyse von **I** in 0,33 n $H_2SO_4$ bei 100° → 2 Moll. **V**, 1 Mol. **VI** u. *Gentiobiose*. 7 Tage Spaltung mit Emulsin bei pH 5,5 in W. → **V** u. **VI**. — *Trisaccharidalkohol* **IV**, durch 12 std. Red. von 33 mg **I** mit $NaBH_4$ in W. bei 20°; $[\alpha]_D^{20}$ +53°; 24 mg. E. Schraven. 3400□

**Annotinin.** 2. Mitt. **Die vollständige Struktur.** K. Wiesner, Z. Valenta, W. A. Ayer, L. R. Fowler und J. E. Francis. (Tetrahedron [London] **4**, 87—104, Okt. 1958; New Brunswick, Canada, Univ., Organ. Chem. Labor.; engl.) — 1. vgl. C. **1957**, 8513. — *Annotinin* (**I**) erhält nachst. vollständige Strukturformel. Die Struktur des Skeletts ergibt sich einerseits aus der Bldg. von 8-n-Propylchinolin bei der Se-Dehydrierung (vgl. Bankiewicz u. Mitarbeiter, C. **1955**, 9343) u. andererseits aus der Überführung des Hydroxyesters (**II**) (vgl. 1. Mitt.) in den *Anhydroester* **III**, der durch Pd-Dehydrierung in *1.8-Trimethylenchinolon-(2)-carbonsäure-(5)* übergeht. Diese kann zu *1.8-Trimethylenchinolon-(2)* decarboxyliert oder mit Na/Hg zu *1.8-Trimethylen-3.4-dihydrochinolon-(2)-carbonsäure-(5)* red. werden. Bei der Verseifung von **III** werden die beiden $C_{(5)}$-Epimeren, *Anhydrosäure* **IVa** u. *Isoanhydrosäure* **IVb**, erhalten. Während **IVa** mit $CH_2N_2$ wieder **III** liefert, gibt **IVb** den *Isoanhydroester* **V**. **IVa** lactonisiert leicht zu dem *Lacton* **VI**, das nach milder Hydrolyse bei der Rk. mit $CH_2N_2$ wieder **III** gibt. Der *7-Ketoester* **VII**, mit

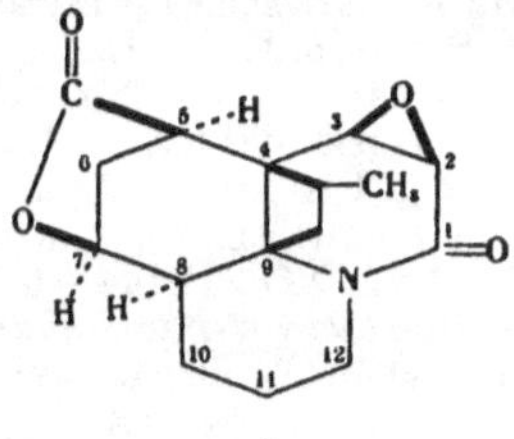

I

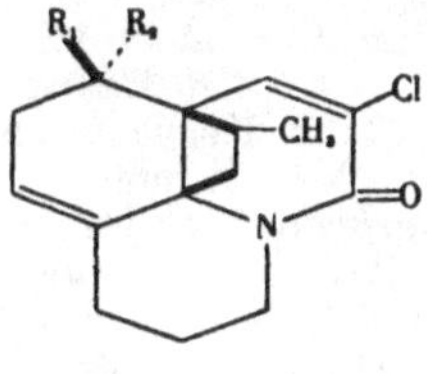


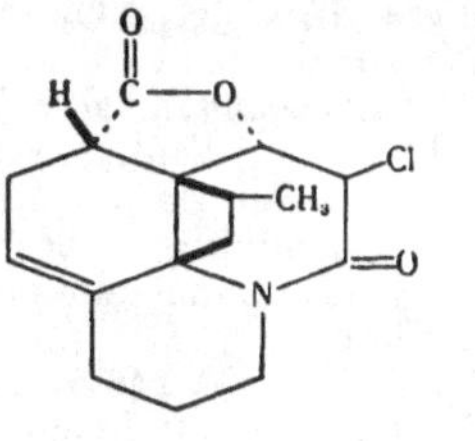

VI

III R₁ = H, R₂ = COOCH₃ IVb R₁ = COOH, R₂ = H
IVa R₁ = H, R₂ = COOH V R₁ = COOCH₃, R₂ = H

einer zu der natürlichen Konfiguration der Lactongruppe von **I** epimeren Estergruppierung, gibt ein *8-Monobromid* ($C_{17}H_{22}BrNO_4$), ein *6.8-Dibromid* ($C_{17}H_{21}Br_2NO_4$, **VIII**), ein *Benzyliden-* u. ein *Furfurylidenderivat*. Letzteres gibt bei der Ozonisierung die *Dicarbonsäure* **IX**. Durch Behandlung von **VIII** mit Alkali entsteht der *cis-5.6-Didehydro-7-keto-8-hydroxyester* (**X**), bei dem die Äthylidenbrücke u. die 8-OH-Gruppe zueinander cisständig sind. Die C-Atome 6 sowie 8, 10, 11 u. 12 von **X** werden bei der Oxydation mit $NaJO_4$ u. $KMnO_4$ als *Ameisen-* bzw. *Bernsteinsäure* abgespalten. Nach $SeO_2$-Oxydation von

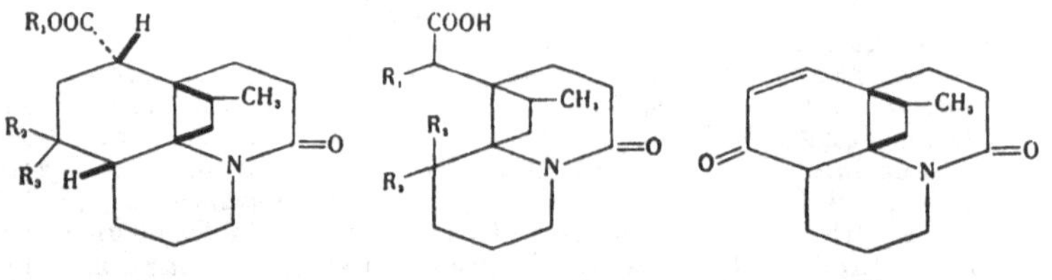

XVI

VII $R_1 = CH_3$, $R_2$, $R_3 = O$  IX $R_1 = R_2 = H$, $R_3 = COOH$
XVII $R_1 = R_2 = R_3 = H$  XXIa, XXIb $R_1 = CH_2COOH$, $R_2$, $R_3 = O$

**VII** werden der *5.6-Didehydro-7-ketoester* (**XI**), der *trans-5.6-Didehydro-7-keto-8-hydroxyester* (**XII**), der *5.6.8.10-Tetradehydro-7-ketoester* (**XIII**) u. ebenfalls **X** isoliert. **XI** läßt sich durch $NaBH_4$ zu dem *5.6-Didehydro-7-hydroxyester* (**XIV**) reduzieren, der beim Kochen mit $NaOCH_3$ in $CH_3OH$ unter Umlagerung der Allylalkoholstruktur wieder in **VII** übergeht. **XII** läßt sich mit Zn-Staub/Essigsäure zu einem *7.8-Ketol* reduzieren, das ein *Monobromid* $C_{17}H_{22}BrNO_5$ liefert. Red. von **XII** mit $NaBH_4$ gibt den *5.6-Didehydro-trans-7.8-diolester* (**XV**). Bei der Behandlung von **XV** mit $NaOCH_3$ entsteht nicht wie erwartet **XI**, sondern das *Keton* **XVI**. Katalyt. Hydrierung von **XIII** führt zu einem *7-Hydroxyester* mit cis-Stellung der OH- u. Estergruppe u. Äthylidenbrücke zueinander (vgl. 1. Mitt.). Bei der Red. von **VII** nach Wolff-Kishner entsteht die *Carbonsäure* **XVII**. Durch Red. von **III** mit Na/Hg in A. entstehen wiederum zwei $C_{(5)}$-Epimere *7.8-Didehydrocarbonsäuren* (**XVIIIa** u. **XVIIIb**). **XVIIIb** läßt sich katalyt. zu einer *Carbonsäure* hydrieren, die jedoch durch die Konfiguration an $C_{(8)}$ von **XVII** verschieden ist. Der *Methylester* von **XVIIIb** gibt bei der $SeO_2$-Oxydation u. anschließender Hydrolyse eine *7.8-Didehydro-10-hydroxysäure* (**XIX**). Diese liefert bei der $CrO_3$-Oxydation die entsprechende *7.8-Didehydro-10-ketosäure*. Der *Methylester* von **XIX** gibt dabei den *7.8-Didehydro-10-ketoester* (**XX**), der sich nach katalyt. Hydrierung durch Wolff-Kishner-Red. in **XVII** überführen läßt. Bei der Oxydation eines Gemisches aus **XVIIIa** u. **XVIIIb** entstehen die zwei diastereomeren *Secoketodicarbonsäuren* **XXIa** u. **XXIb**, deren Bldg. schließlich die Lage der Doppelbindung in **III** beweist.

Versuche: *Anhydroester* (**III**), $C_{17}H_{20}ClNO_3$, F. 159° (PAe.), a) durch 2std. Kochen von **II** mit $P_2O_5$ in Xylol; 60% (Ausbeute); b) durch $^1/_2$std. Kochen von 90 g **VI** in 5%ig. methanol. KOH, Einengen, Verdünnen mit W., Waschen mit Chlf., Ansäuern mit HCl, Extrahieren mit Chlf. u. Behandeln mit $CH_2N_2$ in Ae.; 70 mg. — *1.8-Trimethylenchinolon-(2)-carbonsäure-(5)*, $C_{13}H_{11}NO_3$, F. 286—286,5°, durch 2std. Erhitzen von 2 g **III** mit 10%ig. Pd-Kohle auf 290—295° u. Abbrennen der sauren Verbb.; 0,22 g. *Methylester*, $C_{14}H_{13}NO_3$, F. 120—121° (Ae./PAe.). — *1.8-Trimethylenchinolon-(2)*, F. 106 bis 108°, durch $^3/_4$std. Kochen von 98 mg vorst. Säure mit Cu-Pulver in Chinolon u. Sublimation bei 100° im Vakuum; 74 mg. — *1.8-Trimethylen-3.4-dihydrochinolon-(2)-carbonsäure-(5)*, $C_{13}H_{13}NO_3$, F. 266—267° ($CH_3OH$), durch langsames Eintragen von 8%ig. Na-Amalgam in die sd. Lsg. von 65 mg vorvorst. Säure in A., ca. 12std. Kochen, Dekantieren, Einengen im Vakuum, Verdünnen mit W., Waschen mit Chlf., Ansäuern u. Extrahieren mit Chlf.; 46 mg. — *5.6.8.10-Tetradehydro-7-ketoester* (**XIII**), $C_{17}H_{19}NO_4$, F. 127—128° (PAe./Ae.), durch 22std. Kochen von 1,35 g **VII** mit $SeO_2$ in Dioxan, Filtrieren, Eindampfen, Lösen in Chlf., Chromatographie an saurem $Al_2O_3$ u. Eluieren mit Bzl.; 80 mg; daneben *5.6-Didehydro-7-ketoester* (**XI**), $C_{17}H_{21}NO_4$, F. 144—145° (Ae.), durch Eluieren mit Bzl./Ae. (1 : 1); 400 mg; *trans-5.6-Didehydro-7-keto-8-hydroxyester* (**XII**), $C_{17}H_{21}NO_5$, F. 246,5—247° (Äthylacetat/Ae.); 190 mg u. **X**, durch Eluieren mit Chlf./$CH_3OH$ (200 : 1); 70 mg. — *cis-5.6-Didehydro-7-keto-8-hydroxyester* (**X**), $C_{17}H_{21}NO_5$, F. 213° (Bzl.), durch $1^1/_2$std. Kochen von 0,91 g **VIII** mit NaOH in 50%ig. wss. Dioxan, Eindampfen im Vakuum, Zugabe von W., Waschen mit Chlf., Ansäuern, Extrahieren mit Ae., Rk. mit $CH_2N_2$ in Ae. u. Eindampfen; 288 mg. — *5.6-Didehydro-7-hydroxyester*

(**XIV**), $C_{17}H_{23}NO_4$, F. 235—236° (Äthylacetat), durch $^3/_4$std. Stehen von 95 mg **XI** mit $NaBH_4$ in $CH_3OH$ bei Raum-Temp.; 56 mg. — *7-Ketoester* (**VII**), F. 200° (Aceton), durch ca. 12std. Kochen von 35 mg **XIV** in 2% ig. methanol. $NaOCH_3$-Lsg., Eindampfen im Vakuum, Verdünnen mit W., Extrahieren mit Ae., $Al_2O_3$-Chromatographie u. Eluieren mit Bzl./Ae. (1 : 1); 13 mg. — *6.8-Dibromid* (**VIII**), $C_{17}H_{21}Br_2NO_4$, F. 163—163,5° (A.), durch ca. 6std. Stehen von 50 mg **VII** mit 0,56 g $Br_2$ in HBr gesätt. Eisessig u. Eingießen in Wasser. *8-Monobromid*, $C_{17}H_{22}BrNO_4$, F. 129—130° ($CH_3OH$), durch 40 Min. langes Stehen von 0,67 g **VII** mit 0,41 g $Br_2$ in HBr gesätt. Eisessig u. Eingießen in Eiswasser; 0,75 g. *Benzyliden-Verb.*, $C_{24}H_{27}NO_4$, F. 212—213° (Ae.), durch 1std. Kochen von **VII** mit Benzaldehyd in $CH_3OH$ in Ggw. von $NaOCH_3$, Einengen, Verdünnen mit W., Waschen mit Chlf., Ansäuern, Extrahieren mit Chlf. u. Verestern mit $CH_2N_2$. *Furfuryliden-Verb.*, aus 84 mg **VII** u. Furfurol analog vorst. Deriv., $Al_2O_3$-Chromatographie u. Eluieren mit Chlf.; hellgelbes Öl; 100 mg. — *Dicarbonsäure* **IX**, $C_{15}H_{21}NO_5$, F. 302 bis 304° (Aceton), durch Ozonisieren von 0,73 g vorst. Furfuryliden-Verb. in Äthylacetat bei —70°, Eindampfen im Vakuum bei 20°, 13std. Rühren mit 30% ig. $H_2O_2$ in Eisessig/W. (2 : 1) in Ggw. von HCl bei Raum-Temp., Eindampfen im Vakuum bei 50°, Lösen in W., Alkalisieren mit $NaHCO_3$, Waschen mit Chlf., Ansäuern, Extrahieren mit Ae., Decarboxylieren bei 190° im $N_2$-Strom, Verteilungschromatographie an $SiO_2$ u. Eluieren mit Chlf./Butanol (95 : 5); 73 mg. — *7-Hydroxyester*, F. 165—167° (Ae.), durch Hydrieren von **XIII** an Pt in Eisessig. — *5.6-Didehydro-trans-7.8-diolester* (**XV**), $C_{17}H_{23}NO_5$, F. 249—250° (Chlf.), aus 470 mg **XII** analog **XIV**; 392 mg. — *Keton* **XVI**, $C_{15}H_{19}NO_2$, F. 140—141,5° (Ae./PAe.), durch ca. 12std. Kochen von **XV** in 2% ig. methanol. $NaOCH_3$-Lsg., Einengen im Vakuum, Verdünnen mit W., Extrahieren mit Chlf., Einengen, Filtrieren, $Al_2O_3$-Chromatographie des Filtrates u. Eluieren mit Bzl./Ae. (1 : 1). — *7.8-Ketol*, $C_{17}H_{23}NO_5$, F. 218° ($CH_3OH$), durch portionsweise Zugabe von Zn-Staub in die sd. Lsg. von 320 mg **XII** in Eisessig, $1^1/_2$std. Kochen, erneute Zugabe von Zn-Staub, Filtrieren, Eindampfen im Vakuum, Lösen in W. u. Extrahieren mit Chlf.; 300 mg. *Monobromid*, $C_{17}H_{22}BrNO_5$, F. 215—216° (Ae.), durch mehrstd. Stehen von 95 mg Ketol mit 150 mg $Br_2$ in HBr-haltigem Eisessig, Verdünnen mit W., Zugabe von $Na_2SO_3$ u. Extrahieren mit Chlf.; 115 mg. — *Bernsteinsäure*, F. 197° ($CH_2OH$/Äthylacetat), durch 6std. Erhitzen von **X** in 5% ig. methanol. KOH, Abtrennen der Säure, Lösen von 1,6 g Säure in 1m wss. KOH, Zugabe von 0,02m wss. $K_2CO_3$, Zugabe von $NaJO_4$ in W., Zugabe von KOH bis pH 8, Zugabe von 0,2 g $KMnO_4$, 30std. Stehen bei 30°, Ansäuern mit $H_2SO_4$, Extrahieren mit Ae., Abdampfen des Ae. über eine Kolonne, Dampf-Dest. (→ *Ameisensäure*), Extrahieren des Dest.-Rückstandes mit Ae., Eindampfen, Verteilungschromatographie an $SiO_2$ u. Eluieren mit Chlf./n-Butanol (80 : 20); 36 mg. — *Anhydrosäure* **IVa**, F. 285 bis 290° (Äthylacetat), durch 2std. Kochen von 1,2 g **III** in 5% ig. alkohol. KOH; 0,59 g (lagert sich bei der Rekristallisation in **VI** um); daneben *Isoanhydrosäure* **IVb**, $C_{16}H_{18}ClNO_3$, F. 238—241° (Bzl.); 0,4 g. *Isoanhydroester* **V**, $C_{17}H_{20}ClNO_3$, F. 142,5—143,5° (Ae./PAe.), aus **IVb** mit $CH_2N_2$ in Äther. — *Lacton* **VI**, $C_{16}H_{18}ClNO_3$, F. 305° (Chlf.), durch 3std. Kochen von 500 mg **IVa** mit p-Toluolsulfosäure in abs. Bzl., Einengen u. Verdünnen mit Chlf.; 430 mg. — *7.8-Didehydrocarbonsäure* (**XVIIIa**), $C_{16}H_{21}NO_3$, F. 219 bis 220° ($CH_3OH$/Ae.), durch 23std. Kochen von 0,55 g **III** mit 8% ig. Na-Amalgam in A., Dekantieren, Einengen im Vakuum, Verdünnen mit W., Waschen mit Chlf., Ansäuern, Extrahieren mit Chlf. u. fraktionierte Kristallisation; daneben *Episäure* (**XVIIIb**), $C_{16}H_{21}NO_3$, F. 270—271° ($CH_3OH$/Ae.); 0,54 g (Ausbeute gesamt). — *Carbonsäure*, $C_{16}H_{23}NO_3$, F. 256—257° ($CH_3OH$/Ae.), durch Hydrieren von 90 mg **XVIIIb** an Pt in Eisessig; 80 mg. *Isomere Carbonsäure* **XVII**, $C_{16}H_{23}NO_3$, F. 271° (Ae./Aceton), a) durch Wolff-Kishner-Red. von **VII** (modifiziert nach Barton u. Mitarbeitern, vgl. C. **1956**, 4734); 83 mg; b) durch Hydrieren von **XX** an Pd/$CaCO_3$ in A. u. Red. wie vorstehend. — *Secoketodicarbonsäure* (**XXIa**), $C_{16}H_{21}NO_6$, F. 230°, durch 6std. Stehen von 1,38 g Gemisch **XVIIIa** u. **XVIIIb** mit $KJO_4$ u. $KMnO_4$ in wss. $K_2CO_3$ bei Raum-Temp., Ansäuern mit $H_2SO_4$, Extrahieren mit Ae., Verteilungschromatographie an $SiO_2$, Eluieren mit n-Butanol/Chlf. (1 : 10) u. fraktionierte Kristallisation aus Chlf. u. $CH_3OH$ (*Dimethylester*; Öl); daneben *Iso-Verb.* (**XXIb**), $C_{16}H_{21}NO_6$, F. 258° [*Dimethylester*, $C_{18}H_{25}NO_6$, F. 123,5 bis 124° (Ae.)]; 195 mg (Ausbeute gesamt). — *7.8-Didehydro-10-hydroxysäure* (**XIX**), $C_{16}H_{21}NO_4$, F. 275° (Äthylacetat/$CH_3OH$), durch 24std. Kochen von dem Gemisch der Methylester von **XVIIIa** u. **XVIIIb** mit $SeO_2$ in Eisessig, Filtrieren, Eindampfen im Vakuum, Lösen in Chlf., Eindampfen, $Al_2O_3$-Chromatographie, Eluieren mit Chlf. u. 3std. Kochen in 5% ig. alkohol. KOH. *Methylester*; Öl. — *7.8-Didehydro-10-ketosäure*, durch 21std. Schütteln von 70 mg **XIX** mit $CrO_3$ in Pyridin; amorph; 47 mg. — *7.8-Didehydro-10-ketoester* (**XX**), durch 1std. Schütteln von 2,25 g **XIX**-Methylester mit $CrO_3$ in Pyridin, 17std. Stehen, $Al_2O_3$-Chromatographie der Neutral-Prodd. u. Eluieren mit Bzl./Ae. (1 : 1); Öl; 1,36 g. G. Teege. 3500□

**Amaryllidaceae-Alkaloide.** 10. Mitt. **Die Biosynthese von Hämanthamin.** P. W. Jeffs. (Proc. chem. Soc. [London] **1962,** 80—81, Febr.; Pietermaritzburg, Natal, Univ. of Natal, C. S. I. R. Natural Prod. Res. Unit, Dep. of Chem.; engl.) — 9. vgl. J. chem. Soc. [London] **1961,** 4038; 8. vgl. C. **1961, 5445.** — Nach Injektion von $^{14}C_{(3)}$-Tyrosin (**I**) in die Zwiebeln von *Haemanthus natalensis B* u. 10tägigem Wachstum werden radioakt. *Hämanthamin* (**II**), *Hämanthidin* u. *6-Hydroxycrinamin* isoliert. **II** läßt sich zu radioakt. *Oxohämanthamin* oxydieren, das durch Rk. mit K-tert.-Butylat zu $^{14}C_{(COOH)}$-*N*-[*2-Phenyl-4.5-methylendioxybenzyl*]-*glycin* (**III**) gespalten wird. Bei der Decarboxylierung von **III** mit Ninhydrin entsteht $^{14}CO_2$, das das gesamte inkorporierte $^{14}C$ enthält. Bei der Rk. von **III** mit N-Chlor-p-toluolsulfonamid bei 100° entsteht inakt. *6-Phenylpiperonal* u. radioakt. $CO_2$, wobei beide C-Atome des Glycylrestes als $CO_2$ eliminiert werden. Diese Resultate zeigen, daß **I** als Ganzes eingebaut wird u. die phenol. oxydative Kupplung ein entscheidender Schritt bei der Biosynth. von **II** darstellen muß. G. Teege. 3500 □

**Die Struktur von aus Tazettin mit Acetanhydrid und Schwefelsäure erhaltenen Produkten.** Yoshisuke Tsuda und Shojiro Uyeo. (J. chem. Soc. [London] **1961,** 1055—65, März; Osaka, Univ., School of Pharm.; engl.) — Die von Kondo u. Ikeda (vgl. C. **1952,** 2844) durch Rk. von Tazettin (**I**) mit Acetanhydrid (AA) in Ggw. von $H_2SO_4$ erhaltene „neutrale Verb." wird als *Acetyldehydroisotazettinol* (**II**) sichergestellt. Die allg. Anwendbarkeit der Rk. wurde an Dihydrotazettin (**III**), Dihydroisotazettinol (**IV**), Dihydrotazettinol (**V**) u. Desmethoxydihydrotazettin (**VI**) untersucht.

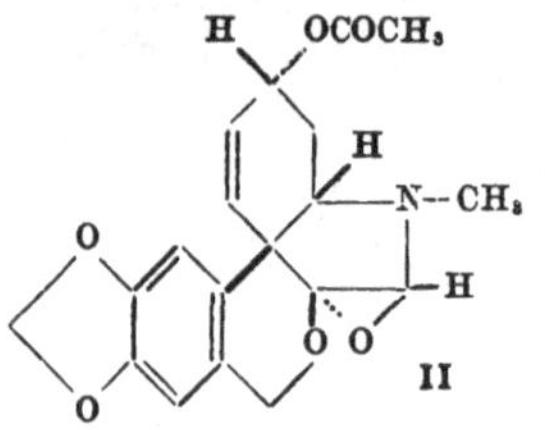

II

Versuche: *Acetyltazettin* (**VII**), F. 124—125°, aus 0,3 g **I** u. 10 ml AA in Ggw. von konz. $H_2SO_4$ durch 48std. Stehen bei 5° u. Chromatographie an $Al_2O_3$; aus A. Platten; 0,17 g (Ausbeute). — *Diacetyltazettinol* (**VIII**), F. 199—200° (A.), a) durch 12std. Stehen von 0,21 g **I** in 10 ml AA. in Ggw. von konz. $H_2SO_4$ bei Zimmer-Temp., Gießen der Mischung in Eiswasser, Alkalisieren, Ausäthern, Extraktion des Ae. mit 2%ig. $H_2SO_4$, Abtrennen der Ae.-Phase (**A**), Alkalisieren der wss. Lsg., erneutes Ausäthern u. Chromatographie an $Al_2O_3$; 40 mg; b) aus der bei **VIIIa** nach b) erhaltenen Mutterlauge durch Extraktion mit 3%ig. HCl, Alkalisieren u. Chromatographie an $Al_2O_3$; 40 mg; c) neben **VIIIa** nach c); 100 mg. — *Diacetylisotazettinol* (**VIIIa**), F. 148 bis 150°, a) neben **VIII** nach a) durch Chromatographie; 75 mg; b) durch 12std. Stehen von 280 mg **I**, 5 ml AA u. 1,5 ml $BF_3$-Ätherat, Gießen in W., Ausfällen mit $Na_2CO_3$-Lsg. u. Umkristallisieren aus Ae.; 180 mg; c) durch Zutropfen von 20 Tropfen 60%ig. $HClO_4$ zu 0,2 g **I** in 5 ml AA unter Kühlung u. 24std. Stehen bei 10°; 100 mg. — *Acetyldehydroisotazettinol* (**II**), $C_{19}H_{19}NO_6$, F. 263° (Zers.; Bzl.), a) aus **A**; 10 mg; b) aus 1,2 g **I** durch 48std. Stehen in 10 ml AA u. 2 ml konz. $H_2SO_4$ bei Zimmer-Temp., Gießen der Mischung in Eiswasser, Alkalisieren, Chlf.-Extraktion, Einengen, Ausäthern (→ Ae.-Lsg. **B**) u. Umkristallisieren des Rückstandes aus Bzl.; 0,7 g; c) durch Einengen von **B** u. Chromatographie an $Al_2O_3$; 50 mg; Nadeln, $[\alpha]_D$ +126° (c = 3,0; Chlf.). *Hydrochlorid* (**IIb**), durch Einleiten von trockenem HCl in die Lsg. von 0,1 g **II** in Bzl./Chlf.; 0,1 g. — *Acetyldehydrotazettinol* (**IIa**), F. 204—207° (Ligroin), neben **II** durch Chromatographie; 0,2 g. — *Dehydroisotazettinol* (**IX**), $C_{17}H_{17}NO_5$, F. 264° (Zers.), a) durch 1std. Kochen von 50 mg **II** in Tetrahydrofuran (THF), 3%ig. alkohol. KOH u. W.; b) aus 50 mg **II** durch 10 Min. langes Erhitzen auf 100° in 20%ig. HCl; 35 mg; Nadeln aus Bzl., $[\alpha]_D$ +95,4° (c = 2 4; Chlf.). *Hydrochlorid* (**IXa**) analog **IIb**. *Hydrochlorid-Acetonyl-Deriv.* (**IXb**), $C_{20}H_{23}NO_6 \cdot HCl$, F. 187—188° (Zers.), durch 2std. Kochen von **IXa** in Aceton; Prismen. *Acetonyl-Deriv.* (**XIIa**), $C_{20}H_{23}NO_6$, F. 180—181° (Methanol), durch Alkalisieren von **IXb** mit $Na_2CO_3$ u. Chlf.-Extraktion; $[\alpha]_D$ +193° (c = 0,97; Chlf.). Acetylierung von **XIIa** liefert **XII**. — Acetylierung von **IX** → **II**. — *6-Phenylpiperonylalkohol*, F. 101—102°, durch 1std. Erhitzen von 50 mg **II** in Diäthylenglykol u. KOH auf 150°; 5 mg. — *Desoxyisotazettinol*, F. 120—122° (Ae.), durch 3std. Kochen von 0,12 g **II** mit 0,1 g $LiAlH_4$ in THF u. anschließendes Erhitzen mit 3%ig. $H_2SO_4$; 0,1 g. — *Isotazettinol* (**X**), F. 204—206° (A.), a) durch 30std. Zugabe von 0,12 g $NaBH_4$ zu 50 mg **II** in sd. Methanol; b) durch 4std. Hydrieren von 50 mg **IX**·HCl in W. an 5%ig. Pd-Kohle; 24 mg. Rk. von 110 mg **X** mit AA/konz. $H_2SO_4$ analog **XV** → 55 mg **IX** u. 10 mg **XIV**. — *Dehydrotazettinon* (**XI**), $C_{17}H_{15}NO_5 \cdot H_2O$, F. 271° (Zers.), durch 22std. Rühren von **IX** mit $MnO_2$ in Chlf. bei Zimmer-Temp.; Nadeln aus Aceton. — *Acetonyl-Deriv.* (**XII**), $C_{22}H_{25}NO_7$, F. 156—157°, durch 1std. Erhitzen von 0,1 g **IIb** in Aceton; Prismen aus Methanol, $[\alpha]_D$ +250° (c = 0,96; Chlf.). — *Monoacetylisotazettinol* (**XIII**), F. 193—194° (A.), durch Zugabe von 0,15 g $NaBH_4$ in Methanol zu 80 mg **IIb** in Methanol bei 5°; 50 mg. — *Amidoacetat* (**XVIIa**), $C_{19}H_{19}NO_7$, F. 266—267°, aus **XIII** durch 26std. Rühren mit $MnO_2$ in Chlf.; Blättchen aus Methanol. — *Amid* (**XVIIb**), F. 207—209°, a) durch 3 Min. lange Hydrolyse von

5 mg **XVIIa** mit 1% ig. methanol. KOH; 2 mg; b) durch 1std. Erhitzen von 70 mg **II** mit 0,5 g $K_3[Fe(CN)_6]$ u. 0,3 g KOH in wss. Dioxan; 5 mg. — *Desmethoxytazettin*, F. 193 bis 194° (Ae.), durch 1,5std. Hydrieren von 90 mg **IIb** an Pd/Kohle in W. bei Zimmer-Temp.; 70 mg. — *Cyan-Verb.* (**XVIII**), $C_{18}H_{18}N_2O_5$, F. 225—227° (Zers.), durch 3std. Kochen von 100 mg **IXa** u. 200 mg NaCN in Methanol; Nadeln aus A.; 50 mg. — *Dehydrotazettinol* (**XIV**), $C_{17}H_{17}NO_5 \cdot \frac{1}{2} C_6H_6$, F. 244—245° (Zers.), durch 1std. Kochen von 50 mg **IIa** in 10 ml 3% ig. alkohol. KOH; Prismen aus Bzl., $[\alpha]_D$ +28° (c = 0,7; Chlf.); 32 mg. Oxydation mit $MnO_2$ → **XI**. — *Tazettinol* (**XV**), F. 185—187°, durch 1std. Red. von **XIV**·*HCl* (durch Eindampfen der Lsg. aus 20 mg **XIV** u. 2 Tropfen konz. HCl in

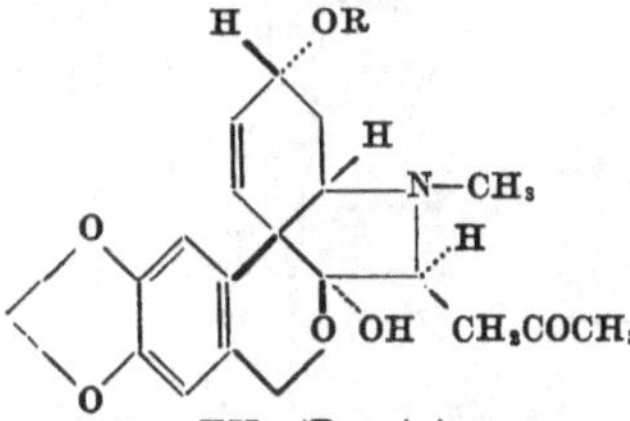


**XII** (R = Ac)
**XIIa** (R = H)

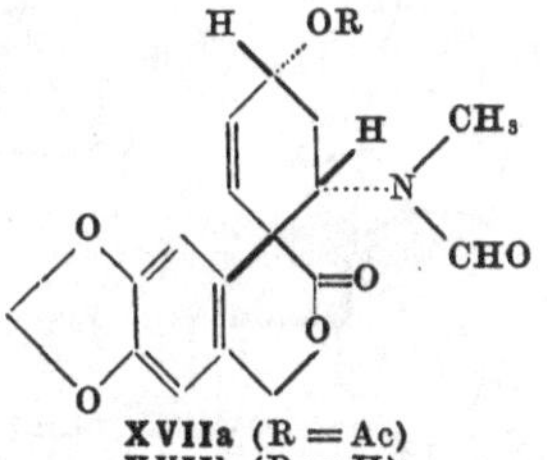


**XVIIa** (R = Ac)
**XVIIb** (R = H)

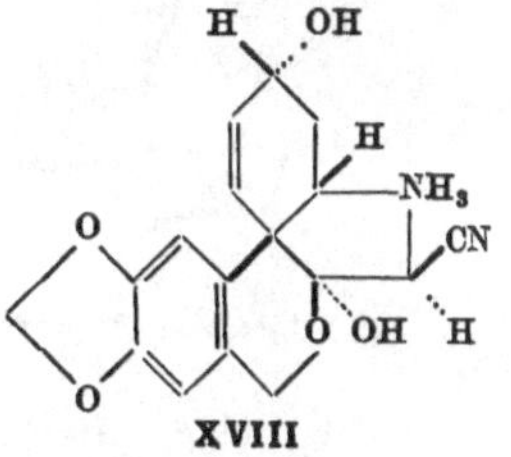


**XVIII**

Methanol) bei Zimmer-Temp. mit $NaBH_4$. 12std. Stehen von 100 mg **XV** mit 5 ml AA u. 1 ml konz. $H_2SO_4$ bei Zimmer-Temp., Gießen in W., 3std. Kochen des Rückstandes in 10% ig. methanol. $K_2CO_3$ u. Chromatographie des *Harzes* an $Al_2O_3$ → 40 mg **IX** u. 30 mg **XIV**. — *Acetyldehydrodihydroisotazettinol*, $C_{19}H_{21}NO_6$, F. 240—241°, a) durch 12std. Stehen von 130 mg **IV** in 5 ml AA u. konz. $H_2SO_4$; 90 mg; b) analog a) aus 0,3 g **III** u. Chromatographie an Silicagel; aus Chlf.-A. Nadeln — *Dehydrodihydroisotazettinol* (**XVI**), $C_{17}H_{19}NO_5$, F. 252° (Zers.), a) durch Hydrolyse der neben vorst. Verb. nach b) erhaltenen Mutterlauge; 40 mg; b) durch 2std. Erhitzen von 50 mg vorst. Verb. in THF u. 3% ig. methanol. NaOH; Prismen aus Methanol, $[\alpha]_D$ —77° (c = 1,06; Chlf.). *Hydrochlorid*, Braunwerden bei 180—190°, Nadeln aus Ae.-Methanol. — *Dehydrodihydrotazettinol* (**XVIa**), $C_{17}H_{19}NO_5$, F. 220—221° (Bzl.), a) neben **XVI** nach a); 60 mg; b) durch 12std. Stehen von 50 mg **V** mit AA u. konz. $H_2SO_4$ u. 2std. Kochen des entstandenen *Acetyl-Deriv.* mit 5% ig. alkohol. NaOH; 15 mg; $[\alpha]_D$ —119° (c = 0,32; Chlf.). — *Dihydrotazettinol* (**V**), $C_{17}H_{21}NO_5$, F. 218—220°, a) durch Eindampfen von 50 mg **XVIa** mit konz. HCl in Methanol u. 1std. Red. des *Hydrochlorids* mit $NaBH_4$ in Methanol; 35 mg; b) durch 5std. Hydrieren von 100 mg **XV** in A. an $PtO_2$ bei Zimmer-Temp.; 100 mg; aus A. Prismen. — *Dihydroisotazettinol* (**IV**), F. 246—248°, a) durch 1std. Rühren von **XVI**·HCl mit $NaBH_4$ in Methanol; b) durch 6std. Rühren von 15 mg **IX** u. 50 mg $PtO_2$ unter $H_2$ in A.; aus A. Prismen. — *Dehydrodesmethoxydihydrotazettin*, $C_{17}H_{19}NO_4 \cdot \frac{1}{2} H_2O$, F. 260° (Zers.), a) durch 12std. Stehen von 150 mg **VI** mit AA u. konz. $H_2SO_4$; aus A. Prismen; 90 mg; b) durch 40 Min. langes Erhitzen von 120 mg **VI** mit Hg-Acetat in 10% ig. Essigsäure u. Chromatographie an $Al_2O_3$; 10 mg; $[\alpha]_D$ —46° (c = 1,34; Chlf.). *Hydrochlorid* (**VII**), hygroskop. Pulver. — *Desmethoxydihydrotazettin* (**VI**), F. 164—166° (A.), a) durch 1std. Rühren von 50 mg **VII** mit überschüssigem $NaBH_4$ in Methanol; fast quant.; b) durch 2std. Hydrieren von 20 mg **VII** in 2% ig. HCl an 10% ig. Pd-Kohle. — *Hg-haltige Verb. vom F. 226—226°* (Zers.; Nadeln aus A.), durch 10 Min. langes Erhitzen von 200 mg **I** mit Hg-Acetat in 10% ig. Essigsäure auf 100°, $H_2S$-Behandlung, Filtrieren, Chlf.-Extraktion, Einengen u. Chromatographie an $Al_2O_3$ u. Silicagel; 50 mg.
H. Marschall. 3500◇

**Die Struktur von Lycodin.** F. A. L. Anet und M. V. Rao. (Tetrahedron Letters [London] **1960**, Nr. 20, 9—12, Aug.; Ottawa, Univ., Dep. of Chem.; engl.) — Vff. stützen die von anderen Autoren vorgeschlagene Struktur von *Lycodin* (**I**) u. den analogen Verbb. α- (**II**) u. β-Obscurin (**III**) durch Bezug auf das in Struktur u. relativer Stereochemie bekannte Lycopodin (**IV**). β-Cyanbromlycopodin (Nebenprod. der Rk. von **IV** mit BrCN) wurde mit einer Suspension von $NaN_3$ in Aceton erhitzt, das Prod. (intensive Banden bei 1700 cm$^{-1}$ = Keton; 2095 cm$^{-1}$ = Azidgruppe; 2200 cm$^{-1}$ = Cyangruppe) in saurem A. an Pd/Aktivkohle hydriert, dann durch 1½std. Kochen mit Pd/Aktivkohle in p-Cymol dehydriert, mit HCl erhitzt u. ergab in guter Ausbeute **I**. **I** hat daher nebenstehende Struktur; **II** u. **III** sind die 3.4-Dihydropyridon- bzw. Pyridonanaloga von **I**. NMR-Unterss. der Abbau-Prodd. von **I** stehen damit in Einklang. Dehydrierung von **I** mit Pd/Aktivkohle bei 250°

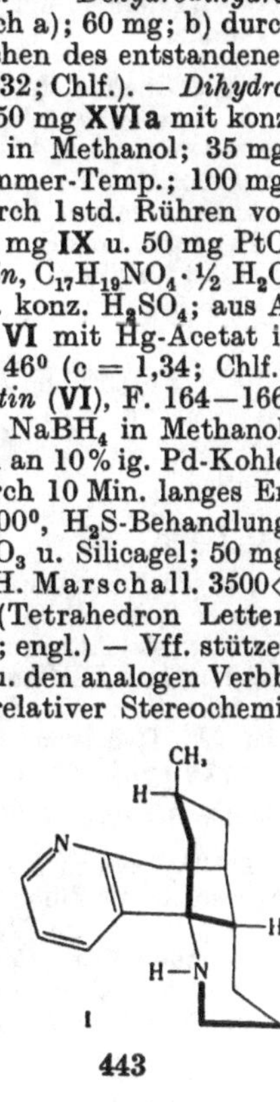


I

ergibt im Gegensatz zu II keine Chinolin-Derivv. (vgl. Moore u. Marion, Canad. J. Chem. **31**, [1953], 952) sondern erwartungsgemäß substituierte *m-Phenanthroline*.
H.-J. Weigmann. 3500

**Struktur, Stereochemie und verwandtschaftliche Beziehungen einiger Lycopodium-Alkaloide.** F. A. L. Anet. (Tetrahedron Letters [London] **1960**, Nr. 20, 13—17, Aug.; Ottawa, Univ., Dep. of Chem.; engl.) — Durch katalyt. Hydrierung von Acrifolin-

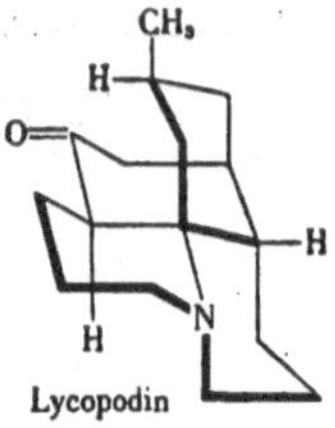
Lycopodin

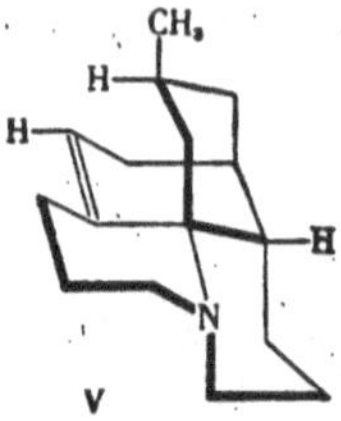
V

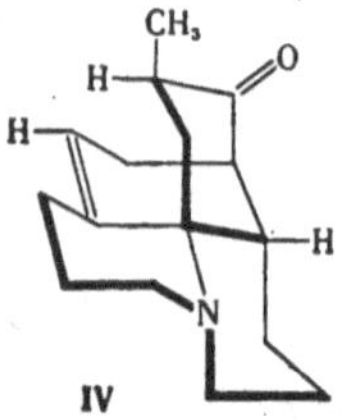
IV

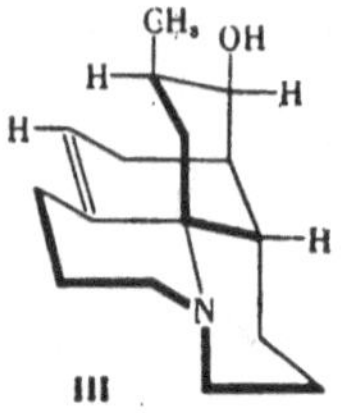
III

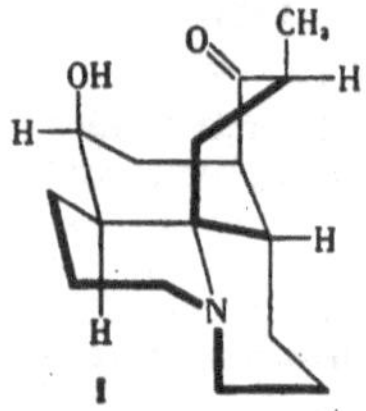
I

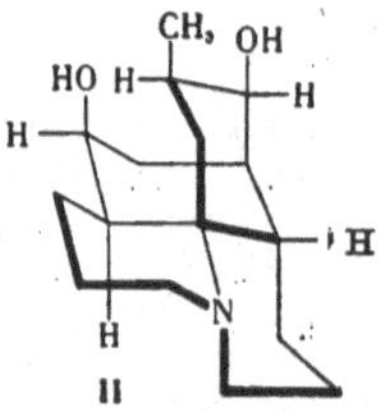
II

hydrobromid entsteht neben *Dihydroacrifolin* (F. 168—172°) in ca. 10%ig. Ausbeute *Annofolin* (I). Durch Red. von I mit $NaBH_4$ im neutralen Medium oder mit $LiAlH_4$ in Ae. entsteht *α-Dihydroannofolin*; mit $NaBH_4$ in Ggw. von NaOH entsteht in >50%ig. Ausbeute das *β-Isomere* (II), welches nicht Red.-Prod. von I, sondern das eines aus I im alkal. Medium gebildeten Ketons ist. $CrO_3$/Pyridin-Oxydation von Anhydrodesacetylfawcettiin (III) führt zum *Keton* $C_{16}H_{23}NO$ (IV, *Perchlorat*, $C_{16}H_{23}NO \cdot HClO_4$, F. 190°), das durch Wolff-Kishner-Red. in *Anhydrodihydrolycopodin* (V) übergeht. Vf. diskutiert an Hand der Vers.-Ergebnisse, der UV- u. IR-Spektren die stereochem. Beziehungen der *Lycopodium*-Alkaloide.
H.-J. Weigmann. 3500

**Die Chemie der Pilze.** 39. Mitt. **Die Struktur von Monascin.** B. C. Fielding, J. S. E. Holker, D. F. Jones, A. D. G. Powell, K. W. Richmond, Alexander Robertson und W. B. Whalley. (J. chem. Soc. [London] **1961**, 4579—89, Okt.; Liverpool, Univ.; engl.) — 38. vgl. C. **1963**, 3994. — Durch chem. u. physikochem. Unterss. kommen Vff. zum Schluß, daß *Monascin* (I) die angegebene Struktur (R = $C_5H_{11}$) zukommt. So ergab sich die Zus. $C_{21}H_{26}O_5$ für I u. auf massenspektrograph. Wege $C_{21}H_{30}O_5$ für *Tetrahydromonascin* (III), das ebenso wie *Di-* (II) u. *Hexahydromonascin* (IV) durch kontrollierte Hydrierung aus I erhalten wurde. Die weitere Hydrierung von IV ergab ein Öl, wobei offenbar eine Red. der Carbonylgruppe von IV erfolgt. Die Ozonolyse von I lieferte Acetaldehyd, die von II dagegen keine flüchtigen Carbonylverbindungen. Der Befund von Geiger u. Karrer (Helv. chim. Acta **24**, [1941], 289), daß bei der Ozonolyse von I in $CCl_4$ Methylglyoxal entsteht, wurde nachgeprüft; es wurde eine geringe Menge einer roten Verb. isoliert, deren IR-Spektrum dem von Methylglyoxal-2.4-dinitrophenylosazon entspricht. Die Strukturen von II—IV sind ferner in Übereinstimmung mit deren IR- u. UV-Spektren. Die Red. von III mit Zn/Essigsäure (Es.) lieferte *Tetrahydroapomonascin* (V) u. wenig IV sowie eine der Bldg. von V entsprechende Menge $CO_2$. Die Bldg. von $CO_2$ wird mit der Struktur RCOĊCOOĊCOR′ in Zusammenhang gebracht. Auch I ergibt bei der Red. $CO_2$, jedoch konnten keine weiteren Prodd. erkannt werden. IV verändert sich dagegen durch Einw. von Zn/Es. nicht. In II liegt eine Vinyläthergruppierung vor, da die Oxydation mit $Na_2Cr_2O_7$ in wss. Es. ein Gemisch aus dem Aldehyd VI u. der entsprechenden Säure (VII) ergab. Durch Hydrolyse von VII bzw. VI entstanden *n-Buttersäure* u. *2-Hydroxymethyl-3-carboxy-5-[2-oxo-1-carboxyheptyl]-6-methyl-6-hydroxycyclohexen-(2)-on-(1)-dilacton* (VIII) bzw. ein gummiartiger Stoff. Die Strukturen von VI bis

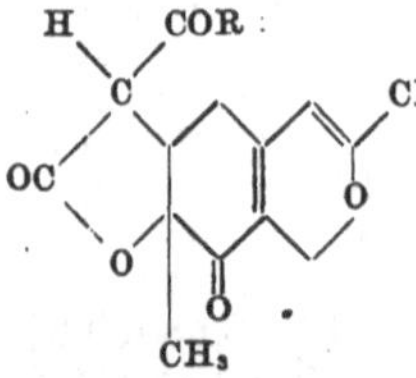
I

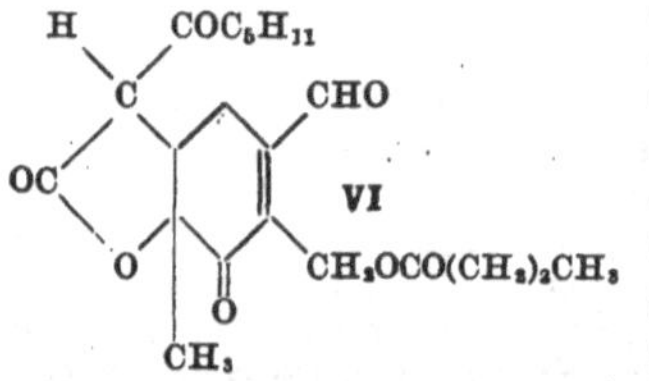
VI

**VIII** wurden mit Tollens-Reagens, durch Best. des akt. H nach Zerewitinoff, mit dem Legal-Test sowie UV-spektroskop. nachgeprüft. Zur Aufklärung der angularen $CH_3$-Gruppe in **I** wurde der Befund herangezogen, daß durch Einw. von $Ba(OH)_2$ auf **III** ein α-Ketol entsteht, das durch folgende Decarboxylierung in eine β-Ketosäure umgewandelt werden konnte. Das α-Ketol lieferte erwartungsgemäß mit Pb(IV)-Acetat ein gummiartiges Methylketon (positive $CHJ_3$-Rk.). Das Fehlen von Enol-Eigg. bei **I—IV** wird auf energet. Faktoren (trans-Anellierung des γ-Lactonringes) zurückgeführt. **III** liefert aber anscheinend mit Acetanhydrid/Pyridin ein Enolacetat. Die Acetylierung von **VIII** ergab ein kristallines Monoacetat, das in **VIII** durch Hydrolyse zurückverwandelt werden konnte. **I**-Proben aus *Monascus purpureus* u. *M. rubropunctatus* wurden mit $KMnO_4$ oxydiert, nach Wasserdampf-Dest. der Prodd. erfolgte papierchromatograph. Analyse. Hierbei ergaben sich Anhaltspunkte (Bldg. von Octansäure) für die Ggw. geringer Mengen eines Bis-Homologen von **I** (R = $C_7H_{15}$) in den **I**-Proben. Vff. diskutieren die von Ohashi u. Mitarbeitern (Bull. chem. Soc. Japan **33**, [1960], 1630) für **I** angegebene Struktur, die für unzutreffend gehalten wird.

Versuche: *Monascin* (**I**), $C_{21}H_{26}O_5$, F. 142—144° (Zers.; gelbe Nadeln aus A. oder Ae.), a) aus *M. purpureus Went.* (Wachstum bei 30°, 21—28 Tage, auf Nährboden nach Nishikawa [1932]), Macerisierung mit kaltem Ae., Konz. des Pigmentgemisches u. fraktionierte Kristallisation; $[\alpha]_D$ +544° (c = 1,27); daneben *Monascorubrin*, F. 134 bis 136° (Zers.; rote Nadeln aus Ae.) u. *Monascorubramin* (**IX**), F. 198° (Zers.; purpurfarbene Nadeln aus Bzl.); b) durch Schütteln des nach a) erhaltenen Pigmentgemisches mit wss. $NH_4OH$ u. Chromatographie an Silicagel; daneben **IX** sowie *Ergosterin* (**X**, F. 161° [Methanol]; *O-Acetat*, F. 171°); c) aus *M. rubropunctatus Sâto* auf Czapek-Dox-Nährlsg.; daneben *Rubropunctatin*, $C_{21}H_{22}O_5$, F. 156—157° (Zers.); d) aus *M. rubiginosus Sâto* (28 Tage bei 30°), Perkolierung des gemahlenen Mycels mit PAe. u. Kristallisation; daneben **X**. — *Dihydromonascin* (**II**), $C_{21}H_{28}O_5$, F. 119—121° (Zers.; hellgelbe Nadeln aus wss. A.), durch 1std. Hydrierung von 1 g **I** in A. bei Normaldruck in Ggw. von 5%ig. $Pd/BaSO_4$; $[\alpha]_D$ +445° (c = 1,01); 950 mg (Ausbeute). — *Tetrahydromonascin* (**III**), $C_{21}H_{30}O_5$, F. 135° (wss. A.), durch ca. 1std. Hydrieren von 1 g **I** oder **II** bei Normaldruck in A. in Ggw. von 10%ig. Pd/Kohle; $[\alpha]_D$ +245° (c = 1,02); 500—650 mg. — *Hexahydromonascin* (**IV**), $C_{21}H_{32}O_5$, F. 208—209°, durch Hydrieren von 200 mg **III** bei Normaldruck in A. in Ggw. von 10%ig. Pd/Kohle; $[\alpha]_D$ +75° (c = 1,00); 60 mg. — *Tetrahydroapomonascin* (**V**), $C_{20}H_{32}O_3$, F. 102° (PAe.), durch Zugabe von Zn-Staub zu 1 g **III** u. abs. Na-Acetat in Es. bei Raum-Temp. unter heftigem Rühren (2 Std. unter weiterer Zugabe von Zn); $[\alpha]_D$ +175° (c = 1,00); 400 mg; daneben **IV**. — *1-Butyroxymethyl-2-formyl-4-[1-carboxy-2-oxoheptyl]-5-methyl-5-hydroxy-6-oxocyclohexen-(1)-lacton* (**VI**), $C_{21}H_{28}O_7$, F. 183° (Zers.; Bzl.), durch 15std. Einw. von $Na_2Cr_2O_7$ in W. auf 1 g **II** in Es. bei Raum-Temp.; $[\alpha]_D$ +212° (c = 1,00); 400 mg. Daneben die entsprechende *2-Carboxy-Verb.* (**VII**), *Monohydrat*, $C_{21}H_{28}O_8 \cdot H_2O$, F. 143° (Zers.; eiskalter Ae.), $[\alpha]_D$ +144° (c = 1,00); 200 mg. **VI**-*Mono-2.4-dinitrophenylhydrazon*, $C_{27}H_{32}N_4O_{10}$, F. 270° (Zers.; orangefarbene Nadeln). — *2-Hydroxymethyl-3-carboxy-5-[2-oxo-1-carboxyheptyl]-6-methyl-6-hydroxycyclohexen-(2)-on-(1)-dilacton* (**VIII**), $C_{17}H_{20}O_6$, F. 188° (Bzl.), a) durch Zugabe von $CrO_3$ in wss. $H_2SO_4$ zu 1 g **I** in Aceton bei Raum-Temp., Verdünnen mit W. u. Chromatographie der Enolfraktion an Silicagel; $[\alpha]_D$ +222° (c = 1,00); 100 mg; b) analog aus 1 g **II**; 85 mg; c) durch Ansäuern der Lsg. von 500 mg **VII** in 2n NaOH mit 2n $H_2SO_4$ u. Wasserdampf-Dest.; 320 mg; daneben *n-Buttersäure* (*Anilid*, $C_{10}H_{13}NO$, F. 95°, PAe.); d) durch Einw. von Methanol u. 2n NaOH auf 50 mg **VII**-Methylester (10 Min. bei Raum-Temp.) u. Ansäuern; 23 mg. *Monoacetat*, $C_{19}H_{22}O_7$, F. 212° (Methanol).
B. Gnauck. 3550□

**Kernmagnetische Resonanzspektren von Monascin und seinen Derivaten.** L. M. Jackman. (J. chem. Soc. [London] **1961**, 4585, Okt.; Imper. Coll. of Sci. and Technol., Chem. Dep.; engl.) — Vf. nahm die Resonanzspektren von *Monascin*, *Di-* u. *Tetrahydromonascin* sowie *Tetrahydroapomonascin* bei 56,4 MHz in $CDCl_3$-Lsg. auf. Die erhaltenen Daten sind in Übereinstimmung mit den von Fielding u. Mitarbeitern (vgl. vorst. Ref.) für diese Verbb. angenommenen Strukturen. B. Gnauck. 3550□

**Oxydation von Terpenverbindungen durch tert.-Butylchromat.** 6. Mitt. **Oxydation von Terpinolen.** Tamon Matsuura, Kozo Saito und Yasuo Shimakawa. (Bull. chem. Soc. Japan **33**, 1151—54, Sept. 1960; Hiroshima, Univ., Fac. of Sci., Dep. of Chem.; engl.) — 5. vgl. C. **1958**, 13244. — Wie l.c. wird Terpinolen (**I**) mit tert.-Butylchromat (**I**: $CrO_3$ = 1 : 2) bei 10° (15—45 Std.) in Essigsäure/Acetanhydrid oxydiert. Hierbei entstehen 6—11% *Piperitenon* (**II**; *2.4-Dinitrophenylhydrazon* [DNPH], F. 183,5 bis 184°), 8—6% *8-Hydraxy-p-cymol* (**III**; *Phenylurethan*, F. 118—119°), 1—2% *p-Cymol* (**IV**, $Kp._{15}$ 62—64°, $n_D^{25}$ 1,4795, $D._4^{25}$ 0,8552) u. 2—3% *α.p-Dimethylstyrol* (**V**) sowie eine nicht identifizierte *Carbonyl-Verb.* (*DNPH*, F. 216,5—217°). Ohne Lsgm. bilden sich bei 0° (2 Std.) 4% **II**, 4% **III**, 2% **IV** u. 1% **V**. Analog **I** wird auch **IV** oxydiert (15 Std. bei 25°), als Prodd. werden 0,8% **III** u. 0,2% *p-Methylacetophenon* (*DNPH*, F. 256,5 bis 257,0°; *Semicarbazon*, F. 205—206°) isoliert. Gegenüber anderen cycl. Terpenen tritt bei **I** durch Dehydrierung des Ringes Aromatisierung auf, daneben erfolgt Oxydation der akt. $CH_2$-Gruppe in 3-Stellung zur Ketogruppe. Vff. nehmen an, daß sich **V** über **III** aus **I** bildet. **IV** entsteht vermutlich durch Wanderung der exocycl. Doppelbindung in den Ring durch die Wrkg. der Säure u. Dehydrierung. Die Ergebnisse der Rkk. von **IV** zeigen, daß sich **III** nicht über **IV** bildet. — *Terpinolen* (**I**), $Kp._{21}$ 78,0°, durch Einw. von 50%ig. alkohol. $H_2SO_4$ auf α-Pinen ($Kp._{28}$ 58—59°, $n_D^{25}$ 1,4628, $D._4^{25}$ 0,8548, $[\alpha]_D$ +40,62°); $n_D^{25}$ 1,4859, $D._4^{25}$ 0,8577. *Tetrabromid*, F. 116°. B. Gnauck. 3600□

**Eine stereospezifische photochemische Addition von Aceton an Norbornylen.** William Reusch. (J. org. Chemistry **27**, 1882—83, Mai 1962; East Lansing, Mich., Michigan State Univ., Kedzie Chem. Labor.; engl.) — Durch Addition von Aceton (**I**) an Norbornylen (**II**) entsteht *2-exo-Acetonylnorbornan* (**III**), das durch Oxydation mit $Na_2Cr_2O_7$/Eisessig oder mit rauchender $HNO_3$ in ein Gemisch aus *exo-Norbornan-2-carbonsäure* (**IV**) u. (?) *exo-Norbornyl-(2)-essigsäure* (**V**) übergeht. Die Retentionszeit des **V**-Methylesters ist ident. mit dem Methylester der durch Haloform-Rk. von **III** gebildeten Säure. Die Abwesenheit der stereoisomeren 2-endo-Norbornan-2-carbonsäure beweist die Stereospezifität der Addition. Durch 50std. Kochen von **I** u. **II** im Dunkeln wurde **III** nicht gebildet; geringe Mengen **III** entstehen jedoch nach Zugabe von α.α'-Azodiisobutyronitril.

Versuche: *2-exo-Acetonylnorbornan* (**III**), $Kp._{12}$ 94—96°, durch 48std. Kochen von **II** in abs. **I**; 40% (Ausbeute). *Semicarbazon*, $C_{11}H_{19}N_3O$, F. 194—195° (Methanol). *2.4-Dinitrophenylhydrazon*, $C_{16}H_{20}N_4O_4$, F. 138—140° (Methanol). — *exo-Norbornan-2-carbonsäure* (**IV**), a) durch 4std. Kochen von 1 g **III** mit $Na_2Cr_2O_7$/Eisessig; 0,25 g (davon 75% **IV**; daneben 25% **V**(?)]; b) analog durch Oxydation mit rauchender $HNO_3$ u. nachfolgendes Behandeln mit alkal. $KMnO_4$. *p-Bromphenacylester*, F. 91—93°, aus dem Rk.-Gemisch. H.-J. Weigmann. 3600◇

**Papierchromatographie von Steroiden und Triterpenoiden.** 1. Mitt. **Papierchromatographie von Sterinen, Steroidsapogeninen sowie Triterpenoiden.** Itsuo Nishioka. (J. pharmac. Soc. Japan [Yakugakuzasshi] **78**, 1428—31, Dez. 1958; Hukuoka, Kyûsyû-Univ., Medizin. Fak.; jap., Auszug: engl.) — Nachst. Verbb. der Steroid- u. Triterpenoidreihen werden mit fl. Paraffin als stationärer Phase papierchromatographiert. Die Substituenten —Cl, =O u. —OH vergrößern in dieser Reihenfolge den $R_F$-Wert, wenn sie in derselben Stellung mit derselben ster. Konfiguration vorhanden sind. Die 3β-Hydroxygruppe in der Cholestanreihe erhöht den $R_F$-Wert mehr als die 3α-Hydroxygruppe. Auch eine Doppelbindung erhöht den $R_F$-Wert. Acetylierung bzw. Benzoylierung der Hydroxygruppe oder Erweiterung des Mol. um eine $CH_2$-Gruppe verringert ihn. Triterpenoide des Oleanantyps haben großere $R_F$-Werte als die des Ursantyps. Die Substituenten $—CH_3$, —COOH u. $—CH_2OH$ steigern die $R_F$-Werte von Oleananen in dieser Reihenfolge, wenn sie die gleiche Stellung eines Mol. in gleicher Konfiguration besitzen. Untersucht wurden: $\Delta^{3.5}$-Cholestadien, 3β-Chlor-$\Delta^5$-cholesten, Cholestan-3-on, $\Delta^4$-Cholesten-3-on, Cholestanol, Cholestanylacetat, Cholestanylbenzoat, Cholesterin, Epicholesterin, Cholestan-3.5-diol, Ergostanol, β-Sitostanol, γ-Sitostanol, Ergosterin, β-Sitosterin, γ-Sitosterin, Cholesterylacetat, Cholesterylbenzoat, Ergostanylacetat, β-Sitostanylacetat, γ-Sitostanylacetat, Ergosterylacetat, β-Sitosterylacetat, γ-Sitosterylacetat, Ergostanylbenzoat, β-Sitostanylbenzoat, γ-Sitostanylbenzoat, Ergosterylbenzoat, β-Sitosterylbenzoat, γ-Sitosterylbenzoat, α-Cholestenol, β-Cholestenol, α-Cholestenylacetat, β-Cholestenylacetat, α-Cholestenylbenzoat, β-Cholestenylbenzoat, Tigogenin, Diosgenin, Epidiosgenin, Tigogenin-5-ol, 3-Chlordesoxydiosgenin, 3.5-Anhydrotigogenin, Diosgeninacetat, α-Amyrin, β-Amyrin, Erythrodiol, Ursolsäure, Oleanolsäure, Hederagenin, Camelliasapogenin, Teesapogenin. E. Maekawa. 3700◇

**Darstellung einiger Steroidenamine. Steroidheterocyclen.** 5. Mitt. R. O. Clinton, A. J. Manson, F. W. Stonner, Robert L. Clarke, K. F. Jennins und P. E. Shaw. (J. org. Chemistry **27**, 1148—54, 12/4. 1962; Rensselaer, N.Y., Sterling Winthrop Res. Inst.; engl.) — 4. vgl. Chem. and Ind. **1961**, 2099. — Die Darst. einiger *α-[Aminomethylen]-oxosteroide* wird beschrieben. Die beobachteten UV-spektroskop. Beziehungen u. die der opt. Drehung werden diskutiert.

Versuche (FF. korr., Drehungen in Chlf.): *2-Aminomethylen-17β-hydroxy-17α-methyl-$\Delta^4$-androsten-3-on*, $C_{21}H_{31}NO_2$, F. 277,5—279°, durch 2std. Einleiten von $NH_3$ in eine Lsg. von 17β-Hydroxy-2-hydroxymethylen-17α-methyl-$\Delta^4$-androsten-3-on in Bzl. u. 24std. Stehen bei Raum-Temp.; aus Methanol/Bzl., Bzl./Ae. u. Methanol gelbe

Kristalle; $[\alpha]_D^{25}$ $-77{,}3^0$ (A.); 6% (Ausbeute). — *2-Diäthylaminomethylen-3-oxo-17β-hydroxy-5β-androstan*, $C_{24}H_{39}NO_2$, F. 181,5—188,5⁰ (Ae.), durch Lösen des entsprechenden Hydroxymethylensteroids in abs. Bzl., Zugabe des entsprechenden Amins, 2std. Kochen am Wasserabscheider u. Eindampfen im Vakuum (Meth. **A**); $[\alpha]_D^{25}$ $+232{,}4^0$; 28%. — *2-[N-Methyläthylaminomethylen]-3-oxo-17β-hydroxy-5β-androstan*, $C_{23}H_{37}NO_2$, F. 176—182⁰ (Acetonitril), analog **A**; $[\alpha]_D^{25}$ $+231{,}8^0$; 32%. — *2-Diäthylaminomethylen-3-oxo-17α-methyl-17β-hydroxy-5β-androstan*, $C_{25}H_{41}NO_2$, F. 176,5—180⁰ (Aceton); $[\alpha]_D^{25}$ $+195{,}6^0$; 43%. — *2-Dibutylaminomethylen-3-oxo-17α-methyl-17β-hydroxy-5β-androstan*, $C_{29}H_{49}NO_2$, F. 140,5—143⁰ (Ae./Pentan); $[\alpha]_D^{25}$ $+145{,}0^0$; 40%. — *2-Dibenzylaminomethylen-3-oxo-17α-methyl-17β-hydroxy-5β-androstan*, $C_{35}H_{45}NO_2$, F. 157—161,5⁰ (Ae.); 6std. Kochen; $[\alpha]_D^{25}$ $+48{,}1^0$; 26%. — *2-Piperidinomethylen-3-oxo-17α-methyl-17β-hydroxy-5β-androstan*, $C_{26}H_{41}NO_2$, F. 190—198⁰ (Aceton); $[\alpha]_D^{25}$ $+236{,}3^0$; 62%. — *2-[3-Acetamidopiperidinomethylen]-3-oxo-17α-methyl-17β-hydroxy-5β-androstan*, $C_{28}H_{44}\cdot N_2O_3$, F. 140—147⁰ (Ae.); $[\alpha]_D^{25}$ $+143{,}0^0$; 23%. — *2-Dimethylaminomethylen-3-oxo-4.4-dimethyl-17β-hydroxy-5α-androstan*, $C_{24}H_{39}NO_2$, F. 238—242⁰ (Methanol/Essigester), durch Einleiten der entsprechenden Menge Dimethylamin in die entsprechende Hydroxymethylen-Verb. in abs. Bzl. bei Raum-Temp., ½std. Stehen, 1std. Kochen u. Eindampfen im Vakuum; $[\alpha]_D^{25}$ $-189{,}9^0$; 57%. — *2-Dimethylaminomethylen-3-oxo-4.4-dimethyl-17β-hydroxy-Δ⁵-androsten*, $C_{24}H_{37}NO_2$, F. 197,5—217,5⁰ (Methanol/Essigester), analog vorst. Verb.; $[\alpha]_D^{25}$ $-222{,}0^0$; 28%. — *2-Dimethylaminomethylen-3-oxo-4.4.17α-trimethyl-17β-hydroxy-Δ⁵-androsten*, $C_{25}H_{39}NO_2$, F. 212—214⁰ (Methanol/Essigester), 4std. Kochen, $[\alpha]_D^{25}$ $-233{,}5^0$; 41%. — *2-Pyrrolidinomethylen-3-oxo-17α-methyl-17β-hydroxy-5α-androstan*, $C_{25}H_{39}NO_2$, F. 224—231,5⁰ (Essigester); $[\alpha]_D^{25}$ $-109{,}6^0$; 67%. — *2-Piperidinomethylen-3-oxo-17α-methyl-17β-hydroxy-5α-androstan*, $C_{26}H_{41}NO_2$, F. 232—239⁰ (A.); $[\alpha]_D^{25}$ $-266{,}8^0$; 41%. — *2-[N.N-Hexamethylenaminomethylen]-3-oxo-17α-methyl-17β-hydroxy-5α-androstan*, $C_{27}H_{43}NO_2$, F. 219—222,5⁰ (Methanol, Essigester u. Methanol/Ae.); $[\alpha]_D^{25}$ $-205{,}0^0$; 57%. — *2-Dimethylaminomethylen-3-oxo-17β-hydroxy-Δ⁴-androsten*, $C_{22}H_{33}NO_2$, F. 233,5—239⁰ (Zers.; Methanol u. Aceton); $[\alpha]_D^{25}$ $-170{,}8^0$; 77%. — *2-Diäthylaminomethylen-3-oxo-17β-hydroxy-Δ⁴-androsten*, $C_{24}H_{37}NO_2$, F. 192,5—197⁰ (Aceton); $[\alpha]_D^{25}$ $-172{,}9^0$; 60%. — *2-Pyrrolidinomethylen-3-oxo-17β-hydroxy-Δ⁴-androsten*, $C_{24}H_{35}NO_2$, F. 214—215,5⁰ (Aceton u. Aceton/Methanol); $[\alpha]_D^{23}$ $-50{,}8^0$; 61%. — *2-Dimethylaminomethylen-3-oxo-17β-hydroxy-17α-methyl-Δ⁴-androsten*, $C_{23}H_{35}NO_2$, F. 258 bis 263⁰ (Zers.; Aceton); $[\alpha]_D^{25}$ $-396{,}9^0$; 22%. — *2-[β-(Diäthylamino)-äthylaminomethylen]-3-oxo-17α-methyl-17β-hydroxy-Δ⁴-androsten*, $C_{27}H_{44}N_2O_2$, F. 181,5—184,5⁰ (Aceton, Ae./Methanol u. Aceton); $[\alpha]_D^{25}$ $-101{,}5^0$; 31%. — *2-[2-Methylpiperidinomethylen]-3-oxo-17α-methyl-17β-hydroxy-Δ⁴-androsten*, $C_{27}H_{41}NO_2$, F. 199,5—214⁰ (Aceton); $[\alpha]_D^{25}$ $-322{,}9^0$; 15%. — *2-Dimethylaminomethylen-3-oxo-20-hydroxy-Δ⁴-pregnen*, $C_{24}H_{37}NO_2$, F. 210—213⁰ (Aceton); 62%. — *3β-Hydroxy-17-oxo-16-dimethylaminomethylen-5α-androstan*, $C_{22}H_{35}NO_2$, F. 275,5—283⁰ (Methanol/Essigester u. Methanol); $[\alpha]_D^{23}$ $+53{,}0^0$; 67%. — *3β-Hydroxy-17-oxo-16-[β-(diäthylamino)-äthylaminomethylen]-5α-androstan*, $C_{26}H_{44}N_2O_2$, F. 173—177⁰ (Methanol, Essigester u. Methanol); $[\alpha]_D^{25}$ $-40{,}6^0$; 34%. — *3α-Hydroxy-11.17-dioxo-16-pyrrolidinomethylen-5β-androstan*, $C_{24}H_{35}NO_3$, F. 240—244⁰ (Zers.; Essigester u. Bzl.); $[\alpha]_D^{25}$ $+17{,}5^0$; 46%. — *3β-Hydroxy-17-oxo-16-pyrrolidinomethylen-Δ⁵-androsten*, $C_{24}H_{35}NO_2$, F. 254,5—259⁰ (Zers.; abs. A.); $[\alpha]_D^{25}$ $-105{,}9^0$; 95%. — *3β-Hydroxy-17-oxo-16-pyrrolidinomethylen-5α-androstan*, $C_{24}H_{37}NO_2$, F. 206,5 bis 209,5⁰ (Bzl. u. Essigester); $[\alpha]_D^{25}$ $-36{,}7^0$; 97%. — *3β-Hydroxy-17-oxo-16-piperidinomethylen-5α-androstan*, $C_{25}H_{39}NO_2$, F. 199,5—202,5⁰ (Bzl. u. Essigester/Ae.); $[\alpha]_D^{25}$ $+63{,}4^0$; 98%. — *3α-Hydroxy-11.17-dioxo-16-[N.N-hexamethylenaminomethylen]-5β-androstan*, $C_{26}H_{39}NO_3$, F. 193—195⁰ (Essigester); $[\alpha]_D^{25}$ $+78{,}6^0$; 63%. — *3β-Hydroxy-17-oxo-16-cyclohexylaminomethylen-5α-androstan*, *Äthanolat*, $C_{28}H_{47}NO_3$, F. >126,4⁰ (Zers.); $[\alpha]_D^{25}$ $-38{,}3^0$. — *3β-Hydroxy-17-oxo-16-[β-morpholinoäthylaminomethylen]-5α-androstan*, $C_{26}H_{42}N_2O_3$, F. 185—188⁰ (Essigester); $[\alpha]_D^{25}$ $-34{,}8^0$; 27%. — *17β-Hydroxy-2-hydroxymethylen-17α-methyl-Δ⁴·⁶-androstadien-3-on*, $C_{21}H_{28}O_3$, F. 85—90⁰, durch Zugabe von Ameisensäureäthylester zu 17β-Hydroxy-17α-methyl-Δ⁴·⁶-androstadien-3-on u. Na-Methylat in abs. Bzl. bei 25⁰ unter $N_2$, 65std. Rühren bei Raum-Temp., Filtrieren u. 1std. Rühren des Rückstandes mit 6n HCl; $[\alpha]_D^{25}$ $-208{,}5^0$ (c = 1); ~100% (Rohprod.). — *3α-Acetoxy-16-hydroxymethylen-5β-androstan-11.17-dion*, $C_{22}H_{30}O_5$, F. 244 bis 246⁰, durch 1std. Rühren von Na-Methylat, 3α-Acetoxy-5β-androstan-11.17-dion u. Ameisensäureäthylester in abs. Bzl. unter $N_2$ bei Raum-Temp., mehrstd. Stehen, Gießen in W. u. Ansäuern der wss. Phase mit verd. HCl; $[\alpha]_D^{28,5}$ $+50^0$ (c = 1; Essigsäure); 98% (Rohprod.). — *2.16-Bis-[hydroxymethylen]-Δ⁴-androsten-3.17-dion*, $C_{21}H_{26}O_4$, F. 198 bis 205⁰ (Zers.; Essigester), analog vorst. Verb. aus Na-Methylat, Ameisensäureäthylester u. Δ⁴-Androsten-3.17-dion in Bzl.; $[\alpha]_D^{25}$ $+35{,}1^0$ (c = 1); 83% (Rohprod.). — *2.16-Bis-[pyrrolidinomethylen]-Δ⁴-androsten-3.17-dion*, $C_{29}H_{40}N_2O_2$, F. 256—263⁰, nach **A** aus

Pyrrolidin u. vorst. Verb.; aus Essigester/Methanol gelbe Kristalle; $[\alpha]_D^{25}$ −245,3°; 69%. — *17β-Hydroxy-2-hydroxymethylen-17α-methyl-5α-androstan-3-on, Diäthylaminsalz*, $C_{25}H_{43}NO_3$, F. 114,5—116,5° (Zers.), durch Mischen von Diäthylamin mit 5 g des entsprechenden Sterins, Abdestillieren des überschüssigen Diäthylamins, Kochen des Rückstandes mit Aceton u. Filtrieren; aus Aceton blaßgelbe Kristalle; $[\alpha]_D^{25}$ +16,6° (c = 1) → −13,5° (24 Std.); 1,7 g. P. Golinske. 3700

**Transanulare Epoxid-Bildung in der Steroid-Reihe.** F. W. Bollinger und N. L. Wendler. (Chem. and Ind. **1960**, 441—42, 16/4.; Rahway, N.J., Merck & Co. Inc.; engl.) — Behandlung von $\Delta^{8,14}$-Dehydro-17α-hydroxycorticosteron (**I**) mit N-Bromsuccinimid (NBS) in tert. Butanol lieferte *14β-Brom-8α.17α-oxido-$\Delta^4$-14β-pregnen-11β.21-diol-3.20-dion* (**II**; $C_{21}H_{27}BrO_5$, F. 164—168°). Acetylierung von **II** mit Acetanhydrid in Pyridin bei 25° führte zum *11β.21-Diacetat* (**III**; $C_{25}H_{31}BrO_7$, F. 113—115° u. 173—177°), das auch aus **I**-*11.21-Diacetat* durch Behandlung mit NBS in tert. Butanol gewonnen werden kann u. dessen IR-Spektrum keine OH-Absorption zeigt. Red. von **III** mit $NaBH_4$ in Dimethylformamid (DMF) lieferte das **III**-*$C_{(20)}$-Carbinol*, das einen negativen Tetrazoliumtest zeigt u. mit Perjodat nicht gespalten, mit $CrO_3$ aber zu **III** oxydiert wird. Das **II**-*21-Monoacetat* wird mit $CrO_3$ zum nichtkrist. *11-Oxo-Deriv.* (**IV**) oxydiert, das auch beim Kochen mit Kollidin oder LiCl in DMF bei 100° nicht dehydrobromiert werden konnte. Hydrierung von **IV** führte zum *4.5β-Dihydro-Deriv.* ($C_{23}H_{29}BrO_6$, F. 185 bis 188°), das kein UV-Maximum aufwies u. mit Zn-Staub in A.–Essigsäure in *$\Delta^{8,14}$-Dehydro-17α-hydroxy-11-dehydrocorticosteron* übergeführt werden konnte. Die UV-Maxima von **II** sind angegeben. G. Marquard. 3700 □

**Steroide. 191. Mitt. Einige Reaktionen eines 6-Methyl-3β-hydroxy-$\Delta^5$-steroidsystems.** J. Iriarte, J. N. Shoolery und Carl Djerassi. (J. org. Chemistry **27,** 1139—48, 12/4. 1962; México, D.F., Res. Labor. of Syntex, S.A.; engl.) — 188. vgl. Bowers, J. Amer. chem. Soc. **84,** [1962], 1050; 174. vgl. C. **1963,** 5484. — Die Dehydratisierung von 3β-Acetoxy-5α-hydroxy-6β.16α-dimethylpregnan-20-on (I) liefert das entsprechende *$\Delta^5$-Pregnen*, das durch Jones-Oxydation direkt *6α.16α-Dimethyl-6β-hydroxyprogesteron* gibt. Die Rk. scheint über ein oxidartiges Zwischenprod. zu verlaufen. Durch $CrO_3$-Oxydation von 6-Methyl-$\Delta^5$- u. $\Delta^6$-Steroiden konnten solche Oxide in Form von *3.20-Dioxo-5α-hydroxy-6β.16α-dimethyl-6α.7α-oxidopregnan* bzw. *3β.5α-Dihydroxy-6β.16α-dimethyl-6α.7α-oxido-20-oxopregnan* sioliert werden. Die Epoxydation des 6-Methyl-3β-hydroxy-$\Delta^5$-sterin-Syst. mit Persäuren liefert die entsprechenden *6α.7α-Oxide*, die durch Jones-Oxydation in die beiden $C_{(6)}$-Epimeren *6-Methyl-6-hydroxy-$\Delta^4$-3-oxosterine* umgewandelt werden. *6α.16α-* u. *6β. 16α-Dimethylprogesteron* werden aus 6β.16α-Dimethyl-3β.5α-dihydroxypregnan-20-on dargestellt. Mehrere Strukturen werden durch NMR-Spektren bewiesen. Die NMR-Spektren fast aller Verbb. sind angegeben.

Versuche (opt. Drehwerte in Chlf.): *6.16α-Dimethyl-3β-acetoxy-$\Delta^5$-pregnen-20-on* (**IV**), $C_{25}H_{38}O_3$, F. 142—144°, a) durch Dehydratisierung von 10 g **I** in Acetanhydrid in Ggw. von konz. $H_2SO_4$ unter Rühren bei Raum-Temp., 3tägiges Stehen bei Raum-Temp. u. Aufarbeiten [Chromatographie in Bzl./Hexan (1 : 1) an $Al_2O_3$]; aus Hexan Prismen; $[\alpha]_D$ −12,5°; 7,5 g (Ausbeute); b) aus **I** durch 2std. Kochen mit Acetanhydrid/p-Toluolsulfonsäure; 0,2 g. — *6.16α-Dimethyl-$\Delta^5$-pregnen-3β-ol-20-on* (**II**), $C_{23}H_{36}O_2$, F. 180—181° (Aceton/Ae.), durch $^1/_2$std. Kochen von 2 g **IV** mit 1%ig. methanol. KOH; $[\alpha]_D$ −10°; 1,5 g. — *6β.16α-Dimethyl-5α.6α-oxido-3β-acetoxypregnan-20-on*, $C_{25}H_{38}O_4$, F. 157—158°, durch 20std. Oxydation von 7 g **IV** in Ae. mit Monoperphthalsäure bei 10°; aus Aceton/Ae. oder Ae./Hexan Prismen; $[\alpha]_D$ +3,4°; 5,2 g. — *6β.16α-Dimethyl-5α.6α-oxidopregnan-3β-ol-20-on* (**III**), $C_{23}H_{36}O_3$, F. 197—198°, durch 1std. Stehen von 5 g vorst. Verb. mit KOH in Methanol/W. (220/12) bei Raum-Temp., Aufarbeiten u. Reinigen durch Chromatographie an $Al_2O_3$ in Bzl./Ae. (9 : 1); $[\alpha]_D$ +4,9°; aus Aceton/Ae. Nadeln; 3,5 g; gibt durch Acetylierung wieder vorst. Verb.; durch 3std. Rühren mit Essigsäure, W., NaJ, Na-Acetat u. Zn-Staub bei Raum-Temp. entsteht **II**. — *6α.16α-Dimethylpregnan-3β.5α.6β-triol-20-on*, $C_{23}H_{38}O_4$, F. 180—182°, durch $^1/_2$std. Kochen von 0,5 g **III** mit p-Toluolsulfonsäure in Aceton/W. (5 : 2); aus Essigester/Ae. Nadeln; $[\alpha]_D$ +31,5°; 200 mg. — *3β-Acetoxy-6α.16α-dimethylpregnan-5α.6β-diol-20-on*, $C_{25}H_{40}O_5$, F. 200—202°, durch Erwärmen vorst. Verb. mit Acetanhydrid/Pyridin, Aufarbeiten u. Reinigen durch Chromatographie an $Al_2O_3$; aus Aceton/Ae. Prismen; $[\alpha]_D$ +18,1°. — *6α.16α-Dimethylpregnan-5α.16β-diol-3.20-dion*, $C_{23}H_{36}O_4$, F. 237—239°, durch 20std. Oxydation von 300 mg vorvorst. Verb. mit $CrO_3$ in Pyridin bei Raum-Temp., Aufarbeiten u. Reinigen durch Chromatographie an $Al_2O_3$ mit Bzl./Ae. (9 : 1); aus Essigester Nadeln; $[\alpha]_D$ +53°; 220 mg. — *6α.16α-Dimethyl-6β-hydroxyprogesteron*, $C_{23}H_{34}O_3$, F. 255—256°, a) durch 1std. Kochen von 100 mg vorst. Verb. mit 5%ig. wss. KOH unter $N_2$ u. Reinigen durch Chromatographie an $Al_2O_3$ mit Bzl. u. Bzl./Ae.; aus Aceton/Ae.

Nadeln; $[\alpha]_D$ +83°; 78 mg; b) durch 3—5 Min. lange Oxydation von 4 g **II** in Aceton mit 8n $CrO_3$ in 8n $H_2SO_4$; 2,6 g; c) durch 3 Min. lange Oxydation von 1,6 g **III** mit 8n $CrO_3$ in 8n $H_2SO_4$ bei 0—5°, 1std. Kochen mit 5% ig. wss. KOH unter $N_2$ in Methanol, Neutralisieren u. Extrahieren mit Essigester. — *6β.16α-Dimethyl-6α-hydroxy-progesteron*, $C_{23}H_{34}O_3$, F. 212—213°, a) durch 20std. Oxydation von 2 g hochgereinigtem III in Pyridin mit Pyridiniumchromat bei Raum-Temp., Aufarbeiten u. Reinigen durch Chromatographie an $Al_2O_3$ mit Bzl./Ae. (1 : 1); $[\alpha]_D$ +113,8°; aus Aceton/Ae. Platten; 0,9 g; b) neben vorst. Verbindung. — *6.16α-Dimethyl-$\Delta^{4.6}$-pregnadien-3.20-dion* (**VI**), $C_{23}H_{32}O_2$, F. 163—165° (Aceton/Ae.), a) durch 12std. Dehydratisierung von 1 g vorst. Verb. in Essigsäure mit konz. HCl bei Raum-Temp., Aufarbeiten u. Chromatographie an $Al_2O_3$ mit Bzl./Ae. (9 : 1); $[\alpha]_D$ +136,5°; 0,85 g; b) durch Dehydratisierung vorst. Verb. in Essigsäure mit konz. HCl bei Raum-Temp. (12 Std.), Aufarbeiten u. Chromatographie an $Al_2O_3$ mit Bzl./Hexan (1 : 9); 63%; c) durch 4std. Stehen von 200 mg 6α.16α-Dimethylpregnan-5α.6β-diol-3.20-dion in Eisessig mit konz. HCl bei Raum-Temp.; 150 mg. — *6β.16α-Dimethylprogesteron*, $C_{23}H_{34}O_2$, F. 179—182°, durch 20 Min. langes Kochen von 3 g 6β.16α-Dimethylpregnan-5α-ol-3.20-dion in Methanol mit 5% ig. wss. KOH unter $N_2$; aus Aceton/Ae. Nadeln; $[\alpha]_D$ +112,7°; 2,6 g. — *6α.16α-Dimethylprogesteron*, F. 126—128°, a) durch 1std. Erhitzen vorst. Verb. mit 1% ig. KOH in wss. Methanol; aus Ae./Hexan Nadeln; $[\alpha]_D$ +146,9°; b) durch 20std. Stehen vorst. Verb. in Essigsäure/konz. HCl (5 : 1). — *6.16α-Dimethyl-7α-chlor-3β-acetoxy-$\Delta^5$-pregnen-20-on* (**V**), $C_{25}H_{37}ClO_3$, F. 140—143° (Zers.), durch Versetzen von 10 g 6.16α-Dimethyl-3β-acetoxy-$\Delta^5$-pregnen-20-on (**IV**) in $CCl_4$ mit $Cl_2$ in $CCl_4$ bei 0° u. Extrahieren mit $CH_2Cl_2$; $[\alpha]_D$ −112,3°; aus Ae. Nadeln; 10,5 g. — *3β-Acetoxy-5α-chlor-6-methylen-16α-methyl-pregnan-20-on* (**VII**), $C_{25}H_{37}ClO_3$, F. 163—165° (Aceton/Hexan), durch Erwärmen von **V** in Lsg., Chromatographie an $Al_2O_3$ u. Eluieren mit Hexan/Bzl. (9 : 1); $[\alpha]_D$ −8,3°. — *3β-Acetoxy-6.16α-dimethyl-$\Delta^6$-pregnen-5α-ol-20-on*, $C_{25}H_{38}O_4$, F. 179—182° (Ae./Hexan oder Ae./Methanol), neben **VII** durch weiteres Eluieren mit Hexan/Bzl. (4 : 1); $[\alpha]_D$ +40,2°. — *6.16α-Dimethyl-$\Delta^6$-pregnen-3β.5α-diol-20-on* (**VIII**), $C_{23}H_{36}O_3$, F. 176—177°, durch 1std. Kochen von 0,5 g vorst. Verb. mit 1% ig. wss.-methanol. KOH; aus Aceton/Hexan/Prismen; $[\alpha]_D$ +49,9°; 410 mg. — *3β-Acetoxy-6.16α-dimethyl-$\Delta^5$-pregnen-7α-ol-20-on*, $C_{25}H_{38}O_4$, F. 156—158° (Ae./Hexan), neben vorvorst. Verb. durch Eluieren mit Bzl.; $[\alpha]_D$ −43°. *7-Acetyl-Deriv.*, $C_{27}H_{40}O_5$, F. 195—197° (Aceton/Hexan oder Ae./Hexan), durch 1/2std. Erwärmen von 0,5 g mit Acetanhydrid/Pyridin; $[\alpha]_D$ −135°; 0,46 g. — *6.16α-Dimethyl-$\Delta^5$-pregnen-3β.7α-diol-20-on*, $C_{23}H_{36}O_3$, F. 197—200° (Aceton/Ae.), a) durch 40 Min. langes Kochen von 300 mg vorst. Verb. mit 1% ig. methanol. KOH; $[\alpha]_D$ −44°; 220 mg; b) durch 2std. Kochen von 300 mg **VIII** in abs. Methanol/Eisessig (10 : 1), Aufarbeiten, Chromatographie an $Al_2O_3$ u. Eluieren mit Essigester; 80 mg; gibt durch Acetylierung vorst. *Acetylderivat*. — *6.16α-Dimethyl-7α-methoxy-$\Delta^5$-pregnen-3β-ol-20-on*, $C_{24}H_{38}O_3$, F. 160—161°, a) durch 10std. Kochen von 3,15 g **V** mit K-Acetat in Aceton/W. (9 : 1), Einengen, Versetzen mit W., Extrahieren mit Essigester, 1std. Kochen mit 1% ig. methanol. KOH, Aufarbeiten, Chromatographie an $Al_2O_3$ u. Eluieren mit Bzl.; aus Aceton/Ae. oder Ae./Hexan Platten; $[\alpha]_D$ −87°; 0,8 g; daneben 0,7 g vorst. Verb.; b) durch 1std. Kochen von 470 mg vorst. Verb. in abs. Methanol/Eisessig (95 : 5); 208 mg; gibt durch 3—5 Min. lange Oxydation mit 8n $CrO_3$ in 8n $H_2SO_4$ in Aceton **VI**. — *3β-Acetoxy-6.16α-dimethyl-7α-methoxy-$\Delta^5$-pregnen-20-on*, $C_{26}H_{40}O_4$, F. 135—136° (Ae./Hexan), aus 300 mg vorst. Verb. mit Acetanhydrid/Pyridin; $[\alpha]_D$ −88,6°; 270 mg. — *3β-Acetoxy-6-methylen-16α-methyl-$\Delta^4$-pregnen-20-on*, $C_{25}H_{36}O_3$, F. 168—170° (Ae./Hexan), durch 1/2std. Kochen von 400 mg **VII** mit γ-Kollidin, Aufarbeiten u. Chromatographie an $Al_2O_3$; stark orange mit Tetranitromethan; $[\alpha]_D$ +50,3°; 250 mg. — *6α.7α-Oxido-6β.16α-dimethylpregnan-5α-ol-3.20-dion*, $C_{23}H_{34}O_4$, F. 252—253°, a) durch 3—5 Min. lange Oxydation von 0,6 g **VIII** mit 8n $CrO_3$ in 8n $H_2SO_4$ bei 0—5°, Aufarbeiten, Chromatographie an $Al_2O_3$ u. Eluieren mit Bzl.; aus Aceton/Ae. Nadeln; $[\alpha]_D$ +40,4°; 350 mg; b) analog a) aus 0,5 g 6.16α-Dimethyl-$\Delta^5$-pregnen-3β.7α-diol-20-on; 200 mg; daneben *6β.16α-$\Delta^4$-pregnen-6α.7β-diol-3.20-dion*, $C_{23}H_{34}O_4$, F. 250 bis 252°; aus Aceton/Ae. Nadeln; $[\alpha]_D$ +111,8°; 80 mg. — *3β-Acetoxy-6α.7α-oxido-6β.16α-dimethylpregnan-5α-ol-20-on*, $C_{25}H_{38}O_5$, F. 230—232° (Aceton/Ae.), durch 4 Min. lange Oxydation von 350 mg des 3-Acetats von **VIII** in Aceton mit 8n $CrO_3$ in 8n $H_2SO_4$; $[\alpha]_D$ +23,8° (Dioxan); 150 mg. — *6α.7α-Oxido-6β.16α-dimethylpregnan-3β.5α-diol-20-on*, $C_{23}H_{36}O_4$, F. 248—250° (Aceton/Ae.), durch 1std. Kochen von 100 mg vorst. Verb. mit 1% ig. methanol. KOH; $[\alpha]_D$ +27° (Dioxan); 60 mg; gibt durch 3 Min. lange Oxydation mit 8n $CrO_3$ in 8n $H_2SO_4$ bei 0—5°, Aufarbeiten, Chromatographie an $Al_2O_3$ u. Eluieren mit Bzl./Ae. (19 : 1) vorvorst. Verbindung. P. Golinske. 3700◇

**Steroide. 192. Mitt. Ein neuer Weg zu 1-oxydierten Steroiden.** Carl Djerassi, D. H. Williams und B. Berkoz. (J. org. Chemistry **27**, 2205—07, Juni 1962; Mexico,

D.F., Syntex, S.A., Res. Labor.; Stanford, Calif., Stanford Univ., Dep. of Chem.; engl.) — 191. vgl. vorst. Referat. — Cholestan-3-on wird über das *2α-Brom-Deriv.* u. *$\Delta^1$-Cholesten-3-on* in *1.2-Oxidocholestan-3-on* übergeführt, das mit $N_2H_4 \cdot H_2O$ zu *$\Delta^2$-Cholesten-1α-ol* (**I**) red. wird. **I** wird durch katalyt. Hydrierung in *Cholestan-1α-ol* u. durch Oxydation mit $CrO_3$ in *$\Delta^2$-Cholesten-1-on* übergeführt. Analoge Rk. werden mit $\Delta^1$-Androsten-17β-ol-3-on vorgenommen. Maxima der UV-Spektren vgl. Original.

Versuche (FF. korr.; opt. Drehungen in Chlf.): *$\Delta^2$-Cholesten-1α-ol* (**I**), $C_{27}H_{46}O$, FF. 90—92° u. 103—104°, durch 5 Min. langes Kochen von 2 g 1α.2α-Oxidocholestan-3-on u. 100%ig. $N_2H_4 \cdot H_2O$, $^1/_4$std. Erhitzen u. Reinigen durch Chromatographie an Silicagel mit Bzl.; aus Aceton Nadeln; $[\alpha]_D$ +124° (c = 1,4); 1,1 g (Ausbeute). — *Cholestan-1α-ol*, F. 103—105°, durch 4std. Hydrieren von 400 mg **I** in Cyclohexan an 30%ig. Pd/Kohle bei 1 at u. Raum-Temp.; aus Methanol Nadeln; $[\alpha]_D$ +33° (c = 1,2); 370 mg. — *$\Delta^2$-Cholesten-1-on*, F. 58—60°, durch Zutropfen von $CrO_3$ in 40%ig. $H_2SO_4$ zu 107 mg **I** in Aceton bei 22° u. 30 Sek. langes Schütteln; aus Methanol/$CH_2Cl_2$ Nadeln oder Prismen; $[\alpha]_D$ +128°; 73 mg. — *17β-Acetoxy-1α.2α-oxidoandrostan-3-on*, F. 164 bis 165° ($CH_2Cl_2$/Heptan), durch 16std. Stehen von 15 g 1α.2α-Oxidoandrosten-17β-ol-3-on [F. 165—166°; $[\alpha]_D$ +106° (c = 0,19)] in Acetanhydrid/Pyridin bei Raum-Temp. u. Gießen in W.; $[\alpha]_D$ +91° (c = 0,23); 14 g. — *17β-Acetoxy-$\Delta^2$-androsten-1α-ol*, $C_{21}H_{32}O_3$, F. 158—160° ($CH_2Cl_2$/Heptan), durch $^1/_2$std. Erhitzen von 19 g vorst. Verb. in Isopropanol mit $N_2H_4 \cdot H_2O$ u. Essigsäure auf dem Dampfbad, 1std. Stehen bei Raum-Temp. u. Reinigen durch Chromatographie an $Al_2O_3$ mit Bzl./Chlf.; $[\alpha]_D$ +118° (c = 0,22); 7,2 g. — *17β-Acetoxy-$\Delta^2$-androsten-1-on*, $C_{21}H_{30}O_3$, F. 195—196° (Isopropanol), durch mehrstd. Stehen von 1 g vorst. Verb. mit $CrO_3$ in Pyridin u. Reinigen an $Al_2O_3$; $[\alpha]_D$ +116° (c = 0,32); 0,95 g. — *17β-Acetoxyandrostan-1-on*, $C_{21}H_{32}O_3$, F. 141—142° (Heptan), durch 1std. Hydrieren von 6 g vorst. Verb. in Essigester an 5%ig. Pd/Kohle bei 30 lbs./sq.in.; $[\alpha]_D$ +131° (c = 0,29); $[\alpha]_{589}$ +102°, $[\alpha]_{340}$ +313°, $[\alpha]_{317,5}$ +265°, $[\alpha]_{255}$ +1240° (c = 0,05; Methanol); 6 g. P. Golinske. 3700◇

**Über Steroidverbindungen von Nuphar luteum.** Osman Achmatowicz und Zygmunt Bellen. (Roczniki Chem. [Ann. Soc. chim. Polonorum] **34**, 93—102, 1960; Warszawa, Univ., Kat. Chem. organ.; PAN, Zakł. Synt. organ.; pol.) — Aus den Rhizomen der gelben Wasserlilie (*Nuphar luteum*) wurden durch Extraktion mit Äthylacetat *Stigmasterin* (**I**) u. *β-Sitosterin* (**II**) isoliert. **II** tritt dabei frei u. gebunden als d-Glucosid u. Palmitat auf. Gefunden wurden 0,04% (bezogen auf Trockenmasse) Gesamtsterine, davon 0,004% **I**, ≥0,02% **II**-Palmitat u. ≥0,001% **II**-d-Glucosid. Die Identifizierung erfolgte chem. u. auf Grund der IR-Spektren.

Versuche: *Stigmasterin* (**I**), $C_{29}H_{48}O$, F. 169—170°, durch Extraktion von 50 kg lufttrockener Rhizome der Wasserlilie (16,5% W.) mit 150 Liter Äthylacetat, Trocknen des Extraktes mit wasserfreiem $Na_2SO_4$, Einengen im Vakuum auf 7 Liter u. 14tägiges Stehen, wobei ein Nd. **A** (0,13% Ausbeute) ausfällt, Eindampfen des Filtrats im Vakuum, Lösen des Rückstandes (**B**; 0,3%) in Ae., Ausschütteln mit 2%ig. HCl u. W., Trocknen mit $Na_2SO_4$, Eindampfen, Lösen des Rückstandes mit A., Hydrolyse mit 10%ig. alkohol. KOH-Lsg. in der Wärme, Verdünnen mit W. u. Ausäthern, wobei der äther. Extrakt **C** u. die wss. Phase **D** erhalten werden. Die Roh-Phytosterine in **C** werden durch fraktionierte Kristallisation aus A. getrennt, wobei **I** in den ersten Fraktionen auftritt; $[\alpha]_D^{14}$ —50,1° (Chlf.). *Acetyl-Deriv.*, $C_{31}H_{50}O_2$, F. 143—144° (A.); $[\alpha]_D^{17,6}$ —54,6° (Chlf.). *Benzoyl-Deriv.*, $C_{36}H_{52}O_2$, F. 163—164° (A./Bzl., 3 : 1); $[\alpha]_D^{17,4}$ —25,6° (Chlf.). — *β-Sitosterin* (**II**), $C_{29}H_{50}O$, F. 139,5—140,5°, durch fraktionierte Kristallisation des Roh-Phtyosterins in **C**; $[\alpha]_D^{17,4}$ —36,3° (Chlf.). *Acetyl-Deriv.*, $C_{31}H_{52}O_2$, F. 128,5—130° (A.); $[\alpha]_D^{16}$ —41,1° (Chlf.). *Benzoyl-Deriv.*, $C_{36}H_{54}O_2$, F. 146—147° (A./Bzl., 3 : 1); $[\alpha]_D^{16}$ —13,8° (Chlf.). *d-Glucosid*, F. 297—298° (Zers.; Pyridin/A.), aus dem Tetraacetyl-Deriv. durch Hydrolyse mit alkohol. KOH-Lösung. *d-Glucosidtetraacetyl-Deriv.*, $C_{43}H_{66}O_{10}$, F. 168—170°, aus der alkal. Lsg. **D** nach Ansäuern mit 10%ig. HCl u. Umsetzung des ausgefallenen Roh-Glucosids mit Acetanhydrid; Nadeln aus A.; $[\alpha]_D^{20}$ —23,1° (Chlf.); 37%. *Palmityl-Deriv.*, $C_{45}H_{80}O_2$, F. 93,2—94,2° (Aceton), aus dem Nd. **A** mit kaltem Chlf.; $[\alpha]_D^{21,5}$ —23,7° (Chlf.). F. Urban. 3700□

**17α-halogenierte Progesterone: oralaktive Progestine.** David J. Marshall und Roger Gaudry. (Canad. J. Chem. **38**, 1495—1504, Sept. 1960; Montreal, Quebec, Canada, Ayerst Res. Labor.; engl.) — *17α-Chlor-*, *6α-Fluor-17α-brom-*, *$\Delta^1$-Dehydro-6α-fluor-17α-brom-* u. *6α-Chlor-17α-bromprogesteron* werden synthetisiert u. auf ihre biolog. Wrkg. getestet. Dabei wird gefunden, daß es sich um oralaktive Progestine mit Androgen-Eigg. handelt. Die Rk.-Mechanismen werden diskutiert; die Maxima der UV-Spektren sind angegeben.

Versuche: *3β-Acetoxy-5α.6β-dibrompregnan-20-on*, F. 143—146° (Zers.), durch 2std. Zugabe einer $CCl_4$-Lsg. von $Br_2$ zu 50 g 3β-Acetoxy-$\Delta^5$-pregnen-20-on in Chlf. bei — 60°, Erwärmen auf 20° u. Eindampfen im Vakuum; 60,4 g (Ausbeute). — *3β-Acetoxy-5α.6β-dibrom-17α-chlorpregnan-20-on*, F. 129—137° (Zers.; $CH_2Cl_2$/Methanol), durch 1std. Stehen von 14 g vorst. Verb. in Essigsäure mit $Cl_2$ in Essigsäure in Ggw. von konz. HCl u. Verdünnen mit W.; 10,3 g im Gemisch mit dem *21-Chlorisomeren*. — *3β-Acetoxy-17α-chlor-$\Delta^5$-pregnen-20-on*, $C_{23}H_{33}ClO_3$, F. 145—148° ($CH_2Cl_2$/Methanol), durch 1std. Kochen von 10,3 g vorst. Gemisches mit NaJ in Aceton unter $N_2$, Red. mit $Na_2S_2O_3$, Extrahieren mit Ae., Eindampfen (6,8 g), Chromatographieren von 1,87 g an $Al_2O_3$ u. Eluieren mit Bzl./PAe. (1 : 3); $[\alpha]_D$ — 84,9°; 1,45 g. — *17α-Chlorpregnenolon*, F. 156—161°, durch Aufkochen von 4,65 g vorst. Verb. mit 70% ig. $HClO_4$ in Methanol u. 24std. Stehen bei Raum-Temp.; 3,8 g. — *17α-Chlorprogesteron*, $C_{21}H_{29}ClO_2$, F. 168,5 bis 170° (verd. Methanol), durch 5 Min. lange Oxydation von 3,48 g vorst. Verb. mit $CrO_3$ in Aceton unter $N_2$ bei 5°, Verdünnen mit W., Zugabe von äthanol. Oxalsäure, $^3/_4$std. Kochen unter $N_2$, Extrahieren mit Ae., Chromatographieren u. Eluieren mit Bzl./PAe. (1 : 1); $[\alpha]_D$ + 51°; 1 g. — *3β-Acetoxy-5β.6β-epoxy-17α-brompregnan-20-on* (I), $C_{23}H_{33}BrO_4$, F. 158—160,5° (Äthylacetat), durch $^1/_4$std. Zugabe von Monoperphthalsäure in Ae. zu 5 g 3β-Acetoxy-17α-brom-$\Delta^5$-pregnen-20-on in Chlf., 4tägiges Stehen bei 10°, Eindampfen, Chromatographieren in Bzl. an Florisil u. Eluieren mit Bzl./Äthylacetat (99 : 1); $[\alpha]_D$ — 57,6°; 1,2 g; daneben das *5α.6α-Epoxid* (**II**), $C_{23}H_{33}BrO_4$, F. 192 bis 193° (Äthylacetat), durch Eluieren mit Bzl./Äthylacetat (95 : 5); $[\alpha]_D$ — 102,4°; 2,82 g. — *3β-Acetoxy-5α-hydroxy-6β-fluor-17α-brompregnan-20-on* (**III**), $C_{23}H_{34}BrFO_4$, F. 173° (Zers. $CH_2Cl_2$/Methanol), a) durch Zugabe von 51,1 g **II** zu abs. HF in Tetrahydrofuran/Chlf. bei — 60°, 2std. Stehen bei — 10° u. Neutralisieren mit wss. $K_2CO_3$-Lsg. in Ggw. von Chlf.; $[\alpha]_D$ — 78,3°; 34,7 g; b) durch Kochen von 20 g 3β-Acetoxy-5α-hydroxy-6β-fluorpregnan-20-on u. N-Bromsuccinimid in $CCl_4$; 15,1 g. — *3β-Acetoxy-17α-brom-$\Delta^5$-pregnen-20-on*, F. 174° (Zers.), durch $^1/_4$std. Kochen eines Gemisches aus 100 g **III**, N-Bromsuccinimid u. Dibenzoylperoxid in $CCl_4$/Pyridin; 80 g. — *3β.5α-Dihydroxy-6β-fluor-17α-brompregnan-20-on*, $C_{21}H_{32}BrFO_3$, F. 176° (Zers.; wss. Methanol), durch 10 Min. langes Kochen von 34,7 g **III** mit 70% ig. $HClO_4$ in Methanol u. 17std. Stehen bei Raum-Temp.; $[\alpha]_D$ — 65,2°; 25,8 g. — *5α-Hydroxy-6β-fluor-17α-brompregnan-3.20-dion*, $C_{21}H_{30}$·$BrFO_3$, F. 173,5—174,5° (Zers.; $CH_2Cl_2$/Methanol), durch 16std. Stehen von 25,8 g vorst. Verb. mit $Na_2Cr_2O_7 \cdot 2\,H_2O$ in Essigsäure bei 20°, Zugabe von Methanol u. W.; $[\alpha]_D$ — 42,1°; 16,4 g. — *6α-Fluor-17α-bromprogesteron*, $C_{21}H_{28}BrFO_2$, F. 176—177,5° (Zers.; Methanol/$CH_2Cl_2$), durch 1std. Einleiten von trockenem HCl in eine Lsg. von 10,8 g vorst. Verb. in Chlf. u. 1std. Stehen bei 0°; $[\alpha]_D$ + 17°; 6,5 g. — *$\Delta^1$-Dehydro-6α-fluor-17α-bromprogesteron*, $C_{21}H_{26}BrFO_2$, F. 181—183° (Zers.; Hexan/Aceton), durch 18std. Kochen von 1 g vorst. Verb. u. 2.3-Dichlor-5.6-dicyanbenzochinon in Bzl. in Ggw. von p-Toluolsulfonsäure, Verdünnen mit Äthylacetat, Chromatographieren in Bzl. an Florisil u. Eluieren mit Bzl. in Ggw. von 5—10% Äthylacetat; $[\alpha]_D^{20}$ — 20,5°; aus $CH_2Cl_2$/Methanol Platten; 0,51 g. — *3.3-Äthylendioxy-17α-brom-$\Delta^5$-pregnen-20-on*, $C_{23}H_{33}BrO_3$, F. 131 bis 132° (Methanol), durch 6std. Kochen von 10 g 17α-Bromprogesteron u. Äthylenglykol in Toluol in Ggw. von p-Toluolsulfonsäure unter Wasserabscheidung; $[\alpha]_D$ — 84°; 5 g. — *3.3-Äthylendioxy-5β.6β-epoxy-17α-brompregnan-20-on*, $C_{23}H_{33}BrO_4$, F. 120—121° (Methanol), aus 2 g vorst. Verb. analog **I** durch Eluieren mit Bzl. in Ggw. von 2% Ae.; $[\alpha]_D$ — 38,4°; 0,7 g; daneben das *5α.6α-Epoxid* (**IV**), $C_{23}H_{33}BrO_4$, F. 182—183° (Methanol), durch Eluieren mit Bzl. in Ggw. von 10% Ae.; $[\alpha]_D$ — 88,4°; 0,69 g. — *3β-Acetoxy-5α-hydroxy-6β-chlorpregnan-20-on*, $C_{23}H_{35}ClO_4$, F. 232—234° (Zers.; $CH_2Cl_2$/Methanol), durch 1std. Einleiten von HCl in eine Lsg. von 122 g 3β-Acetoxy-5α.6α-epoxypregnan-20-on in Chlf. bei 20°; $[\alpha]_D$ + 8,1°; 101 g. — *3β-Acetoxy-5α-hydroxy-6β-chlor-17α-brompregnan-20-on*, $C_{23}H_{34}BrClO_4$, F. 190—191° (Zers.; verd. Methanol), durch $^1/_4$std. Kochen von 101 g vorst. Verb. mit N-Bromsuccinimid in $CCl_4$ u. Kühlen mit Eis; $[\alpha]_D$ — 66,1°; 80 g. — *3β.5α-Dihydroxy-6β-chlor-17α-brompregnan-20-on*, $C_{21}H_{32}BrClO_3$, F. 175,5° (Zers.; Aceton/Hexan), durch Erwärmen von 80 g vorst. Verb. mit 70% ig. $HClO_4$ in Methanol u. Stehen über Nacht bei 20°; $[\alpha]_D$ — 70,7°; 54 g. — *5α-Hydroxy-6β-chlor-17α-brompregnan-3.20-dion*, $C_{21}H_{30}BrClO_3$, F. 190° (Zers.; Isopropanol), durch 4std. Stehen von 51,5 g vorst. Verb. mit $Na_2Cr_2O_7$ in Essigsäure bei Raum-Temp. u. Verdünnen mit W.; $[\alpha]_D$ — 62,2°; 42 g. — *6α-Chlor-17α-bromprogesteron*, $C_{21}H_{28}BrClO_2$, F. 157—158° (Aceton/Hexan), a) durch 1std. Einleiten von HCl in eine Lsg. von 1,3 g **IV** in Chlf. bei 20°; $[\alpha]_D$ + 6,5°; 0,98 g; b) analog a) aus 3 g vorst. Verb.; 2,3 g.

W. Hampel. 3750◇

**Darstellung von Allopregnan-3α.20α-diol.** Koji Oka und Jun'ichi Himizu. (J. pharmac. Soc. Japan [Yakugakuzasshi] 78, 1266—68, Nov. 1958; Tokyo-Setagaya, Tanabe-Seiyaku Co.; jap., Auszug: engl.) — Das Diacetat des aus Pregnenolon hergestellten *$\Delta^5$-Pregnen-3β.20α-diols* wird in *3β-Tosyloxy-20α-acetoxyallopregnan* übergeführt, das unter Waldenscher Umkehrung *Allopregnan-3α-20α-diol* liefert. Dieses ist wirksam gegen klimakter. Störungen u. Amenorrhoe, obgleich die Wrkg. im Vgl. zu Pregnan-3α.20α-diol schwächer ist.

Versuche: *$\Delta^5$-Pregnen-3β.20α-diol*, F. 180—182° (A.), aus 5,0 g Pregnenolon in sd. Isopropylalkohol mit Na innerhalb 30 Min., dann noch 15 Min. lang Kochen u. Chromatographie des Prod. an $Al_2O_3$ mit Chlf. Bzl. (1 : 1) u. Chlf.; 2,1)g (Ausbeute). — *20α-Acetoxyallopregnan-3β-ol*, F. 149—150°, aus 0,7 g Diacetat der vorst. Verb.; aus Aceton-PAe. Nadeln; 0,3 g; daneben wenig *Allopregnan-3β.20α-diol*. — *3β-Tosyloxy-20α-acetoxyallopregnan*, $C_{30}H_{44}O_5S$, F. 168° (Aceton), aus 0,5 g vorst. Verb. mit Tosylchlorid in Pyridin; 0,63 g. — *Allopregnan-3α.20α-diol*, F. 246—248°, aus 0,5 g vorst. Verb. durch 3std. Kochen mit Eisessig u. K-Acetat u. Rk. des Prod. in Methanol mit 10%ig. NaOH (1 Tag); aus A. Nadeln; 130 mg; daneben 140 mg Gemisch aus *$\Delta^2$-* u. *$\Delta^3$-Allopregnen-20α-ol*, $C_{21}H_{34}O$, F. 106—113° (PAe.). *Diacetat*, F. 142°. — *Allopregnan-20α-ol*, F. 141°, a) aus vorst. Gemisch in A. mit $H_2$ über $PtO_2$; b) aus 20-Acetoxyallopregnan-3-on mit $ZnCl_2$, wasserfreiem $Na_2SO_4$ u. Äthylmercaptan durch 1tägiges Stehen bei 0°, 8std. Kochen des Prod. in Dioxan mit Raney-Ni u. 1tägiges Stehen des Prod. in Methanol mit 10%ig. NaOH; aus verd. A. Nadeln. E. Maekawa. 3750◇

**Synthese von 19-Noraldosteronacetat und verwandten 19-substituierten Steroiden.** D. H. R. Barton und J. M. Beaton. (J. Amer. chem. Soc. **84**, 199—204, 26/1. 1962; Cambridge, Mass., Res. Inst. for Med. and Chem.; engl.) — Vgl. C. **1961**, 13933. — Corticosteron-3.20-bis-äthylenketal-21-acetat-11β-nitrit liefert durch Photolyse ein Gemisch von isomeren *18-*(I) u. *19-Oximen* (II). I wird in *Aldosteronacetat* übergeführt, aus II werden *19-Hydroxycorticosteron*, *19-Norcorticosteron* u. *19-Noraldosteronacetat* erhalten. 19-substituierte Steroide mit 11β-Hydroxygruppen sind so leicht zu erhalten. Ausgehend von Cortisol-3.20-bis-äthylenketal-21-acetat-11β-nitrit werden über die entsprechenden *Oxime* die entsprechenden *18-* u. *19-Oxo-Derivv.* dargestellt. Das 18-Oxim wird in *17α-Hydroxy-18.21-anhydroaldosteron*, das 19-Oxim in *17α-Hydroxyaldosteron* übergeführt. UV- u. IR-Spektren vgl. Original.

Versuche (Drehwerte in Chlf.): *Corticosteron-3.20-bis-äthylenketal-21-acetat-11β-nitrit*, $C_{27}H_{39}NO_8$, F. 134—137°, durch 20std. Stehen von 23 g Corticosteron-3.20-bisäthylenketal mit Acetanhydrid/Pyridin bei Raum-Temp., Versetzen des Prod. in Pyridin mit NOCl u. Reinigen durch Chromatographie an Florisil; aus $CH_2Cl_2$/Hexan Nadeln; $[\alpha]_D$ +2° (c = 1/2), $[\alpha]_D$ +6° (c = 1/1); 17,95 g. — *18-Hydroximinocorticosteron-3.20-bis-äthylenketal-21-acetat* (I), $C_{27}H_{39}NO_8$, F. 246—252°, durch 2std. Bestrahlen von 18,9 g vorst. Verb. in Toluol bei 30° mit einer 200-W-Hg-Dampflampe u. Reinigen durch Chromatographie an $Al_2O_3$; aus Aceton Nadeln; $[\alpha]_D$ —44° (c = 1,1); 16%; daneben 2,3 g *$\Delta^{11}$-Dehydrocorticosteron-3-20-bis-äthylenketal-21-acetat.* — *19-Hydroximinocorticosteron-3.20-bis-äthylenketal-21-acetat* (II), $C_{27}H_{39}NO_8$, F. 169—171°, neben I; aus Essigester/Hexan Nadeln; $[\alpha]_D$ —11° (c = 2); 9,7%. — *19-Oxocorticosteron-3-20-bis-äthylenketal-21-acetat* (III), $C_{27}H_{38}O_8$, F. 269—275°, a) durch Versetzen des neben I u. II erhaltenen nichtkrist. Materials in Eisessig mit 5%ig. wss. $NaNO_2$ bei Raum-Temp. (10 Min.) u. Extraktion mit $CH_2Cl_2$; aus Aceton Nadeln; $[\alpha]_D$ +47° (c = 1,1); 35% ; b) analog a) aus II; 85%. — *Aldosteron-3.20-bis-äthylenketal-21-acetat*, $C_{27}H_{38}O_8$, F. 189—194°, durch 1/4std. Rk. von I in Eisessig mit 5%ig. wss. $NaNO_2$ bei Raum-Temp.; aus Essigester Nadeln; $[\alpha]_D$ +2° (c = 1,2), $[\alpha]_D$ +3° (c = 1); gibt durch 20 Min. langes Erhitzen mit wss. Essigsäure auf dem Dampfbad *Aldosteron-21-acetat*. — *18β-Cyan-18-norcorticosteron-3.20-bis-äthylenketal-21-acetat*, $C_{27}H_{37}NO_7$, F. 127—130°, durch 4 Min. langes Erhitzen von 200 mg I in Pyridin mit etwas $POCl_3$ u. Chromatographie an $Al_2O_3$; aus Essigester/Hexan prismat. Nadeln; $[\alpha]_D$ —11° (c = 0,9), $[\alpha]_D$ —13° (c = 1); 92 mg. — *Corticosteron-19-imidsäurelacton-(19 → 11)-3.20-bis-äthylenketal-21-acetat*, $C_{27}H_{37}NO_7$, F. 205—210°, durch 5 Min. langes Erhitzen von 1,7 g II in Pyridin mit $POCl_3$ auf dem Dampfbad u. Gießen in Eis/W.; aus Essigester/Hexan Nadeln (nach Reinigen an $Al_2O_3$); $[\alpha]_D$ +29° (c = 1,1); 350 mg. — *19-Oxocorticosteron-3.20-bis-äthylenketal*, $C_{25}H_{36}O_7$, F. 259—260°, durch 1/4std. Kochen von 250 mg III mit 5%ig. wss. NaOH in Methanol; aus Essigester Nadeln; $[\alpha]_D$ +60° (c = 1,1), $[\alpha]_D$ +61° (c = 1); 190 mg. — *19-Oxocorticosteron*, $C_{21}H_{28}O_5$, F. 195—199°, durch mehrstd. Stehen vorst. Verb. (aus 2,03 g III) in Dioxan mit 1n wss. HCl bei Raum-Temp.; aus Essigester Nadeln; $[\alpha]_D$ +218° (c = 1); 1,04 g. — *19-Oxocorticosteron-21-acetat-20-äthylenketal*, $C_{25}H_{34}O_7$, F. 170—186°, durch 20std. Stehen von 2 g III mit 1n wss. HCl in Dioxan bei Raum-Temp.; aus Essigester Prismen; $[\alpha]_D$ +164° (c = 1,1); 1,05 g. — *Corticosteron-19-säurelacton-(19 → 11)-3.20-bis-äthylenketal-21-acetat*, $C_{27}H_{36}O_8$, F. 195—197°, durch 5 Min. langes Erhitzen von 500 mg III in Aceton mit 8n $CrO_3$ in 2 n wss. $H_2SO_4$ bei 30° u. Reinigen an $Al_2O_3$; aus Essigester/Hexan Prismen; $[\alpha]_D$ +19° (c = 1,1); 410 mg. — *Corticosteron-19-säurelacton-(19 → 11)-20-äthylenketal-21-acetat*, $C_{25}H_{32}O_7$, F. 225—238°, a) durch Oxydation vorvorst. Verb. analog vorst. Verb.; aus Essigester/Hexan Prismen; $[\alpha]_D$ +191° (c = 1,2); b) aus vorst. Verb. mit HCl/Dioxan. — *19-Hydroxycorticosteron-3.20-bis-äthylenketal*, $C_{25}H_{38}O_7$, F. 156—162°, durch 3std. Kochen von 510 mg **III** in abs. Tetrahydrofuran mit $LiAlH_4$; aus Aceton/Hexan Nadeln; $[\alpha]_D$ +4° (c = 1); 400 mg. — *19-Hydroxycorticosteron*, $C_{21}H_{30}O_5$, F. 152—159°, durch 20std. Stehen vorst. Verb. (aus 2 g **III**) in Dioxan mit 1n wss. HCl bei Raum-Temp.; aus Aceton/Hexan Nadeln; $[\alpha]_D$ +214° (c = 1), $[\alpha]_D$ +209° (c = 1,2); 620 mg. — *19-Norcorticosteron-11-formiat*, $C_{21}H_{28}O_5$, F. 155—159°, durch 10 Min. lange Rk. von 500 mg 19-Oxocorticosteron in Methanol mit 0,5n NaOH bei Raum-Temp., Zugabe von Essigsäure u. Reinigen durch Chromatographie an $Al_2O_3$; aus $CH_2Cl_2$/Essigester/Hexan Prismen; $[\alpha]_D$ +196° (c = 1,1); 375 mg; gelb mit Tetranitromethan. — *19-Norcorticosteron*, $C_{20}H_{28}O_4$, F. 191—196°, a) durch 15 Min. lange Rk. von 3,08 g 19-Oxocorticosteron in Methanol mit 0,5n methanol. NaOH u. Versetzen mit Eisessig; $[\alpha]_D$ +151° (c = 1); aus Essigester Prismen; 2,57 g; b) analog a) aus vorst. Verbindung. — *19-Norcorticosteron-21-acetat*, $C_{22}H_{30}O_5$, F. 214 bis 219°, durch $^1/_4$std. Erhitzen von 480 mg vorst. Verb. in Pyridin/Acetanhydrid auf dem Dampfbad; aus $CH_2Cl_2$/H xan Prismen; $[\alpha]_D$ +155° (c = 1,1); 460 mg. — *19-Noraldosteronacetat*, $C_{22}H_{28}O_6$, F. 155—163°, durch Versetzen von 2,93 g vorst. Verb. in Pyridin mit NOCl, Versetzen mit W., Stehen, 1std. Bestrahlen des entstandenen *11-Nitrits* in Bzl. bei 25° mit einer 200-W-Hg-Lampe, Eindampfen im Vakuum, Aufnehmen in Essigsäure, Versetzen mit 5%ig. wss. $NaNO_2$ bei Raum-Temp. (5 Min.) u. Chromatographie an $Al_2O_3$; aus Essigester/Hexan Nadeln; $[\alpha]_D$ +79° (c = 1,2); 585 mg. — *Cortisol-3.20-bis-äthylenketal-1β-nitrit-21-acetat*, $C_{27}H_{39}NO_9$, F. 160—163°, durch Versetzen von 800 mg Cortisol-3.20-bis-äthylenketal-21-acetat in Pyridin mit NOCl bei —20°, Versetzen mit W. u. 2 Min. langes Erhitzen auf dem Dampfbad; aus $CH_2Cl_2$/Hexan Nadeln; $[\alpha]_D$ —5° (c = 1,0), $[\alpha]_D$ —7° (c = 1,1); 670 mg. — *18-Hydroximinocortisol-3.20-bis-äthylenketal-21-acetat*, $C_{27}H_{39}NO_9$, F. 235—242° (Aceton), durch $1^1/_4$std. Bestrahlen von 10 g vorst. Verb. in Bzl. unter $N_2$ wie schon beschrieben; $[\alpha]_D$ —59 bis —61° (c = 1); 1,48 g. — *18-Oxocortisol-3.20-bis-äthylenketal-21-acetat*, $C_{27}H_{38}O_9$, F. 218 bis 239°, durch $^1/_4$std. Rk. vorst. Verb. in Eisessig mit 5%ig. wss. $NaNO_2$ bei Raum-Temp.; aus Essigester/Hexan Prismen; $[\alpha]_D$ —1 bis —4° (c = 0,9). — *19-Oxocortisol-3.20-bis-äthylenketal-21-acetat*, $C_{27}H_{38}O_9$, F. 294—302°, neben vorvorst. Verb. aus 23,6 g Nitrit u. Chromatographie an $Al_2O_3$; aus Essigester Nadeln; $[\alpha]_D$ +30° (c = 0,9); 8,01 g. — *19-Oxocortisol-3.20-bis-äthylenketal* (**IV**), $C_{25}H_{36}O_8$, F. 309—331° (Essigester), durch $^1/_4$std. Kochen von 500 mg vorst. Verb. in Methanol/Bzl. (4 : 1) mit 5%ig. wss. NaOH; 420 mg. — *Acetat des inneren Halbacetals von 19-Oxocortisol-3.20-bis-äthylenketal-21-acetat*, $C_{29}H_{40}O_{10}$, F. 239—245°, durch $^1/_4$std. Erhitzen vorvorst. Verb. mit Acetanhydrid/Pyridin auf dem Dampfbad; aus Essigester/Hexan Nadeln; $[\alpha]_D$ —23° (c = 1). — *19-Oxocortisol-20-äthylenketal*, $C_{23}H_{32}O_7$, F. 206—209° (Essigester/Methanol), durch 12std. Rk. von 1,63 g **IV** in Dioxan/W. (4 : 1) mit 2n wss. HCl bei Raum-Temp. u. Chromatographie an $Al_2O_3$; 700 mg. — *19-Oxocortisol*, $C_{21}H_{28}O_6$, F. 208—241°, neben vorst. Verb.; aus Essigester/Methanol oder Essigester/Hexan Nadeln; 180 mg. — *Methyläther des inneren Halbacetals von 19-Oxocortisol*, $C_{22}H_{30}O_6$, F. 220—241°, durch Erwärmen von 4 g **IV** mit Dioxan/Methanol/1n wss. HCl (20 : 7 : 9) bis zur Lsg., 24std. Stehen bei Raum-Temp. u. Chromatographie; aus Essigester Nadeln; $[\alpha]_D$ +73° (c = 1); 600 mg. — *19-Hydroxycortisol-3.20-bis-äthylenketal*, $C_{25}H_{38}O_8$, F. 248—251° (Essigester/Methanol), durch 3std. Kochen von 3,96 g **IV**-21-Acetat mit $LiAlH_4$ in Tetrahydrofuran; 2,34 g. — *18.21-Anhydro-17α-hydroxyaldosteron*, $C_{21}H_{26}O_5$, F. 203 bis 214°, durch $1^3/_4$std. Erhitzen von 300 mg 18-Oxocortisol-3.20-bis-äthylenketal-21-acetat in Dioxan/W. (18 : 42) mit konz. $H_2SO_4$ unter $N_2$ auf dem Dampfbad; aus Essigester Nadeln; $[\alpha]_D$ +200° (c = 1); 95 mg. P. Golinske. 3750◇

**Coenzym Q.** 1. Mitt. **Strukturuntersuchungen an der Coenzym-Q-Gruppe.** Donald E. Wolf, Carl H. Hoffman, Nelson R. Trenner, Byron H. Arison, Clifford H. Shunk, Bruce O. Linn, James F. McPherson und Karl Folkers. (J. Amer. chem. Soc. **80**, 4752, 5/9. 1958; Rahway, N.J., Merck & Co., Inc., Merck, Sharp and Dohme Res. Labor., engl.) — Für *Coenzym* $Q_{10}$ (**I**) wurde die Konstit. *2.3-Dimethoxy-5-methyl-6-[3.7.11.15.19.23.27.31.35.39-dekamethyltetrakontadekaen-(2.6.10.14.18.22.26.30.34.38)-yl]-benzochinon-(1.4)* (**I**; F. 49,5—50,5°; vgl. Lester, Crane u. Hatefi, C. **1961**, 7975) ermittelt. Ebenso stellen *Coenzym-*$Q_9$, -$Q_8$, -$Q_7$ u. -$Q_6$ *2.3-Dimethoxy-5-methylbenzochinone-(1.4)* dar, dessen Substituenten in 6-Stellung entsprechend **I** aus 9-, 8-, 7- bzw. 6-Isoprenresten aufgebaut sind. Die Hydrierung von **I** unter Aufnahme von 11 Mol $H_2$ u. nachfolgende Oxydation des entstandenen *Hydrochinons* lieferte *Eikosahydrocoenzym* $Q_{10}$. Das UV-Spektrum von **I** mit den Maxima bei 275 mμ u. 405 mμ befindet sich in Übereinstimmung mit dem von *Aurantiogliocladin*. Die Konstit. von I ergab sich ferner aus dem kernmagnet. Resonanzspektrum. I lieferte durch Red. u. Einw. von Dimethylsulfat ein *Tetramethoxy-Deriv.* [II; F. 38—39°; $[\alpha]_D$ 0° (Chlf.)] aus dem durch alkal. $KMnO_4$-Oxydation bei 100° *Tetramethoxyphthalsäureanhydrid* (F. 138—139°) dargestellt wurde. Die Oxydation von II mit der stöchiometr. Menge $KMnO_4$ in Aceton führte zu *2-Methyl-3.4.5.6-tetramethoxyphenylessigsäure* (F. 75—76°). Daneben entstanden *Lävulin-* u. *Bernsteinsäure*. Die chem. u. physikal. Eigg. von I sind denen des 2.3-Dimethoxy-5-methyl-6-farnesylbenzochinons u. analoger Verbb. sehr ähnlich. *Ubichinon* ist der *Coenzym-Q*-Gruppe verwandt. J. Dittmann. 3850

**Coenzym Q.** 2. Mitt. **Synthese des 6-Farnesyl- und 6-Phytylderivates des 2.3-Dimethoxy-5-methylbenzochinons und verwandter Analoga.** Clifford, H. Shunk, Bruce O. Linn, Emily L. Wong, Paul E. Wittreich, Franklin M. Robinson und Karl Folkers. (J. Amer. chem. Soc. **80,** 4753, 5/9. 1958.) — 1. vgl. vorst. Ref.; **4.** vgl. C. **1960,** 16129. — Einige Analoga der Gruppe der *Coenzyme Q* wurden zum Vgl. synthetisiert. 2.3-Dimethoxy-5-methylbenzochinon-(1.4) wurde mit $SO_2$ zu *2.3-Dimethoxy-5-methylhydrochinon* (I; $C_9H_{12}O_4$, F. 77—78°) red., das mit Farnesol u. verschiedenen Kondens.-Mitteln *2.3-Dimethoxy-5-methyl-6-farnesylhydrochinon* ergab. Die nachfolgende Oxydation lieferte *2.3-Dimethoxy-5-methyl-6-farnesylbenzochinon-(1.4)* (II; $C_{24}H_{34}O_4$, rote Fl.). Analog wurden aus I mit Geraniol oder 3-Methylbuten-(2)-ol-(1) *2.3-Dimethoxy-5-methyl-6-geranylbenzochinon-(1.4)* (III; $C_{19}H_{26}O_4$) bzw. *2.3-Dimethoxy-5-methyl-6-[3-methylbuten-(2)-yl]-benzochinon-(1.4)* (IV; $C_{14}H_{18}O_4$) dargestellt. Die Verw. von Phytol ergab *2.3-Dimethoxy-5-methyl-6-phytylbenzochinon-(1.4)* (V; $C_{29}H_{48}O_4$). Die Konstit. von II u. III werden durch ihre kernmagnet. Resonanzspektren, die mit denjenigen der Coenzyme Q vereinbar sind, bestätigt. Die IR-Spektren von II—V zeigen die charakterist. Banden des 2.3-Dimethoxybenzochinonrestes bei 6,03, 6,78 u. 7,9 $\mu$. J. Dittmann. 3850

**Untersuchungen an einer neuen Substanz, Sawamilletin, im Samenöl der Hirse.** 1. Mitt. **Isolierung der neuen Substanz und ihre chemischen Eigenschaften.** Tetsujirô Obara und Shôkichi Abe. (J. chem. Soc. Japan, pure Chem. Sect. [Nippon Kagaku Zassi] **80,** 677—78, Juni 1959; Tôkyô, Kyôiku-Daigaku, Nôgakubu; jap.; Auszug: engl.) — 33 kg Hirsesamen (Sawamillet: *Echinochloa Crus-gallis L.*) werden zerkleinert u. mit PAe. extrahiert, der Auszug eingeengt, der Rückstand im gleichen Vol. Aceton gelöst u. die Lsg. im Dunkeln in der Kälte stehengelassen, wobei 1,7 g einer neuen Substanz, genannt *Sawamilletin* [I; $C_{30-32}H_{50-54}O$, F. 278° (Bzl.), $[\alpha]_D$ 8,2 (c = 0,71) ausfallen. I gibt in Chlf. durch Versetzen mit einer Lsg. von Perbenzoesäure in Chlf. das *Oxid* [$C_{30-32}H_{50-54}O_2$, F. 218,5—219,5°, $[\alpha]_D$ +47,0 (c = 1,7)]. Nach UV- sowie IR-Spektren besitzt I weder Carbonylgruppen, noch konjugierte Doppelbindungen, ist vermutlich eine pentacycl. Verb. mit einer trisubstituierten C=C-Doppelbindung u. einer äquatorialen Methoxygruppe. E. Maekawa. 3950◇

**Neue Phosphorylierungsreaktionen und Schutzgruppen für Nucleotide.** F. Cramer, Hans Neunhoeffer, K. H. Scheit, Gerhard Schneider und J. Tennigkeit. (Angew. Chem. **74,** 387, 7/6. 1962; Darmstadt, TH, Inst. für organ. Chem.; dt.) — Durch Umsetzung von N-Methyl-5-phenylisoxazoliummethylsulfat mit Basen wird *N-[2-Benzoylvinyliden]-methylamin* erhalten, das mit Phosphorsäure u. deren Monoestern unter Bldg. von *1-Methylamino-2-benzoylvinyl-(1)-phosphat* bzw. deren *Estern* reagiert. Die Verbb. phosphorylieren Alkohole in guten Ausbeuten. Es wurden dargestellt: *Methylphenylphosphat* (89 % Ausbeute), *Äthylphenylphosphat* (70 %), *Isopropylphenylphosphat* (73 %) u. *Benzylphenylphosphat* (81 %). — Adenylsäureimidazolid gibt mit einem Orthophosphat *Adenosindiphosphat* (95 %) u. mit Flavinmononucleotid *Flavinadenindinucleotid* (67 %). Uridylsäureimidazolid gibt mit Glucose-1-phosphat *Uridindiphosphatglucose* (67 %) u. Thymidylsäureimidazolid *Thymidindiphosphatglucose* (70 %). Die zum Schutz der Phosphorsäure nach der Trichloracetonitril-Meth. dargestellten *5'-Adenylsäure-tert.-butylester* (60 %) u. *3'-Thymidylsäure-tert.-butylester* (75 %) lassen sich mit 20 %ig. Essigsäure in 45 Min. bei 60° spalten. Zum Schutz der Nucleotide wurde außerdem 3'-Adenyl- bzw. 3'-Uridylsäure mit Diphenyldiazomethan umgesetzt, wobei *3'-Adenyl-* bzw. *3'-Uridylsäurebenzhydrylester* (60 %) entsteht. G. Seltmann. 3950□

**Harzsäuren.** 4. Mitt. **Über die chemische Zusammensetzung des aus dem Rohharz der Pinus silvestris LK. gewonnenen Kolophoniums.** I. I. Bardyschew, O. T. Tkatschenko und Ch. A. Tschertschess. (J. allg. Chem. [UdSSR] **32 (94),** 999—1001, März 1962; russ.) — 3. vgl. C. **1961,** 5811. — In dem aus Kolophonium isolierten Gemisch von *Harzsäuren* (F. 96—116°; $[\alpha]_D$ +4,4°) wurden chromatograph. u. spektrophotometr. nachgewiesen: *Dehydroabietinsäure, Lävopimarsäure, Palustrinsäure, Dextropimarsäure, Abietinsäure, Neoabietinsäure, Dihydroabietinsäure* u. 2 nicht identifizierte Säuren. M. Ulmann. 3950□

# D. Makromolekulare Chemie

**Lichtstreuung von Lösungen makromolekularer Stoffe. Theorie und Praxis der Methode.** G. Martín Guzmán. (Rev. Ci. apl. **12,** 508—15, Nov./Dez. 1958; Madrid, Patronato Juan de la Cierva de Investigación Técnica, Dep. de Plásticos; span.) — Übersicht mit 5 Literaturhinweisen. U. Müller. 4000◇

**Anziehungskräfte zwischen makromolekularen Ketten biologischer Bedeutung.** L. Salem. (Nature [London] **193,** 476—77, 3/2. 1962; Cambridge, Mass., Harvard Univ., Dep. of Chem.; engl.) — Für Moll. der Länge L u. des gegenseitigen Abstands D ergibt sich für den Fall $D \ll L$ aus einer Modellvorstellung des Vf. für die London-Van der Waalsschen Kräfte $W = (A\,3\,\pi\,N)/(8\,\lambda\,D^5)$ ($N$ = Zahl, $\lambda$ = Länge der ident. Einheiten). Vf. erhält für den Londonschen Wechselwrkg.-Faktor A von KW-Stoffketten (Formel vgl. Molecular Physics **3,** [1960], 441; quantenmechan. Mittel aus normalen Mol.-Orbitals, Vernachlässigung der Orientierungseffekte) —92,2 a. u. = —1,270 (kcal/Mol)·$Å^6$ ±15%. Für 2 benachbarte Moll. in monomol. Filmen beträgt dann W für Stearinsäure 8,0, für Isostearinsäure 2,7 u. für Hexatriakontansäure 16,0 kcal/Mol. Es wird auf die starke Änderung von W mit D hingewiesen. R. Junge. 4000◇

**Chemische Umsetzungen an synthetischen Polymeren.** W. Kern. (Proc. int. Symposium macromolecular Chem., Prague **1957,** 126—40; Suppl. 2 zu: Tetrahedron [London]; Mainz, Univ., Organ.-Chem. Inst.; dt.) — Eine Übersicht über mögliche Rkk. an Makromoll. mit zahlreichen Beispielen über Umsetzungen an *Polyäthylen, Polystyrol, Polyacrylsäureestern* u. *Derivv., Polyvinylestern* u. *Polyvinylalkohol, polymeren Mercaptanen, Polyvinylchlorid, polymeren Aldehyden* u. *Ketonen, Polyvinylsulfonsäure* u. *Derivv., polymeren Aminen* u. *polymeren Säureanhydriden.* — 64 Literaturangaben. U. Müller. 4010◇

**Das Entstehen innerer Spannung beim Erstarrungsprozeß synthetischer Harze.** 1. Mitt. **Durch Kontraktion verursachte innere Spannung.** Sogoro Yamaguchi. (Rev. physic. Chem. Japan **31,** 5—17, 1961; Kawasaki, Japan, Fuji Electric Mfg. Co., Res. Dep.; engl.) — Vff. messen die innere Spannung u. die Vol.-Kontraktion von *Epikote* unter Verw. von cis-Cyclohexan-1.2-dicarbonsäureanhydrid als Härter während des Erstarrens der Harze einerseits bei freien Schrumpfmöglichkeiten u. andererseits bei geometr. Vermeidung des Schrumpfs. Die Vol.-Kontraktion besteht aus Rk.-Kontraktion (RK), therm. Kontraktion (TK) u. Trocknungskontraktion (TrK). Es wurde bei der freien Kontraktion gefunden: RK: 5,80%, TK 2,25%, TrK 8,05%. Bei der unfreien Kontraktion RK: 0,39%, TK 2,26%, TrK 2,65%. W. Fester. 4010◇

**Das Entstehen innerer Spannung beim Erstarrungsprozeß synthetischer Harze.** 2. Mitt. **Durch Scherkräfte bedingte innere Spannung.** Sogoro Yamaguchi. (Rev. physic. Chem. Japan **31,** 18—25, 1961; engl.) — 1. vgl. vorst. Referat. — Es werden untersucht ein *α-Methylstyrol-Styrol-Copolymeres* (**I**) u. *Makrolon E* (**II**). Beziehungen des spezif. Gew. zur Temp., Deformation durch Hitze zur Temp. sowie die Deformations-Geschw. bei verschiedenen Temp. werden graph. dargestellt. Hieraus ermitteln Vff. einen Umwandlungspunkt für **I** zwischen 81 u. 105° u. für **II** zwischen 128 u. 135°. Es wird angenommen, daß Moll. beim schnellen Abkühlen aus dem geschmolzenen Zustand unter hohen Scherkräften bei Zimmer-Temp. eine instabile Orientierung einnehmen, die beim Erhitzen über die Umwandlungs-Temp. zurückgeht. W. Fester. 4010◇

**Das Entstehen innerer Spannung beim Erstarrungsprozeß synthetischer Harze.** 3. Mitt. **Untersuchung über die Änderung der Molekülstruktur in bezug auf innere Spannung durch Infrarotspektren.** Sogoro Yamaguchi. (Rev. physic. Chem. Japan **31,** 26—33, 1961; engl.) — 2. vgl. vorst. Referat. — Es werden untersucht: *Epikote* (**I**), wobei cis-Cyclohexan-1.2-dicarbonsäureanhydrid (**II**) als Härter verwendet wird, u. ein *α-Methylstyrol-Styrol-Copolymeres* (**III**). Es werden die IR-Spektren von **I** u. **II** getrennt u. in Mischung aufgenommen. Änderung des letzteren Spektrums durch Erhitzen zeigt mit steigender Temp. Vernetzungsreaktion. Weiterhin wird **III** in polarisierten IR untersucht. Hierbei kann festgestellt werden, daß beim Verstrecken in der Schmelze die Moll. parallel zur Zugachse orientiert werden. Orientierung wird durch Hitze aufgehoben. W. Fester. 4010◇

**Untersuchungen über die Oxydation von Hochpolymeren.** 4. Mitt. **Bildung von Wasser und Kohlendioxid bei der Oxydation von Polyäthylen.** Syunzi (Shunji) Kawamatsu. (Chem. high Polymers [Tokyo] **16,** 255—59, 1959; Tokyo, Hitachi Hauptforschungslabor.; jap., Auszug: engl.) — 2. vgl. C. **1961,** 13566. — Je 0,22 g *Polyäthylen* (**I**) Z — 3859 ±0,07% N-Phenyl-β-naphthylamin (**II**) als Antioxydans werden in

feinkörniger Verteilung bei 135—140° u. $5 \cdot 10^{-2}$ mm Hg getrocknet u. geschmolzen u. bei 120—160° bei konst. Temp. (±0,5°) im getrockneten Luftstrom (200 ml/h bzw. 170 ml/40 min bei 160°) oxydiert u. der zeitliche Verlauf der Bldg. von $H_2O$ u. $CO_2$ sowie die Verteilung des $O_2$ auf die Oxydations-Prodd. verfolgt. Der Verlauf der Wasser-Bldg. geht parallel dem der $O_2$-Aufnahme, u. zwar unter autokatalyt. Zunahme bis zu einem Maximum u. folgender Abnahme. Bei <150° ergibt sich aus den maximalen Geschw. der Wasser-Bldg. eine Aktivierungsenergie von 23,5 kcal/Mol, unabhängig von der Ggw. von **II**. Die Induktionsperiode wird durch **II**-Zusatz verlängert. 42—46 (%) des angewandten $O_2$ werden als W. festgelegt, 6—15 als $CO_2$, 2—8 als flüchtige Säuren (berechnet als $CH_3COOH$) u. 49—34 verbleiben in **I** in nichtflüchtiger Form.
L. Schuler. 4010□

**Untersuchungen über die Oxydation von Hochpolymeren.** 6. Mitt. **Oxydation von Polyäthylen unter γ-Bestrahlung.** Syunzi Kawamatsu und Akira Arai. (Chem. high Polymers [Tokyo] **16,** 358—62, 1959; jap., Auszug: engl.) — 4. vgl. vorst. Ref.; 5. vgl. C. **1962,** 9000. — Bei der Luftoxydation von *Polyäthylen* bei Raum-Temp. unter γ-Bestrahlung (aus $^{60}Co$) verschiedener Intensitäten nimmt die Oxydations-Geschw. autokatalyt. mit der $O_2$-Absorption bis zu einem Maximum zu. Vff. schließen auf Radikalkettenreaktionen. Bei schwächeren Intensitäten ist der Einfl. der $O_2$-Absorption stärker als bei höheren. Bei γ-Bestrahlung bis über 20 Mrep steigt der Fließpunkt der bestrahlten Proben kaum an; Vernetzung findet auch kaum statt. L. Schuler. 4010□

**Einfluß der Anfangsbelastung und γ-Bestrahlung auf die Festigkeit von Polyäthylen.** C. C. Hsiao und J. W. Yang. (J. appl. Physics **33,** 2870—72, Sept. 1962; Minneapolis, Minn., Univ. of Minnesota; engl.) — Bei ein- u. zweiachsig orientierten u. mit γ-Strahlen vorbehandelten Proben von *Polyäthylen* finden Vff. ein Ansteigen der Zugfestigkeit u. des Elastizitätsmoduls, wenn bei Zimmer-Temp. der Orientierungsgrad durch die homogene Deformation abnimmt. Die Zugfestigkeit wird mit steigender γ-Strahlungsdosis wieder kleiner, während der Elastizitätsmodul weiter zunimmt. Aus beiden Effekten schließen Vff., daß die γ-Bestrahlung die makromol. Orientierung völlig zerstört u. damit die Zugfestigkeit verringert u. der Elastizitätsmodul durch das Auftreten von Vernetzungen erhöht wird. W. Sobieski. 4010◇

**Temperaturstabilität und Homogenität von Polystyrol–Polyäthylen-Pfropfpolymeren.** D. Ballantine, D. J. Metz, J. Gard und G. Adler. (J. appl. Polymer Sci. **1,** 371, Mai/Juni 1959; Upton, N.Y., Brookhaven Nat. Labor.; engl.) — Zur Pfropfung von *Polystyrol* (**I**) auf *Polyäthylen* (**II**) werden 3 Möglichkeiten angegeben: a) **II** wird in Styrol (**III**) getaucht u. das erhaltene Syst. wird bestrahlt; b) **II** wird zuerst an der Luft bestrahlt u. anschließend in **III** getaucht; c) **II** wird im Vakuum bestrahlt u. in **III** getaucht. Bei Verff. a) u. b) entstehen Homopolymere u. Pfropfcopolymere. Bei c) erfolgt eine vollständige Bldg. von Pfropfcopolymeren. Die Unterss. der Polymeren erfolgt mkr. u. durch Aufnahme von Röntgenbeugungsdiagrammen. Bei der Best. der Doppelbrechung wurden Abweichungen festgestellt. E. Anton. 4010□

**Infrarot-Durchlässigkeit von Trifluorchloräthylen.** Tunis Wentink jun. und Carl E. Martin. (J. opt. Soc. America **50,** 741—42, Juli 1960; Ithaca, N.Y., Gen. Electr. Advances Electron. Center; engl.) — Es wurde die spektrale Durchlässigkeit von 3 u. 5 mm dicken *Kel-F*-Plättchen (*polymeres Trifluorchloräthylen*) im Wellenlängenbereich zwischen 1,5 u. 5 μ vor u. nach therm. Behandlung bei 211° untersucht. Kel-F besitzt ein milchig-trübes Aussehen, das durch Tempern oberhalb von 211° fast völlig zu beseitigen ist. Verss., diese Transparenz durch rasches Abkühlen im Wasserbad zu bewahren, gelangen bei den 3 mm, nicht bei den 5 mm starken Plättchen. Die spektrale Durchlässigkeit des Kel-F zwischen 1,5 u. 5 μ ähnelt in Größe u. Verlauf gleichstarken Quarzplättchen: Sie ist zwischen 1,5 u. 2,7 μ etwa konst., besitzt ein starkes Minimum bei 2,9 μ, ein schwächeres bei 3,5 μ u. fällt zwischen 3,8 u. 4,1 μ steil auf Null ab. Tempern u. anschließendes rasches Abkühlen ändert diesen Verlauf nur wenig, steigert aber die Durchlässigkeit um 20—30%. J. Baars. 4010□

**Die Dehnungseigenschaften von einigen Plasten bei tiefen Temperaturen.** J. Dyment und H. Ziebland. (J. appl. Chem. **8,** 203—06, April 1958; Waltham Abbey, Essex Explosives Res. and Dev. Establ.; engl.) — Dehnungsprüfungen an *Polytetrafluoräthylen, Polycaprolactam, nichtplastifiziertem Polyvinylchlorid* u. *Polytrifluormonochloräthylen* wurden bei —196, —120, —75 u. +20° an jeweils 10 gedrehten Proben von Zylinderform durchgeführt. Gemessen wurden die Grenzreißfestigkeit, der Young-Modul u. die bleibende Endausdehnung nach Bruch. Die Reißfestigkeit für Polytetrafluoräthylen steigt von $1{,}44 \cdot 10^3$ lbs./sq. in. bei Zimmer-Temp. auf $13{,}8 \cdot 10^3$ lbs./sq. bei —196°. Die plast. Verformung bei —196° war 0,3%, bei —120° 3%. Die Grenzreißfestigkeit für Polycaprolactam (bei $-196^0$ $27{,}9 \cdot 10^3$ lbs./sq.in., bei $+20^0$ $9{,}5 \cdot 10^3$ lbs./sq. in) war die höchste aller untersuchten Materialien (zwischen der von Cu u. reinem Al bei der Temp.). Polyvinylchlorid zeigt bei $-75^0$ halbplast. Verh. (Gesamtverformung 12%), Reißfestigkeit bei $+20^0$ $7{,}7 \cdot 10^3$ lbs./sq. in., bei $196^0$ $-19{,}7 \cdot 10^3$ lbs./sq.inch. Polytrifluormonochloräthylen zeigt weder bei $-196$ noch bei $-75^0$ plast. oder halbplast. Verh.; die Reißfestigkeit wächst von $6{,}3 \cdot 10^3$ lbs.in.sq. auf $16{,}2 \cdot 10^3$ lbs./sq.inch. Die Elastizitätsmoduln (Young-Modul) steigen ähnlich an. W. Sauer. 4010◇

**Untersuchungen über Lösungen von Hochpolymeren. 1. Mitt. Osmotischer Druck von Polystyrol in Benzollösung.** Tamotsu Ueyama, Shunzi Kawamatsu und Minoru Harada. (Chem. high Polymers [Tokyo] **16**, 27—30, 1959; Tokyo, Hitachi Centr. Res. Labor.; jap., Auszug: engl.) — Mit Hilfe eines abgeänderten Zimm-Meyerson-Osmometers wird der osmot. Druck von 5—10%ig. Lsgg. von unfraktionierten u. fraktionierten Proben von *Polystyrol* in Bzl. bestimmt. Das daraus berechnete Molgew. (Zahlenmittel $\overline{M}_n$) ist wesentlich geringer als das mit der Ultrazentrifuge bestimmte $\overline{M}_{SD}$, falls $M_n$ mit einer denitrierten Kollodiummembran von niedriger spezif. Permeabilität bestimmt wird. $\overline{M}_n$ von sorgfältig fraktionierten Proben, das mit Hilfe einer Membran von hoher spezif. Permeabilität osmometr. bestimmt wurde, zeigt jedoch fast den gleichen Wert wie das aus der Viscosität der Lsgg. bestimmte $\overline{M}_v$. Der $\overline{M}_n$-Wert wird also stark von der Fraktionierungs-Meth. beeinflußt. L. Schuler. 4010□

**Untersuchungen über Lösungen von Hochpolymeren. 2. Mitt. Osmotischer Druck von Polymethacrylsäuremethylester in Aceton und Benzol.** Tamotsu Ueyama, Shunzi Kawamatsu und Minoru Harada. (Chem. high Polymers [Tokyo] **16**, 31—34, 1959; jap., Auszug: engl.) — 1. vgl. vorst. Referat. — Wie l. c. wird unter Anwendung einer Gelcellophanmembran der osmot. Druck fraktionierter Proben von *Polymethacrylsäuremethylester* u. gleichzeitig die Viscosität bestimmt. Das in Aceton-Lsg. osmometr. bestimmte $\overline{M}_n$ (vgl. l. c.) ist größer als das in Bzl. bestimmte, das viscosimetr. bestimmte $\overline{M}_v$ dagegen geringer. Vff. nehmen als Erklärung an, daß Bzl. das bessere Lsgm. ist. Für die Intrinsicviscosität $[\eta]$ bei $25^0$ gilt: in Aceton $[\eta] = 6{,}93 \cdot 10^5 \cdot M_n^{0{,}73}$, in Bzl. $[\eta] = 4{,}60 \cdot 10^{-4} \cdot M_n^{0{,}67}$. Die letztere Beziehung gilt als die zuverlässigere.
L. Schuler. 4010□

**Kinetische Untersuchung über das Gegenion bei der kationischen Polymerisation von Styrol. 1. Mitt. Die von verschiedenen Friedel-Crafts-Katalysatoren katalysierte Polymerisation.** Seizo Okamura, Toshinobu Higashimura und Yutaka Sakurada. (Chem. high Polymers [Tokyo] **16**, 49—53, 1959; Kyoto, Univ.; jap., Auszug: engl.) — Der Vgl. des Einfl. des Katalysators bei der kation. Polymerisation von *Styrol* ergibt folgendes: Bei $30^0$ in Bzl. oder Bzl.-Äthylendichlorid nimmt die Polymerisations-Geschw. in folgender Reihe der Katalysatoren ab: $TiCl_4 > SnCl_4 > BF_3 \cdot O(C_2H_5)_2$, die Molgew. der Polymeren dagegen nehmen in derselben Reihenfolge zu, d. h. der aktivste Katalysator gibt ein Prod. mit dem niedrigsten Molgewicht. Durch Verw. verschiedener Katalysatoren können die Molgew. in reproduzierbarer Weise verändert werden. Das aus dem Katalysator erzeugte Gegenion beeinflußt nicht nur die Initiator-Rk., sondern auch die darauffolgenden Polymerisationsreaktionen.
L. Schuler. 4010□

**Photopolymerisation von Styrol, Vinylacetat und Acrylsäuremethylester in flüssiger Phase.** G. M. Guzmán. (An. Real Soc. españ. Física Quím., Ser. B **51**, 69—84, Jan. 1955; Madrid, Patronato Juan de la Cierva, Dep. de Plásticos; span.) — Umsatzkurven der *Polymerisation* von *Styrol* durch UV-Bestrahlung mit Azodiisobuttersäurodinitril als Sensibilisator zeigen einen linearen Verlauf bis zu einem bestimmten, von Temp., Initiator- u. Monomeren-Konz. abhängigen Umsatz. Bei diesem Umsatz zeigen die Kurven einen schwachen, aber deutlichen Knick, d. h. die Polymerisations-Geschw. ist geringer als ursprünglich. Der Knick ist bei höheren Konzz. an Monomerem u. Initiator u. bei höheren Temp. weniger scharf ausgeprägt als bei niedrigeren. Sind Konzz. u. Temp. hoch genug, so daß das Verhältnis der Geschw. nach dem Knick ($R_s$) zu der vor dem Knick ($R_i$) $> 0{,}85$ ist, so entspricht der Geschw.-Abfall dem normalen Abfall, bedingt durch Verbrauch des Monomeren. Ist $R_s/R_i < 0{,}85$, so ist der Geschw.-Abfall jedoch größer. Es wird angenommen, daß der größere Geschw.-Abfall dadurch bedingt wird, daß sich unterhalb einer krit. Ausgangsradikal-Konz. die stationäre Radikal-Konz. nicht halten kann; in diesem Fall zeigt der erste Zweig der Umsatzkurve die Geschw. im stationären Zustand, der zweite nicht mehr. — Bei der *Polymerisation* von *Vinylacetat* in Substanz unter denselben Bedingungen wie oben wurde vom Beginn der Rk. an eine zunehmende Rk.-Geschw. gefunden, was durch den Geleffekt erklärt wird; dies gilt mit u. ohne Zusatz von Polymerem zu Beginn der Reaktion. Bei der Polymerisation in Lsg. bei 40° wurde eine Übertragungs-Konst. von 3,6 Liter·$Mol^{-1}$·$s^{-1}$ für Bzl. gefunden. — Die *Polymerisation* von *Acrylsäuremethylester* in Substanz unter denselben Bedingungen wie oben zeigt zunehmende Rk.-Geschw. vom Beginn der Rk. an, nicht jedoch die Polymerisation in Lösung. Die Polymerisations-Geschw. ist proportional der Quadratwurzel der Intensität des eingestrahlten UV-Lichts; bei Polymerisation ohne Lichteinstrahlung ist die Polymerisations-Geschw. proportional der Quadratwurzel der Initiatorkonzentration. Dies zeigt, daß der Abbruch der Rk. durch gegenseitige Vernichtung der Radikale erfolgt. In bezug auf die Monomeren-Konz. ist die Rk.-Ordnung $^3/_2$. Die Übertragungs-Konst. für Essigsäureäthylester wurde zu 36,2 Liter·$Mol^{-1}$·$s^{-1}$ bei 25° u. 51 Liter·$Mol^{-1}$·$s^{-1}$ bei 43° gefunden. U. Müller. 4010◇

**Strahlungsinduzierte Ionenreaktionen: Die Verzögerung der Homopolymerisation von α-Methylstyrol und β-Pinen durch Wasser.** T. H. Bates, J. V. F. Best und T. Francon Williams. (Nature [London] **188,** 469—70, 5/11. 1960; Harwell, Atomic Energy Res. Establ., Chem. Div.; engl.) — W. hat einen ausgeprägten Verzögerungseffekt auf die strahlungsangeregte Polymerisation von *α-Methylstyrol* (**I**) u. *β-Pinen* (**II**). **II** gibt um so höhere Polymerisationsgrade, je besser es vorgetrocknet ist. Über aktiviertem Al u. Silicagel getrocknetes monomeres **II** gibt Werte von 370 bzw. 1055, über Silicagel im Vakuum 3000. Zugesetzte Wasserspuren setzen den Polymerisationsgrad herab. **I** gibt, über Silicagel getrocknet, Werte um 10000, in Ggw. von W. ca. 16. Der Inhibitoreffekt von W. kann aus thermodynam. Überlegungen nicht über einen Radikalmechanismus erklärt werden, jedoch über einen ion. Mechanismus durch Wechselwrkg. von W. mit einem kation. Wachstumszentrum. W. Sauer. 4010◇

**Untersuchungen über die intermolekulare Acetalbildung von Polyvinylalkohol mit Aldehyd-Endgruppen.** 1. Mitt. **Reaktion von Polyvinylalkohol mit Aldehydendgruppen in angesäuerter wässeriger Lösung.** Ichiro Sakurada und Syuzi Matsuzawa. (Chem. high Polymers [Tokyo] **16,** 90—94, 1959; Kyoto, Univ.; jap., Auszug: engl.) — Durch Spaltung von 1.2-Glykolbindungen in *Polyvinylalkohol* (**I**, dargestellt in Substanz, in Lsg. oder in Emulsion) mit $HJO_4$ in W. werden verschiedene **I**, welche 1—2 HCO-Gruppen pro Mol. **I** enthalten (Prod. **II**), erhalten. Die Best. der Viscosität der Lsg. während der Rk. zeigt, daß die Lsg. nach einer bestimmten Zeit in ein in sd. W. unlösl. Gel übergeht. Die Gelierungszeit nimmt unter gleichen Bedingungen mit Zunahme der HCO-Gruppen/Mol. **II** ab, desgleichen bei der gleichen Probe mit Zunahme der **II**-Konzentration. L. Schuler. 4010□

**Kationische Tieftemperaturpolymerisation von Alkylvinyläthern und die Eigenschaften der erhaltenen Polymeren.** 1. Mitt. **Methylvinyläther.** Seizo Okamura, Toshinobu Higashimura und Hirokazu Yamamoto. (Chem. high Polymers [Tokyo] **16,** 45—48, 1959; Kyoto, Univ.; jap., Auszug: engl.) — Vgl. Chem. high Polymers [Tokyo] **15,** [1958], 425. — *Methylvinyläther* (**I**) wird bei tiefer Temp. in guter Ausbeute in einem aktivierenden Lsgm. zu einem nicht klebrigen, kristallinen *Polymeren* kation. polymerisiert, wobei sich außer H-haltigen halogenierten KW-Stoffen (Chlf.) bes. Toluol bewährt. Die Bedeutung der sog. Aktivierung wird u. a. darin gesehen, daß Toluol ein gutes Lsgm. für das Polymere ist u. so eine Bedeckung der Katalysatoroberfläche u. damit eine Hemmung der Polymerisation verhindert. **I** wird ferner in Hexan–Chlf. oder Hexan–Toluol bei —78° in Ggw. von $BF_3 \cdot O(C_2H_5)_2$ im homogenen u. heterogenen Syst. in das gleiche isotakt. Polymere verwandelt, wie sich durch Röntgendiagrammanalyse u. Best. des Spezif. Gew. beweisen läßt, wobei in beiden Syst. Polymere mit den gleichen Eigg. entstehen. L. Schuler. 4010□

**Kationische Tieftemperaturpolymerisation von α-Methylstyrol und die Eigenschaften der erhaltenen Polymeren.** 3. Mitt. **Molekulargewicht und Viscosität von Poly-α-methylstyrol.** Seizo Okamura, Toshinobu Higashimura und Yukio Imanishi. (Chem. high Polymers [Tokyo] **16,** 244—48, 1959; jap., Auszug: engl.) — 2. vgl. C. **1962,** 15985; 1. vgl. vorst. Referat. — Aus der Best. der Intrinsicviscosität $[\eta]$ u. des osmot. Drucks der Benzol-Lsg. von fraktioniertem *Poly-α-methylstyrol,* das durch kation. Polymerisation bei niedriger Temp. (—50 bis —78°) erhalten wurde, läßt sich folgende Gleichung ableiten: $[\eta] = 2{,}49 \cdot 10^{-4} \cdot M^{0{,}647}$ (M = mittleres Molgew.); für die krit. consolute Lsg. aus 20,6 (Vol.-%) Methanol u. 79,4 Bzl. gilt gleicherweise $[\eta] = 7{,}68 \cdot 10^{-4} \cdot M^{0{,}50}$. Daraus errechnet sich $(\bar{r}_o/\bar{r}_{of}^2)^{1/2} = 2{,}73$, worin $\bar{r}_o^2$ das Quadrat der mittleren Abstände der beiden Enden der Polymerkette, $\bar{r}_{of}^2$ bei freier Drehbarkeit. Aus dem Vgl. mit den Werten für Polystyrol wird geschlossen, daß die an einem α-C-Atom befindlichen $CH_3$-Gruppen die freie Drehung der C-Kette hindern. L. Schuler. 4010□

**Kristallstruktur von Polyketon (1:1-Äthylen/Kohlenoxid-Copolymerisat).** Yozo Chatani, Takeo Takizawa, Shunsuke Murahashi, Yoshiaki Sakata und Yasushi Nishimura. (J. Polymer Sci. **55,** 811—19, Dez. 1961; Sakai, Osaka, Japan, Univ., Inst. of Sci. and Ind. Res.; Nakanoshima, Osaka Univ., Fac. of Sci., Dep. of

Polymer Sci.; engl.) — Die Kristallstruktur des *Polyketons* (I) aus *Äthylen* u. *Kohlenmonoxid* (1 : 1), das durch Copolymerisation von Äthylen u. CO durch $\gamma$-Strahlung unter Druck erhalten wurde, wurde durch Röntgenanalyse bestimmt. Es wurde eine orthorhomb. Elementarzelle der Raumgruppe $D_{2h}^{16}$ = P n a m mit den Zellendimensionen a = 7,97, b = 4,76 u. c (Faserachse) = 7,57 Å gefunden. Die Elementarzelle enthält 4 Monomereinheiten ($-CH_2-CH_2-CO-$). Die Hauptkette hat eine ebene Zickzack-Form. Die Mol.-Packung entspricht der des Polyäthylens u. die C=C-Gruppen sind in 2 äquivalenten Niveaus (Z = 1/4 u. 3/4) angeordnet. Eine offenbar anisotrope therm. Schwingung des Mol. wurde festgestellt, d. h. die therm. Schwingung in der Richtung senkrecht zur Faserachse beträgt etwa das 3fache derjenigen in der Faserrichtung. Eine vorläufige Unters. von I mit verschiedenem Mol-Verhältnis von Äthylen u. CO lieferte das interessante Ergebnis, daß je größer der CO-Anteil ist, um so länger ist die a-Achse u. um so kürzer die b-Achse. F. Rochlitz. 4010□

**Adsorption von Polymethacrylsäure an Kohle aus alkoholisch-wässerigen Lösungen.** Alina Ulińska und Lesław Huppenthal. (Roczniki Chem. [Ann. Soc. chim. Polonorum] **34**, 1089—1101, 1960; Toruń, Uniw. M. Kopernika, Kat. Chem. ogóln.; pol.) — Gemessen wurde die Adsorption von *Polymethacrylsäure* (I) an Aktivkohle bei 25° in einer Anordnung nach Hobden u. Jellinek (C. **1954**, 5537). I wurde als 1% ig. Lsg. in Methanol, A. u. wss. Methanol bzw. wss. A. verwendet. Die Adsorption hat in Abhängigkeit von der Zus. des Lsgm. ein Maximum u. ein Minimum. Dem Maximum entspricht ein Minimum der Löslichkeit von I u. umgekehrt. Die unterschiedliche Löslichkeit von I bei Änderung der Zus. des Lsgm. hängt mit der Dissoziation u. Veresterung von I zusammen: Bei höherem Wasser-Geh. ist die Dissoziation bevorzugt, bei höherem A.- oder Methanol-Geh. ist eine merkliche Veresterung von I festzustellen. Während die Adsorption aus alkohol. Lsgg. einen Gleichgewichtszustand erreicht, ist dies bei methanol. Lsgg. nicht der Fall. Die experimentell ermittelte Adsorptionsisotherme für alkohol. Lsgg. entspricht der Langmuirschen Gleichung, nicht aber der Freundlichschen Form. Die Adsorptions-Geschw. von Teilchen mit kleinem Molgew. ist größer als die großer Moleküle. Die Adsorption von I an Aktivkohle kann zur Fraktionierung verwendet werden, doch ist die Empfindlichkeit der Meth. gering. — 23 Literaturangaben. F. Urban. 4010◇

**Die durch p-Toluolsulfinsäure, Dimethylanilin und Sauerstoff initiierte Polymerisation von Methylmethacrylat.** Ryoichi Uehara. (Bull. chem. Soc. Japan **32**, 1079—82, Okt. 1959; Ota-ku, Tokyo, Tama Kagaku Kogyo Co.; engl.) — Die Polymerisation von *Methylmethacrylat* (III) in Ggw. von p-Toluolsulfinsäure (I) u. Dimethylanilin (II) als Initiatoren wird kinet. untersucht. Es wird angenommen, daß II mit I ein Salz bildet, das mit Luftsauerstoff ein Radikal bildet. Experimentell konnte eine lineare Abhängigkeit der Anfangs-Geschw. der Rk. von den Quadratwurzeln der Konz. von I u. II, dem Luftdruck u. der Konz. von III gefunden werden: $R = k[O_2]^{1/2} \cdot [I]^{1/2} \cdot [II]^{1/2} \cdot [III]$. Diese Gleichung stimmt mit der unter der Annahme des obengenannten Mechanismus theoret. ableitbaren Gleichung überein. Y. Shahab. 4010□

**Die durch p-Tolylmethylsulfon, Dimethylanilin und Luftsauerstoff initiierte Polymerisation von Methylmethacrylat.** Ryoichi Uehara. (Bull. chem. Soc. Japan **32**, 1082—84, Okt. 1959; Ota-ku, Tokyo, Tama Kagaku Kogyo Co.; engl.) — Untersucht wird die Wrkg. verschiedener Amine auf die Polymerisation. Es erwiesen sich nur tert. aromat. Amine als wirksam. p-Substituenten des Dimethylanilins, wie Methyl- u. Methoxygruppen, die Elektronen abstoßen, verbessern die Polymerisationsausbeute. Elektronenanziehende p-Substituenten, wie Chlor, dagegen verschlechtern die Ausbeute, die stark elektronenanziehende Nitro- u. Nitrosogruppe verhindern die Polymerisation. Die prozentuale Umsetzung zeigt eine lineare Abhängigkeit von der Konz. der Monomeren. Y. Shahab. 4010□

**Die durch N.N'-Bis-[p-toluolsulfonyl]-hydroxylamin und Luftsauerstoff initiierte Polymerisation von Methylmethacrylat.** Ryoichi Uehara. (Bull. chem. Soc. Japan **32**, 1085—88, Okt. 1959; Ota-ku, Tokyo, Tama Kagaku Kogyo Co.; engl.) — Die Polymerisation von *Methylmethacrylat* (III) in Ggw. von N.N'-Bis-[p-toluolsulfonyl]-hydroxylamin (I) wird durch Dimethylanilin (II) beschleunigt. Hydrochinon verzögert die Rk. u. in $N_2$-Atmosphäre findet sie nicht statt, was für eine Rk.-Auslösung durch freie Radikale spricht. Eine Copolymerisation von III u. *Styrol* ergibt ein Copolymerisat im Verhältnis 1 : 1. Die Anfangs-Geschw. der Polymerisation ist linear abhängig von den Quadratwurzeln der Konz. von I u. II. Bei p-Substituenten zeigt II das gleiche Verh., wie es in der vorangehenden Arbeit beschrieben wurde. Y. Shahab. 4010□

**Neuartige, aus Derivaten einer durch Fermentation gewonnenen Säure hergeleitete durchsichtige Polymere.** E. Condorelli und L. Spano. (Chimica [Milano] **36**, 447—51, Sept. 1960; ital.) — Ein bin. (I) u. ein tern. Copolymerisat (II) werden hergestellt. Das aus *Dimethylitaconat* (III) u. *Acrylonitril* in Ggw. von Peroxid gewonnene I hat keine prakt. Bedeutung, weil die Polymerisations-Geschw. zu lang ist, die Umsetzung nur unvollständig verläuft u. die Kennwerte des Polymerisats ungünstig sind. Gute Eigg. in mechan. u. therm. Hinsicht zeigt dagegen das aus III, *Styrol* u. *Acrylonitril* hergestellte II. Kennwerte hiervon werden mitgeteilt. H. Reuter. 4010□

**Untersuchungen über Acrylfasern.** 3. Mitt. **Viscosität von konzentrierten Acrylonitrilcopolymerenlösungen.** Masao Takahashi und Masamoto Watanabe. (Chem. high Polymers [Tokyo] **16**, 35—39, 1959; Ōtsu, Tōyō Reyon K.K.; jap., Auszug: engl.) — 2. vgl. C. **1963**, 4378. — Mit einem Rotationsviscosimeter (Typ B) wird die Viscosität [$\eta$] konz. Lsgg. (10—40%) von Copolymeren aus *Acrylonitril* u. 3 bzw. 5% *Acrylsäuremethylester* in Dimethylformamid bestimmt, desgleichen auch der Einfl. verschiedener Faktoren auf die Beständigkeit der Lösungen. Stabile u. mol.-disperse Lsgg. zeigen keine Zunahme der Viscosität mit der Lagerzeit. Der Einfl. der Schergeschw. läßt sich durch $\eta = k\,D^n$ wiedergeben, worin D = U/min des Viscosimeters u. k u. n Konst. sind. Für unterschiedliche Polymertypen (*Orlon*, *Polymeres A*) mit gleichem Molgew. $M_n$ werden verschiedene Viscositätswerte erhalten. Die Beziehung zwischen Viscosität $\eta$ u. Konz. kann durch log $\eta \infty \sqrt{c}$, die zwischen $\eta$ u. Molgew. durch log $\eta \infty \sqrt{M_n}$ u. die zwischen $\eta$ u. abs. Temp. durch log $\eta \infty 1/T$ ausgedrückt werden. Die scheinbare Aktivierungsenergie des Fließens variiert mit der Konz. u. dem Molgew. des Polymeren. L. Schuler. 4010□

**Seitlich geordnete Polymere: Polyacrylonitril und Polyvinyltrifluoracetat.** C. R. Bohn, J. R. Schaefgen und W. O. Statton. (J. Polymer Sci. **55**, 531—49, Dez. 1961; Wilmington, Del., E. I. du Pont de Nemours & Co., Textile Fibers Dep., Pioneering Res. Div.; engl.) — Die Struktur u. die Eigg. von 2 seitlich geordneten (richtungskrist.) Polymeren, *Polyacrylonitril* (I) u. *Polyvinyltrifluoracetat* (II), werden diskutiert. Bes. werden die Ergebnisse aus Röntgendiagrammen, IR-Messungen, Verss. über therm. Ausdehnung u. Faser-Eigg. in ihrer Beziehung zur Mol.-Struktur betrachtet. Dabei ergibt sich, daß das Vorliegen einer Ordnung nur von Kette zu Kette (seitliche Ordnung) bei I u. II hauptsächlich durch ster. u. dipolare intramol. Abstoßung bedingt ist. Diese führt ungeachtet der Taktizität zu einem Kettenversteifungseffekt von solchem Ausmaß, daß im ersten Falle die Hauptkette gezwungen wird, eine gewundene, schleifenförmige Konfiguration anzunehmen. Die steifen Mol.-Ketten kann man sich als starre, in eine Gitteranordnung gepackte Stäbchen vorstellen. Die Seitengruppen zu beiden Polymeren bilden zur Stäbchenachse verschiedene Winkel, so daß die ster. u. dipolaren Abstoßungskräfte ein Minimum erreichen. Der Kettenversteifungseffekt ist bei I größer als bei II, u. I zeigt einen höheren F., höhere Faserzähigkeit bei gleicher Orientierung, geringere Löslichkeit, stärkere allg. diffuse Streuung im Röntgendiagramm u. niedrigeres dichroit. Verhältnis im polarisierten IR-Spektrum. Tatsächlich verhält sich I im Gegensatz zu II so, als wenn es völlig geordnet wäre u. keine amorphen Bereiche enthielte, wie man nach den Daten über therm. Ausdehnung u. dem Fehlen eines definierten amorphen Halos im Röntgendiagramm schließen kann. II scheint nicht stärker syndyotakt. als *Polyvinylacetat* zu sein, da seitlich geordnetes II durch Veresterung von Polyvinylalkohol hergestellt werden kann. Die bei II beobachtete seitliche Ordnung ist daher nicht durch eine vorwiegend syndyotakt. Struktur bedingt. Die seitlich geordneten Polymeren besitzen Eigg., die zwischen denen der gewöhnlichen kristallinen u. denen der amorphen Polymeren liegen. F. Rochlitz. 4010□

**Polyvinylalkohol aus verschiedenen Vinylestern.** Kiyokazu Imai und Umpei Maeda. (Chem. high Polymers [Tokyo] **16**, 222—28, 1959; Sakazu, Kurashiki Reyon K.K.; jap., Auszug: engl.) — Mit 2.2'-Azodiisobutyronitril als Initiator aus *Vinylbenzoat* (I), *-propionat* (II), *-butyrat* (III), *-monochloracetat* (IV) bzw. *-acetat* (V) durch Polymerisation in Substanz erhaltener *Polyvinylalkohol* (VI) zeigt in abnehmendem Grade einen Geh. ($\alpha$) an 1.2-Glykolgruppen entsprechend folgender Reihe: V = II = III > IV > I. Dabei gilt für den Zusammenhang zwischen dem jeweiligen $\alpha$ u. der Polymerisations-Temp. bei I $\alpha_I = 0{,}15 \exp\{-1{,}950/RT\}$ u. bei V $\alpha_V = 0{,}103 \exp\{-1{,}460/RT\}$. Der Wert $\alpha_I/\alpha_V$ beträgt 0,7 bei 60° u. 0,6 bei 0°. VI aus I kann einige Verzweigungen enthalten, auch der Quellungsgrad bzw. die Wasserlöslichkeit von VI ist viel größer als der von gewöhnlich aus V gewonnenem VI. L. Schuler. 4010□

**Aus Vinylacetat-Vinylbenzoat-Copolymeren erhaltener Polyvinylalkohol.** Kiyokazu Imai. (Chem. high Polymers [Tokyo] **16**, 229—31, 1959; jap., Auszug: engl.) — Vgl. vorst. Referat. — Bei —60° werden *Copolymerisate* aus *Vinylacetat* (I) u. 6—84% *Vinylbenzoat* (II) in Ggw. von 0,01—0,18% Azodiisobutyronitril als Initiator hergestellt. Die Monomerreaktivitäten betragen $r_1$ (I) = 0,6 u. $r_2$ (II) = 1,3. Der Geh. an 1.2-Glykolgruppen im I/II-Copolymerisat (0,90 Mol-%) ist geringer als in I (1,14), aber höher als in II (0,79). L. Schuler. 4010□

**Polymere aus Bis-phenolen. Sterische Hinderung der Polykondensation.** Samuel C. Temin. (J. org. Chemistry **26**, 2518—21, Juli 1961; Pittsburgh, Pa., Koppers Co., Res. Center; engl.) — Es werden verschiedene Bis-[hydroxyphenyl]-alkane u. -sulfide zur Herst. von fl. *Polyestern* mit *Adipin-* u. *Sebacinsäure* untersucht. Durch Umsetzung der Bis-phenole mit einem Überschuß an Essigsäureanhydrid in Ggw. von $H_2SO_4$ werden in fast quant. Ausbeute die entsprechenden *Diacetate* gebildet. Die Darst. der Monomeren u. die Bldg. der Polyester erfolgten nach den C. **1959**, 4828 beschriebenen Methoden.

Versuche: Biphenyle: *o.o'-Diacetoxy-*, F. 94—95°. — *4.4'-Diacetoxy-3.5.3'.5'-tetra-tert.-butyl-**, F. 215—216°. — 2.2'-Diacetoxydiphenylmethane: *5.5'-Dimethyl-*, F. 59—60°. — *3.5.6.3'.5'.6'-Hexachlor-*, F. 175—177°. — *3.3'-Dichlor-5.5'-di-tert.-butyl-*, F. 92,3°. — *3.3'-Di-tert.-butyl-5.5'-dimethyl-**. — 1.1-Diphenyläthane: *2'.2''-Dimethyl-4'.4''-diacetoxy-5'.5''-di-tert.-butyl-*, F. 99—100°. — *2'.2''-Diacetoxy-3'.3''-di-tert.-butyl-6'.6''-dimethyl-*, F. 150°. — 2.2-Diphenylpropane: *4.'4''-Diacetoxy-3'.5'.3''.5''-tetramethyl-**, F. 59—60°. — *2'.2''-Diacetoxy-3'.3''-di-tert.-butyl-5'.5''-dimethyl-**, F. 163—164°. — Diphenylsulfide: *2.2'-Dimethyl-4.4'-diacetoxy-5.5'-di-tert.-butyl-*, F. 88°. — *4.4'-Diacetoxy-3.5.3'.5'-tetra-tert.-butyl-**, F. 88—89°. — *2.2'-Diacetoxy-3.3'-di-tert.-butyl-5.5'-dimethyl-**, F. 116° (die Verbb.* polymerisieren nicht). Zur Polymerisation sollte die Acidolyse der Bis-[phenolacetate] mit Adipin- u. Sebacinsäure unter Verw. von metall. Mg als Katalysator ausgenutzt werden. Die dabei auftretenden Schwierigkeiten werden durch ster. Behinderung erklärt. Eine o-tert.-Butylgruppe vermag die Polymerisation nicht zu verhindern. Tritt jedoch eine Koppelung mit einer benachbarten Alkylgruppe ein, so wird die Rk. verhindert. Chlor zeigt die gleiche ster. Wrkg. auf die Diphenol-Reaktivität. Die Verhinderung der Polymerisation ist den eingeführten Substituenten zuzuschreiben. E. Anton. 4010□

**Plötzlicher Bruch von stark gespanntem Nylon durch konzentrierte Salzsäure und von Plexiglas durch Allylbromid.** Minas Ensanian. (Nature [London] **193**, 161, 13/1. 1962; Seattle, Wash., Univ. of Washington, School of Mineral Engng.; engl.) — Setzt man auf *Nylonplatten* ($^1/_4 \times 1 \times 3$ in.), die in einem Schraubstock zusammengebogen sind, einen Tropfen konz. HCl am Punkt der höchsten Spannung, so erfolgt heftige Rk. u. Bruch, wenn der anfängliche Biegewinkel mehr als ca. 43° beträgt. Bei Winkeln unter 30° wird der Tropfen farblos u. zäh u. nach Rühren opak. Die Bruch-Rk. mit HCl ist oft gehemmt, jedoch erfolgt bei Verw. von frischer HCl–A.-Mischung (1 : 1) u. Zusatz von Spuren Zn-Staub der Bruch innerhalb von 5 Minuten. An Plexiglas ($^1/_4 \times 1^1/_4 \times 8$ in.), das um 10—20° gebogen ist, erzeugen folgende Fll. (abnehmende Wirksamkeit) innerhalb von 15 Sek. hörbares Springen: Allylbromid (I), Äthylacetoacetat, Methyläthylketon, Eisessig, Peressigsäure, HBr in Eisessig, Benzylchlorid u. HJ. I verursacht innerhalb von 30 Min. vollständigen explosionsartigen Bruch. Vf. nimmt an, daß die Kohäsionskräfte in der Ebene größter Zugspannung durch Adsorptions- u. Benetzungsvorgänge unwirksam werden u. daß die mechan. Spannung die Aktivierungsenergie für diese Vorgänge liefert. R. Junge. 4010◇

**Polyamide aus Diketo-α.ω-dicarbonsäuren und Diaminen.** Christian F. Horn. (Makromolekulare Chem. **32**, 45—50, Juli 1959; South Charleston, W.Va., Union Carbide Chemicals Co., Res. Dep.) — *7.7'-[p-Phenylen]-bis-[7-oxoheptansäure]* (I), *6.13-Dioxooctadecan-1.18-dicarbonsäure* (II) oder *7.7'-[p-Phenylen]-bis-[5-oxoheptansäure]* (III) werden mit äquivalenten Mengen von α.ω-Diaminen, wie *Tetra-*, *Penta-*, *Hexa-* oder *Dekamethylendiamin*, bei Normaldruck unter $N_2$ zwischen 200 u. 280° kondensiert. Die Polyamide (PA) sind bis 280° wärmestabil. Bis zu 215° entstehen PA, die in Gemischen von Phenol/Tetrachloräthan (3 : 2) bei 80° lösl. u. zu (um 200—300%) kaltziehbaren oder (um 300—600% bei 80°) heißstreckbaren Fäden verformbar sind. Sie sind im wesentlichen linear. Kondens.-Temp. $\geqq$220° führen zu verzweigten u. schwach bis völlig vernetzten, unlösl. u. unschmelzbaren PA (Bldg. von Azomethingruppen). Je nach dem Grad der Vernetzung entstehen zur Film-Bldg. oder Spritzgußverarbeitung geeignete oder steife, schaumstoffartige PA. Co-Kondens. von *Adipinsäure/Hexamethylendiamin* u. 2,5 oder 5 Mol-% I oder II ergibt deutlich vernetzte PA, die aber nur gering ziehfähig sind u. in Phenol/Tetrachloräthan 3:2 nur noch stark quellen.

Versuche: *7.7'-[p-Phenylen]-bis-[7-oxoheptansäure]* (I), $C_{20}H_{26}O_6$, F. 195° (Essigsäure, A. oder Pyridin), aus N-[Cyclohexen-(1)-yl]-morpholin u. $N(CH_3)_3$ in Chlf. durch Zugabe von Terephthalsäuredichlorid während 1 Std. bei 35°, 4-tägiges Stehen bei Raum-Temp., 16std. Verkochen mit 20%ig. HCl zum rohen Tetraketon, Kochen mit NaOH

u. Ansäuern mit HCl; ca. 40% (Ausbeute). — *6.13-Dioxooctadecan-1.18-dicarbonsäure* (II), $C_{20}H_{36}O_6$, F. 134° (Essigsäure, Methanol oder Äthylacetat), analog I; 35%.
M. Hagedorn. 4010◇

**Synthese von Polyvinylamin. Hydrolyse von Poly-tert.-butyl-N-vinylcarbamat.** R. Hart. (Makromolekulare Chem. **32**, 51—56, Juli 1959; Mortsel, Belgien, Gevaert Photo-Producten N. V.) — *tert.-Butyl-N-vinylcarbamat* (I) wird in Bzl. unter Zusatz von Azodiisobuttersäurenitril als Katalysator unter völligem $O_2$-Ausschluß polymerisiert. Das Polymere (II) von I ist in den meisten Lsgm. lösl., in W. u. gesätt. KW-Stoffen nur in Ggw. von I. Die Aufspaltung von II zu *Polyvinylamin* (III) mit HCl geht in wasserfreiem oder wss. Medium oder wss.-organ. Lsgm. sehr leicht, in gleichem Vol. A./12n HCl bei Raum-Temp. quant. in wenigen Min. vor sich. Weitere Ausführungen zur Herst. von *Vinylamincopolymerisaten* mit *Vinylacetat*, zur Darst. von III aus Polyacrylamid über einen modifizierten Hofmannschen Abbau in wss.-tert.-butylalkohol. Medium u. zur Analyse von III werden mitgeteilt.

Versuche: *tert.-Butyl-N-vinylcarbamat* (I), $C_7H_{13}NO_2$, F. 67° (nach Sublimieren im Vakuum), aus überschüssigem tert.-Butanol + etwas Pyridin u. Vinylisocyanat bei ca. 20° während 4½ Std.; 83% Ausbeute. M. Hagedorn. 4010◇

**Synthetische Fasern. Tendenz in Produktion, Entwicklung und Forschung.** H. Zahn, G. Heidemann, W. Pätzold und G. B. Gleitsmann. (Angew. Chem. **74**, 599—605, 21/8. 1962; Aachen, TH, Dt. Wollforsch.-Inst.; dt.) — Tabellar. Übersicht über die synthet. Fasern (SF) u. ihre wirtschaftliche Entwicklung. Als Ziele der SF-Industrie werden Verbilligung der Rohstoffbasis, z. B. durch Übergang auf die Erdölbasis, u. Verbesserung der Faser-Eigg. wie Nachahmung der bilateralen Struktur der Wolle, Verminderung der elektrostat. Aufladbarkeit u. textiltechn. wertvolle Nachbehandlungen genannt. Unter den SF-Neuentw. werden solche auf Basis von *Polyamiden, -urethanen, -estern* u. *-olefinen* u. Spandexfasern aus segmentierten *Polyurethanen* aufgeführt. Grundlagenforschungen umfassen Feinstruktur-Unterss. u. Oligomerenforschung. M. Hagedorn. 4010□

**Pfropf- und Block-Photopolymerisation.** G. Smets, W. de Winter und G. Delzenne. (J. Polymer Sci. **55**, 767—77, Dez. 1961; Louvain, Belgium, Univ., Labor. de Chim. Macromol.; engl.) — Durch Polymerisation von Vinylmonomeren im sichtbaren Licht in Ggw. von *Eosin, Safranin* oder *Acridinorange* sowie Ascorbinsäure u. $O_2$ nach der Meth. von Oster (vgl. C. **1954**, 10963) wird der Farbstoff in der Leukoform in das Polymer-Mol. eingebaut. So entsteht durch Polymerisation von 4,23 Mol Acrylamid (I) in Ggw. von $0{,}4 \cdot 10^{-5}$ Mol/Liter Eosin-Na u. $3 \cdot 10^{-3}$ Mol/Liter Ascorbinsäure (II) bei 25° das photopolymere *Na-Salz* von *ω-Leukoeosinpolyacrylamid* der Struktur III, wie

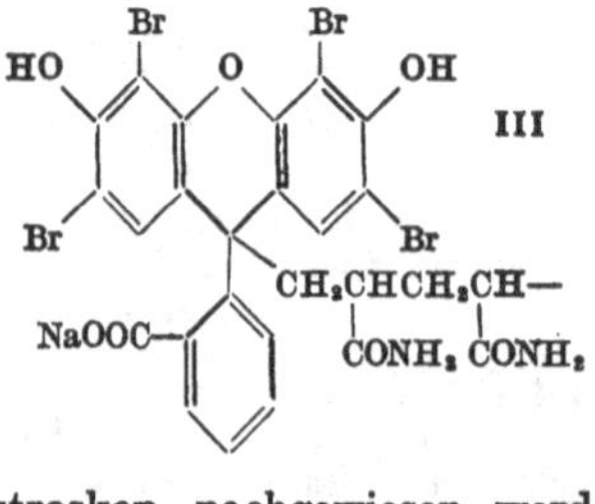

III

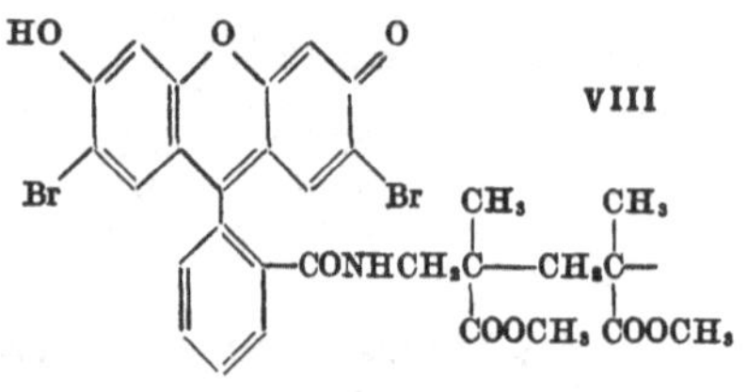

VIII

UV-spektroskop. nachgewiesen werden konnte. In ähnlicher Weise wird das durch Eosin mit HCl (pH 1,5) gefällte Eosinlacton einer wss., zuvor mit NaOH neutralisierten Lsg. von Polyvinylaminhydrochlorid (IV) zugegeben, wobei nach Ansäuern mit HCl u. Fällen mit Aceton *N-Eosinpolyvinylaminhydrochlorid* (V) ausfällt, das auf 10 Monomereinheiten 1 Mol. Eosin amidartig gebunden enthält. V dient als initiierendes Polymeres zur Darst. von *Pfropfpolymeren* mit verschiedenen Monomeren. Durch Bestrahlung eines Gemisches aus V u. I in W. in Ggw. von II u. $O_2$ bei 25° wird das *Pfropfpolymere Polyacrylamid/N-Leukoeosinpolyvinylaminhydrochlorid* (VI) erhalten, dessen eingebautes Leukoeosin-Mol. an der Carboxylgruppe IV u. in 9-Stellung des Xanthenringes die Polyacrylamidkette trägt. Durch Fraktionierung von VI wurde nachgewiesen, daß es nur wenig V, aber kein Homopolyacrylamid enthält. Nach der gleichen Meth. wurde aus V u. Acrylsäure *Polyacrylsäure/N-Leukoeosinpolyvinylaminhydrochlorid* erhalten. Die aus V u. Acrylonitril bzw. Styrol hergestellten Pfropfpolymeren, *Polyacrylonitril/N-Leukoeosinpolyvinylaminhydrochlorid* bzw. *Polystyrol/N-Leukoeosinpolyvinylaminhydrochlorid*, enthalten dagegen größere Mengen an *Homopolyacrylonitril* bzw. *Homopolystyrol*. Ferner wurde durch Polymerisation von Methylmethacrylat in $NH_4OH$ in Ggw. von Na bei −40° u. Fällen aus Toluol mit PAe. *ω-Aminopolymethylmethacrylat* (VII) vom Molgew.

3300 dargestellt. Die Rk. von **VII** in Butanon mit Eosinlacton führte nach Fällung mit Methanol/W. (1 : 1) zu *ω-Eosinamidopolymethylmethacrylat* (**VIII**), das ungefähr 1 Mol. Photosensibilisator/48 Monomereinheiten enthielt, wie die Bromanalyse zeigte. **VIII** wurde wie oben als initiierendes Polymeres für *Blockpolymerisate* mit Styrol u. **I** verwendet. Durch Bestrahlung eines Gemisches aus **VIII** u. Styrol bzw. **I** in Essigsäure in Ggw. von wenig Thioharnstoff in 3—7 Std. bei 25° wurden die *Blockpolymeren Polystyrol/ω-Leukoeosinamidopolymethylmethacrylat* (**IX**) bzw. *Polyacrylamid/ω-Leukoeosinamidopolymethylmethacrylat* erhalten. Bei beiden sind die polymeren Ketten durch eine Leukoeosingruppe voneinander getrennt. Bei **IX** wurde festgestellt, daß bei zunehmender Dauer der Bestrahlung der Geh. an *Homopolystyrol* zunimmt, während der Geh. von **IX** mit 62% Polymethylmethacrylat konst. bleibt. Hydrolyse-Verss. an **IX** zeigten, daß 35% Polystyrol im Blockpolymerisat enthalten sind. F. Rochlitz. 4010□

**Synthese von neuen Monomeren und Polymeren.** 3. Mitt. **Darstellung von Poly-N-salicylidenvinylamin und Derivaten.** C. Decoene und Ph. Teyssié. (J. Polymer Sci. **57,** 121—29, März 1962; Leopoldville, Kongo, Lovanium Univ., Labor. de Chim. Macromol.; engl.) — 2. vgl. J. Polymer Sci. **56,** [1962], 479; 1. vgl. C. **1962,** 9742. — Durch Kondens. von Polyvinylamin (**I**) mit Salicyl-, 5-Chlorsalicyl-, 5-Nitrosalicyl-, 4-Hydroxysalicyl-, 3-Methoxysalicylaldehyd, 2-Hydroxy-1-naphthaldehyd u. Furfurol wurden die Schiffschen Basen *Poly-N-salicyliden-* (**II**), *Poly-N-[5-chlorsalicyliden]-* (**III**), *Poly-N-[5-nitrosalicyliden]-* (**IV**), *Poly-N-[4-hydroxysalicyliden]-* (**V**), *Poly-N-[3-methoxysalicyliden]-* (**VI**), *Poly-N-[2-hydroxymenaphthyliden-(1)]-* (**VII**) bzw. *Poly-N-furfurylidenvinylamin* (**VIII**) in reiner Form dargestellt. Ihre Struktur wurde auf analyt. u. IR-spektroskop. Wege sichergestellt. **II—IV, VI** u. **VIII** sind gelbe, **V** u. **VII** braune Pulver, die außer **IV** u. **V** in Dioxan, Tetrahydrofuran, Chlf., Benzylalkohol, Pyridin, Essigsäure, Dimethylformamid u. Salicylaldehyd lösl. sind. Die Polymeren, deren Viscosität in Eisessig, Pyridin, Dioxan u. 96%ig. wss. Dioxan bestimmt wurde, bilden mit Übergangsmetallen *Chelate*. Zum Vgl. der Struktur wurden folgende Isopropylamine als Modellsubstanzen dargestellt: *N-Salicyliden-*, $Kp._6$ 109—110°. — *N-[5-Chlorsalicyliden]-*, F. 67,5° ($CH_3OH$). — *N-[5-Nitrosalicyliden]-*, F. 137,5° ($CH_3OH$). — *N-[4-Hydroxysalicyliden]-*, F. 192,0° ($CH_3OH$). — *N-[3-Methoxysalicyliden]-*, $Kp._2$ 124°. — *N-[2-Hydroxymenaphthyliden-(1)]-*, F. 80,5°, $Kp._6$ 180—190°. — *N-Furfuryliden-*, $Kp._1$ 41°.

Versuche: *Poly-N-salicylidenvinylamin* (**II**), aus einer 0,5%ig. wss. Suspension von 0,03 Mol Salicylaldehyd, wobei pH 10 durch Zugabe von Soda aufrechterhalten wird, u. einer mit NaOH neutralisierten 1%ig. Lsg. von 0,01 Mol **I**-Hydrochlorid unter 1std. Rühren, Lösen des Nd. in Dioxan u. Eingießen in trockenen oder in ein 5 : 3 : 2-Gemisch aus Ae., Methanol u. PAe.; goldgelbes Pulver. — **III—VIII** wurden analog in 60%ig. wss. Dioxan bei pH 9—10 dargestellt, **III** jedoch bei pH 6. Die Umsetzungen verlaufen fast quantitativ. Die Erweichungspunkte der Polymeren liegen zwischen 170 u. 270°. U. Hutten. 4010□

**Wasserlösliche Kondensationsprodukte auf der Basis von Harnstoff–Formaldehyd.** I. Gavăt, P. Glineschi und P. Soviani. (Rev. Chim. [București] **10,** 512—18, Sept. 1959; rum., Auszug: dt.) — Vff. untersuchen den Chemismus der Rkk. bei der Kondens. von *Harnstoff* mit *Formaldehyd* (**I**) in einem Mol-Verhältnis von 1 : 1,8 u. 1 : 1,5 u. bestimmen den freien **I** u. die Methylolgruppen. Die Unterss. ergaben, daß gleichzeitig mit **I** auch die Methyläther u. teilweise auch die Methyloläther-Gruppen bestimmt werden. H. Guischard. 4010□

**Bestimmung der Methyl- und der Phenylgruppen in Methylphenylsiloxanpolymeren durch Kernresonanzspektroskopie.** Tsutomu Kubota und Tsutomu Takamura. (Bull. chem. Soc. Japan **33,** 70—73, Jan. 1960; Kawasaki, Tokyo Shibaura Electric Co.; engl.) — Es werden verschieden zusammengesetzte bin. Gemische von *Bzl.–Hexamethyldisiloxan*, *Dioxan–Oktaphenylcyclotetrasiloxan* u. Bzl.–Dioxan durch Kernresonanzspektroskopie untersucht u. gefunden, daß die Bergflächen der Spektrogramme für alle geprüften Syst. direkt proportional der Protonenanzahl der betreffenden organ. Gruppen im Siloxan sind. Die Ergebnisse stehen in gutem Einklang mit IR-Untersuchungen. — Bzl. u. Dioxan dienten als Lsg.-Vermittler für die beiden nur wenig miteinander mischbaren Siloxane. H. Reuther. 4010□

**Copolymerisation von Dimethylpropen-2-phosphonat und Styrol unter Anwendung einer anionischen Initiierung.** C. S. Marvel und David M. Paisley. (J. Polymer Sci. **55,** 259—62, Nov. 1961; Urbana, Ill., Univ. of Illinois, Noyes Chem. Labor.; engl.) — Es wurde versucht, *Propen-2-phosphonsäuredimethylester* (**I**), das eine relativ elektronegative Phosphonatgruppe besitzt, mit Hilfe anion. Initiatoren zu polymerisieren. Weder mit n-Butyllithium (**II**) noch mit Naphthalin-Na (**III**) als Initiator tritt eine Homopolymerisation von **I** ein. Bei der Copolymerisation von *Styrol* mit **I** im Mol-Verhältnis 4 : 1, 2 : 1 u. 1 : 1 in Ggw. von **II** wurden nur 1,35, 1,95 bzw. 1,65 Mol-% **I** in das Polymere eingebaut, beim Mol-Verhältnis 4 : 2,5 in Ggw. von **III** maximal 2,95 Mol-%. F. Rochlitz. 4010□

**Polymerisation von Tri-n-butylzinn-p-vinylbenzoat.** J. R. Leebrick, J. Wasylciw und N. Kudisch. (J. Polymer Sci. **54,** S 35—S 37, Okt. 1961; Rahway, N.J., Metal and Thermit Corp., Res. Labor.; engl.) — Die Darst. eines gummiähnlichen Polymerisats auf Basis des *Tri-n-butylzinn-p-vinylbenzoats* (I) wird beschrieben. **I** wird durch Rk. von Hexa-n-butyldistannoxan (**II**) mit 2 Val p-Vinylbenzoesäure (**III**) erhalten, die durch Umsetzung von p-Vinylphenyl-MgCl mit $CO_2$ gewonnen wurde. Die Polymerisation von **I** kann in Substanz, in Lsg. oder in Emulsion durchgeführt werden. Letztere Meth. ist bes. geeignet. Ohne ein Mercaptanzusatz werden, wie zu erwarten ist, härtere Polymere erhalten. Die Polymerisate sind lösl. in Tetrahydrofuran, aromat. KW-Stoffen u. isomeren Heptanen, aber unlösl. in Methanol. — *Tri-n-butylzinn-p-vinylbenzoat* (**I**), durch 1 std. Erhitzen von 0,1 Mol **II** u. 0,2 Mol **III** in Bzl. unter Auffangen des entstehenden W. u. Eindampfen im Vakuum; polymerisiert leicht beim Stehen ohne Inhibitor. — *Polytri-n-butylzinn-p-vinylbenzoat,* durch 6 std. Erhitzen einer Emulsion aus 87,4 (Teilen) I, 150 W., 5,0 Tergitol NPX, 0,5 Laurylmercaptan, 0,1 PVA-52 u. 0,3 Dibenzoylperoxid u. Gießen in Methanol. F. Rochlitz. 4010□

**Die Wirkung von Ruß auf die TMTD-Vulkanisation mit Tetramethylthiuramdisulfid.** E. M. Bevilacqua. (J. appl. Polymer Sci. **1,** 374—76, Mai/Juni 1959; Wayne, N.J., U. S. Rubber Co., Res. Center; engl.) — Es werden Vgl. zwischen der Vulkanisation von *Naturkautschuk* mit Tetramethylthiuramdisulfid u. Dicumylperoxid unter Verw. von MPC-Ruß gezogen u. ausgewertet. E. Anton. 4030□

**Die Reaktion von Ozon mit Oberflächen von Naturkautschuk und ihre Abhängigkeit von der Spannung.** E. H. Andrews und M. Braden. (J. Polymer Sci. **55,** 787—98, Dez. 1961; Welwyn Garden City, Herts., England, Natural Rubber Producers, Res. Assoc.; engl.) — Der Fortschritt der Rk. von Ozon mit der Oberfläche von *Naturkautschuk* (I; *cis-Polyisopren*) wurde elektronenmkr. untersucht. Bei ungedehntem **I** tritt an der Oberfläche Abbau mit einer Geschw. ein, die der theoret. Voraussage für eine Diffusion mit gleichzeitiger chem. Rk. entspricht. In gedehnte Oberflächen dringt Ozon merklich rascher ein, was aber eher auf physikal. als auf chem. Gründe zurückzuführen ist. Bevorzugte Rk.-Stellen (Korrosionslöcher) wurden bei gedehnten u. ungedehnten Proben beobachtet, bei ersteren bildeten sich auch orientierte Rißsysteme. Die Ursache dieser Erscheinungen wird an Hand des Kriteriums von Griffith [1920] erklärt; es erweist sich als notwendig, das Vorhandensein schon vorher bestehender Oberflächenspannungen in ungedehnten Proben anzunehmen. Die Beziehung von mkr. Ätz- u. Rißfiguren zu makroskop. Ozonspaltstellen wird kurz diskutiert. F. Rochlitz. 4030□

**Die Kinetik der Xanthogenat-Reaktion von Stärke, Cellulose und Natriumalginat.** M. Wroński. (Soc. Sci. Lodziensis, Acta chim. **4,** 47—53, 1960; Łódz, Univ., Dep. of Chem. Technol.; engl.) — Vf. untersucht die Sulfidierungs-Geschw. von *Cellulose* (**I**), *Stärke* (**II**) u. *Alginsäure* (**III**) in homogener Phase unter Anwendung einer stationären $CS_2$-Konz. bei 15 u. 25°. Die Geschw. der Xanthogenat-(x)-Bldg. u. der Bldg. der Nebenprodd. ($Na_2S + Na_2CS_3$) folgen den Zeitgesetzen $dx/dt = k_1 (a-x) [CS_2] [NaOH]$ u. $d\xi/dt = h_2 [CS_2] [NaOH]$, wobei angenommen wird, daß keine Zers. der gebildeten Xanthogenate eintritt. Aus den Ergebnissen wird abgeleitet, daß unter Rk.-Bedingungen bei **II** u. **III** eine, bei **I** zwei OH-Gruppen des Ringes zur Teilnahme an der Rk. befähigt sind. Mit steigender NaOH-Konz. nimmt die Sulfidierungs-Geschw. ab. Die Zers.-Kurve des I-Xanthogenats wird am besten durch die Gleichung $dx/dt = k\, x^{n+1} (162/c)^n$ dargestellt (7 c = Gesamtkonz. an **I** in g/Liter), wobei der Wert für n vom Sulfidierungsgrad von **I** abhängt. Zunahme der NaOH-Konz. u. Zusatz von NaCl verlangsamen die Zersetzung. Ursachen hierfür werden diskutiert. C.-E. Döring. 4050◇

**Die Leitfähigkeit von Textilien, Proteinen und anderen Polymeren.** C. P. S. Taylor. (Nature [London] **189,** 388—89, 4/2. 1961; Philadelphia, Pa., Univ., Johnson Res. Foundation; engl.) — Fußend auf Unterss. von King u. Medley [1949] wird nachgewiesen, daß die elektr. Leitfähigkeit von *Cytochrom c* sowie anderen polymeren Stoffen nicht wie bisher vermutet einem elektr. Mechanismus, sondern einem ion. Mechanismus folgt. Ausgehend von der beobachteten Abhängigkeit der Leitfähigkeit von derFeuchtigkeit trockener Eiweiß-Prodd. bzw. sonstiger Polymeren werden mathemat. Ausdrücke für die Konst. in den allg. Beziehungen abgeleitet, u. es wird abgeschätzt, daß die Aktivierungsenergie der Leitfähigkeit mindestens $\Delta H_a = 20\,kcal \cdot Mol^{-1}$ beträgt. Bei Messungen wird ein Wert von über 25 $kcal \cdot Mol^{-1}$ (1,1 eV) gefunden. E. Kossmehl. 4070◇

**Das Verhalten von Proteinen an Grenzflächen.** J. H. Schulman und M. J. Fraser. (Verh.-Ber. Kolloid-Ges. **18,** 68—74, 1958; Cambridge, England, Univ., Dep. of Coll. Sci.; engl.) — In einem Übersichtsreferat (19 Literaturhinweise) werden die Forschungsergebnisse von Schulmann u. seiner Schule seit 1945 zusammengestellt. Die physikochem. Vorgänge bei der Ad- u. Desorption von *Proteinen* an Grenzflächen anderer Phasen werden in ein Syst. gebracht u. Rk.-Schemata u. -Modelle entwickelt. Bes. ausführlich werden dabei die biolog. Enzym-Syst., ihre Aktivitätsbeeinflussung durch Ad- u. Desorptionsvorgänge, ihre Denaturierungsresistenz u. die elektrophoret. Beweglichkeit entsprechender Komplexe behandelt. Es ergeben sich laufend Analogien zu biolog. Systemen. G. Andersen. 4070□

**Bemerkung zur Diffusion von Wasser in eine trockene Keratinfaser.** M. Feughelman und M. S. M. Robinson. (J. appl. Polymer Sci. **1**, 371–72, Mai/Juni 1959; Ryde, Australia, Div. of Textile Physics, C. S. I. R. O. Wool Res. Labor.; engl.) — Man bestimmt die Diffusion von W. in feste Polymere durch Messung der Geschw. des Spannungsabfalls im Feststoff bei konst. Ausdehnung mit Hilfe der Wheatstoneschen Brücke. Man nimmt an, daß die Fasern aus einer wasserdurchlässigen u. einer wasserundurchlässigen Phase bestehen. Auf die Beziehung zwischen der Torsionsfestigkeit u. der Longitudinalkraft wird eingegangen. E. Anton. 4070□

**Komplexbildung zwischen Adeninoligonucleotiden und Polyuridylsäure.** Marie N. Lipsett, Leon A. Heppel und Dan F. Bradley. (Biochim. biophysica Acta [Amsterdam] **41**, 175–77, 17/6. 1960; Bethesda, Nat. Inst. Arthr. Metabol. Diseas., Nat. Inst. Health, Nat. Inst. Mental Health; engl.) — Vgl. C. **1963**, 3253. — Die Bldg. eines Komplexes zwischen *Polyuridylsäure* (I) (ca. n/200) u. *Adenintetranucleotid* (II) wurde bei pH 7,2–7,4 in wss. Salz-Lsg. (1m NaCl, $10^{-3}$m $MgCl_2$) nachgewiesen. Der I-II-Komplex wird bei Temp.-Änderung von 20 auf 51° ähnlich einer typ. Polynucleotid-Helix gespalten, was durch den Anstieg der UV-Absorption bei 259 mμ u. den Abfall der opt. Rotation bei 365 mμ u. 589 mμ gemessen wurde. Die Stabilität des *Oligonucleotid*-I-Komplexes steigt mit der Kettenlänge der Oligonucleotide. Ch. Zimmer. 4090□

# E. Biologische Chemie. Physiologie. Medizin

## $E_1$. Allgemeine Biologie und Biochemie

**Biochemie der Vererbung: Eine allgemeine Hypothese.** Ian Leslie. (Nature [London] **189**, 260–68, 28/1. 1961; Belfast, Queen's Univ., Biochem. Dep.; engl.) — Im ersten Teil dieser Übersicht über die grundlegenden Arbeiten der letzten 10 Jahre, die zu dem Begriff der Biochemie der Vererbung führten, behandelt der Vf. die biochem. Beziehungen zwischen der *Desoxyribonucleinsäure* (*DNS*), der *Ribonucleinsäure* (*RNS*) u. den *Histonen*. Über vorläufige Ergebnisse eigener Arbeiten über die Basen-Zus. der DNS u. komplementären RNS in den Kernen, Mitochondrien u. Ribosomen menschlicher Leberzellen wird kurz berichtet u. der RNS-Transfer von den Zellkernen zum Cytoplasma diskutiert. Die Histone werden wegen ihrer Fähigkeit zur Stabilisierung von Polynucleotidketten als Genregulatoren angesehen. Im 2. Teil wird über die genet. Code-Syst. in tier. u. pflanzlichen Zellen u. in Viren berichtet. — 85 Literaturangaben. L. Laschet. 4130□

**Fortpflanzung des Ausscheidungsverhältnisses anomaler Hämoglobine.** L. N. Went. (Nature [London] **192**, 382–83, 28/10. 1961; Leyden, Univ., Inst. of Neurol. Sci.; engl.) — Es werden statist. Unterss. über die Verteilung der Genotypen bei Familien mit anomalen *Hämoglobinen* durchgeführt, wobei Abweichungen von den Mendelschen Verhältnissen beobachtet werden. P. Schwerdtfeger. 4130□

**Intracelluläre Verteilung von Samenproteinen.** A. M. Altschul, J. E. Snowden jun., D. D. Manchon jun. und J. M. Dechary. (Arch. Biochem. Biophysics **95**, 402–04, Nov. 1961; New Orleans, La., Seed Protein Pioneering Res. Labor.; engl.) — Erdnußkotyledonen wurden mit einer 15%ig. Lsg. von Carbowax 6000 (Polyäthylenglykol) in einem Omnimix maceriert, der Extrakt zentrifugiert u. der Überstand lyophilisiert. Nach Entfernung des Carbowax u. Dialyse gegen Phosphatpuffer, pH 7,9, Ionenstärke 0,03, wird der Rückstand sukzessiv mit 0,5m Saccharose-Lsg., 10%ig. NaCl-Lsg. u. 50%ig. NaCl-Lsg. bei 50° extrahiert u. die verschiedenen Fraktionen durch Chromatographie an DEAE-Cellulose unter Elution mit einem linearen Gradienten (0–0,6 m) von NaCl in Phosphatpuffer, pH 7,9, untersucht. Es lassen sich 4 *Protein* (I)-Gruppen (*I*–*IV*) unterscheiden. Die I der Fraktion *I* werden an DEAE-Cellulose nicht adsorbiert u. scheinen nicht partikelgebunden zu sein. Die I von *II* sind nicht mit Sicherheit partikelgebunden. Die I von *III* u. *IV* (75% der gesamten lösl. I) sind partikelgebunden, unlösl. in W. u. zeigen bei der Keimung starke quant. Veränderungen.
P. Schwerdtfeger. 4150□

**Die Änderungen des Gewichts sowie des Stickstoff- und Nucleinsäuregehalts der wachsenden Meerschweinchen-Brustdrüse.** Walter L. Nelson, Peter G. Heytler und Edward I. Ciaccio. (Proc. Soc. exp. Biol. Med. **109**, 373—75, Febr. 1962; Ithaca, N.Y., Cornell Univ., Dep. of Biochem.; engl.) — Bis zur Geburt steigt das Gew. der Brustdrüse langsam an, danach kommt es sofort zu einer rapiden Zunahme, der Gesamt-*N*- u. der *DNS*-Geh. steigen parallel; es handelt sich somit um eine echte Zellvermehrung. Das Verhältnis *RNS*/DNS, als Maß für die Vergrößerung der vorhandenen Zellen erreicht seinen Gipfel erst ungefähr einen Tag später als die anderen Werte. P. Lange. 4150◇

**Autoradiographische Untersuchungen mit $^3$H-Cytidin über die RNS-Synthese im Nucleolus und Kern und die Migration der RNS zum Cytoplasma während des Funktionsformwechsels im exokrinen Pankreas.** E. Stöcker, W. Maurer und H.-W. Altmann. (Naturwissenschaften **48**, 582—83, 1. Sept.-H. 1961; Würzburg, Univ., Patholog. Inst.; dt.) — Weißen Mäusen werden 0,2 ml 1‰ig. Atropin-Lsg., 12 Std. später 0,15 ml 1%ig. Pilocarpin-Lsg. u. dann in unterschiedlichen Zeitabständen *$^3$H-Cytidin* (I) injiziert. Am exokrinen Pankreasgewebe der getöteten Vers.-Tiere wird autoradiograph. die intracelluläre I-Inkorporation untersucht. Die auf dem Autoradiogramm über Nucleolus u. Kern auftretende Silberkorndichte dient als Maß für die Rate der *Ribonucleinsäure*-Synthese. Die Wanderung u. schnelle Verbreitung der **II** im Cytoplasma wird ebenfalls verfolgt. Die Vers.-Ergebnisse stimmen mit früheren morpholog. Unterss. überein, wonach die **II** einer Zelle vorwiegend in Kern u. Nucleolus gebildet u. zum Cytoplasma transportiert werden. D. Groß. 4150□

**Untersuchungen über die in Heferibonucleinsäure in gebundener Form vorliegenden Aminosäuren.** 2. Mitt. **Freisetzung der Aminosäuren von der Ribonucleinsäure durch Alkalibehandlung.** Shuzo Akashi und Hanako Ishihara. (J. Biochemistry [Tokyo] **49**, 481—86, Juni 1961; Nagoya, Univ., School of Med., Dep. of Biochem.; engl.) — 1. vgl. C. **1961**, 3680. — *Ribonucleinsäure* (*RNS*) aus Hefe wurde nach der Sevag-Meth. von Protein gereinigt. Sie wurde mit 0,01n; 0,1n u. 1n KOH jeweils 0,5; 1,2, 6 u. 15 Std. behandelt sowie dann dialysiert. Die abgespaltenen *Aminosäuren* u. *Peptide* wurden durch Kombination von Papierelektrophorese u. Chromatographie nachgewiesen. Es konnten nach der Leichtigkeit der Abspaltung 3 Fraktionen unterschieden werden. Ferner trat anorgan. *Phosphat* auf. Die erste Fraktion (0,01n KOH) rührte von *Aminoacylphosphoanhydrid*-Verbb. u. solchen vom *Diphosphat*-Typ her, die zweite (0,1n KOH) von solchen vom *N-Phosphoryl*-Typ u. die dritte (1n KOH) von *Aminosäure-Riboseestern.* M. Wiedemann. 4150□

**Verteilung von Ribonucleinsäure in den Subcellularfraktionen verschiedener Regionen des Zentralnervensystems der Ratte.** T. Borkowski, S. Harth, R. Mardell und P. Mandel. (Nature [London] **192**, 456—57, 4/11. 1961; Lublin, Medycznej, Zaklad Chemii Fizjologicznej Akad.; engl.) — Der *Ribonucleinsäure* (*RNS*)-Geh. verschiedener subcellularer Fraktionen (sF) der verschiedenen Regionen des Zentralnerven-Systems: Geruchszentrum (GZ), graue u. weiße Gehirnsubstanz (gG u. wG), Hypothalamus (H), Kleinhirn (KH) u. verlängertes Rückenmark (vR) wurde bestimmt. Die sF: Nuclei (A), schwere u. leichte Mitochondrien (B u. C), Mikrosomen (D), Zellplasma-Fl. (E) u. Myelinfraktion (F) wurden durch *Saccharose*-Gradientenzentrifugation gewonnen. Allg. wurde festgestellt, daß der RNS-Geh. (γP/mg Protein) bei F am niedrigsten ist (0,29 bis 0,55) u. über B, A, E, C nach D (2,27—3,55) ansteigt. Für eine bestimmte sF wurden zwischen den einzelnen Gehirnregionen deutliche Unterschiede festgestellt: Bei A z. B. zeigt H den höchsten Wert (1,69), gefolgt von GZ u. gG, KH, wG u. vR (0,98). Verss. mit *$^{32}$P*-markiertem *Phosphat* zeigten die höchste Aktivität bei GZ u. H zwischen dem 1. u. 5. Tag, während bei den übrigen Regionen die Aktivität nach 5 Tagen höher, in keinem Fall niedriger als nach 3 Tagen ist, wodurch die hohe Stoffwechselaktivität von GZ u. H bewiesen wird. F zeigt nach 24 Std. einen erstaunlich hohen Einbau von *$^{32}$P* in die RNS. E. Lodemann. 4150□

**Eine instabile Ribonucleinsäure in Rattenlebernuclei.** Christoph Scholtissek. (Nature [London] **194**, 353—55, 28/4. 1962; Tübingen, MPI für Virusforsch.; engl.) — Vf. untersucht den Regulationsmechanismus bei der Übertragung genet. Informationen im Cytoplasma verschiedener Organe, deren Nuclei verschiedene Arten „*Messenger-Ribonucleinsäure*“ (*m-RNS*) synthetisieren. Diese differenzierbaren m-RNS werden durch die verschiedenen Cytoplasmen der einzelnen Organe ausgewählt u. stabilisiert. Werden Rattenlebernuclei in vivo mit *$^{14}$C-Orotsäure* oder *$^{32}$P-Phosphat* markiert u. anschließend in vitro in einer Salz–Rohrzucker-Lsg. inkubiert, so wandern nur 15% der gesamten Kern-RNS in das Überstehende im Vgl. zu den Kontrollen. Die gewanderte RNS weist

eine hohe Stoffwechselzahl auf, u. ihre Menge beträgt 5% der gesamten Zell-RNS. Ihre Zus. weicht von der der normalen Kern-RNS ab. Nach 2 Std. in vivo-Markierung mit $^{14}$*C-Orotsäure* u. nachfolgend 15 Min. Inkubation in Salz-Lsg. wandert die radioakt. RNS nach Aufarbeitung der Zellen hauptsächlich in die postmikrosomale u. in die lösl. Fraktion. Diese RNS ist bes. reich an *Uridylsäure* u. sehr empfindlich in Ggw. abbauender Enzyme. Ihr Molgew. ist niedriger als das normaler Kern-RNS, was durch den zeitlichen Verlauf der enzymat. Spaltung in Ggw. hochmol. markierter RNS bewiesen wird. Unterss. an m-RNS aus Milz, Niere u. Leber ergeben, daß diese verschiedenen Präparationen RNS verschiedener Zus. enthalten. Dies ist in Übereinstimmung mit der Hypothese, daß in den einzelnen Organen verschiedene Gene wirksam sind. Inkubiert man m-RNS mit Cytoplasma verschiedener Gewebe, so wird jeweils eine bestimmte m-RNS stabilisiert. Nierencytoplasma selektiert eine *Cytidylsäure*-reiche m-RNS. Die Unterss. werden außerdem zur Deutung der Cancerogenese durch Azofarbstoffe herangezogen.
L. Träger. 4150□

**Aminosäuretransfer von der Aminoacylribonucleinsäure auf Serumalbumin durch die Mikrosomenfraktion der Rattenleber.** Alexandra von der Decken und P. N. Campbell. (Biochem. J. **82**, 448—54, März 1962; London, Middlesex Hosp. Med. School, Courtauld Inst. of Biochem.; engl.) — Werden Rattenlebermikrosomen mit freiem $^{14}$*C-Leucin* (I) inkubiert, so kann der Einbau der $^{14}$C-Aktivität in das Protein durch Zusatz von inakt. *Transfer-Ribonucleinsäure* (II) gehemmt werden. Wird die Mikrosomenfraktion der normalen oder regenerierenden Leber mit $^{14}$C–I–II inkubiert, so erfolgt eine Übertragung von $^{14}$C–I auf das *Albumin* (III), das aus den Mikrosomenpartikeln durch Ultraschallbehandlung freigesetzt werden kann. Werden Mikrosomen mit $^{14}$C–I–II (a) bzw. mit freiem $^{14}$C–I u. unmarkierter **II** (b) inkubiert, so erscheint nur nach a $^{14}$C-Aktivität im **III**. Vff. nehmen daher an, daß $^{14}$C–I von **II** auf das Mikrosomen-III nicht in Form der freien Aminosäure übertragen wird. P. Schwerdtfeger. 4150□

**Kinetische Untersuchungen über die Ribonucleinsäuresynthese.** B. J. McCarthy. (Biochem. J. **84**, 60P, Sept. 1962; Washington, Carnegie Institution; engl.) — Es werden Eigg. u. evtl. Bedeutung einer *DNS-ähnlichen RNS* (I), die in wachsenden Bakterien in einer Menge von ca. 3% der Gesamt-RNS in einer 14s-Fraktion gefunden wird, beschrieben. Aus Einbau-Verss. mit radioakt. Vorstufen konnte geschlossen werden, daß **I** evtl. eine Vorstufe der Ribosomen-RNS (**II**) ist. Genauere Unterss. zeigten jedoch, daß die gefundene Fraktion heterogen ist u. zu $^1/_3$ aus **I** u. zu $^2/_3$ aus **II**-Vorstufen besteht. E.-R. Lochmann. 4150◇

**Die dynamische Doppelbrechung der Lösungen der hochmolekularen Ribonucleinsäure.** E. W. Frissmann, N. K. Janowskaja, L. W. Schtschagina, W. I. Worobjew und N. N. Akssenowa. (Cytologie [UdSSR] **4**, 323—25, Mai/Juni 1962; Leningrad, Univ., Phys. Inst., Labor. für Phys. der Polymeren; Labor. für Cytol. der Akad. der Wiss. der UdSSR; russ.) — Bei Zimmer-Temp. wurde an *RNS*-Präpp. die Abhängigkeit der Doppelbrechung vom Geschw.-Gradienten für verschiedene Konz. in Trispuffer gemessen u. die Abhängigkeit der opt. Anisotropie von der Konz. bestimmt.
M. Wiedemann. 4150□

**Veränderungen der Ribonucleinsäure-Konzentration während der Wundzellgeweberegenerierung.** Martin B. Williamson und Wilhelm Guschlbauer. (Nature [London] **192**, 454—55, 4/11. 1961; Chicago, Ill., Loyola Univ., School of Med. and Graduate School, Dep. of Biochem.; engl.) — Best. des *Ribonucleinsäure* (*RNS*)-Geh. in sich regenerierendem Wundgewebe von Ratten ergaben die höchsten Werte ca. 7—9 Tage nach der Verletzung. Das Verhältnis *Purinbasen*: *Pyrimidinbasen* fällt vom 5. Tag (1, 11) auf 0,61 am 15. Tag. Da von den beiden im Lauf der Wundregenerierung aufgebauten Eiweißarten, „*stoffwechselakt.*" *Protein* (**I**) u. *Kollagen* (**II**), letztes erst nach dem 8. Tag im Wundgewebe festgestellt wurde, schließen Vff., daß die Synth. von **II** bzw. von dessen Vorstufen durch RNS erheblich anderer Zus. bewirkt wird als die von **I**. E. Lodemann. 4150□

**Der Einfluß sexueller Stimulierung auf die Stoffwechselaktivität der Desoxyribonucleinsäure in der Samenblase.** S. R. Pelc. (Nature [London] **184**, 1414, 31/10. 1959; San Francisco, Calif., Univ., Cancer Res. Inst.; engl.) — Vf. injizierte ♂ Mäusen, die mit ♀ in einem Käfig zusammenlebten (A), u. solchen, die alleine lebten (B), $^3$*H*-markiertes *Thymidin*. Nach Tötung der Tiere konnte Vf. mit Hilfe der Autoradiographie feststellen, daß in die Epithelzellkerne der Samenblase von A-Tieren größere Mengen der markierten Nucleoside eingebaut worden waren, während in den B-Tieren die gleichen Zellen keine radioakt. Substanzen enthielten. Zwar ist bekannt, daß die Konz. der Sexualhormone die Zellteilungsrate in dem untersuchten Gewebe bedingt, doch war der Betrag der eingebauten Nucleoside erheblich größer als der erhöhten Zellteilungsrate entsprach. K. Kran. 4150□

**Markierung des Nucleotid-Phosphors durch Neutronen-Aktivierung.** Henry G. Mautner, Barbara Donnelly, Calvin M. Lee und G. W. Leddicotte. (J. Amer. chem. Soc. **84**, 2021, 20/5. 1962; New Haven, Conn., Yale Univ., School of Med., Dep. of Pharmacol.; Oak Ridge Nat. Labor., Tenn., Nuclear Analysis Group.; engl.) — Es wird eine Meth. beschrieben, die es erlaubt, ohne Synth. $^{32}P$-markierte *Nucleotide* herzustellen. Proben (100—200 mg) von *5'-Adenosinmonophosphat* (*AMP*), *5'-Adenosindiphosphat* (*ADP*), *5'-Adenosintriphosphat* (*ATP*), *3'-Adenosinmonophosphat* (*3'-AMP*) u. *5'-Desoxyadenosinmonophosphat* (*dAMP*) (*ADP* u. *ATP* als *Na*-Salze) wurden 62 Std. mit einem Neutronenfluß von $6{,}5 \cdot 10^{11}$ Neutronen/cm²/Sek. bestrahlt u. anschließend 150 Std. stehengelassen (um die $^{24}Na$-Aktivität abklingen zu lassen). Es wurden folgende Markierungen erzielt: AMP 2,4, ADP 4,9, ATP 8,0, 3'-AMP 2,0, dAMP 2,2 ($\cdot 10^5$ Impulse/$\mu$Mol/Min. bei 45% Meßausbeute). Chromatograph. Überprüfungen zeigten, daß die Verbb. durch die Bestrahlung nicht zerstört worden waren. ATP besaß noch seine volle biolog. Aktivität. Fast die gesamte Radioaktivität war in Form von $^{32}P$ vorhanden. Spuren von $^{76}As$ waren in dAMP, von $^{122}Sb$ in dAMP u. 3'-AMP u. von $^{24}Na$ in ADP u. ATP enthalten. — Die Meth. wird zur Markierung anderer P-haltiger Verbb. empfohlen. E.-R. Lochmann. 4150□

**Die Trennung von Nucleinsäureabbauprodukten an Verteilungssäulen.** Ross H. Hall. (J. biol. Chemistry **237**, 2283—88, Juli 1962; Buffalo, N.Y., Roswell Park Memorial Inst., Dep. of Exp. Therapeutics; engl.) — Es werden relativ einfache Verff. zur Isolierung u. Trennung von *Nucleosiden* (I) u. freien Basen durch Verteilungschromatographie an Kieselgur beschrieben. Die Anwendung salzfreier Lsgm. vereinfacht sehr die Gewinnung der eluierten Produkte. Ehrlich-Ascitestumor-*Desoxyribonucleinsäure* enthält Spuren *5-Methyldesoxycytidin*. Weitere Komponenten müßten <0,1% der Gesamt-I ausmachen. K. Maier. 4150□

**Die Wirkung von Tierkohle auf das Verhalten der Adeninnucleotide bei der Ionenaustauscherchromatographie.** U. Pethiyagoda. (Nature [London] **192**, 452—54, 4/11. 1961; Nr. Ashford, Kent, Wye Coll., Unit of Plant Morphogenesis and Nutrit., Agric. Res. Council; engl.) — Die Trennng von *Adenosinmono-*, *-di-* u. *-triphosphat* (*AMP*, *ADP*, *ATP*) nach dem Verf. von Cohn u. Carter (J. Amer. chem. Soc. **72**, [1950], 4273] — Austauscher in Chloridform — wird gestört, wenn die *Nucleotide* (I) vorher im sauren Medium (pH 2) an Tierkohle adsorbiert u. anschließend mit 25%ig. A., der 0,5% Ammoniak enthält, eluiert wurden. Zwar gelang es auf diese Weise, 80—95% der eingesetzten I zu gewinnen, jedoch wurden bei der Trennung nur 2 Peaks, AMP + ADP u. ATP erhalten. Rechromatographie des ersten Peaks im gleichen Syst. bewirkte die Trennung der beiden I. Vf. vermutet, daß die Tierkohle bei der Elution eine Substanz abgibt (vorherige Elution der Tierkohle blieb erfolglos), die evtl. durch Komplex-Bldg. mit AMP dessen Elutions-Verh. ändert. Bei Benutzung des Austauschers in Formiatform wurde eine derartige Störung nicht beobachtet. E. Lodemann. 4150□

**Fluorescenz von Pyridinnucleotiden in Mitochondrien.** Y. Avi-Dor, John M. Olson, Mary D. Doherty und Nathan O. Kaplan. (J. biol. Chemistry **237**, 2377—83, Juli 1962; Waltham, Mass., Brandeis Univ., Graduate Dep. of Biochem.; engl.) — Um den Zustand, in dem *red. Di-* u. *Triphosphopyridinnucleotid* (*DPNH*, *TPNH*) in den Mitochondrien (M) vorliegt, zu untersuchen, wurden Fluorescenz–Anregungs-Spektren (FAS) u. Fluorescenz–Emissions-Spektren (FES) von red. *Pyridinnucleotiden* (PN) in Rattenleber- u. Rattennierenmitochondrien (LM, NM) aufgenommen. Es zeigt sich, daß das Maximum des FAS in LM u. NM (im Vgl. zu *DPNH* u. *TPNH* in wss. Lsg.) um ca. 20 m$\mu$ zu kürzeren Wellenlängen hin verschoben ist. Im NM verursacht die Red. von *DPN* durch *Bernsteinsäure* im FAS eine leichte Verschiebung zu längeren Wellenlängen. Dies konnte im LM nicht beobachtet werden .Das FAS der M offenbart einen Energietransport vom *Protein* zu red. PN: die durchschnittliche Fluorescenzintensität der red. PN in den M ist 6—8mal so groß wie DPNH oder TPNH in wss. Lösung. Einen ähnlichen verstärkenden Effekt wie in den M erhält man, wenn zu red. PN in wss. Lsg. *Serumalbumin* oder *Lecithin* gegeben wird, wobei bei Zugabe von ersterem eine ähnliche Verschiebung zu kürzeren Wellenlängen eintritt wie in den Mitochondrien. E.-R. Lochmann. 4150□

**Veränderungen in den Purinnucleotiden des roten Lateralmuskels der Regenbogenforelle.** Tsuneyuki Saito, Ken-ichi Arai und Toshikatsu Yajima. (Nature [London] **184**, 1415, 31/10. 1959; Hakodate, Japan, Hokkaido Univ., Fac. of Fisheries; engl.) — Die säurelösl. *Purinnucleotide* im roten Lateralmuskel (A) u. im dorsalen Muskel (B) der Regenbogenforelle werden bei langsamer Unterkühlung (verschieden lange Aufbewahrung des Muskelfleisches bei 0°) zu *Inosin* (I) u. weiter zu *Hypoxanthin* (II) abgebaut. Während im B eine langsame Anhäufung beider Abbau-Prodd. zu beobachten ist, wird im A das I sehr schnell weiter zu II abgebaut. K. Kran. 4150□

**Einbau von $^{14}$C-Glycin in subnucleare Präparate aus Rattenlebernuclei.** K. R. Rees, Hazel F. Ross und G. F. Rowland. (Nature [London] **192**, 171—72, 14/10. 1961; London, Univ. Coll. Hosp. Med. School, Dep. of Chem. Pathol.; engl.) — Rattenleberzellkerne (in 0,25m Saccharose-Lsg. isoliert) vermögen in vitro *$^{14}$C-Glycin* (I) in ihr *Protein* einzubauen. Der Einbau von I wird durch *2.4-Dinitrophenol* (II), *Azid* u. $O_2$-Mangel gehemmt. Wiederholtes Einfrieren u. Auftauen der in W. suspendierten Kerne sowie Gefriertrocknung vermindern die Einbauaktivität nur wenig. Auch die Behandlung mit einem Detergens (Triton X 100) war ohne Wirkung. Die durch Ultraschall disintegrierten Kerne zeigen keine Verminderung der Einbauaktivität gegenüber I. Durch Ultrazentrifugieren (60 Min. bei 105000·g) können die ultraschallbehandelten Kerne weiter fraktioniert werden. Der so erhaltene Überstand baut ebenfalls $^{14}$C-I ein, wird jedoch durch II oder $O_2$-Mangel nicht gehemmt. Der beim weiteren Ultrazentrifugieren dieses Überstandes (7 Std. bei 105000·g) erhaltene Rückstand inkorporiert $^{14}$C-I sehr akt.; auch der Überstand zeigt eine Einbauaktivität. P. Schwerdtfeger. 4150□

**Cytotoxische Wirkung von Aminoacetonitril auf Fibroblastenkulturen und ihre Verhütung durch Histidin.** J. Mager, Z. Fuchs, S. Halevy und I. Sciaky. (Nature [London] **192**, 170—71, 14/10. 1961; Jerusalem, Israel, Hebrew Univ., Hadassah Med. School, Alpha Omega Res. Center, Dep. of Biochem.; engl.) — Die Verss. wurden an Kükenembryofibroblasten in Ggw. von als stark lathyrogen bekanntem *Aminoacetonitril* (I) durchgeführt. I (100 µg/ml) führt innerhalb von 2—3 Tagen zu starken morpholog. Veränderungen der Fibroblasten. Die stärkste I-Wrkg. tritt bei jungen, akt. proliferierenden Kulturen auf. *Trijodthyronin*, das die Stoffwechsel-Geschw. der Fibroblasten erhöht, verstärkt auch die Toxizität von I. Durch ein enzymat. Hydrolysat von *Lactalbumin* kann die tox. Wrkg. von I stark verringert u. teilweise vollständig aufgehoben werden. Von 20 einzeln geprüften Aminosäuren konnte nur *D-* oder *L-Histidin* eine Schutz-Wrkg. gegen die cytopath. Wrkg. von I ausüben, während Histamin u. Imidazol wirkungslos sind. Da die cytotox. Wrkg. von I an die Ggw. von *Cu*-Spuren geknüpft ist, könnte Histidin durch seine metallchelatbildenden Eigg. wirksam werden.
P. Schwerdtfeger. 4150□

**Einige Wirkungen von Colchicin auf die Transversalteilung der Planarie Dugesia dorotocephala.** Charles A. Long und Horace A. Hays. (Trans. Kansas Acad. Sci. **62**, 257—61, 1959; Pittsburg, Kans., Kansas State Coll., Dep. of Biol.; Lawrence, Univ. of Kansas, Dep. of Zoolog.; engl.) — Je 100 unversehrte bzw. decapitierte, 6 Tage lang in 1/5000m *Colchicin*-Lsg. gehaltene Strudelwürmer aus Kaltwasserflüssen von Missouri zeigten bei hoher Mortalitätsquote Stimulation oder Induktion der Transversalteilung bei großen, nicht aber bei kleinen (2—4 mm) Exemplaren.
H. G. W. Gleiß. 4150□

**Die Hemmung der Zellteilung durch Kohlendioxid.** Constantine Sorokin. (Nature [London] **194**, 496—97, 5/5. 1962; College Park, Md., Univ., Dep. of Botan.; engl.) — Vf. untersuchte die Wrkg. von $CO_2$ auf die Zellteilung an der „Hochtemp.-Alge" *Chlorella* 7-11-05, deren Kulturen durch ein intermittierendes Hell–Dunkel-Syst. gleichgeschaltet waren. Nach 8std. Wachstum in einem völlig anorgan. Medium u. Begasung mit 5% $CO_2$ enthaltender Luft zeigten die Zellen keine Teilung, waren aber potentiell teilungsfähig. Wurden diese Zellen dann im Dunkeln mit 0—100% $CO_2$ begast, so trat bei 0% $CO_2$ in 48 von 53 Experimenten zu 90% u. mehr Zellteilung ein, bei 1% $CO_2$ in 16 von 20 Experimenten überhaupt keine u. ab 5% $CO_2$ in keinem Falle die geringste Zellteilung ein. G. Wurm. 4150◇

**Antimitotische Wirksamkeit von O-[N.N-Bis-(β-chloräthyl)-carbamyl]-DL-serin im Allium sativum L.-Test: Nachweis einer Latenzperiode.** René Truhaut und Guy Deysson. (C. R. Séances Soc. Biol. Filiales **156**, 1038—40, 1962; Paris, Fac. de Pharm. et Inst. Gustave Roussy, Unité de Chimiothérapie exp.; franz.) — Vff. stellten im Test an Wurzelmeristemen von *Allium sativum* L. fest, daß *O-[N.N-Bis-β-chloräthylcarbamyl]-DL-serin* (I) bei einer Konz. von $5 \cdot 10^{-8}$m Chromosomenfragmentationen verursacht. Bei einer Konz. von $5 \cdot 10^{-7}$m verzögert I den Eintritt der Mitose. Selbst in letalen Dosen wirkt I nicht sofort, sondern erst nach 2—3 Tagen, wobei in den ersten Std. nach der Applikation noch keine Zeichen einer Intoxikation feststellbar sind. Die beobachtete Latenzzeit erklären Vff. mit der Bldg. einer cytotox. Substanz durch enzymat. Umwandlung von I in vivo. H. Kockert. 4150◇

**Bindegewebeentwicklung in subkutan implantiertem Polyvinylschwamm.** 1. Mitt. **Biochemische Veränderungen während der Entwicklung.** J. F. Woessner jun. und Robert J. Boucek. (Arch. Biochem. Biophysics **93**, 85—94, April 1961; Miami, Fla., Howard Hughes Med. Inst.; engl.) — Bei ♀ Ratten konnten nach subkutaner Implantation von 100 mg Schwämmchen aus *Polyvinylalkohol* (*Ivalon*) folgende Beobachtungen gemacht werden: Innerhalb von 20 Tagen kommt es zur Verringerung des Gewebe-Naßgewichts zusammen mit einer Verminderung des Vol. der Schwämmchen, von welcher nicht bekannt ist, ob sie auf äußere Druck-Einfl. oder auf Zusammenziehung der inzwischen gebildeten Bindegewebeelemente beruht; nach dem 20. Tag steigt das Naßgewicht wieder leicht an. Der Geh. an *lösl. Proteinen*/g implantierten Schwamms bleibt während der Bindegewebe-Entw.-Zeit mit ca. 500 mg/g konst.; die Konz. an lösl. Proteinen steigt demnach kontinuierlich während der Entw.-Zeit der Bindgewebeelemente. Der Geh. an *Desoxyribonucleinsäure* (*DNS*) steigt innerhalb von 20 Tagen auf ein Maximum (18 mg/g) u. bleibt danach relativ konstant. Der *Ascorbinsäure*-Geh. erleidet anfangs eine geringe Verminderung, steigt dann aber etwa parallel mit DNS bis auf ein Maximum von ca. 0,8 mg/g am 16. Tag (intracellulärer Geh.); im Gegensatz zu normalen Wundheilungsprozessen bleibt die maximale Konz. lange erhalten. Die *Kollagen*- (I)-Konz. erreicht ihr Maximum (über 250 mg/g) im Verlaufe von 36 Tagen; innerhalb dieses Zeitraumes dürfte die I-Bldg. als abgeschlossen betrachtet werden; eine klare Beziehung zu DNS ließ sich nicht erkennen, so daß außer Fibroblastenproliferation noch andere Faktoren beteiligt sein müssen. Der Geh. an *freiem Hydroxyprolin* (II) läuft dem Auftreten von DNS parallel (Maximum 180 $\mu$g/g am 20. Tag; intracellulärer, offenbar konst. Geh. des Fibroblasten); eine Beziehung zwischen freiem II u. I-Synth. oder -Abbau wurde nicht gefunden. U. Tausendfreund. 4150□

**Biologische Inkorporation von implantiertem Material in der Ratte.** James Calnan. (Nature [London] **191**, 1017—18, 2/9. 1961; London, Postgraduate Med. School, Dep. of Exp. Surgery; engl.) — Vf. ersetzte ein 2·2 cm großes Stück des Peritoneums durch ein 0,3 mm dickes Stück aus granulatgesintertem *Polytetrafluoräthylen* (I). Ohne bes. Gewebe-Rk. wurde das Implantat von 4 Tieren völlig durch fibröses Gewebe eingekapselt, in 2 histolog. völlig übereinstimmenden Fällen entstand jedoch das Bild eines lebenden Implantats: I wurde von normalem Peritoneum überwachsen u. von normal aussehenden Blutgefäßen u. Gewebezellen durchdrungen u. zeigte eindeutig fibröse Natur. Die Dicke hatte um 30% zugenommen; I ließ sich schwach mit basophilen Farbstoffen anfärben, während das authent. Material mit keinem histolog. Farbstoff anfärbbar war. G. Wurm. 4150◇

**Eine labile Kern-Ribonucleinsäure aus Tierzellen und ihre Beziehung zur „messenger"-RNS-Hypothese.** H. Harris. (Biochem. J. **84**, 60P—61P, Sept. 1962; Hertford, Herts., Bayfordbury, John Innes Inst., Dep. of Cell. Biol.; engl.) — Aus HeLa-Zellen wurden die Zellkerne isoliert. Das zurückbleibende Cytoplasma (CP) wird durch Zentrifugieren in eine Mikrosomenfraktion u. in eine überstehende Fraktion zerlegt. Alle *RNS*-Fraktionen wurden in der Ultrazentrifuge untersucht. Die *Kern-RNS* (I), die nach 10 Min. langer Einw. von radioakt. RNS-Vorstufen vollständig markiert ist, erscheint in 2 Sedimentationskomponenten von 16 u. 28 *S*. Die *Mikrosomen-RNS* (II) enthält nach gleicher Behandlung 2 ähnliche Komponenten. In der CP-Fraktion der überstehenden Fraktion sind, neben einer Hauptmenge mit 3 *S*, ebenfalls geringe RNS-Fraktionen mit 16 u. 28 *S* vorhanden. Diese stammen nicht aus I, sondern aus II. — Weitere Unterss. mit radioakt. Vorstufen zeigten, daß die labile I offensichtlich nicht direkt zu den Mikrosomen transportiert wird, sondern vorher im Kern zu *Nucleosid-5'-monophosphaten* (III) abgebaut wird. Diese Deutung wird durch die Tatsache erhärtet, daß ein akt. Enzym, welches RNS zu III abbaut, nur im Kern, nicht jedoch im CP gefunden wurde. E.-R. Lochmann. 4160◇

**Die Verwertung von Proteinen durch gezüchtete menschliche Zellen.** Harry Eagle und Karl A. Piez. (J. biol. Chemistry **235**, 1095—97, April 1960; Bethesda, Md., US Publ. Health Serv., Nat. Inst. of Health, Nat. Inst. of Allergy and Infectious Diseases, Labor. of Cell Biol.; Nat. Inst. of Dental Res.; engl.) — HeLa-Zellen wurden in vitro in Einzellschicht auf Glas gezüchtet. Zur Prüfung der Verwertung der *Proteine* der Nährlsg. wurden folgende 3 Proteinquellen verwendet: a) ein gegen W. dialysierter Extrakt aus HeLa-Zellen, die in $^{14}$*C-Phenylalanin*-Ggw. gewachsen waren u. mit Ultraschall aufgebrochen wurden; b) Seren von Kaninchen, die $^{14}$C-haltiges Hefehydrolysat i.v. erhalten hatten (35% des gesamten $^{14}$C im Serum an *Lysin* (I) gebunden); c) Seren von Kaninchen, die $^{14}$*C-L*-I i.v. erhalten hatten. Alle markierten Seren waren vor Verw. in der Kultur ebenfalls gegen W. dialysiert u. mit NaCl isoton. gemacht worden. Untersucht wurden das Zellwachstum u. die $^{14}$C-Aktivität des neu synthetisierten Zellproteins. Nur 3—6% des neu gebildeten Zellproteins entstammten — gemessen an der $^{14}$C-Aktivität — den der Nährlsg. zugesetzten Proteinen. Infolge möglicher method. Unzulänglichkeiten halten Vff. diesen Wert schon für einen Maximalwert.

S. Dittman-Mitzscherlich. 4160□

**Perchlorsäurelösliche Proteine.** D. Burston, M. P. Tombs und N. F. Maclagan. (Biochem. J. **84**, 98 P—99 P, Sept. 1962; London, Westminster Med. School, Dep. of Chem. Pathol.; engl.) — Vgl. C. **1962**, 4193. — Vff. isolierten Glykoproteine nach einer vereinfachten Meth. nach Winzler u. Mitarbeiter (J. clin. Invest. **27**, [1948], 609). Alle untersuchten Tumorgewebe enthielten in Perchlorsäure lösl. *$\alpha_1$-Globulin* (I). Von diesem war ein Teil immunolog. ident. mit dem *sauren $\alpha_1$-Glykoprotein* (II) des Serums. Die Geh. von I u. II stiegen in der Leber an bei allen Patienten mit Tumoren, unabhängig vom Ort des Tumors. W. Hiller. 4160□

**Untersuchungen über Tumor-Nucleinsäuren.** B. Tankó. (Biochem. J. **84**, 92 P—93 P, Sept. 1962; Debrecen, Ungarn, Med. Univ., Biochem. Inst.; engl.) — Bei Isolierung von *RNS* aus gesundem bzw. aus mit Brown-Pearce-Tumor (BPT) befallenem Gewebe von Kaninchen wurde festgestellt, daß offensichtlich die Bindung zwischen RNS u. *Protein* (oder möglicherweise die Struktur) sich in Leber u. Niere nach Befall mit BPT verändert. Bei Kaninchenmilz, die resistenter gegen Metastasen-Bldg. ist, wurde dies nicht beobachtet. Die Basen-Zus. der RNS aus gesundem u. BPT-befallenem Gewebe ist — nach Best. mit konventionellen Meth. — gleich. In weiteren Verss. wurde die neue Asciteslymphe NK/Ly (Maus) untersucht u. die Veränderungen des RNS- u. *DNS*-Geh. nach Behandlung mit den Carcinostaticis *Mercaptopurin* (I), *Carcinofilin* (II) u. *Degranol* (III) geprüft. 3 Tage nach Verabreichung von I, II bzw. III wurde ein Abfall der DNS festgestellt, während der RNS-Geh. ansteigt. Ein neues Antikrebsmittel aus *Vinca rosea* verursacht ein stetiges Sinken des DNS-Geh. von der 6 Std. an bis zu 4 Tagen, während der RNS-Geh. sich nicht signifikant verändert. Ein ähnlicher Effekt wurde mit einer neuen *Substanz R 52* (synthetisiert von Prof. L. Vargha) beobachtet. Die Ergebnisse lassen erkennen, daß carcinostat. Agentien den Nucleinsäurestoffwechsel der Tumoren beeinflussen, jedoch die Basen-Zus. der *Nucleinsäuren* unverändert lassen. E.-R. Lochmann. 4160◇

**Über die Fähigkeit des glykolytischen Stoffwechsels bei den Mikrosomen von ascitischen Ehrlich-Krebs-Zellen. Mikrosomen von Ehrlich-Ascites-Tumorzellen.** K. N. Ssorokin. (Cytologie [UdSSR] **4**, 325—28, Mai/Juni 1962; Leningrad, Akad. der med. Wiss. der UdSSR, Inst. für exp. Med., Biochem. Abt.; russ.) — Es wurde nachgewiesen, daß die Mikrosomen von Ehrlich-Ascitestumorzellen ein vollständiges Syst. darstellen, das *Glucose* zu *Milchsäure* spalten kann. Die Abhängigkeit der Geschw. der *Glykolyse* (G) von der Konz. der *Glucose*, des *Phosphats* u. von *DPN* wurde ermittelt. Das Verh. der einzelnen Zellfraktionen wurde geprüft. Es wird angenommen, daß die Mikrosomen, die *ATP* erzeugen unter gewissen Bedingungen die Energie aus der G gewinnen. M. Wiedemann. 4160□

**Die Austauschgeschwindigkeiten von anorganischem Phosphat in Ehrlichschen Ascites-Tumorzellen.** J. O. Laws und L. H. Stickland. (Biochem. J. **83**, 84—91, 1962; Leeds, School of Med., Dep. of Exper. Pathol. and Cancer Res.; engl.) — Ehrlich-Ascitestumorzellen (A) zeigten bei Inkubation unter $N_2$ einen ansteigenden Geh. an *anorgan. Phosphat* (I), der bei Inkubation in Tris-, Bicarbonat- oder Imidazolpuffer weiter anstieg. Ebenso stieg der Geh. an extracellulärem *Protein* an. Eine Variation der Salz-Zus. des Mediums oder Zusatz von *Dextraven* (Benger Laboratories Ltd.) konnten den Ausfluß von I oder Protein nicht vermindern. Dies gelang jedoch durch Senkung der Temperatur. In Phosphatpuffer wurde eine mit der Zeit lineare Atmung über 2 Std. gefunden; der *Glucose* (II)-Umsatz nahm ab. Bei Zusatz von II wurde unter $N_2$ u. $O_2$ bei 37° eine rasche Abnahme der I-Konz. innerhalb einer Min. gefunden. Ähnliche Abnahmen der I-Konzz., wenn auch langsamer, wurden bei 20 bzw. 10° gefunden. Die aerob auftretende I-Wanderung wurde durch *Jodacetat* (III) nicht beeinflußt, dagegen bewirkte III in Ggw. von II aerob u. anaerob eine starke, z. T. vollständige Hemmung des I-Flusses. Die Atmung von A wurde bei 12° durch III nicht beeinflußt. III unterdrückte die II-Umwandlung anaerob vollständig, aerob weniger. J. Boelter. 4160□

**Bildung von Kerneinschlußkörpern in Gewebekulturzellen durch 4-Nitrochinolin-N-oxid.** Hideya Endo, Masako Aoki und Yzuo Aoyama. (Gann, Japan. J. Cancer Res. **50**, 209—17, Sept. 1959; Tokyo, Japan, Found. for Cancer Res., Cancer Inst; Tokyo Univ., Inst. for Infect. Dis.; engl.) — Durch Anwendung von *4-Nitrochinolin-N-oxid* (I) u. einigen seiner Derivv. wurden in ruhenden Zellen in Gewebekulturen charakterist. Einschlußkörper (wahrscheinlich depolymerisierte *Desoxyribonucleinsäure* oder *bas. Protein*) in den Kernen erzeugt. Es besteht ein Zusammenhang zwischen der Bldg. der Einschlußkörper u. der carcinogenen Wrkg. der Verbindungen. Folgende Verbb. wurden untersucht: I, *6-Chlor*-I, *4-Nitrochinaldin-N-oxid*, *2-Äthyl*-I, *4-Nitrochinolin*, *4-Nitropyridin-N-oxid*, *6-Nitrochinolin*, *4.6-Dinitrochinolin-N-oxid*, *9-Nitroacridin-N-oxid*, *4-Bromchinolin-N-oxid*, *4-Cysteinylchinolin-N-oxid*. K. Zingraf. 4160□

**Histologische und histochemische Untersuchung der Frühschädigungen der Mäusehaut nach einer Einzelanwendung von 4-Nitrochinolin-N-oxid.** Yuzo Hayashi. (Gann, Japan. J. Cancer Res. **50**, 219—26, Sept. 1959; Tokyo, Jap. Found. for Cancer Res., Cancer Inst.; Tokyo Med. & Dental Coll., Pathol. Dep.; engl.) — Die Frühschädigungen der Mäusehaut nach einmaliger Pinselung mit *4-Nitrochinolin-N-oxid* (**I**) u. einigen Derivv. bestehen in einer blasenziehenden Wrkg. u. in der Abnahme des SH-Geh. in der Epidermis. Es besteht ein Parallelismus zwischen der Stärke der Haut-Rkk. u. der Rk.-Fähigkeit mit SH-Gruppen in vitro. Folgende Verbb. wurden untersucht: **I**, *4-Nitrochinaldin-N-oxid*, **I**-*6-sulfonsäure*, **I**-*2-propionsäure*, *4-* u. *6-Nitrochinolin*, *Chinolin-N-oxid*. K. Zingraf. 4160□

**Ein Frühtest auf mögliche Hautcarcinogene bei der Maus: Die Wirkung verschiedener Dosen von 3-Methylcholanthren in Benzollösung.** Olav Hilmar Iversen. (Nature [London] **196**, 181, 13/10. 1962; Oslo, Univ., Inst. for Gen. og Exper. Pathol.; engl.) — Auf Grund der mit *3-Methylcholanthren* (**I**) gemachten Erfahrungen wird darauf aufmerksam gemacht, daß bei der Prüfung von Substanzen auf Carcinogenität mit Hilfe des vom Verf. früher beschriebenen *Tetrazolium*-Testes (C. **1962**, 7184) mit relativ hohen, jedoch nicht geschwürerzeugenden Dosen gearbeitet werden soll. Weitere Ergebnisse zeigen, daß für die carcinogene Wrkg. einer einmaligen Behandlung mit **I** ein Schwellenwert besteht. R. Ristow. 4160□

**Aktivität von zwei Mikrosomenenzymen während der Anfangsphase einer durch 4-Dimethylaminoazobenzol induzierten Cancerogenese der Leber.** A. A. Hadjiolov. (Bull. Soc. Chim. biol. **44**, 745—49, 1962; Villejuif, Seine, Inst. de Rech. sur le Cancer; franz.) — Vf. untersuchte die spezif. Aktivitäten von Mikrosomen-*Ribonuclease* (**I**) u. *Glucose-6-phosphatase* (**II**) im Anfangsstadium der durch *4-Dimethylaminoazobenzol* (**III**) induzierten Carcinogenese der Leber von Wistarratten. Bei einer 30tägigen Fütterungszeit mit einer **III**-haltigen Diät ist die **I**-Aktivität um 20% vermindert, wogegen die **II**-Aktivität keine Veränderung erfährt. H. Kockert. 4160◇

**Hemmung von Mitochondrien-Oxydationssystemen durch das Carcinogen N-Fluorenyl-(2)-diacetamid.** A. R. Crofts und J. B. Chappell. (Biochem. J. **84**, 81 P—82 P, Sept. 1962; Cambridge, Univ., Dep. of Biochem.; engl.) — Bei niedriger *Phosphat* (**I**)-Konz. (5 mm) bewirkten 150 µMol *p-Fluorenyl-(2)-diacetamid* (**II**) eine 40%ig. Hemmung der Oxydation von Substraten mit *NAD*-gebundenen *Dehydrogenasen*, einschließlich *Glutamat* u. eine geringere Hemmung der *Succinat*-Oxydation. Bei hohen Konzz. von **II** war die Wrkg. geringer. Die Hemmwrkg. trat ein, wenn der $O_2$-Verbrauch durch Adenosindiphosphat (**III**), 2.4-Dinitrophenol oder Arsenat in Ggw. von **III** stimuliert wurde. In Keilin-Hartree-Präpp. trat eine Oxydationshemmung von ähnlichem Ausmaß wie bei intakten Mitochondrien ein. Bei einer **I**-Konz. von 15 mm bewirkte **II** eine deutliche Beschleunigung der Mitochondrienschwellung. K. Zingraf. 4160□

**Über die leukosogene Wirkung der aus Geschwulsten isolierten Nucleinsäuren.** W. M. Bressler, R. G. Broun, D. Ja. Podgajetzkaja und I. N. Schwemberger. (Cytologie [UdSSR] **4**, 318—22, Mai/Juni 1962; Leningrad, Labor. für Cytol. der Akad. der Wiss. der UdSSR; Univ., Labor. für Eiweißchem.; russ.) — Mit Präpp. von *Ribonucleinsäure* (*RNS*) mit Beimengungen von *Desoxyribonucleinsäure* (*DNS*) aus Ehrlich-Carcinom u. in geringerem Maße aus menschlicher Leukose konnte bei neugeborenen u. bei erwachsenen Mäusen myeloide Leukose erzeugt werden. Es kann sich hierbei nicht um die Übertragung eines Virus handeln; die Möglichkeit, daß die RNS mutagen wirkt, oder daß es sich um Übertragung genet. Materials handelt, wird diskutiert. M. Wiedemann. 4160□

**Über die Wirkung von Hydrochlorothiazid auf den carcinomatösen Ascites.** Heinrich Rodeck. (Klin. Wschr. **39**, 394, 1/4. 1961; Düsseldorf, Med. Akad., Kinderklinik; dt.) — *Hydrochlorothiazid* übt bei bereits 10 Tage lang bestehendem Ascites infolge Impfung mit Ehrlich-Mäuseascitescarcinom bei Mäusen (5 mg/kg/Tag; subkutan) eine stark wasser- u. salzausschwemmende Wrkg. aus; nur geringfügige Na- u. Cl-Veränderungen aber starke Hypokalämie. Bei gleichzeitiger Behandlung u. Tumorimpfung kam es nicht zur Ausbildung des Ascitestumors, die Tiere wiesen normale Entw. auf, während bei den ersten Verss. die Lebensfähigkeit der Tumorzellen u. die Tumorsterblichkeit nicht beeinflußt wurden. Es wird vermutet, daß den Tumorzellen die Voraussetzung zur Vermehrung (Ascitesausbildung als Nährlsg.) entzogen worden war u. die implantierten Zellen deshalb abstarben. U. Tausendfreund. 4160□

**Die Wirkungen von Purinantagonisten auf den Stoffwechsel anderer Purinantagonisten.** J. Frank Henderson und Irene G. Junga. (Biochem. Pharmacol. **7**, 187—94, Aug. 1961; Menlo Park, Calif., Stanford Res. Inst., Dep. of Biol. Sci.; engl.) — ♀ Mäuse, die 6 Tage vorher $10^6$ Ehrlich-Ascitescarcinomzellen (a) oder $6 \cdot 10^6$ Ascites-sarcoma-180-Zellen (b) inokuliert bekommen hatten, erhielten folgende Verb.-Paare, von denen jeweils eine Verb. radioakt. markiert war: $^{14}$*C-Aminopyrazolopyrimidin* (I) + *Azaserin* (IV), $^{14}$C-I + *Thioguanin* (II), $^{14}$C-I + *6-Mercaptopurin* (III), $^{14}$C-II + I, $^{14}$C-III + I in therapeut. Dosen. 1,2 u. 4 Std. nach der Injektion wurden die Tumorzellen aus den Tieren wieder entnommen u. die Stoffwechsel-Prodd. abgetrennt. Die Isolierung, Reinigung u. Best. der Verbb. wird beschrieben. Die Hauptwrkg. von **IV** war die Erhöhung des I-Anteiles der *Ribonucleoside*. Die Wrkg. war bei a stärker als bei b ausgeprägt. In früheren Stadien des Tumorwachstums bewirkte **IV** auch einen stärkeren Einbau von I in die Nucleinsäurefraktion. Die Wrkg. von **II** auf den I-Stoffwechsel war ähnlich der von **IV**. **III** erhöhte den Einbau von I in die Nucleinsäuren u. veränderte den Einbau von I in die Ribonucleotide nicht oder verringerte ihn. I verursachte stärkere Inkorporation von **II** in die *Nucleinsäuren* u. schwächere in die säurelösl. *Ribonucleotide* u. Verminderung des Geh. der freien **II**-Base. Der totale Geh. von **II** wurde durch I-Applikation erniedrigt. I hemmte den Einbau von **III** in die Tumornucleinsäuren u. den Einbau von **III** in die säurelösl. Ribonucleotide gering. W. Hiller. 4160□

## $E_2$. Enzymologie. Gärung

**Michaeliskonstanten, Substratkonstanten und die Wirkungen hemmender Verunreinigungen in Coenzymen und Substraten.** K. Dalziel. (Biochem. J. **83**, 28P, Juni 1962; Sheffield, Univ., Dep. of Biochem.; engl.) — Ausgehend vom Beispiel der Aldehyd-Red. durch Leber-*Alkoholdehydrogenase* wird rechner. gezeigt, daß ein in einem Substrat als Verunreinigung vorhandener nichtkompetitiver Inhibitor, Substrathemmung vortäuscht. K. Maier. 4200□

**Theorie des Einflusses der Dielektrizitätskonstanten auf die Reaktionsgeschwindigkeit in Lösung und ihre Anwendung auf Enzymreaktionen.** 1. Mitt. **Entwicklung der Theorie und ihre Anwendung auf einige einfache Systeme.** Keitaro Hiromi. (Bull. chem. Soc. Japan **33**, 1251—64, Sept. 1960; Sakai, Osaka, Univ. of Osaka Prefect., Coll. of Agric., Labor. of Biophys. Chem.; engl.) — Unter Zugrundelegung des Kirkwoodschen Modells wird eine Theorie der Beziehung zwischen den Gleichgewichts-Konst. K oder den Rk.-Geschw.-Konst. k einer Rk. u. der DK (D) des Lsgm. entwickelt, die auf Gleichgewichtszustände oder Rkk. anwendbar ist, bei denen Ionen oder Moll. mit beliebiger Ladungsverteilung beteiligt sind. Nach der Theorie existiert eine lineare Beziehung zwischen den log K- oder log k-Werten u. 1/D des Mediums. Die Neigung der Geraden beim Auftragen dieser Abhängigkeit wird durch den neuen Parameter L bestimmt, der „Konfigurationsladungsfunktion" (charge configuration function) genannt wird. Der L-Wert eines Reaktanten hängt nämlich von der Größe u. der relativen Stellung seiner Ladungen sowie seinem Radius ab. Zur Erleichterung der Berechnung der L-Werte sind Tabellen angegeben. Die Anwendbarkeit der Theorie wurde am Beispiel der Dissoziation von Carbonsäuren, der $S_N1$-Solvolyse von organ. Halogeniden sowie der sauren u. alkal. Hydrolyse von Estern, Amiden u. Aniliden (sämtlich Literaturdaten) geprüft, wobei zufriedenstellende Ergebnisse erzielt wurden. Der Einfl. der Ionenstärke auf die oben genannte Beziehung wird ebenfalls diskutiert. Die neue Theorie wird der allg. Theorie der Lsgm.-Effekte von Laidler u. Landskroener (C. **1960**, 7774) gegenübergestellt. B. Gnauck. 4200□

**Theorie des Einflusses der Dielektrizitätskonstanten auf die Reaktionsgeschwindigkeit in Lösung und ihre Anwendung auf Enzymreaktionen.** 2. Mitt. **Anwendung der Theorie auf Enzymreaktionen.** Keitaro Hiromi. (Bull. chem. Soc. Japan **33**, 1264—69, Sept. 1960; engl.) — 1. vgl. vorst. Referat. — Die l. c. entwickelte Theorie wird auf enzymat. Rkk. ausgedehnt. Bei Anwendung auf einige typ. Modell-Rkk., welche dem Zerfall des *Enzym-Substrat-Komplexes* in Enzym u. Prodd. entsprechen, ergibt sich, daß mit der Theorie die Reihenfolge der experimentell beobachteten Effekte richtig vorausgesagt werden kann. Ferner werden die Faktoren diskutiert, die durch Wechsel der Zus. von Lsgm.-Gemischen auftreten u. die Geschw. enzymat. Rkk. möglicherweise beeinflussen. B. Gnauck. 4200□

**Klassifizierung und Nomenklatur von Enzymen und Coenzymen.** R. H. S. Thompson. (Nature [London] **193**, 1227—31, 31/3. 1962; London, Guy's Hosp. Med. School.; engl.) — Vf. berichtet über die von der International Commission on Enzymes der International Union of Biochemistry bei deren 5. Kongreß in Moskau (1961) gefaßten Beschlüsse bzw. Empfehlungen zur Klassifizierung u. Nomenklatur von $>$700 (mit Codenummern versehenen) *Enzymen* (E), die in die Hauptklassen *Oxydoreduktasen*, *Transpherasen*, *Hydrolasen*, *Lyasen*, *Isomerasen*, *Ligasen* eingeteilt werden. Jedes E erhält einen „systemat. Namen" u. einen „Trivial- oder Arbeitsnamen". Besondere Kapitel sind der bisher verwirrenden Nomenklatur der *Coenzyme* u. der *Cytochrome* gewidmet.

Es sollen die Bezeichnungen *Cozymase, Phosphocozymase, Coenzym I* (*Co I*), *Coenzym II* (*Co II*), *Di-* bzw. *Triphosphopyridinnucleotid* (*DPN, TPN*), *Codehydrogenase I* bzw. *II* nicht weiterhin verwendet werden; vielmehr sollen die chem. Bezeichnungen verwendet werden: *Nicotinamidadenindinucleotid* (*NAD*) bzw. *Nicotinamidadenindinucleotidphosphat* (*NADP*) sowie *Nicotinmononucleotid* (*NMN*). Die red. Form von NAD wird mit $NADH_2$ oder, falls erwünscht, mit NADH + $H^+$ bezeichnet, wobei im letzten Fall die oxydierte Form als $NAD^+$ bezeichnet wird; unter keinen Umständen soll die Red. als Übergang von NAD in NADH dargestellt werden. — An Stelle von „*Coenzym Q*" wird verwendet: *Ubichinon* (*UQ*, bzw., wenn die Zahl der Isopreneinheiten angegeben werden soll, z. B.: $UQ_{10}$). — *Coenzym A* wird beibehalten (Abkürzung *Co A*, bzw., wenn die Thiolgruppe angegeben werden soll, *Co ASH*). — Bei *Cytochromen* (C) (definiert als Hämoproteine, deren Funktion im Transport von Elektron u./oder $H^+$ mittels Valenzwechsel am Häm-Fe besteht) wird in der Einzahl ein einzelnes C verstanden; in Ggw. mehrerer C heißt es: C-System. Es gibt 4 Gruppen von C, die mit A, B, C bzw. D bezeichnet werden, wobei die prosthet. Gruppen sind: Formylporphyrin-Fe, Protoporphyrin-Fe, substituiertes Mesoporphyrin-Fe mit covalenten Porphyrin–Protein-Bindungen bzw. Dihydroporphyrin-Fe. Bei Ggw. von Hämgruppen verschiedener Art heißt es z. B. „*Cytochrom CD*". — *Cytochromoide* sind den C nahe verwandte Hämoproteine mit hämoglobinartigen Spektren u. einer Rk.-Fähigkeit mit Liganden, die nicht mit Cytochrom C reagieren. — Neu entdeckte *Hämoproteine* sollen nicht ohne weiteren Beweis als C bezeichnet werden, sondern z. B. als „Hämoprotein 560", wobei 560 die Wellenlänge (m$\mu$) der $\alpha$-Bande des Spektrums ist. An Stelle des Wortes „Adaptation" soll „Induktion" für eine durch chem. Substanzen bewirkte E-Bldg. verwendet werden. — E-Vorläufer erhalten die Nachsilbe „-ogen" (an Stelle der Vorsilbe „prä").

A. Hesse. 4200□

**Eine neue, natürlich auftretende Verbindung aus der Coenzym-Q-Gruppe: Tetrahydrocoenzym $Q_{10}$.** W. V. Lavate, J. R. Dyer, C. M. Springer und Ronald Bentley. (J. biol. Chemistry **237**, PC 2715—16, Aug. 1962; Pittsburgh, Pa., Univ. of Pittsburgh, Dep. of Biochem. and Nutrit., Graduate School of Public Health; Atlanta, Ga., Georgia Inst. of Technol., School of Chem.; engl.)— Aus *Penicillium stipitatum* (P. st.) wird ein *Coenzym Q* (I)-Deriv. isoliert, das sich als *Tetrahydrocoenzym* $Q_{10}$ (**II**) erweist. Extinktion in Äthanol: $\lambda_{max}$: 275 m$\mu$ ($E^{1\%}_{1cm}$:151), $\lambda_{min}$: 236 m$\mu$ ($E^{1\%}_{1cm}$: 30), $\Delta$ $E^{1\%}_{1cm}$ Ox→Red: 128. Das Molgew. von **II** ist 864. Lsgm.-Syst. für Papierchromatographie sind angegeben, ebenso Vgl. der NMR-Spektren mit Spektren von *Coenzym* $Q_{10}$ (**III**). **I** mit dem gleichen papierchromatograph. Verh. wie **II** wurde noch isoliert aus 3 weiteren Stämmen von P. st. sowie aus 3 *Aspergillus*-Stämmen u. aus *Neurospra crassa.* Vff. glauben bei Mikroorganismen an eine weite Verbreitung sowohl der normalen als auch red. Form von **III** u. sehen darin eine Analogie zum *Vitamin* $K_1$ u. $K_2$.

S. Kirschfeld. 4210◇

**Die Glutamatsynthese und die Untersuchung von an die Nicotinamidadenindinucleotid-Coenzyme gebundenen Reaktionen in den Mitochondrien.** E. A. Jones und H. Gutfreund. (Biochem. J. **84**, 46—51, Juli 1962; Shinfield, Reading, Berks, Nat. Inst. for Res. in Dairying; engl.) — Die $O_2$-Aufnahme durch Suspensionen von Meerschweinchenlebermitochondrien (A) mit $\alpha$-*Ketoglutarat* (**I**), *Citrat* (**II**) oder *Malat* (**III**) als Substraten wurde durch $NH_3$ gehemmt, nicht aber mit *Succinat* (**IV**) als Substrat. In allen Fällen bildeten sich **I** u. *red. Nicotinamidadenindinucleotide* (**V**), wobei **V** über die Atmungskette reoxydiert u. in Ggw. von $NH_3$ z. T. über die *Glutamatdehydrogenase* für die *Glutamat* (**VI**)-Synth. verbraucht wurde. Nach Inkubation von Brustdrüsenmitochondrien in Ggw. von *Hexokinase, Glucose*, **I, II** sowie $NH_4Cl$ wurde kein **VI** gefunden. Die Oxydation von **II** u. *Isocitrat* (**VII**) wurde durch $NH_3$ gehemmt. Zusatz von **IV** zu A u. **II** erhöhte die Atmung u. erniedrigte den **II**-Umsatz. Der Zusatz von $NH_3$ u. **IV** erhöhte den **II**-Umsatz, wobei dieser der **IV**-Bldg. entsprach. Die **VI**-Synth. aus **II, I, I + II, II + IV, II + III, I + IV, II +** *Antimycin* (**VIII**), **II + IV + VIII** u. **II +** *NAD* wurde bei Abwesenheit von *ADP* als Phosphatacceptor erniedrigt. Die **VI**-Synth. von **II + IV** + NAD blieb prakt. unverändert. Die Geschw. der Reoxydation von red. **V** u. red. *Nicotinamidadenindinucleotidphosphat* bei Ausschluß der Atmung war mit **IV** größer als mit **II** als Substrat. Die **VI**-Synth. aus **VII** war in aufgebrochenen Mitochondrien größer als in intakten Mitochondrien. J. Boelter. 4210□

**Die Wirkung von Enzymen des Samens auf Coenzym A.** M. Libonati und E. Leone. (Biochem. J. **84**, 80P—81P, Sept. 1962; Sassari, Univ., Ist. di Biochem. Appl.; engl.) — Im Samenplasma des Stieres wurde eine *Coenzym-A-Peptidase* (**I**) nachgewiesen. Ihre Wrkg. war vom Auftreten einer positiven Ninhydrin-Rk. infolge der

Spaltung der *β-Mercaptoäthylamin*-Bruchstückes begleitet: I konnte durch $(NH_4)_2SO_4$-Fraktionierung von *Coenzym-A-Pyrophosphatase* getrennt werden. Die Wrkg. ist bei pH 8,15 optimal. K. Zingraf. 4210□

**Der Mechanismus der Ketonkörperbildung aus Butyrat in der Rattenleber.** F. J. R. Hird und R. H. Symons. (Biochem. J. **84**, 212—16, Juli 1962; Victoria, Australia, Univ. of Melbourne, Russell Grimwade School of Biochem., School of Agric.; engl.) — Die Inkubation von Rattenleberschnitten (A) oder Mitochondrien (B) mit $^{14}C_{(1)}$-*Butyrat* ($^{14}C_{(1)}$-I) bzw. $^{14}C_{(1)}$-*Acetat* ($^{14}C_{(1)}$-II), $^{14}C_{(2)}$-*DL-Lactat* ($^{14}C_{(2)}$-III) oder $^{14}C_{(1)}$-*Octanoat* ($^{14}C_{(1)}$-IV) in Ggw. von nichtmarkiertem I führte zu einem überwiegenden Einbau von $^{14}C$ in $C_{(1)}$ der gebildeten Ketonkörper. **IV** wurde durch beide Syst. stark eingebaut. **III** wurde nur in A, **II** in A u. B nur wenig eingebaut. Die Oxydation von $^{14}C_{(1)}$-I zu $^{14}CO_2$ durch A u. B war stärker als die von $^{14}C_{(3)}$-I. Ebenso — allerdings in geringerem Maße — entstand aus $^{14}C_{(2)}$-I mehr $^{14}CO_2$ als aus $^{14}C_{(4)}$-I. **I**, **III** u. **IV** waren in hohem Maße Ausgangs-Prodd. der Ketonkörper-Bldg., nicht dagegen **II**. Es wird angenommen, daß der $C_{(1)}$-Teil von **I** vorwiegend oxydiert, der $C_{(3)}$-Teil mehr zur Keton-Synth. benutzt wird u. daß die Bldg. überwiegend über *β-Hydroxy-β-methylglutaryl-CoA* führt u. nicht aus einer direkten Hydrolyse von *Acetacetyl-CoA* resultiert.

J. Boelter. 4210□

**Zwischenprodukte bei der Biosynthese von Fettsäuren durch zellfreie Präparate von lactierenden Brustdrüsen der Ratte.** J. Coniglio und G. Popják. (Biochem. J. **84**, 17P, Juli 1962; London, Hammersmith Hosp., Exp. Radiopathol. Res. Unit, Med. Res. Council; engl.) — Bei Inkubation von lösl. Überstand von Rattenbrustdrüsenhomogenat mit *ATP*, *CoA*, $Mn^{2+}$ u. $^{14}C$-*Acetat* ($^{14}C$-I) + $HCO_3^-$ oder I + $H^{14}CO_3^-$ wurde ein alkalilabiles Deriv. der *Malonsäure* (**II**) gebildet. **I** u. CoA konnten durch *Acetyl-CoA* ersetzt werden. Nach alkal. Hydrolyse konnte durch Gas-Fl.-Radiochromatographie $^{14}C$-**II** identifiziert werden. Es wird angenommen, daß **II** aus *Malonyl-CoA* (**III**) stammte. Der Einbau von $H^{14}CO_3^-$ in **III** wurde in Abwesenheit von **II** auf 15% des in Ggw. von **II** stattfindenden Einbaus red., wobei wahrscheinlich durch **II** die reversible Decarboxylierung von **III** gehemmt wurde. Ersatz von **II** durch *Oxalacetat*, *Succinat*, *Citrat* oder *Ketoglutarat* red. ebenfalls den $H^{14}CO_3$-Einbau, wobei jedoch nur ein Teil der Aktivität in **II** lokalisiert war. J. Boelter. 4210□

**Zur Biosynthese der Fettsäuren.** 1. Mitt. **Nachweis von Malonyl-CoA als Zwischenprodukt der Fettsäuresynthese in Hefeextrakten.** Feodor Lynen, Götz F. Domagk, Monika Goldmann und Ingrid Kessel. (Biochem. Z. **335**, 519—39, 1962; München, MPI für Zellchemie; Univ., Chem. Labor., Inst. für Biochemie; dt.) — Vgl. C. **1962**, 16723. — Extrakte aus roher Hefe sind in der Lage, aus *Essigsäure* u. $CO_2$ in Ggw. von *Coenzym A*, *Adenosintriphosphat* u. $Mg^{2+}$ oder $Mn^{2+}$ über das *Malonylcoenzym A* (I) höhere *Fettsäuren* zu synthetisieren. Durch partielle Hemmung des Enzym-Syst. mit *Jodacetamid* gelang es, die Zwischenstufe I abzufangen. Es wurde eine Enzymfraktion isoliert, die I in Ggw. von *red. Nicotinamidadenindinucleotid* (II) oder II-*Phosphat* in *Palmitinsäure* umwandelt. Ein Best.- u. Reinigungs-Verf. für die im Hefeextrakt enthaltene I-*Decarboxylase* wird beschrieben. E. Lodemann. 4210□

**Zur Biosynthese der Fettsäuren.** 2. Mitt. **Synthese und Eigenschaften von S-Malonylcoenzym A.** Hermann Eggerer und Feodor Lynen. (Biochem. Z. **335**, 540—47, 1962; dt.) — 1. vgl. vorst. Referat. — Die Darst. von *Malonylcoenzym A* durch Umesterung von *S-Malonyl-N-caprylcysteamin* (I) mit *Coenzym A* wird beschrieben. Die Rk. verläuft quantitativ. I, F. 70—71°, wird dargestellt aus N-Caprylcysteamin u. Malonsäuremonochlorid. E. Lodemann. 4210□

**Die enzymatische Synthese von γ-Butyrobetain und seines Coenzym-A-Esters.** E. A. Hosein, Margaret Smart, Kathleen Hawkins, Shirley Rochon und Zeno Strassberg. (Arch. Biochem. Biophysics **96**, 246—51, Febr. 1962; Montreal, McGill Univ., Dep. of Biochem.; engl.) — Vff. wiesen die Bldg. von *γ-Butyrobetain* (I) aus *γ-Aminobuttersäure* u. enzymat. dargestelltem *S-Adenosylmethionin* bei Inkubation mit Hirn- oder Muskelhomogenaten nach. Die Identifizierung gelang durch Fällung mit Reinecke-Salz, anschließender Papierchromatographie in Butanol/W. u. Propanol/Ameisensäure/W., durch Isolierung des *Gold*-Salzes (F. 180—184°; Zers.) u. Stickstoffanalyse des *Hydrochlorids*] (7,58%). Durch Inkubation von I mit *CoA*, *ATP*, *Mg* u. gereinigtem *Fettsäure aktivierendem Enzym* aus Leber von Ratte oder Kaninchen wurde der I-*CoA-Ester* gewonnen. Der Nachw. erfolgte auf Grund der physiolog. Aktivität der positiven Hydroxamsäure-Rk., des UV-Spektrums u. der obengenannten Meth. nach saurer Hydrolyse. S. Vierkötter. 4210□

**$B_{12}$-Coenzym-Gehalt in den Knöllchen von Leguminosen und Erlen sowie von Rhizobium meliloti.** Mark Kliewer und Harold J. Evans. (Nature [London] **194**, 108—09, 7/4. 1962; Corvallis, Oreg., Oregon State Univ., Dep. of Bot. and Plant

Pathol.; engl.) — Die Wurzelknöllchenbakterien der *Rhizobium*-Art entwickeln bei Alfalfa, Sojabohne, Erbse u. *Trifolium pratense* erhöhte Mengen *$B_{12}$-Coenzym* (I), wenn die Pflanzen N-frei mit *$CoCl_2$*-Zusätzen aufgezogen werden. Dabei ist der I-Geh. der Bakterien von Sojabohnen u. Erbsen im Knospenstadium etwa doppelt so hoch wie bei Pflanzen in voller Blüte. Knöllchen von Alfalfa weisen den höchsten I-Geh. auf. I aus *Rh. melitoti* zeigt nach Reinigung Absorptionsmaxima bei 522—525 u. 375 mμ u. erweist sich als ident. mit *5.6-Dimethylbenzimidazolcobamid.* — Ferner wird in Rh. meliloti die Ggw. von *Methylmalonylcoenzym A* nachgewiesen. A. Hesse. 4210□

**Der Mechanismus der Reaktion von Cystein mit Pyridoxal-5-phosphat.** D. Mackay. (Arch. Biochem. Biophysics **99**, 93—100, Okt. 1962; Leeds, England, Univ. of Leeds, School of Med., Dep. of Pharmacol.; engl.) — Vf. gibt Unters.-Meth. für den Rk.-Mechanismus von *Pyridoxal-5-phosphat* (I) mit *l-Cystein* (II), *S-Methyl-l-cystein*, *l-Cysteinbetain* u. *β-Mercaptopropionsäure* an u. stellt die Hypothese auf, daß I mit II über die Stufen einer Schiffschen Base (III) u. eines Hemimercaptals zu einem Thiazolidin cyclisiert, wobei die Bldg. von III der geschwindigkeitsbestimmende Schritt ist. S. Kirschfeld. 4210◇

**Über die enzymatische Oxydation von Chlor- und Nitrobrenzcatechinen mittels Laccase.** Akira Nishimura, Aizo Hikosaka und Takao Senda. (Rep. liberal Arts Fac., Shizuoka Univ. [nat. Sci] **2**, Nr. 5, 197—201, Dez. 1959; engl.) — Vff. haben früher (C. **1960**, 1894) gezeigt, daß Allyl-Derivv. von Brenzcatechin in Ggw. von *Laccase* (aus *Rhus succedanea*) oxydierbar sind, wobei *3-Allylbrenzcatechin* etwas mehr als 1 Atom O/Mol. aufnimmt, *3.6-Diallylbrenzcatechin* dagegen nur 1 Molekül. Die Annahme, daß dies mit ster. Hinderung der O-Aufnahme am $C_{(3)}$ u. $C_{(4)}$ zusammenhängt, wird durch neue Ergebnisse bestätigt: *3-Nitrobrenzcatechin* u. *3-Chlorbrenzcatechin* nehmen nahezu 2 Atome O/Mol. auf, *4-Nitrobrenzcatechin* u. *4-Chlorbrenzcatechin* können dagegen nicht 2 Atome O aufnehmen. A. Hesse. 4210□

**Fraktionierung der Sauerstoffisotopen bei enzymatisch katalysierten Reaktionen.** Daniel E. Feldman, Henry T. Yost jun. und Bruce B. Benson. (Science [Washington] **129**, 146—47, 16/1. 1959; Amherst, Mass., Amherst Coll., Dep. of Physics and Biol.; engl.) — Beim Atmungsprozeß von aeroben Organismen erfolgt eine Fraktionierung von $^{16}O$ u. $^{18}O$. Vff. bestimmen den Fraktionierungsfaktor $\alpha = (\ln n/n_0)/(\ln \gamma/\gamma_0 + \ln n/n_0)$ für *Tyrosinase* (I; Handels-Präp.) u. *Cytochromoxydase* (II; aus Rattenlebermitochondrien); es bedeuten: $n_0$ die Anzahl Mole $O_2$ im Behälter zur Zeit $t_0$ (= Beginn der Rk.); n die Anzahl der Mole $O_2$ zur Zeit $t$; $\gamma_0$ der %-Satz an $^{18}O$ im Sauerstoff zur Zeit $t$ u. $\gamma$ der %-Satz an $^{18}O$ im Sauerstoff zur Zeit $t$. Für I werden mit Kresol bzw. Brenzcatechin als Substrat Werte für $\alpha$ im Durchschnitt $1{,}010 \pm 0{,}002$ bzw. $1{,}011 \pm 0{,}004$, für II durchschnittlich $1{,}013 \pm 0{,}002$ gefunden. Die Werte von $\alpha$ schwanken nur unwesentlich mit der Temperatur. Vff. schließen, daß die Fraktionierung durch Metallenzyme bewirkt wird. A. Hesse. 4210□

**Die reduzierte Diphosphopyridinnucleotidoxydase von Streptococcus faecalis: Reinigung und Eigenschaften.** Dale D. Hoskins, H. R. Whiteley und Bruce Mackler. (J. biol. Chemistry **237**, 2647—51, Aug. 1962; Seattle, Wash., Univ. of Washington, Dep. of Pediatr. and Microbiol.; engl.) — Anaerob gewachsene Zellen von *Streptococcus faecalis* 10 Cl enthalten *DPNH-Oxydase* (I), die die Red. von $O_2$ zu $H_2O_2$ katalysiert. Die 50fache Anreicherung von I durch Ammoniumsulfatfraktionierung, Protaminsulfatfällung, $Ca_3(PO_4)_2$-Geladsorption u. DEAE-Cellulosesäulenchromatographie wird beschrieben, wobei I von Cytochrom-c-Reduktase u. Diaphorase gereinigt wird. Nach der Reinigung katalysiert I nur noch die Red. von $O_2$ zu $H_2O$. *Flavinadenindinucleotid* (*FAD*) ist der Cofaktor von I, der an I bei tieferem pH sehr viel fester gebunden ist als bei pH 9,2. Mit zunehmender Reinigung steigt der Bedarf für FAD, welches auch als Elektronenacceptor für die *DPNH*-Oxydation dienen kann. I wird gehemmt durch alle *SH*-Gruppen inaktivierenden Substanzen u. ist empfindlich gegen Dialyse; sie kann durch Thiol-Derivv. wieder regeneriert werden. Vff. glauben, daß freie SH-Gruppen für die Rekombination von I mit FAD nötig sind. S. Kirschfeld. 4210◇

**Vermutlicher Bedarf von Adenosintriphosphat für die aerobe Oxydation von Succinat in Rattenlebermitochondrien.** E. C. Slater und A. Kemp jun. (Biochem. J. **84**, 65P, Sept. 1962; Amsterdam, Univ., Labor. of Physiol. Chem.; engl.) — Die Wiederherst. der *Succinoxydase*-Aktivität durch *Adenosintriphosphat* (I) nach Vorinkubation von Rattenlebermitochondrien u. phosphatfreiem Saccharose–KCl-Medium mit 2 mm *Arsenat* (II) erfolgt nach einer Latenzzeit u. die Oxydation geht weiter, auch wenn das zugesetzte I durch Zugabe von Hexokinase u. Glucose aus dem Medium entfernt wird. Weder die Inaktivierung durch II noch die Reaktivierung durch I ist spezif., da *Albumin* an Stelle von I ebenfalls wirksam ist, wenn auch schwächer. Die Reaktivierung durch I ist nicht Oligomycin-empfindlich. K. Zingraf. 4210□

**Mechanismus der Hemmung des Sauerstoffverbrauchs durch Glyoxylat in Leber- und Nierenpartikeln.** A. Ruffo, Anna Adinolfi, G. Budillon und G. Capobianco. (Biochem. J. **84**, 82P, Sept. 1962; Naples, Italy, Pascale Found., Inst. of Tumours, Labor. of Biochem.; engl.) — Kleine Mengen *Glyoxylat* (I) + *Oxalacetat* hemmten die $O_2$-Aufnahme durch intakte Mitochondrien bei Inkubation mit *L-Glutamat*, *Ketoglutarat* (II) oder *Pyruvat* (III) ohne gleichzeitige Abnahme des P/O-Quotienten. Die Hemmung wurde durch die entkoppelnde Phosphorylierungs-Rk. in Mitochondrien oder Kaninchennieren-*Cyclophorase*-Präpp. nicht verändert. Bei Inkubation intakter Mitochondrien mit *Citrat* (IV) oder III, nicht jedoch mit II oder *Succinat* (V), bewirkte I neben der Hemmung der Oxydation eine Anreicherung von IV. *Oxalomalat* hemmte die Oxydation aller Substrate, jedoch die von IV u. III stärker als die von V oder II. Die Hemmwrkg. von I auf die Oxydation von V oder II, nicht jedoch von IV, wurde durch Zusatz äquimol. Konzz. von III aufgehoben. K. Zingraf. 4210□

**Die oxydative Umwandlung von Protocatechusäure durch einige Boden-Pseudomonas-Species: ein neuer Ringspaltungsmechanismus.** D. W. Ribbons und W. C. Evans. (Biochem. J. **83**, 482—92, Juni 1962; Bangor, Univ. Coll. of North Wales, School of Agric., Dep. of Biochem. and Soil Sci.; engl.) — Die Umwandlung von Phthalat durch *Pseudomonas P1* u. *D2* sowie die von p-Kresol durch *D1* treffen sich auf der *Protecatechuat* (I)-Stufe. *P1*-Extrakte oxydieren I über *cis-cis-β-Carboxymuconat* zu *β-Oxoadipat* unter Verbrauch von 1 Mol $O_2$ u. Entw. von 1 Mol $CO_2$/Mol Substrat. Zellfreie *D1*- u. *D2*-Extrakte oxydieren I unter Verbrauch von 1 Mol $O_2$/Mol Substrat ohne $CO_2$-Entwicklung. Das Rk.-Prod., *γ-Carboxy-α-hydroxymuconsäuresemialdehyd* (II), entsteht durch oxydative Spaltung an der 4.5-Bindung. Das Ringspaltungsenzym wird I-*4.5-Oxygenase* (III) genannt. Die II zuerteilte Konstit. basiert auf Bldg. einer neuen COOH-Gruppe/Mol. während der Ringspaltung, Analyse eines krist. sauren Bis-2.4-dinitrophenylhydrazon-Deriv., Absorptionsspektrum in Säure u. Alkali (Keto-Enol-Tautomerie) u. Bldg. von 2.4-Lutidinsäure durch die Wrkg. von $NH_4^+$-Ionen. Ein Schema der weiteren Umwandlung von II in Pyruvat u. Malat über 4-Carboxy-2.3-dihydro-2-hydroxymuconat wird diskutiert. Das pH-Optimum von III ist 7,0—7,5. Für volle Aktivität sind $Fe^{2+}$-Ionen u. eine red. Verb., wie Cystein, Ascorbat, erforderlich. $Ni^{2+}$ u. $Mg^{2+}$ hemmen III schwach, $Hg^{2+}$ u. $Cu^{2+}$ vollständig. Andere SH-Inhibitoren als Hg-Verbb. hemmen nicht. Die Reaktivierung der p-Hydroxymercuribenzoathemmung durch Cystein, Glutathion + $Fe^{2+}$-Ionen oder Ascorbat + $Fe^{2+}$ ähnelt der von Homogentisatoxydase. K. Maier. 4210□

**Inaktivierung pflanzlicher Peroxydasen durch Cystein, Hydrazin und Hydroxylamin.** G. Lotti und C. Galoppini. (Agrochimica [Pisa] **6**, 21—29, Dez. 1961; Pisa, Univ., Ist. di Chim. Agr.; ital.) — Die *Peroxydase* des Meerrettichs wird durch *Cystein* bedeutend stärker gehemmt als durch *Hydrazin* oder *Hydroxylamin*. K. Zingraf. 4210□

**Über die Spezifität der Galaktosedehydrogenase aus Pseudomonas saccharophila und deren Anwendung als analytisches Hilfsmittel.** Kurt Wallenfels und Gerhart Kurz. (Biochem. Z. **335**, 559—72, 1962; Freiburg, Univ., Chem. Labor.; dt.) — Die Gewinnung u. Reinigung der *D-Galaktose* (I)-*dehydrogenase* aus *Pseudomonas saccharophila* wird beschrieben. Die Wirksamkeit verschiedener Zucker als Substrate für das Enzym wurde untersucht: *D-Fucose*, *6-O-Methyl-*, *3-Desoxy-* wurden schnell, *2-Desoxy-*, *3.6-Didesoxy-*, *2-Desoxy-2-amino-D-galaktose* u. *L-Arabinose* wurden langsamer oxydiert. Die *β*-Form von I wird schnell, die *α*-Form erst nach Umwandlung in die *β*-Form oxydiert. Außerdem wird ein Verf. zur enzymat. Best. von I durch opt. Test beschrieben. Auch *Lactose* kann auf diese Weise bestimmt werden bei zusätzlicher Ggw. von *β-Galaktosidase*, die bei Hydrolyse von *Lactose* *β*-I in Freiheit setzt. Das Primärprod. der enzymat. Oxydation ist wahrscheinlich das *Pyranolacton der D-Galaktonsäure*.
E. Lodemann. 4210□

**Galaktosidasen.** Kurt Wallenfels und Om Prakash Malhorta. (Advances Carbohydrate Chem. **16**, 239—98, 1961; Freiburg/Br., Univ., Chem. Labor.; engl.) — Übersicht über Vork., Reinigung, Eigg. u. Rkk. von *β*- u. *α-Galaktosidasen*. — 154 Literaturangaben. P. Golinske. 4210□

**Nachweis einer D-Glycerinsäuredehydrogenase in Säugetieren.** J. E. Willis und H. J. Sallach. (J. biol. Chemistry **237**, 910—15, März 1962; Madison, Wis., Univ. of Wisconsin, Med. School, Dep. of Physiol. Chem.; engl.) — Vff. isolierten eine *D-Glycerinsäuredehydrogenase* (I) aus frischer Rinderleber nach wiederholter Fraktionierung mit $(NH_4)_2 \cdot SO_4$ u. Phosphatgel sowie nach säulenchromatograph. Trennung an Ca-Phosphat. I katalysierte die Rk.: *D-Glycerat* + *DPN*$^+$ (*TPN*$^+$) ⇌ *Hydroxypyruvat* + $H^+$ + *DPNH* (*TPNH*). Im gegenwärtigen Reinheitsgrad des Enzyms können sowohl DPN als auch TPN als Coenzym dienen. Zur Standard-Best. von I diente das Ansteigen der Absorption bei 340 m$\mu$ in einer Mischung folgender Zus.: I, D-Glycerat (25 $\mu$Mol); *Hydrazin* (400 $\mu$Mol); DPN oder TPN (1,5 $\mu$Mol); Trispuffer, pH 9,0 (500 $\mu$Mol); Gesamt-Vol. 2,25 ml. Durch Zugabe von *Hydroxypyruvat* (II) war die Rk. umkehrbar. II als Rk.-Prod. wurde durch das *2.4-Dinitrophenylhydrazon* sowie durch die nach Hydrierung über $PtO_2$ erfolgte Bldg. von *Serin* u. *Alanin* identifiziert; die Stöchiometrie der Rk. wurde nach 3 Meth.: mit *Hydroxybrenztraubensäurereduktase*, *L-Milchsäuredehydrogenase* u. nach der von Riedman u. Haugen (vgl. J. biol. Chemistry **147**, [1943], 415) geprüft. S. Vierkötter. 4210□

**Molekulare Heterogenität der Milchsäuredehydrogenase bei der Vogelmalaria (Plasmodium lophurae).** Irwin W. Sherman. (J. exp. Medicine **114**, 1049—62, 1/12. 1961; Rockefeller Inst.; engl.) — Bei synchronen Infektionen von Enten-Erythrocyten durch *Plasmodium lophurae* (PL) steigt die *Milchsäuredehydrogenase* (I)-Aktivität direkt proportional mit dem Grad der Infektion. Die I-Aktivität von PL ist ca. 3mal so groß wie die der nichtinfizierten Erythrocyten. Die elektrophoret. Isolierung der I (auf dem Stärkeblock) u. kinet. Messungen zeigten, daß die I der PL sich hinsichtlich der mol. Heterogenität streng von der I der Erythrocyten unterscheidet u. daß die gesteigerte Aktivität der I in infizierten Erythrocyten auf die Vermehrung der Parasiten zurückzuführen ist. B. Görlich. 4210□

**Verteilung der Milchsäuredehydrogenase in der Skelettmuskulatur.** M. Blanchaer und M. van Wijhe. (Nature [London] **193**, 877—78, 3/3. 1962; Univ. of Manitoba, Dep. of Physiol.; Winnipeg, St. Boniface Gen. Hosp., Dep. of Pathol.; engl.) — Aus Muskelpartien von Meerschweinchen, die mehr als 90% rote oder weiße Fasern enthielten, wurde ein 5%ig. Homogenat in 0,09m Barbituratpuffer, pH 8,6, hergestellt u. im Überstand die *Milchsäuredehydrogenase* (I)-Aktivität gemessen. Es zeigte sich, daß die I-Aktivität sowohl in roten als auch in weißen Fasern von der gleichen Größenordnung war im Gegensatz zu histochem. Befunden. S. Vierkötter. 4210□

**Histochemische Lokalisierung von Bernsteinsäuredehydrogenaseaktivität in den Mitochondrien einiger Spermatozoen wirbelloser Tiere.** Brij L. Gupta und Ved P. Kamboj. (Nature [London] **193**, 788—89, 24/2. 1962; Chandigorh, Panjab Univ., Dep. of Zool.; engl.) — Spermatocyten, Spermatide u. reife Spermatozoen von *Halys dentatus*, *Dysdercus*, *Chrotogomis*, *Sepisma* u. *Cicindela* wurden durch Inkubation bei 37° (55 Min. lang) in einer Mischung von *Na-Succinat*, W., Phosphatpuffer, pH 7,6, u. *Tetrazoliumblau* auf *Bernsteinsäuredehydrogenase* (I)-Aktivität geprüft, wobei die verschiedenen Größen der Diformazangranula eine exakte Aussage über Lokalisierung u. Größe der I-Aktivität in den Mitochondrien erlaubten. S. Vierkötter. 4210□

**Eine einfache Bestimmungsmethode für Xanthindehydrogenase in einzelnen Drosophila melanogaster.** Edward Glassman. (Science [Washington] **137**, 990—91, 21/9. 1962; Chapel Hill, N.C., Univ., School of Med., Dep. of Biochem.; engl.) — Vf. entwickelte ein Verf. zur Best. von *Xanthindehydrogenase* (I) in einzelnen Exemplaren von *Drosophila melanogaster*. Hierzu wurde jede einzelnen Fliege in einem Puffer homogenisiert, mit Tierkohle behandelt u. der I-Geh. fluorometr. durch Verfolgung der Umwandlung von *2-Amino-4-hydroxypteridin* zu *Isoxanthopterin* bestimmt. G. Wurm. 4210◇

**Dihydrothioctyldehydrogenase: ein Flavoprotein.** Robert L. Searls und D. R. Sanadi. (Proc. nat. Acad. Sci. USA **45**, 697—701, 15/5. 1959; Baltimore, U. S. Public Health Serv., Nat. Heart Inst., Gerontol. Branch; Baltimore City Hosp.; engl.) — *α-Ketoglutarsäuredehydrogenase* (vgl. C. **1959**, 11942) aus Mitochondrien des Hundeherzens konnte nach weitgehender Reinigung (l. c.) u. einer milden Verdauung mittels Trypsin durch Fraktionieren mit $(NH_4)_2SO_4$ in 2 Fraktionen aufgespalten werden: Die bei 0,30—0,40 Sättigung an $(NH_4)_2SO_4$ erhaltene Fraktion katalysiert die Oxydation von *α-Ketoglutarsäure* durch 2.6-Dichlorphenolindophenol; die bei 0,50 bis 0,60 Sättigung erhaltene Fraktion enthält *Thioctansäurereduktase* (*Dihydrothioctyldehydrogenase*; I) neben *Diaphorase*. Diese 2. Fraktion ist ein *Flavoprotein* (mit *Flavinadenindinucleotid* als prosthet. Gruppe) von hohem reduzierendem Potential ($E'_0$ ca. —0,34 V). I findet sich auch in den Chloroplasten von *Spinat*, aus denen es mittels 5%ig. Chlf. (30 Min. lang) extrahiert werden kann; die abzentrifugierte u. dialysierte Lsg. oxydiert 6 $\mu$Mol Diphosphopyridinnucleotid/1 Std./mg Protein. A. Hesse. 4210□

**Ascorbinsäuresynthese mit einem rekonstruierten Enzymsystem.** Kazuo Yamada, Kantaro Suzuki, Yoshitake Mano und Norio Shimazono. (J. Biochemistry [Tokyo] **50**, 374—75, Okt. 1961; Tokyo, Univ., Fac. of Med., Dep. of Biochem.; engl.) —

Ein Enzym-Syst., das *Gulonolactondehydrogenase* u. *Lactonase I* enthält, vermag aus *L-Gulonsäure* (**I**) *L-Ascorbinsäure* (**II**) zu synthetisieren. **II** wird nicht gebildet, wenn Lactonase I im Syst. fehlt, wohl aber, wenn das Substrat nicht **I**, sondern *L-Gulonolacton* (**III**) enthält. Ebenso wird **II** aus *D-Glucuronsäure* (**IV**) nur dann gebildet, wenn das Syst. *Lactonase I, Gulonolactondehydrogenase* u. *TPN-L-Hexonatdehydrogenase* enthält. Aus *D-Glucuronolacton* wird **II** auch in Abwesenheit der Lactonase I gebildet. Die Ergebnisse sprechen dafür, daß **II** aus **IV** über **V** u. **III** gebildet wird. M. Lorenz. 4210□

**Biosynthese von Uronsäuren durch Hautenzyme. 1. Mitt. Uridindiphosphat-D-glucosedehydrogenase aus Kaninchenhaut.** Bernard Jacobson und Eugene A. Davidson. (J. biol. Chemistry **237**, 635—37, März 1962; Durham, N.C., Duke Univ., School of Med., Dep. of Biochem.; Center for the Study of Aging; engl.) — Unter Anwendung konventioneller Meth. [Protamin- u. $(NH_4)_2SO_4$-Fällung sowie Trennung an Hydroxylapatit] wurde aus der Haut von Kaninchen eine *Uridindiphosphat-D-glucosedehydrogenase* (**I**) gewonnen. — Das pH-Optimum lag bei 9. $K_m$-Wert für *Uridindiphosphat-D-glucose*: $2{,}4 \cdot 10^{-5}$ molar. Durch *p-Hydroxymercuribenzoat* trat bei einer Konz. von $1{,}2 \cdot 10^{-5}$ m vollständige Hemmung ein, die durch *Cystein* nicht aufgehoben wurde. Unters. der Rk.-Prodd. ergab die stöchiometr. Bldg. von *Uridindiphosphat-D-glucuronsäure* aus *Uridindiphosphat-D-glucose* u. *DPN*. S. Vierkötter. 4210□

**Biosynthese von Uronsäuren durch Hautenzyme. 2. Mitt. Uridindiphosphat-D-glucuronsäure-5-epimerase.** Bernard Jacobson und Eugene A. Davidson. (J. biol. Chemistry **237**, 638—42, März 1962; engl.) — 1. vgl. vorst. Referat. — Vff. stellen fest, daß Hautextrakte junger Kaninchen, *Uridindiphosphatglucose* in Ggw. von *DPN* u. $MgCl_2$ bei pH 9,0 in ein Gemisch von *Uridindiphosphat-D-glucuronsäure* (**I**) u. *L-Iduronsäure* (**II**) überführen. In Ggw. lediglich katalyt. Mengen DPN findet keine Bldg. von **I** statt. Aus **I** wird in Ggw. katalyt. Mengen DPN **II** gebildet, wodurch **I** als Intermediärprod. bei der **II**-Synth. erscheint. Die *Uridindiphosphat-D-glucuronsäure-5-epimerase* (**III**)-Aktivität findet sich im Nd. der 40%ig. Sättigung des Homogenatüberstandes (s. vorst. Ref.) u. kann so von der *Uridindiphosphatglucosedehydrogenase* abgetrennt werden, die bei dieser Konz. noch nicht gefällt wird. — Das pH-Optimum von **III** liegt bei 7,1 in Trispuffer, während in Glycin auch ein Optimum bei pH 9 festgestellt wurde. **III** weist auch verschiedene $K_m$-Werte für **I** in Tris u. Glycin auf. *DPNH* hemmt **III**; *TPN*$^+$ hat weniger als $^1/_3$ der Wirksamkeit von DPN als Cofaktor des Enzyms. S. Vierkötter. 4210□

**Triphosphopyridinnucleotid(TPN)-diaphorase- und TPN-abhängige Dehydrogenaseaktivität reaktiver Makrophagen bei Gewebenekrose.** L. J. Rubinstein und Barbara Smith. (Nature [London] **193**, 895, 3/3. 1962; London, London Hosp., Bernhard Baron Inst. of Pathol.; Naida Vale Hosp. for Nervous Diseases; engl.) — Nekrot. Gewebeteile von Hirn, Hirnrinde, Muskel u. Milz enthielten eine große Zahl von Makrophagen mit A.-lösl., sudanophilem Material in ihrem Cytoplasma. In histochem. Präpp. waren die Zellen stark positiv gegenüber *TPN-Diaphorase*, *TPN*-abhängiger *Isocitratdehydrogenase* u. *Glucose-6-phosphatdehydrogenase*, negativ gegenüber *DPN-Diaphorase*, *DPN*-abhängiger *Isocitrat-*, *Glutamat-* u. *Succinatdehydrogenase.* S. Vierkötter. 4210□

**Die von Adenosintriphosphat abhängige Reduktion von Sulfat mittels Wasserstoff in Extrakten aus Desulfovibrio desulfuricans.** Harry D. Peck jun. (Proc. nat. Acad. Sci. USA **45**, 701—08, 15/5. 1959; Oak Ridge Nat. Labor., Biol. Div.; engl.) — Aus heterotroph gewachsenen Zellen von *Desulfovibrio desulfuricans* wurde ein zellfreies Syst. erhalten, das *Sulfat* in Ggw. von Adenosintriphosphat (ATP) u. mol. $H_2$ oxydiert; dieses Syst. wird durch *Molybdat*, *Wolframat* oder *Chromat* vollständig gehemmt. *Hydrogenase* u. diese *Sulfatreduktase* sind mit *Cytochrom* $c_3$ oder dem Farbstoff *Methylviologen* gekoppelt. Hauptprod. der Red. ist bei pH 7,75 *Sulfit* (**II**), bei pH 6,0 anscheinend $H_2S$. Es wird 1 $\mu$Mol ATP je $\mu$Mol verbrauchten $H_2$ bzw. gebildeten **II** verbraucht. — Bldg. von 3'-Phosphoadenosin-5'-phosphosulfat wurde nicht beobachtet. A. Hesse. 4210□

**Die Reduktion von Triphenyltetrazolium durch hypertrophische Gewebe.** Donn L. Smith und Edward D. Harris jun. (Biochem. Pharmacol. **7**, 161—64, Aug. 1961; Denver, Colo., Univ. of Colorado, School of Med., Dep. of Pharmacol.; engl.) — Vff. erzeugten Hypertrophie bei Ratten in thyroidalen [Verabreichung von Thiouracil (I), Hemithyroidektomie], adrenalen (unilaterale Adrenalektomie) u. myocardialen Geweben (Verabreichung von synthet. *l*-Thyroxin bzw. *l*-Trijodthyronin, bilaterale Thyroidektomie). Die Tiere wurden getötet, u. es wurde die endogene *Dehydrogenase* (**II**)-Aktivität durch quant. Best. der Red. von Tetrazolium bestimmt. In den hypertroph. myocardialen u. adrenalen Geweben zeigten sich gegenüber den Kontrollen keine wesentlichen Unterschiede. Myocardiale Gewebeschnitte von bilateral thyroidektomierten Ratten zeigten eine um 20% geringere II-Aktivität. Hypertroph. thyroidale Gewebe (unilaterale Thyroidektomie; 0,1% I) wiesen höhere Gew. der Schilddrüse u. höhere II-Aktivität auf, bei I war das Gew. auf das 3fache u. die II-Aktivität auf das 2fache angestiegen. W. Hiller. 4210□

**Nitroreduktaseaktivität einiger Actinomyceten.** J. R. Villanueva. (Agrochimica [Pisa] 6, 74—77, Dez. 1961; Madrid, Inst. „Jaime Ferran" de Microbiol.; span.) — Es wurde festgestellt, daß die *Nitroreduktase*-Aktivitäten einer großen Zahl von Actinomyceten der Genera *Nocardia* u. *Streptomyces* keine Substratspezifität zeigen. K. Zingraf. 4210□

**Biologische Wertbestimmung von 4-Aminofolsäure-Analogen durch Hemmung der Folsäurereduktase.** William C. Werkheiser, Sigmund F. Zakrzewski und Charles A. Nichol. (J. Pharmacol. exp. Therapeut. **137**, 162—66, Aug. 1962; Buffalo, N.Y., Roswell Park Memor. Inst., Dep. of Exp. Therap.; engl.) — Eine genaue u. spezif. Wert-Best.-Meth. für die *4-Aminoanalogen von Folsäure* gründet sich auf die stöchiometr. Hemmung der *Folsäurereduktase*. Dabei erfolgt eine colorimetr. Best. (Bratton-Marshall-Rk.) des diazotierbaren *p-Aminobenzoylglutamats*, welches von dem durch das Enzym erzeugten *Tetrahydrofolat* stammt. K. Zingraf. 4210□

**Hemmung der Triphosphopyridinnucleotidcytochrom-c-Reduktase der Mikrosomen.** Lester Packer. (Nature [London] **193**, 880—81, 3/3. 1962; Berkeley, Calif., Univ. of California, Dep. of Physiol.; engl.) — Eine Prüfung des zeitlichen Verlaufs der *TPNH*-Oxydation in Mikrosomen der Rattenleber sowie die Unterss. über die Bedingungen für die Aktivität der *TPNH–Cytochrom-c-Reduktase* ergaben, daß *TPN* selbst der Inhibitor der Rk. war. Eine Hemmung trat auch auf, wenn $O_2$ der Acceptor u. *Cytochrom-c* abwesend waren. $K_m$-Wert für TPNH = 3—4 $\mu$Mol/Liter. Die Hemmung konnte durch größere Mengen TPNH aufgehoben werden. Die Geschw. der TPN-Red., die der *Glucose-6-phosphatdehydrogenase*-Aktivität der Mikrosomen zuzuschreiben war, wurde durch Zusatz von *Desoxycholat* verdoppelt. S. Vierkötter. 4210□

**Über den pH-abhängigen Abfall der mitochondrialen DPNH-Cytochrom-c-Reduktase.** C. Wagenknecht und S. Rapoport (unter Mitarbeit von Ch. Nieradt-Hiebsch). (Acta biol. med. german. **3**, 161—75, 1959; Berlin, Humboldt-Univ., Physiolog.-chem. Inst.; dt.) — In Mitochondrien (Suspension in 0,9%ig. NaCl-Lsg.) der Rattenleber (bei einigen Verss. auch Herz u. Niere) sinkt bei Inkubation im Wasserbad im Gebiet von pH 5,5—6,5 u. Temp. von 0°, 25° bzw. 37° die Wrkg. der *Reduktase* (I) gegen *Cytochrom c* (Ggw. von *DPNH*) ab. Es ist wahrscheinlich, daß der Abfall der **I**, der einer Rk. 1. Ordnung folgt u. pH-unabhängig ist, durch die gleichzeitige Aufnahme von 2 $H^+$ von zwei Imidazolgruppen bedingt wird. — Die *Diaphorase* (**II**) zeigt im Gebiet von pH 6,5—5,5 viel größere Stabilität als **I**. Bei pH $<$5,5 werden **I** u. **II** inaktiviert, was als Denaturierung auf Grund des Überganges von Carboxylatgruppen in eine nichtionisierte Form gedeutet wird. — Bei hungernden Ratten ist der I-Abfall in Lebermitochondrien schneller als bei gefütterten Tieren. — Mechan. Faktoren u. unterschiedliche Homogenisierungsmedien sind ohne Einfluß. A. Hesse. 4210□

**Leber-Triphosphopyridinnucleotid-Cytochrom-c-Reduktase: Isolierung, Charakterisierung und kinetische Studien.** Alvah H. Phillips und Robert G. Langdon. (J. biol. Chemistry **237**, 2652—60, Aug. 1962; Baltimore, Md., Johns Hopkins Univ., School of Med., Dep. of Physiol. Chem.; engl.) — Es wird festgestellt, daß die *TPN-Cytochrom-c-Reduktase* (I) in den Mikrosomen (M) der Schweine- bzw. Kalbsleber lokalisiert ist. **I** ist an dem Elektronentransport-Syst. von M beteiligt. **I** wird 800fach angereichert durch $(NH_4)_2SO_4$-Fraktionierung, DEAE-Cellulose- u. Aluminiumoxid C$\gamma$-Säulenchromatographie u. ist ident. mit der von Horecker (J. biol. Chemistry **183**, [1950], 593) isolierten **I**. Der Cofaktor von **I** ist *Flavinadenindinucleotid* (*FAD*). Die Wrkg. von **I** ist stark abhängig von der Ionenkonzentration. Die Bedeutung von **I** für den Stoffwechsel wird diskutiert. S. Kirschfeld. 4210◇

**Reinigung eines neuen Cytochroms vom Typ b aus Mungobohnenkeimlingen (Phaseolus aureus).** H. Shichi und D. P. Hackett. (Nature [London] **193**, 776—77, 24/2. 1962; Berkeley, Calif., Univ. of California, Dep. of Biochem.; engl.) — Aus 3 bis 5 Tage alten Keimlingen von *Phaseolus aureus* kann durch Fällung mit $(NH_4)_2SO_4$ (60 bis 100%ig. Sättigung) nach Homogenisieren u. durch Säulenchromatographie an DEAE-Cellulose u. Hydroxylapatit ein neues *Cytochrom b* (I) isoliert werden. Die oxydierte Form zeigt ein scharfes Absorptionsmaximum bei 413 m$\mu$ u. zwei schmale Banden bei 529 u. 560 m$\mu$. Die red. Form zeigt höhere Maxima bei 423, 527 u. 555 m$\mu$. Die $\alpha$-Bande ist unsymmetr. u. zeigt bei 559 m$\mu$ eine Schulter. Die prosthet. Gruppe ist Protohäm; Molgew. von **I** ca. 32000. **I** wird durch $Na_2S_2O_4$ red.; es red. *Menadion* u. *Cystein*, wird aber durch *Ascorbat* u. *DPN* nur langsam reduziert. Luft-$O_2$ u. *Ferricyanid* oxydieren I schnell. Redoxpotential bei pH 7,0 u. 28°: 0,03 V. I geht keine Verb. mit CO oder $CN^-$ ein. — Im Laufe der Isolierung wurde noch ein Hämoprotein identifiziert, das ein zweites Cytochrom vom Typ b zu sein scheint u. Absorptionsmaxima bei 561, 531 u. 427 mμ im red. Zustand aufweist u. auf Grund der pH-Stabilität von I unterschieden werden kann. S. Vierkötter. 4210□

**Anionenaktivierung des von 3α-Hydroxysteroid abhängigen Nicotinamid-Adenindinucleotid-transhydrierenden Systems der Rattenleber.** Regina Pietruszko, Marion B. R. Gore und D. N. Baron. (Biochem. J. **84**, 77 P—78 P, Sept. 1962; London, Royal Free Hosp. and School of Med., Dep. of Chem. Pathol.; engl.) — Die Transhydrierungs-Geschw. im *3α-Hydroxysteroid*-abhängigen *Nicotinamid-Adenindinucleotid-Transhydrierungs*-Syst. der Rattenleber war von dem Geh. an Anionen abhängig. $SO_4^{2-}$, $SeO_4^{2-}$, *Oxalat*-Anion, $AsO_4^{3-}$, *Malonat*-Anion; $PO_4^{3-}$, $BO_3^{3-}$, *Succinat*-Anion u. $WO_4^{2-}$, nicht jedoch $Cl^-$, wirkten aktivierend. K. Zingraf. 4210□

**Stoffwechsel von Flavinnucleotiden. 3. Mitt. Verteilung von Enzymen, welche die Dephosphorylierung von Flavinmononucleotiden bewirken, in den Zellen der Dünndarmschleimhaut.** Jun Okuda. (Chem. pharmac. Bull. [Tokyo] **7**, 295—96, Mai 1959; Nagoya (Japan), Univ., School of Med., Dep. of Biochem.; engl.) — 2. vgl. C. **1962**, 4955. — Das *Flavinmononucleotid-dephosphorylierende Enzym* (I) in den Zellen der Dünndarmschleimhaut von Hunden zeigt bei Homogenaten folgende Aktivität in den Darmabschnitten: Jejunum > Duodenum > Ileum. Bei Unters. der subcellularen Fraktionen fanden sich 80 % der I-Aktivität in der cytoplasmat. Fraktion; dann folgten Mitochondrienfraktion u. schließlich Kernfraktion. A. Hesse. 4210□

**Variationen der Aktivität der Glykogenphosphorylase von Lebergewebe bei Tieren mit Steatosen verschiedenen Ursprungs.** Marianne Lévy und Andrée Delivet-Lachaze. (C. R. hebd. Séances Acad. Sci. **254**, 1507—09, 19/2. 1962; franz.) — Die *Glykogen* (I)-*phosphorylase* (II) wurde aus der Menge des aus Glucose-1-phosphat freigesetzten anorgan. P in Ggw. von I bestimmt. Bei Ratten mit Steatosen verschiedenen Ursprungs, z. B. $CCl_4$-Vergiftung oder Hypoproteindiät mit Cholinmangel, wurde strikte Parallelität zwischen der Änderung der *Glykogenolyse* u. der Aktivität der II gefunden. M. Wiedemann. 4210□

**Die Wirkung von Adrenalin auf die Phosphorylase-Aktivität, den Glykogen-Gehalt und die isotonische Spannung des glatten Darmmuskels (Taenia coli) des Meerschweinchens.** A. R. Timms, E. Bueding, J. T. Hawkins und J. Fisher. (Biochem. J. **84**, 80 P, Sept. 1962; Baltimore, Md., Johns Hopkins Univ., School of Hyg. and Publ. Health; engl.) — An der *Taenia coli* des Meerschweinchens in Krebs-Bicarbonat-Lsg. bewirkt $5{,}4 \cdot 10^{-7}$ m *Adrenalin* (I) eine Erschlaffung bei gleichzeitiger Aktivierung der *Phosphorylase* (II) u. Abnahme des *Glykogen* (III)-Gehaltes. Die Erschlaffung durch I wird auch nach Vorbehandlung mit *Dichlorisopropylnoradrenalin* oder durch geringere Konzz. von I bewirkt, aber es wird keine Aktivierung von II u. keine Abnahme des III-Geh. beobachtet. K. Zingraf. 4210□

**Hemmung der oxydativen Phosphorylierung durch Aminosidin und andere Antibiotica in Rattenlebermitochondrien.** U. Bardi, Giulia Boretti und A. Di Marco. (Biochem. Pharmacol. **7**, 165—68, Aug. 1961; Milano, Labor., Ric. Farmitalia; engl.) — Rattenlebermitochondrien wurden mit folgenden Verbb. inkubiert: *Aminosidin* (I), *Streptomycin* (II), *Neomycin* (III), *Kanamycin* (IV), *Trehalosamin* (V). In Konzz. von 10—50 μg/ml hemmen **I, II, III** u. **IV** die mit der Ketoglutaratoxydation gekoppelte Phosphorylierung in Rattenlebermitochondrien. **V** ist inaktiv. **I** hemmt auch die Phosphorylierung mit β-Hydroxybutyrat u. Glutamat als Substrat. **I** stimuliert nicht im Gegensatz zu *Dinitrophenol* die Aktivität der *Adenosintriphosphatase* von frischen Mitochondrien. Die Hemmung der Phosphorylierung durch **I** wird durch einen $Mg^{2+}$-Überschuß (22 μMol/ml) völlig aufgehoben. W. Hiller. 4210□

**Über den Mechanismus des Kaliumeffekts bei der Glykolyse.** Ivan Bihler und Jeshayahu Leibowitz. (Bull. Res. Council Israel, Sect. A **7 A**, 41—42, Dez. 1957; engl.) — Das Gleichgewicht zwischen extra- u. intracellularem *K* bei der durch C. diphtheriae (mitis u. gravis) verursachten *Glykolyse* der *Glucose* wurde untersucht. Der K-Effekt wurde sowohl bei aerobem als auch bei anaerobem Abbau durch beide Typen beobachtet, aber auffälligerweise nicht bei der Glykolyse des *Glykogens* u. des *Coriesters* durch C. gravis. Der Robinson-Ester wird durch C. gravis nur unter aeroben Bedingungen u. ohne nennenswerten K-Effekt umgewandelt. Der K-Effekt ist somit mit per *Phosphorylierung* der Glucose zu Robinson-Ester auf dem Wege des *Hexokinase-ATP*-Mechanismus verknüpft. W. Betcke. 4210□

**Regulierung der Pyridinnucleotidbiosynthese in Escherichia coli.** John Imsande und Arthur B. Pardee. (J. biol. Chemistry **237**, 1305—08, April 1962; Berkeley, Calif., Univ., Dep. of Biochem., Virus Labor.; engl.) — Die Biosynth. von *Diphosphopyridinnucleotid* (*DPN*) wird in *E. coli* K 12 durch einen Repressormechanismus kontrolliert, indem die Biosynth. des wichtigsten Hilfsenzyms *Nicotinsäuremononucleotidpyrophosphorylase* (**I**) reguliert wird. **I** wird zur Bldg. von *Nicotinsäuremononucleotid* (NMN) aus *Nicotinsäure* (**II**) u. *Phosphoribosepyrophosphat* benötigt. Die **II**-bedürftige Mutante K 12 wächst in Ggw. aller **II**-Derivv., jedoch nur schlecht mit *Nicotinsäureadeninnucleotid* oder mit *Triphosphopyridinnucleotid* (*TPN*). Die niedrigste **II**-Konz. zur Aufrechterhaltung des maximalen Wachstums liegt bei $1 \cdot 10^{-6}$m **II**. In Ggw. von $5 \cdot 10^{-6}$m **II** werden 2 mμMol DPN pro Generation pro mg Trockengew. gebildet. Wächst die Mutante zunächst mit $1 \cdot 10^{-6}$m **II** u. anschließend in Ggw. von $1 \cdot 10^{-5}$m **II**, so nimmt die Umwandlungs-Geschw. von **II** in DPN entsprechend der höheren **II**-Konz. ab. Demnach liegt ein Repressormechanismus vor. Werden aus den Zellen **I** sowie *DPN-Kinase* extrahiert, so stellt man ebenfalls fest, daß diese beiden Enzymaktivitäten bei steigendem **II**-Angebot um das 200fache abfallen. Dagegen wird die **I**-Aktivität in vitro nicht durch $1 \cdot 10^{-4}$m DPN beeinflußt. Die Umwandlung von DPN durch *DPN-Kinase* zu TPN ist in Ggw. eines großen Überschusses an *Adenosintriphosphat* gehemmt. L. Träger. 4210□

**Das Auftreten von Fructose-1.6-diphosphatase in Rattenleber kurz nach der Geburt.** F. J. Ballard und I. T. Oliver. (Nature [London] **195**, 498—99, 4/8. 1962; Nedlands, Univ. of Western Australia; Dep. of Biochem.; engl.) — Durch Messungen der Aktivität der *Fructose-1.6-diphosphatase* in Homogenaten der Leber neugeborener Ratten konnte eine 16fache Steigerung der Enzymaktivität in den ersten 11 Tagen nach der Geburt festgestellt werden gegenüber der geringen Aktivität vor der Geburt. Das Ferment ist für die *Glykogen*-Synth. aus $C_3$-Körpern notwendig.
R. Ristow. 4210□

**Eine Untersuchung über die Substratspezifität und andere Eigenschaften der alkalischen Phosphatase aus Escherichia coli.** Leon A. Heppel, D. R. Harkness und R. J. Hilmoe. (J. biol. Chemistry **237**, 841—46, März 1962; Bethesda, Md., U. S. Publ. Health Serv., Nat. Inst. of Arthritis and Metabol. Diseases, Nat. Inst. of Health; engl.) — Vff. prüften eine Anzahl von Proben der *alkal. Phosphatase* (**I**) aus *Escherichia coli*, die von verschiedenen Autoren zur Verfügung gestellt waren. Für die Substrate *Adenosin-3'*- u. *Adenosin-5'-phosphat, anorgan. Phosphat* (**II**), *Ap.Ap-ATP, Guanosintriphosphat, Uridindiphosphat* (**III**), *Uridin-5'-phosphat, Cytidintriphosphat, Ribose-5-phosphat, β-Glycerylphosphat, Äthanolaminphosphat, Glucose-1-* u. *Glucose-6-phosphat, Histidinolphosphat, Tyrosintriphosphat, p-Nitrophenylphosphat, Polymetaphosphat, Polycytidylsäure* u. *Polyinosinsäure* wurden die relativen Rk.-Geschw. u. die $K_m$-Werte in einer Tabelle zusammengefaßt. In allen Fällen wurden monosubstituierte Phosphatbindungen durch **I** hydrolysiert; außerdem: a) *TPN* zu *DPN*; b) aus verschiedenen *Oligonucleotiden* wurde die terminale Phosphatgruppe abgespalten. c) Aus *Phosvitin* u. *Casein* wurde *anorgan. Phosphat* abgespalten, ebenso aus *Phosphocellulose*, d) auch *ADP, IDP, CDP* u. **III** wurden hydrolysiert. Phosphodiesterbindungen wurden nicht oder nur langsam gespalten. Im Gegensatz zu früheren Arbeiten wurden auch *AMP*, **II** u. ATP hydrolysiert. — 0,01 m $MgCl_2$ u. 0,02 m **II** schützten **I** vor Hitzeinaktivierung. *NaCl* (0,1 m) setzte die Hitzestabilität herab. **I** war bei pH 7,9—8,5 gegen Hitze stabiler als bei pH 7,0; 7,7 oder 8,8. — Bei Prüfung des Einfl. der Temp. auf die Wiedergewinnung der Aktivität nach Hitze-Einw. (92,5°; 5 Min.) wurde eine schnellere Wiedergewinnung derselben bei 25° als bei 0, 8 u. 15° festgestellt. — **I** wurde durch *p-Hydroxymercuribenzoat, Spermidin, Putrescin, Cadaverin* u. *NaF* sowie in Ggw. der Salze $NH_4Cl$, $(NH_4)_2SO_4$, $Na_2SO_4$, $MgSO_4$, $MgCl_2$ u. $MnCl_2$ in Konzz. $\geq$0,01 m stimuliert, durch $CdSO_4$, *Harnstoff* $CuSO_4$ (0,01 m), $HgCl_2$, $CoCl_2$ u. *NaCN* gehemmt. 0,004 $CuSO_4$, sowie $KJO_3$ u. *Spermin* waren ohne Einfluß. — **I** ist ein sicheres Reagens für den schrittweisen Abbau von Ribooligonucleotiden. S. Vierkötter. 4210□

**Lösliche Adenosintriphosphatase von Mitochondrien.** M. J. Selwyn. (Biochem. J. **84**, 62 P—63 P, Sept. 1962; Cambridge, Univ., Dep. of Biochem.; engl.) — Die *Adenosintriphosphatase* (**I**) von Rattenlebermitochondrien wird durch $Mg^{2+}$, $Co^{2+}$, $Zn^{2+}$, $Mn^{2+}$, $Cd^{2+}$, $Ni^{2+}$ u. $Ca^{2+}$, nicht aber durch 3wertige *Lanthanid*-Ionen (vermutlich, weil ihre Komplexe mit **I** unlösl. sind) aktiviert. Mit Adenosintriphosphat (**II**) als Substrat u. Co, Ni oder Mg als Aktivator hemmen hohe Konzz. von *2.4-Dinitrophenol, Pentachlorphenol, p-Nitrophenol* u. *Pikrinsäure* die Aktivität von **I**, niedrige Konzz. steigern sie. Eine Hemmwrkg., die vom Quadrat der *Phenol* (**III**)-Konz. abhängt, zeigen *2.4-Dibromphenol* u. *2.6-Dinitrophenol* (Substrat **II**, $Mn^{2+}$ oder $Zn^{2+}$) sowie o-Nitrophenol ($Mg^{2+}$ oder $Mn^{2+}$). Mit *Inosintriphosphat* als Substrat zeigen alle geprüften **III**-Derivv. mit allen Metallionen eine einfache Hemmwirkung. K. Zingraf. 4210□

**Eigenschaften von Mitochondrien-Adenosintriphosphatase vor und nach Lösungsvermittlung.** M. J. Selwyn und J. B. Chappell (Biochem. J. **84**, 63P, Sept. 1962; Cambridge, Univ., Dep. of Biochem.; engl.) — In intakten Mitochondrien hemmt *Oligomycin* (I) die Endrk. der oxydativen *Phosphorylierung*, da sie nicht nur den Gesamtprozeß, sondern auch die durch *2.4-Dinitrophenol* (II) angeregte *Adenosintriphosphatase* (III)-Aktivität u. einige Austausch-Rkk. beeinflußt. Dagegen hemmt I die lösl. III von Herz- oder Lebermitochondrien nicht u. beeinflußt nicht die Stimulierung durch II. I hebt auch die Aktivität der durch *Mg* aktivierten III von Keilin-Hartree-Präpp. (KHP) auf u. verringert sie in *Triton*-behandelten Lebermitochondrien; in keinem dieser Präpp. wirkt II stimulierend. Wss. Extrakte von Acetonpulver von KHP ergaben eine durch Mg aktivierte, durch II stimulierte u. I-unempfindliche III, welche auch kältelabil war, d. h. die gleichen Eigg. wie die aus intakten Mitochondrien dargestellte III besitzt. Weder die lösl. III, noch die III aus KHP wurde im Gegensatz zu III aus intakten Mitochondrien durch Arsenat beeinflußt. K. Zingraf. 4210□

**Wirkung von Serotonin (5-Hydroxytryptamin) und Adenin-3′.5′-phosphat auf die Phosphofructokinase aus dem Leberegel Fasciola hepatica.** Tag E. Mansour und Joan M. Mansour. (J. biol. Chemistry **237**, 629—34, März 1962; Palo Alto, Calif., Stanford Univ., School of Med., Dep. of Pharmacol.; New Orleans, La., Louisiana State Univ., School of Med., Dep. of Pharmacol.; engl.) — *Phosphofructokinase* (I) aus frischen *Fasciola hepatica*-Homogenaten wurde durch *cycl. Adenosin-3′.5′-phosphat* (II) oder durch *Serotonin* (III) signifikant aktiviert. Andere Nucleotide (*Adenosin-5′-phosphat, Adenosindiphosphat, Guanidintriphosphat, Uridindi-* u. *-triphosphat, Cytidindi-* u. *-triphosphat*) waren inaktiv. Bei Inkubation des Homogenats mit *ATP* u. $Mg^{2+}$ vor Zugabe des Substrats konnte in dem nach Zentrifugieren bei 105000·g verbleibenden Überstand eine gegenüber der Aktivierung durch II sehr empfindliche I festgestellt werden. Diese I war durch 0,4%ig. Sättigung mit $(NH_4)_2SO_4$ fällbar. Die Aktivierung von I durch III dagegen war abhängig von der Ggw. einer schweren Teilchenfraktion. Die optimale Substrat-Konz. für *Fructose-6-phosphat* wurde in II-Ggw. von $15\cdot10^{-3}$m auf $4\cdot10^{-3}$m reduziert (Km: $5\cdot10^{-3}$ bzw. $2\cdot10^{-3}$m). Die Aktivierung durch II war minimal in Ggw. optimaler Substrat-Konz. u. abhängig von ATP- u. $Mg^{2+}$-Ggw., wobei die Überschreitung der optimalen Konz. an ATP zu einer Hemmung führte. I aus *Schistosoma mansoni* u. *Taenia pisiformis* wurde ebenfalls durch II aktiviert. — $Ca^{2+}$ übte bei Präinkubation zusammen mit ATP u. $Mg^{2+}$ einen aktivierenden Einfl. aus, jedoch nur bei Inkubation vor Zugabe des Substrats u. nicht bei gleichzeitiger Zugabe von $Ca^{2+}$ u. Substrat.
S. Vierkötter. 4210□

**Chromatographische Trennung und Charakterisierung der sauren und alkalischen Ribonuclease aus Milz und Leber des Rindes.** Mary E. Maver und Antoinette E. Greco. (J. biol. Chemistry **237**, 736—41, März 1962; Bethesda, Md., U. S. Dep. of Health, Educat. and Welfare, Publ. Health Serv., Nat. Cancer Inst., Labor. of Biochem.; engl.) — Nach Darst. lyophilisierter *Ribonuclease* (I)-Präpp. aus Homogenaten von Rindermilz u. -leber, die jedoch noch verschiedene andere enzymat. Aktivitäten (eine *Desoxyribonuclease*, eine *saure Phosphatase* sowie zwei *Phosphodiesterasen*) enthielten, trennten Vff. letztere an DEAE-Cellulose u. durch Rechromatographie an Carboxymethylcellulose mit Hilfe der Gradientelution (bzgl. Molarität u. pH-Wert des Acetatpuffers) ab. Die saure I (Milz) zeigte zwei pH-Optima (5,2 u. 5,7). Die Maxima der optimalen Aktivität der sauren I aus Milz u. Leber wurden durch $Mg^{2+}$ erniedrigt u. zu niedrigen pH-Werten verschoben. Die Optima bei pH 6,7 u. 7,8 wurden in Ggw. von $Mg^{2+}$ zu einem einzigen, höheren Maximum bei pH 7,3 vereinigt. Saure I verlor 85% ihrer Aktivität beim Erhitzen auf 70° (10 Min.) bei pH 4,2 (Konz.: 1 mg Protein/ml), alkal. I dagegen nur 20% unter gleichen Bedingungen. In Tabellen wurden die Ergebnisse der Hydrolyse von *Polyadenyl-* u. *Polycytidylsäure* sowie von cycl. Nucleotiden mit saurer u. alkal. I aus Milz u. Leber zusammengefaßt, desgleichen die nach der Hydrolyse hochpolymerisierter *RNA* identifizierten *Mononucleotide.* S. Vierkötter. 4210□

**Einfluß des Mangels an verschiedenen Vitaminen auf die Aktivität der 5-Nucleotidase.** Geneviève Lys und Thérèse Terroine. (C. R. hebd. Séances Acad. Sci. **254**, 1514—16, 19/2. 1962; franz.) — Bei Ratten bzw. bei Meerschweinchen wurde durch Mangel an *Biotin* (I) u. an *Folsäure* die Aktivität der *5-Nucleotidase* (II) in der Leber verringert. Skorbut erhöhte die II-Aktivität in den Testikeln. Vff. machen auch quant. Angaben, am wirkungsvollsten ist Skorbut. Der Mechanismus des Einfl. der 3 Avitaminosen ist noch unklar. M. Wiedemann. 4210□

**Trennung substratspezifischer Gehirnesterasen durch Elektrophorese an Stärkegel.** Olavi Eränkö, Aulikki Kokko und Ulla Söderholm. (Nature [London] **193**.

778—79, 24/2. 1962; Helsinki, Univ., Dep. of Anat.; engl.) — Aus dem Überstand von Hirnhomogenaten einer Anzahl Albinoratten wurde nach der Vorschrift von Markert u. Hunter (vgl. C. **1959**, 10615) durch Zonenelektrophorese an Stärkegel mit *α-Naphthylacetat* (I), *α-Naphthylbutyrat* (II) u. *Acetylthiocholinjodid* (III) als Substrat eine Auftrennung der Esterasen erzielt, wobei mit I eine Auftrennung in 5 Banden erreicht wurde. Die Charakterisierung der Banden erfolgte auf Grund ihres Verh. gegenüber verschiedenen Inhibitoren: *p-Nitrophenoldiäthylphosphat* (*E 600*), *Diisopropylfluorphosphat, Eserin, 1.5-Bis-*[*4-trimethylammoniumphenyl*]*-pentanon-*(*3*)*-dijodid* (*62 C 47*), *Tetraisopropylpyrophosphoramid* u. *Acetylcholin.* S. Vierkötter. 4210□

**Hemmung der Acetylübertragung in der Taubenleber durch Glyoxylat.** A. Ruffo, Anna Adinolfi und Marta Romano. (Biochem. J. **84**, 83 P, Sept. 1962; Perugia, Italy, Univ., Dep. of Biol. Chem.; engl.) — *Glyoxylat* (I) in äquimol. Konz. zu *Acetat* (II) oder *Oxalacetat* zugesetzt u. mit *Acetyltranspherase*-Präpp. aus Taubenleber inkubiert, bewirkte eine 80—100%ig. Hemmung der Synth. von *Citrat*. In ähnlicher Weise wurde die Acetylierung von *Sulfanilamid* durch I in Ggw. äquimol. Konzz. von II gehemmt. Zusatz von I zu einem Inkubationsgemisch aus *Phosphotransacetylase, CoenzymA* u. *Acetylphosphat* bewirkte eine 50%ig. Hemmung der Bldg. von *Acetylcoenzym A.* K. Zingraf. 4210□

**Die enzymatische Uridinnucleotidpeptidsynthese bei Bakterien.** 1. Mitt. **Enzymatischer Einbau von L-Alanin, D-Glutaminsäure und L-Lysin.** Eiji Ito und Jack L. Strominger. (J. biol. Chemistry **237**, 2689—95, Aug. 1962; St. Louis, Mo., Washington Univ., School of Med., Dep. of Pharmacol.; engl.) — *Staphylococcus aureus* (St. a.) enthält in seiner Zellwand ein *Uridinnucleotid*-haltiges *Peptid* mit der Aminosäuresequenz L-Ala–D-Glu–L-Lys–D-Ala–D-Ala. Vff. isolieren aus St. a. durch $(NH_4)_2SO_4$-Fraktionierung u. Protaminsulfatfällung getrennt 3 Enzyme, die die *ATP*- u. $Mn^{2+}$- oder $Mg^{2+}$-abhängige Aminosäureanlagerung an *UDP-Acetylmuramsäure* katalysieren. Die Enzyme sind hochspezif. für das Nucleotid u. die Aminosäuren. *L-Alanin, D-Glutaminsäure* u. *L-Lysin*, werden durch Ribonucleasen nicht inaktiviert u. haben annähernd die gleichen pH-Optima (7,5—9,0) u. Metallionen-Konz.-Abhängigkeit. Die Enzymaktivitäten von St. a. nehmen bis zur Hälfte des logarithm. Wachstums zu, danach bleiben sie pro Zelle konstant. S. Kirschfeld. 4210◇

**Ribonucleosidtriphosphate und Synthese spezifischer Peptide durch gereinigte Enzyme.** M. Beljanski. (Bull. Soc. chim. Biol. **43**, 1017—30, 1961; Paris, Inst. Pasteur, Serv. de Biochem. cellul.; franz.) — Aus *Alcaligenes faecalis* wurde ein enzymat. Syst. isoliert, das in der Lage ist, bei Ggw. von *Aminosäuren* (I) den Abbau der vier *Nucleosidtriphosphate* in die entsprechenden *Diphosphate* u. *Orthophosphat* bei gleichzeitiger Bldg. von *Peptid*-Bindungen zu katalysieren. Das Syst. enthält offensichtlich vier verschiedene Enzyme, die je für ein Triphosphat u. eine bestimmte Gruppe von I spezif. sind. Erhalten wurden z. T. auch gemischte Peptide bis zu acht I.
E. Lodemann. 4210□

**Proteolyse des Thyreoglobulins durch Schilddrüsenenzyme.** Mary T. McQuillan, J. D. Mathews und V. M. Trikojus. (Nature [London] **192**, 333—36, 28/10. 1961; Melbourne, Univ., Russell Grimwade School of Med.; engl.) — Vff. untersuchten die Einw. der aus Schweineschilddrüsen angereicherten *sauren Proteinase* (I) sowie der *Acetyl-L-phenylalanin-spaltenden Peptidase* (II) auf *Thyreoglobulin* (III) von Ratten, das in vivo $^{131}J$-markiert war. I spaltet III bei pH 5,2 leichter als bei pH 3,45. Es lassen sich durch papierchromatograph. Auftrennung (n-Pentanol/Propionsäure/W., 20 : 3 : 15) mindestens 5 radioakt. Flecken nachweisen. Von diesen konnten 2 als *Mono-* u. *Dijodtyrosin* identifiziert werden. Ein Fleck ist ein Gemisch mehrerer Komponenten, von denen *Thyroxin* überwiegt. Die beiden restlichen Flecken dürften *Peptide* sein. I u. II scheinen eine synergist. Wrkg. auf III auszuüben, während II allein kaum wirksam ist.
P. Schwerdtfeger. 4210□

**Auftreten eines Hemmfaktors für die Lipoproteinlipase in gewissen pathologischen Seren. Seine Bestimmung.** R. Wolff, J. J. Brignon und M. Schemberg. (C. R. Séances Soc. Biol. Filiales **155**, 1533—35, 1961; Nancy, Fac. de Méd., Labor. de Chim. Biol.; franz.) — Vff. schlagen als Definition der Hemmwrkg. eines patholog. Serums den reziproken Wert minus 1 derjenigen prozentualen Konz. dieses Serums vor, die im Gemisch mit normalem Postheparinserum die Klärwrkg. des letzten gerade aufhebt. Unter diesen Bedingungen zeigt weder das Antiheparinplasma, noch W. (mindestens bis 50% des Vol.) eine Hemmwrkg., während eine 30%ig. Rinder-*Serumalbumin*-Lsg. eine echte Hemmwrkg. ausübt. Es wird ein Schema für die Best. der Hemmwrkg. angeführt. P. Schwerdtfeger. 4210□

**Chromatographischer Beweis für die peptische Aktivierung des Acetyltrypsinogens.** Irvin E. Liener und T. Viswanatha. (Biochim. biophysica Acta [Amsterdam] **36**, 250—52, Nov. 1959; St. Paul, Minn., Univ. of Minnesota, Dep. of Agric. Biochem.; engl.) — Es wird chromatograph. die Aktivierung des inakt. *acetylierten Trypsinogens* (I) durch die Einw. von *Pepsin* (II) untersucht. Eine Lsg. von 1,75 g Trypsinogen in 125 ml pH 7,0 wird mit 100 $\mu$l Diisopropylphosphofluoridat behandelt u. 2mal mit Essigsäureanhydrid acetyliert. Anschließend erfolgt nach Dialyse die Behandlung von 750 mg I (85% der Aminogruppen acetyliert) in 860 ml mit 8 mg II bei pH 3,2 u. Raumtemperatur. Best. der Aktivität gegenüber Benzoylargininäthylester, der freien Aminogruppen, der N-terminalen Gruppen (Dinitrofluorbenzol) u. der Löslichkeit in 3,6%ig. Trichloressigsäure (TCE) während der Digestion mit II. Die Chromatographie an DEAE-Cellulosesäulen (0,9×20 cm), äquilibriert gegen 0,005m Boratpuffer pH 8,0 durch schrittweise Elution mit den Puffern 0,005m Borat pH 8,0, 0,01m Borat–0,02m NaCl pH 8,0 u. 0,02m Phosphat–0,10m NaCl pH 6,8. Die Fraktionen zu 3 ml (9 ml/Std.) wurden auf ihre Aktivität u. ihre Absorption bei 280 m$\mu$ geprüft. — Die Aktivierung von I wird durch Anstieg der freien Aminogruppen u. der Löslichkeit in TCE begleitet. Nach 24 Std. wurde die maximale Aktivität erreicht. Das zu Anfang einheitliche Hauptmaximum spaltet sich auf u. ist nach 59 Std. durch die akt. Komponente ersetzt worden. Diese ist nach Präcipitation mit $(NH_4)_2SO_4$ als einheitlich bei der Rechromatographie u. in der Ultrazentrifuge anzusehen. Sie besitzt nur Phenylalanin als N-terminale Aminosäure u. ein Molgew. von ca. 6000. P. Teichgräber. 4210□

**Plasminogenaktivität von Plasma und Serum.** P. Fantl. (Science [Washington] **135**, 787—88, 9/3. 1962; Melbourne, Australia, Baker Med. Res. Inst.; engl.) — Aus dem Blut ruhender Personen wurde Plasma u. Serum gewonnen u. *Plasminogen* (I) nach Aktivierung mit einer optimalen *Streptokinase*-Konz. bestimmt. Es konnten prakt. keine Unterschiede zwischen der proteolyt. Aktivität von Serum u. Plasma gefunden werden. Vf. schließt daher, daß ein Blutgerinnsel nicht mehr I aufweisen kann, als in dem Vol. des eingschlossenen Serums enthalten ist. Die therapeut. Bedeutung dieser Befunde wird diskutiert. P. Schwerdtfeger. 4210□

**Verbesserte Methode zur Isolierung von menschlichem Plasminogen.** Daniel L. Kline und Jacob B. Fishman. (J. biol. Chemistry **236**, 3232—34, Dez. 1961; New Haven, Conn., Yale Univ., School of Med., Dep. of Physiol.; engl.) — Es wird eine Modifikation der Meth. zur Isolierung von *Plasminogen* (I) durch saure Extraktion (vgl. C. **1954**, 6756) beschrieben, die die Gewinnung von I mit 110—173 caseinolyt. Einheiten/mg N gestattet. Das isolierte I verhält sich in der Ultrazentrifuge u. bei der Elektrophorese homogen. Die Modifikation besteht in einer Fällung durch Zusatz von Phosphatpuffer pH 8,5 zu der auf pH 9,0 eingestellten I-Lsg. anstelle einer Fällung bei pH 6,0. Zusätzlich zu der alten Meth. erfolgt eine Extraktion von I mit 0,1m Lysin-Lsg. bei pH 5,5 mit nachfolgender Dialyse zur Entfernung des Lysins sowie eine Fällung von I bei pH 2,0 durch Zusatz von festem NaCl bis zu einer Endkonz. von 1,0molar. P. Schwerdtfeger. 4210□

**Hydrolyse einiger Caseinfraktionen durch Plasmin.** M. Derechin. (Biochem. J. **82**, 42—47, Jan. 1962; London, Lister Inst.; engl.) — Gesamt-*Casein* (I) sowie I-Fraktionen wurden durch Behandlung mit $HClO_4$ u. Umfällung gereinigt u. ihre proteolyt. Spaltung durch *Plasmin* untersucht. Die Proteolyse von Gesamt-I ergibt eine Kurve mit einer Latenzzeit vor Beginn des Anstiegs. $\beta$-I ergibt eine sehr flache Kurve, $\alpha_2$-I eine steile u. fast gradlinige u. $\alpha_1$-I eine S-Kurve. Gemische von $\alpha_2$-I u. $\beta$-I oder $\alpha_1$-I ergeben Kurven, deren Steigung linear mit steigendem Anteil an $\beta$- oder $\alpha_1$-I abnimmt. Eine Latenzperiode ließ sich nur bei Gemischen von $\alpha_2$- u. $\beta$-I nachweisen. Die Beobachtungen zeigen, daß sich das Verh. von Proteingemischen bei der enzymat. Hydrolyse von demjenigen unterscheidet, das auf Grund der Eigg. der einzelnen Komponenten zu erwarten wäre. P. Schwerdtfeger. 4210□

**Der Ersatz von aromatischen Nitrogruppen durch Glutathion durch die Glutathiokinase der Rattenleber.** Suad Al-Kassab, E. Boyland und K. Williams. (Biochem. J. **83**, 12 P—13 P, 1962; London, Chester Beatty Res. Inst.; engl.) — Bei Inkubation von *2.3.4.6-* (I) u. *2.3.5.6-Tetrachlornitrobenzol* (II) mit *Glutathion* (III) u. dem die *Glutathiokinase* enthaltenden Überstand von Rattenleberhomogenat findet eine Bindung von I oder II an III unter Freisetzung der Nitrogruppe statt, wobei 2 Mol III pro Mol freigesetztes $NO_2$ aufgenommen werden. $NO_2$ wird auch aus *Pentachlornitrobenzol*, jedoch nicht aus *2.4.5-Trichlornitrobenzol* freigesetzt. Mit *4-Nitrochinolin-N-oxid* u. *4-Nitropyridin-N-oxid* reagiert III spontan. S. Vierkötter. 4210□

**Enzyme für die Valin- und Isoleucinbiosynthese in Spinatextrakt.** R. L. Wixom und M. Kanamori. (Biochem. J. **83**, 9 P, 1962; Little Rock, Ark., Univ. of Arkansas, School of Med., Dep. of Biochem.; Oxford, Univ., Microbiol. Inst., Dep. of Biochem.;

engl.) — Aus Spinatblättern wird eine *2.3-Dihydroxysäuredehydrase* (I), die *α.β-Dihydroxyisovaleriansäure* (II) zu *α-Ketoisovaleriansäure* (III) dehydriert, 120fach durch $(NH_4)_2SO_4$-Fraktionierung, Protamin, $Ca_3(PO_4)_2$-Gel, Aceton u. Chromatographie an DEAE-Cellulose angereichert. I greift auch *α.β-Dihydroxy-β-methyl-n-valeriansäure* (IV) an. Das pH-Optimum liegt bei 8,0—8,2 in Tris- u. Phosphatpuffer. $Mg^{2+}$ stimuliert I am stärksten, weniger $Mn^{2+}$ u. $Co^{2+}$; $Fe^{2+}$ überhaupt nicht. *Cystein*, $Hg^{2+}$, $Ag^+$ u. *p-Chlormercuribenzoat* sind Inhibitoren. — Bei Inkubation (4 Std., 37°) verschiedener Substrate mit rohem Spinat-Konzentrat kann die Biosynth. folgender Aminosäuren nachgewiesen werden: Aus III entsteht *Valin* (V; Rk. braucht *Glutamat* u. *Pyridoxalphosphat*), aus II entsteht V, aus IV entsteht *Isoleucin*, aus *α-Acetolactat* entsteht V. Die Ergebnisse überzeugen von der Ggw. einer *Transaminase*, einer I u. einer *Reduktoisomerase*.

S. Vierkötter. 4210□

**Ein Methylderivat der Tetrahydrofolsäure als Zwischenprodukt der Methionin-Biosynthese.** Allan R. Larrabee, Spencer Rosenthal, Renata E. Cathou und John M. Buchanan. (J. Amer. chem. Soc. **83**, 4094—95, 5/10. 1961; Cambridge, Mass., MIT, Dep. of Biol., Div. of Biochem.; engl.) — Vgl. C. **1962**, 3852. — In einer vorangegangenen Arbeit (l. c.) wurde über ein aus *E. coli* 113-3 isoliertes Enzym-Syst. berichtet, das die Umwandlung: *$N^5.N^{10}$-Methylentetrahydrofolsäure* (I) + *Homocystein* → *Methionin* + *Tetrahydrofolsäure* katalysiert. Zu diesem Syst. gehören neben *DPNH*, *FAD*, *ATP* u. $Mg^{2+}$ zwei Enzyme, das sog. „*205-2-Enzym*" (II) u. das sog. „*$B_{12}$-Enzym*" (III). II u. III wurden inzwischen teilweise gereinigt u. auf ihre Wirksamkeit untersucht. Wird II mit DPNH u. I (in der Methylengruppe $^{14}C$-markiert) versetzt, kann ein Prod. isoliert werden (*Verb. I*), das ein Maximum des UV-Absorptionsspektrums bei 290 mμ besitzt. Die Säurehydrolyse von Verb. I gibt 1 Mol *Glutaminsäure* pro Mol $^{14}C$. Wird Verb. I in Luft oder $O_2$ bei pH 8,7 geschüttelt, entsteht die *Verb. II*, die Absorptionsmaxima bei 290 u. 250 mμ (Verhältnis der Extinktionen am Maximum 1,28) besitzt. Wird dann auf pH 4,3 angesäuert, entsteht *Verb. III* mit einem Absorptionsmaximum bei 282 mμ. Bei Ggw. von $PtO_2$ u. $H_2$ wird bei pH 8,2 Verb. II unter Aufnahme von 1 Mol $H_2$ zu einer Verb. red., die das Spektrum von Verb. I zeigt. Verb. I reagiert nicht mit *Dimedon* u. liefert nach Behandlung mit HJ radioakt. $CH_3J$; es ist ein Wuchsstoff für *Lactobacillus casei*, nicht jedoch für *Streptococcus faecalis* oder *Leuconostoc citrovorum*. Aus diesen Ergebnissen schließen Vff., daß es sich bei Verb. I um *$N^5$-Methyltetrahydrofolsäure*, bei Verb. II um *$N^5$-Methyldihydrofolsäure* u. bei Verb. III um eine andere teilweise oxydierte Form von Verb. I handelt. E.-R. Lochmann. 4210

**Die Umwandlung von Glycin in $C_1$-Einheiten durch Escherichia coli.** J. D. Pitts und G. W. Crosbie. (Biochem. J. **83**, 35 P, Juni 1962; Glasgow, Univ., Dep. of Biochem.; engl.) — Durch Ultrabeschallung hergestellte zellfreie *E. coli* (PA 15)-Extrakte wandeln in Ggw. von *Tetrahydrofolsäure* u. *Pyridoxalphosphat Glycin* (I)-COOH in $CO_2$ u. $C_{(\alpha)}$ in ein $C_1$-Verb. der Oxydationsstufe des Formaldehyds um. Die $^{14}CO_2$-Bldg. aus $^{14}C_{(1)}$-I bleibt in Ggw. eines Glyoxylat (II)-Zusatzes unverändert, da II nicht als Zwischenstufe wirkt. II ist auch keine Zwischenstufe der Umwandlung von $^{14}C_{(2)}$-I in $C_1$-Einheiten. Die Bldg. der letzten aus I erklärt die Beobachtung, daß I-$C_{(\alpha)}$ von *E. coli* zur Synth. der $C_{(1)}$-Stellung des Purinrings u. der Thymin-$CH_3$-Gruppe dient, während Formiat nur für Purin-$C_{(1)}$, nicht für Thymin-$CH_3$ verwertet wird. K. Maier. 4210□

**Die enzymatische Synthese von D-Alanyl-D-alanin.** 1. Mitt. **Reinigung und Eigenschaften der D-Alanyl-D-alaninsynthetase.** Francis C. Neuhaus (J. biol. Chemistry **237**, 778—86, März 1962; Urbana, Ill., Univ. of Illinois, Biochem. Div.; engl.) — Aus dem zellfreien Extrakt von *Streptococcus faecalis* isoliert Vf. eine *D-Alanyl-D-alaninsynthetase* (I) nach $(NH_4)_2SO_4$-Fällung (0—55%), Behandlung mit Protaminsulfat, Hitzebehandlung (63°), Acetonfraktionierung (30—39%) u. Trennung an DEAE-Cellulose durch Gradientelution mit KCl (0,1—0,4m) in 0,01m Trispuffer, pH 7,0. I katalysiert in Ggw. von $Mg^{2+}$ u. $K^+$ folgende Rk.: *ATP* + *2 D-Alanin* (II) → *D-Alanyl-D-alanin* (III) + *ADP* + *anorgan. Phosphat* (IV). Im Gegensatz zur abs. Spezifität gegenüber der D-Konfiguration katalysiert I die Freisetzung von IV auch in Ggw. von *D-Aminobuttersäure* u. *D-Serin* in einer Geschw., die 26% bzw. 4% der Geschw. für II beträgt, wobei auch das Dipeptid *D-Alanyl-D-aminobuttersäure* gebildet wird. Außerdem werden *D-Alanyl-D-serin*, *D-Alanyl-D-threonin* u. *D-Alanyl-D-norvalin* bei Inkubation der entsprechenden Aminosäuren mit I gebildet. Beim Einsatz von L-Aminosäuren mit II wird nur III gebildet. $K_m$-Wert für II in Ggw. von $Mg^{2+}$ u. $K^+$ ist 0,026 molar. Das pH-Optimum liegt zwischen 8,0—9,0; bei pH 7,0 werden noch 50% der maximalen Geschw. gemessen. $K^+$($NH_4^+$) begünstigt in Ggw. von $Mg^{2+}$ ($Mn^{2+}$) die Reaktion. $Mn^{2+}$ kann in bestimmten Konzz. $Mg^{2+}$ an Wirksamkeit übertreffen. *Hydroxymercuribenzoat* hemmt I. I ist frei vom II aktivierendem Enzym, da Verss. mit *anorgan. Pyro-*

*phosphatase* aus Hefe u. *Kaliumpyrophosphat*, die dieses Enzym stimulieren bzw. hemmen, ergebnislos verlaufen. S. Vierkötter. 4210□

**Blut- und Gewebelipasen. 1. Mitt. Reinigung und Eigenschaften einer heparininduzierten Plasmalipase.** Bronius Baskys, Edmund Klein und Walter F. Lever. (Arch. Biochem. Biophysics **99**, 25—30, Okt. 1962; Boston, Mass., Harvard Med. School, Res. Labor. of the Dep. of Dermatol.; Massachusetts, General Hosp.; Tufts Univ., School of Med. at the Boston Dispensary, Res. Labor. of the Dep. of Dermatol.; engl.) — Vff. geben eine neue Meth. an, um aus menschlichem Blutplasma u. verschiedenen Geweben eine *heparininduzierte Plasmalipase* (I) zu isolieren. I ist nur vorhanden bei Patienten, die *Heparin* injiziert bekommen. Bei der Extraktion von I mit Ae. u. A. erhält man 3 Schichten, wobei die mittlere zu 90% I im angereicherten Zustand enthält. Eine fraktionierte Fällung der Mittelphase mit A. bei verschiedenem pH u. Entfernen des Fibrins durch eine 60-Min.-Inkubation bei 37° ist I auf Protein berechnet 60fach angereichert. I ist frei von Lipoiden, hat einen geringen P-Geh., verliert seine Aktivität beim Erhitzen auf 55°, bei Inkubation mit Trypsin u. Dialysieren gegen $H_2O$, ist haltbar im lyophylisierten Zustand. Elektrophoret. Unterss. u. Sedimentationsanalysen weisen ein Haupt- u. 2 Nebenprodd. auf. S. Kirschfeld. 4210◇

**Blut- und Gewebelipasen. 2. Mitt. Kinetische Untersuchungen an einer heparininduzierten Plasmalipase.** Bronius Baskys, Edmund Klein und Walter F. Lever. (Arch. Biochem. Biophysics **99**, 31—35, Okt. 1962; engl.) — 1. vgl. vorst. Referat. — Die kinet. Eigg. einer *heparininduzierten Plasmalipase* (I) werden untersucht. Das Temp.-Maximum von I liegt zwischen 37 u. 40°, das pH-Maximum zwischen 7,9 u. 8,1. Die Michaelis-Menten-Konst. wird für Olivenöl (O.) mit $1{,}98 \cdot 10^{-3}$ m angegeben, die Aktivierungsenergie mit 10000 cal. I hydrolysiert im gleichen Verhältnis die *Triglyceride* von O. u. menschlichem Chylus, nicht dagegen *Tributyrin* u. *Triacetin*. Die Wrkg. von I kann durch Zusätze von Rinderalbumin bzw. Plasma verändert werden. *Protamin* ist ein starker Hemmstoff von I, womit der Unterschied zwischen Pankreaslipase u. I festgelegt ist. S. Kirschfeld. 4210◇

**Die Hemmung der Lecithinase-D-Aktivität durch ein synthetisches Lipid.** Arthur F. Rosenthal und Robert P. Geyer. (Arch. Biochem. Biophysics **96**, 240—45, Febr. 1962; Boston, Mass., Harvard Univ., Harvard School of Publ. Health, Dep. of Nutr.; engl.) — *2.3-Distearoyloxypropyl-[dimethyl]-β-hydroxyäthylammoniumacetat* (I; $NH_4$-Salz) ist ein starker Inhibitor für die *Lecithinase D* (II) aus *Clostridium welchii*. Im Gegensatz zu I ist *Lysolecithin* ein schwacher Inhibitor. — Vf. prüft die Wrkg. von I auf die Toxizität des Cl. welchii-Toxins durch Injektionen bei der Maus, wobei sich je nach der Menge des dem Toxin zugesetzten I eine wesentlich verlängerte Lebensdauer der Tiere ergeben hat. Werden *Lecithin* (III) u. II vor Zugabe von I präinkubiert, so sinkt der Hemmungseffekt mit der Zunahme der Präinkubationszeit. Vff. erklären dieses Phänomen dadurch, daß III das Enzym durch Änderung der Konfiguration der Proteinkette so verändert, daß seine Bindungsgruppen für III relativ spezif. werden. — Aus den Lineweaver-Burke-Kurven ergibt sich, daß beide Rkk. eine maximale Rk.-Geschw. erreichen, dies jedoch bei erheblich voneinander abweichenden Substrat-Konzz. (ca. 8 mg III/2,1 ml für die nichtgehemmte u. 20 mg III/2,1 ml für die gehemmte Rk.). Das bei der Rk. von II mit III freigesetzte *Phosphorylcholin* wird kontinuierlich mit 0,0223n NaOH aus einer Mikrobürette unter häufigem Umschütteln titriert. Diese Meth. erweist sich als sehr geeignet für die Messung der II-Aktivität.
S. Vierkötter. 4210□

**Die Digestion von Kollagenkollagenase.** Yutaka Nagai. (J. Biochemistry [Tokyo] **50**, 486—92, Dez. 1961; Tokyo, Univ., Fac. of Sci., Dep. of Biophys. and Biochem.; engl.) — Es wird die Reinigung der *Kollagenase* (I) aus *Clostridium histolyticum* durch Ammonsulfatfraktionierung u. Stärkeschichtelektrophorese behandelt. Die gereinigte I war frei von nicht spezif. Proteinasen u. Peptidasen u. wirkte nur auf *Kollagen* (II) u. *Gelatine*. Die Analyse des Endprod. der Hydrolyse von II zeigte an Aminosäuren: 95% *Glycin* an N-Endungen (neben Spuren *Asparaginsäure*, *Serin* u. *Valin*) u. 55—60% *Hydroxyprolin* bzw. 16—18% *Alanin* (neben Glycin, Serin, Asparagin- oder *Glutaminsäure*) an den C-Endungen. *Prolin* wurde mittelständig gefunden. Die enzymat. Digestionsprodd. von II wurden durch Dowex-50-X2-Kolonnenchromatographie in ca. 30 Fraktionen aufgeteilt. Zwei Hauptfraktionen wurden als *Glycylprolylhydroxyprolin* u. *Glycylprolylalanin* identifiziert, wobei diese beiden Peptide ca. 25% der totalen mol. Ausbeute betrugen. L. Macher. 4210□

**Die Spezifität der Kollagenase. — Die Wirkung der Kollagenase auf synthetische Peptide.** Yutaka Nagai. (J. Biochemistry [Tokyo] **50**, 493—99, Dez. 1961; Tokyo, Univ., Fac. of Sci., Dep. of Biophys. and Biochem.; engl.) — Vgl. vorst. Referat. —

Das als *Kollagen*-Modell synthetisierte Peptid: *Poly-[L-prolyl-L-leucyl-glycin]* wurde durch gereinigte *Kollagenase* (I) fast völlig in *Prolylleucylglycylprolylleucin, Glycylprolylleucin* u. *Glycylprolylleucylglycin* in einem Verhältnis von 0,8 : 19 : 1,0 zerlegt. *Glycyl-L-prolyl-L-leucyl-glycyl-L-prolinamid*, das man als ein möglichst einfaches Kollagen-Substrat synthetisierte, wurde durch I sehr leicht zu *Glycylprolylleucin* u. *Glycylprolinamid* abgebaut. Eine lange Sequenz von Aminosäureestern trägt zur Spezifität der I bei. L. Macher. 4210□

**Elastolytische Aktivität im Harn.** P. Tolnay, A. Sólyom und J. Borsy. (Naturwissenschaften **49**, 259—60, 1. Juni-H. 1962; Budapest, Forsch.-Inst. für die Pharmazeut. Ind.; dt.) — In Menschen-, Ratten- u. Kaninchenharn wurde bei 17 Std. Inkubationszeit, 37°, Substrat *Ligamentum nuchae-Elastin* (I), elastolyt. Aktivität nachgewiesen (5—6 *Elastase*-Einheiten/ml; 1 E. E. = 1 mg innerhalb $^1/_2$ Std. in Lsg. gegangenes I), deren Auftreten der Nierensekretion von Elastase zuzuschreiben ist. K. Maier. 4210□

**Über die Wechselwirkung zwischen dem Elastase-Komplex und der Lipoproteidlipase der Blutgefäße.** I. K. Szabó und G. Cseh. (Naturwissenschaften **49**, 260, 1. Juni-H. 1962; Budapest, Forsch.-Inst. der pharmazeut. Ind.; dt.) — Die Best. der *Lipoproteidlipase* (I)-Aktivität von Acetonpulver der Kalbsgefäßwand (Intima u. Media aus Aorta, Carotis, Vena cava, Coronaria) u. des Herzens (Endo- u. Myocardium) in Ggw. von *Heparin* bzw. *Elastase* (II) zeigten, daß nicht nur der II-Komplex selbst, sondern auch die Herz- u. Ader-Präpp. I-Wirksamkeit haben. Die Menge der *Clearing-Lipase* (III) unterscheidet sich in den einzelnen Blutgefäßen u. im Herzen. Nach II-Behandlung von Vena cava-Acetonpulver reichern sich im Extrakt mindestens eine wärmelabile III u. eine wärmestabile Komponente an, die die Enzymaktivität steigern kann. Auf Grund der in Venen auftretenden Wechselwrkg. von Gefäßwand-I u. II-Komplex wird angenommen, daß dieser Umstand bei Beginn des Chylomikronabbaues in den großen Venen physiolog. bedeutsam ist. K. Maier. 4210□

**Alginase im Seeigel, Strongylocentrotus purpuratus.** Richard W. Eppley und Reuben Lasker. (Science [Washington] **129**, 214—15, 23/1. 1959; Los Angeles, Univ. of Southern California, Dep. of Biol.; Compton, Calif., Compton Coll., Life Sci. Div.; engl.) — Durch Messung der Viscositätsabnahme von *Alginat* (II) wird in Darmwand (DW) u. Darminhalt (DI) des Seeigels, *Strongylocentrotus purpuratus*, das Vork. einer *Alginase* (I) nachgewiesen. I (das auch mehrere Enzyme umfassen könnte) depolymerisiert II. Die I der DW wirkt optimal bei pH 7,2—7,3 u. zeigt ein zweites Optimum bei pH 4; I des DI wirkt optimal bei pH 7,2—7,3. DW zeigt geringere Aktivität als DI. — Bei der Einw. von I auf II (die in Ggw. von K-Oxalat zur Ausschaltung der Ca-Salze erfolgt) entstehen keine reduzierenden Zucker oder Prodd., die mit Naphthoresorcin reagieren. Dementsprechend kann I als *Alginsäuredepolymerase* angesehen werden. Die Abnahme der Viscosität beträgt in 7,5 Min. 50% u. ist in 50 Min. vollständig. A. Hesse. 4210□

**Inaktivierung von Pektinenzymen durch in Früchten vorkommende Phenole.** A. Pollard, Margaret E. Kieser und D. J. Sissons. (Chem. and Ind. **1958**, 952, 26/7.; Bristol, Long Ashton Res. Station; engl.) — Durch Butanol extrahierbare *Phenole* aus Apfelsaft (*Catechine, Leukoanthocyane, p-Cumarylchininsäure* u. *chlorierte Säuren*) hemmen *Pektinmethylesterase* u. *Pektinpolygalakturonase*. G. Ziebarth. 4210

**Die Rolle der Desoxyribonucleinsäure in der Ribonucleinsäuresynthese.** 1. Mitt. **Reinigung und Eigenschaften einer Ribonucleinsäurepolymerase.** J. J. Furth, Jerard Hurwitz und Monika Anders. (J. biol. Chemistry **237**, 2611—19, Aug. 1962; New York, N.Y., New York Univ., School of Med., Dep. of Microbiol.; engl.) — Es werden 2 Meth. angegeben, um aus *E. coli* eine *RNS-Polymerase* (I) zu isolieren, frei von DNS-Polymerase u. relativ frei von RNS- u. DNS-Depolymerasen. I katalysiert die Synth. von *RNS* aus *Adenosin-, Uridin-, Guanosin-* u. *Cytidintriphosphat* in Ggw. von DNS u. $Mn^{2+}$ oder $Mg^{2+}$ unter gleichzeitiger Bldg. von *Pyrophosphat*. Die Rk. verläuft stöchiometr. u. das Gleichgewicht liegt auf der Seite der RNS-Bildung. Vff. glauben, daß die von I gebildete RNS ein Spiegelbild der „primer-DNS" ist u. für Protein-Synth. verwendet werden kann. S. Kirschfeld. 4210◇

**Die Natur eines Polynucleotids, das für Bildung von Polyribonucleotiden aus ATP und einem Enzym aus Thymuszellkernen benötigt wird.** Mary Edmonds und Richard Abrams. (J. biol. Chemistry **237**, 2636—42, Aug. 1962; Pittsburgh, Pa., Montefiore Hosp., Res. Dep.; engl.) — Es wird die Isolierung u. Reinigung eines *Polyribonucleotidprimers* (I) einer *ATP-Polymerase* (II) aus Kalbsthymuszellkernen beschrieben. II ist nur in Ggw. von I akt. u. polymerisiert *ATP* zu einer Polyadenylkette

von 50—100 Nucleotiden. I ist unempfindlich gegen Hitze u. Nucleasen, nicht aber gegen phosphodiesterspaltende Enzyme. *Polyadeninnucleotide* (III), synthetisiert durch Polynucleotidphosphorylase, können I nur unzulänglich ersetzen, was auf die Verschiedenheit der Kettenlänge zurückgeführt wird. Dagegen können von I u. II gebildete III wieder in weiteren Synth. als Primer wirken. Als Beweis, daß *Adenin* (IV) der Basenbaustein von I ist, gilt die Erhöhung von IV von 27 auf 87% nach Behandlung von I mit Pankreas-RNase, Takadiastase u. $T_1$-RNase, ohne daß I einen Aktivitätsverlust erleidet. Die Bedeutung von I u. anderen Polynucleotidprimern wird diskutiert.
S. Kirschfeld. 4210◇

**Die Charakterisierung der durch gereinigte Streptokokkennuclease (Streptodornase) erhaltenen Abbauprodukte von Desoxyribonucleinsäure.** John G. Georgatsos, W. C. Unterholzner und M. Laskowskisen. (J. biol. Chemistry **237**, 2626 bis 2630, Aug. 1962; Milwaukee, Wis., Marquette Univ. School of Med., Biochem. Labor. for Cancer Res.; engl.) — *Streptodornase* (I), eine Desoxyribonuclease, die aus Kulturmedium von *Streptokokken* gewonnen wird, zeigt eine starke Wrkg.-Abhängigkeit von den beiden Ionen $Ca^{2+}$ u. $Mg^{2+}$ u. läßt sich auch nach weiterer Reinigung an DEAE-Cellulosesäulen nicht in Enzyme trennen, die nur von einem Metallion abhängig sind. I baut Thymus-*DNS* zu 90% zu *Oligonucleotiden* mit einer Kettenlänge von 3—10 Mononucleotideinheiten ab, wobei als endständiger Rest bei der *5'-Phosphat*-Veresterung zu 50% *Desoxyguanosin*, bei der *3'-Phosphat*-Veresterung zu 60% *Desoxyadenosin* u. *Thymidin* auftreten. Eine gleichmäßige Verteilung aller 4 Basen ist nicht vorhanden. Im Gegensatz zu anderen Nucleasen verändert I seine Spezifität im Laufe des DNS-Abbaues nicht. S. Kirschfeld. 4210◇

**Der Wirkungsmechanismus von Mikrokokkennuclease auf Desoxyribonucleinsäure.** E. Sulkowski und M. Laskowski sen. (J. biol. Chemistry **237**, 2620—25, Aug. 1962; Milwaukee, Wis., Marquette Univ., School of Med., Biochem. Labor. for Cancer Res.; engl.) — Es werden die unterschiedlichen Abbau-Prodd. von Thymus-*DNS* angegeben, erhalten nach Verdauung mit *Nuclease* (I), die aus Mikrokokken gewonnen wurde. Da I hauptsächlich als Endonuclease wirkt, geben die *Mononucleotide* die Endsequenz der DNS an. Die anfallenden *Oligonucleotide* werden z. T. nicht weiter verdaut. Es wird die Wrkg. u. Spezifität von I diskutiert. S. Kirschfeld. 4210◇

**Bindegewebeentwicklung in subkutan implantiertem Polyvinylschwamm.** 2. Mitt. **Enzymatische Veränderungen während der Entwicklung.** J. F. Woessner jun. und Robert J. Boucek. (Arch. Biochem. Biophysics **93**, 95—109, April 1961; engl.) — 1. vgl. C. **1963**, 7019. — Im Verlaufe der Bindegewebe-Entw. in subkutan bei ♀ Ratten implantierten *Polyvinylalkohol* (*Ivalon*)-Schwämmchen laufen folgende Enzymaktivitäten parallel mit dem Geh. an *Desoxyribonucleinsäure* (*DNS*): *Glutaminsäure-Oxalessigsäure-Transaminase* (maximale Aktivität am 20. Tag ca. 3500 μMol (Substrat)/Std./g (Schwamm), danach gleichbleibend, *Imidodipeptidase* (*Prolidase*; 14 Einheiten/g), *Iminodipeptidase* (*Prolinase*; 38 μMol/Std./g), *Katalase* (130 Einheiten/g), *Cytochrom-c-Reduktase* (über 100 μMol/Std./g) u. *Phenolsulfatase* (30 μMol/Std./g); diese Enzyme stehen vermutlich in indirekter Beziehung zur *Kollagen* (I)-Synthese. Folgende Enzymaktivitäten steigen auch dann noch weiter an, wenn DNS u. I-Geh. bereits ihr Maximum erreicht haben: *pH 3,2-Proteinase* (über 600 μMol/Std./g), *saure Phosphatase* (1000 μMol/Std./g) u. *β-Glucuronidase* (350 μMol/Std./g); diese Enzyme sind vermutlich am I-Abbau beteiligt. Folgende Enzymaktivitäten erreichen ein Maximum mit anschließendem Abfall zusammen mit DNS bzw. bereits vorher: *alkal. Phosphatase* (260 μMol/Std./g am 20. Tag), *Peroxydase* (1800 μMol/Std./g am 12. Tag), *Milchsäuredehydrogenase*(12 μMol/Std./g am 20. Tag) u. *Äpfelsäuredehydrogenase* (10 μMol/Std./g am 20. Tag); für diese Enzyme ließ sich keine eindeutige Beziehung zu I-Synth. oder -Abbau erkennen.
U. Tausendfreund. 4210□

**Über die Natur der freien Radikale bei der aromatischen Hydroxylierung durch Sauerstoff, Ascorbinsäure und Ferroionen.** R. M. Acheson und C. M. Hazelwood. (Biochim. biophysica Acta [Amsterdam] **42**, 49—55, 29/7. 1960; Oxford, Univ., Dep. of Biochem.; engl.) — Bei der Hydroxylierung von *Benzoesäure* mit *Sauerstoff* in Ggw. von *Ascorbinsäure*, *Ferrosulfat* u. *Äthylendiamintetraessigsäure* in Phosphatpuffer (pH 3,1) entsteht ein Gemisch von *2-*, *3-*, *4-Hydroxybenzoesäure* u. *2.5-Dihydroxybenzoesäure*. Die einzelnen Säuren werden chromatograph. identifiziert, u. die Ggw. freier Radikale durch Polymerisations-Verss. nachgewiesen. Die Rk.-Mechanismen werden (auch in bezug auf die enzymat. Hydroxylierung in vivo) diskutiert. R. Lenschau. 4210□

**Biosynthese des Actinomycin-Chromophors: Enzymatische Umwandlung von 4-Methyl-3-hydroxyanthranilsäure zu Actinocin.** Edward Katz und Herbert Weissbach. (J. biol. Chemistry **237**, 882—86, März 1962; Bethesda, Md., Nat. Heart

Inst., Labor. of Clin. Biochem.; engl.) — Unter Anwendung der Standard-Meth. zur Fraktionierung von Proteinen (Ultraschall, $(NH_4)_2SO_4$-Fällung, Fraktionierung an DEAE-Cellulose, Ca-Phosphat u. Aluminiumoxid C$\gamma$) gelang Vff. die Isolierung einer *Phenoxazinonsynthetase* (I) aus einem zellfreien Extrakt von *Streptomyces antibioticus.* Das pH-Optimum der Rk. lag bei 5,0—5,2, die optimale Temp. bei 42°. Alle als Substrate getesteten o-Aminophenole wurden durch **I** zu Verbb. umgewandelt, die die spektralen Charakteristika der Phenoxazinone aufweisen: *3-Hydroxyanthranilsäure* (**II**), *4-Methyl-3-hydroxyanthranilsäure* u. *-methylester, 3-Hydroxykynurenin, o-Aminophenol.* $K_m$-Werte für **II** u. **III**: $1 \times 10^{-4}$ m. Durch Vgl. des aus **III** durch **I** gebildeten Phenoxazinons mit synthet. *Actinocin* stellten Vff. eine abs. Identität der Spektren fest. — Die Rk. wurde durch eine Reihe von chelatisierenden Metallionen ($K^+$, $NH_4^+$, *Zn*, $Fe^{2+}$, $Cu^{2+}$) sowie durch *Azid, α.α'-Dipyridyl, Na-Diäthyldithiocarbamat, 8-Hydroxychinolin* u. *EDTA* gehemmt. $Mn^{2+}$ u. $Ca^{2+}$ zeigten eine 25—45%ig. Stimulierung. $Mg^{2+}$ u. *Citrat* zeigten keine Wirkung. **I** wurde auch in Extrakten von *S. erythreus,* einem das *Actinomycin* (**IV**) nicht synthetisierenden Organismus, gefunden, jedoch nicht in *S. chrysomallus,* der **IV** synthetisierte. Manometr. Verss. zufolge vollzog sich die oxydative Bldg. eines Phenoxazinons so, daß 2 Mole des o-Aminophenol-Deriv. 3 Sauerstoffäquivalente verbrauchen. S. Vierkötter. 4210□

**Untersuchungen über eine Amylase von Candida tropicalis var. japonica. 2. Mitt. Weiteres Material über die breite Spezifität der Amylase.** Teruo Sawai. (J. Biochemistry [Tokyo] **48,** 382—91, Sept. 1960; Nagoya, Aichi Gakugei Univ. Labor. of Biol.; engl.) — 1. vgl. C. **1959,** 840. — Die Wrkg. von *Amylase* (I)-Präpp. aus *C. tropicalis* var. *japonica* erstreckt sich auch auf die Hydrolyse von *Isomaltose* sowie von α- u. β-*Amylasegrenzdextrinen* bei gleichem pH-Optimum. Bei der Stärkeblockelektrophorese verschiedener I-Präpp. in Puffern von pH 7,0—2,8 weisen alle Aktivitäten die gleiche Verteilung auf, so daß hierfür anscheinend ein einziges Enzym verantwortlich ist. Zwischen der Fähigkeit mehrerer Kohlenhydrate (*Glucose, Mannose, Galaktose, Fructose, Arabinose, Xylose, Gluconsäure, Maltose, Isomaltose, Trehalose, Cellobiose, Saccharose, Lactose, Sorbit, Mannit, Glycerin, Glucose-1-phosphat*), die Verwertung lösl. *Stärke* zu hemmen u. ihrer Fähigkeit, die Spaltung von *α-Phenylglucosid* (II) zu blockieren, bestand eine auffallende Parallelität. Maltose hemmte beide Aktivitäten extrem stark. Die Michaelis-Konst. $K_m$ für **II**, Maltose u. *α-Methylglucosid* waren von der gleichen Größenordnung wie die Dissoziations-Konst. $K_i$, die die Hemmwrkg. auf die Hydrolyse lösl. Stärke wiedergeben. Die Stärkehydrolysehemmung durch diese 3 Verbb. u. Glucose war kompetitiv. K. Maier. 4210□

**Bestimmung von Asparagin- und Glutaminresten in Taka-Amylase A.** Shiro Akabori und Kozo Narita. (Hoppe-Seyler's Z. physiol. Chem. **322,** 4—7, 3/12. 1960; Osaka, Univ., Inst. für Eiweiß-Forsch.; dt.) — Vgl. C. **1957,** 11914. — Vollständige Veresterung (Methanol, Acetanhydrid, 96 Std.) von *Taka-Amylase A* (I) u. Red. des I-Esters ($NaBH_4$, 48 Std.) zeigt, daß pro Mol. I 50 Amidreste enthalten sind, von denen 35 dem *Asparagin* u. 15 dem *Glutamin* angehören. Die Zahl der in den Verss. gefundenen Amidreste übertrifft die früher mitgeteilte (l.c.). Walter Schäfer. 4210□

**Die Umwandlung von $^{14}$C-Glucose in Äthylen durch Apfelgewebe.** Stanley P. Burg und Kenneth V. Thimann. (Arch. Biochem. Biophysics **95,** 450—57, Dez. 1961; Cambridge, Mass., Harvard Univ.; engl.) — Äpfelschnitte mit *$^{14}$C-Glucose* ($^{14}$*C*-I) inkubiert, zeigten einen schnellen Aktivitätseinbau in *Äthylen* (**II**) bzw. Umwandlung in $^{14}CO_2$, wobei die Aktivität beider Verbb. 10mal höher war als die der I-Lsg. in den Zellen. Die Inkubation von $^{14}C_{(1)}$-, $^{14}C_{(2)}$-, $^{14}C_{(3.4.5)}$- u. $^{14}C_{(6)}$-I für 220 Min. führte zu einer Aktivitätsverteilung im $^{14}CO_2$ von 37, 18, 37 bzw. 8%. Die entsprechende Verteilung in **II** betrug 13, 15, 32 bzw. 41%. Bei Annahme eines vollständigen Gleichgewichtes ($C_4$, $C_5$ u. $C_6$ werden nicht umgesetzt, die Oxydation von $C_1$ überwiegt die von $C_2$ u. $C_3$ oder im anderen Grenzfall: $C_1$, $C_2$ u. $C_3$ werden im gleichen Verhältnis zu $CO_2$ umgesetzt) ergab sich eine Beteiligung des direkten oxydativen Abbaues der *Hexose* an der Atmung von 40—70%. Der Zusatz großer Mengen *Shikimisäure* (**III**) führte nicht zu einer merklichen Aktivitätsverdünnung in $^{14}$*C*-**II**, so daß **III** kein Zwischenprod. der **II**-Synth. zu sein schien. Verss. mit $^{14}C_{(5)}$- bzw. $^{14}C_{(1)}$-*Xylose* (**IV**) hatten keinen Einbau von Aktivität in **II** zur Folge, so daß **IV** ebenfalls kein Zwischenprod. der **II**-Synth. sein dürfte.
J. Boelter. 4210□

**Adenosindiphosphoglucose und die Glucosidbiosynthese.** Juan Carlos Trivelloni, Eduardo Recondo und Carlos E. Cardini. (Nature [London] **195,** 1202, 22/9. 1962; Buenos Aires, Inst. de Invest. Bioquim. „Fundación Campomar" and Fac. de Ciencias Exactas y Naturales; engl.) — Enzyme aus Krabben katalysierten die Glucosid-Synth. aus *Adenosindiphosphoglucose* (I) im Gegensatz zu *Uridindiphospho-*

*glucose* (II) nicht. Ein Enzym aus Weizenkeimen bildete aus I die 2 Glucoside, die auch mit II gebildet werden. Die Glucosid- bzw. Glutiobiosid-Bldg. aus *Arbutin* bzw. *Hydrochinon* war dabei mit Hilfe von I ein wenig größer als durch II. Mit *Desoxyadenosindiphosphoglucose, Uridindiphosphomaltose* u. mit II, in der der Glucoseanteil in 6-Stellung mit Uridindiphosphat verbunden war, wurden keine Glucoside gebildet. *Guanosin-* u. *Cytidindiphosphoglucose* wirkten in geringem Maße als Glucosedonatoren.
J. Boelter. 4210□

**Citrullinsynthese in Geweben der Ratte.** Mary Ellen Jones, Ann D. Anderson, Constanze Anderson und Susan Hodes. (Arch. Biochem. Biophysics **95,** 499 bis 507, Dez. 1961; Waltham, Mass., Brandeis Univ., Grad. Dep. of Biochem.; engl.) — Der Geh. an *Carbamylphosphatsynthetase* (I) u. *Ornithintranscarbamylase* (II) in verschiedenen Organen der Ratte wurde bestimmt. Die Leber wies sehr hohe I- u. II-Aktivitäten auf, während in Darmmucosa, Speicheldrüse, Niere, Hirn u. Pankreas nur sehr geringe Aktivitäten gefunden wurden. Im Hoden, Thymus, Milz, Herz, Lunge, Blutplasma, Blutzellen, Skelettmuskulatur, Nebenniere, Schilddrüse u. Ehrlichschen Asciteszellen wurden keine I- oder II-Aktivitäten gefunden. Die in den Organen gefundene I-Aktivität betrug ca. 5—20% der II-Aktivität. II erwies sich als sehr stabil. Der Ersatz von Trispuffer bei der II-Best. erhöhte die Empfindlichkeit des Nachw. um das 5fache. Von verschiedenen Hepatomen wiesen nur das Wilson-Leduc- u. das Morris-Hepatom größere II-Aktivitäten auf. Rattenföten besaßen nur geringe I- u. II-Aktivitäten, die für ausgewachsene Tiere gültigen I-Werte wurden nach 24—72 Std., die II-Werte 1—2 Wochen nach der Geburt erreicht.
J. Boelter. 4210□

**Die Aufnahme von $^{60}$Co-Cyanocobalamin durch Nieren- und Leberschnitte normaler und hungernder Kaninchen.** Lois A. Jud und Harold L. Rosenthal. (Arch. Biochem. Biophysics **95,** 526—32, Dez. 1961; St. Louis, Mo., Washington, Univ., School of Dentistry, Dep. of Physiol. Chem.; engl.) — Leber- (A) u. Nierenschnitte (B) von ♀ Kaninchen (weiße Neuseeländer) nahmen *$^{60}$Co-Cyanocobalamin* (I) bei Inkubation in Krebs-Ringer-Phosphatpuffer schnell auf. Das Maximum war nach 1—2 Std. erreicht. B normaler (Bn) sowie hungernder Tiere (Bh) nahmen mit $O_2$ als Gasphase I am stärksten auf, die I-Aufnahme fiel in der Reihenfolge Luft, $N_2$, 95% $N_2$ + 5% $CO_2$ ab. Die I-Aufnahme durch A (An sowie Ah) wurde durch Variation der Gasphase kaum verändert. *Glucose* stimulierte leicht die Aufnahme durch Bn. *Acetat, Pyruvat, Succinat* (III) u. *α-Ketoglutarat* (III) erniedrigten in B die I-Aufnahme. In A wirkten II u. III leicht stimulierend. *Dinitrophenol* hemmte die I-Aufnahme durch B, nicht die durch A. Ähnliche Ergebnisse wurden mit *Azid, Cyanid* u. *Jodacetat* erhalten. Die I-Aufnahme war bei 37° in A u. B am größten, bei 2° am kleinsten u. war von der Ionenstärke, pH sowie vom verwendeten Puffer nur wenig abhängig. Zusatz von *ATP* oder *GTP* erniedrigten die I-Aufnahme leicht. *Ca* ($1{,}5 \cdot 10^{-3}$m) wirkte leicht stimulierend, ab $2{,}6 \cdot 10^{-3}$m aber hemmend auf die I-Aufnahme. Auf das Gew. bezogen, akkumulierte B mehr I als A.
J. Boelter. 4210□

**Weitere Erkenntnisse über die intracelluläre Lokalisierung und den Wirkungsmechanismus der die Synthese von L-Ascorbinsäure katalysierenden Leberenzyme.** N. C. Kar, I. B. Chatterjee, N. C. Ghosh und B. C. Guha. (Biochem. J. **84,** 16—25, Juli 1962; Calcutta, India, Univ. Coll. of Sci. and Technol., Dep. of Appl. Chem.; engl.) — Leberhomogenat von Albinoratten wurde durch Zentrifugieren in Mitochondrien (A), Mikrosomen (B) u. lösl. Überstand (C) aufgetrennt. Das die Umwandlung von *D-Glucuronolacton* (I) u. *L-Gulonolacton* (II) in *L-Ascorbinsäure* (III) katalysierende Enzym-Syst. (IV) war vor allem in der schwereren B-Fraktion (26390·g) enthalten. Die durch Waschen von B erhaltene Aktivitätserhöhung wurde mit der Entfernung vorhandener *Lactonase* (V) erklärt. Durch das Waschen stieg auch die Aktivität der *Glucose-6-phosphatase* (VI) an. Beide Aktivitäten sanken aber nach mehr als 2 Waschungen wieder ab. IV war bei 0 bis —18° stabil. *Na-L-Gulonat* wurde durch IV in II umgewandelt. *Methyl-* u. *Äthyl-D-glucuronat* wurden im Vgl. zu I zu einem Drittel in III umgewandelt. *L-Gulon-* u. *D-Glucuronamid* waren keine Vorläufer von III. Der Zusatz von *red. Glutathion* erhöhte die III-Synth. aus II um 15—20%. Eine ähnliche Stimulierung wurde durch *Na-Pyrophosphat, NaCl, Vitamin $K_1$, Ribose-5-phosphat* oder *2.4-Dinitrophenol* erzielt. I mit C inkubiert führte zu keinem $O_2$-Verbrauch. In Ggw. von *Cyanid* dagegen wurde eine $O_2$-Aufnahme unter Bldg. von II als Zwischenprod. der III-Synth. gefunden. Die Inkubation von I mit Leber- oder Nierenmikrosomen von Menschen, Affen, Meerschweinchen, Fledermaus sowie Nachtigall führte nicht zur Bldg. von I, so daß die *D-Glucuronolactonreduktase* in diesen Arten fehlt. Als weiteres Intermediäres der III-Synth. wurde *L-Xylohexulonolacton* gefunden.
J. Boelter. 4210□

**Die Mediumzusammensetzung und die Gleichgewichtsdichte subcellulärer Partikel aus Rattenleber.** H. Beaufay. (Biochem. J. **84,** 10P—11P, Juli 1962; Louvain,

Belgium, Univ., Labor. of Physiol. Chem.; engl.) — Vf. zeigt am Beispiel einer Rattenlebermitochondrienfraktion die Auftrennung in die Mitochondrienbestandteile, die in dieser Fraktion enthaltenen *lysosomalen Enzyme* (*LE*) u. andere Strukturen, an denen *Harnstoffsäureoxydase* (**I**), *Katalase* (**II**) sowie *D-Aminosäureoxydase* (**III**) lokalisiert sind. Bei der Verteilung dieser Fraktion in einem wss. *Rohrzucker* (**IV**)-Dichtegradienten sammelten sich die LE bei einer Dichte von 1,22; **I**, **II** u. **III** bei einer von 1,23—1,25. Die Gleichgewichtslage war von der Anfangsposition abhängig. Die Trennung gelang, sofern das Material auf die Oberfläche des Gradienten aufgebracht wurde. Bei Zusatz von *Glykogen* (**V**) zur **IV**-Lsg. wurde bei fallender **IV**-Konz. eine für jede Verb. verschiedene Abnahme der Gleichgewichtsdichte gefunden. Jedoch war keine strikte Beziehung mehr zu einem einfachen osmot. Modell zu erkennen. Die LE entsprachen diesem Modell noch am meisten. Verss. mit „*Ficoll*" (Pharmacia A. B., Upsala), einem Polymeren vom Molgew. 50000, führten nicht zu brauchbaren Ergebnissen, da die Dichten bei hohen Konzz. im Vgl. zu **V** zu hoch ausfielen. J. Boelter. 4210□

**Eine nichtidentifizierte Jodverbindung, gebildet durch Inkubation zellfreier Gewebepräparate mit $^{131}$J-Jodid.** Alvin Taurog, W. Tong und I. L. Chaikoff. (J. biol. Chemistry **227**, 759—72, Aug. 1957; Berkeley, Calif., Univ. of California, School of Med., Dep. of Physiol.; engl.) — Vgl. C. **1960**, 11693. — Ganzhomogenat u. subcellulare Fraktionen von Schilddrüsen-, Speichel-, Milz, Leber- u. Nierengewebe wurden mit $^{131}$*J-Jodid* inkubiert. Die gebildeten $^{131}$J-Verbb. wurden papierchromatograph. untersucht. Neben einer bereits beschriebenen unbekannten Verb. (l. c.), $^{131}$J-Jodid u. $^{131}$J-Protein wurde eine neue unbekannte $^{131}$J-Verb. (**I**) nachgewiesen. Diese wird bes. von der Mitochondrien- u. Mikrosomenfraktion aus allen Geweben mit Ausnahme der Niere gebildet. Der Umsatz der lösl. Speichelfraktion war mit 90% am höchsten. Lösl. Fraktionen anderer Gewebe waren inaktiv. Kernfraktionen waren wenig aktiv. Die Bldg. von **I** erfolgt unter Beteiligung von Gewebeenzymen. Sie wurde gehemmt bei anaeroben Bedingungen sowie in Anwesenheit von *Thiosulfat* u. *Thiouracil*, was die Beteiligung *oxydativer Enzyme* wahrscheinlich macht. Sehr verd. Lsgg. von **I** wurden durch Elution der entsprechenden Zonen auf Papierchromatogrammen mit $NaHCO_3$-Lsg. erhalten. **I** wird in saurer Lsg. (schon bei pH 5) rasch abgebaut, ist jedoch stabil in alkal. Lösung. Weitere Verss. mit Eluat werden mitgeteilt; sie schließen ein anorgan. Oxydations-Prod. von $^{131}$J-Jodid für **I** aus. K. Heyns. 4210□

**Die Aktivierung des jodierenden Systems in bestimmten Schilddrüsenfraktionen vom Schaf durch Flavincoenzyme.** W. Tong, Alvin Taurog und I. L. Chaikoff. (J. biol. Chemistry **227**, 773—84, Aug. 1957; engl.) — Vgl. C. **1960**, 11693 u. vorst. Referat. — Aus Schilddrüsen vom Schaf wurde eine bestimmte Fraktion (a) isoliert, die bes. Mitochondrien u. Mikrosomen enthält. Ein jodierendes Syst. in a vermag inkubiertes $^{131}$*J-Jodid* in $^{131}$*J-Protein* umzuwandeln. Bei Zusatz von *Flavincoenzymen*, bes. *Flavinmononucleotid* (*FMN*; $10^{-5}$m), wurde die Umwandlung merklich erhöht. Verss. erwiesen die enzymat. Wrkg. des FMN. Das pH-Optimum mit u. ohne Coenzym lag zwischen 9 u. 10. Die stimulierende Wrkg. von FMN wurde u. a. gehemmet durch *Thiouracil*, *Rhodanid*, *Cyanid*, *p-Aminobenzoat* u. a., jedoch nicht durch *Perchlorat*, *Malonat*, *Monofluoracetat*, *Antimycin A* oder *Katalase*. Die Möglichkeit einer physiolog. Teilnahme des Flavins am Jodstoffwechsel der Schilddrüse wird diskutiert. K. Heyns. 4210□

## E3. Mikrobiologie. Bakteriologie. Immunologie

**Die Permeabilität von Azotobacter für Succinat und Malat.** Roy Repaske, Joan Shroat und David Allman. (J. Bacteriol. **79**, 394—405, März 1960; Bloomington, Ind., Indiana Univ., Dep. of Bacteriol.; engl.) — Die Adaption an *Succinat* (**I**) u. *Malat* von auf Saccharose gewachsenen *Azotobacter agilis* (A) wurde durch Waschen mit dest. W. gehemmt. Die Anlaufzeit der Adaption war in diesem Falle über die normale (½ Std.) auf ca. 2 Std. verlängert. Wurde aber ein im Waschwasser vorhandener Faktor (Glucose oder ein Glucose-Deriv.) hinzugegeben, so betrug die Anlaufzeit wieder nur ½ Stunde. Nicht adaptierte A können **I** nicht oxydieren. Zellfreie Extrakte dieser Zellen enthalten jedoch **I**-*Dehydrogenase*- u. -*oxydase*-Aktivität. Die Adaption an **I** bedingt also keine qual. oder quant. Veränderungen der **I** oxydierenden Enzyme. Daraus folgt, daß die Permeabilität für **I** auf nicht adaptierte A beschränkt ist. Die **I**-Adaptierung konnte verhindert werden, wenn die Synth. der Desoxyribonucleinsäure, der Ribonucleinsäure u. des Proteins durch UV-Bestrahlung, *Proflavin*, *8-Azaguanin*, *5.6-Dichlor-1-β-D-ribofuranosylbenzimidazol*, *Chloramphenicol* oder *p-Fluorphenylalanin* verhindert wurde. Das war aber nur bei nicht oder nicht vollständig adaptierten A erfolgreich. Die **I**-Oxydation war nicht gestört, sofern die Adaption komplett war. $NaN_3$

(II) u. *2.4-Dinitrophenol* (III) wurden verwendet, um aufzuzeigen, daß die Permeation von I einer endogenen Energiequelle bedarf. Die Oxydationsquote durch Protoplasten I-adaptierter A war um 30—80% durch $1 \cdot 10^{-3}$m II bzw. $1 \cdot 10^{-4}$m II verringert. Eine Hemmung durch diese Reagentien konnte bei intakten A nicht beobachtet werden, vorwiegend deshalb, weil intakte A für II u. III nicht permeabel sind.
E. Fischoeder. 4300□

**Die Rolle von Thiamin und Aminosäuren bei der Ernährung von Shigella sonnei.** Mitsuru Nakamura und Bonnie L. Pitsch. (Nature [London] **194**, 359—61, 28/4. 1962; Missoula, Montana, Mont. State Univ., Dep. of Bot. Microbiol., and Public Health; engl.) — Bei 18 der untersuchten 19 Teststämme von *Shigella sonnei* zeigte *Thiamin* (I) in verschieden hohen Konzz. keinerlei Einfl. auf das Wachstum der Mikroben in synthet. Medium. *Asparaginsäure* (II) fördert mit steigender Konz. (1000—10000 µgm/ml) in zunehmendem Maß das Bakterienwachstum, wobei kleinere Inocula ($1 \cdot 10^2$ Zellen/ml) größere II-Mengen benötigen. *L-Asparagin* u. *L-Glutaminsäure* verursachten ein besseres Wachstum als gleiche II-Mengen, *Glycin*, *Tryptophan*, *Arginin* u. *Glutamin* hatten dagegen eine geringere Wirkung. Durch Kombination von II mit weniger akt. *Aminosäuren* (III) wurde das Wachstum nicht wesentlich erhöht. Vff. schließen auf eine eher anregende als wesentliche Rolle von III in der Ernährung von *Shigella*. *Hydroxythiaminhydrochlorid*, eine I analoge Verb., hemmt *S. sonnei* nicht. *Cocarboxylase*, ein vermutliches Zwischenprod. der I-Synth., förderte das Wachstum der Teststämme nicht wesentlich.
M. Ebert. 4310□

**Glykolipide aus säurefesten Bakterien.** Edgar Lederer. (Advances Carbohydrate Chem. **16**, 207—38, 1961; Paris, Fac. des Sci., Labor. de Chim. biol.; Gif sur Yvette, Seine-et-Oise, Inst. de Chim. des Substances Naturelles; engl.) — Übersicht über chem. u. biolog. Aktivität von *Glykolipiden* aus säurefesten Bakterien. — 138 Literaturangaben.
P. Golinske. 4315□

**Zusammensetzung der Wachse der Gruppe A aus Mycobacterium marianum. 44. Mitt. über die Bestandteile der Mycobakterien.** Georges Michel. (C. R. hebd. Séances Acad. Sci. **244**, 2429—32, 6/5. 1957; franz.) — Das Wachsgemisch wurde an $Al_2O_3$-Säulen getrennt, nachdem es mit Permanganat oxydiert worden war. Es bildete je nach Kulturbedingungen 2—9,7% des Trockengew. der Bakterien. 95% des Wachses bestehen aus *Tripalmitin* u. *Oleyltetrakosylpalmitoylglycerin*. Der Rest besteht aus einer freien Säure u. einem Säureglycerid, das schon von den Wachsen der Gruppe C bekannt war.
H. Frank. 4315□

**Der Einfluß von hohem Sauerstoffdruck auf die Kaliumretention und die Koloniebildung von Bäckerhefe.** B. Stuart, R. Gerschman und J. N. Stannard. (J. gen. Physiol. **45**, 1019—30, Juli 1962; Rochester, N.Y., Univ., Med. Center, Deps. of Radiation Biol. and Physiol.; engl.) — Die Fähigkeiten von Hefezellen *K* zurückzuhalten u. Kolonien zu bilden, werden unter $O_2$-Drucken von 2—143 at untersucht. Bei 2—8 at $O_2$-Druck findet nach 2,20 u. 40 Std. ein abnehmender *K*-Verlust statt, ebenso bei Drucken von 10—143 at, wenn *Glucose* im Testmedium vorhanden ist, fehlt diese, so treten steigende *K*-Verluste ein. Bei 100 at $O_2$-Druck wird nach 20 Std. ein merkliches Nachlassen der Kolonien-Bldg. beobachtet. Dieser Effekt ist aber nur von der erhöhten $O_2$-Konz. u. nicht vom Druck abhängig. Das Verhältnis von *K*-Verlust zu Lebensempfindlichkeit (bei 50% Schädigung) ist ungefähr gleich 1. Es ist sehr verschieden von dem, welches sich nach *Röntgenstrahlen* oder *UV*-Behandlung ergibt.
H. Struck. 4320□

**Untersuchungen über den Stoffwechsel der Hefe. 4. Mitt. Der Zusammenhang zwischen der Veränderung der Sauerstofftension des Nährbodens und der Ergosterinsynthese.** A. Konsanszky. (Pathol. et Microbiol. [Basel] **23**, 350—59, 1960; Szeged, Ungarn, Univ., Chem. und Biochem. Inst.; dt.) — 3. vgl. Schweiz. Z. allg. Pathol. Bakteriol. **22** [1959], 822. — In Hefekulturen wurde der Einfl. von *Thioglykolsäure* (I), *Aneurin* (II) u. *Na-Chlorophyllin* (II) auf die $O_2$-Spannung untersucht. Best. des Elektrodenpotentials zeigten, daß die $O_2$-Spannung im Nährboden nach Zusatz von I bis zur Sättigung ansteigt, weil die Atmung der Zellen bis auf Null absinkt. II beeinflußt weder das Elektrodenpotential noch die Atmung, während III die Zellatmung erheblich steigert, was ein Absinken des Potentials um 20—30 mV zur Folge hat. Das entspricht einer Red. der $O_2$-Spannung um das 10—100fache.
H. Aman. 4320□

**Der Stoffwechsel von organischen Säuren in Rhodopseudomonas palustris bei Licht und Dunkelheit.** Sigehiro Morita. (J. Biochemistry [Tokyo] **50**, 190—96, Sept. 1961; Tokyo, Univ., Fac. of Sci., Dep. of Biophysics and Biochem.; engl.) — Der aerobe Stoffwechsel von *α-Ketoglutarsäure* (I), *Bernsteinsäure* (II), *Fumarsäure* (III)

u. *Maleinsäure* (**IV**) wurde an *Rhodopseudomonas palustris* untersucht. Bei Licht betrug die $O_2$-Aufnahme (in Mol $O_2$/Mol Substrat) durch **I** 1,13, durch **II** 0,73, durch **IV** 0,45; in Dunkelheit durch **I** 1,51, durch **II** 1,45, durch **IV** 0,42. Mit $^{14}C_{(1.2.3.4)}$-*Fumarsäure* (**V**) $^{14}C_{(1.4)}$- (**VI**) u. $^{14}C_{(1.2.3.4)}$-*Bernsteinsäure* (**VII**) zeigte Vf., daß die vier C-Atome im Zellmaterial u. im entwickelten $CO_2$ durch Licht u. Dunkelheit wie folgt verteilt waren: Aus 1 Mol. **VII** im Dunkeln 1,6 Atome $^{14}C$ → Zellmaterial (Z), 2,4 Atome $^{14}C$ → $CO_2$, bei Licht 2,5 → Z, 1,5 → $CO_2$; aus 1 Mol. **V** im Dunkeln 1,4 → Z, 2,6 → $CO_2$, bei Licht 2,3 → Z, 1,7 → $CO_2$; aus **VI** im Dunkeln 0,1 → Z, 1,9 → $CO_2$, bei Licht 0,5 → Z, 1,5 → $CO_2$. In Ggw. von $K_2CO_3$ als $CO_2$-Absorber wurde die Atmungs-$^{14}CO_2$ durch das Substrat photosynthet. nicht assimiliert. L. Macher. 4320□

**Die Regulierung des Aminozuckerstoffwechsels in Bacillus subtilis.** Juliet S. Clarke und C. A. Pasternak. (Biochem. J. **84**, 185—91, Juli 1962; Oxford, Univ., Dep. of Biochem.; engl.) — In Ultraschallextrakten von *Bacillus subtilis* war eine die Rk. *D-Hexose-6-phosphat* + *L-Glutamin* (**I**) → *D-Glucosamin-6-phosphat* (**II**) + *D-Glutaminsäure* (**III**) katalysierende *L-Glutamin-D-hexose-6-phosphataminotransferase* (**IV**) enthalten, ebenso im Überstand nach Zentrifugieren bei 105000 g. Daneben wurden noch *Glucosephosphatisomerase* (*D-Glucose-* u. *D-Fructose-6-phosphat* als gleichwertige Substrate, *D-Mannose-6-phosphat* nur wenig akt., noch weniger *D-Galaktose-6-phosphat* u. *D-Ribose-5-phosphat*) im Extrakt gefunden. *L-Asparagin* oder $NH_3$ konnten **I** als $NH_2$-Donator nicht ersetzen. Das pH-Optimum der Rk. lag bei 7—8. *Cystein* u. *EDTA* aktivierten **IV**. *O-Diazoacetyl-L-serin* (*Azaserin*) u. *6-Diazo-5-keto-L-norleucin* hemmten **IV**. *Methioninsulfoxid* u. *γ-Glutaminylhydrazid* waren unter 2 mm Konz. ohne Wrkg., *β-Aminopropionitril* oder *Aminoacetonitril* überhaupt unwirksam. *N-Acetylglucosamin* (**V**) beeinflußte das Wachstum von B. subtilis nicht. Extrakte zeigten jedoch eine geringe **IV**-Aktivität, wobei **V** eine Depression der *Aminotransferase*-Rk. sowie die Induktion einer *Desaminase* bewirkte. *Glucosaminhydrochlorid* bewirkte ebenfalls die Induktion einer *Glucosamin-6-phosphatdesaminase* (**VI**). **VI** zeigte ein pH-Optimum von 7,5. Niedrige *Glucose*-Konzz. (0,01—0,03 %) waren für die **VI**-Induktion notwendig; mehr als 1 % wirkten hemmend. Eine *Glucosamin-6-phosphatacetylase*-Aktivität konnte in den B.-subtilis-Extrakten nicht gefunden werden. J. Boelter. 4320□

**Untersuchungen des Prolinstoffwechsels in Escherichia coli. 1. Mitt. Der Abbau von Prolin während des Wachstums in einem Prolin-benötigenden Auxotroph.** Leonard Frank und Patricia Rybicki. (Arch. Biochem. Biophysics **95**, 441—49, Dez. 1961; Cleveland, Ohio, Western Reserve Univ. School of Med., Benjamin Rose Hosp. and Dep. of Biochem.; engl.) — Von den Proteinaminosäuren unterstützte nur *Prolin* (**I**) das Wachstum von *Escherichia coli*. *DL*-**I** war nur halb so wirksam wie *L*-**I**; *D*-**I** schien also auf das Wachstum keinen Einfl. zu haben. Zusätze von anderen Aminosäuren zu dem *L*-**I**-haltigen Medium waren auf das Wachstum kaum von Einfl., lediglich *L-Methionin* u. *DL-Histidin* wirkten leicht stimulierend. Bei geringen **I**-Konzz. wurden ca. 20 % in die Proteine eingebaut; höhere Konzz. wurden wahrscheinlich vollständig umgewandelt. Verss. mit $^{14}C$-*L*-**I** bestätigten diese Annahme. Radioaktivität wurde nach der Proteinhydrolyse außer in **I** noch in *Glutaminsäure* (**II**) gefunden. Der Zusatz von $^{14}C$-*L*-**I** zu einem exponentiell wachsenden wilden E. coli-Stamm führte zu 28 % der Aktivität in **II** u. 17 % in *Asparaginsäure*, bei einem anderen Vers. zu 48 % in **I** u. 18 % in **II**. Die **I**-oxydierende Aktivität (A) der Mutante wie auch des wilden Stammes war während des exponentiellen Wachstums am größten u. nahm danach ab. A konnte in Abwesenheit von **I** exponentiell wachsenden Zellen durch **I**-Zusatz induziert werden. Die Induktion konnte durch *Chloramphenicol* verhindert werden. Andere Aminosäuren wurden in geringerem Maße als **I** oxydiert. J. Boelter. 4320□

**Proteolyse und Desaminierung im Wiederkäuerpansen. Wirkung von Toluol auf den Bakterienstoffwechsel.** B. Desbals und P. Raynaud. (C. R. Séances Soc. Biol. Filiales **155**, 1579—81, 1961; Toulouse, Fac. de Sci., Labor. de Physiol. Animale; franz.) — Kulturen von *Pansenbakterien* wurden in Ggw. von *Toluol* (**I**) in verschiedener Konz. 8—24 Std. bei 38° mit Pepton inkubiert. Die Aminosäuren (**II**) wurden durch quant. Papierchromatographie bestimmt; $NH_3$-N nach der Meth. von Conway. In Abwesenheit von **I** erfolgt eine starke Desaminierung von **II** unter Freisetzung von $NH_3$. In Ggw. von **I** ist ein Anstieg der freien **II** zu beobachten. Vff. schließen, daß die Pansenbakterien *Proteine* bis zur **II**-Stufe abbauen. Die freien **II** werden dann desaminiert. **I** hemmt diese Desaminierung; das Wrkg.-Optimum liegt bei ca. 5 % **I**.

P. Schwerdtfeger. 4320□

**Decarboxylierung von L-Leucin durch Mycel von Claviceps purpurea.** Thomas Hartmann und Maximilian Steiner. (Naturwissenschaften **49**, 258—59, 1. Juni-H. 1962; Bonn, Univ., Pharmakognost. Inst.; dt.) — An *Claviceps purpurea* wurden Unterss.

zur Biogenese *prim. aliphat. Amine* durchgeführt. Unter verschiedenen Kulturbedingungen konnten papierchromatograph. *Methyl-*, *Äthyl-*, *Isoamyl-*, *Hexyl-* u. *Isobutylamin* nachgewiesen werden. Steril gewaschenes Mycel wurde in Phosphatpuffer pH 5 für 12 bzw. 24 Std. nach Zusatz von *L-Leucin* (I) bei 35° inkubiert. Die Ansätze mit I zeigten im Gegensatz zu I-freien Ansätzen Isoamylbildung. Halbquant. Auswertungen in Abhängigkeit vom pH wurden durchgeführt. K. Heyns. 4320□

**Wirkung von Säugetier- und anderen kationischen Polypeptiden auf den cytochemischen Charakter von Bakterienzellen.** John K. Spitznagel. (J. exp. Medicine **114,** 1063—78, 1/12. 1961; Chapel Hill, Univ. of North Carolina, School of Med., Dep. of Bacteriol. and Immunology; engl.) — Kation. *Polypeptide* (Kalbsthymuspolypeptid u. a.) reagieren mit den Zellen von *E. coli* u. *B. anthracis* durch Elektrovalenzbindung u. übertragen dadurch einige Charakteristika der kation. Partikeln auf die sich sonst wie Anionen verhaltenden Bakterienzellen. Dadurch verhalten sich diese gegenüber sauren Farbstoffen mit hohem pH-Niveau anders als die normalen Bakterienzellen. Das Verf. eignet sich zur Feststellung, ob Bakterienzellen mit kation. Wirtspolypeptiden in vivo reagieren. B. Görlich. 4320□

**Antibakterielle Wirkungen, verbunden mit Veränderungen der Cytologie der Bakterien, hervorgerufen durch kationische Polypeptide.** John K. Spitznagel. (J. exp. Medicine **114,** 1079—91, 1/12. 1961; engl.) — Vgl. vorst. Referat. — Die antibakteriellen Wrkg. von kation. *Polypeptiden* (I) stehen nach Unterss. des Vf. in engem Zusammenhang mit cytochem. Veränderungen, die bei gewissen Bakterien (*E. coli*, *B. anthracis*) nach Behandlung mit I auftreten. Während normale Bakterienzellen sich im allg. mit kation. Farbstoffen bei pH $>$ 7 anfärben lassen, reagieren mit I behandelte Bakterien mit anion. Farbstoffen (*Echtgrün F.C.F.*) bei pH 8,1. Diese cytolog. Veränderung läuft parallel mit dem Absinken der Lebensfähigkeit der Bakterien. *Mucin* hemmt die Umwandlung von basophilen in acidophile Bakterienzellen in Ggw. von I u. vermindert die Toxizität der I gegenüber den Bakterien. B. Görlich. 4330□

**Die stereospezifische Reduktion eines Antifungicids, des Capillins, durch Schimmelpilzmycelien.** Kiichiro Tanaka. (J. Biochemistry [Tokyo] **50,** 230—35, Sept. 1961; Tokyo, Sankyo Co., Ltd., Takamine Labor.; engl.) — Das Antibioticum *Capillin* (I), das durch Vf. aus dem Öl von *Artemisia capillaris Thunb* isoliert wurde, erwies sich als *1-Phenyl-1-oxo-hexadien-(2.4)*. I verhielt sich hinsichtlich seines antimikrobiellen Spektrums ähnlich wie polyene Antibiotica u. entfaltete gegen Hefen u. Schimmelpilze eine hohe Aktivität, nicht aber Bakterien gegenüber. Durch frisch geerntete Mycelien des *Penicillium italicum* oder durch *Piricularia oryzae* konnte die Carbonylgruppe von I stereospezif. zu OH red. werden, wobei der polyene Alkohol *Capillinol* (II), F. 104,5, $[\alpha]_D^{25}$ +12,1 (c = 3,15; A.), erhalten wurde. Während die Red. von I zu II bei *Micrococcus lysodeikticus, Streptococcus cremoris, Sarcina lutea, Escherichia coli* nur in geringem Maße eintrat, war sie bei *Saccharomyces cerevisiae* u. *S. carlsbergensis* sowie bei *Aspergillus oryzae* stark. Die I-Red. zu II wird mit den antibiot. Eigg. in Zusammenhang gebracht. L. Macher. 4320□

**Synthetische Aminozuckerderivate als potentielle antimikrobielle Mittel; Oxazolidinderivate von 1-Arylamino-1-desoxy-D-fructopyranose.** Alf Wickström und Jens Kristian Wold. (Acta chem. scand **15,** 686—88, 1961; Blindern-Oslo, Norway, Univ., farmasöytiske inst.; engl.) — Es wurden mehrere zu *N.O²-Benzyliden-1-[4-methylphenyl]-amino-1-desoxy-D-fructopyranose* analoge Aminozucker-Derivv. (I) durch Kochen der Amadori-Verbb. (II) mit Benzaldehyd (III) oder 4-Nitdrobenzaldehyd in abs. A. synthetisiert. Bei Ersatz von III durch Hydroxybenzaldehyde oder Vanillin wurden II zum großen Teil unverändert zurückerhalten. I besaßen keine antimikrobielle Aktivität.

Versuche: 1-Amino-1-desoxy-D-fructopyranose-Deriv.: *N.O²-Benzyliden-N-[4-methylphenyl]-* (**Ia**), F. 198—200° (Aceton–$CH_3OH$; 2 : 1), aus 1-[4-Methylphenyl]-amino-1-desoxy-D-fructose u. III in sd. abs. A. (6—8 Std.); $[\alpha]_D^{20}$ —149,6° (c = 0,4612), Pyridin; 30 % (Ausbeute). — *N.O²-Benzyliden-N-[4-methoxyphenyl]-* (**Ib**), $C_{20}H_{23}NO_6$, F. 210—212°, wie vorst.; $[\alpha]_D^{20}$ —157° (c = 0,4056), Pyridin; 35 %. — *N.O²-Benzylidin-N-[4-hydroxyphenyl]-*, (**Ic**) $C_{19}H_{21}NO_6$, F. 204—206°, wie vorst.; $[\alpha]_D^{20}$ —142,3° (c = 0,288, Pyridin); 30 %. — *N.O²-4-Nitrobenzylidin-N-[4-methylphenyl]-*, $C_{20}H_{22}N_2O_7$, F. 210—212°, wie vorst. (14—16 Std.); $[\alpha]_D$ —79,7° (c = 0,419, Pyridin); 40 %. *Trimethoxyderiv.*, $C_{23}H_{28}N_2O_7$, F. 100—110°. — *3.4.5-Tri-O-methyl-N-[4-methylphenyl]-*, $C_{16}H_{25}NO_5$, F. 133 bis 135° (Zers.; $CH_3OH$), aus Trimethoxy-Verb. durch Hydrolyse mit methanol. HCl; $[\alpha]_D^{20}$ —59,1° → —55,1° (c = 0,843, Dimethylformamid). — Bei der Oxydation von **Ia, Ib** u. **Ic** mit Na-Metaperjodat in A., Red. (nach 2 Std.) mit $KBH_4$ (über Nacht)

Ansäuern mit verd. HCl, Schütteln mit $Ag_2CO_3$, bildet sich *Äthylenglykol*, das durch Papierchromatographie (Äthylacetat–Pyridin–W. 7 : 2 : 1) identifiziert wird.

K. Maier. 4330□

**Resistenz und Kreuzresistenz von Escherichia coli-Mutanten gegen Antikrebsagentien. 1-Methyl-3-nitro-1-nitrosoguanidin.** Joseph D. Mandell, Pearl L. Woody und Joseph Greenberg. (J. Bacteriol. **81**, 419—24, März 1961; Menlo Park, Calif., Stanford Res. Inst., Dep. of Biol. Sciences; engl.) — Zwei gegen *1-Methyl-3-nitro-1-nitrosoguanidin* (I) resistente *E. coli* S-Mutanten *S/Ng 1* u. *S/Ng 2* (aus S/Ng 1 hervorgegangen) wurden hinsichtlich Resistenz gegen andere radiomimet. Verbb. u. UV-Licht untersucht. S/Ng1 war gegen *1-Chloräthyl-3-nitro-1-nitrosoguanidin* (**II**), *1-Chlorpropyl-3-nitro-1-nitrosoguanidin* (**III**), *Stickstofflost* (**IV**), *Nitromin* (**V**), *Azaserin* (**VI**) u. *Mitomycin C* (**VII**) signifikant resistent, gegen *6-Diazo-5-oxo-L-norleucin* (**VIII**) u. *Penicillin* (**IX**) von der Empfindlichkeit des Elternstamms S. S/Ng 2 war gegen **I**, **II** u. **III** signifikant gegen **VII** 2fach resistenter, aber gegen **IV** u. **V** viel, gegen **VI** etwas empfindlicher als S/Ng 1. Die Empfindlichkeit von S, S/Ng 1 u. 2 gegen **VIII** u. **IX** (Faden-Bldg.) stimmte überein. Beide Mutanten reagierten auf UV-Licht ähnlich, waren aber 10fach resistenter als der Ausgangsstamm S. K. Maier. 4330□

**Aufnahme und Retention von p-Aminosalicylsäure (PAS) und Benzoyl-p-aminosalicylsäure (B-PAS) durch Mycobacterium tuberculosis.** E. Lauber, H. Hurni, U. Schmid und H. Aebi. (Z. Naturforsch. **17b**, 663—70, Okt. 1962; Bern, Forschungsinst. der Firma Dr. A. Wander AG, Univ., Med.-Chem. Inst.; dt.) — 48 Std. mit tuberkulostat. wirksamen Konzz. (100 γ/ml) $^{14}C_{(COOH)}$-*Benzoyl-p-aminosalicylsäure* (**I**) inkubierte virulente Tuberkelbakterien (*Mycobacterium tuberculosis*, Stamm H 37 Rv) zeigten beim Auswaschen mit 0,9 % ig. NaCl-Lsg. eine abnehmende auswachbare Aktivität. Die gleichen Ergebnisse erhielten Vff. bei Verss. mit tuberkulostat. wirksamen Konzz. (1 γ/ml) $^{14}C$-*p-Aminosalicylsäure* (**II**). Nach 2maligem Waschen war in mit **I** inkubierten Bakterien 88—94 % der Aktivität im Überstand, im Sediment 1 % der in den intakten Bakterien vorhandenen Aktivität, letztes wahrscheinlich als ein Umwandlungs-Prod. von **I**. Entsprechende Verss. mit **II** ergaben Werte von 72 bzw. 10 %. Bei Berücksichtigung der Ausgangs-Konzz. betrug der Restgeh. von **I** 0,5 γ/10 mg Bakterien, der von **II** entsprechend 0,05 γ/10 mg Bakterien. Bei gleicher Konz. (5 γ/ml) betrug das Verhältnis der Aktivitätsaufnahme durch die Bakterien von **I**/**II** ca. 8 : 1, bei bakteriostat.-äquivalenten Konzz. 2,5/1. Ob die Anreicherung von **I** u. **II** die Folge einer akt. Aufnahme oder eines Verteilungs-Gleichgewichts ist, konnte noch nicht geklärt werden. Die höhere Aufnahme duch **I** könnte auf einer größeren Lipophilität beruhen. Bei einer akt. Aufnahme wäre die Hemmung des Transportmechanismus bei höheren Konzz. zu berücksichtigen. Über die bakteriostat. Wrkg. u. den Wrkg.-Ort kann noch nichts gesagt werden.

J. Boelter. 4330◇

**Durch Chlorpromazin beeinflußte Permeabilität ruhender Zellen von Tetrahymena pyriformis.** Helene A. Nathan und Walter Friedman. (Science [Washington] **135**, 793—94, 9/3. 1962; New York, Haskins Labor.; engl.) — Die bei Inkubation von Zellsuspensionen von *Tetrahymena pyriformis* durch *Chlorpromazin* (**I**) bewirkte Hemmung der Motilität wurde in Ggw. von *L-Histidin* (**II**) noch verstärkt. **II** allein zeigte keine tox. Wirkung. Die Wrkg. von **I** beruhte z. T. auf der Veränderung der Zellpermeabilität u. damit einer erhöhten Durchlässigkeit für **II**. Die Chelat-Bldg.-Fähigkeit in der Zelle wurde dadurch offenkundig, daß die nur in **I**-Ggw. vorhandene Toxizität von **II** nach Zugabe von $Mg^{2+}$, $Fe^{2+}$, $Zn^{2+}$ oder $Ca^{2+}$ wieder verringert wurde. **II** als Chelatbildner konnte durch *Äthylendiamintetraessigsäure* (**III**), das allein nicht tox. wirkte, ersetzt werden. Die dann in diesem Falle auch resultierende Toxizität von **III** in Ggw. von **I** konnte durch $Fe^{2+}$ u. $Zn^{2+}$ ebenfalls red. werden. Die Änderung der Zellpermeabilität durch **I** konnte auch durch Messung der Lichtstreuung von Zellsuspensionen gemessen werden. Möglicherweise ist ein Lipid der Angriffsort von **I**.

J. Boelter. 4330□

**Untersuchungen über die Keimhemmung und Toxizität von 8-Hydroxychinolinderivaten und ihre Eignung als Konservierungsmittel.** H.-D. Müller. (Pharmazie **16**, 262—65, Mai 1961; Dessau, Forsch.-Inst. für Impfstoffe, chem. Abt.; dt.) — Quatern. Hydroxychinolinium-Verbb. u. Sulfonamidazo-Hydroxychinoline wurden auf ihre Toxizität an der Maus u. auf ihre keimhemmende Wrkg. im Lochplattentest geprüft. Die Toxizität sowie die Spezifität u. Stärke der Keimhemmung waren bei den Verbb. in großem Maße von der Art des Substituenten am quatern. Ringstickstoff u. den Anionen, die die quatern. Salze bilden, abhängig. Vf. konnte feststellen, daß Salze mit hochmol. Anionen (Stearat, Benzoat), die wenig *Hydroxychinolin* (**I**) enthielten, teilweise eine größere Keimhemmung besaßen, als Salze mit hohem **I**- u. niedrigem Anionen-Geh. (Chlorid, Nitrat). Die antibakterielle Wrkg. von **I** bzw. *Methoxychinolin* (**II**) nach Azokupplung mit Sulfonamiden zeigte sich in Spezifität u. Stärke sehr von der chem. Konst. abhängig. Die Azo-I-Verbb. sind wirksamer als die Azo-II-Verbb., übertreffen aber in ihrer Wrkg. niemals reines **I**. Getestete Verbb.; *Methylhydroxychinolinium-hydroxid, -sulfat, -nitrat, -chlorid, -acetat, -tartrat, -stearat, -benzoat, -salicylat, -jodid, n-Propyl-, Isopropyl-, Hexylhydroxychinoliniumjodid*; *Streptomycinsulfat*; *Sulfanilamidazo-8-hydroxychinolin, -8-methoxychinolin*; *Sulfantralazo-8-hydroxychinolin, -8-methoxychinolin.*

Versuche: Quatern. Hydroxychinoliniumsalze: **I** + Alkylhalogenide mehrere Std. im Bombenrohr bei im allg. 110°. — Sulfonamidazohydroxychinoline bzw. -methoxychinoline: salzsaure Diazotierung des Sulfonamids u. Eintropfen der Diazoniumsalz-Lsg. in die alkal., wss.-alkohol. Lsgg. äquivalenter Mengen der Hydroxy- oder Methoxychinoline; saure Umfällung aus Alkohol. H. Kala. 4330□

**Antibiotica.** Paul R. Burkholder. (Science [Washington] **129,** 1457—65, 29/5. 1959; Brooklyn, N.Y., Brooklyn Inst. of Arts and Sci., Brooklyn Bot. Garden; engl.) — Behandelt werden: Geschichte der Erforschung der *Antibiotica,* Meth. zu ihrer Auffindung u. Isolierung, chem. Strukturen, Wrkg.-Mechanismen u. Bedeutung für Medizin u. Landwirtschaft. W. Knöbel. 4340□

**Konkurrierende morphologische und chemische Veränderungen in Penicillin ausgesetztem Staphylococcus aureus.** Jennie Ciak und Fred E. Hahn. (Science [Washington] **137,** 982—83, 21/9. 1962; Washington, Walter Reed Army Inst. of Res., Dep. of molecular Biol.; engl.) — Vff. erhärteten die Hypothese, daß die antibiot. *Penicillin*-Wrkg. in einer Störung der Zellwand-Bldg. bestehen, durch Demonstration von Unterbrechung u. Lysis der Zellwände u. von Anhäufung von Vorstufen des Zellwandmaterials (*Uridindiphosphat-Muramylpeptide,* bestimmt durch Messung des Geh. an N-Acylaminohexose) an mehreren Stämmen von *Staphylococcus aureus.* G. Wurm. 4340◇

**Eine vergleichende Untersuchung der Wirkungen von Penicillin und Vancomycin.** P. E. Reynolds. (Biochem. J. **84,** 99P—100P, Sept. 1962; Cambridge, Univ., Dep. of Biochem., Med. Res. Council, Unit. for Chem. Microbiol.; engl.) — *Vancomycin* (**I**) u. *Penicillin* (**II**) hemmen die Zellwand-Synth. von *Staphylococcus aureus.* Exponentialkulturen von S. aureus oder *Bacillus megatherium* verlieren in Ggw. von **I** oder **II** die Fähigkeit, *$^{14}$C-Aminosäuren* aus dem Medium zu akkumulieren. Diese Hemmwrkg. von **II** bei S. aureus wurde durch Zugabe von m *NaCl* oder m $NH_4Cl$ aufgehoben, nicht aber die Hemmung der Zellwandsynthese. Die Hemmwrkg. von **I** wurden durch NaCl oder $NH_4Cl$ nicht beeinflußt. **II**-Zusatz bewirkte bei *B. megatherium* Umwandlung von 50% der Stäbchen in Kugeln in Ggw. von 10% *Saccharose,* die Aminosäuren wurden hier mit verminderter Geschw. aufgenommen. W. Hiller. 4340□

**Wirkung neuer fungicider Antibiotica auf Weinhefen.** Émile Peynaud, Suzanne Lafourcade und Madeleine Lafon. (C.R. hebd. Séances Acad. Sci. **244,** 2426—29, 6/5. 1957; Bordeaux, Stat. agronom. et oecolog.; franz.) — Von 13 Antibioticis waren bei 10% *A.* im Substrat 6 unwirksam, 2 (*Gliotoxin, Trichomycin*) schwach u. 5 stark wirksam (*Frequentin, Mycostatin* (**I**), *Fungichromin* (**II**), *Pleocidin* u. *Viridin*). **III** wirkt bes. gut gegen *Kahmhefen,* **II** gegen *Torulopsis bacillaris,* **I** gegen *Saccharomyces* u. *Kloeckera.* **II** wirkt bes. gut im Traubenmost, weniger gut in Ggw. von Äthanol. *Antimycin* verhält sich genau umgekehrt. **I** wirkt im Wein mit 10 mg/Liter fungicid. H. Frank. 4340□

**Über die Abhängigkeit der bactericiden Wirkung von Mitomycin C auf E. coli B und B/MC von der Temperatur und dem Nährmedium.** Ulrich Winkler. (Z. Naturforsch. **17b,** 670—75, Okt. 1962; Frankfurt/M., Univ., Inst. für Mikrobiol.; dt.) — Wildtyp- u. *Mitomycin* (**I**)-resistente Zellen von *Escherichia coli* (B bzw. B/MC) zeigten gleiches, mit der Einw.-Temp. $T_1$ ansteigendes, **I**-Bindungsvermögen, wobei der Temp.-Koeff. bei 20—45° für eine echte chem. Bindung von **I** an eine Zellkomponente spricht. Das **I**-Bindungsvermögen wurde durch UV-Bestrahlung erst ab $12 \cdot 10^5$ erg·mm$^{-2}$ um 15% erniedrigt, was mit einer unspezif. Red. der Zellwandpermeabilität erklärt wird. Die bactericide Wrkg. von **I** stieg mit steigender $T_1$ an, wobei *B* bei nachfolgender Inokulation auf Bouillonagar stärker inaktiviert war als auf M9-Minimalagar, das Verh. der *B/MC*-Zellen war umgekehrt. Gleiche Ergebnisse wurden bei UV- oder Röntgenbestrahlung gefunden. Bei konst. $T_1$ (37°) u. Variation der Nachbebrütungs-Temp. $T_2$ wurde die stärkste Inaktivierung bei 25° auf beiden Medien gefunden, die *B/MC*-Zellen waren kaum $T_2$-abhängig. Bei Nachbebrütung nahm die Zahl der überlebenden Zellen mit der Zeit ab. Ob der Anstieg von *Desoxyribonuclease* in **I**-behandelten Zellen die Überlebenschance erniedrigt, ist noch nicht bekannt. J. Boelter. 4340◇

**Die Infrarotspektren einiger Essigsäurebakterien.** A. W. Scopes. (J. gen. Microbiol. **28,** 69—79, April 1962; Nutfield, Rehild, Surrey, Brewing Ind. Res. Found.; engl.) — Bis auf eine Ausnahme unterscheiden sich Infrarotspektren getrockneter *Acetomonas*- von denen der *Acetobacter*-Stämme, so daß eine Unterteilung in verschiedene Gattungen gerechtfertigt erscheint. G. W. Glombitza. 4350

**Die Bestimmung der Phosphorsäureester in Muskeln von mit Influenzavirus geimpften Mäusen.** Lucia B. de Guerrero und Armando S. Parodi. (Proc. Soc. exp. Biol. Med. **110,** 347—49, Juni 1962; Buenos Aires, Univ.; Fac. de Med., Cat. de Microbiol. y Parasitol.; engl.) — Der Geh. an anorgan. *P* war in normalen u. infizierten Mäusen gleich hoch. Die infizierten Tiere zeigten 72 Std. nach der Impfung nur ca. $^2/_3$ des P-Geh. von *Phosphokreatin* u. *Adenosintriphosphat* der normalen. Der Gesamt-P-Geh. der infizierten Tiere lag im Vgl. zu normalen bei 85—95%. W. Hiller. 4374□

**Gewisse Einflüsse von Gerbsäure und Tannine enthaltenden Blattextrakten auf die Infektiosität von Tabakmosaik- und Tabaknekrose-Viren.** J. M. Thresh. (Ann. appl. Biol. **44,** 608—48, Dez. 1957; Harpenden, Herts., Rothamsted Exp. Stat.; engl.) — Die Hemmung der Infektion mit *Tabaknekrose*- u. *-mosaikviren* (A bzw. B) durch Gerbsäure u. Himbeer- oder Erdbeerblätterextrakte ist mit einer Ausfällung der Vieren verbunden. Bei hinreichender Verdünnung mit W. wird der Virus–*Tannin* (**I**)-Nd. wieder gelöst u. die Infektionsfähigkeit (I) des Virus vollständig wiederhergestellt, bei Zusatz von $Al_2O_3$ oder *Nicotinsulfat* (**II**) wird sie teilweise regeneriert. Der Verlust der I wird auf die Bldg. von Komplexen zurückgeführt, in denen Virus u. **I** durch koordinative oder durch H-Bindungen zusammenhalten. Werden mit B infizierte Tabakblätter zusammen mit Himbeerblättern ausgelaugt, so wird die I des Extrakts stark vermindert. Zusatz von **II** zu der Blattmischung vor dem Zerreiben vergrößert die I wieder, obwohl diese durch **II** allein vermindert wird u. in dessen Ggw. auch ein großer Teil der Viren durch den Beerenextrakt gefällt wird. Die I der Extrakte von mit A infizierten Wurzeln von *Fragaria vesca* ist größer, wenn die Wurzeln mit Puffer-Lsg. (pH 8) ausgelaugt werden. Verschiedene Meth. zur Erleichterung des Abzugs von Viren aus I-haltigen Pflanzen werden vorgeschlagen. W. Betcke. 4374◇

**Hemmung der Bakteriophagen-Vermehrung durch Actinomycin.** Atsuo Nakata, Mutsuo Sekiguchi und Junichi Kawamata. (Nature [London] **189,** 246—47, 21/1. 1961; Osaka, Japan, Univ., Inst. f. Microbiol. Diseases.; engl.) — *Actinomycin S* (I) bildet mit *DNS* Komplexe, jedoch nicht mit *RNS*. *Escherichia coli* B, das durch **I** nicht gehemmt wird, diente als Wirtsorganismus für *T2r-Phagen* (T2r). Läßt man 100 μg **I**/ml 60 Min. bei 37° auf freie T2r einwirken, so wird keine Inaktivierung der T2r beobachtet. Zellen des gramnegativen Bakteriums, während der logarithm. Wachstumphase gewonnen, wurden mit T2r infiziert u. bei 37° in einem synthet. Medium unter Zugabe verschiedener **I**-Mengen geschüttelt. Vff. zeigen (Tabellen) die fortschreitende Verminderung der T2r-Reproduktion durch wachsende **I**-Gaben. Die DNS-Synth. der mit T2r infizierten Zellen wurde durch **I** nicht beeinflußt. Die DNS-Produktion der infizierten Bakterienzellen erfolgte bei Zugabe von **I** 5 Min. vor bzw. nach der Infektion. Die gebildete DNS war durch Anti-T2r-Serum nicht fällbar u. empfindlich gegen *Desoxyribonuclease*.
K. Zepf. 4374□

## $E_4$. Pflanzenchemie. Pflanzenphysiologie. Pflanzenpathologie

**Biochemische Beiträge zur Taxonomie der Gattung Chlorella.** Erich Kessler und Carl J. Soeder. (Nature [London] **194,** 1096—97, 16/6. 1962; Marburg/Lahn, Univ., Bot. Inst.; engl.) — Auf Grund der Unterss. der *Hydrogenase*-Aktivität, der Bldg. sek. *Carotinoide* bei Stickstoffmangel u. der Rutheniumrot-Rk. auf *Kohlenhydrate* werden 25 Chlorellastämme vier definierten Gruppen zugeordnet. Drei Gruppen entsprechen der *Chl. pyrenoidosa* (C.p.), der *Chl. vulgaris* Beijerinck (C.v.) bzw. der *Chl. ellipsoidea* Gerneck. Weitere Unterss. werden entscheiden, ob die vierte Gruppe eine Unterart von C.p. oder C.v. oder eine neue Art darstellt. H. Busse. 4420□

**Ein in Acetabularia vorkommendes kristallines Indolderivat.** C. J. Tandler. (Naturwissenschaften **49,** 213—14, 1. Mai-H. 1962; Wilhelmshaven, MPI für Meeresbiologie; engl.) — In der Grünalge *Acetabularia crenulata* werden nach Fixierung, A.-Extraktion u. Anfärben mit Azocarmin B kub., in organ. Lsgm. unlösl. u. in verd. NaOH u. gesätt. $Ba(OH)_2$ lösl. Kristalle nachgewiesen. Durch spezif. Anfärbe-Meth. läßt sich cytochem. ein hoher *Indol*-Geh. feststellen. Im alkohol. Extrakt der Zellen ist papierchromatograph. kein, nach Hydrolyse jedoch viel Indol nachzuweisen. Auf dem Papierchromatogramm sind außer *Indolyl-(3)-essigsäure* u. *Tryptophan* noch 2 mit

Salkowski-Reagens anfärbbare Flecken. Das Vork. derartiger krist. Indol-Derivv. in Acetabularia deutet allg. auf eine gebundene Form der Auxine hin. D. Groß. 4420□

**Ein flüchtiges Stoffwechselprodukt des Kulturchampignons, Agaricus (Psalliota) bisporus (Lge.) Sing., mit antibiotischer Wirkung.** Gerlind Eger. (Naturwissenschaften **49**, 261, 1. Juni-H. 1962; Hamburg-Volksdorf, MPI für Kulturpflanzenzüchtung; dt.) — Eine flüchtige, von $CO_2$ verschiedene Substanz (I) aus Champignonmycel hemmt das Wachstum einer Anzahl von Mikroorganismen. Es ist unbekannt, ob I mit der flüchtigen Substanz [*2.3-Dimethylpenten-(1)*?] ident. ist, die die Champignonsporenkeimung stimuliert. Auf manchen Nährböden wurde über Champignonmycel die Entw. von *Schimmelpilzen, Actinomyceten* u. *Bakterien* völlig unterdrückt. Nur wenige Organismen blieben sichtbar unbeeinflußt. K. Maier. 4420□

**Organische Säuren des Rhizoms von Iris pseudacorus L.** G. G. Henshaw, D. A. Coult und D. Boulter. (Nature [London] **194**, 579—80, 12/5. 1962; Liverpool, Univ., Hartley Bot. Labor.; engl.) — Vgl. C. **1962**, 13066. — Vff. fanden in den Rhizomen von *Iris pseudacorus Shikimi-* (I), *Chinin-* (II), *Bernstein-*, *Äpfel-* (III), *Citronen-*, *Fumar-* u. *Milchsäure*. I, II u. III wurden von Februar bis Juni quant. bestimmt. Alle 3 Säuren zeigten im März ein Maximum. Während des Winters findet ein Aufbau von I—III statt, mit dem Erscheinen der Blätter fällt der Geh. in den Rhizomen. W. Hiller. 4420□

**Scopoletinglykoside in Tabakgewebe.** John A. Sargent und Folke Skoog. (Physiol. Plantarum [Copenhagen] **14**, 504—19, 1961; Madison, Wis., Univ. of Wisconsin, Dep. of Bot.; engl.) — Vff. wiesen in alkohol. Extrakten von *Nicotiana tabacum*-Geweben *Scopoletin* (I) u. 4 Glykoside des I nach, von denen 3 durch Hydrolyse mit Emulsin u. HCl als *Scopolin*, *Fabiatrin* u. *Scopoletin-β-gentiobiosid* erkannt wurden. Das vierte Glykosid zersetzte sich beim Erhitzen mit W. oder schwacher HCl in eine fluorescierende u. eine nicht saure, stark oxydierende Substanz. Die fluorescierende Komponente ließ sich zu I u. *Glucose* hydrolysieren. Bei der enzymat. Hydrolyse des 4. Glykosids wurden unmittelbar I u. Glucose erhalten. Der relative Geh. an Glykosiden in der Tabakpflanze war von der Jahreszeit abhängig. N. W. Liebisch. 4420□

**β-Methyl-D-glucosid in den Blättern von Medicago sativa.** E. A. McComb und V. V. Rendig. (Nature [London] **193**, 1101, 17/3. 1962; Davis, Calif., Univ. of California, Dep. of Soils and Plant Nutr.; engl.) — Vff. fanden in Blättern von Luzerne *β-Methyl-D-glucosid*, F. 106—107°. Die Isolierung u. Reinigung wird beschrieben. Die Röntgen- u. IR-Spektren stimmten mit der authent. Substanz überein.
W. Hiller. 4420□

**Phytinsäure als ein Phosphorreservoir in der sich entwickelnden Kartoffelknolle.** Boguslaw Samotus und Sigmund Schwimmer. (Nature [London] **194**, 578—79, 12/5. 1962; Albany, Calif., U.S. Dep. of Agricult., Agricult. Res. Serv., Western Utilisation Res. and Development Div., Western Regional Res. Labor.; engl.) — Der *Phytinsäure* (I)-*P*-Geh. von frisch geernteten Kartoffelknollen nimmt mit zunehmender Reife zu, verändert sich jedoch kaum während der darauffolgenden Aufbewahrung bei 25 oder 0°. 66% der P-Zunahme in der Zeit von 80—102 Tagen nach der Pflanzung erscheint als I-P. P in früheren Stadien erscheint in erster Linie in der Stärke $^2/_3$—$^4/_5$ des gesamten organ. gebundenen säurelösl. P ist in den Knollen als I-P gebunden. W. Hiller. 4420□

**Neue γ-Glutamylpeptide in der Zwiebel (Allium cepa).** Artturi I. Virtanen und E. J. Matikkala. (Hoppe-Seyler's Z. physiol. Chem. **322**, 8—20, 3/12. 1960; Helsinki, Biochem. Inst. der Stiftung für chem. Forsch.; dt.) — Vgl. Suomen Kemistilehti B **33**, [1960], 83. — Aus Küchenzwiebelextrakten (*Allium cepa* L.) wurden 5 neue saure Peptide isoliert u. 2 davon charakterisiert: *γ-L-Glutamyl-L-phenylalanin* (I) u. *γ-L-Glutamyl-S-[β-carboxy-n-propyl]-L-cysteinylglycin* (II). Die Struktur von II wurde durch Synth. aus Glutathion u. β-Bromisobuttersäure gesichert. Durch Hydrolyse von II wurde eine neue Aminosäure entdeckt: *S-[β-Carboxy-n-propyl]-L-cystein* (III). Best. der α-Amino- u. der α-Carboxylgruppen, Oxydation mit $H_2O_2$ u. Entschwefelung mit Raney-Ni machte zwei Strukturen wahrscheinlich: *S-(α-Carboxyisopropyl)-L-cystein* u. III. Diese Verbb. wurden synthetisiert u. zum Vgl. auch *S-(γ-Carboxy-n-propyl)-L-cystein*. Papierchromatograph. u. durch IR-Spektren wurde die Identität der synthet. mit der aus II gewonnenen III bewiesen. Die γ-Glutamylpeptide kommen nur in den Zwiebelknollen u. nur im Ruhestadium vor. γ-Glutamyltransferase war in Zwiebelhomogenaten nicht nachweisbar. Vff. isolierten außerdem *γ-Glutamylvalin* u. *γ-Glutamylisoleucin* neben zwei strukturell nicht aufgeklärten γ-Glutamylpeptiden aus der Zwiebel.

Versuche: *γ-L-Glutamyl-L-phenylalanin* (I), $C_{14}H_{18}N_2O_5$ (311,3), 1,641 g aus 5 kg frischen Zwiebeln; farblose kleine Nadeln (W./Methanol); $[\alpha]_D^{20}$ +17,3° (W.). — *γ-L-Glutamyl-S-[β-carboxy-n-propyl]-L-cysteinylglycin* (II), $C_{14}H_{23}N_3O_8S$ (393,4), 251 mg aus 2 kg frischen Zwiebeln; kleine, farblose Nadeln (W.); $[\alpha]_D^{22}$ —38,1° (W.); synthet.

aus 120 mg Glutathion u. 80 mg β-Bromisobuttersäure in A. (mit NaOH); 130 mg (Ausbeute). — *S-[β-Carboxy-n-propyl]-L-cystein* (III), $C_7H_{13}NO_4S$ (207,3), F. 191—194° (Zers.); kleine Nadeln (W.); $[\alpha]_D^{21}$ —50,1° (W.), 1. durch saure Hydrolyse von II: 880 mg aus 5 kg frischen Zwiebeln, 2. synthet. aus 7 g L-Cystein·HCl·$H_2O$ u. 4,5 g β-Bromisobuttersäure in A. mit 3n NaOH u. Fraktionierung des Rohprod. über Dowex-1 mit 0,5n Essigsäure; krist. aus W./Aceton; 2,63 g. — *S-[α-Carboxyisopropyl]-L-cystein*, aus 878 mg L-Cystein·HCl·$H_2O$ u. 1,5 ml α-Bromisobuttersäureäthylester (in A. mit 3n NaOH) u. Fraktionierung mit Essigsäure auf Dowex-1; krist. aus W./Aceton; 640 mg. — *S-[γ-Carboxy-n-propyl]-L-cystein*, aus 1,76 g L-Cystein·HCl·$H_2O$ u. 3 ml γ-Brom-n-buttersäureäthylester, analog vorst. Verb.; krist. aus W./Aceton; 2,63 g. — Die $R_F$-Werte von I, II u. III sind angegeben. Walter A. Schäfer. 4420□

**Variabilität des Niacingehaltes im Kaffee.** A. Carvalho. (Nature [London] **194**, 1096, 16/6. 1962; Campinas, São Paulo, Inst. Agronôm., Seção de Genética; engl.) — Der *Niacin* (I)-Geh. der untersuchten Samen verschiedener Kaffeesorten ist bei unbeschattet aufgewachsenen Kaffeepflanzen meist größer als bei den im Schatten gezogenen Exemplaren. Die Samen der in der Sonne getrockneten Bohnen sind ärmer an I als die enthülsten u. getrockneten Samen. Infolge des verschiedenen I-Geh. der einzelnen Sorten können möglicherweise I-reiche Arten gezüchtet werden. H. Busse. 4420□

**Beziehung zwischen dem 3.4-Dihydroxyphenyläthylamingehalt und dem Genom acuminata.** L. A. Griffiths. (Nature [London] **192**, 84—85, 7/10. 1961; Trinidad, Univ. Coll. of the West Indies, Fac. of Agric.; engl.) — Das Hauptsubstrat für die *Polyphenoloxydase*, das die Schwärzung der Bananenfrucht bedingt, ist *3.4-Dihydroxyphenyläthylamin* (I). Die Hauptmenge der eßbaren Bananen stammt von den beiden Wildarten *Musa acuminata* u. *M. balbisiana* ab. Es wurde die genet. Komposition einer Reihe von Klone im Zusammenhang mit dem I-Geh. der Fruchtschale untersucht. Durch Papierchromatographie wird nachgewiesen, daß I als quant. wichtigste Phenol-Verb. auftritt, u. daß die untersuchten Klone sich im I-Geh. unterscheiden. Es besteht eine positive Korrelation zwischen dem I-Geh. u. dem Beitrag des Genoms acuminata zum Genotyp. P. Schwerdtfeger. 4420□

**Das Respirationssystem der Weizenwurzeln.** H. Lundegårdh. (Biochim. biophysica Acta [Amsterdam] **57**, 352—68, 26/2. 1962; Penningby, Schweden; engl.) — Spektrophotometr. Unterss. ergaben, daß in lebenden Wurzeln u. in akt. Mitochondrien die *Cytochrome* (I) *c*, $c_1$, *b* u. $a + a_3$ im Gegensatz zu *Chlorophyll* u. *Carotin* unzerstört vorliegen. Der Elektronentransport von der *Dehydrogenase* zur I c—$a_3$-Gruppe erfolgt einmal über *Bernsteinsäuredehydrogenase* u. I b, zum anderen über *Pyridinnucleotid* zu I $b_3$ u. I $c_1$. I $b_3$ wirkt gegenüber $O_2$ in einem I b-Nebenweg. Dieser Weg ist nicht $CN^-$-empfindlich u. stellt die $CN^-$-unempfindliche Grundrespiration dar, die nur in geringem Maße zur Energieumbildung fähig ist. Während *$MnCl_2$, Glucose, Fumarat, Malat, Dihydroxymaleinat* u. *NaF* den Respirationsweg in der Weizenwurzel positiv beeinflussen, wird er durch *Malonat, KCN, $NaN_3$* u. *Antimycin A* unter bestimmten Bedingungen gehemmt. Das Respirations-Syst. ist dem von Hefe u. Herzmuskel ähnlich. W. Hiller. 4460□

**Die Beteiligung des Infrarot-Rot-Reaktionssystems am Chlorophyll-Stoffwechsel.** Konstantinos Mitrakos. (Physiol. Plantarum [Copenhagen] **14**, 497—503, 1961; Tübingen, Univ., Botan. Inst.; engl.) — An Keimlingen von *Lepidium sativum* ließ sich bei Einw. von rotem Licht eine Steigerung, bei Einw. von IR-Licht eine Hemmung der colorimetr. verfolgten Synth. von *Chlorophyll a* feststellen. N. W. Liebisch. 4460□

**Lipide von photosynthetischem Gewebe.** 1. Mitt. **Kieselsäurechromatographie der Lipide von ganzen Blättern und Chloroplasten.** Leonard P. Zill und E. Anne Harmon. (Biochim. biophysica Acta [Amsterdam] **57**, 573—83, 12/3. 1962; Baltimore, Md., Res. Inst. for Advanced Studies, Photosynthesis Group; engl.) — Vff. wendeten die Meth. der Kieselsäurechromatographie nach Hirsch u. Ahrens jun. (vgl. C. **1959**, 8578) zur Trennung u. Best. der Lipide von ganzen Spinatblättern u. Chloroplasten an. Die Verteilung war folgende: *Wachse* u. *KW-Stoffe* 9,3% der Gesamtlipide in ganzen Blättern (2,0% in Chloroplasten); *Carotenoide* 3,1 (0,8); *Plastochinone* — (1,0); *Cerylalkohol* 9,0 (—); *Chlorophyll a* + *Diglycerid* 9,2 (8,3); *Chlorophyll b* + *Glykolipid* 8,6 (12,4); *Glykolipid* 13,7 (26,8); *Phospholipid* + *Sulfolipid* + *Digalaktosylglykolipid* 32,2 (37,5); *Lecithin* 9,5 (3,6); *Spuren-Verbb.* 5,4 (7,6). W. Hiller. 4460□

**Akkumulation und Umbildung von Zuckern in Zuckerrohrstengeln: Mechanismus der Inversion von Saccharose in dem inneren Spatium (Vakuole).** K. T. Glasziou. (Nature [London] **193**, 1100, 17/3. 1962; Brisbane, Colonial Sugar Refining Co. Ltd.; David North Plant Res. Centre; engl.) — Vgl. C. **1963**, 1332. — Vf. wendet $^{14}C$-*Saccharose* an u. bestimmt die Aktivität der Inversion durch Messen der Aktivität der *Glucose* u. *Fructose*. Die Inversion unter Einfl. von dialysierten u. nichtdialysierten Preßsäften zeigte keine Unterschiede. Die Inversion lief am raschesten ab bei Zusatz von Preßsäften von jungen Internodien, bei denen der Geh. an reduzierenden Zuckern hoch ist. Keine Aktivität zeigten Säfte von reifen Internodien, die große Mengen an Saccharose u. prakt. keine reduzierenden Zucker enthielten. Die Inversion von Saccharose im inneren Spektrum (Vakuole) von unreifem Speichergewebe wird durch Invertase bewirkt, u. das Enzym wird während des Reifeprozesses inaktiviert. W. Hiller. 4460 □

**Der Stoffwechsel von D-Galakturonsäure und deren Methylester in der abgelösten, reifenden Stachelbeere.** Frank A. Loewus und Stanley Kelly. (Arch. Biochem. Biophysics **95**, 483—93, Dez. 1961; Albany, Calif., Western Reg. Res. Labor.; engl.) — Der Stiel von grünen reifenden Stachelbeeren wurde in eine $^{14}C_{(1)}$-*Galakturonsäure* (**I**)-Lsg. getaucht. Die $^{14}CO_2$-Entw. in den ersten 5 Std. war gering u. erreichte in den nachfolgenden 20 Std. eine Höhe, die sie die restlichen 65 Std. halten konnte. Von der zu über 75% aufgenommenen Aktivität wurde der größte Teil in den ersten 25 Std. aufgenommen. Die Beeren zeigten keine physiolog. Schäden. Homogenisieren in A. u. nachfolgendes Zentrifugieren ergab eine lösl. (A) u. eine unlösl. Fraktion (B). Die Chromatographie von A an Dowex-50 ($H^+$) ergab $^{14}C_{(6)}$-*Ascorbinsäure* (**II**), $^{14}C$-*Galaktonsäure*, $^{14}C$-*Galaktarsäure* u. $^{14}C_{(1)}$-*D-Xylose* (**III**). Aus B wurden durch Behandlung mit *Pektinase* neben **I** noch **III**, *D-Galaktose* u. *L-Arabinose* freigesetzt. Die Radioaktivität des Hydrolysats fand sich prakt. nur im $C_1$ von **I**, wobei der Einbau in *Pektin* (**IV**) ohne Umlagerung der C-Kette oder der Konfiguration erfolgte. Die Einw. von $^{14}C$-*D-Galakturonsäuremethylester* (aus **IV** von *Viola lutea* nach der Einw. von $^{14}CO_2$ isoliert) erbrachte nach Homogenisieren in A. u. Zentrifugieren sowie chromatograph. Auftrennung ca. 1% der Aktivität in **II**. Aktivität wurde außerdem in einer weiteren Verb., wahrscheinlich *L-Galaktonolacton*, gefunden. In **IV** von der unlösl. Fraktion wurde nach *Pektinase*-Behandlung nur wenig **I** entsprechend einer geringen **IV**-Synth. gefunden.
J. Boelter. 4460 □

**Biogenese von Glucobrassicin, der in vitro- Vorstufe von Ascorbigen.** M. Kutáček, Ž. Procházka und K. Vereš. (Nature [London] **194**, 393—94, 28/4. 1962; Prague, Czechoslovak Acad. of Agric. Sci., Plant Prod. Res. Inst.; Inst. of Organ. Chem. and Biochem.; Biol. Inst.; engl.) — Nach Hitzeinaktivierung der Myrosinase enthält der methanol. Extrakt aus intakten Blättern von *Brassica oleracea* beträchtliche Mengen *Glucobrassicin* (**I**), dagegen sind *Ascorbigen* (**II**) bzw. *Indolyl-(3)-acetonitril* (**III**) nicht nachweisbar. Bei Behandlung frischer Blätter (50 g) mit $^{14}C_{(3)}$-*DL-Tryptophan* (57 mg, spezif. Aktivität 16,9 $\mu c$/mg) zeigt papierchromatograph. isoliertes **I** Radioaktivität, die bei im Licht gehaltenen Pflanzen gegenüber denen in Dunkelheit signifikant erhöht ist. In vivo ist kein radioakt. **I** nach 48 Std. nachweisbar, wenn den Pflanzen markiertes **II** bzw. **III** zugeführt wird. Vff. schließen daraus, daß **II** in der intakten Pflanze physiolog. von untergeordneter Bedeutung ist. Klaus Schmidt. 4460 □

**Über die Biogenese des Limonens in Pinus pinea L.** W. Sandermann und K. Bruns. (Naturwissenschaften **49**, 258, 1. Juni-H. 1962; Reinbek, Bez. Hamburg, Bundesforschungsanst. für Forst- u. Holzwirtsch., Inst. für Holzchem. u. Chem. Technol. des Holzes; dt.) — Zur Unters. der Aktivitätsverteilung in den Seitengruppen monocycl. Monoterpene wurde $^{14}C_{(2)}$-*Mevalonsäure* (**I**) in junge Zweigspitzen von *P. pinea L.* unter Wachstumsbedingungen über die Schnittflächen eingeführt u. aus dem äther. Öl $^{14}C$-*Limonen* (**II**) isoliert. Abbau der endständigen Methylengruppe von **II** modifiziert nach Brieker u. Mitarbeitern (Analytic. Chem. **21**, [1949], 1331) lieferte inakt. $CH_2O$, so daß das aus **I** über Geranylpyrophosphat unter Ringschluß intermediär entstehende $C_{10}$-Kation **III** sich zu **II** ($C^* = {}^{14}C$) stabilisiert.

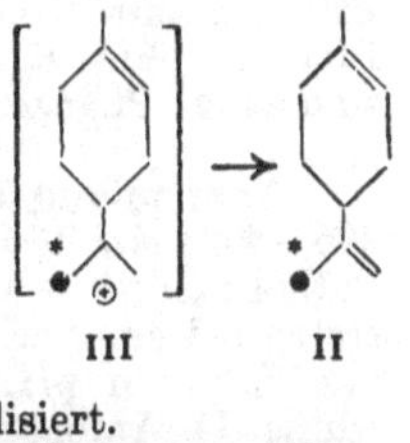
III II

K. Maier. 4460 □

**Biosynthese des Putrescins in höheren Pflanzen und ihre Beziehung zum Kaliumstoffwechsel.** T. A. Smith und F. J. Richards. (Biochem. J. **84**, 292—94, Aug. 1962; Ashford, Kent, Wye Coll., Agric. Res. Council Unit of Plant Morphogenesis and Nutrit.; engl.) — In mit *K* unzureichend versorgten Gerstenpflanzen kommt *Putrescin* (**I**) mit einem Sakaguchi- u. Ninhydrin-positiven Stoff, wahrscheinlich *Agmatin* (**II**, Chromatographie, IR-Spektrum) vor. **I** u. **II** wurden auch in kaliarmen Rotkleepflanzen gefunden. Nach Düngung mit K konnten **I** u. **II** in Gerste, Klee u. Kohlblättern nachgewiesen werden, doch deren Geh. war hier gering gegenüber dem kaliarmer Pflanzen. Die **I**-Konz. in Gerstensämlingen wurde durch Füttern mit *Ornithin* u. *Arginin* (**III**) schwach, durch **II** bedeutend vergrößert. **III** vergrößert die Konz. einer Sakaguchi-positiven Verb., die chromatograph. von **II** nicht zu unterscheiden war. H. Busse. 4460 □

**Die Biosynthese von β-Sitosterin und pentacyclischen Triterpenen bei Salvia officinalis.** Harold J. Nicholas. (J. biol. Chemistry **237,** 1476—80, Mai 1962; Kansas City, Kans., Univ. of Kansas, Med. Center, Dep. of Obstetr. and Gynecol.; engl.) — *Na-$^{14}C_{(2)}$-Acetat* (**I**) u. *Na-$^{14}C_{(2)}$-Mevalonat* (**II**) wurden in *β-Sitosterin* (**III**) u. saure pentacycl. Triterpene [*Oleanolsäure* (**IV**), *Ursolsäure*] von *S. officinalis* eingebaut, **II** wirksamer als **I**. Jedes untersuchte Organ der Pflanze baute $^{14}C$-**I** mehr oder weniger rasch u. weitgehend in **III** u. Triterpene ein. Die spezif. Aktivität isolierter **IV** war stets größer als die von **III** der gleichen Organe, d. h. die Umsatzrate beider Verb.-Typen unterscheidet sich voneinander. K. Maier. 4460□

**Biosynthese von Cumarin und Herniarin in Lavendel.** Stewart A. Brown. (Science [Washington] **137,** 977—78, 21/9. 1962; Saskatoon, Saskatchewan, Canada, Nat. Res. Council, Prairie Reg. Labor.; engl.) — Vf. stellte in *Lavendula officinalis* Chaix die Bldg. von *Cumarin* (**I**) u. *Herniarin* (**II**) aus markierter *o-* bzw. *p-Cumarsäure* fest. Ein Teil von **II** lag vermutlich als *4-Methoxycumarinsäureglykosid* vor, das bei der Hydrolyse mit Emulsin freies **II** gab. G. Wurm. 4460◇

**Die Biosynthese des Lignins. Ein Literaturbericht.** W. Schenk. (Pharmazie **16,** 585—94, Dez. 1961; Halle/Saale, Univ., Inst. für allg. Botan.; dt.) — Übersichtsreferat. — 92 Literaturangaben. G. Bormann. 4460□

**Verlauf der Kationenabsorption durch Pflanzengewebe.** Emanuel Epstein, D. W. Rains und Walter E. Schmid. (Science [Washington] **136,** 1051—52, 22/6. 1962; Davis, Calif., Univ. of California, Dep. of Soils and Plant Nutrit.; engl.) — Die Absorption des *Rubidiums* (*$^{86}$RbCl*) aus Ca-haltigen Lsgg. durch abgeschnittene Gerstenwurzeln ist temperaturabhängig u. für 1 Std. eine lineare Funktion der Zeit. Bei 30° werden 0,10 μMol/g/min aufgenommen. Anzeichen für einen prim., stoffwechselunabhängigen Ionenaustauschvorgang ließen sich nicht erkennen. Der Absorptionsprozeß ist in hohem Grade irreversibel. Die Diskussion erfolgt mittels des „enzymkinet." Modells des Ionentransports durch Träger. H. Busse. 4470

**Spezifischer Austausch von Rubidiumionen in den Wurzeln von Gerste.** Myriam Shealtiel. (C. R. hebd. Séances Acad. Sci. **247,** 1647—49, 10/11. 1958; franz.) — Wurzeln von Gerste wurden mit radioakt. *RbCl* (1—10 mVal/Liter) behandelt u. dann der *Rb*-Austausch in Ggw. von $Ca^{2+}$, $Rb^+$ u. $K^+$ sowie in reinem W. bestimmt. Die Vers.-Bedingungen für die Adsorption u. die Desorption wurden in bezug auf die Rb-Konz., Zeit u. Temp. variiert. Die Ergebnisse zeigen, daß ein Teil des sorbierten Rb austauschbar ist gegen Alkaliionen in Abhängigkeit von der Temp. u. Konz. bei der Adsorption; dieser Teil kann unter bestimmten Bedingungen nicht austauschbar werden. Die Donnan-Gleichung für den Austausch monovalenter u. bivalenter Ionen war nicht auf die Ergebnisse anwendbar. W. Schönborn. 4470□

**Fixierung von Stickstoff bei Coriaria myrtifolia.** G. Bond. (Nature [London] **193,** 1103—04, 17/3. 1962; engl.) — *Coriaria mystifolia* L. (*C.m.*) u. *C. japonica* (*C.j.*) wurden in heim. Erden kultiviert. Bei *C.m.* wuchsen einige Pflanzen stärker. Unterss. zeigten, daß diese an den Wurzeln Knoten gebildet hatten. Die Pflanzen wurden dann in Vermiculit gebracht u. mit einer N-freien Nährlsg. behandelt. Trockensubstanz-Bldg. bei Pflanzen mit Knoten 784 mg (Kontrollen 57 mg), Gesamt-N-Geh. 8,7 mg (0,5 mg). Pflanzen ohne Knoten wuchsen bei Zugabe von $NH_4NO_3$ ebenfalls stark. Bei *C.m.* sind einige Pflanzen in der Lage, mit Hilfe der Wurzelknötchen atmosphär. N zu nutzen. W. Hiller. 4470□

**Ammoniumbicarbonat in der Pflanzenernährung.** James A. Goss. (Soil Sci. **89,** 296—302, Mai 1960; Kansas State Univ., Agric. Exp. Stat., Dep. of Bot. and Plant Pathol.; engl.) — In Anwesenheit von $NH_4HCO_3$ (**I**) in einem Boden oder einer Nährlsg. treten bei empfindlichen Pflanzen oft Schädigungen auf, die auf ein Zusammenwirken der Faktoren pH, $HCO_3^-$ u. $NH_4^+$ zurückgeführt werden. In Wasserkultur-Verss. wurde die Aufnahme von $^{32}P$ u. $^{86}Rb$ durch *Phaseolus vulgaris* in Ggw. von **I** stärker gehemmt als in Ggw. von $NH_4Cl$ oder $NaHCO_3$. Ähnliche Feststellungen wurden bei Verss. mit Sudangras getroffen. Die Ursachen der durch **I** bedingten Zellschädigungen werden diskutiert. Bei dem pH-Wert der Lsg. von 8,0 liegen neben $NH_4^+$- u. $HCO_3^-$-Ionen auch $NH_3$ u. undissoziiertes $NH_4OH$ vor, die schneller aufgenommen werden als die Ionen. Es kann also sowohl eine direkte tox. Schädigung durch $NH_3$ vorliegen als auch eine indirekte auf Grund einer verstärkten Amid-Bldg. aus $NH_4^+$ u. organ. Säuren, die somit dem Energiestoffwechsel entzogen werden. Wilfried Werner. 4470□

**Wachstumsregulierende Eigenschaften von deuterierter 2.4-Dichlorphenoxyessigsäure.** Margaret S. Smith. (J. Sci. Food Agric. **13,** 48—52, Jan. 1962; Kent, Wye Coll.; engl.) — Die wachstumsregulierende Aktivität von deuterierter *2.4-Dichlorphenoxyessigsäure* (*2.4-D*) war bei Konzz. von 0,1—10 ppm die gleiche wie die der Normalform.

Versuche: $^2$*H-2.4-Dichlorphenoxyessigsäure*, $C_8H_4Cl_2D_2O_3$, F. 140–142°, aus $BrCD_2COOD$, gelöst in NaOD, u. 2.4-Dichlorphenol u. Zugabe von $D_2O$ nach Kochen unter Rückfluß, Abkühlen u. Ansäuern mit konz. HCl, Nadeln ($CCl_4$). — $^2$*H-Bromessigsäure*, $BrCD_2COOD$, F. 39–40,5°, Kp.$_{14,5}$ 101°, aus $CD_3COOD$ u. $Br_2$ in Ggw. von rotem P. u. Abdestillieren bei vermindertem Druck. W. Hiller. 4485☐

**Gibberellsäure und das Mälzen von Embryo-freier Gerste.** Leslie G. Paleg und D. H. B. Sparrow. (Nature [London] **193**, 1102–03, 17/3. 1962; Adelaide, Waite Agric. Res. Inst.; engl.) — Vff. untersuchten den Mälzvorgang von normaler u. embryonenfreier Gerste, die mit bzw. ohne 2 ppm *Gibberellsäure* (**I**) behandelt worden war. Nach 7 Tagen hatte die normale Gerste einen Geh. an reduzierenden Zuckern von 1,4%, die mit **I** behandelte 3,4%, die embryonenlose 0,13% u. die embryonenlose mit **I** behandelte 5,3%. Die Verhältnisse beim lösl. Stickstoff zeigten genau dieselbe Tendenz. Die Verss. zeigen die Notwendigkeit des Embryos beim Mälzen u. die Möglichkeit seines Ersatzes durch **I**. W. Hiller. 4485☐

**Die Wirkungen von Naphthalinacetamid und Kaliumgibberellat bei der Überwindung der Eigenunverträglichkeit in Lilium longiflorum.** S. L. Emsweller, Joseph Uhring und Neil W. Stuart. (Proc. Amer. Soc. horticult. Sci. **75**, 720–25, 1960; Beltsville, Md., U. S. Dep. of Agric., Crops Res. Div., Agric. Res. Serv.; engl.) — In künstliche Wunden der Blütenblätter von Lilien („Georgia„, *Lilium longiflorum*) wurden *Naphthalinacetamid* (**I**), 1%ig in Lanolin bzw. *K-Gibberellat* (**II**) in wss. Lsg. appliziert. 8–10 Tage nach der Bestäubung wurden bzgl. Länge u. Durchmesser der Samenkapseln **I**-behandelter Blüten keine Unterschiede zu Kontrollpflanzen gefunden. Danach wuchsen die **I**-behandelten Kapseln weiter, während die nichtbehandelten in der Größe abnahmen u. schrumpften. Behandlung mit **I** hielt die Samenanlagen 26 Tage nach Bestäubung in gutem Zustand; die nichtbehandelten zeigten schon nach 12 Tagen Alterungserscheinungen. Die ersten Anzeichen der Reifung wurden 17 Tage nach der Bestäubung gefunden. **II** erhöhte die Zahl der Keimungen kaum; dagegen wurde diese durch **I** bzw. **I** + **II** erheblich erhöht. J. Boelter. 4485☐

**Methode zur Umgehung der Erfordernis einer wechselnden Temperatur für die Keimung durch Gibberellsäure.** J. M. Tager und Brenda Clarke. (Nature [London] **192**, 83–84, 7/10. 1961; Pretoria, Univ., Margareta Res. Inst. for Plant Physiol. and Biochem.; engl.) — Samen von *Asclepias fruticosa* keimen bei einer konst. Temp. zwischen 10 u. 35° nicht, sondern nur nach einem Temp.-Wechsel (z. B. 7 Tage bei 18°, 4 Std. bei 35° u. danach wieder bei 18°). Werden die Samen 3 Tage bei 18° auf feuchtem Filtrierpapier gehalten, mit einer feinen Nadel angestochen u. auf Filtrierpapier übergeführt, das mit *Gibberellsäure* (**I**) verschiedener Konz. (0–1000 ppm) befeuchtet ist, so erfolgt auch bei weiterhin 18° eine prakt. vollständige Keimung bei **I**-Konzz. von 50 bis 100 ppm. Konzz. $<$50 ppm haben nur eine geringe Wrkg., während Konzz. $>$100 ppm hemmend wirken. Wird die Samenschale nicht verletzt, so bleibt **I** ohne Wirkung. Orientierende Verss. mit *Argemone mexicana* zeigen, daß **I** bei diesen Samen die für die Keimung erforderliche alternierende Temp. sowie den gleichzeitigen Bedarf an $KNO_3$ zu ersetzen vermag. P. Schwerdtfeger. 4485☐

**Blüteninduktion bei japanischen Chrysanthemen mit Gibberellsäure.** H. Harada und J. P. Nitsch. (Science [Washington] **129**, 777–78, 20/3. 1959; Ithaca, N.Y., Cornell Univ., Dep. of Floricult. and Ornamental Horticult.; engl.) — Durch Verabreichung von 10 $\mu$g *Gibberellsäure* in die Spitzen von *Chrysanthemum morifolium* wird Längenwachstum u. Blühen hervorgerufen. Species, die zur Kurztagsgruppe gehören, werden nicht beeinflußt. P. Gregorzewski. 4485

**Durch Gibberellsäure hervorgerufene Parthenokarpie und Apomixis in der Gattung Ribes.** J. M. Zatykó. (Naturwissenschaften **49**, 212–13, 1. Mai-H. 1962; Fertöd, Inst. of Plant Breeding; engl.) — An verschiedenfarbigen Varietäten der Gattung *Ribes* wird der Einfl. von *Gibberellsäure* (**I**) u. *β-Indolylessigsäure* (**II**), die einzeln oder gemeinsam auf die Vers.-Pflanzen gespritzt werden (100 ppm **I** bzw. **II**), auf Parthenokarpie u. Apomixis untersucht. **II** ist unwirksam, während **I** nur bei der schwarzen Varietät Parthenokarpie hervorruft. D. Groß. 4485☐

**Die Einflüsse von Sulfanilamid auf eine frühe Reissorte.** G. Misra und D. Mishra. (Current Sci. **28**, 30–31, Jan. 1959; Cuttack, Ravenshaw Coll., Dep. of Bot.; engl.) — Vgl. C. **1961**, 15416. — Behandeln der Saat oder 3wöchiger Sämlinge durch Einweichen bzw. Besprühen mit *Sulfanilamid*-Lsgg. hat fördernden Einfl. bei niedrigen Konzz. (1, 10 u. 100 ppm) u. inhibitor. Wrkg. bei höherer Konz. (1000 ppm) auf das Wachstum. P. Gregorzewski. 4485☐

**Kalium- und Kobalteinflüsse auf eine frühe Reissorte.** G. Misra und D. Mishra. (Current Sci. **28,** 257—58, Juni 1959; engl.) — Vgl. vorst. Referat. — Saatgut wird in 1, 10, 100 oder 1000 ppm *KCl* oder $CoCl_2$ eingeweicht oder Sämlinge wöchentlich einmal bis zum Erscheinen der Ähren besprüht. Durch *K* wird das Erscheinen der Ähren um 1—5 Tage beschleunigt, durch *Co* um 2 Tage verzögert (100 u. 1000 ppm). Ebenso wird durch *K* das vegetative Wachstum gefördert u. durch *Co* verringert.
P. Gregorzewski. 4485□

**Translokation des Captans in Breitbohnenpflanzen.** E. Somers und D. V. Richmond. (Nature [London] **194,** 1194—95, 23/6. 1962; Univ. of Bristol, Long Ashton Res. Stat.; engl.) — Vier Wochen alte Breitbohnenpflanzen werden 9 Tage lang täglich mit einer Lsg. von 375 $\mu$g *³⁵S-Captan* (**I**; *Trichlormethylthiotetrahydrophthalimid*) gegossen u. anschließend auf ihren I-Geh. untersucht. Die maximale Radioaktivität, die in jeder Pflanze gefunden wurde, war äquivalent 0,45 ± 0,06 $\mu$g **I** oder 0,09 ppm (Frischgew.). Diese **I**-Konz. reicht nicht aus, die in vitro-Keimung der Sporen von Pflanzenpathogenen zu hemmen. Vff. vermuten, daß die nach Wurzelbehandlung in den Blättern beobachtete fungicide Wrkg. von einer Einw. auf den Wirtsstoffwechsel herrührt. H. Busse. 4490□

**Erhöhung der Widerstandsfähigkeit von Weizen gegenüber hohen Salzkonzentrationen durch Behandlung des Saatgutes mit [2-Chloräthyl]-trimethylammoniumchlorid.** Takao Miyamoto. (Naturwissenschaften **49,** 213, 1. Mai-H. 1962; Gießen, Justus-Liebig-Univ., Inst. für Pflanzenernähr.; dt.) — Saatgut von Winterweizen wird mit einer 0,5%ig. wss. Lsg. von *(2-Chloräthyl)-trimethylammoniumchlorid* (**I**) behandelt u. anschließend zur Aussaat gebracht. Nach 11 Tagen wird dem Boden Ammoniumnitrat in steigenden Mengen zugeführt. Das mit **I** behandelte Saatgut besitzt eine erhöhte Widerstandsfähigkeit gegenüber hohen Salzkonzentrationen. D. Groß. 4495□

**Durch 3-[α-Iminoäthyl]-5-methyltetronsäure hervorgerufene cytologische und Pigmentveränderungen beim Mais.** Marcel Signol. (Qualitas Plantarum Mater. vegetabiles [Den Haag] **III/IV,** 360—67, 25/9. 1958; Paris, Fac. des Sci., Biol. végétale P.C.B.; franz.) — Behandlung von Maispflänzchen mit *3-[α-Iminoäthyl]-5-methyltetronsäure* (**I**) zeigt patholog. Erscheinungen in Entw. u. Farbe, die den durch *Dihydrostreptomycin* (**II**) hervorgerufenen ähnlich sind. Die cytolog. Unters. zeigt, daß **I** u. **II** im Differenzierungsgewebe u. in den Plastiden tiefgreifende Veränderungen, in den Chondriosomen nur weniger auffallende Modifikationen hervorrufen. **I** unterdrückt wie **II** die normale Farbstoff-Bldg. des Blattes. **I** bewirkt das Auftreten von 3 neuen *Carotinoiden*, von denen das eine *δ-Carotin* ist u. das zweite dem *Lycopin* nahestehen soll; das dritte ist noch nicht identifiziert worden. Gottfried Schreiber. 4495□

## E₅. Tierchemie. Tierphysiologie. Tierpathologie

**Untersuchungen über die physikalischen Eigenschaften fluorhaltigen Schmelzes.** 1. Mitt. **Mikroradiographische Untersuchungen.** E. Newbrun und F. Brudevold. (Arch. oral Biol. **2,** 15—20, Mai 1960; Birmingham, Ala., Univ. of Alabama, Med. Center; Boston, Mass., Forsyth Dental Infirm.; engl.) — Bei mikroröntgenolog. Unters. des Schmelzes von Zähnen aus Gebieten, deren Trinkwasser 2,2—5,0 ppm *F* enthält, konnten vielfach Stellen gefunden werden, die weniger schattendicht als normal waren. Je nach F-Geh. waren nur Teile des Schmelzes oder bis zu ³/₄ der Schmelzdicke (bei mehr als 5,0 ppm F) davon betroffen. U. Tausendfreund. 4510□

**Untersuchungen über die physikalischen Eigenschaften fluorhaltigen Schmelzes.** 2. Mitt. **Mikrohärte.** E. Newbrun. (Arch. oral Biol. **2,** 21—27, Mai 1960; engl.) — 1. vgl. vorst. Referat. — *F*-haltige Zähne können weicher als normale Zähne sein. So waren 2 Zähne aus Gegenden mit einem *F*-Geh. des Trinkwassers von 2,6 u. 5,0 ppm weicher als Zähne aus Gegenden mit nur bis zu 0,03 ppm F im Trinkwasser (sowie andere Zähne aus ebenfalls F-reichen Gegenden). Der Grad der Fluorierung scheint sich umgekehrt proportional zur Knoop-Härte zu verhalten.
U. Tausendfreund. 4510□

**Die spektrochemische Analyse von Metallen im Schmelz der Molarzähne, in Femurknochen und Schneidezähnen der Ratte.** R. E. Mansell und L. C. Hendershot. (Arch. oral Biol. **2,** 31—37, Mai 1960; Midland, Mich., Dow Chem. Co., Spectroscop. Labor. and Biochem. Res. Labor.; engl.) — Bei spektrochem. Nachw. von Metallen konnten folgende Werte für Molarzahnschmelz, Schneidezahn u. Femur bei Ratten ermittelt werden: *Ni* 4,76 (ppm), <0,5, <0,7; *Zn* 13,8, 24,0, 58,9; *Cu* 6,69, <0,5, 0,78; *Mn* 57,2, 1,79, <0,7; *Fe* 94,3, 144, 7,46; kein *Co*. Bei steigender Zulage von Zn, Ni oder Mn zur Kost (bis zu 740 ppm als Sulfat, Chlorid bzw. Acetat) kommt es zu gradueller

Zunahme der betreffenden Metall-Konzz. im Schmelz; erhöhte Verfütterung von $CuSO_4$ hat keinen Anstieg der Cu-Konz. im Schmelz zur Folge. Es werden vorläufige Betrachtungen über den Einfl. auf die Carieshäufigkeit angestellt.

U. Tausendfreund. 4510□

**Über den freien und gebundenen Phosphor in den Skelettmuskeln des Frosches.** L. N. Pissarewa. (Cytologie [UdSSR] **4**, 343—47, Mai/Juni 1962; Leningrad, Inst. für Cytolog. der Akad. der Wiss. der UdSSR, Labor. für Zellphysiolog.; russ.) — Mittels $^{32}P$ wurde die Verteilung von *P* zwischen Muskel u. umgebender Lsg. beim isolierten Froschmuskel untersucht. P findet sich in 3 Fraktionen: gelöst in der Fl. in den intercellulären Räumen, gelöst im Protoplasma u. chem. gebunden. Die Mengenverhältnisse werden abgeschätzt. M. Wiedemann. 4510□

**Die Reaktion von Inter- und Intrakettendisulfidbrücken mit Sulfit.** R. Cecil und R. G. Wake. (Biochem. J. **82**, 401—06, März 1962; Oxford, Univ., Dep. of Biochem.; engl.) — Es wurde die Rk. der *S—S*-Bindungen verschiedener Proteine (*Oxytocin, Ribonuclease, Insulin, Lysozym, α-Chymotrypsinogen, α-Chymotrypsin, Trypsinogen, Trypsin, Rinderserumalbumin*) mit $SO_3^{2-}$ unter verschiedenen Bedingungen untersucht. Während der Hauptteil der Interketten-S—S-Brücken mit $SO_3^{2-}$ reagiert, ist dies bei den Intrakettenbrücken nicht der Fall. In Ggw. von *Guanidin* u. $HgCl_2$ reagieren alle S—S-Bindungen mit $SO_3^{2-}$, so daß sich diese Vers.-Bedingungen zur Best. der gesamten S—S-Gruppen von Proteinen eignen. Die Ergebnisse werden im Hinblick auf die Struktur der untersuchten Proteine diskutiert. P. Schwerdtfeger. 4520□

**Über die Häufigkeit von nichtgenetischen Aminosäure-Sequenzfehlern bei der Protein-Biosynthese.** R. B. Loftfield. (Biochem. J. **84**, 59P—60P, Sept. 1962; Cambridge, Med. Res. Council, Labor. of Mol. Biol.; engl.) — Um die Häufigkeit nichtgenet. Fehler der Aminosäuresequenz bei der *Protein*-Biosynth. zu bestimmen, wurde *Ovalbumin* im intakten Eileitergewebe durch Zugabe von 5 verschiedenen radioakt. Aminosäuren markiert. Nach Reinigung u. Spaltung mit *Chymotrypsin* wurden 14 markierte *Peptide* isoliert. Ein Vgl. der Radioaktivität von *Isoleucin* (**I**) u. *Valin* (**II**) in einem Peptid zeigte, daß **I** an Stelle von **II** nicht mehr als in einem Verhältnis von 1 : 1000 substituiert war. Andere Vgl. zeigten ähnliche Ergebnisse.

E.-R. Lochmann. 4520◇

**Einige Eigenschaften der Sialoproteinfraktion von Rindercorticalknochen.** P. W. Kent und G. M. Herring. (Biochem. J. **82**, 17P, Jan. 1962; Oxford, Univ., Dep. of Biochem.; Med. Res. Council, Churchill Hosp., Bone-Seeking Isotopes Unit; engl.) — Die Perjodat-Schiff-positive *Sialoprotein* (**I**)-Fraktionen in Rindercorticalknochen, die sich durch Salze der Äthylendiamintetraessigsäure extrahieren lassen, enthalten 40% Kohlenhydratreste einschließlich 16% *Sialsäuren*. Die Hydrolyse von **I** mit 0,1n $H_2SO_4$, 1 Std. bei 80°, führt zu einer fast quant. Freisetzung von *N-Acetylneuraminsäure*. Hydrolyse mit 2n $H_2SO_4$, 8 Std. bei 100°, liefert *Glucose, Galaktose* u. *Mannose* im Verhältnis 1 : 8 : 5 sowie *Fucose* (2,4%) u. Spuren von *Uronsäure* (0,7%). Die Aminozucker (6,4%) bestehen hauptsächlich aus *Galaktosamin* sowie geringen Mengen eines weiteren Aminozuckers (*Glucosamin*). **I** ist in der Ultrazentrifuge homogen (1%ig. Lsg. in 0,2m NaCl); $S_{20}$ = 1,68. Die Zus. von **I** wird mit der von menschlichem *Orosomucoid* verglichen. P. Schwerdtfeger. 4520□

**Die Rolle des Calciums bei der Superpräcipitation des Actomyosins.** Annemarie Weber und Sandra Winicur. (J. biol. Chemistry **236**, 3198—3202, Dez. 1961; New York, N.Y., Inst. for Muscle Disease; engl.) — Verschiedene *Actomyosin* (**I**)-Präpp. zeigen nur eine geringe oder gar keine Superpräcipitation u. spalten *Adenosintriphosphat* mit einer geringeren Geschw. als der, die durch Zusatz von $CaCl_2$ (0,1m) erreicht wird. I-Präpp., die ohne Zusatz von $Ca^{2+}$ bereits die volle Aktivität aufweisen, werden durch ein Iminodiessigsäureharz (*Chelex 100*) bzw. *Äthylenglykol-bis-[β-aminoäthyläther]-N.N'-tetraessigsäure* (**II**) gehemmt. Nach Ansicht der Vff. erfolgt in Abwesenheit von $Ca^{2+}$ u. in Ggw. von *Mg-Adenosintriphosphat* eine Dissoziation von **I** in *Myosin* u. *Actin*. Der Ca-Mangel hemmt die Superpräcipitation nur dann, wenn die Gesamt-Mg-Konz. >0,01mm beträgt. Demnach scheint $Ca^{2+}$ die Hemmwrkg. von $Mg^{2+}$ zu blockieren. Einige I-Präpp. werden durch **II** nur in geringem Umfang gehemmt, was auf eine Eig. des Actinanteils zurückzuführen ist. P. Schwerdtfeger. 4520□

**Weitere Fraktionierungen von Histonen aus Kalbsthymus.** E. W. Johns und J. A. V. Butler. (Biochem. J. **82**, 15—18, Jan. 1962; London, Chester Beatty Res. Inst., Inst. of Cancer Res., Royal Cancer Hosp.; engl.) — Durch Kombination chromatograph. Meth. lassen sich die Kalbsthymus-*Histone* (**I**) in 3 Hauptfraktionen [f 1, f 2, f 3; sehr

*Lysin* (II)-reich, mäßig II-reich, *Arginin*-reich] zerlegen. Nach Fällung von f 3 durch Dialyse gegen 100%ig. A. kann eine Subfraktion von f 2 [f 2 (a)] aus dem Überstand isoliert werden. Eine weitere Fraktion von f 2 [f 2 (b)] kann durch Extraktion des ersten Rückstandes [nach Extraktion des Thymus mit A./1,25 n HCl (80 : 20)] mit A./W./n HCl (10 : 65 : 25) u. Chromatographie an Carboxymethylcellulose erhalten werden. Das sehr II-reiche I (f 1) kann auch direkt aus dem Thymusgewebe auf Grund seiner Löslichkeit in 5%ig. $HClO_4$ extrahiert werden. f 2 (a) u. f 2 (b) werden durch ihre Aminosäuren-Zus., ihre N-endständigen Aminosäurereste u. durch ihre Beweglichkeit bei der Stärkegel-elektrophorese charakterisiert. Signifikante Unterschiede sind in den Geh. an *Glycin*, *Leucin* + *Isoleucin* u. *Lysin* sowie in den N-endständigen Gruppen zu beobachten.
P. Schwerdtfeger. 4520□

**Zusammensetzung und freie Aminosäuren des Krokodilmuskels.** A. Sreenivasan und Freda Chandrasekaran. (J. sci. ind. Res. [New Delhi], Sect. C **21**, 192, Juli 1962; Bhavanisagar, Südindien, Fresh Water Biol. Stat., Hydrology Sect.; engl.) — Der Krokodilmuskel wies folgende Zus. auf: Feuchtigkeit 77,39% älteres Tier, (77,59% jüngeres Tier); *Protein* 20,97, (16,20); *Fett* 0,74, (4,33); *Asche* 1,37, (0,99); P 680 mg%, (358); *Ca* 130 mg%, (128) u. *Fe* —, (11). An freien Aminosäuren wurden nachgewiesen: *Leucin, Tryptophan, Alanin, Glycin, Serin* u. *Asparaginsäure*. Junge Tiere enthielten noch darüber hinaus *Prolin* u. *Histidin*, ältere *Glutaminsäure, Threonin, Taurin* u. *Lysin*. Freie Zucker u. Polyphenole wurden nicht gefunden.
W. Hiller. 4520□

**Chemische Untersuchungen der Riesennervenfasern des Tintenfisches.** 1. Mitt. **Fraktionierung von dialysierbaren Bestandteilen des Axoplasmas und quantitative Bestimmung der freien Aminosäuren.** Gottfried G. J. Deffner und Reimar E. Hafter. (Biochim. biophysica Acta [Amsterdam] **32**, 362—74, April 1959; Cambridge, Mass., MIT, Biol. Dep.; engl.) — Im dialysierbaren Anteil des Axoplasmas von Tintenfischen wurden *Arginin, Lysin, Ornithin* u. einige neutrale *Aminosäuren* (I) nachgewiesen. Der Geh. von neutralen I u. von *Taurin* ist im Axon von *Dosidicus gigas* geringer als in dem von *Loligo pealii*. In der sich bei pH 2,4 neutral verhaltenden Fraktion wurden *Peptide* von mittlerer Kettenlänge u. ähnlicher I-Zus. u. ein Bestandteil, der bei Hydrolyse *Cysteinsäure* (aber kein Cystein oder Cystin) liefert, nachgewiesen. Von 3 weiteren zum 1. Mal nachgewiesen Komponenten die ist eine eine quart. $NH_4$-*Verb.*, die beiden anderen wurden noch nicht identifiziert. K. Zingraf. 4520□

**Das Vorkommen von δ-Hydroxylysin in Extrakten des japanischen Tausendfüßlers (Scolopendra subspinipes Leach). Papierchromatographische Trennung der freien Aminosäuren und Isolierung von δ-Hydroxylysin.** Tsuneo Tomita. (Hoppe-Seyler's Z. physiol. Chem. **328**, 266—68, 6/8. 1962; Nishinomiya, Japan, Mukogawa-Frauen-Univ., Chem. Labor.; dt.) — Aus dem Methanolextrakt von japan. Tausendfüßlern Scolopendra subspinipes Leach konnte durch Säulenchromatographie δ-Hydroxylysin isoliert u. durch Misch-F. des Pikronolats (155°) identifiziert werden. Im wss. Extrakt wurden nach säulenchromatograph. Trennung die als übliche Proteinbausteine vorkommenden Aminosäuren *Glycin, Alanin, Valin, Leucin, Phenylalanin, Serin, Taurin, Glutaminsäure, Histidin, Ornithin, Arginin* u. *Lysin* papierchromatograph. nachgewiesen.
Winfried Krüger. 4520□

**Isolierung des Spermins aus den Muskeln einer japanischen Giftschlange.** Tsuneo Tomita. (Hoppe-Seyler's Z. physiol. Chem. **328**, 265, 6/8. 1962; Nishinomiya, Japan, Mukogawa-Frauen-Univ., Chem. Labor.; dt.) — Aus dem Muskelextrakt der japan. Giftschlange *Agkistrodon Blomhoffi* Boie ließ sich im Filtrat der Phosphorwolframsäurefällung *Spermin* in Form seines Tetrapikrates ($C_{10}H_{26}N_4 \cdot 4\, C_6H_3N_3O_7$) isolieren u. durch Misch-F. 248—249° sowie Elementaranalyse identifizieren.
Winfried Krüger. 4520□

**Herstellung und Eigenschaften von Lysophosphatidylserin.** L. Rathbone, W. L. Magee und R. H. S. Thompson. (Biochem. J. **83**, 498—502, Juni 1962; London, Guy's Hospital Med. School, Dep. of Chem. Pathol.; engl.) — Aus phosphatidylserinreichen Fraktionen des menschlichen Hirns wurde *Lysophosphatidylserin* (I) durch Einw. von Schlangengiftphospholipase A in wss. Medium hergestellt. Die I-Isolierung ist auf Grund des unterschiedlichen Verh. des sauer gewaschenen Substrats u. des Prod. der Enzym-Rk. an $SiO_2$-Säulen möglich. I enthält fast ausschließlich $C_{18}$-Säuren, vorwiegend Stearinsäure u. Ölsäure. I besitzt ähnliche hämolyt. Aktivität wie krist. Lysolecithin.
K. Maier. 4520□

**Die Isolierung von N-Phosphoryllombricin aus Regenwürmern.** A. H. Ennor und H. Rosenberg. (Biochem. J. **83**, 14—17, 1962; Canberra, Australian Nat. Univ., John Curtin School of Med. Res., Dep. of Biochem.; engl.) — Es wird ein Verf. zur Isolierung von analysenreinem *N-Phosphoryllombricin* (*D-2-Amino-2-carboxyäthyl-2'-[N'-phosphorylguanidino]-äthylhydrogenphosphat*) als Mg-Salz aus dem Perchlorsäure-Extrakt der gefrorenen Regenwürmer angegeben. Zur Reinigung werden Anionen- u. Kationenaustauscherharze verwendet u. die Verb. in einer Ausbeute von 70% der im ursprünglichen Extrakt enthaltenen Menge gewonnen. R. Ristow. 4520□

**Fettsäurezusammensetzung der in unterschiedlichen Teilen des Ochsenauges anwesenden Lipide** W. Bartley, Ruth van Heyningen, Brenda M. Notton und A. Renshaw. (Biochem. J. **85**, 332—35, 1962; Oxford, Univ., Dep. of Biochem., and Nuffield Labor. of Ophthalmolog.; engl.) — Von Vff. wurden die *Fettsäuren* (**I**) in Retina (A), Linse, Sehnerv (B), Linsenkapsel, Cornealstroma, Sclera, Cornealepithel, Kammerwasser, Glaskörper (C), Ciliarmuskel, Iris u. Choroidea (Ch) gaschromatograph. bestimmt u. gemessen. Den höchsten Geh. an **I** hatte B (76,2 $\mu$Mol/g Trocken-Gew.), A hatte 22,6, während bei den anderen Geweben der **I**-Geh. zwischen 8,8 (bei Ch) u. 0,02 (bei Ch) lag. A ist charakterisiert durch den hohen Geh. an hochungesätt. *$C_{22}$-Säuren* (über 30% der Gesamt-**I**), über 50% der Gesamt-**I** des Auges sind ungesättigt. G. Wurm. 4520◇

**Einige nichtreduzierende Kohlenhydrate in tierischen Geweben und Körperflüssigkeiten.** H. G. Britton. (Biochem. J. **85**, 402—07, 1962; London, St. Mary's Hosp., Med. School, Physiol. Dep.; engl.) — Zur Trennung der *Hexite* erwiesen sich verschiedene Fließmittel-Syst. der Papierchromatographie als nur beschränkt brauchbar, während Elektrophorese in bas. Bleiacetat zum Erfolg führte. Die Anwesenheit von *Sorbit* (**I**) in verschiedenen tier. Geweben u. Fll. konnte wahrscheinlicher gemacht werden. In fetalem Schaf- u. Lamablut wurden *Galaktit* u. *Mannit* gefunden. Nach dem Tode steigt die **I**-Konz. in Hammelsamen stark an. Die Samenblase vermag *Glucose* in **I** u. *Fructose* zu verwandeln. *Glycerin* konnte in allen Geweben u. Körper-Fll., außer im Hammelsamen, nachgewiesen werden. R. Ristow. 4520□

**Untersuchungen über die Pigmente des Kokons. 7. Mitt. Über die fluorescierenden Substanzen des weißen Kokons der Seidenraupe Bombyx mori.** Naomaso Fujimoto und Keizo Hayashiya. (J. sericult. Sci. Japan **29**, 495—500, Dez. 1960; Kyoto, Kyoto Univ., Ind. Arts and Textile Fibers, Fac. Text. Fibers; jap., Auszug: engl.) — 4. vgl. C. **1960**, 9271. — Es wurden die fluorescierenden Substanzen in weißen Kokons von zwei Stämmen der Seidenraupe untersucht. Von diesen Stämmen verleiht der eine der UV-Strahlen ausgesetzten Kokonoberfläche eine gelbliche, der andere eine violette Fluorescenz. Die fluorescierenden Substanzen wurden mit A. extrahiert u. papierchromatograph. untersucht. In der Kokonschicht des gelblich fluorescierenden Stammes wurden 7 gelblich fluorescierende Substanzen aufgefunden. Sie waren alle positiv gegenüber den Farb-Rkk. auf *Flavonoide.* In der Kokonschicht des violett fluorescierenden Stammes wurde eine geringe Menge von 3 gelblich, 4 violett u. 2 blau fluorescierenden Substanzen gefunden, die gegen Flavonoid-Rkk. negativ waren. H. Aman. 4520□

**Die Fraktionierung des Giftes der Russell-Viper (Vipera russellii) unter besonderer Berücksichtigung des koagulierenden Proteins.** W. J. Williams und M. P. Esnouf. (Biochem. J. **84**, 52—62, Juli 1962; Oxford, Radcliffe Infirmary, Nuffield Dep. of Clin. Biochem. and Dep. of Clin. Pathol.; engl.) — Eine koagulierende Aktivität (A) konnte aus dem Gift der Russell-Viper durch Chromatographie an DEAE-Cellulose in Tris-Phosphat-Puffer erhalten werden. A bei pH 5,0; 5,5; 6,0; 6,5 u. 7,0 elektrophoret. untersucht, ergab nur eine Komponente mit einem isoelektr. Punkt bei pH 6,0 bis 6,5. In der Ultrazentrifuge wurden zwei Komponenten erhalten, die durch Rechromatographie an DEAE-Cellulose nicht getrennt werden konnten. Die Trennung gelang durch Ultrazentrifugieren mit einem Rohrzuckergradienten, wobei sich die beiden Komponenten in der Aktivität um den Faktor 10 unterschieden u. die Aktivität in der schwächeren Komponente durch eine Verunreinigung erklärt wird. Das gereingte A besaß auf *Fibrinogen* auch in Ggw. von *$Ca^{2+}$* keine koagulierende Wrkg., sondern erst nach Zusatz von *Thrombin.* An Fermenten wurde in gereinigtem A eine Aktivität gegenüber *Toluyl-p-sulfonylargininmethylester* (**I**) mit einer $K_m$ von $5{,}9 \cdot 70^{-4}$m gefunden. **I** wirkte in höheren Konzz. als kompetitiver Inhibitor eines die Koagulation aktivierenden Faktors. Entsprechende Verss. mit *Lysinmethylester* ergaben keine Hemmung. J. Boelter. 4520□

**Die Isolierung und Reinigung eines Rinderplasmaproteins, das als Substrat für die koagulierende Fraktion des Schlangengiftes der Russell-Viper dient.** M. P. Esnouf und W. J. Williams. (Biochem. J. **84**, 62—71, Juli 1962; Oxford, Radcliffe Infirmary, Nuffield Dep. of Clin. Biochem. and Dep. of Clin. Pathol.; engl.) — Vgl. vorst. Referat. — Aus Ochsenblutplasma wurde durch mehrfache Adsorption an $BaSO_4$ sowie Chromatographie an DEAE-Cellulose ein als Substrat für die koagulierende Aktivität (A) des

Giftes der Russell-Viper dienendes *Protein* (I) isoliert u. auf das 4000fache angereichert. Die Elektrophorese von I ergab nur eine negativ geladene Komponente. In der Ultrazentrifuge wurden zwei Komponenten gefunden. Das Molgew. von I aus Sedimentationsmessungen wurde zu 84800 ± 700 bzw. zu 36000 (dieses wahrscheinlich infolge partieller Denaturierung) gefunden. Es wird angenommen, daß durch die Rk. von A mit I ein Teil des Mol. aus I herausgespalten wird. Die Aktivierung von I konnte durch Zusatz von *Toluyl-p-sulfonylargininmethylester* (II) vollständig verhindert werden. Die Rk. zwischen I u. A schien eine Rk. 1. Ordnung zu sein. Die Rk. war von der Ggw. von $Ca^{2+}$ abhängig. Die Hydrolysen-Geschw. von II war von Ca unabhängig. *Lysinmethylester* wurde durch A nicht hydrolysiert. J. Boelter. 4520□

**Immunohistochemische Lokalisierung von bindungsfähigem Protein in Geweben vom Zitteraal.** S. Ehrenpreis. (Nature [London] **194,** 586—87, 12/5. 1962; Washington, D.C., Georgetown Univ., Schools of Med. and Dent., Dep. of Pharmacol.; engl.) — Vgl. C. **1963,** 2141. — Vf. lokalisiert das aus dem elektr. Organ des Zitteraals isolierte *Protein,* das Antigen-Eigg. aufweist (l. c.), mit Hilfe der Meth. der fluorescierenden Antikörper. Kaninchenantiserum wurde zum gereinigten Protein hinzugegeben u. als immunohistochem. Reagens benutzt. Nach $Na_2SO_4$-Fraktionierung wurde ein rohes Globulin erhalten, das nach Coons u. Kaplan [1950] mit einem Fluorescein-Deriv. gekuppelt wurde. Nach Reinigung u. Verdünnung wurden die fluoresceinmarkierten Antikörper als Mittel zur Lokalisierung des Originalantigens (Receptorprotein) in den Gefrierschnitten verschiedener elektr. Aalgewebe unter Einschluß von einzelnen isolierten Zellen (Elektroplax) des Hauptorganes benutzt. — Die Stellen, an denen das Protein sitzt, wurden mit grüner Fluorescenz sichtbar. Das Receptorprotein war in der Nähe oder in den innervierten u. nichtinnervierten Membranen vorhanden, im Innern der Zelle konnte es nicht gefunden werden. — Weder *Tubocurarin* (I) noch *Protamin* (II) reduzierten die Intensität der Gewebefärbung. Da I u. II von dem Protein gebunden werden, ist anzunehmen, daß die Antigen-Eigg. u. die bindungsfähigen Eigg. an verschiedenen Stellen des Proteins lokalisiert sind. — Im Aalserum u. den roten Blutzellen ist das Receptorprotein nicht vorhanden. Im Muskel ist es enthalten in Form eines feinen Netzwerkes um die Muskelfasern. Muskelfleisch u. das Innere der Muskelzellen enthalten das Protein nicht. P. Nachtwey. 4551□

**Untersuchung der morphologischen Veränderungen der neurokrinen Zellen im laterodorsalen, interstitiellen Hypothalamuskern des Meerschweinchens nach Implantation von Sexualhormonen allein oder kombiniert mit Kastration.** Julien Barry, Said Slimane-Taler und Jean-Francois Torre. (C. R. hebd. Séances Acad. Sci. **254,** 1674—76, 26/2. 1962; Alger, Fac. de Méd., Labor. d'Histol. et d'Embryol.; franz.) — ♂ Meerschweinchen werden 100 mg *Sterandryl* (I) bzw. 20 mg *Gynoestryl* (II) subkutan implantiert. Bei andern Verss. wird eine Kastration mit der I-Behandlung verbunden. ♀ Meerschweinchen werden 20 mg **II** bzw. 100 mg *Lutogyl* (**III**) im Postöstrus bzw. in einem hormonell nicht charakterisierbaren Moment, bzw. nach Kastration im Postöstrus, verabfolgt (Vgl. mit unbehandelten normalen u. kastrierten Kontrolltieren). Es traten charakterist. Veränderungen im laterodorsalen, interstitiellen Hypothalamuskern auf in bezug auf die Häufigkeit der Zellen, die acidophile Granulationen enthalten: nach Kastration tritt bei beiden Geschlechtern eine Verminderung von 50—80% auf; bei den ♀ Tieren wird dieser Abfall noch durch **III**-Implantationen verstärkt.
M. Blaschette-Huttinger. 4559◇

**Androgensekretion durch Rattenovarien.** Bengt Falck, Kerstin Menander und Owe Nordanstedt. (Nature [London] **193,** 593—94, 10/2. 1962; Lund, Univ. of Lund, Dep. of Histol.; engl.) — Unreife u. erwachsene ♀ Ratten wurden kastriert u. 5 Tage nach Hypophysektomie wurden Teile des Ovariums zum Auge autotransplantiert. Von den erwachsenen Tieren erhielt ein Teil Corpora lutea. Die Tiere wurden täglich mit 10 I.E. menschlichem Choriongonadotropin behandelt für 10—14 Tage. Danach wurden die transplantierten Gewebe entfernt u. untersucht. In allen Fällen zeigten sie androgene Wirkung. W. Hiller. 4559□

**Myotrophe Wirkung der Kastration und Testosteronbehandlung bei Meerschweinchen nach Schilddrüsenexstirpation.** Charles D. Kochakian und Carol Tillotson. (Amer. J. Physiol. **189,** 425—27, Juni 1957; Oklahoma, Okla., Med. Res. Foundat.; engl.) — Bei Meerschweinchen (470—549 g Gew.) wurden teils eine Kastration (A) oder eine Thyroidektomie (B), gefolgt von einer postoperativen Behandlung mit *Ca-Gluconat,* teils beide Operationen (C) zugleich vorgenommen. Durch B entstand während der 51 Beobachtungstage weder bei den kastrierten Tieren noch bei den Kontrolltieren eine Beeinträchtigung des allg. Wachstums, des Wachstums des Knochengerüsts, der inneren Organe u. der einzelnen Muskeln. Die subkutane Implantation von 15 mg *Testosteron* bei C, während der 21 letzten Tage normalisierte wieder das Gew. der durch Kastration atrophierten Muskeln, während die Samenblase u. die Vorstehdrüse leicht über das Normalgewicht hinauswuchsen. M. Blaschette-Huttinger. 4559□

**Untersuchung über die Dosierung der Gonadostimuline.** J. Vimeux. (C. R. Séances Soc. Biol. Filiales **152,** 1699—1702, 1958, herausgeg. 31/3. 1959; Paris, Maternité de la Pitié; franz.) — An 25—30 Tage alten Ratten wurde die Wrkg. eines *Chorionstimulin* enthaltenden Auszuges auf die Scheidenöffnung u. den Östrus untersucht. Als beste Dosis erwies sich dabei 1 I.E. täglich, die 3 Tage lang verabreicht wurde. K. Böhm. 4559□

**Stoffwechsel von $^{14}C_{(4)}$-Progesteron im Nebennierenrindengewebe von Patienten mit Cushings Syndrom.** Pamela J. Ward und J. K. Grant. (Biochem. J. **84,** 117 P—118 P, Sept. 1962; Glasgow, Royal Infirmary, Univ. Dep. of Steroid Biochem.; engl.) — Bei der Inkubation von Nebennierenrindenschnitten u. Tumorschnitten von Patienten mit Cushings-Syndrom wurden als Hauptstoffwechsel-Prodd. von *$^{14}C_{(4)}$-Progesteron 17α-Hydroxyprogesteron, 16α-Hydroxyprogesteron, Corticosteron, 11β-Hydroxyandrosten-3.17-dion, 11-Desoxycorticosteron* u. geringere Mengen *$\Delta^4$-Androsten-3.17-dion* u. *Testosteron* gefunden. Die Identifizierung erfolgte durch Papierchromatographie. R. Ristow. 4559□

**Änderungen der antidiuretischen Aktivität des hypothalamoneurohypophysären Systems des Huhns im Verlauf des Jahrescyclus.** H. Legait. (C. R. Séances Soc. Biol. Filiales **152,** 1771—74, 1958, herausgeg. 31/3. 1959; Nancy, Fac. de Méd., Labor. d'Histol.; franz.) — Durch morpholog.-cytolog. u. durch physiolog. Unterss. der antidiuret. Aktivität des hypothalamoneurohypophysären Syst. von Hühnern während der sexuellen Ruhepause, der Legezeit, der Brutzeit u. nach dieser sowie während der Mauser konnte gezeigt werden, daß beim Huhn zwei verschiedene Perioden gesteigerter hypothalam. Aktivität bestehen, die durch eine Periode der Ruhe während der Legezeit unterbrochen sind. Mit den Zeiten gesteigerter Aktivität gehen Änderungen in der Schilddrüse u. den Nebennieren parallel. K. Böhm. 4560□

**Änderungen der antidiuretischen Aktivität des hypothalamoneurohypophysären Systems des Huhns unter verschiedenen experimentellen Bedingungen.** H. Legait und E. Legait. (C. R. Séances Soc. Biol. Filiales **152,** 1774—77, 1958, herausgeg. 31/3. 1959; franz.) — Die antidiuret. Aktivität bei Hühnern wurde nach Zufuhr von *Dextrose, Desoxycorticosteron, Cortison, Thyroxin, Antithyreoidin, Östrogen, HHL-Extrakten, ACTH, TSH, Intermedin, Prolactin* u. *gonadotropem Hormon* untersucht. Es kommt zu einer Aktivitätssteigerung der neurosekretor. Zellen (nZ) bei Dehydrierung u. bei Hyperthyreose, während verringerte Aktivität nicht unbedingt eine Verringerung der Schilddrüsen-Aktivität bewirkt. Es scheint der Hypothalamus mehr beeinflußt zu werden als die Schilddrüse. Sehr verschieden sind die Beziehungen zwischen Nebenniere (NN) u. Hypothalamus. Jede Aktivitätssteigerung der nZ bewirkt eine mächtige NN-Hypertrophie beim Huhn, die oft nach ACTH noch deutlicher ist. Die Östrogene bewirken, wahrscheinlich direkt u. nicht über den Wasserhaushalt, eine neurosekretor. Hyperaktivität. K. Böhm. 4560□

**Untersuchungen über Polypeptide.** 13. Mitt. **Die Synthese eines α-MSH-Derivates mit einer hohen Melanocyten-expandierenden Aktivität in vitro.** Klaus Hofmann, Haruaki Yajima und Eleanore T. Schwartz. (Biochim. biophysica Acta [Amsterdam] **36,** 252—53, Nov. 1959; Pittsburgh, Pa., Univ. of Pittsburgh, School of Med., Biochem. Dep.; engl.) — 12. vgl. C. **1959,** 10871. — Vff. beschreiben das Acetyltridekapeptidamid *N-Acetylseryltyrosylserylmethionylglutaminylhistidylphenylalanylarginyltryptophylglycyl-ε-tosyllysylprolylvalinamid* (12 L) (**I**), welches die 25fache Melanocyten-expandierende Aktivität (2,0·$10^9$ MSH [Melanocyten stimulierendes Hormon] Einheiten/g des entsprechenden Benzyloxycarbonyl-Deriv. (0,8·$10^8$ MSH-Einheiten/g) besitzt. Die Darst. erfolgt parallel der Meth. zur Darst. des Benzyloxycarbonyl-Deriv. (l. c.)

Versuche: *N-Acetylseryltyrosylserylmethionylglutamin* (5 L) (**II**), $C_{27}H_{40}N_6O_{11}S$, F. 214—216°, aus *Seryltyrosylserylmethionylglutamin* u. Acetanhydrid in $NaHCO_3$-W.; aus W. gut geformte Nadeln; $[\alpha]_D^{23}$ —20,3° in Dimethylformamid; log ε bei 275 mμ 3,130; $R_F$ (Partridge-Syst.) 0,60; ninhydrinnegativ; Pauly- u. methioninpositiv. — Das Azid von **II** mit *Histidylphenylalanylarginyltryptophylglycyl-ε-tosyllysylprolylvalin* (7 L) ergab ein rohes **I**; 5,4·$10^8$ MSH-Einheiten/g; durch Gegenstromverteilung im Syst. 10%ig. Essigsäure–n-Butanol wurde ein Material mit einer Aktivität von 8,8·$10^8$ MSH-Einheiten/g erhalten, dieses ergab nach Elektrophorese auf Cellulosepulver (Pyridinacetatpuffer pH 5,1) eine bes. akt. Fraktion (1,5·$10^9$ MSH), welche nach erneuter Verteilung zwischen Essigsäure–Butanol I ($2{,}0 \cdot 10^9$ MSH-Einheiten/g) ergab; 80 % der biolog. Gesamtaktivität wurden in dem gereinigten I wiedergefunden; I ist papierchromatograph. einheitlich $R_F$ 0,78, durch Hydrolyse (6n HCl, 24 Std. bei 110°) wurden die Molverhältnisse der Aminosäuren bestimmt; da Darst. von I durch Azidkupplung von II mit einem Heptapeptid erfolgte, welche beide stereochem. Homogenität aufweisen, ist anzunehmen, daß I zur 12 L-Varietät gehört. P. Teichgräber. 4560□

**Adrenalektomie bei trächtigen Ratten. Wirkung auf die Nachkommenschaft.** Lennart Angervall. (Acta endocrinol. [Copenhagen] **41**, 546—60, Dez. 1962; Göteborg, Univ., Dep. of Pathol. II; engl.) — Vf. stellte fest, daß die Nachkommen adrenalektomierter Ratten im Vgl. zu den Nachkommen normaler Tiere allg. ein leicht verringertes Geburts-Gew. aufweisen. Bei gleich hohem Geburts-Gew. finden sich keine Unterschiede in der Größe u. im Wasser-Geh. zwischen beiden Gruppen. Unter den endokrinen Organen der Feten zeigen die Nebennieren u. Schilddrüsen Hyperplasie, wogegen die Langerhansschen Inseln hypoplast. sind. H. Kockert. 4561◇

**Untersuchung der Glykoproteinämie während der Geweberegeneration nach partieller Hepatektomie bei der nicht mit Cortison und bei der mit Cortison behandelten Ratte.** R. Derache und J. P. Mariel. (C. R. Séances Soc. Biol. Filiales **156**, 1158 bis 1161, 1962; Toulouse, Fac. des Sci., Inst. de Physiol.; franz.) — Vff. bestimmten den *Albumin* (**I**)-, *Globulin* (**II**)- u. *Glykoprotein* (**III**)-Serumspiegel von mit *Cortison* (**IV**) behandelten Ratten während der Geweberegeneration nach partieller Hepatektomie. — Es konnte bei nicht mit **IV** behandelten Tieren ein Anstieg der **III** schon während der ersten 24 Std. nach der Operation mit nachfolgendem starkem Abfall, dem eine Verminderung des **I**-Spiegels folgte, nachgewiesen werden. Bei den hepatektomierten u. mit **IV** behandelten Ratten machte sich sogleich am ersten Tage nach der Operation ein Abfall des **III**-Serumspiegels bemerkbar. Schon innerhalb von 48 Std. stieg der **III**-Spiegel sowohl bei partiell hepatektomierten als auch bei operierten u. mit **IV** behandelten Tieren progressiv an u. erreichte Werte oberhalb der bei normalen Tieren ermittelten. Die Serum-**II**-Werte nahmen bei operierten bzw. operierten u. mit **IV** behandelten Tieren leicht u. vorübergehend ab. H. Kockert. 4561◇

**Aldosteron, Cortisol und Cortison im Harn und in operativ entfernten Nebennieren bei Patienten mit Cushing-Syndrom.** F. H. Franken und H. Zimmermann. (Acta endocrinol. [Copenhagen] **41**, 531—45, Dez. 1962; Düsseldorf, Med. Akad., II. Med. Klinik u. Poliklinik; dt.) — Vff. bestimmten von 8 Patienten (7 ♀, 1 ♂), bei denen ein Cushing-Syndrom mit (bis auf eine Ausnahme) operativ gesicherter Hyperplasie der Nebennieren vorlag, die *Aldosteron* (**I**), *Cortisol* (**II**), *Cortison* (**III**)- u. *17-Hydroxycorticosteroid* (**IV**)-Ausscheidung im Harn. 5 der Patienten zeigten normale, 3 Patienten normale bis stark erhöhte Werte der **I**-Ausscheidung. **II** wurde meistens stark, **III** geringer erhöht gefunden. Die **IV**-Ausscheidung war dagegen nicht so eindrucksvoll gesteigert. Eine *ACTH*-Belastung, die bei 5 der untersuchten Patienten mit einer gleichzeitigen Best. der **I**-, **II**-, **III**- u. **IV**-Ausscheidung vorgenommen wurde, ergab einen wesentlich höheren Anstieg der **II**- als der **III**- u. **IV**-Ausscheidung. Die **IV**-Ausscheidung stieg in einem Falle leicht, in zwei weiteren Fällen erheblich an. — 2 Patienten erhielten über mehrere Tage *SU 4885* (**V**; *Metopiron*, Ciba A.G., Basel) verabfolgt. Dabei kam es zu einem Abfall der **I**-Ausscheidung auf nicht meßbare Werte, während die **III**- u. die **II**-Exkretion nicht völlig zum Erliegen kamen. Bei einem der beiden Patienten erfolgte am 4. Tage der **V**-Verabreichung wieder ein Anstieg der **II**-Ausscheidung auf das 10fache des obersten Normalwertes. Die **IV**-Exkretion erfuhr unter **V**-Gabe einen kräftigen Anstieg. Unter *Dexamethason*-Gaben kam es bei einem der Patienten zu einem Abfall der **II**-, **III**- u. **IV**-Werte im Urin, wogegen die **I**-Exkretion nicht eingeschränkt wurde.
H. Kockert. 4561◇

**Gegenteilige Beeinflussung der mineralocorticoiden und glykocorticoiden Wirkung von 9(α)-Chlorocortisol durch Hypophysektomie.** Joaquin Ventura und Hans Selye. (Amer. J. Physiol. **189**, 412—14, Juni 1957; Montreal, Univ., Inst. de Méd. et Chirurgie exp.; engl.) — Bei 5 Gruppen von Ratten wird die rechte Niere entfernt; am 3. Tag wird eine Hypophysektomie bei Gruppe (Gr.) D u. E vorgenommen mit gleichzeitigem Beginn bei den Gruppen B, C, D u. E einer täglichen subkutanen Behandlung mit einer kristallinen Wassersuspension von 0,2 ml *9α-Chlorcortisol* (**I**), ein Cortisol-Deriv., bei dem die Halogensubstitution eine beträchtliche Vergrößerung der mineralo- u. glykocorticoiden Aktivität hervorruft. Nach Tötung am 19. Tag wurde bei Gr. B u. C (25 bzw. 100 mg I/Tag) ein Hyalinose-Syndrom festgestellt mit Nephrosklerose, Myocarditis, Periarteritis nodosa, erhöhter Blutdruck u. bei Gr. C, in der 3 Tiere durch Nephrosklerose eingingen, über dies Pankreasödeme u. Pleuraexsudate. Bei Hypophysektomie in den Gr. D u. E kombiniert mit 25 bzw. 100 mg I/Tag entstand kein Hyalinose-Syndrom, doch die Anfälligkeit der Tiere für schwere entzündlich-nekrotisierende pulmonale Apexläsionen u. sonstige Infekte war deutlich gesteigert, so daß 4 Tiere an bronchopulmonalen Absedierungen eingingen. Die Wasserretension war deutlich gesteigert in direkter Abhängigkeit von der I-Dosierung u. dies bes. bei den Tieren mit intakter Hypophyse. Das Wachstum hörte bei den Gr. D u. E prakt. auf u. war vermindert bei den Gr. B u. C. Das Gew. der inneren Organe war bei Gr. B u. C größer als bei Gr. D u. E, doch bestand bei Gr. C eine Nebennierenatrophie. Wahrscheinlich kann die Hypophyse durch einen hormonalen Faktor (*STH?*) die 2fache Wrkg. eines einzigen Steroidhormons gegenteilig beeinflussen, indem es die Hyalinose potentialisiert u. die entzündlich-nekrot. Läsionen verhindert.

M. Blaschette-Huttinger. 4561 □

**Untersuchungen über die chemische Spaltung der 17-Ketosteroidglucuronoside des Harns.** Gert M. Jacobsohn und Seymour Lieberman. (J. biol. Chemistry **237**, 1469—75, Mai 1962; New York, N.Y., Columbia Univ., Coll. of Physic. and Surg., Dep. of Biochem. and of Obstetrics and Gynecol.; engl.) — Zur chem. Spaltung von Konjugaten der *17-Ketosteroide* (I) des Harns werden diese mit $HClO_4$ in Tetrahydrofuran (II) behandelt. *Sulfate* werden durch 0,01n $HClO_4$ in **II**, das höchstens 6% W. enthält, *Glucuronoside* durch 0,1n $HClO_4$ in **II** mit höchstens 0,7% W. hydrolysiert. Die I-Hydrolyse verläuft nach diesem Verf. ebenso befriedigend wie mit $\beta$-Glucuronidase. Die Meth. ist der Spaltung mit sd. Mineralsäure überlegen. Die Wrkg. von $HClO_4$ in wasserfreier Lsg. auf verschiedene Steroide wurde untersucht. K. Maier. 4561 □

**Über die freien Nucleotide der Säugetierschilddrüse.** 1. Mitt. **Freie Nucleotide der Schilddrüse von Schaf und Rind.** Jean Grégoire, Nicole Limozin und Jana Grégoire. (Bull. Soc. Chim. biol. **44**, 765—94, 1962; Marseille, Fac. de Méd. et de Pharmacie, Labor. de Chim. Biol.; franz.) — Vff. untersuchten die Zus. der Schilddrüsen von Rind u. Schaf an *säurelösl. Nucleotiden* (I) unter Verw. von Anionenaustauscher- u. Papierchromatographie. Es wurde kein wesentlicher qual. oder quant. Unterschied zwischen den Drüsen beider Arten festgestellt. Folgende I wurden identifiziert: *Cytidin-5'-monophosphat, Diphosphopyridinnucleotid* (*DPN*), *Triphosphopyridinnucleotid* (*TPN*), *Adenosin-5'-monophosphat, Guanosin-5'-monophosphat, Inosin-5'-monophosphat, Uridin-5'-monophosphat, Adenosin-5'-diphosphat, Flavinadenindinucleotid, Adenylbernsteinsäure, Guanosindiphosphatmannose, Uridindiphosphat-N-acetylglucosamin, Uridindiphosphat-N-acetylgalaktosamin, Uridindiphosphatgalaktose, Uridindiphosphatglucose, Guanosin-5'-diphosphat, Uridin-5'-diphosphat, Adenosin-5'-triphosphat* u. *Guanosin-5'-triphosphat.* Daneben wurden 3 nichtnucleotid., im UV absorbierende Verbb. identifiziert: *Urocaninsäure* (*Urocansäure*), *Xanthin* u. *Harnsäure.* — Aus verschiedenen Unterss. geht hervor, daß die geringe Menge an nachgewiesenen Nucleosidtriphosphaten als Folge einer schnellen enzymat. Hydrolyse dieser Verbb. während des Zeitabschnittes zwischen der Tötung der Tiere u. dem Gefrieren der Schilddrüsen zu betrachten ist. Die Verteilung der Nucleotide ist folgende (in Mol pro 100): *Adeninnucleotide* 45—50; *Uridinnucleotide* 20—25; *Guaninnucleotide* 12; *Cytidinnucleotide* in Spuren; *DPN* + *TPN* 8; *IMP* u. andere Verbb. 6. Auffallend ist der hohe Geh. der Schilddrüsen an *Uridindiphosphat-N-acetylhexosamin*: er beträgt ca. 15% der Gesamtnucleotide.

H. Kockert. 4562◇

**Über die freien Nucleotide der Säugetierschilddrüse.** 2. Mitt. **Freie Nucleotide der normalen und kranken Schilddrüse des Menschen.** Jean Grégoire, Nicole Limozin und Jana Grégoire. (Bull. Soc. Chim. biol. **44**, 795—807, 1962; franz.) — 1. vgl. vorst. Referat. — Vff. untersuchten die Zus. der normalen u. kranken menschlichen Schilddrüse (sporad. Kropf, Kropf mit Anomalien der Jodproteine der Schilddrüse u. Kropf mit Hyperthyreoidie) an *säurelösl. Nucleotiden* (I) mit Hilfe der Anionenaustaucher- u. Papierchromatographie. — Die verschiedenen in Rinder- u. Schafschilddrüse (l. c.) vorliegenden u. identifizierten I wurden auch in der menschlichen Schilddrüse gefunden; diese enthält darüber hinaus *Cytidindiphosphocholin.* — Der sporad. Kropf enthält bedeutende Mengen an *Ascorbinsäure* (II), der Kropf mit Hypertheroidie enthält jedoch keine **II**. Die Mengen an *Adenosin-5'-triphosphat* u. *Guanosin-5'-triphosphat* im Verhältnis zu den Nucleosidmono- u. -diphosphaten liegen im Falle der menschlichen Schilddrüse weit höher als im Falle der Rinder- u. Schafschilddrüsen. Werden die Nucleotide nach der Art ihres bas. Anteils, ohne Berücksichtigung ihres Phosphorylierungsgrades, eingeteilt, so findet sich für die normale u. patholog. menschliche Schilddrüse folgende Verteilung (in Mol pro 100): *Adeninnucleotide* 55; *Uridinnucleotide* 20—25; *Guaninnucleotide* 10; *Cytidinnucleotide* 1; *Diphosphopyridinnucleotid* (*DPN*) + *Triphosphopyridinnucleotid* (*TPN*) 6; *Inosin-5'-monophosphat* u. andere 5. Unter den Uridylverbb. ist die hohe Menge an *Uridindiphosphat-N-acetylhexosamin* (ca. 55%) u. das völlige Fehlen von *Uridintriphosphat* bemerkenswert. H. Kockert. 4562◇

**Die Trennung von jodierten Tyrosinen und Thyroxin aus Serum.** Rosalind Pitt-Rivers und B. I. Sacks. (Biochem. J. **82**, 111–12, Jan. 1962; London, Mill Hill, Nat. Inst. for Med. Res.; engl.) — Die Trennungen erfolgten an Säulen (3 cm lang, 1 cm ∅) von Dowex A.G. 1 X 2, Acetatform, 200–400 mesh. *Monojodtyrosin* (**I**) u. *Dijodtyrosin* (**II**) werden aus wss. Lsg. vollständig vom Harz adsorbiert; Serum stört die Adsorption nicht. **I** kann durch 8 3-ml-Fraktionen 0,025% ig. Essigsäure eluiert werden u. **II** durch 10 Fraktionen 1% ig. Essigsäure. *Thyroxin* (**III**) wird aus wss. Lsg. ebenfalls quant. adsorbiert, durch die Ggw. von Serum wird die Adsorption jedoch unvollständig. Die **III**-Bindung durch Serum läßt sich durch partielle Hydrolyse der *Serumproteine* mit *Papain* verhindern. **III** kann durch 50% ig. Essigsäure quant. eluiert werden. — Das *Thyreoglobulin* (**IV**)-enthaltende Serum (pH 4–5) wird auf die mit 0,2 m Acetatpuffer, pH 5,6 vorgewaschene Säule gegeben. **IV** kann durch 3 ml des gleichen Puffers eluiert werden, während **I** erst in den nächsten 3 ml erscheint. Die Trennung von **III** u. *Trijodthyronin* unter Anwendung eines Essigsäuregradienten gelang nicht. P. Schwerdtfeger. 4562□

**Die Zusammensetzung der jodhaltigen Verbindungen und ihre Beziehung zum Jodumsatz in euthyreoten Strumen.** Dankwart Reinwein und Erich Klein. (Acta endocrinol. [Copenhagen] **41**, 584–94, Dez. 1962; Düsseldorf, Med. Akad., 2. Med. Klin. u. Poliklin.; dt.) — Bei 29 Patienten (21 ♀, 8 ♂ zwischen 17 u. 69 Jahren) mit euthyreoten, diffusen Strumen wurden der Jodstoffwechsel untersucht u. die jodhaltigen Verbb. vor der Strumektomie mit $^{131}J$ markiert. Im Operations-Präp. untersuchten Vff. die chem. Jodfraktionen [*proteingebundenes Jod* (**I**), *mit Butanol extrahierbares Jod* (**II**), *Jodid* (**III**)] u. die markierten Jod-Verbb. mit Hilfe von Säulen- u. Papierchromatographie. — Innerhalb der Drüse variierte der Gesamt-$^{131}$J-Geh. nur um $\pm$19,6% des Mittelwertes; die relativen Anteile von **I**, **II** u. **III** sowie die der *jodhaltigen Aminosäuren* waren untereinander gleich. Im Schilddrüsenhomogenat ohne Hydrolyse konnten *Monojodtyrosin* (**IV**), *Dijodtyrosin* u. *Thyroxin* (**V**) außerhalb des Jod–Protein-Verbandes nachgewiesen werden. Das Drüsenhomogenat nach enzymat. Hydrolyse enthielt im Vgl. zu normalen Schilddrüsen mehr Jodtyrosine auf Kosten von Jodthyroninen. 17 Strumen mit normaler **III**-Phase zeigten einen hohen Gesamtjod-Geh. (14,2 $\pm$ 5,0 mg) gegenüber jodaviden Strumen (3,58 $\pm$ 0,6 mg). Umgekehrt dazu verhielten sich die prozentualen Anteile von **II** mit ihren chromatograph. ermittelten Jodthyroninen **V**, *Trijodthyronin* u. eine nicht näher identifizierte Jodthyroninverbindung. Strumen mit erhöhtem **I** zeigten gegenüber Drüsen mit normaler Hormonphase einen beschleunigten Einbau von $^{131}$J in die höher jodierten Verbb. auf Kosten von **IV**. Die höchsten Werte für die Jodthyronine fanden sich bei Strumen mit erhöhter **III**- u. beschleunigter Hormonphase des thyreoidalen Jodumsatzes. — Bei den jodarmen Drüsen werden die Veränderungen der intrathyreoidalen Jod-Verbb. auf ein mangelhaftes exo- oder endogenes Jodangebot zurückgeführt, bei den jodreichen handelt es sich wahrscheinlich um eine Jodfehlverwertung im Sinne eines inkompletten Jodthyroninkopplungsdefektes. H. Kockert. 4562◇

**Rolle der Hypophyse der Nebenniere und der Niere bei verschiedenen Schilddrüsenreaktionen des Hamsters während des Kältestress.** Karl M. Knigge, Robert S. Goodman und David H. Solomon. (Amer. J. Physiol. **189**, 415–19, Juni 1957; Sepulveda, Calif., Veterans Administrat. Hosp.; Los Angeles, Univ., Dep. of Anat. and Med., Schol of Med.; engl.) — Die Schilddrüsenfunktion wurde durch Beobachtung der Fixierung von intraperitonealen Gaben J oder $^{131}J$ (**I**) untersucht. Die Hydrolyse ist notwendig zur Erhaltung des normalen Gew., der normalen Histolyse u. der normalen **I**-Fixierung durch die Schilddrüse bei normaler Temp.; ebenfalls zum Überleben u. zur vermehrten **I**-Fixierung während des Kältetests. Zu Beginn der Kälte-Einw. entstand eine vermehrte Freisetzung von **I**, gefolgt von einer totalen Hemmung dieser Freisetzung. Zu Beginn des Kältetests ist die **I**-Fixierung ebenfalls stark vermindert, wahrscheinlich durch eine gleichzeitige vermehrte renale Ausscheidung von *Jodid*. Dieser renale Mechanismus scheint unabhängig von der Nebenniere zu sein, jedoch das Funktionieren der Hydrolyse vorauszusetzen. M. Blaschette-Huttinger. 4562□

**Einige Aspekte des Lipidstoffwechsels in mit Anti-Insulinserum behandelten Ratten.** M. E. Tarrant, R. H. S. Thompson und P. H. Wright. (Biochem. J. **84**, 6–12, Juli 1962; London, Guy's Hosp., Med. School, Dep. of Chem. Pathol.; engl.) — Albinoratten (Wistar-Stamm), die durch *Anti-Insulin*-Serum (**I**; aus Meerschweinchen, denen Rinderinsulin intraperitoneal injiziert worden war) diabet. gemacht worden waren, zeigten bei geringem Appetit Gew.-Verlust. *Glucose* wurde nach 2 Std. im Urin gefunden.

Die Ketonurie begann 5—16 Std. nach I-Injektion. Der *Blutzucker* (**II**)-Geh. u. der Geh. an nichtveresterten *Fettsäuren* (FS) im Serum stiegen in den diabet. Ratten stark an. **II** erreichte mit 300 mg/100 ml nach 3 Std. ein Maximum, während der Geh. an nichtveresterten FS des Serums nach 12 Std. das 7fache des Normalwertes erreichte. Der Geh. an veresterten FS im Serum stieg ebenfalls an (nach 12 Std. auf das Doppelte), u. zwar wahrscheinlich infolge Akkumulation von veresterten FS. Der Geh. an *Phospholipiden* u. *Cholesterin* blieb unverändert. In der diabet. Leber stieg der *Lipid* (**III**)-Geh. (nach 12 Std. auf das Doppelte), wahrscheinlich infolge Akkumulation veresterter FS. Der Geh. an Phospholipiden u. *Cholesterin* blieb unverändert. In der diabet. Leber wurden viel mehr *Öl-* (**IV**), *Palmitin-* u. *Linolsäure* gefunden. Der Geh. an *Stearin-* (**V**) u. *Arachidonsäure* (**VI**) war nicht verändert, der an *Palmitöl-*, *Myristin-* u. *Clupanodonsäure* etwas erhöht. Im **III** des Fettgewebes diabet. Ratten wurden viel mehr **IV** u. viel weniger **V** u. **VI** als in den normalen Tieren gefunden. J. Boelter. 4564

**Über den Einfluß der Insulin-Hypoglykämie auf die bedingt-reflektorische Tätigkeit.** Ch. Graul und L. Lyhs. (Pharmazie **16,** 615—20, Dez. 1961; Berlin, Univ., Inst. für Veterinär-Physiolog.; dt.) — Vff. prüften bei Best. des *Blutzucker*-Spiegels (**I**-Sp.) den Einfl. der Hypoglykämie auf bedingte motor. Abwehrreflexe von Ratten. Zwei Std. nach der intraperitonealen Injektion steigender *Insulin* (**II**)-Dosen (1, 2, 4 I.E.) wurde eine der Höhe des **I**-Sp. entsprechende Abnahme der Anzahl der bedingten Reflexe festgestellt. Eine **II**-Dosis von 0,5 I.E. führte zu dieser Zeit zu einer Verbesserung der bedingt-reflektor. Tätigkeit. Nach Aufhebung des **II**-Komas durch *Glucose*-Gaben blieb die Wiederherst. der bedingt-reflektor. Tätigkeit hinter der Normalisierung des **I**-Sp. zurück. Eine irreversible Störung der höheren Nerventätigkeit konnte selbst nach 8maligem Koma nicht beobachtet werden. G. Mews. 4564□

**Durch Äthanol erzeugte Hypoglykämie bei Hydroxythiamin-behandelten Tieren.** James E. Wilson, William C. Clark und Harold R. Hulpieu. (J. Pharmacol. exp. Therapeut. **137,** 179—85, Aug. 1962; Indianapolis, Ind., Indiana Univ. School of Med., Dep. of Pharmacol.; engl.) — Nach der Anwendung von *Hydroxythiamin* (**I**) + *A.*, nicht aber nach **I** oder A. allein, trat bei Hunden u. Katzen, nicht aber bei Kaninchen, Meerschweinchen, Tauben, Ratten u. Mäusen, Hypoglykämie ein, die durch gleichzeitige Gabe von *Thiamin* (**II**) verhindert werden konnte. A. u. **I** bewirkten jeweils eine Abnahme des *Glykogens* (**III**) in der Leber. Die durch **I** bewirkte Abnahme von **III** wurde durch **II** aufgehoben. A. erhöhte allein oder nach Vorbehandlung mit **I** den *Fettsäure* (**IV**)-Geh. der Leber. *Fructose* verhütete diese Zunahme infolge von A., nicht jedoch infolge von A. + **I**. Bei **I**-behandelten Tieren steigerte **I** die Zunahme von **IV** in der Leber. K. Zingraf. 4564□

**Wirkung eines nichtdiabetogenen Sulfhydrylhemmstoffes auf den Glutathiongehalt des Inselgewebes des Pankreas.** Sture Falkmer. (Acta endocrinol. [Copenhagen] **41,** 607—12, Dez. 1962; Uppsala, Univ., Inst. of Pathol.; Fiskebäckskil, Schweden, Kristineberg Zool. Stat.; engl.) — In Unterss. an *Cottus scorpius* (Knochenfisch) stellte Vf. fest, daß der nichtdiabetogene Sulfhydrylinhibitor *Jodessigsäure* (**I**) nach i.m. Injektion von letalen ($DL_{50}$) u. subletalen Dosen den *Glutathion* (**II**)-Geh. des Inselgewebes des Pankreas merklich senkt. Die **II**-Abnahme nach **I**-Verabfolgung unterscheidet sich wesentlich von der nach *Alloxan* (**III**)-Gaben beobachteten **II**-Senkung: die **II**-Abnahme nach **I** tritt später auf u. hält länger an als nach **III**-Verabreichung. H. Kockert. 4564◇

**Die Veränderungen der SH-Gruppen während der Thymusinvolution.** A. Eugène Pora, Virgil Toma und Nicolas Fabian. (C. R. hebd. Séances Acad. Sci. **255,** 2207—09, 22/10. 1962; Cluj, Rumänien, Univ., Chaire de Physiolog. animale; franz.) — Bei den Albinoratten besteht während der physiolog. Entw. u. Involution des Thymus ein maximaler Geh. an *SH*-Gruppen im Alter von 24 Tagen, mit einem deutlichen darauffolgenden Abfall. Bei experimentell provozierter Involution durch *Hydrocortison* u. *ACTH* entsteht eine Abnahme der SH-Gruppen, während nach Adrenalektomie u. konsekutiver Thymushypertrophie ein Anstieg der SH-Gruppen beobachtet wird. A. Blaschette-Huttinger. 4566◇

**Die Beteiligung von Serotonin (5-Hydroxytryptamin) an der physiologischen Beweglichkeit des Dünndarms des Menschen. Elektromanometrische Untersuchungen.** Charles Debray und François Besançon. (J. de Physiol. **53,** 525—41, Mai/Juni 1961; Paris, Hôp. Bichat; franz.) — Die Unters. des menschlichen Verdauungstrakts durch Intubation u. elektromanometr. spricht für eine physiolog. Funktion des *Serotonins* bei der Beweglichkeit von Duodenum u. Jegunum, nicht aber von Ileum oder Colon. K. Maier. 4569□

**Serotoninantagonismus an der Placenta.** E. Flückiger und R. Salzmann. (Experientia [Basel] **17,** 131, 15/3. 1961; Basel, Sandoz A.G., Pharmacol. Labor.; dt.) — In der Placenta von Ratten, denen am 17.—19. Schwangerschaftstag 15 mg *Serotonin* (**I**) pro kg subkutan injiziert wurden, traten Gefäßveränderungen ein, die innerhalb von 3 bis 4 Std. zum Absterben der Föten führten. Vorbehandlung der Tiere mit 30 $\mu$g *D-Lysergsäurediäthylamid* (*LSD-25, Delysid*)/kg, 9 $\mu$g *1-Methyl-D-lysergsäurepropanolamid* (*PML-946*)/kg oder 3,7 $\mu$g *1-Methyl-D-lysergsäurebutanolamid* (*UML-491, Deseril*)/kg hoben die Wrkg. von I auf. K. Zingraf. 4569 □

**5-Hydroxytryptamin in den subcellulären Partikeln des Kaninchenhirns.** Akira Inouye, Kiyoshi Kataoka und Junko Shinagawa. (Nature [London] **194,** 286 bis 287, 21/4. 1962; Kyoto, Japan, School of Med.; Kyoto Univ., Dep. of Physiol.; engl.) — Subcelluläre Fraktionen aus Kaninchenhirnhomogenat enthielten *5-Hydroxytryptamin* (I) mehr in den schwereren Partikeln als den leichten. Der I-Geh. der schweren Partikel des Hirnes war höher als der der Intestinalmucosa, während die Aktivität der *Substanz P* in den leichten Teilchen höher war. Es wird angenommen, daß I eine geringe Rolle als Überträger im Zentralnerven-Syst. spielt, sofern der zentrale chem. Überträger in der sog. „synapt. Vesicula-Fraktion" existiert. I wurde aus den Partikeln durch Erhöhung der Temp. (60°), Erniedrigung des pH (3—7), Hypotonicität (0,03m *Rohrzucker*) oder Behandlung mit Aceton bzw. Ae. freigesetzt. Ebenso wurde I durch *KCl* (80—160 mmol.), nicht aber durch *NaCl*, $MgCl_2$ oder $CaCl_2$ aus den Partikeln freigesetzt. Im Gegensatz zum gebundenen *Acetylcholin* wurde I durch *Monoaminooxydase* fast vollständig inaktiviert. In der Mikrosomenfraktion wurde eine I-zerstörende Aktivität gefunden. J. Boelter. 4569 □

**Untersuchungen über den Ursprung des antidiuretischen und des posthämorrhagischen, diuretischen Prinzips.** H. Jahn, F. Stephan, J. Gruner und J. Stahl. (C. R. Séances Soc. Biol. Filiales **152,** 1798—1803, 1958, herausgeg. 31/3. 1959; Strasbourg, Fac. de Méd., Clin. Méd. B; franz.) — Nach einem schnellen Aderlaß von 20 ml/kg Körper-Gew. tritt beim Hund im Verlauf der 1 Std. im Harn ein antidiuret. Prinzip (a.P.) auf, das nach 5—10 Std. verschwunden ist, u. dem ein diuret. Prinzip (d.P.) zwischen der 6.—24. Std. nach dem Aderlaß folgt. Beide Aktivitäten sind auch im Blut nachweisbar. Um ihren Ursprung festzustellen, wurden Hunden die Schilddrüse (S.), die Nebenschilddrüsen (N.), die Nebennieren (NN), der Hypophysenvorder- (HVL) u. -hinterlappen (HHL) entfernt. Nach Zerstörung des HHL tritt das a.P. nicht mehr auf, das d.P. trat aber auch noch nach der Entfernung der NN, der N. u. der Gesamthypophyse auf. Das d.P. ist aber nicht ident. mit dem von Baisset u. auch nicht mit dem von Little beschriebenen Prinzip. Sein Ursprungsort konnte noch nicht festgelegt werden, ausgeschlossen werden konnte nur die Mitwirkung von S., N., der NN u. des HVL bei der Entstehung dieses diuret. Prinzips. K. Böhm. 4569 □

**Evolution der freien Aminosäuren des Thymus und Fabricius-Beutels während der Ontogenese des Huhns.** A. Eugène Pora, Virgil Toma und Alexandre Abraham. (C. R. hebd. Séances Acad. Sci. **255,** 2010—11, 15/10. 1962; Cluj, Rumänien, Univ., Chaire de Physiolog. animale; franz.) — Die gleichen *Aminosäuren* (*Cystin, Cystein, Lysin, Arginin, Asparagin, Ornithin, Serin, Asparaginsäure, Glycin, Glutaminsäure, Alanin, Prolin, Tyrosin, Methionin, Phenylalanin, Leucin*) sind in physiolog. Zustand u. bei Atrophiezuständen in beiden Organen enthalten, woraus man auf deren Funktionsähnlichkeit während der Ontogenese schließen kann.
M. Blaschette-Huttinger. 4569◇

**Über die Suche nach einem „messenger" zur Hämoglobin-Synthese.** Hildegarde Lamfrom. (Biochem. J. **84,** 59 P, Sept. 1962; Cambridge, Med. Res. Council Labor. of Mol. Biol.; engl.) — In einem zellfreien Reticulocyten-Syst., das Ribosomen, pH-5-Fraktion u. die überstehende Lsg. der Zellzentrifugation enthält, gelingt die Synth. von charakterist. *Hämoglobin* (I). Die Unterss. zeigten, daß Fraktionen in den überstehenden Lsgg. einen bestimmenden Einfl. bei der Synth. von I haben. E.-R. Lochmann. 4572◇

**Die Reduktion von Disulfiden durch menschliche Erythrocyten.** L. Eldjarn, J. Bremer und H. C. Börresen. (Biochem. J. **82,** 192—97, Jan. 1962; Oslo, Univ., Inst. of Clin. Biochem., Rikshospitalet; engl.) — Vff. untersuchen die Red. verschiedener *Disulfide* [*Cystamin* (I), *N.N'-Dimethylcystamin, N.N'-Diäthylcystamin, N.N.N'.N'-Tetramethylcystamin, N.N.N'.N'-Tetraäthylcystamin, N.N'-Diacetylcystamin, Na-Tetrathionat* (II), *Thioglykolsäuredisulfid* (III), *Thioäthanoldisulfid* (IV), *Cystindiäthylester* (V), oxydiertes *Glutathion* (VI), *L-Cystin* (VII), *L-* bzw. *D-Homocystin* (VIII)] durch menschliche Erythrocyten. I u. die untersuchten I-Derivv. werden schnell reduziert. Die Red. verläuft wahrscheinlich über Austausch-Rkk. mit intracellulärem **VI**, wobei dann das oxydierte **VI** durch *Glutathionreduktase* wieder red. wird. **II, III, IV** u. **V** werden langsamer als I red., während physiolog. Disulfide wie **VI, VII** u. **VIII** nicht angegriffen werden. Bei Lagerung der Erythrocyten in Citrat-Glucosepuffer erfolgt ein rascher Rückgang der Red.-Kapazität. P. Schwerdtfeger. 4573 □

**Die Ausscheidung von Protein aus den mit Staphylokokkenleukocidin behandelten polymorphnuclearen Kaninchenleukocyten.** A. M. Woodin. (Biochem. J. **82**, 9—15, Jan. 1962; Oxford, Univ., Sir William Dunn School of Pathol.; engl.) — Werden polymorphnucleare Kaninchenleukocyten mit Staphylokokken-*Leukocidin* (I) inkubiert, so werden aus den Zellen *Proteine* (II) freigesetzt, jedoch nur wenig Aminosäuren, Nucleotide oder Phosphatester. Der Transport der II aus der Zelle in das umgebende Medium zeigt Ähnlichkeiten mit der II-Sekretion von Säugetierzellen. Es wird die Wrkg. von I auf die Verteilung von II u. *Nucleinsäuren* in den subcellulären Fraktionen der Leukocyten untersucht. Unter den aus den Leukocyten freigesetzten II konnte *Ribonuclease, Desoxyribonuclease, β-Glucuronidase* u. *Peroxydase* nachgewiesen werden. Vf. nimmt an, daß die freigesetzten II hauptsächlich, wenn nicht sogar ausschließlich, aus den Zellgranula stammen. Der verstärkte $^{32}P$-Einbau in die *Phospholipoide* der Leukocyten erfolgt hauptsächlich in ein saures Lipoid, das nicht mit Phosphoinositid ident. ist. Bei der I-Einw. erfolgt kein verstärkter $^{32}$P-Einbau in die Ribonucleinsäuren der Leukocyten. P. Schwerdtfeger. 4573□

**Modifizierung und Entwicklung der Absorption–Elution-Blutgruppenbestimmung bei Blutflecken.** R. A. Outteridge. (Nature [London] **194**, 385—86, 28/4. 1962; Harrogate, Yorks, Home Office Forensic Sci. Labor.; engl.) — Abgewandelte Vorschriften zur Blutgruppenermittlung bei eingetrockneten Blutproben.
P. Hajdú. 4573□

**Konzentration von ungebundenen Aminosäuren in Plasma und Erythrocyten normaler Kinder sowie des Nabelschnurblutes.** Maria Nicolaidou, Charles C. Lund und Rapier H. McMenamy. (Arch. Biochem. Biophysics **96**, 613—25, März 1962; Boston, Mass., Harvard Med. School, Dep. of Pediatr., Biol. Chem. and Surg.; Children's Hosp. Med. Center; Boston City Hosp., Fifth Surgical Harvard Serv.; engl.) — Es wurde die Konz. der freien *Aminosäuren* (I) in Plasma u. Erythrocyten 25 normaler Kinder im Alter von 4 Tagen bis zu 12 Jahren sowie in 4 Nabelschnurblutproben durch Salzsättigungspapierchromatographie untersucht. Die Konz. der freien I in Plasma u. Erythrocyten entspricht einer logarithm. Normalverteilung, jedoch nicht einer linearen. Für 4 I (*α-Amino-n-buttersäure, Leucin + Isoleucin, Valin, Glutaminsäure*; II) u. *Ergothionein* konnten lineare bzw. exponentielle Regressionsfunktionen der Zunahme mit steigendem Alter gefunden werden. Die Konz. von *Glutamin* (III) + II nimmt mit steigendem Alter ab, ebenso das Verhältnis von II zu III. Das Erythrocyten–Plasma-Verhältnis der I-Konz. liegt (bes. für *Methionin*) bei Kindern im allg. höher als bei Erwachsenen. Die I-Konz. des Nabelschnurblutes unterscheidet sich in verschiedener Hinsicht von derjenigen des Erwachsenen- u. des Kinderblutes; bes. die Geh. an *Lysin, Ornithin* u. *Histidin* liegen im Nabelschnurblutplasma relativ hoch.
P. Schwerdtfeger. 4574□

**Die Abbaugeschwindigkeit von doppelt, mit $^{131}$J und $^{14}$C, markiertem Albumin in der isolierten, durchströmten Rattenleber.** A. H. Gordon. (Biochem. J. **82**, 531—40, März 1962; London, Mill Hill, Nat. Inst. for Med. Res.; engl.) — Vf. markierte Rattenplasma-*Proteine* mit $^{14}C$ in vivo durch Injektion von $^{14}C$-*Glycin* (II) bzw. in vitro durch Leberperfusion mit $^{14}C$-*Leucin* (III). Nach Entfernung von Fibrin wurde das Plasma mit $^{131}$J markiert u. durch präparative Elektrophorese in Stärkegel das *Serumalbumin* (I) abgetrennt. Eine App. zur Elution von I aus dem Stärkegel wird im Anhang beschrieben. Es wird die Abbau-Geschw. des $^{14}$C-$^{131}$J-I in der isolierten durchströmten Rattenleber bestimmt. Bei Markierung mit $^{14}$C-III sind die aus den $^{14}$C- bzw. $^{131}$J-Daten errechneten Abbau-Geschw. von I prakt. gleich, während bei Markierung mit II die $^{14}$C-Daten eine höhere Abbau-Geschw. ergeben. Aus den Ergebnissen folgt, daß in vivo nur ca. 10—15 % des gesamten Ratten-I in der Leber abgebaut werden.
P. Schwerdtfeger. 4574□

**Abbau von γ-Globulin durch die isolierte, durchströmte Rattenleber.** S. Cohen, A. H. Gordon und Christine Matthews. (Biochem. J. **82**, 197—205, Jan. 1962; London, Mill Hill, Nat. Inst. for Med. Res.; engl.) — *γ-Globulin* (I) wurde aus Rattensammelserum durch Chromatographie an Diäthylaminoäthylcellulose isoliert, mit trägerfreiem $^{131}J$ bzw. $^{125}J$ markiert u. zur Entfernung des denaturierten Materials 48 Std. in vivo „gesiebt". In 10 Perfusions-Verss. betrug die Abbau-Geschw. (AG) von I (0,44 % des intravasculären I-Pools des Leberdonators/Std.) ca. 30 % des gesamten I-Abbaues in vivo. Perfusions-Verss. mit $^{125}J$-I u. $^{131}J$-*Albumin* (II) zeigen, daß die Eintritts-Geschw. von I in die Leber geringer u. die AG (als % des intravasculären Pools) größer als die von II ist. Bezogen auf den Leberpool sind die AG von I u. II gleich. Das im Perfusions-Verss. neu auftretende Protein (ca. 160 mg/4—5 Std.) besteht zum größten Teil aus gelöstem Leberprotein. In einem Anhang werden die mathemat. Ableitungen für die Errechnung der AG angeführt. P. Schwerdtfeger. 4574□

**Messung der Halblebenszeit von Plasmalipoproteiden.** Maurice Lamy, Jean Frézal, Jacques Polonovski, Dominique Bard und Jean Rey. (C. R. hebd. Séances Acad. Sci. **253**, 2135—36, 6/11. 1961; Paris, Fac. de Méd., Hôp. des Enfants Malades, Unité de Rech. de Génét. Méd., Labor. de Biochim.; franz.) — An einem Kind mit kongenitalem Fehlen der *β-Lipoproteide* (I) wurde nach Exsanguinotransfusion der Abfall der verschiedenen Plasma-I verfolgt. Die Verminderung des *Cholesterins*, der *veresterten Fettsäuren* u. des *P* verläuft ident., obwohl diese Fraktionen sehr unterschiedliche Erneuerungs-Geschw. aufweisen. Die Halblebenszeit der I wurde auf Grund des Abfalles der Lipoide zu 30 Std. bestimmt unter der Voraussetzung, daß sich die Proteinfraktion analog verhält. Der Abfall der Gesamtserumlipoide sowie der α- u. β-I läßt sich durch eine Exponentialkurve ausdrücken, wobei sich 2 unterschiedliche Stoffwechselphasen abzeichnen: eine Diffusionsphase u. eine Abbauphase der injizierten I.
P. Schwerdtfeger. 4574□

**Über die Trennung der β-Lipoproteine des Serums nach Ausfällung mittels Polyvinylpyrrolidon.** M. Burstein. (J. de Physiol. **53**, 519—24, Mai/Juni 1961; Paris, Centre Nat. de Transfusion Sanguine; franz.) — Vgl. Rev. franç. Études clin. biol. **5**, [1960], 193. — Bei hoher NaCl-Konz. fällt *Polyvinylpyrrolidon* (25%ig. Lsg.) fast selektiv die *β-Lipoproteine* (I) des Humanserums. Die gefällten I sind nicht denaturiert u. schwimmen nach Zentrifugieren bei 6000 U/min an der Oberfläche. K. Maier. 4574□

**Quantitative Haptoglobinbestimmungen.** D. M. Kahlich-Koenner und G. Weippl. (Dtsch. Z. ges. gerichtl. Med. **51**, 487—90, 25/7. 1961; Wien, Univ. Inst. für gerichtl. Med.; Univ. Kinderklin.; dt.) — Bei termingerecht Geborenen fehlt meist das *Haptoglobin* (I) im Nabelschnurblut, jedoch steigt die I-Konz. in den ersten Lebenstagen schnell an u. erreicht gegen Ende der 1. Lebenswoche die Normalwerte. Bei Frühgeburten (1400—1900 g) war in den ersten beiden Lebensmonaten I prakt. nicht nachweisbar, auch gegen Ende des 3. Lebensmonats waren die Durchschnittswerte erniedrigt. Es konnte eine Abhängigkeit der I-Typen-Best. von der I-Konz. nachgewiesen werden: bis zu 40 mg% I ist der I-Typ gut nachweisbar, bis zu 25 mg% bleibt er noch schwach nachweisbar, während er unter 25 mg% nicht mehr mit Sicherheit bestimmt werden kann. P. Schwerdtfeger. 4574□

**Gegenwart von Haptoglobin in der Synovialflüssigkeit.** Otto W. Neuhaus und Virginia P. Sogoian. (Nature [London] **192**, 558—59, 11/11. 1961; Detroit, Mich., Wayne State Univ. Coll. of Med., Dep. of Physiol. Chem. and Anat.; engl.) — Proben von Rinderserum u. konz. Synovial-Fl. (S-Fl.), die mit 5—40 mg% *Hämoglobin* (I) versetzt waren, wurden durch Elektrophorese in verd. Agar (0,25% in Veronalcitratpuffer, pH 7,3), der auf Pergamentpapier ruht, fraktioniert. Die Rinder-S-Fl. wurde vor dem Einengen durch Lyophilisieren der Einw. von Hyaluronidase unterworfen. Die Elektrophorese erfolgte in 45—50 Min. bei 250 V u. 40—60 mA. Die Pherogramme wurden unter einer IR-Lampe getrocknet u. die I-enthaltenden Bereiche durch Anfärbung mit Benzidin-$H_2O_2$ lokalisiert. Während das freie I am Startpunkt verbleibt, wandert *Haptoglobin* (II)-gebundenes I zwischen den *α-* u. *β-Globulinen*. Die Ergebnisse zeigen, daß II ein normaler Bestandteil der Rinder-S-Fl. ist u. daß die I-Bindungskapazität der S-Fl., ausgedrückt in mg gebundenem I/g Gesamtprotein ca. 40% der Bindungskapazität des Serums beträgt. P. Schwerdtfeger. 4574□

**Über Erfahrungen mit der Bestimmungstechnik und der forensischen Brauchbarkeit der Haptoglobintypen nach Smithies.** H. Baitsch. (Dtsch. Z. ges. gerichtl. Med. **51**, 473—80, 25/7. 1961; München, Univ., Inst. für Anthropol. u. Humangenetik; dt.) — Die Auftrennung der Seren erfolgte durch Zonenhochspannungselektrophorese in Stärkegel. Die an ca. 20000 Unterss. beobachteten *Haptoglobin* (Hp)-Phänotypen lassen sich nicht ausnahmslos in das genet. Modell $Hp^1Hp^1$, $Hp^2Hp^1$, $Hp^2Hp^2$ einordnen, jedoch beträgt die Häufigkeit derartiger Varianten $<1\%$. Als extreme Sonderfälle (bes. Allele?) sind die modifizierten Typen Hp2–1 Ca nach Galatius-Jensen sowie der Johnson-Typ anzusehen. Die Typen Hp2–1 modifiziert nach Smithies u. Giblett sowie Hp2–2 schwach weisen fast regelmäßig eine teilweise erheblich unter dem Durchschnitt liegende Hp-Konz. auf, so daß diese Typen möglicherweise als quant. Varianten aufzufassen sind. Der Phänotyp Hp1–1 kann leicht mit einer Ahaptoglobinämie verwechselt werden. Ob der echten Ahaptoglobämie eine genet. Sonderstellung zukommt, ist ungeklärt. P. Schwerdtfeger. 4574□

**Isolierung von Sebacinsäure aus menschlichem Harn.** W. Dirscherl und W. Schmidtmann. (Naturwissenschaften **49**, 301—02, 1. Juni-H. 1962; Bonn, Univ., Physiol. chem. Inst.; dt.) — Vff. isolierten aus Menschenharn durch Chromatographie an Celite 545 *Sebacinsäure*, F. 128—130,5°. Vff. nehmen an, daß diese durch ω-Oxydation aus *Caprinsäure* entstanden ist. Aus 1000 Liter Harn wurden nur einige mg erhalten. W. Hiller. 4577□

**Phenolische Amine im menschlichen Urin.** Yasuo Kakimoto und Marvin D. Armstrong. (J. biol. Chemistry **237**, 208—14, Jan. 1962; Yellow Springs, Ohio, Fels Res. Inst.; engl.) — Papierchromatograph. lassen sich mit den Syst. n-Butanol/Essigsäure/W. (4 : 1 : 1) bzw. Isopropanol/wss. Ammoniak/W. (8 : 1 : 1) trennen u. mit diazotiertem p-Nitranilin oder diazotierter Sulfanilsäure oder Gibbs-Reagens oder Ninhydrin nachweisen: *p-Hydroxybenzylamin* (**I**), *-phenyläthylamin*, *-N.N-dimethylphenyläthylamin*, *-phenyläthanolamin*, *-N-methylphenyläthanolamin*, *m-Hydroxyphenyläthylamin*, *o-Hydroxybenzylamin*, *3-Methoxy-4-hydroxybenzylamin*, *-N-methylbenzylamin*, *-phenyläthylamin*, *-phenyläthanolamin*, *-N-methylphenyläthanolamin*; *3-Hydroxy-4-methoxyphenyläthylamin*, *-phenyläthanolamin*, *-N-methylphenyläthanolamin*; *2-Hydroxy-3-methoxybenzylamin*, *-N-methylbenzylamin*; *3-Äthoxy-4-hydroxybenzylamin*, *Serotonin* (**II**), *N-Methylserotonin*, *Pyridoxin*, *Pyridoxamin*, *Pyridoxal*. Bei 55 Patienten lassen sich auf diese Weise *Normetanephrin*, **I**, *Metanephrin*, *m-* u. *p-Tyramin*, *Histamin*, *3-Methoxytyramin*, **II**, *p-Sympatol*, *Vanillylamin* u. *Octopamin* in freier oder konjugierter Form nachweisen. K. Heyns. 4577□

**Natrium- und Kaliumgehalt einiger Nahrungsmittel.** S. P. Roychowdhury und B. P. Gyani. (Indian J. appl. Chem. **22**, 113—18, 1959; Patna, Public Health Inst., Dep. of Nutrition; Sci. Coll., Dep. of Chem.; engl.) — Tabellar. Zusammenstellung des *Na-* u. *K-*Geh. einer großen Zahl von Nahrungsmitteln des östlichen Indiens.
P. Gregorzewski. 4585□

**Beziehungen zwischen Resorption und Verwertung von Calcium.** Paul Louis Fournier und Yvonne Dupuis. (C. R. hebd. Séances Acad. Sci. **255**, 1649—51, 1/10. 1962; Paris, Rue de l'Estrepade, Physiol. des Vitamines; franz.) — Vff. stellten in Unterss. an Albinoratten fest, daß die Menge an resorbiertem $Ca^{2+}$ mit steigendem Ca-Geh. der Diät ansteigt. Ein hoher *Lactose-*Geh. der Diät steigert sowohl Resorption wie auch Retention von Ca. H. Kockert. 4585◇

**Die Kolloideisen-Clearance bei Eisenmangelkrankheiten.** H. Overkamp. (Klin. Wschr. **39**, 390—93, 1/4. 1961; Solingen, Städt. Krankenanstalten, Med. Klinik; dt.) — Bei *Fe-*Mangelkrankheiten mit u. ohne Anämie entspricht die Eliminierungs-Geschw. für i.v. injiziertes *Koll.-Eisen* aus dem strömenden Blut (Ablagerung im reticuloendothelialen Syst.) den bei Gesunden gefundenen Werten, so daß die Erniedrigung des Serum-Fe-Spiegels bei Fe-Mangelkrankheiten ausschließlich durch den Fe-Mangel als solchen bewirkt wird u. Änderungen der Zellpermeabilität (anders als bei Infekt- u. Tumorsideropenien) hierbei keine Rolle spielen. U. Tausendfreund. 4585□

**Die Wirkung von Unterernährung auf den Kupfergehalt der Leber bei Ratten.** W. D. Allen und H. Schnieden. (Proc. Soc. exp. Biol. Med. **110**, 346—47, Juni 1962; Ibadan, Nigeria, Univ. Coll., Dep. of Pharmacol.; engl.) — Ratten erhielten normale u. Mangelkost. Die Mangeltiere zeigten Gew.-Abnahme. Der Gesamt-*Cu-*Geh. der Leber betrug bei den normalen Tieren 28,2 μg, bei den Mangeltieren 8,2 μg. Der Cu-Geh. pro 100 g Leber bzw. pro 1 g Körper-Gew. unterschied sich nicht. Der geringere Cu-Geh. der Leber ist durch das geringere Leber-Gew. bedingt. W. Hiller. 4585□

**Der Einfluß verschiedener Nahrungskomponenten auf den Cholesterinstoffwechsel.** David Kritchevsky. (J. Amer. Oil Chemists' Soc. **36**, 111—14, März 1959; Philadelphia, Pa., Wistar Inst.; engl.) — Vf. gibt zunächst unter Berücksichtigung eigener Arbeiten einen Überblick über die Beeinflussung des *Cholesterin* (**I**)-Stoffwechsels durch verschiedene Nahrungskomponenten. Danach wird über eigene neue Unterss. berichtet, die die Einw. der *Kohlenhydrate* auf den I-Stoffwechsel zum Inhalt haben. — Küken wurden in 6 Gruppen eingeteilt u. mit Diäten gefüttert, die nur *Glucose* oder *Saccharose* als Kohlenhydratkomponente (60%) enthielten. Zwei Gruppen erhielten eine I-haltige (3%) Nahrung; 2 Gruppen bekamen zusätzlich I u. 0,02% *Antibiotica* u. an 2 Gruppen wurden weder I noch Antibiotica verabfolgt. 28 Tage danach erhielten die Tiere oral eine Dosis von $^{14}C_{(4)}$-I, 2 Tage darauf wurden sie getötet u. Blut, Leber, Rumpf, Darm u. Faeces auf $^{14}C_{(4)}$-I analysiert. 85—93% des verabfolgten $^{14}C_{(4)}$-I wurde wiedergefunden. Die I-Saccharose-Gruppe hielt mehr I zurück. Bei den mit Antibioticis gefütterten Tieren fand sich bei saurer Fraktionierung weniger Radioaktivität. Das deutet auf eine Hemmung der intestinalen Umwandlung in *Gallensäuren* (II) u. andere saure Verbb. hin. Die Unterss. sprechen dafür, daß die Darmbakterien in der Disposition des Nahrungs-I entscheidende Bedeutung haben. Nach Gabe von Glucose an Küken beeinflussen Antibiotica den hypercholesterinäm. Effekt der Glucose; bei Saccharoseverabfolgung findet sich dagegen keine Änderung der I-Werte. Schwefelreiche Proteine bewirken einen Anstieg der Ausscheidung von *Taurin*-konjugierten II. Die II erscheinen auch als *Glycin*-Konjugate in der Galle oder als freie Säuren in den Faeces. Cholin scheint an der Bldg. der II beteiligt zu sein. — Die Beeinflussung des I-Stoffwechsels durch Fett hat gezeigt, daß danach eine erhöhte Ausscheidung von II erfolgt. Fette scheinen einen definitiven Einfl. auf Mikroorganismen auszuüben, dabei zeigen gesätt. u. ungesätt. Fette einen unterschiedlichen Einfl. auf das Bakterienwachstum. H. Zöllner. 4585□

**Die Wirkung der Verfütterung von indischer Kuhbutter sowie Dalda Vanaspati in Ratten.** 1. Mitt. **Die Wirkung auf die Wachstumsrate und auf das Gewicht verschiedener Organe.** N. K. Bhattacharyya und D. N. Mullick. (J. sci. ind. Res. [New Delhi], Sect. C **21,** 17—19, Jan. 1962; Izatnagar, Indian Veter. Res. Inst., Animal Nutrit. Div.; engl.) — ♀ u. ♂ Albinoratten erhielten eine mit 5 oder 10% ind. Kuhbutter bzw. Dalda vanaspati (ein Handels-Prod. hydrierten Fettes der Firma Hindusthan Lever, Bombay, mit Vitamin-A- u. -D-Zusatz) ergänztes Futter. Während der Gesamtdauer des Vers. (28 Wochen) wurden keine merklichen Unterschiede in der Wachstums-Geschw. oder des Gew. zwischen den Tieren bei den verschiedenen Futterarten bzw. bzgl. des Geschlechts gefunden, obwohl innerhalb der Vers.-Dauer gewisse Schwankungen auftraten. Ebensowenig wurden zwischen den einzelnen Gruppen Unterschiede im Gew. verschiedener Organe (Herz, Niere, Nebenniere u. Schilddrüse) gefunden.
J. Boelter. 4585□

**Wirkung von Chlortetracyclin als Futterzusatz auf die Glykolyse im Schweinemuskel.** R. Grau und H. Günther. (Naturwissenschaften **49,** 329—30, 2. Juli-H. 1962; Kulmbach, Bundesanst. für Fleischforsch., Inst. für Chem. u. Phys.; dt.) — Von 12 Schweinen erhielten 6 Tiere je 30 mg *Chlortetracyclin* (I)/Tag (*Aurofac*, Cyanamid G. m. b. H., München-Pasing), davon 1 Tier in Form des antibiot. Beifutters *Bergin* $B_{12}$ (Bergophor, Kulmbach), die restlichen 6 blieben als Kontrollen unbehandelt. Alle Tiere wurden bei Erreichen von 110 kg Lebendgew. geschlachtet. Nach 0, 2, 6, 24, 48, 72, 144 u. 216 Std. wurden Muskelproben entnommen. 2—5 g des Musculus adductor wurden nach Verreiben mit Seesand mit 50%ig. A. extrahiert u. nach Van Potter (Hurlbert u. Mitarbeiter, C. **1958,** 4815) aufgearbeitet. Papierchromatograph. Trennung der Zucker u. quant. Spektralphotometrie ergab *Ribose* (I), *Fructose* (II), *Glucose* (III), *Dextrine*, *Zuckerphosphate* u. noch nicht identifizierte Substanzen. Danach wurden die Zucker aus 50 g Fleisch an einer Chromax-Nr. 2-Papiersäule dargestellt u. durch $R_F$-Werte, Farb-Rkk., F.-Best. u. Absorptionskurven identifiziert. III wurde als β-Pentaacetat, II als 2.4-Dinitrophenylhydrazon, I als Phenylosazon, *Maltose* (IV) durch opt. Drehung u. nach Hydrolyse papierchromatograph. identifiziert. Die Unterschiede im Geh. der Muskeln an II u. III zwischen I-behandelten u. Kontrolltieren waren statist. nicht gesichert; der IV-Abbau war jedoch bei den behandelten stark verzögert (6—9 Tage; Kontrollen: 6—24 Std.), ebenso bei den Dextrinen. Vff. deuten dies als Folge der Hemmung der *α-Glucosidase* oder des Ansteigens der *Glykogen*-Reserven bei I-Fütterung.
H. G. W. Gleiß. 4585□

**Äthionin-Verabreichung bei der Ratte.** 2. Mitt. **Wirkungen auf den Einbau von $^{32}$P-Orthophosphat und $^{14}C_{(1)}$-DL-Leucin in die Phosphatide und Proteine von Leber und Plasma.** D. S. Robinson und Pamela M. Harris. (Biochem. J. **80,** 361—69, 1961; Oxford, Sir William Dunn School of Pathol. External Staff of the Med. Res. Council; engl.) — 1. vgl. C. **1962,** 12746. — Die Zufuhr von *Äthionin* (I; 150 bis 250 mg/Tier) 24—72 Std. lang führt bei Ratten zu einem 40—50%ig. Rückgang des Einbaus von *$^{32}$P-Orthophosphat* in die Leber-*Phosphatide* (II) in vivo u. zu einem 80- bis 90%ig. Rückgang des Einbaus in die Plasma-II. Die kurzfristige I-Zufuhr (5 Std.) verändert den $^{32}$P-Einbau in die II von Rattenleberschnitten bei Inkubation mit Serum nicht, während der Einbau von *$^{14}C_{(1)}$-DL-Leucin* in die Leber- u. Serum-*Proteine* vermindert ist. Diese Befunde werden im Hinblick auf die Senkung der Serum-*Lipoide* u. Erhöhung der *Triglycerid*-Konz. der Leber bei intakten Tieren unter dem Einfl. von I diskutiert. P. Schwerdtfeger. 4585□

**Der Einfluß von Thiamin und verwandten Verbindungen auf die Froschiris.** Artur Ber und Rina Singer-Altbeker. (Biochem. Pharmacol. **7,** 169—80, Aug. 1961; Petah Tigoa, Israel, Beilinson Hosp., Dep. of Endocrinol. of the Rogoff Med. Res. Inst.; engl.) — Die Verss. wurden an den beiden Froschspecies *Bufo viridis* (*B.f.*) u. *Hyla arborea* (*H.a.*) durchgeführt; die Tiere erhielten die in Salz-Lsg. oder W. gelösten Verbb. in den dorsalen Lymphsack injiziert. *Thiamin* (I) (3,75—60 bei B.f. u. 1—16 mg bei H.a./10 g Körper-Gew.) verursacht ein Schließen der Iris. Die Schließzeit ist der Dosis proportional. Die *Thiazol*- u. *Pyrimidin*-Komponenten von I sind inaktiv. I-*Mono*-

*phosphat*, I-*Diphosphat*, *Pyrithiamin* u. *Oxythiamin* zeigen die gleiche Wrkg. wie I, jedoch in höheren Dosen. *Acetylthiamin* wirkt in den gleichen Dosen wie I. I-Monophosphat zeigt in hohen Dosen (60 mg/10 g Körper-Gew.) bei B.f. keine u. bei H.a. unregelmäßige Wrkg.; seine vorherige Applikation hemmt die Wrkg. von I-Diphosphat, nicht aber die von I. W. Hiller. 4587 □

**Konzentration von Ammonium im Gehirn während Krampferscheinungen bei Thiaminmangelmäusen.** Kenneth S. Warren und Steven Schenker. (Nature [London] **193**, 253—55, 20/1. 1962; Bethesda, Md., Nat. Inst. of Allergy and Infect. Diseases, Labor. of parasit. Diseases; Nat. Inst. of Health, Labor. of Clin. Invest.; engl.) — *Thiamin* (I)-Mangelmäuse zeigen gegenüber Kontrollen keine sichere Abnahme des $NH_4^+$-Spiegels im Gehirn. Krämpfe, die durch 700—800 μg *Pentylentetrazol* induziert werden, lassen den $NH_4^+$-Spiegel bei normalen Mäusen um 316, bei I-Mangelmäusen dagegen nur um 78 μg/100 g ansteigen. G. v. Waldeyer-Hartz. 4587 □

**Das Zunehmen von lysosomen Enzymen bei der Muskeldystrophie von Kaninchen mit Vitamin-E-Mangel.** H. Zalkin, A. L. Tappel, K. A. Caldwell, S. Shibko, I. D. Desai und T. A. Holliday. (J. biol. Chemistry **237**, 2678—82, Aug. 1962; Davis, Calif., Univ. of California, Dep. of Food Sci. and Technol.; engl.) — Gewebeabbau geht parallel mit dem Auftreten von subcellulären Partikeln, den sog. *Lysosomen* (I). Vff. glauben auf Grund des Reinigungs-Verf. sagen zu können, daß *β-Glucuronidase*, *β-Galaktosidase* (II), *Kathepsin* (III), *Arylsulfatase* (IV), *Phosphatase* u. *Ribonuclease* (V) in den Kaninchenmuskeln an I gebunden sind, wobei die Aktivitäten von II, III, IV u. V bei *Vitamin-E* (VI)-Mangeltieren sowohl in der freien als auch Gesamtaktivität erheblich zunehmen. Gleichzeitig ist die vermehrte Ausscheidung von *Kreatin*, *Allantoin* u. *Aminosäuren* im Harn zu beobachten. Histopatholog. Anzeichen für den Muskelabbau sind kurz nach dem Erscheinen der Enzyme II—V feststellbar, u. man nimmt an, daß diese für den Muskelschwund bei den VI-Mangeltieren verantwortlich sind.
S. Kirschfeld. 4587◇

**Beobachtungen über den Mechanismus der Cholesterinresorption.** C. R. Treadwell, Leon Swell, G. V. Vahouny und Henry Field jun. (J. Amer. Oil Chemists' Soc. **36**, 107—11, März 1959; Washington, D.C., George Washington Univ., School of Med., Dep. of Biochem.; Martinsburg, W.Va., Vet. Admin. Center, Gen. Med. Res. Labor.; engl.) — Vff. untersuchten den Prozeß der *Cholesterin* (I)-Resorption bei Ratten mit Brustlymphgangfisteln. Als Testmahlzeiten wurden wss. Emulsionen verwandt, die Albumin, Glucose, Salze u. Kombinationen von I oder Cholesterinestern (II), Fettsäuren (III) oder Triglyceriden (IV) u. Gallensalze (V) enthielten. Die Nahrungszufuhr erfolgte durch Magensonde. In die Unterss. wurde $^{14}C_{(4)}$-I einbezogen. Durch chem. u. radiochem. Meth. verfolgten Vff. die Wege des Gesamt-I, freien I u. der II der Lymphe von Darmsegmenten, des Darminhalts u. der Fäkalien. Basierend auf diesen eigenen Unterss. u. den in der Literatur vorliegenden Daten wird ein Vers. gemacht, die I-Resorption zu erklären. Freies u. verestertes Nahrungs-I u. Fett tritt in den Dünndarm ein u. wird mit endogenem I aus der Galle sowie V, Lipase u. Cholesterinesterase (VI) gemischt. II u. IV werden hydrolysiert; II zu I u. III, die IV zu Monoglyceriden, Diglyceriden u. III. Das freie I tritt nun, evtl. als Komplex mit V, mit III, V, Pankreas-VI u. den Prodd. der IV-Verdauung in die Mucosa ein. Jetzt wird das freie I mit dem Pool des freien I in der Mucosa vermischt. Beim fastenden Tier wird dieser Pool durch den Eintritt von endogenem I aus dem Lumen, durch die Synth. von I in der Mucosa u. durch die Synth. von II u. ihren Eintritt mit geringen Mengen freien I in die Lymphe konst. gehalten. Tritt eine größere Menge von freiem I aus dem Lumen in die Mucosa über, so wird dem Anstieg des Pools durch steigende Veresterung des freien I in Ggw. von III, V u. VI entgegengetreten. Dem Anstieg der Synth.-Rate für die Ester des I folgt ein Übertreten derselben in die Lymphbahn. II treten vergesellschaftet mit IV, Phospholipiden (VII), freiem I u. Protein als Chylomikronen über. Dabei ist der genaue Entstehungsort der Chylomikronen noch nicht bekannt. Das darin enthaltene freie I stammt aber sehr wahrscheinlich aus dem Pool in der Mucosa. In Übereinstimmung mit diesem Mechanismus stehen die Befunde, daß während der I-Resorption der VII- u. IV-Geh. der Lymphe ansteigt. Auch wenn nur Fett gegeben wird, findet sich ein Anstieg von I in der Lymphe. Nach diesem Mechanismus ist das Auftreten des freien I in der Lymphe ein notwendiger Teil des Transportmechanismus für freies I. H. Zöllner. 4594 □

**Vergleichende Untersuchung der Veränderungen des Gehalts von Blutserum Operierter an Cholesterinestern, Cholesterin und α-Globulinen.** S. Korach, F. Milhaud, M. Sandor, M. M. Lévy und G. Sandor. (J. de Physiol. **53**, 579—88, Mai/Juni 1961; Paris, Inst. Pasteur; franz.) — Die Unters. des Blutserums 36 operierter Patienten vor u. 3—4 sowie 6—7 Tage nach der Operation zeigte, daß der *Cholesterin* (I)-Geh. leicht absinkt u. dann bis zum 6. Tag konst. bleibt. Die I-Veresterung fällt bis zum 3. Tag ab u. steigt dann zwischen dem 3. u. 6. Tag an. Zu diesem Zeitpunkt nimmt freies I leicht ab. Der *α-Globulin*-Anteil steigt deutlich an u. bleibt dann zwischen dem 3. u. 6. Tag konstant. K. Maier. 4596 □

**Die Wirkung von Anoxie auf den Aminosäurestoffwechsel bei der ausgewachsenen Stubenfliege (Musca domestica) in vivo.** G. M. Price und S. Moriya. (Biochem. J. **84,** 98P, Sept. 1962; Slough, Bucks., Pest. Infestat. Labor., Agric. Res. Council, Dep. of Biochem.; engl.) — 4 Tage alte Stubenfliegen erhielten $^{14}C_{(2)}$-*Acetat* injiziert. Gruppe a wurde 1 Std. nach Injektion in fl. $N_2$ getötet, Gruppe b wurde für 2 Std. in Luft belassen u. Gruppe c für 2 Std. in $O_2$-freiem $N_2$ u. dann getötet. Die $^{14}$C-Aktivität bei b hatte im Vgl. zu a folgende Werte: *Alanin* (I) 65%, *Asparagat* (II) 45%, *Glutamat* (III) 60%, *Glutamin* (IV) 26%, *Prolin* 16%. Die entsprechenden Werte für c sind 360, 84, 60, 84, 32%. Der I-Geh. im Vgl. zu a betrug bei b 35%, bei c 400%. Die Geh. in c für **II, III** u. **IV** waren 85, 20 u. 55%. Bei c wurden folgende $^{14}$C-markierte Intermediärprodd. nachgewiesen: *Glutathion, Fumarat, Lactat, Malat* u. *Succinat.* Bei b waren freie $^{14}$*C-Aminosäuren* während der 2 Std. in *Protein* inkorporiert, bei c nicht. W. Hiller. 4596 □

**Der Einbau von $^3$H-Cytidin in Mäuse verschiedenen Alters.** V. J. Wulff, H. Quastler und F. G. Sherman. (Arch. Biochem. Biophysics **95,** 548—49, Dez. 1961; Syracuse, N.Y., Univ.; Upton, N.Y., Brookhaven Nat. Labor.; Utica, N.Y., Masonic Res. Labor.; engl.) — 15 Tage alte Mäuse, Stamm „129" JAX (A), sowie 450 Tage alte des sehr ähnlichen Stammes „14" JAX (B) erhielten $^3$*H-Cytidin* (I) (7 μc/g) intraperitoneal injiziert. 5 Std. später wurden die Tiere getötet u. Schnitte von Großhirnrinde, Cerebellum, Rückenmark, Spinalganglien, Ventrikelmuskel, Skelettmuskulatur u. des Darms auf I-Einbau untersucht. Oberhalb der Purkinje-Zellen, des Cerebellums sowie der ausgewachsenen Darmzellen von B war die Aktivität gering, ebenso in den Spinalganglien, der Skelettmuskulatur u. der glatten Muskulatur sowie den sekretor. Paneth-Zellen vom A-Stamm. Nur geringe Aktivitätsunterschiede zwischen A u. B wurden im ventralen Horn des Rückenmarks, in der Hirnrinde, im Herzmuskel u. im lockeren Bindegewebe gefunden. J. Boelter. 4596 □

**Über den Mechanismus der Keratinbildung.** J. De Bersaques und S. Rothman. (Nature [London] **193,** 147—48, 13/1. 1962; Chicago, Ill., Univ., Argonne Cancer Res. Hosp. and Sect. of Dermatol.; engl.) — Zur Klärung der Frage, ob *Keratin* (I) aus freien Aminosäuren (II) oder durch Einbau S-haltiger **II** in Faserproteine entsteht, wurden Schweinen markierte **II** injiziert u. die Radioaktivität der wasserlösl. u. -unlösl. Fraktion der Haare nach bestimmten Zeiten gemessen. — Bei $^3$*H-Alanin, -Leucin* u. *-Lysin* u. bei $^{14}$*C-Serin* erreichte die Aktivität in der wasserlösl. Fraktion nach 1—2 Std. ihr Maximum u. fiel dann langsam zugunsten der Aktivität der wasserunlösl. Fraktion, die nach 1—3 Tagen ihr Maximum erreichte. $^{35}$*S-Cystein* (III) wurde zeitlich genauso aufgenommen. Wesentlich langsamer erfolgte die Aufnahme von $^{35}$*S-Methionin* (IV). Verss. mit $^3$H-**IV** ergaben, daß dessen S zum Aufbau von **III** verwandt wird, das dann in **I** eingebaut wird. — Aus der Gleichzeitigkeit des Einbaus der verschiedenen **II** u. aus dem völligen Rückgang der Aktivität in der wasserlösl. Phase schließen Vff., daß **I** aus freien **II** aufgebaut wird. K. Heyns. 4596 □

**Stoffwechsel der Phospholipide bei der Ratte.** J. D. Billimoria, Gwyneth Jones, B. F. Sansom und N. F. Maclagan. (Biochem. J. **84,** 100P, Sept. 1962; London, Westminster Med. School, Dep. of Chem. Pathol.; engl.) — Vff. gewannen radioakt. Milch durch Injektion von $^{32}PO_4^{3-}$ bei einer Ziege. $^{32}$P war zwischen Rahm u. Magermilch gleichmäßig verteilt. Im Rahm war der meiste P im *Casein* inkorporiert, 2% fanden sich in den *Phospholipiden.* Letzte wurden getrennt in die *Cephalin*-Gruppe (hauptsächlich enthaltend *Äthanolamin* u. *Serinphosphatide*) u. die *Cholin*-Gruppe der Lipide (*Lecithin* u. *Sphingomyelin*) u. auch getrennt an Ratten verfüttert. 2 Std. nach Fütterung wurden im Blut der Ratten Cephalin, Lecithin u. Sphingomyelin bestimmt. In beiden Fällen enthielt Cephalin den geringsten Geh. an markiertem P. W. Hiller. 4596 □

**Der Stoffwechsel von Triglyceriden mit cis- und trans-Octadecen-Fettsäuren.** R. R. Allen, A. A. Kiess, Patricia V. Johnston und F. A. Kummerow. (J. Amer. Oil Chemists' Soc. **35,** 203—05, Mai 1958; Chicago and Urbana, Ill., Armour & Co.; Univ. of Illinois; engl.) — Nach 16tägiger Fütterung entwöhnter ♂ Ratten mit einer aus *cis-* u. *trans-Fettsäuren* (I) zusammengesetzten, *Triglyceride* enthaltenden Nahrung werden in den extrahierten *Lipiden* des Herzens, der Leber u. dem übrigen Körper der Vers.-Tiere mittels IR-Analyse keine **I** festgestellt. Demnach werden im Rattenorganismus die **I** mit der Doppelbindung in 8- oder 9-Stellung wirksam in den Stoffwechsel einbezogen. H. Spohn. 4596 □

**Glucosestoffwechsel in der Haut junger Ratten.** Seymour H. Pomerantz und Muriel T. Asbornsen. (Arch. Biochem. Biophysics **93**, 147—52, April 1961; Cleveland, Ohio, Western Reserve Univ., School of Med., Dep. of Med., Sect. of Dermatol.; Dep. of Biochem.; engl.) — Die Unters. des *Glucose* (**I**)-Stoffwechsels [mit Hilfe von $^{14}C_{(1)}$-**I**, $^{14}C_{(6)}$-**I** u. $^{14}C_6$-**I**] in der Haut von 5 Tage alten Ratten zeigt, daß 3 Std. nach Beginn der Inkubation **I** zu ca. 36% in Carbonsäuren [*Milchsäure* (**II**), *Essigsäure* u. *Ameisensäure* (**III**)] umgewandelt ist, während ca. 2% zu $CO_2$ oxydiert wurden, 5% als Aminosäuren erscheinen (*Alanin, Serin, Glutamat, Asparagat, Glycin*), 5% als phosphorylierte Intermediärverbb. auftreten u. 28% restliche Hexose sind. Die Verfolgung des Abbaus von **II**, welche den Hauptanteil der Säuren ausmacht, zeigt die Verw. des Embden-Meyerhof-Weges. Als Beweis für das Vorhandensein eines Pentosecyclus wird die unterschiedliche Ausbeute an $^{14}CO_2$ aus $^{14}C_{(1)}$-**I** u. $^{14}C_{(6)}$-**I** angesehen. — Die Ggw. von **III** in der Haut wird hier erstmals mitgeteilt; **III** stammt jedoch vorwiegend aus endogenen Quellen. U. Tausendfreund. 4597 □

**Der Beitrag von Glucose und Acetat an den Milchbestandteilen und $CO_2$ im isolierten durchströmten Euter.** D. C. Hardwick und J. L. Linzell. (Biochem. J. **84**, 102P, Sept. 1962; Babraham, Cambridge, A.R.C. Inst. of Animal Physiol.; engl.) — Ziegeneuter wurde neben Aminosäuren u. Mineralsalzen entweder mit $^{14}C_6$-*Glucose* (**I**) oder $^{14}C_{(2)}$-*Acetat* (**II**) durchströmt. Bei Verss. mit **I** zeigten *Lactose* (**III**), *Glycerin*-Teil der *Triglyceride* (**IV**) u. $CO_2$ die erwartete hohe Aktivität. Die *Fettsäuren* (**V**) der **IV** zeigten nach 6 Std. keine signifikante Markierung. Die *Citronensäure* (**VI**) der Milch zeigte nach 1 Std. Markierung. Bei Verss. mit **II** waren in der Milch **III** u. der Glycerinteil der **IV** sowie $CO_2$ schwach markiert. **VI** war sehr akt., ebenso die **V** der **IV**. Das Euter oxydiert bei gleichem molaren Angebot **I** u. **II** in gleichem Verhältnis zu $CO_2$. W. Hiller. 4597 □

**Die Oxydation von $^{14}C_{(1)}$-Acetat und $^{14}C_6$-D-Glucose durch Hoden und Epididymis des Widders in vivo.** E. F. Annison, T. W. Scott und G. M. H. Waites. (Biochem. J. **84**, 12P, Juli 1962; Prospect, New South Wales, Australia, C.S.I.R.O.; Sydney, Univ. of New England, Fac. of Rural Sci., Dep. of Veter. Physiol.; engl.) — $^{14}C_{(1)}$-*Acetat* u. $^{14}C_6$-*Glucose* wurden in die rechte externale Jugularvene des anästhetisierten Widders infundiert. Nach Einstellung des Blutgleichgewichts wurden Blutproben der Schenkelarterie, der linken Jugularvene sowie beiden internalen *Venae spermaticae* entnommen u. die prozentuale Teilnahme beider Verbb. am oxydativen Stoffwechsel von Hoden u. Epididymis an Hand der $^{14}CO_2$-Konz. bestimmt. Verss. mit ebenso infundiertem $NaHCO_3$ deuteten auf das Vorhandensein eines *Bicarbonat*-Pools in Hoden u. Nebenhoden hin. J. Boelter. 4597 □

**Wirkungen von Fettsäuren in vitro auf den Glucose- und Pyruvat-Stoffwechsel in einer Rattenzwerchfellhälfte.** P. B. Garland und P. J. Randle. (Biochem. J. **84**, 78P—79P, Sept. 1962; Cambridge, Univ., Dep. of Biochem.; engl.) — In einer isolierten Zwerchfellhälfte von ♀ Wistar-Ratten verringerte *Butyrat* u. *Palmitat* die *Glucose* (**I**)-Aufnahme bei erhaltenem oder erhöhtem *Glykogen*-Geh., während der Anteil der **I**, welcher als *Lactat* (**II**) erschien, vergrößert wurde. Die *Pyruvat* (**III**)-Aufnahme wurde verringert, dabei wurde ein hoher Anteil in **II** umgewandelt, die *Glycerin-1-phosphat*-Konz. nahm zu u. die Umwandlung von $^{14}C_{(1)}$-**I** u. $^{14}C_{(2)}$-**III** in $^{14}CO_2$ wurde verringert. K. Zingraf. 4597 □

**Leberfunktion während Überfunktion und Hyperplasie des Reticuloendothelialsystems.** S. J. Riggi und N. R. Di Luzio. (Nature [London] **193**, 1292—94, 31/3. 1962; Memphis, Tenn., Univ. of Tennessee, Med. Units Dep. of Physiol.; engl.) — Bei Ratten wird ein Zellwand-Präp. von *Saccharomyces cerevisiae* (*Zymosan*) oder dessen auf das Reticuloendothelial-Syst. akt. Fraktion *Glucan* verabfolgt. Bei den behandelten Tieren war der Phagocytenindex pro Gew.-Einheit Leber u. Milz sowie die globale Phagocytoseaktivität stark erhöht (beschleunigter intracellulärer Abfall von koll. C, was auf eine Neubildung u. Überfunktion der Kupffer-Zellen hinweist). Der Bromsulfphthaleintest ergab jedoch eine unveränderte Funktion der Leberparenchymzellen. H. Blaschette-Huttinger. 4597 □

**Ein neues Transportsystem für Aminosäuren in den Nierentubuli und eine neue erbliche Störung des Aminosäurestoffwechsels.** C. R. Scriver, I. A. Schafer und M. L. Efron. (Nature [London] **192**, 672—73, 18/11. 1961; Montreal, Canada, Montreal Children's Hosp.; Boston, Mass., Children's Med. Center; engl.) — Unterss. an einem 3jährigen Kind mit verschiedenen erblichen Erkrankungen sowie an dessen Eltern u. Geschwistern zeigten eine Erhöhung des *L-Prolin* (**I**)-Geh. im Plasma, während die Geh. der anderen *Aminosäuren* normal waren. Die Geschwister mit erhöhten Plasma-**I**-Werten weisen eine Aminoacidurie mit erhöhter Ausscheidung von **I**, *Hydroxyprolin* (**II**) u. *Glycin* (**III**) auf. Die Clearance-Geschw. war für **II** u. **III** stark erhöht; sie steigt weiter an, wenn die Plasma-I-Konz. steigt. Aus den Ergebnissen folgt, daß die Nierenresorption von II u. III gestört ist u. daß die erhöhte I-Resorption ein bestimmender Faktor für die Aminoacidurie ist. Bei normalen Personen bewirkt die Infusion von I bzw. II einen Anstieg der Clearance-Geschw. der übrigen 2 Komponenten der Triade I–II–III. Die III-Infusion wirkt ähnlich, jedoch schwächer. Nach Ansicht der Vff. sind I, II u. III an einem gemeinsamen transcellulären Transport-Syst. in den Nierentubuli beteiligt. P. Schwerdtfeger. 4597 □

**Die Wirkung von Fettsäuren, Ketonen, Hungern und Diabetes auf den Pyruvatstoffwechsel im Rattenherzen.** E. A. Newsholme und P. J. Randle. (Biochem. J. **84**, 79P—80P, Sept. 1962; Cambridge, Univ., Dep. of Biochem.; engl.) — Die *Pyruvat* (I)-Aufnahme durch das durchströmte Rattenherz wurde durch *β-Hydroxybutyrat, Acetoacetat, n-Octanoat* (II), *Palmitat* (III), Hungern u. Alloxandiabetes verringert, die *Lactat* (IV)-Ausscheidung wurde dagegen nicht wesentlich beeinflußt. Bei Durchströmung des Herzens mit *Glucose* (V) u. *Insulin* wurde die V-Aufnahme durch Diabetes, Hungern, II u. III durch Hemmung der *Hexokinase-* u. *Phosphofructokinase*-Rk. verringert, dagegen wurde die Gesamtausscheidung von I u. IV durch Hungern u. Diabetes nicht verändert u. durch II u. III gesteigert, der IV/I-Quotient wurde durch Hungern u. Diabetes verkleinert, durch II u. III vergrößert. K. Zingraf. 4597 □

**Der Einbau von Radioaktivität aus $^{14}C_{(3)}$-Serin in die Glycerophospholipide des Gehirns.** G. B. Ansell und Sheila Spanner. (Biochem. J. **84**, 12P—13P, Juli 1962; Birmingham, Med. School, Dep. of Exp. Neuropharmacol.; engl.) — Ratten wurden 0,2 μc *$^{14}C_{(3)}$-L-Serin* (L-I) intraperitoneal injiziert. 1—24 Std. später wurde die Radioaktivität der Glycerylphosphorylester nach milder Verseifung der Hirnphospholipide bestimmt. Nach 2 Std. waren mehr als 20% der Aktivität der Gesamthirnlipide im *Phospholipid*-I konz.; die spezif. Aktivität dieses L-I betrug 30—40% der des freien I im Gehirn. Die spezif. Aktivitäten des Lipid-*Äthanolamins* u. *-Cholins* betrugen 6 bzw. $<3$% des *Lipid*-I. Das Verhältnis der spezif. Aktivität der Base zu der des *Glycerin* (II)-Teils betrug nach 2 Std. ca. 8,5, zu *Phosphatidyläthanolamin* ca. 2 u. zu *Phosphatidylcholin* (III) ca. $<0,05$; nach 24 Std. lauteten die Werte 9,6, 5,4 bzw. 0,24. Es wird angenommen, daß der II-Teil von III, der aus Gehirn stammt, nicht von *Phosphatidylserin* herrührt. Nach Injektion von DL-I wurde mehr Aktivität in III eingebaut als nach Injektion von L-I, so daß demnach D-I die Bldg. von *Phospholipidglycerin* unterstützt. J. Boelter. 4597 □

**Natur des vermehrten Proteins und der Desoxyribonucleinsäure bei chronischen Leberschäden.** Emanuel Rubin, Ferenc Hutterer, Elemer Cs. Gall und Hans Popper. (Nature [London] **192**, 886—87, 2/12. 1961; New York, N.Y., Mount Sinai Hosp., Dep. of Pathol.; engl.) — Ratten erhielten eine Diät mit 0,5% *Äthionin* (I) u. wurden auf die Entw. ihrer Leber hin untersucht. Von der 3. bis zur 7. Woche vergrößerte sich die Leber u. ihr *Protein* (II)-Geh. verdoppelte sich. Nur 5% des II-Zuwachses bestehen aus *Kollagen* (bestimmt als Hydroxyprolin). Der gesamte *Desoxyribonucleinsäure* (III)-Geh. vermehrte sich ca. 5fach, wobei das *Ribonucleinsäure*/III-Verhältnis von 4 auf 1,8 absinkt. Die Zahl der Ductularzellen steigt ca. 50fach, während die der Hepatocyten etwas zurückgeht. Nach 2wöchiger *Methionin*-Zulage normalisieren sich die Geh. an II u. III wieder, wobei auch die cytolog. Veränderungen zurückgehen. Die Zufuhr von *$^3H$-Thymidin* zeigt, daß nach 7wöchigen I-Gaben der Thymidineinbau das 30fache der Kontrolle erreicht, wobei die $^3H$-Aktivität fast ausschließlich in den Ductularzellen lokalisiert ist. Die Zufuhr von *2-Acetylaminofluoren* bzw. *α-Naphthylisothiocyanat* bewirkt ähnliche Leberveränderungen, die auf eine Proliferation der Ductularzellen zurückzuführen sind. P. Schwerdtfeger. 4597 □

**Veränderungen des Adeninnucleotidgehaltes in den Muskeln einiger wirbelloser Meerestiere.** Ken-Ichi Arai und Tsuneyuki Saito. (Nature [London] **192**, 451—52, 4/11. 1961; Hakodate, Japan, Hokkaido Univ., Fac. of Fish.; engl.) — Muskeln verschiedener wirbelloser Meerestiere [Garneele (a), Meerzwiebel (b), Krabbe (c), einige Seemuscheln (d)] wurden auf die Veränderungen des *Adeninnucleotid*-Geh. post mortem untersucht. Der Geh. an *Adenosintri-* u. *-diphosphat* nimmt bei 0—45 Std. Aufbewahrung rapide ab. Bei a, b u. c, nicht bei d, wurde neben *Adenosin-5'-monophosphat* auch *Inosin-5'-monophosphat* festgestellt, was, wie bei den Wirbeltieren, auf die Ggw. einer *Adenosindesaminase* schließen läßt. E. Lodemann. 4599 □

**Untersuchungen über das postmortale Verhalten des Diphosphopyridinnucleotids.** B. Forster und G. Schulz. (Dtsch. Z. ges. gerichtl. Med. **51**, 514—16, 25/7. 1961; Göttingen, Univ., Inst. für gerichtl. Med.; dt.) — Es werden Unterss. der Geh. an *Diphosphopyridinnucleotid* (I) sowie *red. Diphosphopyridinnucleotid* (II) von Kaninchenleber beschrieben, die in sterilen Gefäßen verschieden lange aufbewahrt wurde. I wurde mit 5% ig. Trichloressigsäure isoliert u. nach Zusatz von A., Alkoholdehydrogenase (III) u. Thiosemicarbazid bei pH 6,8 durch den opt. Test nach Warburg quant. bestimmt. Zur Best. von II wird das Substrat 1 Min. in 1n NaOH im Wasserbad auf 100° erhitzt, mit sek. K-Phosphat auf pH 6,2—6,4 eingestellt u. nach Zusatz von Acetaldehyd u. III opt. gemessen. Bei Kühlschrank-Temp. (2—4°) fällt der Geh. an I von 540 μg innerhalb von 11 Tagen auf Null ab, um nach weiteren 6—7 Tagen (vermutlich infolge bakterieller Neubildung) auf 12—14 μg/g Frischleber anzusteigen. Bei Raum-Temp. wird bereits nach 4 Tagen ein Minimum erreicht, jedoch verschwindet I nicht völlig. II zeigt bei Raum-Temp. einen gleich schnellen Abfall. P. Schwerdtfeger. 4599 □

**Elektrophoretische Untersuchungen über die Bluteiweißkörper bei der gewaltsamen Erstickung.** H. Leithoff. (Dtsch. Z. ges. gerichtl. Med. **51**, 383—86, 25/7. 1961; Freiburg/Br., Inst. für gerichtl. Med.; dt.) — In 3 Fällen von Strangulation beim Menschen war eine schlechtere Auftrennung des Gehirnblutes verglichen mit dem Blut der Schenkelvene zu beobachten. Verss. mit 15 strangulierten u. 9 dekapitierten Mäusen ergaben, daß im Kopfblut der strangulierten Tiere im Durchschnitt 1—2 *Globulin*-Fraktionen weniger darstellbar waren als im Körperblut. Im Gegensatz dazu zeigen die dekapitierten Tiere eine Übereinstimmung des elektrophoret. Verh. von Kopf- u. Körperblut. Analoge Beobachtungen konnten auch an Ratten gemacht werden. Da die in verschiedenem Umfang eingetretene Hämolyse keine ausreichende Erklärung der Befunde bietet, nimmt Vf. an, daß sich möglicherweise in den durch Strangulation vom Blutstrom abgeschnürten Hirn unphysiolog. Stoffwechsel-Prodd. bilden bzw. normale Abbau-Prodd. in ungewöhnlichen Konzz. auftreten, wodurch die elektr. Ladung der Bluteiweißkörper beeinflußt wird. Nach den bisherigen Befunden scheinen die *Proteine* des Kopfblutes nach Strangulation eine andere *Lipoid*-Beladung aufzuweisen als die übrigen Blutproteine. P. Schwerdtfeger. 4599 □

**Zur Frage der Verwertbarkeit von Cyanidbefunden im Leichenmaterial.** A. Bernt, Ch. Kerde und O. Prokop. (Dtsch. Z. ges. gerichtl. Med. **51**, 522—34, 25/7. 1961; Berlin, Humboldt-Univ., Inst. für gerichtl. Med.; dt.) — Vff. weisen in eigenen Verss. nach, daß *HCN* postmortal im Blut u. Mageninhalt entstehen kann. Das Maximum der HCN-Bldg. liegt ca. 7—14 Tage nach Eintritt des Todes. Danach ist eine allmähliche Abnahme der HCN-Konz. bis zum völligen Verschwinden zu beobachten. Die postmortale HCN-Bldg. hat ein Temp.-Optimum bei ca. 4° u. läuft im schwach alkal. bis alkal. Milieu optimal ab. Zusätze zum Vers.-Material, die der Zus. des Merck-II-Nährbodens entsprechen, wirken stimulierend auf die HCN-Bildung. Durch die postmortale HCN-Bldg. kann die exakte Abgrenzung von einer tatsächlichen HCN-Vergiftung zumindest erheblich erschwert werden. Das niedrige Temp.-Optimum, das annähernd gleichbleibende pH-Optimum sowie der in 2 Fällen positiv verlaufende Vers. des Überimpfens von Pilzrasen sprechen für die Möglichkeit einer durch Pilze bedingten HCN-Bildung.
P. Schwerdtfeger. 4599 □

## $E_6$. Pharmakologie. Therapie. Toxikologie. Hygiene

**Geiger-Müller-Zähler zur Bestimmung sehr schwacher Radioaktivitäten.** Pierre Lerch und Paul Bercier. (Bull. Soc. vaudoise Sci. natur. **67**, 223—33, 29/2. 1960; Lausanne, Hôp. cantonal, Div. de Phys. du C.A.C.R.; franz.) — Durch die Wahl eines niedrigen Backgrounds konnte die Empfindlichkeit des Zählgeräts um den Faktor 2,5 erhöht werden. R. Lenschau. 4601 □

**Einfluß von Röntgenbestrahlung auf das Gewicht und die Nucleinsäuren der Linse von Hühnerembryonen.** K. W. Daisley. (Radiat. Res. **11**, 271—77, Aug. 1959; Oxford, England, Univ. of Oxford, Nuffield Labor. of Ophthalmol.; engl.) — Subletale Dosen von Röntgenstrahlen sind bei Hühnerembryonen ohne Einfl. auf den Geh. der Linse an *Ribonucleinsäure* (I) oder *Desoxyribonucleinsäure*, u. zwar sowohl bei Unters. sofort nach der Bestrahlung als auch zu einem späteren Zeitpunkt. — Jedoch wurde in einigen Fällen eine zeitweilige Unterbrechung in der Zunahme des Gew. der Linsen u. in ihrem Geh. an I beobachtet, so daß die Linsen schließlich erheblich kleiner als normale Linsen desselben Lebensalters waren u. auch einen geringeren Geh. (jedoch die gleiche Konz.) von I aufwiesen. — Durch diese Art der Bestrahlung wird keine erkennbare Undurchsichtigkeit (Bestrahlungsstar) der Linse erzeugt.
A. Hesse. 4601 □

**Sterblichkeit von bestrahlten Ratten in verschiedenen Zeitabständen nach Injektion von Cysteamin.** V. Smoliar. (C. R. Séances Soc. Biol. Filiales **156**, 1202—04, 1962; Liège, Univ., Labor. d'Anat. Pathol.; franz.) — Vf. verabfolgte intraperitoneal an ♂ u. ♀ Albinoratten 2, 10, 20, 30, 45, 60 u. 90 Min. vor der Bestrahlung (Gesamtdosis: 900 r; 300 r/min) 100 mg *Cysteamin* (I)/kg u. bestimmte die Zahl der überlebenden Tiere bis zum 25. Tage nach der Bestrahlung. — Es konnte festgestellt werden, daß die Stärke der Strahlenschutz-Wrkg. von I von der Zeitdauer zwischen I-Injektion u. Bestrahlung abhängig ist: Beträgt die Zeit zwischen der I-Verabfolgung u. der Bestrahlung 2 Min., so ist die Schutz-Wrkg. noch relativ schwach, erreicht jedoch bei einem Zeitabstand von 45 Min. maximale Werte. H. Kockert. 4601◇

**Neue Untersuchungen über die Schutzwirkung durch Cystamin gegenüber in vitro bestrahlten Thymocyten.** E. H. Betz und G. Booz. (C. R. Séances Soc. Biol. Filiales **156,** 1199—1201, 1962; Liège, Univ., Labor. d'Anat. Pathol.; franz.) — Vff. stellten fest, daß *Cystamin* (I) gegenüber in vitro röntgenbestrahlten (300 r) Thymocyten bei 20 Min. langem Kontakt vor der Bestrahlung eine Schutz-Wrkg. ausübt. Dieser Schutzeffekt von I tritt nicht in Erscheinung, wenn I erst nach der Bestrahlung der Thymocytensuspension zugefügt wird. H. Kockert. 4601◇

**Der gegenwärtige Stand der $^{90}$Sr-Kontamination des menschlichen Organismus.** O. Pribilla. (Dtsch. Z. ges. gerichtl. Med. **51,** 516—22, 25/7. 1961; Kiel; dt.) — Für die Monate Juni u. Juli *1959* wurden als Mittelwerte einer „Normalkost" in der DBR 11 *Sr*-Einheiten (pc $^{90}$*Sr*/g *Ca*), bei Grenzwerten von 8—17 ermittelt. Unterss. an insgesamt 166 Knochenproben verschiedener Altersstufen ergaben für *1958* bei Totgeburten 1,07 (pc $^{90}$Sr/g Ca), bei 0—5jährigen 1,41, bei 5—20jährigen 0,50 u. bei >20jährigen 0,14. Für *1959* betragen die entsprechenden Werte 1,56 bzw. 1,92 bzw. 0,83 bzw. 0,18 u. für *1960* 1,28, bzw. 2,11 bzw. 0,94 bzw. 0,17. Die Altersverteilung des $^{90}$Sr-Geh. der Knochen stimmt in ihrer graph. Form mit der von Kulp u. Mitarbeitern (C. **1962,** 12000) theoret. vorausberechneten weitgehend überein, doch scheint in der DBR der Kurvengipfel zeitlich etwas verzögert aufzutreten. In der Zeit von Ende *1958* bis Mitte *1960* wurden insgesamt 6118 g Hodengewebe auf den $^{90}$Sr-Geh. untersucht, wobei ein Durchschnittswert von 9,39 Sr-Einheiten gefunden wurde.
P. Schwerdtfeger. 4601□

**Der Einfluß des Methioninsulfoxims auf den Stoffwechsel von Ratten im Vergleich zur Bestrahlungskrankheit.** J. Koloušek, Z. Dienstbier und Č. Michalec. (Klin. Wschr. **39,** 393—94, 1/4. 1961; Prag, Karls-Univ., Fak. für allg. Med., Biophys. Inst.; Labor. für Proteinsynth.; dt.) — Nach intraperitonealer Verabreichung von 400 mg *DL-Methioninsulfoxim* (I)/kg kommt es in der Milz von Ratten zu starker Stimulierung der Inkorporierung von $^{35}$*S-DL-Methionin* (II), bes. in der Eiweißfraktion, ferner zu starker $^{35}$S-Ausscheidung mit dem Harn, zu Vermehrung von *Gesamtlipiden* (III) u. *veresterten Fettsäuren* (IV) (bes. Glycerid-Fraktion) in der Leber. **III,** *Phospholipide,* **IV** u. *Gesamt-* u. *freies Cholesterin* in der Milz werden vermindert. Im Blutbild ließ sich protrahierte Lymphopenie, Neutrophilie u. zeitweilige Reticulocytopenie erkennen. Im Harn kam es zu Vermehrung der Dische-positiven Substanzen (Rk. für *Desoxyribose*). Da von I bekannt ist, daß es in die *Ribonucleinsäure*-Synth. eingreift, u. da die Blutbildveränderungen nach I u. die Ausscheidung von $^{35}$S aus II sowie der Dische-positiven Substanzen denen nach Bestrahlung gleichen, wird an die Möglichkeit einer Analogie der Wrkg.-Mechanismen von I u. Bestrahlung gedacht. U. Tausendfreund. 4601□

**Wirkung einer beträchtlichen Magnesium-Zufuhr auf das Elektrocardiogramm des Menschen.** P. Michon, A. Larcan, O. Guerci, C. Huriet und C. Kling. (C. R. Séances Soc. Biol. Filiales **152,** 1786—89, 1958, herausgeg. 31/3. 1959; franz.) — Beim Menschen konnte durch Unterss. der Ionenbilanz im Blut u. Urin, des Ekg u. der neuromuskulären Erregbarkeit nach i.v. Injektion von *Mg-Glutamat* (1,5—3,0 g = 126—252 mVal) gezeigt werden, daß es keinen bes. Typ des Ekg bei hohem *Mg*-Serumwerten gibt. Die Änderungen sind von Fall zu Fall sehr variabel. Es fehlt eine Korrelation zwischen den Ekg-Störungen u. dem Anstieg der Mg-Werte im Serum. Wahrscheinlich hängen die Ekg-Veränderungen im Verlauf der Mg-Überladung auch noch mit intra- u. extracellulären Änderungen der anderen Ionen zusammen. Sieht man die Bradycardie u. die Leitungsstörungen als Mg-Wrkg. an, so sind die Störungen in der Repolarisation doch vielleicht sek. durch Ionenänderungen, bes. des *K*-Ions, bedingt.
K. Böhm. 4606□

**Untersuchungen über die Pharmakologie von Kobaltchlorid.** H. R. Murdock jun. (J. Amer. pharmac. Assoc., sci. Edit. **48,** 140—42, März 1959; Cincinnati, Ohio, Dep. of Biol. Sci., Lloyd Brothers, Inc.; engl.) — Albinoratten erhielten oral 0,25 mg, 1,25 mg, 5 mg u. 10 mg/kg *Co* als $CoCl_2$, das schnell resorbiert wird u. von dem 27, 25, 15 u. 12% der zugeführten Mengen im Urin ausgeschieden wurden. Es kommt zu einem deutlichen Anstieg des *Erythropoietins,* u. bei Dosen von 10 mg/kg je 5 Tage/

Woche für längere Zeit steigen die Erythrocytenzahlen, Hämatokrit u. *Hämoglobin* innerhalb von 60 Tagen beträchtlich an. Die $DL_{50}$ beträgt 144 mg Co/kg; chron. Verabreichung von 10 mg/kg hat keinen schädlichen Einfl. auf Körper-Gew.; Leber-, Nieren- u. Milz-Gew. lagen bei den mit Co behandelten Tieren geringfügig höher. K. Böhm. 4606□

**Eine pharmakologische Bewertung gewisser Kobalt enthaltender hämopoietisch wirkender Agentien.** H. R. Murdock jun. und L. J. Klotz. (J. Amer. pharmac. Assoc., sci. Edit. **48,** 143—48, März 1959; Cincinnati, Ohio, Dep. of Res., Lloyd Brothers, Inc.; engl.) — Vgl. auch vorst. Referat. — Untersucht wurden *$CoCl_2$* (**I**), *Co-Niacinamid* (**II**), *Co-Polyglucopyranose* (**III**) u. *Co-Dinatriumäthylendiamintetraacetat* (**IV**) an Albinoratten auf ihre Verträglichkeit, Resorption u. Wrkg. auf die Hämopoiese. Die gastrointestinale Resorption der Verbb. scheint von einem Mechanismus abzuhängen, der das $Co^{2+}$-Ion allein betrifft. Die Toxizität steigt mit der Möglichkeit der Dissoziation des Co-Ions an. Die $DL_{50}$ beträgt bei oralen Gaben für **I** 144 (mg/kg), für **II** 134, für **III** $>$328 u. für **IV** $>$1000, bezogen auf elementares Co. Bei chron. Verss. über 240 Tage (jeweils 4 u. 8 mg elementares Co/kg) konnte für **III** u. **IV** keine Toxizität gefunden werden. **II** u. **III** sind hinsichtlich ihrer Wrkg. auf die Blut-Indices gleich wirksam wie **I**; **IV** hat den größten therapeut. Index. K. Böhm. 4606□

**Experimentelle Untersuchungen über die Konjugationsfunktionen des Magen-Darm-Traktes.** K. Hartiala. (Biochem. Pharmacol. **6,** 82—90, April 1961; Turku, Finland, Univ., Dep. of Physiol.; engl.) — Zusammenfassung der Ergebnisse früherer eigener Verss. u. solcher anderer Autoren über die *Glucuronid*-Bldg. in Verbindung mit experimentellen *Cinchophen* (*Atophan*)-Geschwüren in verschiedenen Geweben. Mögliche Zusammenhänge zwischen beiden Phänomenen u. der *Mucopolysaccharid*-Bldg. in der Magenschleimhaut werden vorsichtig diskutiert. — 29 Literaturangaben. K. Grade. 4607□

**Mechanismus der entzündungshemmenden Wirkung von Cystamin.** A. Cession-Fossion, J. Lecomte und P. Franchimont. (C. R. Séances Soc. Biol. Filiales **156,** 1196—99, 1962; Liège, Univ., Inst. de Léon Fredéricq [Physiol.]; Inst. de Méd., Dep. de Clin. et de Pathol. Méd.; franz.) — Vff. stellten fest, daß sich bei Ratten nach intraperitonealer Verabfolgung von *Cystamin* (**I**; als *Hydrochlorid*; Dosis: 5—40 mg/100 g Körper-Gew.) ein Abfall des arteriellen Blutdrucks, proportional zur verabreichten **I**-Menge (nach 5-mg-Dosen beträgt der Abfall der Hypotension 25%, bei 40 mg 100%) bemerkbar macht. Mit steigendem Grad der Hypotension nimmt auch die Dauer zu. Die Hypotension wird begleitet von einer Verminderung des *Adrenalin*-Geh. des Nebennierenparenchyms. Die durch **I** verursachte arterielle Hypotension erklärt zugleich die antiödematöse Wrkg. der Substanz. H. Kockert. 4607◇

**Resorption des $Val_5$-Oktapeptids und Wirkung auf die Darmbewegung.** G. Barac, A. Nizet und J. Renson. (C. R. Séances Soc. Biol. **155,** 934—38, 1961; Liège, Univ., Inst. de Clin. et de Policlin. Méd., Labor. de Pathol. et de Thérap. Génér.; Labor. de Rech. pour la Protection des Populations Civiles; franz.) — Das *$Val_5$-Oktapeptid* (**I**) zeigt beim Hund nach i.v. Applikation eine starke hypertensive Wirkung. In Gegensatz dazu ist **I** bei Hund, Katze, Kaninchen u. Meerschweinchen nach direkter Einführung in das Duodenum auch bei höherer Dosierung prakt. ohne Wrkg. u. tritt kaum in das zirkulierende Blut über. In vitro ist **I** bei Körper-Temp. beständig u. quant. ultrafiltrierbar. Auch in Ggw. menschlicher Duodenal-Fl. verliert **I** nur langsam seine Aktivität. Vff. nehmen an, daß **I** höchstens in sehr geringen Konzz. von der Darmmucosa resorbiert wird. Der normale Darm scheint **I** über einen Mechanismus zu inaktivieren, der unabhängig von der Wrkg. der Angiotensinase ist. Wahrscheinlich handelt es sich bei diesem Inaktivierungsmechanismus um eine schnell verlaufende Bindung von **I** durch einen oder mehrere Inhaltsstoffe der Darmzelle. P. Schwerdtfeger. 4607□

**Die Wirkung von L-Dopa und N-Methyl-N-benzyl-2-propinylaminhydrochlorid auf die Gehalte von Dopa, Dopamin, Norepinephrin, Epinephrin und Serotonin im Mäusegehirn.** R. G. Wiegand und J. E. Perry. (Biochem. Pharmacol. **7,** 181—86, Aug. 1961; North Chicago, Ill., Abbott Labor., Div. of Exp. Therapy, Chem. pharmacol. Sect.; engl.) — Vff. teilen ein Verf. für die Best. von *Dopa* (**I**; *Dihydroxyphenylalanin*), *Dopamin* (**II**), *Norepinephrin* (**III**), *Epinephrin* (**IV**) u. *Serotonin* (**V**) in einzelnen Gewebehomogenaten mit. Wurden Mäuse mit 200 mg L-**I**/kg Körper-Gew. 30 Min. vor der Tötung oder mit 100 mg *N-Methyl-N-benzyl-2-propylaminhydrochlorid* (*A 19120, MO-911*; **VI**) 24—48 Std. vor der Tötung oder mit **I** u. **VI** mit den gleichen Dosen u. Zeiten behandelt, so zeigten die Geh. an **IV** im Mäusehirn bei allen Behandlungen keine Unterschiede gegenüber den Kontrollen. Die Geh. an **I, II, III** u. **V** waren in allen

Fällen gegenüber den Kontrollen erhöht. Die stärkste Erhöhung zeigte stets die kombinierte Anwendung von **I** (20 mg, 30 Min.) u. **VI** (100 mg, 24 Std.); gegenüber den Kontrollen waren hier die Geh. auf das 2—50fache erhöht. W. Hiller. 4607□

**Einfluß der Salicylsäure auf die Cortisol-Sekretion des Hundes.** Richard S. Crampton, Willim C. Black, Arthur S. Verdesca, Relja I. Nedeljkovic, und James G. Hilton. (Nature [London] **194**, 295—96, 21/4. 1962; New York, N.Y., Dep. of Med., Labor. for Endocr. and Renal Physiol.; engl.) — Hypophysektomierten Hunden wurde *Na-Salicylat* in das arterielle Blut der Nebenniere gegeben. Die Verss. ergaben keine Steigerung, eher eine geringe Senkung der *Cortisol*-Produktion. R. Ristow. 4607□

**Dehydroxylierung von $^{14}$C-Protocatechusäure bei der Ratte.** J. C. Dacre und R. T. Williams. (Biochem. J. **84**, 81 P, Sept. 1962; London, St. Mary's Hosp. Med. School, Dep. of Biochem.; engl.) — Bei Verfütterung von $^{14}C_{(COOH)}$-*Protocatechusäure* (**I**) bei Ratten werden kleine Mengen (ca. 5%) dehydroxyliert. 70% des zugeführten $^{14}$C wurden innerhalb von 7 Tagen im Harn ausgeschieden (36% **I**, 20% *Vanillinsäure*, 2% *m-Hydroxybenzoesäure* u. 2% *m-Methoxybenzoesäure*). K. Zingraf. 4607□

**Anästhesie und die Wirkung von DDT auf Anopheles-Larven.** S. Friedman und J. Chalkley. (Nature [London] **195**, 1225, 22/9. 1962; London, Ross Inst. of Tropical Med.; engl.) — Larven von *Anopheles quadrimaculatur* Say wurden in W. durch eingeblasenes $CO_2$ oder durch Einbringen in 3,5% *Ae.* enthaltendes W. anästhetisiert u. anschließend in eine zur Tötung von 75—100% der Larven ausreichende *DDT*-Suspension gebracht (10 Min.). In beiden Fällen zeigten die anästhetisierten Larven gegenüber den nur DDT-behandelten Larven eine stark erhöhte Überlebensrate. Wurden die mit $CO_2$ betäubten Larven in dem DDT-haltigen W. bewegt, so stieg die Sterblichkeit mit der Zeit (bis 10 Min.), in der die Larven bewegt wurden, an. J. Boelter. 4607□

**Zum räumlichen Bau der Chinaalkaloide.** H. J. Roth. (Pharmazie **16**, 257—62, Mai 1961; Veitshöchheim über Würzburg; dt.) — Auf zwei verschiedenen experimentellen Wegen ermittelte Vf. die gegenseitige räumliche Lage von OH-Gruppe u. Chinuclidinstickstoff in den Alkaloiden *Cinchonin* (**I**), *Cinchonidin* (**II**), *Chinin* (**III**) u. *Chinidin* (**IV**). Als stereospezif. Reagens diente *Bleitetraacetat*. Ster. gehören die Alkaloide **I** u. **IV** (Verbrauch von 1 Mol Reagens) sowie **II** u. **III** (langsamere Rk. u. Verbrauch von >1 Mol Reagens) zusammen. Bei **I** u. **IV** liegen somit OH-Gruppe, $C_{(9)}$, $C_{(8)}$ u. Chinuchidin-N in einer Ebene; OH-Gruppe u. $N_{(1)}$ befinden sich in cis-Stellung oder räumlicher Nachbarschaft. Für **II** u. **III** gilt das Gegenteil. Für **I** u. **IV** besteht die Möglichkeit der intramol. H-Brücken-Bldg., die durch chem. u. physikal. Unterss. wahrscheinlich gemacht wurde. Der 2. experimentelle Weg bestand in der Umsetzung mit *Diphenylborinsäure*. Nur mit **I** u. **IV** entstanden entsprechende pentacycl., borhaltige Verbb., zweifelsohne sog. *Boroxazolidine* (vgl. Weidmann u. Zimmermann, C. **1959**, 14106). Mit größter Wahrscheinlichkeit beruhen die unterschiedlichen pharmakolog. Eigg. von **III** u. **IV** auf der „stereochem. Spezifität" körpereigener Receptoren. W. Schmollack. 4608□

**Photometrische Bestimmung von Isonicotinsäurehydrazid (INH), INH-Derivaten und ihren Metaboliten in biologischen Proben.** 2. Mitt. Walter Nielsch und Lieselotte Giefer. (Arzneimittel-Forsch. **9**, 700—07, Nov. 1959; Ludwigshafen/Rh., Joh. A. Benckiser G.m.b.H., Analyt. Labor.; dt.) — 1. vgl. C. **1963**, 596. — Für die Best. der Summe von *INH*, INH-Derivv. u. -Metaboliten im Plasma u. Urin nach der l. c. beschriebenen Meth. werden genaue Arbeitsvorschriften für den Ultramikro- u. Mikrobereich angegeben, nach denen z. B. noch 0,05 µg INH in 1 ml Plasma bestimmt werden können. Nach dem gleichen Verf. können INH u. seine Metaboliten auch auf dem Papierchromatogramm sehr empfindlich angefärbt werden. Qual. kann in einem Tropfen Plasma oder Urin kontrolliert werden, ob INH vom Patienten überhaupt eingenommen worden ist. Schließlich wird noch über die erzielten tuberkulostat. akt. Blutspiegelwerte nach Gaben von INH, *N-Isonicotinoyl-N'-glucuronolactonhydrazon* u. *N-Isonicotinoyl-N'-brenztraubensäurehydrazon* bei einer Vers.-Person vom Typ der schnellen INH-Inaktivatoren berichtet. K. Böhm. 4610□

**Die Wirkung von Puromycin in vivo auf die Synthese von Protein, RNS und Phospholipiden in Geweben der Ratte.** John Gorski, Yoshio Aizawa und Gerald C. Mueller. (Arch. Biochem. Biophysics **95**, 508—11, Dez. 1961; Madison, Wis., Univ. of Wisconsin Med. School, McArdle Mem. Labor.; engl.) — Ovarektomierten Ratten (Holtzmann-Stamm) wurden 15 mg *Puromycin* (**I**)/intraperitoneal zur Zeit Null, sowie 1 u. 2 Std. später injiziert. $^{14}C_{(2)}$-*Glycin* (**II**) wurde zur Zeit Null sowie 2 Std. später injiziert. Die Tiere wurden nach 4 Std. getötet u. der Einbau von **II** in den säureunlösl.

Lipid-freien Rückstand als Maß für die *Protein*-Synth. in vivo gemessen. Die *Ribonucleinsäure* (*RNS*)-Synth. wurde entsprechend nach intraperitonealer Injektion von $^{32}$*P-Orthophosphat* zur Zeit Null bestimmt. Die 2std. Injektion von **I** erniedrigte den **II**-Einbau um 50%. Verkürzung des Zeitintervalls erhöhte die **I**-Wirkung. Der Einbau in Leber, Herz, Thymus u. Niere war sehr ähnlich. Unterschiedliche Werte wurden im Uterus, wahrscheinlich durch die Injektionsart bedingt, gefunden. Die *Protein*-Synth. wurde durch **I** blockiert, am stärksten im Uterus u. in der Leber. Die RNS-Synth. wurde durch **I** in Leber, Herz u. Nieren nicht gehemmt, im Thymus um 50—60%. Die Synth. der *Phospholipide* in Leber u. Uterus wurde durch **I** erheblich stimuliert. J. Boelter. 4611☐

**Automatie-Induktion durch sympathicomimetische Amine im Katzenpapillarmuskel.** Peter E. Dresel und Diana G. Duncan. (J. Pharmacol. exp. Therapeut. **133,** 70—75, Juli 1961; Winnipeg, Manitoba, Canada, Univ. of Manitoba, Fac. of Med., Dep. of Pharmacol. and Therapeut.; engl.) — An ruhenden oder durch elektr. Reizung schlagenden isolierten Katzenpapillarmuskel-Präpp. wurde quant. die Automatie-Induktion (AI) durch sympathicomimet. Amine untersucht. *Epinephrin* (**I**) u. *Norepinephrin* sind gleich wirksam, *Isoproterenol* wirkt aber 7mal stärker als diese Amine. *Methoxamin* ist ohne Wirkung. Wird der *K*-Geh. der Bad-Fl. erhöht oder mit *Dichlorisoproterenol* vorbehandelt, so erhöht sich die Schwelle für die durch **I** bewirkte AI. Chlf. ($1 \cdot 10^{-5}$ g/ml Medium) bewirkt eine leichte Senkung der **I**-Schwelle in den meisten Muskeln. Phenoxybenzamin hat die gleiche Wirkung. K. Böhm. 4620☐

**Die Wirkung von Amphetamin und Chlorpromazin auf die Aggressivität der Ratte gegenüber der Species Maus.** P. Karli. (C. R. Séances Soc. Biol. Filiales **152,** 1796—98, 1958, herausgeg. 31/3. 1959; Strasbourg, Fac. de Méd., Inst. de Biol. Méd.; franz.) — An einer Gruppe Ratten, die sofort u. regelmäßig jede hinzugesetzte Maus töteten, wurde die Wrkg. von *Amphetamin* (**I**) auf die Agressivität (A) geprüft. 4—5 mg **I**, intraperitoneal gegeben, heben vorübergehend für 1—4 Std. die A auf. In anderen Verss. wurde auch das sexuelle Verh. der Ratten u. nach längerem Dursten ihr Verlangen nach Fl. durch diese **I**-Dosen vollständig unterdrückt. **I** führt also zu tiefgreifenden Veränderungen im Verh. der Ratten. Dieser Effekt von **I** kann aber durch 5 mg *Chlorpromazin* (**II**)/kg unterdrückt werden. **II** hat selbst keinen selektiven Einfl. auf die A, die bei Ratten, denen sie fehlt, durch **I** nicht hervorgerufen werden kann. K. Böhm. 4620☐

**Potenzierung der Wirkung indirekt sympathicomimetischer Amine durch Reserpin und Bretylium.** Henri Schmitt, Hélène Schmitt und Francoise Depoilly. (Nature [London] **196,** 73—74, 6/10. 1962; Paris, Fac. de Méd., Labor. de Thérapeut.; engl.) — Vff. fanden an vom Nebennierenmark befreiten Ratten, daß die Wrkg.-Steigerung der indirekt sympaticomimet. Amine (*Tyramin, Phenyläthylamin, Phenyläthanolamin, Ephedrin* u. *Amphetamin*) durch *Bretylium* (**I**) u. *Reserpin* (**II**) in Beziehung zur Anwesenheit von *Noradrenalin* (**III**) zu stehen scheint u. daß der Wrkg.-Mechanismus von **I** u. von **II** nicht exakt gleich ist u. die Wrkg. der Amine **III**-abhängig ist, sie aber nicht in genau gleicher Weise wirken. G. Wurm. 4620◇

**Der Antagonismus von Bretylium durch sympathicomimetische Amine.** C. Matsumoto und A. Horita. (Nature [London] **195,** 1212—13, 22/9. 1962; Seattle, Wash., Univ. of Washington, School of Med., Dep. of Pharmacol.; engl.) — Katzen in Pentobarbital-Narkose erhielten verschiedene sympathicomimet. Amine (SA) i.v. injiziert. Der Blutdruck sowie die Kontraktion der Nickhaut (N.) wurden nach Stimulierung des sympath. Cervicalnervs gemessen. 5 Min. nach der SA-Injektion wurden 15 mg *Bretylium* (**I**)/kg in drei Dosen injiziert. Nach **I**-Injektion reagierte N. nicht mehr auf Stimulierung. Jedoch trat eine vollständige Blockierung erst 20 Min. nach der letzten **I**-Applikation ein. Die Wrkg. hielt lange an. Bei vorheriger Applikation von *Desoxyephedrin* (**II**) setzte **I** die N-Kontraktion nur wenig herab, ohne sie vollständig zu unterdrücken. *DL-Amphetaminsulfat* u. *Ephedrin* zeigten ein dem **II** ähnliches Verhalten. Das antidepressiv wirkende *Imipramin* (**III**), intraperitoneal appliziert, wirkte ebenfalls ähnlich **II** als **I**-Antagonist. Das kurzwirkende *Phenyläthylamin* war gegen **I** unwirksam, ebenso *Tyraminhydrochlorid*, möglicherweise wegen zu geringer Dosis. Der **I**-Antagonismus wurde mit der Potenzierung der Brenzcatechinamine infolge Hemmung der Aufnahme durch das Gewebe durch die SA erklärt. J. Boelter. 4620☐

**Monoaminoxydase-Hemmer.** A. Jenni und A. Pletscher. (Schweiz. Apotheker-Ztg. **100,** 177—89, 17/3. 1962; Basel, F. Hoffmann-La Roche u. Co. AG., Med. Forschungsabt.; dt.) — Übersicht. Biochemie, Pharmakologie der *Hydrazin*-Derivv. u. ihre Wrkg. auf das Zentralnerven-Syst., auf das cardiovasculäre Syst., auf den Gastrointestinaltrakt u. andere Organe. Pharmakologie der *Harman*-Derivv. auf das Zentralnerven-Syst. u.

den Kreislauf. Therapie durch Monoaminoxydasehemmer (antidepressive Wrkg., Angina pectoris, Hypertonie), Nebenwirkungen. Am Schluß werden die Handels-Präpp. *Iproniazid* (*Marsilid*), *Isocarboxazid* (*Marplan*), *Nialamid* (*Espril*; *Niamide*), *Phenelzin* (*Alazin*; *Monoten*; *Nardil*; *Nardelzine*; *Stinerval*; *β-Phenyläthylhydrazin*), *Pheniprazin* (*Catron*, *Catroniazid*; *Cavodil*; *β-Phenylisopropylhydrazin*), *Pivazid* (*Tersavid*; *1-Trimethylacetyl-2-benzylhydrazin*) u. *Tranylcypromin* (*SKF 385*; *Parnate*; *dl-trans-2-Phenylcyclopropylamin*) angeführt. — 7 Literaturangaben. W. Hiller. 4620□

**Identifizierung von Octopamin bei Säugetieren.** Yasuo Kakimoto und Marvin D. Armstrong. (J. biol. Chemistry **237**, 422—27, Febr. 1962; Yellow Springs, Fels Res. Inst.; engl.) — Im Urin von Mensch, Katze, Kaninchen u. Ratte findet sich in annähernd gleichen Mengen *p-Hydroxymandelsäure* (**I**). Der Nachw. von **I** erfolgte papierchromatograph. u. durch die Umwandlung von **I** über p-Hydroxyphenylessigsäure zu *p-Hydroxybenzaldehyd*. Die Unterss. zeigen weiter, daß **I** als Stoffwechsel-Prod. von *Octopamin* (*Norsympatol*; *1-[4'-Hydroxyphenyl]-2-aminoäthanol*) (**II**) aufgefaßt werden kann. Durch Vorbehandlung mit Hemmstoffen der Monoaminoxydase (*Iproniazid*) steigt der Geh. von **II** im Urin u. einzelnen Organen an, während die Ausscheidung von **I** zurückgeht. Vff. diskutieren die Möglichkeit, daß ein Teil der pharmakolog. Effekte der Monoaminoxydasehemmer auf den Anstieg von **II** zurückzuführen sind. Joachim Schmidt. 4620□

**Beeinflussung der experimentellen, durch Isoproterenol hervorgerufenen Myocardnekrose durch Aminoxydase-Hemmer, gefäßerweiternde und tranquilisierende Arzneimittel.** Gerhard Zbinden. (Arzneimittel-Forsch. **12**, 635—38, Juni 1962; Nutley, N.J., Hoffmann-La Roche, Inc., Dep. of Biol. Res.; dt.) — Bei Ratten wurde durch zweimalige subkutane Injektion von *1-dl-[3.4-Dihydroxyphenyl]-2-isopropylaminoäthanolhydrochlorid* (*Isoproterenol*) eine infarktähnliche Myocardnekrose erzeugt. Danach wurden die Tiere mit Coronardilatatoren, Aminoxydasehemmern, Psychosedativa u. Adrenolytica behandelt. Die Coronardilatatoren $NaNO_2$, *Aminophyllin* (*1.3-Dimethylxanthinäthylendiamin*), *Persantin* (*Dipyridamol*, *2.6-Bis-[diäthanolamino]-4.8-dipiperidinopyrimido-[5.4:d]-pyrimidin*) u. die Psychosedativa *Librium* (*Chlordiazepoxid*, *7-Chlor-2-methylamino-5-phenyl-3H-1.4-benzodiazepin-4-oxid*), *Miltown* (*Equanil*, *Meprobamat*, *2-Methyl-2-propyl-1.3-propandioldicarbamat*), *Largactil* (*Megaphen*, *Chlorpromazin*, *N-[3'-Dimethylaminopropyl]-3-chlorphenothiazin*) u. *Reserpin* u. das Adrenolyticum *Ilidar* (*Azapetin*, *6-Allyl-6.7-dihydro-5H-dibenzo-[c;e]-azepin*) beeinflussen den experimentellen Myocardschaden nicht. Die Aminoxydasehemmer *Marsilid* (*Iproniazid*, *1-Isonicotinoyl-2-isopropylhydrazin*), *Marplan* (*Isocarboxazid*, *1-[5-Methyl-3-isoxazolylcarbonyl]-2-benzylhydrazin*) u. *Tersavid* (*1-Pivaloyl-2-benzylhydrazin*) minderten die Schwere der Nekrose. *Parnate* (*Tranylcypromin*, *[Trans]-dl-2-Phenylcyclopropylamin*) war dagegen wieder unwirksam. W. Hiller. 4620□

**6-Aminonicotinamid, ein das Zentralnervensystem lähmender Stoff.** H. M. Redetzki und F. Alvarez-O'Bourke. (J. Pharmacol. exp. Therapeut. **137**, 173—78, Aug. 1962; New Orleans, La., Louisiana State Univ., School of Med., Dep. of Pharmacol.; engl.) — *6-Aminonicotinamid*, ein Antimetabolit von *Nicotinamid*, besitzt eine lähmende Wrkg. auf das Zentralnervensystem. Es verringerte bei Mäusen die Spontanaktivität, die Geschw. der Oxydation von *A.*, den Geh. von *red. Triphosphopyridinnucleotid* u. *Diphosphopyridinnucleotid* (**I**) in der Leber u. von **I** im Hirn, potenzierte die Äthanol- u. *Barbiturat*-Narkose, schützte gegen *Pikrotoxin* u. *Pentylentetrazol*-Krämpfe u. beschleunigte den Stoffwechsel von *Thiopental* in den ersten 30 Min. nach Anwendung. K. Zingraf. 4620□

**Untersuchung der experimentellen Gewöhnung durch eine psycho-physiologische Methode.** 3. Mitt. **Untersuchung einiger psychotonisch wirkender Medikamente.** Jacques Mercier und Suzanne Dessaigne. (Ann. pharmac. franç. **17**, 606—15, Okt. bis Dez., 1959; Marseille, Labor. de Pharmacol. de la Fac. de Méd. et de Pharm.; franz.) — 2. vgl. C. **1959**, 2890. — An Albinoratten, die geschult waren, 2 verschiedene Farben zu unterscheiden, wurde mit dem Test des Verschwindens der initialen Störungen das Phänomen einer experimentellen Gewöhnung an *Amphetamin* (*Benzedrin*, *Ortédrine*), *Dexamphetamin* (*Maxiton*), *Metamphetamin* (*Methylamphetamin*, *Pervitin*, *Tonedron*), *Mephetedrin* (*Mephentermine*) u. *Ephedrin* untersucht. In keinem Falle konnte eine Gewöhnung nachgewiesen werden. An die Effekte von *Mescalin*, das ebenfalls mit untersucht wurde, scheint es eine relative Gewöhnung zu geben. K. Böhm. 4622□

**Präventive Wirkungen von Calciumsalzen auf den anaphylaktischen Schock beim Kaninchen.** J. Lecomte. (C. R. Séances Soc. Biol. Filiales **152**, 1836—38, 1958, herausgeg. 31/3. 1959; Liège, Belgique, Univ., Inst. Léon Fredericq (Physiol.); franz.) — Bei Kaninchen, die gegen Hühnereiweiß sensibilisiert worden waren, wurden *Calciumgluconat* (**I**), *Calciumthiosulfat* (**II**), *Ca–Na$_2$-Äthylendiamintetraessigsäure* (**III**),

*Calcistin* (IV) u. *Sandosten-Ca* (V) zur Verhinderung des anaphylakt. Schocks injiziert. Nach I u. II kommt es zu einem Blutdruckanstieg, nach IV oder V zu einer leichten Blutdrucksenkung. III ist ohne Wrkg. auf den Blutdruck. I u. II besitzen in entsprechenden Dosen (2 g) eine echte Schutz-Wrkg., III schützt nicht, IV u. V zeigen eine abgeschwächte Wrkg. gegen den anaphylakt. Schock. Keines der Präpp. verursacht tox. Effekte.
K. Böhm. 4625 □

**Quantitative elektroencephalographische Untersuchungen über die Wirkungen von Morphin und Nalorphin am Kaninchenhirn.** Leonide Goldstein und Jorge Aldunate. (J. Pharmacol. exp. Therapeut. **130**, 204—11, Okt. 1960; Atlanta, Ga., Emory Univ., Dep. of Pharmacol., Div. of Basic Health Sci.; engl.) — An ♂ weißen Kaninchen wurden quant. elektroencephalograph. Unterss. über die Wrkg. von *Morphinsulfat* (I) u. *Nalorphin* (*N-Allylnormophinhydrochlorid*; II) auf die Elektrogenesis im Hirn vorgenommen. Die log-Dosis /Wrkg.-Kurven waren für die Wrkg. von I u. II nicht die gleichen. Der blockierende Effekt von II auf I zeigte eine anscheinend Alles-oder-Nichts-Wrkg.-Schwelle u. eine proportional längere Dauer der Wrkg. für kleinere Dosen von II als für große.
K. Böhm. 4627 □

**Hemicholinium Nr. 3 und neuromuskuläre Übertragung beim Säugetier.** W. W. Hofmann, G. A. Feigen und G. H. Genther. (Nature [London] **194**, 654—56, 19/5. 1962; Palo Alto, Calif., Veter. Admin. Hosp., Dep. of Neurol.; Stanford Univ., School of Med., Dep. of Physiol.; engl.) — Obwohl *Hemicholinium Nr. 3* in vitro einen Einfl. auf die neuromuskulären Überträgerelemente des Säugetiers ausübt, konnte bei parenteraler Verabreichung selbst tödlich wirkender Dosen keine Wrkg. auf die motor. Endplatten ausgeübt werden. Da auch bei gesunden Vers.-Personen durch intraarterielle Injektionen von 0,1—0,3 mg/kg keine Blockierung muskulärer Funktionen zustande kam, wird es als unwahrscheinlich angesehen, daß myasthen. Schwäche direkte Folge der Ggw. einer ähnlichen Verb. ist.
U. Tausendfreund. 4628 □

**Synthese und Wirkung einiger Curare-artiger Bis-ammonium-Derivate mit Ester-, Keton- und Alkohol-Funktionen.** J. Büchi, Ko Ko Gyi und P. Waser. (Arzneimittel-Forsch. **10**, 699—709, Sept. 1960; Zürich, Univ., Pharmakol. Inst.; ETH, Pharmazeut. Inst.; dt.) — Nach einer Übersicht über *Curare*-Präpp. u. ihre chem. Konstit. wird die Synth. von drei monoalkylierten Malonsäuren besprochen. Als Modell gilt das Tubocurarin-Mol. mit zwei quart. Ammoniumgruppen (Abstand: ca. 12 Å). 1.: Alkylmalonsäure-bis-trimethylammoniumäthylesterdibromide: Muskellähmung nimmt bei der Maus bei größeren Alkylsubstituenten ab; bei der Katze tritt Lähmung der Atmung ein. Die ganglienblockierende Wrkg. nimmt mit den Alkylsubstituenten zu. Kurze Wrkg.; Depolarisation. 2. 1.9-Bis-[trimethylammonium]-5-alkylnonandion-(4.6)-dijodide: Uneinheitliche Wrkg.-Bild. Muskellähmung am stärksten bei der Amyl-Verb.; starke Depolarisation. Curare-Wrkg. hält Std. an. 3. 1.9-Bis-[trimethylammonium]-5-alkylnonandiol-(4.6)-dijodide: Muskellähmung nimmt bei Katze wie Maus mit steigendem Molgew. ab. Vgl. Succinylcholin. Muskellähmende Wrkg. bei der Maus bei niedermol. Verbb.: Diester > Dione > Diole; bei höhermol.: Dione > Diole > Diester; bei der Katze einheitlich: Diole > Dione > Diester. Es wird ferner das Wasersche Wirkstoff–Receptor-Porenmodell (vgl. C. **1959**, 16725) erläutert. — 64 Literaturangaben.

Versuche: *Malonsäure-bis-β-bromäthylester*, $Kp._{1,0}$ 152—154°; aus Malonsäure + Äthylenbromhydrin + HCl-Sättigung bei 60°; 79% (Ausbeute). — Alkylmalonsäure-bis-trimethylammoniumäthylesterdibromide: Alkylmalonsäure-bis-β-bromäthylester wird mit 15% Überschuß Trimethylamin in abs. Bzl. 6—8 Std. lang bei 80° im Einschlußrohr erhitzt. *Methyl-*, F. 210—216°, Ausbeute 80—85%. *Äthyl-*, F. 203—205°; *n-Propyl-*, F. 181—183°; *n-Butyl-*, F. 116—118°; *n-Amyl-*, F. 114—115°; *4-Hexylmalonsäure-bis-trimethylammoniumäthylesterdibromid*, F. 85—87°; Malonsäure-bis-trimethylammoniumäthylesterdibromid, F. 210° (Zers.), 270—280° (Sublimation). — *1.9-Bis-[dimethylamino]-nonandion-(4.6)*, $Kp._{0,2}$ 125—128°; aus 5-Dimethylaminopentanon-(2) u. γ-Dimethylaminobuttersäureäthylester mit Na-Amid in abs. Ae.; 56% Ausbeute. — 1.9-Bis-[dimethylamino]-5-alkylnonandione-(4.6): aus vorst. Diketon mit Alkyljodid u. Na-Alkoholat bei 5—10°. *5-Methyl-*, $Kp._{0,05}$ 148—150° (23,5% Ausbeute); *5-Äthyl-*, $Kp._{0,1}$ 135° (27,3); *5-n-Propyl-*, $Kp._{0,2}$ 137—139° (28,4); *5-n-Butyl-*, $Kp._{0,05}$ 123 bis 125° (24,1); *5-n-Amyl-*, $Kp._{0,25}$ 135—138° (18,6); *5-n-Hexyl-1.9-bis-[dimethylamino]-nonandion-(4.6)*, $Kp._{0,15}$ 137—140° (20,8); *1.9-Bis-[dimethylamino]-nonandion-(4.6)* (I), $Kp._{0,2}$ 125—128° (56). — 5-Alkyl-1.9-bis-[trimethylammonium]-nonandion-(4.6)-dijodide: Quaternisierung vorst. Dione I mit 20% Überschuß Methyljodid in A. im Kühlschrank. Hygroskop. Verbindungen. Dihydrate von: *5-Methyl-*, F. 189 bis 190°; *5-Äthyl-*, F. 122—124°; *5-n-Propyl-*, F. 174—176°; *5-n-Butyl-*, F. 76—79°; *5-n-Amyl-*, F. 66—68°, *5-n-Hexyl-1.9-bis-[trimethylammonium]-nonandion-(4.6)-dijodid*, F. 78 bis 80°; *1.9-Bis-[trimethylammonium]-nonandion-(4.6)-dijodid*, F. 67—70°. — 5-Alkyl-

1.9-bis-[trimethylammonium]-nonandiol-(4.6)-dijodide: katalyt. Red. der Dione I an Pt-Oxid in abs. A. u. Quaternisierung wie vorst. beschrieben. Hygroskop. Verbindungen. Dihydrate von: *5-Methyl-*, Zers. 120—125°; *5-Äthyl*, Zers. 87—90°; *5-n-Propyl-1.9-bis-[trimethylammonium]-nonandiol-(4.6)-dijodid*, Zers. 168—170°, *1.9-Bis-[trimethylammonium]-nonadiol-(4.6)-dijodid*, Zers. 63—65°; *5-n-Butyl-1.9-bis-[trimethylammonium]-nonandiol-(4.6)-dijodtetrahydrat*, Zers. 69—71°; *5-n-Amyl-1.9-bis-[trimethylammonium]-nonandiol-(4.6)-dijodidtrihydrat*, Zers. 84—86°; *5-n-Hexyl-1.9-bis-[trimethylammonium]-nonandiol-(4.6)-dijodidtetrahydrat*, Zers. 66—68°. H. Jacobi. 4628□

**Verteilung und Stoffwechsel von Methocarbamol.** Addison D. Campbell, Frances K. Coles, Leah L. Eubank und Ernst G. Huf. (J. Pharmacol. exp. Therapeut. **131,** 18—25. Jan. 1961; Richmond, Va., Med. Coll. of Virginia, Dep. of Physiol.; engl.) — In eine abgebundene Jejunumschlinge anästhesierter Hunde eingeführtes nicht- oder $^{14}C$-markiertes *Methocarbamol* (*3-[o-Methoxyphenoxy]-2-hydroxypropyl-(1)-carbamat*; I) führte zu einer weitgehenden Verteilung von $^{14}C$- u. chromogenen mit I verwandten Verbb. im Organismus, wobei unter Überschreitung der Placentaschranke auch der Foetus erfaßt wurde. 84% von resorbiertem $^{14}C$ waren in Harn, Galle, Blut u. den wichtigsten Weichteilen erfaßbar. Bei längerer (2 Wochen) täglicher oraler I-Zufuhr (Hund) fand sich $<1$% I entsprechendes chromogenes Material in den weichen Geweben. Nach einer Einzelinjektion von $^{14}C$-I traten am 1. Tag 50—90% der Aktivität im Harn, 10—12% in den Faeces auf. Im Harn zweier Vers.-Personen, die 3 Tage lang I erhielten, waren vor u. nach Hydrolyse $<1$% u. ca. 10% I in Form chromogenen Materials nachweisbar. Die in vivo-Hydrolyse von I war bei Hunden gering. Mittels Radioautographie der Papierchromatogramme wurden 6 Fraktionen, darunter I, festgestellt. I u. 2 Metabolite traten im Hundeharn als Glucuronide auf. K. Maier. 4628□

**Acetylcholin–Atropin–Antagonismus bezüglich der Refraktärperiode des Hundevorhofs in situ.** Mary Lou Torchiana und Evangelos T. Angelakos. (J. Pharmacol. exp. Therapeut. **137,** 193—97, Aug. 1962; Boston, Mass., Boston Univ., School of Med., Dep. of Physiol.; engl.) — Am elektr. in Gang gehaltenen Hundevorhof in situ bewirkt *Acetylcholin* (I) eine Abnahme der Refrakturperiode; *Atropin* wirkt antagonistisch. Dieser Antagonismus kann durch Erhöhung der I-Konz. aufgehoben werden. K. Zingraf. 4630□

**Der Mechanismus der thermischen Reaktion auf Pentylentetrazol.** Irving Shemano und Mark Nickerson. (J. Pharmacol. exp. Therapeut. **126,** 143—47, Juni 1959; Winnipeg, Univ. of Manitoba, Fac. of Med., Dep. of Pharmacol. and Therapeut.; engl.) — Bei mit Tubocurarinhydrochlorid paralysierten Hunden verursacht *Pentylentetrazol* (*Pentamethylentetrazol*) bei einer Umgebungs-Temp. von über 23—25° Hyperthermie u. bei Temp. unter diesem krit. Wert Hypothermie. Für die Hypothermie wird verstärkte Hautdurchblutung u. für die Hyperthermie erhöhte Wärmeproduktion verantwortlich gemacht. Rückenmarksektion bei $C_4$—$C_6$ zeigt einen zentralen Ursprung der therm. Rk. an. P. Gregorzewski. 4630□

**Adrenergische Neuronen blockierende Tropinderivate mit langdauernder hypotensiver Wirkung.** M. Dôda, L. György und K. Nádor. (Nature [London] **195,** 1108—09, 15/9. 1962; Budapest, Hungarian Acad. of Sci., Inst. for Exp. Med. Res., Dep. of Drug Res.; engl.) — *$N_a$-Äthyl-$N_b$-[4-cyclohexylbenzyl]-3-benzoyl-nor-α-tropiniumbromid* (I; N 830) u. *N-[4-Cyclohexylbenzyl]-3-p-tolyl-α-tropiniumbromid* (II; N 856) zeigten bei adrenerg. Nervenblockade einen langwirkenden Blutdruckabfall. In der Katze hemmten sie die Kontraktion der Nickhautmembran bzgl. der prä- u. postganglionären Stimulation des sympath. Cervicalnervs sowie die Kontraktion der Milz nach Stimulation des Milznervs u. hemmte in adrenalektomierten Tieren die pressor. Wrkg. von *Tetramethylammoniumbromid*. I u. II wirkten nicht als *Adrenalin*-Antagonisten, blockierten jedoch vorübergehend die Ganglien. I u. II bewirkten in der anästhetisierten Katze eine kurzzeitige (20—25 Sek.) Erhöhung des Blutdrucks, danach wurde ein sich mit der Dosis erhöhender Blutdruckabfall für mehr als 2 Std. gefunden. In Hunden u. Ratten wurde eine gleiche Wrkg., allerdings erst bei höheren Dosen, gefunden. Bei gleicher Wrkg. mußte die Dosis je nach der Applikation in der Reihenfolge erhöht werden: i.v., intraperitoneal, subkutan u. in den Magen direkt gegeben. I u. II waren keine Antagonisten der *Acetylcholin*-Wrkg. in der Katze oder am isoliertem Dünndarm der Ratte u. beeinflußten nicht die Atmung bzw. waren ohne Wrkg. auf den *Musculus tibialis anterior* nach Stimulation des sciat. Nervs. Die gute orale Resorption u. geringe Toxizität ($DL_{50}$ in der Maus $>$ 20 mg/kg) sowie bessere therapeut. Indikationen als die von *Guanethidin* oder *Bretylium* lassen eine therapeut. Verw. von I u. II möglich erscheinen. J. Boelter. 4630◇

**Über den Mechanismus der arteriellen Hypertension nach Lanatosid C beim Meerschweinchen.** Franc Erjavec und Pierre Arnould. (C. R. Séances Soc. Biol. Filiales **152,** 1778—80, 1950, herausgeg. 31/3. 1959; Nancy, Fac. de Méd., Labor de Physiol.; franz.) — Vgl. C. **1960,** 14441. — Beim Meerschweinchen führen i.v. Injektionen von *Lanatosid C* (I) zu einer arteriellen Hypertension. Zur Klärung des Mechanismus dieser Blutdrucksteigerung wurden in Mebubarbital-Narkose bei einem Teil der Tiere vor der I-Injektion das verlängerte Mark durchtrennt, was zu einem Blutdruckabfall von 50% führt. Bei einer 2. Gruppe von Tieren wurde ein solcher Blutdruckabfall durch einen vorherigen Aderlaß ausgelöst. Die Injektion von 0,067 ml/min einer Lsg. von 0,2 mg I/ml ergibt bei den Aderlaßtieren einen Anstieg um 170% vom Grundwert u. übertrifft sogar damit den Wert bei den Kontrollen. Bei den Tieren mit durchschnittenem Mark beträgt der Anstieg nur 23%. Der Blutdruckanstieg nach I beruht also zum größten Teil auf einer Einw. von I auf die nervösen Vasomotorenzentren u. bes. auf das bulbäre Vasoconstrictorenzentrum. K. Böhm. 4630□

**Ouabain vermindert den Gehalt des Myocards an Noradrenalin.** A. Cession-Fossion. (C.R. Séances Soc. Biol. Filiales **156,** 1192—93, 1962; Liège, Univ., Inst. Léon Fredericq [Physiol.]; franz.) — Vf. stellte fest, daß nach i.v. Injektion von steigenden Dosen *Ouabain* (0,25—1,0 mg/kg) in Ratten eine Verminderung des normalen Geh. an endogenem *Noradrenalin* im Myocardgewebe zu verzeichnen ist. H. Kockert. 4630◇

**Auftreten von Magenulcera bei der Ratte durch Reserpin-Behandlung: ihre doppelte Lokalisation auf Rumen und Drüsenschleimhaut.** R. Lambert und H. Hermann. (C.R. Séances Soc. Biol. Filiales **156,** 81—87, 1962; Lyon, Hôp. Edouard Herriot et CNRS, Clin. Méd.; franz.) — Bei 113 Ratten wird 0,5 bzw. 10,0 mg *Reserpin* (I)/kg/Tag während 4—25 Tagen verabfolgt. Bei 85% der Tiere entstehen Magenulcera, davon 93 deutliche makroskop. Läsionen am Rumen u. 96 weniger ernste patholog. Veränderungen der Drüsenschleimhaut. Die Rumenveränderungen sind in allen Fällen von einer starken Vasodillatation u. von Ödem begleitet. Sie entstehen ab 6. Tag u. werden sehr schwerwiegend ab 10. Tag. Sie sind den Hungerulcera der Ratte vergleichbar u. entstehen, ähnlich wie jene, nach der durch I-Behandlung entstandenen Unterernährung u. gänzlicher Nahrungsverweigerung, die gewöhnlich einen Gew.-Verlust von 30% nach sich ziehen. Die Ulcera des säuresekretierenden, glandulären Anteils sind oberflächlich u. ebenfalls von Vasodillatation u. Ödem begleitet. Sie treten die ersten Behandlungstage auf u. können durch eine massive Einzeldosis I hervorgerufen werden. Sie stellen dessen ulcerigene Wrkg. dar, welche vielleicht auf einer Einw. von I auf die in den Geweben vorhandenen Depots der *Brenzcatechinamine*, des *Serotonins* u. sogar des *Histamins* beruht. M. Blaschette-Huttinger. 4630◇

**Die Herz- und Gefäßwirkungen und Wirkungen auf die extravasculäre Muskulatur von Chlorphenterminhydrochlorid (p-Chlor-α.α-dimethylphenäthylamin), einem neuen Appetitzügler.** Gale C. Boxill, Max Ben, Ira W. Hillyard und M. R. Warren. (J. Pharmacol. exp. Therapeut. **137,** 198—205, Aug. 1962; Morris Plains, N.J., Warner-Lambert Res. Inst., Dep. of Pharmacol.; engl.) — *Chlorphentermin* (I) besitzt eine ähnliche Kreislauf-Wrkg. wie *Diäthylpropion* (*2-Diäthylaminopropiophenon·HCl*, II) u. *d-Amphetamin* (III; positive chronotrope u. inotrope Wrkg. auf das Herz in situ u. anhaltende Blutdruckwirkung). Bei direkter Anwendung in die Coronararterie bewirken die 3 Verbb. eine kurze Zunahme der Coronardurchblutung. Injektion in die Femoralarterie löst vorübergehend Vasoconstriction aus. II u. III, nicht aber I, steigern die Blutdruck-Wrkg. von *Noradrenalin* u. bewirken Tachyphylaxie. I u. II lähmten die glatte extravasculäre Muskulatur in vivo u. in vitro, III dagegen nur in vivo. K. Zingraf. 4630□

**Untersuchung der Wirkung von Spironolactone, SC 9420, auf die Methode der unterbrochenen Diurese.** Y. Houdas und J.-C. Favarel-Garrigues. (C. R. Séances Soc. Biol. Filiales **156,** 1161—65, 1962; Mont-de-Marsan, Labor. du C.E.A.M., Centre d'Enseignement et de Rech. de Méd. Aéronautique.; franz.) — Mit Hilfe der Meth. der unterbrochenen Diurese (vgl. Malvin u. Mitarbeiter, Amer. J. Physiol. **194,** [1958], 135) stellten Vff. in Unterss. an Kaninchen beiderlei Geschlechts fest, daß *Spironolactone* (*SC 9420*; *Aldactone*; I; Labors. Byla) in einer Dosis von 20 mg/kg (Verabfolgung mit Hilfe einer Ösophagussonde) die $Na^+$-Ausscheidung im Urin gegenüber Kontrollen geringfügig erhöht; nach höheren I-Dosen (60 mg/kg) liegt die $Na^+$-Exkretion nahe bei den bei Kontrolltieren festgestellten Werten. Die $K^+$-Werte im Urin werden zunächst durch I leicht vermindert u. danach kaum beeinflußt. H. Kockert. 4634◇

**Hemmung des Polyvinylpyrrolidon-Ödems der Rattenpfote durch intraperitoneale Injektion ödemerzeugender Substanzen.** O. Büch und Th. Wagner-Jauregg. (Arzneimittel-Forsch. **12,** 639—40, Juni 1962; Zofingen, Schweiz, Siegfried A.G.;

engl.) — Nicht entzündliche Schwellungen an Rattenpfoten infolge subplantarer Injektion von *Polyvinylpyrrolidon* können durch intraperitoneale Applikation schwellungserzeugender Substanzen gehemmt werden. Folgende Verbb. wurden untersucht u. ihre Hemmwrkg. bestimmt: *Mo 177* (*6.7-Dichlor-N*[9]*-[3-dimethylaminopropyl]-isalloxazinhydrochlorid*), 10 (mg/kg), 64 (% Hemmung); *Aescin* (*Reparil*, Dr. Madaus u. Co.), 10, 62; *Mo 210* (*6.7-Dichlor-N*[9]*-[4-diäthylamino-1-methylbutyl]-isalloxazinsulfat*) 10, 50; *Ug 766* (*Bis-cyclopentylessigsäure-2-diäthylaminoäthylesterbutylbromid*), 25, 46; *Hg 1464* (*N-[2-Pyrrolidino-(1)-äthyl]-2-octoxybenzoesäureamidhydrochlorid*), 50, 31; *NaOH*, 40, 24; *Mo 275* (*7-Chlor-N*[9]*-{3-[bis-(2-hydroxyäthyl)-amino]-propyl}-isalloxazinsulfat*), 100, 22; *Phenylbutazon* (*Na-Salz*), 200, 18; *Mo 417* (*6-Chlor-7-methoxy-N*[9]*-[2-pyrrolidinoäthyl]-isalloxazin*) 80, 18; *Kaolin* 100, 29. Der Grad der Hemmung geht der ödemerzeugenden Aktivität ungefähr parallel. Das durch Kaolin hervorgerufene Rattenpfotenödem zeigt ähnliches Verhalten. W. Hiller. 4670□

**Veränderungen an Nervenzellen nach Insekticidvergiftung bei Fischen und Krebsen.** Hermann Kayser, Dietrich Lüdemann und Horst Neumann. (Z. angew. Zool. **49**, 135—48, 1962; Berlin-Dahlem, Bundesgesundheitsamt, Inst. für Wasser–Boden- u. Luft-Hyg., Biol. Abt.; dt.) — In Nervenzellen im Vorderhirn, Mittelhirn u. Nachhirn von Karpfen (*Cyprinus carpio* L.) trat nach Einw. von *DDT*, *Lindan*, *Toxaphen* u. *Parathion* (*E 605*; I) u. bei amerikan. Flußkrebsen (*Cambarus affinis* Say) nach DDT oder I Schwellung der Zellen, Chromatolyse u. Aggregation der Nissl-Substanz um den Zellkern ein. K. Zingraf. 4675□

**Farnkrautvergiftung des Rindes.** I. Antice Evans und Roy M. Howell. (Nature [London] **194**, 584—85, 12/5. 1962; Bangor, Caernarvonshire, North Wales, Mem. Build., School of Agric., Dep. of Biochem. and Soil Sci.; engl.) — Vff. stellten nach Verabreichung eines Extraktes von Farnkrautwedeln an Kälber fest, daß Blutausstriche für die Leucocytenzählung pusteln- oder streifenförmiges Aussehen annahmen; sie führen diese Erscheinung auf erhöhten *Heparin*- u. *Histamin*-Geh. zurück u. erklären damit die verlängerte Gerinnungszeit u. die festgestellte erhöhte Capillarfragilität. P. Nachtwey. 4675□

# F. Pharmazeutische Chemie. Desinfektion

**Beiträg zur Prüfung einiger quecksilberhaltiger Konservierungsmittel für Augentropfen.** D. Schlott und M. Hädicke. (Pharmazie **17**, 241—43, April 1962; Jena, Staatl. Inst. für Arzneimittelprüfung; dt.) — Für Phenyl-Hg-Borat u. Phenyl-Hg-Acetat machen Vff. in Art der Arzneibuch-Monographien Vorschläge für die Identitäts- u. Reinheitsprüfung sowie zur Geh.- u. Trockenverlust-Bestimmung. W. Schmollack. 4750□

**Ein einfaches Gerät zur schnellen Dialyse kleiner Proben.** H. Wolffgang. (Pharmazie **17**, 403—05, Juli 1962; Aschersleben, biol. Zentralanst., Inst. für Phytopathologie; dt.) — Vf. beschreibt ein einfaches Dialysegerät für kleine Proben (8—25 ml), mit dem im Vgl. zur Sackdialyse in einem Drittel der Zeit mindestens gleich gute Ergebnisse erhalten werden. H. Moldenhauer. 4758□

**Cellulosedeckel für Citratglucoselösung.** C. Trolle-Lassen. (Arch. Pharmac. og Chem. **68(118)**, 861—64, 9/9. 1961; København, Finsen-Inst. apotek; dän.) — Cellulosedeckel für Citratglucose-Lsg. enthaltende Flaschen werden in einer Lsg. von Glycerin u. Phenol bzw. Phenyl-Hg-Acetat weichgemacht u. schrumpfen beim Trocknen zu einem dichten Verschluß. Auf die Oberfläche von Gummiverschlüssen unter den Deckeln aufgebrachtes infiziertes Papier kann durch Autoklavbehandlung bei 120° sterilisiert werden. R. K. Müller. 4758◇

**Über Testosteronsuppositorien mit besonderer Berücksichtigung der Suppositorienmasse.** Christian Hamburger und K. Pedersen-Bjergaard. (Arch. Pharmac. og Chem. **68(118)**, 146—51, 25/2. 1961; København, Statens Seruminst. u. Valby apotek; dän.) — Auf Grund der täglichen Ausscheidung von 17-Ketosteroiden im Harn von Männern nach Einführung von 40 mg *Testosteron* (I) in Form von Suppositorien verschiedener Grundlage u. verschiedener Größe über eine Zeit von 180 Tagen wird die I-Resorption aus den verschiedenen Präpp. ermittelt. Eine der zweckmäßigsten Formen sind Suppositorien mit „*Imhausen H*" (1,8—3,6 g). Die Resorption aus „*Imhausen* E" ist trotz des hohen F. von 37—39° derjenigen aus Massen mit niedrigerem F. vergleichbar; das Präp. ist bes. für heißes Klima zu empfehlen. Aus Kakaobutter wird I schwach resorbiert, sie kann auch lokale Reizerscheinungen verursachen. R. K. Müller. 4766◇

**Wirkung von Calciumsuccinat und Calciumcarbonat auf die Stabilität von Aspirintabletten.** M. R. Nazareth und C. Lee Huyck. (J. pharmac. Sci. **50**, 608—11, Juli 1961; St. Louis, Mo., St. Louis Coll. of Pharm.; engl.) — Die Stabilität von *Aspirin* (I) in I-Tabletten wurde bei 9—12°, bei 25—30° u. bei 45° mit der Stabilität von I-Tabletten mit Zusatz von $CaCO_3$ (II), *Ca-Succinat* (III) bzw. von II u. III verglichen. Bei 9—12° u. bei 25—30° trat keine merkliche Zers. auf (99,7—98,82 % I nach 8 Wochen). Nach 8 Wochen Lagerung bei 45° hatten I-Tabletten einen Geh. von 99,5 % I, I-Tabletten mit II-Zusatz 86,0% I, I-Tabletten mit III- bzw. II- u. III-Zusatz einen Geh. von 11,5 bzw. 3,3 % I. Alle Tabletten mit Ausnahme der reinen I-Tabletten zeigten nadelförmige Kristallausblühungen. Bei einem I-Geh. unter 94,0 % trat deutlicher Essigsäuregeruch auf. S. Erbe. 4766□

**Lindenrinde: Chemische Zusammensetzung der arzneilich verwendeten Auszüge.** 1. Mitt. **Zuckerstoffe.** J. Susplugas, M. Lalaurie, G. Privat und J. Tarbouriech. (Trav. Soc. Pharmac. Montpellier **20**, 104—06, 1960; Montpellier, Fac. de Pharm., Labor. de Botan. et de Matière Méd.; franz.) — Vff. fanden in den wss. Auszügen aus Lindenrinde Rhamnose, Fructose, Galaktose, Glucose u. Saccharose, die papierchromatograph. getrennt wurden. F. v. Gizycki. 4782◇

**Lindenrinde: Chemische Zusammensetzung der arzneilich verwendeten Auszüge.** 2. Mitt. **Polyphenole.** J. Susplugas, M. Lalaurie, G. Privat und J. Tarbouriech. (Trav. Soc. Pharmac. Montpellier **20**, 107—11, 1960; Montpellier, Fac. de Pharm., Labor. de Botan. et de Matière Méd.; franz.) — 1. vgl. vorst. Referat. — In den wss. Auszügen der Lindenrinde wurden Gallotannine u. Catechin-Derivv. u. als deren Hydrolyse-Prodd. Cumarinsäure u. Derivv., Gallussäure, Protocatechusäure, Cumarin-Derivv., Derivv. der Dihydroxyzimtsäure sowie Kaffeesäure u. Chlorogensäure gefunden. F. v. Gizycki. 4782◇

**Pflanzenchemische Untersuchung der Apigeninglykoside der echten Kamille (Matricaria chamomilla L.)** E. Tyihák, I. Sárkány-Kiss und G. Verzár-Petri. (Pharmazie **17**, 301—04, Mai 1962; Budapest, Inst. f. Heilpflanzenforschung; dt.) — In den Zungenblüten der echten Kamille wurden mit Hilfe der Papierchromatographie 6 Apigeninglykoside nachgewiesen. Die Substanzen waren in den untersuchten Drogen in ähnlichen Mengenverhältnissen vorhanden. M. Luckner. 4782□

**Über Rotfärbungs-Alkaloide der Gattung Papaver.** S. Pfeifer. (Pharmazie **17**, 298—301, Mai 1962; Berlin, Humboldt-Univ., Pharm. Inst.; dt.) — In 11 verschiedenen Papaverarten wurden mit papierchromatograph. Meth. Rotfärbungs-Alkaloide (diese zeigen nach Säure-Einw. Rotfärbung) nachgewiesen. Für die bisher aufgefundenen 5 derartigen Alkaloide wird als Sammelbegriff die Bezeichnung *Papaverrubine* vorgeschlagen. Dabei findet sich ein Alkaloid, das quant. in *P. rhoeas L.* (I) überwiegt, nur noch in *P. hybridum L.*, ein weiteres aus I (wahrscheinlich *Porphyroxin*) in allen untersuchten Arten, ein drittes noch in 5 Arten. Die 2 übrigen Alkaloide aus I, die in wesentlich geringerer Konz. vorliegen, konnten in anderen Arten nicht gefunden werden u. entstehen vielleicht erst bei der Aufarbeitung des Materials oder der papierchromatograph. Trennung. Quant. photometr. Best., bezogen auf Porphyroxin, ergaben den höchsten Geh. bei I von 4,5—6,9 mg %, während die Extrakte von P. hybridum L. keine auswertbaren Rotfärbungen zeigten. K. Winkler. 4782□

**Zur Alkaloidbildung des Roggenmutterkorns in saprophytischer Kultur.** D. Wichmann und R. Voigt. (Pharmazie **17**, 411—18, Juli 1962; Berlin, Humboldt-Univ., Pharm. Inst.; dt.) — Vff. finden, daß die Sklerotinisierung des saprophyt. gezogenen Pilzmycels Voraussetzung für die Alkaloid-Bldg. ist. Die Alkaloid-Bldg. wird durch Zugabe von Glykokoll, Acetaten u. Acetamid gefördert. Die erhaltenen Ergebnisse werden diskutiert. M. Luckner. 4782□

**Stoffwechselprodukte höherer Pilze im Zusammenhang mit der Mutterkorn- und Maisbrandforschung.** 3. Mitt. **(Botrytis cinerea).** R. Bauch, H.-J. Seidlein und J. Valentin. (Pharmazie **17**, 243—49, April 1962; Greifswald, Univ., Pharmaz.-chem. Inst., Inst. für Pflanzenökologie u. Zentrale Universitätsapotheke; dt.) — 2. vgl. C. **1962**, 11285. — *Botrytis cinerea* bildet, auf einem Bierwürze-Agar kultiviert, außerordentlich reichlich Sklerotien aus. Diese wurden vor allem auf Anwesenheit bas. Stoffe untersucht. Durchgeführte Rkk. mit Staneck-Reagens u. Hydroxylamin-Eisenchlorid weisen auf Anwesenheit von Acetylcholin u. Cholin hin. Mutterkornalkaloide liegen nicht vor. Ein reichlich vorhandenes Kohlenhydrat konnte als Mannit identifiziert werden. Durch 12 Fällungs- u. 6 Farb-Rkk. im Halbmikro- oder Mikro-Verf., durch chromatograph. Unters.-Verf. u. durch Papierelektrophorese wurden als alkaloidartige Stoffe aus *Botrytis*-Sklerotien die *Botrytine A, B, C* u. *D* nachgewiesen. Beobachtungen bei der Anreicherung dieser gut in Methanol lösl. Stoffe deuten darauf hin, daß es sich um relativ starke Basen handeln muß. Aus der Nährlsg. wurden papierchromatograph. 4 fluorescierende bas. Stoffe, von denen 3 mit modifiziertem *Dragendorff*-Reagens Farb-Rkk. gaben (*α-*, *β-*, *γ-Botrytin*), erhalten. Sie sind mit den Basen der Sklerotien verwandt, vermutlich aber nicht identisch. K. Winkler. 4782□

**Reaktion von p-Hydroxybenzoesäureestern mit nichtionisierten Makromolekülen.** Seymour M. Blaug und Sayed S. Ahsan. (J. pharmac. Sci. **50,** 441—43, Mai 1961; Iowa City, State Univ. of Iowa, School of Pharm.; engl.) — *p-Hydroxybenzoesäureester* (**I**) reagieren mit nichtionisierten Makromoll. unter Komplex-Bldg., wodurch die konservierende Wrkg. der **I** abnimmt. Die **I** werden zur Best. des Ausmaßes der Komplex-Bldg. mit *Tween 80* (**II**; Polyoxyäthylensorbitanmonooleat), *Myrj 52* (**III**; Polyoxyäthylenstearat), *Pluronic F-68* (**IV**; Polyäthylenpolypropylenglykol) bzw. *Polyäthylenglykol 4000* u. *6000* (**V**) in wss. Lsg. 24—48 Std. geschüttelt. Die gelöste Menge **I** wurde in der klaren Lsg. spektrophotometr. bei 256 m$\mu$ gegen eine Blindlsg. von **II, III, IV** bzw. **V** bestimmt. Die Komplex-Bldg.-Tendenz nimmt vom **I**-Methylester zum **I**-Butylester zu. Die stärkste Komplex-Bldg. wurde bei **II** u. **III** beobachtet. Die starke Zunahme der Löslichkeit von **I**-Butylester in höherer **IV**-Konzz. wird mit einer micellaren Solubilisation erklärt. S. Erbe. 4786◇

**Herstellung eines hochkonzentrierten, sprühbaren Thuja-Präparates.** W. Hänsel und K. Syre. (Dtsch. Apotheker-Ztg. **102,** 1070—71, 30/8. 1962; Lörrach, Hebel-Apotheke; dt.) — Vff. stellten einen Ae.-Auszug aus unverholzten Zweigspitzen von *Thuja occidentalis* her, der nach vorsichtigem Eindampfen mit Tylose zu gleichmäßiger Emulsion verarbeitet wurde. Diese Anwendungsform übt bei Behandlung von Schleimhauterkrankungen nicht die unangenehme Reizung wie die alkohol. Tinktur der gleichen Droge aus. Der Ae.-Extrakt enthält 36,0% äther. Öl, während die handelsübliche Urtinktur nur 0,22% besitzt. F. Günther. 4790□

**Untersuchungen über die Pharmazie des Heparins.** 2. Mitt. **Untersuchung der Haltbarkeit reiner wässeriger Heparinlösungen. Physikalisch-chemische Methode.** J. J. Hejgård. (Arch. Pharmac. og Chem. **68**(**118**), 797—805, 12/8. 1961; Aarhus komm. hosp. apotek, Univ. Inst. for alm. patol. u. 1. med. univ. klin.; dän.) — 1. vgl. C. **1960,** 9647. — Bei der Unters. der Haltbarkeit von wss. Lsgg. von *Heparin* (**I**) unter verschiedenen Bedingungen wird **I** colorimetr. nach MacIntosh [1941] bestimmt. Der Verlust an **I** beträgt bei 60 Min. langer Behandlung bei 120° ca. 4%, bei 120° in 20 Min. oder bei 100° in 60 Min. 2%, nach 14 Monaten Lagerung bei 20° 3—5%. Nach 14 Monaten Lagerung bei 4° oder bei —20° ist der **I**-Verlust unbedeutend. Der Lagerung vorausgehende Wärmebehandlung ist ohne Einfl. auf die Haltbarkeit. R. K. Müller. 4790◇

**Studium der Qualitätsmerkmale von Galenica und Arzneien.** 10. Mitt. **Trockenrückstand von Flüssigkeiten. Analyse der Grundbedingungen des Trocknungsvorganges.** M. Melichar. (Pharmazie **17,** 234—41, April 1962; Brünn, ČSSR, Pharm. Fak., Inst. Galen. Pharm. u. Olmütz, Med. Fak.; dt.) — 9. vgl. C. **1963,** 988; 11. vgl. C. **1963,** 2167. — Vf. untersucht an umfangreichem Material die gegenseitigen Beziehungen u. Grundbedingungen des Trocknungsvorgangs von Verdampfungsrückständen, u. zwar die stofflichen Eigg., Temp., Trocknungszeit u. Menge des Verdampfungsrückstandes. Die statist. Bedeutung der untersuchten Einfl. u. ihrer Interaktionen wurde festgestellt. Durch die Ergebnisse dieser Unterss. läßt sich die Genauigkeit u. Reproduzierbarkeit der Trockenrückstand-Best. erhöhen. Bei Beschränkung der Menge des Trockenrückstandes auf 150 mg u. der Trockenzeit bei 105° auf 2 Std. läßt sich der Einfl. der stofflichen Eigg. vermindern. Größere Mengen führen zu Fehlergebnissen. L. Harnisch. 4790□

**Neue Arzneimittel.** Anonym. (Pharmaz. Ztg. verein. Apotheker-Ztg. **106,** 426, 6/4. 1961; dt.) — *Actihepatix* (Chemipharm, BRD): Lsg. Leberextrakt, Cyanocobalamin, Glykokoll, Hämatoporphyrin, Thiaminhydrochlorid, Riboflavin, Pyridoxinhydrochlorid, Nicotinamid, Ca-Pantothenat. Hepaticum. — *Chloramphenicol Berco* (Berger, Berlin-West): Kapseln mit Chloramphenicol, Thiaminhydrochlorid, Riboflavin, Pyridoxinhydrochlorid, Nicotinamid. Antibioticum. — *Circovegatalin compositum* (Verlapharm, BRD): Dragees mit Ergotoxinphosphat, China-Alkaloide, Theobromin, MgO; braune Dragees mit Secale-Alkaloiden, Belladonna-Alkaloiden, Phenobarbital. Angioticum. — *Dolormin* (Engelhard, BRD): Suppositorien mit Amidopyrin, Paracetamol, Coffein. Analgeticum. — *Dominal* (Homburg, BRD): Suppositorien pro infantibus mit 10-[3'-Dimethylaminopropyl]-1-azaphenothiazinhydrochlorid. Psychosedativum. — *Estil* (Dr. Reiss, Berlin-West): Ampullen mit 2-Methoxy-4-allylphenoxyessigsäure-N.N-diäthylamid. Narcoticum. — *Gastrobellal compositum* (Upha, BRD): Dragees mit l-Hyoscyamin, Ergocristin, Äthylpapaverinhydrochlorid, Methylphenobarbital, Phenobarbital. Gegen Gastritis. — *Gordal* (Roland, BRD): Dragees mit Scopolaminhydrochlorid, Emetinhydrochlorid, Papaverinhydrochlorid, Methocarbamol, Amidopyrin. Spasmolyticum. — *Petnidan* (Desitin, BRD): Saft u. Kapseln mit α-Äthyl-α-methylsuccinimid. Antiepilepticum. — *Rephamedial* (Repha, BRD): Rektalkapseln mit Extr. Chamomillae, Extr. Echinaceae, Extr. Valerianae, Extr. Aconiti D 4. Sedativum. — *Resotren compositum* (Bayer, BRD): Tabletten mit Resotren, Resochin, 5.7-Dijod-8-hydroxychinolin. Gegen Amöbiasis. — *Spondylon* (Efeka, BRD): Lsg. von Nicotinsäuremethylester, Methylpentinol, Campher, Salicylsäure. Rubefaciens. — *Sulfacillase* (Dauelsberg, BRD): Tabletten mit 2-]Sulfanilamido]-4.6-dimethoxytriazin, 2-[Sulfanilamido]-4.6-dimethylpyrimidin, Penicillin V, Trypsin. Antibioticum. — *Tanderil* (Geigy, BRD): Dragees mit 1-Phenyl-2-[p-hydroxyphenyl]-3.5-dioxo-4-n-butylpyrazolidinmonohydrat. Antiphlogisticum. — *Schericur* (Schering, Berlin-West): Salbe mit Hydrocortison, Allercur. Antiallergicum. K. Gerecke. 4800□

**Zentrale Analgetica.** S. Pfeifer. (Pharmazie **17,** 189—203, April 1962; Berlin Humboldt-Univ., Pharmzeut. Inst.; dt.) — Übersicht über die Chemie u. pharmakolog. Wrkg. von *Analgetica* der *Morphin*-Klasse, *Pethidin*-Klasse, *Methadon*-Klasse u. *Benzimidazol*-Derivate. — 178 Literaturangaben. H. Kala. 4806□

**Die Wirkung von ranzigen Ölen auf Antibiotica enthaltende Emulsionen.** Vasant G. Kudalkar, Nathan A. Hall und L. Wait Rising. (Amer. J. Pharmacy Sci. support. publ. Health **131,** 166—73, Mai 1959; Seattle, Univ. of Washington, School of Pharm.; engl.) — Der Einfl. von ranzigem Erdnuß-, Ricinus-, Cocosnuß-, Oliven-, Mais- u. Leinöl, von Lebertran u. fl. Paraffin in Emulsionen auf die antibiot. Wrkg. von *Penicillin* (**I**), *Bacitracin* (**II**) u. *Neomycin* (**III**) wurde untersucht. Die Öle wurden autoxydiert durch Einblasen von Luft bei 97,5 $\pm$ 1°. Die Emulsionen wurden bereitet aus 50 (Teilen) Öl, 50 Sörensen-Phosphatpuffer (pH 6,25 für **I** u. **II**, pH 8,04 für **III**) u. 2 Tween 61 mit Ausnahme von 2 Tween 60 für Lebertran u. 4 Tween 60 für fl. Paraffin. Die antibiot. Aktivität wurde mit der F.D.A. „Cup-plate“-Meth. bestimmt an *Staphylococcus aureus* u. *Micrococcus flavus*. Eine Abnahme der Aktivität von **I** wurde bei Emulsionen mit ranzigem fl. Paraffin beobachtet; bei den anderen Ölen bewirkte eine zunehmende Ranzidität eine geringe Aktivitätssteigerung. Bei **II** wurde bei ranzigem Leinöl bzw. Lebertran keine signifikante Aktivitätsänderung registriert; bei zunehmender Ranzidität der übrigen Öle wurde ein Wrkg.-Abfall beobachtet. Stark ranzige Öle zerstörten die Aktivität von **III** vollständig. S. Erbe. 4810□

**Radioaktive Isotope in der Pharmazie.** 1. Mitt. **Beschaffung und Verwendung von radioaktiven Stoffen. Eine Übersicht.** Mogens Kaern. (Dansk Tidsskr. Farmaci **35,** 185—93, Okt. 1961; København, Sundhetsstyrelsen; dän.) — Überblick über die Organisation der Verteilung der importierten radioakt. Isotopen in Dänemark u. die Überwachung ihrer Anwendung. R. K. Müller. 4832◇

**Radioaktive Isotope in der Pharmazie.** 2. Mitt. **Sterilisierung mit ionisierender Strahlung. Eine Übersicht.** J. A. Handler. (Dansk Tidsskr. Farmacie. **35,** 194—99, Okt. 1961; Danmarks farmac. Højskole, farmacilabor.; dän.) — 1. vgl. vorst. Referat. — Überblick über die Theorien der Wrkg. von ionisierenden Strahlen gegenüber Mikroorganismen, Dosisgröße u. -messung, Sterilisierung u. Unters. von Arzneimitteln mit ionisierenden Strahlen. R. K. Müller. 4832◇

**Verwendung von Tyloxapol als Emulgator in einem Sterilitätstest für Öle.** Walter V. Rygiel. (J. pharmac. Sci. **50,** 703—06, Aug. 1961; Myerstown, Pa., Winthrop Labor., Control Labor.; engl.) — Der in der U.S.P. für Sterilitäts-Unterss. vorgeschriebene fl. Thioglykolat (**I**)-Nährboden wurde für Sterilitätsprüfungen von Ölen durch Zusatz des Emulgators Tyloxapol [„Superinone“, oxyäthyliertes tert.-Octylphenolpolymethylen-Polymeres (**II**)], eines nichtion. Detergens, modifiziert. 2,5% **II** (Gew./Vol.) wurden 120 ml **I**-Nährlsg. in 500 ml-Erlenmeyerkolben zugefügt, die einen Teflonumhüllten Magnetstab zum Durchmischen enthielten. Die bes. Vorteile dieser einfachen, billigen u. zuverlässigen Meth. sind: Bessere Klarheit u. niedrigere Oberflächenspannung als in Dextrose–Saponin-Nährlsg. u. Möglichkeit der Prüfung von größeren Ölmengen. W. Knöbel. 4832◇

**Zur Beurteilung pharmazeutisch verwendeter Emulgierhilfsstoffe.** 3. Mitt. **Die Bestimmung der Viscosität.** U. Bogs und H. Naumann. (Pharmazie **17,** 231—34, April 1962; Halle (Saale), Univ., Pharmazeut. Inst.; dt.) — 1. vgl. C. **1962,** 12383 u. 2. vgl. Pharmaz. Zentralhalle Deutschland **100,** [1961], 663. — Vff. bestimmten mit einem Kugelfall-Viscosimeter nach Höppler die (Quasi-)Viscositätswerte (**I**) in wss. Lsgg. einiger Emulgierhilfsstoffe (**II**) u. untersuchten, in welchem Umfange die erhaltenen **I** zur Beurteilung der **II** geeignet sind. Ferner wurden die **I** einiger wss. Lsgg. bestimmt, die Kombinationen von zwei **II** enthielten. Auf die Schwierigkeiten solcher Unterss. u. auf ihre, z. T. geringe Aussagekraft wird hingewiesen. G. Mews 4880□

**Beiträge zur Bestimmung des Wassergehalts von Salbengrundlagen.** I. Éllö und E. Posgay. (Pharmazie **17,** 405—09, Juli 1962; Budapest, Gesundheitsmin., Pharmakopöe-Labor.; dt.) — Vff. bestimmten den Wasser-Geh. von F/W- u. W/F-Emulsionssalben u. deren entsprechenden wasserfreien Salbengrundlagen. Der Wasser-Geh. wurde durch Trocknungsverlust (**I**), Dest. mit Xylol (**II**) u. nach der Karl-Fischer-Meth. (**III**) ermittelt. Der Vgl. der Best.-Meth. ergab, daß zur Prüfung des Wasser-Geh. die Best. des **I** unbrauchbar ist, aber die **II** u. **III** sehr gut geeignet sind. Für die **II** wird ein modifiziertes Gerät beschrieben. G. Mews. 4880□

**Spektrophotometrische Bestimmung von Wismut in organischen Lösungsmitteln. Ihre Anwendung auf die organischen und anorganischen Wismutsalze im pharmazeutisch-technischen Bereich.** E. Maggiorelli. (Farmaco [Pavia], Ediz. prat. **15,** 384—93, Juni 1960; Firenze, Ist. Chim. farm. milit.; ital.) — Beschreibung einer spektrophotometr. Best.-Meth. für Bi, die darauf beruht, daß sich bei Zusatz von KJ zu einer Lsg. von Bi in gleichen Vol.-Teilchen Aceton u. Essigsäure $HBiJ_4$ bildet. Diese Meth. ist zur Analyse von organ. u. anorgan. Bi-Salzen (auch in pharmazeut. Präpp.) verwendbar. K. Zingraf. 4880◇

**Beitrag zur Bestimmung von 1.8-Dihydroxyanthrachinon (Cignolin E.W.) und Chrysarobin in pharmazeutischen Zubereitungen.** Th. Beyrich. (Pharmazie **17,** 280—82, Mai 1962; Greifswald, Univ., Pharmaz. Inst.; dt.) — *Cignolin* hat nach aufsteigender Papierchromatographie auf Schleicher u. Schüll-Papier 2043b Mgl, das mit einer 5%ig. Lsg. von Paraffinum liquidum DAB 6 in Toluol getränkt ist, mit Dimethylformamid: Methanol: $H_2O$ (2:1:1) einen $R_F$-Wert von 0,73; *Chrysarobin* von 0,65. Die dünnschichtchromatograph. Trennung erfolgte auf Kieselgel G Merck oder Gelbgel (VEB Laborchemie, Apolda) auf Glasplatten von 18 × 23 cm mit Chlf:Bzl: Heptan (1:1:1) als Fließmittel. Die quant. Best. erfolgt im Pulfrich-Photometer bei 530 nm nach Ausschütteln einer benzol. Lsg. des Präp. mit 5%ig. NaOH, die 2% $NH_3$ enthält. G. Zessin. 4880□

**Über die maßanalytische Bestimmung des 2-Methyl-3-hydroxypyrons und verwandter Verbindungen.** 2. Mitt. H. E. Jungnickel. (Pharmaz. Zentralhalle Deutschland **100,** 371—74, Aug. 1961; Frankfurt/Oder), Bezirks-Hyg. Inst., lebensmittelchem. u. chem. Abt.; dt.) — 1. vgl. C. **1963, 5144.** — Vf. untersucht den Mechanismus der Titrations-Rk. des *Maltol* (**I**)-$Fe^{3+}$-Chelats mit $Ce^{4+}$. Die nach verschiedenen Meth. durchgeführten Keton-Nachw. verlaufen alle negativ, was das Verschwinden der Carbonylgruppe im $\gamma$-Pyronring von **I** beweist. Wahrscheinlich wird im Verlaufe der Titration an $C_4$ eine Hydroxylgruppe gebildet, wie durch weitere Verss. bestätigt werden soll. Winfried Krüger. 4880□

**Bestimmung von Dijodhydroxyquin durch Titration in wasserfreiem Medium.** H. H. Kavarana. (Amer. J. Pharmacy Sci. support. publ. Health **131,** 184—87, Mai 1959; Bombay, Indien, Brit. Drug Houses; engl.) — Zur Best. von *Dijodhydroxyquin* (**I**, 8-Hydroxy-5.7-dijodchinolin) werden 20 ml Dimethylformamid (**II**) mit 4 Tropfen einer 1%ig. Lsg. von Thymolblau in wasserfreiem Methanol versetzt u. mit 0,1n Na-Methylat titriert bis zu einem reingrünen Farbton. Dann gibt man 100—200 mg **I** (genau gewogen) in das neutralisierte **II** u. titriert schnell mit 0,1n Na-Methylat bis zum Umschlag nach Grün. 1 ml 0,1n Na-Methylat entspricht 39,697 mg **I**. Für den Ausschluß von $CO_2$ ist Sorge zu tragen. Übliche Tablettierhilfsstoffe, Kaolin u. Atropin stören nicht. Die angegebene Meth. wird gestört durch Sulfaguanidin, Phthalsulfacetamid, andere Sulfonamide, viele Barbiturate, Enole u. Imide. In vielen Fällen kann die Störung durch geeignete Modifikationen der Meth. oder durch Anwendung eines geeigneten Korrekturfaktors umgangen werden. S. Erbe. 4880□

**Nachweis von Barbitursäurederivaten auf Papierchromatogrammen mittels der Chlor-Benzidin-Reaktion.** 1. Mitt. **Zur Mikroanalytik von Barbitursäure- und Thiobarbitursäurederivaten.** H.-P. Klöcking. (Pharmazie **17,** 218—19, April 1962; Rostock, Univ., Pharmakolog. Inst.; dt.) — Die *Barbitursäure*-Derivv. lassen sich, da sie am Stickstoff ein akt. H-Atom besitzen, nach Hais [1958] auf Papierchromatogrammen mit der Chlor–Benzidin-Rk. nachweisen. *Lepinal, Äthylbarbital, Diallylbarbitursäure, Kalypnon, Noctal, Cyclobarbital, Mephytal, Hexabarbital* u. *5-Isopropyl-5-allylbarbitursäure* wurden auf Schleicher & Schüll Papier 2043 b mgl u. Niederschlag-Papier WF 16 mit dem wasserfreien Lsgm.-Syst. Dimethylforamid/Bzn.–Dioxan (5 : 2) aufsteigend chromatographiert u. anschließend der Chlor–Benzidin-Rk. unterworfen. Die Barbitale werden durch blaue Flecken angezeigt. Die Erfassungsgrenzen für die untersuchten Verbb. sind tabellar. angegeben. H. Kala. 4880□

**Verfahren zur Gehalts- und Stabilitätsbestimmung von Phenazocinehydrobromid in pharmazeutischen Zubereitungen.** Irving B. Eisdorfer, Joan G. Rosen und William C. Ellenbogen. (J. pharmac. Sci. **50,** 612—14, Juli 1961; Philadelphia, Pa.,

Smith Kline & French Labor.; engl.) — *Phenazocine* (I) ist in saurer wss. Lsg. auch bei längerem Erhitzen auf 120° stabil. In neutraler oder alkal. Lsg. geht es unter Styrol-Abspaltung in das „Desphenäthyl"-Prod. über. Styrol konnte wegen seiner Polymerisierungstendenz nur gaschromatograph. u. UV-photometr. nachgewiesen werden. Das „Desphenäthyl"-Prod. konnte isoliert u. in seinen Eigg. mit dem bei der Synth. als Zwischenprod. auftretenden authent. Desphenäthyl-Prod. verglichen werden. UV-spektrophotometr. u. titrimetr. Best.-Meth. im Original. S. Erbe. 4880□

**Beiträge zur Ultraviolettspektrophotometrischen Untersuchung und zu den „Beam-Chlorwerten" des ungarischen und indischen Hanfes.** 3. Mitt. I. Novák, A. Háznagy und K Szendrei. (Pharmazie **17**, 294—97, Mai 1962; Szeged, Ungarn, Med. Univ., Pharmakognost. Inst.; dt.) — 2. vgl. C. **1963**, 610. — Mit Hilfe einer in Anlehnung an das Verf. von Hitzemann [1941] entwickelten Meth. zur Best. von „Beam-Chlor-Werten" (I) werden eine Reihe ungar. u. ind. Hanfarten untersucht. Danach können die I zur Unterscheidung der ungar. (I = 59—123) von ind. (I = 12—23) Hanfsorten herangezogen werden. Schlüsse auf den quant. Geh. an physiolog. akt. Wirkstoffen lassen sie jedoch nicht zu. Zur Überprüfung des Wirkstoff-Geh. des Hanfes wird weiterhin ein UV-spektrophotometr. Verf. verwendet. An Hand der Absorptionskurven lassen sich die Hanfsorten in 2 Haupttypen einteilen. Für den „grünen", physiolog. inakt. Typ ist ein zweifaches Maximum (266—280 u. 303—304 m$\mu$) charakterist., während der „reife", physiolog. akt. Typ nur ein Maximum (266 bis 280 m$\mu$) aufweist. Da der Hanf der gemäßigten Zone dem „grünen" u. derjenige der heißen Zone dem „reifen" Typ angehört, können die Hanfherkünfte dieser Zonen unterschieden werden. Die Unterss. ergaben, daß die in Ungarn angebauten Hanfsorten nur in sehr geringer Menge rauschmittelartige Substanzen enthalten. — 22 Literaturangaben. B. Tschiersch. 4880□

**Die photometrische Bestimmung der antirachitischen Vitamine in Arznei- und Tieraufzuchtmitteln.** J. Richter. (Pharmazie **17**, 213—18, April 1962; Berlin, Staatl. Inst. f. Arzneimittelprüfung; dt.) — Die antirachit. Vitamine (A.V.) werden 5 Min. nach Aufnehmen in 2,5 ml $SbCl_3$-Acetylchlorid-Reagens, das durch Lösen von 40 g gereinigtem $SbCl_3$ in ca. 200 ml Chlf. u. Zufügen von 5 ml frisch dest. Acetylchlorid sowie Auffüllen auf 250 ml mit Chlf. hergestellt wird, im Pulfrich-Photometer mit Filter S 50 u. S 55 bestimmt. Mittels eines Korrekturfaktors durch Messung bei zwei Wellenlängen ist die Best. neben Sterinen mit zwei konjugierten Doppelbindungen möglich. Neben Vitamin A u. E werden im Unverseifbaren die A.V. auf mit Ricinusöl imprägniertem Papier WF 1 mit einem an Ricinusöl gesätt. Gemisch von 75 (Vol.-Teile) Aceton u. 25 $H_2O$ abgetrennt. Wegen unvollkommener Abtrennung erfolgt die Best. der eluierten A.V. mittels eines Korrekturverfahrens. Bei Best. der A.V. aus Lebertran u. Fischölen werden vorher Sterine aus dem Unverseifbaren mit Digitonin gefällt. G. Zessin. 4880□

---

Frank E. Jonas, New York, N.Y., V.St.A., übert. von: Henri Albert Dumesnil, Paris, Frankreich, **Salze und Ester von Cobalt(III)-tri-($\alpha$-mercaptopropionsäure)** der allg. Formel $Co[S-CH(CH_3)COOX]_3$ (X = Na, K, Ca, Dialkylammonium, Alkyl) werden hergestellt durch Rk. einer anorgan. Co-Verb. mit Derivv. der $\alpha$-Mercaptopropionsäure (I) in wss. Medium. — 106 (g) I in 106 W. werden mit 20%ig. KOH neutralisiert u. zum gleichen Vol. A. gegeben. Unter Erhitzen werden 20 $Co_2(CO_3)_3$ zugegeben u. das Erhitzen bis zur Beendigung der $CO_2$-Entw. fortgesetzt. — *Cobalt(III)-tri-($\alpha$-mercaptopropionsäure)* (II), *K-Salz*. — II-*Na-Salz* krist. mit 5 $H_2O$. — I-Äthylester → II-*Äthylester*. — I-Diäthylammoniumsalz → II-*Diäthylammoniumsalz*. — *Therapeutica* mit antianäm., vasodilator. u. synergist. Wirkung. (**A. P. 2 985 676** vom 7/12. 1955, ausg. 23/5. 1961.) A. Debo. 4807

Imperial Chemical Industries Ltd., London, England, **Thiopivalinsäureester** der allg. Formel $(CH_3)_3C \cdot CO \cdot SR$ (R = Alkyl mit 1—5 C-Atomen) werden hergestellt durch Rk. eines Pivalylhalogenids mit dem entsprechenden Mercaptan. — 50 (Gew.-Teile) Pivalylchlorid u. 60 Äthylmercaptan werden 1 Std. unter Rückfluß gekocht, das überschüssige Mercaptan abdestiliert u. der Rückstand gekühlt, gewaschen, getrocknet u. dest. → *Thiopivalinsäureäthylester*, $Kp._{150}$ 105°. — *Mycobakterieide* Wrkg., zur Behandlung von Tuberkulose, Lepra u. Johne's Krankheit. (**E. P. 884 414** vom 2/11. 1959, ausg. 13/12. 1961.) A. Debo. 4807

American Cyanamid Co., New York, N.Y., übert. von: Emil F. Williams, Old Greenwich, und Norman T. Woodberry, Stamford, Conn., V.St.A., **Die Reinigung von Salzen von Sulfobernsteinsäuredialkylestern,** die von der Herst. noch 1% Verunreinigungen enthalten, erfolgt durch Lösen der Salze in einem wasserfreien Lsgm., das das Salz aber nicht dessen Hydrat löst ($CH_3OH$, A.), Zugabe von W. zur

Hydrat-Bldg. u. Abtrennung des Hydrats bei —15 bis 15°. Als Kationen werden angegeben: Alkali, $NH_4$ u. Äthanolamin; als Alkylgruppen: n-Butyl, n-Amyl, n-Hexyl u. n-Octyl. — *Laxativa* u. *Erweichungsmittel für Faeces.* (**A. P. 3 002 994** vom 2/9. 1958, ausg. 3/10. 1961.) A. Debo. 4807

American Cyanamid Co., New York, N.Y., übert. von: Emil F. Williams, Old Greenwich, und Norman T. Woodberry, Stamford, Conn., V.St.A., **Die Reinigung von Sulfobernsteinsäuredialkylestern** erfolgt durch Behandlung ihrer 2—15%ig. Lsgg., vorzugsweise in Bzl., mit Aktivkohle. — Außer den im A. P. 3 002 994; s. vorst. Ref. angegebenen Salzen wird noch *Sulfobernsteinsäuredi-[2-äthylhexyl]-ester, Na-Salz* beansprucht. (**A. P. 3 002 995** vom 2/9. 1958, ausg. 3/10. 1961.) A. Debo. 4807

Imperial Chemical Industries Ltd., London, England (Erfinder: Arthur Donald Ainley, Wilfred Archibald Sexton und Alan Taylor), **Derivate der 3-Mercaptobrenztraubensäure** der allg. Formel RR'C(SH)COCOY (R, R' = H, Alkyl mit 1—5-C-Atomen; Y = OH, Alkoxygruppe mit 1—5 C-Atomen; wenn Y = OH u. R = H kann R' nicht H oder $CH_3$ sein, wenn Y = $OC_2H_5$ ist, können R u. R' nicht beide H sein) werden hergestellt durch Rk. der entsprechenden 3-Halogenbrenztraubensäuren mit $H_2S$ in alkal. Lösung. — Zu dem $NH_4$-Salz von 3-Brom-3.3-dimethylbrenztraubensäure gibt man unter Rühren bei 0° $(NH_4)_2S$, wobei man $H_2S$ durchleitet. Nach Beendigung der Zugabe zieht man bei 40° die Gase ab, trocknet u. gibt 40%ig. HBr u. Ae. zu. Die Mischung wird geschüttelt, die organ. Schicht abgetrennt, gewaschen, getrocknet u. eingedampft → *3-Mercapto-3.3-dimethylbrenztraubensäure* (**I**), F. 127° (Zers.). — 3-Brom-3.3-dimethylbrenztraubensäureäthylester, NaOH u. $H_2S$ → **I**-*Äthylester*, $Kp._{0,6}$ 60—66°. — *Zwischenprodd.* zur Herst. von *Arzneimitteln.* (**E. P. 871 199** vom 31/10. 1958, ausg. 21/6. 1961.) A. Debo. 4807

British Drug Houses Ltd., London, England (Erfinder: Oliver Stephenson und Vladimir Petrow), **5-Chlortoluol-2.4-disulfonsäureamid** u. dessen nichttox. Alkalisalze werden hergestellt durch Rk. von 5-Chlortoluoldisulfonylchlorid (**I**) mit $NH_3$ u. ggf. anschließender Rk. mit Alkalihydroxiden. — m-Chlortoluol u. $ClSO_3H$ → **I**, F. 125° (aus Ligroin), $Kp._1$ 170—180°, als Nebenprod. → m-Chlortoluolmonosulfonylchlorid, $Kp._{0,1}$ 98—100°. 70 g **I** gibt man zu 400 ml fl. $NH_3$, dampft ein, suspendiert in W. u. säuert an → 55 g *5-Chlortoluol-2.4-disulfonsäureamid* (**II**), F. 259,5—260,5° (aus Essigsäure oder wss. A.). — **II** u. NaOH → **II**-*Na-Salz*, F. 320° (Zers., aus A.). — **II**-*Li-Salz*, F. 336° (Zers.). — **II**-*K-Salz*, F. ab 270° (Zers., aus Methanol/Essigester). — *Diuretica*, Natriuretica zur oralen Applikation. (**E. P. 851 287** vom 10/7. 1958, ausg. 12/10. 1960.) A. Debo. 4807

Farbwerke Hoechst Akt.-Ges., vormals Meister Lucius & Brüning, Frankfurt/M., **Herstellung von Sulfonylharnstoffen** der allg. Formel R—$SO_2$—NH—CO—$NHR_1$ durch Rk. von Alkalisalzen halogenierter Sulfonsäureamide mit Formamiden der allg. Formel H—CO—$NHR_1$ bei 90—130°. In den Formeln bedeutet R einen ggf. substituierten Phenyl- oder Naphthylrest, einen Diphenyl-, Phenoxyphenyl-, Phenylalkyl-, Tetrahydronaphthalinrest oder einen aliphat., cycloaliphat. Rest mit bis zu 12 C-Atomen u. $R_1$ einen gesätt. oder ungesätt. Alkyl-, Cycloalkyl-, Cycloalkylalkyl-, Phenylalkyl- oder Phenylrest. — 144 (g) Na-Salz von 4-Methylbenzolsulfonsäurechloramid (3 $H_2O$), 50,5 Ameisensäureisobutylamid u. 71 $Na_2CO_3$ werden 1 Std. auf dem Dampfbad erhitzt. Das Rk.-Prod. wird in 750 W. gelöst u. aufgearbeitet → *N-[4-Methylbenzolsulfonyl]-N'-isobutylharnstoff*, F. 169—171° in 56%ig. Ausbeute. — Analog: *N-[4-Methylbenzolsulfonyl]-N'-n-butylharnstoff*, F. 125—127°, *-N'-cyclohexylharnstoff*, F. 170—172°; *N-Benzolsulfonyl-N'-isobutylharnstoff*, F. 131—133°, *N-[4-Methoxybenzolsulfonyl]-N'-cyclohexylharnstoff*, F. 181—183°; *N-[2-Methyl-6-chlorbenzolsulfonyl]-N'-allylharnstoff*, F. 192—194°, u. *N-[3-Methyl-4-methoxybenzolsulfonyl]-N'-β-phenyläthylharnstoff*, F. 148—150°. — *Antidiabetica.* (**Ind. P. 65 725** vom 4/11. 1958, ausg. 2/9. 1960.) C. Lüttgen. 4807

Soc. Italiana Prodotti Schering, Mailand, Italien (Erfinder: Paolo Galimberti, Vittorina Gerosa und Max Marcello Melandri), **Phenyläthylmalonsäureäthylesterdiäthylaminoäthylamid** (**I**) u. dessen Salze werden hergestellt durch Rk. von Phenyläthylmalonsäureäthylesterchlorid (**II**) mit N.N-Diäthyläthylendiamin (**III**) in Ggw. von Alkalicarbonat u. ggf. Überführung in die Salze. — Zu 25,5 (g) **II** in 100 ml Bzl. gibt man 5,3 $Na_2CO_3$ u. dann langsam 11,6 **III**. Nach Beendigung der Rk. kocht man 2 Std. unter Rückfluß, kühlt, läßt einige Std. stehen, filtriert vom NaCl ab u. dest. → **I**, $Kp._3$ 182—188°; *Hydrochlorid*, F. 71—74° (Zers.); *Hydrobromid*, F. 74—78° (Zers.). — *Spasmolyticum*, verlängert die Barbiturathypnose, therapeut. Wrkg. sind angegeben. (**E. P. 870 887** vom 26/3. 1959, ausg. 21/6. 1961. **A. P. 3 025 317** vom 9/3. 1960, ausg. 13/3. 1962. E. Prior. 26/3. 1959.) A. Debo. 4807

Smith, Kline & French Laboratories, Philadelphia, Pa., V.St.A., **Trifluormethylphenylalkylamine** der allg. Formel **I** (R = H, $CH_3$) werden hergestellt durch Red. der entsprechenden Nitrostyrolderivate. — Unter $N_2$ gibt man zu 9,9 g Mg-Spänen, 1 ml $C_2H_5Br$, 1 Kristall $J_2$ u. 10 ml Ae. innerhalb 2½ Std. 83,5 g p-Trifluormethylphenylbromid in 300 ml Ae. u. kocht 2 Std. unter Rückfluß. Innerhalb 10 Min. gibt man 66 g HC·$(OC_2H_5)_3$ in 90 ml Ae. zu u. kocht weitere 18 Std. unter Rückfluß. Man zieht dann den Ae. ab u. gibt 150 g Eis u. 375 ml 6n HCl zu.

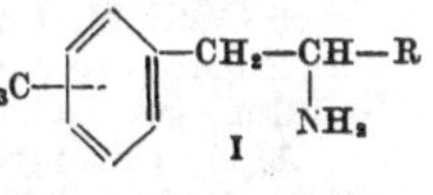
I

Man kocht 2 Std. unter $N_2$ unter Rückfluß u. dest. mit Wasserdampf. Das Destillat wird mit Ae. extrahiert, dest. → p-Trifluormethylbenzaldehyd. 23,3 g der vorst. Verb., 9 g $NH_4OCOCH_3$, 15,3 g Nitroäthan u. 90 ml Eisessig werden 2 Std. unter Rückfluß gekocht u. 72 Std. bei Raum-Temp. stehengelassen. Nach Zugabe von 600 ml W. scheidet sich ein Öl ab, das in 25 ml A. aufgenommen wird. Durch Kühlung mit $CO_2$/Aceton → 1-[p-Trifluormethylphenyl]-2-nitropropen-(1), gelbe Kristalle, F. 38—49°. 19 g der vorst. Verb. in 210 ml Ae. gibt man zu einer sd. Lsg. von 10,8 g $LiAlH_4$ in 500 ml Ae. u. kocht 2 Std. unter Rückfluß. Man gibt 12 ml W., 9 ml 20%ig. NaOH u. nochmals 50 ml W. zu. Vom Nd. wird abfiltriert u. in die Ae.-Lsg. HCl eingeleitet. — *1-[p-Trifluormethylphenyl]-2-aminopropanhydrochlorid*, F. 195—197° (aus Methanol u. Ae.). — Analog werden hergestellt: *2-[p-Trifluormethylphenyl]-äthylamin*, *-Tartrat*; — *1-[m-Trifluormethylphenyl]-2-aminopropanhydrobromid*; — *2-[o-Trifluormethylphenyl]-äthylamin*. — *Pharmazeutica*, gegen Anorexie ohne sympathomimet. Nebenwirkung. (**E. P. 870 451** vom 7/4. 1960, ausg. 14/6. 1961. A. Prior. 22/4. 1959.) A. Debo. 4807

Farbenfabriken Bayer Akt.-Ges., Leverkusen, **Sekundäre Amine** der allg. Formel $R-CH_2-C(CH_3)_2-NH-CHR'R''$ (R = H, Alkyl mit 1—4 C-Atomen; R' = Alkyl mit 1—3 C-Atomen; R'' = R', ggf. mit OH-Gruppen) u. deren Salze erhält man durch Rk. eines Halogenwasserstoffsäureesters eines Alkyl- oder Arylsulfonsäureesters eines Alkohols der allg. Formel $R'-CH(OH)-R''$ mit dem entsprechenden Amin. Weitere Herstellungsmöglichkeiten sind kursor. angegeben. — 73 (g) tert.-Butylamin (**I**) erhitzt man im Autoklav mit 172 Isopropyljodid 6 Std. auf 150° u. 6 Std. auf 250°, löst in 250 ml W. u. filtriert. Die wss. Lsg. wird mit konz. NaOH versetzt u. mit Ae. extrahiert. → 53 *N-tert.-Butylisopropylamin*, $Kp._{760}$ 98—99°; *Hydrochlorid* (**II**), F. 196 bis 197° (aus Methyläthylketon). — Ähnlich aus 73 **I** u. 130 p-Toluolsulfonsäure (**III**)-pentyl-(3)-ester → 23,1 *N-tert.-Butylpentyl-(3)-amin*, Kp. 145°; *Hydrochlorid*, F. 229,5 bis 230°. — 50 **I** u. 60 **III**-sek.-butylester → 7 *N-tert.-Butyl-sek.-butylamin*, $Kp._{750}$ 115 bis 117°, *Hydrochlorid*, F. 173—174°. — 73 **I** u. 140 **III**-[4-methylpentyl(2)]-ester 24Std. bei 100° → 29,2 *N-tert.-Butyl-[4-methylpentyl-(2)]-amin*, Kp. 160—161,5°, *Hydrochlorid*, F. 136—137°. — 219 **I**, 271,5 α-Brompropionsäureäthylester u. 200 ml Trichloräthylen erhitzt man im Autoklav 24 Std. auf 120°. Nach Abkühlen filtriert man u. schüttelt das Filtrat mit verd. HCl. Man kühlt die Lsg. mit Eis, nimmt in Ae. auf u. trocknet → 184 α-[N-tert.-Butylamino]-propionsäureäthylester, Kp. 66,5°. 52 der vorst. Verb. red. man mit $LiAlH_4$ in Ae. → 29,6 *N-tert.-Butyl-2-aminopropanol*, $Kp._{19}$ 78,5—80°; *Hydrochlorid*, F. 132—133°. — 53 tert.-Amylamin, 63 Isopropylbromid u. 50 ml Glykol 30 Std. unter Rückfluß → 30 *N-tert.-Amylpropyl-(2)-amin*, Kp. 125—127°; *Hydrochlorid*, F. 158°; — Analog: *2-tert.-Butylaminopentan*, $Kp._{750}$ 138—140°; *Hydrochlorid*, F. 185—186°. — Für **II** sind Toxizitäten u. biolog. Wrkg. angegeben. — *Antihypertonica*, *Ganglienblocker*. (**E. P. 873 780** vom 25/3. 1960, ausg. 26/7. 1961. D. Prior. 28/3. 1959.) A. Debo. 4807

Merck & Co., Inc., Rahway, N.J., V.St.A., **Herstellung von 5-Chlor-2.4-disulfamylanilin** (**I**), F. 258—260°, durch Chlorsulfonieren von m-Chloranilin (**II**), Umsetzen mit $SO_2Cl_2$, $PCl_5$ oder $SOCl_2$ u. Ammonolyse des 5-Chloranilin-2.4-disulfonylchlorids (**III**). — Man erhitzt 0,15 (Mol) **II** u. 1,65 Chlorsulfonsäure 2½ Std. auf 125 bis 130°, kühlt auf 20°, gibt innerhalb von 5 Min. 0,3 $PCl_5$ zu, erhitzt 1 Std. auf 125 bis 130°, gießt in Eiswasser u. filtriert das ausgeschiedene **III** bei 0° ab, das nach dem Trocknen in trockenem tert.-Butanol gelöst wird. Man leitet 2 Std. $NH_3$ durch die Lsg., konz. im Vakuum bis fast zur Trockne, verd. mit W., läßt 1 Std. bei 5° stehen u. filtriert **I** ab. Man kann an Stelle von **II** auch von 3-Chloracetanilid ausgehen. — *Pharmaceutica* mit *diuret.* Wirkung. (**Ind. P. 64 196** vom 27/5. 1958, ausg. 9/6. 1960. Can. Prior. 21/6. 1957.) C. Lüttgen. 4807

Regents of the University of California, Berkeley, übert. von: Eugene C. Jorgensen, San Francisco, Calif., V.St.A., **Phenoxyderivate des 3.5-Dijodphenylalanins** der allg. Formel **I** (R, R¹ = Alkyl mit 1—3 C-Atomen) u. deren

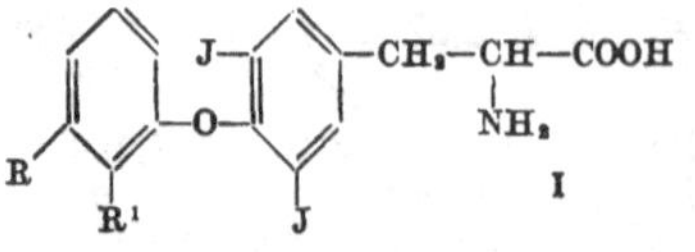

I

Salze mit nicht tox. Säuren u. Basen werden hergestellt durch Rk. von N-Acetyl-3.5-dinitro-4-[p-toluolsulfonyloxy]-DL-phenylalaninäthylesters (II) mit 2,3-Dimethylphenolen, anschließende Red. der Nitrogruppen u. Überführung nach Sandmeyer in das 3.5-Dijodid-Deriv. u. Verseifung der Estergruppe. — 0,06 (Mol) II, 0,2 Pyridin u. 90 ml Chlf. werden 30 Min. unter Rückfluß gekocht. Nach Zugabe von 0,42 2.3-Dimethylphenol wird 6 Std. unter Rückflußer hitzt, nach Abkühlung gewaschen u. das Lsgm. abgezogen. Der Rückstand wird in Chlf. aufgenommen, über $Al_2O_3$ gereinigt u. das Chlf. abdest. → N-Acetyl-4-[2'.3'-dimethylphenoxy]-3.5-dinitro-DL-phenylalaninäthylester. 0,02 der vorst. Verb. wird mit Pd/Kohle red., mit 15 ml $H_2SO_4$ angesäuert u. innerhalb 2 Std. bei —5° zu einer wss. Lsg. von 0,081 Nitrosylschwefelsäure gegeben. Nach 2 Std. Rühren werden bei —5° 0,07 $J_2$ u. 0,08 NaJ in 300 ml W. u. 300 ml Chlf. zugegeben. Die organ. Schicht wird abgetrennt, gewaschen u. das Lsgm. abdest. → N-Acetyl-4-[2'.3'-dimethylphenoxy]-3.5-dijod-DL-phenylalaninäthylester, hieraus durch Verseifung mit HCl → *4-[2'.3'-Dimethylphenoxy]-3.5-dijod-DL-phenylalanin*, F. 197—199°; *Hydrochlorid*. — Analog werden hergestellt: *4-[2'-Isopropyl-3'-methylphenoxy]-3.5-dijod-DL-phenylalanin*; — *4-[2'.3'-Diäthylphenoxy]-3.5-dijod-DL-phenylalanin*; — *4-[2'.3'-Dimethylphenoxy]-3.5-dijod-L-phenylalanin, Na-* u. *K-Salz*. — *Thyromimetica*; die L-Form ist am wirksamsten. (**A. P. 3 010 993** vom 2/9. 1958, ausg. 28/11. 1961.) A. Debo. 4807

Merck & Co., Inc., Rahway, N.J., V.St.A., **Wasserlösliche Dihydrovitamin-$K_1$-phosphate** der allg. Formel **I** (R' = H, Alkyl-, Aryl-, Aralkylacyl; R = Halogen, OH, dessen H durch Alkali ersetzt sein kann). 1-Acylester von 2-Methyl-3-phytyl-1.4-naphthohydrochinon (**II**) geben mit $POCl_3$ 1-Acetyl-**II**-4-dichlorphosphat; daraus entsteht mit Alkali das Mono- oder Dialkalimetallsalz, das mit wss. Säure 1-Acyl-**II**-4-phosphat liefert. Daraus erhält man durch Verseifen mit alkohol. Alkali (Claisen-Alkali) das Mono-, Di- u. Trialkalimetallsalz von **II**-4-phosphat, aus dem mit wss. Säure **II**-4-phosphat entsteht. — Aus 4,6 g **II**-1-acetat (erhältlich aus 2-Methyl-1.4-naphthohydrochinon-1-acetat u. Phytol in Dioxan in Ggw. von $BF_3$-Ätherat bei 50°) in 17 ml trockenem Pyridin u. 6,5 ml $POCl_3$ in 17 ml trockenem Pyridin zuerst im Eisbad, dann bei 20—25° → **II**-1-acetat-4-dichlorphosphat, daraus mit verd. wss. NaOH bis pH 8 → Mischung aus Na- u. Di-Na-Phosphat; daraus mit verd. HCl bis pH 1→ **II**-*1-acetat-4-phosphat*; daraus in PAe. mit wss. KOH in Methanol → *Di-Na-***II***-4-phosphat* neben wenig Mono- u. Tri-Na-Salze; daraus mit HCl bis pH 1 → **II**-*4-phosphat*, das durch Umfällen aus Aceton mit PAe. u. Bzl. gereinigt wird. Ferner sind herstellbar: **II**-1-propionat-4-dichlorphosphat; -1-butyrat-4-dichlorphosphat; -1-valerat-4-dichlorphosphat; -1-caproat-4-dichlorphosphat; -1-caprylat-4-dichlorphosphat; -1-phenylacetat-4-dichlorphosphat; -1-benzoat-4-dichlorphosphat; aus denen durch Verseifung u. Entacylieren die entsprechenden **II**-*4-phosphate* erhalten werden. — Die Verbb. sind *antihämorrhag.* wirksam; sie *verkürzen* die *Prothrombinzeit* u. *Blutgerinnungszeit*. (**E. P. 850 352** vom 18/3. 1958, ausg. 5/10. 1960. A. Prior. 22/3. 1957.) G. Krauß. 4807

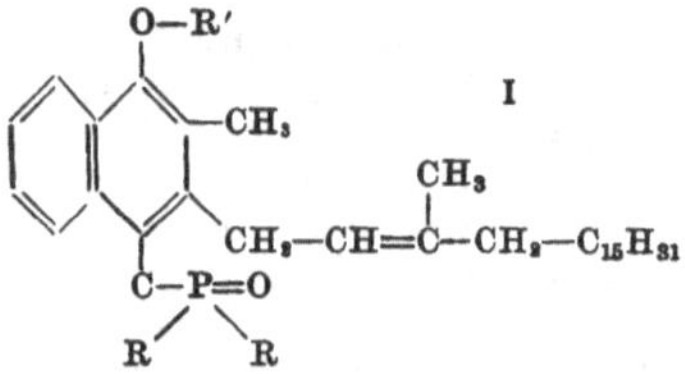

I

J. R. Geigy Akt.-Ges. (Erfinder: Paul Rambacher und Gunther Hallmann), **Herstellung von Dioxopyrazolidinderivaten** durch Rk. von Diaryl- oder Alkylarylhydrazinen der allg. Formel $R_1$—NH—NH—$R_2$ ($R_1$ = ggf. halogensubstituierter Aryl- oder niedrigmol. Alkoxy- oder Alkylrest; $R_2$ = niedrigmol. ggf. halogensubstituierter Alkyl- oder Arylrest oder niedrigmol. Alkoxy- oder Alkylrest) mit aliphat. u. araliphat. Carbonsäureestern der allg. Formel $R_3$—$CH_2$—COO—Alk ($R_3$ = Alkylrest mit wenigstens 2 C-Atomen, Cycloalkyl-, Aralkyl- oder Arylrest, der mit Ätherresten substituiert sein kann; Alk = niedrigmol. Alkylrest) sowie mit Carbonsäuredialkylestern in Ggw. eines alkal. Kondens.-Mittels u. bei erhöhter Temperatur. — Beispiele: *1.2-Diphenyl-3.5-dioxo-4-n-butylpyrazolidin*, F. 105—107°; *1.2-Diphenyl-3.5-dioxo-4-äthylpyrazolidin*, F. 107—108°; *1.2.4-Triphenyl-3.5-dioxopyrazolidin*, F. 181—183°. — *Pharmazeutica*. (**Aust. P. 231 757** vom 6/2. 1959, ausg. 26/1. 1961. D. Prior. 11/2. 1958.) K. Demmler. 4807

Egyesült Gyógyszer és Tápszergyár, Budapest, Ungarn, **Herstellung von Di- beziehungsweise Trimethoxybenzoesäureamiden**, wobei das N-Atom der $NH_2$-Gruppe Teil eines heterocycl. Ringes ist, dad. gek., daß man das Säurechlorid, einen Ester oder das Azid der Di- bzw. Trimethoxybenzoesäure mit einem heterocycl. sek. Amin in einem Lsgm. u. in Ggw. eines säurebindenden Mittels umsetzt. — Aus 3.4.5-Trimethoxybenzoylchlorid in Bzl. u. Piperidin in Ggw. von Triäthylamin unter Rückfluß → *N-[3.4.5-Trimethoxybenzoyl]-piperidinhydrochlorid*, F. 133—134°; analog; *N-[3.4.5-Trimethoxybenzoyl]-pyrrolidinhydrochlorid*, F. 159—160°; *-morpholin*, F. 120—122°; *-thiomorpholin*, F. 102—103°; *-2-methylmorpholin*, F. 115—117°; *N-[3.4-Dimethoxybenzoyl]-morpholin*, Kp.$_{0,4}$ 182—185°; *N-[2.3.4-Trimethoxybenzoyl]-morpholin*, F. 84—86°; *-piperidin*, F. 55—57°; *N-[2.4.6-Trimethoxybenzoyl]-morpholin*, F. 130—131° u. *N-[2.4.5-Trimethoxybenzoyl]-morpholin*, F. 91—92°. — *Beruhigungsmittel*. (**E. P. 872 350** vom 22/1. 1960, ausg. 5/7. 1961. Ung. Prior. 23/1. u. 2/11. 1959.) W. Heyer. 4807

Farbwerke Hoechst Akt.-Ges., vormals Meister Lucius & Brüning, Frankfurt/M., **Herstellung basisch substituierter Diphenylcarbinolester** der allg. Formel I ($R^1$ = H oder $CH_3$; $R^2$, $R^3$ = $CH_3$, $C_2H_5$ oder zusammen mit dem N-Atom Piperidin- oder Pyrrolidinrest; n = 0 oder 1). Man verestert bas. substituierte Diphenylcarbinole entsprechender Konstit mit Aminobenzoesäure oder Nitrobenzoesäure u. red. im letzteren Fall die $NO_2$-Gruppe. — Zum Beispiel läßt man 1.1-Diphenyl-2-piperidinopropanol-(1) in Ae. mit 4-Nitrobenzoylchlorid reagieren u. red. den erhaltenen *4-Nitrobenzoesäure-1.1-diphenyl-2-piperidinopropylester*, F. 130—132°, mit $H_2$ in Ggw. von Pd zu *4-Aminobenzoesäure-1.1-diphenyl-2-piperidinopropylester*, F. 186—188°. — Analog: *4-Nitrobenzoesäure-1.1-diphenyl-2-dimethylaminopropylester*, F. 134—136° → *4-Aminobenzoesäure-1.1-diphenyl-2-dimethylaminopropylesterdihydrochlorid*, F. 171—173°. — *4-Nitrobenzoesäure-1.1-diphenyl-2-methyl-3-diäthylaminopropylesterhydrochlorid*, F. 162—164° → *4-Aminobenzoesäure-1.1-diphenyl-2-methyl-3-diäthylaminopropylesterdihydrochlorid*, F. 164—165°. — *4-Nitrobenzoesäure-1.1-diphenyl-2-pyrrolidinopropylester*, F. 147—149° → *4-Aminobenzoesäure-1.1-diphenyl-2-pyrrolidinopropylesterhydrochlorid*, F. 190—191°. — *Hustenmittel*. (**Niederl. P. 100 012** vom 18/7. 1958, ausg. 15/12. 1961. D. Prior. 18/7. 1957.) F. Böhm. 4807

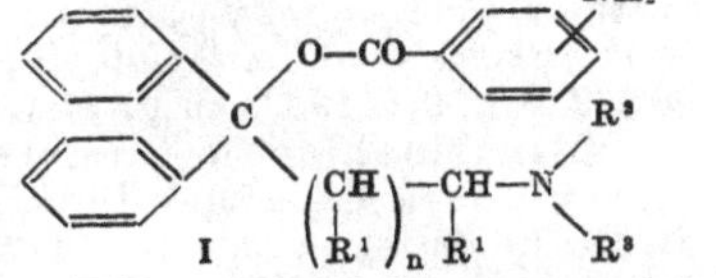

Chimie et Atomistique, Paris, Frankreich, **Herstellung von 2.4.6-Trioxopiperidinderivaten** der allg. Formel **I**, worin $R_1$ bis $R_4$ Aryl-, bes. Phenylgruppen oder niedere Alkylgruppen bedeuten u. $R_5$ = H, eine niedere Alkylgruppe oder der Dialkylaminoalkylrest ist, dad. gek., daß man ein entsprechendes, disubstituiertes Cyanacetylchlorid mit einem Ester einer disubstituierten Essigsäure in Ggw. von Na-Triphenylmethyl bei niederer Temp. kondensiert u. das Rk.-Prod. durch Erhitzen auf Wasserbad-Temp. in Ggw. von $CH_3COOH$-$H_2SO_4$ cyclisiert u. ggf., wenn $R_5$ im Endprod. nicht H sein soll, mit Alkylsulfat, -halogenid oder Dialkylaminoalkylhalogenid alkyliert. — Aus Äthylisobutyrat u. Phenyläthylcyanacetylchlorid über das Äthyl-2-phenyl-2-äthyl-2-cyanoacetylisobutyrat (Kp.$_{0,5}$ 118—127°) → *3-Phenyl-3-äthyl-5.5-dimethyl-2.4.6-trioxopiperidin*, F. 78—80°; hieraus durch Umsetzen mit $CH_3J$ das *1.5.5-Trimethyl-* bzw. mit dem Hydrochlorid des Dimethylaminoäthylchlorid das *1-[β-Dimethylaminoäthyl]-3-phenyl-3-äthyl-5.5-dimethyl-2.4.6-trioxopiperidin*, F. 46—47°, bzw. 169—170°. — Zwischenprodd. sowie *Sedativa, Anticonvulsiva* u. *Hypnotica*. (**E. P. 851 674** vom 21/4. 1959, ausg. 19/10. 1960. F. Prior. 23/4. 1958.) W. Heyer. 4807

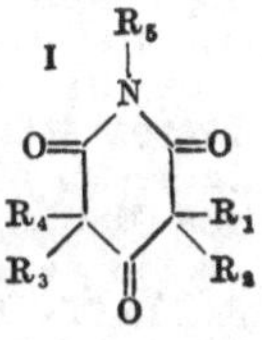

Ciba Ltd., Basel, Schweiz, **Herstellung von Diphenylmethylpiperidin-Verbindungen** der allg. Formel **I**, worin A eine Alkylengruppe mit 1—5 C-Atomen u. Z einen durch Alkylgruppen mit 1—5 C-Atomen substituierten Amin- oder einen N-haltigen heterocycl. Rest bedeutet, wobei weiter die Phenylgruppe durch eine niedrige Alkyl- oder Alkoxygruppe substituiert sein kann, dad. gek., daß man z. B. 1-Chloracetyl-2-diphenylmethylpiperidin, gelöst in Äthylacetat oder Bzl. am Rückfluß mit Diäthylamin umsetzt → *1-Diäthylaminoacetyl-2-diphenylmethylpiperidin*, F. 119 bis 120°; analog folgende 2-Diphenylmethylpiperidine: *1-Dimethylaminoacetyl-*, F. 94—95°, *Hydrochlorid*, F. 130—131°; *1-Dibutylaminoacetyl-*, F. 156 bis 157°; *1-Pyrrolidinoacetyl-*, F. 115—116°; *1-Piperidinoacetyl-*, F. 120—121°, *Hydrochlorid*, F. 163—164°; *1-Morpholinoacetyl-*, F. 139—140°, *Hydrochlorid*. F. 227—228°; *1-[4'-Methylpiperazyl-(1')-acetyl]-*, F. 144—145°, *Dihydrochlorid*, F. 190° (Zers.); *1-Isopropylaminoacetyl-*, F. 118—119°, Kp.$_{0,1}$ 202—203°, *Hydrochlorid*, F. 235—236°; *1-n-Amylaminoacetyl-*, Kp.$_{0,1}$ 215—217°; *1-Isoamylaminoacetyl-*, Kp.$_{1,0}$ 217—219°; *1-[β-Diäthylaminopropionyl]-*, F. 100—101°; *1-[β-Morpholinopropionyl]-*, F. 130—131°; *1-[α-Diäthylaminopropionyl]-*, F. 124—125°; *1-[α-Morpholinopropionyl]-*, F. 140—141°. *1-Diäthylaminoacetyl-2-[p-chlorphenyl]-phenylmethylpiperidin*, F. 115—116°; *1-Diäthylaminoacetyl-3-diphenylmethylpiperidin*, Kp.$_{0,1}$ 243—246° u. *1-Diäthylaminoacetyl-4-diphenylmethyl-*

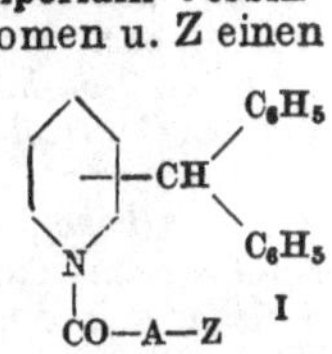

*piperidin*, Kp.$_{0,07}$ 237—239°. — *Lokalanaesthetica*. (**E. P. 863 715** vom 19/3. 1958, ausg. 22/3. 1961. Schwz. Prior. 19/3. 1957.) W. Heyer. 4807

Spofa, Sdruženi Podniků pro Zdravotnickou Výrobu Ilusinecka, Prag, Tschechoslowakei, **Herstellung von 1.3-disubstituierten Phenthiazinderivaten.** Man erhitzt eine Lsg. von 6,8 (g) 1.3-Dimethylphenthiazin in 40 Xylol (I) mit 1,2 $NaNH_2$ 2 Std. auf 130°, gibt tropfenweise eine Lsg. von 4 3-Dimethylaminopropylchlorid-(1) in 20 I zu, erhitzt 2 Std. auf 130°, kühlt, schüttelt mit 20 10%ig. HCl, trennt die wss. Phase ab, alkalisiert mit konz. $NH_4OH$ u. schüttelt zweimal mit je 20 Bzl. aus. Die benzol. Lsg. wird im Vakuum dest. → *1.3-Dimethyl-10-[3'-dimethylaminopropyl]-phenthiazin*, Kp.$_2$ 178°, *Hydrochlorid*, F. 169°. — Analog werden folgende Phenthiazine hergestellt: *1.3-Dimethyl-10-[2'-dimethylamino-1'-methyläthyl]*- u. sein Isomeres *-2'-methyläthyl]*-, Kp.$_{1,2}$ 203—204°, *Hydrochloridgemisch*, F. 205° (Zers.); *3-Chlor-1-methyl-10-[3'-dimethylaminopropyl]*-, Kp.$_1$ 208°, *Hydrochlorid*, F. 177—178°; *1-Chlor-3-methoxy-10-[2'-dimethylamino-2'-methyläthyl]*-, *Hydrochlorid*, F. 212°. — *Lokalanaesthetica*. (**Ind. P. 66 373** vom 9/1. 1959, ausg. 24/1. 1961.) C. Lüttgen. 4807

Olin Mathieson Chemical Corp., New York, N.Y., V.St.A. (Erfinder: Harry Louis Yale und Jack Bernstein), **Herstellung von Benzothiadiazinen** mit *diuret.* u. *antihypertensiven Eigenschaften.* Man kocht 8 g 5-Amino-α.α.α-trifluor-2.4-toluoldisulfonamid (I) u. 200 (ml) Ameisensäure (II) 2 Std. unter Rückfluß, dest. 100 **II** ab, verd. den Rückstand mit W. u. filtriert das *6-[Trifluormethyl]-1.2.4-benzothiadiazin-7-sulfonamid-1.1-dioxid* (**III**), F. 305—306°, ab. Daraus mit KOH in A. das Kaliumsalz des **III**. Analog: *5-[Trifluormethyl]-1.2.4-benzothiadiazin-7-sulfonamid-1.1-dioxid*, F. $<300°$. I ist erhältlich aus m-Aminobenzoltrifluorid u. Chlorsulfonsäure → 5-Amino-α.α.α-trifluor-2.4-toluoldisulfonylchlorid, das mit konz. $NH_4OH$ in **I**, F. 236—238°, übergeführt wird. (**Aust. P. 232 160** vom 30/10. 1958, ausg. 23/2. 1961. A. Prior. 25/11. 1957. **Ind. P. 65 693** vom 1/11. 1958, ausg. 20/4. 1961.) C. Lüttgen. 4807

F. Hoffmann-La Roche & Co. Akt.-Ges., Basel, Schweiz, **Gewinnung von 5.6-Dimethylbenzimidazolcobalamin.** Man unterwirft nucleotidhaltiges Cobalamin (**I**), z. B. Purin-**I**, in Ggw. von 5.6-Dimethylbenzimidazol der Einw. von Propionibacterium shermanii im üblichen Nährmedium. (**Ind. P. 66 606** vom 2/2. 1959, ausg. 10/2. 1961.) C. Lüttgen. 4809

Laboratoires Français de Chimiothérapie, Paris, übert. von: Gerard Nominé, Noisy-le-Sec, und Daniel Bertin, Montrouge, Frankreich, **11α.17α-Dihydroxy-16α-methylpregnan-3.20-dion** (**I**), F. 192°, erhält man durch Rk. von 3α-Acetoxy-16α-methyl-16α.17α-epoxy-20-äthylendioxypregnan-11-on mit Li in Ggw. von Methylamin → *3α.11α.17α-Trihydroxy-20-äthylendioxy-16α-methylpregnan*, F. 247 bis 250°, welches sich durch Ketalspaltung mit 80%ig. Essigsäure überführen läßt → **I.** *3α.11α.17α-Trihydroxy-16α-methylpregnan-20-on*, F. 210—211°; $[\alpha]_D^{20}$ 33,8°; daraus durch übliche Oxydation der 3-Hydroxygruppe mit N-Bromsuccinimid in wss. Aceton → **I.** — *Zwischenprodd.* zur Herst. von *Heilmitteln*. (**A. P. 3 007 949** vom 23/3. 1960, ausg. 7/11. 1961. F. Prior. 27/3. 1959.) U. Sievers. 4809

Olin Mathieson Chemical Corp., New York, N.Y., übert. von: Josef Fried, Princeton, und Patrick A. Diassi, Westfield, N.J., V.St.A., **Cyclische Ketale und Acetale des 16α.17α-Dihydroxyprogesterons.** Man spaltet z. B. 16α.17α-Oxido-5β-pregnan-3β-ol-20-on-acetat mit HBr in Eisessig → *16β-Brom-5β-pregnan-3β.17α-diol-20-on-3-acetat*, F. 137—139°; $[\alpha]_D^{23}$ 17,9°; *3.17-Diacetat*, F. 147—149°; $[\alpha]_D^{23}$ 23,5°, welches sich durch Rk. mit Na-Acetat–Eisessig debromieren läßt → *5β-Pregnan-3β.16α.-17-triol-20-on-3.16-diacetat*; daraus durch Verseifung mit methanol. $K_2CO_3$ → *5β-Pregnan-3β.16α.17α-triol-20-on-3-acetat* (**I**), F. 206—208°. Hieraus erhält man durch Rk. mit Acetophenon in Ggw. von $HClO_4$ → **I**-*16.17-Acetophenonid*, F. 165—167°; $[\alpha]_D^{25}$ 13,7°; *freier Alkohol*, F. 170—171°; $[\alpha]_D^{23}$ 13°; daraus durch $CrO_3$-Oxydation in Aceton → *5β-Pregnan-16α.17α-diol-3.20-dion-16.17-acetophenonid*, F. 126—128°; $[\alpha]_D^{23}$ 23,9°, welches sich durch Rk. mit $Br_2$ in Eisessig u. in Ggw. von HBr überführen läßt → *4β-Brom-5β-pregnan-16α.17α-diol-3.20-dion-16.17-acetophenonid*, F. 174—178°; $[\alpha]_D^{23}$ 30,6°; daraus durch Dehydrobromierung mit LiCl in Dimethylformamid → *16α.17α-Dihydroxy-progesteron-16.17-acetophenonid*, F. 146—150°; $[\alpha]_D$ 53,8°. — *Heilmittel* sowie Zwischenprodd. zu deren Herstellung. (**A. P. 3 008 958** vom 27/1. 1961, ausg. 14/11. 1961.) U. Sievers. 4809

American Cyanamid Co., New York, übert. von: William S. Allen, Pearl River, und Louis J. Feldman, Spring Valley, N.Y., V.St.A., **15β-Hydroxysteroide der Pregnanreihe** erhält man durch übliche Hydroxylierung von Reichsteins Verb. S oder deren Estern mit einer Kultur eines Mikroorganismus der Art *Hormodendrum* oder *Spicaria* unter aeroben u. submersen Bedingungen. — Es werden beschrieben: *15β.17α.21-Trihydroxy-Δ⁴-pregnen-3.20-dion* (**I**), F. 240—242°; $[\alpha]_D^{25}$ 96°; *15α.17α.21-*

*Trihydroxy-$\Delta^4$-pregnen-3.20-dion* (**IIa**), F. 227—230°; $[\alpha]_D^{25}$ 146°. — **I**-*21-Acetat* (**II**), welches sich über das **II**-*15-Methansulfonat*, F. 128° (Zers.) durch Rk. mit Eisessig-Na-Acetat überführen läßt → *21-Acetoxy-17α-hydroxy-$\Delta^{4.14}$-pregnadien-3.20-dion*, F. 187 bis 188°; $[\alpha]_D^{25}$ 104°. — **I**-*15.21-Diacetat*, F. 252—254°; $[\alpha]_D^{25}$ 109°. — **IIa**-*15.21-Diacetat*, F. 199,5—200,5°; $[\alpha]_D^{25}$ 132°. — **IIa** läßt sich mit $CrO_3$ in Ggw. von Pyridin oxydieren → *21-Acetoxy-17α-hydroxy-$\Delta^4$-pregnen-3.15.20-trion*, F. 254—255°; *freier Alkohol*, F. 235—236°; $[\alpha]_D^{24}$ 100° (durch Verseifung von **II**). — **II** + methanol. Na-Methylat → *$\Delta^{4.14}$-Pregnadien-17α.21-diol-3.20-dion*, F. 186—188°; $[\alpha]_D^{24}$ 84°. — *Zwischenprodd.* zur Herst. von *Heilmitteln.* (**A. P. 3 010 877** vom 3/9. 1959, ausg. 28/11. 1961.)
U. Sievers. 4809

Merck & Co., Inc., Rahway, N.J., V.St.A., **16α-Methyl-9α-fluor$\Delta^4$-pregnen-11β.17α.21-triol-3.20-dion beziehungsweise dessen 11-Ketoanaloges** erhält man durch Rk. von $\Delta^{16}$-Pregnen-3α-ol-11.20-dion-3-acetat mit $CH_3MgBr$ → *16α-Methylpregnan-3α-ol-11.20-dion-3-acetat* (nach Reacetylierung), welches sich durch 17α-Hydroxylierung über das 17α.20-Epoxid, 21-Acetoxylierung über die 21-Brom-Verb., Oxydation der 11-Hydroxygruppe mit $CrO_3$ u. Einführung der 4ständigen Doppelbindung über die 4-Brom-Verb. überführen läßt → *16α-Methyl-$\Delta^4$-pregnen-17α.21-diol-3.11.20-trion* (**I**). — Durch Red. von **I**-*3.20-Bis-semicarbazon* mit $NaBH_4$ u. saure Abspaltung der Schutzgruppen erhält man → *16α-Methyl-$\Delta^4$-pregnen-11β.17α.21-triol-3.20-dion* bzw. dessen *21-Acetat* bei entsprechender Wahl der Ausgangsverbindung. — Es wird weiterhin die Einführung eines 9α-ständigen Fluorsubstituenten auf dem Wege über die entsprechenden 9(11)-Dehydro-Verbb., jedoch ebenfalls ohne Angaben physikal. Daten für die Prodd., beschrieben. — Die Einführung der 16α-Methylgruppe kann alternativ auch mit $CH_3$·MgJ durchgeführt werden. — *Heilmittel* sowie Zwischenprodd. zu deren Herstellung. (**E. PP. 877 085** u. **877 087** vom 19/2. 1958, ausg. 13/9. 1961. A. Prior. 27/2. 1957.)
U. Sievers. 4809

Ciba Pharmaceutical Products, Inc., Summit, N.J., V.St.A., übert. von: Albert Wettstein, Karl Heusler und Peter Wieland, Basel, Schweiz, **Pregnan-18-säuren.** Man spaltet z. B. dl-$\Delta^5$-3-Äthylendioxy-11β-hydroxy-16α.17α-oxido-20-oxopregnen-18-säure-(18 → 11)-lacton mit Cr(II)-Acetat in Eisessig u. in Ggw. von Na-Acetat u. von Aceton als Lsgm. → *dl-$\Delta^{5.16}$-3-Äthylendioxy-11β-hydroxy-20-oxopregnadien-18-säure-(18 → 11)-lacton,* neben *dl-$\Delta^5$-3-Äthylendioxy-11β.16α-dihydroxy-20-oxopregnen-18-säure-(18 → 11)-lacton* (**I**), F. 226—228,5° (Zers.) (nach chromatograph. Aufarbeitung über Silicagel). — Analog: *dl-$\Delta^4$-3.20-Dioxo-11β.16α-dihydroxypregnen-18-säure-(18 → 11)-lacton* (**II**), F. 261,5—265° (Zers.). — **II** läßt sich alternativ auch durch Ketalhydrolyse von **I** mit Essigsäure erhalten. — **II** läßt sich katalyt. in Ggw. von Pd–$CaCO_3$ in abs. A. hydrieren → *dl-3.20-Dioxo-11β.16α-dihydroxyallopregnan-18-säure-(18 → 11)-lacton,* F. 232—234° (Zers.); daraus durch Red. mit $NaBH_4$ in Tetrahydrofuran → *dl-3β.11β.16β-Trihydroxy-20-oxoallopregnan-18-säure-(18 → 11)-lacton,* F. 248,5 bis 249,5° (Zers.). — **II** läßt sich alternativ auch durch Hydroxylierung von $\Delta^4$-3.20-Dioxo-11β-hydroxypregnen-18-säure-(18 → 11)-lacton mit einer Kultur von *Streptomyces sp. A-7747* herstellen. — *Heilmittel.* (**A. P. 3 004 890** vom 29/6. 1959, ausg. 17/10. 1961. Schwz. Prior. 1/7. 1958.)
U. Sievers. 4809

American Cyanamid Co., New York, N.Y., übert. von: George R. Allen, Evansville, Ind., und Martin J. Weiss, Oradell, N.J., V.St.A., **16α.17α-Isoalkylidendioxy-$\Delta^4$-pregnen-3.20-dione.** Man setzt z. B. 16α.17α-Isopropylidendioxyprogesteron (**Ia**) mit Äthyloxalat in üblicher Weise um → *2-Äthoxalyl-16α.17α-isopropylidendioxyprogesteron,* welches sich je nach der angewandten $Br_2$-Menge bromieren läßt → *2α-Brom-16α.17α-isopropylidendioxyprogesteron* (**I**), F. 193—195° (Zers.); $[\alpha]_D^{25}$ 118°, u./oder *2α.4-Dibrom-16α.17α-isopropylidendioxyprogesteron* (**II**), F. 164—165°. — **I** läßt sich mit Kollidin dehydrobromieren → *16α.17α-Isopropylidendioxy-$\Delta^{1.4}$-pregnadien-3.20-dion,* F. 202—204°; $[\alpha]_D^{25}$ 83°. — **II** läßt sich in analoger Weise dehydrobromieren → *4-Brom-16α.17α-isopropylidendioxy-$\Delta^{1.4}$-prenadien-3.20-dion,* F. 221—223°; $[\alpha]_D^{25}$ 22,8°; *3-Semicarbazon,* F. 230—232°. — Man kann auch **II** zunächst durch Rk. mit NaJ in Aceton überführen → *2-Jod-4-brom-16α.17α-isopropylidendioxyprogesteron,* F. 145—150°; daraus durch Dehydrobromierung mit Kollidin → *4-Brom-16α.17α-isopropylidendioxy-$\Delta^{1.4}$-pregnadien-3.20-dion* (**IIIa**), F. 219—221°. — Man kann auch **Ia** zunächst in Ggw. von Propylenoxid u. Essigsäure mit $Br_2$ bromieren → *4-Brom-16α.17α-isopropylidendioxyprogesteron* (**III**), F. 229—230°; $[\alpha]_D^{24}$ 155°; *2.4-Dinitrophenylhydrazon,* F. 290 bis 292°. — **III** läßt sich durch Rk. mit LiCl u. Kollidin überführen → *16α.17α-Isopropylidendioxy-$\Delta^{4.6}$-pregnadien-3.20-dion,* F. 214—216°; $[\alpha]_D^{25}$ 84°. — **I** + $Br_2$ in Ggw. von Kollidin → **II**, F. 170—172° (Zers.); $[\alpha]_D^{25}$ 23,8°. — **IIIa** + $H_2$/Pd–$BaCO_3$ → **III**. — *Heilmittel.* (**A. P. 3 001 991** vom 13/10. 1959, ausg. 26/9. 1961.) U. Sievers. 4809

American Cyanamid Co., New York, N.Y., übert. von: Victor Emil Origoni, Emerson, N.J., Sidney Fox, Spring Valley, und Leland Leroy Smith, New City, N.Y., V.St.A., **11β-Acyloxyverbindungen der Pregnanreihe** erhält man durch Rk. einer entsprechenden 11β-Hydroxy-Verb. mit einem niedermol. aliphat. Acylierungsmittel. — Man setzt z. B 16α.21-Diacetoxy-9α-fluor-11β.17α-dihydroxy-$\Delta^{1.4}$-pregnadien-3.20-dion (**Ia**) 20 Std. bei 80—85° mit Acetanhydrid in Ggw. von Pyridin um → *11β.16α.17α.21-Tetraacetoxy-9α-fluor-$\Delta^{1.4}$-pregnadien-3.20-dion*, F. 217 bis 219°; $[\alpha]_D^{22}$ 99,8°, neben *11β.16α.20-Triacetoxy-9α-fluor-17α-hydroxy-$\Delta^{1.4}$-pregnadien-3.20-dion* (**I**), F. 220—223° (nach papierchromatograph. Aufbereitung); $[\alpha]_D^{22}$ 99,4°. — **I** läßt sich mit methanol. $K_2CO_3$ partiell verseifen → *11β-Acetoxy-9α-fluor-16α.17α.21-trihydroxy-$\Delta^{1.4}$-pregnadien-3.20-dion* (**IIb**), F. 228—230°, welches sich durch Rk. mit Aceton in Ggw. von HCl in das *16.17-Acetonid* (**IIa**) u. durch anschließende Acetylierung der 21-Hydroxygruppe überführen läßt → *11β.21-Diacetoxy-9α-fluor-16α.17α-isopropylidendioxy-$\Delta^{1.4}$-pregnadien-3.20-dion* (**II**), F. 227—232°. — Alternativ kann man 9α-Fluor-11β.16α.17α.21-tetrahydroxy-$\Delta^{1.4}$-pregnadien-3.20-dion durch Rk. mit Aceton/HCl überführen → *9α-Fluor-11β.21-dihydroxy-16α.17α-isopropylidendioxy-$\Delta^{1.4}$-pregnadien-3.20-dion*, F. 255—259°; daraus durch Rk. mit Acetanhydrid in Pyridin → **II**; $[\alpha]_D^{25}$ 138°, welches sich mit methanol. HCl partiell hydrolysieren läßt → **IIa**, F. 209—210°; $[\alpha]_D^{22}$128°. — Man kann auch 21-Acetoxy-9α-fluor-11β.17α-dihydroxy-$\Delta^{4}$-pregnen-3.20-dion acetylieren → *11β.21-Diacetoxy-9α-fluor-17α-hydroxy-$\Delta^{4}$-pregnen-3.20-dion*, F. 210—213,5°; $[\alpha]_D^{25}$ 134°. — Alternativ kann man zunächst 16α.21-Diacetoxy-9α-fluor-11β.17α-dihydroxy-$\Delta^{4}$-pregnen-3.20-dion mit *Nocardia corallina* dehydrieren → **Ia** (nach Reacetylierung), neben **I**, welches sich durch partielle Hydrolyse mit Na-Methylat überführen läßt → **IIb**. — *Heilmittel.* (**A. P. 3 002 010** vom 18/6. 1958, ausg. 26/9. 1961.)
U. Sievers. 4809

American Cyanamid Co., New York, übert. von: Seymour Bernstein, New City, und John J. Brown, Pearl River, N.Y., und Robert H. Lenhard, Ridgefield Park, N.J., V.St.A., **19-Norsteroide der Pregnanreihe.** Man pyrolysiert z. B. 11β-Hydroxy-17.20;20.21-bis-methylendioxy-$\Delta^{1.4}$-pregnadien-3-on bei ca. 550° in einem Quarzrohr unter $N_2$, extrahiert das Prod. mit wss. KOH u. erhält nach Ansäuern → *17.20;20.21-Bis-methylendioxy-19-nor-$\Delta^{1.3.5,10}$-pregnatrien-3.11β-diol* (**I**), F. 310—313°, welches sich durch Rk. mit $CH_3J$ überführen läßt → **I**-*3-Methyläther*, F. 198—200° u. 201—202°; daraus durch Red. mit Li in fl. $NH_3$ u. Dioxan–A. als Lsgm. → *3-Methoxy-17.20;20.21-bis-methylendioxy-19-nor-$\Delta^{2.5,10}$-pregnadien-11β-ol*, F. 139—170°, welches sich durch übliche Umlagerung mit wss. Essigsäure überführen läßt → *19-Norhydrocortison*, F. 255—257°. — Analog: 17.20;20.21-Bis-methylendioxy-$\Delta^{1.4.9,11}$-pregnatrien-3-on, F. 205—209° → *17.20;20.21-Bis-methylendioxy-19-nor-$\Delta^{1.3.5,10}$-pregnatrien-3-ol*, F. 256,5—261°. — *Zwischenprodd.* zur Herst. von *Heilmitteln.* (**A. P. 3 002 968** vom 12/9. 1960, ausg. 3/10. 1961.) U. Sievers. 4809

American Cyanamid Co., New York, N.Y., V.St.A., **21-[2'-Tetrahydropyranyloxy- oder 2'-Tetrahydrofuranyloxy]- beziehungsweise 16α.21-[Di-2'-tetrahydropyranyloxy- oder -Di-2'-tetrahydrofuranyloxy]-steroide** erhält man durch Rk. einer entsprechenden 21-Hydroxy- oder 16α.21-Dihydroxy-Verb. mit Dihydropyran (**I**) oder Dihydrofuran (**II**) in Ggw. eines sauren Mittels. — Man setzt z. B. 9α-Fluor-16α.17α-isopropylidendioxy-11β.21-dihydroxy-$\Delta^{1.4}$-pregnadien-3.20-dion mit **I** in Ggw. von konz. HCl um → *9α-Fluor-16α.17α-isopropylidendioxy-11β-hydroxy-21-[2'-tetrahydropyranyloxy]-$\Delta^{1.4}$-pregnadien-3.20-dion.* — *Heilmittel.* (**E. P. 879 234** vom 2/12. 1959, ausg. 11/10. 1961. A. Prior. 8/12. 1958.) U. Sievers. 4809

Schering Corp., Bloomfield, übert. von: Richard Rausser, Union, und Eugene P. Oliveto, Bloomfield, N.J., V.St.A., **16α-Alkyl-$\Delta^{1.4}$-androstadienverbindungen** erhält man z. B. durch oxydativen Abbau der Seitenkette der entsprechenden 20.21-Ketole der Pregnanreihe mit Na-Wismuthat. — Man setzt z. B. 9α-Fluor-16α-methylprednisolon mit Na-Wismuthat in üblicher Weise um → *9α-Fluor-16α-methyl-$\Delta^{1.4}$-androstadien-11β-ol-3.17-dion.* — Durch mikrobiolog. Red. der 17-Oxogruppe mit *Saccharomyces cerevisiae* lassen sich daraus bzw. aus analogen 9α-Halogen-Verbb. die 17β-Alkohole herstellen, die durch übliche Veresterung mit Acylierungsmitteln in die 17-Ester übergeführt werden. — Es wird ferner der Abbau 9-halogenfreier $\Delta^{1.4}$-Pregnadien-Verbb. u. die nachträgliche Einführung eines 9α-Halogensubstituenten über die 9.11-Dehydro-Verbb. beschrieben. — Physikal. Daten werden nicht genannt. — *Heilmittel.* (**A. P. 3 010 958** vom 26/11. 1958, ausg. 28/11. 1961.)
U. Sievers. 4809

Schering Corp., Bloomfield, übert. von: Arthur Nobile, Livingston, N.J., V.St.A., **9α-Halogen-11β-hydroxy-17α-äthinyl-$\Delta^{1.4}$-androstadiene** sowie deren 11-Ketoanaloge erhält man z. B. durch Bebrütung von $\Delta^{4}$-Androsten-11β-ol-3.17-dion mit einer

Kultur von *Cornyebacterium simplex* unter üblichen aeroben u. submersen Bedingungen → $\Delta^{1.4}$-*Androstadien-11β-ol-3.17-dion*, F. 176—179°, welches sich über das 11-Methansulfonat dehydratisieren läßt → $\Delta^{1.4.9,11}$-*Androstatrien-3.17-dion*, F. 164—167°; [α] 104,2°; daruas durch Rk. mit N-Bromacetamid in Ggw. von $HClO_4$ → *9α-Brom-*$\Delta^{1.4}$*-androstadien-11β-ol-3.17-dion*, F. 171—173° (Zers.); [α] 132,3°, welches sich mit K-Acetat in Aceton dehydrobromieren läßt → *9β.11β-Oxido-*$\Delta^{1.4}$*-androstadien-3.17-dion*, F. 164 bis 165°; $[\alpha]_D$ 83,6°; daraus durch übliche HF-Spaltung → *9α-Fluor-*$\Delta^{1.4}$*-androstadien-11β-ol-3.17-dion*, F. 252—253° (Zers.); [α] 113,6°, u. durch anschließende Äthinylierung mit Na-Acetylid → *9α-Fluor-17α-äthinyl-*$\Delta^{1.4}$*-androstadien-11β.17β-diol-3-on*, F. 274 bis 279° (Zers.); $[\alpha]_D$ 4,4°. — Analog: *9α-Chlor-17α-äthinyl-*$\Delta^{1.4}$*-androstadien-11β.17β-diol-3-on*, F. 238—238,5° (Zers.); $[\alpha]_D$+ 139,6°. — *Heilmittel.* (**A. P. 3 010 957** vom 26/11. 1958, ausg. 28/11. 1961.) U. Sievers. 4809

Schering Corp., Bloomfield, übert. von: Cecil H. Robinson, Clifton, N.J., V.St.A., **9α.11β-Dihalogensteroide der Androstan- oder Pregnanreihe** erhält man durch Rk. eines entsprechenden 9(11)-Dehydrosteroids mit einem Halogenierungsmittel, welches ggf. ein elektronennegativeres u. ein elektronenpositives Halogenion enthält, in Ggw. eines halogenierten KW-Stoffes u. eines tert. Amins. — Man setzt z. B. $\Delta^{1.4.9,11}$-Androstatrien-3.17-dion in $CCl_4$/Pyridin bei —20° mit $Cl_2$ um → *9α.11β-Dichlor-*$\Delta^{1.4}$*-androstadien-3.17-dion*, F. 227—231°; $[\alpha]_D$ 178°. — Analog: $\Delta^{1.4.9,11}$-Androstatrien-17β-ol-3-on + HF in Ggw. von N-Chlorsuccinimid → *9α-Chlor-11β-fluor-*$\Delta^{1.4}$*-androstadien-17β-ol-3-on*, F. 212—215°; $[\alpha]_D$ 73°; *17-Propionat*, F. 170—175°; $[\alpha]_D$ 63°. — *9α-Brom-11β-fluor-17β-ol-3-on-17-propionat*, F. 160—162°; $[\alpha]_D$ 64°. — *9α.11β-Dichlorprogesteron*, F. 174—177° (Zers.); $[\alpha]_D$ 243°. — *9α-Chlor-11β-fluor-*$\Delta^{1.4}$*-pregnadien-3.20-dion*, F. 215—220°; $[\alpha]_D$ 141°. — *9α.11β-Dichlor-17α-hydroxyprogesteron-17-acetat*, F. 224—233°; $[\alpha]_D$ 129°. — *9α.11β-Dichlor-17α-hydroxy-*$\Delta^{1.4}$*-pregnadien-3.20-dion*, F. 235—239° (Zers.); $[\alpha]_D$ 119°. — *9α-Brom-11β-chlor-*$\Delta^{1.4}$*-pregnadien-17α.21-diol-3.20-dion-21-acetat*, F. 190—195° (Zers.); $[\alpha]_D^{20}$ 172°. — *9α.11β-Dichlor-*$\Delta^{1.4}$*-pregnadien-17α.21-diol-3.20-dion-21-acetat*, F. 246—253° (Zers.); $[\alpha]_D^{25}$ 162°; *freier Alkohol*, F. 238 bis 241° (Zers.); $[\alpha]_D^{20}$ 134°. — *9α.11β-Dichlor-*$\Delta^{1.4}$*-pregnadien-17α.21-diol-3.20-dion-21-carbäthoxylat*, F. 238—242° (Zers.); $[\alpha]_D^{20}$ 149°. — *21-Na-Sulfobenzoat*, F. 252—254° (Zers.); — *9α.11β-Dibrom-*$\Delta^{1.4}$*-pregnadien-17α.21-diol-3.20-dion-21-acetat*, F. 142—146° (Zers.); $[\alpha]_D^{20}$ 185°. — *9α-Brom-11β-chlor-*$\Delta^{1.4}$*-pregnadien-17α.21-diol-3.20-dion*, $[\alpha]_D^{25}$ 142°. — *9α-Brom-11β-fluor-*$\Delta^{1.4}$*-androstadien-3.17-dion*, F. 194—196° (Zers.); $[\alpha]_D$ 118°. — *Heilmittel.* (**A. P. 3 009 933** vom 1/6. 1959, ausg. 21/11. 1961.) U. Sievers. 4809

Soc. Farmaceutici Italia, Mailand, Italien, **Herstellung von Verbindungen mit anabolischer Wirkung,** die der allg. Formel I entsprechen (R, R' = H oder Acylrest mit nicht >9 C-Atomen). Man dehydratisiert in 4.5-Stellung gesätt. 4.5-Dihydroxy-17α-methyltestosteron in alkal. Lsg. in 5-Stellung u. acyliert ggf. das erhaltene 4-Hydroxy-17α-methyltestosteron (I). — Zum Beispiel läßt man auf methanol. Lsg. von 17α-Methylandrostan-4β.5α.17β-triol-3-on 22 Std. bei Raum-Temp. unter $N_2$ KOH einwirken → I, F. 168—170°; *4-Acetat*, F. 138—140°; *4-Succinat*, F. 161—163°; *4.17-Diacetat*, F. 152—156°; *17-Acetat*, F. 178—180°; *17-Propionat*, F. 172—174°. (**Niederl. P. 100 042** vom 6/6. 1959, ausg. 15/12. 1961. E. Prior. 6/6. 1958.) F. Böhm. 4809

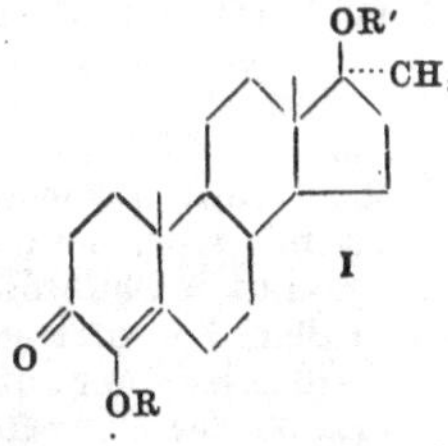

I

Olin Mathieson Chemical Corp., New York, N.Y., übert. von: Frank L. Weisenborn, Middlebush, Leonhard J. Lerner, New Brunswick, und Allen I. Laskin, Franklin Township, N.J., V.St.A., **α-Hydroxy-A-norprogesteron,** F. 161 bis 161,5°; $[\alpha]_D$ 65°, erhält man durch Bebrütung von A-Norprogesteron mit einer Kultur von *Diplodia natalensis* unter üblichen aeroben u. submersen Bedingungen. — *Heilmittel* sowie Zwischenprod. zur Herst. von Heilmitteln. (**A. P. 3 005 018** vom 7/10. 1959, ausg. 17/10. 1961.) U. Sievers. 4809

Joao Emerico Vilax, Lissabon, Portugal, **Chloramphenicolderivate mit verminderter Toxizität.** Chloramphenicol (I) wird zusammen mit einem Alkali- oder Erdalkalisalz von α-Pantothensäure (II) in einem inerten Lsgm. einige Zeit auf 100° erhitzt u. das Lsgm. dann im Vakuum abdestilliert. Der ölige Rückstand wird aus PAe. u. einem niedrigmol. halogenierten KW-Stoff umkristallisiert. Es konnten folgende Komplex-Verbb. identifiziert werden, deren Kristallformen u. IR-Spektren deutlich verschieden von denen der entsprechenden Gemische aus I + II sind: 1 Mol Na-II + 2 Mol I; 1 Mol Ca-I + 2 Mol II; 1 Mol Ca-II + 4 Mol I („Pantophenicol"), F. 143—148°. (**E. P. 866 789** vom 2/8. 1957, ausg. 3/5. 1961. Port. Prior. 2/8. 1956.) A. Kalix. 4811

Egyesült Gyógyszer és Tápszergyár (Erfinder: Andor Hajos), Budapest, Ungarn, **Racemattrennung von threo-$\beta$-[p-Nitrophenyl]-serinbutylester** (I) durch die Löslichkeitsunterschiede der mit d-Camphersulfonsäure erhaltenen Diastereomeren. — 2,3 g d-Camphersulfonsäure in 30 ml Butanol werden mit 2,7 g I auf dem Wasserbad erwärmt. Aus der klaren Lsg. krist. bei Raum-Temp. 2,12 g $L_s(+)$-I-d-Camphersulfonat aus, F. 184—185° (Zers.); $[\alpha]_D^{20}$ +12° (3% in Methanol). Die 2,12 g der vorst. Verb. werden in 50 ml W. heiß gelöst, dann unter Kühlung mit 10 ml 10%ig. $NaHCO_3$ auf pH 8 eingestellt → 1,05 g $L_s(+)$-I, F. 101—102° (Zers.); $[\alpha]_D^{20}$ +28° (2% in Dioxan). Die Mutterlauge wird zur Trockne eingedampft → 1,95 g $D_s(-)$-I-d-Camphersulfonat, F. 156—157° (Zers., aus Butanol/Ae.). Hieraus in W. mit $NaHCO_3$ → 0,73 g $D_s(-)$-I, F. 98—101°; $[\alpha]_D^{20}$ —22° (2% in Dioxan). — Die Racenate von anderen Estern des threo-$\beta$-[p-Nitrophenyl]-serins sowie vom Butylester des threo-Phenylserins lassen sich auf diese Weise nicht trennen. — (**D. A. S. 1 123 674** Kl. 12q vom 19/11. 1958, ausg. 15/2. 1962. Ung. Prior. 22/1. 1958.) A. Debo. 4811

American Home Products Corp., New York, N.Y., V.St.A. (Erfinder: William Frank Elias, Howard Joseph Merrion und Joseph Klarence Apat), **Verbessern der Viscosität von wässerigen N.N'-Dibenzyläthylendiamindipenicillin-Suspensionen,** die eine Partikelgröße von 5—150 $\mu$ aufweisen, durch Zusatz von ca. 10 Gew.-% eines wasserlösl. Alkali- oder Erdalkalipenicillinsalzes, z. B. K- oder Ca-Penicillin-G oder -V. Beispiele u. Tabellen für Injektionssuspensionen. (**E. P. 873 692** vom 23/8. 1957, ausg. 26/7. 1961. A. Prior. 20/9. 1956.) H. Schindler. 4811

American Cyanamid Co., New York, N.Y., V.St.A., **Stabilisieren von 6-Demethyltetracyclinen,** wie *7-Chlor-6-demethyl-*, *6-Demethyl-* u. *6-Demethyl-6-dihydroxytetracyclin*, dad. gek., daß man dem Wirkstoff *Nicotinamid* oder *Mg-Nicotinat* u. ggf. noch *Mg-Ascorbat* zusetzt. (**E. P. 879 629** vom 30/11. 1959, ausg. 11/10. 1961. A. Prior. 5/12. 1958.) W. Heyer. 4811

National Research Development Corp., London (Erfinder: Edward Penley Abraham und Guy Geoffrey Frederick Newton, Oxford), England, **Herstellung des Molekülgerüstes von C-Cephalosporin, $C_c$-Cephalosporin und $C_A$-Cephalosporin-Verbindungen** durch Hydrolyse solcher C-, $C_c$-, $C_A$-Cephalosporin-Verbb. oder deren Derivv., bei denen die Seitenkette mit bei der Hydrolyse nicht abspaltbaren Gruppen geschützt ist. Bei der Hydrolyse des C-Cephalosporins wird letzteres in situ durch Behandlung mit Säure hergestellt. — *Antibiotica.* (**Ung. P. 150 127** vom 2/8. 1960, ausg. 20/7. 1962. E. Prior. 4/8. 1959.) F. Landsberger. 4811

National Research Development Corp., London (Erfinder: Edward Penley Abraham, Guy Geoffrey Frederick Newton, Oxford, und Clifford William Hale, Clevedon, Sumerset), England, **Gewinnung von Cephalosporin C** (**I**) aus einem fermentierten geklärten Medium (**II**), das **I** neben Cephalosporin N enthält, unter Verw. von Ionenaustauschern, dad. gek., daß das geklärte **II** mit einem stark saure Gruppen in der H-Form enthaltenden Kationenaustauscher (**III**) auf einem pH-Wert von 2,8—4,0 eingestellt wird, dann der **III** von dem angesäuerten **II** abgetrennt u. dieses durch einen starken Anionenaustauscher (**IV**) in Form seines Salzes mit einer schwachen, flüchtigen, einbas. organ. Säure unter Entfernung prakt. der gesamten Chloridionen u. anderer anorgan. Ionen durchgeführt wird, worauf das **I** aus dem Perkolat gewonnen wird. Vorteilhaft wird **II** vor der Klärbehandlung auf pH 5—6 u. nachher auf 3 eingestellt. Zum Eluieren des **I** wird, ggf. mit Pyridin gepufferte, Ameisen- oder Essigsäure verwendet. Aus der eluierten Lsg. wird das **I** mit Aceton gefällt, dann in W. gelöst, in das Na-Salz übergeführt u. aus der Lsg. auskristallisiert. — Mengenbeispiel. (**D. A. S. 1 126 564** Kl. 30h vom 24/1. 1961, ausg. 29/3. 1962. E. Prior. 25/1. 1960.) H. Schindler. 4811

Cutter Laboratories (Erfinder: Alfred H. Fowell), Berkeley, Calif., V.St.A., **Blutkoagulans** aus nicht mit Citrat behandeltem menschlichem Plasma dad. gek., daß man das Blutplasma mit $BaSO_4$ als Adsorbens versetzt, das Adsorbat mit Na-Citrat-Lsg. eluiert, das Eluat auf pH ca. 3,2 einstellt u. die Proteine *Proconcertin* u. *Prothrombin* aus der Lsg. mit einem niedrigen Alkohol, bes. A., fällt. Die Proteine sind frei von Thromboplastin. (**E. P. 872 536** vom 16/9. 1957, ausg. 12/7. 1961.) W. Heyer. 4813

Behringwerke Akt.-Ges., Marburg/Lahn, **Herstellung von Impfstoffen.** Der Virus von *Febriscatarrhalis infectiosa canum* wird in einer Nährfl. mit einem pH-Wert von 7—8 in 50 aufeinanderfolgenden Passagen gezüchtet u. dann ggf. lyophilisiert. Bei einer weiteren Züchtung kann als Nährfl. eine solche benutzt werden, der etwas vom bereits modifizierten Virus zugesetzt ist. (**Port. P. 37 549** vom 2/9. 1960, Auszug veröff. 26/4. 1961. E. Prior. 3/9. 1959.) A. Kalix. 4813

Österreichisches Institut für Hämoderivate G. m. b. H. (Erfinder: Wilhelm Auerswald und Johann Eibl), Wien, Österreich, **Erhöhung der Antigen-**

**wirkung einer Poliomyelitis-Vaccine** mit unlösl. Al-Verbb. als Adjuvantien, dad. gek., daß in einer inaktivierten Virus-Fl., die wenigstens einen der Typen I, II oder III des Poliomyelitisvirus enthält, eine Suspension von $Al(OH)_3$ oder $AlPO_4$ in situ gebildet wird, indem zu der inaktivierten Virus-Fl. eine Lsg., die $PO_4$-Ionen oder OH-Ionen enthält, u. ein lösl. Al-Salz getrennt zugegeben werden. (**D. A. S. 1 130 557** Kl. 30h vom 4/4. 1959, ausg. 30/5. 1962.) K. Koebke. 4813

Modern-Lab., Inc., Baltimore, übert. von: John Paul Modderno, Gambrills, Md., V.St.A., **Arzneimittel** zur lokalen Anwendung bei rheumat. u. arthrit. Schmerzen, enthaltend in einer Salbengrundlage wenigstens ein Aminosalicylat des Mono-, Di- oder Trimethylamins, wenigstens einen Aminobenzoesäurealkylester u. wenigstens ein antibakterielles chloriertes Phenol. (**A. P. 2 975 097** vom 13/11. 1957, ausg. 14/3. 1961.) K. Koebke. 4815

Louis Freedman, Bronxville, und Seymour L. Shapiro, Hastings on Hudson, N.Y., V.St.A., **Herstellung von Arzneimitteln** zur Senkung des Cholesterinblutspiegels. Saffloröl wird mit 3—10% aktiviertem Bentonit (I) 30 Min. bis 3 Std. lang bei 20—60° behandelt, um I von Peroxiden zu befreien. I wird zur Aktivierung mit 4—5n HCl oder $H_2SO_4$ gekocht, gewaschen, getrocknet u. ca. 30 Min. lang auf 400° erhitzt. Dem gereinigten Öl setzt man als Antioxydans eine Mischung von 20 (%) butyliertem Hydroxyanisol, 6 Propylgallat, 4 Citronensäure, 70 Propylenglykol u. ggf. Nor-Dihydroguaretsäure u. tert.-Butylphenol zu. (**A. P. 2 978 381** vom 20/6. 1958, ausg. 4/4. 1961.) K. Koebke. 4815

Merck & Co., Inc., Rahway, übert. von: Irwin Clark, Plainfield, N.J., V.St.A., **Arzneimittel,** enthaltend neben einem entzündungswidrigen Steroid eine therapeut. wirksame Menge an Vitamin-D, verhindern die durch Steroidgabe allein bewirkte schädliche vermehrte Ausscheidung von Ca im Urin u. in den Fäces. (**A. P. 2 967 801** vom 3/3. 1958, ausg. 10/1. 1961.) K. Koebke. 4815

Vineland Poultry Laboratories, übert. von: Tevis M. Goldhaft und Charles Kaitz, Vineland, N.J., V.St.A., **Tierarzneimittel** zur Behandlung von Infektionskrankheit mit Sulfonamiden (I) im Trinkwasser, dad. gek., daß man den wss. Mitteln wasserlösl. Salze der Terephthalsäure zugibt, welche die Resorption der Sulfonamide ins Blut beschleunigen. (**A. P. 2 973 298** vom 29/12. 1958, ausg. 28/2. 1961.) K. Koebke. 4815

Mead Johnson & Co., Evansville, Ind., V.St.A., **Herstellung von 3-Acyloxy-3-arylpyrrolidinen** der allg. Formel I, worin $R_1$ eine niedere Alkylgruppe, $R_2$ = H oder eine niedrige Alkylgruppe, $R_3$ = Phenyl, Benzyl, Tolyl, p-Methoxyphenyl oder Chlorphenyl, $R_4$ = H oder eine niedere Alkylgruppe u. $R_5$ eine niedere Alkylgruppe bedeutet, dad. gek., daß man ein entsprechendes 3-Arylpyrrolidinol-(3) mit dem Anhydrid einer organ. Säure $R_5$—COOH acyliert. — Aus 1-Methyl-3-phenylpyrrolidinol-(3) u. Propionsäureanhydrid in Pyridin → *1-Methyl-3-phenyl-3-propionoxypyrrolidin*, Kp.$_{0,2}$ 93—96°, *Hydrochlorid*, F. 139—140°. Analog *1.2-Dimethyl-3-phenyl-3-propionoxypyrrolidin*, Kp.$_{0,2}$ 106—108°, *Hydrochlorid*, F. 192—194°, das entsprechende *-3-acetoxypyrrolidin*, Kp.$_{0,2}$ 192—194°, *Hydrochlorid*, F. 184—186°; *3-Benzyl-1.2-dimethyl-3-propionoxypyrrolidin*, Kp.$_{0,15}$ 98—105°, *Hydrochlorid*, F. 224—226°; *1.5-Dimethyl-3-phenyl-3-propionoxypyrrolidin*, Kp.$_{0,2}$ 94—100°, *Hydrochlorid*, F. 142 bis 144°; *1.2-Dimethyl-3-o-tolyl-3-propionoxypyrrolidin*, Kp.$_{0,5}$ 125—130°, *Hydrochlorid*, F. 179—181°, das entsprechende *3-p-Methoxyphenyl-* u. *3-m-Chlorphenyl-Deriv.*, Kp.$_{0,2}$ 110—115°, *Hydrochlorid*, F. 151—153°, bzw. Kp.$_{0,35}$ 120—125°, *Hydrochlorid*, F. 177 bis 179°; *1-Äthyl-2-methyl-3-phenyl-3-propionoxypyrrolidin*, Kp.$_{0,15}$ 100—106°. — *Analgetica* für die Tiermedizin. — (**E. P. 874 216** vom 27/10. 1959, ausg. 2/8. 1961. A. Prior. 12/2. 1959.) W. Heyer. 4815

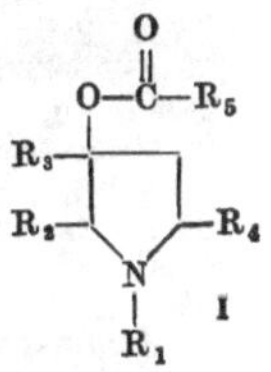

I

Merck & Co., Inc., Rahway, übert. von: Edward F. Rogers, Middletown, N.J., V.St.A., **Tierarzneimittel** zur Behandlung der Geflügel-Coccidiose, enthaltend als Wirkstoff *1-Methyl-4-nitro-5-cyanoimidazol* im Futter. (**A. P. 2 974 087** vom 26/6. 1958, ausg. 7/3. 1961.) K. Koebke. 4815

o/v State Board of Agriculture, übert. von: John M. Coffin, Seaford, Del., V.St.A., **Tierarzneimittel.** Zur Behandlung der infektiösen Synovitis bei Geflügel gibt man dem Futter als akt. Wirkstoff 0,002—0,02% *Brilliantgrün* zu. (**A. P. 2 973 299** vom 22/7. 1957, ausg. 28/2. 1961.) K. Koebke. 4815

Pennsalt Chemicals Co., übert. von: Francis E. Lawlor, Wyndmoor, Pa., V.St.A., **Schwefligsäuredifluoralkylester** der allg. Formel $(RCH_2O)_2SO$ (R = Perfluoralkylrest mit 1—12 C-Atomen) werden hergestellt durch Rk. von $RCH_2OH$ mit einem Thionylhalogenid. — Zu 100 (Gew.-Teilen) $SOCl_2$ gibt man bei 20—30° 184 2.2.2-Trifluoräthanol. Nach der Zugabe wird unter Rückfluß erhitzt, bis kein HCl mehr entweicht → 91 *Schwefligsäure-bis-[2.2.2-trifluoräthyl]-ester*, Kp. 135,5—136,5°; $n_D^{20}$ 1,336. — *Bakteriostat. Wrkg.* gegen *Salmonella typhosa* ist angegeben. — (**A. P. 2 968 667** vom 10/12. 1956, ausg. 17/1. 1961.) A. Debo. 4833

**Roy Yates Sanders jun.**, Buffalo, N.Y., V.St.A., *Herstellung von Arzneitabletten.* (**E. P. 897 141** vom 15/12. 1958, ausg. 23/5. 1962. — C. **1960**, 12430 [A. P. 2 865 810].)

**Monsanto Chemicals Ltd.**, London (Erfinder: **William Edward Hamer**, Marchwiel, Wrexham, und **Gordon Victor Phillips**, Rhos-y-Waen, Chirk), England, *Reinigung von Acetylsalicylsäure.* (**D. A. S. 1 073 506** Kl. 12q vom 27/3. 1957, ausg. 21/1. 1960. E. Prior. 28/3. 1956 u. 15/2. 1957. — C. **1960**, 12771 [F. P. 1 169 969].)

**Wellcome Foundation Ltd.**, London, England, *Ungesättigte, diquaternäre Diaminoverbindungen durch Wasserabspaltung aus den entsprechenden Hydroxyverbindungen.* (**Belg. P. 536 100** vom 28/2. 1955, ausg. 2/1. 1959. E. Prior. 5/3. 1954. — C. **1959**, 10007 [Niederl. P. 85 167].)

**May & Baker Ltd.** (Erfinder: **William Robert Wragg** und **Kenneth Douglas Roland Washbourn**), Dagenham, Essex, England, *Phenanthridinium-Verbindungen.* (**E. P. 834 231** vom 23/3. 1956, ausg. 4/5. 1960. — C. **1961**, 15125 [F. P. 1 187 655].)

**Farbenfabriken Bayer Akt.-Ges.**, Leverkusen (Erfinder: **Ulrich Hörlein**, Wuppertal, **Klaus Heinz Risse**, Solingen, und **Wolfgang Wirth**, Wuppertal), *Phenothiazine.* (**Schwz. P. 361 282** vom 23/7. 1956, ausg. 30/5. 1962. D. Prior. 7/9. 1955, 5/5. u. 12/6. 1956. — C. **1959**, 13886 [D. A. S. 1 054 089].)

**National Drug Co.**, Philadelphia, Pa., V.St.A. (Erfinder: **Gustav Julius Martin** und **Souren Avakian**), *Phenthiazinderivate.* (**Aust. P. 231 293** vom 13/5. 1958, ausg. 22/12. 1960. A. Prior. 23/5. 1957. — C. **1961**, 15846 [Belg. P. 567 963].)

**Ciba Pharmaceutical Products, Inc.**, Summit, übert. von: **Emil Schlittler**, Madison, N.J., V.St.A., und **Johannes Mueller**, Arlesheim, Schweiz, *Gewinnung von Reserpin aus Rauwolfia-Pflanzen oder dieses enthaltenden Extrakten.* (**A. P. 2 938 906** vom 25/1. 1955, ausg. 31/5. 1960. Schwz. Prior. 24/7. 1952. — C. **1962**, 10570 [D. B. P. 975 245].)

**Ciba Soc. An.**, Basel, Schweiz, *Reines Deserpidin aus den Mutterlaugen bei der Reserpingewinnung.* (**Belg. P. 541 131** vom 7/9. 1955, ausg. 14/8. 1959. **E. P. 809 912** vom 7/9. 1955, ausg. 4/3. 1959. Beide A. Prior. 7/9., 10/11. 1954, 12/1. u. 11/2. 1955. — C. **1961**, 11048 [D. A. S. 1 058 520, E. P. 802 349, A. P. 2 841 587, Schwz. P. 341 504 u. D. A. S. 1 029 003].)

**Sandoz Akt.-Ges.**, Basel (Erfinder: **Jürg Rutschmann**, Oberwil), Schweiz, *Podophyllsäure- und Pikropodophyllsäure-Hydrazone.* (**Schwz. P. 361 293** vom 3/6. 1957, ausg. 30/5. 1962. — C. **1961**, 15490 [Oe. P. 203 642].)

**Vitamins Ltd.** (Erfinder: **Joseph Green** und **Stefan Zbigniew Marcinkiewicz**), London, England, *Produkte mit erhöhter Vitamin-E-Wirksamkeit.* (**Schwz. P. 361 580** vom 15/10. 1957, ausg. 15/6. 1962. E. Prior. 15/10. 1956. — C. **1961**, 2719 [E. P. 827 391].)

**Novo Terapeutisk Laboratorium A/S** (Erfinder: **Jørgen Schlichkrull**), *Herstellung eines protahiert wirkenden Insulins.* (**Aust. P. 233 925** vom 31/7. 1958, ausg. 22/6. 1961. Dän. Prior. 10/8. 1957. — C. **1962**, 3194 [E. P. 860 515].)

**Bristol Laboratories, Inc.**, East Syracuse (Erfinder: **Lee Cannon Cheney** und **Joseph Lein**, Fayetteville), N.Y., V.St.A., *Herstellung von Tetracyclin.* (**Schwz. P. 362 797** vom 26/7. 1957, ausg. 15/8. 1962. A. Prior. 30/8. u. 19/11. 1956. — C. **1962**, 3558 [Belg. P. 560 355] u. C. **1961**, 2375 [D. A. S. 1 065 983].)

**Merck & Co., Inc.**, Rahway, N.J., V.St.A., *Reinigung von Novobiocinnatrium.* (**E. P. 850 873** vom 25/3. 1958, ausg. 12/10. 1960. A. Prior. 4/4. 1957. — C. **1961**, 14760 [A. P. 2 908 680].)

**Hamao Umezawa, Masahiro Ueda** und **Kenji Maeda**, Tokyo, Japan, *Herstellung des Antibioticums Kanamycin.* (**Schwz. P. 363 442** vom 5/9. 1957, ausg. 14/9. 1962. Jap. Prior. 5/9. 1956 u. 5/4. 1957. — C. **1960**, 4936 [D. A. S. 1 054 668].)

**Farbenfabriken Bayer Akt.-Ges.**, Leverkusen (Erfinder: **Gunter Schmidt-Kastner, Johannes Schmid, Ferdinand Grewe** und **Victor Fluck**), *Herstellung des fungistatisch und bakteriostatisch wirkenden Antibioticums Phyllomycin.* (**Aust. P. 231 244** vom 9/7. 1958, ausg. 15/12. 1960. D. Prior. 13/7. 1957. — C. **1960**, 1265 [D. A. S. 1 061 964].)

**Ciba Akt.-Ges.**, Basel (Erfinder: **Ernst Gäumann**, Zürich, und **Walter Voser**, Binningen), Schweiz, *Herstellung des Antibioticums Danubomycin.* (**Schwz. P. 362 490** vom 29/10. 1957, ausg. 31/7. 1962. — C. **1960**, 15497 [D. A. S. 1 070 781].)

**Martin Ruben**, Mailand, Italien, *Umwandlung von schwerlöslichen heterocyclischen Verbindungen der Gruppe Aminopyrin, Coffein, Barbitursäurederivaten und Chininsalzen in kristallisierte, leicht lösliche Einschlußverbindungen mit Alkylharnstoffen.* (**A. P. 2 901 472** vom 21/4. 1955, ausg. 25/8. 1959. It. Prior. 24/4. 1954. — C. **1958**, 11613 [D. A. S. 1 007 952] u. C. **1959**, 1223 [D. A. S. 1 025 570].)

**Imperial Chemical Industries Ltd.**, London, übert. von: **William Glynne Moss Jones, Thomas Leigh** und **Juan Luis Madinaveitia**, Macclesfield, England, *Ferrocen-Derivate.* (**A. P. 3 035 978** vom 28/7. 1958, ausg. 22/5. 1962. E. Prior. 12/8. 1957. — C. **1962**, 6887 [E. P. 841 710].)

**Sterling Drug, Inc.**, New York, übert. von: **James O. Hoppe**, Bethlehem, und **Horace P. Maietta**, Albany, N.Y., V.St.A., *Röntgenkontrastmittel.* (**A. P. 2 996 433** vom 11/9. 1958, ausg. 15/8. 1961. — C. **1961**, 587 [E. P. 834 517].)

**Monsanto Canada Ltd.**, Ville La Salle, Canada (Erfinder: **Arthur K. McKay** und **David L. Garmaise**), *Bakteriostatisch wirksame aliphatische Cyanisothiocyanate.* (**Aust. P. 231 217** vom 23/1. 1959, ausg. 15/12. 1960. — C. **1962**, 14622 [D. A. S. 1 121 606].)

# G. Analyse. Laboratorium

**Einschmelzen von Molybdänleitungen in Aluminiumsilicatglas.** Morris Liebson. (Rev. sci. Instruments **32**, 204—05, Febr. 1961; Fort Monmouth, N.J., U. S. Army Signal and Dev. Labor.; engl.) — Vf. beschreibt eine Meth. zum Einschmelzen von

Mo-Drähten in Al-Silicatglas, wobei die unerwünschte Bldg. von Metalloxid vermieden wird. Der Mo-Draht wird zuerst in der üblichen Weise mit einer dünnen Schicht Glas überzogen. Hierüber werden nun gut passende Ni-Muffen gezogen u. so an die Einschmelzstelle gebracht, daß kein Teil des Mo der Luft ausgesetzt ist. Nach dem Einschmelzen werden die Muffen entfernt u. das Mo wird gereinigt. C. Gottfried. 5010

**Einfaches Gerät zur Dialyse und Ultrafiltration kleiner Volumina.** Jan Kočí (Chem. Listy **55**, 1229–30, Okt. 1961; Praha, Ústav hematológie e krev. transfuse; tschech.) — Das Gerät ermöglicht die Durchführung von Durchflußdialysen u. Vakuumultrafiltrationen kleiner Voll. (2–5 ml) ohne Verw. von Cellophansäckchen. M. Ryba/Prag. 5030

**Modifikation der Convay-Schale für die isotherme Ammoniakdestillation.** K. Iossifow. (Laboratoriumswesen [UdSSR] **7**, Nr. 7, 62–63, Juli 1961; Sofia, Bulg. Akad. der Wiss., Zentral. Forschungsinst. für Biol. u. Pathol. der Vermehr. der Haustiere; russ.) — Beim Benutzen der Convay-Schale werden die alkal. u. die zu untersuchende Lsg. noch vor dem Verschließen der Schale gemischt. Hierbei geht ein Teil des $NH_3$ verloren. Der hermet. Verschluß der Schale ist nicht immer garantiert. Vf. schlägt eine Modifikation der App. vor. E. Steinberg. 5038□

**Generator für sinusförmige Scherung zur Untersuchung von Viscoelastizität.** D. O. Miles. (J. appl. Physics **33**, 1422–28, April 1962; Palo Alto, Calif., Lockheed Res. Labor.; engl.) — Es wird ein App. beschrieben, in dem eine reine dynam. Scherspannung in einer kleinen Fl.-Probe oder einem anderen Material erzeugt wird; die resultierende Scherspannung wird im Intervall 20–1000 Hz gemessen. Die Scherspannung wird in ihre reellen u. imaginären Anteile zerlegt, woraus sich die Scherstarrheit u. die Scherviscosität ergeben. Man diskutiert die Auswirkung von Verunreinigungen u. weist auf eine mögliche Anwendung für die Theorie der Schmierung hin. Hans Laue. 5040□

**Die Bestimmung des Molekulargewichtes in der Ultrazentrifuge nach dem Archibald-Verfahren.** T. A. J. Payens und B. W. van Markwijk. (Chem. Weekbl. **58**, 41–47, 3/2. 1962; Ede, Nederlands Inst. voor Zuivelonderzoek; niederl.) — Übersicht über Grundzüge, Ausführung, Anwendung u. Berichtigungen der Molgew.-Best. in der Ultrazentrifuge nach Archibald (Phys. and Coll. Chem. **51**, [1947], 1204) u. Erörterung der Anwendung des Verf. zur Unters. polydisperser u./oder assoziierter Systeme. — 39 Literaturangaben. W. Wesly. 5044□

**Kryostat für optische Messungen zwischen 300 und 4,2° K.** J. L. Brebner und E. Mooser. (J. sci. Instruments **39**, 69–70, Febr. 1962; Ottawa, Canada, Nat. Res. Council, Div. of Pure Phys.; engl.) — Beschreibung eines kompakt gebauten Kryostaten, der es ermöglicht, die zu untersuchenden Proben in einen 15 mm breiten Spalt eines Elektromagneten einzubringen. Die Kühlung u. Thermostatisierung erfolgt durch geregeltes Verdampfen des fl. Kühlmittels in einem Reservoir u. Leiten des Dampfstroms durch den Probenhalter, dem durch eine Heizwicklung Wärme zugeführt werden kann. Die erreichbare Temp.-Konstanz beträgt $\pm 1/5^0$ überhalb $30^0$ bzw. $\pm 1/2^0$ unterhalb $20^0$ K. Als Kühlmittel dienen fl. $N_2$ bzw. fl. *He*. Mit 1 Liter fl. *He* kann der Kryostat 2½ Std. zwischen 4,2 u. 78° K betrieben werden. H.-J. Eichhoff. 5046□

**Automatische Füllstandsregelung für Kühlfallen mit flüssigem Stickstoff.** Lewis D. Miller und Paul N. Petersen. (Vacuum [Crawley, Sussex] **9**, 231–32, Juli/Sept. 1959; San Francisco, Calif., U. S. Naval Radiol. Defense Labor.; engl.) — Um in einer mit fl. $N_2$ gefüllten Kühlfalle in Verbindung mit einer Hg-Diffusionspumpe den verdampfenden $N_2$ laufend u. automat. ersetzen zu können, wird in den fl. $N_2$ eine in Glas eingeschmolzene Ge-Diode eingetaucht. Diese ist in Reihe mit einer Stromquelle u. einem Relais geschaltet. Sinkt der $N_2$-Spiegel, so daß sich die Diode erwärmt, dann schließt sie den Relaisstromkreis, das Relais zieht an u. öffnet über ein Solenoid den Zuflußhahn vom Vorratsgefäß. W. Reusse. 5046□

**Hochdruckapparatur mit einer Teflondichtung für 500° und 1000 atm.** James S. Gill und William L. Marshall. (Rev. sci. Instruments **32**, 1060–62, Sept. 1961; Oak Ridge, Tenn., Oak Ridge Nat. Labor., Reactor Chem. Div.; engl.) — Es wird eine Hochdruck-App. für Löslichkeits-Verss. beschrieben, die eine Teflondichtung enthält. Trotz eines Umwandlungspunktes von 327° hielt Teflon auch höhere Temp. aus, indem der Teflonring zwischen zwei Metallringe von dreieckigem Querschnitt zusammengepreßt wurde. Vor- u. Nachteile dieses Verschlusses werden diskutiert. Friedrich Voigt. 5048□

**Wege des Erkennens in der analytischen Chemie.** Herbert Weisz. (Z. analyt. Chem. **191**, 94–104, 1962; Freiburg/Br., Univ., Chem. Labor., Analyt. Abt.; dt.) —

Überblick über allg. formulierte Typen zur Klassifizierung chem. Nachw.-Rkk. (Ein-, Zwei- u. Mehrstufen-Rkk., direkte, indirekte, katalyt., induzierende Rkk., Rkk. auf Grund des Schutzschichteneffekts, Demaskierungs-Rkk. u. a.).
Gerhard Schulze. 5050□

**Die Nachweisgrenze analytischer Methoden.** J. B. Roos. (Analyst **87,** 832—33, Okt. 1962; Leiden, Rijkszuivelstation; engl.) — Stellungnahme zur C. **1961,** 6606 referierten Arbeit von Wilson. Gerhard Schulze. 5050□

**Weitere Anmerkungen zur Methode des variablen inneren Standards.** A. B. Calder. (Spectrochim. Acta [London] **16,** 391—92, April 1960; Durham, Stockton-on-Tees, Co.; engl.) — Vgl. C. **1962,** 14965. — Es wird ein logarithm. Ausdruck zur Berechnung der Konz. eines Spurenelements aus dem Konz.-Verhältnis von Spuren- u. Innerem-Standard-Element bei Gleichsetzung der Linienintensitäten dieser beiden Elemente u. der Konz. des Inneren-Standard-Elements abgeleitet. W. Betcke. 5050□

**Ein Massenspektrometer zur Bestimmung des Isotopenverhältnisses.** A. O. Nier, W. R. Eckelmann und R. A. Lupton. (Analytic. Chem. **34,** 1358—60, Okt. 1962; Minneapolis, Minn., Univ. of Minnesota; Tulsa, Okla., Jersey Prod. Res. Co.; engl.) — Es wird ein abgeändertes Isotopenverhältnismassenspektrometer beschrieben, das sich durch seine geringe Totzeit ($<5\%$) u. sehr große Stabilität, die eine gute Reproduzierbarkeit (auf ca. $1^0/_{00}$) ermöglicht, auszeichnet. Die geringe Gesamttotzeit des Gerätes wird wahrscheinlich durch die Anwendung eines batteriegespeisten Elektronenemissionsregulators, der durch Kontrolle des elektr. Feldes am Glühfaden die Emission regelt, erreicht. Als Beispiel wird das Massenspektrogramm von $CO_2$ mit dem Gerät untersucht.
P. Kurzmann. 5052□

**Eine einfache Methode zur Bestimmung von radioaktiven Isotopen durch Impulszählung im festen Zustand.** W. Lloyd Jenkins. (Analyst **87,** 762, Sept. 1962; Salisbury, South Rhodesia, Univ. Coll. of Rhodesia and Nyasaland; engl.) — Die Schwierigkeit, eine feste Substanz bei wechselnden Trägermengen in reproduzierbarer Weise zum Auszählen vor das Zählrohr zu bringen, kann dadurch behoben werden, daß vor der Fällung u. radiometr. Best. so viel Träger zugesetzt wird, daß seine Konz. immer konst. bleibt. Als Beispiel wird die P-Best. in biolog. Material angeführt.
P. Kurzmann. 5052□

**Präzisions-Meßprobenherstellung von Stearinsäure-1-$^{14}$C aus Benzollösungen.** M. C. Kordecki und M. B. Gandy. (Int. J. appl. Radiat. Isotopes **10,** 210—12, Juli 1961; Atlanta, Ga., Georgia Inst. of Technol.; engl.) — 0,1 ml von Stearinsäure-1-$^{14}$C-Lsgg. in Bzl. wurden mit Mohrschen Meßpipetten auf gekühlte Teflonscheiben oder Uhrgläser aufgebracht u. im Kühlschrank eingedunstet. Mit Hilfe zahlreicher Proben von Test-Lsgg. verschiedener spezif. Aktivität wurden Abweichungen von 1—2% gefunden. Selbstabsorption, Differenzen im Nd.-Durchmesser u. Rückstreuung wurden beachtet. U. Drehmann. 5052

**Rotationsapparatur für Whiskers zur Verwendung am Polarisationsmikroskop.** P. L. Edwards. (Rev. sci. Instruments **32,** 95—96, Jan. 1961; White Oak, Silver Spring, Md., U. S. Naval Ordn. Labor.; engl.) C. Gottfried. 5056

**Imbibition mit Gemischen von Methylenjodid und Methoxyessigsäuremethylester für die Polarisationsmikroskopie.** P. Sitte. (Mikroskopie [Wien] **16,** 18—23, März 1961; Heidelberg, Univ., Botan. Inst.; dt.) — Als Lsgm. für Methylenjodid zur Herst. von Imbibitions-Fll. abgestufter Brechungsindices ist Methoxyessigsäuremethylester wegen seines geringen Dampfdruckes wesentlich besser geeignet als Aceton.
W. Betcke. 5056□

**Methoden der Fernmikroskopie.** P. Metzner. (Mber. dtsch. Akad. Wiss. Berlin **1,** 423—28, 1959; Gatersleben, Dt. Akad. der Wiss., Forschungsgemeinsch., Inst. für Kulturpflanzenforsch.; dt.) — Zur Fernbeobachtung mehrerer Präpp. während der Bestrahlung mit ionisierenden Strahlen wird die Fernbeobachteranlage FBA 1 mit einer mit einem Endikon ausgerüsteten Kamera benutzt. Die Mikrometerbewegung des Mikroskops u. die Schneckenantriebe des Kreuztisches werden durch Servomotoren fernbedient. Die Optik der Anlage wird beschrieben, ebenso eine Erweiterung, die neben verschiedenen Helligkeitsstufen auch Farbänderungen wiedergibt. W. Reusse. 5056□

**Dünnschicht-Chromatographie.** 2. Mitt. **Standardisierung, Sichtbarmachung, Dokumentation und Anwendung.** Egon Stahl. (Lab. sci. Milano **7,** 171—81, Nov./Dez. 1959; ital. — C. **1961,** 13659.) G. Platzer. 5062□

**Dünnschichtchromatographie auf freiem Aluminiumoxid.** E. A. Mistryukov. (Collect. czechoslov. chem. Commun. **26,** 2071—73, Aug. 1961; Moscow, USSR Acad. of Sci., Inst. of organ. chem.; engl.) — Techn. $Al_2O_3$ (Aktivität II/III) kann zur Dünnschichtchromatographie von Aminen, Amiden u. anderen neutralen oder bas. Komponenten dienen. Die Trennung verläuft an einer 0,5-mm-$Al_2O_3$-Schicht, die auf Glasplatten (13 × 18 cm) in einer Schale (∅ 23 × 7 cm) gelagert ist. 12—13 ml Lsgm. dienen zur Entwicklung. Als Fl.-Docht dient um eine Glasplatte (13,5 × 2,5 cm) gewickeltes, mit dem Laufmittel getränktes Filtrierpapier, an das die $Al_2O_3$-Schicht angepreßt wird. In Bzl.–Aceton (1 : 1) zeigten die 4 Isomeren des *N-Benzoyl-* oder *N-Acetyldekahydrochinolins* $R_F$-Werte von 0,2—0,5, verschiedene *4-Phenylpiperidin-4-ole* 0,2—0,7, *N.O-Diacetyldekahydrochinolin-4-ole* 0,5—0,7, *2-Cyanäthylcyclohexan-1.3-dion* 0,5—0,7 u. *2-Cyanäthylcyclohexan-1.3-dion* 0,4; mit Aceton–Methanol (3 : 1) die isomeren *O-Acetyldekahydrochinolin-4-ole* 0,2—0,4. B. Meloun/Prag. 5062

**Erste Versuche zur Dünnschichtchromatographie mit Ionenaustauscherharzen.** Jean-Albin Berger, Gaston Meyniel und Jacqueline Petit. (C. R. hebd. Séances Acad. Sci. **255,** 1116—18, 6/8. 1962; Clermont-Ferrand, Fac. mixte de Méd. et Pharm., Labor. de Chim. pharm. et Toxicol. et de Phys. méd.; franz.) — Die Platten werden mit einem Gemisch von Cellulosepulver (Merck MN 300 G), Gips u. An- bzw. Kationenaustauscherharz (Dowex 1X-10 bzw. Dowex-50; 200—400 mesh) beschichtet u. getrocknet. Die Trennung von $J^-$, $Br^-$ u. $Cl^-$ gelingt auf Anionenaustauscherschichten glatt; zum Nachw. werden die Radionuclide $^{36}Cl$, $^{82}Br$ u. $^{131}J$ herangezogen. Entsprechend den Ionenradien laufen sie in der Reihenfolge Cl, Br u. J. Als Laufmittel dient eine 1 m wss. $NaNO_3$-Lösung. Ebenso glatt werden auf Anionenaustauscherschichten von einem Gemisch aus 20 ml Eisessig, 20 ml $CH_3OH$ u. 5 ml Aceton Tetrachlor-, -brom- u. -jodfluorescein getrennt. Da die Trihalogenfluoresceine wesentlich schneller laufen, ist die Meth. auch zur Kontrolle der Synth. der Tetrahalogenfluoresceine geeignet.
W. Kupfer. 5062□

**Zwei Universalreagentien zur Dünnschichtchromatographie.** H. Ertel und L. Horner. (J. Chromatogr. [Amsterdam] **7,** 268—69, Febr. 1962; Mainz, Univ., Inst. für organ. Chem.; dt.) — Beschreibung zweier allg. anwendbarer Reagentien hoher Oxydationskraft zum Nachw. organ. Verbb. auf Dünnschichtchromatogrammen. Bichromat–$H_2SO_4$ (3 g in 20 ml W. u. 10 ml konz. $H_2SO_4$) färbt grün auf rotem Untergrund. Die Flecken sind schlecht haltbar. $KMnO_4$–$H_2SO_4$ (0,5 g in 15 ml $H_2SO_4$) färbt sofort weiß auf rosa Untergrund. Die beiden Meth. werden zum Nachw. verschiedener *Phosphinoxide* angewendet, deren $R_F$-Werte angegeben werden. Empfindlichkeit 1 $\gamma$.
M. Finke. 5062□

**Jod als ein „nicht zerstörendes" Farbreagens in der Papier- und Dünnschichtchromatographie.** G. C. Barrett. (Nature [London] **194,** 1171—72, 23/6. 1962; Exeter, Univ., Dep. of Chem.; engl.) — Jod wurde als Farbreagens bei der Papierchromatographie von Steroiden, Aminosäuren u. ihren Derivv., Imidazolen u. anderen N-haltigen Verbb. benutzt. Die Meth. hat trotz ihrer Einfachheit möglicherweise nur deswegen keine weite Verbreitung gefunden, weil einige N-haltige Verbb. mit $J_2$ nicht nachzuweisen sind. In diesem Falle kann aber das gleiche Chromatogramm mit anderen Farbreagentien behandelt werden. Bei der Dünnschichtchromatographie wurde nachgewiesen, daß DL-Serinmethylester, $\gamma$-Benzyl-DL-glutaminsäure u. Benzylhydroxycarbonyl-DL-methionin die Behandlung mit $J_2$ unverändert überstanden.
P. Kurzmann. 5062□

**Eine Methode zur Dokumentation von Dünnschichtchromatogrammen.** Jean Barrollier. (Naturwissenschaften **48,** 404, 2. Mai-H. 1961; Berlin, Schering AG, Hauptlabor.; dt.) — Die Originalchromatogramme z. B. von Aminosäuren werden durch Einbetten in Kollodium konserviert, der biegsame Film wird auf einem Papierbogen aufgezogen. Dazu wird entweder das Chromatogramm mit einem Gemisch von Kollodium (4%ig) mit 7,5% Glycerin als Weichmacher oder nur die Flecke mit einigen Tropfen Kollodium imprägniert. Durch Elution der Flecke u. Colorimetrie der Eluate lassen sich die Aminosäuren quant. bestimmen. I. Ebel. 5062□

**Eine Methode zur Herstellung eines bleibenden Abzuges von chromatographischen Dünnschichtplatten.** Horace R. Getz und D. David Lawson. (J. Chromatogr. [Amsterdam] **7,** 266, Febr. 1962; Altadena, Calif., Charles Cook Hastings Home, Hastings Foundat.; engl.) — Beschreibung einer direkten Photokopie der entwickelten Dünnschichtplatten auf Photopapier (*Gevacopy GS*, 8,5 × 11 in.) in einem Photorapid-Gerät.
M. Finke. 5062□

**Doppelt durchlaufene Zweistrahlinterferometer.** 2. Mitt. **Effekte der Probenabsorption und endlicher Wegdifferenz.** P. Hariharan und D. Sen. (J. opt. Soc. America **51,** 1212—18, Nov. 1961; New Delhi, Nat. Phys. Labor. of India; engl.) — 1. vgl. C. **1961,** 12194. — Theoret. Behandlung der Korrekturen für Probenabsorption u. endliche Differenzen der Weglänge bei Interferometern nach Jamin u. Twyman-

Green. Es wird gezeigt, daß das erstere für genaue Messungen der opt. Dicke dünner, absorbierender Filme oder des Brechungsindex absorbierender Fll. u. Gase, das zweite zur sehr genauen Messung von Weglängenunterschieden in der Größenordnung von einigen cm geeignet ist. H.-J. Eichhoff. 5063 □

**Ein automatisches Interferometer mit Ringzählung zur Verwendung bei der Eichung von Linien-Skalen.** Herbert D. Cook und Louis A. Marzetta. (J. Res. nat. Bur. Standards, C **65**, 129—40, April/Juni 1961; Washington, D.C., Nat. Bur. of Standards; engl.) — Eingehende Beschreibung eines automat. arbeitenden Interferometers vom Michelson-Typ zur Durchführung der Eichung von Linienskalen unter Verw. der $^{86}$Kr-Lampe zur Lieferung des Längenstandards. Ein elektron. Interpolator erlaubt die exakte Registrierung der Interferenzringzahlen auf 0,01 Ring bei einer Zähl-Geschw. von 1200 Ringen/Sekunde. H.-J. Eichhoff. 5063 □

**Über einige Anwendungsmöglichkeiten eines Fabry-Perot-Interferometers mit innerer Beleuchtung.** L. D. Wilner, Ss. G. Rautian und A. Ss. Chaikin. (Optik u. Spektroskopie [UdSSR] **12**, 437—39, März 1962; russ.) — Vff. zeigen rechner., daß die Helligkeit des aus einem Fabry-Pérot-Interferometer austretenden Lichtes um ein vielfaches höher sein kann als die Helligkeit einer zwischen dessen Platten angeordneten Lichtquelle. Derartige Anordnungen mit innerer Beleuchtung sind deshalb gut zur Unters. schwacher Linien geeignet. Da gleichzeitig auch das Linien–Untergrund-Verhältnis wächst, sollten sich Anwendungsmöglichkeiten in der Spektralanalyse geringster Spuren zur Registrierung der Raman-Spektren kleiner Probenmengen u. a. ergeben. R. Gerbatsch. 5063 □

**Parallelbewegung für interferometrische Spektrometrie mit hoher Schärfe.** D. J. Bradley. (J. sci. Instruments **39**, 41—45, Febr. 1962; Englefield Green, Surrey, Univ. of London, Royal Holloway Coll., Phys. Dep.; engl.) — Beschreibung der Konstruktionseinzelheiten eines Etalons mit exakter Parallelverschiebung einer Platte für gleichzeitige langsame u. oscillator. Bewegung zur Verw. in einem Fabry-Perot-Spektrometer mit hoher Auflösung sowie der zusätzlich benötigten opt. u. elektron. Hilfseinrichtungen. H.-J. Eichhoff. 5063 □

**Interferometrische Messungen und elektronische Fourier-Transformationen bei der Auswertung der durch optische Gitter in üblichen und neuen spektroskopischen Vorrichtungen erzeugten Beugungsbilder.** G. W. Stroke. (J. Physique Radium **21**, 57 S—61 S, April 1960; Paris, Inst. d'Opt.; franz.) — Vf. diskutiert die Anwendung neuartiger opt. Beugungsgitter hoher Durchlässigkeit im sichtbaren u. UV-Bereich; sie besitzen Dimensionen bis zu 260 × 127 mm u. bei Hintereinanderschaltung zweier Gitter ein Auflösungsvermögen bis zu $2 \cdot 10^6$. Zur Berechnung der Beugungsbilder werden Interferenzmessungen in der Wellenoberfläche ausgeführt u. durch Fourier-Transformationen ausgewertet. A. Blaschette. 5063 □

**Direkte Bestimmung von Linienformen der Rotationsspektren aus interferometrischen Messungen.** Trevor Williams. (J. opt. Soc. America **50**, 1159—62, Dez. 1960; Baltimore, Md., Johns Hopkins Univ.; engl.) — Es wird gezeigt, daß das charakterist. Aussehen der Interferogramme von Rotationsspektren davon herrührt, daß das Rotationsspektrum eine annähernd period. Struktur hat. Weiter wird gezeigt, wie diese period. Linienform direkt aus wenigen Messungen an dem Interferogramm schnell hergeleitet werden kann. Zur genauen Information kann jedoch nicht auf das Ablesen Hunderter von Punkten u. die Bldg. der Fourier-Transformierten mit Digitalrechner verzichtet werden. H. Lindberg. 5063 □

**Eine optische Methode zur Filtrierung der grünen Linie des $^{198}$Hg.** N. R. Batartschukowa, A. I. Kartaschew und A. P. Kiritschenko. (Optik u. Spektroskopie [UdSSR] **12**, 424—26, März 1962; russ.) — Die von Mrosowski [1930] beschriebene Meth. zur Einengung des Spektrallinienprofils in der hochauflösenden Spektroskopie durch Resonanzabsorption an einer Linie mit Zeeman-Aufspaltung wurde für die Linie $^{198}$Hg 5461 Å angewendet. Als opt. Filter diente eine 50 cm lange Küvette mit $J_2$-Dämpfen, die in einem Ofen erhitzt werden kann, um die beiden an der Stelle der Hg-Linie liegenden Absorptionslinien des J beliebig verbreitern u. damit die Durchlaßbreite zwischen ihnen variieren zu können. Die Hg-Linie wird in einer elektrodenlosen $^{198}$Hg-Entladungsröhre im Magnetfeld angeregt. Ihre eine Zeeman-Komponente wird mit einer $\lambda/4$-Platte u. einem Polaroid ausgeschaltet, die andere durch Variation der Feldstärke genau zwischen die beiden J-Linien gebracht. Aufnahmen mit Fabry-Pérot-Interferometer mit 200 mm Gangunterschied zeigten, daß die Linienbreite so auf die Hälfte red. werden kann. Die Lichtstärke ist ausreichend.
R. Gerbatsch. 5063 □

**Einfache Vorrichtung für die Messung der optischen Dichte von Lösungen im Spektrophotometer SF-4.** L. P. Bitschin. (Fragen med. Chem. [UdSSR] **8,** 314—15, Mai/Juni 1962; Moskau, Inst. für biolog. u. med. Chem. der Akad. der med. Wiss., Labor. für biophysikal. Untersuchungsmeth. von Eiweißstoffen; russ., Auszug: engl.) — Beschreibung von modifizierten Küvetten, die die Messung der opt. Dichten schwach konz. Lsgg. im Spektrophotometer SF-4 unter Verw. von 4 ml (statt 20) der zu untersuchenden Fl. ermöglichen. S. Baryschnikow. 5063

**Spektrophotometer für pulsierende Lichtquellen schwacher Intensität.** Gérard Pfeffer, Hans Lami, Gilbert Laustriat und André Coche. (C. R. hebd. Séances Acad. Sci. **254,** 1035—37, 5/2. 1962; Strasbourg, Centre de Rech. nucl., Dep. de Chim. nucl.; franz.) — Durch Herabsetzung des Dunkelstroms eines Photomultipliers kann die Empfindlichkeit für pulsierende Lichtquellen schwacher Intensität wesentlich erhöht werden. Eine geeignete Koinzidenzmeßanordnung ist beschrieben. Auf diesem Prinzip wurde ein Spektrophotometer konstruiert, die $H_2$-Entladung liefert synchrone Licht- u. elektr. Impulse von der Größenordnung einer Nanosekunde. M. Wiedemann. 5063 □

**Kompensator für die Polarisationsempfindlichkeit eines Cary-Modell-81-Raman-Spektrophotometers.** D. D. Tunnicliff und A. C. Jones. (J. opt. Soc. America **51,** 1430—32, Dez. 1961; Emeryville, Calif., Shell Developm. Co.; engl.) — Die unterschiedliche Durchlässigkeit des Monochromators für Strahlung mit verschiedener Polarisationsrichtung wird durch Einführung einer $\lambda/4$-Platte aus Glimmer in den Strahlengang vor dem Monochromator für den gesamten interessierenden Bereich weitgehend beseitigt. Die Prüfung der Glimmerplatte u. ihre Justierung im Strahlengang wird besprochen. H.-J. Eichhoff. 5063 □

**Nichtautomatische differentielle spektrophotometrische Titrationen. Anwendung bei Säure–Base-Titrationen in wässerigen und nichtwässerigen Medien und bei chelatometrischen Titrationen.** Stanley Bruckenstein und M. M. T. K. Gracias. (Analytic. Chem. **34,** 975—80, Juli 1962; Minneapolis, Minn., Univ. of Minnesota, School of Chem.; engl.) — Zu der zu bestimmenden Lsg. wird ein entsprechender Indicator gegeben u. die Differenz der Extinktionen vor u. nach der Zugabe des Vol. $\Delta V$ des Titranten gemessen, indem die beiden Lsgg. gegeneinander photometriert werden. Der Quotient $\Delta pH/\Delta V$ bzw. $\Delta pMe/\Delta V$ kann aus dieser Differenz u. den Extinktionen der reinen Grenzformen des Indicators im gleichen Vol. nach einer abgeleiteten Formel errechnet werden. Der Endpunkt wird wie üblich graph. bestimmt. Nach dieser Meth. wurden ca. 0,1 m $H_3PO_4$ (1. u. 2. Stufe), 0,001 m $CH_3COOH$, 0,03 m *l*-Phenylalanin, 0,03 m *l*-Leucin u. 0,05 m *dl*-Alanin mit NaOH in wss. Lsg. gegen Bromkresolgrün, Bromkresolpurpur, Thymolblau oder Alizaringelb R titriert. $CH_3COONa$ (0,05 u. 0,001 m Lsgg. in Eisessig) u. o-Chloranilin (0,05 m Lsg.) wurden in Eisessig gegen p-Naphtholbenzein bzw. o-Nitroanilin mit $HClO_4$ titriert, wobei etwas höhere Werte als bei der potentiometr. Titration gefunden wurden. 0,01 u. 0,002 m Ca-Lsgg. wurden mit EDTA gegen Eriochromschwarz T ohne Mg-Zusatz titriert, wobei die Extinktionen bei 635 nm gemessen wurden. Die Genauigkeit betrug bei dieser Best. 0,4%. Unter optimalen Bedingungen ist die differentielle Spektrophotometrie einem potentiometr. Verf., bei dem der Fehler der Potentiale $\pm 0,1$ mV beträgt, gleichwertig. P. Kurzmann. 5066 □

**Spektrophotometrische Säure–Base-Titrationen unter Verwendung von Indicatoren.** P. Karsten, H. L. Kies und P. de Hoog. (Recueil Trav. chim. Pays-Bas **79,** 610—16, Juni 1960; Delft, TU, Labor. of Analyt. Chem.; engl.) — Vgl. Higuchi u. Mitarbeiter, C. **1957,** 2294. — Durch Zugabe von Indicatoren wird die Empfindlichkeit u. Genauigkeit der spektrophotometr. Säure–Base-Titration in wss. u. nichtwss. Medien erhöht. Als Beispiele wurden in W. 0,1 n NaOH-Lsgg. mit KH-Phthalat bzw. Malonsäure gegen p-Nitrophenol als Indicator sowie in Eisessig mit $HClO_4$ ca. 0,01 n Lsgg. von Na-Acetat gegen Chinaldinrot bzw. Methylviolett u. von Na-Salzen der folgenden Säuren gegen Methylviolett titriert: Benzoe-, Citronen-, Ameisen-, Malein-, Salicylsäure, Barbital, Phenobarbital, Hexobarbital, Thiopentobarbital u. Glycerinphosphorsäure. Dieter Heinrich. 5066 □

**Photometrische Titrationen.** James B. Headridge. (Talanta [London] **1,** 293—303, Nov. 1958; Sheffield, England, Univ., Chem. Dep.; engl.) — Übersicht über spektrophotometr. Titrations-Verff. mit u. ohne Zusatz von Komplexbildnern. — 82 Literaturhinweise. W. Betcke. 5066 □

**Kontinuierliche differentialpotentiometrische Titration.** M. M. Nicholson. (Analytic. Chem. **33,** 1328—30, Sept. 1961; Baytown, Tex., Humble Oil & Refining Co.; engl.) — Die Anwendung der differentialpotentiometr. Titration mit 2 Pt-Indicatorelektroden auf Fließ-Syst. zur kontinuierlichen Analyse u. Steuerung von automat.

Anlagen bietet den Vorteil, daß die Schulter der Titrationskurve automat. aufgezeichnet wird u. fast unabhängig von Verschiebungen der Kurve über den Spannungsbereich auf Grund von Aktivitätsänderungen der potentialbestimmenden Teilchen ist. Beschreibung u. Abb. des Syst.; Kurven für die Titration von Fe(II) [0,0388—0,0975m; 0,0388m + 0,4m Fe(III); 0,2m an $H_2SO_4$] mit 0,0167m $K_2Cr_2O_7$-Lsg. werden mitgeteilt u. die Werte mit Ergebnissen von Einzeltitrationen mit der gesätt. Kalomelelektrode verglichen. Die Genauigkeit des Verf. ist in Ggw. von überschüssigem $Cr_2O_7^{2-}$ u. bei langsamer Titrations-Rk. begrenzt. P. Frenzel. 5066□

**Differentialelektrolytische Potentiometrie.** 5. Mitt. **Die Genauigkeit und Reproduzierbarkeit bei der Anwendung auf die Argentometrie.** E. Bishop und R. G. Dhaneshwar. (Analyst **87,** 207—13, März 1962; Exeter, Univ., Washington Singer Labor.; engl.) — 4. vgl. C. **1963,** 239. — Für die Argentometrie in wss. Lsg. werden die optimalen Bedingungen bei Anwendung der elektrolyt. Differentialpotentiometrie ermittelt, die Genauigkeit der Meth. wird abgeschätzt. J. Peters. 5066◇

**Differentialelektrolytische Potentiometrie.** 6. Mitt. **Die Genauigkeit und Reproduzierbarkeit bei Anwendung auf die Säure–Base-Titration mit Antimonelektroden.** E. Bishop und G. D. Short. (Analyst **87,** 467—77, Juni 1962; engl.) — 5. vgl. vorst. Referat. — Vff. berichten über die elektrolyt. Differentialpotentiometrie mit der Sb-Elektrode bei der Neutralisationstitration in wss. Lösung. Die optimalen Rk.- u. elektr. Bedingungen für die Anwendung der Meth. auf die Titration von starken u. schwachen Säuren u. Basen im Konz.-Bereich von 0,1—0,001m werden mitgeteilt. J. Peters. 5066◇

**Volumetrische Potentiometrie.** Angel González López. (Afinidad **19 (247),** 4—13, Jan./Febr. 1962; span.) — Es werden die prakt. u. theoret. Grundlagen der Potentiometrie angegeben. Die Neutralisations-, Redox- u. Fällungsanalysen einschließlich verschiedener Elektroden werden behandelt. Einige App. zur automat. Endpunkts-Best. unter Ausschaltung des persönlichen Fehlers werden erwähnt. Die „dead-stop"-Endpunkts-Meth. u. einige Möglichkeiten zur Verw. der Potentiometrie werden diskutiert. K. Huste. 5066□

**Der Titrierfehler bei potentiometrischen Fällungstitrationen.** James O. Hibbits. (J. chem. Educat. **35,** 201—02, April 1958; Evendale, Ohio, Gen. Electr. Co., Aircraft Nuclear Propulsion Dep.; engl.) — Es werden neue, vereinfachte Gleichungen zur Berechnung des Titrierfehlers bei potentiometr. Fällungstitrationen für die Fälle $B^+$ gegen $A^-$, $B^+$ gegen $A^{2-}$ u. $B^{m+}$ gegen $A^{n-}$ abgeleitet. W. Betcke. 5066□

**Über die Verwendung der Mikrocalorimetrie in der Katalyse.** Edouard Calvet und Honoré Thibon. (J. Chim. physique Physico-chim. biol. **57,** 5—9, Jan. 1960; Marseille, Fac. des Sci., Labor. de Chim. Gén. et Inst. de Microcalorimetrie et de Thermogénèse; franz.) — Vff. beschreiben ein Mikrocalorimeter, das selbst bei höheren Temp. sehr schwache therm. Effekte zu registrieren gestattet u. beschreiben seine Verwendbarkeit zur relativ schnellen Feststellung des Ermüdungsgrades eines Katalysators im Fabrikationsbetrieb. Es werden zwei Verw.-Beispiele beschrieben. Im ersten Fall handelt es sich um die schonende Oxydation von $CH_4$ zu $C_2H_4$ in Ggw. von Luft unter Verw. eines NiO-Katalysators. Aus den erhaltenen Thermogrammen läßt sich erkennen, daß das NiO bei 230° durch $CH_4$ red., u. hierauf durch Luft wieder oxydiert wird. Die maximale Aktivität des Katalysators lag bei ca. 240°. In einem zweiten Beispiel wird die schonende Oxydation von $C_2H_4$ zu *Äthylenoxid* durch Luft in Ggw. eines handelsüblichen $Ag_2O$-Katalysators beschrieben. C. Gottfried. 5084

**Bestimmung der Wirksamkeit von Gasabsorptionsgeräten des Gasblasentyps.** Seymour Calvert und Walter Workman. (Talanta [London] **2,** 89—100, April 1960; Cleveland, Ohio, Case Inst. of Technol., Dep. of Chem. and Chem. Engng.; engl.) — Es wird die Wirksamkeit der Absorption von Gasblasen in einer Fl. in Abhängigkeit von der Verweilzeit der Gasblasen in der Fl., der Durchlauf-Geschw. der Gasblasen, dem Gleichgewicht zwischen gasförmiger u. fl. Phase, der Rk.-Fähigkeit des Absorptionsmittels u. dem Mitströmen von Fl.-Teilchen mit den Gasblasen quant. beschrieben. Speziell werden erläutert die Absorption von $CO_2$ in NaOH, $Na_2CO_3$ u. Ammoniak, von $SO_2$ in $Na_2HgCl_4$ u. von $Cl_2$ in 0,1n NaOH. Mit Hilfe von Gleichungen wird versucht, Absorptionsfähigkeiten vorauszusagen. H. Pluskal. 5086□

**Qualitative Prüfung auf inertes Verhalten von Schutzgasen von Kalium-Natrium-Legierungen.** E. K. Inall. (Rev. sci. Instruments **32,** 1257—58, Nov. 1961; Canberra, Australia, Austral. Nat. Univ., Res. School of Phys. Sci.; engl.) — Es wird eine App. beschrieben, mit der Gase auf Verunreinigungen geprüft werden, die mit K–Na-Legg. reagieren. Sie besteht aus einem Glaszylinder, dessen Unterteil zu einem U-Rohr ausgebildet ist u. die K–Na-Leg. enthält. Der eine Schenkel des U-Rohrs ist von einem Magnet (1000 Gauß Feldstärke) umgeben. Außerdem enthält er 2 Elektroden, zwischen denen ein Strom von 20 A fließt. Dadurch wird die K–Na-Leg. umgepumpt. Es erneuert sich in einem schalenförmig ausgebildeten Überlaufgefäß die Oberfläche, die von den darüber befindlichen reaktionsfähigen Gasen so lange verunreinigt wird, bis sich diese restlos umgesetzt haben. W. Luchsinger. 5086□

**Vorrichtung zur Bestimmung von Verunreinigungen in Inertgasen.** B. Steverding und L. Werner. (Rev. sci. Instruments **32**, 1256—57, Nov. 1961; Redstone Arsenal, Ala., Army Ballistic Missile, Agency, Res. Labor.; engl.) — Zur Best. von $O_2$, $N_2$ u. $H_2O$ in Inertgasen wird eine App. beschrieben, die aus einem großen Glaszylinder (1065 ml) mit einer eingeschmolzenen heizbaren Ta-Spirale, einem U-Rohr-Manometer mit Anschluß an einen Gasvorratsbehälter u. einer Vakuumpumpe besteht. Vom Ta wird aus den Inertgasen $O_2$ bei 650°, $N_2$ bei 1100° aufgenommen. Aus der Druckdifferenz vor u. nach der Behandlung können die gasförmigen Verunreinigungen mit einer Genauigkeit von ±0,0001% bestimmt werden. W. Luchsinger. 5086□

**Bestimmung von Stickstoffoxid in einem Stickstoffoxid–Stickstoff-System mit Hilfe der Gaschromatographie.** Roy S. Sakaida, Robert G. Rinker, Robert F. Cuffel und William H. Corcoran. (Analytic. Chem. **33**, 32—34, Jan. 1961; Pasadena, Calif., California Inst. of Technol., Chem. Engng. Labor.; engl.) — Zum Nachw. der Genauigkeit bei der gaschromatograph. NO-Best. in einem NO–$N_2$-Gemisch mit einem NO-Geh. bis zu 0,404 Vol.-% werden die notwendigen Angaben gemacht. Als Trennmaterial wurde in 8 feet langen Trennsäulen Silicagel u. als Detektor eine Wärmeleitfähigkeitszelle verwendet. Die $3\sigma$-Grenze der Standardabweichung für 90 Messungen betrug ca. ±4%. W. Hein. 5086□

**Analyse von Gasen der Schwefelsäureproduktion.** Ss. Ch. Sarnitzki. (Betriebs-Lab. [UdSSR] **27**, 138—39, 1961; Winniza, Superphosphatfabrik; russ.) — Vf. schlägt ein Verf. zur Analyse der Gase der $H_2SO_4$-Produktion vor, das die Best. von $SO_2$ u. $SO_3$ nebeneinander ermöglicht. Als Inhibitor für die $SO_2$-Oxydation dient eine Mischung einer 5—10%ig. Acetaldehyd- u. einer 5%ig. Furfurol-Lsg., wobei letztere 10% des Vol. der Acetaldehyd-Lsg. ausmacht. Die Meth. kann auch bei hohen $SO_2$- u. $N_2O_3$-Konzz. angewandt werden, wenn die zugesetzte Inhibitor-Lsg. im Überschuß (das Zehnfache der der Gas-Konz. entsprechenden Menge) vorhanden ist. Das Verf. wird im einzelnen bei der Best. der Abgase, der Ofengase u. der Festlegung des Grades der Kontakt-Wrkg. beschrieben. H.-P. Pietsch. 5086□

**Eine einfache Methode zur raschen Bestimmung des Chlorgehaltes der Atmosphäre in der Industrie.** Ion Popa und Liviu Armăşescu. (Farmacia [Bucureşti] **7**, 499 bis 502, Nov./Dez. 1959; rum.) — Das Verf. beruht auf der oxydierenden Wrkg. des $Cl_2$ auf eine absorbierende Lsg., die $As_2O_3$, KJ u. Stärke enthält. Das Ende der Rk. wird durch eine plötzliche blaue Färbung angezeigt. J. Lehmberg. 5088□

**Spektrographische Methoden der Bestimmung von Mikromengen Blei in der Luft von Industrieräumen und in biologischen Proben.** W. A. Rasumow und T. K. Aidarow. (Hyg. u. Sanitätswes. [UdSSR] **27**, Nr. 8, 44—47, Aug. 1962; russ.) — Die spektrograph. Best. von *Pb* in der Luft u. im Harn erfolgt nach der früher (vgl. C. **1957**, 6541) beschriebenen Methode. Die Empfindlichkeit der Meth. beträgt $1 \cdot 10^{-6}$%. S. Baryschnikow. 5088

**Methodik der Bestimmung von Mineralölaerosolen unter Anwendung von Membranfiltern.** G. M. Fedorow. (Laboratoriumswesen [UdSSR] **8**, Nr. 7, 55—56, Juli 1962; Odessa, Med. Inst.; russ.) — Die zu untersuchende Luftmenge (Mineralölaerosol) wird 20—40 Min. mit einer Geschw. von 4 Liter/min durch ein Membranfilter Nr. 3 geleitet. Das zurückgehaltene Mineralöl wird in 6 bzw. 8 ml Bzl. oder Ae. gelöst, u. die Fluorescenz von 4 ml der Lsg. untersucht. Die Standard-Lsgg. enthalten: 0; 0,005; 0,01; 0,03; 0,05; 0,07; 0,09; 0,20 u. 0,30 mg des zu untersuchenden Mineralöls/4 ml Bzl. bzw. Äther. . S. Baryschnikow. 5088

## a) Elemente und anorganische Verbindungen

**Eine kritische Überprüfung der zur Bestimmung des verfügbaren Sauerstoffs in höheren Metalloxiden benutzten Methoden.** D. A. Pantony und A. Siddiqi. (Talanta [London] **9**, 811—21, Okt. 1962; London, Imp. Coll., Dep. of Metallurgy; engl.) — Vff. überprüfen die Bunsen-, Oxalat-, Jodid- u. Eisen(II)-Meth. zur Best. des verfügbaren O (d. h. des prozentualen O-Überschusses über die für den niedrigsten stabilen Oxydationszustand erforderliche Menge) in $MnO_2$, $Mn_2O_3$, $Mn_3O_4$, $Co_2O_3$ u. $Co_3O_4$. Die drei letzten Meth. ergeben zu hohe Werte, während die Meth. nach Bunsen bei geeigneter Modifizierung richtige Ergebnisse liefert. Es wird angenommen, daß die Unterschiede zwischen den Ergebnissen der Meth. auf eine monomol. $O_2$-Schicht auf der Oxidoberfläche zurückzuführen sind. Gerhard Schulze. G 239 □

**Analyse von Elektrolytlösungen zur Verchromung auf den Gehalt an Nitrationen.** I. R. Kljatschko und I. Ss. Schtschipkowa. (Betriebs-Lab. [UdSSR] **27**, 145, 1961; Moskau, Polygraph. Inst.; russ.) — Vff. schlagen eine Schnell-Best. der die Verchromung störenden $NO_3^-$-Ionen in Elektrolyt-Lsgg. vor. Die Meth. beruht auf der Empfindlichkeits-Best. der Rk. von Diphenylamin mit $NO_3^-$ im schwefelsauren. Der Wert der letzten Verdünnung, bei der gerade noch eine positive Rk. beobachtet werden kann, wird mit der Empfindlichkeit der Rk. multipliziert u. so die Konz. der Elektrolyt-Lsg. an $NO_3^-$-Ionen erhalten. Die aus 30 Einzel-Unterss. ermittelte Empfindlichkeit der Rk. beträgt 0,00197% $NO_3^-$. Relative Fehler bei 3—5%, Dauer 30 Minuten.
H.-P. Pietsch. G 243 □

**Oxydation von Thiocyanat mit Chloramin-T.** V. R. Satyanarayana Rao und A. R. Vasudeva Murthy. (Current Sci. [Bangalore] **30**, 176—77, Mai 1961; Bangalore, Indian Inst. of Sci., Dep. of Inorg. and Phys. Chem.; engl.) — Die Rk. von $SCN^-$ mit Chloramin-T, das S—S-, N—S- u. C—S-Bindungen aufsprengt u. in saurem Medium den Schwefel quant. nach $SCN^- + 4\,O + H_2O + H^+ \rightarrow HOCN + H_2SO_4$ oxydiert, wird bei verschiedenen pH-Werten untersucht. Oberhalb pH 7 wird die Rk. unvollständig u. träge, bei pH 13 findet, selbst bei Temp. von 40° u. über lange Zeiten, prakt. keine Rk. mehr statt. Die Meth. kann zur quant. Best. von $SCN^-$ in saurer Lsg. benutzt werden. W. Sobieski. G 253 □

**Bestimmung von Bor mit Kristallviolett.** I. A. Bljum, T. K. Duschina, T. W. Ssemenowa und I. Ja. Schtscherba. (Betriebs-Lab. [UdSSR] **27**, 644—50, 1961; Kasach. Inst. für Mineralrohstoffe; Tscheljabinsk, Zentr. Labor. des geol. Trusts; Zentr. Labor. der geol. Verwaltung von Süd-Kasachstan; russ.) — 0,15—0,25 g des B-haltigen Minerals werden mit 3 g $KNaCO_3$ geschmolzen, die Schmelze in 20 ml 4n $H_2 \cdot SO_4$ u. 50 ml W. gelöst, mit 2,0 g NaF versetzt, das Gemisch 10—15 Min. lang gekocht, abgekühlt u. mit W. auf 250 ml aufgefüllt. 25 ml dieser Lsg. (2,5 ml bei >0,05% B enthaltenden Mineralien), 25 ml Bzl. u. 0,5 ml 1%ig. Kristallviolett-Lsg. werden 30 Sek. lang im Scheidetrichter geschüttelt. Die abgetrennte Bzl.-Schicht wird 40—60 Min. lang stehengelassen u. bei 20° colorimetriert (grünes Lichtfilter, Schichtdicke 50 mm, Standard-Lsgg. mit 0,1—0,7 mg B/250 ml). Die Genauigkeit der B-Best. in salzhaltigen Gesteinen, Gipsen, Fe- u. Mn-Erzen ist prakt. die gleiche wie bei der Best. nach dem Carminverfahren. Eine analoge Best.-Meth. für das „säurelösl." (in 4 ml 4n $H_2SO_4$ u. 70 ml W. lösl.) B der Mineralien wird gleichfalls eingehend beschrieben.
S. Baryschnikow. G 258

**Bestimmung von Carbonaten durch Infrarot-Messung des Kohlendioxids.** Harvey Pobiner. (Analytic. Chem. **34**, 878—79, Juni 1962; Linden, N.J., Esso Res. and Engng. Co., Analyt. Res. Div.; engl.) — In einer speziellen App. werden die zu untersuchenden Carbonate mit HCl zersetzt. Die Absorption des $CO_2$ wird für $K_2CO_3$-Mengen von 0,01 bis 1,0 g bei 4,32 $\mu$, für Proben von 1,0—5,0 g bei 2,72 $\mu$ in 7,5-cm-Küvetten gemessen. Die Absorptionen werden auf 760 mm Hg korrigiert. Harro Zimmer. G 260 □

**Bestimmung des als Carbonat gebundenen Kohlendioxids in gewöhnlichem Gipsgestein.** Jaromír Jalůvka. (Sborník vedeckých Prác Vysokej Školy techn. Košiciach **4**, 63—66, 1960; slowak.) — In einem Gerät, das aus einer Gasentwicklungsflasche, einem Meßrohr, einem Ausgleichsrohr u. einer Niveauflasche besteht, wird aus dem zu untersuchenden gipshaltigen Gestein mit einem Gemisch von Citronensäure (**I**) u. HCl (20 g **I** in 100 ml W. gelöst u. mit 15 ml konz. HCl versetzt) das gebundene $CO_2$ entwickelt u. gasometr. bestimmt. Die Meth. ist für Betriebsanalysen geeignet u. genauer als die übliche volumetr. Methode. R. K. Müller. G 260 □

**Spektrographische Bestimmung von Silicium, Aluminium und Magnesium in Kalksteinen.** Zbigniew Gregorowicz. (Chem. analit. [Warszawa] **3**, 783—88, 1958; Gliwice, Politechn. Śląska, Kat. Chem. nieorgan.; pol., Auszug: engl.) — $SiO_2$ (0,15—4%), $Al_2O_3$ (0,1—1%) u. MgO (0,3—3%) lassen sich in Kalksteinen mit Hilfe eines Quarzspektrographen mittlerer Dispersion mit ca. 10% Genauigkeit schnell bestimmen. Als äußerer Standard wird Fe benutzt. F. Urban. G 294 □

**Bestimmung von Submikrogrammengen Aluminium in natürlichen Diamanten durch Neutronenaktivierungsanalyse.** E. C. Lightowlers. (Analytic. Chem. **34**, 1398—1402, Okt. 1962; London, Univ., King's Coll., Wheatstone Phys. Labor.; engl.) — Der Al-Geh. von 18 natürlichen Diamanten wurde zerstörungsfrei durch Neutronenaktivierungsanalyse bestimmt. Zur Messung der 1,78-MeV-$\gamma$-Strahlung, die beim Zerfall von $^{28}Al$ frei wird, wurde die $\gamma$-Scintillationsspektrometrie herangezogen. Die Diamanten wogen 5—100 mg; in ihnen wurden 0,1—20 ppm Al gefunden.

P. Kurzmann. G 294 □

**Die Darstellung von trägerfreiem $^{115}In$ durch eine Verteilungstechnik mit umgekehrten Phasen.** T. B. Pierce und P. F. Peck. (J. Chromatogr. [Amsterdam] **6,** 248—51, Sept. 1961; Harwell, Berks., Atomic Energy Establish., Analyt. Chem. Branch; engl.) — Vff. benutzen Silicagelsäulen (4 cm lang, 2,4 cm² ∅) mit Dithizon-beladenem Silicagel zur Trennung des $^{115}In$ von $^{115}Cd$. Die Probe-Lsg. wird in Na-Acetat–HCl-Puffer von pH 5 aufgegeben u. dann das $^{115}In$ mit n/500 $HClO_4$ eluiert. $^{115}Cd$ bleibt dabei vollständig auf der Säule. M. Finke. G 296 □

**Trennung und Bestimmung von mit anderen Verunreinigungen im metallischen Cadmium enthaltenen Thalliumspuren.** C. Bighi und G. Lucci. (Atti Accad. Sci. Ferrara **36,** 143—53, 1958/59, herausgeg. 1960; Ferrara, Univ., Ist. chim.; ital.) — Die spektrophotometr. Best. von $\geq$0,003% Tl kann in metall. Cd oder dessen Legg. mit Rhodamin B direkt in Lsgg. bei 565 nm ohne elektrolyt. Anreicherung ausgeführt werden. Bei geringeren Konzz. ist eine Anreicherung unerläßlich.

G. Platzer. G 297 □

**Extraktion von Komplexen des Strontiums und Yttriums mit Pikrolonsäure mittels organischer Lösungsmittel.** O. Navrátil und Z. Kolařík. (Collect. czechoslov. chem. Commun. **26,** 3009—19, Dez. 1961; Brno, Purkyně-Univ., Inst. für analyt. Chem.; Řež bei Prag, Tschech. Akad. der Wiss., Inst. für Kernforsch.; dt.) — Es wurde die Verteilung des Sr u. Y zwischen der wss. Phase u. einer Lsg. von Pikrolonsäure (I) in Methylcyclohexanon in Abhängigkeit von der Konz. der $H^+$- u. $Na^+$-Ionen in der wss. Phase u. von der ursprünglichen I-Konz. in der organ. Phase radiometr. untersucht. Es wurden die Optimalbedingungen für Extraktion u. Reextraktion, die Zus. u. Beständigkeit der sich bildenden Komplexe ermittelt.

V. Růžička/Prag. G 300

**Spektrophotometrische Bestimmung von Yttrium und Seltenerdmetallen in Gußstahl.** Bernard J. Bornong und John L. Moriarty. (Analytic. Chem. **34,** 871—73, Juni 1962; Pleasant Valley, Iowa, Lunex Co.; engl.) — Die Meth. wurde zur Best. von 0,01—0,1% Y, La, Nd, Gd u. Ce ausgearbeitet. Diese Metalle werden als Fluoride abgetrennt, wobei Th als Spurenfänger zugesetzt wird. Der Nd. wird mit Oxalsäure umgefällt. Nach dem Lösen des Nd. wird Th durch Anionenaustausch abgetrennt; Y oder die Seltenerdmetalle werden mit 3-(2-Arsonophenylazo)-4.5-dihydroxy-2.7-naphthalindisulfonsäure (Arsenazo) spektrophotometr. bei 580 nm bestimmt. Die Geh. werden aus Eichkurven entnommen. P. Kurzmann. G 303 □

**Bestimmung von Seltenerdmetallen in Spaltprodukten durch Ionenaustausch bei Raumtemperatur.** Kurt Wolfsberg. (Analytic. Chem. **34,** 518—21, April 1962; Los Alamos, N.Mex., Univ. of California, Los Alamos Sci. Labor.; engl.) — Die Seltenerdmetalle werden nach der Zugabe von Pm als Träger als Gruppe abgeschieden u. von anderen Spalt-Prodd. getrennt. Zur Trennung werden sie an Dowex AG 50 W-X 4 (minus 400 mesh in trockenem Zustand) adsorbiert. Durch Gradientenelution mit 0,5m $\alpha$-Hydroxyisobuttersäure-Lsg., die durch Zugabe von $NH_4OH$ auf pH 3,40 bzw. 4,20 gebracht wurde, wobei sich der pH-Wert um 0,025 pH-Einheiten pro Std. ändert, werden die Seltenerdmetalle in getrennten Fraktionen erhalten. Ihre Mengen werden durch Best. der Zählrate, die chem. Ausbeute durch Titration mit EDTA bestimmt.

R. Krämer. G 303 □

**Eine Schnellmethode zur Bestimmung von in Wässern enthaltenen Spaltprodukten unter Verwendung eines Ionenaustauschers.** Hiroyuki Tsubota und Yasushi Kitano. (Bull. chem. Soc. Japan **33,** 765—69, Juni 1960; Chiba, Nat. Inst. of Radiol. Sci.; Nagoya, Univ., Fac. of Sci., Water Res. Labor.; engl.) — Formiat (I)-Puffer-Lsgg. (1m HCOOH u. 1m $HCOONH_4$-Lsg. in verschiedenen Mischungsverhältnissen) können als beständige, leicht darzustellende Elutionsmittel bei der austauschchromatograph. Analyse von Spalt-Prodd. in natürlichen Wässern oder zur Darst. reiner u. trägerfreier Radionuclide aus Spalt-Prod.-Gemischen verwendet werden. Vor der Aktivitätsmessung kann der Puffer leicht durch Abdunsten entfernt werden. Es ergeben sich bessere Trennergebnisse als bei Verw. von HCl oder Citrat-Lsgg. zur Elution. — Eine salzsaure Probe-Lsg. wird auf eine Säule (1×8 cm) mit Dowex 50-X 8 (100—150 mesh; $H^+$-Form) aufgegeben. Ru wird mit 20 ml 0,2n HCl eluiert. Nach Waschen mit W. werden Zr, Nb u. U durch 0,5%ig. Oxalsäure-Lsg. eluiert. Nach erneutem Waschen mit W. werden Cs durch 50—110 ml einer I-Puffer-Lsg. vom pH 3,2 u. anschließend alle Seltenerdmetalle gemeinsam durch 50—170 ml einer I-Puffer-Lsg. vom pH 3,8 eluiert. Die letzte Eluat-

fraktion wird eingedampft, in HCl aufgenommen u. auf eine Säule (1×20 cm) mit Dowex 50×8 (200—250 mesh; $H^+$-Form) aufgegeben. I-Puffer-Lsg. vom pH 3,6 eluiert nacheinander Y, Pm, Pr u. Ce. Sr wird zum Schluß aus der 1. Säule mit 120 ml I-Puffer-Lsg. vom pH 4,2 eluiert. Eine vollständige Trennung von Nd, Pr, Ce u. La erfolgt mit I-Puffer-Lsg. bei pH 3,4, die von Sr u. Ba bei pH 4,2 u. die von Cs u. Fe bei pH 3,2.
W. Hein. G 303□

**Bestimmung von Titan in Titancarbid–Vanadin-Legierungen.** Je. Je. Kotljar und T. N. Nasartschuk. (J. analyt. Chem. [UdSSR] **16**, 688—91, Nov./Dez. 1961; Kiew, Akad. der Wiss. der UkrainSSR, Inst. für Metallkeram. u. Speziallegg.; russ., Auszug: engl.) — Vff. geben die Bedingungen der Ti- u. V-Fällung mit Na-Diäthyldithiocarbamat in Ggw. von Wein-, Citronen- u. Oxalsäure sowie $NH_4F$ an. Eine vollständige Abtrennung von Ti u. V ist hier bei pH 2—3, 3—4 u. 5—6 möglich. Das entwickelte Verf. zur Analyse von Ti-Carbid–V-Legg. wird beschrieben.
H.-P. Pietsch. G 321□

**Chromatographische Trennung der Oxidchloride von Zirkonium und Hafnium an Silicagel.** V. Yatirajam und J. Gupta. (J. sci. ind. Res. [New Delhi], Sect. B **19**, 270—71, Juli 1960; Poona, Nat. Chem. Labor.; engl.) — Vff. trennen $ZrO^{2+}$ u. $HfO^{2+}$ säulenchromatograph. mit methanol. HCl über aktiviertes Silicagel in 3 Fraktionen mit den Hf/Zr-Verhältnissen $\leqq$0,01, ~0,5 u. >20 Gew.-%. Untersucht wurden Zr-Lsgg. mit einem Hf-Geh. von ca. 3%. F.-M. Friedrich-Anderseck. G 323□

**Trennung und Mikrobestimmung von Zirkonium und Hafnium.** 3. Mitt. **Spektrophotometrische Bestimmung von Zirkonium und Hafnium mit Quercetinsulfonsäure.** Yoshio Hoshino. (J. chem. Soc. Japan, pure Chem.-Sect. [Nippon Kagaku Zassi] **81,** 1273—77, Aug. 1960; Tôkyô-Kôgyô-Daigaku, Sigen-Gizyutu-Kenkyuzyo; jap., Auszug: engl. S. A88.) — 2. vgl. C. **1960,** 11050. — Die aus Quercetin durch Sulfonierung mit konz. $H_2SO_4$ hergestellte Quercetinsulfonsäure (**I**) sowie ihr Na-Salz (**II**) zeigen bei 260 nm u. 365 nm Absorptionsmaxima. **I** bzw. **II** bildet in salzsauren Lsgg. mit $Zr^{4+}$ oder $Hf^{4+}$ Komplexe, deren Absorptionsmaxima bei ca. 420 nm liegen. In einem Konz.-Bereich des Zr bzw. Hf von 1—30 µg/ml besteht zwischen der Absorptionsintensität u. der Konz. eine gute Proportionalität, wenn man eine $2-3\cdot10^{-4}$m I-Lsg. in 0,2—0,5n-HCl zur Farb-Rk. verwendet. Die Absorptionsintensität ändert sich beim Stehen nur wenig. Der molare Absorptions-Koeff. vom Zr–I-Komplex beträgt $3{,}67\cdot10^4$ bei 420 nm in 0,2n HCl u. bei $2{,}23\cdot10^{-4}$m Zr-Lsg.; der vom Hf–I-Komplex zeigt einen prakt. gleichen Wert. Die Komplexe bestehen aus einem Mol. **I** u. einem Metallatom. Die Störung durch $Fe^{3+}$ kann durch Red. mit Thioglykolsäure zu $Fe^{2+}$ leicht überwunden werden. E. Maekawa. G 323□

**Trennung und Mikrobestimmung von Zirkonium und Hafnium.** 4. Mitt. **Spektrophotometrische Bestimmung von Zirkonium und Hafnium mit Morin.** Yoshio Hoshino. (J. chem. Soc. Japan, pure Chem. Sect. [Nippon Kagaku Zassi] **81,** 1278—83, Aug. 1960; jap., Auszug: engl. S. A88.) — 3. vgl. vorst. Referat. — Morin zeigt in äthanolhaltigen salzsauren Lsgg. bei 360 nm das Absorptionsmaximum u. bildet mit $Zr^{4+}$ bzw. $Hf^{4+}$ Komplexe, deren Absorptionsmaxima bei 410—420 nm liegen. In einem Konz.-Bereich des Zr bzw. Hf von 1—40 µg/50 ml besteht zwischen der Absorptionsintensität u. der Konz. eine gute Proportionalität, wenn man eine ca. $10^{-4}$m I-Lsg. in 0,1n HCl zur Farb-Rk. verwendet. Die Empfindlichkeit der Farb-Rk. nimmt in acetonhaltigen Lsgg. zu. Der molare Absorptions-Koeff. vom Zr- bzw. Hf–I-Komplex beträgt $7{,}30\cdot10^4$ bzw. $7{,}22\cdot10^4$ bei 420 nm u. bei $2{,}64\cdot10^{-4}$m I-Lsg. in einer 0,1n HCl-Lsg., die Aceton zu 30% u. A. zu 4% enthält. Die Komplexe bestehen aus zwei Moll. **I** u. einem Metallatom. E. Maekawa. G 323□

**Untersuchungen über Gallussäurekomplexe mit Metallen und ihre analytischen Anwendungen.** 4. Mitt. **Bestimmung von Niob und Tantal.** V. P. Madhava Menon, N. Mahadevan, K. Srinivasulu und Ch. Venkateswarlu. (J. sci. ind. Res. [New Delhi], Sect. B **21**, 20—23, Jan. 1962; Trombay, Atomic Energy Establ., Analyt. Div.; engl.) — 3. vgl. C. **1959, 16113.** — Die Gallussäurekomplexe von Nb u. Ta wurden spektrophotometr. mit u. ohne EDTA untersucht u. auf Grund dieser Unterss. analyt. Meth. entwickelt, um jedes Element auch in Ggw. des anderen optimal quant. zu bestimmen. Durch Messen der Absorption des Komplexes mit 0,17 g Gallussäure in 25 ml Lsg. u. 0,004m EDTA-Lsg. nach 40 Min. kann Nb (50—300 µg $Nb_2O_5$) in 0,04%ig. Weinsäure-Lsg. bei pH 2,5 u. 470 nm sowie Ta (20—200 µg $Ta_2O_5$) in 0,04%ig. oxalsaurer Lsg. bei pH 1,1 u. 370 nm bestimmt werden. Auch das Verh. von Ti, Cr, Ni, Mo, Sb, Sn, Fe u. W wurde untersucht. Größere $Fe^{3+}$- u. $Ti^{4+}$-Mengen können bei der Nb-Best. mit Ascorbinsäure maskiert werden; bei der Ta-Best. stören $Fe^{3+}$ u. $Sn^{4+}$.
G. Heller. G 332◇

**Entwurf eines einfachen Uran-Thorium-Nachweisgerätes für schwach aktive Erze, die weniger als 1% $U_3O_8$ enthalten. 1. Mitt. Untersuchung der Selbstabsorption der β- und γ-Strahlen in Beziehung zur optimalen Probendicke und Diskriminierung.** Khurshid Husain, Mohammad Azeem, Nurul Ahmed un Mazhar Mahmood Qurashi. (Pakistan J. sci. ind. Res. **1**, 273—81, Okt. 1958; Karachi, Pakistan Council of Sci. and Ind., Res. Central Labor.; engl.) H. Moenke. G 339□

**Gehaltsbestimmung von Uran und Thorium in radioaktiven Erzen mit der γ-Spektrometrie.** Louis Avan und Paul Keller. (C.R. hebd. Séances Acad. Sci. **252**, 1135—37, 20/2. 1961; Clermont, Fac. des Sci., Labor. de Phys. nucl.; franz.) — Die sich auf die Scintillationstechnik gründende Meth. zur Analyse von γ-Spektren erfordert nur 2 Selektoren u. einen Amplitudendiskriminator. Unter anderem werden nach der Meth. der Einfl. der β-Strahlung u. der Selbstabsorption der γ-Strahlung eliminiert. Gerhard Schmidt. G 339□

**Gehaltsbestimmung von Uran und Thorium in radioaktiven Erzen mit der γ-Spektrometrie** Louis Avan und Paul Keller. (C.R. hebd. Séances Akad. Sci. **252**, 1445—47, 6/3. 1961; franz.) — Vgl. vorst. Referat. — Erweiterung der l. c. entwickelten Rechen-Verff. zur Durchführung von Schnellanalysen.
Gerhard Schmidt. G 339□

**Die Bestimmung von Uran und Thorium in ihren Verbindungen durch Messung der γ-Strahlung.** A. E. Korvezee. (Recueil Trav. chim. Pays-Bas **79**, 617—21, Juni 1960; Delft, TU, Labor. of Phys. Chem.; engl.) — Für die radiometr. Best. von U ist es erforderlich, die emittierte Strahlung als Funktion der Zeit zu bestimmen, für die von Th muß die Vorgeschichte der zu analysierenden Probe bekannt sein. Die γ-Strahlung wird mit einem Scintillationsspektrometer gemessen. Auftretende Schwierigkeiten werden diskutiert, wenn das radiochem. Gleichgewicht mit den Folge-Prodd. in der Probe nicht eingestellt ist. Dieter Heinrich. G 339□

**Azofarbstoffe als Reagentien zur spektrophotometrischen Bestimmung von Uran(IV, VI) und Thorium in Lösungsmittelgemischen.** G. E. Janauer und J. Korkisch. (Talanta [London] **9**, 427—38, Mai 1962; Wien, Univ., Analyt. Inst.; dt.) — Vff. untersuchten die Verw.-Möglichkeiten von Azofarbstoffen der Solochromklasse zur photometr. Best. von U(IV), U(VI) u. Th in $HCl/CH_3OH$-Lsgg. u. geben Arbeitsvorschriften zur quant. Best. von Th mit Solochromschwarz WDFA, Solochromate Fast Grey (I) u. Solochromate Fast Red (II), von U(IV) mit **I** u. Solochromschwarz 6BN (**III**) sowie von U(VI) mit **II**, **III** u. Metachromschwarzblau an. Die Best. von U u. Th mit **II** in Mineralien, bei der Th u. U von den Fremdionen mit Ionenaustauschern abgetrennt werden, ist genau so verläßlich wie die polarograph. U-Best., jedoch ist letztere bei U-Konzz. $<1$ μg/ml vorzuziehen. Für die Best. von Th kann in diesem Falle statt **II** auch Thoronol verwendet werden. J. Kraetsch. G 339□

**Extraktion von Uranylnitrat mittels des Gemisches von Methyläthylketon und Tetrachlormethan.** W. I. Kusnetzow und W. Blechta. (Collect. czechoslov. chem. Commun. **26**, 1092—98, April 1961; Moskau, Vernadski-Inst. für Geochem. u. anal. Chem. der Akad. der Wiss. der UdSSR; russ., Auszug: dt.) — Bei der Extraktion von Uranylnitrat aus gesätt. Calciumnitrat-Lsgg. kann anstatt des Ae. ein Gemisch von 64 Vol.-% Methyläthylketon u. 36 Vol.-% $CCl_4$ verwendet werden. Dieses Gemisch ist dem Ae. gleichwertig, aber nicht so leicht entzündbar. Die Arbeitsbedingungen u. Ergebnisse sind dieselben wie bei Verw. von Äthyläther. Die Best. des durch Extraktion getrennten U wird mittels des Arsenazoreagens durchgeführt.
V. Růžička/Prag. G 339

**Urangehalt von Uranylnitratlösungen aus Messungen des spezifischen Gewichtes bei Temperaturen der Umgebung.** D. J. Loudin. (J. chem. Engng. Data **7**, 266—68, April 1962; Cincinnati, Ohio, Nat. Lead Co. of Ohio; engl.) — Vf. beschreibt eine Meth. zur Schnell-Best. des U-Geh. in Uranylnitrat-Lsgg. aus Messungen des spezif. Gew. zwischen 10 u. 50° durch direkte Ablesung aus einem Nomogramm. Zur Aufstellung des Nomogramms wird die Perkinsche Gleichung erweitert. Sie gilt dann für Säure-Konzz. von 0—0,2n u. U-Geh. von 100—480 g/Liter mit großer Genauigkeit.
Dieter Heinrich. G 339□

**Spektrometrische Bestimmung von Verunreinigungen im kernreinen Uranylnitrat.** Teresa Nowicka-Jankowska, Anna Gołkowka, Irena Pietrzak und Wanda Żmijewska. (Chem. analit. [Warszawa] **3**, 977—1000, 1958; Warszawa, PAN, Inst. Bad. jadr., Zakł. Chem. analit.; pol., Auszug: engl.) — Die Best. von Spurenverunreinigungen in $UO_2(NO_3)_2$ wird colorimetr. durchgeführt, u. zwar wird $Ni^{2+}$ (1—10 μg/g ±10%) mit Dimethylglyoxim, $Al^{3+}$ (1—5 μg/g ±5%; 5—20 μg/g ±10%) mit Hämatoxylin, Si (5—20 ppm ±10%) mit der Mo-Blau-Rk., $Mo^{5+}$ (1—5 ppm ±4%)

mit Thiocyanat oder (1—10 ppm ±10%) mit Dithiol, $Cr^{6+}$ (nach Oxydation mit $KMnO_4$, 1—10 ppm ±10%) mit Diphenylcarbazid, $Fe^{3+}$ (1—5 ppm ±10%) mit α.α'-Dipyridyl bestimmt. — 25 Literaturhinweise. F. Urban. G 339□

**Colorimetrische Bestimmung von Eisenspuren in Uran durch Farbentwicklung in der Lösungsmittelschicht (Bestimmung von Verunreinigungsspuren in Uranmetall.** 15. Mitt. Takayoshi Yoshimori, Yoshirô Tomida und Tsugio Takeuchi. (Japan Analyst **10,** 156—60, 19661 Febr.; Gifu, Univ., Fac. of Engng.; Nagoya, Univ., Fac. of Engng., Inst. of Techn. anal. Chem.; jap., Auszug: engl.) — Eine Vereinfachung der colorimetr. Fe-Best. in U-Metall wird vorgeschlagen. Man extrahiert das in 7,5n salzsaurer U-Chlorid-Lsg. enthaltene Fe mit Butylacetat u. wäscht die Lsgm.-Schicht 2mal mit 7,5n HCl. Dazu gibt man das gleiche Vol. Methylisobutylketon u. schüttelt die gemischte Lsgm.-Schicht mit wss. 20%ig. $NH_4CNS$-Lsg.; die in der organ. Schicht entwickelte Farbe wird hinter einem 520 mμ-Filter gemessen. 1—20 μg Fe werden in 0,1—1 g U mit guter Genauigkeit gefunden. W. Metzener. G 354□

**Die coulometrische Bestimmung von Eisen in in Metallen u. Mineralien bei kontrolliertem Potential.** G. W. C. Milner und J. W. Edwards. (Analyt **87,** 125—33, Febr. 1962; Harwell, Didcot, Berks., A.E.R.E., Analyt. Chem. Group; engl.) — Die Coulometrie bei kontrolliertem Potential ist zur genauen Best. von μg- u. mg-Mengen Fe in Lsgg. geeignet, die 1n an $H_2SO_4$ oder HCl sind. In schwefelsauren Lsgg. arbeiten Vff. bei der Best. von Fe in Silicatgesteinen u. Legg., während bei Proben mit hohem Ca-Geh., wie Flußspat, Dolomit, Kalkstein u. Magnesit, besser HCl verwendet wird. Analysenvorschriften werden für Silicate, Al-, Mn- u. Cu-Legg. mitgeteilt, wobei Cu das am meisten störende Element ist. Der Variations-Koeff. beträgt bei 5 Best. von 10 mg Fe in $H_2SO_4$ ±0,03% u. bei ca. 6 mg Fe in HCl ±0,098%, während er bei 6 Best. von 10 μg Fe in $H_2SO_4$ ±2,2% u. in HCl ±1,6% ist. J. Kraetsch. G 354□

**Quantitative Bestimmung von Eisen(II)-oxid in Gegenwart von metallischem Eisen und Eisen(III)-oxid in schwierig-löslichen Mineralien, verhütteten Erzen und Schlacken.** M. G. Habashy. (Analytic. Chem. **34,** 1015—18, Juli 1962; Alexandria, VAR, Special Res. Labor.; engl.) — Die Best. von FeO in Ggw. von metall. Fe u. $Fe_2O_3$ in Ilmenit, $SiO_2$-haltigen Magnetiten, verhüttetem Hämatit oder in Pyriten wird in einer speziellen App. vorgenommen, in dem die Probe bei ca. 900° mit einem definierten Vol. $O_2$ oder Luft umgesetzt wird. Das für die Oxydation von FeO zu $Fe_2O_3$ verbrauchte Vol. an $O_2$ wird gemessen, auf Normalbedingungen red. u. auf FeO berechnet. Störungen durch S u. C werden eliminiert. Die Streuung der erhaltenen Resultate beträgt ±0,1%. Harro Zimmer. G 354□

**Über die Bestimmung der Eisenoxide durch Röntgenbeugung.** M. Robert, G. Pomey und M. Angeli. (Bull. Soc. franç. Minéralog. Cristallogr. **83,** 226—27, Juli/Sept. 1960; Saint-Germain-en-Laye, Inst. de Rech. de la Sidérurgie; franz.) — Beschreibung einer Meth. zur quant. Simultan-Best. von *FeO*, $Fe_2O_3$ u. $Fe_3O_4$ durch Röntgenbeugung ($CaF_2$ als Standard); Anwendung auf Erzaggolmerate, Hochofenstaub, Hammerschlag. C. Gottfried. G 354

**Vergleichende Anwendung der Röntgenspektrometrie und der optischen Spektrometrie für die Analyse gewöhnlicher Stähle und Spezialstähle.** René Loude und René Billet. (Rev. univ. Mines, Métallurgie, Mécan., Trav. publ., Sci. Arts appl. Ind. [9] **17 (104),** 190—95, April 1961; Ugine, Aciéries Electriques, Labor. de Contrôle Analyt.; franz.) — Vff. beschreiben kurz das zur Analyse der Stähle verwendete ARL-„Production X-ray Quantometer" u. die Arbeitsbedingungen. Hierauf werden die Ergebnisse von Analysen wenig oder mittellegierter Stähle einschließlich der Empfindlichkeitsgrenzen angegeben. Speziell erwähnt wird die Best. geringer *As*-Mengen in Stahl. Gegenüber der opt. Spektrometrie zeichnet sich die Röntgenfluorescenzanalyse durch ihre größere Empfindlichkeit aus. C. Gottfried. G 354

**Anwendung der Röntgenfluorescenz zur analytischen Kontrolle in einem Gußstahlwerk.** R. Berger und P. Deceuleneer. (Rev. univ. Mines, Métallurgie, Mécan., Trav. publ., Sci. Arts appl. Ind. [9] **17 (104),** 207—14, April 1961; Court-Saint-Étienne, Usines Émile Henricot, Dep. analyt.; franz.) — Röntgenfluorescenzanalysen von *Fe-Cr-Ni-Mo-Cu-Mn-* u. *Fe-W-Cr-V*-Legg. zeigen die Vorteile dieser Analysenmethode. C. Gottfried. G 354

**Der Einsatz der Röntgenfluorescenzanalyse in der Eisenhüttenindustrie.** Hermann-Josef Kopineck. (Rév. univ. Mines, Métallurgie, Mécan., Trav. publ., Sci. Arts appl. Ind. [9] **17 (104),** 214—23, April 1961; Dortmund, Hoesch-AG-Westfalenhütte, Physikal. Abt.; dt.) — Vgl. C. **1961,** 15864. C. Gottfried. G 354

**Metallurgische Anwendungen des abtastenden Röntgenmikroanalysators in einem Industrielaboratorium.** D. A. Melford. (Rev. univ. Mines, Métallurgie, Mécan., Trav. publ., Sci. Arts appl. Ind. [9] **17 (104),** 247—52, April 1961; Cambridge, Tube

Investments Res. Labor.; engl.) — Vf. beschreibt die Verw. des abtastenden Röntgenmikroanalysators zur Unters. der Oberflächenausscheidungen von Restelementen in weichem Stahl, bei der Analyse von komplexen, nichtmetall. Einschlüssen, sowie von auf einer W-Elektrode aufgewachsenem Material. C. Gottfried. G 354

**Röntgenstrahlenspektroskopie im Dienste metallurgischer Hütten und der Laboratorien der Union Minière von Haut-Katanga.** Ch. Piedboeuf und F. Suys. (Rév. univ. Mines, Métallurgie, Mécan., Trav. publ., Sci. Arts appl. Ind. [9] **17** (**104**), 224 bis 227, April 1961; Union Minière du Haut-Katanga; franz.) C. Gottfried. G 354

**Röntgenfluorescenzspektroskopie in der metallurgischen Forschung.** T. A. Davies (Rév. univ. Mines Métallurgie, Mécan., Trav. publ., Sci. Arts appl. Ind. [9] **17** (**104**), 228—39, April 1961; Birmingham, Mond Nickel Co. Ltd.; engl.) — Vf. beschreibt eine App. zur Röntgenfluorescenzspektroskopie speziell von Ni–Cu- u. Ni-Fe-Legg., von niedrig liegierten u. rostfreien Stählen, sowie von Hochtemp.-Legg. auf Ni-Basis, ferner die für die Analyse von Proben in fester oder Pulverform sowie von Legg. entwickelten Methoden. C. Gottfried. G 354

**Röntgenfluorescenzspektrographische Analyse von Gesteinen und Mineralien. 1. Mitt. Analyse von Gesteinen.** Yoshio Katsui, Yu Hariya, Toshimasa Takahashi, Yoshihide Ohta, Masaki Iwanaga, Yuko Kondo und Hiroyuki Hanada. (J. geol. Soc. Japan **67**, 607—17, Nov. 1961; jap., Auszug: engl.) — Vff. bestimmten röntgenfluorescenzspektrograph. $K_2O$, $CaO$, $TiO_2$, $MnO$ u. Gesamt-$Fe_2O_3$ in 2 Standardproben des Nat. Bur. of Stand., 3 verschiedenen Gemische dieser Proben u. in 22 verschiedenen Gesteinen, die von anderer Seite chem.-analyt. untersucht worden waren. Der Bereich in der chem. Zus. aller Proben in Gew.-% betrug 0,65—5,51 $K_2O$, 0,87—10,95 CaO, 0,12—1,61 $TiO_2$, 0,03—0,23 MnO u. 1,08—13,33 $Fe_2O_3$. Auf der Grundlage der 5 untersuchten Standardproben wurden Arbeitskurven mit beträchtlicher Genauigkeit erhalten. Die mittleren Abweichungen der 22 chem.-analyt. untersuchten Gesteinsproben aus den Arbeitskurven ergeben sich in Gew.-% zu 0,19 für $K_2O$, 0,40 für CaO, 0,09 für $TiO_2$, 0,01 für MnO u. 0,40 für $Fe_2O_3$. Die Genauigkeit der Analysen ist gleich oder besser als die bei der chem.-analyt. Meth. erhaltenen Genauigkeit. C. Gottfried. 5290

**Dünnschichtphotographie mit geringer Vergrößerung.** Frank W. Atchley. (Amer. Mineralogist **43**, 997—1000, Sept./Okt. 1958; Sunnyvale, Calif.; engl.) — Beschreibung einer einfachen Vorr. zur Erzeugung von Dünnschichtaufnahmen bei durchfallendem Licht u. mit gekreuzten Nicols. Die Meth. dient zur Textur-Unterss. grobkörniger Gesteine. R. Kaiser. 5290□

## b) Organische Verbindungen

**Ein Rechennomograph für die organische Analyse.** M. Neeman und H. Tabor. (Bull. Res. Council Israel, Sect. A **7A**, 41, Dez. 1957; Jerusalem, Res. Council of Israel; engl.) — Beschreibung eines kreissektorförmigen Rechenschiebers zum Ausrechnen der empir. Formel einer Verb. aus der prozentualen Zus. u. umgekehrt. W. Betcke. 5350□

**Erfahrungen mit einer neuen Schnellmethode zur Mikro-C—H-Bestimmung** W. Pfab. (Z. analyt. Chem. **187**, 354—61, 1962; Ludwigshafen/Rh., BASF AG, Unters.-Labor.; dt.) — Die Schnell-Meth. von Radmacher u. Hoverath (C. **1963**, 1797) zur Best. von C u. H wird in den Mikromaßstab übertragen u. hinsichtlich der Absorbentien für Halogen, S u. nitrose Gase auf die Meth. von Belcher u. Ingram (C. **1951**. I. 2482) umgestellt. Der Vorteil des Verf. liegt in seiner Geschwindigkeit. Die Einzel-Best. dauert einschließlich der Probenvorbereitung durchschnittlich 15 Minuten. Die Reproduzierbarkeit der C- u. H-Best. ist besser als 0,2%. J. Peters. 5352□

**Bestimmung von Kohlenstoff, Wasserstoff und Stickstoff in Bor-Organischen Verbindungen.** Paul Arthur, Raymond Annino und W. Patrick Donahoo. (Analytic. Chem. **29**, 1852—54, Dez. 1957; Stillwater, Okla., State Univ., Dep. of Chem.; engl.) — Durch Verbrennen in Quarzrohren mit speziellen Füllungen bei 1000 bis 1100° werden auch in B-organ. Verbb. (**I**) die exakten Geh. an C, H u. N gefunden. Der Verbrennungsofen, die Füllungen der Rohre u. die Temp.-Führung der Verbrennungen werden für N-freie u. N-haltige **I** im einzelnen an Skizzen erläutert. Die Zuverlässigkeit der Meth. wird mit Analysen von Phenylborsäure, Phenylboroxid, Tri-α-naphthylbor, Butylborsäure u. Acetanilid–Bortrifluorid belegt. W. Kupfer. 5352□

**Gleichzeitige Bestimmung von Schwefel und Chlor in organischen Verbindungen.** D. C. White. (Mikrochim. Acta [Wien] **1962**, 807—12; Great Burgh, Epsom, Surrey, Distillers Co. Ltd., Res. Dep.; dt.) — Vf. beschreibt ein Verf. zur gleichzeitigen Best.

von S u. Cl in einer Einwaage einer organ. Substanz nach deren Verbrennung im Schöniger-Kolben. Es beruht auf der Kombination der Sulfattitration mit $Ba(ClO_4)_2$ u. Thorin als Indicator u. der mercurimetr. $Cl^-$-Titration mit Diphenylcarbazon als Indicator. Die Mikro-Best. von S wird ausführlich beschrieben; die Beschreibung der $Cl^-$-Best. beschränkt sich auf die Anwendung für die Doppelbestimmung. Nach dieser Meth. ist es möglich, kleine S-Mengen in hochchlorierten Stoffen zu bestimmen.

J. Peters. 5352 □

**Eisen(III)-hydroxamat-Bestimmung von Hydroxylgruppen nach säurekatalysierter Acetylierung.** George Gutnikov und George H. Schenk. (Analytic. Chem. **34**, 1316—19, Sept. 1962; Detroit, Mich., Wayne State Univ., Dep. of Chem.; engl.) — In Ggw. von $HClO_4$ u. Pyridin werden Alkohole mit Essigsäureanhydrid (I) acetyliert, überschüssiges I wird mit W. verseift; der Essigsäureester wird mit methanol. $NH_3OH-ClO_4$-Lsg. in Ggw. von 2,5n methanol. NaOH zur Hydroxamsäure u. durch Zusatz von $Fe(ClO_4)_3$ zu rotem Fe(III)-Hydroxamat umgesetzt, das bei 524 nm spektrophotometr. gemessen wird. Durch den NaOH-Überschuß bei der Rk. zur Hydroxamsäure werden auch ster. gehinderte sek. Alkohole erfaßt. Die Meth. dient zur Best. von OH-Gruppen in $1—14 \cdot 10^{-4}$m Lsgg. u. wurde zur Best. von OH-Gruppen in handelsüblichen Polyglykolen benutzt. W. Kupfer. 5362 □

**Die Trennung von isotopensubstituierten Kohlenwasserstoffen durch Verteilungschromatographie. Aus den Retentionsvolumina berechnete thermodynamische Eigenschaften.** W. E. Falconer und R. J. Cvetanović. (Analytic. Chem. **34**, 1064—66, Aug. 1962; Ottawa, Canada, Nat. Res. Council, Div. of Appl. Chem.; engl.) — Mit Squalan als fl. Phase in einer 300 Fuß langen Capillarsäule gelang die chromatograph. Trennung einer Reihe in verschiedenem Grade deuterierter KW-Stoffe. Untersucht wurden Isopentane, 2.3-Dimethylbutane, 3.4-Dimethylhexane, 3-Methyl-1.5-hexadien u. 4-Methyl-1-hexen; bei Temp. zwischen 25 u. 105° sowie n-Butan, Isopentane, 1.5-Hexadien, 3-Methylpentan, trans- u. cis-1.5-Heptadien u. cis-3-Methyl-1.5-heptadien bei 25°. Die relativen Retentionszeiten werden bei 25° um 0,72%, bei 50° um 0,61%, bei 80° um 0,52% u. bei 105° um 0,49% pro substituiertes D-Atom reduziert. Für einige deuterierte Isomere konnten die Kpp. abgeleitet werden. Aus den relativen Retentions-Vol. bei verschiedenen Temp. wurden in einzelnen Fällen Enthalpie-, Entropie- u. Freie-Energie-Differenzen für die Lsg. partiell u. ganz deuterierter KW-Stoffe berechnet.

W. Betcke. G 500 □

**Die Bestimmung von Jodoform durch Photooxydation in künstlichem Licht.** R. M. Verma und Sameer Bose. (J. Indian chem. Soc. **37**, 540—42, Sept. 1960; Jabalpur, Mahakoshal Mahavidyalaya, Dep. of Chem.; engl.) — Vff. beschreiben eine Best.-Meth. für $CHJ_3$ (I), bei der I im Licht einer Hg-Lampe zu $J_2$ zersetzt u. dieses mit $Na_2S_2O_3$ bestimmt wird. 5—10 ml einer I-Lsg. (bis 0,1 g) in A. werden mit je 15 ml Bzl. u. Ae., 10 ml 0,1n $Na_2S_2O_3$-Lsg. u. 100 ml W. versetzt u. in das Licht der Hg-Lampe gebracht. Die Lsg. wird häufig geschüttelt u. der $Na_2S_2O_3$-Überschuß nach Zusatz von 1 g KJ u. 1 ml Stärke-Lsg. mit einer 0,02n $J_2$-Lsg. zurücktitriert. Alle 3 J-Atome werden quant. oxydiert. Die analyt. Genauigkeit der Meth. beträgt 1%. Die Zers.-Geschw. ist bei Verw. von Chlf. u. $CCl_4$ an Stelle von Bzl. u. Ae. langsamer. Es wird der Einfl. der Wellenlänge des Lichtes untersucht. Durch rotes Licht wird die Rk. stark verlangsamt.

J. Weiner. G 510 □

**Quantitative Analyse von Pentaerythrit auf röntgenographischem Wege.** Gianalvise Carazzolo. (Chim. e Ind. [Milano] **42**, 858—63, Aug. 1960; Castellanza, Soc. Montecatini, Ist. Ric. Appl. Resine; ital.) — Vf. beschreibt eine röntgenograph. Meth. zur quant. Best. von Pentaerythrit in Gemischen, die neben Mono- (I) u. Dipentaerythrit weitere Kondens.-Prodd. enthielten, wobei gleichzeitig die Reflexions- u. die Transmissions-Meth. verwendet werden. Die mit Hilfe dieser Meth. an bekannten Gemischen durchgeführten Messungen ergeben eine z. T. sehr gute Übereinstimmung zwischen theoret. u. gefundenen Werten. Die mit Hilfe chem. Meth. bestimmten I-Mengen lagen stets über den röntgenograph. bestimmten Mengen. C. Gottfried. G 580

**Trennung von 2.4-Dinitrophenylhydrazonen von Dicarbonyl- und anderen polaren Verbindungen durch Flüssig-Flüssig-Verteilungschromatographie.** Edgar A. Corbin. (Analytic. Chem. **34**, 1244—47, Sept. 1962; Washington, D.C., U. S. Dep. of Agric., Eastern Utilizat. Res. and Dev. Div.; engl.) — An Säulen, die mit Celit bzw. Celit-$Al_2O_3$-Gemischen u. mit Methylcyclohexan–Acetonitril-Gemischen gefüllt sind, werden die 2.4-Dinitrophenylhydrazone (I) der $C_1—C_4$-Monoaldehyde, der $C_3—C_9$-2-Oxoaldehyde, der $C_4—C_8$-2.3-Diketone, des Acetons, Mesityloxids, Glyoxals, Acroleins, Crotonaldehyds u. Furfurols durch Eluieren mit Methylcyclohexan–Äthylacetat-Gemischen getrennt. Die Säuleneluate werden nach dem Vol. fraktioniert. Die Absorption der Fraktionen wird bei 335, 360 bzw. 380 nm spektrophotometr. bestimmt. Es werden 3 Verteilungs- u. 3 Eluierungsgemische benutzt, die je nach der Polarität des I die eine oder andere Gruppe bes. scharf u. schnell trennen. Das Verf. ist wahrscheinlich auch auf nicht genanntes I anwendbar. W. Kupfer. G 720□

**Über die Anwendung der Methode der chromatographischen Platten auf β-Dicarbonylverbindungen.** M. Barbier, L. P. Winogradowa und Ss. I. Sawjalow. (Nachr. Akad. Wiss. UdSSR, Abt. chem. Wiss. **1961**, 162—63, Jan.; Paris, Inst. für phys.-chem. Biol.; Zelinsky-Inst. für org. Chem. der Akad. der Wiss. der UdSSR; russ.) — β-Dicarbonyl-Verbb. lassen sich plattenchromatograph. mit Silicagel–Stärke-Schichten auf Glas gut trennen. Zum Entwickeln kann Joddampf verwendet werden. Die $R_F$-Werte mit Bzl.–Äthylacetat als Lsgm. werden für folgende Verbb. angegeben: Malon-, Methylmalonester, Acetessigester, Acetylaceton, 2-Formylcyclohexanon, -cyclopentanon, 2-Methyldihydroresorcin, Indandion, Methylen-bis-dimedon, Dimedon, Dihydroresorcin, Tetrinsäure, 2-Bromdihydroresorcin, 2-Prehnyldihydroresorcin, 2-Bromdimedon, 2-Allyldihydroresorcin, 2-Carbäthoxymethyldihydroresorcin. Helmut Schäfer. G 720

**Die Bedeutung des pH bei der Bestimmung von Vanillin durch Ultraviolettabsorption.** Duane T. Englis und Louis A. Wollermann. (Analytic. Chem. **29**, 1151—53, Aug.; Correction: 1893, Dez. 1957; Urbana, Ill., Univ.; engl.) — Die UV-Absorption von Vanillin (I) in wss. Lsg. ist in starkem Maße pH-abhängig. Empfehlungen, für quant. Analysen pH-Werte >9,6 oder <5,0 zu wählen, lassen sich mit dem Auftreten einer sauren u. einer bas. Form erklären. Systemat. Messungen bei pH-Werten zwischen 3 u. 11 im Bereich von 200—400 nm ergaben die Existenz von isosbest. Punkten bei 238, 259 u. 316 nm, an denen die Absorption pH-unabhängig ist. Der pK-Wert wurde aus den Messungen zu 7,3 bestimmt, während in einer gerade veröffentlichten Arbeit anderer Autoren ein geringfügig höherer Wert (7,496) angegeben wird. Die Absorptionsdifferenzen lassen sich mit dem Übergang von der benzoiden Struktur zum Resonanzhybrid, mit einem erheblichen Beitrag einer chinoiden Zwischenstruktur, erklären. — Bei pH 10,75 ist die I-Lsg. mehrere Monate lang stabil. — Berichtigung: In der vorst. Mitt. wurde der von Robinson u. Kiang für das pK des I gemessene Wert irrtümlich zu 7,496 statt zu 7,396 angegeben. Bei in Rechnung setzen der von Vff. in ihrer Arbeit nicht berücksichtigten Aktivitäts-Koeff. ergibt sich aus deren Messungen ein mittlerer pK-Wert von 7,40 u. somit eine ausgezeichnete Übereinstimmung mit dem Wert von Robinson u. Kiang. W. Betcke. G 1140□

**Eine quantitative Bestimmung von Gemischen isomerer Benzanilide.** David L. Dugle und Derry L. Fishel. (Proc. South Dakota Acad. Sci. **39**, 61—63, 1/11. 1960; Vermillion, S. Dak., State Univ. of South Dakota; engl.) — Zur quant. Best. von Benzaniliden, dargestellt durch die Schmidt-Rk., wird das Gemisch 4—7 Std. lang in 65%ig. $H_2SO_4$ in der Wärme hydrolysiert, abgekühlt, verd., mit $NH_3$ neutralisiert, zur Entfernung der Amine einer Wasserdampf-Dest. unterworfen, die Lsg. mit Norit entfärbt, mit konz. HCl angesäuert u. zur vollständigen Fällung abgekühlt u. filtriert. Das Filtrat wird mit Ae. extrahiert, die Lsgg. getrocknet u. eingeengt. Eine Probe der Säuren wird in einer n-Base gelöst u. mit Säure titriert. Differieren die Neutralisationsäquivalente um 30 Einheiten, so beträgt der Fehler ±3% des theoret. Wertes. Folgende isomeren Verbb. wurden untersucht: *4-Methyl-4'-nitro-*, *4-Nitro-4'-methyl-* u. *4-Methoxy-4'-nitro-*, *4-Nitro-4'-methoxybenzanilid.* J. Weiner. G 1210□

**Reinheitsbestimmung von Terephthalsäure.** Witold Czerwiński. (Chem. analit. [Warszawa] **4**, 37—43, 1959; Warszawa, Inst. of Gen. Chem., Anal. Dep.; pol.) — Terephthalsäure (I) ist in sd. W. wesentlich leichter lösl. als Isophthalsäure, ihr Hauptverunreinigungsprodukt. Der Geh. an I wird aus der Gesamtacidität der Probe u. der der Verunreinigungen bestimmt. Die Acidität der Verunreinigungen läßt sich durch fortgesetztes fraktioniertes Lösen in jeweils 50 ml W., bis eine Fraktion einer gesätt. I-Lsg. entspricht, durch Titration der einzelnen Fraktionen gegen NaOH-Lsg. unter Berücksichtigung des I-Geh. bis auf 0,5% genau bestimmen. W. Betcke. G 1220□

**Quantitative Bestimmung von Adrenalinlösungen mit Hilfe der dünnschichtchromatographischen Vergleichsmethode.** D. Waldi. (Arch. Pharmaz. **295/67**, 125—28, Juli 1962; Darmstadt, E. Merck A.G., Forsch.-Labor.; dt.) — Zur Herst. der Vgl.-Lsg. für die Dünnschichtchromatographie wird eine Lsg. von 50 mg Adrenalin in 20 ml W., das 0,5 g $Na_2S_2O_7$ gelöst enthält, mit Stärke u. Jod-Lsg. bis zur bleibenden Blaufärbung versetzt. Die Blaufärbung wird mit 0,1 n $Na_2S_2O_3$-Lsg. gerade zum Verschwinden gebracht u. die Lsg. 10 Min. lang mit 2 g $NaHCO_3$ u. 1 ml Essigsäureanhydrid geschüttelt. Nach 5 Min. wird 5mal mit je 30 ml $CH_2Cl_2$ ausgeschüttelt. Nach dem Trocknen mit $Na_2SO_4$ wird das Lsgm. abgedampft, dieser Prozeß mit 2—3 ml $CH_2Cl_2$ wiederholt u. der Rückstand in 10 ml Chlf. aufgenommen. Die in derselben Weise vorbereitete Probe-Lsg. wird auf eine Kieselgel-G-Platte aufgetragen. Als Fließmittel wird Chlf.–Methanol (9 : 1) oder Cyclohexan–Chlf.–Methanol–Eisessig (3 : 5 : 1 : 1) verwendet (Laufzeit 35 Min.). Zum Nachw. wird nach Besprühen mit 40%ig. $H_3PO_4$ 7 Min. lang auf 110° erwärmt u. dann mit 5%ig. alkohol. Phosphormolybdänsäure nachgesprüht u. 2 Min. lang auf 110° erwärmt. Als Nachw.-Reagens kann auch eine 3%ig. alkohol. Vanillin-Lsg., die mit 3 ml konz. $H_2SO_4$ versetzt wurde, verwendet werden.

W. Betcke. G 1320□

**Tüpfeltest-Nachweis und spektrometrische Bestimmung von die p-Hydroxystyrolgruppe enthaltenden Verbindungen: 3-Methyl-2-benzothiazolinonhydrazon-Verfahren.** E. Sawicki, T. R. Hauser und S. McPherson. (Chemist-Analyst **50,** 68—69, Sept. 1961; Cincinnati, Ohio, U.S. Dep. of Health, Educat. and Welfare, R.A. Taft Sanitary Engng. Center; engl.) — p-Hydroxystyrol-Derivv. geben mit 3-Methyl-2-benzothiazolinonhydrazon (I) in Ggw. von $FeCl_3$ eine Farb-Rk., die sich analyt. auswerten läßt. Sie beruht möglicherweise auf der Rk.. eines oxydativ aus I gebildeten Diazoniumsalzes mit dem Styrol oder auf oxydativer Spaltung der Doppelbindung des Letzteren u. Rk .mit I unter Bldg. eines Formazans. — Für den Tüpfeltest wird 1 Tropfen Probe-Lsg. mit 1 Tropfen 0,2%ig. wss. I-Hydrochlorid-Lsg. u. 1 Tropfen $FeCl_3$-Lsg. versetzt. Nach spätestens 5 Min. blaugrüne Farbe. — Zur spektrometr. Best. wird 1 ml der methanol. Probe-Lsg. mit 1 ml der wss. I-Lsg. u. 2 ml 1,3%ig. $FeCl_3$-Lsg. versetzt. Nach 15 Min. wird mit Methanol auf 10 ml aufgefüllt u. die Absorption (im allg. bei 667 m$\mu$) gemessen. Die mol. Absorptionen bei den Hauptmaxima sind für *4-Methoxystyrol, 4-Hydroxystilben, 4-Methoxystilben, Isosafrol, Isoeugenol, 3-Methoxy-4-hydroxypropenylbenzol, 4-Propenylveratrol, 4-Hydroxybenzylidenacetophenon, Anisalacetophenon, 4-[p-Methoxyphenyl]-3-buten-2-on, β-Piperonylacrylsäure* u. (als Beispiel für ein o-Hydroxystyrol, das wie ein einfaches Phenol reagiert) *4-(o-Hydroxyphenyl)-3-buten-2-on* aufgeführt.

W. Betcke. G 1450□

**Trennung der Inosite und ihrer Monomethyläther durch Gaschromatographie.** Z. S. Krzeminski und S. J. Angyal. (J. chem. Soc. [London] **1962,** 3251—52, Aug.; Rhodes, N. S. W., C. S. R. Chem. Pty. Ltd.; Sydney, Univ. of New South Wales, School of Chem.; engl.) — Die gaschromatograph. Trennung der 8 isomeren *Inosite* in Form ihrer Hexaacetate gelang mit einer Polyesterharzsäule (1,5% LAC 1-R-296 auf Kieselgur bei 215° bzw. 1,0% Harz auf Embacel bei 220°). Auf dem selben Wege konnten die Monomethyläther von 4 Pentaacetaten [*2-O-Methyl-(—)-, 3-O-Methyl-(+)-, 1-O-Methylmyo-* u. *5-O-Methylmyoinosit*] getrennt werden. Die Retentionszeiten sind angegeben.

W. Betcke. G 1860□

**Chromatographische Trennung und Identifizierung von Myoinositphosphaten.** Stanley E. Kerr und George A. Kfoury. (Arch. Biochem. Biophysics **96,** 347—53, Febr. 1962; Beirut, Libanon, Amer. Univ., Dep. of Biochem.; engl.) — Phytin wird sauer hydrolysiert, die freigesetzten Phytinsäuren werden alkal. oder sauer verseift. Zur Trennung der Inositmonophosphorsäure (I) von Inosit-di-(II) u. -triphosphorsäure (III) sowie von anorgan. $PO_4^{3-}$ (IV) wird die Wasserlöslichkeit des Ba-Salzes von **I**, zur Trennung des **IV** von **II** u. **III** wird die Löslichkeit des sauren Ba-Salzes von **IV** in 50%ig. A. ausgenutzt. Die Feinreinigung u. Isolierung der Ba-freien Säuren erfolgt mit Hilfe von Ionenaustauschern. Zur Trennung von **I, II** u. **III** ist die Gradientenelution mit NaCl-Lsg. aus Anionenaustauschern geeignet. Die Identifizierung der Einzelfraktionen wird über die Best. des Gesamt-P-Geh., die spektrophotometr. Best. der opt. Dichte bei 260 nm nach Umsatz mit $HJO_4$ u. die papierchromatograph. Best. der $R_F$-Werte vorgenommen. Die Eignung von 6 Lsgm.-Gemischen für die papierchromatograph. Trennung wird geprüft.

W. Kupfer. G 1860□

**Zur Gaschromatographie der Chlorthiophene.** Elmar Profft und Gerhard Solf. (Liebigs Ann. Chem. **659,** 100—103, Nov. 1961; Leuna, TH., Inst. für org. Chem.; dt.) — Unter den Zers.-Prodd. von chloriertem Tetrahydrothiophen wurden gaschromatograph. 37% 2.3- u. 2.4- neben 54% 3.4-Dichlorthiophen gefunden.

Versuche: Chlorthiophene wurden an einer 2 m langen Ricinusöl/Lanolinsäule (20 Gew.-% auf Sterchamol) bei 150° u. 3 Liter $H_2$/Std. getrennt. Getrennt wurden 2.3.4-, 2.3.5-Trichlorthiophen, 3.4-, 2.3-, 2.4-, 2.5-Dichlorthiophen, 2-Chlorthiophen u. Tetrachlorthiophen. 2.3-Dichlorthiophen (I) wurde durch Derivv. charakterisiert: I-carbonsäure-5-, F. 191°; I-5-acetylthiophen, F. 67,5°; I-5-chlormercurithiophen, F. 278 bis 280°; I-5-jodthiophen, F. 25°; I-4.5-dijodthiophen, F. 70,5°; I-sulfochlorid-5, F. 56°; I-5-nitrothiophen, F. 53°.

G. v. Waldeyer-Hartz. G 3071□

**Zur Spezifität der modifizierten „Keller-Reaktion".** H. P. Rieder und M. Böhmer. (Helv. chim. Acta **42,** 1793—98, 15/10. 1959; Basel, Univ., Psychiatr. u. Neurolog.

Polyklinik, Forsch.-Labor.; dt.) — Vgl. C. **1963,** 1016. — Die früher von Vff. modifizierte Keller-Rk. ist weitgehend spezif. für *Indole* u. *Pyrrol.* Außerdem zeigen verschiedene Indol-Verbb. wie *Indole, Hydroxyindole* u. *Lysergsäure-Derivv.* charakterist. Absorptionskurven im UV, die zur qual. Unterscheidung dieser Indol-Verbb. benutzt werden können. Ausführliche Beschreibung der Meth. u. ihrer Erprobung.
G. Teege. G 3081□

**Gas-Flüssigkeits-Chromatographie einiger Flavonoid-Verbindungen und Hydroxydiphenyle.** N. Narasimhachari und E. von Rudloff. (Canad. J. Chem. **40,** 1123—29, Juni 1962; Saskatoon, Saskatchewan, Nat. Res. Council of Canada, Prairie Reg. Labor.; engl.) — Mit SE-30-Siliconpolymerisat (15 u. 0,5%) als fl. Phase konnte eine Reihe substituierter Diphenyle u. Flavonoid-Verbb. als Methyläther getrennt u. nachgewiesen werden. Der Einfl. von Methylierung, Acetylierung u. von H-Bindungen wurde untersucht. Zwischen der Anzahl der Substituenten u. der Retentionszeit besteht keine lineare Beziehung; der Einfl. eines Substituenten auf die Retentionscharakteristik hängt von seiner Stellung ab. — Die Retentionszeiten von 8 Diphenylen, 1 Phenylbenzylketon, 1 Chromon, 15 Flavonen, 7 Isoflavonen, 9 Flavanonen, 4 Chalkonen u. 2 Isoflavanonen sind tabellar. aufgeführt. W. Betcke. G 3211□

**Chromatographische Trennung von Biflavanoid-Verbindungen.** G. di Modica und A. M. Rivero. (J. Chromatogr. [Amsterdam] **7,** 133—34, Jan. 1962; Torino, Italy, Univ., Ist. Chim.; engl.) — Von 6 untersuchten Laufmittel-Syst. erwies sich wassergesätt. Chlf. für die Papierchromatographie von *Biflavonen* (**I**) auf Whatman Nr. 1-Papier am geeignetesten. Neben Quercetin u. Morin wurden einige **I** untersucht, die aus *Taxus baccata L.* isoliert wurden u. von denen *Sciadopitysin* identifiziert wurde. Nachw. der Verbb. erfolgte unter UV-Licht. M. Finke. G 3211□

**Bestimmung von Phenthiazin in Handelspräparaten durch Ultraviolett-Absorptionsspektroskopie.** A. Brierley und D. M. Langbridge. (Analyst **86,** 709—13, Nov. 1961; Berkhamsted, Herts., Copper Techn. Bur.; engl.) — Phenthiazin (**I**) läßt sich aus techn. Prodd. durch $Al_2O_3$-Chromatographie isolieren u. spektroskop. bestimmen. 25,0 ml einer Lsg. von ca. 250 mg **I** (genau eingewogen) in 250 ml Ae. werden mit PAe. auf 100 ml aufgefüllt. 10 ml dieser Lsg. werden durch eine mit $Al_2O_3$ (Brockmann, Aktivitätsgrad I) beschickte, mit dem Lsgm.-Gemisch durchspülte Chromatographiersäule gegeben. Das Eluat u. die Wasch-Lsgg.werden mit dem Ae./PAe.-Gemisch auf 100 ml verd. u. 10 ml davon mit A. auf 100 ml aufgefüllt. Die Absorption dieser Lsg. wird bei 254,5 m$\mu$ gemessen. W. Betcke. G 3292□

**Glucosaminwerte der Muramsäure und anderer Aminosäuren nach der Elson-Morgan-Methode.** R. E. Strange. (Nature [London] **187,** 38—40, 2/7. 1960; Porton, Wiltshire, Microbiol. Res. Estab.; engl.) — Die Farbstoff-Bldg. von *Muramsäure, Galaktosaminhydrochlorid* u. *Glucosamin-6-phosphat* wird im Verhältnis zum *Glucosaminhydrochlorid* nach 3 Variationen der Elson-Morgan-Meth. durch Messung der Absorption bei 530 m$\mu$ untersucht, 1. nach Morgan-Rondle, 2. wie unter 1. aber mit einem $Na_2CO_3/NaHCO_3$-Puffer vom pH 9,6, 3. nach Boas (C. **1956,** 1989) durch $^3/_4$std. Erhitzen der Probe mit n-$Na_2CO_3$/2%ig. Acetylaceton bei 90°. Die gebildete Farbstoffmenge hängt vom pH der Lsg., von der Alkali-Konz. während der Rk. mit Acetylaceton u. von der Stabilität der Aminozucker in alkal. Lsg. ab. Muraminsäure bzw. Glucosamin wird nach 1std. Rk. in 0,1 n NaOH bei 38° zu 90 bzw. 13% zerfallen, wobei aus der alkal. Lsg. der Muraminsäure nach Ansäuern mit Ae. Milchsäure extrahiert werden kann.
E. Schraven. G 3400□

**Zur papierchromatographisch-quantitativen Bestimmung von Glucosamin und Galaktosamin in Gegenwart von Aminosäuren sowie von stickstofffreien Sacchariden.** K. Täufel, K. J. Steinbach und Kl. Rödiger. (Élelmiszervizsgálati Közlemények [Lebensmittelanalyt. Mitt.] **6,** 267—80, 1960; Berlin, Humboldt-Univ., Inst. für Lebensmittelchem. u. -technol.; dt.) — Glucosamin (**I**) u. Galaktosamin (**II**) lassen sich papierchromatograph. in befriedigender Weise trennen. Aminosäuren stören nicht, mit Ausnahme von Prolin, dessen $R_F$-Wert dem von **II** sehr ähnelt. Von stickstofffreien Sacchariden stört Saccharose, da diese während der Entw. teilweise gespalten wird. Es wird absteigend gearbeitet, mit n-Butanol/Pyridin/W. (5 : 3 : 1) + 2n HCl als Fließmittel bei einem pH 5,5—6,0. Es wird 2·24 Std. lang entwickelt mit einmaliger Zwischentrocknung. Die Flecken der Aminozucker (**III**) werden ausgeschnitten, zerkleinert u. mit 10—20 ml W. 45 Min. lang bei 40—60° im geschlossenen Kölbchen eluiert. Aliquote Teile davon werden durch alkal. Cu(II)-Salz-Lsg. oxydiert. Im Gegensatz zur üblichen Arbeitsweise wird nicht das $Cu_2O$, sondern die überschüssige Cu (II)-Menge colorimetr. bestimmt. Der optimale Erfassungsbereich liegt bei 0,3—2,5 mg für **III** bzw. 0,6—3,6 mg für die Hydrochloride. Die Fehlergrenze liegt bei $\pm 5\%$ für **III** allein, bei $\pm 10\%$ im Gemisch mit anderen Substanzen. Friedrich Voigt. G 3400□

**Flüssigkeits-Scintillationszählung unlöslicher Proben mit Anwendungen auf Kohlenhydrate und Sterinderivate.** Edward T. Grimes. (Analytic. Chem. **34,** 1175—76, Aug. 1962; Providence, R.I., Providence Coll., Med. Res. Labor.; engl.) — Die Meth. vereinigt einige Vorteile der Fl.-Scintillationszählung u. der Trocken-Zählung. Es tritt keine Selbstabsorption auf, u. die präparierte Probe kann wie ein Feststoff gehandhabt werden. Das unlösl. Material (*Cholesterindigitonid*; *D-Glucosephenylosotriazol*) wird abfiltriert, mit A.-Ae. gewaschen, als zusammenhängendes Scheibchen auf einer Milliporfilterplatte mit Scintillations-Lsg. getränkt u. dann warm zwischen 2 Saran-Wrap-Plasticscheibchen gepreßt, auf $-8^0$ abgekühlt u. analysiert.
W. Betcke. G 3700□

**Die Analyse von Cholesterylestern und Triglyceriden durch Dünnschichtchromatographie.** M. Šulc und J. Měštan. (Nature [London] **193,** 63—64, 6/1. 1962; Prague, Charles-Univ., Labor. of Angiol.; Labor. of Protein Metabolism.; engl.) — Synthet. u. natürliche Gemische von Cholesterylestern (**I**), ungesätt. Triglyceride (**II**) verschiedener Pflanzenöle u. **I** u. **II** des Blutserums konnten durch Dünnschichtchromatographie an einer Kieselsäure–Gips-Schicht (30 + 4,5 g in 60 ml W.; nach dem Auftragen mit Paraffin — 0,5%ig. Lsg. in Ae. — imprägniert) getrennt u. nachgewiesen werden. Nach 120—180 Min. langer Laufzeit wird bei $100^0$ getrocknet u. mit J-Dämpfen, einer gesätt. Lsg. von $SbCl_3$ in Chlf. oder einer 10%ig. alkohol. Lsg. von Phosphorwolfram- oder -molybdänsäure u. 5—10 Min. langes Erhitzen auf $100^0$ entwickelt. Es wurden nachgewiesen: Cholesterylstearat, -palmitat, -myristat, -laurat, -caprylat, -capronat, -acetat, -formiat u. Cholesterin (synthet. Gemisch) sowie Cholesterylpalmitat, -oleat, -linoleat u. -arachidonat (Blutserum), ferner die Triglyceride Triolein, Linoleodiolein, Oleodilinolein, Trilinolein, Linolenodilinolein, Linoleodilinolenin, Trilinolenin, ein unbekanntes u. mehrere nicht trennbare **II** des Sonnenblumen-, Rizinus-, Sojabohnen-, Leinsamen-, Sesam- u. Olivenöls u. des Blutserums. W. Betcke. G 3700□

**Ein Eisen(II)-Schwefelsäure-Reagens zur Bestimmung reiner Östrogene.** Emanuel Epstein, William O. Maddock und A. J. Boyle. (Talanta [London] **2,** 183—86, März 1959; Detroit, Mich., Wayne State Univ., Dep. of Chem. and Med.; engl.) — Als Reagens zur colorimetr. Best. von Östron u. Östradiol wird eine Lsg. von 290 mg $Fe(NH_4)_2(SO_4)_2$ in 100 ml 52%ig. $H_2SO_4$, zur Best. von Östradiol in 65%ig. $H_2SO_4$ verwendet. Die Probe-Lsg. wird in der Photometerküvette auf dem Wasserbad zur Trockne eingedampft, u. der Rückstand 50 bzw. 30 Min. lang mit der Reagens-Lsg. erhitzt. Nach dem Abkühlen wird die Absorption bei 505 bzw. 500 m$\mu$ gemessen.
W. Betcke. G 3750□

## d) Medizinische und toxikologische Analyse

**Na-Aescin in der Blutgasanalyse nach D. D. van Slyke.** R. Ludewig und H. Römisch. (Pharmazie **13,** 543—45, Sept. 1958; Leipzig, Karl-Marx-Univ., Pharmakol. Inst.; Dresden, VEB Arzneimittelwerk, Biol. Inst.) — Auf Grund paralleler Best. mit *Gypsophila-Saponin MERCK* (**I**) u. *Na-Aescin AWD* (**II**) in der Blutgasanalyse nach van Slyke empfehlen Vff. die Anwendung von **II**, das im Vgl. mit **I** keine die normale Fehlerbreite überschreitenden Meßwertdifferenzen bewirkt. Mit Rücksicht auf den höheren hämolyt. Index von **II** ist nur $^1/_{10}$ der üblichen Saponinmenge anzuwenden.
R. Klockmann. 5727□

**Einfaches Verfahren der Näherungsbestimmung der Fibrinogenmenge im Blut mit Hilfe der gravimetrischen Methode.** I. I. Barenbaum. (Laboratoriumswesen [UdSSR] **8,** Nr. 7, 24—25, Juli 1962; Ishewsk, Med. Inst., Lehrstuhl für Krankenhaustherapie; russ.) — Vf. erörtert ein modifiziertes Verf. zur gravimetr. Näherungs-Best. des *Fibrinogens* im Blut nach der Meth. von Philips u. van Slyke, die bei $20^0$ mit Hilfe von $CuSO_4$-Lsgg. von bekanntem Spezif. Gew. in 5—10 Min. mit prakt. genügender Genauigkeit durchgeführt werden kann. S. Baryschnikow. 5727

**Turbidimetrische Modifizierung der Fibrinogenbestimmung unter Anwendung des Photoelektrocolorimeters.** I. I. Danzig und A. Ss. Kantorowitsch. (Laboratoriumswesen [UdSSR] **8,** Nr. 7, 22—24, Juli 1962; Leningrad, Tuberkulose-Sanatorium; Militär-med. Kirow-Akademie, Lehrstuhl für Tuberkulose; russ.) — Zu 0,1 ml Blutplasma werden 5 ml „Lsg. a" zugefügt. Nach 10—15 Min. wird die entstandene Fibrinogensuspension photoelektrocolorimetriert (grünes Lichtfilter, Schichtdicke 1 cm). Zur Aufnahme der erforderlichen Eichkurve werden je 0,1 ml 0,1—1,2%ig. Protein-Lsg. mit 5 ml „Lsg. b" gemischt. Zur Herst. von „a" werden 270 ml gesätt. $(NH_4)_2SO_4$-Lsg. (pH 6,5) mit W. auf 1000 ml aufgefüllt. Die Darst. von „b" erfolgt durch Mischen gleicher Vol. gesätt. $(NH_4)_2SO_4$-Lsg. u. 0,2 n HCl-Lösung. S. Baryschnikow. 5727

**Erfahrungen mit Äthylendiamintetraacetat zur Bestimmung von Calcium im Serum.** Marianne Dieckmann (Klin. Wschr. **37,** 202/03, 15/2. 1959; Boston, Mass., Gen. Hosp.; dt.) — Zur colorimetr. Titration werden 0,5 ml Serum +4,5 ml W. in einer Küvette mit 0,1 ml Indicator-Lsg. (0,25 g $NH_4$-Purpurat in 35 ml W., heiß gelöst) u. 1 Tropfen 9n NaOH versetzt u. gegen eine 0,0005n EDTA (Di-Na-Salz)-Lsg., die 2 ml Indicator-Lsg./100 ml enthält, titriert, bis sich die Farbintensität bei 620 m$\mu$ nicht mehr ändert. Der Fehler beträgt höchstens 0,4 mg%. W. Betcke. 5728□

**Die komplexometrische Bestimmung des Kaliums im Harn.** A. Holasek und M. Pečar. (Clin. chim. Acta [Amsterdam] **6,** 125—28, Jan. 1961; Graz, Univ., Med.-chem. Inst. u. Pregl-Labor.; dt.) — Nach Entfernung von evtl. vorhandenem Eiweiß mit Trichloressigsäure u. Maskierung des $NH_4^+$ mit Formaldehyd wird K aus verd. Harn als Hexanitritokobalt(III)-salz gefällt u. das im abfiltrierten u. gewaschenen Nd. enthaltene Co über das Cu-$\alpha$-Pyridylazo-$\beta$-naphthol-Syst. als Indicator mit EDTA titriert. P. Gregorzewski. 5732□

**Trennung und Bestimmung der Thiaminphosphorsäureester in tierischen Geweben durch Elektrophorese im Stärkeblock.** Ju. W. Chmelewski. (Fragen med. Chem. [UdSSR] **8,** 306—14, Mai/Juni 1962; Kiew, Med. Bogomoletz-Inst., Lehrstuhl für Biochem.; russ., Auszug: engl.) — Die Meth. zur Trennung u. Best. von *Thiamintriphosphat, Thiamindiphosphat* u. *Thiaminmonophosphat* in Thiaminphosphorsäureester-Präpp. u. in tier. Geweben beruht auf der Trennung von Thiamin-$^{35}$S-phosphorsäureester durch Elektrophorese im Stärkeblock (SB). Die Best. der Ester in den entsprechenden Fraktionen des SB erfolgt nach der radiometr. bzw. der Thiochrommethode. Das Verf. ermöglicht die Best. des Verhältnisses zwischen den Thiaminophosphaten in Leber u. Herz von weißen Ratten 2 Std. nach der subkutanen Einführung von 50 $\mu$g/100 g Thiamin-$^{35}$S. S. Baryschnikow. 5750

**Ein Verfahren zur Analyse säurelöslicher Phosphorverbindungen und verwandter Substanzen in Muskel- und anderen Geweben.** T. Wood. (J. Chromatogr. [Amsterdam] **6,** 142—54, Aug. 1961; Sidney, N.S.W., Australia, Univ. of Sidney, Biochem. Dep.; engl. — Vf. beschreibt eine Meth. zur Abtrennung, Identifizierung u. quant. Best. von säurelösl. organ. Phosphor-Verbb. u. verwandten Verbb. in Geweben. Die Probe wird mit $HClO_4$ extrahiert, das Filtrat schnell mit KOH neutralisiert. Nach Abtrennung des $KClO_4$ wird das Filtrat durch Gefriertrocknung vom Lsgm. befreit. Nach der Entfernung störender $Ca^{2+}$- u. $Mg^{2+}$-Ionen wird mit Ba-Ionen in 3 Fraktionen getrennt (vgl. Gerlach u. Weber, C. **1956,** 10741), die chromatograph. an Whatman Nr. 541 aufgetrennt wurden. R-Werte von 70 Verbb. in 5 verschiedenen Laufmitteln werden tabellar. mitgeteilt, sowie zahlreiche Nachw.-Meth. für die einzelnen Substanzklassen aufgeführt. Möglichkeiten der quant. Auswertung der Chromatogramme durch UV-Spektrophotometrie oder direkte Phosphat-Best. der ausgeschnittenen Flecken werden besprochen. M. Finke. 5750□

**Eine Mikroschnellmethode zur Bestimmung von Wasser, Natrium, Kalium, Chlorid und Fett im Skelettmuskel.** C. T. G. Flear und Irené Florence. (Clin. chim. Acta [Amsterdam] **6,** 129—35, Jan. 1961; Birmingham, Queen Elizabeth Hosp.; Cambridge, Dep. of Exp. Med.; engl.) — Bei der gleichen Probe wird der $H_2O$-Geh. aus dem Gewichtsverlust beim Trocknen u. der Fett-Geh. aus dem Gewichtsverlust durch PAe.-Extraktion bestimmt. Danach wird die Probe mit 0,1n $HNO_3$ längere Zeit extrahiert u. nach dem Zentrifugieren in der überstehenden Fl. Na, K u. Cl bestimmt. P. Gregorzewski. 5752□

**Mikromethoden zur Bestimmung einiger anorganischer Bestandteile (Cl, K, Na, Ca, Mg, Fe, Cu) in biologischem Material.** Klaus Beyermann und Konstantin Cretius. (Clin. chim. Acta [Amsterdam] **6,** 113—24, Jan. 1961; Mainz, Univ., Frauenklinik u. Anorg.-Chem. Inst.; dt.) — In Muskeltrockensubstanz wurden $Cl^-$ (nach Schöninger; 0,35—1,10 mg/100 mg), Na (flammenphotometr.; 0,27—0,70), K (flammenphotometr.; 1,19—1,15), Fe (als Oxinat; 14 $\mu$g/100 mg); Mg (nach Umland; 80 $\mu$g/100 mg); Ca (Komplexon III u. Murexid; 21,5 $\mu$g/100 mg); Cu (colorimetr.; 0,42 $\mu$g/100 mg) bestimmt. Ausführliche Arbeitsbeschreibung. P. Gregorzewski. 5752□

**Bestimmung von Arsenik in biologischem Gewebe durch Aktivierungsanalyse.** Hamilton Smith. (Analytic. Chem. **31,** 1361—63, Aug. 1959; Glasgow, Scotland, Univ. Glasgow, Dep. Forensic Med.; dt.) — Nach einem $HNO_3$–$H_2SO_4$-Aufschluß der aktivierten Probe wird eine Gutzeit-Trennung mit einer Best. mit einem Fl.-Zählrohr kombiniert. Blindproben sind nicht erforderlich. Ein Haar von 0,5 mg kann analysiert werden. Der As-Geh. der Haare von über 1000 lebenden Objekten wurde durch diese Technik mit einer Genauigkeit von ca. 98% ermittelt. I. Zoll. 5762

**Gaschromatographische Studien zum Nachweis von Metasystox.** E. Weinig, L. Lautenbach und M. Geldmacher-Mallinckrodt. (Dtsch. Z. ges. gerichtl. Med. **51,** 565–69, 1961; Erlangen, Univ., Inst. für gerichtl. Med.; dt.) – *Metasystox* (**I**), *Metasystox-i* u. *Systox* (**II**) lassen sich durch charakterist. flüchtige Spaltprodd., die beim Kochen mit Säure, Lauge oder Na-Alkoholat entstehen, gaschromatograph. nachweisen. Dabei konnten *β-Mercaptoäthylthioäthyläther*, *β-Hydroxyäthylthioäthyläther*, *Äthandithioldiäthyläther* (**III**) u. *Äthandithiolmethyläthyläther* (**IV**) erkannt werden. Die Verw. von Äthylat erlaubt **I** durch **III** u. **II** durch **IV** voneinander zu unterscheiden. Mit *E 605* u. *Tri-o-cresylphosphat* werden mit Alkoholat keine flüchtigen, gaschromatograph. nachweisbaren Verbb. festgestellt. G. Kimmerle. 5762

---

Ben Ginsburg, Los Angeles, Calif., V.St.A., **Herstellung eines Hämoglobin-Standardpräparates aus menschlichem Gesamtblut** als Vergleichssubstanz für die spektrophotometr. Best. des Hämoglobin-Geh. im Blut, dad. gek., daß man das Gesamtblut auf ca. $-40^0$ einfriert, wieder auftaut, wobei die Gewebezellen platzen u. das Hämoglobin frei machen, der Lsg. ein baktericides Mittel, wie „Merthiolat", Cetyldimethylbenzylammoniumchlorid oder den Methyl- oder Propylester der p-Hydroxybenzoesäure, zusetzt, das Zellgewebe durch Filtration über z. B. Glaswolle abtrennt u. die klare Lsg. durch Verdünnen mit z. B. einer pro Liter 13,2 (g) Na-Citrat, 13,37 Dextrose u. 4,8 Citronensäure enthaltenden wss. Lsg. oder einer Phosphatpuffer-Lsg. vom pH 7,2 auf einen Hämoglobin-Geh. von 16,6% einstellt. (**A. P. 3 000 836** vom 2/9. 1958, ausg. 19/9. 1961.) W. Heyer. G 5727

# H. Angewandte Chemie

## $H_1$. Allgemeine chemische Technologie

**Lennard-Jones Kraftkonstanten aus Viscositätsangaben: ihre Beziehung zu den kritischen Größen.** Lawrence W. Flynn und George Thodos. (A.I.Ch.E. Journal **8,** 362–65, Juli 1962; Evanston, Ill., Northwestern Univ., Technol. Inst.; engl.) – Das Prod. aus krit. Temp. u. krit. Vol. unpolarer Stoffe bildet mit dem Lennard-Jones-Kraft-Konst.-Modulus $(\varepsilon/\varkappa)\sigma^3$ eine gerade Linie in einem logarithm. Koordinaten-Syst. entsprechend der Formel $\sigma^3(\varepsilon/\varkappa) = 0{,}417\,T_c v_c$, wie sich aus der Unters. einer größeren Zahl von Aliphaten u. Aromaten ergeben hatte. Mit Hilfe dieser Beziehung ließ sich $\sigma$ als der Abstand zweier Stoß-Moll. in Å-Einheiten berechnen nach $\sigma = 0{,}618 \cdot v_c^{1/3} T_c^{1/18}$. – 28 Literaturangaben. R. Kaiser. 5800□

**Anwendung des Prinzips wechselweiser Änderung auf das laminare Strömen durch gleichförmige Leitungsrohre.** Warren E. Stewart. (A.I.Ch.E. Journal **8,** 425–28, Juli 1962; Madison, Wis., Univ. of Wisconsin; engl.) – Das Problem dieser Strömungsberechnungen von Newton- u. Nicht-Newton-Fll. für lange Leitungsrohre wird nach Erörterung von Berechnungsvorschlägen von Hill (vgl. J. Mechan. Physics Solids **5,** [1956], 66) u. Johnson (vgl. Phys. of Fluids **3,** [1960], 871) im einzelnen diskutiert. – 14 Literaturangaben. R. Kaiser. 5800□

**Stetiges Fließen einer Oldroyd-visco-elastischen Flüssigkeit in Rohren, Schlitzen und engen Ringspalten.** Michael C. Williams und R. Byron Bird. (A.I.Ch.E. Journal **8,** 378–82, Juli 1962; Madison, Wis., Univ. of Wisconsin; engl.) – Mathemat. Behandlung des stetigen Fließens u. der Fließgeschw. von viscosen Fll. in kreisrunden Rohren, in einem ebenen Schlitz u. in einem engen Ringspalt, z. B. an der Verbindungsstelle von 2 Rohren. Als viscose, nicht-Newtonsche Fll. wurden wss. Lsgg. von Carboxymethylcellulose, Polymethacrylat u. Cholesterylbutyrat verwendet u. nach der Oldroydschen Modellvorstellung die Geschw.-Verteilung berechnet. – 31 Literaturangaben. R. Kaiser. 5800□

**Das Strömen verdünnter Gase.** D. S. Scott und F. A. L. Dullien. (A.I.Ch.E. Journal **8,** 293–97, Juli 1962; Vancouver, Canada, Univ.; engl.) – Für das Strömen von Gasen durch sehr feine Capillaren von der ungefähren Öffnungsweite einer Mol.-Schwingung ($r \approx \lambda$) wird eine neue Gas-Geschw.-Gleichung in Erweiterung der Knudsenschen Formel aufgestellt. Sie entspricht weitgehendst den experimentell gefundenen Werten des Durchflusses von z. B. $CO_2$ bei Drücken von einigen $^1/_{100}$ cm Hg. Die einzelnen Komponenten der Gleichung werden erläutert, u. es wird angedeutet, unter welchen Bedingungen die Gleichung allg. für poröse Stoffe, wie Kalkstein, Celit, Kaolin u. keram. Filter, anwendbar ist. – 11 Literaturangaben. R. Kaiser. 5800□

**Strömungsgleichgewicht einer gewöhnlichen Flüssigkeit beim Durchlauf durch ein zylindrisches Rohr.** B. C. Sakiadis. (A.I.Ch.E. Journal **8,** 317–21, Juli 1962;

Wilmington, Del., E. I. Du Pont de Nemours and Co.; engl.) — Aus Durchlauf-Verss. einer wss. Lsg. eines Polyvinylalkohols durch ein senkrechtes zylindr. Rohr mit freiem Auslauf nach unten werden allg. mathemat. Gleichungen für die Best. der 3 einschlägigen Stoffübergangs-Konst. als Funktionen abgeleitet: Die Scherkraftkomponente u. die Differenzen der Radial- u. Axialdruckkomponenten mit ihren Winkelnormalen, welche meßbare Größen darstellen. Die Vers.-Ergebnisse sind in Diagrammen festgehalten. R. Kaiser. 5800□

**Laminares und turbulentes Strömen unstabiler Flüssig-Flüssig-Emulsionen.** J. A. Cengel, A. A. Faruqui, J. W. Finnigan, C. H. Wright und J. G. Kundsen. (A.I.Ch.E. Journal **8,** 335—39, Juli 1962; Corvallis, Oreg., Oregon State Univ.; engl.) — Es wurde das Verh. von Petroleum-Wasser-Emulsionen beim Strömen durch Capillaren der Größenordnung 10—25 $\mu$m Öffnungsweite untersucht. Bei den verschiedenen Strömungs-Geschw. laminaren u. turbulenten Fließens durch Capillaren in horizontaler u. senkrechter Stellung wurden die Viscositätsfaktoren bestimmt u. in mathemat. Ausdrücken wiedergegeben. — 22 Literaturangaben. R. Kaiser. 5800□

**Autoxydationsinhibitoren.** V. J. Karnojitzky. (Génie chim. **87,** 108—13, April 1962; franz.) — Vf. gibt zunächst einen histor. Überblick über das Gebiet der Autoxydationsinhibitoren u. behandelt dann deren Wirkungsweise. Es existieren 2 Typen von Inhibitoren: Die einen reagieren mit ROO-Radikalen, die anderen mit Hydroperoxid, welches sich im Laufe des Autoxydationsprozesses bildet. Die Inhibitoren des 1. Typs sind vor allem für den Beginn der Rk. mit Normal-Temp., die des 2. Typs für erhöhte Temp. von Bedeutung. Durch Kombination beider Typen läßt sich eine befriedigende Lsg. des Problems erreichen. Es kann dabei eine einfache Mischung (z. B. Phenol-Verb. u. Mercaptan) oder eine chem. Verb. (z. B. Einfügung einer S-Brücke zwischen 2 Phenolringe) hergestellt werden. W. Renker. 5800□

**Der Zusammenhang zwischen Druckverlust und Umsatz eines Gasreaktors.** Heinz Viehweg und Reiner Vieweg. (Chem. Techn. **14,** 520—23, Sept. 1962; dt.) — Es werden Beziehungen zur Berechnung des Druckverlustes von kompressiblen Medien beim Durchströmen von Reaktoren abgeleitet, in denen die infolge des Druckverlustes im Reaktor sich ändernde Gas-Geschw. berücksichtigt wird. Es werden Fälle behandelt, bei denen die Eintrittsmenge konst. bleibt u. sich ändert. Es läßt sich mit Hilfe der durch die Kenngrößengleichung ermittelten Wärmeübergangszahl u. die darin enthaltene Strömungs-Geschw. die unbekannte Verweilzeit eliminieren u. so ein Zusammenhang zwischen Druckverlust u. Wärmeübergang angeben. H. Hoffmann. 5802□

**Die Auslegung eines Etagenreaktors für die Ammoniaksynthese.** Klaus Lucas und David Gelbin. (Chem. Techn. **14,** 523—27, Sept. 1962; dt. — C. **1962,** 18957.) H. Hoffmann. 5802□

**Wärme- und Stoffübergang in turbulenten Gasströmen mit Kugeln von 1 inch Größe.** Emilio Venezian, Manuel J. Crespo und B. H. Sage. (A.I.Ch.E. Journal **8,** 383—88, Juli 1962; Pasadena, Calif., Calif. Inst. Technol.; engl.) — Messungen des Wärme- u. Materialtransports an einer Ag-Kugel auf elektr. Wege u. an einer porösen Kugel gleichen Durchmessers mit Hilfe der Verdampfung von sehr reinem n-Octan in einem turbulenten Luftstrom ergaben, daß die Nusselt-Zahl bei kombiniertem Wärme- u. Stoffübergang einen wesentlich größeren Wert annahm, als bei Wärmetransport allein. — 22 Literaturangaben. R. Kaiser. 5816□

**Wärmeübergang mit gleichzeitiger chemischer Reaktion: Filmtheorie für eine endliche Reaktionsgeschwindigkeit.** P. L. T. Brian und R. C. Reid. (A.I.Ch.E. Journal **8,** 322—29, Juli 1962; Cambridge, Mass., Mass. Inst. of Technol.; engl.) — In Anlehnung an Unterss. von Fay u. Ridell (vgl. J. Aeronautic Sci. **25,** 73 [1958]) u. an die mathemat. Bearbeitung des Problems Wärmeübertragungs-Koeff. der Zers. von $N_2O_4$ u. seiner Rückbldg. (vgl. Brokaw, C. **1962,** 15142) setzten Vff. deren Theorie der laminaren Grenzschicht die Theorie der dünnen turbulenzfreien Filmschicht mit Mol.-Diffusion entgegen u. stellten entsprechende Gleichungen für den Wärmeübergang auf. Hierbei wird getrennt eine nichtkatalyt. u. eine katalyt. feste Wandung zum Wärmeaustausch sowie als treibende Kraft eine sehr kleine Temp.-Differenz vorausgesetzt. In Betracht gezogen werden homogene u. heterogene Rkk. mit kleinen, unendlich großen u. mittleren Geschwindigkeiten. Hierbei ergibt sich, daß der Effekt der Reynolds-Zahl auf den Wärmeübergangs-Koeff. in dem Rk.-Syst. sich erheblich von der Wrkg. in einem Wärmeübergangs-Syst. unterscheidet, das keine chem. Rk. umschließt. — 39 Literaturangaben. R. Kaiser. 5816□

**Eine analytische Untersuchung des Wärmeübergangs bei laminarer bis turbulenter Übergangsströmung zwischen parallelen Platten.** William N. Gill und Shaw Mei Lee. (A.I.Ch.E. Journal **8,** 303—09, Juli 1962; Syracuse, N.Y., Syracuse

Univ.; engl.) — Eine analyt. Unters. des Wärmeübergangs zwischen parallelen Platten in Strömungsbereichen der Reynolds-Zahlen 4800—43000 führte zu einem neuen mathemat. Ausdruck als Vervollkommnung des Ansatzes von Gill u. Scher (vgl. A.I. Ch.E. Journal **7,** [1961], 61). Für die Prandtlschen Kennwerte 100, 10, 1, 0,1 u. 0,01 wurden die verschiedenen Faktoren der entwickelten Energiegleichung berechnet u. in Tabellen wiedergegeben. — 28 Literaturangaben. R. Kaiser. 5816□

**Gegenstromübertragung von Wärme oder Stoff zwischen einer turbulent und einer laminar strömenden Flüssigkeit.** 1.Mitt. **Geringe Geschwindigkeitsquerschnitte und kurze Berührungszeiten.** E. N. Lightfoot. (A.I.Ch.E. Journal **8,** 416—18, Juli 1962; Madison, Wis., Univ. of Wisconsin; engl.) — Es wird die Übertragung von Wärme oder Stoff zwischen einer turbulent (I) u. einer laminar (II) strömenden Fl. in einem Austausch-Syst. (III) mathemat. behandelt, u. zwar bei horizontaler Lage des **III** mit der **II**-Fl. im inneren Rohr u. bei senkrechter **III**-Stellung mit der **II**-Strömung im Mantelrohr bei kurzen Kontaktzeiten. R. Kaiser. 5816□

**Wärmeübergang in Feinkorn-Kolonnenpackungen (senkrecht zur Fließrichtung).** G. P. Willhite, Daizo Kunii und J. M. Smith. (A.I.Ch.E. Journal **8,** 340—45, Juli 1962; Evanston, Ill., Northwestern Univ.; engl.) — In einer mit Glasperlen bestimmter Größe (29—940 $\mu$m) gefüllten Durchflußkolonne wurde die sog. stagnierende Wärmeleitfähigkeit $k_e^o$ aus Verss. mit Luft, $CO_2$, $N_2$, He, $H_2$, $CH_4$ u. $C_3H_8$ sowie W., Glycerin, Isooctan u. A. ermittelt u. eine Gleichung für voraussagende Berechnung des Wärmetransportes senkreeht zur allg. Strömungsrichtung aufgestellt. Die Geschw. entsprachen Re-Werten von 0—6,6. Innerhalb dieses Bereichs war die Abhängigkeit des $k_e^o$ von Re unmerklich; auch blieb die effektive Wärmeleitfähigkeit, $k_e^o$, innerhalb einer Größenklasse Packungsperlen bei allen Re-Zahlen fast unverändert. Die Gleichung basierte auf der Modellvorstellung, daß Energie mit Hilfe eines Feststoff–Fl.-Gruppenmechanismus übertragen wurde. — 14 Literaturangaben. R. Kaiser. 5816□

**Wärmeübergang an quer angeströmten Glattrohrbündeln.** Heinz Goppelröder. (Chemiker-Ztg./Chem. Apparatur **86,** 357—63, 20/5. 1962; dt.) — Es werden die im Schrifttum vorliegenden Vers.-Ergebnisse über den Wärmeübergang an quer angeströmten Glattrohrbündeln miteinander verglichen. Dabei wurde festgestellt, daß die Ergebnisse der meisten Verss. innerhalb des Streubereiches liegen, u. zwar bei flutender Anordnung $\pm$ 10—15%, bei versetzter Anordnung $\pm$ 10%. — 15 Schrifttumsangaben. H. Lütgert. 5816□

**Wärmeübergang bei Suspensionen.** Stanisław Żurakowski. (Przemysł chem. **41,** 527—32, Sept. 1962; pol.) — Der Wärmeübergang zwischen der Gasphase u. der festen zerkleinerten Phase in Suspensionen wird in einem Cyclon-Wärmeaustauscher, der aus 3 Cyclonen besteht, untersucht. Der Einfl. der Hauptparameter auf die Wrkg. des Wärmeüberganges bei Suspensionen wird festgestellt, z. B. Konz. der Suspension, Korngröße, (akt. Wärmeübergangsoberfläche) u. Änderung der Fließ-Geschw. der Gasphase (Änderung der Fließintensität bei konst. App-Abmessungen u. konst. Suspensions-Konz.). Die Beziehung zwischen dem Grad der Wärmeübertragung u. dem Produkt des Wertes der Wärmedurchdringung, der akt. Oberfäche des Wärmeüberganges u. der Temp.-Differenz des Substrates des Wärmeüberganges sind ebenfalls angegeben. I. Kalzendorf. 5816□

**Beitrag zur Theorie der Herabsetzung der Teilchengröße.** E. Escudero Sainz. (Génie chim. **88,** 49—53, Aug. 1962; franz.) — Für die Berechnung der Energie, die bei der Zerkleinerung von Partikeln erforderlich ist, schlägt Vf. die Gleichung $E = K_1(1/D_2 \cdot -1/D_1) + K_2 \log D_1/D_2$ vor ($D_1$, $D_2$ Teilchendurchmesser). Die Konst. $K_1$ u. $K_2$ müssen empir. bestimmt werden. Ihre Berechnung erfordert noch umfassende Forschungsarbeiten. W. Renker. 5820□

**Untersuchungen über Hydratationsvorgänge bei der Naßaufbereitung von Bauxiten.** Karl-Heinz Starosta und Eberhard Schmidt. (Chem. Techn. **14,** 545—50, Sept. 1962; dt.) — Bei der Behandlung sowohl von Bauxiten verschiedener chem. u. mineralog. Zus. als auch von reinen Böhmiten mit Laugen unterschiedlicher Konz. konnte keine Hydroxylierung in Richtung Hydrargillit festgestellt werden. Der Anstieg des Verhältnisses n-$H_2O$/n-$Al_2O_3$ mancher Bauxite bei der Laugenbehandlung ist wahrscheinlich auf deren Hämatit-Geh. zurückzuführen. Der Faktor, daß hämatithaltige Rotschlämme bedeutend besser klären als goethithaltige, wird nicht auf die Struktur der Verb., sondern auf die unterschiedliche Oberflächenstruktur zurückgeführt. H. Hoffmann. 5828□

**Technische und energiewirtschaftliche Probleme bei der Äthylengewinnung durch Gastrennung von Benzinspaltgasen.** Hubert Lange, Wolfgang Wehle und Helfried Hien. (Chem. Techn. **14,** 537—47, Sept. 1962; dt.) — Es wird über die Schwierigkeiten berichtet, die bei der Kompression der Benzinspaltgase auftreten. Es sind die Polymerisation der ungesätt. KW-Stoffe. Es werden die Trennschemata der Lurgi- u. Leunaaufarbeitung diskutiert u. die Vor- u. Nachteile der einzelnen Meth. bei der Aufarbeitung der Spaltgase gegenübergestellt. H. Hoffmann. 5828 □

**Reduzierende Schutzatmosphären aus Ammoniak.** Josef Sagoschen. (Chemiker-Ztg./Chem. Apparatur **86**, 341—48, 20/5. 1962; dt.) — Schutzatmosphären auf $N_2$- u. $H_2$-Basis werden in der chem. Metall- u. Elektroindustrie dort eingesetzt, wo es auf die Fernhaltung auch geringster $O_2$-Spuren ankommt u. Schutzgase auf C-Basis unerwünscht sind. Die Gewinnung solcher Schutzatmosphären aus $NH_3$ weist gegenüber dem Einsatz von Luft-$N_2$, Elektrolyse-$H_2$ oder deren Gemischen entscheidende Vorteile auf, bes. was den $O_2$-Geh. u. die Transportfähigkeit des Gases betrifft. — Aus $NH_3$ wird durch therm.-katalyt. Spaltung ein stark reduzierendes $N_2$–$H_2$-Gemisch konst. Zus. (Spaltgas) gewonnen. Daraus kann man mittels selektiver Diffusion durch Membranen aus einer Pd–Ag-Leg. Reinst-$H_2$ oder durch partielle Verbrennung mit Luft ein schwach reduzierendes $N_2$–$H_2$-Gemisch erzeugen. Nach dem Nitroneal-Verf. reagiert $NH_3$ mit Luft ohne äußere Energiezufuhr über Pt–Re- u. Pd-Trägerkatalysatoren, wobei ebenfalls $N_2$ mit einem niedrigen, automat. regelbaren $H_2$-Anteil entsteht. H. Lütgert. 5846 □

**Adsorption von n-Paraffinen und Schwefelverbindungen an Aktivkohle.** R. J. Grant, Milton Manes und S. B. Smith. (A.I.Ch.E. Journal **8**, 403—06, Juli 1962; Pittsburgh, Pa., Pittsburgh Chem. Co.; engl.) — Die Best. der Adsorptionsisothermen von n-Paraffinen u. organ. S-Verbb. ergab für die beiden Kategorien von Dämpfen bei Drucken von 1 at im Temp.-Prüfbereich —23 bis 100° 2 Kurven für die Beziehung adsorbiertes Vol. je 100 g Kohle zu $T/V' \cdot \ln f_s/f$ nach Lewis (vgl. C. **1951**, I, 705); in diesem Ausdruck ist T = Adsorptions-Temp. in °K, V' = Mol.-Vol. in ml/g-Mol. bei T, $f_s$ = Flüchtigkeit der Kondens.-Fl., f = Flüchtigkeit des Gases beim Adsorptionsdruck u. T. Die Gründe für das verschiedene Verh. der beiden Dampfarten werden diskutiert. — 16 Literaturangaben. R. Kaiser. 5848 □

**Der Fallfilm–Salzsäure-Absorber.** W. M. Gaylord und M. A. Miranda. (Chem. Engng. Progr. **53**, 139-M—144-M, März 1957; Cleveland, Ohio, Nat. Carbon Co.; engl.) — Betriebserfahrungen mit dem von Hatfield u. Ford (Trans. Amer. Inst. chem. Engr. **42**, [1946], 121) bereits beschriebenen Fallfilm–HCl-Absorber u. erzielte Verbesserungen (vgl. Chem. Engng. Progr. **45**, [1949], 526; **49**, [1953], 611.) W. Wesly. 5848

**Absorption von Ammoniak durch Essigsäurelösungen.** Sharanjit S. Dhillonn und R. H. Perry. (A.I.Ch.E. Journal **8**, 389—93, Juli 1962; Norman, Okla., Univ. of Oklahoma; engl.) — Die $NH_3$-Absorption aus mit $N_2$ verd. Gasgemischen in wss. Essigsäure verschiedener Konz. wurde mit Hilfe einer Turmberieselungs-App. bei verschiedenen Temp. untersucht. Unter der Vorstellung eines Gaszwischenfilms unstetigen Zustandes u. eines Fl.-Films an der Grenzschicht ergab sich aus den Verss. eine lineare Funktion der Säure-Konz. zur Grenzflächen-Konz. des $NH_3$ als Fl.–Film-Absorptions-Koeff., woraus der mathemat. Ausdruck (Gl. 18) $k_L'/k_L - 1 = 0{,}22\,(C_B/C_{Ai})^{0,77}$ abgeleitet wurde. In ihm bedeuten $k_L'$ = Filmabsorptions-Koeff. unter Beteiligung einer chem. Rk., $k_L$ = Fl.–Filmabsorptions-Koeff. für reine physikal. Absorption, $C_B$ = Säure-Konz., $C_{Ai}$ = $NH_3$-Konz. in der Grenzschicht (Angaben in lbs./sq.ft. bzw. cu.ft. u. hr.). — 14 Literaturangaben. R. Kaiser. 5848 □

**Zwei-Stufen-Desorption von Schwefelwasserstoff aus Grundwasser.** Ryszard Sobiesiak, Halina Leszczyńska, Maria Kaczorek und Przemysław M. Hoffmann. (Przemysł chem. **41**, 508—10, Sept. 1962; pol.) — Eine 2-Stufendesorption von $H_2S$ aus dem Grundwasser wird beschrieben. Die 1. Stufe ergibt ein Reichgas, das ca. 3% $H_2S$ enthält, u. die 2. Stufe ein Armgas mit weniger als 2% $H_2S$. Die Werte der halbtechn. u. techn. Unterss. werden mitgeteilt. I. Kalzendorf. 5848 □

**Verbrennung von Schwefelwasserstoff aus der Grundwasser-Desorption.** Barbara Witkowska und Halina Leszczyńska. (Przemysł chem. **41**, 510—12, Sept. 1962; pol.) — Resultate halbtechn. Unterss. der Verbrennung von Gasen mit 3 Gew.-% $H_2S$ nach dem Belüften werden mitgeteilt. Die Unterss. wurden in einem Temp.-Bereich zwischen 240 u. 600° durchgeführt u. der Umsetzungsgrad bestimmt. Sie bilden die Grundlage für eine Berechnung einer Verbrennungsanlage des Wasserreinigungsbetriebes im Machower Schwefelwerk. — 1 Abb., 1 Tab., 2 Diagramme. I. Kalzendorf. 5848 □

**Absorption von Gasen (nach Belüftung des Grundwassers) an Eisen(III)-Oxidhydrate.** Maria Kaczorek, Halina Leczyńska, Ryszard Sobiesiak und Przemysław W. Hoffmann. (Przemysł chem. **41**, 513—17, Sept. 1962; pol.) — Die Absorption von Gasen nach der Belüftung des Grundwassers, das bis zu 30 g $H_2S/m^3$ enthält, wird im halbtechn. Maßstabe untersucht. Dadurch wird die Möglichkeit gegeben, den Prozeß durch Änderung der Anlagen, wie z. B. Reaktoren, Flotationsmaschinen u. Spray-Syst., u. der techn. Verf.-Bedingungen zu verbessern. Die techn. Parameter werden angegeben. I. Kalzendorf. 5848 □

**Vergleichende Untersuchung über die Bewertung von Absorptionsmitteln für Schwefelwasserstoff in Gegenwart von Luft.** Henryk Lichtenstein, Anna Jaskólska, Halina Leszczyńska und Przemysław M. Hoffmann. (Przemysl chem. **41**, 521—23, Sept. 1962; pol.) — Die Aktivitäten von Lautamasse u. $Fe(OH)_3$ aus $Fe_2SO_4$ werden bei der Absorption von $H_2S$ nach der Naß-Meth. verglichen. Bei der Absorption wird das $Fe(OH)_3$ gleichzeitig auf Kosten des $O_2$, der im Gas enthalten ist, regeneriert. Der Regenerierungsgrad für das $Fe(OH)_3$ ist viel höher als der der Lautamasse. I. Kalzendorf. 5848 □

**Thermodynamische Ungleichgewichtstheorie für Konzentrationsquerschnitte bei der Flüssigkeitsextraktion.** Alphonse Hennico und Theodore Vermeulen. (A.I.Ch.E. Journal **8**, 394—402, Juli 1962; Berkeley, Calif., Univ. of California; engl.) — In einer Füllkörperextraktionskolonne stellt die Extraktion eines in einer Fl. gelösten Stoffes durch eine andere Fl. ein tern. Syst. dar, in dessen beiden gegeneinanderlaufenden Fl.-Strömen eine ständige Konz.-Veränderung in einem Querschnitt erfolgt. Für eine ideale Extraktion werden die Extraktionsquerschnitte auf Grund der Durchdringungstheorie infolge Mol.-Diffusion berechnet u. die Ergebnisse in Diagrammen u. 1 Tabelle vorgelegt. — 31 Literaturhinweise. R. Kaiser. 5862 □

**Diffusionskoeffizienten für binäre Flüssigkeiten.** Musa R. Kamal und L. N. Canjar. (A.I.Ch.E. Journal **8**, 329—34, Juli 1962; Pittsburg, Pa., Carnegie Inst. of Technology; engl.) — In Anbetracht des Fehlens von Viscositätswerten der Komponenten bin. Fl.-Syst. wurde aus physikal.-chem. Daten, wie freies Mol.-Vol., Schall-Geschw. u. Verdampfungswärme, der Diffusions-Koeff. verschiedener Fl.-Gemische berechnet. Die hierfür nach der Eyringschen Fehlstellentheorie aufgestellte Näherungsgleichung ergab Werte in guter Übereinstimmung mit experimentell von anderer Seite gefundenen. Unter gewissen Abänderungen schien die in Vorschlag gebrachte Gleichung auch auf die Vorausbestimmung des Diffusions-Koeff. von Feststoff–Fl. u. von Gas–Fl. anwendbar zu sein. — 40 Literaturangaben. R. Kaiser. 5862 □

**Diffusion in Schlämmen und in nicht-Newtonschen Flüssigkeiten.** S. B. Clough, H. E. Read, A. B. Metzner und V. C. Behn. (A.I.Ch.E. Journal **8**, 346—49, Juli 1962; Newark, Del., Univ. of Delaware; engl.) — Zur Berechnung einer Diffusions-Konst. für Schlämme u. nicht-Newtonsche Fll. ($D_{nn}$) wurde die Eyring-Formel (vgl. Ind. Eng. Chem. **50**, [1958], 1030) für $D_{nn}$ modifiziert. Die Ergebnisse wurden mit experimentellen Werten verglichen, die dadurch erhalten wurden, daß wss. Kaolinit–Ton- oder Attaclay-Schlempe durch ein glattes Rohrstück aus Benzoesäure u. 1% ig. Acetylcellulose-Lsg. durch ein gleiches Rohrstück aus β-Naphthol mit gleichbleibender Geschw. hindurchgedrückt wurde; die Übereinstimmung war vollkommen ausreichend. — 20 Literaturangaben. R. Kaiser. 5862 □

**Möglichkeiten der Konsistenzprüfung isobarer Messungen.** Hans-Joachim Bittrich. (Chem. Techn. **14**, 527—33, Sept. 1962; dt.) — Für die Auswertung isobarer Fl.–Dampf-Gleichgew.-Messungen, wie sie zur Berechnung der Zahl der theoret. Böden bei der Rektifikation benötigt werden, ist es erforderlich, die thermodynam. Konsistenz der Siede- u. Taulinien zu kennen. Wegen der Temp.-Abhängigkeit der Aktivitäts-Koeff. genügt die einfache Form dieses Kriteriums nicht. Es werden Möglichkeiten der Konsistenzprüfung an Hand der Differentialgleichung der Taukurve, durch die Umrechnung auf mittlere Temp. die Konstruktion von Dampfdruckdiagrammen u. die vollständigen thermodynam. Ableitungen an Hand von experimentellen Beispielen behandelt. H. Hoffmann. 5864 □

**Untersuchung über die Trennwirkung beim Strömen durch eine Destillationsversuchskolonne.** 2. Mitt. **Einstellen auf Geschwindigkeitsstörung von Flüssigkeit und Dampf.** M. F. Baber und J. A. Gerster. (A.I.Ch.E. Journal **8**, 407—15, Juli 1962; Newark, Del., Univ. of Delaware; engl.) — 1. vgl. Chem. Eng. Progr. Symposium Ser. No. 36, **57**, [1961], 148. — Unter mannigfachen Veränderungen der Betriebsbedingungen wurden Gemische von Aceton–Bzl. sowie Pentan–Xylol hinsichtlich der Konz.-Änderungen auf den 5 Glockenböden einer Labor.-Kolonne von 2 ft. ∅ untersucht. Die Vers.-Daten wurden in Tabellen u. Diagrammen festgehalten u. durch entsprechende Gleichungen mathemat. zum Ausdruck gebracht. — 14 Literaturangaben. R. Kaiser. 5864 □

**Sechsstufiges Aggregat für das Dampf-Flüssigkeitsgleichgewicht.** Robert H. Mc Cormick, Paul Barton und M. R. Fenske. (A. I. Ch. E. Journal **8**, 365—68, Juli 1962; University Park, Pa., Pennsylvania State Univ.; engl.) — In bin. Fl.-Gemischen mit

Komponenten verschiedener Flüchtigkeit ist die relative Flüchtigkeit $\alpha = \sqrt[n]{y_a/y_b x_b/x_a}$, worin n die Anzahl Dest.-Stufen, $y_a$ die Konz. der leichterflüchtigen Substanz im Dampf, $x_b$ die Konz. derselben in der Fl. in Mol.-% angibt. Die Bauart eines 6stufigen Dest.-Aggregates erlaubte die genaue Unters. von Destillat u. Rückstand, woraus sich $\alpha$ für das untersuchte Syst., bezogen auf Dest.-Temp. u. Druck ergab u. die Anzahl n benötigter Böden durch Annäherung errechnet werden konnte. n betrug bei den untersuchten Syst. 5,85—6,45. R. Kaiser. 5864□

**Leerstellenverteilung bei der Einfüllung von Kugeln in Kolonnen.** R. F. Benenati und C. B. Brosilow. (A. I. Ch. E. Journal **8**, 359—61, Juli 1962; New York, N.Y., Polytechnic. Inst. of Brooklyn; engl.) — Verss. mit einer Behälterfüllung mit gleich großen Kugeln ergaben, daß die Leerstellenverteilung in radialer Richtung die Gestalt einer gedämpften Oscillationswelle annahm, welche nach ca. 4,5—5 Kugeldurchmessern von der Wandung zur Mitte abklang. Die Formel $\delta = 0{,}5 + (D/d-1) - \sqrt{(D/d-1)^2-1}$ ($\delta$ = Entfernung von der Wand in d Kugeldurchmessern bis zum Minimumpunkt an Leerstellen) gab die beobachteten Verhältnisse hinreichend genau wieder. — 11 Literaturangaben. R. Kaiser. 5864□

**Vereinigung und Zusammenballung von Bläschen: Phänomene an Siebplatten.** A. J. Teller und R. E. Rood. (A. I. Ch. E. Journal **8**, 369—72, Juli 1962; Gainesville, Fla., Univ. of Florida; engl.) — Im Anschluß an frühere Arbeiten des einen der Vff. (vgl. Cheng u. Teller, A. I. Ch. E. J. **7**, 282) wurde die Bldg. von Bläschen an einer Siebplatte mit nur 3 Bohrungen in Triangelform von $^3/_8$, $^1/_2$, $^5/_8$ u. $^3/_4$ in. Abstand, ihre Vereinigung sowie Zusammenballung zu Schaum kinematograph. (2500 Bilder/s) verfolgt. Die Bläschenzahl eines Schaumgebildes ließ sich nach der Davisschen Gleichung berechnen. — 15 Literaturangaben. R. Kaiser. 5864□

**Transporteigenschaften von Suspensionen.** 6. Mitt. **Minimale Transportgeschwindigkeit von Suspensionen aus großen Teilchen in horizontalen runden Leitungsrohren.** David G. Thomas. (A.I.Ch.E. Journal **8**, 373—78, Juli 1962; Cambridge, England, Cambridge Univ.; engl.) — Modell-Verss. zur Best. der minimalen Transport-Geschw. in horizontalen Leitungsrohren (= Mindest-Geschw. zur Fortbewegung aller Teilchen im Rohr) wurden mit Glasperlen verschiedener Größe (bis 310 $\mu$m) vorgenommen. Das Verh. der Grenz-Geschw. zum Absetzen zur Reibungsenergie unter der obigen Transportbedingung stellte sich als eine Funktion der relativen Dichte der Fl. u. der Reynolds-Zahlen heraus. Der Mechanismus zum Ingangsetzen des Teilchentransports wurde mit Bernoulli-Kräften aus dem Geschw.-Unterschied in den verschiedenen Höhenlagen u. mit turbulenten Fluktuationen erklärt. — 35 Literaturangaben. R. Kaiser. 5864□

**Spontane zellenförmige Konvektion in der Grenzschicht mit Stoffübertragung: Glykol — Essigsäure — Essigsäureäthylester.** Aluf Orell und J. W. Westwater. (A. I. Ch. E. Journal **8**, 350—56, Juli 1962; Urbana, Ill., Univ. of Illinois; engl.) — Die Bldg. von Grenzschichten in tern. organ. Fl.-Gemischen wurde am Beispiel Äthylessigester gegen ein Gemisch von Glykol mit 0,1—10% $CH_3COOH$ opt. u. kinematograph. an der Grenzschicht verfolgt. Es wurde die Größe der sich bildenden, meist 6-seitigen Zellen, Streifen u. Rippeln ausgemessen u. die Geschw. ihres Wachstums u. ihr Bestehen ermittelt. Die beobachteten Gebilde ließen sich mit der Modellvorstellung von Sternling-Scriven (vgl. A. I. Ch. E. Journal **5**, [1959.], 514) oder mit den Zellenphänomen von Bénard nicht in Einklang bringen. — 39 Literaturangaben. R. Kaiser. 5864□

**Ein Beweis für die Annahme eines Zwischenschicht-Gleichgewichts durch Messungen des Stoffübertragungskoeffizienten im Gasfilm.** L. J. Delaney und L. C. Eagleton. (A. I. Ch. E. Journal **8**, 418—20, Juli 1962; Philadelphia, Pa., Univ. of Pennsylvania; engl.) — Unter der heute üblichen Annahme einer dünnen Zwischenschicht zwischen Gas- u. Fl.-Film, die in beständigem Gleichgew. mit den beiden Massen steht, wurde das Gleichgew. nach der allg. Hertz-Knudsen-Gleichung $dn/dt = p/(2\pi mkT)^{0,5}$ bestimmt u. ein mathemat. Ausdruck für die Stoffdurchgangsmenge bei Verdampfung reiner Fll. in einem inerten Gasstrom entwickelt. Die Abweichung der Vers.-Ergebnisse verschiedener Forscher an W.–Luft- bzw. auch W.–He-Gemischen von hierzu berechneten Werten wurden einander gegenübergestellt. — 13 Literaturangaben. R. Kaiser. 5864□

**Stoffübergang und wirksame Grenzflächen in Füllkörperkolonnen.** Fumitake Yoshida und Tetsushi Koyanagi. (A. I. Ch. E. Journal **8**, 309—16, Juli 1962; Kyoto, Japan, Kyoto Univ.; engl.) — Aus Verss. über Stoffübergang von Fl. in Gas, von Gas in Fl. u. durch Dest. bin. Fl.-Gemische wurden die Beziehungen zwischen der Übertragungseinheit u. der wirksamen Grenzfläche, dargestellt durch Schichten von Raschig-Ringen bestimmter Größe, abgeleitet. Als Vers.-App. diente eine Kolonne von 12 cm Ø mit 4

u. 8 in. Füllhöhe bzw. bei den Dest.-Verss. 50 cm Füllhöhe der Raschig-Ringe. Es stellte sich heraus, daß die wirksame Grenzfläche für Verdampfung bedeutend größer war als für Absorption. Beide Flächen wurden ungefähr die gleichen bei Einsetzen von Korrekturfaktoren für die Oberflächenspannung. Die Ergebnisse wurden in Diagrammen wiedergegeben. — 31 Literaturhinweise. R. Kaiser. 5864 □

**Stoffübergang in Grenzschichten bei laminarer Strömung mit begrenzter Zwischenschichtgeschwindigkeit.** Warren E. Stewart. (A.I.Ch.E. Journal **8**, 421—25, Juli 1962; Madison, Wis., Univ. of Wisconsin; engl.) — Unter Anwendung der von Acrivos (vgl. A.I.Ch.E. Journal **6**, [1960.], 410) vorgeschlagenen Berechnungsweise der Stoffübergangs-Geschw. zwischen Feststoffoberflächen werden die Begrenzungen der Meth. erörtert u. Vgl. dieser Art der Stoffübertragung durch Diffusion mit der Wärmeübertragung vorgenommen. R. Kaiser. 5864 □

**Transporteigenschaften von Gasen in porigen Medien bei verminderten Drücken unter Bezugnahme auf die Gefriertrocknung.** John C. Harper. (A.I.Ch.E. Journal **8**, 298—302, Juli 1962; Davis, Calif., Univ. of California; engl.) — Nach theoret. Betrachtungen über die Gasbewegung durch poriges Gut im Gebiet des Gleitfließens u. der freien Mol.-Bewegung unter Drücken von 0,1—1,0 mm Hg wird die zusammenfassende Formel von Kennard über die Beziehung ihrer Faktoren zueinander erläutert. Unter Anwendung dieser Formel auf die Vorgänge der Gefriertrocknung von Rindfleisch, Pfirsichen u. Äpfeln zeigten die berechneten Werte der Permeabilität in dyn u. der Wärmeleitfähigkeit eine gute Übereinstimmung mit den experimentell gefundenen Daten. — 11 Literaturangaben. R. Kaiser. 5874 □

**Verfahrenstechnische Probleme bei der Automation von Anlagen.** H. Lüder. (Chemie-Ing.-Techn. **34**, 133—39, März 1962; München, TH, Inst. für Verfahrenstechnik; dt.) — Automatisierung verfahrenstechn. Anlagen beruht auf den automat. durchgeführten Betriebsablauf mit konst. gehaltenen Betriebsgrößen. Umstellungen des Produktionsvorganges u. der damit verbundenen Betriebsgrößen müssen durch Verstellung des Sollwertes von Hand vorgenommen werden. Mit Hilfe eines Rechners kann ein gerechneter Wert mit einem Sollwert verglichen werden, wobei aus den automat. abgegriffenen u. gemessenen Betriebswerten die gewünschten techn. oder wirtschaftlichen Führungsgrößen berechnet werden. Eine solche Regelung wird als Automation bezeichnet, sie ist also eine Automatisierung mit variablen Betriebsgrößen nach übergeordneten Bedingungen. — Durchrechnung eines Beispiels. A. Knickenberg. 5888

**Verfahren zur Reaktivierung von Edelmetallkatalysatoren.** Helmut Kögler und Siegfried Queck. (Chem. Techn. **14**, 541—45, Sept. 1962; dt.) — Es wird beschrieben, wie verbrauchte Edelmetallkatalysatoren durch Tränken mit $NH_4$-Salzen u. anschließende therm. Behandlung in einem oxydierenden Medium wieder verwendbar gemacht werden. Die bisherigen Erfahrungen lassen es als möglich erscheinen, verbrauchte Katalysatoren mehrmals mit Erfolg zu reaktivieren. H. Hoffmann. 5904 □

**Die Berechnung von röhrenförmigen katalytischen Festbettreaktoren.** Sergio Carrà und Maria Paola Stabilini. (Chim. e Ind. [Milano] **44**, 851—54, Aug. 1962; ital.) — Es wird die Berechnung eines katalyt. Röhrenreaktors mit Wärmeaustausch beschrieben. Die Temp.- u. Konz.-Profile werden als Funktion der Länge u. des Durchmessers des Reaktors ermittelt. Die Meth. wird unter Verw. einer elektron. Rechenmaschine auf die katalyt. Oxydation von $SO_2$ angewendet. W. Renker. 5904 □

---

Rohm & Haas Co., Philadelphia, übert. von: Jesse C. H. Hwa, Levittown, Pa., V.St.A., **Herstellung von (Misch-)Polymerisaten auf Basis Vinylthiocyanat,** $Kp._{62}$ 53—53,5°, $n_D^{20}$ 1,4878, erhalten durch Rk. von $\beta$-Bromäthylthiocyanat mit Triäthylamin in Bzl. u. in Ggw. von Chinon bei 65—75°. Homopolymerisat in Ggw. von 1% Dimethyl-bis-azoisobutyrat bei 70° als schmelzbares Pulver. Mischpolymerisate z. B. mit Butylacrylat, Methylmeth- u. Äthylacrylat sowie ca. 50%ig. Divinylbenzol. Durch Behandeln mit HCl Überführung in *Kationenaustauscher*. — Vgl. A. P. 2 818 395; C. **1959,** 7646. (**A. P. 3 010 947** vom 1/6. 1955, ausg. 28/11. 1961.)
H. Schindler. 5827

Carl Freudenberg K. G. auf Aktien, Deutschland, **Imprägnieren von Faserstoffgeweben,** z. B. aus gleichen Mengen Woll- u. Acetatfasern, deren Dichte sich von einer Fläche zur anderen oder von der Mitte zwischen beiden nach den Seiten hin allmählich steigert. Das Fasermaterial wird z. B. zu einer Bahn von 5 cm Dicke verarbeitet, worauf die Bahn durch einen Heizkanal geleitet wird, wobei die Acetatquellfasern stabilisiert werden u. ein festes Blattmaterial entsteht. Dieses wird mit einer Lsg. imprägniert, welche aus 70% Trichloräthylphosphat u. 30 Trichloräthylen besteht, u.

in der Wärme getrocknet. Das erhaltene Prod. dient z. B. als *Staub-* oder *Luftfilter.* — 2 Abbildungen. (**F. P. 1 239 779** vom 4/11. 1959, ausg. 9/12. 1960. D. Prior. 8/11. 1958.) M. F. Müller. 5831

Instrument Development Laboratories, Inc., übert. von: Joseph S. Lord, Walpole, Mass., V.St.A., **Flüssigkeiten für Messinstrumente** bestehen aus 100 ($cm^3$) wss. mehrwertigen Alkoholen (I), die Anhydride u. mehrwertige Derivv. des Sorbitols enthalten, 1,35 W. u. 0,11 g Kupfer(II)-Ammoniumchlorid. — Beispiel für I: „Arlex" (Lsg. wss. mehrwertiger Alkohole, die Sorbitol u. dessen Anhydride enthält, mit anderen mehrwertigen Sorbitol-Derivv. als 83%ig. handelsübliche Lösung.) (**A. P. 3 003 976** vom 31/1. 1956, ausg. 10/10. 1961.) E. Drews. 5893

United Kingdom Atomic Energy Authority, London, England (Erfinder: Russel Aves, Thomas Arthur John Jaques und Frederick Wade), **Herstellung von porenarmen Graphitkörpern,** die bes. *im Kernreaktorbau* verwendet werden. Hierzu werden die Graphitkörper in einem Autoklaven zunächst evakuiert u. anschließend mit einer bei hoher Temp. unter Bldg. eines Metalls zersetzlichen Verb. imprägniert, wobei das Metall zur Bldg. eines Carbides befähigt sein muß. — Zum Beispiel wird zum Imprägnieren $ZrJ_4$ verwendet, das sich bei 1300° zersetzt u. bei weiterem Erhitzen auf 2000° Zr-Carbid in den Poren bildet. (**E. P. 873 438** vom 8/8. 1957, ausg. 26/7. 1961.) G. Frikell. 5895

Graphitwerk Kropfmühl Akt.-Ges., München (Erfinder: Herbert Greiner), **Graphitkörper als Elektronenbremse und -reflektor.** Reiner flockiger Graphit, dessen Teilchen mindestens 0,01 mm groß sind, wird unter Rütteln in Formen gefüllt u. bei einem Druck von 2000—8000 kg/$cm^2$ zu nahezu porenfreien Körpern mit D. 1,8 bis 2,25 verpreßt. Bei Verw. von Bindemitteln, wie Kohleteerpech, werden die gepreßten Körper zum Verkoken des Bindemittels zunächst auf 1000—1200° u. anschließend auf 2500—3500° erhitzt, wodurch der in den Poren befindliche Koks in Graphit umgewandelt wird. Als Porenfüllmittel kann auch Polytetrafluoräthylen vor dem Pressen zugesetzt werden. — Verw. z. B. in Kernreaktoren. (**E. P. 871 068** vom 1/10. 1957, ausg. 21/6. 1961.) G. Frikell. 5895

## $H_2$. Betriebsschutz. Feuerschutz

**Thermische Zersetzung eines Volldüngers.** W. Knop. (Zbl. Arbeitsmed. Arbeitsschutz **11,** 135—38, Juni 1961; Wiesbaden; dt.) — Der in einer Halle lagernde Mischdünger mit **33%** $NH_4NO_3$ (8200 t) — durch Gutachten als weder brand- noch explosionsgefährlich ausgewiesen — wurde, ausgelöst durch 3 brennende Gummiförderbänder, teilweise therm. zersetzt. Vf. empfiehlt Bekämpfung mit W. u. erörtert bauliche, techn. u. organisator. Sicherheitsmaßnahmen. H. Meiner. 5930□

**Strahlungsüberwacher und Instrumente.** D. Taylor. (Proc. Instn. electr. Engr., Part B **109,** 370—75, Sept. 1962; Plessey Nucleonics Ltd.; engl.) — Zusammenfassender Bericht über die auf der I.A.E.A. Conference on Nuclear Electronics in Belgrad (Mai 1961) gehaltenen Vorträge auf dem Gebiet der Strahlungsüberwachung u. Instrumentation: Verseuchungsmonitoren für normale u. spezielle Zwecke, Luft-, Fl.- u. Strahlungsmonitoren. G. Gattow. 5932□

**Strahlungsdetektoren.** W. Abson. (Proc. Instn. electr. Engr., Part. B **109,** 359—69, Sept. 1962; U.K.A.E.A. Atomic Energy Res. Establ.; engl.) — Zusammenfassender Bericht über 53 auf der I.A.E.A. Conference on Nuclear Electronics in Belgrad (Mai 1961) gehaltenen Vorträge über verschiedene Arten von Strahlungsdetektoren. G. Gattow. 5932□

**Maximal zulässige Grenzwerte biologischer Reaktionen in der Verhütung gewerblicher Bleivergiftungen.** R. L. Zielhuis. (Zbl. Arbeitsmed. Arbeitsschutz **11,** 129—34, Juni 1961; Niederl. Inst. für Präventivmedizin, Abt. für Arbeitsmedizin; dt.) — Bei der Überwachung des Pb-Geh. in der Luft von Gewerbebetrieben ist als Frühsymptom auf das Absinken der Hämoglobin-Werte zu achten. Wichtig ist ferner die Höhe der Koproporphyrinausscheidung (Durchschnittswerte, die der Stufe 2—2,5 nach Donath entsprechen, gelten als maximal zulässige Grenze bei gefährdeten Personengruppen) u. die Zahl der Tüpfelzellen (zulässiger Grenzwert 1,0‰). Der Wert für die maximal zulässige Arbeitsplatz-Konz. (MAK) soll, bes. für Betriebe mit unzureichenden hygien. Bedingungen, 0,1 mg Pb/$m^3$ nicht übersteigen. H. Meiner. 5932□

**Der Schutz von Kraftwerk-Zentralen gegen Brandgefahr.** P. Gérard. (Chaleur et Ind. **42,** 267—86, Sept. 1961; franz.) — Vf. erörtert Vor- u. Nachteile von Pulver-, Schaum- u. $CO_2$-Schnee-Löschern sowie die Anwendung von Druckwasser bei der Brandbekämpfung. H. Meiner. 5944□

**Bekämpfung der durch die Abgase von Großkessel-Anlagen verursachten Luftverseuchung.** J. C. Simonin. (Chaleur et Ind. **42,** 251—66, Sept. 1961; franz.) — Für die Verteilung der Abgase in der umgebenden Luft sind Schornsteinhöhe, Wind-Geschw. u. andere meteorolog. Einfll. von Bedeutung. Als Giftstoffe gelangen vornehmlich aus Kohle- u. Schweröl-Heizanlagen $SO_2$, $SO_3$, $H_2SO_4$ in die Luft. Verff. zu ihrer Entfernung mit Hilfe chem. Umsetzungen u. zur Rußbeseitigung auf mechan., hydraul. oder elektrostat. Wege bzw. mit Hilfe hitzebeständiger Kunstoff-Filter werden besprochen. H. Meiner. 5948□

**Zum Gehalt der Luft an langlebigen, γ-strahlenden Substanzen.** A. Wensel. (Atompraxis **5,** 419—21, Okt. 1959; Frankfurt/M., Max-Planck-Inst. für Biophysik; dt.) — Es wird über Messungen der Luft in Frankfurt/M. auf ihren Geh. an langlebigen Radioisotopen berichtet. Ein Filterband (Rovinyl-Faserfilter Nr. 1001) wurde in einer Bestäubungskammer mit konst. Luftdurchsatz bestaubt. Sechs Bänder aus der Zeit von 16/8. 1957 bis zum 31/3. 1958 wurden verascht u. die γ-Aktivität der Aschen mit einem NaJ(Tl)-Kristall in Verbindung mit einem Vielkanalanalysator gemessen. Die Eichung erfolgte mit einer $^{137}Cs$-Standard-Lösung. Es wurden die γ-Linien von $^{144}Ce$, $^{106}Rh$, $^{95}Zr$, $^{95}Nb$ u. $^{137}Cs$ gefunden. Die $^{137}Cs$-Aktivität in der bodennahen Atmosphäre wurde aus den Meßergebnissen zu $3 \cdot 10^{-15}$ μc/cm³ bestimmt. In einer Tabelle sind die Aktivitätswerte für $^{144}Ce$, $^{95}Zr$, $^{106}Rh$ u. $^{137}Cs$ in Abhängigkeit von der Zeit wiedergegeben. W. Reusse. 5948□

**Plutonium-Überwachung.** D. E. Barnes. (Proc. Instn. electr. Engr., Part B **109,** 376—79, Sept. 1962; U.K.A.E.A. Atomic Weapons Res. Establ.; engl.) — Vf. beschreibt zusammenfassend die Meth. zur Überwachung des Pu-Geh. vorwiegend in der Luft. G. Gattow. 5948□

## $H_3$. Elektrotechnik

**Darstellung von hochreinem Silicium.** Jan Barstad und Olaf Holwech. (Tidsskr. Kjemi, Bergves. Metallurgi **20,** 17—21, 30/1. 1960; Kjeller pr. Lillestrøm; norw.) — Im Hinblick auf die Reinheitsanforderungen, die in der Transistortechnik an Si gestellt werden, wird die Darst. von Si-Einkristallen beschrieben. Die chem. Reinigungs-Meth. werden vergleichend behandelt u. krit. besprochen. Bei der Kombination verschiedener Raffinations-Meth. empfiehlt es sich, in der 1. Stufe eine Dest., in der 2. Stufe eine Zonenschmelze oder Umkristallisation durchzuführen. R. K. Müller. 5950□

**Zur Messung der Leitfähigkeit von Leitlacken.** K. M. Oesterle und W. Mäder. (Schweiz. Arch. angew. Wiss. Techn. **27,** 378—82, Sept. 1961; Killwangen, Lack- u. Farbenfabrik AG.; dt.) — Es werden 3 Meth. zur Messung der Leitfähigkeit von Leitlacken beschrieben, da wegen der Inhomogenität der Lacke die DVE-Meßmeth. 03303 §7 nicht angewendet werden kann. E. Fritzsche. 5952□

**Der Einfluß des Unterschiedes der Reaktionsfähigkeit von Metallpulver-Keramik-Gemischen auf ihr Verhalten im elektrischen Lichtbogen.** O. Knotek. (Proc. IVth int. Sympos. Reactivity Solids, Amsterdam **1960,** 617—21, 1961; Düsseldorf-Oberkassel, Gebr. Böhler u. Co., AG.; engl.) — Die Überzüge von Lichtbogenschweißelektroden bestehen oft aus Gemischen von keram. Werkstoffen u. Pulvern von Metallen oder Legierungen. Die Bestandteile der Gemische haben je nach ihrer Herkunft oder ihrem Herst.-Verf. verschiedene Rk.-Fähigkeitsgrade. Diese kann man durch ihr Sinter-Verh. u. die Schweiß-Eigg. von Elektroden, die aus den Pulvern hergestellt worden sind, bestimmen. Zwischen den Sinter- u. Schweiß-Eigg. besteht eine Beziehung. Eine zu hohe Rk.-Fähigkeit des zur Herst. von Elektroden verwendeten Fe u. die gleichzeitige Verw. von keram. Werkstoffen ist von Nachteil. W. Wesly. 5952□

**Verfahren zur Bestimmung des Gasgehaltes von Isolierölen.** M. Engel. (Elektrie **16,** 119—22, April 1962; Berlin; dt.) — Es wurde ein Verf. entwickelt, bei dem der Gas-Geh. aus dem Druckanstieg in einem evakuierten, geschlossenen Syst. ermittelt wird. Ferner werden die physikal. Zusammenhänge, die für das Verständnis der Entgasungsproblematik von Bedeutung sind, an Beispielen erläutert. G. Bauer. 5956

**Die Herstellung von Siliciumleistungsgleichrichtern.** H. Eigler. (Elektrie **16,** 115—18, April 1962; Teltow; dt.) — Als Material für Gleichrichter eignet sich hochohmiges, p-dotiertes Si ohne nennenswerte Verunreinigungen. Sollen Leg.-Gleichrichter entstehen, so werden die Si-Scheiben geläppt u. geätzt. Der Leg.-Werkstoff wird als Folie auf die Si-Oberfläche gebracht u. aufgeschmolzen. Bei Diffusionsgleichrichtern werden die Si-Scheiben nur geläppt. Nach dem Diffusionsprozeß geschieht das Kontaktieren der Gleichrichterzellen durch elektrolyt. oder chem. Plattieren. G. Bauer. 5976

Standard Telephones & Cables Ltd., London, England, **Herstellung einkristalliner Halbleiterkörper.** Am Boden eines Tiegels aus spektroskop. reinem Graphit oder Quarz wird ein einkristalliner Keim, der n- oder p-leitend sein kann, so angeordnet, daß eine unter Druck eingeführte Halbleiterschmelze, die auch p- oder n-leitend sein kann, nur an einer Seite anwächst. — Abbildung. (**E. P. 832 020** vom 25/10. 1957, ausg. 6/4. 1960. D. Prior. 31/10. 1956.) O. Steil. 5953

I. M. Majofiss, W. A. Priwesenzew, Je. Ja. Bankow, E. R. Antonowa und N. P. Poljakowa, **Herstellung von hitzefesten Kabellacken** auf Terephthalatbasis unter Verw. von Polyäthylenterephthalatabfällen. Abfallfasern u. -filme werden mit der halben mol. Menge Glycerin 2—3 Std. lang auf 250—260° erhitzt, nach Zusatz von 0,1—0,2% PbO wird noch 1 Std. lang auf 280—285° erhitzt. Nach Abkühlen auf 150—160° wird die gewünschte Viscosität durch Zusatz von Trikresol eingestellt. (**UdSSR. P. 125 382** vom 24/4. 1959.) L. Großner. 5957

Farbenfabriken Bayer Akt.-Ges., Deutschland (Erfinder: Wilhelm Bunge und Otto Bayer), **Herstellung von Polyestern** aus mehrwertigen Alkoholen u. Säuren der Formel I (R = H; niederes Alkyl; R' = H oder —COOR''; R'' = $CH_3$, $C_2H_5$, $C_3H_7$), wobei auch andere mehrbas. Säuren u. einbas. Säuren u. einwertige Alkohole oder deren Derivv. mit verwendet werden können, bei 120—220° in indifferenter Atmosphäre oder bei Unterdruck. Die Lsgg. der Rk.-Prodd. dienen als *Lacke* u. können durch Erhitzen gehärtet werden. Man verwendet sie zum *Überziehen elektr. Drähte.* Die Härtung kann durch Verw. von Polyisocyanaten unterstützt werden. — 418 (Gew.-Teile) Dimethyl-5-aminobenzoldicarboxylat, 372 Äthylenglykol u. 0,8 PbO erhitzt man langsam bis 200° in $N_2$ u. hält hier 20 Std. lang, setzt unter Vakuum u. entfernt ca. 150 Glykol: Hartes, sprödes Harz (St. 1,4), lösl. in Kresol, Kresol–Xylol u. Dimethylformamid. Die Lsg. auf Metallfolien gibt bei 280—300° harte, fest haftende Beläge. (**F. P. 1 240 301** vom 10/11. 1959, ausg. 20/12. 1960. D. Prior. 10/11. 1958.) M. Pankow. 5957

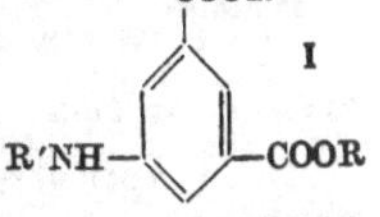

I

Monsanto Chemical Co., St. Louis, Mo., V.St.A., **Herstellung von Mischpolymeren** aus 99,9—99,995 (Gew.-%) *Vinylchlorid* u. 0,1—0,005 *Diallylmaleat* u./oder *Diallylfumarat* in wss. Medium in Ggw. von freie Radikale bildenden Katalysatoren unter Erhitzen u. Eigendruck. Der geringe Zusatz von Allyl-Verbb. bewirkt eine höhere, spezif. Viscosität u. andere verbesserte physikal. Eigg. gegenüber Vinylchloridhomopolymerisaten. — Tabellen. Die Prodd. sind bes. geeignet zur *Isolierung von Metallleitern für elektr. Zwecke.* — Beispiele. (**E. P. 841 075** vom 30/8. 1957, ausg. 13/7. 1960. A. Prior. 30/8. 1956.) H. Schindler. 5957

Max-Planck-Institut für Eisenforschung e. V., Düsseldorf, und Stahlwerke Südwestfalen Akt.-Ges., Geisweid (Erfinder: Wilhelm Anton Fischer, Düsseldorf, und Karl Heinz Köthemann, Bad Oeynhausen), **Herstellung magnetisch beanspruchter Gegenstände aus Eisen,** von denen bes. niedrige Koerzitivkräfte u./oder hohe Permeabilität verlangt werden, dad. gek., daß im Vakuum unter Behandlung mit $H_2$ u./oder C erschmolzenes Reineisen, in dem die Begleitstoffe, welche die magnet. Eigg. ungünstig beeinflussen, in sehr niedrigen Mengen, vorzugsweise von je wenigen tausendstel Prozent vorkommen, über Ausschluß von Gasen, die von dem Fe aufgenommen werden, in Kokillen oder Formen vergossen u. unter differenzierter Wärmeabfuhr so zur Erstarrung gebracht wird, daß im Gußstück in Richtung des später aufzubringenden magnet. Feldes gestreckte Körner erzeugt werden, u. daß die Gußstücke oder Teile von ihnen bei einer Temp. knapp oberhalb der Curie-Temp., jedoch ohne Eindringen in ein neues Phasenfeld, verhältnismäßig kurzzeitig geglüht u. anschließend langsam abgekühlt werden. Bes. wird das Vergießen in Kokillen oder Formen im Vakuum vorgenommen. (**D. A. S. 1 118 243** Kl. 18c vom 21/7. 1955, ausg. 30/11. 1961.) H. Hochstein. 5959

Western Electric Co., Inc., New York, N.Y. (Erfinder: Otis Leonel Boothby, Brooklyn, N.Y., und Daniel Hermann Wenny jun., West Orange, N.J.), V.St.A., **Herstellung von magnetisch weichen Metall-Legierungen** hoher Maximalpermeabilität, die nach dem Walzen einer Wärmebehandlung in einer $H_2$-Atmosphäre bei Tempp über 1100°, aber unterhalb des F. der Leg. von solcher Dauer unterzogen werden, daß die Legg. im wesentlichen frei von C sind, dad. gek., daß die Ausgangsstoffe der Legg. unter einer C-haltigen reduzierenden Schlacke geschmolzen werden u. daß die Schmelze während der gesamten Schmelzdauer frei von Elementen gehalten wird, die bei der Temp. des Schmelzvorganges stabile Oxide zu bilden vermögen, deren Bldg.-Wärme größer ist als 90 kcal pro g-Atom des in diesen Oxiden enthaltenen O. (**D. B. P. 975 436** Kl. 18b vom 7/11. 1950, ausg. 30/11. 1961. Anmeldung bekanntgemacht 2/8. 1951. A. Prior. 21/12. 1949.) H. Hochstein. 5959

A/B Tudor, Stockholm, Schweden (Erfinder: K. G. Söderberg und E. G. Sundberg), **Akkumulatorelektrode,** deren Gitter aus einer Pb–Sb–Co–Legierung besteht, dad. gek., daß die Leg. 0,1–2% Co enthält. (**Schwed. P. 167 930** vom 14/1. 1958, ausg. 4/8. 1959. **Zusatz zu Schwed. P. 166 373; C. 1963, 1026.**) K. H. Kähler. 5971

Soc. Rhovyl, Seine, Frankreich, **Folien aus miteinander verbundenen Thermoplast-Fasern.** Ein Faservlies wird mit einer die Fasern lediglich quellenden Fl., die Netzmittel enthalten kann, befeuchtet u. bei einer unter dem Kp. der Fl. liegenden Temp. kalandert. — Beispiel: Ein Faservlies aus Polyvinylchlorid, befeuchtet mit einer Mischung aus 185 (Vol.-Teilen) W., 15 Cyclohexanon u. 1 Netzmittel, wird bei 65° mit 15–200 kg/cm² kalandert. — *Separatoren für Akkumulatoren.* (**F. P. 1 151 031** vom 29/5. 1956, ausg. 23/1. 1958.) J. Weis. 5971

---

**International Standard Electric Corp.**, New York, N.Y., V.St.A., *Herstellung von halbleitendem Material.* (**Oe. P. 211 792** vom 1/10. 1954, ausg. 10/11. 1960. E. Prior. 2/10. 1953. — C. **1959,** 586 [E. P. 778 383].)

**Consolidated Electrodynamics Corp.**, Pasadena, Calif., V.St.A., *Keramischer Überzug für vernickelte Drähte.* (**E. P. 896 618** vom 17/10. 1958, ausg. 16/5. 1962. A. Prior. 21/10. 1957. — C. **1962,** 10960 [A. P. 2 975 078].)

**Dow Corning Corp.**, Midland, Mich. (Erfinder: **John H. Thomas**, Calif.), V.St.A., *Alkylharzpräparat.* (**Jap. A. S. 17 587/1960** vom 26/1. 1959, ausg. 30/11. 1960. A. Prior. 29/5. 1958. — C. **1962,** 7651 [A. P. 2 970 973].)

**Accumulatoren-Fabrik Akt.-Ges.**, Deutschland, *Alkalische Akkumulatoren.* (**F. P. 67 803** vom 29/4. 1955, ausg. 24/3. 1958. D. Prior. 24/5. 1954. Zusatz zu F. P. 1 073 058; C. 1956, 14568. — C. **1959,** 3259. [D. A. S. 1 037 536].)

**Accumulatoren-Fabrik Akt.-Ges.**, Deutschland, *Alkalische Akkumulatoren.* (**F. P. 72 015** vom 11/1. 1957, ausg. 21/3. 1960. D. Prior. 11/1. 1956. Zusatz zu F. P. 1073058; C. 1956, 14568. — C. **1958,** 4593 [D. A. S. 1013341]).

**Yardney International Corp.**, V.St.A. (Erfinder: **Henri Georges André**), *Akkumulatorelektrode.* (**F. P. 1 150 906** vom 7/5. 1956, ausg. 22/1. 1958. — C. **1961,** 8427 [A. P. 2 932 680].)

**Union Carbide & Carbon Corp.**, V.St.A. (Erfinder: **Fred L. Granger**), *Separatoren für Trockenelemente.* (**F. P. 1 150 799** vom 16/4. 1956, ausg. 17/1. 1958. A. Prior. 18/4. 1955. — C. **1960,** 13152 [A. P. 2 872 498].)

**Elektrotechnische Fabrik Kasimir Baumgarten G. m. b. H.**, Deutschland, *Luftsauerstoff-Element.* (**F. P. 1 150 269** vom 28/5. 1956, ausg. 9/1. 1958. D. Prior. 1/6. 1955. — C. **1960,** 13803 [Schwz. P. 343 471].)

## $H_4$. Wasser. Abwasser

**Die Rolle der Kunststoffe bei der Wasserversorgung ländlicher französischer Gegenden.** M. M. Neveux. (Ind. Plast. mod. **14,** Nr. 5, 14–16, Juni 1962; Sect. Centrale des Serv. Publics Ruraux; franz.) — Die Verw. von Rohren aus PVC, Polyäthylen u. Kunststoffe für Wasserbehälterauskleidung wird besprochen. H.-G. Moslé. 6010□

**Die Verwendung von Kunststoffen in Ausrüstungen der landwirtschaftlichen Wasserversorgung.** M. A. Darlot. (Ind. Plast. mod. **14,** Nr. 5, 18–20, Juni 1962; Sect. Techn. Centr. des Travaux Hydraul.; franz.) — Die Verw. von Rohren, Behältern, Abdeckungen aus Kunststoff (um Austrocknung des Bodens zu verhindern) wird besprochen. H.-G. Moslé. 6010□

**Biologisch-chemische Untersuchungen am Lech mit besonderer Berücksichtigung der natürlichen Selbstreinigung.** H. Liebmann und G. Keiz. (Int. Rev. ges. Hydrobiol. **46,** 480–92, 1961; München, Bayr. Biol. Vers.-Anstalt; dt.) — Gestautes Lechwasser zeigte gegenüber ungestautem: 1. *Nachteile*: „Lichtklima" nur bis 2,5 m Tiefe, kaum Turbulenz (Belüftung), starke Sedimentation, Bldg. von Wasserblüten u. Schilf, Zuwachs hochwertiger Fische nur durch künstlichen Einsatz, schwerer Fischfang. 2. *Vorteile*: längere Abbauzeit der Schmutzstoffe, gleichmäßigerer Wasserstand, kein Trockenfallen, gute Filter-Wrkg. des biolog. Films am Ufer (für Trinkwassergewinnung), rasche Zerstörung der Abwässerbänder am Überlauf. Die meisten der Nachteile sind vermeidbar, wenn die Güteklasse des zulaufenden Flußwassers nicht unterhalb II (maximal II–III) nach Liebmann liegt; andernfalls ist die „Sanierung der Abwasserverhältnisse" erforderlich, um Faulschlammablagerung u. $O_2$-Mangel (Fischsterben), Bldg. von Wasserblüten u. von $H_2S$ zu verhindern. G. Vogel. 6010□

**Neue Kaliumpermanganatmethoden.** S. Bruce Humphrey und Maurice A. Eikelberry. (Water Sewage Works **108,** 204–06, Mai 1961; Lasalle, Ill., Carus Chem. Co.; engl.) — Vff. beschreiben die Vorteile, die sich durch die Anwendung von $KMnO_4$ als Oxydations- u. Flockungsmittel bei der Wasseraufbereitung ergeben, u. in kurzen Abrissen die Meth., die bei einigen Wasserwerken im einzelnen angewendet werden. H. Schroeder. 6024◇

**Flockungshilfsmittel als Filterhilfsmittel.** W. R. Conley und R. W. Pitman. (Water Sewage Works **108,** 201—02, Mai 1961; Hanford Atom. Prod. Operat., Gen. Electr. Co., Res. and Engng. Sect.; engl.) — Erfahrungen mit 2 Verff. [*a*) $Al_2(SO_4)_3$ als Flockungsmittel u. aktivierte Kieselsäure als Flockungshilfsmittel u. *b*) $Al_2(SO_4)_3$ als Flockungsmittel u. ein Polyacrylamid als Filterhilfsmittel], die bei der Wasseraufbereitung der Hanford-Aufbereitungsanlagen gesammelt wurden, werden mitgeteilt. Es zeigte sich, daß die Einführung des Polyacrylamids die Filtration verbesserte, die Kapazität erhöhte u. die Kosten senkte. H. Schroeder. 6024◇

**Automatische pH-Steuerung.** Marshall Elliot. (Proc. Texas Water Sewage Works Short School **42,** 186—89, 1960; engl.) — Für die kontinuierliche automat. pH-Steuerung müssen folgende Voraussetzungen gegeben sein: 1. richtige Probeentnahme; 2. ordnungsgemäße Installation u. Wartung der Instrumente; 3. ausreichend genaue Dosierung der Säure oder Lauge; sorgfältige Durchmischung. Problemat. ist die Reinhaltung der Elektroden, bes. bei der pH-Steuerung in verunreinigten Wässern. Vf. behandelt die sich aus vorst. Punkten ergebenden Maßnahmen für eine verläßliche pH-Steuerung in Industriewässern u. -abwässern. Wenn plötzliche Konz.-Änderungen zu erwarten sind, ist ein Minimum an Verzögerung der Rk.-Zeit nach der erfolgten Dosierung anzustreben. B. Franz. 6034◇

**Erfahrungen bei der Absonderung von Überschußschlamm der Biooxydation durch Luftbläschenflotation.** Edward R. Vrablik. (Proc. Texas Water Sewage Works Short School **42,** 154—55, 1960; engl.) — Zum Vgl. wurden 2 in verschiedenen Gegenden gelegene Flotationsanlagen ausgewählt. Im Durchschnitt können bei dem Flotationsprozeß Konzz. von 2,15—5% Feststoffe u. eine Gesamterfassung von 85% erwartet werden. 3 Varianten in der Verf.-Technik u. die Vorteile der Flotations-Verff. werden aufgezeigt. B. Franz. 6034◇

**Industrielle Verwertung von städtischem Abwasser.** Albert K. Steinheimer. (Proc. Texas Water Sewage Works Short School **42,** 202—10, 1960; engl.) — Angaben über die Wirtschaftlichkeit des Verkaufs von behandeltem städt. Abwasser der Industrie für Kühlzwecke u. zum Gebrauch als Kesselspeisewasser. B. Franz. 6036◇

**Chemische und physikalische Beschaffenheit des Elbstroms im Gebiet der Deutschen Demokratischen Republik.** Joachim Kaeding und Werner Rummel. (Wasserwirtsch.-Wassertechn. **10,** 436—43, Okt. 1960; Berlin, Inst. für Wasserwirtsch.; dt.) — Die bereits seit Jahrzehnten vorliegenden Unterss. des Elbwassers lassen eine ständige Qualitätsverschlechterung erkennen, die Elbe gehört zu den stärkstverschmutzten Gewässern Deutschlands. Es wird auf die bereits starke Vorbelastung an der Staatsgrenze (Phenol), den hohen Chlorid- (maximal 660 mg/Liter) u. Sulfat-Geh. (maximal 200 mg/Liter) sowie den laufenden Anstieg der Gesamthärte (bis ca. 17° d.H.) hingewiesen. Große Strecken weisen oft keinen $O_2$-Geh. auf. Die $BSB_5$-Belastung stieg nach Einmündung der Saale auf 7,6 mg Liter an. Die insgesamt transportierten abfiltrierbaren Verunreinigungen stiegen von 138 t/d (Eintritt DDR) auf 1020 t/d (Austritt) an. Ferner wurden anorgan. Stickstoff-Verbb., Farbe, Temp., pH-Wert, Radioaktivität u. Geschmack in ihrem Verlauf bestimmt. R. Hegenbarth. 6038□

**Die Grenzen bei der Behandlung von Industrieabwässern in städtischen Kläranlagen.** Robert L. Nichols. (Proc. Texas Water Sewage Works Short School **42,** 189—96, 1960; engl.) — Es werden die Vorteile der gemeinsamen Behandlung von städt. u. Industrieabwässern herausgestellt. Als hauptsächlichste Faktoren bei der Mitbehandlung von Industrieabwässern in (schon bestehenden) städt. Anlagen werden aufgeführt: 1. Gefahr der Beschädigung von Anlagen u. Ausrüstung; 2. Schädigung des Prozesses; 3. Feuer- u. Explosionsgefahr; 4. Überlastung der Anlagen; 5. finanzielle Kompensation. Bei neu zu erstellenden Anlagen brauchen sich keine echten Begrenzungen zu ergeben, wenn die Abwässer in den Betrieben eine entsprechende mechan. Vorreinigung erhalten. B. Franz. 6040◇

**Die Behandlung der Molkerei-Abwässer.** G. Wälzholz. (Fette, Seifen, Anstrichmittel **63,** 276—78, März 1961; dt.) — Beseitigung in größeren Gemeinden durch Einleiten in die Gemeindekläranlage, in kleineren Gemeinden müssen Rückhaltebecken vorgeschaltet werden, um Belastungsstöße abzufangen, die die biolog. Reinigung ernstlich gefährden können. Verwertung durch Grünlandberegnung u. in Fischteichen nur selten möglich. In vielen Fällen ist das Eindampfen der Molken oder Vergärung u. Milchzuckergewinnung wirtschaftlich. H. Dorsch. 6040□

**Neutralisation von sauren Industrieabwässern mit Muschelschalen.** J. L. Branson. (Proc. Texas Water Sewage Works Short School **42,** 182—86, 1960; engl.) — Das zu behandelnde Abwasser besteht aus 99 (%) W., 0,30 $HNO_3$ u. 0,30 organ. Säuren. Die organ. Säuren verursachen beim Abstoß in den Vorfluter Geruchsbelästigungen; diese werden durch eine pH-Verschiebung von 1,5 auf nahe 6 behoben. Der Prozeß mit Muschelschalen ist relativ billig in bezug auf Invest- u. Betriebskosten u. bedarf fast keiner Wartung. Der Aufbau der Anlage u. die damit gemachten Erfahrungen werden dargelegt. B. Franz. 6042◇

**Die chemische Behandlung von Absenkbrunnen.** Henry Prusick. (Proc. Texas Water Sewage Works Short School **42,** 165—74, 1960; engl.) — Vf. behandelt die chem. Vorbehandlung von Salzlaken oder anderen Abwässern, die direkt Absenkbrunnen übergeben werden können. Die aus porösem, permeablem Gestein bestehenden Absenkbrunnen müssen in ausreichender, die brauchbaren Grundwässer nicht gefährdender Tiefe liegen. Die Abwasseraufbereitung vor der Versenkung geht dahin, Verstopfungen der Bohrung u. des Brunnens sowie Korrosionen zu vermeiden. B. Franz. 6042◇

**Filtrationssysteme für Absenkbrunnen.** Frank Buck. (Proc. Texas Water Sewage Works Short School **42,** 174—78, 1960; engl.) — Für die Vorbereitung von Abwässern, die Absenkbrunnen übergeben werden, hat die Kieselgurfiltration an Bedeutung gewonnen. Gegenüber anderen Filtermaterialien besteht der Vorteil geringerer Kosten; es werden prakt. 100% der Feststoffe aus dem Abwasser entfernt, darunter fast vollständig *Fe*- u. *S*-reduzierende Bakterien, die leicht ein Verstopfen der Unterschichten verursachen können. B. Franz. 6042◇

**Die Verwendung von Diatomit für die Reinigung von Wasser bei der Erdölgewinnung.** W. G. Perewalow und W. A. Alexejewa. (Erdöl-Wirtsch. [UdSSR] **39,** Nr. 4, 52—55, April 1961; russ.) — Die bei der Erdölgewinnung anfallenden Abwässer lassen sich durch Filtrieren über Diatomit frei von emulgiertem Erdöl u. fast geruchlos machen. Die Wirksamkeit der Filtration hängt von der Filtrations-Geschw., der Erdöl-Konz., der Temp. u. der angewendeten Menge Diatomit ab. Ein technolog. Schema wird angegeben. Helmut Schäfer. 6042

**Grundlagen der biologischen Oxydation von Industrieabwässern.** A. W. Busch. (Proc. Texas Water Sewage Works Short School **42,** 141—48, 1960; engl.) — Nach einer Darlegung der Zusammenhänge zwischen dem Abbau der Abwasserverunreinigungen, Bakterienwachstum u. -Zers. sowie der dabei ablaufenden synergon. Grund-Rkk. werden die Verf.-Grundlagen, im besonderen des Belebtschlamm-Verf., behandelt. Die Besonderheiten der verschiedensten Industrieabwässer müssen in Labor.- u. kleintechn. Verss. ermittelt u. danach die Verf.-Technik abgestimmt werden. B. Franz. 6044◇

**Belebtschlammverfahren.** J. L. Robinson. (Proc. Texas Water Sewage Works Short School **42,** 219—21, 1960; engl.) — Es wird die bei der „American Public Health Association" gebräuchliche Definition des Belebtschlamm-Verf. mitgeteilt; die sich aus der Definition ergebenden Verf.-Schritte werden im einzelnen kurz diskutiert. B. Franz. 6044◇

**Die Behandlung von Abwässern aus der Papierfabrikation nach dem Belebtschlammverfahren.** Fred W. Bishop. (Proc. Texas Water Sewage Works Short School **42,** 150—52, 1960; engl.) — Es wird über Erfahrungen mit dem Belebtschlamm-Verf. in den „Southland Paper Mills" berichtet. Die Abscheidung von Faserbestandteilen führte verschiedentlich zu einer Mitnahme des Belebtschlamms, so daß Neuaussaaten vorgenommen werden mußten. Die Fasern müssen vor den Belebtschlammbecken abgetrennt werden. Der P-Geh. der anfallenden Abwässer ist hoch genug; als Nährstoffsupplement für die Bakterien werden je 20 kg BSB/1 kg $NH_3$ zugegeben. Die BSB-Abnahme beträgt 80—90% bei einer Zulauf-Konz. von durchschnittlich 125 ppm. B. Franz. 6044◇

**Umwandlungen von vorentwässertem Rohschlamm bei der Lagerung.** Irvin H. Nelson. (Proc. Texas Water Sewage Works Short School **42,** 196—97, 1960; engl.) — Einleitend wird über die Vorentwässerung von Rohschlamm (Rs) unter Zusatz von *Kalk* u. $FeCl_2$ in der Anlage von Arlington berichtet. Bei der anschließenden Lagerung von Rs fällt der pH-Wert innerhalb 5—10 Tagen unter Abgabe eisenhaltiger Fl. auf nahe den Nullpunkt ab. Die faserhaltige Beschaffenheit bleibt über ca. 12 Monate erhalten u. unterstützt den natürlichen Trocknungsvorgang. Schließlich fällt eine fein krümelige, schmutzähnliche, geruchlose Substanz an. B. Franz. 6048◇

**Schlammfaulung.** William A. Corder. (Proc. Texas Water Sewage Works Short School **42,** 217—19, 1960; engl.) — Die Schlammfaulung (Sf) dient 3 Zwecken: 1. Zerstörung der organ. Substanz; 2. Änderung des chem. Zustandes zur Trennung von Feststoffen u. W.; 3. Vol.-Abnahme. Sf verläuft in 3 Stufen: saure, neutrale u. alkal. Stufe. Über die Verfahrensweise bei der Sf wird berichtet; gewarnt wird vor Überhitzen sowie vor zu starkem Rühren u. Rezirkulieren. Die Zugabe an Rohschlamm soll 4% des Geh. an ausgefaultem Schlamm im Faulraum nicht übersteigen. B. Franz. 6048◇

**Bestimmung von Fulvosäuren in Wasser.** A. L. Wilson. (J. appl. Chem. **9**, 501—10, Okt. 1959; Leatherhead, Surrey, Centr. Electr. Res. Labor.; engl.) — Zur UV-spektrometr. Best. der Fulvosäuren in Moorwässern wird die Absorption bei 300 m$\mu$ gemessen. Die Empfindlichkeit ist bei dieser Wellenlänge noch groß genug u. die Störung durch Fremdstoffe verhältnismäßig gering. Die Wasserprobe (200 ml) wird mit 2 ml 10n HCl versetzt u. auf 70° erwärmt. Nach dem Abkühlen (45 Min.) werden 0,5 ml 1% ig. $H_2O_2$-Lsg. zugegeben, nach weiteren 15 Min. wird filtriert. Dann wird die Absorption in 4-cm-Zellen gemessen. Reine Fulvosäuren zur Herst. der Eichkurve lassen sich durch Auskochen von Torf gewinnen. Zur Eliminierung der Fe-Störung werden sowohl zur Proben- als auch zur Vgl.-Lsg. 3 Tropfen (auf 100 ml) Thioglykolsäure u. 40 Tropfen 18m $NH_3$-Lsg. gegeben. Zur Korrektur wird die Extinktion des Fe(III)-Thioglykolat-Komplexes in Rechnung gesetzt. Korrekturen für durch $SiO_2$ u. $NO_3^-$ verursachte Störungen sind bes. bei der Analyse von hartem W. nötig. Der Fulvosäure-Geh. von Moorlandwässern liegt zwischen 2 u. 30 ppm, bei Brunnen oder Quellwasser ist er geringer ($<$ 0,6 ppm). Analysenergebnisse sind für eine Reihe natürlicher Wässer aufgeführt. W. Betcke. 6054◇

**Die Bestimmung von organischer Materie in Wasser durch Oxydation mit Kaliumpermanganat.** A. L. Wilson. (J. appl. Chem. **9**, 510—17, Okt. 1959; engl.) — Der Geh. verschiedener Moorlandwässer an organ. Stoffen wird aus dem Verbrauch der organ. Materie an $KMnO_4$ (Rücktitration von nicht verbrauchtem $KMnO_4$ mit überschüssigem Oxalat/$KMnO_4$) ermittelt. Best. bei einer Reihe von natürlichen Wässern ergaben, daß den Hauptanteil der organ. Stoffe die Fulvosäuren (s. vorst. Ref.) ausmachen, so daß die Meth. zur rohen Schnellbest. dieser Verbb. benutzt werden kann. W. Betcke. 6054◇

**Bestimmung des Rest-Chlors in gechlortem Seewasser.** V. T. Athavale, C. V. Krishnan und A. R. Subramanian. (Analyst **87**, 707—11, Sept. 1962; Trombay, Bombay, Atomic Energy Establ., Analyt. Div.; engl.) — Es wird eine Meth. zur Best. von einigen ppm $Cl_2$ in Seewasser beschrieben, die auf der bleichenden Wrkg. von $Cl_2$ auf Methylorange beruht. $SO_4^{2-}$, $CH_3COO^-$, $PO_4^{3-}$, $NO_3^-$, $J^-$, *Fe(III)* u. *Cu(II)* stören nicht. $H_2O_2$, $K_2Cr_2O_7$ u. $MnO(OH)_2$ reagieren langsam, $Br_2$ u. $MnO_4^-$ reagieren wie $Cl_2$. In Chloramin gebundenes Cl reagiert in Abwesenheit von $Br^-$ nicht. Die Extinktionen wurden bei 510 nm gemessen. P. Kurzmann. 6060□

**Analysenmethoden zur Kontrolle der Industrieabwässer und -abflüsse.** R. Coutris. (Chim. et Ind. **83**, 697—706, Mai 1960; Paris, Serv. de Contrôle des Eaux de la Ville de Paris; franz.) — Überblick über allg. Unters.-Meth. (Best. von Menge, Temp., pH, Aussehen, Farbe, Geruch, ggf. Geschmack, Gew. u. Vol. der Schwebestoffe, Faulstoffen, chem. u. biochem. $O_2$-Bedarf der Abflüsse) u. spezielle Meth. (Best. der Oberflächenspannung, anorgan. u. organ. N-Verbb., anomaler Alkalisalzmengen u. bes. der im Abwasser verbotenen Stoffe, wie Phenolen, Cyaniden, Cr(VI)-Verbb., $Cl_2$ usw.). Vf. fordert Selbstkontrolle der Wasserverbraucher durch stündliche Probenahme (mindestens 2 Liter), tägliche Unters. einer Mischung der 24 (stündlichen) Einzelproben u. zusätzliche Unterss. bei stoßweiser Abgabe von Verunreinigungen mit den Abflüssen. G. Vogel. 6068□

**Die quantitative Bestimmung von Cyaniden in Abwässern.** Vladimir Bahenský und Zdeněk Zika. (Galvanotechnik **53**, 122—23, 15/3. 1962; Prag, Staatliches Forsch.-Inst. für Materialschutz; dt.) — Durch Dest. über $Na_2HPO_4$ in NaOH-Lsg. wird das freie Cyanid bestimmt. Dann wird das Destillat mit $H_2SO_4$ versetzt u. erneut dest., wonach im Destillat die komplexen Cyanide bestimmt werden. F. Vier. 6068□

**Beiträge und Versuche zur Neutralisation eisenhaltiger saurer Abwässer.** (1. Mitt.) J. Morkowski und G. Thomaschk. (Wasser, Luft Betr. **5**, 292—94, Juli 1961; Köln; dt.) — Die Unterss. wurden mit $Ca(OH)_2$-Suspensionen bzw. NaOH verschiedener Konz. u. schwefelsauren Fe-freien bzw. Fe-haltigen Lsgg. ausgeführt. Zum Verdünnen wurde Brauchwasser genommen (wegen Pufferung u. a.). Die Kalkmilch war der besseren Haltbarkeit wegen mit dem Starmix hergestellt. Mit höherer $Ca(OH)_2$-Konz. steigt der Gesamtfeststoff-Geh., da dann nicht der gesamte Kalk reagiert. Tabellen zeigen die Konzz. der angewandten Ionen, die Vol.- u. Wasser-Geh. der erhaltenen Gipsschlämme. H. Dorsch. 6068□

**Beiträge und Versuche zur Neutralisation eisenhaltiger saurer Abwässer** (2. Mitt.) J. Morkowski und G. Thomaschk. (Wasser, Luft Betr. **5**, 327—32, Aug. 1961; dt.) — 1. vgl. vorst. Referat. — Die sauren Abwässer werden mit NaOH oder $Ca(OH)_2$ neutralisiert. Die Vers.-Reihen wurden mit 1%ig. u. 5%ig. $H_2SO_4$ durchgeführt, der die in der Praxis vorkommenden Eisenmengen zugesetzt waren: 50—500—5000—50000 mg je Liter. Neutralisiert wurde mit 7,5%ig. $Ca(OH)_2$ (Stabilitätsoptimum bei möglichst hoher Konz.). Ausführlich wird an Hand von Tabellen gezeigt, wie schwierig es ist, bes. bei geringen Fe-Geh. den pH-Wert von 7 zu halten; er ist erst konst., wenn der Nd. sich gesetzt hat. Es werden die Schlammengen je Liter W. nach 2 Std. Absetzen in Abhängigkeit vom Fe-Geh. u. dem Fällungsmittel angegeben. Eine Belüftung hat auf das Schlamm-Vol. keinen Einfluß. In der überstehenden Fl. wurden Eisenmengen von 0,2 bis 0,3 mg/Liter gefunden. H. Dorsch. 6068□

## $H_5$. Anorganische Industrie

**Die Weiterentwicklung des Etagenofens mit Abhitzeverwertung zur Abröstung von Pyrit unter besonderer Berücksichtigung der Verarbeitung As-Sb-Pb-haltiger Kiese.** Horst-Günter Diettrich. (Freiberger Forsch.-H., Reihe B, Heft **64,** 43—55, Febr. 1962; Köln; dt.) — Bericht über die Verbesserung des Etagenofens hinsichtlich Leistung, Abröstungsgrad u. Abhitzeverwertung. Diskussion. F. Vier. 6076□

**Untersuchungen über Entsalzung. 1. Mitt. Verwendung von Calciumchlorid-Lösungen in einem System von Kationen- und Anionenaustauscherharzen.** N. Krishnaswamy und V. K. Indusekhar. (J. sci. ind. Res. [New Delhi], Sect. D **20,** 285—86, Juli 1961; Poona, Nat. Chem. Labor.; engl.) — Mit Ionenaustauscherharzen aus Mahoganynußschalen-Fl. an $CaCl_2$-Lsgg. verschiedener Konz. u. Durchsatz-Geschw. ausgeführte Entsalzungs-Verss. zeigen die Verwendbarkeit der Austauscher. W. Wesly. 6076□

**Gewinnung von Aluminium- und Fluorverbindungen aus Abfällen von Aluminiumfabriken.** R. C. McClain, G. V. Sullivan und W. A. Stickney. (U.S. Dep. Interior, Bur. Mines, Rep. Invest. **1961,** Nr. 5777, 1—16; engl.) — Flotations-Verss. im Labor. mit Terpentin als Sammler an Flugstaub, Schäumen u. ausgebrauchtem Tiegelmaterial aus 3 Al-Fabriken bezwecken zunächst die Abtrennung der aus den Kohleanoden stammenden Kohle, was mit 90—97% gelingt. Die Flotationsausbeute an Al-Verbb. aus dem Flugstaub beträgt 42—94%, aus den Schäumen 95%, aus dem Tiegelmaterial 75—89%. Die Ausbeute an F-Verbb. aus den gleichen Mustern beträgt 35—63%, bzw. 92—95% bzw. 77—86%. Das Tiegelmaterial enthält in W. lösl. Al-F-Salze, die sich aus konz. Lsgg. mit Na-Aluminat u. $CO_2$ ausfällen lassen. F. Zeidler. H 294□

**Bestandteile der Salzsole aus dem Sambhar-See.** K. Seshadri und J. K. Langalia. (J. sci. ind. Res. [New Delhi], Sect. D **20,** 243—44, Juni 1961; Bhavnagar, Centr. Salt Res. Inst.; engl.) — Die Unterss. der Salzsole aus dem Sambbar-See bei Dichten von 10 u. 30°Bé ergibt 98,4% NaCl + $Na_2SO_4$ + $Na_2CO_3$ + $NaHCO_3$; der Rest von 1,6% entfällt auf KCl, $Na_2B_4O_7$, $Na_3PO_4$, NaBr, LiCl, $As_2O_3$, $NH_3$, CaO, $Na_2S$ u. Unlösliches. Mg, Ba, Sr, Sb, Cu, Fe u. Al sind auch nicht in kleinsten Mengen vorhanden. W. Wesly. 6158□

**Verbesserte Rückgewinnung von Natriumsulfat aus Sambhar-Bitterlauge durch Gipsbehandlung.** K. Seshadri und R. P. Vyas. (J. sci. ind Res. [New Delhi], Sect. A **19,** 321—23, Juli 1960; Bhevnagar, Central Salt Res. Inst.; engl.) — Der $SO_4$-Geh. von Bitterlauge des Sambbar-Sees wird angereichert, indem man die Lauge mit feingepulvertem Gips versetzt u. auf 0° abkühlt. Auf diese Weise (Umwandlung von $Na_2CO_3$ in $Na_2SO_4$) steigt die Konz. an $Na_2SO_4$ von 8 auf 13%, was einer um 60% höheren Ausbeute im Vgl. mit unbehandelter Bitterlauge entspricht. W. Wesly. 6158◇

---

**N. V. de Bataafsche Petroleum Mij.,** Den Haag, Niederlande, *Herstellung von $H_2$ und CO enthaltenden Gasgemischen.* (**Ind. P. 65 208** vom 11/9. 1958, ausg. 25/5. 1960. E. Prior. 13/9. 1957. — C. **1961,** 9937 [D. A. S. 1 070 150].)

**United Kingdom Atomic Energy Authority,** England (Erfinder: **William Havelock Denton** und **Douglas Handley**), *Herstellung von schwerem Wasser.* (**F. P. 73 511** vom 24/4. 1958, ausg. 9/1. 1961. E. Prior. 24/4. 1957. Zusatz zu F. P. 1 178 627; C. 1961, 16969. — C. **1962,** 14985 [E. P. 869 415].)

**Hans Hesky,** Dortmund, *Gewinnung von an schwerem Wasser angereichertem Wasser im Zuge der Ammoniaksynthese.* (**A. P. 2 997 369** vom 13/8. 1957, ausg. 22/8. 1961. D. Prior. 17/8. 1956. — C. **1960,** 13488 [F. P. 1 180 973].)

**Hans Hesky,** Frankfurt/M., *Herabsetzung der Deuteriumkonzentration der einer Katalysatorsubstanz anhaftenden Restfeuchtigkeit.* (**A. P. 2 988 428** vom 19/8. 1958, ausg. 13/6. 1961. D. Prior. 19/8. 1957. — C. **1960,** 6955 [D. A. S. 1 054 969].)

**Commissariat à l'Énergie Atomique,** übert. von: **Jean Perret** und **Pierre Wuithier,** Paris, und **Étienne Roth,** Fontenay-aux-Roses, Frankreich, *Verfahren zur Isotopenanreicherung.* (**A. P. 3 007 777** vom 3/1. 1958, ausg. 7/11. 1961. F. Prior. 12/1. 1957. — C. **1962,** 3588 [Schwz. P. 347 172].)

**Allied Chemical Corp.,** V.St.A. (Erfinder: **James K. Farrell**), *Herstellung von $H_2O_2$.* (**F. P. 1 240 174** vom 5/10. 1959, ausg. 20/12. 1960. A. Prior. 6/10. 1958. — C. **1961,** 15521 [D. A. S. 1 104 493].)

**Imperial Chemical Industries Ltd.,** England (Erfinder: **Albert Davies** und **Alfred John Rudge**), *Elektrolytische Herstellung von Fluor.* (**F. P. 1 241 773** vom 30/7. 1959, ausg. 28/12. 1960. E. Prior. 30/7. 1958. — C. **1962,** 4298 [E. P. 861 978].)

## $H_6$. Silicatchemie. Baustoffe

**Der Einfluß der Korngröße von Quarziten und von zugesetzten Mineralisatoren auf die Geschwindigkeit der Quarzumwandlung während des Zusammenbackens silicatischer Produkte.** Józefa Pokusa. (Zeszyty naukowe Akad. górniczo-hutniczej [Kraków], Ceramika **1961**, Nr. 4, 29—38 Kraków, Akad. Górniczo-Hutnicza, Kated. Techn. Mater. Ogniotrw.; pol.) — Beim Erhitzen von Quarziten wandeln sich kleine Körner schneller als große um. Ein Ansteigen des Spezif. Gew. nach dem Zusammenbacken bei ca. 1540° wurde festgestellt. J. Heinze. 6160◇

**Glassand von Krzeszówek bei Kamienna Gora.** Mieczysław Budkiewicz und Meiczysław Szecówka. (Zeszyty naukowe Akad. górniczo-hutniczej [Kraków], Ceramika **1961**, Nr. 4, 9—13; Kraków, Akad. Górniczo-Hutnicza, Kated. Surowców Miner.; pol.) — Verwitterter Sandstein wurde hinsichtlich seiner Verwendbarkeit für die Glasindustrie untersucht. Die geringen Geh. an Verunreinigungen ($Fe_2O_3$ 0,01—0,02%; Kaolinit als Matrix) sowie die passenden Korngrößenverteilungen (87,2% zwischen 0,1—0,8 mm) lassen die Verw. in der Glasindustrie zu. J. Heinze. 6170◇

**Untersuchungen zur Absorption von mit Kobaltoxid oder Kobalt- und Eisenoxid gefärbten Gläsern.** Paweł Schleifer und Jerzy Brzózka. (Zeszyty naukowe Akad. górniczo-hutniczej [Kraków], Ceramika **1961**, Nr. 4, 55—62; Kraków, Akad. Górniczo-Hutnicza, Kat. Technol. Szkła; pol.) — Die in der Metallurgie benutzten Schutztafeln aus Kobaltglas für die Ofenkontrolle absorbieren im UV unzureichend. Zusätze von $Fe_2O_3$ führen zu einem besseren Schutz der Augen. J. Heinze. 6200◇

**Der Einfluß von Nickeloxid auf die selektive Absorption von Soda-Kalk- und Soda-Blei-Glas.** Paweł Schleifer und Jerzy Dąbrowski. (Zeszyty naukowe Akad. górniczo-hutniczej [Kraków], Ceramika **1961**, Nr. 4, 47—54; Kraków, Akad. Górniczo-Hutnicza, Kat. Technol. Szkła; pol.) — Ni-Pyrosole in Gläsern können durch Einführen eines starken Red.-Mittels, z. B. metall. *Al*, erhalten werden. Die Abkühlungs-Geschw. hat Einfl. auf die Stabilität der Farbe. Die charakterist. Absorption von Ni-haltigem Sodaglas wurde dazu benutzt, den Kontrast bei Fernsehschirmen zu korrigieren. Dazu wurden dem Glas 0,025% *NiO* u. 0,003% *CoO* zugesetzt. J. Heinze. 6200◇

**Derzeitige Auffassung über polymorphe Umwandlungen der Kieselsäure unter Einwirkung von Mineralisatoren.** R. Cyprés. (Bull. Soc. franç. Céram. **1962**, Nr. 55, 71—88, April/Juni; franz.) — An Hand experimenteller Unters.-Ergebnisse wird diskutiert, ob der bei der therm. Umwandlung aus Quarz über eine Zwischenstufe gebildete Tridymit als stabile Form des reinen $SiO_2$ anzusehen ist. G. Frikell. 6204◇

**Einige Besonderheiten der Struktur des Kieselglases.** A. Winter. (Bull. Soc. franç. Céram. **1962**, Nr. 55, 17—24, April/Juni; Inst. d'Optique; franz.) — Im Röntgenbild zeigt $SiO_2$ einen diffusen Ring. Mit der empfindlichen therm. Analyse können jedoch schwache exotherme oder endotherme Effekte beobachtet werden. Daraus ist zu schließen, daß im Kieselglas $SiO_2$ unter verschiedenen Kristallformen auftritt, die bei der Umwandlung der Modifikation Energieaufnahme oder -abgabe bewirken. Gleichzeitig treten Unstetigkeiten im Berechnungsindex auf. Die Absorptionsspektren von $SiO_2$, die bei verschiedenen Temp. hergestellt wurden, weisen die Charakteristika von Kristallgittern auf. G. Frikell. 6204◇

**Wasser in Kieselglas.** 1. Mitt. **Einfluß des Wassergehaltes auf die Eigenschaften des Kieselglases.** G. Hetherington und K. H. Jack. (Bull. Soc. franç. Céram. **1962**, Nr. 55, 3—9, April/Juni; The Thermal Syndicate; franz.) — Der vom Herst.-Verf. bedingte Geh. an W. wirkt sich auf die physikal. Eigg. aus. Da es für jede Temp. ein Löslichkeitsgleichgewicht des W. im Kieselglas gibt, führt jede therm. Behandlung unter Nichtgleichgewichtsbedingungen zu Konz.-Gefällen des W. im Feststoff, die mit Inhomogenitäten bzgl. Struktur u. Eigg. verbunden sind, wobei auftretende starke Spannungen beseitigt werden. G. Frikell. 6204◇

**Wasser in Kieselglas.** 2. Mitt. **Beitrag zum Gleichgewicht im System Wasserstoff-Wasser-Kieselsäure.** G. Hetherington und K. H. Jack. (Bull. Soc. franç. Céram. **1962**, Nr. 55, 10—15, April/Juni; The Thermal Syndicate; franz.) — Beim Erhitzen von hydroxylhaltigem Kieselglas (K.) im Vakuum werden gleichzeitig $H_2$ u. W. abgegeben. Dabei besteht vermutlich folgendes Gleichgewicht: $Si^{4+} + 2O^{2-} + \frac{1}{2}H_2 \rightleftharpoons Si^{3+} + O^{2-} + OH^{1-}$. Das wie üblich im Zustand partieller Red. hergestellte K. ist nicht stöchiometrisch. Beim Erhitzen in Ggw. von $O_2$ verläuft die Rk. von links nach rechts. Absorptionsbande u. Fluorescenz verschwinden entsprechend der Diffusion von $O_2$. Der Oxydationsgrad wird durch Diffusion u. Ausscheidung von $H_2$ bestimmt. Mit dem beschriebenen Gleichgewicht wird das Verh. von K. bei hohen Temp. erklärt. G. Frikell. 6204◇

**Beitrag zum Einfluß des Wassergehaltes von Kieselglas auf die Viscosität.** J. Yovanovitch. (Bull. Soc. franç. Céram. **1962**, Nr. 55, 25—30, April—Juni; Soc. Quartz et Silice; franz.) — Vf. bestimmt an Kieselglasprüfkörpern verschiedener Herst.-Meth. u. verschiedener Menge an Verunreinigungen die Viscosität zwischen 1000—1200° u. stellt fest, daß Zugaben von 100—200 ppm $TiO_2$ bei diesen Temp. keinen nennenswerten Einfl. haben. Bei entsprechenden Mengen W. nimmt die Viscosität jedoch sehr deutlich ab. Sie beträgt bei ca. 60° = $10^{14}$ Poise. G. Frikell. 6204◇

**Über die keramische Verformung.** György Szende und István Timár. (Kohászati Lapok [Ung. Z. Hüttenwes.] **95**, Nr. 7, Öntöde **13**, 150—52, Juli 1962; ung.) — Vff. beschreiben die zwei im Laufe der Verss. entwickelten technolog. Abänderungen der keram. Verformung, welche auf Verw. von Äthylsilicat bzw. in Aceton gelöster Kieselsäure beruhen. Die auf die Bindungszeit u. Festigkeit der Formmischung wirkenden Faktoren u. die prakt. Anwendungsgebiete des Verf. werden beschrieben. L. Zombory. 6206

**Kieselsäureschiefer aus der Gegend von Świerzawa.** Zbigniew Tokarski. (Zeszyty naukowe Akad. górniczo-hutniczej [Kraków], Ceramika **1961**, Nr. **4**, 23—28; Kraków, Akad. Górniczo-Hutnicza, Katedra Technol. Ceram. Czerw. i Kamionki; pol.) — Silur. Schiefer wurden hinsichtlich ihrer industriellen Verwendbarkeit untersucht. Der Einsatz in der Feuerfestindustrie scheint möglich. I. Heinze. 6208◇

**Bemerkungen über Zerkleinerungseinfluß. Ionenaustausch und Quarzisolierung.** Th. Nemetschuk und S. Pollmann. (Ber. dtsch. keram. Ges. e. V. **39**, 447—53, Sept. 1962; Homburg/Saar, Univ., Med. Fakultät, Elektronenmkr. Abt.; dt.) — Die Trockenmahlung von Tonsteinen u. Schiefertonen führt wegen des hohen Quarz-Geh. zu Beschädigungen der Tonmineralkristalle. Eine Naßmahlung hat nur geringfügige Gitterstörungen zur Folge u. bewirkt Aufteilung entlang der Spaltebenen. Nach Eintausch von prim. n-Dodecylammoniumionen an den illit. u. sericit. Komponenten konnten die Tone in organ. Fll. übertragen u. mit W. ausgeschüttelt werden. Quarz wurde dadurch teilweise entfernt. Behandlung mit sd. W. veränderte die Morphologie der Tonminerale stark. J. Heinze. 6208◇

**Die Tone von Baranów und Reinigungsversuche daran.** Mieczysław Budkiewicz und Wiesław Heflik. (Zeszyty naukowe Akad. górniczo-hutniczej [Kraków], Ceramika **1961**, Nr. **4**, 15—21; Krakow, Akad. Górniczo-Hutnicza, Kat. Surowców Miner.; pol.) — Reinigung durch Sedimentation vermindert bes. die *Fe*- u. *Ti*-Gehalte. Wahrscheinlich dürfte eine Hydrocyclonbearbeitung auch noch die störenden Quarz-Geh. entfernen. Danach wäre das Material für die keram. Industrie verwendbar. J. Heinze. 6208◇

**Engobe-Versuche mit Titandioxid und Zinkoxid.** Gebhard Bierbrauer. (Interceram [Lübeck] Nr. **2**, 80—84, 1960; Lübeck; dt.) — Es werden 50 Engobe-Versätze für einen Kalksteingutscherben mitgeteilt. Zur Farbgebung wurden $TiO_2$ (Rutil) oder ZnO in Verbindung mit $Fe_2O_3$ (entweder $Fe_2O_3$-Geh. der Rohstoffe oder zugesetzt) verwendet. Es wurden folgende Farbtöne erreicht: Sand, Elfenbein, Gelblich, Grünlich, Violett, Grau, Beige, Braun. F. M. Nehmzow. 6212◇

**Zinkoxid und das Kriechen von Glasuren.** J. A. Reising. (Amer. ceram. Soc. Bull. **41**, 497—99, 15/8. 1962; Monaca, Pa., St. Joseph Lead Co., Zinc Smelting Div.; engl.) — Die Vollständigkeit der Rk. $ZnO + H_2O = Zn(OH)_2$ ist abhängig von der Größe der Oberfläche des ZnO. Feinpulvrige Prodd. ergeben eine wesentlich höhere Viscosität des Glasurschlickers als gröbere. Mit zunehmender Dauer des Mahlens steigt die Viscosität u. fällt dann nach Erreichen eines Maximums, das je nach der Art des Ausgangs-Prodd. nach ½—8 Std. erreicht wird. Da mit zunehmender Viscosität auch die Schwindung des Glasurschlickers beim Trocknen zunimmt, werden Glasuren, die ein Minimum an Kriechneigung aufweisen, durch Verw. von ZnO mit kleiner Oberfläche, also grober Körnung erreicht. G. Frikell. 6212◇

**Infrarot-Trocknungsanlagen für Email.** Hermann Hahne. (Sprechsaal Keram., Glas, Email **93**, 261—63, 5/5. 1960; Wuppertal; dt.) — Vf. berichtet über einen IR-Emailtrocknungsofen, der mit 16 gasbeheizten IR-Glühstrahlern (Syst. Schwank) bei 800° betrieben wird. Gasverbrauch 11 m³/h. Bei einer Vorschub-Geschw. von 4 m/min wurde eine Trocknungszeit von ca. 1 Min. bei einem Durchlauf von 350 Werkstücken (1,4 t)/h erreicht. Die scharfe Trocknung führte nicht zu Aufkocherscheinungen; das Grundemail wurde griffester als bei der üblichen konvektiven Trocknung. F. M. Nehmzow. 6212◇

**Regelung der Bleiabgabe von aufglasurdekoriertem Porzellan in Oesterreich.** H. Häffner. (Ber. dtsch. keram. Ges. e. V. **39**, 460—61, Sept. 1962; Erlangen, Staatl. Chem. Unters.-Anstalt; dt.) — Es werden Erläuterungen zu der Neuregelung des Lebensmittelgesetzes in Österreich in bezug auf die Bleilässigkeit von Porzellan- bzw. Emailgeschirr gegeben u. die Prüfvorschriften angeführt. J. Heinze. 6214◇

**Isomorphie und zugehörige Reaktivität von Oxiden und Systematik ihrer kondensierten binären Systeme.** Edward Görlich. (Zeszyty naukowe Akad. górniczo-hutniczej [Kraków], Ceramika **1961**, Nr. 4. 81—96; Kraków, Akad. Górniczo-Hutnicza, Kat. Chem. Krzemianów; pol.) — Das Verh. zweier Oxide bei höheren Temp. wird in Abhängigkeit von Ladung u. Radius der Kationen kristallchem. systemat. erfaßt. Die Ergebnisse werden u. a. hinsichtlich der Berechnung der Feuerfestigkeit u. des Korrosions-Verh. verschiedener feuerfester Materialien diskutiert. J. Heinze. 6218◇

**Hydratation basischer Steine.** J. Wins und P. Angenot. (Bull. Soc. franç. Céram. **1962**, Nr. 54, 51—59, Jan.—März; Boussois, Delog. Centre d'Études des Matériaux Réfractaires des Soc. Glasverbel; franz.) — Steine aus rohem u. gebranntem Magnesit, Cr-Magnesit u. Forsterit wurden auf ihr Verh. gegenüber der Einw. von Wasserdampf unter verschiedenartigsten Bedingungen unter Best. von Änderungen der Porosität, Dichte, Permeabilität, Festigkeit u. Gew. untersucht, ohne daß daraus der Grad ihrer Empfindlichkeit gegen Wasserdampf abgeleitet werden kann. G. Frikell. 6218◇

**Nachschwinden (NS) und Nachwachsen (NW) feuerfester keramischer Stoffe.** H. F. Reich, F. Müller, H. H. Müller-Neuglück, G. Richter und E. Wilkendorf. (Tonind.-Ztg. keram. Rdsch. **86**, 177—81, April 1962; Dortmund-Aplerbeck, Fachnormenausschuß Materialprüfung; dt.) — Es werden Unters.-Ergebnisse über das NS u. NW verschiedener feuerfester keram. Stoffe mitgeteilt, aus denen hervorgeht, daß die DIN 1066 in der Fassung vom Okt. 1941 nicht als allg. anwendbares Prüfverf. geeignet ist. G. Frikell. 6218□

**Keramische Überzüge zum Schutz gegen hohe Temperaturen.** R. Linguet, G. Rodier und J. Roger. (Bull. Soc. franç. Céram. **1962**, Nr. 54, 39—49, Jan./März; C.E.N. Saclay, L. Desmarquest et Cie., Sect. d'Étude des réfractaires, Dép. Métallurg.; franz.) — Verff. zum Aufspritzen geschmolzener keram. Massen auf Gegenstände aus Metall, Graphit u. anderen Stoffe; die physikal. Eigg. der Überzüge u. die App. werden beschrieben. G. Frikell. 6220◇

**Der Einfluß von in die Mühle eingeführtem Wasser auf den Mahlprozeß von Klinker.** G. Ss. Krychtin, W. S. Pirotzki und Ss. M. Rojak. (Zement [UdSSR] **27**, Nr. 3, 4—8, Mai/Juni 1961; russ.) — Es werden mit Unterss. die Vorteile aufgezeigt, die ein Zusatz von W. beim Mahlen von Klinkern bewirkt. Mit der vergrößerten Wirksamkeit des Mahlvorganges erfolgt eine Produktionssteigerung um 15—20% bei gleicher Güte der Rohprodukte. Der Wasser-Geh. von 1—1,5% des Zement-Gew. erhöht den Reinheitsgrad der umgewälzten Luft u. verdoppelt deren Durchsatz. Die Temp. der Fertig-Prodd. nach dem Mahlvorgang wird um 50° gesenkt. — Diagramme u. Tabellen werden angeführt. W.-D. Heußner. 6222□

**Der Einfluß des falschen Abbindens auf die anfängliche Schrumpfung von Zementpasten.** Jerzy Sulikuwski, Danuta Czamarska und Han Cel-Ju. (Zeszyty naukowe Akad. górniczo-hutniczej [Kraków], Ceramika **1961**, Nr. 4, 73; Kraków, Akad. Górniczo-Hutnicza, Kat. Technol. Mater. Wiążąc; pol.) — In der 1. Periode ist die Schrumpfung bei falsch abbindenden Zementen größer als bei normal abbindenden. In der 2. Periode nimmt die Schrumpfung der Zemente schnell zu. Die normal abbindenden Zemente schrumpfen zwischen 30 u. 100% mehr als falsch abbindende. In der 3. Periode schrumpfen die falsch abbindenden Zemente mehr als die normal abbindenden, jedoch ist die Schrumpfung nur um ca. 20% größer. J. Heinze. 6222◇

**Die Ausnutzung von bei Zyklonen und Elektrofiltern anfallendem Schlackenstaub.** S. W. Asaina. (Zement [UdSSR] **27**, Nr. 3, 27, Mai/Juni 1961; Enakiero, Zementwerk; russ.) — Auf die Notwendigkeit der Verw. von zurückgewinnbarew Schlackenstaub als Zementzusatz wird in kurzer Form hingewiesen. Dieser Staub fällt mit 120 t/d beim Mahlprozeß an. W.-D. Heußner. 6222◇

**Die Struktur flüssiger Schlacken und ihre chemischen Eigenschaften.** Andrzej Staronka. (Hutnik **28**, 1—6, Jan. 1961; Kraków, Akad. Górn.-Hutn., Kat. Chem. fiz. i Elektrochem.; pol.) — Übersicht. — 14 Literaturangaben. F. Urban. 6222◇

**Eigenschaften und Anwendung von feuerfestem Beton aus Tonerdezement.** H. Mitusch. (Ber. dtsch. keram. Ges. e. V. **39**, 454—59, Sept. 1962; Lübeck, Metallhüttenwerk Lübeck GmbH.; dt.) — Die Eigg. des feuerfesten Betons leiten sich aus denen des Tonerdezementes u. des Zuschlages ab. Nach Schilderung der Verarbeitung werden einige Anwendungsbeispiele beschrieben. J. Heinze. 6224◇

**Die Entwicklung von Strahlenschutzbeton auf der Basis von Ferrosilicium, einem Nebenprodukt der Korundschmelze.** Dietrich Harkort, Albrecht Kaltenhäuser und Rudolf Rasch. (Tonind.-Ztg. keram. Rdsch. **86**, 174—77, April 1962;

Frankfurt/Main, Battelle-Inst.; dt.) — Auf Grund von Verss. wurde festgestellt, daß Strahlenschutzbeton mit einem Zuschlag von *Körnereisen* höhere Festigkeit, höheres Raum-Gew., größere Strahlenabsorption u. weitaus bessere Wärmeleitfähigkeit besitzt als bei Verw. von *$BaSO_4$* als Zuschlag. Das vorwiegend aus Ferrosilicium mit ca. 70% Fe bestehende *Körnereisen* kann in seiner Wrkg. durch Oberflächenaktivierung wesentlich verbessert werden. G. Frikell. 6224□

**Der Einfluß des falschen Abbindens auf die Wasserabgabe von Zementmörtel.** Jerzy Sulikowski und Kazimierz Tarczyński. (Zeszyty naukowe Akad. górniczo-hutniczej [Kraków], Ceramika **1961**, 63—72; Krakow, Akad. Górniczo-Hutnicza, Kat. Technol. Mater. Wiążąc; pol.) — Falsches Abbinden ist an eine Abnahme des Grades der Wasserabgabe geknüpft. Das Auftreten oder die Abnahme des falschen Abbindens ist verbunden mit einer Strukturänderung der Gele, die sich während der Entwässerung des Zementes bilden. J. Heinze. 6226◇

**Untersuchung der Eigenschaften von Gipsformen für den Schlickerguß.** P. Draignaud und P. Lacheny. (Bull. Soc. franç. Céram. **1962**, Nr. 55, 55—69, April/Juni; Ser. Engng. et Études de Matériel de la Soc. Franç. de Céram.; franz.) — Mit steigendem Gips/W.-Verhältnis u. konst. Rührgeschw. beim Anmachen erhöhen sich Absorptions-Koeff. (AK.) u. mechan. Festigkeit bei Abnahme von Porosität, Durchmesser der Poren, Gießzeit, Gießbarkeit u. Verarbeitungszeit. Erhöhte Rührgeschw. bewirkt Vergrößerung der Änderungen. Zur Erzielung eines möglichst hohen AK. bei möglichst geringem Gipsverbrauch ist ein mittleres Gips/W.-Verhältnis bei hoher Rührgeschw. vorteilhaft. G. Frikell. 6226◇

**Die Anwendung von kalkhaltigem Schlackenschlamm.** N. I. Timofejewa. (Zement [UdSSR] **27**, Nr. 3, 25, Mai/Juni 1961; Leningrad, Zementwerk; russ.) — Betriebseigene Unterss. über Verw. größerer Mengen von Schlackenschlamm zu Baumaterial. Nach Aufarbeitung dieses Abfall-Prod. werden Formstücke aus Schlackenschlamm Haltbarkeits-Unterss. (Druck- u. Bruchfestigkeit) unterworfen. Im Vgl. zu normalen Ziegelsteinen zeichnen sich die Schlackenschlammsteine durch größere Festigkeit aus. W.-D. Heußner. 6228□

**Einige Erfahrungen aus der praktischen Anwendung von Schnellmethoden für die Silicatanalyse.** Ann Marie Byström. (Geol. Fören. Stockholm Förh. **81**, 389—92, März/April 1959; Stockholm, Sveriges Geol. Undersökning; schwed.) — Für die Best. von $SiO_2$, $Al_2O_3$, $TiO_2$, $Fe_2O_3$ u. $P_2O_5$ wird das Verf. von Shapiro u. Brannock (Union South Afrika, Dep. Mines, Geol. Surv., Sheet **1036 C**, 1956) empfohlen. Die Verw. von wasserabstoßenden Pipetten (mit Dimethyldichlorsilan behandelt) ist notwendig; für die Reinigung eignet sich $K_2Cr_2O_7$–$H_2SO_4$ oder alkohol. KOH. Der Aufschluß mit NaOH muß bei möglichst niedriger Temp. erfolgen. Bei hohem $TiO_2$-Geh. von Tonen muß eine Korrekturkurve ausgearbeitet werden. Bei der $SiO_2$-Best. ist nach der Spülung mit HCl 1 : 1 mit dest. W. nachzuspülen. Bei hohen $SiO_2$-Konzz. ist eine gute Stabilisierung der Spannung über der Photometerlampe wichtig. Einige neuere Entw. der Meth. werden beschrieben. R. K. Müller. 6240◇

**Vereinfachte Apparatur zur Bestimmung des thermischen Ausdehnungskoeffizienten.** Eugene H. Fontana. (Amer. ceram. Soc. Bull. **41**, 516—18, 15/8. 1962; Corning, N.Y., Corning Glass Works, Res. and Dev. Div.; engl.) — Vf. beschreibt eine App., die zur Best. des Ausdehnungs-Koeff. keram. Materialien u. anderer fester Stoffe geeignet ist u. eine Genauigkeit von $\pm 2\%$ oder $\pm 1 \cdot 10^{-7}$/Grad im Intervall von 25 bis $300^0$ ergibt. G. Frikell. 6240◇

**Das Prinzip der spektrographischen Oberflächenanalyse und ihre Anwendung auf keramische Probleme.** J. Vilnat. (Bull. Soc. franç. Céram. **1962**, Nr. 54, 3—7, Jan./März; Soc. Franç. de Céram.; franz.) — Das Verf. stellt eine kurzfristig durchführbare Lokalanalyse zur Feststellung des Fortschreitens der Korrosion in einem Material mit nichtleitender Oberfläche dar u. kann zur qual. u. halbquant. Best. von Glasuren u. zum Erkennen der Ursachen von Fehlern keram. Proben dienen. Benutzt wird ein Wechselstrombogen von der Länge der zu untersuchenden Oberfläche, der zwischen 2 Elektroden hin u. herspringt. G. Frikell. 6240◇

**Anwendung der Radiographie auf keramische Produkte.** A. Bertrand, C. Legrand und P. Farges. (Bull. Soc. franç. Céram. **1962**, Nr. 55, 45—54, April/Juni; franz.) — Nach einem kurzen Überblick über die Grundlagen der Absorption kurzwelliger Röntgenstrahlen durch die Materie werden Aufnahmen gebracht, die zeigen, welche Fehler man radiograph. ermitteln kann. Es wurden geprüft: tonerdereiche u. bas. feuerfeste Steine, Porzellan-, Ton- u. $ZrO_2$-Körper. G. Frikell. 6240◇

**Kontaktmikroradiographie mit Röntgenfluorescenz und ihre Anwendung auf die Untersuchung keramischer Erzeugnisse.** S. Goldsztaub und J. Schmitt. (Bull. Soc. franç. Céram. **1962**, Nr. 54, 9—13, Jan./März; Strasbourg, Univ., Labor. de

Minér.; franz.) — Das Verf. benutzt die Röntgenfluorescenzstrahlung zur Unters. fester Stoffe, Gläser u. opaker Substanzen. Es können Textur, lokale Inhomogenitäten u. Unterschiede in der chem. Zus. bestimmt werden. Das Gerät wird beschrieben u. eine Anzahl charakterist. Unters.-Ergebnisse werden wiedergegeben. G. Frikell. 6240◇

**Kennzeichnung von kristallinen Phasen in Gläsern, keramischen und feuerfesten Erzeugnissen mit Hilfe von Röntgenstrahlen.** M. Ponchon und Derobert. (Bull. Soc. franç. Céram. **1962,** Nr. 54, 35—37, Jan./März; Paris, Inst. du Verre; franz.) — Zur Kennzeichnung von Entglasungen u. Einschlüssen in Gläsern, zur Best. der Art der Einschlüsse in feuerfesten Prodd. u. für die Unters. komplexer Einlagerungen, die sich auf Brennern u. Rekuperatoren von Glasöfen u. Gewölbesteinen bilden, dienen einfache Debye-Scherrer-Aufnahmen. Das Gerät wird beschrieben, Grenzen u. Schwierigkeiten des Verf. gezeigt u. Unters.-Beispiele wiedergegeben. In Verbindung mit mkr. u. mikrochem. Unterss. kann das Verf. für Glasuren angewendet werden. G. Frikell. 6240◇

**Bestimmung der Phasenumwandlung pulvriger Festkörper, besonders der Kieselsäure mit Hilfe der elektrischen Leitfähigkeit.** 1. Mitt. **Konduktometrische Bestimmung der Phasenumwandlung in Festkörpern.** R. Cyprès und B. van Ommeslaghe. (Bull. Soc. franç. Céram. **1962,** Nr. 54, 65—72, Jan./März; Brüssel, Serv. des Solides de la Fac. des Sci. Appl. de l'Univ. Libre; franz.) — Die Phasenumwandlungen werden durch einen Sprung in der Widerstands–Temp.-Kurve bemerkbar. Das Verf. dient u. a. zur Ermittlung der Einfl. von Mineralisatoren auf die Umwandlung der Kieselsäure (K.). Beim Auftreten einer fl. Phase beim F. des Eutektikums nimmt die elektr. Leitfähigkeit (L.) plötzlich ab. L. synthet. hergestellter Modifikationen von K. wurden mit denen von Quarz u. amorpher K. unter der Einw. von $Na_2O$ u. $Li_2O$ verglichen. Durch den therm. Cyclus der Proben lassen sich irreversible Umwandlungen, die nur beim ersten Aufheizen auftreten, von reversiblen trennen. G. Frikell. 6240◇

**Die Untersuchungsmethodik des Auflösungsverlaufs von Siliciumoxid im Glasstamm.** Ladislav Šašek. (Silikáty [Praha] **6,** 281—90, 1962; Praha, Katedra technol. silikátů Vys. školy chem.-technol.; tschech.) — Nach einem Vgl. der petrograph., chem., physikal. u. physikochem. Meth. der Best. des ungelösten $SiO_2$ in der Glasschmelze wird eine Meth. der Best. des Auflösungsverlaufes durch Lösen des Glases in $H_2SiF_6$ gebracht; Bedingung ist Einhalten konst. Lsg.-Temp. u. guter Kontakt der Glasteilchen mit der Lösung. Beim Auflösen eines Glases mit 75 (%) $SiO_2$, 17 $Na_2O$, 8 $CaO$ (Körnung unter 0,1 mm; Einwaage 2 g; 45°; 5 Std.; Rührer 60 U/min) wurden Zwischenbefunde um ca. 14% ermittelt (dieser Wert muß addiert werden); Genauigkeit ± 5%, Reproduzierbarkeit 1—2%. Mittels der Meth. wurde die Funktion von $Na_2SO_4$ als bester Auflösungsbeschleuniger von $SiO_2$ in der Schmelze bestätigt. J. Tůmová. 6242□

**Studium der Mikrostruktur von thermisch nivellierten Glasoberflächen mit Hilfe des Elektronenmikroskops.** Jaroslav Staněk und Jiří Götz. (Silikáty [Praha] **6,** 291—95, 1962; Liberec, Vys. škola stroj. a textil. u. Jablonec n. Nisou, Výzk. ústav užitkového skla a bižuterie; tschech.) — Auf Grund bekannter Abhängigkeiten der Oberflächenrauhigkeit von der Polier-Temp. wurden ein Kron- u. ein Flintglas bei entsprechenden Temp. feuerpoliert u. die Oberflächen elektronenmkr. untersucht. Die Oberflächen zeigen Unebenheiten von unvollkommen ausgefüllten, ursprünglichen Vertiefungen nach dem Schleifen. Beim Ätzen erscheint eine Korrosion, welche auf die Reste der Vertiefung u. teilweise auf eine wahrscheinliche Mikroheterogenität der Glasoberfläche zurückgeführt wird. J. Tůmová. 6242□

**Bestimmung der mineralogischen Zusammensetzung feuerfester Tone durch dilatometrische und chemische Untersuchung ihrer Fraktionen.** S. Pampuchowa und Z. Szmal. (Bull. Soc. franç. Céram. **1962,** Nr. 55, 37—43, April/Juni; Gleiwitz, Polen; franz.) — Vf. stellt den unterschiedlichen Geh. zweier poln. Tone an Kaolinit fest u. bestimmt dilatometr., daß die Kornfraktionen von 0,1—63 μm in beiden Tonen Anreicherungen von Illit enthalten. Durch chem. Analyse ergibt sich, daß die verschiedenen Elemente in den Fraktionen bzgl. Menge u. Zus. gleich sind, das Verhältnis $MgO : K_2O$ ungefähr konst. ist u. die feinsten Fraktionen mit diesen beiden Oxiden angereichert sind. G. Frikell. 6248◇

**Eine volumetrische Schnellmethode zur Bestimmung von Kieselsäure in Rohstoffen, in Rohstoffgemischen und Fertigprodukten der Zementindustrie.** Ss. Ss. Shukowskaja, K. Ja. Lewina und N. I. Wodolashenko. (Zement [UdSSR] **27,** Nr. 3, 21—23, Mai/Juni 1961; russ.) — Die von Vff. beschriebene Meth. beruht auf der relativ leichten Rk. von $SiO_2$ mit HF u. einer Lsg. von KCl zu $K_2SiF_6$. Durch Titration mit 0,2n NaOH nach $K_2SiF_6 + 4\,NaOH \rightarrow 2\,KF + 4\,NaF + Si(OH)_4$ wird der Geh. an $SiO_2$ bestimmt. Die Genauigkeit beträgt ± 0,2%. 1 ml 0,2n NaOH zeigt 3,003 mg

$SiO_2$ an. Diese quant. Best. erfordert nur noch 35 Minuten. Die Anwendungsmöglichkeiten sind nicht beschränkt. Eine Tabelle zeigt Angaben nebst Fehlergrenzen von vielseitigen Industrieprodukten. Die Vorbereitung der Proben sowie die Durchführung der Analyse sind exakt beschrieben. W.-D. Heußner. 6252□

**Beitrag zur röntgenographischen Unterscheidung von Mullit und Sillimanit.** A. Bertrand. (Bull. Soc. franç. Céram. **1962,** Nr. 55, 89—93, April/Juni; Sect. Minér. de la Soc. Franç. de Céram.; franz.) — Die charakterist. Röntgendiagramme der Alumosilicate Andalusit, Disthen, Sillimanit u. Mullit werden wiedergegeben. Es wird gezeigt, wie die Diagramme von Sillimanit u. Mullit getrennt werden u. zum Vgl. Ergebnisse anderer Autoren herangezogen. Ein Beispiel für die quant. Best. von Sillimanit in feuerfesten Prodd. wird angeführt. G. Frikell. 6260◇

## $H_7$. Agrikulturchemie. Schädlingsbekämpfung

**Feuchtigkeitsaufnahme durch Ammoniumchlorid beim Lagern.** R. V. Tamhane, M. B. Kamath und Abhiswar Sen. (Indian J. agric. Sci. **32,** 47—54, März 1962; New Delhi, Indian Agric. Res. Inst.; engl.) — Unterss. über die Feuchtigkeitsaufnahme von $NH_4Cl$ in Säcken mit 5facher Papierschicht, Jutesäcken mit u. ohne Alkathenefutter u. Säcken mit Kreppapierfutter zeigen, daß die Proben in den 5fachen Papiersäcken am wenigsten, die in den Jutesäcken am meisten Feuchtigkeit beim Lagern aufnehmen. W. Wesly. 6284◇

**Feuchtigkeitsaufnahme durch Ammoniumsulfatnitrat beim Lagern.** Abhiswar Sen, M. B. Kamath, R. V. Tamhane und M. A. Idnani. (Indian J. agric. Sci. **32,** 55—61, März 1962; New Delhi, Indian Agric. Res. Inst.; engl.) — Unterss. über den Feuchtigkeits-Geh. (FG) von $NH_4$-Nitratsulfat beim Lagern in verschiedenen Verpackungsstoffen zeigen, daß der FG in Wechselbeziehung zu dem Prod. aus mittlerer Temp. u. mittlerer, relativer Feuchtigkeit der Luft steht. Mit Alkathene gefütterte Säcke absorbieren am wenigsten, mit Kreppapier gefütterte u. Jutesäcke am meisten Feuchtigkeit. In sehr feuchten Gegenden verdienen Jutesäcke, sonst mit Kreppapier gefütterte Säcke den Vorzug, falls mit Alkathene gefütterte Säcke nicht verfügbar sind. W. Wesly. 6284◇

**Untersuchung über gealterte Wasserreisböden.** 6. Mitt. **Untersuchung der Böden und Reisernten im Gebiet von Shigarokimochi unter besonderer Berücksichtigung des „Akiochi" des Reises und des Silikatmangels.** Kazuo Ueda und Minoru Yamaoka. (J. Sci. Soil Manure, Japan [Nippon Dojohiryogaku Zasshi] **30,** 371—73, Okt. 1959; jap.) — 5. vgl. J. Sci. Soil Manure, Japan [Nippon Dojohiryogaku Zassi] **30,** [1959], 154. — Auf Grund einer eingehenden Unters. der granitogenen Böden des Gebiets von Shigarokimochi u. des auf ihnen angebauten Reises kommen Vff. zu dem Schluß, daß der „Akiochi"-Befall des dort angebauten Reises im wesentlichen durch $SiO_2$-Mangel bedingt ist. L. Schuler. 6304□

**Beitrag zur agronomischen Untersuchung der Gegend von Ancenis.** C. Bouvattier. (Ann. Inst. nat. Rech. agronom., Sér. A **11,** 577—600, Sept./Okt. 1960; Nantes, Stat. agronomique; franz.) — Nach einem kurzen Überblick über die Geographie u. die Geologie des Gebietes von Ancenis beschreibt Vf. zunächst die in dem Gebiet vorkommenden Bodenarten. Man kann 4 Haupttypen von Böden unterscheiden: sandig-tonige Lehme auf Schieferformationen, lehmige Sande auf Grauwacken, sandige oder lehmige Sande auf Sandsteinen u. Konglomeraten sowie sandige Lehme auf Glimmerschiefer. Die Ergebnisse von chem. Analysen der Böden sind tabellar. zusammengestellt. Danach handelt es sich um leicht saure Böden mit normalen biolog. Eigg., die mit organ. Substanz gut versorgt sind, deren Bedürfnisse an P u. K beträchtlich sind; außerdem ist eine N-Düngung sehr notwendig. C. Gottfried. 6304

**Einfluß des mineralärmeren Gesteins auf die Bodenentwicklung der Böden bei Libnov im Erzgebirge, westlich von Sokolov.** B. Válek. (Rostlinná Výroba **35,** 881 bis 892, Juli 1962; Praha, ČSAV, geol. úst.; tschech.) E. Vevera. 6304

**Tonmineralverteilung in einigen Rendzinen, rotbraunen Böden und Terra rossa auf Kalkgesteinen verschiedenen geologischen Alters.** D. H. Khan. (Soil Sci. **90,** 312—19, Nov. 1960; Tejgaon, Dacca, East Pakistan, Jute Res. Inst.; engl.) — 28 Profile von Rendzinen, rotbraunen Böden u. Terra rossa aus England, Wales, Frankreich u. Spanien auf Kalksteinen verschiedenen geolog. Alters wurden mittels Röntgenanalyse auf Menge u. Art ihrer Tonminerale untersucht. Die Tonminerale der Kalksteinsedimente, die verschiedenen Formationen (Carbon bis Miozän) entstammten, wurden ebenfalls untersucht. Montmorillonit. Minerale waren in Kalksteinen aus Formationen vor der Kreide entweder nicht oder nur in sehr geringen Mengen vorhanden. Vermiculit trat in den Kalksteinen bisweilen in größerer Menge auf. Glimmer war das dominierende

Mineral in den untersuchten älteren kristallinen Kalksteinen. Kaolin fand sich in kleinen Mengen. Rendzina-Tone waren im wesentlichen montmorillonit., Terra rossa-Tone im wesentlichen aus Glimmern zusammengesetzt. Rotbraune Böden waren deutlich durch einen hohen Geh. an Vermiculit mit glimmerig-kaolinit. Beimischung charakterisiert. Das Eisenoxidmineral der Bodentone war Goethit. Während der Boden-Bldg. auf Kalkstein findet eine starke Verwitterung der Glimmerminerale statt, bes. in den rotbraunen Böden u. Terra rossa. Kaolin-Bldg. (wahrscheinlich auf Kosten des Glimmers) wurde bei verschiedenen Böden beobachtet. G. Jagnow. 6304◇

**Theoretische Betrachtung einer Untersuchung von Weideland auf Kreideböden.** Franklyn Perring. (J. Ecology **46**, 665—79, Nov. 1958; Cambridge, Univ., Bot. Garden; engl.) — Im Hinblick auf eine umfassende Unters. des Weidelandes auf Kreideböden in England diskutiert Vf. die 5 unabhängigen Variablen (Klima, Muttergestein, Topographie, biot. Faktor u. Zeit), die nach Jenny [1941] für die Boden-Bldg. bestimmend sind. W. Wesly. 6304□

**Untersuchungen über das Weideland der Westghats in Indien.** F. R. Bharucha und K. A. Shankarnarayan. (J. Ecology **46**, 681—705, Nov. 1958; Bombay, Inst. of Sci., Dep. of Botany; engl.) — Beschreibung der Pflanzenfolgen u. Assoziationen sowie der Struktur u. chem. Zus. der Weidelandböden der Westghats. W. Wesly. 6304□

**Über einige Bedingungen, die geeignet sind, das mengenmäßige Verhältnis der Aminosäuren (in Böden) zu verändern.** J. Carles und J. Decau. (Ann. Inst. nat. Rech. agronom., Sér. A **11**, 557—75, Sept./Okt. 1960; Toulouse, Inst. catholique, Labor. de Physiol. végétale u. Stat. d'Agr. et d'Œnologie; franz.) — Nach einem kurzen Überblick über den Ursprung, die Formen u. den Abbau der Aminosäuren im Boden berichten Vff. über die Extraktion der Aminosäuren aus ca. 40 Böden, von denen 20 aus der Gegend von Toulouse stammten. Die folgenden Aminosäuren wurden identifiziert: *Leucin, Alanin, Valin, Lysin, Glykokoll, Asparaginsäure, Glutaminsäure, Threonin, Serin, β-Alanin, Prolin, γ-Aminobuttersäure, Phenylalanin, Tyrosin, Diaminopimelinsäure, Arginin, Hydroxyprolin, Ornithin, Aminoadipinsäure* u. *Histidin*. Das mengenmäßige Verhältnis dieser Aminosäuren hängt von verschiedenen Faktoren (Klima, C/N-Verhältnis, Bodenschicht) ab. C. Gottfried. 6304

**Untersuchungen an mit $^{32}P$ markiertem Thomasphosphat in Ägypten.** H. Hamawi S. E. E. Hashish und M. F. Abdel-Wahab. (J. Chem. U.A.R. **4**, 111—17, 1961; Cairo, Min. of Agric.; engl.) — In Ägypten erzeugtes Thomasphosphat enthält P in Form von Orthophosphat, wie papierchromatograph. nachgewiesen wurde. Es vermag in großem Umfang andere $P_2O_5$-Düngemittel zu ersetzen. Seine Wirksamkeit wird durch Zusatz von $[NH_4)_2SO_4$ erhöht u. von $Ca(NO_3)_2$ vermindert. Seine Verw. auf ägypt. Böden wird empfohlen. W. Wesly. 6304□

**Löslichkeit und Verfügbarkeit von Spurenelementen in Beziehung zur Phosphordüngung.** Frank T. Bingham und M. J. Garber. (Proc. Soil Sci. Soc. America **24**, 209—13, Mai/Juni 1960; Riverside, Calif., Univ. of California, Citrus Exp. Stat.; engl.) — Mit Sämlingen von Sauerorangen wurde die Verfügbarkeit von *B, Cu, Fe, Mn, Mo* u. *Zn* in Abhängigkeit von starker *P*-Düngung (900 lbs./acre, normal: 76 lbs.) in Form von $Ca(H_2PO_4)_2$ in 19 verschiedenen Böden (pH-Bereich 4,3—8,2) untersucht. *P*-Überschuß verursachte auf allen Böden akuten Cu-Mangel. Auf sauren Böden hatte P-Überschuß meistens verminderte B- u. Zn-Aufnahme zur Folge. Dagegen wurden Mn- u. Mo-Aufnahme auf sauren Böden durch P-Überschuß gefördert. Auf alkal. Böden wurde die Verfügbarkeit von Mo vermindert. Die Löslichkeit von Mn, B u. Mo ging ihrer Verfügbarkeit parallel. Die Löslichkeit von Cu u. Zn wurde durch P-Überschuß erhöht. G. Jagnow. 6304◇

**Einige Verfahren der Düngung von Wintergetreide.** A. K. Sselawri. (Ackerbau [UdSSR] **8**, Nr. 8, 60—65, Aug. 1960; Allunions Forschungsinst. für Düngemittel u. Agrobodenkunde; russ.) — Auf Grund von Feld-Verss. auf nährstoffarmen Böden wird empfohlen: Man dünge zunächst mit dem wichtigsten Düngemittel, nämlich P. Falls man Phosphoritmehl verwendet, setze man etwas granuliertes Superphosphat (I) zu (0,5—1 dz je 2—2,5 dz Phosphoritmehl). Selbst geringe I-Mengen (granuliert, 7,5 bis 14,5 kg/ha) steigern den Ertrag ganz erheblich. Auch gut bereiteter Stoppel-Stallmistkompost ist ein ausgezeichnetes Düngemittel für Wintergetreide. Der Dünger soll kurz vor oder während der Aussaat gegeben werden. Kopfdüngung ist viel weniger wirksam, jedoch kann man als Ergänzung eine solche empfehlen: 20—30 kg N, je 30 kg P, u. K-Dünger sowie Komposte. Torfkomposte + Jauche + granuliertes I sind auf Podsolböden wirksamer als auf Schwarzerde. A. v. Wilpert. 6304□

**Über die Auslaugung von verschiedenen dem Boden zugeführten Ammoniumsalzen.** Azuma Okuda, Shiro Hori und Eiichi Takahahi. (J. Sci. Soil Manure, Japan [Nippon Dojohiryogaku Zasshi] **30**, 193—99, Juli 1959; jap.) H. Franzen. 6304◇

**Vergleich der Wirkung von Stall- und Kunstdünger in Saatwechsel-Düngungsversuchen.** Alajosné Balla. (Agrokémia és Talajtan [Agrochem. u. Bodenkunde] **10**, 441—50, Dez. 1961, Budapest, Forsch.-Inst. für Bodenkunde u. Agrochemie; ung.) — Auf einem Tschernosemboden, welcher seit 15—20 Jahren keinen Stalldünger erhalten hatte, bewirkte Kunstdünger keinen geringeren Ertrag als gleichwertiger Stalldünger. Nach Mais gepflanzter Weizen (u. auch Wicke) brachte bei Verw. von Kunstdünger größere Erträge als bei Verw. von mit Kunstdünger ergänztem Stalldünger. Bei Verw. der beiden Dünger wirkte jeder so, als wäre er allein verabreicht worden. Organ.-mineral. Mischdünger erhöhte den Ertrag wegen des schlechten N : P-Verhältnisses nur nach Zugabe von N-Dünger. G. Csajághy. 6304

**Die Beeinflussung des Nährwertes von Mais durch natürliche und künstliche Dünger. 1. Mitt. Chemische Zusammensetzung.** Y. P. Gupta und N. B. Das. (Indian J. agric. Sci. **32**, 79—86, März 1962; New Delhi, Indian Agric. Res. Inst.; engl.) — Unterss. über den Einfl. verschiedener Düngerarten auf die chem. Zus. von Maiskörnern zeigen, daß N-, K- u. N–$P_2O_5$-Gaben den Geh. an Eiweiß erhöhen; $P_2O_5$-Gaben allein verringern ihn. Superphosphat allein u. zusammen mit anderen Düngemitteln erhöhen den P-Geh.; N-, K-, N–K- u. Rapskuchengaben vermindern ihn. Der Fe-Geh. wird durch Anwendung von $P_2O_5$, $P_2O_5$–K, N–$P_2O_5$–K u. Mist, kombiniert mit Rapskuchen, erhöht. Superphosphat steigert, allein oder kombiniert mit anderen Düngemitteln, den Rohfasergehalt. Mist führt zu schwereren Körnern als Handelsdünger. Der Geh. des Ae.-Extraktes der Körner wird durch Mist, Rapskuchen, $P_2O_5$, $P_2O_5$–K, N–$P_2O_5$ u. N–K gesteigert. W. Wesly. 6304◇

**Einfluß von Zeitpunkt, Häufigkeit und Menge der Kaliumdüngung auf die Kaliumaufnahme von Knaulgras.** R. R. Robinson, C. L. Rhykerd und C. F. Gross. (Agronomy J. **54**, 351—53, Juli/Aug. 1962; State College, Pa., U.S. Dep. of Agric., Div. of Soil and Water Conserv. Res., Reg. Pasture Res. Labor.; engl.) — Mehrjährige K-Düngungs-Verss. zu Knaulgras zeigen, daß Herbst- oder Frühjahrsgaben zu hohen K-Geh. des Grases im Frühling, aber geringen Geh. im Spätsommer u. Herbst führen. Jährliche, sommerliche K-Gaben vermindern die Neigung zu starkem Frühjahrsverbrauch u. K-Mangel im Herbst. W. Wesly. 6304□

**Einfluß verschiedener Mengen und Häufigkeiten der Anwendung von Kali auf Ertrag und chemische Zusammensetzung von Luzerne und Luzerne-Knaulgras.** C. B. Kresge und S. E. Younts. (Agronomy J. **54**, 313—16, Juli/Aug. 1962; Univ. of Maryland, Agric. Exp. Stat.; engl.) — Bei jährlicher Anwendung von 83, 165 u. 331 lbs./acre K für Luzerne u. Luzerne–Knaulgras-Gemische wird eine wirksamere Ausnutzung erzielt, wenn die Gaben gleichmäßig auf das frühe Frühjahr u. die Zeit nach dem 1. Schnitt verteilt werden. Die bessere Ausnutzung ergibt sich aus geringerem K-Bedarf für höchste Erträge, gute K-Wiedergewinnung in der Pflanze u. günstige K-Verteilung in der Pflanze während des Wachstums. W. Wesly. 6304□

**Bemerkungen zu dem Problem des Kalkens von Böden in Polen.** W. Boguszewski und M. Kac-Kacas. (Postępy Nauk rolniczych **8 (13)**, Nr. 5, 79—97, Sept./Okt. 1961; Puławy, IUNG, Prac. Nawoz.; pol.) — Um den pH-Wert der Böden in Polen auf 6—6,5 zu heben, sind 16 Millionen t CaO erforderlich. Zur Erhaltung dieses Zustandes werden weiter jährlich 0,8 Millionen t CaO benötigt. Bei genügender N-, K-, P-Düngung ist der CaO-Bedarf des Bodens geringer. — 25 Literaturangaben. F. Urban. 6304□

**Anorganische Ernährung von Reispflanzen. 4. Mitt. Die Auswirkung des Gehalts der Nährlösung an Calcium, Magnesium und Schwefel auf den Ertrag und die chemische Zusammensetzung der Pflanzen.** Yashiaki Ishizuka und Akira Tanaka. (J. Sci. Soil Manure, Japan [Nippon Dojohiryogaku Zasshi] **30**, 414—16, Nov. 1959; jap.) — 1. vgl. C. **1959**, 4195. H. Franzen. 6304◇

**Die Aufnahme und Verwertung von Kohlenstoff aus $^{14}C$-markiertem Harnstoff durch Pflanzenwurzeln. 2. Mitt. Der Vergleich der Aufnahme von Kohlenstoff und Carbonat durch Pflanzenwurzeln.** Shingo Mitsui und Kiyoshi Kukihara. (J Sci. Soil Manure, Japan [Nippon Dojohiryogaku Zasshi] **30**, 405—10, Nov. 1959; jap.) — 1. vgl. J. Sci. Soil Manure, Japan [Nippon Dojohiryogaku Zasshi] **28**, [1958], 39. H. Franzen. 6304◇

**Die Aufnahme und Verwertung von Kohlenstoff aus $^{14}C$-markiertem Harnstoff durch Pflanzenwurzeln. 3. Mitt. Untersuchung der Kohlenstoffaufnahme aus Hochlandboden beziehungsweise überflutetem Boden und aus Harnstoff beziehungsweise**

**Bicarbonat.** Shingo Mitsui und Kiyoshi Kurihara. (J. Sci. Soil Manure, Japan [Nippon Dojohiryogaku Zasshi] **30,** 427—32, Dez. 1959; jap.) — 2. vgl. vorst. Referat. H. Franzen. 6304

**Einfluß von Schwefelgaben auf Ertrag sowie Stickstoff- und Schwefelgehalt von auf grauen Waldböden mit beziehungsweise ohne Schwefelmangel angebauter Luzerne.** R. R. Cairns und R. B. Carson. (Canad. J. Plant Sci. **41,** 709—15, Okt. 1961; Canada Dep. of Agric.; engl.) — Gaben von S, $Na_2SO_4$ oder $CaSO_4$ erhöhten den Luzerneertrag auf grauen Waldböden mit S-Mangel, nicht aber auf solchen mit ausreichendem S-Gehalt. Die Gaben steigerten auch den sehr geringen $SO_4$–S-Geh. der Luzerne auf Böden mit S-Mangel. Die S-Behandlung erhöhte auch den N-Geh. u. die N-Ausbeute der auf Böden mit S-Mangel geernteten Luzerne. Die Ergebnisse werden erörtert. W. Wesly. 6304□

**Die Beeinflussung der Direkt- und Nachwirkung von Knochenmehl durch seine Teilchengröße und die Bodenart.** J. S. Kanwar und B. S. Kanwar. (Indian J. agric. Sci. **32,** 71—78, März 1962; engl.) — Unterss. über den Einfl. von Knochenmehl verschiedener Teilchengröße auf den Ertrag von Luzerne, Mais u. wieder Luzerne in sauren Böden u. $CaCO_3$ enthaltenden Böden zeigen, daß die Wirksamkeit des Knochenmehles in dem Maße steigt, wie seine Teilchengröße abnimmt u. die angewandte Menge zunimmt. Knochenmehlmengen, entsprechend 150 (lbs./acre) $P_2O_5$, mit 0,5 mm Teilchengröße haben die gleiche Wrkg. wie 100 $P_2O_5$ in Form von Superphosphat (I) auf saurem Boden, zeigen aber auf $CaCO_3$ enthaltendem Boden nur 77% der I-Wirksamkeit. Die Nachwirkung entspricht im allg. der direkten Wrkg.; auf sauren Böden mit hoher, organ. Substanz zeigt Knochenmehl eine bessere Nachwirkung als I. W. Wesly. 6304◇

**Wollabfälle, eine Quelle für Düngerstickstoff.** E. J. Rubins, Arthur Hawkins und B. A. Brown. (Soil Sci. **90,** 290—92, Nov. 1960; Connecticut, Storrs Agric. Exp. Stat.; engl.) — Die N-Verfügbarkeit von Wollabfällen wurde mit der von Ricinustrestern, Baumwollsaatmehl, Harnstoff, $(NH_4)_2SO_4$ u. $NaNO_3$ in einer Reihe von Labor.-, Gewächshaus- u. Gefäß-Verss. verglichen. In einem Gefäß-Vers. mit Hafer u. einem Nitrifizierungs-Vers. im Labor. war die N-Verfügbarkeit der Wollabfälle ähnlich der von Baumwollsamenmehl u. besser als die von Ricinustrestern. Wenn erstere (13,9% N) mit Rayon zu einer Mischung mit 10% N verdünnt wurde, nahm die N-Verfügbarkeit stark ab. Im Feld-Vers. mit Kartoffeln waren Wollabfälle Ricinustrestern gleichwertig, wenn sie $^1/_3$ der Gesamt-N-Gabe ausmachten. Rasendüngungs-Verss. im Frühjahr zeigten, daß N aus Wollabfällen langsamer verfügbar wird als aus Ricinustrestern, jedoch eine länger dauernde Wrkg. hat. G. Jagnow. 6304◇

**Untersuchungen über den Düngewert von Seetang.** 1. Mitt. **Einfluß von Mehlen von Pachymenia himantophora und Durvillea antarctica auf das Pflanzenwachstum.** R. I. B. Francki. (Plant and Soil [The Hague] **12,** 297—310, Juni 1960; Auckland, Univ., Bot. Dep.; engl.) — Vf. untersuchte die Wrkg. verschieden schweren Böden zugesetzter Mehle von *Pachymenia himantophora* (a) bzw. *Durvillea antarctica* (b) auf das Wachstum junger Tomatenpflanzen. a wies ein niedrigeres C/N-Verhältnis, niedrigere Cl- u. Kationen-Geh., aber höhere N- u. S-Geh. auf als b. Zusätze von a stimulierten das Pflanzenwachstum auf Böden mit einem pH-Wert über 6 u. hatten eine hemmende Wrkg. bei saureren Böden. Zusätze von b hemmten auf allen Böden das Tomatenwachstum. Die negative Wrkg. von a wird auf eine zu hohe Mn-Verfügbarkeit u. eine anfängliche P-Festlegung zurückgeführt, die von b auf einen durch das hohe C/N-Verhältnis induzierten N-Mangel. Eine den Zusätzen entsprechende Salzmischung hatte keinen negativen Einfl. auf das Pflanzenwachstum. Wilfried Werner. 6304□

**Untersuchungen über den Düngewert von Seetang.** 2. Mitt. **Einfluß von Pachymenia himantophora und Durvillea antarctica auf die Stickstoffestlegung im Boden.** R. I. B. Francki. (Plant and Soil [The Hague] **12,** 311—23, Juni 1960; engl.) — 1. vgl. vorst. Referat. — Auf mit Mehl von *Pachymenia himantophora* (a) versehenem Lehmboden erbrachten Tomaten höhere, mit Mehl von *Durvillea antarctica* (b) niedrigere Erträge gegenüber der Kontrolle. Mindererträge u. N-Mangelsymptome bei b wurden durch $NH_4NO_3$-Zusatz aufgehoben. Erbsen zeigten nur geringe Ertragsunterschiede. a u. b bewirkten eine Festlegung von anorgan. N im Boden, was auf eine Stimulierung der mikrobiellen Aktivität des Bodens zurückgeführt wird. Wilfried Werner. 6304□

**Einfluß der Melioration von Sandböden durch Tiefschichtendüngung auf Ertrag und Nährstoffaufnahme der Kuhbohne (Vigna sinensis).** István Láng. (Agrokémia és Talajtan [Agrochem. u. Bodenkunde] **10,** 389—404, Sept. 1961; Budapest, Agrochem. Forsch-Inst.; ung.) — Auf einem kalkreichen, aber humus- u. nährstoffarmen Boden, welcher 3 Jahre vorher durch Tiefschichtdüngung nach Egerszegi verbessert worden war, wurden Kuhbohnen gepflanzt. Im oberird. Teil der Pflanzen wurde der Geh. an Gesamt-N, P, K, Ca, Mg u. Na bestimmt u. die relative u. abs. Nährstoffmenge berechnet. Die ertragssteigernde Wrkg. der Tiefschichtendüngung konnte man auch noch nach 4 Jahren feststellen, denn das Trockensubstanz-Gew. der gedüngten Pflanzen war doppelt so groß wie das der nichtgedüngten. Der Geh. an P u. N der oberird. Pflanzenteile zeigte eine nicht signifikante, der an K eine signifikante Erhöhung. Der Ca- u. Mg-Geh. erfuhren eine Verminderung, der Na-Geh. blieb unverändert. Die mineral. Bestandteile der Samen wurden nicht beeinflußt. Eine bedeutende Menge des Nährstoffes befindet sich im Stadium der Vollreife in den reproduktiven Organen. Die Anhäufung der Kationen ist unterschiedlich, im Stengel dominiert K, in den Blättern Ca, in den Hülsen K u. Mg. G. Bidló. 6304

**Über die Aufschließung von Rohphosphaten in natürlichen Böden durch den direkten Angriff von Bodenpilzen.** E. König. (Landwirtsch. Forsch. **14,** 216—25, 1961; Hohenheim, Landw. Hochschule, Inst. für Bodenkunde; dt.) — Es wurde untersucht, ob der mikrobiolog. Aufschluß von Rohphosphaten durch Reinkulturen säurebildender Pilze auch im Boden stattfindet. Hierbei wurden folgende Feststellungen getroffen: Im Boden (degradierter Löß, Buntsandsteinboden, Lauberdekompost) finden die gleichen chemotrop. Rkk. statt wie in Reinkulturen. Ein direkter Zusammenhang zwischen dem in üblicher Weise ermittelten pH-Wert des Gesamtbodens u. dem mikrobiolog. Phosphataufschluß besteht nicht. Offenbar ist dieser lediglich von der biolog. Aktivität des jeweiligen Bodens abhängig. Das harterdige Kolaphosphat wurde im Boden wesentlich weniger stark mikrobiolog. angegriffen als das weicherdige Garsaphosphat. M. Winiker. 6306□

**Dynamische Untersuchungen über die Nährstoffaufnahme von Nutzpflanzen.** 9. Mitt. **Die Aufnahme von K, $PO_4$ und $NH_4$ durch Gerstensämlinge unter dem Einfluß von 2.4-Dinitrophenol.** Shingo Mitsui und Kikuo Kumazawa. (J. Sci. Soil Manure, Japan [Nippon Dojohiryogaku Zasshi] **26,** 241—44, Nov. 1955; Tokyo, Univ., Fac. of Agric.; jap., Auszug: engl.) — 8. vgl. J. Soil Manure, Japan [Nippon Dozyô-Hiryô-Gaku Zasshi] **24,** [1953], 45. — Unterss. über die Aufnahme von $K_2O$, $P_2O_5$ u. $NH_4$–N durch Gerstensämlinge unter dem Einfl. von 2.4-Dinitrophenol (**I**) u. $NaN_3$ (**II**) zeigen, daß $10^{-4}$ Mol **I** die $O_2$-Aufnahme durch die Wurzeln erhöht, wogegen $10^{-2}$ Mol **II** gegenteilig wirkt. In jedem Fall wird $P_2O_5$ ausgeschieden. $K_2O$ wird durch **II** ausgeschieden; seine Aufnahme wird durch **I** beendet. Die Aufnahme von $NH_4$–N wird durch **II** stark gesenkt, aber nur geringfügig durch **I**. W. Wesly. 6312□

**Chemische Unkrautbekämpfung in Spinatkulturen.** G. Pardini. (Agric. ital. **60** ([N. S.] **15**), 274—86, Aug. 1960; Pisa, Univ., Facoltà agrar., Ist. di Agronomia gen. e Coltivazioni erbacee; ital.) — Als bestes Unkrautbekämpfungsmittel für Spinat erwies sich sowohl wegen seiner guten Wirksamkeit als auch wegen seiner geringen Schädlichkeit für die Pflanzen *Diserbante A* (auf Basis *Cyclooctyldimethylharnstoff* + *Butinyl-m-dichlorphenylcarbamat*), während *Prevenol 56* [auf Basis *Isopropyl-N-(3-chlorphenyl)-carbamat*] völlig wirksam ist, aber die Kulturen stark schädigt. *Florvis* (*2.4-D-Äthylester, Na-Salz*) u. *MCPA 30* lieferten vollständig unbefriedigende Ergebnisse (Abb. u. Tabellen). G. Platzer. 6312□

**Chemische Bekämpfung von Flughafer in Getreidefeldern.** Stanley A. Evans. (Agriculture [London] **68,** 589—91, Febr. 1962; Oxford, A.R.C. Weed Res. Organ.; engl.) — Bericht über Bekämpfungserfolge mit *Di-allate* (*2.3-Dichlorallyldiisopropylthiolcarbamat*) u. *Barban* [*4-Chlor-2-butinyl-N-(3-chlorphenyl)-carbamat*]. J. Lehmberg. 6312□

**Gibberelline an Crysanthemen.** Peter J. Lert. (Calif. Agric. **13,** Nr. 4, 4, April 1959; Santa Clara County, Univ. of California; engl.) — 2 Chrysanthemenarten wurden mit einer wss. Lsg. von *Kaliumgibberellat* (**I**) behandelt (Konz. 10—500 ppm, Vers.-Dauer 28—56 Tage im Frühling u. Sommer). Als Folge der **I**-Behandlung wurden längere Blütenstengel u. Blüten mit größerem Durchmesser beobachtet. M. Wüstefeld. 6312□

**Parathion resistente Milben.** Harold F. Madsen und J. Blair Bailey. (Calif. Agric. **13,** Nr. 4, 12, April 1959; Berkeley, Calif., Univ. of California; engl.) — Die Phosphate *Guthion* (**I**), *Trithion* (**II**), *Ethion* (**III**), *Phosdrin* (**IV**), *Monsanto-10516, Monsanto-12432* (**VI**), *Monsanto-10739* (**VII**) wurden auf ihre Wirksamkeit gegen die gegen Parathion resistente europäische rote Milbe (Panonychus ulmi) auf Apfelbäumen untersucht. Ebenfalls wurden Vers. mit 2 Nichtphosphaten, *Karathane* (**VIII**) u. *Tedion* (**IX**), unternommen. Von den Phosphaten war nur **VII** wirksam; **VIII** war nur sehr kurze Zeit, **IX** erst nach längerer Zeit wirksam. **VII** wirkte auch als einziges Phosphat längere Zeit gegen Aphis pomi, während die Wirkung von **I** u. **II** hier nur 30 Tage anhielt, während sie von **III, IV, V** u. **VI** noch kürzer war. M. Wüstefeld. 6312□

**Beitrag zur Kenntnis von Barytchius Avulsus Faust (Coleoptera: Curculionidae) und Mittel zu seiner Bekämpfung.** Giuseppe Martelli, Orlando Casilli und Giovanni Binaghi. (Ann. Sperimentaz. agrar. [N.S.] **14,** Nr. 2, Suppl. XI, XXIII bis XLVI, 1960; Bari e Genova, Osservat. per le Malattie delle Piante; ital.) — In Freiland-Verss. erwiesen sich *γ-BHC* (I), *Heptachlor, Aldrin* u. *Dieldrin* als zur Bekämpfung des Schädlings geeignet. Für die Praxis wird, auf Grund ökonom. Erwägungen, I empfohlen. G. Platzer. 6312□

**Giftigkeit von Dibromdämpfen gegen Gewächshausinsekten.** C. H. Condron, R. B. Neiswander und R. D. Wessel. (J. econ. Entomol. **55,** 221—24, April 1962; Wooster, Ohio, Ohio Agric. Exp. Stat.; engl.) — Mit *Dibrom*-Emulsion (4 u. 8 lbs./gallon), auf Heizungsrohre ausgegossen, wurden unabhängig von der Tageszeit u. der Einwrkg.-Dauer gute Bekämpfungsergebnisse in Gewächshäusern erzielt gegen Trialeurodes vaporarium Westwood, Macrosiphum euphorbias Thomas, Tetranychus telarius L. u. andere Schädlinge an tragenden Tomaten, gegen Myzus persicae Sulzer an verschiedenen Gemüsesorten u. Blumen. Ungenügend wirkten die Dämpfe gegen Tyrophagus putrescentiae Schrank. Störende Rückstände wurden nicht beobachtet. Eine Übersicht von 70 Pflanzenarten, die von den Dämpfen nicht geschädigt wurden, wird gegeben. Fritz Müller/Ludwigshafen. 6312□

**Biochemische Untersuchungen über Calcium.** 1. Mitt. **Einfluß der Ca-Konzentration der Nährlösung auf die Ca-Verteilung in lebenden Blättern von Brassica chinensis var. Komatsuna.** Masao Deguchi und Yasusada Ohta. (J. Sci. Soil Manure, Japan [Nippon Dojohiryogaku Zasshi] **30,** 106—12, Juni 1959; jap.) H. Franzen. 6320◇

**Biochemische Untersuchungen über Calcium.** 2. Mitt. **Einfluß der Konzentration und der chemischen Form des Stickstoffs in der Nährlösung auf die Ca-Verteilung in lebenden Blättern von Brassica chinensis var. Komatsuna.** Masao Deguchi und Yasusada Ohta. (J. Sci. Soil Manure, Japan [Nippon Dojohiryogaku Zasshi] **38,** 189—92, Juli 1959; jap.) — 1. vgl. vorst. Referat. H. Franzen. 6320◇

**Biochemische Untersuchungen über Calcium.** 3. Mitt. **Einfluß von Gaben von N, P, K, Mg, B und Mo auf die Ca-Verteilung in lebenden Blättern von Komatsuna.** Masao Deguchi und Yasusada Ohta. (J. Sci. Soil Manure, Japan [Nippon Dojohiryogaku Zasshi] **30,** 207—10, Aug. 1959; jap.) — 2. vgl. vorst. Referat. H. Franzen. 6320

**Sulfatbestimmung in wässerigen Bodenextrakten und natürlichen Wässern mittels der trilonometrischen Methode.** P. G. Grabarow. (Nachr. Akad. Wiss. KasachSSR, Ser. Bot. Bodenkunde **1961,** Nr. 2, 90—93; russ., Auszug: kasach.) — Da die trilonometr. $SO_4^{2-}$-Best. in Ggw. von $CaCO_3$ bzw. $MgCO_3$ bzw. von Bicarbonaten in der Probe erschwert wird, müssen diese Verbb. vorher zersetzt werden. Weiter müssen wss. Auszüge von stark versalzten Böden bzw. Wasserproben mit erhöhtem Geh. an mineral. Stoffen vor der Best. zur Herabsetzung des $SO_4^{2-}$-Geh. u. Beseitigung des Einfl. von Fe, Mn, Al verd. werden. Zur Berechnung des $SO_4^{2-}$-Geh. in wss. Bodensuspensionen wird eine Formel angegeben. M. Gordienko. 6324□

**Untersuchungen über gealterte Wasserreisböden.** 7. Mitt. **Eine Prüfung der Analysenmethode für pflanzenverfügbares Silicat im Boden.** Kazuo Ueda und Minoru Yamaoka. (J. Sci. Soil Manure, Japan [Nippon Dojohiryogaku Zasshi] **30,** 393—96, Nov. 1959; jap.) — 6. vgl. C. **1963,** 7138. H. Franzen. 6324◇

---

Soc. Belge de l'Azote et des Produits Chimiques du Marly Soc. An., Lüttich, Belgien, **Herstellung von granuliertem Ammoniumnitrat.** Verd. $NH_4NO_3$-Lsgg. werden bei 175—180° bis auf 90—96,5% $NH_4NO_3$-Geh. konz. u. mit 0,1—1 (%), bes. 0,3—0,5, $Al_2(SO_4)_3 \cdot 17\ H_2O$ innig vermischt. Das homogene Gemisch wird bei 165—170° in Granulier-Vorr. granuliert, worauf die Granulate in Drehöfen mit im Gegenstrom zugeführter Luft zum Erstarren gebracht, getrocknet u. gekühlt werden. Sie verlassen die Drehrohre bei 80—90°. Durch Sieben werden die Granalien mit einer Korngröße von 1,75—4,5 mm als Endprod. abgetrennt, während das Feingut in ca. zwei- bis dreifacher Menge in das Verf. zurückgeht. Die harten Granalien sind bei der Lagerung stabil u. werden durch atmosphär. Feuchtigkeit nicht beeinflußt. (**E. P. 891 562** vom 12/2. 1960, ausg. 14/3. 1962. F. Prior. 5/3. 1959.) H. Karst. 6285

Hercules Powder Co., Wilmington, Del., V.St.A. (Erfinder: James M. O'Donnell), **Kunstharzdüngemittel.** Bei der Herst. von festen Harnstoff-$CH_2O$-Düngemitteln mit einem Harnstoff-$CH_2O$-Mol.-Verhältnis $>$ 1 u. einem pH-Wert

2—4 wird das fl. saure Gemisch so auf ein Förderband gegeben, daß eine höchstens ½zöllige Schicht entsteht, wobei eine Temp. von 40—58° eingehalten wird. Nach dem Verlassen des Förderbandes wird neutralisiert u. getrocknet. — Zeichnung. (**E.P.875907** vom 23/9. 1959, ausg. 23/8. 1961.) W. Overbeck. 6285

Hooker Chemical Corp., Niagara Falls, übert. von: Edwin Dorfman, Grand Island, Edward D. Weil, Lewiston, und Jack S. Newcomer, Wilson, N.Y., V.St.A., **Trichlorphenylacetamid** (I), verwendbar als *Herbicid*, erhält man in leicht zu zerkleinernder u. gut netzbarer Form durch Lösen von Trichlorphenylacetonitril (**II**; aus Trichlorbenzylchlorid u. Alkalicyanid) in $H_2SO_4$, Eintragen der Lsg. unter Rühren in ein 2-Phasengemisch aus W. u. einem organ. Lsgm. u. Isolieren des abgeschiedenen I. — Man trägt z. B. 2000 (Pfund) rohes **II** (2.3.6-Isomeren-Geh. 45 bis 50%) bei 70—80° in 775 85%ig. $H_2SO_4$ unter Rühren ein, dekantiert nach Abklingen der exothermen Rk. etwa 849 einer unlösl. organ. Fl. ab, gibt sie auf eine Dest.-Kolonne zwecks Wiedergewinnung von enthaltenem Trichlortoluol u. Trichlorbenzylchlorid auf u. trägt die $H_2SO_4$-Schicht in eine lebhaft gerührte, auf 20—60° erwärmte Mischung aus 1350 Toluol u. 1430 W. ein, filtriert die aus 3 Phasen bestehende breiartige Masse, trennt aus dem Filtrat durch Dekantieren die verbrauchte $H_2SO_4$-Schicht u. die organ. Schicht ab, wäscht die Feststoffe mit 1000 Toluol u. W. u. trocknet sie bei 120°. Man erhält 840 **I**, das 65% des 2.3.6-Trichlorisomeren enthält. (**A. P. 3 021 369** vom 9/3. 1960, ausg. 13/2. 1962.) A. Mohr. 6313

Velsicol Chemical Corp., übert. von: Sidney B. Richter, Chicago, Ill., V.St.A., **2-Methoxy-5-nitro-3.6-dichlorphenylessigsäure und ihre Abkömmlinge** erhält man durch Chlormethylierung von 2.5-Dichlor-4-nitro-1-methoxybenzol mittels HCHO u. HCl in Ggw. von Katalysatoren, wie $ZnCl_2$, Überführung des entstandenen 2-Methoxy-5-nitro-3.6-dichlorbenzylchlorids durch Rk. mit NaCN in das 2-Methoxy-5-nitro-3.6-dichlorbenzylcyanid u. saure oder alkal. Hydrolyse des letzteren zur freien Säure. Diese kann in üblicher Weise in ihr Na-, $NH_4$-, Dimethylamin-, Diäthanolamin- oder Morpholin-Salz bzw. in den Äthyl-, n-Butyl- oder Decylester bzw. in das Chlorid, Amid oder n-Decylamid u. in das Anhydrid übergeführt werden. Die Prodd. werden in Form von Stäubepräpp., Lsgg., Emulsionen, Suspensionen, ggf. im Gemisch mit anderen Wirkstoffen, Pesticiden, Stabilisatoren, Aktivatoren usw. als *herbicide Mittel* mit selektiver Wrkg. verwendet. — Gemäß A. P. 3 013 059 gelangt man analog durch Chlormethylierung von 2.4.5-Trichlor-1-methoxybenzol über das hierbei entstehende 2-Methoxy-3.5.6-trichlorbenzylchlorid u. das hieraus durch Rk. mit NaCN erhältliche 2-Methoxy-3.5.6-trichlorbenzylcyanid u. anschließende Hydrolyse zur *2-Methoxy-3.5.6-trichlorphenylessigsäure*, die gleichfalls in ihre Salze, Ester, Halogenide oder Amide überführt werden kann, die sämtlich als *Herbicide* verwendbar sind. (**A. PP. 3 013 050** u. **3 013 059** vom 20/10. 1958, ausg. 12/12. 1961.) A. Mohr. 6313

Soc. des Usines Chimiques Rhône-Poulenc, Paris, übert. von: Jean Metivier, Arpajon, Frankreich, **2-Alkoxymethyl-4-chlorphenoxyessigsäuren**, verwendbar als *pflanzenwuchsregulierendes Mittel*, erhält man durch Rk. eines Phenols der

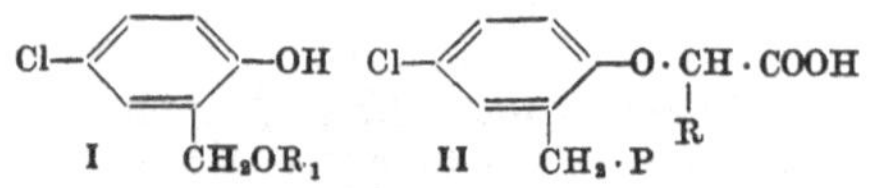


allg. Formel **I** ($R_1$ = niedermol. Alkyl) mit einer aliphat. Carbonsäure der allg. Formel X·CH(R)·COOH (X = Säurerest eines umsetzungsfähigen Esters, z. B. Rest eines Chlorwasserstoff-, Sulfon- oder Schwefelsäureesters; R = H oder $CH_3$) oder einem Alkali-, Ammonium- oder Aminsalz bzw. einem Ester oder Amid dieser Säure in Ggw. eines alkal. Kondens.-Mittels. Man kann auch eine Phenoxyalkylcarbonsäure der allg. Formel **II** bzw. ein Deriv. derselben mit einer Verb. Q·$R_1$ umsetzen (einer der Reste P oder Q = Rest OM, worin M ein Akalimetall, der andere Rest wie X oben). — Man gibt z. B. zu einem Gemisch aus 64,3 g 2-Hydroxymethyl-4-chlorphenoxyessigsäure in 300 cm³ Chlf. 107 g $SOCl_2$, erhitzt nach 2 std. Rühren bei Zimmer-Temp. unter Rückfluß bis zur Beendigung der Gas-Entw., treibt überschüssiges $SOCl_2$ u. Chlf. im Vakuum ab, gießt den in 250 cm³ Bzl. aufgenommenen Rückstand in 330 cm³ 2,25n $NaOCH_3$-Lsg. in Methanol, erhitzt nach 2 std. Rühren bei Raum-Temp. 3 Std. unter Rückfluß, filtriert vom NaCl ab u. reinigt den öligen Rückstand in üblicher Weise. Man erhält 55 g *2-Methoxymethyl-4-chlorphenoxyessigsäure*, F. 79°. Analog erhält man *2-Äthoxymethyl-4-chlorphenoxyessigsäure*, F. 75—76°. (**A. P. 3 007 962** vom 19/3. 1959, ausg. 7/11. 1961.) A. Mohr. 6313

Leek Chemicals Ltd., Leek, Stafford, England (Erfinder: William Handel Evans), **Das Salz aus Äthylendiamin und α-(4-Chlor-2-methylphenoxy)-propionsäure** (**I**) erhält man z. B. durch Erhitzen eines Gemisches aus 32 g **I** u. 4,475 g Äthylendiamin (bzw. 5,825 g seines Monohydrats) unter Rühren auf 90—100°, bis es homogen geworden ist u. beim Abkühlen zu einer glasartigen, leicht wasserlösl. Masse erstarrt. Das Salz bzw. seine wss. Lsg., die ein Netzmittel enthalten kann, dienen als *herbicide Mittel.* (**E. P. 889 152** vom 2/10. 1959, ausg. 7/2. 1962.) A. Mohr. 6313

Imperial Chemical Industries of Australia and New Zealand Ltd., Melbourne, Australien, **γ-Phenoxybuttersäuren,** welche das Cl-Atom in 4-Stellung des Phenylrestes u. in 2-Stellung entweder eine $CH_3$-Gruppe oder ein weiteres Cl-Atom enthalten, u. die als *herbicide Mittel* verwendbar sind, erhält man durch Chlorieren von γ-2-Methylphenoxybuttersäure (I) mit 1,2 Mol $Cl_2$ je Mol **I**, bzw. durch Chlorieren von γ-Phenoxybuttersäure (II) mit 2,0—2,3 Mol $Cl_2$ je Mol **II**, wobei **I** bzw. **II** während der Chlorierung in wss. Suspension vorliegen. — Man leitet z. B. 17,4 g $Cl_2$ durch eine Suspension von 20 g **II** in 80 cm³ W. bei 91—92°, kühlt dann auf 30°, filtriert, wäscht u. trocknet. Man erhält *γ-2.4-Dichlorphenoxybuttersäure,* F. 114—115° in 93% Ausbeute. Aus einer Suspension von 19,4 g **I** in 80 cm³ W. erhält man mit 8,2 g $Cl_2$ bei 90—92° *γ-2-Methyl-4-chlorphenoxybuttersäure,* F. 86—88° in 96% Ausbeute. (**E. P. 883 255** vom 3/4. 1959, ausg. 29/11. 1961. Aust. Prior. 3/4. 1958.) A. Mohr. 6313

Allied Chemical Corp., New York, N.Y., übert. von: Everett E. Gilbert, Morris Township, Morris County, N.J., und Christ N. Yiannios, Los Angeles, Calif., V.St.A., **γ-(2-Chlor-4-fluorphenoxy)-n-buttersäure, deren Salze und Ester,** verwendbar als Wirkstoffe in *herbiciden Mitteln,* erhält man durch Rk. von Na-2-Chlor-4-fluorphenolat (I) mit Butyrolacton (II) nach 2.4-Cl(F)·$C_6H_3ONa$ + $CH_2·CH_2·CH_2·CO$ (Ring über —O—) → γ-[2.4-Cl(F)·$C_6H_3$]·$OCH_2·CH_2·CH_2·COONa$. — Man gibt z. B. 61,7 (Gew.-Teile) **II** zu **I** (hergestellt aus 105 2-Chlor-4-fluorphenol u. 16,5 Na in 157,8 abs. A.), erhitzt 24 Std. auf 80° unter Rückfluß, treibt A. durch Dest. ab, löst den Rückstand in W. u. säuert mit HCl an u. reinigt die abgeschiedene, amorphe, krist. Masse über A-Kohle. Man erhält die gering wasserlösl. *γ-(2-Chlor-4-fluorphenoxy)-n-buttersäure* (**III**), weiße Kristalle, F. 92—95°. Aus **III** u. wasserfreiem Dimethylamin (**IV**) erhält man das wasserlösl. **IV**-Salz von **III**. Durch Veresterung von **III** mit Butanol in Ggw. von wenig konz. $H_2SO_4$ entsteht der *Butylester* von **III**. Für die Anwendung als Herbicid kann man **III** bzw. deren Salze u. Ester mit einem fl. Lsgm. oder Verdünnungsmittel, bes. einem KW-Stoff, in Mengen von nicht unter ½ lb. (bes. 1—2 lbs.) **III** je 100 Gallonen Dispersion oder Lsg., oder mit festen Trägerstoffen, wie Diatomeenerde, Silicagel oder Holzmehl, zu entsprechenden Präpp. verarbeiten. (**A. P. 3 005 695** vom 16/7. 1958, ausg. 24/10. 1961.) A. Mohr. 6313

Upjohn Co., Kalamazoo, Mich., V.St.A., **Herbicide Mittel.** Die Mittel enthalten als Wirkstoff eine Verb. der allg. Formel $RO·CO·C_6H_4·OR'$, in welcher R u. R′ aliphat. KW-Stoff-Reste bedeuten, wobei die Gesamtzahl der C-Atome in beiden Resten nicht $< 5$ u. nicht $> 12$ betragen soll. Sie werden in Form emulgierbarer Konzentrate, im Gemisch mit mit W. mischbaren oder nicht mischbaren Lsgm. oder in Form von dispergierbaren Pulvern, in welchen der Trägerstoff ein feinzerkleinerter Feststoff ist, hergestellt. — Beispiele der Wirkstoffe: *n-Butyl-2-allyloxy-*, *n-Propyl-* oder *n-Amyl-2-allyloxy-*, *n-Butyl-2-n-propoxy-* u. *Äthyl-2-n-heptyloxybenzoat.* Bei selektiver Unkrautvertilgung werden ca. 0,045—11,25 kg/4050 m² u. bei nichtselektiver Vertilgung ca. 22,5 kg/4050 m² des Wirkstoffes verwendet. Tabellen mit Ergebnissen aus Vgl.-Verss. mit verschiedenen Unkräutern. (**E. P. 883 234** vom 3/7. 1959, ausg. 29/11. 1961. A. Prior. 9/7. 1958.) H. Karst. 6313

E. I. du Pont de Nemours & Co., übert. von: Norman Edward Searle, Wilmington, Del., V.St.A., **Thiocarbonsäureester** der allg. Formel RC(O)SCH(OH)R′ (R = Alkyl, Aryl, Aryloxymethyl, halogenierter KW-Stoff, halogeniertes Aryloxymethyl mit höchstens 2 H-Atomen am α-C, mit 1—7 C-Atomen; R′ = H, aliphat. u. aromat. KW-Stoff, halogenierter KW-Stoff mit 1—7 C-Atomen; mindestens einer von R oder R′ muß Halogen enthalten. Halogen = Cl, Br), werden hergestellt durch Rk. von RC(O)SH mit einem Aldehyd R′CHO. — Zu 18 g $C_6H_5C(O)SH$ in 200 ml n-Hexan gibt man bei 25—35° 22,2 g Chloral in 50 ml n-Hexan, kühlt auf 5° → 27,6 g *Thiobenzoesäure-S-(1-hydroxy-2.2.2-trichloräthyl)-ester,* $C_9H_7Cl_3O_2S$, F. 84—86° (aus Cyclohexan); 74% (Ausbeute); — Analog erhält man: *Trichlorthioessigsäure-S-(1-hydroxy-2.2.2-trichloräthyl)-ester,* $C_4H_2Cl_6O_2S$, F. 43—47°, 96%; — *4-Chlorthiobenzoesäure-S-(4-Chlor-α-hydroxybenzyl)-ester,* $C_{14}H_{10}Cl_2O_2S$, F. 50—51°, 87% aus 4-Chlorbenzaldehyd (F. 46,5—47,5°) u. 4-Chlorthiobenzoesäure; — *Thiobenzoesäure-S-(3.4-dichlor-α-hydroxybenzyl)-ester,* $C_{14}H_{10}Cl_2O_2S$, F. 53—54° (aus n-Pentan), 70%; — *2.4-Dichlorphenoxythioessigsäure-S-hydroxymethylester,* $C_9H_8Cl_2O_3S$, F. 81—84°, 98%; — *2.4.5-Trichlorphenoxythioessigsäure-S-hydroxymethylester,* $C_9H_6Cl_3O_3S$, F. 111—112° (aus Bzl./Cyclohexan), 70%; — *2.3.6-Trichlorthiobenzoesäure-S-hydroxymethylester,* $C_8H_5Cl_3O_2S$, F. 98—102° (aus n-Hexan u. Cyclohexan), aus Formaldehyd u. 2.3.6-Trichlorthiobenzoesäure, $C_7H_3Cl_3OS$,

$n_D^{25}$ 1,6188. — *Herbicide* u. *Wachstumsregler* für breitblättrige Pflanzen u. Gräser, Zubereitungen sind angegeben. (**A. P. 3 022 151** vom 16/5. 1957, ausg. 20/2. 1962.) A. Debo. 6313

E. I. du Pont de Nemours & Co., Wilmington, Del., V.St.A., **Unkrautvertilgungsmittel.** Als Wirkstoff enthalten die Mittel *1-Methoxy-1-methyl-3-phenylharnstoff* im Gemisch mit feinverteilten, festen Trägerstoffen, z. B. Attapulgit, Pyrophyllit, Diatomeenerde, Rotholz-, Sojabohnen-, Baumwollsaatmehl u. dgl., Insekticiden, Fungiciden, oberflächenakt. Mitteln, Dispergier-Mitteln oder organ. Lsgm. mit Kp. < 150°. Verwendete Mengen an Wirkstoff ca. 20,25 kg/4050 m². Die Mittel sind bes. als *Vorauflauf-Herbicide* u. zur Vernichtung tiefwurzelnder Pflanzen geeignet. (**E. P. 872 808** vom 19/11. 1959, ausg. 12/7. 1961. A. Prior. 20/11. 1958.) H. Karst. 6313

Shell Internationale Research Mij. N. V., Den Haag (Erfinder: Willem Brackman, Amsterdam), Niederlande, **Herstellung N′-substituierter N-Arylharnstoffe.** Man läßt CO in Ggw. einer Cu-Verb. mit einer fl. Mischung aus einem prim. u./oder sek. Amin mit einer aromat. Nitro-Verb. reagieren. — Zum Beispiel rührt man eine Lsg. von $CuCl_2 \cdot 2\,H_2O$ in einem Gemisch gleicher Vol.-Teile Piperidin u. Nitrobenzol bei 25° in CO-Atmosphäre 3 Tage → *N′.N′-Pentamethylen-N-phenylharnstoff*, F. 168 bis 170°. — *Herbicide.* (**Niederl. P. 101 102** vom 18/6. 1959, ausg. 16/4. 1962.) F. Böhm. 6313

Columbia-Southern Chemical Corp., Pittsburgh, Pa., V.St.A. (Erfinder: Robert Hugh Fredenburgh), **Herbicide Mittel.** Feinverteilte, mit W. benetzbare, herbicide Pulver werden durch inniges Vermischen oder Vermahlen von 70—95 (%) *Isopropyl-N-phenylcarbamat* u. 30—5 eines feinverteilten gefällten Silica-Pigments mit einer Teilchengröße < 1 μ, bes. < 0,3 μ, z. B. 0,015—0,05 μ, u. einer Oberflächen-Ausdehnung von 60—250 m² je g hergestellt. Netz- u. Dispergiermittel anion. Art sowie 0,2—1,0 Teile feingemahlener Ton mit 5—50 μ Teilchengröße, z. B. Attapulgite, Kaolinite u. Montmorillonite, je Teil Pigment können dem Gemisch zugefügt werden. Als Pigmente sind gefällte, feinverteilte Ca-, Ca–K-, Al- u. Al–Ca-Silicate bes. geeignet. Die Mittel sind leicht dispergierbar in W. u. dienen bes. zur Vernichtung von *Wildhafer.* (**E. P. 891 649** vom 25/11. 1960, ausg. 14/3. 1962. A. Prior. 27/11. 1959.) H. Karst. 6313

Amchem Products, Inc., Ambler, Pa., V.St.A., **Mittel zur Vernichtung und/oder Unterdrückung von unerwünschtem Pflanzenwuchs.** Die herbiciden Mittel bestehen aus einer Mischung von *3-Amino-1.2.4-triazol* u. einer im wesentlichen nicht herbiciden Menge eines oder mehrerer *Alkali-* oder *$NH_4$-Thiocyanate*, ggf. unter Zusatz von inerten, festen, pulvrigen Trägerstoffen, fl. Lsgm. oder Verdünnungsmitteln, aus der Lsgg., Emulsionen oder Suspensionen der Wirkstoffe hergestellt werden. Das Gewichts-Verhältnis der Triazole zu dem Thiocyanatsalz in dem Gemisch soll 0,5 : 2,0, bes. 1 : 1, betragen. Die Konz. an Thiocyanat in den herbiciden Lsgg. beträgt ca. 2,25—1080 g je Gallone, bes. 4,5—270 g. Bei perennierenden Gräsern wird durch den Zusatz von Thiocyanaten synergist. herbicide Wrkg. erreicht. (**E. P. 876 461** vom 1/2. 1960, ausg. 6/9. 1961. A. Prior. 13/2. 1959.) H. Karst. 6313

Ju. M. Martynow, A. A. Furman und L. M. Jakimenko, **Herstellen eines Entblätterungsmittels für Baumwollpflanzen** auf $NaClO_3$-Basis, welches zur besseren Lagerfähigkeit mit $MgCl_2 \cdot 6\,H_2O$ gestreckt wird. — Man gibt 0,5—0,95 (Gew.-Teile) $NaClO_3$ bei 107—112° in 1 geschmolzenes $MgCl_2 \cdot 6\,H_2O$ u. granuliert das erkaltete Prod., dessen F. nicht unter 40° liegt. (**UdSSR. P. 109 667** vom 6/4. 1957.) B. Pankow. 6313

Ju. M. Martynow, A. A. Furman, L. M. Jakimenko, M. P. Nasarow, Ss. I. Erlich, B. Ss. Ryshakow, I. L. Lachman, Ju. A. Kondratjew, Je. Ss. Derjugina, Ss. M. Kruglyj, P. G. Chain und W. A. Schur, **Herstellung eines Entblätterungsmittels** auf $Mg(ClO_3)_2$-Basis durch Umsetzung der Schmelze von $MgCl_2$ oder dessen Hexahydrat mit $NaClO_3$, dad. gek., daß das Salz durch Behandlung mit gespanntem Dampf von 2—3 at geschmolzen u. die 38—40% $MgCl_2$ enthaltende Schmelze danach von überschüssiger Feuchtigkeit durch Einblasen von auf 100—115° erwärmter Luft befreit wird. Durch die niedrigere Schmelz-Temp. wird Hydrolyse verhindert u. der Prozeß von 18—20 auf 2—2½ Std. verkürzt. (**UdSSR. P. 120 080** vom 11/8. 1958. **Zusatz zu UdSSR. P. 109 667; s. vorst. Ref.**) L. Großner. 6313

N. V. Philips' Gloeilampenfabrieken (Erfinder: Jan Hendrik Ohlenbroek und Martinus Johannes Koopmans), Eindhoven, Niederlande, **Substituierte Benzolthiolsulfonsäuretrichlormethylester** der allg. Formel I (X = $R_1$CONH-, wobei $R_1$ = gesätt. oder ungesätt. KW-Stoff, in dem ein H durch Halogen, eine Amino-, Alkylamino-, Dialkylamino-, Trialkylammonium-, Carboxyl-, veresterte Carboxyl- oder Äthergruppe



I

ersetzt ist, oder die Gruppe 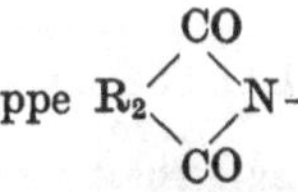, wobei $R_2$ = aliphat. KW-Stoff; $R_3O(R_4O)_{\overline{m}}$; wobei $R_3$, $R_4$ = aliphat. oder araliphat. Reste u. m = 0—6 sind, oder die Gruppe $ZOOCR_5$-, wobei $R_5$ = gesätt. oder ungesätt. Alkylen u. Z = H, Metall oder KW-Stoff ist, oder die Reste: $R_6R_7NC(O)$-, wobei $R_6$, $R_7$ = H, KW-Stoff, $R_{10}C(O)NH$-, wobei $R_{10}$ = Aminogruppe, $R_5OC(O)NH$-, $R_{14}CON(R_5)$-, wobei $R_{14}$ = H, $R_5$, RO·$COR_5O$, wobei R = Anion oder Alkyl, $R_{17}SO_2NH$-, wobei $R_{17}$ = aliphat. Rest mit ggf. mindestens einer Doppelbindung) erhält man durch Rk. eines entsprechenden benzolsulfinsauren Salzes mit $ClSCCl_3$. — 20 g α-Fluoracetanilid gibt man unter Rühren unterhalb 10° zu 50 ml $ClSO_3H$. Man erwärmt 1 Std. auf 50°, gießt auf Eis → 24 g p-(α-Fluoracetamino)-benzolsulfochlorid, F. 130—132°, 70% (Ausbeute). Die vorst. Verb. suspendiert man in 37 g $Na_2SO_3 \cdot 7\,H_2O$ u. 80 ml W., wobei man das Gemisch mit $NaHCO_3$ neutral hält. Man kühlt u. säuert mit $H_2SO_4$ an → 19,3 g p-(α-Fluoracetamino)-benzolsulfinsäure, 88%, die man nach Lösen in einer äquivalenten Menge 2n NaOH bei Raum-Temp. mit 10ml $ClSCCl_3$ schüttelt → 18g *p-(α-Fluoracetamino)-benzolthiolsulfonsäuretrichlormethylester*, F. 159—160°, 55%. — Analog erhält man aus folgenden Benzolsulfinsäuren (II) die entsprechenden *Benzolthiosulfonsäuretrichlormethylester* (III): p-(α-Chloracetamino)-II, 62% → *p-(α-Chloracetamino)*-III, F. 106—107°, 43%; — p-(β-Carboxypropionylamino)-II (91%, aus Bernsteinsäuremonoanilid, $ClSO_3H$ u. Red.) → *p-(β-Carboxypropionylamino)*-III, F. 141—142°, 57%. — *p-(α-Carbäthoxyacetamino)*-II (F. 78—83°; 85%, aus α-Carbäthoxyacetanilid u. $ClSO_3H$ u. Red.) → *p-(α-Carbäthoxyacetamino)*-III, F. 98—100°; 82%. — *p-(β-Carbäthoxypropionylamino)*-II, F. 110—112°; 76%, → *p-(β-Carbäthoxypropionylamino)*-III, F. 122—124° (aus Bzl./PAe.); 89%. — *p-Succinimido*-III, F. 173—176° (aus Bzl./PAe.); 90%. — *p-(Phenoxyacetamino)*-III, F. 107—107,5° (aus Bzl.); 88%. — p-(β-Äthoxyphenetoxy)-II (74%, aus β-Äthoxyphenetol, $ClSO_3H$ u. Red.) → *p-(β-Äthoxyphenetoxy)*-III, F. 65,5—67,5° (aus verd. A.); 81%. — *p-(β-Butoxyäthoxy)*-III, Öl; 61%. — β.β-Äthoxyäthoxyphenetol u. $ClSO_3H$ → p-(1.4.7-Trioxanonyl)-benzolsulfochlorid, Öl; 60%, hieraus → *p-(1.4.7-Trioxanonyl)*-III, F. 51—53° (aus verd. A.); 60%. — *p-(β-Carboxyäthylen)*-III, F. 189—189,5°; 75%. — p-(β-Carboxyäthyl)-II (F. 143—144°; 61%) → *p-(β-Carboxyäthyl)*-III, F. 118—120° (aus Bzl./PAe.); 83%. — Phenylessigsäureäthylester u. $ClSO_3H$ → p-Äthylcarboxymethylbenzolsulfochlorid, Öl, 30%, hieraus mit mit $Na_2SO_3$ → p-Äthylcarboxymethyl-II, Öl, 72%, hieraus → *p-Äthylcarboxymethyl*-III, $n_D^{20}$ 1,5696; 77%. — *p-Carboxymethyl*-III, $n_D^{20}$ 1,5741; 66%. — *p-Carbamyl*-III, F. 148—150° (aus Bzl.), 81%, aus p-Carbamylbenzolsulfochlorid (F. 150—170° unter Zers., 93%) über p-Carbamyl-II. — *p-(N-Methylcarbamyl)*-III, F. 111—114° (aus Bzl./PAe.), 71%, aus p-(N-Methylcarbamyl)-benzolsulfochlorid über p-(N-Methylcarbamyl)-II (100%). — *p-(N.N-Dimethylcarbamyl)*-III, F. 95—100° (aus Bzl./PAe.); 52%, aus p-(N.N-Dimethylcarbamyl)-benzolsulfochlorid, F. ca. 100°; 67%. — *p-Ureido*-III, F. 138—139°; 31%. — *p-(N.N-Dimethylureido)*-III, F. 132—133° (aus W./Aceton), 74%, aus p-(N.N-Dimethylureido)-benzolsulfochlorid, F. 145—150°; 45%. — *p-Carbäthoxyamino*-III, F. 86—87°, 90%, aus p-Carbäthoxyamino-II, F. 130—131° (aus W.); 66%. — *p-Carboisopropoxyamino*-III, F. 120—122° (aus $CH_3OH$/W.), 70% aus p-Carboisopropoxyamino-II, F. 110—111°, 63%, letztere erhält man aus Isopropylchlorformiat u. p-Aminobenzolsulfonsäure. — *p-(N-Methylacetamino)*-III, F. 123—124° (aus A.), 59%, aus p-(N-Methylacetaminobenzolsulfochlorid. — *p-Carbomethoxymethoxy*-III, F. 40—42°, 66%, aus Phenoxyessigsäuremethylester über p-Chlorsulfonylphenoxyessigsäuremethylester, F. 63—65°; 85%. — *p-Carbäthoxymethoxy*-III, F. 53—55°, 71%, aus p-Chlorsulfonylphenoxyessigsäureäthylester, F. 38—40°, 73%, über p-Carbäthoxymethoxy-II, Öl; 76%. — *p-Methylsulfonylamino*-III, F. 112—114° (aus verd. A.), 55%, aus Methylsulfonylaminobenzolsulfochlorid, F. 151—152° (aus Essigester/PAe.); 67%. — *Fungicide*, Zubereitungen u. phytotox. Wrkg. sind angegeben. (**Schwz. P. 362 689** vom 8/6. 1957, ausg. 15/8. 1962. Niederl. Prior. 11/6. 1956.) A. Debo. 6313

Collier Carbon & Chemical Corp., übert. von: Irving D. Webb und John W. Yale jun., Yorba Linda, Calif., V.St.A., **Fungicide** aus Schwefel u. $C_2H_4$ mit 63 bis 68% S werden hergestellt durch Rk. von Schwefel u. $C_2H_4$ bei erhöhter Temp. unter Druck, ggf. in Ggw. von Katalysatoren (Amine, Friedel-Crafts). — Auf 400 g S u. 15 g $NH_3$ drückt man mit 1000 lbs./sq.in. im Autoklav $C_2H_4$ u. erhitzt unter starkem Rühren 10 Std. auf 140°. Der Enddruck beträgt 2000 lbs./sq.in. Das schwarze Öl filtriert man u. dest. die unter 140° bei 0,1 Torr flüchtigen Bestandteile ab → schwarzes Öl der empir. Zus. $C_2H_4S_{2,5}$. — Die fungicide Wrkg. ist angegeben. (**A. P. 2 946 714** vom 18/3. 1957, ausg. 26/7. 1960.) A. Debo. 6313

Rohm & Haas Co., Philadelphia, Pa. (Erfinder: Harold Frederick Wilson, Moorestown, N.J.), V.St.A., **Diester der schwefligen Säure** von der allg. Formel $R^1R^2 \cdot C(CN)OS(O)(OCH_2CH_2Cl)$ ($R^1$ = H, Alkyl mit 1—3 C-Atomen; $R^2$ = Chlormethyl, Alkyl mit 1—6 C-Atomen; $R^1$ u. $R^2$ = carbocycl. Ring) erhält man durch Rk. von Cyanhydrinen der allg. Formel $R^1R^2C(CN)OH$ mit Chlorsulfinsäure-2-chloräthylester (**I**). — Zu 85 (Teilen) Acetoncyanhydrin u. 500 Octan gibt man unter Rückfluß langsam 163 **I**. Nach ca. 2½ Std. dest. man → 150 *α-Cyanisopropyl-2-chloräthylsulfit*, $Kp._{0,25}$ 96—97°, $n_D^{20}$ 1,4622; — Analog erhält man folgende *-2-chloräthylsulfite* (**II**): α-Oxypropionitril → *α-Cyanäthyl*-**II**, $Kp._{0,4}$ 90—94°, $n_D^{20}$ 1,4663; — α-Oxy-β.β.β-trichlorpropionitril → *2.2.2-Trichlor-1-cyanäthyl*-**II**, $Kp._{0,4}$ 91—94°, $n_D^{20}$ 1,4965; — $CH_2ClC(CH_3)(CN)OH$ → *2-Chlor-1-methyl-1-cyanäthyl*-**II**, $Kp._{0,5}$ 105—113°, $n_D^{20}$ 1,4814; — sym.-Dichloracetoncyanhydrin → *2.2'-Dichlor-1-cyanisopropyl*-**II**, $Kp._{0,55}$ 131—136°, $n_D^{20}$ 1,4983; — Methyläthylketoncyanhydrin → *1-Cyan-1-methylpropyl*-**II**, $Kp._{0,4}$ 91—98°, $n_D^{20}$ 1,4725; — Isobutylmethylketoncyanhydrin → *1.3-Dimethyl-1-cyanbutyl*-**II**, $Kp._1$ 115—120°, $n_D^{20}$ 1,4656; — Methylhexylketoncyanhydrin → *1-Methyl-1-cyan-n-heptyl*-**II**, $Kp._{0,15}$ 116 bis 128°, $n_D^{20}$ 1,4630; — Cyclohexanoncyanhydrin → *1-Cyancyclohexyl*-**I**, $Kp._{0,35}$ 135 bis 140°, $n_D^{20}$ 1,4900. — *Fungicide.* Wrkg. gegen zahlreiche Fungi ist angegeben. (**D. A. S. 1 133 367** Kl. 12o vom 5/5. 1960, ausg. 19/7. 1962. A. Prior. 18/5. 1959.) A. Debo. 6313

Norwich Pharmacal Co. (Erfinder: John Charles Howard), Norwich, N.Y., V.St.A., **Wasserlösliche Ammoniumsalze von α-Oxyhalogenalkylsulfonsäuren** der allg. Formel $R-CH_2-C(CH_2-X)(OH)-SO_2O-NH_4$ (R = H, Cl, Br; X = Br, Cl) erhält man durch Anlagern von $(NH_4)_2SO_3$ an Ketone der allg. Formel $R-CH_2-CO-CH_2-X$. — Aus 0,8 Mol. wss. $NH_4HSO_3$ u. 0,6 Mol geschmolzenem 1.3-Dichloraceton unter Abkühlen auf 10° → *$NH_4$-1.3-Dichlor-2-hydroxypropan-2-sulfonat*, F. 79—83°; 77% (Ausbeute). — 1,25 Mol konz. wss. $NH_4OH$, 130 cm³ W., 1,5 Mol $SO_2$ u. 1,25 Mol Bromaceton unter Einengen der Lsg. bei 30—50°/10 mm Hg → *$NH_4$-1-Brom-2-hydroxypropan-2-sulfonat*, F. 97—100°; 23%. — 1.3-Dibromaceton → *$NH_4$-1.3-Dibrom-2-hydroxypropan-2-sulfonat*, F. 90—95°; 75%. — *Fungicide*, bes. gegen *Fungus Fusarium cubense* (= „Panamakrankheit„ der Bananen). (**D. A. S. 1 132 124** Kl. 12o vom 12/4. 1960, ausg. 28/6. 1962. A. Prior. 17/4. 1959.) G. Krauß. 6313

Monsanto Chemical Co., St. Louis, Mo., übert. von: Milton Kosmin, Dayton, Ohio, V.St.A., **Fungicides Mittel**, gek. durch ein Cu-Chelat eines $N-C_5-C_{18}$-Alkenylalkylenpolyamins mit 3—5 Aminogruppen, die durch $C_3-C_5$-Alkylketten getrennt sind, bes. N-(Tetrapropenyl)-diäthylentriamin–Cu(II)-nitrat. (**A. P. 2 977 279** vom 29/11. 1955, ausg. 28/3. 1961.) C. Lüttgen. 6313

Monsanto Chemical Co., St. Louis, Mo., übert. von: John J. D'Amico, Nitro, W.Va., und Ching C. Tung, Kirkwood, Mo., V.St.A., **Fungicides Mittel** zur Behandlung des Bodens, gek. durch den Geh. einer Verb. der allg. Formel $ON-A-N \cdot (R'')R'-COOR$, in der A einen Phenylrest, der in m-Stellung durch Br, Cl, einen niederen Alkylrest, OH- oder Nitrogruppe substituiert sein kann, oder Naphthylrest, R einen niederen Alkylrest, R' $-CH_2CH_2-$ u. R'' H oder die Nitrosogruppe bedeutet, bes. *Methyl-(p-nitrosophenyl)-*, *Methyl-4-(4-nitroso-m-tolyl)-* u. *Allyl-N-(p-nitrosophenyl)-β-alaninat.* (**A. P. 2955978** vom 4/12. 1957, ausg. 11/10. 1960.) C. Lüttgen. 6313

Union Carbide Corp., übert. von: Donald J. Foster, South Charleston, und Erich Tobler, Charleston, W.Va., V.St.A., **Organoquecksilberverbindungen** der allg. Formel $RHgC{\equiv}CHgR$, in der R einen Vinyl- oder Cyclopropylrest bedeutet, erhält man durch Rk. von Hg-Verbb. der allg. Formel RHgX (R = wie oben u. X = Halogen) mit $C_2H_2$ in Ggw. einer starken Base, wie bes. NaOH u. KOH. — $C_2H_2$ wird in eine Lsg. von 0,084 Mol $CH_2{=}CHHgCl$ in 1000 cm³ 10%ig. wss. NaOH bis zur Beendigung der Gew.-Zunahme eingeblasen u. dann $N_2$ zur Entfernung von gelöstem $C_2H_2$ durchgeblasen; der Nd. wird abfiltriert u. öfters mit W. u. Ae. gewaschen, wobei man farblose Kristalle von *Bis-(vinylmercuri)-acetylen* erhält. Durch Einleiten von $C_2H_2$ in eine Lsg., die 0,002 Mol Cyclopropylmercurichlorid, 0,9 g NaOH u. 150 cm³ A. enthält, erhält man reines, festes *Bis-(cyclopropylmercuri)-acetylen.* — *Fungicide.* (**A. P. 3 033 886** vom 6/4. 1960, ausg. 8/5. 1962.) J. Mühleisen. 6313

Union Carbide Corp., übert. von: Donald J. Foster, South Charleston, und Erich Tobler, Charleston, W.Va., V.St.A., **Divinylquecksilber (I)** erhält man durch Rk. einer Vinylmetall- oder Vinylmetallhalogenid-Verb., in der das Metall unedler ist als Hg, wie Na, K, Li oder Mg, mit Hg-Dihalogeniden oder Vinylquecksilberhalogeniden in Ggw. eines fl. Mediums, wie eines KW-Stoffs, eines Äthers oder eines Äthylenglykoläthers. — Durch Rk. von $HgCl_2$ in Tetrahydrofuran mit $CH_2{=}CHMgCl$ bei 20° erhält man **I**, $Kp._{760}$ 157°, $Kp._5$ 43—45°, $Kp._{20}$ 59—61°, $Kp._6$ 46—48°; $D._4^{25}$ 2,760; $n_D^{20}$ 1,5990. — *Fungicid.* (**A. P. 2 987 532** vom 18/5. 1959, ausg. 6/6. 1961.) J. Mühleisen. 6313

Soc. Bario & Derivati S. p. A., Mailand, Italien, **Herstellung von wasserlöslichem trockenem Bariumpolysulfid.** Gereinigtes u. kristallisiertes BaS wird mit fl. S gemischt, gekühlt u. vermahlen. Man kann auch eine wss. Lsg. von BaS mit S versetzen, filtrieren, konzentrieren u. in Ggw. von Antioxydantien kristallisieren. — *Pflanzenschutzmittel.* (**It. P. 541 346** vom 2/4. 1955.) K. Koebke. 6313

Dow Chemical Co., Midland, Mich., V.St.A. (Erfinder: Lloyd Joseph Meuli), **Mittel zur Bekämpfung von Bodennematoden.** Die Mittel bestehen aus einem Gemisch aus *1.2.3-Tribrompropan* als einzigem nematodiciden Wirkstoff u. 15—90 (%) Aceton, Toluol, Methylenchlorid, Chlorbenzol oder Petroleumdestillaten oder 50—99,9 eines feinzerkleinerten, inerten Trägerstoffes oder 1—20 eines oberflächenakt. Emulgier- oder Dispergiermittels in wss. Dispersion. Die wss. Dispersionen können mit W. nichtmischbare Lsgm. für das Propan enthalten. Die Petroleumdestillate sollen einen Kp. $<204^0$ u. einen Entflammpunkt $>27^0$ haben. Als Trägerstoff ist expandierter, feinzerkleinerter Glimmer bes. geeignet. Der Wirkstoff wird in Mengen von 1,0—200 ppm im Boden verteilt bzw. in die Ackerkrume in einer Tiefe von 10—15 cm in Mengen von ca. 6,75—22,5 kg/4050 $m^2$ eingearbeitet. Die Mittel sind bes. zur Vernichtung von *Wurzelknoten-* u. *Zuckerrüben-Nematoden* geeignet u. bewirken außerdem eine Beschleunigung des Pflanzenwachstums sowie Erhöhung der Ernteerträge. (**E. P. 873 463** vom 3/4. 1959, ausg. 26/7. 1961.) H. Karst. 6313

Farbenfabriken Bayer Akt.-Ges., Leverkusen, **Insekticide Mittel,** bestehend aus einem pulverförmigen oder fl. Träger mit einem Geh. von 0,00001—1% eines Phosphonsäureesters der allg. Formel **I**, in der R u. $R_1$ $C_1$—$C_4$-Alkylreste, $R_2$ einen Alkyl-, Aryl- oder Aralkylrest u. X, Y u. Z, O oder S bedeuten. Zahlreiche Verbb. werden formelmäßig aufgeführt, ihre Herst. erfolgt durch Umsetzen von Phosphonsäuredihalogeniden mit einem Alkohol, Phenol, Mercaptan oder Thiophenol zu den entsprechenden Monohalogeniden u. weitere Rk. mit den gleichen oder einem anderen Alkohol, Phenol, Mercaptan oder Thiophenol. (**Ind. P. 64 948** vom 14/8. 1958, ausg. 27/1. 1961. E. Prior. 30/5. 1958.) C. Lüttgen. 6313

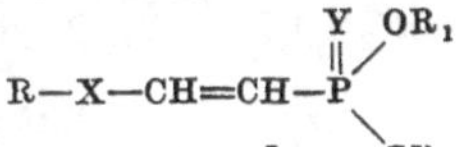

I

Soc. des Usines Chimiques Rhône-Poulenc, Paris (Erfinder: Jean Metivier, Arpajon), Frankreich, **Herstellung von Phosphorsäureestern** der allg. Formel **I** (R = H, Halogen, Alkyl-, Alkoxy-, Alkenyloxy-, Alkylmercapto-, Aryloxy-, $NO_2$-, Trifluormethylgruppe; $R_1$ = Alkyl; X = O, S oder —N—Z—, wobei Z = H, Alkyl; Y u. Y', gleich oder verschieden, = O, S, eines in jedem Fall = S), durch Rk. von Phosphorsäureestern der allg. Formel $(R_1O)_2P(:Y)Y'H$ mit Verbb. der allg. Formel **II** (A = reaktionsfähiger Esterrest). — *Insekticide.* (**Ung. P. 150 151** vom 18/10. 1961, ausg. 20/7. 1962. F. Prior. 20/10. 1960.) F. Landsberger. 6313

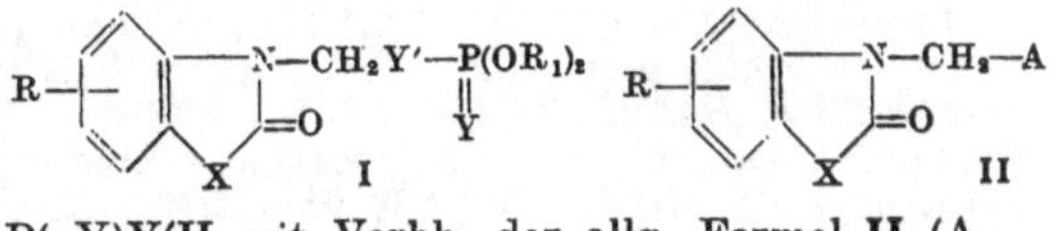

I II

American Cyanamid Co., New York, N.Y., V.St.A., **Herstellung von Phosphorsäureestern** der allg. Formel **I** (R u. R' = niedermol. Alkylreste, X, Y, Z = H, Halogen, Phenyl- oder niedermol. Alkylreste) durch Rk. von Dialkylphosphorchloridthioat mit dem Alkalisalz eines Hydroxypyrazin in einem inerten Lösungsmittel. — Zu 11,8 (g) Na-Salz von 2-Hydroxypyrazin in 150 $cm^3$ N-Methyl-2-pyrrolidon gibt man 18,9 O.O-Diäthylphosphorchloridthioat, rührt 3 Std. lang bei 40°, filtriert, konz. das Filtrat u. arbeitet es auf → *O.O-Diäthyl-O-[pyrazinyl-(2)]-thiophosphat,* $n_D^{25}$ 1,5131. — Analog: *O.O-Diäthyl-O-[6-chlorpyrazinyl-(2)]-thiophosphat,* $n_D^{25}$ 1,5187. — *Mittel gegen Nematoden.* (**Ind. P. 65 370** vom 26/9. 1958, ausg. 16/12. 1960.) C. Lüttgen. 6313

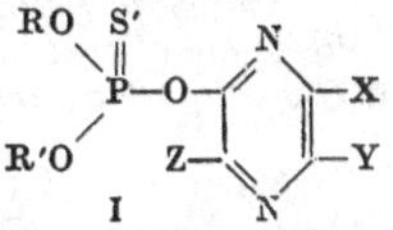

I

Soc. des Usines Chimiques Rhône-Poulenc, Paris, übert. von: Jean Metivier, Arpajon, Frankreich, **Pesticid wirksame Thiophosphorsäureester** der allg. Formel $(RO)_2 \cdot P(:X_1) \cdot X_2 \cdot A \cdot Y \cdot B \cdot CON(R_1)R_2$, worin $X_1$ u. $X_2$ = O oder S mit der Maßgabe, daß wenigstens eines dieser Symbole gleich S ist, A = Äthylen oder Isopropylen, B = Methylen oder Äthyliden, Y = SO oder $SO_2$, R, $R_1$ u. $R_2$ = niedermol. Alkyl, $R_1$ u. auch $R_2$ = H, erhält man z. B. durch Rk. einer Verb. der Formel $(RO)_2PS \cdot SH$ mit einer Verb. der Formel $CH_2:CH \cdot Y \cdot B \cdot CON(R_1)R_2$, welche letztere durch Dehydrohalogenierung der entsprechenden 5-Halogenvaleramide mittels Triäthylamin (**I**) zugänglich sind. Man kann auch eine Verb. der Formel $(RO)_2 \cdot P(:X_1) \cdot X_2 \cdot A \cdot S \cdot B \cdot CON(R_1)R_2$ mittels $H_2O_2$, Br oder $Cl_2$ zu der entsprechenden Sulfoxyd- oder Sulfon-Verb. oxydieren. — Man gibt z. B. 11,1 g **I** zu einer Lsg. von 19,6 g N-Methyl-5-chlor-3-thia-3-dioxovaleramid (**II**) in 250 $cm^3$ Bzl. bei 40°, setzt nach beendeter Rk. 29 g $(H_5C_2O)_2 \cdot PS \cdot SH$

III) zu der entstandenen Suspension, erhitzt 3 Std. lang unter Rückfluß, verdünnt mit 100 cm³ W. u. wäscht mit $NaHCO_3$-Lösung. Beim üblichen Aufarbeiten erhält man 21,5 g *N-Methyl-5-(O.O-diäthyldithiophosphoryl)-3-thia-3-dioxovaleramid*, F. 55°. **II**, F. 115°, erhält man durch Oxydation von N-Methyl-5-chlor-3-thiavaleramid mittels überschüssigem $H_2O_2$. Analog werden hergestellt: öliges *N-Methyl-5-(O.O-diäthyldithiophosphoryl)-3-thia-3-oxo-2-methylvaleramid* aus **III** u. dem durch Rk. von **I** mit N-Methyl-5-chlor-3-thia-3-oxo-2-methylvaleramid, F. 84—86°, entstehenden Dehydrochlorierungs-Prod.; öliges *5-(O.O-Diäthyldithiophosphoryl)-3-thia-3-oxovaleramid*, aus **III** u. dem durch Rk. von **I** mit 5-Chlor-3-thia-3-oxovaleramid, F. 158°, entstehenden Dehydrochlorierungs-Prod.; *5-(O.O-Diäthyldithiophosphoryl)-3-thia-3-dioxovaleramid*, F. 72°, aus **III** u. dem durch Rk. von **I** mit 5-Chlor-3-thia-3-dioxovaleramid, F. 137°, entstehenden Dehydrochlorierungsprodukt. (**A. P. 2 981 748** vom 16/7. 1959, ausg. 25/4. 1961. F. Prior. 5/8. 1958.) A. Mohr. 6313

Farbenfabriken Bayer Akt.-Ges., Leverkusen, übert. von: Walter Lorenz, Wuppertal, **Disulfide von Thiosäuren des Phosphors.** Zu D. A. S. 1 112 068; C. **1962**, 4962, ist nachzutragen: $[(C_2H_5O)_2P(S)SS]_2CH_2$, Kp.$_{0,01}$ 120—126°; 20% (Ausbeute); gelbes Öl; $DL_{50}$ 250 (mg/kg Ratte per os). — $C_6H_5CH_2SSP(S)(OC_2H_5)_2$, gelbliches Öl; 65,2%; $DL_{50}$ >1000. — $4\text{-}ClC_6H_4CH_2SSP(S)(CH_3)_2$. — $4\text{-}ClC_6H_4CH_2SSP(S)(CH_3)\cdot(C_2H_5)$. — $4\text{-}ClC_6H_4CH_2SSP(S)(CH_3)(C_4H_9)$. — $2\text{-}ClC_6H_4CH_2SSP(S)(OCH_3)]$; $DL_{50}$ 1000. — $2\text{-}ClC_6H_4CH_2SSP(S)(OC_3H_7\text{-}n)_2$. — $CH_3NHCOCH_2SSP(S)(OCH_3)_2$; gelbes Öl; 25,6%. — $(CH_3)_2NCOCH(CH_3)SSP(OCH_3)_2$. — $(CH_3)_2CHNHCOCH_2SSP(S)(OCH_3)_2$; gelbes Öl; 23,8%. — $C_2H_5OOCCH_2SSP(S)(OC_2H_5)_2$, Kp.$_{0,01}$ 88°; 43%. — $CH_3OOCCH(CH_3)SSP(S)\cdot(OC_2H_5)_2$. — (**A. P. 3 035 082** vom 9/2. 1961, ausg. 15/5. 1962. D. Prior. 12/2. 1960.) A. Debo. 6313

Stauffer Chemical Co., New York, N.Y., übert. von: Ralph B. Fearing, Hammond, Ind., Edward N. Walsh, Chicago Heights, Ill., und John G. Brady, Campbell, Calif., V.St.A., **Derivate von Thiodiphosphorsäureestern** der allg. Formel $(RO)_2P(X)OP(X)(OR')CH_2Cl$ (R = Alkyl mit 1—6 C-Atomen; X = O, S) werden hergestellt durch Rk. von $ClCH_2P(S)(OR')Cl$ mit $(RO)_2P(O)OH$ oder von $ClCH_2P(O)(OR')Cl$ mit $(RO_2)P(S)OH$ oder von $ClCH_2P(S)(OR')Cl$ mit $(RO)_2P(S)OH$ in Ggw. einer tert. organ. Base. — Zu 36,4 (g) $(iso\text{-}C_3H_7O)_2P(O)OH$ u. 41,4 $ClCH_2P(S)(OC_3H_7\text{-}iso)Cl$ [Kp.$_2$ 49 bis 68°; $n_D^{25}$ 1,5078; aus $ClCH_2P(S)Cl_2$ u. Isopropanol in Bzl. in Ggw. von $(C_2H_5)_3N$] gibt man bei 35° 21 $(C_2H_5)_3N$, dann 1 ml Pyridin u. läßt über Nacht stehen, filtriert, wäscht → $(CH_3)_2CHO(ClCH_2)P(S)OP(O)[OCH(CH_3)_2]_2$; $n_D^{25}$ 1,4612; 75—86% (Ausbeute). — Ähnlich erhält man: $(CH_3)_2CHCH_2O(ClCH_2)P(S)OP(S)(OC_2H_5)_2$; 78%. — $(C_2H_5)_2\cdot P(O)OP(S)(OC_2H_5)CH_2Cl$; $n_D^{25}$ 1,4680; 80%. — $ClCH_2(C_2H_5O)P(O)OP(S)(OC_2H_5)_2$. — Beansprucht werden nur die Monothioverbindungen. — *Pesticide*, die biolog. Wrkg. sind angegeben. (**A. P. 3 020 198** vom 3/10. 1960, ausg. 6/2. 1962.) A. Debo. 6313

Farbwerke Hoechst Akt.-Ges., vormals Meister Lucius & Brüning, übert. von: Otto Scherer, Helmut Hahn und Gerhard Stähler, Frankfurt/M., **(Di-)Thiophosphorsäure-O.O-dialkylchlormethylester** der allg. Formel $RO(R_1O)P(S)\cdot XCH_2Cl$ (R, $R_1$ = $CH_3$, $C_2H_5$; X = O, S) werden hergestellt durch Rk. von Salzen der (Di-)Thiophosphorsäure-O.O-dialkylester mit Bromchlormethan. — 336 (g) $(C_2H_5)_2\cdot P(S)SK$ erhitzt man unter Rühren 24 Std. auf 60° mit 1000 $ClBrCH_2$, filtriert u. dest. → 210 *Dithiophosphorsäure-O.O-diäthyl-S-chlormethylester*, Kp.$_1$ 93—95°. — Analog: *Dithiophosphorsäure-O.O-dimethyl-S-chlormethylester*, Kp.$_{10}$ 100°. — *Thiophosphorsäure-O.O-diäthyl-O-chlormethylester*, Kp.$_{1,5}$ 118—122°. — *Insekticide*. (**A. P. 3 020 304** vom 17/9. 1957, ausg. 6/2. 1962.) A. Debo. 6313

Montecatini Soc. Gen. per l'Industria Mineraria e Chimica (Erfinder: Girgo Losco, Giorgo Rossi und Giannantonio Michieli), Mailand, Italien, **Herstellung von Phosphorsäureestern** der allg. Formel $(R'O)(R''O)P(:X)S\text{—}CH_2\text{—}CO\text{—}NHCH_2OR_1$ (R', R'' = gleiche oder verschiedene niedrige Alkylgruppe, bes. $CH_3$ oder $C_2H_5$; X = S, O; $R_1$ = normale oder verzweigte, gesätt. oder ungesätt. Alkyl-, halogenierte Alkyl-, Hydroxyalkyl-, Mercaptoalkylgruppe) a) durch Rk. von Metallsalzen der O.O-Dialkylthio- oder -dithiophosphorsäure mit Chloressigsäurealkoxymethylamid in Ggw. eines inerten Lsgm. bei 15—50°, b) durch Rk. von O.O-Dialkyl-thiol- oder -dithiophosphorylessigsäuremethylolamid in Ggw. eines sauren Kondens.-Mittels (10%ig. Lsg. von HCl in Propanol oder Bzl.) in Verdünnungsmitteln, bes. Bzl., Aceton oder dem A., welcher zur Kondens. verwendet wird, mit Alkoholen der allg. Formel $R_1OH$. — *Schädlingsbekämpfungsmittel*. (**Ung. P. 150 174** vom 6/4. 1961, ausg. 20/8. 1962.) F. Landsberger. 6313

American Cyanamid Co., New York, N.Y., übert. von: Simon Frank, Stamford, und George N. Gagliardi, Springdale, Conn., V.St.A., **Dithiophosphorsäure-O.O-dialkyl-S-(1.2-dicarbalkoxyäthyl)-ester.** Geruchsverbesserung dieser *Insek-*

*ticide* erfolgt durch Behandlung mit 0,1—3,5 Gew.-% Ozon. Anschließend werden die flüchtigen Verunreinigungen durch ein inertes Gas (Luft) abgetrieben. (**A. P. 2 980 723** vom 16/6. 1959, ausg. 18/4. 1961.) A. Debo. 6313

American Cyanamid Co., New York, übert. von: Redginal Irving Hewitt, Nanuet, N.Y., und Emanuel Waletzky, Westwood, N.J., V.St.A., **Insekticides Mittel.** Es enthält als Werkstoff eine Verb. der allg. Formel I, worin A = O oder S, X ein Alkylidenrest mit 1—5 C-Atomen u. R' = H oder eine niedrige Alkylgruppe ist, z. B. folgende [O.O-Dimethyl-S-phosphordithioate]: (*N-Methylcarbamoyl)-methyl-*, (*N-Äthylcarbamoyl)-methyl-*, (*N,N-Dimethylcarbamoyl)-methyl-*, *1-(Methylcarbamoyl)-äthyl-*, *1-(Methylcarbamoyl)-propyl-*, *2-(Äthylcarbamoyl)-äthyl-* u. *O.O-Dimethyl-S-(N-isopropylcarbamoyl)-methyl-phosphordithioat.* (**A. P. 3 007 845** vom 5/5. 1958, ausg. 7/11. 1961.) W. Heyer. 6313

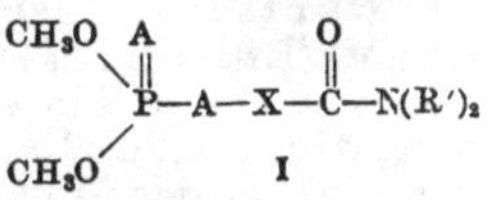

I

Badische Anilin- & Soda-Fabrik Akt.-Ges. (Erfinder: Heinz Pohlemann, Siegfried Winderl, Herbert Stummeyer und Heinrich Adolphi), Ludwigshafen/Rh., **Herstellung von O.O-Dialkylthiol- oder -dithiophosphorsäureester-Lactamen oder -thiolactamen** der allg. Formel I, worin $R_1$ u. $R_2$ niedrige Alkylgruppen mit 1—4 C-Atomen, X = O oder S u. $R_3$ = H oder $—CH_3$, welches ggf. durch Cl substituiert ist, darstellen, (n = 1—2, m = 3—7), dad. gek., daß man einen Phosphorsäureester der Formel II, worin Y = H, Na, N, Mg, Ca oder $NH_4$ ist, mit einem Lactam oder Thiolactam der Formel III, worin Z = Cl oder OH bedeutet, in Ggw. eines inerten Lsgm., wie Bzl., Toluol, Xylol, PAe., Cyclohexan, Methylenchlorid, Chlf., $CH_3 \cdot OH$ oder Aceton, bei 15—100°, bes. 20—70°, umsetzt. Als Ausgangsstoff werden genannt z. B.: O.O-Diäthyldithiophosphorsäure u. O.O-Diäthylthiolphosphorsäure bzw. die entsprechenden O.O-Dimethyl-Verbb. u. als Lactame bzw. Thiolactame: N-Methylolpyrrolidon-(2), N-Methylolthiopyrrolidon-(2), N-Chlormethylpyrrolidon-(2), N-Methylolthiocaprolactam, N-Methylthiopiperidon-(2), n-Methylolcaprylactam, N-Hydroxyäthylpyrrolidon-(2), N-(α-Hydroxy-β-trichloräthyl)-caprolactam. In einem weiteren Beispiel wird die O.O-Di-n-butyldithiophosphorsäure mit N-Methylolthiopyrrolidon-(2) umgesetzt. Die in den Beispielen erhaltenen Rk.-Prodd. werden formelmäßig angegeben. — *Insekticide Mittel.* (**E. P. 869 399** vom 13/7. 1959, ausg. 31/5. 1961. D. Prior. 15/7. 1958.) W. Heyer. 6313

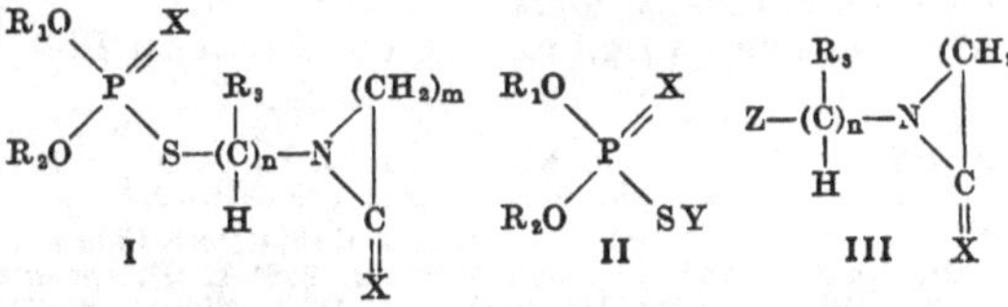

I II III

Farbenfabriken Bayer Akt.-Ges., Leverkusen (Erfinder: Gerhard Schrader, Wuppertal), **Thio- und Dithiophosphorsäureester** der allg. Formel $R_1O \cdot (R_2S)P(O)XR_3$ ($R_1$, $R_2$ = Alkyl; $R_3$ = ggf. substituiertes Alkyl oder Aryl; X = O, S) werden hergestellt durch Rk. von $R_1O(R_2S)PCl$ mit Alkoholen, Phenolen oder Thiophenolen u. anschließender Oxydation mit $H_2O_2$. — Zu 33 (g) p-Chlorphenol u. 25 Pyridin in 150 ml Toluol gibt man bei 30—40° 44 $C_2H_5O(C_2H_5S)PCl$ (Kp.$_1$ 46°), rührt 1 Std. lang bei 40° nach u. gibt 30—35%ig. $H_2O_2$ bei 30—35° zu. Danach versetzt man sofort mit 200 ml Eis-W., trennt ab, trocknet u. dest. → 46 *Thiophosphorsäure-O.S-diäthyl-O* (**I**). — (*p-chlorphenyl)-ester* (**I**), Kp.$_{0,01}$ 96°; 66% (Ausbeute). — Analog erhält man: **I**-(*β-äthylmercaptoäthyl)-ester*, Kp.$_{0,01}$ 84°; 60%. — **I**-(*2.4-dichlorphenyl)-ester*, Kp.$_{0,01}$ 108°; 66%. — **I**-[*4-methylmercapto-3-methylphenyl)-ester*, Kp.$_{0,01}$ 110°; 44%. — **I**-(*p-methylmercaptophenyl)-ester*, Kp.$_{0,01}$ 104°; 60%. — **I**-(*2.4.5-trichlorphenyl)-ester*, Kp.$_{0,01}$ 112°; 63%. — **I**-(*p-nitrophenyl)-ester*, Kp.$_{0,01}$ 118°; 54%. — *Dithiophosphorsäure-O.S-diäthyl-S* (**II**)-*ester*: **II**-*phenylester*, Kp.$_{0,01}$ 90°; 65%. — **II**-(*p-chlorphenyl)-ester*, Kp.$_{0,01}$ 105°; 58%. — *Insekticide, Pflanzenschutzmittel*, Vgl.-Verss. sind angegeben. (**D. A. S. 1 138 041** Kl. 12o vom 29/8. 1960, ausg. 18/10. 1962.) A. Debo. 6313

Diamond Alkali Co. (Erfinder: Robert J. Koll), V.St.A., **Herstellung von Hexachlorcyclohexan (I)** durch Chlorierung von Bzl. unter UV-Bestrahlung bei 10 bis 80° unter kontrollierten Bedingungen, wobei zur Erhöhung der Ausbeute an *γ-Hexachlorcyclohexan* ein Überschuß von 12—20 g freiem $Cl_2$ je Liter eingehalten wird. Als Lichtquelle wird eine UV-Tauchlampe verwendet. — Vorrichtung. (**F. P. 1 200 752** vom 13/11. 1957, ausg. 24/12. 1959. A. Prior. 13/11. 1956.) Eberhard Riedel. 6313

Allied Chemical Corp., übert. von: John N. Cosby, Morristown, und Merrill M. Darley, Basking Ridge, N.J., V.St.A., **Pflanzenschutzmittel** in Form wss. Dispersionen, enthaltend ein übliches Schutzmittel, z. B. DDT, ein leicht emulgierbares Rk.-Prod. von $O_2$ mit wachsartigem Polyäthylen (I) mit einem Geh. von 3% $O_2$, einem durchschnittlichen Molgew. von 600—5000, einer SZ. von 14—17, einer EZ. von 0, einem F. von 90—100°, dem Verhältnis VZ. zu SZ. von 1—1,5, einem Emulgiermittel u. W., z. B. 40 (Teile) **I**, 8 Ölsäure, 8 Morpholin, 64 W. u. auf 100 Gall. 0,5 pound 50% ig. DDT-Pulver. (**A. P. 2 976 210** vom 30/10. 1957, ausg. 21/3. 1961.)

C. Lüttgen. 6313

Deutsche Gesellschaft für Schädlingsbekämpfung m. b. H., Frankfurt/M. (Erfinder: Herbert Rauscher, Hans Barth, Frankfurt/M., und Werner Knöpke, Sprendlingen), **Herstellung eines Metallphosphids zur Schädlingsbekämpfung,** dad. gek., daß zunächst das Metallphosphid mit der organ. Hüllsubstanz (Hartparaffin), in der Wärme umhüllt u. danach auf die erwünschte Feinheit vermahlen wird, dem Mahlprodukt die Treibsubstanz (Ammoniumcarbamat), in fein verteilter Form zugesetzt u. aus diesem Gemisch ein Formkörper verpreßt wird, der entweder bei normaler Temp. längere Zeit gelagert oder kurzzeitig unter Druck- u. Temp.-Verhältnissen, die die Zers. verhindern, erwärmt wird. (**D. A. S. 1 127 663** Kl. 451 vom 7/5. 1960, ausg. 12/4. 1962. **Zusatz zu D. A. S. 1 122 762; C. 1963, 267.**) K. Koebke. 6313

Deutsche Gesellschaft für Schädlingsbekämpfung m. b. H., Frankfurt/M. (Erfinder: Herbert Rauscher, Frankfurt/M., Werner Knöpke, Sprendlingen, und Hans Barth, Frankfurt/M.), **Feuchtigkeitsgeschütztes Metallphosphid zur Schädlingsbekämpfung** nach D. A. S. 1 122 762, dad. gek., daß es als wasserabstoßende feste u. dichte Hüllsubstanz Stearin oder Hartwachs enthält. Als die Hülle sprengende Substanz können die Mittel $NH_4CN$ enthalten. (**D. A. S. 1 131 943** Kl. 451 vom 21/11. 1960, ausg. 20/6. 1962. **Zusatz zu D. A. S. 1 122 762; C. 1963, 267.**)

K. Koebke. 6313

---

**Stamicarbon N. V.**, Heerlen, Niederlande, *Herstellung von Phosphatdüngemitteln.* (**Belg. P. 572 023** vom 14/10. 1958, ausg. 4/5. 1962. Niederl. Prior. 16/10. 1957. — C. **1961**, 13332 [E. P. 834 766].)

**Swift & Co.**, Chicago, übert. von: **Derrick H. Stassfort**, Calumet City, **Everett N. Mortenson**, Chicago, und **Marion D. Sanders**, Chesterton, Ind., V.St.A., *Düngemittel.* (**Can. P. 556 425** vom 26/4. 1955, ausg. 22/4. 1958. A. Prior. 1/4. 1955. — C. **1963**, 2208 [A. P. 2 965 468].)

**Lummus Co.**, New York, N.Y., V.St.A. (Erfinder: **J. E. Seymour**), *Herstellung von granulierten Mehrnährstoff-Düngemitteln.* (**Belg. P. 571 041** vom 8/9. 1958, ausg. 15/12. 1961. A. Prior. 18/9. 1957. — C. **1962**, 4314 [E. P. 859 353].)

**Chemische Werke Albert**, Wiesbaden, *Mittel zur Förderung des Wachstums und der Ernteerträge von Pflanzen.* (**E. P. 876 015** vom 15/3. 1960, ausg. 30/8. 1961. D. Prior. 24/3. 1959. — C. **1962**, 16464 [D. A. S. 1 122 761].)

**N. V. Philips' Gloeilampenfabrieken**, Eindhoven, Niederlande, *Mittel zur Beeinflussung des Pflanzenwachstums.* (**Belg. P. 571 646** vom 30/9. 1958, ausg. 9/3. 1962. Niederl. Prior. 2/10. 1957. — C. **1961**, 6653 [Niederl. P. 94 726].)

**N. V. Philips' Gloeilampenfabrieken**, Eindhoven (Erfinder: **Jasper Daams, Harmannus Koopman**, Weesp, und **Cornelis Jahannes Schoot**, Eindhoven), Niederlande, *Mittel zur Beeinflussung des Pflanzenwachstums.* (**D. A. S. 1 136 157** Kl. 451 vom 29/5. 1958, ausg. 6/9. 1962. Niederl. Prior. 2/10. 1957. — C. **1961**, 6653 [Niederl. P. 94 726].)

**Fahlberg-List G. m. b. H.**, Deutschland, *Flüssiges Saatgutbeizmittel.* (**F. P. 1 240 843** vom 10/11. 1959, ausg. 20/12. 1960. D. Prior. 11/11. 1958. — C. **1960**, 10733 [D. A. S. 1 076 993].)

**California Spray-Chemical Corp.**, Richmond, Calif., V.St.A., *Herstellung von Dimethyl-[1.2-dibrom-2.2-dichloräthyl]-phosphat.* (**Oe. P. 214 456** vom 12/10. 1959, ausg. 10/4. 1961. — C. **1962**, 2881 [F. P. 1 215 219].)

**Ciba Soc. An.**, Schweiz, *Herstellung von Thiophosphorsäureestern.* (**F. P. 1 234 881** vom 6/7. 1959, ausg. 19/10. 1960. Schwz. Prior. 8/8. 1958. — C. **1961**. 12977 [D. A. S. 1 105 231].)

**Soc. des Usines Chimiques Rhône-Poulenc**, Paris (Erfinder: **Jean Metivier**, Arpajon), Frankreich, *Schädlingsbekämpfungsmittel, besonders gegen Insekten und Milben.* (**D. A. S. 1 136 528** Kl. 451 vom 20/8. 1959, ausg. 13/9. 1962. F. Prior. 7/11. 1958. — C. **1962**, 9869 [F. P. 1 215 167].)

## $H_8$. Metallurgie. Korrosion

Bolidens Gruv A/B, Skelleftehamn, Schweden (Erfinder: K. G. Görling), **Reinigen von sulfidischen Erzen.** Die Erze werden in einem Wirbelbett bei 600° mit Wasserdampf behandelt, wobei die Verunreinigungen, wie *Hg, As, Cd, Sn* oder *Pd*, sich verflüchtigen. (**Schwed. P. 170 531** vom 11/3. 1955, ausg. 1/3. 1960.)

K. H. Kähler. 6361

A. K. Liwschitz und Ss. W. Dudenkow, **Flotation von Erzen.** Zur Verringerung des Verbrauchs an Schäumern werden je t Erz 2—50 g drückende Reagentien zu Beginn der Flotation in die Trübe gegeben. (**UdSSR. P. 125 773** vom 20/1. 1959.)

L. Großner. 6363

A. N. Grebnew und I. A. Kakowski, **Flotieren von oxidischen und sulfidischen Buntmetallerzen** unter Verw. von $(C_6H_{11})_2NC(S)SNa \cdot 3\,H_2O$ (**I**) als Sammler, wodurch bes. *Malachit* u. *Cerussit* ohne Sulfidierung extrahiert werden. **I** ist z. B. aus dem bei der Caprolactam-Herst. als Nebenprod. anfallenden Dicyclohexylamin zugänglich. (**UdSSR. P. 125 207** vom 13/4. 1959.) L. Großner. 6363

I. I. Korobow und W. I. Ssurowow, **Auskleidung der inneren Oberfläche von Winddüsen** bei *Hochöfen* mit einer 10—20 mm starken Schicht einer Masse aus 90 (%) *Cellularschamotte*, Fraktion 1—2 mm, u. 10 *Periklasspinellpulver*, $\leq$1,5 mm, die durch Zusatz von *Wasserglas* zu der erforderlichen plast. Konsistenz gebracht wird. (**UdSSR. P. 125 261** vom **6**/4. 1959.) L. Großner. 6371

Elektrokemisk A/S, Norwegen, **Erwärmung von Material im Drehrohrofen** für die Herst. von *Fe, Fe-Legg.*, *Carbiden* oder *P*, wobei nicht verkokbare oder verkokbare Brennstoffe, z. B. Kohle, Braunkohle, Torf oder Holz, bes. Fettkohle für sich etwa in der Mitte des Ofens derart aufgegeben werden, daß die flüchtigen Bestandteile aus dem Brennstoff entfernt u. für die Vorwärmung u. Vorred. nutzbar gemacht werden. — Abbildung. (**F. P. 1 253 560** vom 31/3. 1960, ausg. 17/5. 1961. Norw. Prior. 2/4. 1959.) M. Neckermann. 6371

Blocked Iron Corp., Albany, N.Y., V.St.A., **Stückerze und deren Herstellung.** Als Bindemittel werden *Erdalkalicarbonate* in Ggw. eines Lsgm. für die Erdalkalimetalle u. deren Verbb., nämlich wasserlösl. KW-Stoffe oder das *Na-Salz von Äthylendiamintetraessigsäure* verwendet. — Abbildung. (**E. P. 891 346** vom 14/7. 1959, ausg. 14/3. 1962. A. Prior. 18/7. 1958. **Zusatz zu E. P. 843 062; C. 1961, 17 376.**) M. Neckermann. 6377

Wilhelm Petersen, Aachen, **Verhütten von feinpulverigen Erzen,** dad. gek., daß man sie mit gemahlener *Braunkohle* u. *Ca-* oder *Mg-Hydroxid* mischt u. ohne weitere Bindemittel zu Briketts preßt. (**Ind. P. 64 895** vom 8/8. 1958, ausg. 7/11. 1960. E. Prior. 4/6. 1958.) C. Lüttgen. 6377

Texas Instruments, Inc., übert. von: Carl I. Haron, Dallas, Tex., V.St.A., **Formverfahren.** Zur Herst. von Formteilen aus *Si* u. *$As_2O_3$* für die Verw. beim Transistorenbau wird körniges Si u. körniges $As_2O_3$ miteinander gemischt. $As_2O_3$ soll vorher der Einw. von Luft ausgesetzt sein. Dabei wird es schwarz u. weich u. ist in dieser Form als Bindemittel verwendbar. Dann wird die Mischung zwischen Formen aus Si unter geeignetem Druck zu Pellets verpreßt. (**A. P. 2 955 906** vom 17/8. 1956, ausg. 11/10. 1960.) F. Vier. 6377

Ford Motor Co., Dearborn, übert. von: Michael Humenik jun., Inkster, und Roy L. van Alsten, Detroit, Mich., V.St.A., **Gesinterter Metall-Graphit-Preßling** enthält als Hauptbestandteile Graphit oder Diamant, 10—70 (Vol.-%) *Fe, Co., Ni, Cu, Ag* oder *Al* sowie einen geringen, aber wirksamen Zusatz an *Ca, Mg, B* oder *Sr* derart, daß dieser Zusatz in seiner Menge ausreicht, um ein Ausschwitzen des Metall-Geh. während des Sinterns zu verhüten. — Abbildung. (**A. P. 2 983 034** vom 25/11. 1959, ausg. 9/5. 1961.) H. Hochstein. 6379

Stora Kopparbergs Bergslags Aktiebolag (Erfinder: Sixten Edvard Sixtensson Wohlfahrt und Folke Karl Evald Johansson), Schweden, **Frischen von Eisenlegierungen** u. anderen Metallen u. metall. Verbb. durch Aufblasen eines mindestens 25% *$O_2$* in ungebundener Form enthaltenden Gases, dessen Strahl einen beschränkten Oberflächenbereich des Schmelzbades unter einem spitzen Winkel beaufschlagt, dad. gek., daß während des Frischens der Gasstrahl durch Änderung des Auftreffwinkels vorzugsweise innerhalb des beschränkten Bad-Oberflächenbereichs verschoben wird. — Abbildung. (**F. P. 1 255 566** vom 9/3. 1960, ausg. 14/6. 1961. Schwed. Prior. 10/3. 1959.) H. Hochstein. 6381

Foseco International Ltd. (Erfinder: Hugh Myllon Morgan), Birmingham, England, **Desoxydationsmittel für Eisen- und Stahlbäder,** dad. gek., daß es im wesentlichen aus zusammengepreßten Drehspänen aus *Al* oder Al-Legg. besteht, u. diese Drehspäne ein *Fluorid* u. 0,5—6% *Cu*, bezogen auf das Gew. der Späne, enthalten. Zweckmäßig besteht das Desoxydationsmittel in Blockform aus 76% Al- oder Al-Leg.-Drehspäne, 4% Cu u. 20% Kryolith. (**E. P. 871 667** vom 24/11. 1958, ausg. 28/6. 1961.) H. Hochstein. 6391

Harry R. Spence, Riverton, Va., V.St.A., **Entschwefelung von Eisenbädern,** bes. von Stahlbädern in Öfen, dad. gek., daß unter die Badoberfläche ein Strom eines geschmolzenen Gemisches aus *NaOH*, einem aus *$CaC_2$*, *$MnO_2$*, *MgO*, *$CaB_6$*, *Seltenen Erdmetalloxiden* oder *CaCN* bestehenden Hilfsmittel sowie aus *Flußspat* eingeführt u. darauf das Bad solange im Schmelzfluß gehalten wird, bis sich das zugesetzte Gemisch im Bade verteilt u. mit dem in ihm enthaltenen *S* reagiert hat, worauf die gebildete S-haltige Schlacke vom Bade abgezogen wird. — Abbildung. (**A. P. 2 992 097** vom 11/7. 1958, ausg. 11/7. 1961.) H. Hochstein. 6391

Allegheny Ludlum Steel Corp., Brackenridge, übert. von: Richard B. Shaw und William G. Connor, Natrona Heights, Pa., V.St.A., **Entschwefelung**

**von Eisenlegierungen,** dad. gek., daß eine Schmelze aus der Fe-Leg. in einem Ofen unter einer Schlacke hergestellt u. die gewünschte Zus. der Schmelze eingestellt wird; darauf wird die Schmelze zur Entschwefelung in eine Pfanne abgegossen, in der eine stürm. Rk. auftritt, wobei zu diesem Zweck die Pfanne feste, bas., schlackenbildende Bestandteile enthält, die im geschmolzenen Zustand eine Schlacke mit der Zus.: 40 bis 65 (%) *CaO*, 15—25 $SiO_2$, 5—10 $Al_2O_3$, 2—6 *MgO* u. 5—30 *FeO* bilden; dabei wird in der Pfanne die Temp. der Schmelze auf 2800—2950° F eingestellt. Nach Abzug der fl. Schlacke wird die Schmelze in eine andere Pfanne gegossen, die andere feste, schlackenbildende Bestandteile zur Erzielung einer stürm. Rk. in der Pfanne enthält, wobei die sich bildende Schlacke die Zus.: 55—75 *CaO*, 2—8 MgO, 4—10 $SiO_2$, 10—25 $Al_2O_3$, bis 1,5 FeO aufweist. Anschließend wird der fl. *Stahl* zu Blöcken vergossen. (**A. P. 2 990 272** vom 29/3. 1960, ausg. 27/6. 1961.) H. Hochstein. 6391

British Oxygen Co. Ltd. (Erfinder: Leslie Cook), London, England, **Verfahren zum Feinen von Eisenschmelzen,** bes. zur Erzielung eines niedrigen *P*-Geh., dad. gek., daß das Schmelzbad mit einem Strom eines oxydierenden Gases, der vorzugsweise von oben auf das Bad gerichtet ist, behandelt u. während des letzten Teiles der Blaszeit suspendiert in einem Trägergas, z. B. $N_2$, ein aufkohlendes Mittel in pulvriger oder körniger Form, z. B. pulverförmiger *Graphit*, unter die Badoberfläche eingeblasen wird. In dem oxydierenden Gasstrom können auch pulverförmige oder körnige Schlackenbildner, wie *Kalk*, *Kalkstein*, *Eisenoxid*, *Flußspat*, *Bauxit* oder deren Gemische, suspendiert sein u. damit auf das Bad geblasen werden. (**E. P. 878 386** vom 13/3. 1959, ausg. 27/9. 1961.) H. Hochstein. 6391

British Iron & Steel Research Association (Erfinder: Geoffrey Machin Gill und Max Ward), London, England, **Erzeugung von sehr reinem Eisen,** dad. gek., daß der unter einer inerten Atmosphäre befindlichen Fe-Schmelze eine Substanz, z. B. ein *Seltenes Erdmetall*, bes. *Ce*, zugesetzt wird, die mit den nachteiligen, in der Schmelze vorhandenen Verunreinigungen unter Schlacken-Bldg. reagiert, worauf die so gereinigte Schmelze einem Druck nicht größer als 0,1 $\mu$ unterworfen wird. Zweckmäßig wird die Reinigung in einem mit Schmelz-MgO ausgekleideten u. in einer Vakuumkammer angeordneten Behälter durchgeführt. (**E. P. 870 162** vom 11/9. 1958, ausg. 14/6. 1961.) H. Hochstein. 6393

Julius Dezso Madaras, V.St.A., **Metallurgische Raffinierung von Eisenschwamm,** dad. gek., daß Fe-Schwamm, der aus Gangart u. aufgekohltem Fe mit einem F. unter dem der aus der Gangart gebildeten Schlacke besteht, in das eine Ende eines von einem nicht oxydierenden Gas durchzogenen Schmelz- u. Raffinierofens eingebracht u. unter nichtoxydierenden Bedingungen einer heißen Flamme bei einer Temp. ausgesetzt wird, die ausreicht, um den Schmelzbeginn des aufgekohlten Fe zu bewirken, jedoch bei den gleichen Verhältnissen tiefer als der F. der Schlacke liegt. Die Temp. wird im Ofen genügend hoch gehalten, damit unter Vermeidung einer Rückoxydation das Fe kleine Metallklumpen bildet, aus denen die Gangart entfernt ist. (**F. P. 1 263 455** vom 3/6. 1960, ausg. 6/10. 1961.) H. Hochstein. 6395

Russell Pearce Heuer jun., Bryn Mawr, Pa., V.St.A., **Entschwefelung von schmelzflüssigem Roheisen,** dad. gek., daß das fl. Roheisen unter reduzierenden Bedingungen in einem geschlossenen Behälter, der die Luft fernhält u. mit einer Öffnung oberhalb der Badoberfläche versehen ist, gehalten u. von einer Lanze, deren Mündung oberhalb der Oberfläche des Roheisenbades angeordnet ist, auf diese ein abwärtsgerichteter Strahl eines inerten Gases mit einem Gasdruck am Lanzenende von mindestens 1 Atm. über dem Gasdruck im Kessel geblasen sowie das fl. Roheisen mit einem Entschwefelungsmittel solange behandelt wird, bis mindestens 20 cu.ft. je t Roheisen des inerten Gases unter normalen Temp.- u. Druck-Bedingungen durch die Lanze auf das Bad gerichtet worden sind, worauf die Lanze aus dem Behälter nach oben durch die Öffnung entfernt wird. — Abbildung. (**A. P. 2 979 393** vom 2/10. 1958, ausg. 11/4. 1961.) H. Hochstein. 6401

Dortmund-Hörder Hüttenunion Akt.-Ges., Dortmund, übert. von: Fritz Harders, Ergste, **Entschwefelung von Roheisen- und Gußeisenschmelzen,** dad. gek., daß eine C-reiche *Fe*-Schmelze in ein beheiztes Vakuumgefäß aus einem unterhalb desselben angeordneten u. mit ihm durch ein in den Boden des Vakuumgefäßes einmündendes Rohr in Verbindung steht, eingesetzt wird, worauf eine S-freie Kohleschicht in Form kleiner Teilchen bis zur Walnußgröße auf die Schmelzoberfläche aufgebracht, darauf die Oberfläche dieser Charge auf eine Temp. oberhalb ihrer mittleren Temp. erhitzt u. die Charge dem Einfl. eines unter 10 mm Hg-Säule liegenden Unterdrucks unterworfen wird. Der Abstand zwischen dem Vakuumgefäß u. dem unteren Behälter wird period. verändert; die während der Vakuumbehandlung freigewordenen *S*-Verbb. werden auskristallisiert u. die Vakuumbehandlung darauf beendet. Der Inhalt des Vakuumgefäßes wird in den Behälter durch Vergrößerung des Abstandes des Vakuumgefäßes u. des Behälters entleert, wenn der S-Geh. der Schmelze den vorbestimmten Wert erreicht hat. — Abbildungen. (**A. P. 2 967 768** vom 6/5. 1959, ausg. 10/1. 1961. D. Prior. 29/7. 1958.) H. Hochstein. 6401

Dortmund-Hörder Hüttenunion Akt.-Ges., Deutschland, **Entschwefelung von Roheisen- und Gußeisen-Schmelzen im Vakuum** nach F. P. 1 196 042, dad. gek., daß *C*, vorzugsweise in Form von Elektrodenkohle, auf die Oberfläche der Schmelze vor oder während der Entschwefelung im Vakuum aufgebracht u. die an C angereicherte Oberflächenschicht der Schmelze auf eine Temp. gebracht wird, die über der mittleren Gieß-Temp. des Gußeisens während der Vakuumbehandlung liegt. (**F. P. 75 659** vom 28/4. 1959, ausg. 6/12. 1961. D. Prior. 29/7. 1958. **Zusatz zu F. P. 1 196 042; C. 1961, 1720.**) H. Hochstein. 6401

Gesellschaft der L. von Roll'schen Eisenwerke Akt.-Ges. (Erfinder: Günter Heintze und Hans Jenny), Gerlafingen, Schweiz, **Frischen von Roheisen** unter mindestens teilweiser Verw. von gasförmigen Frischmitteln, dad. gek., daß gleichzeitig mit dem gasförmigen Frischmittel ein feinzerkleinertes bis körniges Kühlmittel auf die Auftreffstellen der Frischgasstrahlen auf oder in das Roheisenbad geblasen wird, wobei die festen Kühlmittelpartikel eine örtliche Überhitzung des Bades bei diesen Auftreffstellen während des Frischens verhindern. Bes. werden als Kühlmittel *Fe-Erze*, *Schwermetalloxide* oder *Schlackenbildner* verwendet. (**Schwz. P. 357 083** vom 6/3. 1957, ausg. 15/11. 1961.) H. Hochstein. 6401

Klöckner-Werke Akt.-Ges., Duisburg (Erfinder: Paul Hardt, Hagen-Haspe, und Günther Vocke, Voerde-Ennepetal), **Frischen von Roheisen mittels $O_2$-haltiger Frischgase** in einem um die im wesentlichen horizontal angeordnete Längsachse des Gefäßes rotierenden Frischgefäß, dessen Querschnitt senkrecht zur Rotationsachse unrund ist, wobei das $O_2$-haltige Frischgas, bes. reiner $O_2$, in das rotierende unrunde Frischgefäß eingeblasen u. von einer oder mehreren oberhalb der Badoberfläche befindlichen Ausblaseöffnungen in Richtung auf die Badoberfläche geblasen wird, dad. gek., daß unter Zugrundelegung eines Achsenverhältnisses des Frischgefäßes von 1,2—1,5 während der Entkohlungsperiode mit einem $O_2$-Angebot von 4—10 $Nm^3$/min pro t Roheisen sowie einer Drehfrequenz des Frischgefäßes gefrischt wird, das zwischen 18 u. 34 U/Min. liegt. (**D. A. S. 1 126 899** Kl. 18b vom 7/8. 1959, ausg. 5/4. 1962.) H. Hochstein. 6401

A.R.B.E.D. Aciéries Réunies de Burbach-Eich-Dudelange Soc. An., Luxemburg, Luxemburg, **Frischen von Roheisen** mit einem oxydierenden, von oben auf oder in das Schmelzbad geblasenem Gas, das die pulverförmigen, schlackenbildenden Stoffe ganz oder z. T. in Suspension enthalten kann, dad. gek., daß im Augenblick der gewünschten Einleitung oder Beschleunigung des Schäumens der Schlacke dem Schmelzbad *Erze* oder *Metalloxide* zugesetzt werden. Zweckmäßig erfolgt ein solcher Zusatz durch im Frischsauerstoff in Suspension befindliche Pulver oder Körner. (**Belg. P. 570 076** vom 4/8. 1958, ausg. 28/7. 1961.) H. Hochstein. 6401

August Thyssen-Hütte Akt.-Ges., Duisburg, Dortmund-Hörder Hüttenunion Akt.-Ges., Dortmund, und Eisenwerk-Gesellschaft Maximilianshütte Akt.-Ges., Sulzbach-Rosenberg (Erfinder: Rudolf Hammer, Dinslaken, und Theodor Kootz, Hösel), **Oberwindfrischen von Roheisen und anderen Eisenschmelzen mit sauerstoffhaltigen Frischgasen,** gek. durch eine solche Einstellung der Auftreffenergie des Blasstrahles, daß Bad-Fl. versprüht wird, ohne ein Tiefeindringen zu erzwingen, wie es im Falle des senkrechten Aufblasens von techn. reinem $O_2$ u. Verw. eines glatten Blasrohres durch die Einstellung des Blasrohrdurchmessers, der Austritts-Geschw. des Blasgases u. des Blasrohrabstandes zwischen den Grenzen $\nu \cdot d^{1,14} = 3 \cdot 10^2 + 5 \cdot 10^1 \cdot a + 0{,}6 \cdot a^2$ u. $r.d^{1,14} = -3 \cdot 10^3 + 3 \cdot 10^2 \cdot a + 5 \cdot a^2$ festgelegt ist, worin a den Abstand der Blasrohrmündung von der Badoberfläche in cm, d den Durchmesser der Blasrohrmündung in mm, $\nu$ die rechner. Austritts-Geschw. des Blasstrahles in m/sec aus der Blasrohrmündung bedeutet. (**D. A. S. 1 122 090** Kl. 18b vom 16/10. 1956, ausg. 18/1. 1962.) H. Hochstein. 6401

Centre National de Recherches Métallurgiques S. à r. l., Lüttich, Belgien, **Frischen von Roheisen** durch die Einw. *oxydierender Gase* u. feste schlackenbildende Stoffe, dad. gek., daß das Roheisen vorher durch die Wrkg. des Gases in einer von unten nach oben zirkulierenden Schlacke in einer Kammer oder in einem Frischschacht verteilt wird, wobei die Gase in den unteren Teil dieser Kammer bzw. dieses Schachtes eingeleitet werden, während die Tropfen des fl. Roheisens von oben nach unten wandern. — Abbildung. (**Belg. P. 571 111** vom 10/9. 1958, ausg. 29/12. 1961.) H. Hochstein. 6401

Klöckner-Hüttenwerk Haspe Akt.-Ges., Hagen-Haspe, **Frischen von Roheisen** unter Aufblasen eines Stromes aus $O_2$ oder $O_2$-haltigen Gases auf die Oberfläche eines Schmelzbades, das in einem um seine fast horizontal angeordnete Achse rotierenden Frischbehälter enthalten ist, dad. gek., daß der Frischbehälter in einer Ebene senkrecht zur Drehachse einen nicht kreisförmigen inneren Querschnitt besitzt, so daß die Drehung des Behälters um seine Achse eine Veränderung der Oberfläche der darin enthaltenen Schmelze bewirkt. (**E. P. 870 565** vom 7/8. 1958, ausg. 14/6. 1961. D. Prior. 10/8. 1957 u. 4/7. 1958.) H. Hochstein. 6401

Beteiligungs- und Patentverwaltungsgesellschaft m. b. H., Deutschland, **Frischen von flüssigem Roheisen** durch Blasen von $O_2$ oder von $O_2$-angereicherten Frischgasen auf oder in die Schmelze unter Zusatz von Kühlmitteln, wie Erzen oder Spänen, sowie ggf. von Red.-Mitteln, dad. gek., daß im Vgl. zur üblichen Menge eine erhöhte Menge an Kühlstoffen der Schmelze zugesetzt wird, unter der Voraussetzung, daß eine Verbrennung von festen, fl. oder gasförmigen Brennstoffen eine zusätzliche Wärmemenge in der zum Frischen dienenden Pfanne entwickelt. (**F. P. 1 263 039** vom 22/7. 1960, ausg. 29/9. 1961. D. Prior. 22/7. 1959.) H. Hochstein. 6401

Phoenix-Rheinrohr Akt.-Ges. Vereinigte Hütten- und Röhrenwerke, Deutschland, **Frischen von phosphorhaltigem Roheisen** nach dem Verf. gemäß F. P. 1 183 330, dad. gek., daß das Frischen von oben durch gasförmigen $O_2$ im geneigten Konverter (2. Betriebsphase) nur bis zu einem *P*-Geh. über 0,1% u. höchstens gleich 0,4% durchgeführt u. das Frischen der Charge durch ein kurzes Blasen von unten mit Wind, der auch an $O_2$ angereichert sein kann, in dem wieder aufgerichteten Konverter beendet wird. Das Frischen mit $O_2$ u. das kurze ergänzende Blasen (2. u. 3. Phase) werden nach einem Auswechseln der Schlacke durch ein neues Frischen mit $O_2$ u. durch ein nochmaliges kurzes Blasen im wiederaufgerichteten Konverter vervollständigt. (**F. P. 74 690** vom 20/12. 1958, ausg. 5/5. 1961. D. Prior. 16/1. 1958. **Zusatz zu F. P. 1 183 330; C. 1960, 15208.**) H. Hochstein. 6401

Zsigmond de Galocsy, Belgien, **Frischen von Roheisen durch Entfernung des im flüssigen Eisen enthaltenen Kohlenstoffs,** dad. gek., daß der C direkt in CO durch ein Gemisch von Frischmitteln, das im Konverter mit großer kinet. Energie mittels einer oder mehrerer Lanzen auf das Bad aufgeblasen wird, umgewandelt wird, wobei das Frischmittel aus freiem u. gebundenem $O_2$ besteht u. auf eine über der oberen Grenze des Boudouardschen Diagramms liegende Temp. erhitzt ist. Zweckmäßig besteht das Frischmittel aus freiem $O_2$, Luft u. aus gebundenem $O_2$, wie Wasserdampf u./oder $CO_2$. Es können den Frischmitteln auch pulverförmige Substanzen zugesetzt werden. (**F. P. 1 231 179** vom 9/4. 1959, ausg. 27/9. 1960.) H. Hochstein. 6401

Klöckner-Werke Akt.-Ges., Deutschland, **Frischen von Roheisen in einem rotierenden, nicht kreisförmigen Frischgefäß,** dad. gek., daß der Betrieb während der Entphosphorierungsperiode mit einem Achsenverhältnis zwischen 1,2 u. 1,5 u. mit einer genügenden $O_2$-Menge von ca. 4—10 $Ncm^3$ je Min. u. t Roheisen bei einer Drehgeschw. des Frischgefäßes von 16—22 u. während der Entkohlungsperiode mit 18—34 U/Min. durchgeführt wird. (**F. P. 1 260 430** vom 21/6. 1960, ausg. 25/8. 1961. D. Prior. 7/8. 1959.) H. Hochstein. 6401

Klöckner-Werke Akt.-Ges., Duisburg, **Herstellung von Sonderroheisen, insbesondere eines P-armen Hämatitroheisens,** dad. gek., daß ein nach dem Belg. P. 553 353 erzeugtes Vormetall einem an sich bekannten Verf. der Wiederaufkohlung unter gleichzeitigem Zusatz von Leg.-Elementen, welche die notwendigen *Si*- u. *Mn*-Mengen enthalten, unterworfen wird. (**Belg. P. 569 698** vom 24/7. 1958, ausg. 2/6. 1961. D. Prior. 25/7. 1957. **Zusatz zu Belg. P. 553 353; C. 1961, 5607.**) H. Hochstein. 6401

Aktiebolaget Davy Robertsons Maskinfabrik, Partilla, Schweden, **Nicht austenitische, weiß erstarrte Cu-, Cr- und V-haltige Gußeisenlegierung zur Herstellung von Kolbenringen,** die nach der Erstarrung einer aus Härten u. Anlassen bestehenden Wärmebehandlung zur Erzielung eines perlit., sorbit. oder bainit. Gefüges unterworfen wird, dad. gek., daß der *Cu*-Geh. seinen Löslichkeitswert bei 1000° erreicht oder darüber nur wenig hinausgeht, daß die Gesamt-Geh. von *Cr* u. *V* in der Leg. zwischen 14 u. 33% des Cu-Geh. liegen u. daß der V-Geh. mindestens 0,20% beträgt, mit der Maßgabe, daß die weiße Erstarrung des Gußeisens so schnell abläuft, daß eine Ausseigerung von Cu vermieden wird. Die Leg. kann auch noch 0,90—1,20% *Mn*, unter 0,3% *P* sowie zur an sich bekannten Beeinflussung der Graphit- oder Temperkohle-Ausbildung u. zur Erhöhung der Bearbeitbarkeit u. der Korrosionsbeständigkeit die Elemente *Ni*, *Al*, *Ti*, *Mo* u./oder *Sn* enthalten. (**E. P. 886 106** vom 17/4. 1958, ausg. 3/1. 1962. Schwed. Prior. 18/4. 1957.) H. Hochstein. 6405

Statni Vyzkumny Ustav Materialu a Technologie Praha, Prag, Tschechoslowakei, **Warmfeste und korrosionsbeständige schweißbare Eisenlegierung,** deren Struktur zu über 90% eine ferrit. Grundmasse aufweist, besteht aus 0,06—0,4 (%) *C*, 6—18 *Mn*, 25—35 *Cr*, Rest *Fe* u. die üblichen Verunreinigungen. Die Leg. kann außerdem noch bis zu insgesamt 3 *Ti*, *Nb* oder *Zr*, einzeln oder zu mehreren, besitzen. Sie läßt sich sowohl gießen als auch schmieden. (**E. P. 892 463** vom 1/12. 1960, ausg. 28/3. 1962. Tschech. Prior. 5/12. 1959.) H. Hochstein. 6405

National Steel Corp., Del., übert. von: Clarence L. Altenburger, Dearborn, Mich., V.St.A., **Herstellung von weißem Gußeisen als Ausgangswerkstoff für Tempereisen,** dad. gek., daß eine aus Schrott u. aus 1,25—17 % Si-haltigem Roheisen, bes. *Silber–Roheisen*, bestehende Charge zur Erzeugung des weißen Gußeisens eingeschmolzen wird, wobei wenigstens ein Teil dieses Roheisens auch noch mindestens 0,0012%, vorzugsweise 0,0024—0,1% *B* enthält, das ausreichend bemessen ist, um im weißen Gußeisen einen B-Geh. von 0,00024—0,005% zu erzielen. Bes. wird bei der Herst. des Silber–Roheisens der B-Geh. durch Zusatz einer gleichzeitig $O_2$- u. B-haltigen Substanz, z. B. von *Rasorit*, $H_3BO_3$, $B_2O_3$, $Na_2B_2O_4$, $Na_2B_4O_7$ oder von deren Hydraten, erzielt. — Abbildungen. (**A. P. 2 984 564** vom 18/4. 1958, ausg. 16/5. 1961.) H. Hochstein. 6407

Matthias Ludwig, Industrieofenbau, Deutschland, **Herstellung von Werkstücken aus Tempereisen mit Eigenschaften analog denen von Stahl,** dad. gek., daß die Gußstücke in einer stark entkohlenden Atmosphäre geglüht werden, bis die Entkohlung entweder ganz oder fast ganz im gesamten Querschnitt vollendet ist, worauf sie zur Erzielung der gewünschten Eigg. mit Stoffen, die durch Diffusion in das Gußstück einwandern, behandelt werden. Zweckmäßig wird nach der Entkohlung in einer Atmosphäre mit einem bestimmten C-Geh. eine über den gesamten Querschnitt gleichmäßige Rückkohlung bewirkt. Auch kann nach der Entkohlung u./oder Rückkohlung eine Nitrierung oder eine andere Oberflächenhärtung vorgenommen werden. (**F. P. 1 255 824** vom 2/5. 1960, ausg. 16/6. 1961.) H. Hochstein. 6407

Matthias Ludwig, Industrieofenbau, Deutschland, **Herstellen von Teilen aus Tempereisen mit hoher Qualität,** dad. gek., daß Gußstücke aus einer bei der Herst. von weißem Tempereisen bekannten Gußeisen-Leg. einer 5—20std. graphitisierenden Glühung bei 900—1100° unterworfen werden, die darauf zur Abscheidung von C aus der austenit. Struktur langsam abgekühlt oder bei 800—950° gehalten werden, worauf die Teile zur Erzielung von Martensit, einer Zwischenphase, Sorbit u./oder feinen lamellarem Perlit auf eine Temp. unterhalb des Perlitpunktes abgeschreckt werden. Anschließend wird das Abschreckgefüge bis zur Erzielung einer Struktur aus körnigem Zementit einer homogenisierenden Rückerhitzung unterworfen. Bes. wird eine Gußeisen-Leg. mit 2,0—3,5, bes. 2,9—3,1 (%) *C*, 0,4—2,0, bes. 0,6 *Si*, 0,2—1,0, bes. 0,36 bis 0,45 *Mn*, bis 0,35, bes. 0,12—0,15 *S* verwendet. (**F. P. 1 255 823** vom 2/5. 1960, ausg. 16/6. 1961.) H. Hochstein. 6407

Institut de Recherches de la Sidérurgie, Frankreich, **Herstellung von hochwertigem Stahl aus Roheisen** nach dem F. P. 1 168 750, dad. gek., daß die Abgabe des eingeblasenen *Kalk*/$O_2$-Gemisches groß, d. h., daß die Bewegungsgröße in der Zeiteinheit sehr groß u. auf die Umgebung der Einblasstrahlachse konz. ist. — Abbildung. (**F. P. 73 923** vom 14/2. 1958, ausg. 3/3. 1961. **Zusatz zu F. P. 1 168 750; C. 1960, 4014.**) H. Hochstein. 6409

Centre National de Recherches Métallurgiques (Erfinder: Pierre Coheur), Lüttich, Belgien, **Herstellung von Stahl durch Frischen von Roheisen** mittels techn. bzw. handelsüblich reinem $O_2$, welcher fein verteilten Kalk in Suspension enthält u. von oben auf oder in das Metallbad geblasen wird, dad. gek., daß während des ganzen Prozeßverlaufes oder während eines Teiles desselben gleichzeitig mit dem $O_2$ gasförmiger oder fl. Brennstoff in an sich bekannter Weise auf oder in das Bad geblasen wird in einer bzgl. der $O_2$-Menge derart bemessenen Menge, daß die sich entwickelnde Flamme während des größten Teiles der Einblasung oxydierend ist. (**Oe. P. 218 052** vom 23/12. 1959, ausg. 10/11. 1961. Belg. Prior. 15/7. 1959.) H. Hochstein. 6409

Oesterreichisch-Alpine Montangesellschaft, Wien, Österreich, **Herstellung von Stahl mit niedrigem P-Gehalt durch Frischen eines Eisenbades,** bes. eines hoch P-haltigen Eisenbades, in einem bas. ausgekleideten Konverter oder dgl. unbeheizten Gefäß durch Aufblasen von $O_2$-haltigen Gasen, bes. techn. reinem $O_2$, wobei mit dem Gasstrahl zusammen *Kalk* oder dgl. dem Bad zugeführt wird, dad. gek., daß die gesamte, während des Blasprozesses zuzuführende Kalkmenge oder zumindest der überwiegende Teil derselben, in Korngrößen von zwischen ca. 3 mm u. ca. 20 mm, vorzugsweise zwischen 5 u. 10 mm, ggf. zusammen mit anderen Schlackenbildnern, auf die Oberfläche des Inhaltes des Konverters oder dgl. in den Bereich der Rk.-Zone des Gasstrahles in der Weise aufgebracht wird, daß sie in den freien Gasstrahl zwischen Düse u. Badoberfläche eingeführt wird. — Abbildungen. (**Oe. P. 218 050** vom 12/6. 1958, ausg. 10/11. 1961.) H. Hochstein. 6409

United States Steel Corp., übert. von: Walter L. Kerlie, Pittsburgh, Pa., V.St.A., **Herstellung von Stahl in einem Regenerativofen,** dad. gek., daß der Ofen zunächst mit einem im wesentlichen aus Schrott bestehenden Einsatz beschickt u. dieser auf eine unterhalb des F. des Schrottes liegende Temp. erhitzt wird; darauf wird ein zweiter Einsatz aus geschmolzenem *Roheisen* u. *Kalk* zugesetzt. Die Temp. des erhitzten ersten Einsatzes muß so hoch gewählt werden, daß bei seiner Vermischung mit dem fl. Roheisen das entstehende Gemisch eine mittlere Temp. annimmt, die mindestens gleich dem F. des Gemisches ist; hierauf wird ein $O_2$-haltiges Gas in das Schmelzbad mit einer geregelten Geschw. eingeblasen. (**A. P. 2 993 781** vom 27/5. 1959, ausg. 25/7. 1961.) H. Hochstein. 6409

Union Carbide Corp., New York, N.Y., übert. von: Earle R. Saunders, Hudson, Ohio, und Russel M. Franks, New York, N.Y., V.St.A., **Herstellung von nichtalternden unberuhigten Stählen,** dad. gek., daß dem Stahlbad ein Zusatzmittel zugegeben wird, das wenigstens 25% *Mn* u. wenigstens eins der Elemente *Nb, Ta, V* oder *B* enthält, in einer Menge, die zur Abbindung des N-Geh. des Stahles ausreicht. Das Zusatzmittel kann auch noch bis zu 12,5% *Zr, Ti, Be, Mg, Al, Ca, Si* oder *Ba* enthalten. Dem Stahlbad werden bes. bis zu 5,9 (lbs. je t Stahl) Mn u. entweder 1—2 Nb oder 1—4 Ta oder 0,3—1,0 V oder 0,03—0,20 B zugesetzt. (**A. P. 2 999 749** vom 17/9. 1958, ausg. 12/9. 1961.) H. Hochstein. 6409

United States Steel Corp., N.J., übert. von: George V. Smith, Ithaca, N.Y., V.St.A., **Nicht graphitisierter Rasierklingenstahl** mit einer Dicke der Klinge unter 0,010 in., der durch Kaltwalzen mit Zwischenglühungen aus einem warmgewalzten Stahlband hergestellt wird, dad. gek., daß der Stahl aus 0,75—1,50 (%) *C*, 0,35—1,50 *Mn*, bis 0,50 *Si*, bis 0,50 *Cr*, bis 0,05 *Al*, bis 0,045 *S* u. *P*, über 0,010, bes. 0,012—0,015 *N*, Rest *Fe* besteht. Zur Erzielung des N-Geh. des Stahles wird das warmgewalzte Stahlband in einer $N_2$-haltigen Atmosphäre geglüht. (**A. P. 2 987 429** vom 7/1. 1958, ausg. 6/6. 1961.) H. Hochstein. 6409

United States Steel Corp., N.J., übert. von: William C. Leslie und Reginald L. Rickett, Franklin Township, Pa., V.St.A., **Herstellung einer gestreckten Kornstruktur in unberuhigtem Stahl,** der eine gute Tiefziehfähigkeit besitzen soll, dad. gek., daß ein unberuhigter Stahl mit über 0,40% *Cu* hergestellt, um wenigstens 30% kaltverformt, darauf mindestens 1 Std. lang bei 750—1150° F geglüht u. darauf der geglühte Stahl bei einer Temp. oberhalb seiner Rekristallisations-Temp., z. B. 5 Std. lang bei 1300° F, wärmebehandelt wird. Zweckmäßig wird der Stahl von 750—1150° F mit einer Geschw. von unter 200° F je Std. auf die Temp. von 1300° F erhitzt. — Kurvenbilder. (**A. P. 2 986 483** vom 20/6. 1958, ausg. 30/5. 1961.) H. Hochstein. 6409

International Nickel Co., Inc., New York, N.Y., übert. von: Ralph B. G. Yeo, Westfield, und Herschel V. Beasley, Short Hills, N.J., V.St.A., **Stahllegierung** in einem durch doppelte Austenitisierungsbehandlung normalisierten u. darauf durch Erhitzen auf die $A_{e1}$-Temp. angelassenen Zustand mit im Gefüge willkürlich verteilten, nur aus angelassenem Bainit u. Martensit stammendem $Fe_3C$ besteht aus 0,15—0,30 (%) *C*, 0,2—0,6 *Mn*, bis zu 0,4 *Si*, 5,0—5,5 *Ni*, 0,2—0,5 *Mo*, bis 0,25 *V*, bis 0,5 *Cr*, Rest *Fe*. Der Stahl besitzt neben hoher Streckgrenze u. Zugfestigkeit eine niedrige Übergangs-Temp. für die Kerbschlagzähigkeit sowie gute magnet. Eigg. u. eignet sich bes. als Werkstoff für Rotorwellen von Generatoren. — Kurven, Abbildungen. (**A. P. 2 992 148** vom 23/4. 1959, ausg. 11/7. 1961.) H. Hochstein. 6411

International Nickel Co., Inc., New York, N.Y., übert. von: John L. Hurley, East Orange, und Thomas N. Armstrong jun., Summit, N.J., V.St.A., **Lufthärtende Stahllegierung,** die im normalisierten u. darauf bei mindestens 1000° F angelassenen Zustand eine gute Formbildsamkeit, eine hohe Kerbschlagzähigkeit sowie eine 0,2% Streckgrenze von wenigstens 150000 lbs./sq. in. besitzt u. sich als Werkstoff für Rohre, z. B. *Bohrlochrohre*, eignet, besteht aus 0,35—0,45 (%) *C*, 1,3—1,6 *Mn*, 0,2 bis 0,4 *Si*, 1,0—1,5 *Ni*, 0,8—1,2 *Cr*, 0,25—0,35 *Mo*, bis 0,1 *V*, Rest *Fe* mit den üblichen Verunreinigungen. — Kurvenschaubild. (**A. P. 3 008 820** vom 11/5. 1959, ausg. 14/11. 1961.) H. Hochstein. 6411

Soc. des Forges et Ateliers du Creusot, Frankreich, **Hochfester, schweißbarer Stahl** besteht aus unter 0,17 (%) *C*, unter 0,50 *Si*, 0,6—1,4 *Mn*, 0,5—2,0 *Ni*, 0,5—1,5 *Cr*, 0,2—0,5 *Mo*, unter 0,1 *V*. Rest *Fe* mit den üblichen Verunreinigungen. Der

Stahl kann einen *B*-Zusatz besitzen. Er eignet sich als Werkstoff für *Druckleitungen, Druckkessel, Laufkräne* u. *Förderkörbe*. (**F. P. 76 084** vom 29/7. 1959, ausg. 12/1. 1962. **Zusatz zu F. P. 1 035 400; C. 1954, 7509.**) H. Hochstein. 6411

Armco Steel Corp., Ohio, übert. von: Harry Tanczyn, Baltimore, Md., V.St.A., **Herstellung einer stickstoffhaltigen Mangan-Vorlegierung** zum direkten Einsatz in Stahlschmelzöfen, die aus 2—6% N, Rest Mn, besteht, dad. gek., daß ein loser Einsatz von elektrolyt. Mn-Platten mit einem strömenden $N_2$-Gas in einem geschlossenen Behälter unter Verdrängung der im Behälter vorhandenen Luft umspült u. darauf bei 1200° F bis 2400° F in Ggw. des $N_2$-Gases unter einem Druck gehalten wird, der genügt, um eine N-Aufnahme der Platten von 2—6% zu erzielen, worauf die so behandelten Platten im Behälter unter Aufrechterhaltung des $N_2$-Gasdruckes auf Raum-Temp. abgekühlt werden. (**A. P. 2 989 429** vom 11/3. 1959, ausg. 20/6. 1961.) H. Hochstein. 6419

General Electric Co., New York, übert. von: Robert F. Gill, Schenectady, N.Y., und Carl S. Wakusick, Cincinnati, Ohio, V.St.A., **Legierung für Betriebstemperaturen über 1000° F** mit hoher Streckgrenze, Zerreiß- u. Zeitstandfestigkeit sowie mit hoher Dauerstandfestigkeit mit geringer Neigung zur Versprödung u. stabilem Gefüge besteht aus 40—80, bes. 69,5 oder 49,86 (%) *Ni*, 10—25, bes. 14,05 oder 14,63, *Cr*, 0,25—5,0, bes. 1,9 oder 1,97, *Nb* + *Ta*, 0,5—8,0, bes. 2,75 oder 3,22, *Mo* + *W*, bis 0,75 *Ti*, 0,25—3,0, bes. 0,88 oder 1,19, *Al*, bis 2, bes. 0,35 oder 0,30, *Mn*, bis 2, bes. 0,72 oder 0,51, *Si*, bis 0,2, bes. 0,03 oder 0,035, *C*, Rest *Fe*. — Kurvenblatt. (**A. P. 2 994 605** vom 30/3. 1959, ausg. 1/8. 1961.) H. Hochstein. 6435

Mannesmann-Meer Akt.-Ges., Mönchengladbach (Erfinder: Max Michalke, Rheydt), **Umschmelzen von Stahlschrott** im Kupolofen zu einer Fe–C-Leg. mit mehr als *3* (%) C, weniger als 0,1 *Si* u. höchstens 0,04 *S*, die als Ausgangsschmelze für die Herst. von Fe-Pulver durch Zerstäuben dient, wobei der Einsatz aus Stahlschrott u. Elektrodengraphit besteht, dad. gek., daß das Umschmelzen in einem sauer zugestellten Kupolofen mit Kaltwind unter Verw. von Elektrodengraphitabfällen aus der Chlor-Alkali-Elektrolyse erfolgt. (**D. A. S. 1 129 976** Kl. 18b vom 14/10. 1953, ausg. 24/5. 1962.) H. Hochstein. 6475

Max Deventer, Allendorf, und Elisabeth Steichele, Velburg, **Herstellung von graphithaltigem Metallpulver-Formlingen,** dad. gek., daß 4—17% *Graphit* von einer Teilchengröße vorwiegend unter 1 $\mu$ innig mit einem Metallpulvergemenge vermischt wird, das im wesentlichen aus *Fe*-, *Ni*-, *Cu*- oder *Al*-Pulver besteht, eine Rohwichte nicht über ca. 20% der wahren Dichte des entsprechenden Metalles besitzt u. ca. 5—80% unregelmäßig geformte Teilchen mit einer Korngröße unter 30 $\mu$ aufweist. Das Gemenge enthält ferner noch einen geringen Anteil eines anderen Metallpulvers, z. B. eines *Cu*-, *Ni*-, *Fe*-, *Ti*-, *Sn*-, *Zn*-, *Co*-, *Cr*-, *Pb*-, *Be*- oder *Sb*-Pulvers, welcher sich mit dem erstgenannten Pulver zu verbinden vermag. Dieses Gemenge wird kalt zu einem zusammenhängenden Formling verpreßt. Darauf wird dieser Preßling in einer Form bei ca. 930—1000° bei Gemengen überwiegend aus Fe-Pulver, bei 720—800° bei Gemengen überwiegend aus Cu-Pulver, bei 1200° bei Gemengen überwiegend aus Ni-Pulver oder bei ca. 570° bei Gemengen vorwiegend aus Al-Pulver einem Druck von über 1000 atm abs. unterworfen, wodurch die Metallpulver an ihren Berührungsstellen zusammenfritten. Der so behandelte Gegenstand wird in der Form unter Aufrechterhaltung des Druckes abgekühlt. Er eignet sich als Werkstoff für *Lager*, *Kolbenringe* oder dergleichen. (**A. P. 2 974 039** vom 7/2. 1956, ausg. 7/3. 1961. D. Prior. 5/2. 1951.) H. Hochstein. 6475

A/B Svenska Metallverken, Västerås, Schweden (Erfinder: K. E. R. Axelhed), **Herstellung einer Metallegierung für Gleitlager.** Eine pulverförmige Mischung von 45—55 (Gew.-%) *Fe*, 40—50 *Cu* u. 3—7 *Sn*, ggf. 2 *C*, wird gepreßt u. gesintert. (**Schwed. P. 170 455** vom 30/8. 1957, ausg. 23/2. 1960.) K. H. Kähler. 6475

Franz Lihl, Wien, Österreich, **Erhöhung der Härte von Stahloberflächen,** dad. gek., daß der Stahl nur in einer dünnen Oberflächenschicht so außerordentlich rasch auf eine Temp. oberhalb des $Ac_3$-Punktes erhitzt u. von dieser Temp. so außerordentlich rasch abgekühlt wird, daß eine Oberflächenschicht von einer Vickers-Härte über 926 kg/sq. mm erzielt wird, die keinen Austenit oder höchstens davon nur 2% enthält u. eine so feine Kornstruktur besitzt, daß sie unter einem metallograph. Mikroskop prakt. nicht aufgelöst werden kann. (**E. P. 882 462** vom 10/1. 1958, ausg. 15/11. 1961. Schwz. Prior. 12/1. u. 12/12. 1957.) H. Hochstein. 6493

General Electric Co., New York, N.Y., übert. von: Elmore J. Fitz, Lanesboro, Mass., und Robert E. Waite, East Chatham, N.Y., V.St.A., **Wärmebehandlung von kaltgewalztem elektrischem Si-Stahlband mit 1—4% Si,** dad. gek., daß das kaltgewalzte Band zur Einleitung der Sek.-Rekristallisation 5—60 Min. lang bei 950 bis 1050° geglüht u. darauf unmittelbar ohne Abkühlung auf 1175—1250° zur Beendigung der Sek.-Rekristallisation erhitzt wird. Das so behandelte Band besitzt trotz verkürzter Glühzeit zur Erzielung der Endtextur einen hohen Grad von magnet. Anisotropie, eine geringe Wattverlustziffer u. hohe elektr. Eigenschfaten. (**A. P. 2 986 485** vom 28/7. 1958, ausg. 30/5. 1961.) H. Hochstein. 6493

Evan Melfyn Lewis, Walton-on-Thames, England, **Wärmebehandlung von auf Dauerwechselfestigkeit hochbeanspruchten Bauteilen,** z. B. von Knotenblechen im Brückenbau, dad. gek., daß solche Bauteile zur Erzielung einer bestimmten Spannungsverteilung, die nach der Wärmebehandlung im Bauteil verbleibt, örtlich erhitzt werden u. eine Registrier-Vorr. vorgesehen wird, durch die die Wärme in der richtigen Menge u. an der richtigen Stelle zugeführt wird, so daß keine Ermüdungsrisse auftreten. (**E. P. 882 695** vom 3/3. 1958, ausg. 15/11. 1961.) H. Hochstein. 6493

G. K. N. Group Services Ltd. (Erfinder: Robert Trevor Allsop), Smethwick, England, **Abschreckung von erhitztem Metall, insbesondere Stahl,** dad. gek., daß das erhitzte Metall in eine wss. Lsg. von *Na-Alginat* eingetaucht wird. Bes. enthält die wss. Lsg. nicht unter 0,1, zweckmäßig zwischen 0,1—0,5% Na-Alginat. Die so abgeschreckten Stähle besitzen neben hoher Härte u. Zugfestigkeit eine hohe Formbildsamkeit. (**E. P. 880 445** vom 14/1. 1959, ausg. 25/10. 1961.) H. Hochstein. 6493

Imperial Chemical Industries Ltd., London (Erfinder: Harold Courtney Turner, Oldbury), England, **Verwendung eines Kupfer-Bor-Schweißstabes zur Herstellung von Kupferschweißnähten hoher elektrischer Leitfähigkeit.** Der Stab besteht aus 0,002—1 (%), vorzugsweise 0,03—0,08, *B*, Rest *Cu* u. unvermeidbaren Verunreinigungen. (**D. A. S. 1 129 038** Kl. 49h vom 29/7. 1957, ausg. 3/5. 1962. E. Prior. 2/8. 1956 u. 26/7. 1957.) W. Hauswald. 6507

Mallory Metallurgical Products Ltd., London, England, **Herstellung von elektrischen Kontakten oder Schweißelektrodenmaterial.** Reduzierbare Verbb. von *Cu*, *Ag* u. *W* u./oder Mo oder reduzierbare Verbb. von Cu, W u./oder *Mo* u. metall. Ag werden in Pulverform miteinander vermischt. Die Mischung wird dann unter reduzierenden Bedingungen erhitzt, um die genannten Verbb. in metall. Form überzuführen. Hierauf wird die Mischung gepreßt u. gesintert. Die Ausgangsmischung wird so gewählt, daß das gesinterte Prod. 48—72 (Atom-%) Cu, 0,5—5 Ag, Rest W u./oder Mo enthält. Die Red.-Temp. liegt bei ca. 800—1100° u. die Sinterungs-Temp. bei ca. 1200—1400°. (**E. P. 883 429** vom 30/5. 1960, ausg. 29/11. 1961. A. Prior. 26/6. 1959.) W. Hauswald. 6507

Normacem, Paris (Erfinder: Clément Pougnand, Créteil), Frankreich, **Verfahren zum Agglomerieren einer Pulvermischung mit Alkalisilicat,** bei welchem das Silicat mit der trocknen Pulvermischung vermengt wird. Dem trocknen Pulvergemenge wird ein durch Versprühen einer Silicat-Lsg. oder -schmelze entstandenes Silicatpulver beigemischt. Die so erhaltene Mischung wird mit einer Menge W. angerührt, die ausreicht, um ein Granulieren der Masse auszulösen, jedoch nicht ausreicht, um das Entstehen einer nicht gekörnten, teigigen Masse zu bewirken. Das so hergestellte Pulver dient zur Herst. gewisser *Schweißpulver.* (**Schwz. P. 360 266** vom 6/3. 1958, ausg. 30/3. 1962. F. Prior. 26/4. 1957.) W. Hauswald. 6507

Western Electric Co., Inc. (Erfinder: George Musson Bouton), **Schweißen von Metallkörpern,** die wenigstens 85 (Gew.-%) Al enthalten, mit einem Lot, das wenigstens 90 Zn enthält u. z. B. folgende Zus. aufweist: 3,5—4,3 (%) *Al*, 0,03—0,08 *Mg* u. als maximale Verunreinigungen 0,1 *Cu*, 0,007 *Pb*, 0,005 *Cd*, 0,005 *Sn*, 0,100 *Fe*, Rest *Zn*. (**Aust. P. 228 416** vom 13/3. 1958, ausg. 23/6. 1960. A. Prior. 15/8. 1957.) K. Demmler. 6507

Pittsburgh Plate Glass Co., Pittsburgh, Pa. (Erfinder: William Worth Carlin, Corpus Christi, Tex.), V.St.A., **Aufbringen eines metallischen Schutzüberzuges** auf zur Handhabung von ätzenden Mitteln dienenden Behältern durch chem. Vernickelung der metall. Behälteroberflächen mit Hilfe eines Bades, das 1—3 (g/Liter) *Ni*-Salz, 8—30 *Hypophosphit*, 0,3—7 *Co*-Salz u. als Puffersubstanz bes. *Na-Citrat* u. 1 bis 10 *Alkalitetraborat* in wss. Lsg. enthält. In einem solchen Behälter kann KOH wasserfrei gemacht werden, ohne daß der Überzug angegriffen wird. (**D. A. S. 1 129 797** Kl. 48b vom 21/6. 1957, ausg. 17/5. 1962. A. Prior. 21/6. 1956.) F. Vier. 6521

Parker Bonderite Pty. Ltd. (Erfinder: Walter R. Cavanagh und James J. Maurer), **Vorbehandlungsmittel für das Phosphatieren von Metalloberflächen.** Es werden z. B. 200 (lbs.) $Na_2HPO_4$ unterhalb 70°F in W. gelöst; getrennt werden 97 Titanylsulfat in W. von 160° F gelöst u. auf 65° F abgekühlt. Beide Lsgg. werden bei $<70°$ F gemischt u. 45 Min. bei pH 7,3 gehalten. Man erwärmt das Gemisch auf 140° F, setzt 700 $Na_2HPO_4$ zu u. altert 1 Std. bei 175° F. Anschließend kann der Ansatz auf einer Trockentrommel in ein lagerfähiges Pulver übergeführt werden. (**Aust. P. 224 761** vom 10/7. 1957, ausg. 19/11. 1959. A. Prior. 2/8. 1956.) H. Möllering. 6533

Nalco Chemical Co., übert. von: Aaron Sterlin, Chicago, Ill., V.St.A., **Verhinderung der Korrosion von Metallen durch Wasser** in wss. u. nicht wss. Lsgg. durch Zusatz eines Salzes einer aliphat. Dicarbonsäure mit mindestens 10 C-Atomen u. einem Glyoxalidin der nebenst. Formel **I**, in der das C-Atom an Stelle 2 mit einer höheraliphat. KW-Stoffgruppe mit mindestens 8 C-Atomen gebunden ist, das C-Atom an Stelle 4 mit H oder einer niedrigeren aliphat. KW-Stoffgruppe mit nicht mehr als 6 C-Atomen, das C-Atom an Stelle 5 mit H oder einer niedrigeren aliphat. KW-Stoffgruppe mit nicht mehr als 6 C-Atomen, wobei an diesen beiden Stellen zusammen mindestens ein H vorhanden sein soll, u. das N-Atom an Stelle 1 mit H oder einem niedrigen aliphat. Rest mit nicht mehr als 6 C-Atomen, der außerdem H-, N- u. O-Atome aufweist. — Beispiel: *Sebacinsäuresalz*, entstanden durch Rk. von 2 Mol *1-(2-Hydroxyäthyl)-2-heptadecanylglyoxalidin* mit 1 Mol Sebacinsäure bei ca. 133° in 5—10 Minuten. (**A. P. 2 945 821** vom 24/10. 1956, ausg. 19/7. 1960.) H. Baur. 6539

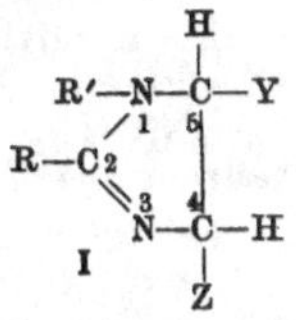

Universal Oil Products Co., Des Plaines, übert. von: Ralph B. Thompson, Hinsdale, Ill., V.St.A., **Verhinderung der Korrosion metallischer Oberflächen durch organische Stoffe enthaltendes Wasser** durch den Zusatz einer Mischung aus dem Salz einer mehrbas. Carbonsäure mit einem Alkylenpolyamin u. ca. 0,05—10 Gew.-% eines zwischen ca. 80 u. 200° gebildeten Rk.-Prod. aus äquivalenten Mengen eines Polyoxyäthylenamins des Kolophoniums mit 6—40 Oxyäthylengruppen u. eines Terpen–Maleinsäure-Rk.-Prod., das bei ca. 150—300° aus äquivalenten Mengen Maleinsäure u. Terpen der Formel $C_{10}H_{16}$ mit einem Kp. zwischen ca. 150 u. 185° entsteht. (**A. P. 2 939 842** vom 30/12. 1957, ausg. 7/6. 1960.) H. Baur. 6539

Cities Service Research & Development Co., New York, N.Y., übert. von: William B. Hughes, Webster Groves, Mo., V.St.A., **Verhinderung der Korrosion von Eisen** durch Rohöl u. Naturgas durch Zusatz einer kleinen Menge eines in zwei Stufen erhaltenen Endprodukts. Zuerst werden 2 Mol eines Polyamins (*Tetraäthylenpentamin, Triäthylentetramin, Diäthylentriamin, Äthylendiamin*) mit 1 Mol einer *Dicarbonsäure* (eine Säure mit 4—20 C-Atomen oder eine dimerisierte Linolsäure) kondensiert, so daß 4 Mol W. abgetrennt werden, um ein Bis-imidazol-Zwischenprod. zu erhalten, in das dann 1—4 Mol *Äthylenoxid* eingebracht werden. (**A. P. 2 940 927** vom 12/12. 1955, ausg. 14/6. 1960.) H. Baur. 6539

Dow Chemical Co., übert. von: Charles T. Pumpelly und Joseph L. Wasco, Midland, Mich., V.St.A., **Korrosionsverzögerer für Eisen** in wss. Lsgg. nichtoxydierender Säuren besteht aus einer Verb. der Formel **I**, in der die Substituenten R zusammen 4—12 C-Atome enthalten, in der jedes einzelne R ein H oder eine Phenyl-, Chlorophenyl- oder Alkylgruppe mit je 1—8 C-Atomen sein kann oder ein Cycloalkylring mit 5—6 C-Atomen. — Zum Beispiel wird der *HCl* als Verzögerer *2-(p-Chlorophenyl)-4-pentin-2-ol* zugesetzt. (**A. P. 2 913 408** vom 28/12. 1956, ausg. 17/11. 1959.) H. Baur. 6539

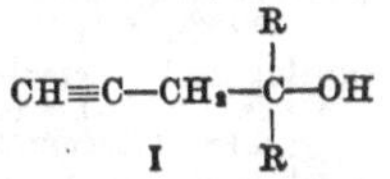

E. I. du Pont de Nemours & Co., übert. von: Paul L. Salzberg, Wilmington, Del., V.St.A., **Korrosionsverzögerer** für saure Lsgg. zum Schutz von Eisen. In Mengen von 0,0001—10 Gew.-% wird der Mischung eine organ. Verb. mit einem Molgew. nicht über 500 u. der Formel R—R′—COR″ zugegeben, in der R ein einwertiges organ. Radikal darstellt der nebenst. Art oder ein C-Alkyl-Deriv. dieser Radikale mit bis zu 4 C in der Alkylgruppe, R′ ein doppelwertiges KW-Stoffradikal mit bis zu 8 C-Atomen ist. R‴ u. R⁗ sind H oder KW-Stoffradikale mit 1—10 C-Atomen oder 2wertige KW-Stoffradikale. COR′ ist eine Carboxylgruppe oder eine zu einer Carboxylgruppe hydrolysierbare Gruppe. — Beispiele für die organ. Verb.: *α-Lipoidsäure, 6.8-Dimercaptooctansäure.* (**A. P. 2 912 386** vom 1/8. 1957, ausg. 10/11. 1959.) H. Baur. 6539

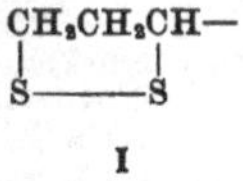

I

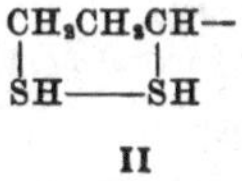

II

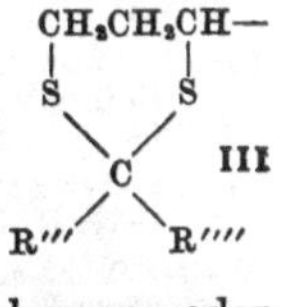

III

Standard Oil Co., Chicago, Ill., übert. von: Allen E. Brehm, Griffith, Ind., V.St.A., **Korrosionsverzögerer für Erdölfraktionen.** Diesen werden ca. 0,0007—1,0 % einer polymeren, hochmol., ungesätt. Carbonsäure mit einem Molgew. über ca. 300

zugesetzt, wie *Dilinolsäure* oder polymerisierte *Ricinusölsäure*, die im wesentlichen aus ca. 45—55% einer monomeren oder dimeren Fraktion mit einem Molgew. zwischen ca. 300 u. 600 u. aus ca. 45—55% einer trimeren oder höherpolymeren Fraktion mit einem Molgew. über ca. 600 besteht, u. ferner ca. 0,0001—1,0% einer oberflächenakt. Perfluoralkyl-Verb. der allg. Formel $C_nF_{2n+1}CONHC_{n'}\cdot H_{2n'}\cdot N(C_{n'}H_{2n'+1})_x(C_{n''}H_{2n''+1})_yZ_z$ in der n eine ganze Zahl von 6 u. 10 (einschließlich), n' eine ganze Zahl von 1—3, n'' eine ganze Zahl von 1—12 (einschließlich), x eine ganze Zahl von 2—3, y eine ganze Zahl von 0—1, Z ein Halogen (Br, J) u. z eine ganze Zahl von 0—1 ist. Die polymere Säure u. das oberflächenakt. Mittel werden im Verhältnis 2 : 1 bis 1 : 2 verwendet. — Beispiel: Gasolin oder Heizöl wird als oberflächenakt. Mittel die Verb. der Formel $C_7F_{15}CONH\cdot C_3H_6N(CH_3)_3J$ zugesetzt u. eine Carbonsäure aus ca. 85 (%) Dilinolsäure, ca. 12 Trilinolsäure u. ca. 3 monomerer Säure. (**A. P. 2 948 598** vom 17/10. 1956, ausg. 9/8. 1960.) H. Baur. 6539

Visco Products Co., Houston, übert. von: Willard H. Kirkpatrick, Sugar Land, und Virgil L. Seale, Houston, Tex., V.St.A., **Korrosionsschutz eiserner Anlagen** für die Verarbeitung von korrodierenden Stoffen, wie $CO_2$, $H_2S$, Sole, schwache anorgan. u. organ. Säuren, enthaltendem Petroleum durch Behandlung mit einer Lsg. eines quatern. Salzes mindestens einer Verb. der allg. Formel I oder II,

$R{-}\underset{\overset{\|}{O}}{C}(NHC_xH_{2x})_mNH_2$ I  $NH_2(C_xH_{2x}NH)_m\underset{\overset{\|}{O}}{C}{-}R{-}\underset{\overset{\|}{O}}{C}(NH_yH_{2y})_nNH_2$ II

in der x eine ganze Zahl ist von 2—10 (einschließlich), y ebenfalls eine ganze Zahl von 2—10 (einschließlich); m u. n sind mindestens 1 u. R ist eine Fettsäure mit mindestens 12 C-Atomen ohne Carbonrest. Das quatern. Salz wird aus einem Alkylenpolyamin (Tetraäthylenpentamin) u. einer organ. Fettsäure hergestellt. (**A. P. 2 935 474** vom 28/11. 1955, ausg. 3/5. 1960.) H. Baur. 6539

Metallgesellschaft Akt.-Ges. (Erfinder: Jürgen Lepper), Frankfurt/M., **Anode zum kathodischen Korrosionsschutz** mit Eingußteilen zur Halterung u. Stromleitung. Sie umschließt ganz oder teilweise einen hohlen oder mit nichtmetall. Material ausgefüllten Raum, der in mindestens 2 Richtungen einen Durchmesser hat, der etwa der Wandstärke des Anodenmaterials entspricht oder größer ist als dessen Wandstärke. (**D. A. S. 1 132 406** Kl. 48d vom 29/11. 1957, ausg. 28/6. 1962.) H. Baur. 6539

---

**Corn Products Refining Co.**, New York, N.Y., übert. von: **Charles J. Gogek**, Brookfield, Ill., V.St.A., *Kernbindemittel.* (**Can. P. 559 995** vom 11/8. 1955, ausg. 8/7. 1958. A. Prior. 23/5. 1955. — C. **1960,** 7669 [E. P. 807 044].)

**Soc. d'Électro-Chimie, d'Électro-Métallurgie et des Aciéries Électriques d'Ugine**, Paris, übert. von: **Charles Armand**, St. Sigismond, und **Paul Angleys**, Césarches, Frankreich, *Horizontalguß von Metallen.* (**Can. P. 560 136** vom 2/2. 1956, ausg. 8/7. 1958. F. Prior. 9/8. u. 17/11. 1955. — C. **1960,** 12155 [F. PP. 1 129 748 u. 68 042].)

**Bot Brassert Oxygen Technik Akt.-Ges.**, Zürich, Schweiz, *Frischen von Roheisen.* (**E. P. 883 958** vom 16/12. 1958, ausg. 6/12. 1961. Oe. Prior. 23/12. 1957. — C. **1961,** 12637 [Oe. P. 208 373].)

**Institut de Recherches de la Sidérurgie Française**, übert. von: **Bernard Trentini** und **Pierre Vayssière**, St. Germain-en-Laye, Frankreich, *Frischen von Roheisen im Sauerstoff-Aufblasverfahren.* (**A. P. 2 991 173** vom 26/2. 1960, ausg. 4/7. 1961. F. Prior. 27/2. 1959. — C. **1961,** 13342 [F. P. 1 226 680].)

**A.R.B.E.D. Aciéries Réunies de Burbach-Eich-Dudelange Soc. An.**, Luxemburg, Luxemburg, *Frischen von Roheisen im Konverter.* (**E. P. 871 210** vom 23/4. 1959, ausg. 21/6. 1961. Belg. Prior. 29/4. 1958. — C. **1962,** 2529 [Oe. P. 213 427].)

**Air Reduction Co., Inc.**, New York, N.Y., übert. von: **John M. Crockett**, Metuchen, und **Philip M. Hulme**, Morristown, N.J., V.St.A., *Herstellung von Gußeisen.* (**A. P. 2 963 364** vom 20/8. 1952, ausg. 6/12. 1960. — C. **1956,** 2592 [E. P. 721 717].)

**Vereinigte Österreichische Eisen- und Stahlwerke Akt.-Ges.**, Linz, Österreich, *Herstellung von hochwertigem Gußeisen.* (**E. P. 874 393** vom 23/10. 1957, ausg. 10/8. 1961. Oe. Prior. 24/10. 1956. — C. **1960,** 985 [Oe. P. 198 780].)

**Staveley Iron & Chemical Co. Ltd., Ralph Victor Riley, Arthur Geoffrey Deeming** und **George Edwin Else**, Hollingwood bei Chesterfield, England, *Behandlung von Gußeisen mit hohem Phosphor-Gehalt.* (**E. P. 876 397** vom 28/11. 1957, ausg. 30/8. 1961. — C. **1961,** 18862 [F. P. 1 216 519].)

**Walter Overhoff**, Velbert, *Herstellung von Tempergußeisen.* (**E. P. 883 029** vom 23/4. 1958, ausg. 22/11. 1961. D. Prior. 29/4., 18/7., 27/7. 1957 u. 7/1. 1958. — C. **1961,** 16645 [Belg. P. 566 951].)

**Walter Overhoff**, Velbert, *Herstellung von perlitischem Temperguß.* (**A. P. 2 995 441** vom 28/4. 1958, ausg. 8/8. 1961. D. Prior. 29/4. 1957. — C. **1961,** 16645 [Belg. P. 566 951 u. F. P. 1 213 450].)

**A.R.B.E.D. Aciéres Réunies de Burbach-Eich-Dudelange Soc. An.**, Luxemburg, Luxemburg, und **Centre National de Recherches Métallurgiques**, Lüttich, Belgien (Erfinder: **Paul Metz**, Dudelange, und **Alfred Decker**, Hergenrath), *Herstellung von Stahl durch Windfrischen von Roheisen im Konverter oder Drehofen.* (**Oe. P. 217 069** vom 10/2. 1959, ausg. 11/9. 1961. Luxemburg. Prior. 12/2. 1958. — C. **1961,** 12637 [F. P. 1 214 796].)

**Klöckner-Werke Akt.-Ges.**, Deutschland, *Frischen zur Herstellung eines Vormetalls oder Stahls aus phosphorhaltigem Roheisen.* (**F. P. 74 792** vom 9/1. 1959, ausg. 1/6. 1961. Zusatz zu F. P. 1168 089; C. 1960, 6312. — C. **1961,** 12259 [Belg. P. 564 146].)

**Centre National de Recherches Métallurgiques (A.S.B.L.)**, Lüttich, Belgien, *Herstellung von Stahl mit sehr niedrigem Phosphorgehalt.* (**Belg. P. 572 068** vom 15/10. 1958, ausg. 4/5. 1962. — C. **1962**, 2530 [F. P. 1 235 023].)

**Carpenter Steel Co.** (Erfinder: **Wesley Robert Kegerise**), Reading, Pa., V.St.A., *Stahllegierung.* (**E. P. 883 712** vom 16/6. 1958, ausg. 6/12. 1961. — C. **1960**, 15209 [A. P. 2 891 859].)

**Crane Co.**, Chicago, Ill., V.St.A., *Nichtrostende austhenitische Stahllegierung.* (**E. P. 882 983** vom 7/3. 1958, ausg. 22/11. 1961. A. Prior. 2/12. 1957. — C. **1961**, 5601 [F. P. 1 203 636].)

**Allegheny Ludlum Steel Corp.**, V.St.A. (Erfinder: **Léonard Valentine Klaybor, Paul Richard Borneman** und **Donald Lee Byrne**), *Bei hohen Temperaturen zunderfeste, harte Stahllegierung.* (**F. P. 1 246 611** vom 1/2. 1960, ausg. 10/2. 1961. A. Prior. 4/2. 1959. — C. **1962**, 1398 [A. P. 2 934 430].)

**Crucible Steel Co. of America**, V.St. A. (Erfinder: **Edward John Dulis** und **Peter Payson**), *Nickelfreie austhenitische Stähle.* (**F. P. 75 729** vom 15/5. 1959, ausg. 11/12. 1961. A. Prior. 16/5. 1958. Zusatz zu F. P. 1 204 510; C. 1961, 5957. — C. **1960**, 4992 [A. P. 2 862 812].)

**Armco International Corp.**, V.St.A., *Nichtrostender austhenitischer Stahl und Verfahren zu seiner Behandlung.* (**F. P. 1 257 005** vom 3/1. 1958, ausg. 10/7. 1961. — C. **1959**, 7285 [A. P. 2 820 708].)

**Allegheny Ludlum Steel Corp.**, Pittsburgh, Pa., V.St.A. (Erfinder: **Richard Reed Mac Farland** und **Richard Kalman Pitler**), *Austhenitische nickelfreie Stahllegierung für hohe Betriebstemperaturen.* (**E. P. 884 269** vom 23/3. 1960, ausg. 13/12. 1961. **F. P. 1 255 608** vom 26/3. 1960, ausg. 14/6. 1961. Beide A. Prior. 27/3. 1959. — C. **1962**, 2531 [A. P. 2 948 604].)

**United States Steel Corp.**, Pittsburgh, Pa., V.St.A., *Gegen Salpetersäure-Korrosion beständiger nichtrostender Stahl.* (**E. P. 872 052** vom 13/9. 1957, ausg. 5/7. 1961. A. Prior. 19/10. 1956. — C. **1960**, 13517 [F. P. 1 184 404].)

**Walter M. Weil**, übert. von: **Hugh S. Cooper**, Shaker Heights, Ohio, V.St.A., *Gewinnung von Mangan aus metallurgischen Schlacken.* (**Can. P. 559 871** vom 6/4. 1954, ausg. 1/7. 1958. A. Prior. 26/6. 1953. — C. **1959**, 2608 [A. P. 2 802 729].)

**Foote Mineral Co.**, Philadelphia, Pa., übert. von: **Robert H. Cromwell**, East Orange, N.J., und **William A. Parsons**, Knoxville, Tenn., V.St.A., *Manganelektrolyse.* (**Can. P. 562 385** vom 2/9. 1955, ausg. 26/8. 1958. A. Prior. 21/10. 1954. — C. **1961**, 15917 [A. P. 2 810 684].)

**American Smelting & Refining Co.**, New York, N.Y., übert. von: **Donald L. La Velle**, Mendham, N.J., V.St.A., *Trennung von Magnesium und Aluminium.* (**Can. P. 562 590** vom 18/12. 1952, ausg. 2/9. 1958. A. Prior. 12/7. 1952. — C. **1957**, 4239 [E. P. 738 510].)

**Aluminum Co. of America**, Pittsburgh, übert. von: **Mike A. Miller, Luther M. Foster** und **Cole D. Baker**, New Kensington, Pa., V.St.A., *Al-Herstellung.* (**Can. P. 560 265** vom 30/9. 1955, ausg. 15/7. 1958. A. Prior. 14/3. 1955. — C. **1961**, 18490 [A. P. 2 829 961].)

**Rohm & Haas Co.**, Philadelphia, übert. von: **William C. Prentiss**, Levittown, **Adrienne H. D. Carman**, Fort Washington, Pa., **Lewis A. Wetzel**, Moorestown, N.J., und **Virgil N. Sheets**, Havertown, Pa., V.St.A., *Überzüge über Metalle.* (**Can. P. 562 465** vom 15/8. 1956, ausg. 26/8. 1958. — C. **1961**, 3162 [F. P. 1 157 476].)

**E. I. du Pont de Nemours & Co.**, Wilmington, Del., übert. von: **William T. M. Johnson**, Philadelphia, Pa., V.St.A., *Nitrocellulose-Methylmethacrylat-Überzug.* (**Can. P. 562 360** vom 6/5. 1955, ausg. 26/8. 1958. A. Prior. 4/6. 1954. — C. **1959**, 8327 [A. P. 2 782 132].)

**Poor & Co.**, Chicago, übert. von: **Allan E. Chester**, Highland Park, und **Bruno R. Jeremias**, Chicago, Ill., V.St.A., *Metallkorrosionsschutz.* (**Can. P. 560 112** vom 16/9. 1953, ausg. 8/7. 1958. A. Prior. 7/5. 1953. — C. **1958**, 3162 [F. P. 1 088 700].)

## $H_9$. Organische Industrie

**Über die Wirkung von Katalysatoren für die Oxydation von Paraffin mit Luft.** A. A. Pertschenko, M. A. Martschenko und N. P. Schachrowa. (Öl- u. Fett-Ind. [UdSSR] **28**, Nr. 7, 25—27, Juli 1962; Allunions Forschungsinst. für synthet. Fette u. Waschmittel; russ.) — In einer Vers.-Anlage wurden bei der Paraffinoxydation mit Luft in Ggw. von 0,1% $MnO_2$, dem 0,0375% Pottasche zugesetzt waren, die gleichen Resultate erzielt wie bei Anwendung von $KMnO_4$ als Katalysator, Säure-, Ester-, Carbonyl- u. Jodzahl der erhaltenen Säuren ($C_5$—$C_{20}$) sind in beiden Fällen etwa gleich. $MnO_2$ fällt verunreinigt mit Pyridin u. Nicotinsäure als Abfall-Prod. bei der Nicotinsäure-Synth. an u. besitzt nach der Reinigung die Zus. $MnO_2 \cdot 0,75\ H_2O$. I. Eichhorn. 6582◇

**Sulfatierung von Fettalkoholen aus dem Unverseifbaren-II mit Chlorsulfonsäure.** W. I. Babajew, N. I. Bashenowa und M. D. Sawisstowskaja. (Öl- u. Fett-Ind. [UdSSR] **28**, Nr. 7, 23—24, Juli 1962; Schebekino, Kombinat für synthet. Fettsäuren u. Fettalkohole; russ.) — Die aus dem Unverseifbaren-II isolierten Alkohole $C_8$—$C_{20}$ wurden mit Chlorsulfonsäure (**I**) bei 15—25° sulfatiert u. der Einfl. der Einw.-Dauer auf die Ausbeute untersucht. Bei einer Einw.-Dauer von 5 Min. wird eine 88%ig., bei 15 Min. eine 80,8%ig., bei 30 Min. eine 80%ig. Sulfatierung erreicht. Die Anwendung von **I** empfiehlt sich daher nur bei kontinuierlichen Verfahren. Dagegen können durch Hydrierung von Säuren erhaltene prim. Alkohole $C_{10}$—$C_{17}$ auch diskontinuierlich sehr gut mit **I** sulfatiert werden. Die Neutralisation wird bei 25—30° im Verlaufe von 30 Min. durchgeführt. I. Eichhorn. H 560◇

**Untersuchung über die direkte Oxydation von Benzol durch Luft unter hohem Druck.** 3. Mitt. **Einfluß von Oxydationsbeschleunigern.** Yoshinobu Hosaka. (Rep. Government chem. ind. Res. Inst. Tokyo **52**, 35—40, Jan. 1957; jap., Auszug: engl. S. V.) — 2. vgl. C. **1960**, 10757. — Der Einfl. der Rk.-Bedingungen auf die *beschleunigende Wrkg.* von *cycl. Verbb.*, z. B. Cyclohexan, wird geklärt. Eine Temp.-Charakteristik erlaubt, die jeweils optimale Temp. für gemischte Beschleuniger anzugeben, da sich diese additiv aus den Temp.-Charakteristiken der Einzelstoffe zusammensetzt. Die Oxydationsreaktivität cycl. Verbb. ist proportional dem PHDA-Wert (Potential Hydrogen Donor Ability) nach Krieble, die Reaktivität elektronegativer Gruppen steht in keinem einfachen Zusammenhang mit der PHDA. W. Holland. H 1010□

**Die Abtrennung von Erdölcyclohexan mittels kristallinem Thioharnstoff.** I. I. Namasow und G. G. Aschumow. (Erdöl-Wirtsch. Aserbaidshan [UdSSR] **41**, Nr. 5, 33—35, Mai 1962; aserbaidshan., Auszug: russ.) — Im Gegensatz zu den üblichen Meth., die nicht genügend reines Cyclohexan (I) liefern, wird die Trennung durch extraktive Kristallisation mit Thioharnstoff vorgeschlagen, die ein I-Konzentrat liefert, das fast nur aus Naphthenen besteht, 80% **I** enthält u. durch Dest. leicht zu trennen ist. H. V. Adolphi. H 1810□

---

American Cyanamid Co., New York, N.Y., V.St.A., **Katalysatoren für die Reduktion von nitroaromatischen Verbindungen** erhält man durch Imprägnieren eines $SiO_2$-Hydrogels, das durch Fällen von $SiO_2$ aus angesäuerten Na-Silicat-Lsgg. bei pH 3—10 gewonnen wurde, mit einer komplexe $Cu/NH_4$-Kationen enthaltenden, auf pH 8—12 eingestellten Lsg., wobei wenigstens 0,085, bes. 0,1—0,5 Gew.-Teile Cu je Gew.-Teil $SiO_2$ im Imprägnierungsgemisch vorhanden sind, Abtrennen, Waschen, Trocknen u. calcinierende Red. des imprägnierten Hydrogels mit $H_2$ bei 150—350°, bes. 250—300°. Geeignete Katalysatoren sollen wie Fließbettkatalysatoren fließfähig sein, wenigstens 5 Gew.-% Cu enthalten u. eine Oberfläche von wenigstens 200 $m^2/g$, ein Poren-Vol. von über 0,25 $cm^3/g$ u. Porendurchmesser von wenigstens 20 Å aufweisen. — Man vermischt z. B. 792 (Gew.-Teile) W. mit 216 Na-Silicat-Lsg. (28,5% $SiO_2$; 8,85% $Na_2O$), gibt 4000 25%ig. $H_2SO_4$ langsam zu, läßt das gebildete Hydrogel 45 Min. altern, verd. es mit 280 W. u. einer Spur Leim, filtriert, wäscht u. verrührt das Hydrogel mit einer Lsg., die man durch Fällen einer klaren Lsg. von 42,5 Cu-Nitrattrihydrat in 600 W. mit 165 10%ig. wss. NaOH bei $>15°$ u. Eintragen des abfiltrierten u. bis pH $>10$ gewaschenen Cu-Hydroxids in 830 29%ig. wss. $NH_3$ erhalten hat. Durch Erhitzen des Filterkuchens (56 g nach dem Trocknen) in strömendem $H_2$ bei 260—270° erhält man den gebrauchsfertigen Katalysator (I). Man kann in kontinuierlicher Dampfphasen-Red. Nitrobenzol zu *Anilin* reduzieren, wenn man ein Gemisch aus Nitrobenzoldampf u. überschüssigem $H_2$ mit solcher Geschw. aufwärts durch **I** bei 250—300° leitet, daß **I** in Form eines schwebenden Bettes vorliegt. — Arbeitsschema. (**E. P. 823 026** vom 23/6. 1958, ausg. 4/11. 1959). A. Mohr. 6585

W. I. Burmisstrow und T. M. Channanow, **Herstellung von 3-Nitropentadien-(1.3) (I)** durch Dehydratisieren von 3-Nitropentandiol-(2.4) (**II**) mit Phthalsäureanhydrid (**III**). — 30 (g) **II** u. 30 **III** werden bei 50 Torr auf 170—175° erhitzt, wobei mit einsetzender Rk. weitere 120 **II** zugesetzt werden: 82% **I**, $Kp._{12}$ 64—65°; $D._4^{20}$ 1,0634; $n_D^{20}$ 1,4747. (**UdSSR. P. 125 250** vom 14/1. 1959.) L. Großner. H 520

I. L. Knunjanz, G. A. Ssokolski und M. A. Dmitrijew, **Herstellung von Sulfodifluoressigsäurediestern** durch Rk. von Tetrafluoräthan-$\beta$-sulton (**I**) mit Alkoholen. — Zu 10 (Teilen) $CH_3OH$ werden bei 0—5° 26 **I** gegeben, das Rk.-Gemisch wird 3mal mit 20 W. gewaschen u. die untere Schicht aufgearbeitet: 15,1 *Sulfodifluoressigsäuredimethylester*, $Kp._8$ 83—85°; $D._4^{20}$ 1,4895; $n_D^{20}$ 1,3990. — Analog der *Diäthylester*, $Kp._8$ 103—104°; $D._4^{20}$ 1,3482; $n_D^{20}$ 1,3939. — *Ausgangs-Prodd. zur Herst. F-haltiger Plaste.* (**UdSSR. P. 125 554** vom 28/4. 1959.) L. Großner. H 600

Farbwerke Hoechst Akt.-Ges., vormals Meister Lucius & Brüning, Frankfurt/M.-Höchst, **Herstellung von Aldehyden, Ketonen oder den Aldehyden entsprechenden Säuren,** bes. *Acetaldehyd*, aus $C_{2-4}$-Olefinen, bes. Äthylen, denen ggf. ein inertes Gas, wie CO u./oder $H_2$, beigemischt ist, durch Umsetzung mit Oxydationsmitteln, bes. $O_2$, ggf. mit aktivierenden Zusätzen, wie $O_3$, $H_2O_2$, N-O-Verbb., Halogen, Halogen-O-Verbb., höherwertigen Mn-, Ce-, Cr-, Se-, Pb-, V-, Ag-, Mo-, Co- oder Os-Verbb. versehen, in neutralem bis saurem wss. Medium, bes. pH 0,8—3, bei 50—160°, bes. 50—100°, u. 1—50 atü, u. in Ggw. von Verbb. von Edelmetallen der 8. Gruppe des Period. Syst., bes. Verbb. des Pd, Ir, Ru, Rh, Pt, die auf Silicagel, Bimsstein, Tonerde oder Kohle aufgetragen werden oder als Schlammkontakte in wss. Lsg. oder in Verbindung mit wasserhaltigem Lsgm., wie Essigsäure, Glykol, Glycerin, Dioxan oder Mischungen davon, in hochkonz. Form in das Rk.-Gemisch eingebracht werden, wobei die Menge des Kontaktschlammes 5—90% des Gesamtvol. betragen soll, u. in gleichzeitiger Ggw. eines Redoxsyst., bes. Verbb. von Metallen, die in mehreren Wertigkeitsstufen auftreten können, wie Cu, Hg, Ce, Tl, Sn, Pb, Ti, V, Sb, Cr, Mo, U, Mn, Fe, Co, Ni, Os u. a., oder anorg. Redoxsyst., wie Sulfit/Sulfat, Arsenit/Arsenat, Jodid/Jod, u./oder organ. Syst., wie Azo-/Hydrazobenzol, Chinon/Hydrochinon, wobei z. B. 1—3%

(bezogen auf das katalyt. wirkende Medium) eines Chinons, das ggf. durch Sulfonsäure u./oder Carboxylgruppen substituiert ist, zugegen sein sollen. Dem Rk.-Gemisch können Verbb. beigemischt werden, die unter den Rk.-Bedingungen Anionen liefern, bes. anorgan. Säuren, Salze, Halogene, Halogen-O-Verbb., oder organ. Stoffe, z. B. gesätt. aliphat. Halogen-Verbb., bes. Trichlor- oder Dibromessigsäure u./oder deren Salze, die in einer Menge von 1—50%, bes. 20—25% (bezogen auf die Menge $CuCl_2 \cdot 2H_2O$ in der Rk.-Mischung) anwesend sein sollen. Die Herst. der Schlammkontakte erfolgt z. B. durch Lösen von Fe-Salzen mit anderen Komponenten u. Hydrolyse mit Essigsäure unter Bldg. feinteiliger Fe-Suspensionskontakte. Eine Reaktivierung eines solchen Katalysators wird durch ggf. teilweises Abziehen aus dem Rk.-Gemisch, ggf. Verglühen des Kontaktes bei schwacher Rotglut, Auflösen mit vorzugsweise HCl u. Rückführung der Lsg. in das Rk.-Syst. erreicht. Die pH-Regelung kann durch Änderung des Olefin/$O_2$-Zufuhrverhältnisses erfolgen, wobei pH-Meßgeräte u. Dosierungseinrichtung für Olefin- u. $O_2$-Zufuhr gekoppelt sind. Die in der Rk.-Zone vorhandene Menge $O_2$ soll 8—20, bes. 8—14% (bezogen auf das anwesende Gasgemisch), betragen. Nichtumgesetztes Gas wird im Kreislauf dem Rk.-Gemisch wieder zugeführt. Das Verhältnis der Fe- u. Cu-Verbb. im katalyt. wirkenden Medium zum Edelmetallanteil, bes. Pd, soll $>15$, bes. 25—500/1 Gew.-Teile betragen. Die Rk. soll ggf. in Ggw. energiereicher Strahlung erfolgen. Die innere Oberfläche der App. besteht aus Ti oder Ti-Legierungen. — Äthylen → *$CH_3CHO$*; Propylen → *Aceton* + *Propionaldehyd*; Buten-(1) → *Butanon*; Butadien → *Diacetyl*; Isobutylen → *Isobutyraldehyd*. — Verf.-Schema; 79 Beispiele. (**Oe. P. 209 887** vom 27/6. 1958, ausg. 25/6. 1960. **F. P. 1 210 009** vom 30/6. 1958, ausg. 4/3. 1960. Beide D. Prior. 10/7., 1/8., 2/8., 14/9., 18/9., 26/9., 28/9., 25/10., 29/10., 30/10., 31/10. 1957, 28/1., 2/4., 5/4., 23/4., 2/5. u. 21/5. 1958.) Eberhard Riedel. H 650

Je. W. Ssergejew, G. M. Burdygina, W. N. Jegorowa, B. P. Swerew, Ss. Ss. Milrud, Ss. Ja. Fainschtein, W. G. Fleischman und A. L. Englin, **Herstellung von $CHCl_3$ und $(HCOO)_2Ca$ (I)** durch Verseifung der Chlorierungs-Prodd. von A., D. $\geq 1{,}6$, mit Kalkmilch in gesätt. **I**-Lösung. Die Verseifung wird bei 35—40° mit einer 110—120 (g/Liter) CaO enthaltenden Lsg. durchgeführt, anschließend wird *Chlf.* verdampft u. die Lsg. filtriert, wobei ein Festkörper mit 80—85% **I** u. 15—20 $Ca(OH)_2$ erhalten wird; die Mutterlauge mit 170—180 **I** u. 70—80 $CaCl_2$ wird zur Herst. neuer Kalkmilch verwendet, solange der $CaCl_2$-Geh. $<350$ ist. — Verf.-Schema. (**UdSSR. P. 125 245** vom 11/3. 1959.) L. Großner. H 810

G. I. Ssamochwalow, M. A. Miropolskaja, N. I. Fedotowa, W. I. Anossow, A. N. Naschatyrew und A. P. Ssawosstin, **Herstellung von $\gamma.\gamma$-Dimethylallylacetat (I)** durch Rk. von 4.4-Dimethyl-m-dioxan (**II**) mit $CH_3COOH$ oder Acetanhydrid in Ggw. von $H_2SO_4$ u. Erhitzen des Rk.-Prod. auf 180—220° über zur Herst. von Isopren verwendeten Katalysatoren. — Zu 116,2 (Teilen) **II** werden in 30 Min. 107,6 97%ig. Acetanhydrid u. 0,37 $H_2SO_4$ (D. 1,84) gegeben. Nach 12 Std. wird 1 Std. auf 100° erhitzt u. dest.: 182 Diacetat, Kp. 103—105°; $n_D^{20}$ 1,4318. 23 Diacetat werden mit 1,5 Katalysator unter Dest. der Rk.-Prod. auf 180—220° erhitzt: 10,1 **I**, Kp. 146 bis 154°; $n_D^{20}$ 1,4220. (**UdSSR. P. 125 800** vom 9/4. 1959.) L. Großner. H 810

A. Ja. Jakubowitsch und Ss. M. Rosenschtein, **Herstellen von Gemischen aus Trifluoracrylsäureestern und $\alpha$-Äthyl-$\beta$-äthoxytrifluorpropionsäureestern** durch Dehalogenierung von $\alpha$-Chlor-$\beta$-bromtrifluorpropionsäure (**I**)-Estern (dargestellt nach UdSSR. P. 118 816; C. **1963**, 1845) mit aktiviertem Zn in Ae., wobei bes. das erste, oder in abs. Ae., wobei bes. das zweite Prod. entsteht. — Aus 45 (g) **I**-Methylester erhält man mit durch Cu aktiviertem Zn in alkoholfreiem Ae. nach mehrstd. Erhitzen u. Fraktionieren 10,5 *Methyltrifluoracrylat*, $CF_2{=}CF{-}COOCH_3$, Kp. 85—86°, $n_D^{20}$ 1,3585, $D._4^{20}$ 1,3555; daneben *Methyl-α-äthyl-β-äthoxytrifluorpropionat*, $C_2H_5O \cdot CF_2 \cdot CF(C_2H_5) \cdot COOCH_3$, $Kp._7$ 78—80°; $D._4^{20}$ 1,191; $n_D^{20}$ 1,3911; Mol.-Refr.$_D$ 42,70. — Ähnlich erhält man *Äthyltrifluoracrylat*, $Kp._{750}$ 100—101°, $D._4^{25}$ 1,212, $n_D^{25}$ 1,3618, u. *Äthyl-α-äthyl-β-äthoxytrifluorpropionat*, $Kp._{10}$ 96—97°; $D._4^{20}$ 1,154; $n_D^{20}$ 1,3945; Mol.-Refr.$_D$ 47,31. (**UdSSR. P. 118 817** vom 18/8. 1958.) B. Pankow. H 810

A. Je. Dronow, **Reinigen von Reaktoren,** bes. solchen, in denen *Oxalsäure* hergestellt wird, durch Zusatz von Viniplast-Würfeln zum Rk.-Gemisch. Die Würfel reagieren nicht mit dem Rk.-Gemisch u. reinigen bei Rührbewegungen die Wandung. (**UdSSR. P. 125 801** vom 24/6. 1959.) L. Großner. H 820

B. D. Polkownikow, L. Ch. Freidlin und A. A. Balandin, **Herstellung von Hexamethylendiamin (I)** durch Druckhydrierung von Adipodinitril (**II**) in Ggw. von $Co_2B$. — Zu einer 5%ig. Lsg. von $CoCl_2$ wird eine 25%ig. $NaBH_4$-Lsg. gegeben, wobei $Co_2B$ ausfällt, das neutral gewaschen u. unter A. oder W. aufbewahrt wird. 50 ml **II**

u. 5 g $Co_2B$ werden bei 100° unter 130 at $H_2$ hydriert; das Rk.-Gemisch wird fraktioniert: **I**, Kp.$_{20}$ 95—110°; Ausbeute 83,6%. Bei Zusatz von 25 ml $NH_3$ erhöht sich die Ausbeute auf 92,6%. (**UdSSR. P. 125 571** vom 27/4. 1959.) L. Großner. H 910

Je. W. Kusnetzow, R. K. Waletdinow und K. A. Walischewa, **Herstellung von Aminoalkylphosphaten** durch Erwärmen von Alkylphosphaten mit Alkanolaminen in Ggw. von 0,2—0,6% Alkalimetall. — *Tri-[aminoäthyl]-phosphattrihydrochlorid*, gelbe Masse, F. 60—80°. (**UdSSR. P. 125 559** vom 29/4. 1959.) L. Großner. H 920

Je. W. Kusnetzow, R. K. Waletdinow und K. A. Walischewa, **Herstellung von Monoäthanolaminphosphaten und -alkylphosphonaten** durch Rk. von Aminoäthylaten mit $POCl_3$ bzw. Alkylphosphonsäuredichlorid in alkohol. Lösung. — Zu 20,3 (g) $NH_2CH_2CH_2OK$ in 150 $CH_3OH$ wird $\leqq 30°$ $POCl_3$ gegeben. Es wird filtriert, die Lsg. mit HCl gesätt. u. $CH_3OH$ verdampft, worauf der Rückstand kristallisiert. (**UdSSR. P. 125 561** vom 20/4. 1959.) L. Großner. H 920

Willy Glaser, Nira bei Netania, Israel, **Glutaminsäuregewinnung durch Hydrolyse von proteinhaltigen Materialien.** Das bekannte Verf. zur Gewinnung von *Glutaminsäure* (**I**) u. anderen Aminosäuren durch Behandeln von natürlichen, wasserhaltigen, proteinhaltigen Materialien (**II**), bes. Weizengluten, wasserlösl. Nebenprodd. der Nahrungsmittel- u. Gärindustrie, mit wss. Mineralsäuren bei Temp. unter 100° u. anschließende hydrolyt. Zers. bei Temp. über 100° wird dadurch verbessert, daß man die in der 1. Stufe erfolgende Dehydratisierung nur partiell, u. zwar durch Anlegen von Vakuum zweckmäßig bei 30—50° bis zur Einstellung einer Mineralsäure-Konz. von 10—18%, berechnet als HCl, durchführt. Man erhält hierbei gelöste bzw. koll. dispergierte Polypeptide u. ihre Mineralsäure-Verbb., ohne daß eine unerwünschte Denaturierung der **II** erfolgt. Man verwendet bes. gasförmige Säuren, wie HCl, $SO_3$ u. $SiF_4$, die sich in dem W. der nicht dehydratisierten **II** zu wss. Mineralsäuren lösen. Die nicht dehydratisierten **II** kann man auch in oxydiertem Zustand homogenisieren, u. zwar dadurch, daß man sie mit $Cl_2$, ClBr oder $ClO_2$ behandelt, die in Ggw. des W. **II** oxydieren u. selbst in die entsprechenden Halogenwasserstoffsäuren übergehen. Man erhält hierbei **I**-Ausbeuten von 55% u. mehr, bezogen auf das Gluten, u. unterbindet eine unerwünschte Verfärbung der Hydrolysate. — Man sättigt z. B. 1200 kg Weizengluten (Wasser-Geh. 65%) mit HCl-Gas bis zur Aufnahme von 130 kg HCl, legt anschließend Vakuum bei 30—50° an, bis die HCl-Konz. 14—18% beträgt, gibt dann das viscos-fl. Gemisch in einen mit säurefesten Steinen ausgekleideten Autoklav, hydrolysiert bei 130° u. isoliert **I** in bekannter Weise. (**E. P. 825 015** vom 19/10. 1956, ausg. 9/12. 1959.) A. Mohr. H 950

E. I. du Pont de Nemours & Co., Wilmington, Del. (Erfinder: Jean Louis Balmat, Carney's Point, N.J.), V.St.A., **Spaltung von racemischer Glutaminsäure in ihre optischen Isomeren.** Man löst die rac. Glutaminsäure (**I**) mit einer solchen Menge wss. KOH zu einer gesätt. Lsg., daß höchstens 85%, bes. 80—85% der **I** in ihr Mono-K-Salz übergeführt werden, kühlt die Lsg. unter die Löslichkeits-Temp. der rac. **I** ab, impft mit festen Kristallen des gewünschten opt. **I**-Isomeren u. kühlt weiter ab, bis das **I**-Isomere auskristallisiert. Bes. hohe Ausbeuten an reinem Isomeren erhält man, wenn man eine Ausgangs-Lsg. verwendet, die neben der rac. **I** bereits eine bestimmte Menge des gewünschten opt. Isomeren enthält. — Man löst z. B. in einem Gemisch aus 72,2 $cm^3$ 8,516n KOH u. 39,8 $cm^3$ W. bei 98° 126,83 g dl-**I**-Monohydrat u. 5,78 g d-**I**, kühlt auf 75°, impft mit 16,91 g d-**I**, kühlt allmählich weiter auf 30°, filtriert 15 Min. nach Zusatz der Impfkristalle u. wäscht mit 15 $cm^3$ 60° warmem Wasser. Man erhält 34,45 g reine d-**I**; $[\alpha]_D^{25}$ +32°, gemessen in verd. HCl. (**D. A. S. 1 072 250** Kl. 12q vom 10/7. 1958, ausg. 31/12. 1959. **E. P. 829 938** vom 24/6. 1958, ausg. 9/3. 1960. Beide A. Prior. 18/7. 1957.) A. Mohr. H 950

N. B. Baranowskaja, **Depolymerisieren von Polymethylsiloxanen,** bes. cycl. Tetrameren, durch Behandlung mit $H_2SO_4$ in Ggw. eines leichtflüchtigen Lösungsmittels. — 100 (Gew.-Teile) Polymeres werden mit 300 Bzl. 10—15 Std. angequollen, danach werden 5% konz. $H_2SO_4$ zugesetzt. Nach 15—20 Std. wird säurefrei gewaschen u. das Lsgm. dest.: Öl, Molgew. 500—1000. (**UdSSR. P. 125 252** vom 26/9. 1951.) L. Großner. H 980

Je. P. Michejew, **Photochlorierung von Alkylchlorsilanen.** Zur Feuersicherheit wird $\geqq 15°$ mit $\leqq 1$—1,5 Mol $Cl_2$/Mol Silan chloriert. — 40,5 kg techn. $(CH_3)_2SiCl_2$ (**I**), $D._4^{20}$ 1,0757, werden 20 Min. mit 2,37 kg $Cl_2$/h chloriert, wobei die Temp. auf 32° steigt. Danach wird bei 19° mit einem Gesamteinsatz von 13 kg $Cl_2$ weiterchloriert: 43,5 kg Rk.-Gemisch mit 48(%) **I**, 30 *Methylchlormethyldichlorsilan* u. 22 *Di-* u. *Polychlorderivaten.* (**UdSSR. P. 125 562** vom 14/2. 1959.) L. Großner. H 980

N. N. Melnikow, K. D. Schwetzowa-Schilowskaja, M. Ja. Kogan und Je. W. Michaljutina, **Herstellung von Tetraalkyltrithiopyrophosphaten** durch Red. von Bis-[O.O-dialkylthiophosphon]-disulfiden mit Triphenylphosphit (I), ggf. in Ggw. eines organ. Lösungsmittels. — Zu 7,85 (g) Bis-[O.O-dimethylthiophosphon]-disulfid in 25 ml Bzl. werden 7,75 **I** gegeben, danach wird 2 Std. erwärmt u. fraktioniert: *Tetramethyltrithiopyrophosphat*, F. 33—34°, $Kp._{0,075}$ 108,5—111°; 78% (Ausbeute). — Analog: *Tetraäthyl-*, F. 41°, $Kp._{0,05}$ 120—125°; 69%. — *Tetraisopropyl-*, $Kp._{0,1}$ 107—108°; $D._4^{20}$ 1,1081; $n_D^{20}$ 1,5120; 87%. — *Entblätterungsmittel für Baumwollstauden; Zusatz zu fl. Brennstoffen.* (**UdSSR. P. 125 558** vom 1/4. 1959.) L. Großner. H 980

M. F. Schosstakowski und I. I. Gusseinow, **Herstellung von 1-Alkoxy- und 1-Alkylmercapto-3-[hydroxychlorphosphino]-4-chlorbutadien-(1.3)** durch Rk. von Äthinylvinylalkyläthern bzw. -thioäthern mit $PCl_5$ in abs. Ae. bei —10 bis —15° u. Zerlegung des P-organ. Komplexes mit $SO_2$. — Die äther. Lsg. des Thioäthers wird bei —10° zu der berechneten Menge $PCl_5$ in der 4fachen Menge Ae. gegeben, nach 2 Std. Rühren wird bis zur Lsg. des Nd. trockenes $SO_2$ bei $< -5°$ eingeleitet. Nach Filtrieren wird im Vakuum der Ölpumpe destilliert. (**UdSSR. PP. 125 248** u. **125 249** vom 27/1. 1959.) L. Großner. H 980

VEB Leuna-Werke „Walter Ulbricht", Merseburg (Erfinder: Rudolph Bemmann), **Extrahieren von Phenolen aus Phenolölen.** Das bekannte Verf. zur Extraktion von Phenolen aus Phenolölen, wie sie z. B. bei der Aufarbeitung von Steinkohlenteerfraktionen, von Tieftemp.-Schwelölen aus Braunkohlen oder bei der Kohlehydrierung anfallen, durch Behandeln der Öle mit wss. Alkalicarbonat-Lsgg., bes. Soda-Lsgg., unter Druck u. bei Temp. $>100°$ unter Gewinnung von Phenolat-Lsgg. wird dadurch verbessert, daß man die Druckbehandlung in einer senkrecht stehenden Kolonne durchführt, die 2 getrennte u. übereinanderliegende Füllkörperschichten aufweist, von denen die obere Schicht von oben mit der Alkalicarbonat-Lsg. u. die untere Füllkörperschicht mit dem zu entphenolisierenden Öl berieselt wird, wobei das Öl in den zwischen beiden Füllkörperschichten liegenden Zwischenraum eingeführt u. Wasserdampf von unten durch die untere Füllkörperschicht eingeblasen wird, während das entstehende Gemisch der Dämpfe u. Gase am Kopf u. die Phenolat-Lsg. am Boden der Kolonne abgezogen werden. Das frei werdende $CO_2$ kann für die Ansäuerung der Phenolat-Lsg. verwendet u. die Alkalicarbonat-Lsg., die sich während des Ansäuerns der Phenolat-Lsg. mittels $CO_2$ bildet, kann in den Prozeß zurückgeführt werden. Durch Einführung einer geringeren Menge der Alkalicarbonat-Lsg., als für eine vollständige Entphenolisierung erforderlich ist, kann man die Öle bis zu einem gewünschten Grad selektiv entphenolisieren. — Arbeitsschema. (**E. P. 815 754** vom 1/12. 1955, ausg. 1/7. 1959.) A. Mohr. H 1060

Rütgerswerke Akt.-Ges., Frankfurt/M. (Erfinder: Heinrich Sodomann, Wanne-Eickel, Adolf Hupe, Frankfurt/M., und Julius Altpeter, Bad Homburg v. d. H.), **Gewinnung von reinem Phenol aus Cumolhydroperoxid-Spaltgemischen.** Das bekannte Verf. zur Gewinnung von reinem Phenol (I) aus Cumolhydroperoxid-Spaltgemischen, aus denen zunächst die niedriger als **I** sd. Bestandteile durch (ggf. mehrstufige) Dest. entfernt wurden u. **I** durch eine weitere Dest. von den höher sd. Bestandteilen getrennt u. in einer oder 2 letzten Dest.-Stufen gereinigt wurde, wird dadurch verbessert, daß man den Destillaten der letzten Kolonnen (nicht aber dem reinen **I** selbst) vor, während oder nach ihrer Verflüssigung so viel eines neutralisierend wirkenden alkal. reagierenden Stoffes (II) zusetzt, daß das pH des neutralisierten Destillats sich auf 4—7, bes. 4,5—6, einstellt, um so alle Rückläufe in die Kolonne u. die weiter auf reines **I** aufzuarbeitenden Prod.-Ströme von nicht neutralisierten Fettsäuren frei zu machen, wobei mit dem Zusatz von **II** vorzugsweise bereits bei dem Destillat von der Abtrennungsstufe der höher als **I** sd. Stoffe begonnen wird. Durch die Neutralisation der in den Destillaten enthaltenen Säuren wird die Neubldg. von Kondens.-Prodd., bes. aus **I** u. α-Methylstyrol, unterbunden u. damit die Aufbereitung des Prod.-Stroms zu reinem **I** erleichtert u. dessen Qualität verbessert. (**D. A. S. 1087617** Kl. 12q vom 8/5. 1957, ausg. 25/8. 1960.) A. Mohr. H 1060

Progil-Électrochimie, Paris, Frankreich, **Reinigen von Phenol (I).** Zur Entfernung von Verunreinigungen aus (bes. aus der Cumolhydroperoxidspaltung stammendem) **I** dest. man es fraktioniert in Ggw. von höher als **I** sd. Lsgm. (Diäthylenglykol; Diäthylenglykoläthyläther; Hydroxyäthyläthylendiamin), zieht die niedriger als **I** sd. Verunreinigungen als Kopf-Prod., das Gemisch aus reinem **I** u. Lsgm. als Boden-Prod. ab u. isoliert **I** in bekannter Weise, z. B. durch fraktionierte Destillation. Man führt das Lsgm. zweckmäßig an einem Punkt oberhalb des Phenoleintritts in die Fraktionier-

kolonne ein u. kann bei normalem Druck oder im Vakuum fraktionieren. — Arbeitsschema. (**E. P. 824 595** vom 7/2. 1958, ausg. 2/12. 1959. F. Prior. 2/4. 1957.)
A. Mohr. H 1060

Kymin OY Kymmene A/B, Kuusankoski, Finnland (Erfinder: R. Örnhjelm), **Herstellung von Chlorphenolen.** In $CCl_4$ gelöstes Phenol wird mit $Cl_2$ zu *Pentachlorphenol* chloriert. Das Chlorierungs-Prod. läßt man dann in einen Behälter laufen, der entweder auf 72° oder 100° erwärmtes W. enthält. Dabei dest. das Lsgm. ab u. man erhält entweder grob- oder feinkristallines Chlorphenol. (**Schwed. P. 170 485** vom 29/9. 1953, ausg. 1/3. 1960.)
K. H. Kähler. H 1060

Lubrizol Corp., Wickliffe, Ohio, übert. von: Carl F. Prutton, Pompano Beach, Fla., V.St.A., **Alkylierungsverfahren.** Das bekannte Verf. zur Alkylierung von aromat. Verbb., bes. Phenyläthern, Phenylestern u. Phenolen, mittels chlorhaltiger, gesätt. aliphat. KW-Stoffe in Ggw. eines Friedel-Crafts-Katalysators wird dadurch verbessert, daß man ein Gemisch aus säureaktivierter Tonerde (I) u. $ZnCl_2$ verwendet, dessen $ZnCl_2$-Geh. 5 bis ca. 50 Gew.-%, bezogen auf I, beträgt u. daß man bei ca. 70 bis 250° u. Atmosphärendruck u. Rk.-Zeiten von 1—6 Std. arbeitet. — Man erhält z. B. durch Rk. von Diphenyläther mit chloriertem Paraffinwachs (II) (18% Cl) in Ggw. eines Gemisches aus „Superfiltrol" u. $ZnCl_2$ (3,5 Gew.-% bezogen auf II) bei 170—240°, Filtrieren des Gemischs über „Hyflo"-Filterhilfe u. destillatives Abtreiben aller Nebenprodd. bis zu $Kp._2$ 225° als Rückstand *paraffinwachs-substituierten Diphenyläther*. In Ggw. des gleichen Katalysators kann man weiter Diphenyläther mit n-Octylchlorid zu einem Gemisch von *Mono-*, *Di-* u. *Trioctyldiphenyläther*; u. Phenol mit Amylchlorid zu *Monoamylphenol* neben kleineren Mengen *Di-* u. *Triamylphenol* alkylieren. (**A. P. 2 843 634** vom 10/3. 1954, ausg. 15/7. 1958.)
A. Mohr. H 1060

G. A. Iwanow, S. F. Timoschenko, S. K. Schewljakowa und N. N. Iwaschkowa, **Herstellung von Alkylphenolen** aus Phenolen u. Olefinen in Ggw. von Kationenaustauschern im Wirbelschichtverfahren. — Durch eine mit 130 (g) Kationenaustauscher KU 2, $H^+$-Form, beschickte Kolonne werden je Std. 200—450 ml Rk.-Gemisch (48 Phenol u. 100 Olefin, z. B. Isoocten) bei 110—150° durchgesetzt; Ausbeute 80%. Nach 50—70 Std. wird der Austauscher mit 5—10%ig. HCl oder $H_2SO_4$ regeneriert u. danach durch Azeotrop-Dest. mit KW-Stoffen getrocknet. (**UdSSR. P. 125 802** vom 23/6. 1958.)
L. Großner. H 1060

Shell Development Co., New York, N.Y., V.St.A., übert. von: Renger Dijkstra, Amsterdam, Niederlande, **o-Alkylierung von Phenolen.** Alkyliert man Phenole mit einem Olefin mit 14—18 C-Atomen im Molverhältnis von ca. 1:1 bei 150—300° in Ggw. von 1—20 Gew.-% eines Al-Silikatkatalysators, der mit HF bis zur Aufnahme von ca. 1—5 Gew.-% F vorbehandelt wurde, so erhält man Alkylierungs-Prodd. mit hohem Geh. an o-Alkylphenolen. — Man kann zu diesem Zweck z. B. ein granuliertes Al-Silicat (12 Gew.-% $Al_2O_3$; 80 Gew.-% $SiO_2$) bei Zimmer-Temp. in wss. HF tauchen, danach trocknen u. 34 (g) des so behandelten Katalysators (F-Geh. ca. 1 Gew.-%) mit 224 n-Hexadecen-(1) u. 113 Phenol unter Durchblasen von $N_2$ 4 Std. auf 180—190° erhitzen u. erhält bei üblicher Aufarbeitung des Rk.-Gemisches 170 einer Mischung aus *sek. Monohexadecylphenol-Isomeren* vom Kp. 384—391°, die zu 92% aus dem o-Isomeren u. zu 8% aus dem p-Isomeren besteht. (**A. P. 2 874 193** vom 26/9. 1956, ausg. 17/2. 1959. Niederl. Prior. 20/10. 1955.)
A. Mohr. H 1060

Monsanto Chemical Co., St. Louis, Mo., übert. von: Joachim Dazzi, Dayton, Ohio, V.St.A., **Alkoxyalkylchloraryläther** der allg. Formel I (R = Alkyl mit 1—5 C-Atomen; R' = Alkyl mit 1—8 C-Atomen; z = 0—3; x = 2—4; n = 1—4) erhält man durch Rk. eines chlor-substituierten Benzol- oder Alkoxybenzol-Deriv. mit 2—5 kernständigen Cl-Atomen mit einem Alkoxyalkanol in Ggw. von Alkalihydroxid bei 150—280°. — So entstehen beim Erhitzen eines Gemisches aus 294 (g) o-Dichlorbenzol, 354 2-Butoxyäthanol (II), 100 NaOH u. 140 ml Toluol innerhalb einer $^3/_4$ Std. auf 140°, weiteres 6std. Erhitzen auf 140—175° unter Abtreiben von 50 ml W. in einem Wasserabscheider u. übliches Aufarbeiten des Gemisches 257,2 *2-Butoxyäthyl-2'-chlorphenyläther*, $Kp._2$ 126—130°. — Analog werden hergestellt: *2-Butoxyäthyl-p-chlorphenyläther*, $Kp._{25-30}$ 170—180°, aus II u. p-Dichlorbenzol; *2-n-Butoxyäthyldichlorphenyläther*, $Kp._{20-22}$ 117—131°, neben *Bis-(2-n-butoxyäthoxy)-chlorbenzol*, $Kp._{20-22}$ 164—173°, aus II u. 1.2.4-Trichlorbenzol; *2-Butoxyäthyl-ar-chlortolyläther*, $Kp._{20-22}$ 170—185°, neben *Bis-(butoxyäthoxy)-toluol*, $Kp._{0,2-0,3}$ 220—240°, aus II u. 2.4-Dichlortoluol; *2-Butoxyäthyläthyl-ar-tetrachlorphenyläther*, $Kp._{0,7}$ 170—180°, neben *ar-Bis-(2-butoxyäthoxy)-äthyl-ar-trichlorbenzol*, $Kp._{0,8-1,0}$ 205 bis 217°, aus II u. ar-Äthylpentachlorbenzol. Die Chloräther sind stabil, hochsd. u. durch

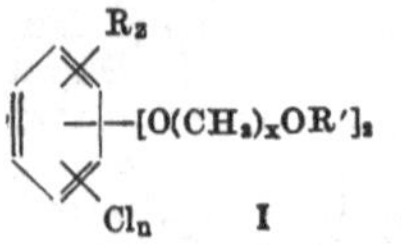

I

gute *dielektr. Eigg.* ausgezeichnet u. dienen als fl. *Imprägniermittel* bei der Herst. von *Kondensatoren* u. *Kabeln* u. als *Kühlmittel* im *Transformator-* u. *Schaltwerkbau*. (**A. P. 2 913 499** vom 30/11. 1955, ausg. 17/11. 1959.) A. Mohr. H 1060

Eastman Kodak Co., Rochester, N.Y., übert. von: De Walt S. Young und George F. Rodgers, Kingsport, Tenn., V.St.A., **2-tert.-Butyl-4-methoxyphenol (I)** erhält man neben kleinen Mengen 3-tert.-Butyl-4-methoxyphenol (II), wenn man 1 Mol 2-tert.-Butylhydrochinon (III) mit 0,5—0,8 Mol eines Methylierungsmittels in Ggw. von wss. Alkali u. von Zn-Staub umsetzt. — Man gibt z. B. zu einer rückfließend erhitzten wss. Suspension von 332 (g) **III** u. 1 Zn-Staub 85 NaOH, dann innerhalb 45 Min. 140 Dimethylsulfat u. erhitzt das Ganze weitere 18 Std. auf Rückfluß-Temp., kühlt dann, säuert mit 25 $cm^3$ konz. HCl an, extrahiert mit Bzl. u. isoliert aus dem Benzolextrakt 348 rohes **I–II**-Gemisch als viscose Fl. bzw. niedrig schmelzenden Feststoff. Aus dem Rohprod. erhält man durch Dest. (neben 4 tert.-Butyl-1.4-dimethoxybenzol) als Hauptfraktion 271 **I/II**-Gemisch neben einem Rückstand von 73 eines Gemisches aus **I** u. nicht umgesetztem **III**, der in die Methylierungsstufe zurückgeführt wird. Die Hauptfraktion besteht aus 79,4% **I** u. 17,6% **II**. — Die Prodd. dienen als *Antioxydationsmittel* für verschiedene Materialien. (**A. P. 2 887 515** vom 19/3. 1952, ausg. 19/5. 1959.) A. Mohr. H 1060

A. K. Schumeiko, Ss. L. Kenin und Ch. A. Rosenojer, **Abtrennung von Phenyläthylalkohol (I)** als *Borsäureester* aus Rk.-Gemischen von Bzl. u. Äthylenoxid durch Dest. der hochsd. Nebenprodd. mit Äthylcellosolveborat (II). — 350 (Teile) Äthylcellosolve u. 62 Borsäure werden im Rektifizierapp. auf 100° erhitzt, zur azeotropen Entfernung des Rk.-Wassers wird stufenweise auf 100 Torr evakuiert, danach wird **II**, $Kp._{3-4}$ 120—130, $n_D^{20}$ 1,417—1,418, destilliert. 1000 techn. **I**, 160 Borsäure u. 100 Toluol werden unter Evakuierung auf 100 Torr auf 100° erhitzt, nach Entfernung des W. wird auf 190—200° bei 5—2 Torr erhitzt, wobei ein Teil der Verunreinigungen abdestilliert, der Rest wird nach Zusatz von 600 **II** zusammen mit diesem destilliert. Im Rückstand **I**-*Borsäureester*, der mit heißem W. verseift wird. — *Parfümrohstoff*. (**UdSSR. P. 123 955** vom 24/4. 1959.) L. Großner. H 1070

California Research Corp., San Francisco (Erfinder: John Barker Wilkes, Albany), Calif., V.St.A., **Katalytische Hydrierung von aromatischen Nitrilen.** Aromat. Nitrile mit einer oder mehreren an nicht benachbarte C-Atome direkt gebundenen CN-Gruppen hydriert man unter Erzielung hoher Aminausbeuten u. unter Unterdrückung unerwünschter Neben-Rkk. dadurch, daß man eine mindestens eins dieser Nitrile enthaltende Beschickung bei ca. 38—204°, bes. 93—163°, u. Überdruck zusammen mit $H_2$ u. $NH_3$ über Ni/Co-Katalysatoren führt, deren Ni/Co-Gew.-Verhältnis ca. 1:9 bis 15:1, bes. 1:4 bis 4:1 beträgt. Das $NH_3$/Nitril-Gew.-Verhältnis soll 1:1 bis 10:1 betragen. Mischt man das zu hydrierende Nitril mit einem Lsgm., so soll sich das Lsgm./Nitril-Verhältnis auf ca. 1:1 bis 10:1 belaufen. Das $NH_3$/Nitril-Gew.-Verhältnis ist so einzustellen, daß es sich mit zunehmendem Ni/Co-Gew.-Verhältnis im Katalysator erhöht. Geeignete Katalysatoren erhält man durch Vermischen der feinverteilten Oxide des Ni u. Co, Zusatz eines Gleitmittels, Verformen zu Kügelchen, Sintern bei ca. 870° u. Red. mit $H_2$ bei ca. 400—480°. — Hydriert man Isophthalonitril (I) mit derartigen Katalysatoren, deren Co/Ni-Verhältnis von 75 u. 25 Gew.-% bis zu 25 u. 75 Gew.-% variiert wurde, in Ggw. von Xylol (II) bei wechselnden **I/II/$NH_3$**-Verhältnissen u. Durchsatz-Geschw. von 0,76—3,0 g **I**/$cm^3$ Katalysator/Std., Anfangs-Temp. von 121°, $H_2$-Anfangsdrucken von 224 kg/$cm^2$, so erhält man *m-Xylylendiamin* in Ausbeuten zwischen 84,8 u. 95,6%. (**D. A. S. 1 089 389** Kl. 12q vom 4/6. 1959, ausg. 22/9. 1960. A. Prior. 11/6. 1958.) A. Mohr. H 1310

Lakeside Laboratories, Inc., V.St.A. (Erfinder: John H. Biel), **Herstellung von Hydrazinen** durch Red. von Hydrazonen oder Nitrosaminen u. ggf. Umsetzung der gebildeten Hydrazine in Ggw. von Red.-Mitteln mit Aldehyden unter Bldg. von *1.1.2.2-tetrasubstituierten Hydrazinen*. — Hydrazine: *3-Phenylpropyl-(2)-*, $C_9H_{14}N_2$, $Kp._{0,02}$ 70°, aus Hydrazinhydrat u. Phenylaceton in $CH_3OH$ u. Hydrierung des gebildeten Hydrazons in A. in Ggw. von Essigsäure u. Pt-Oxid; $n_D^{20}$ 1,5373; 46% (Ausbeute). *Hydrochlorid*, $C_9H_{15}ClN_2$, F. 115—116°. — *N-Methyl-N'-[3-phenylpropyliden-(2)]-*, $C_{10}H_{14}N_2$, $Kp._{1,0}$ 83°, aus N-Methylhydrazinsulfat in W. durch Kondens. mit Methylbenzylketon (I) in $CH_3OH$ in Ggw. von $NH_4OH$; $n_D^{20}$ 1,5442; 43%. — *N-Methyl-N'-[3-phenylpropyl-(2)]-* (II), $C_{10}H_{16}N_2$, $Kp._1$ 78°, aus vorst. Verb. durch Hydrierung in A. in Ggw. von Eisessig u. Pt-Oxid; $n_D^{22}$ 1,5205; 71%. *Hydrochlorid*, $C_{10}H_{17}ClN_2$, F. 115 bis 117°. — *N.N-Dimethyl-N'-[3-phenylpropyliden-(2)]-*, $C_{11}H_{16}N_2$, $Kp._{0.15}$ 67°, aus N.N-Dimethylhydrazin durch Kondens. mit **I** in $CH_3OH$; $n_D^{20}$ 1,5185; 91%. — *N.N-Dimethyl-*

*N'-[3-phenylpropyl-(2)]-*, $C_{11}H_{18}N_2$, Kp.$_{0,35}$ 60°, aus vorst. Verb. analog II; $n_D^{20}$ 1,5180; 73%. *Brommethylat*, $C_{12}H_{21}BrN_2$, F. 152—154°. *Hydrochlorid*, $C_{11}H_{19}ClN_2$, F. 128°. — *3-[3.4-Methylendioxyphenyl]-propyl-(2)-*, $C_{10}H_{14}N_2O_2$, Kp.$_{0,6}$ 130°, aus Hydrazinhydrat durch Kondens. mit 3.4-Methylendioxyphenylaceton in $CH_3OH$; 66%. — *N.N'-Bis-[3-phenylpropyl-(2)]-*, $C_{18}H_{24}N_2$, Kp.$_{0,2}$ 140°, aus Hydrazinhydrat durch Kondens. mit Phenylaceton in $CH_3OH$ u. Hydrieren des gebildeten Hydrazons in A. in Ggw. von Pt-Oxid; 35,6%. — *N-Methyl-N-[3-phenylpropyl-(2)]-*, $C_{10}H_{16}N_2$, Kp.$_{0,45-0,60}$ 68—71°, aus nachst. Verb. durch Red. mit $LiAlH_4$ in Ae.; 83%. — *N-Nitroso-N-[3-phenylpropyl-(2)]-N-methylamin*, Kp.$_{0,8}$ 115 bis 116°, aus N-Methylphenylisopropylaminhydrochlorid durch Umsetzung in der Kälte in wss. HCl mit $NaNO_2$; 87%. (**F. P. 1 181 389** vom 21/8. 1957, ausg. 15/6. 1959. A. Prior. 23/8. 1956.) Eberhard Riedel. H 1310

Institut Français du Pétrole des Carburants et Lubrifiants (Erfinder: Debus und Leprince), Frankreich, **Herstellung von Phenylhydroxylamin,** F. 82° (Bzl.), durch katalyt. Hydrierung von Nitrobenzol in einem mit W. mischbaren Lsgm., bes. Alkoholen oder Ketonen, z. B. $CH_3OH$ oder Isopropanol oder Dioxan, $<130°$ bei Drücken von z. B. 2—15 at $H_2$ in Ggw. von Raney-Ni oder Raney-Cu. — Diagramme. (**F. P. 1 200 050** vom 3/5. 1956, ausg. 17/12. 1959.) Eberhard Riedel. H 1320

M. G. Woronkow und S. I. Schabarowa, **Herstellung von Trialkylsiloxyderivaten aromatischer Kohlenwasserstoffe** durch Erwärmen von Hexaalkyldisiloxanen mit Phenolen in Ggw. von 2—5 Mol-% aromat. Sulfonsäuren, konz. $H_2SO_4$ oder anderer saurer Katalysatoren, ggf. in Ggw. eines inerten Lsgm., unter azeotroper Entfernung des Rk.-Wassers in 60—90%ig. Ausbeute. — 13,8 (g) Phenol, 65 Hexamethyldisiloxan (I) u. 2 ml konz. $H_2SO_4$ werden 20 Std. zum Sieden erhitzt, wobei 3 ml W. abdestillieren: 19,2 *Trimethylsiloxybenzol*, Kp.$_1$ 37°; $D._4^{20}$ 0,9261; $n_D^{20}$ 1,4789. — Analog aus Resorcin u. I: *m-Bis-[trimethylsiloxy]-benzol*, Kp. 238°; $D._4^{20}$ 0,9474; $n_D^{20}$ 1,4740; Ausbeute 59%. (**UdSSR. P. 125 565** vom 6/4. 1959.) L. Großner. H 1380

Je. W. Kusnetzow, R. K. Waletdinowa und K. A. Walischewa, **Herstellung von [Aminoaryl]-alkylphosphonaten** durch Rk. von Aminophenolhydrochloriden (I) mit Alkylphosphonsäuredichloriden in Pyridin (II). — Zu 21,4 (g) I in II werden 16 Heptylphosphonsäuredichlorid gegeben, danach wird 1,5 Std. auf 90° erwärmt u. in W. gegossen: *Di-[aminophenyl]-heptylphosphonat*, violette Kristalle, F. 100,5°. (**UdSSR. P. 125 560** vom 20/4. 1959.) L. Großner. H 1380

Je. M. Benaschwili, **Gewinnung von Cyclohexan aus Erdölfraktionen** vom Kp. 60—95° durch Schütteln mit Thioharnstoff (I) im Verhältnis 1:1 in Ggw. von 15 bis 20% (bezogen auf I) $CH_3OH$ u. Zerlegung des krist. Komplexes mit der 4fachen Menge heißem Wasser. Aromaten werden durch Behandeln des Rohprod. mit $H_2SO_4$ (D. 1,84) im Verhältnis 1:1 oder des Komplexes in Verhältnis 1:0,5 abgetrennt. (**UdSSR. P. 123 954** vom 27/2. 1959.) L. Großner. H 1810

Petrochemicals Ltd., England, **Gewinnung von Cyclopentadien (I)** aus einem Dicylopentadien, Inden (**II**) u./oder α-Methylstyrol (**III**) u. a., höher als **I** sd. KW-Stoffe enthaltenden KW-Stoff-Gemisch, das als niedrigsd. Anteile bes. Xylole (**IV**) u. Äthylbenzol (**V**) enthält, durch Erhitzen unter Desdimerisierung auf 290—320° u. Fraktionierung über eine Kolonne, aus deren Kopf ein $<$90—110° sd., **I** enthaltendes Kopf-Prod. abgezogen wird, das zur Isolierung von **I** einer weiteren Fraktionierung unterworfen wird. Aus der Kolonnenmitte wird eine **II** u. **III** enthaltende Fraktion vom Kp. 150 bis 170°, die frei von **I** ist, abgezogen u. zur Gewinnung von Kunstharzen weiterverwendet. Die bei der Fraktionierung anfallenden **IV** u. **V** werden auf 30—50° gekühlt u. in den Kopf der Kolonne zurückgeleitet. — Verf.-Schema. (**F. P. 1 172 975** vom 14/3. 1957, ausg. 18/2. 1959. E. Prior. 16/3. 1956 u. 1/3. 1957.) Eberhard Riedel. H 1810

A. I. Korolew, L. I. Bljachman, Ss. W. Dobrowolski, W. I. Trofimow, G. P. Ssolomacha, I. G. Kronitsch, W. I. Gorbuschin und I. A. Ssokolowskaja, **Auftrennung des Reaktionsgemisches der Herstellung von Cyclohexanon (I)** aus Nitrobenzol oder Anilin durch Behandlung mit $CO_2$ bei $\leqq$80—90°, ggf. unter Druck. Die wss. Phase mit Cyclohexylamincarbonat wird danach direkt oder nach Decarbonisierung bei 90—100°, ggf. nach Abtrennung von mitgeführtem **I** oder Cyclohexanol (**II**) durch Vakuum-Dest. oder Extraktion in den Kontakt zurückgeführt; die organ. Phase mit **I** u. **II** wird nach bekannten Meth. aufgetrennt. (**UdSSR. P. 125 555** vom 14/3. 1959.) L. Großner. H 1960

Dow Chemical Co., Midland, Mich., V.St.A., **Asymmetrische Bis-phenole.** Man chlormethyliert in erster Stufe eine Verb. der allg. Formel I (ein R = Alkyl mit 1—4 C-Atomen, das andere R = Cl oder Br) u. kondensiert das so erhaltene 6-Chlormethyl-2- (oder -4-) alkyl-4- (oder -2-) halogenphenol (II) in 2. Stufe mit 0,6 bis 1,5 Mol (je Mol II) einer Verb. der allg. Formel III (X u. Y = Cl oder Br, Y auch H) in Ggw. einer katalyt. Menge eines Al-Halogenids, um so zu asymm. Bis-phenolen der allg. Formel IV zu gelangen. — Man erhitzt z. B. ein Gemisch aus 170,5 (g) 4-Chlor-2-isopropylphenol, 92,4 40%ig. wss. HCHO-Lsg. u. 590 konz. HCl 12 Std. unter Rühren auf 45—50° unter ständigem Durchperlen von HCl-Gas, kühlt, setzt 326 Tetrachloräthylen (V) zu, rührt, läßt absitzen, wäscht die organ. Schicht u. trocknet sie. Die Lsg. des chlormethylierten Phenols in **V** gibt man tropfenweise innerhalb 2 Std. bei 90° zu einem Gemisch aus 118,5 2.4.5-Trichlorphenol, 204 **V** u. 10,6 $AlCl_3$, kühlt nach ½ std. Rühren, setzt ein konz. HCl/Eis-Gemisch zu, zieht die abgesetzte organ. Schicht ab, wäscht sie mit W. u. trocknet das isolierte Kondens-Produkt. Man erhält so *3'.4.4'6'-Tetrachlor-6-isopropyl-2.2'-methylendiphenol*, F. 183—186°, in 57% Ausbeute. Analog erhält man: *4.4'.6'-Trichlor-6-isopropyl-2.2'-methylendiphenol*, F. 115—120°, aus 2-Isopropyl-4-chlor-6-chlormethylphenol u. 2.4-Dichlorphenol (**VI**); *6-sek.-Butyl-4.4'.6'-trichlor-2.2'-methylendiphenol*, F. 110—111°, aus 2-sek.-Butyl-4-chlor-6-chlormethylphenol u. **VI**; *4.4'.6'-Trichlor-6-methyl-2.2'-methylendiphenol*, F. 184—185°, aus 4-Chlor-6-chlormethylkresol u. **VI**; *4-tert.-Butyl-4'.6.6'-trichlor-2.2'-methylendiphenol*, F. 98—99°, aus chlormethyliertem 4-tert.-Butyl-2-chlorphenol u. **VI**. (**E. P. 824 110** vom 2/3. 1956, ausg. 25/11. 1959.) A. Mohr. H 2260

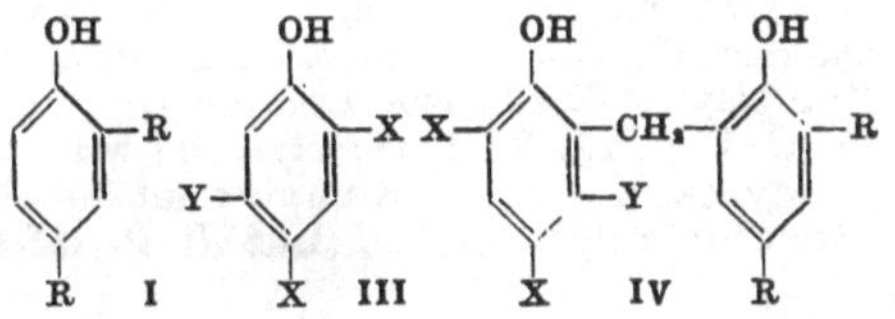


Laboratoires Français de Chimiothérapie (Erfinder: Gérard Nominé und Jean Cerede), Frankreich, **Herstellung von optisch aktivem 1β-Hydroxy-3-carboxy-6-methoxy-9aß-methyl-9aH-1.2.8.9-tetrahydro-$\Delta^{3,3a}$-benzo-[e]-inden** [*l-Form* (I), $C_{16}H_{18}O_4$, F. 223—225° ($CH_3OH$/W.), Nadeln; $[\alpha]_D^{20}$ — 120° (c = 1%, $CH_3OH$); 86% (Ausbeute). *d-Form*, F. 223—225° (80% ig. $CH_3OH$), Nadeln; $[\alpha]_D^{20}$ + 118° (c = 1%, $CH_3OH$), 88,5%] aus dem Racemat durch Salzbldg. mit L(+)-threo-2-Amino-1-[p-nitrophenyl]-propandiol-(1.3) in $CH_3OH$, Ausfällen des gebildeten I-Salzes [$C_{25}H_{30}N_2O_8$ · 0,5 $H_2O$, F. 145—149° (W.), gelbe Prismen; $[\alpha]_D^{20}$ — 35° (c = 1%, $CH_3OH$); 64%] durch Versetzen der Lsg. mit Isopropyläther, Isolierung von I aus dem Salz durch 1 std. Behandlung n-HCl u. Isolierung der d-Form aus den $CH_3OH$/Isopropyläther-Mutterlaugen durch Eindampfen, Aufnehmen in W. u. Fällen mit n-HCl. (**F. P. 1 205 651** vom 3/6. 1958, ausg. 4/2. 1960.) Eberhard Riedel. H 2650

W. L. Plakidin und I. A. Trojanow, **Herstellung von Acenaphthenchinon und dessen Halogenderivaten** durch Erhitzen von ggf. halogeniertem Acenaphthen (**I**) mit $NaNO_2$ u. HCl in Triäthylenglykol (**II**) oder techn. Gemischen von Polyglykolen u. Aufarbeitung nach bekannten Methoden. — Zu 81,5 g **I** in 800 ml **II** werden bei 100° 20 ml 30% ig. HCl u. darauf in 2 Std. gleichzeitig 120 ml 30% ig. HCl u. 113,5 g $NaNO_2$ gegeben, so daß das Rk.-Medium kongosauer ist. Nach 1 std. Rühren bei 100° wird in 1 Liter Eis gegossen u. der Nd. 4 Std. mit 740 ml W., 75 ml 94% ig. $H_2SO_4$ u. 150 ml 34% ig. Formalin gerührt; Ausbeute 75—80%. (**UdSSR. P. 123 957** vom 2/3. 1959.) L. Großner. H 2750

W. I. Scharkow, I. I. Korolkow und W. P. Lewanowa, **Herstellung von Furfurol** durch Dehydratisierung von Pentosen mit wasserlösl. Cr- u. Al-Salzen, wodurch Korrosion vermieden u. die Rk. gegenüber der Verw. von Mineralsäuren beschleunigt wird. (**UdSSR. P. 123 956** vom 23/7. 1955.) L. Großner. H 3061

Ss. N. Uschakow, W. W. Dawidenkowa und W. B. Luschtschik, **Herstellung von N-Vinylpyrrolidon-(2) (I)** durch Acetylierung von β-Hydroxyäthylpyrrolidon (**II**) u. Erhitzen auf 400—500°. — Äquimol. Mengen **II** u. Acetanhydrid werden 5 Std. gekocht, danach wird fraktioniert: *β-Acetoxyäthylpyrrolidon*, $Kp._3$ 135°; Ausbeute ≧90°. Das Prod. wird mit 20 Tropfen/Min. in ein auf 460° geheiztes u. 30° geneigtes Pyrexglasrohr von 22 mm Ø u. 500 mm Länge gegeben u. das Pyrolyse-Prod. fraktioniert, wobei unter 9 Torr **I** bei 63,5—84,5° u. nicht zersetztes Prod. bei 151—154° übergeht; Ausbeute an **I** ≧62%. (**UdSSR. P. 125 567** vom 16/4. 1959.) L. Großner. H 3081

Ss. N. Uschakow, W. W. Dawidenkowa und W. B. Luschtschik, **Herstellung von N-[β-Hydroxyäthyl]-pyrrolidon-(2)**, $Kp._7$ 766°, durch elektrolyt. Red. von N-[β-Hydroxyäthyl]-succinimid (hergestellt durch Erwärmen äquimol. Mengen Monoäthanolamin u. Bernsteinsäure) in 50% ig. $H_2SO_4$ bei 0—5°, 6—8 V u. einer Kathodenstromdichte von 90 $mA/cm^2$ unter Verw. von Pb-Elektroden u. alundiertem Glas als Diaphragma; Ausbeute ≧70%. (**UdSSR. P. 125 568** vom 16/4. 1959.) L. Großner. H 3081

G. I. Michailow und L. I. Musrach, **Trennung von 2.2'- und 4.4'-Dipyridyl** aus der Rk. von Pyridin mit Na durch Abtrennen des 2.2'-Dipyridyls (I) als $FeSO_4$-Komplex. — Die benzol. Lsg. der Dipyridyle (Kp. 270—305°) wird mit 2—30% ig. wss. $FeSO_4$-Lsg., pH 3—4, versetzt, die wss. Schicht mit Bzl. zur Entfernung von 4.4'-Dipyridyl extrahiert, der Komplex mit 36—40% ig. NaOH bei 85—95° zerlegt u. I in Bzl. oder Chlf. aufgenommen. (**UdSSR. P. 123 946** vom 4/4. 1959.) L. Großner. H 3231

---

**Vereinigte Glanzstoff-Fabriken Akt.-Ges.**, Wuppertal-Elberfeld, übert. von: **Erhard Siggel**, Kleinwallstadt/M., *Veresterung von Dicarbonsäuren.* (**Can. P. 560 484** vom 7/4. 1953, ausg. 15/7. 1958. D. Prior. 21/4. 1952. — C. **1959**, 12056 [Schwz. P. 316 153].)

**N. V. de Bataafsche Petroleum Mij.**, Niederlande (Erfinder: **George E. Liedholm, William V. Medlin, Harold C. Ries** und **Robert L. Magovern**), *Dehydrierung organischer Verbindungen.* (**F. P. 1 184 601** vom 29/6. 1957, ausg. 23/7. 1959. A. Prior. 29/6., 31/7. u. 11/9. 1956. — C. **1962**, 12090 [E. P. 810 340].)

**Esso Research and Engineering Co.**, Elizabeth, N.J., V.St.A., *Isomerisieren von Butan.* (**E. P. 877 817** vom 12/5. 1959, ausg. 20/9. 1961. A. Prior. 10/7. 1958. — C. **1961**, 10360 [A. P. 2 938 062].)

**Union Carbide & Carbon Corp.**, New York, N.Y., übert. von: **Hubert G. Davis** und **Thomas P. Wilson**, Charleston, und **Abraham N. Kurtz**, St. Albans, W. Va., V.St.A., *Kohlenwasserstoffsynthese.* (**Can. P. 560 816** vom 22/12. 1952, ausg. 22/7. 1958. A. Prior. 17/1. 1952. — C. **1957**, 796 [A. P. 2 717 260].)

**Mathieson Chemical Corp.**, Baltimore, Md., übert. von: **Bruno H. Wojcik**, Niagara Falls, N.Y., und **Victor C. Fusco**, Baltimore, Md., V.St.A., *Äthylendichlorid und Dichloräthylen aus Äthylen-Acetylen-Gemischen.* (**Can. P. 560 394** vom 11/6. 1953, ausg. 15/7. 1958. A. Prior. 11/6. 1952. — C. **1957**, 8646 [F. P. 1 086 811].)

**Dow Chemical Co.**, Midland, Mich., übert. von: **Gordon G. Willis**, Lake Jackson, und **Claiborne A. Christian**, Freeport, Tex., V.St.A., *Stabilisiertes Trichloräthylen.* (**Can. P. 560 661** vom 13/6. 1957, ausg. 22/7. 1958. A. Prior. 20/4. 1954. — C. **1959**, 5628 [A. P. 2 803 676].)

**Farbwerke Hoechst Akt.-Ges., vormals Meister Lucius & Brüning**, Frankfurt/M., *Entfernen von CO aus olefinhaltigen Gasgemischen.* (**Oe. P. 211 801** vom 13/5. 1957, ausg. 10/11. 1960. D. Prior. 15/5. 1956. — C. **1961**, 12266 [D. A. S. 1 101 395].)

**Gesellschaft für Linde's Eismaschinen Akt.-Ges.**, Höllriegelskreuth, München, *Gewinnung von acetylenfreiem Äthylen aus dieses enthaltenden Gasmischungen.* (**E. P. 816 231** vom 27/4. 1956, ausg. 8/7. 1959. D. Prior. 27/4. 1955. — C. **1958**, 5212 [D. B. P. 953 700].)

**Institut Français du Pétrole des Carburants et Lubrifiants**, Paris, Frankreich, *Herstellung von Äthylen.* (**Ind. P. 65 251** vom 15/9. 1958, ausg. 13/6. 1960. — C. **1962**, 3979 [F. P. 1 216 236].)

**Distillers Co. Ltd.**, England (Erfinder: **Leslie Ernest Cooper** und **Geoffrey Gower**), *Trägerkatalysator.* (**F. P. 1 172 375** vom 18/2. 1957, ausg. 10/2. 1959. E. Prior. 2/3. 1956. — C. **1962**, 6208 [E. P. 812 382].)

**Distillers Co. Ltd.**, England (Erfinder: **Richard Norman Lacey**), *Trägerkatalysator.* (**F. P. 1 172 376** vom 18/2. 1957, ausg. 10/2. 1959. E. Prior. 2/3. 1956. — C. **1962**, 6208 [E. P. 814 003].)

**Montecatini Soc. Gen. per l'Industria Mineraria e Chimica** (Erfinder: **Guido Greco, Luciano Luciani** und **Umberto Soldano**), Mailand, Italien, *Absorption von gasförmigem Formaldehyd zu konzentrierten Lösungen.* (**Oe. P. 214 452** vom 29/10. 1958, ausg. 10/4. 1961. It. Prior. 30/10. 1957. — C. **1962**, 5472 [F. P. 1 214 996].)

**Helmut Pobloth** und **Werner Winzer**, Deutschland, *Herstellung von Paraformaldehyd.* (**UdSSR. P. 122 872** vom 24/12. 1958. — C. **1962**, 2902 [D. P. [DDR] 18 562].)

**Eastman Kodak Co.**, übert. von: **John D. Cawley**, Rochester, N.Y., V.St.A., *Synthese von Terpenoiden.* (**Can. P. 560 333** vom 13/10. 1951, ausg. 15/7. 1958. A. Prior. 5/1. 1951. — C. **1956**, 14181 [F. P. 1 058 800].)

**Hercules Powder Co.**, übert. von: **Arthur L. Glasebrook**, Wilmington, Del., V.St.A., *Katalytische Synthese von Carbonsäuren.* (**Can. P. 560 709** vom 11/6. 1953, ausg. 22/7. 1958. — C. **1956**, 12971 [E. P. 743 933].)

**Hercules Powder Co.**, Wilmington, Del., übert. von: **John C. Snyder**, Darling, Pa., V.St.A., *Katalytische Synthese von Carbonsäuren.* (**Can. P. 560 710** vom 11/6. 1953, ausg. 22/7. 1958. — C. **1956**, 12971 [E. P. 743 933].)

**Metallgesellschaft Akt.-Ges.**, übert. von: **Horst Bretschneider**, Frankfurt/M., *Herstellung tertiärer Phosphorsäureester.* (**Can. P. 560 741** vom 6/5. 1953, ausg. 22/7. 1958. D. Prior. 9/5. 1952. — C. **1956**, 9032 [E. P. 736 448].)

**Distillers Co. Ltd.**, Edinburgh, Schottland, übert. von: **Alfred K. Millidge**, Coulsdon, Surrey, und **Ian K. M. Robson**, London, England, *Behandlung von Gemischen organischer Säuren.* (**Can. P. 560 646** vom 23/10. 1954, ausg. 22/7. 1958. E. Prior. 31/10. 1953. — C. **1957**, 8938 [D. A. S. 1 000 800].)

**Organico Soc. An.**, Paris, übert. von: **Georges Wetroff**, Le Thillay, **Georges d'Ivacheff** und **Jean Khaladij**, Paris, Frankreich, *Pyrolyse von Ricinoleaten.* (**Can. P. 561 079** vom 3/1. 1956, ausg. 29/7. 1958. F. Prior. 21/1. 1955. — C. **1960**, 2347 [D. A. S. 1 015 427].)

**Soc. d'Électro-Chimie d'Électro-Métallurgie et des Aciéries Électriques d'Ugine**, Paris, übert. von: **Marcel Borrel, Francis Weiss** und **Bernard Chatelin**, Pierre-Benite, Frankreich, *Aufarbeitung der Mutterlaugen, die bei der Verseifung von Nitrilen oder Cyanhydrinen zu Acryl- und Methacrylsäure oder deren Estern entstehen.* (**A. P. 2 890 101** vom 17/7. 1956, ausg. 9/6. 1959. F. Prior. 22/7. 1955. — C. **1959**, 1269 [F. P. 1 130 273].)

**Lonza Electric & Chemical Works Ltd.**, Gampel, Valais, übert. von: **August Guyer, Pio Guyer** und **Werner Richarz**, Zürich, Schweiz, *Herstellung von Gasgemischen zur Gewinnung von Nitrilen.* (**Can. P. 561 059** vom 29/6. 1957, ausg. 29/7. 1958. Schwz. Prior. 30/6. 1956. — C. **1960**, 14183 [D. A. S. 1 081 444].)

**Lonza Elektrizitätswerke und Chemische Fabriken Akt.-Ges.**, Basel, Schweiz, *Gewinnung von wasserfreier Cyanessigsäure.* (**Oe. P. 212 813** vom 21/7. 1958, ausg. 10/1. 1961. Schwz. Prior. 17/10. 1957. — C. **1960**, 17616 [E. P. 824 640].)

**Chemical Construction Corp.**, New York, N.Y., V.St.A., übert. von: **Shinjiro Kodama**, Yoshida, **Toshihide Goto, Daisuke Komiyama, Tadanao Ota** und **Nobuo Zen**, Niihama-shi, Japan, *Abtrennung von $NH_3$ aus Harnstofflösungen.* (**Can. P. 560 612** vom 14/4. 1954, ausg. 22/7. 1958. Jap. Prior. 22/4. 1953. — C. **1959**, 13635 [D. A. S. 1 051 843].)

**Rohm & Haas Co.**, übert. von: **William L. Riedeman**, Philadelphia, Pa., V.St.A., *Kohlensäureester von Dihydroxycarbonsäuren.* (**A. P. 2 826 591** vom 21/4. 1954, ausg. 11/3. 1958. — C. **1959**, 15840 [Niederl. P. 88 926].)

**Stamicarbon N. V.**, Heerlen, Niederlande, *Herstellung von Harnstoff.* (**Ind. P. 64 071** vom 14/5. 1958, ausg. 14/9. 1960. — C. **1962**, 5096 [F. P. 1 206 828].)

**Röhm & Haas G. m. b. H.**, Darmstadt, *Herstellung von Dicyan.* (**E. P. 877 684** vom 22/1. 1960, ausg. 20/9. 1961. — C. **1960**, 17616 [D. A. SS. 1 079 611 u. 1 079 612].)

**F. Hoffmann-La Roche & Co. Akt.-Ges.**, Basel, Schweiz, *Herstellung von α-Chlor-β-aminocarbonsäurederivaten.* (**Ind. P. 65 574** vom 24/10. 1958, ausg. 8/6. 1960. — C. **1962**, 5473 [F. P. 1 204 231].)

**International Minerals & Chemical Corp.**, Chicago, übert. von: **Forst A. Hoglan**, Glen View, Ill., V.St.A., *Gewinnung von Glutaminsäure.* (**Can. P. 560 375** vom 13/1. 1955, ausg. 15/7. 1958. A. Prior. 28/1. 1954. — C. **1956**, 12636 [A. P. 2 730 545].)

**Montecatini Soc. Gen. per l'Industria Mineraria e Chimica** (Erfinder: **Gian Paolo Chiusoli** und **Pierluigi Perazzoni**), Mailand, Italien, *Herstellung des ω-Aminocaprylsäureamids.* (**Oe. P. 212 812** vom 28/7. 1959, ausg. 10/1. 1961. It. Prior. 29/7. 1958. — C. **1962**, 13945 [F. P. 1 225 419].)

**Union Carbide & Carbon Corp.**, New York, übert. von: **Eugene O. Brimm**, Kenmore, N.Y., V.St.A., *Umwandlung von Methyltrichlorsilan in Dimethyldichlorsilan.* (**Can. P. 560 819** vom 8/8. 1955, ausg. 22/7. 1958. A. Prior. 15/9. 1954. — C. **1957**, 4820 [A. P. 2 759 009].)

**Imperial Chemical Industries Ltd.**, London, England, *Herstellung von Tetraorganosilanen.* (**Ind. P. 65 097** vom 30/8. 19 58, ausg. 21/5. 1960. E. Prior. 13/9. 1957. — C. **1960**, 5315 [D. A. S. 1 064 062].)

**Comp. Française Thomson-Houston**, Seine, Frankreich (Erfinder: **Maurice Prober**), *Hydroxyalkylcyclopolysiloxane.* (**F. P. 1 176 112** vom 16/5. 1956, ausg. 7/4. 1959. A. Prior. 18/5. 1955. — C. **1959**, 6293 [A. P. 2 837 550].)

**Farbenfabriken Bayer Akt.-Ges.** (Erfinder: **Reinhard Schliebs**), *Herstellung von Phosphorigsäureestern.* (**F. P. 1 234 907** vom 4/8. 1959, ausg. 8/11. 1960. D. Prior. 5/8. 1958. — C. **1961**, 659 [D. A. S. 1 079 022].)

**American Cyanamid Co.** (Erfinder: **Michael M. Rauhut, Ingenuin Hechenbleikner** und **Helen Alyce Currier**), V.St.A., *Herstellung von Phosphinoxiden.* (**F. P. 1 234 902** vom 29/7. 1959, ausg. 8/11. 1960. A. Prior. 31/7. 1958. — C. **1961**, 18130 [D. A. S. 1 104 957].)

**Heinrich Koppers G. m. b. H.**, Essen, *Reinigen von Rohbenzol.* (**E. P. 881 519** vom 6/3. 1958, ausg. 1/11. 1961. D. Prior. 14/3. 1957. — C. **1958**, 7635 [D. A. S. 1 039 047].)

**Esso Research and Engineering Co.** (Erfinder: **William Alexander Dimler jun., Vincent Leo Hughes, Isidor Kirshenbaum, John Joseph Murphy jun.** und **Alan Alvin Schetelich**), *Farblose Ester.* (**Aust. P. 230 222** vom 7/2. 1958, ausg. 6/10. 1960. A. Prior. 8/2., 11/3., 27/3 u. 29/5. 1957. — C. **1962**, 6213 [E. P. 860 242].)

**Farbwerke Hoechst Akt.-Ges., vormals Meister Lucius & Brüning**, Frankfurt/M.-Hoechst, übert. von: **Bernhard Popp**, Frankfurt/M.-Unterliederbach, *Oxydieren von aromatischen Verbindungen mit Seitenketten.* (**Can. P. 560 994** vom 7/9. 1955, ausg. 29/7. 1958. D. Prior. 8/9. 1954. — C. **1958**, 265 [D. A. S. 1 011 875].)

**Imperial Chemical Industries Ltd.**, England, *Herstellung von Terephthalsäure.* (**F. P. 1 235 369** vom 19/5. 1959, ausg. 4/11. 1960. E. Prior. 19/5., 20/5. u. 10/12. 1958. — C. **1961**, 11518 [E. P. 851 562].)

**Imperial Chemical Industries Ltd.**, England, *Herstellung von Terephthalsäure.* (**F. P. 1 235 370** vom 19/5. 1959, ausg. 4/11. 1960. E. Prior. 19/5. 1958. — C. **1961**, 16281 [E. P. 848 284].)

**Badische Anilin- & Soda-Fabrik Akt.-Ges.**, Ludwigshafen/Rh., *Herstellen von Dimethylterephthalat.* (**E. P. 882 151** vom 21/1. 1960, ausg. 15/11. 1961. D. Prior. 24/1. 1959. — C. **1961**, 302 [D. A. S. 1 082 898].)

**Farbenfabriken Bayer Akt.-Ges.**, übert. von: **Rudolf Stroh, Josef Ebersberger** und **Hans Haberland**, Leverkusen, *Alkylierung aromatischer Amine.* (**Can. P. 560 990** vom 21/12. 1954, ausg. 29/7. 1958. D. Prior. 24/12. 1953. — C. **1957**, 4822 [D. B. P. 951 501].)

**Parke, Davis & Co.**, übert. von: **George W. Moersch**, Detroit, Mich., V.St.A., *Gewinnung von Aminodiolen.* (**Can. P. 560 758** vom 10/11. 1949, ausg. 22/7. 1958. — C. **1953**, 9638 [E. P. 671 294].)

**American Cyanamid Co.**, New York, N.Y., übert. von: **Tsai H. Chao, Ruth A. Greenwood**, Somerville, und **Hans L. Zecher**, Plainfield, N.J., V.St.A., *Herstellung von Arylphosphonsäuren.* (**Can. P. 560 573** vom 17/12. 1954, ausg. 22/7. 1958. A. Prior. 5/1. 1954. — C. **1958**, 3167 [D. A. S. 1 009 628].)

**Imperial Chemical Industries Ltd.**, London, England, *Herstellung von Organohalogensilanen.* (**Ind. P. 65 226** vom 12/9. 1958, ausg. 1/6. 1960. E. Prior. 4/10. 1957. — C. **1962**, 5477 [E. P. 851 868].)

**Esso Research and Engineering Co.**, V.St.A. (Erfinder: **Lawrence Wetzley McLean** und **Leon Clifford Kenzon jun.**), *Trennung und Reinigung von Cyclodienen.* (**Aust. P. 230 453** vom 20/8. 1958, ausg. 20/10. 1960. — C. **1961**, 18133 [F. P. 1 202 650].)

**Badische Anilin- & Soda-Fabrik Akt.-Ges.** (Erfinder: **Werner Deuschel**), Deutschland, *Herstellung von 2.5-Diarylamino-3.6-dihydroterephthalsäureestern.* (**F. P. 1 235 035** vom 10/9. 1959, ausg. 17/11. 1960. D. Prior. 10/9. 1958. — C. **1961**, 4523 [D. A. S. 1 082 907].)

**Ciba Akt.-Ges.**, Basel, Schweiz, *Herstellung von 1.4-Naphthochinon.* (**Oe. P. 211 304** vom 4/2. 1959, ausg. 10/10. 1960. Schwz. Prior. 5/2. 1958. — C. **1962**, 9898 [F. P. 1 221 894].)

**Imperial Chemical Industries Ltd.**, London, übert. von: **John N. Rose** und **Anthony H. Willbourn**, Welwyn Garden City, Hertfordshire, England, *Ungesättigte bicyclische Verbindungen.* (**Can. P. 561 037** vom 16/3. 1956, ausg. 29/7. 1958. E. Prior. 21/3. 1955. — C. **1959**, 13331 [E. P. 796 133].)

**Shell Development Co.**, New York, N.Y., übert. von: **Samuel B. Soloway**, Denver, Colo., V.St.A., *Halogensubstituierte bicyclische Aldehyde.* (**Can. P. 560 790** vom 12/3. 1956, ausg. 22/7. 1958. A. Prior. 14/3. 1955. — C. **1957**, 11698 [A. P. 2 761 879].)

**Velsicol Chemical Corp.**, übert. von: **Morton Kleiman**, Chicago, Ill., V.St.A., *Hexachlorbicycloheptenylsilane.* (**Can. P. 560 827** vom 16/8. 1954, ausg. 22/7. 1958. — C. **1956**, 10810 [A. P. 2 697 089].)

**General Aniline & Film Corp.**, New York, N.Y., übert. von: **Albert Bloom**, Summit, und **Dennis L. Deutsch**, Cranford, N.J., V.St.A., *Herstellung von Dibromdi-[peri-naphthindandion]*. (**Can. P. 561 002** vom 4/5. 1956, ausg. 29/7. 1958. A. Prior. 13/5. 1955. — C. **1959**, 3304 [F. P. 1 149 370].)

**Henkel & Cie. G. m. b. H.**, Düsseldorf-Holthausen, übert. von: **Hartwig Schütt**, Hagen/Westf., *Herstellung carboxylierter Heterocyclen*. (**Can. P. 560 369** vom 4/2. 1957, ausg. 15/7. 1958. D. Prior. 30/4. 1956. — C. **1959**, 10400 [D. A. S. 1 033 667].)

**Wacker-Chemie G.m.b.H.**, Deutschland, *Herstellung von Epoxiden*. (**F. P. 1 218 302** vom 6/3. 1959, ausg. 10/5. 1960. D. Prior. 28/3. 1958. — C. **1961**, 4523 [D. A. S. 1 081 462].)

**Stone & Webster Engineering Corp.**, New York, N.Y., V.St.A., *Äthylenoxid*. (**E. P. 878 652** vom 12/12. 1957, ausg. 4/10. 1961. A. Prior. 13/12. 1956. — C. **1961**, 17755 [F. P. 1 192 370].)

**Friedrich Andreas, Horst Berthold** und **Helmut Slowak**, Deutschland, *Herstellung von Epichlorhydrin*. (**UdSSR. P. 123 153** vom 18/11. 1958. — C. **1961**, 18134 [D. P. [DDR] 17452].)

**Feldmühle Papier- und Zellstoffwerke Akt.-Ges.**, Deutschland, *Herstellung von Epihalogenhydrinpolymeren mit Epoxygruppen*. (**F. P. 1 231 989** vom 28/7. 1959, ausg. 4/10. 1960. D. Prior. 22/12. 1958. — C. **1960**, 17614 [D. A. S. 1 076 657].)

**Farbwerke Hoechst Akt.-Ges., vormals Meister Lucius & Brüning**, Frankfurt/M.–Hoechst, *Herstellung von 3-Aminothiophen-2-carbonsäuren und ihren Estern*. (**Oe. P. 211 829** vom 27/8. 1958, ausg. 10/11. 1960. D. Prior. 29/8. 1957. — C. **1962**, 7331 [F. P. 1 211 620].)

**Farbwerke Hoechst Akt.-Ges., vormals Meister Lucius & Brüning**, Frankfurt/M.–Hoechst, *Herstellung von Thiophencarbonsäuren und deren Derivaten*. (**Oe. P. 211 830** vom 10/4. 1959, ausg. 10/11. 1960. D. Prior. 12/4. 1958. — C. **1962**, 8063 [F. P. 1 219 869].)

**J. R. Geigy Akt.-Ges.**, übert. von: **Rolf Denss** und **Franz Häfliger**, Basel, Schweiz, *Herstellung von 1.2-Diphenyl-4-[n-butyl]-3.5-dioxopyrazolidin*. (**Can. P. 560 694** vom 14/9. 1956, ausg. 22/7. 1958. Schwz. Prior. 16/9. 1955. — C. **1959**, 4309 [Oe. P. 193 377].)

**Parke, Davis & Co.**, übert. von: **George W. Moersch**, Detroit, und **Allan C. Moore**, Große Pointe Woods, Mich., V.St.A., *Herstellung von Oxazolinen*. (**Can. P. 560 759** vom 30/3. 1951, ausg. 22/7. 1958. A. Prior. 29/4. 1950. — C. **1953**, 7147 [Oe. P. 173 457].)

**Soc. An. des Manufactures des Glaces et Produits Chimiques de Saint-Gobain, Chauny & Cirey**, Paris, übert. von: **Marcel J. Viard**, Peupliers Bois Colombe, Seine, Frankreich, *Herstellung von Oxazolidonen-(2)*. (**Can. P. 560 446** vom 23/2. 1953, ausg. 15/7. 1958. F. Prior. 25/2. 1952. — C. **1956**, 9305 [E. P. 720 586].)

**Ciba Ltd.**, übert. von: **Cyril A. Grob** und **Ernst Renk**, Basel, Schweiz, *Herstellung eines Chinuclidinderivats*. (**Can. P. 560 620** vom 22/11. 1955, ausg. 22/7. 1958. Schwz. Prior. 30/11. 1954. — C. **1959**, 894 [E. P. 771 435].)

**Chas. Pfizer & Co., Inc.**, übert. von: **Abraham Bavley**, Brooklyn, und **Edgar K. Hamilton**, Merrick, N.Y. V.St.A., *Herstellung von Citrazinamid*. (**Can. P. 560 762** vom 27/9. 1954, ausg. 22/7. 1958. A. Prior. 8/10. 1953. — C. **1957**, 267 [F. P. 1 109 331].)

**Sandoz Akt.-Ges.**, Basel, Schweiz (Erfinder: **Ernest Jucker, Erwin Rissi, Rudolf Suess, Arnold Vogel** und **Eberhard Wolff**), *Herstellung von ω-[1-Alkylpiperidyl-(4)]-ω-acylhydrazinen*. (**Aust. P. 230 442** vom 29/5. 1958, ausg. 20/10. 1960. Schwz. Prior. 12/6. 1957 u. 31/3. 1958. — C. **1961**, 15204 [Oe. P. 204 555].)

**Wallace Frank Short**, †, **Kathleen Short**, Sherwood Rise, und **Thomas Iswel Watkins**, West Bridgeford, England, *Quaternäre Salze von Pyrimidylaminophenanthridinen*. (**A. P. 2 803 629** vom 28/6. 1956, ausg. 20/8. 1957. — C. **1961**, 6685 [Ind. P. 52 765].)

**Jefferson Chemical Co., Inc.**, New York, N.Y., übert. von: **George J. Laemmle jun.**, Austin, Tex., V.St.A., *Gewinnung von Morpholin aus wässerigen Lösungen*. (**Can. P. 560 725** vom 25/8. 1955, ausg. 22/7. 1958. A. Prior. 27/9. 1954. — C. **1958**, 5515 [A. P. 2 776 972].)

**Jefferson Chemical Co., Inc.**, New York, N.Y., übert. von: **George J. Laemmle jun.**, Austin. Tex., V.St.A., *Morpholin aus Diäthanolamin*. (**Can. P. 561 046** vom 25/8. 1955, ausg. 29/7. 1958. A. Prior. 27/9. 1954. — C. **1958**, 8762 [A. P. 2 777 846].)

**Food Machinery & Chemical Corp.**, New York, N.Y., V.St.A., *Herstellung von Cyanursäure*. (**Oe. P. 214 449** vom 8/10. 1957, ausg. 10/4. 1961. A. Prior. 8/10. 1956. — C. **1961**, 15568 [Aust. P. 219 684].)

**Union Carbide & Carbon Corp.**, New York, N.Y., übert. von: **William M. Lanham**, Charleston, W. Va., V.St.A., *Herstellung von P-Heterocyclen*. (**Can. P. 560 817** vom 30/3. 1954, ausg. 22/7. 1958. A. Prior. 18/6. 1953. — C. **1959**, 7931 [D. A. S. 1 020 986].)

**Union Carbide & Carbon Corp.**, New York, N.Y., übert. von: **William M. Lanham**, Charleston, W. Va., V.St.A., *Herstellung von P-Heterocyclen*. (**Can. P. 560 820** vom 7/1. 1954, ausg. 22/7. 1958. A. Prior. 4/3. 1953. — C. **1961**, 3152 [D. A. S. 1 008 746].)

**Union Carbide & Carbon Corp.**, New York, N.Y., übert. von: **William M. Lanham**, Charleston, W. Va., V.St.A., *Herstellung von P-Heterocyclen*. (**Can. P. 560 821** vom 23/10. 1957, ausg. 22/7. 1958. A. Prior. 4/3. 1953. — C. **1961**, 2805 [D. A. S. 1 008 745].)

**J. R. Geigy Soc. An.**, Schweiz, *Herstellung von 5-Dibenzo-[b.f]-azepinen*. (**F. P. 1 235 321** vom 12/11. 1957, ausg. 8/11. 1960. Schwz. Prior. 13/11. 1956. — C. **1960**, 11823 [Oe. P. 200 579].)

**UCLAF**, Frankreich (Erfinder: **Henri Guinot** und **Philippe Le Henaff**), *Herstellung von Dicarbonsäuren*. (**Aust. P. 230 241** vom 24/7. 1958, ausg. 6/10. 1960. F. Prior. 29/7. 1957. — C. **1961**, 7401 [F. P. 1 180 258].)

**Eastman Kodak Co.**, Rochester, N.Y., V.St.A. (Erfinder: **Kent Combs Brannock**), *Ester von 2-Methyl-2-norcamphanmethanol mit zweibasischen Säuren*. (**E. P. 882 688** vom 23/1. 1959, ausg. 15/11. 1961. A. Prior. 24/1. 1958. — C. **1962**, 11429 [D. A. S. 1 082 259].)

## $H_{10}$. Färberei. Organische Farbstoffe

**Das Problem konstanter Geschwindigkeit und Zugspannung bei der Entwicklung neuzeitlicher Färbeapparate.** G. Butz. (Tinctoria [Milano] 58, 241—42, Juni 1961; ital.) — Beschreibung der Konstruktion u. Arbeitsweise des neuen, der Firma Poensgen,

Düsseldorf, geschützten Jiggers „*Cyclotric*" mit automat. Regel-Vorr. zum Einhalten einer je nach Stoffart u. Färbeverf. erforderlichen *konst. Geschw.* u. *Zugspannung.*
A. Sander. 7000◇

**Untersuchungen über das ζ-Potential der natürlichen und synthetisch hergestellten Fasern in den Lösungen der Farbstoffe. 3. Mitt. ζ-Potential der Vinylonfaser in den Lösungen substantiver Farbstoffe.** Toshiro Suzawa. (J. chem. Soc. Japan, ind. Chem. Sect. [Kōgyō Kagaku Zassi] **62**, 1231—34, Aug. 1959; Ôsaka-Kitaku, Sritu-Kôgyô-Kenkyûzyo; jap., Auszug: engl. S. A 78.) — 2. vgl. C. **1960**, **11475**. — Das *ζ-Potential* von *Vinylonfasern* wird in Lsgg. von *Kongorot, Rhoduline Red B* u. *Orange R* gemessen; es beträgt z. B. in einer bas. Lsg. der Konz. $10^{-4}$ mol. (pH ca. 9) —126 bis —129 mV unabhängig von der Struktur des Farbstoffes u. nimmt mit steigender Acidität der Lsg. zu. Die Änderung beruht vermutlich auf der Struktur der Farbstoffionen. Die Zahl der ionisierten HOOC-Gruppen beträgt nach dem ζ-Potential in bas. Lsg. ca. $10^{12}/cm^2$ Oberfläche. ζ nimmt sowohl mit steigendem Logarithmus der Konz. des Farbstoffes als auch mit steigender Temp. linear ab. Das ζ-Potential wird auch unter Zusatz einiger Salze bestimmt.
E. Maekawa. 7002

**Neuere Experimente zum Chemismus der Hydrotropie. 1. Mitt.** H. Rath, J. Rau und D. Wagner. (Melliand Textilber. **43**, 718—23, Juli 1962; Stuttgart-Reutlingen, Dt. Forsch.-Inst. für Text.-Ind.; dt.) — Das Wesen der *Hydrotropie*, sowie hydrotrope Mittel, die bes. beim Lösen von Farbstoffen beim Kontinue-Verf. u. in der Druckerei eine Rolle spielen, organ. Lsgm. u. Tenside als hydrotrope Substanzen werden erläutert. Der Lsg.-Vorgang in W. u. das hydrotrope Lösen, die Wrkg. des hydrotropen Mittels, der Zusammenhang zwischen Konstit. u. Wirksamkeit hydrotroper Verbb. sowie der Einfl. der Konstit. der zu lösenden Substanz auf die hydrotrope Löslichkeit werden besprochen. Die Vers.-Durchführung wird beschrieben.
I. Beßer. 7002◇

**Vergleichende Untersuchung der Affinität von direkt färbenden Azofarbstoffen — Derivaten des Diphenyls und p-Terphenyls — zur Cellulose-Baumwollfaser.** B. M. Krassowitzki, P. W. Moryganow, N. I. Titarenko und B. N. Melnikow. (Ber. Akad. Wiss. UdSSR **116**, 425—28, 21/9. 1957; Charkow, Univ.; Iwanowo, chem.-technol. Inst.; russ.) — Es wurde die Affinität der *Bis-azofarbstoffe*, die aus Benzidin (I) durch Kuppeln mit Naphthionsäure, Chromotropsäure, γ-, G-, ε-, K-, Asch- u. Chicago-SS-Säure sowie aus 4.4'-Diaminoterphenyl (II) mit ε-, Asch- u. Chicago-SS-Säure erhalten wurden, gegenüber Baumwollfasern ermittelt. Affinität, Färbungsenthalpie u. Entropieänderung sind tabellar. angegeben. Die Farbstoffe aus II besitzen im Vgl. mit denen aus I infolge ihrer größeren hydrophoben Oberfläche u. der stärkeren Polarisierung des Farbstoff-Mol. eine höhere Affinität zur Cellulosefaser, obwohl bei ihnen der Abstand zwischen den Gruppen, die H-Bindungen bilden, nicht mit der Identitätsperiode der Cellulose übereinstimmt. Die Farbstoffe aus G- u. ε-Säure haben eine auffallend kleine, die aus Naphthion- u. γ-Säure die größte relative Affinität.
Helmut Schäfer. 7002△

**Mikroskopische Beiträge zur Kenntnis einiger Phasen des Dämpfvorganges küpenbedruckter Baumwollstoffe.** H. Reumuth, G. Schmidt und F. Habermalz. (Melliand Textilber. **43**, 729—39, Juli 1962; Mannheim, Inst. für angew. Mikroskopie, Photographie u. Kinematographie; dt.) — Die Grundlagen für die *mkr. Beobachtung* einiger Phasen des *Dämpfvorganges küpen-bedruckter Baumwollstoffe*, der Druck u. Dämpfvorgang in Einzelphasen, die mkr. Unterss. der verschiedenen Druckpasten, der Druckvorgang, das Verh. der Druckpasten auf dem Gewebe, der Vgl. des Verh. der verschiedenen Druckpasten während des Dämpfvorganges, Modell-Verss. an starken Cellulosefolien u. das Vorlaufen der Chemikalien in der Einzelfaser werden ausführlich beschrieben.
I. Beßer. 7002◇

**Reaktivität von Dichlor- und Trichlorpyrimidyl-Farbstoffen und Hydrolysierbarkeit der Färbungen.** O. Thumm und J. Benz. (Angew. Chem. **74**, 712—16, 21/9. 1962; Basel, Sandoz AG; dt.) — An einigen Beispielen wird gezeigt, daß die *Reaktivität* von *Dichlor-* u. *Trichlorpyrimidylfarbstoffen* u. die *Hydrolysierbarkeit* der *Färbungen* durch das Brückenglied zwischen dem farbgebenden Körper u. dem Reaktivsyst. bestimmt wird. Mit steigender Reaktivität der Farbstoffe nimmt die Tendenz der Färbungen zur sauren u. vor allem zur alkal. Hydrolyse zu. Im alkal. Medium werden die Färbungen von Farbstoffen mit O-Brücken vorwiegend zwischen dem Reaktivsyst. u. dem farbgebenden Körper gespalten, während bei Färbungen von Farbstoffen mit Imino- oder Methyliminobrücken die Bindung Reaktivsyst./Cellulose hydrolysiert wird.
P. Golinske. 7002◇

**Färben von Samt- und Plüschgeweben mit Reaktivfarbstoffen.** G. Dierkes. (Z. ges. Textilind. **64**, 496—97, Juni 1962; Krefeld, Text.-Ing.-Schule; dt.) — Die Vers.-Bedingungen zum *Färben* von *Baumwollsamt* u. *Wollplüsch* mit *Reaktivfarbstoffen* werden beschrieben. Die Meth. ist sehr wirtschaftlich u. liefert ausgezeichnete Echtheiten. I. Beßer. 7020◇

**Das Färben von Polyacrylnitrilfasern mit Azatrimethincyaninen.** Jacques Voltz. (Angew. Chem. **74**, 680—84, 7/9. 1962; Basel, Schweiz, J. R. Geigy AG., Wissenschaftl. Labor., Farbstoffabt.; dt.) — *Azatrimethincyanine* besitzen wie alle bas. Farbstoffe auf *Polyacrylonitrilfasern* ein gutes Ziehvermögen. Verbb. mit isoliert stehenden N-Atomen in der Methinkette weisen ungenügende Lichtechtheiten auf, wogegen diejenigen mit vic.-N-Atomen in der Methinkette gute bis ausgezeichnete Lichtechtheiten zeigen. Damit ist eine Arbeitshypothese teilweise bestätigt worden, wonach durch steigenden Ersatz der Methingruppen durch N-Atome die Lichtechtheit der Trimethincyanine auf Polyacrylonitrilfasern verbessert wird. P. Golinske. 7020

**Einige Betrachtungen zum Färben von Esterfasern.** Herbert M. Ulrich. (Melliand Textilber. **43**, 724—28, Juli 1962; Wien; dt.) — Die *Färbung* der *Esterfasern* wird vom Standpunkt der Faser, des Farbstoffes u. des Hilfsmittels aus betrachtet. Mit Hilfe einer alkylierten Polyuronsäure (Alginsäure), deren weitere HOOC-Gruppen durch Ca-Brücken abgebunden sind, wird das Verh. gegenüber dem Dispersionsfarbstoff, *Cibacetblau RF* (**I**), untersucht. Die Entw. des Färbevermögens der neuen Esterfaser, partiell verestertes Ca-Alginatreyon, im Vgl. zur ursprünglich nicht veresterten Faser wird auf die Ausbildung von akt. Gruppen zurückgeführt. Die Strukturverhältnisse von **I** für Polyesterfärbung (**A**) mit guten Echtheiten werden angeführt. Als Färbevermittler für **A** werden Methylnaphthaline herangezogen. Die Wirkungsweise des Carriers wird als stufenweise Aufeinanderfolge verschiedener Einfl. zwischen Fasersubstanz, Carrier u. Farbstoff erklärt. I. Beßer. 7020◇

**Rouleauxdruck auf Wirkware (Charmeuse) aus Polyamidfasern.** H. Stuhl. (Melliand Textilber. **43**, 515, Mai 1962; dt.) — Eine Arbeitsweise wird geschildert, die es ermöglicht, *Wirkware* auf *Rouleauxmaschinen* bedrucken zu können. I. Beßer. 7022◇

**Beispiele für die Fehleraufklärung an gefärbten Kammzügen, Garnen und Geweben.** H. Zahn. (Textil-Prax. **17**, 469—76, Mai 1962; Aachen, TH, Dt. Wollforsch.-Inst.; dt.) — Prüfmeth. zum Nachw. von *Färbeschädigungen* werden beschrieben. Es wird untersucht, ob eine uneinheitliche Färbung auf den Rohstoff oder auf die Färbetechnik u. ob ein Schaden während des Gebrauches auf eine Färbeschädigung oder unsachgemäße Behandlung durch den Verbraucher zurückzuführen ist. Die Best. einer zusätzlichen chem. Ausrüstung an Gewebeabschnitten wird beschrieben. Schädigungen, die chem. nicht festzustellen sind, werden erwähnt. I. Beßer. 7030◇

**Synthetische Farbstoffe.** Ivo Ubaldini. (Fibre e Colori **12**, 359—66, Nov. 1962; ital.) — Allg. Übersicht sowie chronolog. geordnete Jahreszahlangaben über die Entw. der *synthet. Farbstoffe* u. eine Liste der in Italien üblichen Abkürzungen der weltbekanntesten Farbstoff-Firmen. R. Grundmann. 7048◇

**Über die Beständigkeit von Lösungen der Echtfärbesalze beziehungsweise der diazotierten Echtbasen der Naphthol AS-Reihe bei höheren Temperaturen.** Hans Thaler. (Textil-Prax. **17**, 488—92, Mai 1962; Frankfurt/M.-Hoechst, Farbwerke Hoechst AG, Anwendungstechn. Abt.; dt.) — Prüfungen über die *Zersetzlichkeit* von *Diazonium-Verbb.* werden unter Bedingungen durchgeführt, die der Praxis des Färbens mit *Naphthol-AS-Farbstoffen* etwa entsprechen. Die Vers.-Durchführung wird ausführlich beschrieben. Angaben über die Haltbarkeit von Lsgg. der im Handel befindlichen *Echtfärbesalze* u. *diazotierten Echtbasen* der Farbwerke Hoechst AG werden in einer Tabelle gemacht. I. Beßer. 7048◇

**Das 60jährige Jubiläum von Indanthrenblau.** Claudio Morpurgo. (Tinctoria [Milano] **58**, 246—48, Juni 1961; ital.) — Rückblick auf die Entw. der Echtfarbenindustrie seit der Entdeckung von *Indanthrenblau* im Jahre 1901 bis zu den mit dem „*I*"-*Etikett* gek. verschiedenen Farbstoffklassen des internationalen Indanthren-Warenzeichenverbandes. A. Sander. 7048◇

**Zur chemischen Reaktion mit der Faser befähigte Farbstoffe.** Jerzy Lenartowicz. (Chemik [Warszawa] **14**, 16—18, Jan. 1961; Zgierz, Oddział Inst. Przem. organ.; pol.) — Histor. Überblick der Entw. von *Reaktivfarbstoffen.* — 20 Literaturangaben. F. Urban. 7048◇

---

Sandoz Soc. An., Basel, Schweiz, **Pigmentfarbstoffe** der allg. Formel **I** (X = H, $CH_3$, $OCH_3$, $C_2H_5$, $OC_2H_5$ oder Halogen; $R_1$ u. $R_2$ = gleiche oder verschiedene in o-Stellung zu OH kuppelnde enol. oder phenol. Azokomponenten). Die Farbstoffe sind unlösl. in den gebräuchlichen Lsgm., man verwendet sie zum Färben von Kunst-

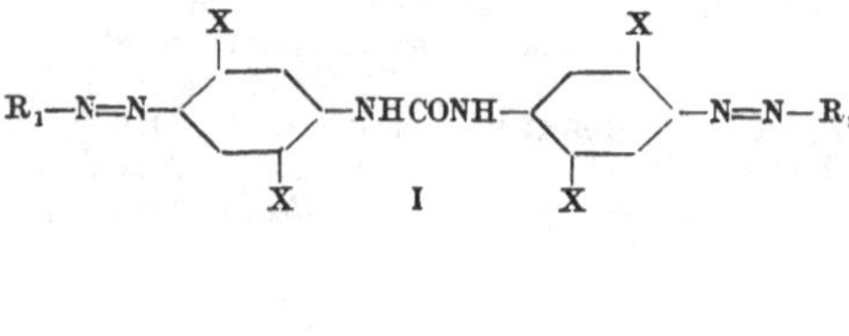


I

fasern u. Papier in der Masse, zum Bedrucken von Textilien u. Papier sowie zum Färben von Kunstharzen, plast. Massen u. Lacken. — *1-(3'-Chlorphenyl)-3-methyl-5-pyrazolon* ← *4.4'-Diamino-2.2'.5.5'-tetramethoxy-1.1'-diphenylharnstoff* → *2-Hydroxynaphthalin-3-carbonsäurephenylamid.* Der wie üblich isolierte Farbstoff färbt Viscose in der Masse blauschwarz. (**F. P. 1 194 450** vom 27/11. 1957, ausg. 9/11. 1959. Schwz. Prior. 29/11. 1956 u. 2/10. 1957.) F. Rath. 7053

**Farbwerke Hoechst Akt.-Ges., vormals Meister Lucius & Brüning,** Deutschland, *Entwicklung wasserunlöslicher Azofarbstoffe auf der Faser.* (**F. P. 1 265 441** vom 13/6. 1960, ausg. 27/10. 1961. D. Prior. 13/6. 1959. — C. **1961,** 8840 [D. A. S. 1 094 228].)

**Cassella Farbwerke Mainkur Akt.-Ges.,** Deutschland, *Färben von Cellulosematerialien.* (**F. P. 1 252 299** vom 26/2. 1960, ausg. 28/4. 1961. D. Prior. 28/2. 1959. — C. **1961,** 7405 [D. A. S. 1 085 493].)

**Imperial Chemical Industries Ltd.,** London, England (Erfinder: **Harry Rose Hadfield** und **Denis Ronald Lemin**), *Färben von Wolle mit wasserlöslichen Farbstoffen.* (**Aust. P. 230 185** vom 7/10. 1958, ausg. 29/9. 1960. E. Prior. 15/10. 1957 u. 7/7. 1958. — C. **1962,** 10284 [F. P. 1 219 232].)

**Ciba Soc. An.,** Schweiz, *Nachbehandlung von Textilfärbungen.* (**F. P. 1 242 800** vom 18/12. 1959, ausg. 6/1. 1961. Schwz. Prior. 3/2. 1959. — C. **1963,** 2631 [Oe. P. 214 892].)

**Sandoz Soc. An.,** Schweiz (Erfinder: **Ernest Merian** und **Curt Mueller**), *Färben und Bedrucken von Polyesterfasern.* (**F. P. 1 237 149** vom 28/4. 1959, ausg. 23/11. 1960. Schwz. Prior. 30/4. 1958 u. 5/3. 1959. — C. **1963,** 2632 [E. P. 855 488].)

**Farbenfabriken Bayer Akt.-Ges.,** Deutschland (Erfinder: **Wilhelm Berlenbach, Wilhelm Graulich** und **Wolfgang Lehmann**), *Bedrucken von Fasermaterial.* (**F. P. 1 244 060** vom 24/12. 1959, ausg. 20/1. 1961. D. Prior. 27/12. 1958. — C. **1963,** 2632 [Oe. P. 214 894].)

**Ciba Akt.-Ges.,** Basel (Erfinder: **Arthur Maeder,** Therwil, **Paul Schäfer,** Riehen, und **Georg Sulzer,** Basel), Schweiz, *Herstellung neuer Farbstoffderivate.* (**D. P. [DDR] 22 409** Kl. 22a vom 16/2. 1959, ausg. 7/12. 1961 [Ausschließungspatent]. Schwz. Prior. 28/2. 1958. — C. **1963,** 2633 [Oe. P. 213 525].)

**Farbenfabriken Bayer Akt.-Ges.,** Leverkusen, *Herstellung basischer Farbstoffe.* (**E. P. 875 995** vom 26/8. 1958, ausg. 30/8. 1961. **F. P. 1 214 896** vom 27/8. 1958, ausg. 12/4. 1960. **Belg. P. 570 686** vom 27/8. 1958, ausg. 20/10. 1961. Alle D. Prior. 30/8. 1957. — C. **1963,** 2633 [D. A. S. 1 083 000].)

**J. R. Geigy Akt.-Ges.,** Basel, Schweiz, *Halogen-substituierte Isoindolinone.* (**E. P. 877 039** vom 9/12. 1958, ausg. 13/9. 1961. Schwz. Prior. 10/12. 1957. — C. **1961,** 3821 [D. A. S. 1 090 213].)

**Imperial Chemical Industries Ltd.,** London, England (Erfinder: **William Elliot Stephen, Colin George Tilley** und **Cyril Eric Vellins**), *Herstellung kupferhaltiger Monoazofarbstoffe.* (**Aust. P. 230 441** vom 27/5. 1958, ausg. 20/10. 1960. E. Prior. 5/7. 1957. — C. **1962,** 10652 [F. P. 1 207 663].)

**Sandoz Soc. An.,** Basel, Schweiz (Erfinder: **Jakob Benz** und **Hans Ischer**), *Pyrimidinfarbstoffe.* (**F. P. 75 033** vom 28/11. 1958, ausg. 7/7. 1961. Schwz. Prior. 29/11. 1957 u. 6/11. 1958. Zusatz zu F. P. 1 221 621; C. 1962, 12111. — C. **1962,** 2180 [D. P. [DDR] 20 788].)

**Imperial Chemical Industries Ltd.,** London, England (Erfinder: **Robert Norman Heslop** und **Charles Hugh Reece**), *Anthrachinonfarbstoffe.* (**Aust. P. 230 445** vom 3/7. 1958, ausg. 20/10. 1960. E. Prior. 22/7. 1957. Zusatz zu Aust. P. 209 899; C. 1958, 14130. — C. **1961,** 8482 [E. P. 832 400].)

**Badische Anilin- & Soda-Fabrik Akt.-Ges.,** Ludwigshafen/Rh. (Erfinder: **Karl Maier**), *Saure Anthrachinonfarbstoffe.* (**F. P. 1 258 755** vom 8/6. 1960, ausg. 2/8. 1961. D. Prior. 13/6. 1959. — C. **1962,** 12108 [D. A. S. 1 117 244].)

**Farbwerke Hoechst Akt.-Ges., vormals Meister Lucius & Brüning,** Frankfurt/M., *Leukoschwefelsäureester von Farbstoffen der Benzanthronpyrazolanthronreihe.* (**Ind. P. 64 868** vom 5/8. 1958, ausg. 18/11. 1960. — C. **1960,** 4034 [D. A. S. 1 067 153].)

**Ciba Ltd.,** Basel, Schweiz, *Phthalocyaninfarbstoffe.* (**E. P. 879 244** vom 23/9. 1958, ausg. 11/10. 1961. **Belg. P. 571 463** vom 24/9. 1958, ausg. 9/2. 1962. Beide Schwz. Prior. 25/9. 1957. — C. **1963,** 1447 [Oe. P. 207 977].)

## $H_{11a}$. Farben. Anstriche. Lacke. Naturharze

**Das Reifen von Modellölanstrichmassen.** Bohumil Svoboda. (Chem. Průmysl **12 (37),** 48—53, Jan. 1962; Pardubice, Výzkumný ústav syntet. pryskyřic a laků; tschech.) — Die Abhängigkeit zwischen der Adsorption des Bindemittels, dem Agglomerieren von Pigmenten u. dem Reifen von Modelldispersionen von Pigmenten in Lsgg. von Leinöl wird untersucht. Als Kriterium wurde die krit. Vol.-Konz. von Pigmenten (kVKP) gewählt. Die Abhängigkeit der kVKP vom %-Geh. des fiktiven Belags der spezif. Oberfläche der Pigmente mit einer Monoschicht von Fettsäuren, von der Reifezeit u. von der SZ. von Leinöl wurde graph. ausgedrückt. Es wurde festgestellt, daß die reaktiven Pigmente mit den freien COOH-Gruppen des Bindemittels reagieren. J. Schneider. 7092 □

**Wasserverdünnbare Industrielacke auf Basis Acrylharz.** Gerould Allyn. (Amer. Paint J. **42,** Nr. 36, 84, 86, 87, 90, 19/5. 1958; Philadelphia, Rohm & Haas Co.; engl.) — Überblick über die Entw. *wasserverdünnbarer Einbrennlack*-Syst. auf *Basis Acrylharz,* deren technolog. Eigg. sowie Rezepturangaben. L. Kempf. 7106

G. L. Kusmenko, **Herstellung von Estersäuren** als *Rostoffe für synthet. Ölfirnisse* durch Luftoxydation von mit $H_2SO_4$ gereinigtem Solaröl bei 160° in Ggw. von

0,02% $KMnO_4$, wobei gegenüber der Verw. von Kerosin hellere Prodd. mit größerer Ausbeute erhalten werden. (**UdSSR. P. 121 894** vom 4/11. 1958.) L. Großner. 7097

Fermonte S. p. A., Rom, Italien, **Anstrichfarben** mit Reflexionsvermögen für IR-Strahlen, gek. durch einen Geh. an einem Metall- (Schwermetalle oder Erdalkalimetalle) Salz der Disulfonsäure des Oxynaphthylaminoazobenzoltoluylendiamindiazobenzidins. (**It. P. 546 100** vom 11/4. 1956.) K. Koebke. 7107

I. A. Ostrjakow und W. W. Grosdow, **Neutralisieren statischer Elektrizität** durch Überzüge mit Lsgg. von Paraffin, Seignettesalz u. $SnCl_4$ in W., Bzn., Fluorbenzol oder Fluoralkanen. (**UdSSR. P. 119 536** vom 1/7. 1958.) L. Großner. 7107

Jenö Szabadi und Josef Demeter, Ungarn, **Kunstharzüberzüge auf Platten.** Bei Temp., die wenig über dem Erweichungspunkt des Harzes liegen, werden Folien hergestellt, die auf erwärmte Platten, z. B. mittels Vakuum, aufgebracht werden. Die Temp. wird so gehalten, daß die Kondens.-Geschw. des Harzes gering ist; ggf. werden 1—10% Lsgm. zugesetzt. (**UdSSR. P. 122 870** vom 17/10. 1958.) L. Großner. 7107

I. P. Lossew, L. A. Datzkewitsch, A. W. Jermolajew, A. W. Inosemzewa und A. N. Lobowa, **Härten von Polyesterurethanen** mit Metallpulvern, bes. zur Herst. *wärmestabiler Filme.* — 10 (g) Poly-1.4-butandioladipinat mit 9,5—9,8% freien OH-Gruppen, 10 Hexamethylendiisocyanat u. 5 Fe-Pulver, Teilchengröße 6—10 $\mu$, werden erwärmt u. gepreßt. (**UdSSR. P. 125 677** vom 10/6. 1959.) L. Großner. 7107

M. Ss. Akutin, L. A. Rodiwilowa, K. P. Baibakow und L. P. Nekrassowa, **Herstellung phosphorhaltiger Polymerer** durch Phasengrenzflächen-Rk. von Alkyl- u. Arylphosphonsäure- oder -phosphonigsäuredichloriden oder $POCl_3$ mit aliphat. oder aromat. Diaminen. — Zu 6,12 (g) $POCl_3$ in 800 Bzl. wird eine Lsg. von 6,96 Hexamethylendiamin u. 6,72 KOH in 25 W. gegeben: *Polymeres*, F. 210—220°, geeignet zur Kombination mit anderen Hochpolymeren u. zur Herst. *feuerfester Überzüge.* (**UdSSR. P. 125 566** vom 13/4. 1959.) L. Großner. 7107

E. Hustinx, Maastricht, Niederlande, **Zur Herstellung von Überzügen geeignete härtbare Massen,** bestehend aus Mischungen von Wasserglas mit einem oder mehreren polymerisierbaren Estern aus einem ungesätt. Alkohol u./oder einer ungesätt. Säure, z. B. Vinylacetat. Man kann noch andere Vinyl-Verbb., wie Styrol oder Acrylsäure, oberflächenakt. Stoffe, Füllstoffe u. Härtungsmittel, wie Al-Butylat oder Siliconate, zusetzen. (**Belg. P. 556 490** vom 8/4. 1957, ausg. 26/2. 1960. Niederl. Prior. 16/4. 1956.) P. Krug. 7107

Soc. Industrielle de la Cellulose (SIDAC) Soc. An., Brüssel, Belgien, **Toluollösliches Vinylidenchlorid (I)-Methacrylsäurealkylester-Mischpolymerisat,** dad. gek., daß der Esteranteil 13—32% beträgt u. der Alkoxyrest des Esters 8—18 C-Atome enthält, wobei bei 8 C-Atomen bis zu ca. 25% bzw. bei 18 C-Atomen bis zu 32% Esteranteil im Mischpolymerisat vorhanden sind. Genannt sind bes. der Octyl-, Lauryl- u. Stearylester der Methacrylsäure, die in dieser Reihenfolge einen Ester-Geh. von 18 bzw. 20 bzw. 26% u. bei Verw. eines Antiklebmittels von 25 bzw. 26 bzw. 32% zulassen. Bei niedrigem Ester-Geh. wird bes. Paraffinwachs, bei höherem Ester-Geh. werden bes. anorgan. Stoffe (Ton, Kieselerde, Glaspulver, Al-Hydrat, Talk, Kalk, $BaSO_4$, $MgCO_3$, Glimmerstaub), sonst auch Pulver von Harnstoff–$CH_2O$-, Phenol–$CH_2O$-, Melamin–$CH_2O$-Harzen bzw. von regenerierter Cellulose, Celluloseestern, Zellstoff, Stärke oder Alginaten als Antiklebmittel verwendet. — Man stellt z. B. aus 6 (Teilen) Stearylmethacrylat, 94 **I**, 150 Cyclohexan u. 0,25 Azodiisobutyronitril eine Lsg. her, erhitzt diese 18 Std. auf 45° unter Rühren, fällt u. wäscht den Nd. mit $CH_3OH$, löst in Tetrahydrofuran u. fällt nochmals mit $CH_3OH$. Die Masse dient zum *Überziehen von feuchtigkeitsdichten, elast.* u. bes. *nichtklebenden Filmen aus regenerierter Cellulose.* — Mengenbeispiele, Tabelle. (**Belg. P. 567 211** vom 28/4. 1958, ausg. 12/8. 1960. A. Prior. 28/2. 1957.) G. Vogel. 7107

Air Reduction Co., Inc. (Erfinder: Arthur I. Lowell, N.Y., Allio Joseph Buselli, N.J., und William H. Taylor, Ohio), V.St.A., **Herstellung in Wasser schnell löslicher selbsttragender Folien für Verpackungen** aus einem Vinylalkohol–Crotonsäure-Mischpolymerisat mit 2—20 Mol-%, bes. 4—20 Mol-%, Crotonsäure oder deren Salzen. Man erhält das Mischpolymere durch Verseifung eines Vinylacetat–Crotonsäure-Mischpolymeren in Ggw. von überschüssigem niederem Alkanol mit einer Base. — So gibt man zu einer Lsg. von 2 g NaOH in 400 ml $CH_3OH$ langsam 40 g Vinylacetat–Crotonsäure-Perlpolymeres mit 4 Mol-% Crotonsäure u. 96 Mol-% Vinylacetat, gelöst in 400 ml $CH_3OH$, in 3 Std. u. rührt, bis ca. 90% der Acetylgruppen verseift sind, stellt die trübe Lsg. mit 3 g $CH_3COOH$ auf pH 5 u. erhält ein feinpulveriges

Polymeres, das man mit 10 Gew.-% Polyäthylenglykol mischt, worauf man die wss. Lsg. des Prod. zu Folien formt. — Die Folien dienen zum Verpacken von Seifen, Netz- u. Bleichmitteln. (**F. P. 1 201 957** vom 3/9. 1958, ausg. 7/1. 1960. **Jap. A. S. 17 335/1960** vom 5/9. 1958, ausg. 25/11. 1960. Beide A. Prior. 5/9. 1957.) M. Pankow. 7107

---

**Farbwerke Hoechst Akt.-Ges., vormals Meister Lucius & Brüning**, Frankfurt/M., *Herstellung von Pigmentfarbstoffen.* (**Niederl. P. 100 279** vom 22/8. 1958, ausg. 15/1. 1962. D. Prior. 23/8. 1957. — C. **1962**, 1042 [D. A. S. 1 078 259].)

**Aluminium Laboratories Ltd.**, Montreal, Canada (Erfinder: **Stanton Evan Jack**), *Metallpigmentmischung zur Einarbeitung in wässerige Überzugsmittel.* (**E. P. 873 232** vom 18/4. 1958, ausg. 19/7. 1961. — C. **1962**, 4735 [Belg. P. 567 623].)

**Friedrich Frey**, Graz, Österreich, *Herstellung von Eisenschwarz.* (**E. P. 878 679** vom 8/4. 1958, ausg. 4/10. 1961. Oe. Prior. 11/4. 1957. — C. **1963**, 698 [Belg. P. 566 616].)

**Farbenfabriken Bayer Akt.-Ges.** (Erfinder: **Ernst Podschus** und **Odilo Kollmann**), Leverkusen, *Herstellung kieselsäurehaltiger Pigmente.* (**Niederl. P. 101 197** vom 8/2. 1955, ausg. 15/5. 1962. D. Prior. 28/6. 1954. — C. **1957**, 4251 [F. P. 1 122 091].)

**Ciba Ltd.**, Basel, Schweiz, *Gegen Ausflocken beständige Phthalocyaninpigmente.* (**Ind. P. 64 567** vom 7/7. 1958, ausg. 28/5. 1960. — C. **1962**, 6979 [F. P. 1 207 824].)

**Minnesota Mining & Mfg. Co.**, St. Paul, Minn., übert. von: **Lamar E. Long**, Doylestown, Pa., V.St.A., *Grundierungsmittel.* (**A. P. 2 990 294** vom 25/2. 1957, ausg. 27/6. 1961. — C. **1962**, 6597 [E. P. 848 729].)

**Farbenfabriken Bayer Akt.-Ges.** (Erfinder: **Karl Raichle, Klaus Prater** und **Hermann Schnell**), Deutschland, *Herstellung von Bindemitteln aus thixotropen Estern.* (**F. P. 1 252 419** vom 26/3. 1960, ausg. 3/5. 1961. D. Prior. 28/3. 1959. — C. **1962, 6980** [D. A. S. 1 106 015].)

**Beck, Koller & Co. (England) Ltd.** (Erfinder: **Philip Duncan Cox** und **Geoffrey Swann**), *Thixotrope Materialien.* (**Aust. P. 231 932** vom 18/12. 1957, ausg. 9/2. 1961. E. Prior. 1/1. u. 7/5. 1957. — C. **1961**, 16292 [E. P. 836 218].)

**Farbenfabriken Bayer Akt.-Ges.**, Leverkusen, *Thixotrope Verbindungen.* (**E. P. 894 805** vom 25/3. 1960, ausg. 26/4. 1962. D. Prior. 28/3. 1959. — C. **1962**, 6980 [D. A. S. 1 106 015].)

**Welsbach Corp.**, Philadelphia, Pa., V.St.A. (Erfinder: **Victor A. Hann**), *Unterdrückung von Verbrennungsvorgängen bei der Berührung von ozonhaltigem Sauerstoff mit Ozonisierungsprodukte der ungesättigten aliphatischen Monocarbonsäuren oder des α-Pinens enthaltenden Filmen.* (**E. P. 838 233** vom 2/8. 1957, ausg. 22/6. 1960. — C. **1961**, 18141 [D. A. S. 1 096 907].)

**General Aniline & Film Corp.**, New York, übert. von: **Albert Bloom**, Summit, N.J., V.St.A., *Trocknungsbeschleuniger.* (**A. P. 3 005 789** vom 11/10. 1955, ausg. 24/10. 1961. — C. **1960**, 2356 [D. A. S. 1 058 665].)

**Esso Research and Engineering Co.**, Elizabeth, übert. von: **Anthony H. Gleason**, Westfield, N.J., V.St.A., *Entfernen von Katalysatorrückständen.* (**Can. P. 555 292** vom 5/11. 1954, ausg. 1/4. 1958. A. Prior. 4/12. 1953. — C. **1956**, 11297 [A. P. 2 712 561].)

**Union Carbide Corp.**, V.St.A. (Erfinder: **Kenneth Leroy Brown** und **William Herbert McKnight**), *Verbesserung der Haftung von Vinylchloridharzen an Unterlagen.* (**F. P. 1 184 131** vom 9/10. 1957, ausg. 17/7. 1959. A. Prior. 10/10. 1956. — C. **1962**, 9164 [Aust. P. 220 693].)

**British Titan Products Co. Ltd.**, Billingham, England (Erfinder: **Arthur Wallace Evans, Arthur Dolby Brown** und **Hugh Robert Roddam**), *Herstellung von Titan- und Aluminiumsulfatlösungen.* (**E. P. 884 811** vom 8/2. 1957, ausg. 20/12. 1961. — C. **1962**, 9164 [F. P. 1 191 207].)

**N. V. de Bataafsche Petroleum Mij.**, Den Haag, Niederlande, *Herstellung von Kohlenteerprodukte und Polyepoxyde enthaltenden Mischungen.* (**Niederl. P. 101 001** vom 29/7. 1957, ausg. 16/4. 1962. A. Prior 30/7. u. 20/8. 1956. — C. **1962**, 3273 [F. P. 1 188 506].)

**Goodyear Tire & Rubber Co.**, Akron, Ohio, V.St.A., *Mischpolyester.* (**E. P. 877 539** vom 13/12. 1957, ausg. 13/9. 1961. A. Prior. 21/6. 1957. — C. **1962**, 3638 [Aust. P. 220 410].)

**Farbenfabriken Bayer Akt.-Ges.**, Leverkusen, *Harzverbindungen als Überzugsmittel.* (**E. P. 882 687** vom 14/1. 1959, ausg. 15/11. 1961. D. Prior. 15/1. 1958. — C. **1961**, 8491 [D. A. S. 1 092 585].)

**United States Steel Corp.**, Pittsburgh, Pa., V.St.A., *Kontinuierliches Aufbringen von Schutzüberzügen auf Stahlstreifen.* (**E. P. 818 417** vom 15/2. 1956, ausg. 19/8. 1959. A. Prior. 17/5. 1955. — C. **1959**, 13645 [A. P. 2 833 672].)

**United States Steel Corp.** (Erfinder: **A. N. Laubscher** und **G. H. Rendel**), Pittsburgh, Pa., V.St.A., *Kontinuierliches Aufbringen von Schutzüberzügen auf Stahlstreifen.* (**Belg. P. 547 840** vom 15/5. 1956, ausg. 6/11. 1959. A. Prior. 17/5. 1955. — C. **1959**, 13645 [A. P. 2 833 672].)

**Boake, Roberts & Co. Ltd.**, London, England, *Herstellung von epoxydierten Ölprodukten.* (**Belg. P. 569 645** vom 22/7. 1958, ausg. 2/6. 1961. E. Prior. 22/7. 1957. — C. **1963**, 2249 [F. P. 1 211 460].)

**Allied Chemical & Dye Corp.**, New York, N.Y., übert. von: **Michael Erchak jun.**, Morris Plains, N.J., V.St.A., *Chlorierte Polyäthylene.* (**Can. P. 562 935** vom 16/11. 1954, ausg. 9/9. 1958. A. Prior. 22/12. 1953. — C. **1958**, 6106 [A. P. 2 779 754].)

**Godfrey L. Cabot, Inc.**, Boston, Mass., V.St.A. (Erfinder: **Merril E. Jordan** und **Eli M. Dannenberg**), *Herstellung von hochschmelzendem hochmolekularem Polyäthylen.* (**Jap. A. S. 15 381/1960** vom 13/2. 1958, ausg. 14/10. 1960. A. Prior. 13/2. 1957. — C. **1962**, 12113 [F. P. 1 198 844].)

**Farbenfabriken Bayer Akt.-Ges.**, Deutschland (Erfinder: **Wilhelm Bunge** und **Otto Bayer**), *Herstellung von Cyanursäureesterkondensationsprodukten.* (**F. P. 1 234 399** vom 30/7. 1959, ausg. 17/10. 1960. D. Prior. 4/8. 1958. — C. **1961**, 18142 [D. A. S. 1 096 031].)

**Farbwerke Hoechst Akt.-Ges., vormals Meister Lucius & Brüning**, Deutschland, *Herstellung von hochmolekularen organischen Zinnderivaten.* (**F. P. 1 209 176** vom 24/5. 1958, ausg. 29/2. 1960. D. Prior. 25/5. 1957. — C. **1961**, 311 [D. A. S. 1 078 772].)

**Kalle & Co. Akt.-Ges.**, übert. von: **Eduard Lakatos** und **Kurt Schneglberger**, Wiesbaden-Biebrich, **Heinrich Greune**, Frankfurt/M.-Unterliederbach, und **Johannes Heyna**, Frankfurt/M.-Höchst, *Lackieren von Regeneratcellulosefolien.* (**Can. P. 561 049** vom 28/3. 1955, ausg. 29/7. 1958. D. Prior. 31/3. 1954. — C. **1957**, 12903 [F. P. 1 121 423].)

**Pittsburgh Plate Glass Co.**, Pittsburgh, übert. von: **Stewart W. Gloyer**, **Henry A. Vogel**, Gibsonia, Pa., und **Darrell D. Brenner**, Waukegan, Ill., V.St.A., *Einbrennlacke.* (**Can. P. 562 955** vom 11/5. 1956, ausg. 9/9. 1958. A. Prior. 16/8. 1955. — C. **1960**, 1342 [A. P. 2 856 094].)

**N. V. de Bataafsche Petroleum Mij.**, Den Haag, Niederlande, *Überzugsmischung.* (**Jap. A. S. 15 794/1960** vom 25/3. 1959, ausg. 20/10. 1960. A. Prior. 27/3. 1958. — C. **1962**, 6599 [E. P. 859 936].)

**Dow Chemical Co.**, V.St.A. (Erfinder: **Harold G. Hahn**, **Fred D. Hoerger** und **Carl P. Zupic**), *Herstellung von Schutzüberzügen auf Polyäthylen.* (**F. P. 1 182 239** vom 1/2. 1957, ausg. 23/6. 1959. A. Prior. 2/2. 1956. — C. **1962**, 11390 [E. P. 826 269].)

**Paul Freitag**, Enghien-les-Bains, Frankreich, *Schutzanstrichmittel bzw. Schutzüberzugsmasse.* (**E. P. 880 360** vom 19/5. 1958, ausg. 18/10. 1961. F. Prior. 28/5. 1957. — C. **1962**, 6599 [Belg. P. 567 927].)

**Hunter & Co. (Paints) Ltd.**, England, *Herstellung rostschützender Überzüge.* (**F. P. 1 196 779** vom 11/6. 1958, ausg. 26/11. 1959. E. Prior. 18/6. 1957. — C. **1962**, **16145** [Aust. P. 229 404].)

**Imperial Chemical Industries Ltd.**, London, übert. von: **Bernard J. Habgood**, Manchester, Lancashire, England, *Überzüge auf Kautschuk.* (**Can. P. 561 036** vom 5/1. 1956, ausg. 29/7. 1958. E. Prior. 5/1. 1955. — C. **1958**, 12253 [F. P. 1 140 024].)

**E. I. du Pont de Nemours & Co.**, Wilmington, Del., übert. von: **Henry W. Godshalk**, Swarthmore, Pa., V.St.A., *Überzugsmassen.* (**Can. P. 568 603** vom 8/7. 1955, ausg. 6/1. 1959. A. Prior. 20/9. 1954. — C. **1960**, 10076 [Niederl. P. 92 706].)

**E. I. du Pont de Nemours & Co.**, Wilmington, Del., übert. von: **Clyde G. Learn**, Richmond, Va., V.St.A., *Überziehen von organischen Flächengebilden.* (**Can. P. 568 648** vom 29/2. 1956, ausg. 6/1. 1959. A. Prior. 5/4. 1955. — C. **1959**, 11740 [A. P. 2 808 340].)

**Ruhrchemie Akt.-Ges.**, Deutschland (Erfinder: **Heinz Noeske**, **Friedrich Gross** und **Wilhelm Borns**), *Überzüge aus chloriertem Polyäthylen.* (**F. P. 1 203 298** vom 13/9. 1958, ausg. 18/1. 1960. D. Prior. 19/9. 1957. — C. **1962**, 3997 [Oe. P. 211 930].)

**General Aniline & Film Corp.**, New York, N.Y., übert. von: **Harry D. Anspon**, Easton, und **Frank E. Pschorr**, Penn Heights, Phoenixville, Pa., V.St.A., *Polymerfolien.* (**Can. P. 563 491** vom 10/3. 1955, ausg. 16/9. 1958. A. Prior. 26/3. 1954. — C. **1957**, 12615 [F. P. 1 120 307].)

**Farbenfabriken Bayer Akt.-Ges.**, Leverkusen, übert. von: **Peter Hoppe**, Troisdorf, und **Hans-Willi Paffrath**, Köln-Deutz, *Polyurethanschäume.* (**Can. P. 563 487** vom 31/1. 1955, ausg. 16/9. 1958. D. Prior. 5/2. 1954. — C. **1957**, 11445 [D. B. P. 964 716].)

**E. I. du Pont de Nemours & Co.**, Wilmington, Del., übert. von: **Edward R. Taylor jun.**, Springfield, Pa., V.St.A., *Poliermittel.* (**Can. P. 560 014** vom 19/7. 1954, ausg. 8/7. 1958. A. Prior. 6/8. 1953. — C. **1959**, 2297 [A. P. 2 733 154].)

## $H_{11}$b. Plaste. (Kunstharze. Plastische Massen)

**Neue Entwicklungen bei den Kunststoffen.** Benedikt Rau. (Chem. Ind. **14**, 583—88, Okt. 1962; Frankfurt/M.; dt.) — Übersicht. Besprochen werden *Polyäthylen, Polypropylen, Polyvinylchlorid, Polystyrol, Polymethylacrylate, Polyamide, Polycarbonate, Phenol-* u. *Melaminharze, ungesätt. Polyesterharze, Epoxyharze* u. *Polyurethane.* H. Czech. 7170◇

**Kunststoffe mit neuen organischen Bestandteilen.** Bruno Waeser. (Kunststoff-Rdsch. **7**, 121—26, März 1960; Elmshorn bei Hamburg; dt.) — Überblick. Behandelt werden: Anorgan. Füllstoffe u. Zusätze, Organometall-Verbb. als Katalysatoren, Kunststoffe mit strukturell eingebauten anorgan. Bestandteilen. — 52 Literaturangaben. M. Winiker. 7170◇

**Flammschutzausrüstung.** Gerry P. Mack. (Mod. Plastics **40**, Nr. 1 A, 479—82, Sept. 1962; New York, N.Y., Metal and Thermit Corp.; engl.) — Übersicht. H. Czech. 7170◇

**Gleitzusätze.** R. B. Aron. (Mod. Plastics **40**, Nr. 1 A, 510—12, Sept. 1962; Lodi, N.J., Fine Organic, Inc.; engl.) — Übersicht. H. Czech. 7170◇

**Weichmachereigenschaften von Methylvinylketon–Methyl-α-eläostearat-Addukten und Derivaten.** Lida L. Placek, Frank C. Magne und W. G. Bickford. (J. Amer. Oil Chemists' Soc. **36**, 651—52, Dez. 1959; New Orleans, La., South. Reg. Res. Labor.; engl.) — Das Diels-Alder-Addukt von Methylvinylketon u. Methyl-α-eläostearat wird hydriert, epoxydiert u. aromatisiert. Addukt u. Derivv. eignen sich als Weichmacher; die diese Weichmacher enthaltenden Werkstoffe zeigen bei langer Wärme-Einw. gute Warmfestigkeit u. erleiden durch UV-Bestrahlung keinen Schaden. W. Wesly. 7170◇

**Weichmacher aus Ricinusölderivaten. Einige stickstoffhaltige Derivate als Weichmacher für Vinylchlorid–Vinylacetat-Copolymerisate und Celluloseharze.** Frank C. Magne, Harold P. Dupuy und Leo A. Goldblatt. (J. Amer. Oil Chemists' Soc. **36**, 635—37, Dez. 1959; New Orleans, La., South. Reg. Res. Labor.; engl.) — Als *Weichmacher* für Vinylchlorid–Vinylacetat-Copolymerisate eignen sich 4-Ricinoleylmorpholin (**I**) 4-[12-Acetoxyoleyl]-morpholin (**II**), 4-[12-Acetoxystearyl]-morpholin, 4-[12-β-Cyanäthoxyoleyl]-morpholin (III), 4-[12-β-Cyanäthoxystearyl]-morpholin (IV), 1.12-Bis-[β-cyanäthoxy]-9-octadecen u. 1.12-Bis-[β-cyanäthoxy]-octadecan. **I**, **II**, **III** u. **IV** sind auch als Weichmacher für Celluloseacetat geeignet. W. Wesly. 7170◇

**Lösungsmittel.** R. H. Duzy und R. B. Leonard. (Mod. Plastics **40**, Nr. 1 A, 483—89, Sept. 1962; New York, N.Y., Union Carbid Chem. Corp.; engl.) — Übersicht. H. Czech. 7170◇

**Anlagen zur Herstellung von Folien.** Klaus D. Hasper. (Chem. Ind. **14**, 597—99, Okt. 1962; Krefeld; dt.) — Übersicht. H. Czech. 7170◇

**Oberflächenveredlung und -bearbeitung von Plasten.** Joseph Ashmore und R. M. Leliaert. (Mod. Plastics **40**, Nr. 1 A, 846—48, 863, Sept. 1962; Stamford, Conn., Tumb-L-Matic; Mishawaka, Ind., Wheelabrator Corp.; engl.) — Übersicht über industrielle Meth. u. Techniken. H. Czech. 7170◇

**Formmethoden für thermoplastische Kunststoffe.** A. Höger. (Kunststoff-Rdsch. **7**, 126—29, März 1960; dt.) — Allg. Ausführungen. M. Winiker. 7170◇

**Schleudern von Thermoplasten.** C. D. Spencer. (Mod. Plastics **40**, Nr. 1 A, 720, Sept. 1962; New York, N.Y., Allied Chem. Corp.; engl.) — Übersicht. H. Czech. 7170◇

**Stabilisatoren.** Norman L. Perry. (Mod. Plastics **40**, Nr. 1 A, 502—05, Sept. 1962; Brooklyn, N.Y., Argus Chem. Corp.; engl.) — Übersicht unter besonderer Berücksichtigung der Stabilisierung von Polyvinylchlorid u. von Polyolefinen. H. Czech. 7172◇

**Preßteile aus Polyäthylenpulver.** A. B. Zimmerman und Dale M. Johnson. (Mod. Plastics **40**, Nr. 1 A, 717—20, Sept. 1962; U. S. Ind. Chem. Co.; engl.) — Übersicht. H. Czech. 7172◇

**Praktische Anwendungsmöglichkeiten für Polypropylen.** 1. Mitt. K. T. M. Verschoore und M. Vlig. (Plastica [Delft] **15**, 518—27, Okt. 1962; Delft, Shell Plastics Labor.; niederl.) — Mechan. u. elektr. Eigg. sowie Wärme- u. Witterungsbeständigkeit verschiedener *Polypropylen* (**I**)-Sorten sowie Chemikalienbeständigkeit, Vorbehandlung, Bedruckbarkeit u. Verleimung werden untersucht. B. Scheifele. 7172◇

**Vinylpolymere und Copolymere.** Tom Podnar jun. (Mod. Plastics **40**, Nr. 1 A, 299—305, Sept. 1962; Cleveland, Ohio, Diamond Alkali Co.; engl.) — Übersicht über Beeinflussung der Eigg. zur Verw. als Filme, Folien, Elektroisoliermaterialien, Überzüge u. Preßmassen. H. Czech. 7172◇

**Kondensationspolymere aus Derivaten des Diphenyläthers.** James D. Doedens und Howard P. Cordts. (Ind. Engng. Chem., int. Edit. **53**, 59—62, Jan. 1961; Midland, Mich., Dow Chem. Co.; engl.) — Das Gemisch der bei der *Chlormethylierung* von *Diphenyläther* anfallenden Verbb. kann mit Friedel-Crafts-Katalysatoren zu einem Schaumstoff polymerisiert werden. Der bei der Rk. frei werdende Chlorwasserstoff wirkt als Blähmittel. Der Schaum ist unbrennbar, bei hohen Temp. formbeständig u. kann mit verschiedenen Füllstoffen verarbeitet werden. Anwendungsbeispiele sind angegeben. H. Drechsel. 7176◇

**Silicone.** T. A. Kauppi. (Mod. Plastics **40**, Nr. 1 A, 259—62, Sept. 1962; Midland, Mich., Dow Corning Corp.; engl.) — Übersicht. H. Czech. 7188◇

**Glasfaserverstärkte Kunststoffe.** R. Sonneborn und G. S. McElroy. (Mod. Plastics **40**, Nr. 1 A, 619—23, Sept. 1962; Granville, Ohio, Owens-Corning Fiberglas Corp.; engl.) — Übersicht über den Einsatz von Glasfasern zur Verstärkung. H. Czech. 7204◇

**Über Asbest-Verstärkung.** J. J. Colao. (Mod. Plastics **40**, Nr. 1 A, 624—27, Sept. 1962; Garwood, N.J., Asbestos Corp. of America; engl.) — Übersicht über die Verw. in Preßmassen (Thermoplaste u. Duroplaste) u. in Schichtpreßstoffen. H. Czech. 7204◇

**Übersicht über Filme und Folien.** Anonym. (Mod. Plastics **40**, Nr. 1 A, 554 bis 589, Sept. 1962; engl.) — Umfassende Übersicht über Darst., Eigg., Verarbeitung, Aufmachung, Verw. u. Anwendung. H. Czech. 7204◇

**Formpressen und Preßspritzverfahren.** E. W. Vaill. (Mod. Plastics **40**, Nr. 1 A, 767—78, Sept. 1962; New York, N.Y., Union Carbide Plastics Co.; engl.) — Übersicht. H. Czech. 7204◇

**Das Extrudieren.** Anonym. (Mod. Plastics **40**, Nr. 1 A, 744—66, Sept. 1962; engl.) — Detaillierte u. umfassende Übersicht. H. Czech. 7204◇

**Fließbettbeschichtung.** W. R. Pascoe. (Mod. Plastics **40**, Nr. 1 A, 712—14, Sept. 1962; Reading, Pa., Polymer Corp.; engl.) — Übersicht. H. Czech. 7204◇

**Spritzgußverfahren.** Anonym. (Mod. Plastics **40**, Nr. 1 A, 722—43, Sept. 1962; engl.) — Detaillierte u. umfassende Übersicht über die grundlegende Plastverarbeitungstechnik. H. Czech. 7204◇

**Maschinelle Bearbeitung von Schichtpreßstoffen.** J. E. Martin. (Mod. Plastics **40,** Nr. 1A, 659—64, 682, Sept. 1962; Scottsdale, Ariz., Gen. Electr. Co.; engl.) — Vgl. auch C. **1962,** 15785. — Übersicht über die fachgerechte Bearbeitung papier-, textilfaser- u. glasfaserverstärkter Schichtpreßstoffe. H. Czech. 7204◇

**Maschinelle Bearbeitung von Thermoplasten.** George Carlyon. (Mod. Plastics **40,** Nr. 1A, 836—40, Sept. 1962; Detroit, Mich., Cadillac Plastic and Chem. Co.; engl.) — Übersicht. H. Czech. 7204◇

**Bedeutung von $^{14}$C-markierten Normalproben für die Analyse von Acrylonitril-Vinylacetat-Copolymeren.** Myron E. Gibson jun. und Robert H. Heidner. (Analytic. Chem. **33,** 1825—29, Dez. 1961; Durham, N.C., Chemstrand Res. Center; engl.) — Mit in der Acetatgruppe markiertem $^{14}C_{(CO)}$ werden die einzelnen Operationen naßchem. u. IR-spektroskop. zur Best. des *Vinylacetat* (**I**)-Anteils in Acrylonitril-**I**-Copolymeren kontrolliert. Das markierte monomere **I** wird durch Esteraustausch zwischen inakt. **I** u. $^{14}C_{(COOH)}$-Essigsäure gewonnen. In einer $Al_2O_3$-Chromatographiersäule wird die freie $CH_3COOH$ entfernt. Die $^{14}$C-Aktivität wird durch Fl.-Scintillationstechnik gemessen. Als Scintillations-Lsg. dient Diphenyloxazol u. 1.4-Bis-[5-phenyloxazolyl-(2)]-benzol in Toluol. Als zuverlässig erwiesen sich die alkal. Verseifung mit 0,5n alkohol. KOH u. die Dest. der freigesetzten $CH_3COOH$ aus $H_2SO_4$-saurem Medium zur Best. von **I** sowie die Hydrolyse mit 50% ig. KOH u. die gleichzeitige Wasserdampf-Dest. in vorgelegte saure Maßlösung. Zur spektrophotometr. Best. dient die Intensität der 5,8-$\mu$-Bande einer 1—2% ig. Lsg. in Dimethylsulfoxid (0,2 mm $CaF_2$-Zelle), wobei die Aktivität des $^{14}$C-**I** zur Aufstellung der Eichkurve dient. W. Kupfer. 7210□

**Chemische Analyse von Polymeren.** F. E. Critchfield und D. P. Johnson. (Analytic. Chem. **33,** 1834—36, Dez. 1961; South Charleston, W.Va., Union Carbide Chem. Co., Dev. Dep., Techn. Center; engl.) — Es wird über die Erfahrungen bei (A) der chem. Best. von Spurenmetallen in Polymeren, (B) der des Polymerenverhältnisses in Copolymeren, (C) der von Spuren Hochpolymerer in Nahrungsmitteln u. (D) der von Endgruppen in Polymeren berichtet. A erfordert meistens nasse oder trockne Veraschung des Polymeren, da in den seltensten Fällen ein geeignetes Lsgm. gefunden werden kann, mit dessen Hilfe das Metallkation aus dem Polymeren quant. extrahierbar ist. Die nasse Veraschung vermeidet Verdampfungsverluste, bringt aber häufig hohe Blindwerte durch die Aufschlußchemikalien. Trockne Veraschung hält die Blindwerte tief, leicht treten aber Verdampfungsverluste auf. — B gelingt nur in wenigen günstigen Fällen über die Best. von Heteroelementen, dann ist sie unabhängig von Löslichkeitsverhältnissen. Sobald B über die funktionellen Gruppen bestimmt werden muß, spielen die Löslichkeitsverhältnisse die entscheidende Rolle, was am Beispiel der Unters. von *Polyäthylen–Polyacrylsäureester-Copolymerisaten* belegt wird. C, die wegen der Verw. von Polymeren als Verpackungsmaterial immer mehr an Bedeutung gewinnt, wird am Beispiel einer turbidimetr. Best. von Polyäthylen in pflanzlichen Ölen erläutert. — D dient außer zur Erkennung der Endgruppen vor allem zu Molgew.-Bestimmungen. Die Löslichkeitsverhältnisse u. die Abnahme des Reagensverbrauches mit steigendem Molgew. engen die Genauigkeit dieser Verff. erheblich ein. Zum Teil ist man genötigt, in heterogenen Syst. zu arbeiten — z. B. bei *Epoxyharzen* —, was zulässig ist, solange durch feines Vermahlen des Harzes u. Wahl eines quellenden Lsgm. für innigen Kontakt zwischen Reagens u. Probe gesorgt wird. W. Kupfer. 7210□

**Polymeren-Fraktionierung durch Säulen-Methoden.** N. S. Schneider. (Analytic. Chem. **33,** 1829—31, Dez. 1961; Natick, Mass., Quartermaster Res. and Engng. Center; U. S. Army, Pioneer Res. Div.; engl.) — Unter Angabe zahlreicher Literaturstellen aus den letzten 10 Jahren wird eine Übersicht über die Fraktionierung von Hochpolymeren nach ihrem Molgew. an Säulen durch Elution mit verschiedenen Lsgm. u. mit gleichen Lsgm. bei sich ändernden Temp. gegeben. Grundlegende Unterschiede zwischen diskontinuierlichen u. kontinuierlichen Meth. werden herausgestellt. W. Kupfer. 7210□

**Bestimmung der Molekülorientierung in Filmen von Polymeren durch IR-Spektrophotometrie.** J. A. Gailey. (Analytic. Chem. **33,** 1831—34, Dez. 1961; Wilmintgon, Del.; Hercules Powder Co., Res. Center; engl.) — Die Orientierung (Or) mol. Ketten in Filmen von Hochpolymeren beeinflußt deren Eigg. erheblich. Die Best. der Or mit Röntgenstrahlen ist sehr zeitraubend, wenn mehr als grob orientierende Aussagen gemacht werden sollen. Eine leicht erreichbare Zusatzausrüstung ermöglicht vollständige Angaben über die Or in den 3 Dimensionen in ca. 15 Minuten. Die theoret. Grundlagen u. die experimentelle IR-spektroskop. Messung werden beschrieben. W. Kupfer. 7210□

**Spannungen in verstärkten Kunststoffen.** 1. Mitt. G. J. Spies. (Plastica [Delft] 15, 538—46, Okt. 1962; Delft, TH; niederl.) — Spannungskonzentrationen (Sp) entstehen meist an unregelmäßig gestalteten Kunststoffteilen. Höhere Sp treten bei orthotropen Materialien häufiger (glasfaserverstärkten Plasten) auf als bei isotropen. Die auftretenden Spannungen bei glasfaserverstärkten gelochten kreisförmigen u. ellipt. Kunststoffplatten werden berechnet. B. Scheifele. 7210◇

**Die Spannungsausbildung in Kunstharzen mit eingelagerten Glasfasern.** Alexander Matting und Heinz Haferkamp. (Glastechn. Ber. 35, 194—202, April 1962; Hannover, TH, Inst. für Werkstoffkunde; dt.) — Nach der Darst. der theoret. Grundlagen der Spannungsoptik u. der Betrachtung der spannungsopt. Eigg. der Kunstharze unter Heranziehung der Zweistofftheorie von Houwink wird versucht, durch Schrumpf- u. Haftvorgänge bewirkte Spannungszustände an den Grenzflächen von *glasfaserverstärkten Kunststoffen* zu deuten. Verschiedene Vorgänge beeinflussen diese Spannungen, deren Größenordnung sich näherungsweise berechnen lassen. Die Kenntnis von Art u. Größe dieser Spannungen kann zu techn. wichtigen Folgerungen verhelfen. N. Peters. 7210□

**Die Flexibilität von Kunststoffolien.** J. H. Gisolf. (Plastica [Delft] 15, 498—503, Okt. 1962; Amsterdam, Draka; niederl.) — Für die Filmelastizität ist der Elastizitätsmodul bei niedriger Spannung maßgebend. Ein Zugtest u. die Unters. des Einfl. von Weichmacher u. Temp. auf die Flexibilität von PVC-Folien werden untersucht B. Scheifele. 7210◇

**Der Einfluß der Abkühlungsgeschwindigkeit auf die Dichte von Polyäthylen.** H. W. Everett. (Mater. Res. Standards 2, 278—81, April 1962; engl.) — Meth. zur Best. der Dichte von *Polyäthylen* in Abhängigkeit von der Konditionierung. H. Drechsel. 7210◇

**Ermüdung von Kunststoffen.** 1. Mitt. E. A. H. Algra. (Plastica [Delft] 15, 548—54, Okt. 1962; Delft, Kunststoff-Inst. T.N.O.; niederl.) — Infolge viscoelast. Verh. geringer Wärmeleitfähigkeit, großer Temp.-Empfindlichkeit u. hoher Dämpfung ist die Emüdungsprüfung von Kunststoffen schwieriger als die von Metallen, u. zwar bes. bei Thermoplasten u. weniger bei wärmehärtbaren Harzen. Durch niedrige Belastungsfrequenz u. Kühlung sowie konst. veränderliche Spannungsamplitude sind die auftretenden Schwierigkeiten beim Ermüdungstest zu beheben. B. Scheifele. 7210◇

**Entwicklung eines Glanzverfahrens für durchscheinende Kunststoff-Filme.** R.R. Knittel. (Mater. Res. Standards 2, 180—86, März 1962; Bound Brook, N.J., Union Carbide Plastics Co., Dev. Dep.; engl.) — Ein Verf. zur Best. des Glanzes von Kunststoff-Filmen wird theoret. entwickelt, das den „effektiven" Glanz über den gesamten Bereich der leuchtenden Winkel angibt. W. Wesly. 7210□

**Eine optische Methode zur Messung der Homogenität von Plasten.** R. M. Eichhorn. (Ind. Engng. Chem., int. Edit. 53, 67—70, Jan. 1961; Bound Brook, N.J., Union Carbide Plastics Co., Dev. Labor.; engl.) — Die Homogenität von Plasten wird durch Messung der opt. Dichte bestimmt. Die Meth. u. das verwendete Gerät werden beschrieben. H. Drechsel. 7210◇

**Nachweis von Antioxydantien in verschiedenen Polyäthylensorten.** V. Cieleszky und F. Nagy. (Z. Lebensmittel-Unters. u. -Forsch. 114, 13—18, 20/1. 1961; Budapest, Inst. für Ernährungswiss.; dt.) — Zur ernährungshygien. Beurteilung von *Polyäthylensorten* u. zur Unterscheidung von Polyäthylenen mit oxydationshemmenden Stoffen von solchen ohne oxydationshemmende Stoffe dient das Absorptionsspektrum der mit Cyclohexanol aufgenommenen Rückstände des Ae.-Extraktes. Die 7 verschiedene oxydationshemmende Stoffe enthaltenden Proben haben Absorptionsmindestwerte bei 250, Höchstwerte zwischen 275 u. 285 m$\mu$. W. Wesly. 7210◇

---

Houdry Process Corp. (Erfinder: Milton Orchin), **Herstellung von Polyurethan-Schaumstoffen** durch Rk. von organ. Isocyanaten mit Hydroxy-Verbb. in Ggw. von Triäthylendiamin (I). Man emulgiert 300 (Teile) eines Hydroxypolyesters mit durchschnittlichem Molgew. von 2000, hergestellt aus dimerisierter Linolsäure u. Diäthylenglykol, mit einer Lsg. von 2 I, 5 W. u. 15 Lecithin, gibt unter Rühren 85 Tolylen-2.4-diisocyanat zu u. füllt in Formen. Das Prod. weist eine einheitliche Zellstruktur auf u. ist frei von unerwünschtem Geruch. (**Aust. P. 232 126** vom 15/5. 1958, ausg. 23/2. 1961. A. Prior. 23/5. 1957.) C. Lüttgen. 7171

Esso Research and Engineering Co. (Erfinder: Bruce Robert Tegge, Herbert Henry Vickers, Francis Paul Baldwin, Luther Bryan jun., Georg Emil Serniuk, John Ferris Ryan, Lewis Dodson Etherington und John Luther Bryan), **Herstellung von Polymerisatlösungen.** Man bringt eine Aufschlämmung von Isoolefinpolymerisaten in einem nichtlösenden fl. Rk.-Medium mit einem

Lsgm. für die Polymerisate, das einen höheren Kp. als das Rk.-Medium aufweist, in Kontakt bei Temp., bei denen genügend Rk.-Medium verdampft u. ein großer Teil des Polymerisats im Lsgm. gelöst wird. Als Rk.-Medium werden bes. $C_1-C_3$-Alkylhalogenide, z. B. Methylchlorid, u. als Lsgm. bes. $C_4-C_{10}$-KW-Stoffe, z. B. n-Hexan, verwendet. (**Aust. P. 231 606** vom 14/11. 1957, ausg. 26/1. 1961. A. Prior. 3/12. 1956, 22/3. u. 15/5. 1957.) K. Demmler. 7173

Farbwerke Hoechst Akt.-Ges., vormals Meister Lucius & Brüning, Deutschland, **Hochmolekulare Polyolefine** mit verbesserter Spritzbarkeit durch Zusatz von 1—10, bes. 3—8%, Wachsen, wie sie in Abwesenheit von Luft oder Oxydationsmitteln durch therm. Zers. von hochmol. Polyolefinen erhalten werden. (**F. P. 1 239 224** vom 29/10. 1959, ausg. 7/12. 1958. D. Prior. 30/10. 1958.) M. Pankow. 7173

Borg-Warner Corp., Chicago, Ill. (Erfinder: Howard H. Irvin, Ind.), V.St.A., **Polymerisationsmischung** mit erhöhtem therm. Deformationspunkt größerer Schlag- u. Zugfestigkeit aus einer Mischung aus 1. einem Pfropfpolymeren von Acrylnitril (I) u. einem aromat. Vinyl-KW-Stoff mit polymerem Diolefin u. 2. einem harzartigen Polymeren aus I u. einem aromat. Vinyl-KW-Stoff, der überwiegende Mengen an α-Methylstyrol enthält. — Verw. der Mischungen für *Ventile* u. *Schläuche* für korrodierende Flüssigkeiten. Das Pfropfpolymere stellt man durch Emulsionspolymerisation, z. B. von 30 (Gew.-Teilen) Polybutadien, 25 I u. 45 Styrol in einer Mischung von 0,75 Cumolhydroperoxid, 2 Na-Salz des hydrierten, disproportionierten Kolophoniums (II), 0,5 $Na_4P_2O_7$, 0,15 Na-Alkylnaphthalinsulfonat, 0,15 NaOH, 1 Glucose, 0,01 $FeSO_4$ u. 160 W. her, das Harz durch Polymerisation von 60 α-Methylstyrol, 10 Styrol u. 30 I, 0,25 $K_2S_2O_8$, 0,1 NaOH, 2 II u. 200 Wasser. Härte u. Zugfestigkeit der Mischung steigen mit zunehmendem Harzgehalt. Der therm. Deformationspunkt ist bis zu 25% Harz-Geh. relativ niedrig (z. B. 103°) u. darüber relativ hoch (z. B. 108°). (**F. P. 1 236 184** vom 5/8. 1959, ausg. 14/11. 1960. **Jap. A. S. 18 194/1960** vom 5/8. 1959, ausg. 14/12. 1960. Beide A. Prior. 7/8. 1958.) M. Pankow. 7173

Montecatini Soc. Gen. per l'Industria Mineraria e Chimica, Mailand, Italien, und Karl Ziegler, Mülheim/Ruhr, **Herstellung hochpolymerer Mischpolymerisate von Olefinen** gemäß Ind. P. 59 172, gek. durch die Verw. eines Katalysators, der aus einem Gemisch einer festen, in KW-Stoff unlösl. Verb. eines Übergangsmetalles der Gruppen IV, V u. VI des Period. Syst., bes. Chloride des Ti, Zr, V u. Cr, in denen die Wertigkeit der Metalle nicht die höchste ist, z. B. $TiCl_3$, $VCl_3$ u. einem Metallalkyl von Metallen der II. u. III-Gruppe, bes. Triisobutyl-, Trihexyl- u. Trioctylaluminium, besteht. (**Ind. P. 64 751** vom 24/7. 1958, ausg. 30/12. 1960. **Zusatz zu Ind. P. 59 172; C. 1961, 18528.**) C. Lüttgen. 7173

Dow Chemical Co., Midland, Mich., V.St.A., **Hydrophile Mischpolymerisate** von äthylen. ungesätt. Verbb. u. α-Methylencarbonsäuresulfoestern der allg. Formel $CH_2{=}C(R)-CO_2-Q-SO_3M$, worin R = H, Halogen, z. B. Cl, oder ein organ. Rest bes. Alkyl, Q ein 2wertiger organ. Rest, bes. Alkylen, u. M = H, $NH_4$ oder Metall ist. Als Mischkomponenten wurden z. B. verwendet: 2-Sulfoäthylacrylat u. -methacrylat, Sulfophenylacrylat u. -methacrylat einerseits u. Acrylnitril, Styrol u. 1.3-Butadien andererseits, die Endprodd. sind lösl. oder stark quellbar in W. u. eignen sich zur *Herst. von Filmen, Überzügen, Latexfarben.* (**E. P. 842 563** vom 10/3. 1958, ausg. 27/7. 1960. A. Prior. 25/3. 1957.) H. Schindler. 7173

Monsanto Chemicals Ltd., London, England (Erfinder: David Samuel Petrie Roebuck), **Herstellung von Pfropfmischpolymerisaten** erfolgt in Ggw. eines Redoxpolymerisationskatalysators (I), der im Grundstoff akt. Zentren zu bilden vermag, u. eines Monomeren, das zur Bldg. von Radikaladditionspolymeren befähigt ist. Das Verf. wird in wss. Dispersion durchgeführt, wobei als I eine Mischung von z. B. $H_2O_2$, Fructose u. Fe-Pyrophosphat dient u. $O_2$ ausgeschlossen wird. Als Ausgangsstoff dient ein Styrol–Butadien-Mischpolymerisat in wss. Dispersion, das durch Emulsionspolymerisation in Ggw. von $K_2S_2O_8$ erhalten wurde u. bei pH 9,5—10 als Dispersion mit $K_2S_2O_8$ u. $NaHSO_3$ bei 40° u. 2 at aktiviert wird. Schließlich wird Styrol zugegeben u. 24 Std. bei 50° gerührt, wonach 93% des Monomeren pfropfpolymerisiert sind. Statt Styrol kann auch Butadien oder Acrylnitril eingesetzt werden. Die erhaltene Dispersion kann als *Überzugsmittel* u. das feste getrocknete Endprod. zur Herst. von *Formkörpern* dienen. — Vgl. Aust. P. 229 848; C. **1962,** 7344. (**E. P. 847 603** vom 19/3. 1957, ausg. 7/9. 1960. **Zusatz zu E. P. 847 602; C. 1963, 1870.**) H. Schindler. 7173

Kureha Kasei Kabushiki Kaisha (Erfinder: Tsuyoshi Saito), Tokyo, Japan, **Lichtbeständige synthetische Harze** (*Polyvinylchlorid, Polyäthylen, Polystyrol*) durch Zusatz von 0,1—10% eines 2-Hydroxybenzophenon-Deriv. der Formel

$C_6H_5COC_6H_3$(o-OH)(p-OX) (X = $C_{3-10}$-Alkenyl oder -Aralkyl), z. B. 2-Hydroxy-4-benzyloxy-, -4-[isopropenyloxy]-, -4-[butenyloxy]-, -4-[2-methylaryloxy]-, -4-[butadienyloxy]-, -4-phenyloxy- oder -4-[phenylpropyloxy]-benzophenon. — Man kann als Schutzstoff auch 0,1—5% eines 2-Hydroxybenzophenons der Formel (X)(Y)$C_6H_3COC_6H_3$(o-OH)·(p-OCOR) verwenden (R = Alkyl oder Aralkyl; X = H, OH; Y = X, OR'; R' = $C_{1-4}$-Alkyl), z. B. 2-Hydroxy-4-acetoxy-, 2.2'-Dihydroxy-4-acetoxy-, 2-Hydroxy-4-[crotonyloxy]-benzophenon. (**Jap. A. SS. 17 687/1960** u. **17 688/1960** vom 21/7. 1958, ausg. 2/12. 1960.) M. Pankow. 7173

Karl Holl, Deutschland, Josef Lindner, Herbert Petrovicki und Friedrich Schaffernak, Österreich (Erfinder: Herbert Petrovicki und Friedrich Schaffernak), **Herstellung von treibmittelhaltigen plastischen Massen.** Man behandelt die körnige plast. Masse gleichzeitig oder nacheinander mit einem die plast. Masse lösenden oder stark quellenden Treibmittel im Überschuß u. einem in der Masse unlösl. Treibmittel unterhalb des Kp. der Treibmittel u. extrahiert dann das überschüssige lösl. Treibmittel. Als unlösl. Treibmittel sind Butan, Hexan, PAe., als lösl. Ester, Äther, Ketone u. Chlor-KW-Stoffe genannt. — Man verrührt 150 (Gew.-Teile) Polystyrolkörner mit 300 einer wss. Emulsion mit 10-Vol.Teilen Äthylacetat u. 10 Vol.-Teilen PAe. (Kp. 35—50°), zieht nach 12 Std. 150 der Emulsion ab, emulgiert darin 4 Vol.-Teile Äthylacetat u. 6 Vol.-Teile PAe. u. behandelt das Polystyrol erneut 12 Std. damit, zieht die Emulsion wieder ab, ergänzt sie mit 2 Vol.-Teilen Äthylacetat u. 8 Vol.-Teilen PAe., so daß das Polymere 10—12% PAe. absorbiert hat, wäscht mit W. nach, bis der Äthylacetat-Geh. ca. 1% beträgt, worauf das Polymere, ggf. nach Lagerung, bei 75—100°, porös wird. (**F. P. 1 234 625** vom 7/9. 1959, ausg. 18/10. 1960. D. Prior. 8/9. 1958.) M. Pankow. 7173

Institut Français du Pétrole, des Carburants et Lubrifiants, Rueil-Malmaison, Frankreich, **Nitrosoderivate von Polymerisaten** erhält man durch Rk. der Polymerisate, z. B. Polyäthylen, Polyvinylchlorid, Polyacrylnitril, mit halogenierten Stickoxiden, bes. NOCl, in wasserfreiem Medium unter der Einw. von energiereicher Strahlung. Die Nitro-Derivv. sind blau oder grün gefärbt. Die Rk. kann auch an geformten Polymerisaten vorgenommen werden. (**E. P. 888 966** vom 11/2. 1959, ausg. 7/2. 1962. F. Prior. 11/2. 1958.) L. Stadelmann. 7173

Imperial Chemical Industries Ltd. (Erfinder: Percy Arthur Small), **Polymerisationskatalysatoren** werden hergestellt durch Rk. einer Verb. eines Übergangsmetalls, z. B. $TiCl_4$, $ZrCl_4$, $VBr_3$, Cr-Acetylacetonat, $MoCl_5$, $WCl_6$, $FeCl_3$, $NiCl_2$, Ni-Xanthat, mit einer Verb. der allg. Formel $R_1R_2Al(CH_2)_nAlR_3R_4$ ($R_1$, $R_2$, $R_3$ u. $R_4$ = Alkyl-, Cycloalkyl-, Aryl- oder Aralkylrest), z. B. Bis-1.5-diäthylaluminiumpentan, Bis-1.4-diäthylaluminiumbutan. (**Aust. P. 231 677** vom 23/12. 1958, ausg. 26/1. 1961. E. Prior. 31/12. 1957.) K. Demmler. 7173

Monsanto Chemical Co., St. Louis, Mo., V.St.A., **Modifizieren von Polymerisationskatalysatoren** des Ziegler-Typs durch Behandeln mit einem Thiophenol, das nicht >15 C-Atome u. nicht >2 Sulfhydrilgruppen enthält, z. B. Thiophenol oder (alkyliertes oder aryliertes) Thiokresol. Als Katalysatorkomponenten dienen in den Vgl.-Beispielen $TiCl_4$ u. Al-Triisobutyl, mit denen bes. Äthylen polymerisiert wird. Die gleichzeitige Ggw. eines Thiophenols bewirkt, daß die Polymerisations-Temp. niedrig, z. B. bei 50—75°, sein kann u. daß normaler Druck genügt, um gut kristalline Polymere mit verbesserter Steifheit u. Wärmebeständigkeit zu erhalten. — Tabelle der physikal. Eigg. von 22 Verss. mit wechselnden Katalysator- u. Thiophenolverhältnissen. (**E. P. 841 718** vom 16/9. 1957, ausg. 20/7. 1960. A. Prior. 14/9. 1956.) H. Schindler. 7173

N. V. de Bataafsche Petroleum Mij., Den Haag, Niederlande, **Entfernen von Katalysatorresten aus Polyolefinen,** die nach dem Ziegler-Verf. hergestellt wurden, durch Behandeln mit einer Metallkomplexe bindenden Verb. (I) bei pH $\geqq$10 u. einem $\geqq$2 C-Atome enthaltenden Alkohol in Abwesenheit von W. bei 70—100°. Vor oder während der Behandlung kann $O_2$ oder Luft durchgeleitet werden. Der Alkohol, z. B. n-Propanol oder n-Octanol, kann mit einem fl. KW-Stoff gemischt sein. Als I wird bes. Na-Tartrat verwendet. — Beispiele mit Polyäthylen u. Al u. Ti als Katalysatormetalle. Der Asche-Geh. der Endprodd. beträgt z. B. je 0,001% Al u. Ti. (**E. P. 847 733** vom 30/6. 1958, ausg. 14/9. 1960. Niederl. Prior. 1/7. 1957.) H. Schindler. 7173

Ruhrchemie Akt.-Ges., Deutschland (Erfinder: Nikolaus Geiser, Helmut Kolling und Friedrich Rappen), **Entfernung von Katalysatorresten aus Polyolefinen** durch Behandlung mit HCl in Ggw. wasser- u. alkoholfreier organ. Fll., wie aliphat., aromat. oder hydroaromat. Flüssigkeiten. — Zum Beispiel gibt man zu einer Mischung von Polyäthylen u. etwa der gleichen Menge einer hydrierten $C_9$—$C_{11}$-KW-Stoff-Fraktion der Fischer-Tropsch-Synth. bei 100° unter intensivem Rühren HCl, so daß etwas überschüssiger HCl das Gefäß verläßt, filtriert nach 3 Std. u. wäscht mit der KW-Stoff-Fraktion. (**F. P. 1 204 096** vom 8/10. 1958, ausg. 22/1. 1960. D. Prior. 21/10. 1957.) M. Pankow. 7173

Monsanto Chemical Co. (Erfinder: Don Eugene Carter), **Entfernen von Ziegler-Katalysator-Rückständen** aus nach dem Ziegler-Verf. hergestellten *Polymerisaten* (I). Man unterwirft eine Aufschlämmung der I in einer organ. Fl. (II) einer Mehrstufenextraktion im Gegenstrom-Verf. mit einem Lsgm. für die Rückstände, das jedoch höchstens teilweise mit der II mischbar sein darf u. die I nicht löst, z. B. A., 10%ig. wss. A. oder 90%ig. $CH_3OH$, wobei II n-Heptan sein kann. (**Aust. P. 232 300** vom 12/6. 1958, ausg. 23/2. 1961. A. Prior. 14/6. 1957.) C. Lüttgen. 7173

Esso Research and Engineering Co., Del., übert. von: Anthony H. Gleason, Westfield, und Ober C. Slotterbeck, Rahway, N.J., V.St.A., **Entfernung von Alkalimetallen aus Polymerisaten.** Man behandelt die Lsg. der Polymerisate, bes. Homo- oder Mischpolymerisate von Multiolefinen, ggf. nach vorheriger Filtration, mit Phosphorsäure oder deren Anhydrid u. filtriert die entstandenen Alkalisalze ab. (**A. P. 2 999 891** vom 23/9. 1957, ausg. 12/9. 1961.) L. Stadelmann. 7173

Esso Research and Engineering Co., Del., übert. von: John R. Lovett, Metuchen, Joseph M. Kelley jun., Cranford, N.J., und Daniel D. Perlmutter, Champaign, Ill., V.St.A., **Entfernung von Schwermetallkatalysatoren aus α-Olefin-Niederdruckpolymerisaten.** Man versetzt die durch die Polymerisation in Ggw. von Koordinationskatalysatoren erhaltene Polymerisataufschlämmung mit geringen Mengen eines Nitrils, bes. Acetonitril, Benzonitril, Phthalonitril oder Phenylacetonitril, rührt unter $N_2$ u. versetzt mit Isopropanol. Man erhält z. B. Polypropylen mit einem Asche-Geh. von 0,046—0,16%. (**A. P. 3 010 952** vom 8/4. 1959, ausg. 28/11. 1961.) L. Stadelmann. 7173

Dow Chemical Co., Midland, Mich., V.St.A., **Halogenieren von Polyolefinen** durch Rk. mit Halogenen in freifließendem Zustand in Abwesenheit eines Katalysators oder in Form einer Suspension in inerter Fl., bes. Wasser. Beispiele mit Polyäthylen mit Molgew. 40000—500000, F. 125—135°, spezif. Gew. $\geqq 0,94$ u. $<3$ Methylgruppen auf 100 Methylengruppen im Molekül. Arbeits-Temp. 5—100° unter der Sinter-Temp. des Polymeren, z. B. bei 40—85° beim Chlorieren, beim Bromieren 5—20° unter der Sinter-Temp. u. bei —20 bis +85° beim Fluorieren. Die Halogenierungs-Temp. in wss. Suspension liegen beim Chlorieren z. B. bei 75—95° u. das Cl-Gas wird mit ca. 7 at in die Suspension gedrückt, wobei ein Peroxid- oder Azotypkatalysator zugegen sein kann. Kurven über Elastizität u. Viscosität im Vgl. von Hochdruck- u. Niederdruckpolyäthylenen. (**E. P. 834 905** vom 8/10. 1956, ausg. 11/5. 1960. A. Prior. 28/10. 1955.) H. Schindler. 7173

Dow Chemical Co., Midland, Mich., V.St.A., **Kombiniertes Halogenieren von aliphatischen Polyolefinen.** Das Verf. wird in 2 Stufen durchgeführt, wobei das feinpulvrige Polymere bei Temp. von 5—10° unterhalb seiner Sintertemp. zunächst direkt mit dem Halogen zusammengebracht u. anschließend in Lsg. u. in Ggw. von freie Radikale bildenden Katalysatoren zu Ende halogeniert wird. Nach einem Beispiel wird von einem Niederdruckpolyäthylen (I) mit einem Molgew. von ca. 60000 u. F. 130° ausgegangen, das in einem strömenden Gemisch von $Cl_2$ u. $N_2$ bei 43° in Pulverform chloriert wird. Das ca. 28% Cl enthaltende I wird dann in Perchloräthylen gelöst u. in Ggw. von Benzoylperoxid mit Cl zu einem Cl-Geh. von 42% bei 115° auschloriert. In ähnlicher Weise kann ein auf trockenem Wege chloriertes I in Lsg. bromiert oder chlorsulfoniert werden. — Vgl. vorst. Referat. (**E. P. 842 763** vom 2/12. 1957, ausg. 27/7. 1960. A. Prior. 18/1. 1957.) H. Schindler. 7173

Dow Chemical Co., Midland, Mich., V.St.A., **Kombiniertes Chlorieren von Polyolefinen** in 2 Stufen, wobei feinpulvriges Polymeres zunächst in Suspension in inerter Fl., bes. W., u. in Ggw. eines freie Radikale bildenden Katalysators unter Druck chloriert u. dann das Prod. in Perchloräthylen- oder $CCl_4$-Lsg. in Ggw. gleicher Katalysatoren zu Ende chloriert wird. Die beiden Verf.-Schritte können auch in umgekehrter Reihenfolge durchgeführt werden. Mengenbeispiel mit einem Polyäthylen vom Niederdrucktyp u. Tabellen über die Zers.-Temp. von verschiedenen Katalysatoren in W., $CCl_4$ u. $C_2Cl_4$ sowie über Ausbeuten, Dehnungswerte u. Viscositäten der Endprodukte. — Vgl. die beiden vorst. Referate. (**E. P. 843 209** vom 25/9. 1957, ausg. 4/8. 1960. A. Prior. 22/10. 1956.) H. Schindler. 7173

Farbwerke Hoechst Akt.-Ges., vormals Meister Lucius & Brüning, Deutschland, **Chlorierung von Polypropylen oder Äthylen-Propylen-Mischpolymerisat,** das nach dem Niederdurck-Verf. erhalten wurde, in Dispersion in Halogen-KW-Stoffen mit niedrigem Kp. ($CCl_4$), bis das Rk.-Prod. $\geqq 25$ Gew.-% Cl gebunden enthält. Man kann auch zunächst in heterogener Phase, bes. in Ggw. von W. oder elektrolyt. Lsgg., bei 20—160°, bes. bei 80—90°, vorchlorieren u. dann erfindungsgemäß fertig chlorieren. Man erhält klare, farblose Lsgg., die direkt als *Lacke, Überzüge, Bindemittel, Preßmassen* u. zum *Imprägnieren* von Gewebe u. Papier dienen. — Man leitet mit 28 g/Std. $Cl_2$ in eine Suspension von 800 (g) krist. Polypropylen in W. von 80—85° u. erhält in 50 Std ein Prod. mit 45,6% Cl, das feucht in 7 Liter $CCl_4$ suspendiert wird, worauf man 720 $Cl_2$ in 2 Std. 10 Min. bei Rückfluß-Temp. einleitet, lüftet, mit Infusorienerde behandelt, filtriert, in 10 Liter Bzn. mit Kp. 110—140° zerstäubt u. filtriert. Leichtlösl. Pulver mit 53,8% Cl. Die Viscosität einer Toluol-Lsg. des Chlorierungs-Prod. sinkt bei Zusatz eines niedrigsd. aliphat. Alkohols. (**F. P. 1 238 949** vom 24/8. 1959, ausg. 7/12. 1960. D. Prior. 23/8. 1958.) M. Pankow. 7173

Monsanto Chemical Co. (Erfinder: John Magnus Gethins und Raymond Irving Longley), **Thermoplastische, heißhärtbare Mischpolymerisate** aus 1—30(%) Allylalkohol (I), 30—90 Styrol u. 1—40 einer ungesätt. zweibas. Säure oder deren Anhydrid, bes. Maleinsäure. Die Herst. erfolgt nach üblichen Meth., z. B. durch Erhitzen der monomeren Komponenten auf 80—250° oder kontinuierlich unter Vorlage von I im Überschuß. (**Aust. P. 232 413** vom 6/4. 1959, ausg. 23/2. 1961. A. Prior. 8/4. 1958.) C. Lüttgen. 7173

Imperial Chemical Industries Ltd., London, England, **Polymerisieren von Äthylen, Styrol, Methylmethacrylat, Acrylnitril** u. ähnlichen ungesätt. Verbb. bei $>$500, bes. 1000—1500 at, gek. durch die Verw. von Polyazapolyenen als Katalysator, bes. 1.5-Diphenyl-3-methyl-, 1.5-Di-(p-tolyl)-3-butyl-, 1.5-Di-(p-tolyl)-pentazadien-(1.4), 1.6-Di-(p-chlorphenyl)-3.4-diacetylhexazadien-(1.5) u. 1.3.6.8-Tetraphenyloctazatrien-(1.4.7). (**Ind. P. 64 628** vom 11/7. 1958, ausg. 7/3. 1961. E. Prior. 31/7. 1957.) C. Lüttgen. 7173

Monsanto Chemical Co., St. Louis, Mo., V.St.A., **Herstellung von stabilen vinylaromatischen (Misch)-Polymerisaten** erfolgt in Ggw. von freie Radikale bildenden Katalysatoren, z. B. Lauroylperoxid, u. 0,001—1 Gew.-%, bezogen auf das Monomere, eines Phenols der allg. Formeln I oder II, worin X = OH, Alkyl oder Alkoxy mit 1—15 C-Atomen oder Aralkoxy mit 7—15 C-Atomen bedeuten u. Y = H oder $C_{1-15}$-Alkyl u. Z = H oder $C_{1-15}$-Alkyl. — Beispiele mit Styrol (u. Acrylnitril), wobei neben dem Katalysator folgende Verbb. zugesetzt wurden: 2.6-Di-tert.-butyl-p-kresol, tert.-Butylcatechin, p-Methoxy- u. p-Benzyloxyphenol sowie Hydrochinon. Die Zusätze bewirken Farb- u. Wärmestabilität nach 21 std. Erhitzen auf 165°. — Tabellen. (**E. P. 850 925** vom 5/3. 1957, ausg. 12/10. 1960. A. Prior. 5/3. 1956.) H. Schindler. 7173

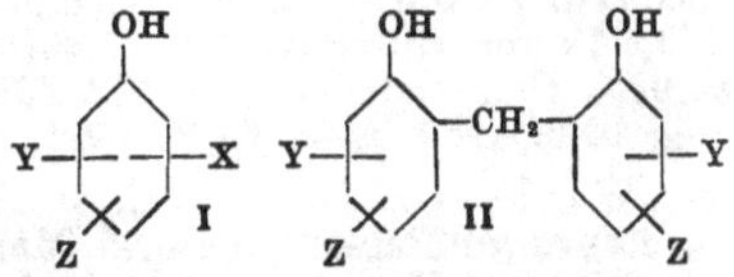


Feldmühle Papier- und Zellstoffwerke Akt.-Ges., Deutschland, **Herstellung von hochmolekularem Polyäthylen** mit $\leq$10% amorphen Anteilen u. weniger als einer Seitenkette pro 500 C-Atome der Hauptkette. Man polymerisiert Äthylen mit Katalysatoren aus organ. Al-Verbb. u. Halogeniden von Metallen der Untergruppen IV—VI des Period. Syst. in krist. Form, jedoch nicht auf ihrer maximalen Valenzstufe, in Ggw. indifferenter, unter dem Polymerisationsdruck fl. Lsgm. bei 1—150 at u. —15 bis 150°. — Zu 8 g $TiCl_3$ (Kristalle, aus $TiCl_4$ mit $H_2$ bei $>$600°) u. 5 cm³ $(C_2H_5)AlCl$ in 650 cm³ Bzn. (Kp. 100—150°) leitet man mit 100 Liter/Std. Äthylen: Temp.-Anstieg bis 28°, dann Erwärmung bis 60°. Nach 3 Std. setzt sich ein braunvioletter Nd. ab, der nach Abtrennung mit methanol. HCl gekocht wird. Das daraus erhaltene feine Polymerisatpulver hat F. 206—212°. (**F. P. 1 221 635** vom 19/12. 1958, ausg. 2/6. 1960. D. Prior. 23/12. 1957.) M. Pankow. 7173

Feldmühle Papier- und Zellstoffwerke Akt.-Ges., Deutschland, **Polymerisieren von Olefinen,** bes. *Äthylen*, zu Hochmolekularen mit einer Mischung aus Estern von Metallen der Untergruppe IV—VI des Period. Syst., wie Ti oder V, u. Alkyl-Al-Verbb., wobei mindestens eine der beiden Komponenten Halogen enthält, als Katalysator. — Man drückt bei 25° Äthylen in eine Lsg. von 16 g Ti-Tetrachlorpropylat u. 60 cm³ $Al(Isobutyl)_3$ (I) in 2,5 Liter Leichtbenzin u. hält 6 Std. bei 10 at, wobei die Temp. bis 50—60° steigt. Das Polymere hat einen Erweichungspunkt von 215—220°. Ein halogenfreier Titansäureester gibt mit I nur ein Dimeres. — Als weitere Katalysatorkombinationen sind genannt: $Ti(OC_3H_6Cl)_4$ u. $(C_2H_5)_2AlCl$ (**II**), $Ti(Butyl)_4$ u. **II**, V-Tetrachlorpropylat u. **II**, V-Tetrachlorcyclohexylalkoholat u. **II**, das Rk.-Prod. aus $MoCl_5$ u. Propylenoxid u. **II** sowie **I** u. V-Tetra-[dichlorpropylat] (aus $VCl_4$ u. Epichlorhydrin). (**F. P. 1 236 717** vom 8/9. 1959, ausg. 18/11. 1960. D. Prior. 4/2. 1959.) M. Pankow. 7173

Phillips Petroleum Co. (Erfinder: Robert Doyle), **Herstellung von transparenten Polyäthylenfilmen,** dad. gek., daß man Polyäthylen, $D._4^{20}$ 0,94, in geschmolzenem Zustand mittels Extruder verformt u. den gebildeten Film plötzlich auf 135—160° F abkühlt. (**Aust. P. 232 146** vom 18/9. 1958, ausg. 23/2. 1961. A. Prior. 10/3. 1958.) C. Lüttgen. 7173

Union Carbide Corp., New York, übert. von: Guido B. Stampa, Montclair, und Alford G. Farnham, Mendham, N.J., V.St.A., **Äthylenpolymerisation.** Als Katalysator verwendet man die in einem inerten KW-Stoff dispergierte Mischung aus einer halogenfreien aluminiumorgan. Verb. oder deren Hydrid u. einem Orthovanadinsäureester oder einem partiell hydrolysierten Ester, bzw. deren Mischungen, u. polymerisiert bei 25—140° u. erhöhtem Druck. Das erhaltene Polyäthylen ist frei von korrosiven Halogenrückständen. (**A. P. 3 008 948** vom 26/6. 1957, ausg. 14/11. 1961.) L. Stadelmann. 7173

VEB Leuna-Werke „Walter Ulbricht", Leuna, **Herstellung von Trialkylaluminiumätheraten** durch Einw. von Alkylhalogeniden auf eine Kombination von Al u. Mg in Ggw. eines Äthers. Die Rk. verläuft bes. rasch u. mit hoher Ausbeute, wenn das Metall mindestens z. T. aus unlegiertem Al u./oder Mg besteht. Zum Beispiel erhält man *Tributylaluminiumdiäthylätherat*, $Kp._2$ 110—120°, in 85% ig. Ausbeute, wenn man 550 (g) Butylbromid auf ein Gemisch aus 25 Al u. 55 einer Al–Mg-Leg. mit 5% Al einwirken läßt, wobei die Temp. trotz Kühlung auf 70—100° steigt. — *Katalysatoren für die Niederdruckpolymerisation von Äthylen.* (**Niederl. P. 100 006** vom 6/6. 1958, ausg. 15/12. 1961. Oe. Prior. 20/7. 1957.) F. Böhm. 7173

Wacker-Chemie G. m. b. H., Deutschland, **Herstellung von Polyvinylchlorid** in wss. Suspension durch Polymerisation in mehreren, um 5—35° von einander verschiedenen Temp.-Bereichen, wobei bei Beginn der Polymerisation vorteilhaft höhere Temp.-Bereiche angewandt werden. Man erhält Polymere mit niedrigem K-Wert ohne glasige Teilchen u. geringerem spezif. Gew. als die üblichen Polymeren. — Man erwärmt 7000 (kg) W. mit 0,1% Methylcellulose in Abwesenheit von Luft mit 3500 Vinylchlorid u. 3,5 Dilauroylperoxyd 9 Std. auf 58° (45% Polymerisation) u. polymerisiert dann bis zu 90% Umsatz bei 39°. (**F. P. 1 223 187** vom 4/5. 1959, ausg. 15/6. 1960. **E. P. 889 645** vom 11/5. 1959, ausg. 21/2. 1962. Beide D. Prior. 9/5. 1958.) M. Pankow. 7173

Wacker-Chemie G. m. b. H., Deutschland, **Verbesserung der Stabilität des Farbtones von Polyvinylchlorid.** Man polymerisiert Vinylchlorid in Ggw. von höchstens 3 Gew.-% von Mineralsäuren mit einer Dissoziations-Konst. $< 10^{-9}$ oder ihrer Anhydride [$(B(OH)_3$, Kieselsäure]. — 150 (kg) W., 75 Vinylchlorid, 112 g teilweise acetylierter Polyvinylalkohol, 113 g Dilauroylperoxid u. 200 g $B(OH)_3$ werden bei 50° bis zu 90% Umsatz polymerisiert. Das Polymere gibt mit 35% Dioctylphthalat u. 1% 2bas. Pb-Stearat bei 175° eine weiße fellartige Masse. (**F. P. 1 222 348** vom 27/4. 1959, ausg. 9/6. 1960. **E. P. 895 978** vom 28/4. 1959, ausg. 9/5. 1962. Beide D. Prior. 28/4. 1958.) M. Pankow. 7173

Farbenfabriken Bayer Akt.-Ges., übert. von: Ernst Roos, Martin Burgdorf und Friedrich Lober, Leverkusen, **Stabilisierungsmittel für halogenhaltige Polymere, wie Homo- und Copolymere von Vinylchlorid und Vinylidenchlorid.** Es besteht aus einem 1.2.4-Triazol der allg. Formel I. In dieser bedeutet R = H oder eine KW-Stoff-Gruppe mit 1—17 C-Atomen, die ihrerseits wieder substituiert sein können durch OH-, Methoxy-, Äthoxy- oder Halogen-Gruppen. $R_1$ kann gleichbedeutend mit R sein oder $—CONHR_2$ bedeuten, wobei $R_2$ = H oder eine niedrige Alkyl-Gruppe darstellen kann. — Zum Beispiel werden 0,1—5 Gew.-% *3-Ureido-5-phenyl-1.2.4-triazol* zugesetzt. (**A. P. 2 985 619** vom 24/11. 1958, ausg. 23/5. 1961. D. Prior. 28/11. 1957.) F. Markhoff. 7173

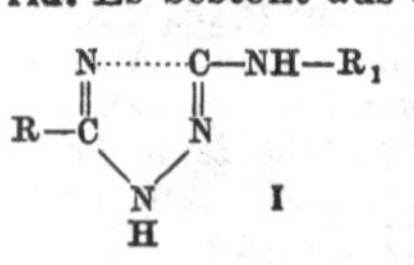

I

Tatsuo Katsumura, Suita, Japan, **Stabilisieren von Polyvinylchlorid** oder dieses als Hauptbestandteil enthaltenden Mischpolymerisatharzen gegen Licht- u. Wärmeeinw. durch Zusatz von Metallsalzen höherer chlorierter aliphat. Säuren $(C_aH_bCl_cCOO)_nMe$ (Me = Erdalkalimetall, Cd, Pb, Zn, Li; a = ≧ 7; b = (2a + 1)—c; c = ≧ 1; n = ganze Zahl u. entspricht der Metallvalenz.). — Eine aus 100 (Teilen) Polyvinylchloridharz Geon 103EP, 50 D.O.P.-Weichmacher u. 2 chlorstearinsaurem Cd. bei 150° hergestellte Mischung blüht beim Lagern nicht aus; die Stearinsäure enthält im Mol 4 Cl-Atome. (**Jap. A. S. 17 589/1960** vom 15/7. 1958, ausg. 30/11. 1960.) M. Pankow. 7173

Farbwerke Hoechst Akt.-Ges., vormals Meister Lucius & Brüning, Deutschland, **Herstellung von chlorierten Polyäthylenen.** Man behandelt eine wss. Dispersion von feinkörnigen Hochdruckpolyäthylen vom Molgew. ≧ 10000 mit $Cl_2$ bei

$\geqq$ 70° u. nach Beginn der Rk. bei > 85°. — Man suspendiert 120 (g) Hochdruckpolyäthylen von 20—50 $\mu$ Korngröße u. Molgew. 30000 in 2000 W. mit 0,12 Benzoylperoxid, leitet 120/Std. $Cl_2$ 4 Std. unter starkem Rühren ein u. geht nach Beginn der Rk. auf 95°. Die 36,2% Cl enthaltenden Körner können zu einer kautschukartig elast. Folie zusammengepreßt werden. Sie können zusammen mit anderen plast. Massen verarbeitet werden. Die bis 65% Cl enthaltenden Prodd. sind in den gewöhnlichen Lsgm. gut löslich. (**F. P. 1 237 755** vom 6/6. 1959, ausg. 25/11. 1960. D. Prior. 7/6. 1958.) M. Pankow. 7173

Solvic Soc. An., Brüssel, Belgien, **Nachbehandlung von Vinylacetat- und Vinyl- oder Vinylidenchloridmischpolymerisaten** durch Erhitzen der wss. Suspension auf 30—80° während 30—180 Min. in Ggw. von Malein-, Oxal- oder Phthalsäure. Das Mischpolymerisat wird in wss. Dispersion der Komponenten, ggf. unter Zusatz kleiner Mengen von z. B. Malein- oder Fumarsäure, u. in Ggw. von organ. Peroxid- oder Diazo-Verbb. als Katalysatoren u. Polyvinylalkohol als Dispergiermittel erhalten. Durch die Nachbehandlung wird klares Lösen der Prodd. erreicht, so daß klare *Filme oder Überzüge* mit geringer Durchlässigkeit für Luft u. Wasserdampf erhalten wurden. — Mengenbeispiele. (**E. P. 838 750** vom 12/3. 1958, ausg. 22/6. 1960. Belg. Prior. 14/3. 1957.) H. Schindler. 7173

E. I. du Pont de Nemours & Co., übert. von: Armand Eduard Brachman, Wilmington, Del., V.St.A., **Polymerisation von Vinylverbindungen,** die eine polare Gruppe tragen, welche kein ionisierbares H-Atom enthält, z. B. Vinylacetat, Vinylchlorid, Acrylnitril u. Methylacrylat. Man verwendet als Katalysator eine Mischung aus einem Cu-Salz, z. B. Cu-Halogenide, -Oxalate, -Oxide, -Hydroxide, u. metallorgan. Verbb., bes. $CuCl_2$ u. Al-Triisobutyl. Die Polymerisation wird in Substanz oder in einem aliphat. polaren Lsgm., das kein ionisierbares H-Atom enthält, durchgeführt. (**A. P. 3 000 837** vom 23/4. 1957, ausg. 19/9. 1961.) L. Stadelmann. 7173

B. F. Goodrich Co., New York, N.Y., übert. von: Henry J. Essig, Westlake, Ohio, V.St.A., **Herstellung von Mischpolymerisaten** aus 45—89 (Gew.-%) Acrylsäure-$C_{1-4}$-alkylestern, 0—44 Methacrylsäuremethyl- oder äthylester, 3—12 einer $\alpha,\beta$-ungesätt. Carbonsäure oder deren Methylderivv. u. 8—25 eines N-Methylol-$\alpha,\beta$-ungesätt. Carbonsäureamids der Formel $CH_2{=}C(R){-}CON(H){-}CH_2OH$, worin R = H oder Methyl, erfolgt in einem wasserfreien niederen aliphat. Alkohol, z. B. A., Isopropanol oder n-Butanol, bei 50—100° in Ggw. eines freie Radikale bildenden Katalysators, z. B. Caprylylperoxid. Zum Rk.-Prod. wird W. u. $HN_3$ gegeben u. das Gemisch azeotrop destilliert. Anschließende Härtung bei 100—180°, bes. 160° in > 5 Minuten. — *Überzugs-* u. *Imprägniermittel* für *Papier* u. *Textilien, Farbbinder.* Beispiele — Tabellen. (**E. P. 874 168** vom 18/6. 1959, ausg. 2/8. 1961. A. Prior. 21/7. 1958. **A. P. 3 007 887** vom 21/7. 1958, ausg. 7/11. 1961.) H. Schindler. 7173

Farbwerke Hoechst Akt.-Ges., vormals Meister Lucius & Brüning, Deutschland, **Herstellung von Vinylacetat-Vinylchlorid-Mischpolymeren** mit guter Löslichkeit in organ. Lsgm. in wss. Suspension in Ggw. eines Suspensionsmittels u. eines lösl. Katalysators mit einem Gewichts-Verhältnis von 40—60, bes. 45—54% Vinylchlorid u. 60—40, bes. 55—46% Vinylacetat bei 48—65, bes. 50—58°. Weiteres Vinylchlorid wird kontinuierlich bei der Polymerisation zugeführt, so daß das Endprod. 55—95, bes. 80—90% Vinylchlorid enthält. — Zu 23400 (Gew.-Teilen) einer wss. Lsg. mit 90 Polyvinylalkohol, 5 Na-Isobutylsulfonat u. 75 Lauroylperoxid gibt man unter $N_2$ 1965 Vinylacetat u. 2240 Vinylchlorid u. hält bei 52°. Durch Nachdrücken von insgesamt 9600 Vinylchlorid in 9 Std. wird der Druck konst. gehalten (in dem Vinylchlorid sind 450 trans-1.2-Dichloräthylen gelöst): Feinkörniges *Polymeres,* dessen 15%ig. Lsg. in Äthylacetat klar ist. (**F. P. 1 238 536** vom 14/9. 1959, ausg. 25/11. 1960. D. Prior. 13/9. 1958.) M. Pankow. 7173

Esso Research and Engineering Co., Del., übert. von: Fred W. Baues, Westfield, Stanley B. Mirviss, Roselle, und Joseph F. Nelson, Westfield, N.J., V.St.A., **Verbesserte Erdölharze** erhält man durch Polymerisation einer dampfgecrackten, bei 85—275° sd. Erdölfraktion, die 10—20 (%) Diolefine, 18—60 aromat. KW-Stoffe, 20—60 Monoolefine u. 0—30 Paraffine u. Naphthene enthält, in Ggw. von Friedel-Crafts-Katalysatoren bei —10 bis +70°. Man erhält Harze von erhöhtem Erweichungspunkt, die in KW-Stoffen lösl. sind. (**A. P. 2 994 689** vom 30/4. 1956, ausg. 1/8. 1961.) L. Stadelmann. 7173

Esso Research and Engineering Co., Del., übert. von: Robert M. Thomas, Westfield, Lawrence T. Eby, Linden, und Charles W. Seelbach, Cranford, N.J., V.St.A., **Polypiperylen** erhält man durch Polymerisieren von Piperylen in

Ggw. eines Katalysators aus $TiCl_4$ u. Al-Trialkyl im Verhältnis 1 : 3 in einem inerten Verdünnungsmittel bei 300—1000 lbs./sq.in.g u. 60—100°. Das Polymerisat ist z. T. kristallin u. hat ein Molgew. von 10000—15000. (**A. P. 2 999 087** vom 13/4. 1956, ausg. 5/9. 1961.) L. Stadelmann. 7173

Farbwerke Hoechst Akt.-Ges., vormals Meister Lucius & Brüning, Frankfurt/M., **Herstellung phosphathaltiger (Misch)-Polymerisate** aus ungesätt. Verbb. der Formel $H_2C{=}CHPO(X_1)(X_2)$, worin $X_1$ u. $X_2$ gleiche oder verschiedene Halogene sind. Das Verf. wird bei —50 bis +200°, bes. 0—100°, u. in Ggw. von organ. Peroxiden oder Azoverbb., ggf. zusammen mit UV-Bestrahlung durchgeführt. Als Monomeres ist in den Beispielen Vinylphosphonsäuredichlorid genannt. Als Mischkomponenten dienen z. B. (alkyliertes) Styrol, Divinylbenzol, Vinylester organ. Säuren, Vinylidenchlorid, Butadien, Acrylnitril u. (Meth-)Acrylsäureester. Viscose bis harte Endprodd. als *Textilhilfsmittel, Netzmittel, Emulgiermittel, Mittel zum Feuerfestmachen* u. für *plast. Massen.* Vgl. E. P. 865 047; C. **1962,** 12120. (**E. P. 865 046** vom 25/9. 1957, ausg. 12/4. 1961. D. Prior. 21/9. 1956.) H. Schindler. 7173

Phillips Petroleum Co., Del., übert. von: James N. Short und Ralph C. Farrar, Bartlesville, Okla., V.St.A., **Polymerisation konjugierter Diene.** Man verwendet als Katalysator die Mischung aus einem Halogenid eines Metalls der IV. Gruppe des Period. Syst. u. einer metallorgan. Verb. von Al, Ga, In, Tl oder Be in Kombination mit einem mehrkernigen aromat. KW-Stoff als Beschleuniger, z. B. Naphthalin, Anthracen oder Phenanthren, u. polymerisiert bei —100 bis +100°. Erhöhter Umsatz, man erhält z. B. *cis-1.4-Polybutadien* bei Temp. unter 5°. (**A. P. 2 999 089** vom 27/1. 1958, ausg. 5/9. 1961.) L. Stadelmann. 7173

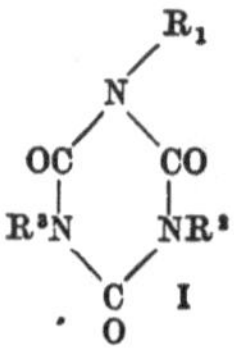

I

Kenichi Fukui, Kyoto (Erfinder: Kenichi Fukui, Kyoto, und Hisao Kitano, Sakai), Japan, **Weichmacher für Hochmolekulare** (Phenol-, Polyester-, Vinyl-, Acryl-, Harnstoff-, Melamin-, Polyamidharze, Cellulose-Derivv., Albumine) aus Isocyanursäureestern mit > 12 C-Atomen der Formel **I** ($R^1$—$R^3$ = KW-Stoff-Reste mit ≧ 3 C-Atomen oder deren Derivv.), z. B. Isocyanursäuretripropyl-, -isopropyl-, -butyl-, -amyl-, -hexyl-, -octylester, -propyldibutyl-, tri-[β-äthoxyäthyl]-, -[β-äthylmercaptoäthyl]-, -allylester. — Man erhitzt je 1 (Mol) Phthalsäureanhydrid u. Glycerin 2 Std. bei 170°, setzt 0,4 Isocyanursäurebutyldipropylester zu u. hält noch 5 Std. bei Temp. bis 250°: Weiches Glyptalharz. (**Jap. A. S. 17 566/1960** vom 9/11. 1957, ausg. 30/11. 1960.) M. Pankow. 7177

Rütgerswerke Akt.-Ges., Deutschland, **Formgebung von Phenolharzen.** Das zerkleinerte Harzmaterial, das neben dem körnigen Teil auch Pulveranteile enthält, wird mit organ. Fll. mit Kp. > 180°, die schwer entflammbar sind, in Mengen von 0,05—5 Gew.-% (der Harzmischung) gemischt. Hierdurch wird Staub-Bldg. vermieden. Solche organ. Fll. sind mehrwertige Alkohole, höhere ungesätt. Säuren, wie Ölsäure, deren Ester, Ketone, wie Acetophenon, oder N-Verbb., wie Nitrobenzol, Diäthanolamin. Die so hergestellte Mischung wird dann geformt. (**F. P. 1 242 012** vom 24/11. 1959, ausg. 30/12. 1960. D. Prior. 26/11. 1958.) M. Pankow. 7177

Wacker-Chemie G. m. b. H., Deutschland, **Herstellung polymerer Aldoketene** (Alkylketene) in Ggw. von so viel indifferenten Lsgm. [Methylpropionat (**I**), polymeres Aldoketen], daß das entstandene Polymere selbst als Lsgm. wirken kann, bei 30 bis —30° u. Unterdruck oder bei —30 bis —190° u. normalem Druck, auch unter Zusatz von 0,1—10% eines Verzögerers, wie Hydrochinon. Die dabei entstehenden *Trimeren* sind gelbe Öle, die beim Destillieren unter normalem Druck unter Harz-Bldg. zerfallen. Die *Hexameren* sind farblose, aus W. u. Äthylacetat umkristallisierbare, geruchlose Stoffe. — Verw. bei der Herst. von Pharmazeutica u. in der Industrie der plast. Massen. — Zu 102,1 (g) mit fl. Luft gekühltem Methylketen gibt man 130,9 stark gekühltes **I**, läßt mehrere Std. in fl. Luft stehen u. erwärmt dann auf +10°. *Hexameres Methylketen,* F. 136—138°; daneben *Trimeres,* $Kp._{0,01}$ 46°. — Aus Äthylketen das *Trimere,* $Kp._{0,01}$ 62,5 bis 65°. — Aus Isopropylketen das *Trimere,* $Kp._{0,01}$ 77—81°. (**F. P. 1 220 231** vom 9/2. 1959, ausg. 23/5. 1960. D. Prior. 6/3. 1958.) M. Pankow. 7177

Rohm & Haas Co., Philadelphia, Pa. (Erfinder: Theodore Edwin Bockstahler, N.J.), V.St.A., **Herstellung von Blockpolyestern** durch Rk. eines linearen, hochmol., an nichtbenzol. ungesätt. Bindungen freien Polyesters mit OH- u./oder COOH-Endgruppen, mit einem Polyester mit OH- u./oder COOH-Endgruppen, den man aus α.β-monoäthylen. ungesätt. Dicarbonsäuremono- oder -bisglykolestern, oder Glykolen oder Mischungen von Glykolen u. solchen Dicarbonsäuren erhält. Die erhaltenen Hochmolekularen können zusammen mit monomeren ungesätt. Verbb. u. Glasfasern oder -gewebe in bekannter Weise verarbeitet werden. — 508 (Teile) Propylenglykol, 783 Adipinsäure u. 1,1 $ZnCl_2$ (78° Bé) werden bis 210°, zuletzt unter Vakuum erhitzt, bis die Dest. beendet ist (Polyester I). 804 Äthylenglykol u. 225 Maleinsäureanhydrid werden 3—4 Std. auf 60—70° bis zur Bldg. von Hydroxyäthylmaleat (II) (SZ. 350) erhitzt. 407 Polyester I, 393 II u. 0,86 $ZnCl_2$-Lsg. (72° Bé) werden bis 200° u. hier bei 5 mm bis SZ. 6,7 erhitzt. Der erhaltene Polyester wird mit 3,25 Styrol gemischt. (**F. P. 1 228 605** vom 9/6. 1959, ausg. 31/8. 1960. (**Jap. A. S. 18 198/1960** vom 6/6. 1959, ausg. 14/12. 1960. Beide A. Prior. 16/6. 1958.) M. Pankow. 7177

Vereinigte Glanzstoff-Fabriken Akt.-Ges., Deutschland, **Herstellung von hochmolekularem Polyäthylenterephthalat** unter Verw. von Orthoantimonaten $Me_3(SbO_4)_2$ von Metallen der II. Hauptgruppe des Period. Syst., von Zn oder Cd. — 400 g Dimethylterephthalat werden unter $N_2$ mit 275 ml Diäthylenglykol u. 60 mg Zn·$(OCOCH_3)_2$ verschmolzen. Man steigert auf 240° (nach ca. 3½ Std.), setzt 80 mg Mg-Orthoantimonat in etwas Glykol u. 200 mg $TiO_2$ in Glykoldispersion zu u. senkt den Druck auf 0,1 mm, wobei die Temp. bis 270° steigt, die noch langsam auf 276° gesteigert wird. $Mg_3(SbO_4)_2$ erhält man aus $Sb_2O_3$ u. Mg-Salzen bei ≧ 1000°. (**F. P. 1 219 831** vom 9/4. 1959, ausg. 19/5. 1960. D. Prior. 13/6. 1958.) M. Pankow. 7177

Monsanto Canada Ltd., Ville La Salle, Quebec, Canada, **Melamin-Formaldehyd-Harz.** Bei 50—100° kondensiert man in W. oder wss. Lsg. eines mehrwertigen Alkohols Melamin, $CH_2O$ u. ein cycl. Thion der Formel I, in der R = H oder $—CH_2—CH_2OH$ u. n = 2 oder 3 ist. Es entsteht ein *syrupöses Harz.* (**E. P. 878 660** vom 3/4. 1958, ausg. 4/10. 1961. Can. Prior. 18/9. 1957. A. Prior. 24/2. 1958.) W. Overbeck. 7181

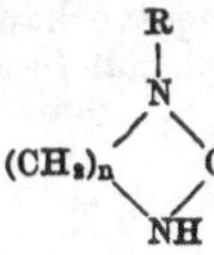
I

Henkel & Cie. G. m. b. H., Düsseldorf, **Modifiziertes Melaminharz.** Melamin (I) u. $CH_2O$ (II) oder diesen abspaltende Stoffe oder wasserlösl. I—II-Vorkondensate werden gemeinsam kondensiert mit einem wasserlösl. Di- oder Polyamid, das freie Aminogruppen enthält, oder mit einem Kondens.-Prod., das Ureido-Gruppen enthält aus einem Di- oder Polyamid u. Harnstoff. Ggf. kann das erhaltene Kondensat in bei Melamin-Harzen üblicher Weise gehärtet werden. (**E. P. 877 670** vom 24/7. 1959, ausg. 20/9. 1961. D. Prior. 25/7. 1958 u. 19/2. 1959.) W. Overbeck. 7181

Formica Corp., Cincinnati, Ohio, V.St.A., **Phenol-modifiziertes Melaminharz.** Melamin (I) u. $CH_2O$ (II) werden in Ggw. von 0,2—10% eines tert. Amins mit einem Kp. < 100°, z. B. Trimethylamin, zwischen 70° u. der Rückfluß-Temp. umgesetzt, bis eine Wassertoleranz von 300—5000% erreicht ist, also der Verdünnungsgrad, der ohne Trübung möglich ist. Dann wird Phenol (III) so lange zur Einw. gebracht, bis das entstandene Harz hydrophob wird. Hierbei ist das Mol-Verhältnis von I : II zwischen 1 : 1 u. 1 : 6 u. von I : III zwischen 1 : 9 u. 9 : 1. Verw. bes. zur *Papierimprägnierung für Isolierschichten.* (**E. P. 882 140** vom 8/10. 1959, ausg. 15/11. 1961. A. Prior. 20/10. 1958.) W. Overbeck. 7181

Wolfgang Griehl und Siegfried Schaaf, Deutschland, übert. von: Deutsche Akademie der Wissenschaften zu Berlin, **Polyamidherstellung** aus Lactamen unter Verw. von Initiatoren der Formeln RMgX, ROMgX, RSMgX, $R_2NMgX$ u. Mischung von RMgX, $R_2Mg$ u. $MgX_2$ (R = H oder organ. Rest; X = Mineralsäurerest, bes. Halogen) in indifferentem Gas bei Temp. bis 280°. Aus den Organo-Mg-Verbb. u. dem Lactam kann man auch Zwischenprodd. herstellen, die ebenfalls als Initiatoren dienen können. — Man erhitzt 30 (g) reines u. trocknes ε-Caprolactam mit 0,22 $CH_3MgJ$ auf 100°: $CH_4$-Entwicklung. Unter indifferentem Gas steigert man auf 250°. Nach einigen Min. wird die Masse viscos u. fadenbildend u. ist nach Abkühlen hart. (**F. P. 1 212 102** vom 23/7. 1958, ausg. 22/3. 1960. D. Prior. 23/7. 1957.) M. Pankow. 7181

Monsanto Canada Ltd., Ville La Salle, Quebec, Canada, **Herstellung linearer Polyesteramide** durch Erhitzen von Äthylenglykol mit N.N′-Di-(5-carboxypentyl)-oxamid oder N.N′-Di-(6-carboxyhexyl)-oxamid oder einem Alkyl- oder Hydroxyalkylester dieser Oxamide unter $N_2$ in Ggw. von PbO oder Zn-Borat auf 130—170° unter normalem Druck. Abschließend wird unter Druckminderung bis auf 0,5—1 mm Hg auf 225° erhitzt. Weiße, kristalline feste Prodd. mit Fp. 160° u. 165°. *Fasern, Filme, Spritzgußstücke.* Mengenbeispiele. (**E. P. 853 003** vom 20/5. 1958, ausg. 2/11. 1960. A. Prior. 17/3. 1958.) H. Schindler. 7181

Farbenfabriken Bayer Akt.-Ges., Deutschland (Erfinder: Ulrich Bahr, Karl-Heinz Andres und Günther Braun), **Herstellung von Flammenverzögerungsmitteln und ihre Verwendung in plastischen Massen,** bes. in *Polyurethanen.* Man erhält sie beim Erhitzen eines Phosphits mit wenigstens 2 Alkylenresten, von denen wenigstens einer halogeniert ist, auf 180—300°, wobei polymere Ester der Formel $X^1R^1O(X^1RO)\cdot POR[P(O)(OR^1X^1)OR]_nX$ entstehen (R = Alkylen; $R^1$ = Alkylen oder Arylen; X = Halogen; $X^1$ = X oder H; n = ≧ 1). Bei Temp. < 180° entsteht ein monomerer Phosphonsäureester, der sich nicht weiter kondensieren läßt. In vielen Fällen verringern diese polymeren Ester auch den hydrolyt. Abbau von plast. Massen u. die Wasserabsorption. — Man erhitzt Tri-[$\beta$-chloräthyl]-phosphit schnell auf 180° u. entfernt aus dem Rk.-Prod. bei 200—225° u. 10 mm niedrigersd. Anteile. 20 (Teile) dieses polymeren Phosphonsäureesters gibt man zu 100 eines Polyesterharzes, das dann mit Isocyanaten kondensiert u. in Schaum umgewandelt wird. (**F. P. 1 238 048** vom 2/10. 1959, ausg. 28/11. 1960. D. Prior. 4/10. 1958.) M. Pankow. 7181

Dow Corning Corp. (Erfinder: John L. Speier), Midland, Mich., V.St.A., **Herstellung organischer Siliciumverbindungen.** Man läßt W. mit Polyaminoalkylsilanen $R^2_x(ZnR^1)Si(OR)_{3-x}$ (x = 0 oder 2; R = Alkylrest mit ≧ 4 C-Atomen; $R^1$ = 2- u. mehrwertiger aliphat. KW-Stoff-Rest mit 1 oder 3 u. mehr C-Atomen; Z = einwertiger, am $R^1$ durch C—N-Bindung gebundener C-, N- u. H-Atome enthaltender Rest mit wenigstens 2 Aminogruppen, wobei das Verhältnis von C- zu N-Atomen in $-R^1Zn < 6:1$ ist; n = ganze Zahl ≧ 1; $R^2$ = einwertiger, von ungesätt. Bindungen freier KW-Stoff-Rest) oder Verbb. $R^3_ySi(OR)_{4-y}$ (y = 0, 1, 2, 3; $R^3$ = einwertiger KW-Stoff-Rest oder Halogenarylrest) oder deren Mischungen im Mol-Verhältnis von Wassermenge zur gesamten Menge vorhandener OR-Gruppen von wenigstens 50% reagieren u. kann aus dem Rk.-Prod. mit Säuren *Salze* herstellen. — Man mischt $(CH_3O)_3Si(CH_2)_3NHCH_2CH_2NH_2$ mit W. u. erhält eine wss. Lsg. eines Organosiloxans, die einen harten, wasserlösl. Film gibt. — Aus $CH_2:CHSi(CH_3)_2OC_2H_5$ u. $H_2NCH_2CH_2NH(CH_2)_3Si(CH_3)_2OC_2H_5$ erhält man mit W. nach Dest. des Rk.-Prod. *$CH_2:CHSi(CH_3)_2OSi(CH_3)_2(CH_2)_3NH(CH_2)_2NH_2$*, Kp.$_9$ 100°; $D._4^{25}$ 0,887; entsprechend aus $H_2N(CH_2)_2NH(CH_2)_3(CH_3)_2SiOC_2H_5$ das Disiloxan *$[H_2N(CH_2)_2NH(CH_2)_3Si(CH_3)_2O$*, Kp.$_1$ 165°; $D._4^{25}$ 0,93. — Man löst 192 (g) $C_6H_5Si(OC_2H_5)_3$, 147 $C_6H_5Si(CH_3(OC_2H_5)_2$ u. 95 $(CH_3O)_3Si(CH_2)_3NHCH_2CH_2NH_2$ in 782 Toluol, gibt eine den Alkoxygruppen äquivalente Wassermenge zu, hält mehrere Std. unter Rückfluß, heizt mit ca. 0,4 KOH 3 Std., setzt 2 mal 10 W. zu, erhitzt weiter u. dest. azeotrop. 220 Toluol u. 200 $CH_3OH$ ab u. noch soviel Toluol, daß eine 50%ig. Harz-Lsg. entsteht, setzt noch 2 mal 25 W. bei nachfolgender Dest. zu, neutralisiert die Lsg. u. erhält daraus ein *Harz*, das mit Phenolharzen mischbar ist. Ein Harzfilm kann 3 Std. bei 250° gehärtet werden. — Die hergestellten Siloxane eignen sich zum *Überziehen von Glas*, um die Haftung organ. Harze am Glas zu verbessern, sie sind z. T. gute wasserlösl. *Netz-* u. *Emulgiermittel* u. Behandlungsmittel für Autoschutzscheiben. (**F. P. 1 230 820** vom 17/7. 1959, ausg. 20/9. 1960. **Jap. A. S. 18 195/1960** vom 20/5. 1959, ausg. 14/12. 1960. A. Prior. 4/8. 1958.) M. Pankow. 7189

Midland Silicones Ltd., London, England, **Selbstklebende Siliconkautschukmassen,** enthaltend 0,015—0,5 Gew.-% B, das in Form eines *Alkylborates* vor der Vulkanisation zugemischt wird. Die zugrundeliegenden Silicone sind z. B. Dimethyl- oder Phenylmethylsiloxan. Füllstoffe, wie $TiO_2$, ZnO oder Silicate können zugesetzt werden. Die Vulkanisation kann z. B. in Ggw. von Peroxiden in der Hitze erfolgen. (**E. P. 859 284** vom 1/9. 1958, ausg. 18/1. 1961. A. Prior. 15/11. 1957.) P. Krug. 7189

Akira Shinjo, Hatsukaichi, Hiroshima, Japan, **Herstellung eines flüssigen Lignin–Phenol-Harzes für Formmaskenverfahren.** Man kondensiert 100 (Teile) Ligninphenole mit < 40 Lignin u. < 32 HCHO mit sauren Katalysatoren mit pH ca. 1 zu einem niedrigen Kondensationsgrad bei >80, bes. <70°, neutralisiert u. läßt unter Verw. alkal. Katalysatoren mit so viel HCHO zu einem Resol reagieren, daß pro Harzfeststoff 5—20% freie Phenole vorhanden sind. — Eine Mischung aus 700 (Gew.-Teilen) Phenol, 300 Lignin, 560 38 Vol.-%ig. Formalin (I) u. 13,1 HCl (20° Bé) werden mit 0,25°/Min. bis 50° erwärmt u. dort 1 Std. kondensiert, dann 4 Std. bei 70° gehalten u. neutralisiert; man setzt 90 I u. 8,6 30%ig. NaOH zu u. hält 2 Std. bei 80°, entfernt die obere Laugenschicht, wäscht u. hält 4—6 Std. bei 60° u. 60 mm: Fl., relativ niedrigmol., schnell härtendes *Harz* mit Resol- u. Novolak-Eigg., von den man 4 mit 100 $SiO_2$, 0,45 Hexamethylentetramin u. 0,11 Wachs mischt u. formt. (**Jap. A. S. 17 499/1960** vom 28/10. 1957, ausg. 29/11. 1960.) M. Pankow. 7205

Yasukura Takano, Hiroshima, Japan, **Herstellung flüssiger Lignin–Phenolharze für das Maskenformverfahren** durch Rk. von Lignin, Phenol u. wasserfreiem Aldehyd bei < 80, bes. < 70° in Ggw. von saurem, wasserfreiem oder hochkonz. Katalysator ohne Verw. von Lsgm. oder in hydrophilen Lsgm., die prakt. wasserfrei sind u. Umsetzung des noch im Kunstharz vorhandenen HCHO mit $NH_3$, wobei das entstandene Hexamethylentetramin im Harz verbleibt. — Man kondensiert 500 (g) Phenol, 500 Lignin, 224 Paraformaldehyd, 200 $CH_3OH$ u. 4 cm³ 10n HCl < 70° 6—7 Std., neutralisiert mit 10n NaOH, gibt bei Raum-Temp. 10 cm³ 28%ig. $NH_4OH$ zu dem Harz u. erhält ein fl., 6% Feuchtigkeit enthaltendes *Harz.* (**Jap. A. S. 17 500/1960** vom 22/4. 1958, ausg. 29/11. 1960.) M. Pankow. 7205

Esso Research and Engineering Co., Elizabeth (Erfinder: Hadden Clark, Plainfield), N.J., V.St.A., **Verstärktes plastisches Material.** Hydrophiles Verstärkungsmaterial (Glasfaser, -wolle, Schlackenfaser, Talkum, mineral. Füllmaterial) wird mit einem durch Blasen getrockneten Öl (durch Polymerisation von $C_{4-6}$-Diolefinen erhalten) überzogen u. danach hydrophobes Harz (fl. ölige Polymere von $C_{4-6}$-Diolefinen oder Polyester, die auch Vernetzungsmittel, wie Triallylcyanurat, enthalten können) aufgebracht u. durch Behandlung mit warmer Luft oder einer Flamme gehärtet. —Man taucht Glasgewebe in eine 3 % ig. Lsg. von Butadien–Styrol (80 : 20 %)-Mischpolymerisat mit 16 % O-Geh. in Aceton–Solvesso-Lsgm., erhitzt das imprägnierte Material 1 Std. bei 150° u. bringt es dann mit einer Mischung aus 85 (Teilen) eines Butadien–Styrol (80 : 20 %)-Mischpolymerisats, 13 Methylstyrol, 2 Triäthylcyanurat u. 6 Dicumylperoxid zusammen u. erhitzt in der Presse 1 Std. u. frei 16 Std. bei 138°. Verbesserte Biegungsfestigkeit. (**F. P. 1 220 919** vom 5/1. 1959, ausg. 30/5. 1960. **Jap. A. S. 17 842/1960** vom 19/1. 1959, ausg. 6/12. 1960. Beide A. Prior. 31/1. 1958.) M. Pankow. 7205

Ruhrchemie Akt.-Ges., Deutschland (Erfinder: Otto Liethen und Walter Rottig), **Herstellung von rußhaltigen Polyolefinen** durch Polymerisation mit Ziegler u. a. Katalysatoren in Ggw. von bis zu 50 % Ruß. — 1800 $cm^3$ einer Schwerbenzinfraktion aus der Fischer-Tropsch-Synth. mit Kp. 100—180° werden mit 0,34 g Al $(Isobutyl)_3$ (I), 0,27 g eines amorphen Rk.-Prod. aus äquimol. Mengen I u. $TiCl_4$ u. 12 g Acetylenruß versetzt. In die Mischung leitet man bei 70° 3½—4 Std. Äthylen. Die Ausbeute an Polymeren ist höher als ohne den Rußzusatz. Der Ruß ist im Polymeren gleichmäßig verteilt. (**F. P. 1 225 683** vom 27/12. 1958, ausg. 4/7. 1960. D. Prior. 16/1. 1958.) M. Pankow. 7205

Simon Industrielle Forschungs- und Handels-K. G., Deutschland, **Verbesserung der Formhaltigkeit von Polyvinylchlorid** durch Zusatz von 3—20 Gew.-% Benzylcellulose oder benzyliertem Holz oder anderen benzylierten Stoffen. Die Benzylcellulose kann man in heißem Weichmacher, wie Trikresylphosphat, vorquellen lassen. (**F. P. 1 220 507** vom 10/4. 1959, ausg. 25/5. 1960. D. Prior. 12/4. 1958.) M. Pankow. 7205

Kalle & Co. Akt.-Ges., Deutschland, **Herstellung von Filmen aus linearen Polyestern.** Man preßt Filme aus amorphen linearen Polyestern bei 70—110°, bes. Filme aus Polyäthylenterephthalat, mit Filmen aus anderen Polyestern zusammen. Die Filme können durch Erhitzen über den F. des einen Filmes oder durch Strecken in einer oder 2 Richtungen nachbehandelt werden. Sie sind weniger durchlässig u. besser bedruckbar als die Einzelfilme. (**F. P. 1 230 703** vom 29/5. 1959, ausg. 19/9. 1960. D. Prior. 31/5. 1958.) M. Pankow. 7205

Paul Lechler o. H. G., Deutschland, **Härtbare Mischungen aus Epoxyharzen und Polyaminen** durch Mischen u. kurzes Erhitzen der Komponenten, z. B. bis zum Schmelzen, u. schnelles Abkühlen, worauf die Mischung gepulvert wird u. bei Raum-Temp. oder etwas darüber gepreßt u. gelagert werden kann, bis sie zur Formung u. endgültigen Härtung benötigt wird. Man kann die erhitze Mischung auch dadurch schnell abkühlen, daß man sie in geschmolzener Form pulvert. — 100 g Epikote-Harz vom Mol.-gew. 900 werden bei 110° in fl. Form mit 5 g Polyamin schnell verrührt u. nach 10 Sek. zu Stäben ausgegossen oder unmittelbar unter Pulvern abgekühlt. (**F. P. 1 211 587** vom 25/8. 1958, ausg. 17/3. 1960. D. Prior. 26/8. 1957.) M. Pankow. 7205

---

**Farbwerke Hoechst Akt.-Ges., vormals Meister Lucius & Brüning,** Frankfurt/M., *Olefinpolymerisation.* (**E. P. 878 516** vom 31/10. 1957, ausg. 4/10. 1961. D. Prior. 31/10. 1956. — **C. 1961,** 10381 [F. P. 1 185 612 u. Oe. P. 208 582].)

**Oliver Wallis Burke jun.,** Grosse Pointe Park, Mich., V.St.A. (Erfinder: **Oskar E. H. Klopfer und Paul S. Davis**), *Polymerisation von ungesättigten Kohlenwasserstoffen oder deren Gemischen.* (**Aust. P. 230 214** vom 26/4. 1957, ausg. 6/10. 1960. A. Prior. 25/4. 1956. — **C. 1960,** 8027 [Oe. P. 204 776].)

**N. V. de Bataafsche Petroleum Mij.,** Den Haag, Niederlande, *Niederdruckpolymerisation von Olefinen.* (**Ind. P. 65 140** vom 4/9. 1958, ausg. 4/1. 1961. — **C. 1961,** 7417 [D. A. S. 1 080 779].)

**Argus Chemical Corp.,** Brooklyn, N.Y., V.St.A., *Plastisches Polyolefinprodukt.* (**Jap. A. S. 5981/1960** vom 6/9. 1958, ausg. 28/5. 1960. A. Prior. 14/11. 1957 u. 31/1. 1958. — **C. 1962,** 17228 [Oe. P. 214 152].)

**Imperial Chemical Industries Ltd.,** London, England, *Herstellung verformbarer thermoplastischer Massen.* (**Ind. P. 65 289** vom 17/9. 1958, ausg. 12/12. 1960. E. Prior. 2/10. 1957. — **C. 1962,** 7343 [Aust. P. 227 755].)

**Monsanto Chemical Co.,** St. Louis, Mo., V.St.A., *Herstellung von Mischpolymerisaten.* (**E. P. 851 491** vom 25/7. 1957, ausg. 19/10. 1960. A. Prior. 25/7. 1956. — **C. 1961,** 17407 [F. P. 1 180 764].)

**Montecatini Soc. Gen. per l'Industria Mineraria e Chimica,** Mailand, Italien, *Pfropfpolymerisate.* (**E. P. 878 523** vom 17/3. 1958, ausg. 4/10. 1961. It. Prior. 22/3. 1957. — **C. 1960,** 6338 [Oe. P. 203 461].)

**Elektrochemische Werke München Akt.-Ges.**, Höllriegelskreuth b. München (Erfinder: **Heinz Meyer**, München), *Wasserstoffperoxid enthaltender Katalysator für die Block- und Lösungspolymerisation.* (**D. P. [DDR] 23 038** Kl. 39c vom 25/8. 1958, ausg. 26/4. 1962 [Ausschließungspatent]. — C. **1962**, 11386 [D. A. SS. 1 104 182 u. 1 108 437].)

**Montecatini Soc. Gen. per l'Industria Mineraria e Chimica** (Erfinder: **Umberto Maffezzoni, Carlo Longiave** und **Gianfranco Croce**), Mailand, Italien, *Polymerisationskatalysatoren.* (**Jap. A. S. 18 357/1960** vom 11/2. 1958, ausg. 19/12. 1960. It. Prior. 12/2. 1957. — C. **1961**, 5979 [F. P. 1 198 784].)

**Pure Chemicals Ltd.**, Kirkby/Liverpool (Erfinder: **Reuben Lloyd Barker**, St. Helens), England, *Herstellung organischer Zinnverbindungen.* (**Oe. P. 214 453** vom 23/7. 1959, ausg. 10/4. 1961. E. Prior. 7/8. 1958. — C. **1962**, 6228 [E. P. 855 214].)

**Farbwerke Hoechst Akt.-Ges., vormals Meister Lucius & Brüning**, Frankfurt/M., *Herstellung von hochmolekularem Polypropylen.* (**Jap. A. S. 17 246/1960** vom 5/10. 1956, ausg. 24/11. 1960. D. Prior. 21/10. 1955. — C. **1960**, 2020 [F. P. 1 161 241].)

**Koppers Co., Inc.** (Erfinder: **Kenneth Worley Doak**), *Styrolpolymerisation.* (**Aust. P. 230 117** vom 2/2. 1959, ausg. 22/9. 1960. A. Prior. 3/2. 1958. — C. **1961**, 6327 [A. P. 2 907 756].)

**Badische Anilin- & Soda-Fabrik Akt.-Ges.**, Ludwigshafen/Rh., *Schwer entflammbare Styrolpolymerisate.* (**Ind. P. 64 520** vom 1/7. 1958, ausg. 5/6. 1961. — C. **1960**, 7358 [Oe. P. 204 787].)

**Ruhrchemie Akt.-Ges.**, Deutschland (Erfinder: **Walter Rottig**), *Herstellung von Polyäthylen.* (**F. P. 73 837** vom 10/7. 1958, ausg. 23/1. 1961. D. Prior. 25/7. 1957. Zusatz zu F. P. 1 162 960; C. 1959, 10741. — C. **1961**, 14114 [Oe. P. 210 133].)

**Ruhrchemie Akt.-Ges.**, Deutschland (Erfinder: **Walter Rottig**), *Herstellung von Polyäthylen.* (**F. P. 1 209 499** vom 9/8. 1958, ausg. 2/3. 1960. D. Prior. 12/8. 1957 u. 24/3. 1958. — C. **1960**, 6336 [Oe. P. 205 231].)

**Union Carbide Corp.**, New York, N.Y. (Erfinder: **Henry William Mock**, N.J.), V.St.A., *Polyäthylenpräparat.* (**Jap. A. S. 7831/1960** vom 11/8. 1958, ausg. 24/6. 1960. A. Prior. 21/8. 1957. — C. **1962**, 16508 [Aust. P. 226 820].)

**Standard Oil Co.**, Chicago, Ill., V.St.A. (Erfinder: **Edmund Field** und **Morris Feller**), *Polymerisation von Äthylen und/oder Propylen.* (**E. P. 829 150** vom 15/7. 1957, ausg. 24/2. 1960. Zusatz zu E. P. 753 350; C. 1957, 14205. — C. **1958**, 10791 [A. P. 2 791 576].)

**Godfrey L. Cabot, Inc.**, Boston, Mass., V.St.A., *Polyäthylengemische.* (**Ind. P. 64 600** vom 8/7. 1958, ausg. 1/3. 1961. — C. **1962**, 12477 [F. P. 1 180 725].)

**Montecatini Soc. Gen. per l'Industria Mineraria e Chimica** (Erfinder: **Rino Mostardini** und **Luciano Luciani**), Mailand, Italien, *Herstellung von Katalysatoren zur Polymerisation von Äthylen.* (**D. P. [DDR] 23 502** Kl. 39c vom 5/11. 1958, ausg. 6/8. 1962 [Ausschließungspatent]. It. Prior. 6/11. 1957. — C. **1961**, 2806 [F. P. 1 205 100].)

**Soc. des Usines Chimiques Rhône-Poulenc**, Paris (Erfinder: **Gilbert Bo, Edouard Fichet, André Perrot**, Lyon, und **Philippe Perras**, Collonges au Mont d'Or, Rhône), Frankreich, *Katalysator für die Äthylenpolymerisation.* (**Jap. A. S. 17 664/1960** vom 28/5. 1958, ausg. 2/12. 1960. F. Prior. 29/5. 1957. — C. **1960**, 9740 [F. P. 1 176 337].)

**Solvay & Cie.**, Brüssel, Belgien, *Sulfochlorieren von Polyäthylen.* (**E. P. 879 963** vom 16/10. 1958, ausg. 11/10. 1961. Belg. Prior. 19/10. 1957. — C. **1961**, 9996 [Belg. P. 561 764].)

**Monsanto Chemical Co.**, St. Louis, Mo., übert. von: **Richard H. Martin jun.**, Springfield, Mass., V.St.A., *Suspensionspolymerisation von Vinylhalogeniden.* (**A. P. 2 957 857** vom 25/6. 1956, ausg. 25/10. 1960. — C. **1961**, 18522 [F. P. 1 176 785].)

**Monsanto Chemical Co.**, St. Louis, Mo., V.St.A., *Suspensionspolymerisation von Vinylidenverbindungen.* (**E. P. 853 318** vom 27/5. 1957, ausg. 2/11. 1960. A. Prior. 25/5. 1956. — C. **1961**, 675 [F. P. 1 175 813].)

**Wacker-Chemie G.m.b.H.**, Deutschland, *Vorbereitung von Vinylestern zur Polymerisation.* (**F. P. 1 218 155** vom 2/3. 1959, ausg. 9/5. 1960. D. Prior. 6/3. 1958. — C. **1962**, 321 [D. A. S. 1 097 978].)

**Rohm & Haas Co.**, Philadelphia, übert. von: **Thomas F. Protzman**, Levittown, Pa., V.St.A., *Feste, widerstandsfähige Polymere von Estern der Acryl- und Methacrylsäure.* (**A. P. 2 992 203** vom 25/3. 1957, ausg. 11/7. 1961. — C. **1963**, 319 [Belg. P. 565 947].)

**E. I. du Pont de Nemours & Co.**, Wilmington, Del., V.St.A. (Erfinder: **Northrop Brown, William Philip Langsdorf** und **Carl Earle Schweitzer**), *Herstellung von Polyoxymethylendiäthern.* (**Jap. A. S. 6233/1960** vom 6/9. 1958, ausg. 1/6. 1960. A. Prior. 6/9. 1957. — C. **1962**, 16151 [F. P. 1 226 434].)

**Union Carbide Corp.**, New York, N.Y., V.St.A., *Kunstharz aus Polyglycidylpolyäthern.* (**Jap. A. S. 10 647/1960** vom 21/1. 1958, ausg. 5/8. 1960. A. Prior. 22/1. 1957. — C. **1962**, 17585 [F. P. 1 218 422].)

**Union Carbide Corp.**, New York, N.Y., V.St.A., *Herstellung von Epoxypolymeren.* (**Jap. A. S. 10 148/1960** vom 25/7. 1958, ausg. 28/7. 1960. A. Prior. 26/7. 1957. — C. **1962**, 16149 [Oe. P. 215 671].)

**Ciba Ltd.**, Basel, Schweiz (Erfinder: **Hans Brueschweiler** und **Paul Zuppinger**), *Härtbare Mischungen aus Epoxydverbindungen.* (**Jap. A. S. 17 334/1960** vom 25/3. 1959, ausg. 25/11. 1960. Schwz. Prior. 25/3. 1958 u. 13/2. 1959. — C. **1961**, 8855 [F. P. 1 222 925].)

**Ciba Ltd.**, Basel (Erfinder: **Arthur Maeder**, Therwil, **Willy Fisch**, Binningen, **Otto Ernst**, Pfeffingen, und **Heinz Zumstein**, Basel), Schweiz, *Härten von Epoxyharzen.* (**Jap. A. S. 17 332/1960** vom 23/8. 1958, ausg. 25/11. 1960. Schwz. Prior. 23/8. 1957 u. 18/7. 1958. — C. **1961**, 3503 [D. A. S. 1 085 667].)

**Vereinigte Glanzstoff-Fabriken Akt.-Ges.**, Deutschland, *Herstellung von hochmolekularem Polyäthylenterephthalat.* (**F. P. 1 219 649** vom 2/4. 1959, ausg. 18/5. 1960. D. Prior. 13/6. 1958. — C. **1961**, 14117 [D. A. S. 1 088 713].)

**Dr. Kurt Herberts & Co. vormals Otto Louis Herberts**, Deutschland (Erfinder: **Gustav Haegele, Wilhelm Meyer** und **Friedrich Johannsen**), *Herstellung vernetzter ungesättigter Polyesterharze.* (**F. P. 1 220 669** vom 20/4. 1959, ausg. 27/5. 1960. D. Prior. 22/4. 1958. — C. **1960**, 11836 [D. A. S. 1 069 871].)

**Dr. Kurt Herberts & Co. vorm. Otto Louis Herberts**, Deutschland, *Herstellung vernetzter ungesättigter Polyester.* (**F. P. 1 224 609** vom 19/5. 1959, ausg. 24/6. 1960. D. Prior. 21/5. 1958. — C. **1960**, 11836 [D. A. S. 1 070 822].)

**Henkel & Cie. G.m.b.H.**, Deutschland, *Herstellung von härtbaren Alkydharzen.* (**F. P. 1 213 572** vom 3/9. 1958, ausg. 1/4. 1960. D. Prior. 7/9. u. 22/11. 1957. — C. **1959**, 10411 [D. A. SS. 1 040 783 u. 1 045 650].)

**Ciba Ltd.**, übert. von: **Alfred Renner**, Basel, Schweiz, *Kondensationsharze.* (**Can. P. 563 119** vom 29/8. 1956, ausg. 9/9. 1958. Schwz. Prior. 7/9. 1955. — C. **1959**, 13652 [D. A. S. 1 025 141].)

**American Cyanamid Co.**, New York, N.Y., übert. von: **Tzeng Jiueq Suen** und **Arthur M. Schiller**, Stamford, Conn., V.St.A., *Harnstoff-Formaldehyd-Harze.* **(Can. P. 562 909** vom 15/8. 1952, ausg. 9/9. 1958. A. Prior. 21/3. 1950. — C. **1955,** 7098 [A. P. 2 637 713].)

**Polymer Corp.**, Reading, übert. von: **Louis L. Stott**, Wyomissing, Pa., V.St.A., *Polyamide.* **(Can. P. 562 796** vom 24/5. 1956, ausg. 2/9. 1958. A. Prior. 6/12. 1950. — C. **1954,** 11319 [F. P. 1 046 117].)

**Quaker Chemical Products Corp.**, V.St.A., *Mit Aminotriazinen modifizierte Polyacetale.* **(F. P. 1 231 852** vom 15/4. 1959, ausg. 4/10. 1960. — C. **1960,** 10778 [A. P. 2 895 923].)

**Chemstrand Corp.** (Erfinder: **Howard Garmany Clark** und **William Bure Black**), Dekatur, Ala., V.St.A., *Polymerisieren von Pyrrolidon.* **(F. P. 1 219 656** vom 2/4. 1959, ausg. 19/5. 1960. **Jap. A. S. 15 796/1960** vom 16/4. 1959, ausg. 20/10. 1960. Beide A. Prior. 16/4. u. 21/4. 1958. — C. **1962,** 2562 [E. P. 858 041].)

**Dow Chemical Co.**, Midland, Mich., übert. von: **Frederick C. Bersworth**, Verona, N.J., V.St.A., *Chelatisierungsmittel.* **(Can. P. 562 620** vom 26/3. 1953, ausg. 2/9. 1958. A. Prior. 11/4. 1952. — C. **1957,** 1809 [E. P. 744 004].)

**Kodak S.p.A.**, Mailand, Italien, *Herstellung von linearen Polyestern.* **(It. P. 545 168** vom 26/11. 1955. A. Prior. 1/12. 1954. — C. **1957,** 6298 [A. P. 2 744 088].)

**Farbenfabriken Bayer Akt.-Ges.**, Leverkusen (Erfinder: **Hermann Schnell** und **Heinrich Krimm**, Krefeld), *Herstellung thermostabiler Polykondensationsprodukte.* **(Niederl. P. 101 037** vom 27/2. 1958, ausg. 16/4. 1962. D. Prior. 2/3. 1957. — C. **1962,** 5869 [E. P. 854 134].)

**Soc. des Usines Chimiques Rhône-Poulenc**, Paris (Erfinder: **Louis Frédéric Ceyzeriat**, Lyon), Frankreich, *Flüssiges, lagerfähiges, mit Wasser härtendes Präparat.* **(Jap. A. S. 17 333/1960** vom 5/2. 1959, ausg. 25/11. 1960. F. Prior. 6/2. u. 2/12. 1958. — C. **1962,** 1817 [E. P. 851 578].)

**Dow Corning Corp.**, übert. von: **Oscar K. Johannson**, Midland, Mich., V.St.A., *Siloxane.* **(Can. P. 563 397** vom 8/10. 1953, ausg. 16/9. 1958. A. Prior. 3/12. 1952. — C. **1957,** 2343 [D. B. P. 949 604].)

**Imperial Chemical Industries Ltd.**, London, England, übert. von: **Norman New**, Johnstone, Renfrewshire, Schottland, *Siloxanelastomere.* **(Can. P. 562 709** vom 13/10. 1956, ausg. 2/9. 1958. E. Prior. 7/11. 1955. — C. **1959,** 6313 [E. P. 792 580].)

**General Electric Co.**, New York (Erfinder: **William Joseph Bobear**, Latham), N.Y., V.St.A., *Organopolysiloxanmassen.* **(D. A. S. 1 135 658** Kl. 39b vom 18/8. 1958, ausg. 30/8. 1962. A. Prior. 26/8. 1957. — C. **1962,** 4006 [E. P. 847 556].)

**General Electric Co.**, New York (Erfinder: **Richard Miner Savage**, Loudonville), N.Y., V.St.A., *Hitzehärtbare Organopolysiloxanmassen.* **(D. A. S. 1 133 887** Kl. 39b vom 13/6. 1958, ausg. 26/7. 1962. A. Prior. 17/6. 1957. — C. **1961,** 15947 [A. P. 2 938 007].)

**Union Carbide & Carbon Corp.**, New York (Erfinder: **Milton Leon Dunham jun.**, Kenmore, und **George Hoyt Wagner**, Clarence), N.Y., V.St.A., *Polymerisieren von Dialkylcyclosiloxanen bei hohem Druck.* **(Jap. A. S. 17 696/1960** vom 4/6. 1954, ausg. 2/12. 1960. A. Prior. 10/6. 1953. — C. **1957,** 1811 [D. B. P. 946 266].)

**Imperial Chemical Industries Ltd.**, London, England, übert. von: **Henryk Zenftman**, Saltcoats, und **Andrew McLean**, West Kilbridge, Ayrshire, Schottland, *Polyesterharze.* **(Can. P. 561 028** vom 30/10. 1948, ausg. 29/7. 1958. E. Prior. 2/1. 1948. — C. **1955,** 3021 [A. P. 2 636 876].)

**Soc. An. des Manufactures des Glaces et Produits Chimiques de Saint-Gobain, Chauny & Cirey**, Paris (Erfinder: **André Képes**, Saint-Mande, Seine), Frankreich, *Herstellung mechanisch verbesserter Polyvinylchloridprodukte.* **(Jap. A. S. 17 496/1960** vom 12/5. 1958, ausg. 29/11. 1960. F. Prior. 16/5. 1957. — C. **1960,** 13541 [F. P. 1 175 241].)

**Dr. Kurt Herberts & Co. vorm. Otto Louis Herberts**, Deutschland, *Herstellung hochbiegsamer flacher Gegenstände aus Cellulosehydrat.* **(F. P. 1 220 674** vom 20/4. 1959, ausg. 27/5. 1960. D. Prior. 22/4. u. 30/10. 1958. — C. **1962,** 2195 [D. A. S. 1 107 933].)

**Montecatini Soc. Gen. per l'Industria Mineraria e Chimica**, Mailand, Italien, und **Karl Ziegler**, Mülheim/Ruhr (Erfinder: **G. Guzzetta** und **F. Sabbioni**, Mailand, Italien), *Formung von isotaktischem Polystyrol.* **(Jap. A. S. 14 928/1960** vom 26/11. 1958, ausg. 10/10. 1960. It. Prior. 27/11. 1957. — C. **1962,** 13971 [F. P. 1 216 397].)

**Chemstrand Corp.**, Dekatur, Ala. (Erfinder: **Hobson Dewey De Witt**, New Wilmington, Pa.), V.St.A., *Polyamidformkörper.* **(Jap. A. S. 16 244/1960** vom 3/12. 1956, ausg. 26/10. 1960. A. Prior. 5/12. 1955. — C. **1960,** 13863 [Aust. P. 214 033].)

**Olin Mathieson Chemical Corp.**, Baltimore, Md., übert. von: **Leo S. Burnett** und **Edward C. Soule**, Niagara Falls, N.Y., V.St.A., *Treibmittel mit Hydrazinmononitrat.* **(Can. P. 560 415** vom 13/7. 1955, ausg. 15/7. 1958. A. Prior. 14/7. 1954. — C. **1958,** 2882 [F. P. 1 127 378].)

**Union Carbide Corp.**, New York, N.Y., V.St.A., *Flammfestes Polyäthylenpräparat.* **(Jap. A. S. 16 245/1960** vom 21/5. 1959, ausg. 26/10. 1960. A. Prior. 21/5. 1958. — C. **1962,** 12487 [D. A. S. 1 116 395].)

## $H_{12}$. Kautschuk

E. I. du Pont de Nemours & Co., übert. von: Harold Leonard Jackson, Wilmington, Del., V.St.A., **Polychloropren** erhält man durch Polymerisation von wasserfreiem Chloropren bei 0—10° im nichtwss. Syst. unter inerter Atmosphäre in Ggw. einer Leg. von Li mit Mg, Ca, Sr, Ba, Al, Ga oder In, die 4—12% Li enthält. **(A. P. 3 004 011** vom 5/2. 1958, ausg. 10/10. 1961.) L. Stadelmann. 7225

E. I. du Pont de Nemours & Co., übert. von: Harold Leonard Jackson und Kurt Lothar Seligman, Wilmington, Del., V.St.A., **Polychloropren** erhält man durch Polymerisation von wasserfreiem Chloropren bei 0—100°, bes. 30—70°, im nichtwss. Syst. u. inerter Atmosphäre in Ggw. von metall. Li in einer Menge von 0,05—5%. Die Polymerisate haben verbesserte Tieftemp.-Eigenschaften. **(A. P. 3 004 012** vom 5/2. 1958, ausg. 10/10. 1961.) L. Stadelmann. 7225

Phillips Petroleum Co., übert. von: Floyd E. Naylor, Bartlesville, Okla., V.St.A., **cis-1.4-Polybutadien** erhält man durch Polymerisation von Butadien in Ggw. eines Katalysators, der besteht aus a) einer Verb. der allg. Formel $R_nM$, worin R ein Alkylrest mit bis zu 12 C-Atomen u. M Zn oder Hg ist, u. b) $TiJ_4$. Man polymerisiert bei 0—150°, das Verhältnis $R_nM : TiJ_4$ ist 1—50 : 1. Man erhält lineare, lösl. Polymerisate mit 85—93% cis-1.4-Addition. (**A. P. 3 004 018** vom 21/3. 1958, ausg. 10/10. 1961.) L. Stadelmann. 7225

Goodyear Tire & Rubber Co., übert. von: Ronald B. Spacht, Kent, Ohio, V.St.A., **Katalytische Alkylierung von Phenol** (**I**). Alkyliert man 1 Mol **I** mit 1—2 Mol eines tert. Octens oder tert. Nonens in Ggw. von 3—15 g einer säureaktivierten Tonerde (**II**) je Mol **I** bei 50—150° u. setzt 1 Mol des so erhaltenen Alkylierungs-Prod. nach Zusatz von 0,1—1% Schwefelsäure (bezogen auf das Gew. der Rk.-Komponenten) mit wenigstens 1 Mol Isobutylen oder tert. Amylen bei 50—90° in Ggw. von **II** u. Schwefelsäure um, so erhält man durch 2 u. bes. durch 3 tert. Alkylreste substituierte Phenole, die als nichtflüchtige, keine Verfärbung u. Flecken-Bldg. verursachende *Alterungsschutzmittel* für *Kautschuk* dienen. — Man kann z. B. ein Gemisch aus 94 (g) **I**, 10 **II** u. 158 Tripropylen (**III**) 2 Std. auf 130° erhitzen, überschüssiges **III** dann bei 130° durch Druckerniedrigung auf 15—25 mm Hg-Säule abtreiben, das Gemisch auf 80° abkühlen, 1 $H_2SO_4$ u. darauf 117 Isobutylen innerhalb 1 Std. zusetzen, den Katalysator mit wss. $Na_2CO_3$-Lsg. neutralisieren, die flüchtigen Nebenprodd. bei einer Kolonnen-Temp. von 160° u. 20 mm Hg-Säule abtreiben u. erhält 283 eines Alkylierungsproduktes. (**A. P. 2 975 217** vom 10/6. 1958, ausg. 14/3. 1961.) A. Mohr. 7227

I. I. Eitingon, B. K. Karmin, G. E. Betz, W. G. Shakowa und Ss. A. Kamenskaja, **Plastifizieren von Kautschuk** bei 50—140° auf Walzen oder in Harzknetern unter Verw. von p-[tert.-Butyl]-phenylmercaptan, Dimethylphenyl-p-thiokresol oder deren Zn-Salzen als Beschleuniger. — Tabelle. (**UdSSR. P. 123 692** vom 10/12. 1958.) L. Großner. 7227

Imperial Chemical Industries Ltd., London (Erfinder: Harry Cardwell Glover und William Mason, Manchester), England, **Herstellung von Chemikalien in Form von Pellets, Granalien usw.** durch Mischen der Substanz mit einem Bindemittel u. Formen der Masse, dad. gek., daß als Bindemittel ein Polymeres eines Acryl- oder Methacrylsäureesters verwendet wird, bes. für die Herst. von *Füllstoffen* für *Natur-* oder *synthet. Kautschuk*, wobei 0,5—5% des Mittels einer Paste oder wss. Dispersion der Chemikalie zugesetzt werden. Genannt sind Polymere von Äthylacrylat, Methyl-, Butyl- oder β-Äthoxyäthylmethacrylat (**I**) bzw. deren Mischungen. — Man mischt z. B. eine wss. Suspension, die 10% Di-o-tolylguanidin u. 3% NaCl enthält, mit 0,2 ml einer 10%ig. wss. Lsg. (auf 1 Liter Suspension) von Cetylpyridiniumbromid, rührt 60 Min., fügt langsam 3,6 ml einer wss. Dispersion (auf 1 Liter Dispersion) zu, die 33% polymeres **I**, 1% Na-Salz einer mit Isopropylen umgesetzten Naphthalinsulfosäure u. 0,4% Türkischrotöl enthält, rührt 30 Min. weiter, filtriert, wäscht den Rückstand auf dem Filter NaCl-frei, preßt bis zu einem Wasser-Geh. von 40—45% ab, preßt die Masse durch Öffnungen mit 0,125 in. Ø u. trocknet bei 90°, wobei die Masse bis zum Verpacken zu Teilen entsprechender Größe zerbröckelt. — Mengenbeispiele. (**E. P. 830 237** vom 13/3. 1957, ausg. 9/3. 1960.) G. Vogel. 7227

B. F. Goodrich Co., New York, übert. von: Lewis H. Conklin, Cuyahoga Falls, und Roland A. McPherson jun., Akron, Ohio, V.St.A., **Phenolabkömmlinge.** Die bekannte katalyt. Kondens. von Phenolen mit arylsubstituierten Alkylen-KW-Stoffen u./oder tert. Olefinen mit 4—8 C-Atomen zwecks Herst. der entsprechenden Alkylierungs- bzw. Aralkylierungs-Prodd. wird hinsichtlich der Ausbeute u. der Gewinnung von nichttox. Prodd. mit hohen Flammpunkten dadurch verbessert, daß man die Rk. in Triisobutylen (**I**) als Lsgm. bei ca. 70—80° durchführt. Die Kondens.-Prodd. dienen als *Alterungsschutzmittel* für organ. Materialien, bes. für *Kautschuk.* — Man erhitzt z. B. ein Gemisch aus 220 (Gew.-Teilen) **I**, 215 2.2-Bis-(4-hydroxyphenyl)-propan u. 35 säureaktiviertem Ton im Autoklav unter Vakuum auf 75°, um es zu trocknen, gibt 39 Styrol u. 179 Isobutylen mit einer Geschw. von 15—24 Gew.-Teilen je Std. zu, hält die Temp. auf 70—80° u. erhält so ein alkyliertes u. aralkyliertes Bisphenol mit einem Flammpunkt von ca. 230° F, das nicht tox. ist u. nur einen geringen Geh. an leicht flüchtigen Bestandteilen aufweist. Verwendet man bei der Alkylierung Bzl. als Lsgm., so entsteht ein Prod. mit einem Flammpunkt von ca. 100° F, das beim Lagern Kristalle abscheidet. (**A. P. 2 978 515** vom 24/5. 1956, ausg. 4/4. 1961.) A. Mohr. 7227

B. F. Goodrich Co., New York, N.Y., übert. von: Charles Malcolm Hendry und David Craig, Cuyahoya Falls, Ohio, V.St.A., **Vulkanisierverfahren.** Als Vulkanisiermittel dient statt S ein Interpolymerisat aus S u. einer mindestens einfach olefin. organ. Verb., z. B. aus S u. Styrol. (**A. P. 2 989 513** vom 15/12. 1958, ausg. 20/6. 1961. **E. P. 876 585** vom 11/12. 1959, ausg. 6/9. 1961. A. Prior. 15/12. 1958.) W. Overbeck. 7229

Phillips Petroleum Co. (Erfinder: Charles Keith Buell), Bartlesville, Okla., V.St.A., **Überziehen von Schläuchen mit Olefinpolymeren.** Man taucht den Schlauch in eine Lsg. des Polyolefins u. kühlt oder erhitzt ihn auf eine Temp., bei der das Polyolefin in dem Lsgm. unlösl. wird u. sich auf dem Schlauch abscheidet. In einer Tabelle werden Lsg.-Bereiche für 2.2.4-Trimethylpentan, Cyclohexan u. Methylcyclohexan angegeben, wobei der untere Trübungspunkt je nach Konz. u. Reinheit des Polyäthylens bei 80—100°, der obere bei 170—220° liegt. (**F. P. 1 220 286** vom 11/2. 1959, ausg. 24/5. 1960. **Jap. A. S. 17 841/1960** vom 12/2. 1959, ausg. 6/12. 1960. Beide A. Prior. 12/2. 1958.) M. Pankow. 7231

---

**Esso Research and Engineering Co.**, übert. von: **George E. Serniuk**, Roselle, und **Irving Kuntz**, Roselle Park, N.J., V.St.A., *Halogenierung von Butylkautschuk.* (**A. P. 3 033 832** vom 7/3. 1958, ausg. 8/5. 1962. — C. **1962**, 2929 [E. P. 862 696].)

**Dunlop Rubber Co. Ltd.**, London (Erfinder: **Roy Hickson**, Basingstoke, Hampshire), England, *Kautschuk-Ruß-Mischung.* (**D. A. S. 1 133 882** Kl. 39b vom 29/4. 1957, ausg. 26/7. 1962. E. Prior. 28/4. 1956. — C. **1962**, 7355 [E. P. 854 613].)

**B. F. Goodrich Co.**, New York, N.Y., übert. von: **Jacob E. Jansen** und **Henry J. Kehe**, Akron, Ohio, V.St.A., *Reaktionsprodukte aus Bis-hydroxyphenylpropanen und tertiären Olefinen.* (**A. P. 2 877 209** vom 4/8. 1953, ausg. 10/3. 1959. — C. **1958**, 4641 [F. P. 1 112 053].)

**Montecatini Soc. Gen. per l'Industria Mineraria e Chimica** (Erfinder: **Giuliano Ballini**), *Olefinmischpolymerisate enthaltende vulkanische Produkte.* (**Aust. P. 233 022** vom 28/11. 1958, ausg. 13/4. 1961. It. Prior. 2/12. 1957. — C. **1962**, 1053 [Oe. P. 212 015].)

**B. F. Goodrich Co.** (Erfinder: **Earl Charles Greeg jun.**), *Vulkanisierverfahren.* (**Aust. P. 232 886** vom 15/7. 1959, ausg. 23/3. 1961. — C. **1962**, 6236 [E. P. 858 742].)

## $H_{14}$. Zucker. Kohlenhydrate. Stärke

**Calciumchlorid als Hilfsmittel beim Rübenpressen.** A. Carruthers und J. F. T. Oldfield. (Int. Sugar J. **63**, 241—43, Aug., 271—74, Sept. 1961; engl.) — Die Behandlung der ausgelaugten Rüben mit $CaCl_2$ (30 lbs. pro 100 t) bewirkte keine deutliche Verbesserung des Wrkg.-Grades der Rübenpressung; Anwendung von 200 lbs. $CaCl_2$ pro 100 t Rüben wird begleitet von einer bedeutenden Zunahme der gepreßten Rübentrockensubstanz. Die Absorption von Ca durch die Rübe wird begleitet durch eine Desorption von K, Mg u. Na aus der Rübe. Es wurde beobachtet, daß die Wrkg. auf die Rübenpressung sicherer eintritt, wenn das normale W. einen niedrigen Ca-Geh. hat, u. daß die Wrkg. auf die Saftreinheit größer ist, wenn die Rüben durch normale Diffusion nicht vollständig erschöpft sind. Mehr als 90% des angewandten Ca wird durch das Fruchtfleisch absorbiert, aber gleichzeitig der K-Geh. desselben erheblich vermindert. R. Walcker. 7406□

**Über die Melasseerschöpfung.** J. Dobrzycki. (Z. Zuckerind. **11 (86)**, 509—11, 20/9. 1961; Łódź; dt.) — Es werden die Ergebnisse einiger Arbeiten von K. Wagnerowski, Dabrowska u. Dabrowski [1960, 1961] referiert, denen es auf Grund einer Schnell-Best. der Löslichkeit von Rohrzucker in Melassen gelang, Beziehungen aufzustellen, die eine Kontrolle der Nacharbeit ermöglichen, indem sich die Eigg. der Normalendmelasse vorausberechnen lassen. R. Ristow. 7418◇

**Zur Frage der Verwendung von Melasse als Düngemittel.** H. Olbrich. (Z. Zuckerind. **11 (86)**, 503—08, 20/9. 1961; Berlin, Inst. für Zuckerind.; dt.) — Übersicht über die Verw. von Rohr- u. Rübenmelasse sowie Melassenschlempe u. über die Vor- u. Nachteile einer Melassedüngung. — 77 Literaturangaben. R. Ristow. 7418◇

**Über die Kettenlänge von Stärken.** K. Ohashi. (J. agric. chem. Soc. Japan [Nippon Nôgei-Kagaku Kaishi] **33**, 580—83, 1959; Gifu, Univ., Fac. of Agric., Dep. of Agric. Chem.; jap.) J. Lehmberg. 7448□

**Die Beziehung der Jod-Reaktion zum Polymerisationsgrad der Amylose.** K. Ohashi. (J. agric. chem. Soc. Japan [Nippon Nôgei-Kagaku Kaishi] **33**, 576—80, 1959; Gifu, Univ., Fac. of Agric., Dep. of Agric. Chem.; jap.) J. Lehmberg. 7448□

**Das Verhalten von Amylodextrin gegenüber amylosekomplexierenden Mitteln.** K. Ohashi. (J. agric. chem. Soc. Japan [Nippon Nôgei-Kagaku Kaishi] **33**, 583—86, 1959; Gifu, Univ., Fac. of Agric., Dep. of Agric. Chem.; jap.) J. Lehmberg. 7448□

**Untersuchungen über die physikalisch-chemischen Eigenschaften der Kartoffelstärken. 1. Mitt. Untersuchung der Flockungsfähigkeit von Kartoffelstärkelösungen verschiedener Herkunft.** Bogusław Samotus. (Roczniki Technol. Chem. Żywności **6**, 53—65, 1960; Kraków, WSR, Kat.-Technol. roln.; pol.) — Lsgg. von Kartoffelstärke trüben sich unter bestimmten Bedingungen, z. B. bei Änderung des pH, der

Temp. u. bei Zusatz von NaCl. Die Flockung der Stärke-Koll. ist mit Hilfe der Theorie der hydrophilen Koll. erklärbar. Die Fähigkeit zur Flockung ist vom Depolymerisationsgrad der Stärke abhängig: Sie ist am größten bei frischer Stärke u. verschwindet fast vollständig bei 9 Jahre alter Stärke. Gleichlang aufbewahrte Stärke mit verschiedener Korngröße unterscheidet sich in der Flockungsfähigkeit ihrer wss. Lösung. F. Urban. 7448◇

**Die Wirkung von Blei auf die Polarisation roher Zucker.** 1. Mitt. R. J. Mesley. (Int. Sugar J. **64**, 75—77, März 1962; London, Custom House, Sci. and Ind. Res., Labor. of the Government Chemist; engl.) — Es wurde die Pb-Wrkg. auf die Polarisation roher Zucker-Lsgg. untersucht u. gefunden, daß mit wachsender Zugabe gelösten bas. Pb-Acetats zunächst ein Anstieg der Polarisation bis zu einer Menge von 1 ml Lsg. erfolgt, dann ein geringer Abfall, dem schließlich wieder ein Anstieg folgt. Die Menge von 1 ml bas. Pb-Acetat-Lsg. wird zur Klärung empfohlen. Mit Hilfe eines photoelektr. Polarimeters werden geklärte u. ungeklärte Zucker-Lsgg. sowohl von Rohr- als auch von Rübenzucker gemessen. Auf Grund der Ergebnisse werden Regressionsgleichungen zur Ermittlung des Bleieffektes entwickelt. R. Ristow. 7470□

**Die Wirkung von Blei auf die Polarisation roher Zucker.** 2. Mitt. R. J. Mesley. (Int. Sugar J. **64**, 104—07, April 1962; engl.) — 1. vgl. vorst. Referat. — Für 80 Rohzucker wurde der Einfl. der Klärung mit bas. Pb-Acetat auf die Polarisation bestimmt, wobei sich deutliche Schwankungen zeigten. Ein einfacher Zusammenhang der Polarisationen geklärter u. ungeklärter Rohzucker-Lsgg. besteht nicht. Zu den auftretenden Veränderungen tragen sowohl Konz.-Änderung der Lsg. durch das Vol. des Nd., als auch der Einfl. reduzierender Zucker u. Aminosäuren bei. R. Ristow. 7470□

**Die Bestimmung des Zuckergehaltes in beschädigten Rüben.** Ss. W. Ssolowjewa. (Spiritus-Ind. [UdSSR] **28**, Nr. 4, 35, 1962; Lipetzk, Spiritus-Werk; russ.) — Die Zerfalls-Prodd. von Eiweiß- u. Pektinstoffen in den beschädigten Rüben verhindern die Anwendung der Polarimetrie zur Best. des Zucker-Gehalts. Die Jodometrie ist wegen zu langer Dauer ebenfalls ungeeignet. Als beste Meth. erweist sich die $KMnO_4$-Methode. Der herausgelöste Zucker wird invertiert, die Lsg. mit Fehlingscher Lsg. I versetzt u. dann die Zucker-Best. nach Bertrand durchgeführt. I. Weber. 7472□

**Vorkommen und Bestimmung von Raffinose in Rohrzucker-Produkten.** D. Gross, Frances J. Gardiner und R. W. Butters. (Int. Sugar J. **64**, 69—71, März 1962; Keston, Kent, Tate & Lyle Refineries Ltd., Res. Lab.; engl.) — Die Nachw.-Grenze für *Raffinose* (I) in Saccharose konnte von bisher 0,02% auf 0,0005% dadurch gesenkt werden, daß bei dem üblichen papierchromat. Verf. der I-Best. zunächst unter Auftragen eines Striches der Probe auf der Startlinie u. Markierung der I-Zone durch ident. Proben auf dem Rand des Chromatogrammes eine Vortrennung durchgeführt wurde, an die sich nach Elution aus dem Papier eine Wiederholung der Chromatographie anschloß. Durch diese Verbesserung war es möglich, auch in Rohrzucker I nachzuweisen. Die Konz. beträgt im Mittel 0,02% im rohen Rohrzucker. Es konnten auch Kestosen u. Stachyose z. T. in größeren Mengen als I nachgewiesen werden. Auch in gereinigten Prodd. waren mit der verbesserten Meth. diese Zucker nachweisbar. R. Ristow. 7488□

**Stärkeuntersuchungen durch Röntgenstrahlenbeugung.** 4. Mitt. **Die Bildung von nativen stärkeähnlichen Körnchen des Amylodextrins in vitro.** S. Hizukuri, Z. Nikuni, Y. Hattori und S. Wada. (J. agric. chem. Soc. Japan [Nippon Nôgei-Kagaku Kaishi] **33**, 615—19, 1959; Osaka, Univ., Inst. of Sci. and Ind. Res.; Matsutani Kagaku Kogyo Kaisha Ltd.; jap.) — 2. vgl. C. **1963**, 1897. J. Lehmberg. 7490□

---

**Stamicarbon N. V.**, Heerlen, übert. von: **Geert J. De Jong** und **Johannes A. Zeegers**, Geleen, Niederlande, *Herstellung schwach basischer Ionenaustauscher.* (**Can. P. 559 823** vom 5/6. 1953, ausg. 1/7. 1958. Niederl. Prior. 5/6. 1952 u. 25/4. 1953. — C. **1958**, 4950 [F. P. 1 083 581].)

**Borden Co.**, New York, übert. von: **Richard J. Block**, Scarsdale, **Winston H. Wingerd**, Yonkers, und **Richard Henderson**, Chapaqua, N.Y., V.St.A., *Elektrodialyse von Molke.* (**Can. P. 560 274** vom 13/1. 1955, ausg. 15/7. 1958. A. Prior. 20/1. 1954. — C. **1957**, 12913 [A. P. 2 758 965].)

**Wasag-Chemie Akt.-Ges.**, Essen, übert. von: **Werner Zimmermann**, Aschau, **Gustav A. Sieper**, München, und **Lothar Reinhardt**, Aschau, *Stärkenitrate.* (**A. P. 2 995 549** vom 7/7. 1958, ausg. 8/8. 1961. — C. **1959**, 2985 [D. A. S. 1 028 981].)

**Corn Products Co.**, übert. von: **Harry Meisel**, Englewood, N.J., und **James E. Jackson**, Indianapolis, Ind., V.St.A., *Gewinnung von Stärke.* (**A. P. 3 029 168** vom 15/10. 1958, ausg. 10/4. 1962. E. Prior. 30/9. 1957. — C. **1962**, 6240 [E. P. 853 773].)

**W. A. Scholten's Chemische Fabrieken N. V.**, Hoogezand, Groningen, Niederlande, *Herstellung kaltwasserlöslicher Stärkeprodukte.* (**E. P. 897 165** vom 21/7. 1960, ausg. 23/5. 1962. Niederl. Prior. 24/7. 1959. — C. **1962**, 6617 [D. A. S. 1 117 510].)

**Röhm & Haas G.m.b.H.**, übert. von: **Josef Krebs**, Traisa, Darmstadt, *Herstellung von Dextrin.* (**A. P. 3 029 192** vom 26/9. 1960, ausg. 10/4. 1962. D. Prior. 2/10. 1959. — C. **1961**, 13748 [D. A. S. 1 101 310].)

## $H_{15}$. Gärungsindustrie

**Automatische Luft-Überwachung bei der Fermentation.** H. F. Bottcher. (Instruments Control Syst. **32,** 244—45, Febr. 1959; engl.) — Bei der Fermentation zur industriellen Herst. von Antibiotica muß in den Fermentoren eine bestimmte Menge Luft für ein optimales Wachstum der Mikroorganismen vorhanden sein. Ein automat. Kontroll-Syst., welches die Einhaltung der geforderten Luftmenge unter genauem Druck mittels elektropneumat. Laststeuerung von Kompressoren gewährleistet, wird in seinem Aufbau u. seiner Arbeitsweise beschrieben. H. Strauch. 7500□

**Hefeklassifikation.** 4. Mitt. **Klassifikationen.** George I. de Becze. (Wallerstein Lab. Commun. **25,** 43—64, April 1962; Lawrenceburg, Ind., Schenley Distillers, Inc., Res. Labor.; engl.) — 3. vgl. C. **1962,** 18671. — Übersicht. — 38 Literaturhinweise. J. Lehmberg. 7506◇

**Untersuchung des Prozesses der Destillation von wässerig-alkoholischen Gemischen in Kolonnen mit Ventiltellern.** I. F. Maleshik und W. N. Stabnikow. (Spiritus-Ind. [UdSSR] **27,** Nr. 3, 14—18, 1961; russ.) — Das W.–A.-Gemisch wird vorgewärmt u. dann in eine mit Dampf geheizte Kolonne (Innen-Ø 2,75 mm, Entfernung zwischen den Tellern 300 mm) gegeben. Am Kopf tritt das W.–A.–Dampf-Gemisch in einen Kondensator. Drei Typen von Ventilen gelangen zur Anwendung: 1. Rundventile, 2. Rundventile mit trapezförmigen Zähnen, 3. L-förmige Plattenventile. Die ersten beiden geben einen Widerstand von 40—55 mm Wassersäule. Plattenventile haben einen Widerstand von 35—47 mm Wassersäule. Die Ventilteller arbeiten bis zu einer Dampf-Geschw. von 1,4 m/s, Plattenventile bis zu 30 m/s. Die Berieselungsdichte mit dem Gemisch beträgt 16000—19000 kg/m² h. Aus 1 m³ Fl. mit 8—10 Gew.-% A. gewinnt man 250 kg/h Alkohol. Bei 20—22 Gew.-% A.-Geh. sind es 400 kg/h. Der Wrkg.-Koeff. der Ventilteller liegt bei 0,5—0,9. I. Weber. 7536□

**Die Absorption von Alkoholdämpfen aus der Gärungskohlensäure auf den Glockenböden der Absorptionskolonne.** G. M. Tararykow. (Spiritus-Ind. [UdSSR] **28,** Nr. 4, 10—14, 1962; russ.) — Die Abtrennung der A.-Dämpfe aus den Gärungsgasen erfolgt in einer Kolonne mit Glockenböden. Unten treten die Gärungsgase ein, von oben wird mit W. berieselt. Der Massenaustausch zwischen Fl. u. Gas steigt bei erhöhter Gas-Geschw. im freien Teil der Kolonne sowie bei stärkerer Berieselung. Erhöhte Gas-Geschw. führt zu gleichmäßiger Arbeit der Glockenböden. Bei steigender Gas-Geschw. vergrößert sich infolge Schaum-Bldg. die Kontaktoberfläche. Bei Geschw. über 0,6 m/s wird der Schaum zerstört u. durch Spritzer ersetzt. I. Weber. 7536□

**Die gleichzeitige Gewinnung von rektifiziertem Alkohol aus Maische und Rohalkohol.** W. T. Bykow. (Spiritus-Ind. [UdSSR] **27,** Nr. 3, 26, 1961; russ.) — Ziel der Verss. war die volle Auslastung der Maischerektifikationsanlage. Gleichzeitig mit der Maische wurde auf 70—75° vorgewärmter Rohalkohol rektifiziert. Pro Std. gab man 200—250 Liter Rohalkohol mit in die Anlage. Die Qualität des Prod. wurde dadurch nicht beeinträchtigt. I. Weber. 7536□

**Die Resultate der Vergärung von Halbprodukten der Rübenzuckerindustrie.** A. L. Maltschenko, F. B. Krischtul und A. I. Skirstymonski. (Spiritus-Ind. [UdSSR] **28,** Nr. 4, 14—16, 1962; russ.) — Untersucht wird der Diffusionssaft, der Saft aus der 1. u. 2. Saturation, grüne, weiße u. Futtermelasse. Ein Mischsirup wird unter folgenden Bedingungen vergoren: Ansäuerung mit $H_2SO_4$ bis zum Säure-Geh. von 0,5° u. Zusatz der Hefesorte L; zu Beginn der Gärung wird ca. 8 Std. lang Luft durch das Gärgut geblasen; die Gärungszeit beträgt 36 Std.; die besten Resultate bzgl. A.-Ausbeute liefert die Vergärung des Saftes aus der 2. Saturation. I. Weber. 7536□

**Enzymatischer Abbau von Getreidehemicellulosen.** 3. Mitt. **Bildung von Oligosaccharid aus β-Glucan.** I. A. Preece, N. K. Garg und J. Hoggan. (J. Inst. Brewing **66** ([N. S.] **48**), 331—37, Juli/Aug. 1960; Edinburgh, Herriot-Watt Coll.; engl.) — 1. vgl. C. **1960,** 12866. — Das in W. lösl. *β-Glucan* (*β-Glucosan*; **I**), das aus Gerste oder Hafer nach Preece, Mackenzie [1952] isoliert wurde u. nur Glucoseeinheiten aufweist, wird von *endo-β-Glucanase* (**IIA**) oder *exo-β-Glucanase* (**IIB**) zu Oligosacchariden gespalten. Abgesehen von kleineren Unterschieden zwischen Gersten-**I** u. Hafer-**I** werden dabei mit **IIA** oder **IIB** erhalten: *Laminaribiose, Cellobiose, Laminaritriose,* gemischte *Trisaccharide, Cellotriose, Laminaritetraose,* gemischte *Tetrasaccharide, Cellotetraose.* Somit wurden — mit Ausnahme eines Tetrasaccharids — sämtliche erwarteten Oligosaccharide erhalten. A. Hesse. 7540□

**Moderne Brauerei-Instrumente.** 2. Mitt. **Automatische Kontrolle.** G. P. Trearchis. (Brewers Digest **35,** 56—60, 75, Okt. 1960; Foxboro, Mass., Foxboro Co., Food Ind. Div.; engl.) — 1. vgl. C. **1962,** 3660. — Übersicht. — 15 Literaturangaben. L. Macher. 7544□

**Biergeschmack.** 4. Mitt. **Faktoren, die die Fuselölbildung beeinflussen.** J. S. Hough und R. Stevens. (J. Inst. Brewing **67** ([N. S.] **58**), 488—94, Nov./Dez. 1961; Nutfield, Surrey, Brewing Ind. Res. Found.; engl.) — 3. vgl. J. Inst. Brewing **66**, [1960], 471. — Die Entstehung des Fuselöls während der Gärung hängt bes. vom Hefestamm, der Temp., der Würze-Zus. u. dem Gärverf. ab. Während der Hauptgärung (18°) bildeten 7 verschiedene *Saccharomyces*-Stämme Fuselölmengen zwischen 52 u. 65 ppm. Die von der Mutterhefe nicht getrennten Biere zeigten ca. 26 Tage nach der Hauptgärung auf Grund der eingetretenen starken Hefeautolyse eine Zunahme des Gesamt-N-Geh. von 33 auf 149 ppm, jedoch keine signifikante Änderung des Fuselölgehaltes. Durch Gärtemp. zwischen 18 u. 25° wurde die Fuselöl-Bldg. nicht signifikant beeinflußt. Linear mit dem Zusatz von Leucin (I) zur Würze stieg auch ihr Fuselölgehalt. Allerdings wurden nur 50% des I in Isoamylalkohol umgewandelt. Mit zunehmendem Zucker-Geh. sank linear der Fuselöl-Geh. der Würze. Auch bei der Vergärung eines synthet. aminosäurefreien Mediums entstanden signifikante Mengen an Fuselöl, das relativ ähnlich zusammengesetzt war (n-Propanol, Isobutanol, 2- u. 3-Methylbutanol) wie das in der vergorenen Würze, wenn auch die abs. Konzz. sehr viel niedriger lagen. Dabei bildete sich unter anaeroben Bedingungen über doppelt so viel (38,1 mg/Liter) Fuselöl als unter aeroben (18,2 mg/Liter). Auf Grund dieser Befunde u. der anderer Autoren dürften die Vorstellungen von Ehrlich u. von Genevois keine Gegensätze, sondern nur Extreme eines gemeinsamen Mechanismus der Fuselöl-Bldg. sein. Die Hauptmenge des Fuselöls entsteht bei der Vergärung von Würze vermutlich in der von Ehrlich beschriebenen Weise. Daneben vermag die Hefe auch noch aus anderen Substanzen als Aminosäuren höhere Alkohole zu synthetisieren. — 30 Literaturangaben.

W. Kreipe. 7550□

**Die Herstellung von Citronensäure aus Rübenmelasse.** J. Kovats und Zb. Niestrawski. (Z. Zuckerind. **11** (**86**), 495—98, Sept. 1961; dt.) — Zusammenfassend werden Verff. der Citronensäuregewinnung aus Rübenmelasse besprochen. Für poln. Melassen lassen folgende Merkmale gute Gärfähigkeit erwarten: pH 7,5—9,2, Farbe 200—450° St, flüchtige Säuren: um 1,7% der Trockensubstanz, Invertzucker-Geh. bis 1% u. mindestens 6 Monate lange Lagerung. Endgültige Klarheit liefert nur ein Gärversuch. Als verbessernde Zusätze haben sich 0,01 (%) Phosphorsäure, 0,04—0,06 K-Ferrocyanid u. 0,001% Zn bewährt. Die Vergärung findet hauptsächlich im Oberflächen-Verf. statt, dessen Verlauf, App., Ausbeute, Verluste, Abfall-Prodd. u. Schwierigkeiten besprochen werden. Das Verf. der submersen Gärung hat sich wegen der erhöhten Kosten u. der biolog. Instabilität der Pilzkulturen trotz höherer Ausbeute noch nicht durchsetzen können. R. Ristow. 7578◇

**Untersuchungen über die l-Äpfelsäuregärung.** S. Abe, A. Furuya, T. Saito und K. Takayama. (J. agric. chem. Soc. Japan [Nippon Nôgei-Kagaku Kaishi] **33**, 571 bis 576, 1959; Tokyo, Kyowa Fermentation Ind. Co. Ltd., Res. Labor.; jap.)

J. Lehmberg. 7578□

**Die Vergärung von Rübenmelasse zu Aceton und Butanol.** J. Kovats und Zb. Niestrawski. (Z. Zuckerind. **11** (**86**), 499—502, 20/9. 1961; dt.) — Vgl. C. **1962**, 4756. — Es wird zusammenfassend über die Technologie der Vergärung von Rübenmelasse zu Aceton u. Butanol berichtet. Geeignet sind Melassen mit pH 7—9, 230 bis 600° St, bei denen ein Geh. an flüchtigen Säuren bis zu 3% in der Trockenmasse sogar günstig ist. Durch Zusätze von Mehl oder Maiskeimen können die Gäreigg. verbessert werden. Die Gewinnung geeigneter Kulturen u. die an diese zu stellenden Anforderungen werden beschrieben. Weiterhin werden ein Fermentations- u. Dest.-Schema gegeben. Nach der Besprechung der Ausbeute u. der Abfall-Prodd. wird bes. auf die Schwierigkeiten durch Infektionen hingewiesen. R. Ristow. 7578◇

**Neue Methoden zur Bestimmung von Zuckern bei der Kontrolle der Alkohol- und Likör-Branntweinindustrie.** M. I. Schoichet, M. I. Martyniw, W. N. Schowdra und T. W. Kosak. (Spiritus-Ind. [UdSSR] **28**, Nr. 4, 41—43, 1962; Lwow, Technikum für Nahrungsmittelind.; russ.) — Nach Invertierung des in Maische u. anderen Prodd. der Gärungsindustrie enthaltenen Zuckers wird eine alkal. Cu(II)-Trihydroxyglutarat Lsg. zugegeben, bis blauvioletter Farbumschlag eintritt. Der schwachgelbe Umschlag zeigt das Ende der zweiten Titrationsstufe an. Die Meth. zeichnet sich durch Genauigkeit, Schnelligkeit (15—20 Min.) u. gute Erkennbarkeit des Umschlagspunktes aus.

I. Weber. 7596□

**Pentosen und Petosane der Weintrauben und des Weines.** K. K. Almaschi. (Weinbereit. Weinbau [UdSSR] **22**, Nr. 6, 8—11, 1962; Allunions Forschungsinst. für Weinbereitung u. Weinbau „Magaratsch"; russ.) — Als *Pentosen* (I) der Weintrauben, des Traubensaftes (TS) u. der Weine wurden die durch die Hefe unvergärbaren l- u.

d-Arabinose, d-Xylose u. l-Rhamnose identifiziert. Der Gesamtgeh. der I im Wein beträgt 0,5—1,5 g/Liter. Der Geh. an *Pentosanen* (II, bes. Araban u. Xylan) des TS beträgt ≦5 g/Liter. Die qual. bzw. quant. Best. von I u. II im TS, in trocknen u. süßen Weinen erfolgt nach den eingehend beschriebenen papierchromatograph. Analysenverfahren. S. Baryschnikow. 7606

**Bestimmung der Konzentration von Wasserstoffionen nach der titrimetrischen Methode.** G. D. Ratuschny. (Weinbereit. Weinbau [UdSSR] **22**, Nr. 6, 3—6, 1962; Krasnodar, Inst. für Lebensmittelind.; russ.) — Beschreibung der Konstruktion u. Arbeitsweise einer App. zur Best. des pH bzw. der titrierbaren Acidität von Traubensaft, Wein u. Weinmaterialien sowie von Bier nach dem elektrometr. Titrations-Verf. unter Verw. von 0,1n Boraxlösung. Die Fehlergrenze der Meth. beträgt bei der Best. der $H^+$-Konz. ≦5%. S. Baryschnikow. 7606

**Der Chlor- und Bromgehalt von Weinen und der Nachweis von bromierten Antiseptica.** P. Jaulmes, S. Brun und J. C. Cabanis. (Chim. analytique **44**, 327—30, Aug. 1962; Montpellier, Fac. de Pharm., Labor. de Chim. analyt.; franz.) — Weine aus dem Midi, aus Küstennähe u. aus Algerien enthalten häufig mehr Br als sonstige Weine. Um zwischen Weinen mit natürlich hohem Br-Geh. u. solchen, denen bromierte Antiseptica, wie Monobromessigsäure, zugesetzt sind, unterscheiden zu können, erweist sich das Br/Cl- u. das Cl/Na-Verhältnis als entscheidend. Zur Best. der Halogenspuren (0,01—2 mg Br/Liter bzw. 20—800 mg Cl/Liter) wird eine Weinprobe in Ggw. von Soda u. Kalkmilch verascht. Im Veraschungs-Prod. wird Br nach Umsatz mit Phenolsulfonphthalein zu Tetrabromphenolsulfonphthalein spektrophotometr. bei 584 mμ u. Cl wie üblich argentometr.-potentiometr. bestimmt. W. Kupfer. 7606◇

---

**Dumont Frères & Cie.**, Belgien (Erfinder: **Michel Gravereaux**), *Konservieren von frischer Hefe.* (**F. P. 1 213 438** vom 25/2. 1958, ausg. 31/3. 1960. — C. **1961**, 15594 [E. P. 852 946].)

**Patentauswertung Vogelbusch G.m.b.H.**, Wien, übert. von: **Karl Rungaldier**, Klagenfurt, und **Ernst Braun**, Wien, Österreich, *Regelung von Hefegärungen.* (**A. P. 3 002 894** vom 9/11. 1959, ausg. 3/10. 1961. Oe. Prior. 14/11. 1958. — C. **1960**, 14210 [D. A. S. 1 080 048].)

**Kyowa Hakko Kogyo Co. Ltd.**, übert. von: **Shukuo Kinoshita, Katsunobu Tanaka** und **Sadao Akita**, Tokyo, Japan, *Erzeugung von L-Glutaminsäure durch Gärung.* (**A. P. 3 002 889** vom 20/6. 1960, ausg. 3/10. 1961. — C. **1960**, 10435 [F. P. 1 185 383].)

**Kyowa Hakko Kogyo Co. Ltd.**, übert. von: **Shukuo Kinoshita, Shigezo Udaka** und **Sadao Akita**, Tokyo, Japan, *Erzeugung von L-Glutaminsäure durch Gärung.* (**A. P. 3 003 925** vom 21/6. 1960, ausg. 10/10. 1961. Jap. Prior. 17/5. 1956. — C. **1962**, 1063 [E. P. 839 597].)

**Kyowa Hakko Kogyo Kabushiki Kaisha**, Tokyo, Japan, *Herstellung von Aminosäuren.* (**Belg. P. 554 649** vom 31/1. 1957, ausg. 29/1. 1960. Jap. Prior. 5/9. 1956. — C. **1960**, 13221 [F. P. 1 185 382].)

## $H_{16}$. Nahrungs-, Genuß- und Futtermittel

Swift & Co., übert. von: Jack M. Becktel, Chicago, Frank E. Kuester, La Grange Park, Ill., und Earle Fritz, East Chicago, Ind., V.St.A., **Stabilisierung von bromierten Glyceridölen**, die zur *Herst. von Backwaren u. Getränken mit Citrusgeschmack* dienen, erfolgt durch Zusatz von 0,08—5% eines *Epoxyfettsäureesters*, bes. eines *epoxydierten Triglycerids.* (**A. P. 3 008 833** vom 1/7. 1957, ausg. 14/11. 1961.) O. Müller-Meiningen. 7707

„Komplex" Nagyberendezések Export-Import Vállalata (Erfinder: Lázló Demeter, Zoltán Grassay und Lázló Király), Budapest, Ungarn, **Reinigen von Frucht- und Gemüsesäften** bzw. Pülpen durch Entfernen der festen Verunreinigungen, dad. gek., daß die zur Reinigung kommenden Säfte (Viscosität ⋝50 cP, bes. >100 cP) einem Hydrocyclon (Ø <10 cm) mit einem die Strukturviscosität um 80%, bes. über 90%, vermindernden Druck aufgegeben u. der die Verunreinigung enthaltende Unterlauf von dem gereinigten Oberlauf getrennt wird. — Diagramm. (**Oe. P. 219 395** vom 19/9. 1960, ausg. 25/1. 1962.) T. Oppermann. 7707

Taiho Kogyo Kabushiki Kaisha, Tokyo, Japan, **Alginsäure oder deren Salze**, erhält man bei Elektrolyse einer wss. Lsg. von Alkalisalzen der Alginsäure (I), wobei sich auf einer aus rostfreiem Stahl drehenden Rolle, welche als Anode ausgebildet ist, freie I abscheidet u. abgekratzt wird. Die Kathode, z. B. eine Fe-Platte, wird durch ein aus rostfreiem Stahl bestehendes Netz, welches als Hilfselektrode dient, von der Anode getrennt. Wird als Anode ein Metall gewählt, z. B. Zn, welches mit I ein Salz bildet, so schlägt sich auf der Anode das entsprechende Salz nieder, z. B. Zn-Alginat. Man kann zwischen der Hilfselektrode u. der Kathode eine Membran anordnen, wodurch sich im Kathodenraum eine konz. Alkalilauge anreichert, die zum Aufschluß von Seetang verwendet werden kann. — Skizze. (**E. P. 856 416** vom 19/3. 1957, ausg. 14/12. 1960. Jap. Prior. 14/7. 1956.) G. König. 7709

General Foods Corp., V.St.A. (Erfinder: Harold Rosenthal, Franklin Kramer, Ernst Albert Steigmann und Arthur Francis Tole), **Herstellung von Kaugummi** mit einem Geh. von 3—30 (%) aromat. Stoffen u. 70—97 eines Gummis (I), wobei die aromat. Stoffe den Kern bilden, der vom I umgeben wird. Außerdem enthält das Gemisch geringe Mengen Härtungsmittel, z. B. natürliche, gerbende Stoffe, wie Quebracho, Sumac oder Tanninsäure, Harze u. a.; I ist z. B. gehärtete Gelatine. (**F. P. 1 228 510** vom 9/5. 1959, ausg. 31/8. 1960. A. Prior. 8/12. 1958, 24/2. u. 10/3. 1959.) M. F. Müller. 7731

Armour & Co., Chicago, übert. von: Ervin W. Hopkins, Hinsdale, und Leonard J. Zimont, Addison, Ill., V.St.A., **Zartmachen von Fleisch.** Man überzieht das Fleisch mit 3—10 Gew.-% einer wss. Lsg. von NaCl u. einem Pyrophosphatsalz, wie Na-Pyrophosphat. Die Lsg. enthält mindestens 1 Gew.-% Pyrophosphat u. mindestens 10 Gew.-% NaCl. (**A. P. 2 999 019** vom 4/3. 1957, ausg. 5/9. 1961.) H. Maaß. 7751

American Cyanamid Co., New York, N.Y., V.St.A., **Erhaltung der Qualität und des Aussehens von frisch angeschnittenem Fleisch.** Man bringt die Oberfläche des frisch angeschnittenen Fleisches mit einem Breitspektrum-*Antibioticum*, wie Tetracyclin u. Nystatin u./oder Myprozin in Berührung, so daß 0,5—500 ppm von Nystatin u./oder Myprozin, bezogen auf das Fleisch-Gew., darauf zurückbleiben. (**E. P. 869 693** vom 10/7. 1959, ausg. 7/6. 1961. A. Prior. 10/7. 1958.) H. Maaß. 7751

Max Grob, Zürich, Schweiz, **Sterilisieren von Fleischwaren.** Man setzt die Fleischware einem elektr. Hochfrequenzfeld aus. (**Schwz. P. 355 677** vom 23/8. 1957, ausg. 31/8. 1961.) H. Maaß. 7751

Rose Downs & Thompson Ltd., Hull, Yorkshire, England (Erfinder: Thomas Andrews), **Behandlung von Fischhäuten.** Zwecks alkal. Hydrolyse der Häute benutzt man Alkali in einer Menge, welche genügt, um das Protein der Fischhaut zu lösen, aber nicht ausreicht, um die Bldg. einer koll. Lsg. u. eine Neutralisation zu verursachen. Die alkal. Hydrolyse führt man bei 150—200° F durch. (**E. P. 865 240** vom 2/8. 1958, ausg. 12/4. 1961.) H. Maaß. 7753

Georges Monnot, Seine, Frankreich, **Herstellung eines Nahrungsmittels aus Fischmilch und Fischrogen.** Fischmilch u. -rogen werden miteinander derart gemischt, daß der Aminosäuren-Geh. des Gemisches mindestens 7,5% beträgt, u. dann einer Autolyse bei 15—25° unterworfen. Das erhaltene Prod. wird bei 50—55° feinst zerkleinert: klares, gelbes Pulver. (**F. P. 1 236 514** vom 8/4. 1958, ausg. 18/11. 1960.) T. Oppermann. 7753

Nippon Suisan Kabushiki Kaisha, Tokyo, Japan, **Verhinderung der Bildung von Struvit ($MgNH_4PO_4 \cdot 6H_2O$) in Krabbenkonserven.** Man fügt Citronensäure zu dem Inhalt der Konserve, bevor sie ohne irgendwelchen Zusatz von Speiseöl verschlossen wird. (**E. P. 870 926** vom 12/5. 1959, ausg. 21/6. 1961. Jap. Prior. 20/12. 1958.) H. Maaß. 7753

Canadian Patents Developments Ltd., Ottawa, Ontario, Canada, **Entfernung von radioaktivem Strontium und Caesium aus Milch.** Man bringt die Milch mit einem im wesentlichen mit Ca-, K- u. Na-Ionen gesätt. Kationenaustauscherharz in Berührung, wodurch man die Elemente absorbiert, u. trennt das Harz von der Milch. (**E. P. 865 042** vom 25/1. 1960, ausg. 12/4. 1961. Can. Prior. 19/8. 1959.) H. Maaß. 7757

Herman Budding, Den Haag, Niederlande, **Herstellung eines schnell feucht werdenden und schnell untersinkenden Milchpulvers,** dad. gek., daß man das Pulver mit 0,2—4% eines fl. Lecithins vermischt. (**Oe. P. 215 773** vom 6/3. 1959, ausg. 26/6. 1961. Niederl. Prior. 11/3. 1958.) T. Oppermann. 7757

Crest Foods Co., Inc., übert. von: Morrison Loewenstein, Ashton, Ill., V.St.A., **Milchprotein-Konzentrat mit verbesserter Dispersität und Löslichkeit.** Man dispergiert in dem Proteinpulver ein Emulgiermittel, wie Polyoxyäthylenester oder Ester mehrwertiger Alkohole mit Fettsäuren, Phospholipide u. Mischungen davon, u. bildet eine wss. Aufschwemmung, in der die festen Bestandteile im wesentlichen aus lösl. gemachtem Milchprotein bestehen, u. sprühtrocknet die sich ergebende Mischung. (**A. P. 2 970 913** vom 14/5. 1958, ausg. 7/2. 1961.) H. Maaß. 7757

---

**Hoffmann-La Roche, Inc.**, Nutley, N.J., V.St.A., übert. von: **Roland Entschel** und **Paul Karrer**, Zürich, Schweiz, *4.4'-Dihydroxyverbindungen von Carotinoiden.* (**A. P. 3 004 063** vom 13/1. 1959, ausg. 10/10. 1961. Schwz. Prior. 20/1. 1958. — C. **1960**, 15610 [D. A. S. 1 069 146].)

**F. Hoffmann-La Roche & Co. Akt.-Ges.**, Basel, Schweiz, *Herstellung von 4.4'-Dihydroxycarotinverbindungen und Estern davon.* (**Niederl. P. 100 546** vom 20/1. 1959, ausg. 15/2. 1962. Schwz. Prior. 20/1. 1958. — C. **1960**, 15610 [D. A. S. 1 069 146].)

**Rederiaktiebolaget Nordstjernan**, Nynäshamn, Schweden, *Verhinderung der Fäulnis bei Obst mit abgeschnittenen Stielen.* (**Niederl. P. 100 959** vom 24/10. 1956, ausg. 16/4. 1962. Schwed. Prior. 25/10. 1955. — C. **1958**, 6416 [D. A. S. 1 021 240].)

**Peter W. Thornhill**, Leamington Spa, County of Warwick, England, *Tee-Extrakt.* (**Can. P. 563 294** vom 25/2. 1956, ausg. 16/9. 1958. — C. **1961**, 9243 [Ind. P. 56 643].)

**Dansk Sojakagefabrik A/S**, Kopenhagen, Dänemark, *Verhinderung von Fettausblühungen in Schokolade.* (**E. P. 893 337** vom 14/8. 1958, ausg. 4/4. 1962. Dän. Prior. 24/8. 1957. — C. **1962**, 14902 [F. P. 1 201 902].)

**General Foods Corp.**, White Plains, N.Y. (Erfinder: **Nicholas J. Kalafatas**, Arlington, **Harold Rosenthal**, Newtonville, **Franklin Kramer**, Lexington, **Ernst Albert Steigmann**, Winchester, und **Arthur F. Tole**, Melrose, Mass., V.St.A., *Herstellung von Kaugummi.* (**D. A. S. 1 136 058** Kl. 30h vom 9/5. 1959, ausg. 6/9. 1962. A. Prior. 8/12. 1958, 24/2. u. 10/3. 1959. — C. **1961**, 8152 [A. PP. 2 886 445 u. 2 886 449].)

**Wolff & Co. K. G. a. Akt.** (Erfinder: **Lothar Langmaack**), *Kunstdarm.* (**Aust. P. 231 626** vom 10/6. 1958, ausg. 26/1. 1961. D. Prior. 13/7. 1957. — C. **1958**, 11980 [D. A. S. 1 020 225].)

**Dow Chemical Co.**, Midland, Mich., V.St.A., *Überzug für Fleischerzeugnisse.* (**E. P. 880 840** vom 8/6. 1959, ausg. 25/10. 1961. A. Prior. 9/6. 1958. — C. **1961**, 17426 [A. P. 2 951 763].)

**Tee-Pak, Inc.**, Chicago, Ill., V.St.A., *Herstellung einer cellulosehaltigen Hülle für Wurst- und Fleischwaren.* (**E. P. 887 466** vom 3/2. 1958, ausg. 17/1. 1962. A. Prior. 11/2. 1957 u. 24/1. 1958. — C. **1961**, 9638 [D. A. S. 1 094 560].

**A/S Protan**, Drammen, und **Öyvind Helgerud**, Oslo, Norwegen, *Konservierung von Fleisch oder Fisch.* (**Niederl. P. 100 614** vom 11/12. 1952, ausg. 15/3. 1962. Norw. Prior. 11/12. 1951. — C. **1956**, 1757 [F. P. 1 067 612].)

## H$_{17}$. Fette. Seifen. Wasch- u. Reinigungsmittel. Wachse. Bohnermassen usw.

**Neuzeitliche Technologie der Fette und Fettprodukte.** 53.—55. Mitt. **Die Zerkleinerung der Rohstoffe.** H. P. Kaufmann und J. G. Thieme. (Fette, Seifen, Anstrichmittel **60**, 852—59, Sept., 984—97, Okt., 1079—86, Nov. 1958; Münster, Westf., Dt. Inst. für Fettforsch.; dt.) — 51. u. 52. vgl. C. **1961**, 10762. — Besprochen werden Verff., maschinelle Einrichtungen u. deren Wirkungsweise zur Zerkleinerung von Seifen (Block- u. Riegelschneidemaschinen, Seifenschnitzelmaschinen) u. Seifenpulvern (Kugelmühlen, Walzenwerke u. -stühle, Trichtermühlen u. a.). — 55 Literaturangaben.
H. Spohn. 7870 □

**Neuzeitliche Technologie der Fette und Fettprodukte.** 56.—57. Mitt. **Die Zerkleinerung der Rohstoffe.** H. P. Kaufmann (unter Mitarbeit von J. G. Thieme). (Fette, Seifen, Anstrichmittel **61**, 54—63, Jan., 139—49, Febr. 1959; dt.) — 53. bis 55. vgl. vorst. Referat. — Es werden Verff., maschinelle Einrichtungen u. App. für Zerkleinerungsaufgaben bei der Herst. von Schokolade, das Ansetzen, Verfeinern u. Veredeln (Conchieren) der Schokoladengrundmasse behandelt. — 49 Literaturangaben.
H. Spohn. 7870 □

**Neuzeitliche Technologie der Fette und Fettprodukte.** 58. Mitt. **Die Grundlagen der Gewinnung der Öle und Fette aus den Rohstoffen.** H. P. Kaufmann (unter Mitarbeit von B. Grothues). (Fette, Seifen, Anstrichmittel **61**, 392—99, Mai 1959; dt.) — 56.—57. vgl. vorst. Referat. — Ausgehend von der Diskussion der Öle u. Fette als Zellbestandteile pflanzlicher u. tier. Organismen, ihrer physiolog. u. anatom. Bedeutung, werden Meth. der Zellzertrümmerung (mechan., therm. u. chem.-biochem. Verf.) zur Ölabscheidung u. -gewinnung behandelt u. Möglichkeiten zur Abtrennung des Öls von den Zellmaterialien durch Filtration u. Dekantieren u. die hierzu notwendigen App. u. Maschinen besprochen. — 39 Literaturangaben. H. Spohn. 7870 □

**Neuzeitliche Technologie der Fette und Fettprodukte.** 59. Mitt. **Die Grundlagen der Gewinnung der Öle und Fette aus den Rohstoffen.** H. P. Kaufmann (unter Mitarbeit von B. Grothues). (Fette, Seifen, Anstrichmittel **61**, 488—96, Juni 1959; dt.) — 58. vgl. vorst. Referat. — Als moderne Meth. zur Ölgewinnung werden diskontinuierliche u. kontinuierliche Verff. der Ölpressung u. -extraktion u. dafür geeignete App., Maschinen u. Anlagen sowie die Extraktions-Prodd. u. deren Verw. eingehend behandelt. — 31 Literaturangaben. H. Spohn. 7870

**Neuzeitliche Technologie der Fette und Fettprodukte.** 60. Mitt. **Die Grundlagen der Gewinnung der Öle und Fette aus den Rohstoffen.** H. P. Kaufmann (unter Mitarbeit von B. Grothues). (Fette, Seifen, Anstrichmittel **61**, 594—601, Juli 1959; dt.) — 59. vgl. vorst. Referat. — Als weitere Meth. der Ölgewinnung werden die verschiedenen Verff. des Auskochens bzw. Ausschmelzens pflanzlicher u. tier. Fette u. einige besondere Ölgewinnungs-Meth. nach sog. Verdrängungs-Verff. speziell für Ölsaaten (Skipin-Prozeß) u. die hierzu geeigneten maschinellen Einrichtungen behandelt. — 39 Literaturangaben. H. Spohn. 7870 □

**Neuzeitliche Technologie der Fette und Fettprodukte.** 61. Mitt. **Die Grundlagen der Gewinnung der Öle und Fette aus den Rohstoffen.** H. P. Kaufmann (unter Mitarbeit von B. Grothues). (Fette, Seifen, Anstrichmittel **61,** 693—701, Aug., 791—98, Sept., 1261—68, Dez. 1959; **62,** 42—50, Jan., 118—23, Febr., 218—24, März, 337—46, April, 443—54, Mai 1960; dt.) — 60. vgl. vorst. Referat. — In den vorliegenden Mitt. werden als moderne Meth. zur Ölgewinnung ausführlich die Schleuder-Verff. besprochen. Dabei werden theoret. Grundlagen, Systematik der modernen Zentrifugen, Eigg. u. Verw. der verschiedenen Zentrifugentypen zur Öl- u. Fettgewinnung behandelt u. eine Übersicht über weitere Anwendungsmöglichkeiten von Zentrifugen in der Fett- u. verwandten Industrie (Rohölaufbereitung, Raffination, Hydrierung, Umesterung, Seifen- u. Lackindustrie) gegeben u. anschließend kurz biochem. u. chem. Ölgewinnungs-Verff. erörtert. — 162 Literaturangaben. H. Spohn. 7870□

**Zur Wirkung von Aminosäuren bei der Fett-Oxydation.** 1. Mitt. **Untersuchungen mit Heringsöl.** R. Marcuse. (Fette, Seifen, Anstrichmittel **63,** 547—49, Juni 1961; Göteborg, Schwed. Inst. für Konservierungsforsch.; dt.) — 2. vgl. C. **1962,** 14720. — Zu Emulsionen aus 33(%) Heringsöl u. 1 Tween 20 wurden nachfolgende Aminosäuren (I), erforderlichenfalls nach vorheriger Neutralisierung, zugesetzt: Alanin, Asparagin, Asparaginsäure, Cystein (II), Glutaminsäure, Histidin (III), Isoleucin, Lysin, Methionin, Serin, Tryptophan u. Valin. Bis auf II wirken alle I anti-, II wirkt prooxydativ. Oft sind nur geringe I-Konzz. erforderlich; III wirkt schon in einer $10^{-4}$ Mol-Lösung. Die Hemmung wird in Ggw. von Phosphatpuffer (IV) noch verstärkt. II wirkt selbst in Konzz. von 0,1—1 mMol prooxydativ. Diese Wrkg. wird durch IV abgeschwächt bzw. innerhalb eines gewissen niedrigen II-Bereiches in einen antioxydativen Effekt umgekehrt. — 21 Literaturangaben. H. P. Fiedler. 7878□

**Autoxydation von Carotin und Vitamin A. Der Einfluß von Fett und Antioxydantien.** P. Budowski und A. Bondi. (Arch. Biochem. Biophysics **89,** 66—73, Juli 1960; Rehovot, Israel, Hebrew Univ., Agric. Res. Stat., Fac. of Agric.; engl.) — *Carotin* (I) u. *Vitamin-A-palmitat* (II) werden in Paraffin allein u. in Ggw. einer Reihe von Antioxydantien oder in Ggw. von Baumwollsaatöl (als Methylester, oder auch als Glyceride) bei 37° inkubiert u. die Autoxydation spektrophotometr. verfolgt. Es wird festgestellt, daß die Autoxydation von I u. II mit abnehmender Konz. eine wachsende Induktionsperiode aufweist, daß ungesätt. Fett die Induktionszeit u. die Geschw. der Autoxydation erhöht u. daß Antioxydantien sowohl die Induktionsdauer verlängern als auch die Oxydations-Geschw. verringern. Das wirksamste Antioxydans ist *N.N'-Diphenyl-p-phenylendiamin* (III). Außerdem wurden folgende Antioxydantien untersucht: *Octylgallat, 2.6-Di-tert.-butyl-4-methylphenol.* Das aus III entstehende Oxydations-Prod. *N.N'-Diphenyl-p-chinondiimin* ist ebenfalls ein wirksames Antioxydans.
P. Gregorzewski. 7878□

**Über den Einfluß der Pressung auf die Qualität des Kürbiskernöles.** G. Gorbach und Per Stranger-Johannessen. (Fette, Seifen, Anstrichmittel **61,** 1001—05, Okt. 1959; Graz, TH, Inst. für biochem. Technol., Lebensmittelchemie u. Mikrochemie; dt.) — Die Ausbeute des aus den Samen des Ölkürbis (*Curcurbita pepo*) durch Pressen gewonnenen Öls läßt sich durch vorherige Röstung des Materials wesentlich steigern. Temp. bis 230° werden vom Öl ohne nennenswerte Geschmacksbeeinträchtigung vertragen. Viscosität, Grenzflächenspannung u. JZ. ändern sich prakt. nicht. Die Ölausbeute ohne Röstvorgang beträgt 11,4% vom Gesamtfett, nach vorausgegangener Röstung (z. B. bei 185°, 30 Min. lang) unter gleichen Preßbedingungen 76,8%. Wird das Mahlgut vor der Wärmebehandlung mit W. durchgeknetet, so sind Ausbeuten bis zu 90% erzielbar.
W. Presting. 7894□

**Untersuchungen über Milchkulturen.** 4. Mitt. **Die Auswirkungen des Fermentationsgrades und der Neutralisierung von Milchkulturen auf das Margarinearoma.** Y. Ozawa, H. Kembo und N. Yano. (Bull. nat. Inst. agric. Sci. [Chiba, Japan], Ser. G, Nr. **12,** 75—78, Dez. 1956; jap., Auszug: engl.) — 1.—3. vgl. C. **1958,** 8780. — Das beste Margarinearoma wurde bei Verw. neutralisierter Milchkulturen erzielt. Ungenügende Gärung der Kulturen bewirkte einen faden Geschmack. Wurden überreife Kulturen ohne Neutralisierung verwandt, so war das Aroma zu kräftig. M. Winiker. 7900◇

**Eine einfache Methode zur Gewinnung von Linolensäure aus Leinöl.** Janina Budzyńska und Andrzej Z. Budzyński. (Roczniki Chem. [Ann. Soc. chim. Polonorum] **34,** 1139—44, 1960; Warszawa, PZH, Zakł. Bad. Żwyn. i Przed. użytku; PAN, Inst. Bad. jądr.; pol.) — Die aus Leinöl durch Hydrolyse gewonnenen Fettsäuren wurden über Harnstoffaddukte sowie durch fraktionierte Kristallisation aus PAe. u. Aceton bei —70° getrennt. Die dabei erhaltene *Linolensäure* (I; JZ. 269,4, $n_D^{20}$ 1,4831) ist sehr rein (95% ig). Die Reinheit wurde papierchromatograph. mit einem mit $^{131}$J-markierten Präp. geprüft. Die I enthält nur noch geringe Mengen Linolsäure u. Ölsäure. — 18 Literaturangaben. F. Urban. 7908◇

**Verteilung der Komponenten einer Handelsseife in wässerigem Medium in Abhängigkeit von der Temperatur.** D. Dervichian und A. Prevot. (Fette, Seifen, Anstrichmittel **64**, 635—38, Juli 1962; Paris, Inst. des Corps Gras Etudes et Rech. Techn.; dt.) — Vortrag. — Unterss. der Zus. der lösl. u. unlösl. Fraktionen von wss. Lsgg. einer homogenisierten Handelsseife bei 1, 8, 13,5, 22, 24, 30 u. 36° mittels Gaschromatographie der veresterten Fettsäuren (Träger: Silocel $C_{22}$; stationäre Phase: Diäthylenglykolpolysuccinat 25%ig; Temp. 200°; Trägergas He; Strömungs-Geschw.: 2,8 Liter/Std.) ergaben, daß bei >25—30° *Stearat-*, *Palmitat-* u. *Myristat* stärker von W. extrahiert werden, während die Extraktion von *Oleat* u. *Laurat* kontinuierlich mit steigender Temp. zunimmt. Vgl. der gemessenen Löslichkeiten der einzelnen Komponenten mit ihren Krafft-Punkten ergeben, daß bei den angegebenen Temp. an sich lösl. Komponenten im Sediment festgehalten werden, während bei dieser Temp. an sich unlösl. Seifen teilweise in Lsg. gehen, was mit einer mol. Assoziation der verschiedenen Seifen erklärt wird. H. Brämer. 7910

**Eine neue Hexachlorophen inaktivierende Substanz.** I. Gál. (Fette, Seifen, Anstrichmittel **63**, 539—41, Juni 1961; Budapest, Inst. für Chemie u. Lebensmittelunters.; dt.) — Im üblichen Lochplattentest, für den *Staphylococcus aureus* als Testkeim verwendet wurde, konnte gezeigt werden, daß K-Stearat (**I**) u. -Palmitat (**II**) Hexachlorophen (**III**) inaktivieren; **I** wirkt stärker als **II**. Steigende **III**-Konzz. halten dem inaktivierenden Einfl. von **I** besser stand. Da desinfizierende Seifen meist 2—3% **III** enthalten u. ein ca. 30—50facher Überschuß an Seife vorliegt u. beim Gebrauch der Seife schließlich oft eine mehrhundertfache Verdünnung entsteht, kann **III** demnach nur noch eine geringe desinfizierende Wrkg. entfalten. H. P. Fiedler. 7910□

**Standardisierte Sauberkeit.** G. Weder. (Amer. Dyestuff Reporter **51**, Nr. 5, 23—26, 5/3. 1962; engl.) — Verff. zur Messung der Reinigungs-Wrkg. von Waschmitteln sind noch nicht international standardisiert worden. Die Schwierigkeit liegt in der Art der Beschmutzung der zu waschenden Materialien. Es ist kaum möglich, all die verschiedenen Arten von Schmutz mit einem einzigen künstlichen Schmutz nachzuahmen. Vf. weist auf die Bemühungen in einzelnen Ländern hin, eine repräsentative künstliche Beschmutzung herzustellen u. beschreibt ausführlich eine Prüf-Meth., die eine Kombination von EMPA-Schmutz u. bleichbarem Immedialschwarz u. die Messung der Zunahme der Reflektion verwendet. Daraus wurde ein Kombinations-Waschstreifen mit 6 verschiedenen Segmenten entwickelt, der in Verbindung mit der Standard-EMPA-Wäsche u. Reflektionsmessungen als Norm für die Reinigungs-Wrkg. dient. L. Jentgen. 7912□

**Wesen und Aufgaben der Klassifikation mit besonderer Berücksichtigung der Wachse.** L. Ivanoszky. (Fette, Seifen, Anstrichmittel **62**, 37—39, Jan. 1960; Wien; dt.) — Aufgaben u. Grundlagen jeder Klassifikation sowie die wichtigsten Gesichtspunkte eines Einteilungsprinzips für Wachse werden diskutiert. Von den sich ananbietenden 4 Möglichkeiten einer Wachsklassifikation nach Zus., physikal. Aufbau, Herkunft u. Verw.-Eignung erscheint die genet. deshalb zweckmäßig, weil sie in der Regel eindeutig bekannt ist. Vf. schlägt ein 7-Klassen-Syst. vor: 1. Wachse natürlicher Herkunft, 2. Wachse aus Erdölen u. Schwelteeren, 3. Wachse der Raffination, 4. Wachse der chem. Modifikation, 5. Wachse der Teil-Synth., 6. Wachse der Vollsynth. u. 7. Wachsgemenge u. -kompositionen. Ablehnende Kritik an den Klassifikationsvorschlägen von Lux [1959], die wegen Einbeziehung der quant. Zus. als verwirrend u. in ihrer Symbolik als bedenklich anzusehen sind. W. Presting. 7924□

**Reflexionen über Definition und Klassifikation von Wachsen.** C. Lüdecke. (Fette, Seifen, Anstrichmittel **61**, 999—1001, Okt. 1959; Dervio, Italien; dt.) — Kritik an der Wachsklassifikation von Gieser (C. **1960**, 3413). Wachsähnliche Pflanzentalge, wie Japan-, Cranberry-, Bayberry oder Myrthenwachs, sind Glyceride u. müssen deshalb als Fette, nicht aber als Wachse gelten. W. Presting. 7924□

**Versuche zur Charakterisierung von Wachsen nach ihrem Fließverhalten.** W. Brotz. (Fette, Seifen, Anstrichmittel **62**, 31—36, Jan. 1960; Frankfurt/Main, Farbwerke Hoechst Akt.-Ges..; dt.) — Vf. bestimmt das für Wachse verschieden stark ausgeprägte, aber stets nachweisbare Fließverh. unter verschiedenen Dehnungs- u. Temperaturbedingungen. Entwickelt wurde eine Dehnungs- bzw. Zerreißmaschine mit Dreigangschaltung, Kraftmeßdose, registrierender Anzeige u. Vorr. zur Einhaltung einer Meßtemp. auf $^1/_{10}$ Grad genau. Der Vorschub ist auf 1, 10 oder 100 mm/Std. einstellbar. Die bekannte Hantelform der Prüfkörner nach ASTM wurde etwas abgeändert. Gemessen wurden die dem Dehnungsverlauf entsprechenden Kräfte bzw. Zerreißkräfte bei verschiedenen Temp. (Bienenwachs, Petrolat-Ozokerit, Paraffin, Hoechst-Wachs F). Die erhaltenen Kraft–Dehnungs-Diagramme fallen für die verschiedenen Wachstypen sehr charakterist. aus. W. Presting. 7924□

**Synthese besonders harter Esterwachse.** H. Träger. (Fette, Seifen, Anstrichmittel **62,** 1112—15, Dez. 1960; Gersthofen b. Augsburg, Farbwerke Hoechst Akt.-Ges.; dt.) — Zu bes. harten partialsynthet. Esterwachsen mit Hoechst-Wachs S (SZ. 140—155) als Säurekomponente gelangt Vf., wenn Di- oder Polyole, deren hydroxylgruppenhaltige Alkylreste entweder direkt oder über Heteroatome an aromat., hydroaromat. oder heterocycl. Ring-Syst. gebunden sind, oder Oxalkylierungs-Prodd. aliphat. oder araliphat. Diole oder Polyole zur Rk. gelangen. Vorteilhaft ist die Anwendung gleicher Äquivalente Wachssäure: Alkohol. Vf. beschreibt die Herst. von Esterwachsen unter Verw. von 1. aromat. Dimethylol-Verbb., z. B. des Bzl., Toluols, Anisols, Naphthalins, Anthracens, 2. Di- oder Polyhydroxyhexaalkylbenzolen, z. B. Dimethyloltetramethylbenzol, Trimethyloltrimethylbenzol, Tetramethyloldimethylbenzol oder Hexamethylolbenzol, 3. Oxalkylierungs-Prodd. von Phenolen, aromat. Aminen u. Heterocyclen, z. B. von Brenzcatechin, Resorcin, Hydrochinon, Dihydroxydiphenyl, Phenylendiaminen, Aminophenolen u. -naphtholen, Piperazin, Carbazol, 4. Oxalkylierungs-Prodd. höher schm. aliphat. Polyole, z. B. Pentaerythrit oder Trimethyloläthan. Die Fließhärten derartiger Wachsester erreichen Werte bis 970 kg/cm², während natürliche Hartwachse 660 kg/cm² nicht überschreiten. W. Presting. 7924□

**Untersuchung über den Einfluß des Feuchtigkeits- und Wassergehaltes auf die elektrischen Eigenschaften des Baumwollsaatkuchens.** A. K. Bhuiya und Mazhar M. Qurashi. (Pakistan J. sci. ind. Res. **4,** 29—33, Jan. 1961; Karachi, Pakistan Council of Sci and Ind. Res., Phys. Res. Div., Central Labor.; engl.) — Im Verlauf der Entw. einer nichtdestruktiven elektr. Meth. zur Best. des Öl-Geh. in einem einzigen Baumwollsamen wurde festgestellt, daß die DK des Baumwollsaatkuchens bis auf das 50fache des Ausgangswertes anstieg, wenn der Kuchen bis zu seiner Sättigung W. adsorbierte (12—16%). Es wurde untersucht, inwieweit die DK u. auch die spezif. Leitfähigkeit ($\gamma$) von der Form des Ölkuchens u. dem Feuchtigkeits-Geh. abhängen. DK u. $\gamma$ steigen exponential mit dem Wasser-Geh. (w) des Ölkuchens an u. können durch die nachfolgenden Gleichungen dargestellt werden: $DK = 4\exp(26 \cdot w/100)$ u. $\gamma = 0{,}2\exp(56 \cdot w/100)$. H. P. Fiedler. 7932□

**Die Variationen der Kennzahlen von aus Raffinationsprozessen erhaltenen Sansaolivenölen.** 1. Mitt. G. Bertini und P. M. Cocola. (Olearia [Roma] **16,** 58—64, März/April 1962; Lucca, Oleifici Giurlani; ital.) — Wird ein Olivenkuchenrohöl verschiedenen Entsäuerungs-Verff. unterworfen, so fallen Öle an, die bei der nachfolgenden gaschromatograph. bzw. UV-spektrophotometr. Unters. Unterschiede erkennen lassen, die für die Beurteilung des angewendeten Verf. u. der Qualität des dabei anfallenden Öles von Bedeutung sein können. H. P. Fiedler. 7932□

**Gaschromatographische Untersuchung an Preßolivenölen.** G. Kaderavek. (Olearia [Roma] **16,** 5—10, Jan./Febr. 1962; Milano, Univ., Ist. di Ind. Agrar.; ital.) — Für die gaschromatograph. Unters. von durch Pressung gewonnenen Olivenölen (**I**) empfiehlt es sich nach den Unterss. des Vf., Methylester zu verwenden, die durch Veresterung mit Diazomethan erhalten wurden. Es wurde die Glycerid-Zus. von 137 in- u. 20 ausländ. **I** ermittelt; die erhaltenen Werte werden in Tabellen wiedergegeben u. die erhaltenen Daten diskussionsmäßig mit früher in der Literatur angegebenen verglichen. Nach den vorliegenden Unterss. muß damit gerechnet werden, daß **I** 0,01—0,03% Laurin- u. 0,02—0,08% Myristinsäure enthalten. H. P. Fiedler. 7932□

**Betrachtungen über die Farbreaktion der Salpetersäure zur Erkennung der esterifizierten Olivenöle.** E. G. Mondino. (Olearia [Roma] **16,** 17—20, Jan./Febr. 1962; Imperia; ital.) — Ausgehend von einem durch Trichloräthylenextraktion gewonnenen Sansaolivenöl (**I**) wurde ein Teil des Öles mit Spaltfettsäuren bzw. mit den destillierten Spaltfettsäuren umgeestert. Ferner wurden dem **I**, das mit Soda raffiniert worden war bzw. einem sodaraffinierten Preßolivenöl Unverseifbares zugesetzt, das aus verschiedenen **I**-Mustern bzw. verschiedenen vor- oder nachbehandelten Olivenölen stammte. Auch wurden die so hergestellten Ölproben z. T. zusätzlich noch mit Luft behandelt. Alle Proben wurden dann mit konz. $HNO_3$ versetzt, wobei festgestellt wurde, daß die jetzt entstehende Schwarzfärbung nicht mit einer vorgenommenen Umesterung zu erklären ist, sondern auf Substanzen zurückgeführt werden muß, die im Unverseifbaren enthalten sind u. die gegenüber den verschiedenen Raffinations-Verff. mehr oder weniger empfindlich sind. H. P. Fiedler. 7932□

**Zur Untersuchung und lebensmittelrechtlichen Beurteilung naturbelassener kaltgeschlagener Sonnenblumenöle.** J. Wurziger und Fr. Günther. (Fette, Seifen, Anstrichmittel **63,** 519—23, Juni 1961; Hamburg, Hyg.-Inst., Chem. u. Lebensm.-Unters.-Anst.; dt.) — Naturbelassene, kaltgepreßte Sonnenblumenöle (**I**) u. mit Pentan aus Sonnenblumensaat kalt extrahierte **I** wurden auf ihren Geh. an essentiellen Fettsäuren u. Gesamttocopherol (II) untersucht u. ihr Verh. gegenüber alkohol. KOH u. Benzidin überprüft. Die hierbei erhaltenen Daten oder Rkk. werden mit denen verglichen, die mit bearbeiteten oder lange gelagerten I erhalten wurden. I können als naturbelassen u. kaltgepreßt angesehen werden, wenn die Aldehydzahl ≦ 3,0 mg%, die Extinktion für die KOH-Färbung < 0,40 u. der Linolensäure-Geh. < 0,40% sind, unter welchen Bedingungen auch der Peroxid-Geh., als Lea-Zahl ausgedrückt, nicht über 3,5 liegt. Der Mindest-II-Geh. sollte 65 mg% betragen. H. P. Fiedler. 7932□

**Ölbestimmung in Saflor-Saat.** S. H. Pawlowski. (Nature [London] **189,** 772 bis 773, 4/3. 1961; Lethbridge, Alberta, Canada Agric. Res. Stat.; engl.) — Zwischenbushel-Gewicht u. Öl-Geh. von *Carthamus tinctorius*-Saat besteht eine Korrelation. Dieser Zusammenhang unterscheidet sich jedoch wesentlich von den Verhältnissen bei anderen Ölsaaten, weil die Unterschiede zwischen den spezif. Gew. von Samenschale u. Öl sortenabhängig sind. E. Lück. 7932□

**Anwendung der 2-Thiobarbitursäuremethode zur Prüfung der Fettqualität in der Geflügelindustrie.** Tadeusz Grabowski, Henryk Wcisło und Adam Niewiarowicz. (Roczniki Technol. Chem. Żywności **6,** 43—52, 1960; Poznań, Labor. Przem. Jajcz.-Drob.; pol.) — Der Frischezustand von Hühnerfett, Hühnerbrühenkonzentrat u. Butterschmalz, bestimmt mit 2-Thiobarbitursäure nach Patton u. Kurtz [1951] bzw. nach Turner [1954] zeigt Parallelität mit der organolept. Untersuchung. Peroxidzahl u. SZ. sind zur Charakterisierung des Fettes weniger geeignet. — 31 Literaturangaben. F. Urban. 7932◇

**Das Schwingungsspektrum des Fichtenöls im Gebiet von 1 μ bis 3,7 μ.** Dumitru Bîrcă-Gălăţeanu, Lucia Aldea und Lelia Arcan. (Bul. Inst. politehn Bucureşti **20,** Nr. 3, 23—27, Juli/Sept. 1958; dt.) — Das IR-Spektrum von aus Fichtensamen mit PAe. extrahiertem Öl (D. 0,9285; $n_D^{20}$ 1,4902) wird im Bereich von 1—3,7 μ aufgenommen u. die Zuordnung der Absorptionsbanden zu den Strukturelementen der zugrunde liegenden ungesätt. Fettsäuren vorgenommen. F. Heller. 7932□

**Identifizierung der Methylester der Linolen-, Arachin- und Eikosensäure mittels Gaschromatographie.** D. Grieco. (Olearia [Roma] **16,** 11—16, Jan./Febr. 1962; Milano, Labor. Chim. dell'Assoc. Granaria; ital.) — Die gaschromatograph. Unters. der Methylester auf 2 stationären Phasen, einer polaren u. einer nichtpolaren, machte es möglich, in Oliven-, Erdnuß- u. Rüböl Linolen (I)-, Arachin (II)- u. Eikosensäure nachzuweisen. Ferner wird das unterschiedliche Verh. der polaren Phase (20% Polyäthylenglykolsuccinat auf Celit) bei der Trennung des II- von dem I-Methylester beschrieben. H. P. Fiedler. 7936□

**Die Gaschromatographie bei der Stearinfabrikation.** R. Aeschbacher. (Olearia [Roma] **16,** 65—69, März/April 1962; Zürich, Seifenfabrik F. Steinfels; ital.) — Inhaltlich ident. mit der C. **1962,** 13990 referierten Arbeit. H. P. Fiedler. 7944□

---

**Swift & Co.,** übert. von: **Leo C. Brown** und **Dwight R. Merker,** Chicago, Ill., V.St.A., *Verhütung von Hydriergeruch.* (**Can. P. 561 136** vom 6/3. 1953, ausg. 29/7. 1958. A. Prior. 31/12. 1952. — C. **1958,** 8218 [A. P. 2 773 081].)

**Eastman Kodak Co.,** Rochester, N.Y., übert. von: **Clarence E. Tholstrup** und **Alan Bell,** Kingsport, Tenn., V.St.A., *5-Acenaphthenol als Stabilisator.* (**Can. P. 561 703** vom 14/4. 1955, ausg. 12/8. 1958. A. Prior. 10/8. 1954. — C. **1960,** 13560 [D. A. S. 1 062 857].)

**Eastman Kodak Co.,** übert. von: **George Y. Brokaw,** Rochester, N.Y., V.St.A., *Umesterung von Fettsäureestern.* (**Can. P. 560 334** vom 21/7. 1954, ausg. 15/7. 1958. A. Prior. 23/10. 1953. — C. **1958,** 2013 [D. A. S. 1 013 952].)

**Hercules Powder Co.,** Wilmington, Del., übert. von: **Charles M. Lambert,** New London, Pa., V.St.A., *Herstellung von Harzseifen.* (**A. P. 3 012 975** vom 1/5. 1958, ausg. 12/12. 1961. — C. **1962,** 15447 [E. P. 861 896].)

**General Aniline & Film Corp.,** New York, N.Y., übert. von: **Raymond L. Mayhew,** Phillipsburg, N.J., und **John A. Yeager,** Easton, Pa., V.St.A., *Allzweckwaschmittel mit wasserunlöslichen mehrwertigen Metallseifen.* (**Can. P. 561 001** vom 10/5. 1954, ausg. 29/7. 1958. A. Prior. 12/5. 1953. — C. **1959,** 337 [A. P. 2 781 321].)

**N. V. Chemische Fabriek „Andrélon"**, Bodegraven, Niederlande, *Herstellung von flüssigen Salzen von Mono-(alkylpolyäthoxy)-sulfaten.* (**Niederl. PP. 101 469** u. **101 470** vom 2/8. 1957, ausg. 15/6. 1962. — C. **1960,** 16978 [D. A. S. 1 074 570].)

**Sidol-Werke Siegel & Co.,** Köln, *Saures Putz- u. Poliermittel für geschliffene Herdplatten.* (**Belg. P. 570 848** vom 1/9. 1958, ausg. 17/11. 1961. D. Prior. 3/9. 1957. — C. **1959,** 7329 [D. A. S. 1 051 437].)

**Henkel & Cie. G.m.b.H.,** übert. von: **Valentin Habernickel,** Düsseldorf, *Stabile Pyrophosphatperhydrate.* (**A. P. 3 035 897** vom 20/8. 1957, ausg. 22/5. 1962. D. Prior. 27/8. 1956. — C. **1959,** 657 [D. A. S. 1 028 546].)

**Ernst Huber,** *Fleckentfernungsmittel.* (**Aust. P. 232 471** vom 15/10. 1958, ausg. 23/2. 1961. Schwz. Prior. 16/10. 1957. — C. **1961,** 6722 [Oe. P. 204 998].)

**Farbwerke Hoechst Akt.-Ges., vormals Meister Lucius & Brüning** (Erfinder: **Hajo Eilers, Guido von Rosenberg** und **Walter Brotz**), *Verbessern der mechanischenEigenschaften von Kohlenwasserstoffwachsen.* (**Aust. P. 231 958** vom 21/8. 1958, ausg. 9/2. 1961. D. Prior. 28/8. 1957. — C. **1959**, 15536 [D. A. S. 1 050 052].)

**Farbwerke Hoechst Akt.-Ges., vormals Meister Lucius & Brüning**, Deutschland, *Herstellung von harten Wachsestern.* (**F. P. 1 265 051** vom 12/8. 1960, ausg. 20/10. 1961. D. Prior. 12/8. 1959. — C. **1961**, 17053 [D. A. S. 1 098 502].)

## $H_{18a}$. Holz. Cellulose. Zellstoff. Papier. Papierdruck. Celluloid. Linoleum

**Die Holzpfosten in Frankreich. Ihre Konservierung.** Adelardo Sanchis Batalla. (Rev. Ci. apl. **14**, 337—46, Juli/Aug. 1960; Cía. Telefónica Nac. de España; span.) — Übersicht über die in Frankreich zur *Imprägnierung* der *Telegraphenmasten* aus *Holz* angewandten Verff., die Vorschriften u. die Kontrollmaßnahmen.
R. K. Müller. 7952 □

**Das spanische Bartgras und seine chemische Verwertung.** J. Marcos de Lanuza und M. T. Marzo Muñoz-Cobo. (Rev. Ci. apl. **14**, 530—36, Nov./Dez. 1960; Inst. Forestal de Invest. y Exper.; Consejo Super. de Invest. Cie., Dep. de Quím. Analit.; span.) — Die Fasern von span. Bartgras *Andropogon hirtum* L. („cerrillo") sind sehr unregelmäßig u. daher für Textilzwecke nur als Zusatz in geringer Menge zu Espartofaser geeignet. Ihr hoher Cellulose (I)-Geh. (ca. 40%) kann bei der *Zellstoff-Herst.* verwertet werden, bes. wenn die Fasern einer Vorbehandlung zur I-Anreicherung unterworfen werden.
R. K. Müller. 7956◇

**Bisulfitzellstoff.** Hans Wilhelm Giertz. (Norsk Skogind. **13**, 146—57, Mai 1959; Trondheim, Norges tekn. högskole; norweg.) — Der *Aufschluß* von *Nadel-* u. *Laubholz* (Fichte u. Birke) mit *Na-* sowie *Mg-Bisulfitkochsäure* im pH-Gebiet 3—5 zu normal defibrierbaren Hochausbeutezellstoffen von 58—62% des Holzes u. zu Halbzellstoffen von 70% Ausbeute wird an Hand von Labor.- u. Betriebs-Verss. beschrieben. Solche Zellstoffe sind von wesentlich höherer Initialfestigkeit in ungemahlenem Zustand als die Zellstoffe mit saurem Ca-Bisulfit bei pH $< 2,2$ u. als Kraftzellstoffe (I), zugleich im Falle von Na u. Mg als Basen wesentlich heller als I. Über den Einfl. der Hackschnitzeltränkung, der Acidität, der Kochtemp., des Chemikalienverbrauches beim Aufschluß sowie über die Festigkeits-Eigg. solcher Stoffe wird berichtet. Die hohe Initialfestigkeit wird auf das auf der Faseroberfläche befindliche Hemicellulosegel der Mittellamelle, das beim Trocknen der Bisulfitzellstoffe irreversibel verhornt zurückgeführt, so daß solche Stoffe feucht zu Papier verarbeitet werden sollen ohne wesentliche Mahlung. Ferner wird das Ergebnis von Verss. in Betriebskochern mit Na-Bisulfit bei 58—61% Ausbeute des Holzes mitgeteilt. Die Unters. wurde ausgeführt von Bruseth, Heiberg u. Holm.
E. Borchers. 7962◇

**Rückgewinnung von Schwefel aus Sulfitablaugen durch Schwefelbakterien.** Kurze Mitt.) V. Malivánková. (Sborník výzkumných Prací Oboru Celulosy Papíru **1**, 201—05, 1956; Praha, VÚPP; tschech.) — Eine 2 : 1 mit W. verd. *Sulfitlauge*, die auf pH 7 neutralisiert u. mit Nährstoffen [Hefeautolysat u. $(NH_4)_2CO_3$] versetzt ist, wird unter Zusatz von $Fe(OH)_2$, zur Bindung von $H_2S$, bei 26° 24 Std. lang durch *Schwefelbakterien* vergoren. Die maximale *S*-Ausbeute beträgt 45,2%. Das Verf. erweist sich wegen der notwendigen starken Verdünnung u. der geringen S-Ausbeute als unwirtschaftlich.
F. Zeidler. 7962◇

**Die Rückspeisung von Ablaugen beim halbchemischen Zellstoffverfahren.** J. Jančí. (Sborník výzkumných Prací Oboru Celulosy Papíru **1**, 162—87, 1956; Bratislava, VÚPC; slowak.) — Die *Rückspeisung von Ablaugen* bei der Herst. von Kochlaugen für *halbchem. Aufschluß-Verff.* wird bei Fichte u. Pappel untersucht. Es soll dabei erreicht werden: 1. Nutzbarmachung von sonst verlorenem $SO_2$, 2. Erhöhung des Feststoff-Geh. der Ablauge auf 11—12%, 3. Ausnutzung bedeutender Wärmemengen der Ablauge zur Vorwärmung der Kochlauge, z. B. von 25 auf 60—65°, 4. Verbesserte Dampfwirtschaft, 5. Verkürzung der Kochzeit um 1—1$^1/_2$ Stunde. Unter Verw. von rückgeführter Ablauge kann der Kochprozeß bei 115° durchgeführt werden, was bes. für Laubholz, z. B. Pappel, mit geringerem Lignin-Geh. als Nadelhölzer, wertvoll ist. Die niedrige Temp. erfordert keine längere Kochzeit, als Fichte bei 125°. Die mechan. Eigg. der nach vorst. Verf. erzeugten Zellstoffe werden nicht beeinflußt, ihre dunklere Färbung könnte durch tönende Farbstoffe im Papier ausgeglichen werden, ein höherer S-Verbrauch tritt beim Verf. nicht auf.
F. Zeidler. 7964◇

**Chlorierung von Holzzellstoff, der kondensiertes Lignin enthält.** E. Oltus. (Sborník výzkumných Prací Oboru Celulosy Papíru **1**, 145—61, 1956; Bratislava, VÚPC; slowak.) — Eine indirekte Meth., um die Einfl. von Oxydations- u. Substitutions-Rkk. auf verschiedene Lignintypen zu untersuchen, führt zur Annahme, daß *Zellstoff* 2 Ligninarten enthält: 1. *Lignin*, das sich auf der Faseroberfläche aus gelösten Substanzen gegen Ende der Kochung niederschlägt. 2. *Kondensiertes Lignin*, das sich am Anfang des Kochprozesses aus noch nicht gelöstem Lignin bildet. Gegen die *Chlorierung* verhalten sich diese beiden Typen verschieden: Die 1. Form kann leicht durch kurze Chlorierung entfernt werden, während die 2. größere Cl-Mengen u. längere Chlorierungszeit erfordert. Ferner wird aus den Unterss. geschlossen, daß nur substituiertes Lignin in W. u. Alkali lösl. ist, u. daß die Oxydation sich nur auf dieses beschränkt. Eine Oxydation während der Chlorierung von Sulfatlignin beeinflußt sehr stark die Auflösung von Chlorlignin in Alkali. Ein neues Bleichverf., doppelte Chlorierung u. Alkalibehandlung, wird vorgeschlagen. F. Zeidler. 7966◇

**Chlorierung von Alkalisulfit-Lignin (ASL).** J. Polčin. (Sborník výzkumných Prací Oboru Celulosy, Papíru **1**, 217—39, 1956; Bratislava, VÚPC; slowak.) — Bei der Einw. von *Hypochlorit* auf *ASL* in alkal. u. neutralen Medien findet sowohl *Chlorierung* wie auch *Oxydation* statt, bei höherer Alkalinität u. Temp. tritt die Chlorierung gegen die Oxydation zurück. Hypochloritmengen bis 1 Mol/100 g ASL in alkal. Medium lassen die $CH_3O$-Gruppen intakt; die Oxydation beschränkt sich anscheinend auf die Seitenkette. Höhere Hypochloritmengen bei abnehmender Alkalinität spalten $CH_3O$ ab u. erhöhen die Löslichkeit in wss. u. leicht sauren Medien. Mit $Cl_2$-Gas wird ASL unter Wärme-Entw. u. Freiwerden von HCl chloriert. Die beste Chlorierung, bis zu 30%, findet in $CH_3OH$, W. u. sauren Medien (HCl) statt, in $CCl_4$ verläuft sie weniger gut, UV-Licht u. Katalysatoren beeinflussen die Rk. nicht. Eine neue Isolierungs-Meth. von chloriertem ASL wird angegeben: Sulfitablauge wird unter Druck heiß mit $NH_3$ behandelt, darauf $Cl_2$-Gas zugeführt, wobei 1 kg Cl/1 kg ASL verbraucht wird, nur $^1/_3$ wird von ASL gebunden, die übrigen $^2/_3$ bilden HCl. F. Zeidler. 7966◇

**Schleimbildung und ihre Bekämpfung in Papierfabriken.** V. Malivánková. (Sborník výzkumných Prací Oboru Celulosy Papíru **1**, 240—51, 1956; Praha, VÚPP; tschech.) — Die Ursachen der *Schleim-Bldg.* in *Papierfabriken* werden untersucht; viele Organismen u. Protozoen werden als Schleimbildner erkannt. Die in der Literatur angegebenen *Schleimbekämpfungsmittel* werden auf ihre Verwendbarkeit in der ČSR untersucht. Als wirksam erweist sich folgende Meth.: Mechan. Reinigung, Chlorierung von W. u. Desinfektion der Stoffwege mit Phenyl-HgBr einmal im Monat. In einer Fabrik mit einer Produktion von 1000 moto beträgt der Aufwand an Desinfektionsmitteln für einmalige Desinfektion 9,6 kg Hg-Salz u. 40 kg NaOH, das die Wrkg. durch höheres pH intensiviert. Die Meth. bringt der Fabrik beträchtliche Ersparnisse.
F. Zeidler. 7974◇

**Eine analytische Erfassung des Abwassers von Knotenfängern.** Š. Piesen. (Sborník výzkumných Prací Oboru Celulosy Papíru **1**, 252—64, 1956; Praha, VÚPP; tschech.) — Wie langzeitige Unterss. über das Problem der *Wasserzirkulation* in *Papierfabriken* zeigen, sind die *Abwässer* der *Knotenfänger* die Quelle erheblicher Faserverluste, sie führen selten weniger als 200 g/Liter. Eine bes. Behandlung dieser Abwässer ist daher dringend geboten. Die Verw. eines Hilfsplansortierers wird empfohlen, der die Faserverluste auf ein Minimum reduziert u. das W. als Spritzwasser für umlaufende Knotenfänger verwendbar macht. Hierdurch werden prakt. alle Faserverluste vermieden.
F. Zeidler. 7974◇

**Beschichtungen von hohem Grundgewicht auf der Grundlage von Stärke.** Č. Skalický. (Sborník výzkumných Prací Oboru Celulosy Papíru **1**, 263—78, 1956; Praha, VÚPP; tschech.) — *Stärke* (**A**) wird mittels Wärme, Hydrolyse, Enzyme u. Oxydation abgeändert, um sie für *hohe Grundgewichtsbeschichtungen* von *Papier* zu verwenden. Um die Wasserresistenz von **A** zu erhöhen, wird sie mit Polymethylacrylaten, Cumaron-Indenharzen, Dimethylharnstoff (**I**) u. Dimethylkresol behandelt. Das beste Ergebnis wird mit **I** erzielt. Ratschläge zur Abänderung von **A** auf enzymat. u. oxydativem Wege werden erteilt. Prakt. Beschichtungs-Verss. bei holzfreiem Papier von 70 g/m² geben gute Resultate; die Bedruckbarkeit wird besser als bei Beschichtungen auf Caseinbasis. Die Anwendung dieses Verf. für Beschichtungen von gefärbten u. Chromopapieren wird empfohlen. F. Zeidler. 7982◇

**Einfluß der Temperatur auf Papiersäcke,** R. Konop und K. Vyskočilová. (Sborník výzkumných Prací Oboru Celulosy Papíru **1**, 279—97, 1956; Praha, VÚPP; tschech.) — Der *Einfl.* höherer *Temp.* auf die Festigkeits-Eigg. von *Papiersäcken* bzw. *Sackpapiere*, die mit heißem Zement gefüllt werden, wird im Labor. untersucht. Die Festigkeits-Eigg., bes. Dehnung u. Falzzahl, sind eine Funktion des Feuchtigkeits-Geh. des Papiers. Temp. von 60—80° beschleunigen die Austrocknung von Papier, ohne seine

Festigkeits-Eigg. dauernd zu schwächen, wenn es nur wieder Feuchtigkeit aufnehmen kann. Sulfatpapier hat vor Sulfitpapier den Vorteil, daß es seine Feuchtigkeit nur langsam verliert u. sie im allg. schneller wieder aufnimmt. Sulfatzellstoff ist elast., die Kurve für Dehnung ist geradliniger, aus ihm hergestelltes Papier ist gegen Stoß u. Schlag widerstandsfähiger. F. Zeidler. 7984◇

**Untersuchungen über Viscositätsmessungen von Zellstoffen als Grundlage für DP-Bestimmungen.** 2. Mitt. **Vergleichsuntersuchungen der Cu-am- und der Nitrat-Methoden mittels der Natriumborhydridreduktion.** Ø. Ellefsen und S. V. Vardheim. (Norsk Skogind. **13,** 42—49, Febr. 1959; Oslo, Norway, Norweg. Pulp and Paper Res. Inst.; engl.) — 1. vgl. C. **1959,** 14287. — Von 11 gebleichten *Sulfitzellstoffen* für Papier u. für Kunstseide werden die Nitrate teils unbehandelt, teils nach vorheriger Red. mit $NaBH_4$ (I) hergestellt. Diese Trinitrate werden in Aceton gelöst u. von diesen Lsgg. die *DP-Grade viscosimetr.* bestimmt. Außerdem wird von den nicht nitrierten Zellstoffen der DP-Grad in Cuoxam-Lsg. bestimmt. Die DP-Grade nach beiden Meth. sind nach der Red. mit I um 6—13% geringer als diejenigen nicht red. Zellstoffe. Auch der Unterschied der DP-Grade zwischen Papier- u. Kunstfaserzellstoffen wird nach der Red. geringer. Dies wird auf die Red. der H-Vernetzungen zwischen den Celluloseketten, die sich an CO-Gruppen bei der Nachbehandlung nach der Nitrierung bilden u. bei der Red. verschwinden, zurückgeführt. E. Borchers. 8006◇

Je. Je. Schnaider, Ss. W. Tschepigo und M. Je. Schpuntowa, **Hydrolyse von pflanzlichem Material** mit 5—20 (%) Feuchtigkeits-Geh. durch Behandeln mit einem $SO_3$-Luft-Gemisch mit $\leqq 10$ $SO_3$, wobei die Rk.-Temp. durch die $SO_3$-Zufuhr geregelt werden kann u. Verkohlung vermieden wird. (**UdSSR. P. 123 890** vom 16/1. 1959.) L. Großner. 7969

Horst Kosche, Deutschland, übert. von: Henkel & Cie. G. m. b. H., **Herstellung elektrisch schwach leitender Aminoplaste** durch Kondens. der Aminoverbb. mit den Aldehyden in Ggw. von Ionenaustauschern. Die Kondens.-Prodd. können mit Alkoholen veräthert oder mit Carboxylgruppen verestert werden. Die Aldehyde werden zweckmäßig vorher mit Austauschern von sauren Anteilen befreit. — Man rührt 2100 $cm^3$ wss., 37,5%ig. HCHO-Lsg. bei 20° 15 Min. lang mit 200 g eines Anionenaustauschers (Levatit MIH), bis die Lsg. pH 6,6—8,9 aufweist, setzt 115 g Melamin zu, hält 10 Min. lang bei 80°, Filtriert den Austauscher ab, wäscht mit 30%ig. wss. HCHO-Lsg. nach u. trocknet im Vakuum bei 50° zu einem viscosen Sirup, den man zur Verätherung mit 50 g des Kationenaustauschers Levatit 5100 in 1250 g A. 1 Std. lang unter Rückfluß kocht. Der Austauscher wird abfiltriert u. das Filtrat bei Unterdruck u. 50° gehalten. — Das Harz kann zum *Imprägnieren von Papier* dienen, das nach Härtung als *Isolierfolie* dienen kann. (**F. P. 1 216 292** vom 4/9. 1958, ausg. 25/4. 1960. D. Prior. 6/9. 1957.) M. Pankow. 7987

American Can Co., New York, N.Y., V.St.A., **Herstellung eines hochglänzenden Überzuges,** z. B. für *Verpackungspapier*, durch Auftragen einer geschmolzenen, mindestens 10 Gew.-% mikrokrist. Wachs enthaltenden Wachsmischung auf das Papierband, welches ohne Relativbewegung mit einem gekühlten, endlosen Unterlageband in Kontakt u. bis zur Verfestigung der Mischung in Druckberührung gebracht wird. Das Paraffinwachs besitzt einen F. 49—66°, das mikrokrist. F. 57—90°. — 3 Zeichnungen. (**Oe. P. 208 213** vom 21/3. 1956, ausg. 25/3. 1960.) B. Pankow. 7987

Abel Fernand Naert, Brüssel, Belgien, **Herstellung von Mehrfarbendruckformen.** Von jedem Grundfarbenauszug werden mindestens 2 konkordierende Reproduktionen vom Gesichtspunkt des Bildinhaltes mit verschiedenen Projektionslichtern gemacht. Von diesen befindet sich eines in der engen Spektralzone nahe dem Absorptionsmaximum der zu reproduzierenden Grundfarbe u. die andere in einer engen Spektralzone entfernter vom Absorptionsmaximum dieser Grundfarbe. Die Intensitäten dieser Lichter werden in Übereinstimmung mit einer Funktion der äußersten Transparenzen des Farbbildes in den Zonen der 2 Teilfarben u. des Kontrastes des Grundfarbenbildes geregelt, wie er für das Reproduktionsmaterial am günstigsten ist. Diese Regelung erfolgt gemäß den Formeln $I_n = k_k - k_{n'}/k_n - k_{n'}$ u. $J_{n'} = k_n - k_k/k_n - k_{n'}$. Darin sind $I_n$ u. $J_{n'}$ die Intensitäten der beiden Teilfarbenlichter, die zu derselben Grundfarbe J...n gehören, $k_n$ u. $k_{n'}$ sind die Kontraste im Grundfarbenbild in bezug auf die 2 Teilfarbenprojektionslichter, u. $k_k$ ist der Aufhellungskontrast des Grundfarbenbildes, mit dem die beste Wiedergabe erreicht wird. Das Dichteminimum des Grundfarbenbildes ist dabei = 0. (**Belg. P. 543 035** vom 23/11. 1955, ausg. 11/9. 1959. D. Prior. 27/11. 1954 u. 12/10. 1955.) C. Kittler. 7989

**Crown Zellerbach Corp.**, San Francisco, Calif., V.St.A., *Herstellung von Dimethylsulfid.* (**Oe. P. 212 810** vom 1/4. 1957, ausg. 10/1. 1961. — C. **1959**, 8360 [A. P. 2 816 832].)

**Udic Soc. An. Lausanne**, Vevey, Vaud, Schweiz (Erfinder: **Alfons Apel**, Mannheim-Rheinau, *Selektive Trennung von Zuckerlösungen aus Pflanzenmaterial.* (**Oe. P. 208 792** vom 5/2. 1958, ausg. 25/4. 1960. Schwz. Prior. 14/2. 1957. — C. **1959**, 15218 [D. A. S. 1 039 960].)

**Zellstofffabrik Waldhoff**, Deutschland, *Herstellung von fett- und wasserdichtem, mit Polyäthylen überzogenem Papier.* (**F. P. 1 264 869** vom 9/8. 1960, ausg. 20/10. 1961. D. Prior. 11/8. 1959. — C. **1961**, 17027 [D. A. S. 1 090 080].)

**Montecatini Soc. Gen. per l'Industria Mineraria e Chimica**, Mailand, Italien, *Herstellung von Druckfarben.* (**E. P. 880 545** vom 8/4. 1958, ausg. 25/10. 1961. It. Prior. 10/4. 1957. — C. **1961**, 5651 [Oe. P. 205 515].)

**Wilhelm Ritzerfeld** und **Gerhard Ritzerfeld**, Berlin, *Herstellung von Übertragungsblättern,* (**Oe. P. 217 484** vom 5/2. 1958, ausg. 10/10. 1961. D. Prior. 15/3. 1957. — C. **1961**, 10025 [F. P. 1 191 794].)

**Commonwealth of Australia**, Melbourne, Australien, *Herstellen eines Entwicklungsmittels für latente elektrostatische Bilder.* (**E. P. 879 464** vom 4/12. 1957, ausg. 11/10. 1961. Aust. Prior. 21/12. 1956. C. **1962**, 3998 [F. P. 1 205 173].)

**Ruberoidwerke Akt.-Ges.**, Deutschland, *Herstellung einer Dachbahn.* (**F. P. 1 231 637** vom 11/1. 1957, ausg. 30/9. 1960. D. Prior. 17/1. 1956. — C. **1961**, 343 [D. A. S. 1 078 990].)

## $H_{18b}$. Textilfasern

**Die Rolle der Hilfsmittel in der Industrie der Kunstfasern.** Waldemar Miroslawski. (Chemik [Warszawa] **14**, 18—21, Jan. 1961; pol.) — Übersicht. F. Urban. 8028◇

**Einiges über die antistatische Permanentausrüstung von Flocke, Garnen, Geweben, Strick- und Wirkwaren aus Chemiefasern.** H. Grunert und K. Mahalt. (Melliand Textilber. **42**, 946—48, Aug. 1961; Düsseldorf, Böhme Fettchemie GmbH; dt.) — Unter Angabe von Arbeitsrichtlinien für die Praxis wird der heutige Stand der Technik auf diesem Gebiet beschrieben. H. Sontag. 8032□

**Veredlungsappreturen für Baumwollgewebe bei Anwendung von thermoreaktiven Harzen.** Ignacy Jakobson. (Przegląd włókienniczy **15**, 140—43, März 1961; pol.) — Übersicht. — 24 Literaturangaben. F. Urban. 8032◇

**Die elektrostatische Beflockung zur Herstellung von Teppichen und Möbelstoffen.** H.-H. Böhlk. (Z. ges. Textilind. **64**, 492—94, Juni 1962; dt.) — Die *Beflockungstechnik*, die Beflockungsunterlagen, der Faserflock, der Kleber u. die Prüfung von Flockerzeugnissen werden ausführlich besprochen. I. Beßer. 8038◇

**Strukturwandel bei der Herstellung von Bayer-Fasern.** Hans O. R. Kramer. (Fibre e Colori **12**, 367—69, Nov. 1962; Leverkusen, Farbenfabr. Bayer AG, Sez. Vendita Coloranti e Fibre Tess.; ital.) R. Grundmann. 8040◇

**Erfahrungswerte für die Beurteilung von Textilien.** H. Bock. (Z. ges. Textilind. **64**, 475—78, Juni 1962; dt.) — Der *Zusammenhang* zwischen den *Gebrauchs-Eigg.* von *Textilien* u. der *Fadendichte* sowie der *Garnstärke* läßt sich innerhalb material- u. bindungsgleicher Gewebe als Korrelations-Koeff. zahlenmäßig erfassen. Die Auswertung der Meßergebnisse wird an Hand eines Beispiels erläutert. I. Beßer. 8040◇

**Die Kristallitorientierung in Mestafasern.** Subhrendu Kar und R. K. Basu. (Indian J. Physics Proc. Indian Assoc. Cultivat. Sci. **35/44**, 505—08, Okt. 1961; Calcutta, Indian Central Jute Committee, Technol. Res. Labor.; engl.) — *Röntgenograph.* werden rohe *Mestafaser*, Fasern, die mit Hilfe des „Textone"-Prozesses entholzt waren, u. Fasern, die mit 5-, 9,3- u. 17,5%ig. NaOH behandelt worden waren, untersucht. Es wird festgestellt, daß die Faserachse mit der *l*-Achse der *Kristallite* je nach der Vorbehandlung Winkel von 11—14° bildet, während der Orientierungsfaktor nach Hermans [1939] zwischen 0,91 u. 0,94 liegt. C. Gottfried. 8048

**Ginster-Faser wieder aktuell?** K. Gapp. (Melliand Textilber. **43**, 454, Mai 1962; dt.) — Kurzer histor. Überblick über die Bedeutung der *Ginsterfaser* für die *Textilverarbeitung*. I. Beßer. 8048◇

**Untersuchungen des Knickeffektes bei Stroh verschiedener Stengeldicke.** Klaus-Christoph Menzel. (Faserforsch. u. Textiltechn. **13**, 421—27, Sept. 1962; Dresden, DAW zu Berlin, Inst. für Technol. der Fasern; dt.) — Die mechan. Aufbereitung gerösteten oder ungerösteten *Flachsstrohes* muß als Einheit angesehen werden. Anatom. verschieden gebaute Stengel reagieren ähnlich auf Walzenprofile, aber unterschiedlich auf die Anzahl der Zähne. Grobes Flachsstroh ist empfindlicher gegen hohe Zähnezahl der Knickwalzen, für feines Stroh gilt etwa das Umgekehrte. Röstflachs ist unempfindlicher gegen Knickschäden als Grünflachs. Die Strohbeschaffenheit in der Praxis erfordert Kompromißlösungen. I. Beßer. 8050◇

**Untersuchungen an Kaninchenhaaren. 14. Mitt. Beziehungen zwischen der Dicke von Angorakaninchenhaaren und der Beize.** Sakio Ikeda, Saburo Okajima und Seiji Kato. (J. Soc. Textile Cellulose Ind., Japan [Sen-i Gakkaishi] **12**, 895—98, Dez.

1956; Tokyo Metropolitan Univ., Fac. of Technol.; jap., Auszug: engl.) — 13. vgl. C. **1959**, 3308. — Die *mechan. Eigg.* von *unbehandelten* u. *gebeizten Kaninhaaren* von unterschiedlicher Größe der Querschnitte werden untersucht. H.-A. Wannow. 8066 □

**Einige Betrachtungen zur Kristallisation von Viscosefasern.** Akiyoshi Nakai. (J. Soc. Textile Cellulose Ind., Japan [Sen-i Gakkaishi] **14**, 905—08, Dez. 1958; Kyoto, Japan, Kyoto Univ., Dep. of Agric. Chem.; jap., Auszug: engl.) — Der Einfl. der *Koagulationsbedingungen* auf die *Struktur* von *Cellulosegelen* wird mit Hilfe von Modellfasern u. -filmen untersucht. Dabei zeigt sich, daß die Struktur der Xanthatgele u. die Koagulations-Geschw. bestimmend für die Struktur von Regeneratcellulose sind. Zn-Xanthate, mit Zn-Ionen koaguliert, geben eine andere Struktur, als wenn $NH_4$- u. Na-Xanthate in $ZnSO_4$-haltigen Bädern koaguliert werden. H. Steffens. 8074◇

**Beziehungen zwischen den physikalischen Eigenschaften und dem Grad der Doppelbrechung von Viscosereyonfasern.** Hiromichi Hara, Hiroshi Sado und Itsuo Hashimoto. (J. Soc. Textile Cellulose Ind., Japan [Sen-i Gakkaishi] **17**, 1002—08, Okt. 1961; Bofu City, Yamaguchi Prefect., Japan. Kanegafuchi Spinning Co., Ltd., Reyon Res. Div.; jap., Auszug: engl.) — Die *Doppelbrechung* von Fasermantel u. -kern wird aus der Differenz der Doppelbrechung in Längs- u. Querrichtung der Faser bestimmt. Dabei wird angenommen, daß der Mantel entlang dem Querschnitt gleichmäßig dick ist. Die Messungen zeigen, daß mit zunehmender Doppelbrechung des Fasermantels die *Festigkeit*, die Höhe des *Fließpunktes* u. der Young-*Modul* oberhalb des Fließpunktes zunehmen, während die *Dehnung*, *Knot-*, *Schleifen-* u. *Biegefestigkeit* abnehmen. Die Doppelbrechung des Faserkernes ist unabhängig von den physikal. Eigg. der Faser. Die sog. scheinbare Doppelbrechung der Faser ist von der des Fasermantels abhängig. H. Steffens. 8074◇

**Untersuchungen über die Verteilung von Xanthatgruppen.** Masao Horio, Rikizo Imamura und Hiroshi Sakata. (J. Soc. Textile Cellulose Ind., Japan [Sen-i Gakkaishi] **14**, 909—13, Dez. 1958; Kyoto, Japan, Kyoto Univ., Fac. of Engng.; jap., Auszug: engl.) — Um die Stellung der *Xanthatgruppen* im *Cellulose*-Mol. zu ermitteln, werden Cellulosexanthate in Methylcellulose übergeführt u. dann hydrolysiert. Die Rk.-Prodd. werden papierchromatograph. getrennt. Neben Glucose werden Mono- u. Dimethylglucose erhalten. Die beiden letzteren werden mit W. eluiert u. dann papierchromatograph. in ihre Isomeren zerlegt. Die gefundenen Substanzen u. ihre Mengen in Molenbrüchen sind: *Glucose* 0,35, *2-Methylglucose* 0,40, *3-Methylglucose* 0,02, *6-Methylglucose* 0,06 u. *3.6-Dimethylglucose* 0,11. Die Rk.-Fähigkeit der OH-Gruppen im Pyranosering wird diskutiert. H. Steffens. 8074◇

**Zur Frage der Zersetzung von Xanthogenaten bei Anwesenheit von Zn-Ionen.** Zbigniew Cichowski. (Faserforsch. u. Textiltechn. **13**, 393—96, Sept. 1962; Tomaszôw Mazowiecki, Tomaszowskie Zakłady Włokien Sztucznych, Forsch.-Labor.; dt.) — Der verzögernde Einfl. von $Zn^{2+}$ auf die *Zers.-Rk.* von *Äthyl-* u. *Saccharosexanthogensäuren* in homogenen Lsgg. wird untersucht. Aus den Vers.-Ergebnissen wird geschlossen, daß sich im sauren Medium schwach dissozierte beständige Xanthogenate bilden, die sich mit $Zn^{2+}$ im Gleichgewicht befinden. Ähnlich beeinflussen $Zn^{2+}$ die Zers. von Cellulosexanthogensäure im Gelzustande u. unter den Bedingungen des Faden-Bldg.-Prozesses im 2-Badsystem. Aus den Unterss. geht hervor, daß die Rk. von $Zn^{2+}$ mit Cellulosexanthogenat im ganzen Querschnitt der gesponnenen Faser vor sich geht, wobei die Cellulosexanthogensäure im konzentrationsabhängigen Gleichgewicht mit $Zn^{2+}$ steht. I. Beßer. 8074◇

**Spannungsinduzierte Risse in regenerierter Cellulose und anderen Polymer-Fasern.** R. J. E. Cumberbirch, J. Dlugosz und J. E. Ford. (Shirley Inst. Mem. **34**, 45—61, Juni 1961; Manchester, Didsbury, Shirley Inst., Cotton Silk and Man-made Fibres Res. Assoc.; engl.) — Isotrop ersponnene Fasern aus *Regeneratcellulose* werden gedehnt. Bei $>100\%$ Dehnung zeigen diese Fasern mkr. *Querrisse*, deren Zahl mit steigender *Dehnung* zunimmt. Der Abstand dieser Risse beträgt im Mittel 1 $\mu$, ihre Länge Bruchteile des Faserdurchmessers. Durch Einlagerung von Festkörpern (z. B. HgS) lassen sich die Risse deutlicher sichtbar machen. Abdrücke der Faseroberfläche u. von Längsschnitten zeigen bei elektronenmkr. Unters., daß sich die Querrisse im Faserinneren befinden, während die Oberfläche glatt bleibt. Durch Streckspinnen erzeugte Regeneratfasern zeigen diese Erscheinung in sehr viel geringerem Maße. An handelsüblichen Fasern aus Nylon 6,6, Polyäthylen, Polypropylen, Terylen, Polystyrol, Polyacrylonitril, Polyvinylchlorid, Polyvinylidenchlorid, Alginat u. Protein lassen bei der Bruchdehnung gleichfalls solche mkr. Querrisse in einer für jede Faserart charakterist. Gestaltung erkennen. H. Steffens. 8080◇

**Die Polyolefine.** J. W. S. Hearle. (Textile Manufacturer **87,** 439—41, Nov. 1961; Manchester, Coll. of Sci. and Technol.; engl.) — Kurzer zusammenfassender Bericht über Chemie, Struktur, Eigg. u. Verw. von *Fasern* aus *Polyäthylen* u. *Polypropylen.* H. Steffens. 8080◇

**Einige Ergebnisse über die Wärmebehandlung von Polypropylenfasern.** Akiyoshi Nakai, Seibei Yoshikawa und Seigo Oya. (J. Soc. Textile Cellulose Ind., Japan [Sen-i Gakkaishi] **17,** 997—1001, Okt. 1961; Osaka, Japan, Osaka Ind. Res. Inst.; Kyoto, Japan, Kyoto Techn. Univ.; jap., Auszug: engl.) — Bei 98° verstreckte *Polypropylenfasern* werden bei 100—140° mit u. ohne Vorbehandlung mit niedermol. Polyäthylenglykol hinsichtlich ihres Schrumpfungs-Verh. bei *Wärmebehandlung* im gespannten u. im spannungslosen Zustand untersucht. Die Schrumpfung, Zunahmen der Kristallinität u. Dichte, die Abnahme der Doppelbrechung, des Young-Moduls u. der Farbstoffabsorption sowie die Dimensionsstabilität in sd. W. sind bei spannungsloser Wärmebehandlung im polyäthylenglykolbehandelten Zustand stärker als bei solcher von nicht vorbehandelter Faser. Eine Wärmebehandlung unter Spannung zeigt bei vorbehandelter Faser ebenfalls einen stärkeren Effekt als bei nicht vorbehandelter. Mit steigender Temp. nimmt die Wrkg. der Wärmebehandlung zu, bes. bei $>120°$. 120—150° wird als optimale Behandlungs-Temp. angegeben. H. Steffens. 8080◇

**Vinylon-Herstellung, chemische und färberische Eigenschaften.** Andrzej Spodenkiewicz. (Przegląd włókienniczy **15,** 143—48, März 1961; Centr. Labor. Przem. Dziew.; pol.) — Übersicht über den Polyvinylalkohol „*Vinylon*“. F. Urban. 8080◇

**Die Wirkung von Gamma-Strahlen von Cobalt 60 auf die physikalischen Eigenschaften von Polyvinylalkoholfasern.** Ichiro Sakurada, Noboru Mori, Hiroshi Kawakami, Hideshi Sato, Nobuo Ota und Takeshi Tanaka. (J. Soc. Textile Cellulose Ind., Japan [Sen-i Gakkaishi] **14,** 948—52, Dez. 1958; Osaka, Japan, Kyoto Univ., Inst. for Chem. Res.; Osaka, Japan, Dainippon Spinning Comp., Ltd.; jap., Auszug: engl.) — Mit Monoaldehyden acetalisierte *Polyvinylalkoholfasern* verlieren bei Beschuß mit *γ-Strahlen* in Luft ca. 50% ihrer anfänglichen Reißfestigkeit, während sie bei Bestrahlung in W. u. in wss. Lsgg. von $NH_3$, $HOCH_2CH_2NH_2$ u. Anilin keine Veränderung zeigen. Mit Dialdehyden acetalisierte Fasern sind ebenso wie unbehandelte wesentlich resistenter gegen Bestrahlung. H. Steffens. 8080◇

**Polyvinylalkoholfasern, hergestellt aus bei tiefer Temperatur polymerisiertem Polyvinylacetat.** Hiroshi Kawakami, Noboru Mori, Kenji Kawashima und Akiro Yamauchi. (J. Soc. Textile Cellulose Ind., Japan [Sen-i Gakkaishi] **17,** 1015—18, Okt. 1961; Sakoshi, Ako, Hyogo Prefect., Japan, Dainippon Spinning Co., Ltd., Sakoshi Factory; jap., Auszug: engl.) — *Vinylacetat* wird bei 0 u. bei —30° in Ggw. von Uranylacetat als Sensibilisator photopolymerisiert u. dann zu *Polyvinylalkohol* (PVA) verseift. Die Eigg. dieses PVA u. daraus hergestellter *Fasern* werden mit handelsüblichen Prodd. verglichen. Bei tieferen Polymerisations-Temp. nimmt der Geh. an 1.2-Glykoleinheiten im Mol. ab u. die Geschw. der Gelatinierung zu. Fasern aus diesem PVA zeigen schon ohne HCHO-Behandlung gute Beständigkeit gegen heißes W. bis 110° u. stehen in Bruchfestigkeit, Dehnung u. Elastizität nicht hinter den Handels-Prodd. zurück. H. Steffens. 8080◇

**Chemische Untersuchungen über Polyvinylalkoholfasern.** 1. Mitt. **Über die Acetalisierung von Polyvinylalkoholfasern im Mischgespinst mit Polyäthylenimin.** Seishi Machida, Norito Uchino, Jyunzo Machida, Takashi Kamon und Nobuo Hori. (J. Soc. Textile Cellulose Ind., Japan [Sen-i Gakkaishi] **14,** 892—95, Dez. 1958; Kyoto, Kita-ku, Japan, Kyoto Techn. Univ.; jap., Auszug: engl.) — *Polyvinylalkoholfasern* in *Mischgespinsten* mit *Polyäthylenimin* werden mit verschiedenen *Aldehyden acetalisiert.* Der erreichbare Acetalisierungsgrad hängt von der Struktur des verwendeten Aldehyds ab. Die Einführung hydrophober Gruppen durch Acetalisieren verbessert die elast. Eigg. der Fasern wesentlich. H. Steffens. 8080◇

**Die Nylons, verschiedene Typen, Herstellung und Eigenschaften.** J. Rémond. (Rev. Produits chim. **64,** 281—84, 30/6., 374—80, 31/8. 1961; 471—74, 31/10.; **65,** 9—13, 31/1. 1962; franz.) J. Lehmberg. 8080□

**Untersuchungen über synthetische Fasern aus Polyesteramiden.** 1. Mitt. **Polymere aus aliphatischen Dicarbonsäuren und Aminoalkoholen.** Key Kobayashi und Tadao Watanabe. (J. Soc. Textile Cellulose Ind., Japan [Sen-i Gakkaishi] **14,** 881—85, Dez. 1958; Fakuoka, Kyushu Univ., Fac. of Agric.; jap., Auszug: engl.) — Die Fähigkeit zur Kondens. zu *Polyesteramiden* u. deren Faser-Bldg.-Vermögen wird an Ammoniumsalzen aus $HOCH_2CH_2NH_2$ u. Oxal-, Malon-, Bernstein-, Glutar-, Adipin-, Pimelin-,

$\gamma$-Ketopimelin- (I), Kork-, Azelain- (II), Sebacin-, Nonandicarbon- u. Decandicarbonsäure sowie Gemischen von *Dicarbonsäuren*, wie Undecandicarbon- u. Dodecandicarbonsäure untersucht. Die Salze von Säuren mit einer ungeraden Anzahl von $CH_2$-Gruppen sind hygroskop.; die daraus hergestellten Polymeren haben einen niedrigeren F. als die mit gerader Anzahl. Polymere aus Dicarbonsäuren mit $<$6 C-Atomen u. I u. II zeigen keine faserbildenden Eigg., bes. günstig sind die mit 8 u. 10 C-Atomen hinsichtlich Faser-Bldg. u. Kaltverstreckung. H. Steffens. 8080◇

**Untersuchungen über synthetische Fasern aus Polyesteramiden.** 2. Mitt. **Polymere aus Äthanolamin und Sebacinsäure.** 3. Mitt. **Copolymere aus Äthanolamin, aliphatischen Dicarbonsäuren und aliphatischen Diaminen.** Key Kobayashi. (J. Soc. Textile Cellulose Ind., Japan [Sen-i Gakkaishi] **14,** 885—91, Dez. 1958; jap., Auszug: engl.) — 1. vgl. vorst. Referat. — *β-Hydroxyäthylammoniumsebacinat* (I) wird zum *Polymeren* kondensiert, aus der Schmelze versponnen u. kalt verstreckt. Die erhaltenen Fasern sind farblos u. glänzend; die Bruchdehnung beträgt 2,87 g/den., die Naßreißfestigkeit 64% der Trockenreißfestigkeit, die Dehnung trocken 10—25%, $D.^{20}$ 1,12, F. 115°, Wasser-Geh. bei 65% relativer Luftfeuchte unverstreckt 1,5%, verstreckt 1,3%. Salze aus aliphat. Diaminen (II) mit 2—12 C-Atomen u. aliphat. Dicarbonsäuren (III) werden im Gemisch mit I kondensiert. III mit $<$ 5 C-Atomen geben keine brauchbaren Produkte. $H_2NCH_2CH_2 \cdot NH_2$ mit III kondensiert, gibt kautschukartige Substanzen mit F. $>$203°, *Copolymerisate* aus I, Sebacinsäure u. II mit $>$4 CAtomen geben leicht aus der Schmelze spinnbare Fasern, die um 450 bis 600% verstreckbar sind u. eine Reißfestigkeit von 1,0 bis 3,2 g/den, FF. 149—198°, zeigen. II mit einer ungeraden Anzahl von C-Atomen geben niedrigerschm. Polymere als solche mit einer geraden Anzahl. Die günstigsten Eigg. zeigt ein Copolymerisat von I u. Tetramethylendiammoniumsebacinat, F. 198°. H. Steffens. 8080◇

**Ein Beitrag zum Ausrüsten von gewirkten Hemdenstoffen aus Polyamidfasern.** H. Beiertz. (Textil-Prax. **17,** 695—700, Juli 1962; dt.) — Übersichtliche Zusammenstellung der *Ausrüstungsgänge gewirkter Hemdenstoffe* aus *Polyamidfasern.* I. Beßer. 8080□

**Pfropfpolymerisation von Styrol auf Polyvinylalkoholfasern.** Hiroshi Kawakami, Noboru Mori, Kenji Kawashima und Shigenobu Iura. (J. Soc. Textile Cellulose Ind., Japan [Sen-i Gakkaishi] **17,** 1009—14, Okt. 1961; Sakoshi, Ako, Hyogo Prefect., Japan, Dainippon Spinning Co., Ltd., Sakoshi Factory; jap., Auszug: engl.) — *Fasern* u. *Filme* von *Polyvinylalkohol* werden durch *Pfropfpolymerisation* mit *Polystyrol* (**A**) modifiziert. In Ggw. von W. mit $K_2S_2O_8$ u. α.α'-Azo-bis-butyronitril als Initiatoren werden bis zu 700% **A** aufgepfropft. Dadurch wird gute Temp.-Beständigkeit, Beständigkeit gegen heißes W. u. elast. Erholung bei niedriger Dehnung erreicht. H. Steffens. 8080◇

**Methode zur Bestimmung des Schaumvermögens und der Schaumbeständigkeit.** Th. Photakis und K. Schläpfer. (Melliand Textilber. **42,** 945—46, Aug. 1961; Athen, Griechenland; Rorschach, Schweiz; dt.) — Das Verf. ist dad. gek., daß durch Einleiten einer bestimmten Luftmenge in die Prüf-Lsg. mittels einer Fritte *Schaum* erzeugt wird, dessen Vol. sowohl sofort nach seiner Bldg. als auch nach 15 Min. gemessen wird. Die aus Meßzylinder, Saugkolben u. Tropftrichter mit Maßeinteilung bestehende App. wird unter Angabe einer genauen Arbeitsvorschrift beschrieben. H. Sontag. 8098□

**Die Methoden der Cord-Untersuchungen.** Tadeusz Karczewski. (Przegląd włókienniczy **15,** 454—58, Sept. 1961, Inst. Włókien sztuczn. i syntet.; pol.) — Übersicht. — 52 Literaturangaben. F. Urban. 8100◇

**Ein Beitrag zur fettbestimmenden Kalt- und Heißextraktion von Textilien.** M. Rösch und H. Liebertz. (Z. ges. Textilind. **64,** 479—80, Juni 1962; dt.) — Vgl. der *Kalt-* u. *Heißextraktion* im Extraktions-App. nach Art von Soxhlet u. nach einer Schnellmeth. werden durchgeführt. Vers.-Bedingungen u. Extraktionsgut werden ausführlich beschrieben. Die Heißextraktion liefert höhere Werte als die Kaltextraktion, die Differenz ist gering. Übereinstimmende Ergebnisse werden mit Schnell- u. Soxhlet-Extraktion nicht nur beim bekannten Wollmaterial, sondern auch bei anderen Faserarten erzielt. I. Beßer. 8100◇

**Fasertestwerte.** P. Brinkmann. (Textil-Prax. **17,** 421—22, Mai 1962; Bremen, Firma Fr. Naumann sen., Baumwolltestlabor.; dt.) — Tabellar. sind die *Micronaire-* u. *Pressley-Werte* der Baumwollernte 1961/62 erfaßt. Die Haupttabelle umfaßt zahlreiche Provenienzen u. gibt Aufschluß über Mittelwert, Streuung, Variations-Koeff. sowie Maximal- u. Minimalwert für Micronaire u. Pressley-Ergebnisse. Eine zweite Tabelle ermöglicht eine schnelle Orientierung über die Qualität der Baumwolle in den aufgezeichneten Provenienzen. I. Beßer. 8102◇

**Die Messung der Stapellänge von Rohbaumwolle.** F. Hadwich. (Textil-Prax. **17,** 423—29, Mai 1962; Bremer Baumwollbörse, Labor.; dt.) — *Stapellängen*-Vgl.-Teste

werden durchgeführt, die aufzeigen, inwieweit bei einer Best. der Faserlänge u. der Längenverteilung von *Rohbaumwolle* die gefundenen Werte von Labor. zu Labor. bzw. von Prüfgerät zu Prüfgerät übereinstimmen oder voneinander abweichen.
I. Beßer. 8102◇

**Die Bestimmung des Kurzfaseranteils von Baumwolle.** H. L. Hertel. (Textil-Prax. **17**, 429—31, Mai 1962; Knoxville, Tenn., Univ., of Tennessee, Fiber Res. Labor.; dt.) — Eine Meth. zur Best. der Anzahl unkontrollierter oder schwimmender Fasern beim Verzugsvorgang wird besprochen. I. Beßer. 8102◇

**Hanf und Sunhanf unter dem Mikroskop.** Hanna Klenk. (Textil-Prax. **17**, 432—35, Mai 1962; Reutlingen, Staatl. Technikum für Text.-Ind.; dt.) — An Hand von Abb. wird erläutert, wie *Hanf* u. *Sunhanf* mkr. unterschieden werden können.
I. Beßer. 8104◇

**Eine Schnellmethode zur Bestimmung der Feuchtigkeit von Textilmaterialien.** L. A. Luwischiss und N. A. Ssemina. (Standardisierung [UdSSR] **24**, Nr. 3, 39—40, März 1960; russ.) — Um den großen Aufwand an Stoffproben, Zeit sowie Strom zu verringern, wurde ein hochproduktives Gerät MKP-2 konstruiert, welches an Wolle geprüft wird, u. für das eine Schnellmeth. zur Best. der Feuchtigkeit von Textilmaterialien ausgearbeitet wird. P. Scheer. 8108□

---

ABI Azienda Brevetti Industriali, Mailand, Italien, **Aufschließen und Bleichen von Cellulosefasern.** Man behandelt in wss. Suspension mit Alkalichloraten ($NaClO_3$), bes. bei pH $>1$ u. einer Dichte von 20%, nicht über 24 Std. bei 150°. Als Katalysator sollen Ionen von Metallen zugegen sein, die als Überträger des O vom Chlorat auf die Fasern wirken (Fe, Sn, Co, Cr, Ce, V, Cu, W, U, Mo, Ag, Ni). Als Startmittel gibt man $H_2SO_4$, HCl oder Chlorwasser zu. (**It. P. 545 539** vom 22/7. 1955.)
K. Koebke. 8027

A. I. Zwetkow, W. W. Tschernaja, Ju. L. Margolina, W. G. Kokljuschkina, I. Ss. Leoshkewitsch, L. M. Lewin, W. Ss. Kurochtin und M. W. Filatowa, **Verkleben von Fadenenden bei der Teppichherstellung** mit Klebern aus Naturlatex, hydrophilen Füllstoffen, z. B. Kaolin, $Al_2O_3$, $SiO_2$, Verdickern, wie Caseinaten, Alginaten u. Silicaten, u. organ. Lösungsmitteln. (**UdSSR. P. 125 379** vom 6/3. 1959.)
L. Großner. 8039

Monsanto Chemical Co., St. Louis, Mo., V.St.A., **Aluminiumsulfinate** der allg. Formel $Al(SO_2R)_3$ (R = Alkyl, Aralkyl mit 4—18 C-Atomen) werden hergestellt durch Rk. von $AlR_3$ mit $SO_2$. — Zu 53 g Trioctyl-Al in 150 ml Hexan leitet man unter $N_2$ 38 g $SO_2$ bei 50—60°. Das Rk.-Gemisch wird dann unter Rückfluß u. unter Rühren gekocht → 69 g *Aluminiumtrioctansulfinat*, $C_{24}H_{51}AlO_6S_3$. — Analog erhält man: *Aluminiumtri-(α- u. β)-phenäthylsulfinat*, $C_{24}H_{27}AlO_6S_3$. — *Aluminiumtriisobutansulfinat*; hieraus mit NaOH u. Dibromäthan in Butanol → Äthylen-1.2-diisobutylsulfon, F. 154 bis 155°. — *Hydrophobiermittel* für Celluloseprodukte. (**E. P. 819 181** vom 11/9. 1956, ausg. 2/9. 1959. A. Prior. 12/9. 1955.) A. Debo. 8075

---

**Farbwerke Hoechst Akt.-Ges., vormals Meister Lucius & Brüning**, Frankfurt/M., *Chemische Reinigung von Textilprodukten.* (**Niederl. P. 100 824** vom 4/4. 1960, ausg. 14/3. 1962. D. Prior. 4/4. 1959. — C. **1961**, 12694 [D. A. S. 1 097 070].)

**Böhme Fettchemie G.m.b.H.** (Erfinder: **Hans Wedell**), Düsseldorf, *Herstellung von als Textilhilfsmittel geeigneten Alkohol-Säureamid-Gemischen.* (**Schwz. P. 360 496** vom 15/2. 1957, ausg. 14/4. 1962. D. Prior. 18/4. 1956. — C. **1962**, 6638 [E. P. 821 082].)

**West Point Mfg. Co.**, West Point, Ga., V.St.A., *Desodorierte Kunstharzausrüstung von Textilien.* (**E. P. 890 515** vom 9/12. 1958, ausg. 28/2. 1962. A. Prior. 2/6. 1958. — C. **1960**, 6706 [A. P. 2 870 041].)

**Chemische Werke Witten G.m.b.H.**, Witten/Ruhr, *Textilkonservierung.* (**E. P. 897 208** vom 29/2. 1960, ausg. 23/5. 1962. D. Prior. 21/3. 1959. — C. **1961**, 16703 [D. A. S. 1 105 835].)

**Deutsche Gold- und Silber-Scheideanstalt vormals Roessler**, Frankfurt/M., *Bleichen von natürlichen und synthetischen Fasern.* (**E. P. 890 300** vom 19/5. 1959, ausg. 28/2. 1962. D. Prior. 29/5. 1958. — C. **1961**, 10030 [D. A. S. 1 083 221].)

**Kurt Quehl**, Speyer, *Flammfest- und Wasserabstoßendmachen von Faserstoffen.* (**Niederl. P. 100 641** vom 4/5. 1955, ausg. 15/3. 1962. D. Prior. 5/5. 1954. — C. **1958**, 11406 [D. A. S. 1 021 326] u. C. **1959**, 344 [D. A. S. 1 028 528].)

**Badische Anilin- & Soda-Fabrik Akt.-Ges.**, Ludwigshafen/Rh., *Hydrophobieremulsion.* (**Belg. P. 571 699** vom 2/10. 1958, ausg. 9/3. 1962. D. Prior. 19/10. 1957. — C. **1961**, 14146 [D. A. S. 1 100 585].)

**Farbwerke Hoechst Akt.-Ges., vormals Meister Lucius & Brüning**, Frankfurt/M., *Hydrophobierung von Fasermaterial.* (**Niederl. P. 100 379** vom 25/5. 1954, ausg. 15/2. 1962. D. Prior. 26/5. 1953. — C. **1957**, 1829 [F. P. 1 110 286].)

**Farbwerke Hoechst Akt.-Ges., vormals Meister Lucius & Brüning**, Frankfurt/M., *Hydrophobieren von Fasermaterial.* (**Niederl. P. 100 625** vom 18/5. 1954, ausg. 15/3. 1962. D. Prior. 18/5. 1953. — C. **1958**, 891 [F. P. 1 111 531].)

**Imperial Chemical Industries Ltd.**, London, England, *Imprägnieren von Textilien mit Schutzmitteln gegen Mikroorganismen.* (**Ind. P. 66 092** vom 10/12. 1958, ausg. 31/8. 1960. E. Prior. 31/12. 1957. — C. **1962,** 4778 [F. P. 1 222 574].)

**Rohm & Haas Co.**, Philadelphia, Pa., V.St.A., *Knitterfeste Gewebe.* (**E. P. 889 402** vom 1/10. 1958, ausg. 14/2. 1962. A. Prior. 14/10. 1957. — C. **1962,** 8843 [F. P. 1 222 474].)

**Commonwealth Scientific & Industrial Research Organization**, East Melbourne (Erfinder: **Arthur James Farnworth**, Belmont–Geelong), Australien, *Formfixierung von Kleidern aus Keratinfasern.* (**Schwz. P. 360 367** vom 20/6. 1958, ausg. 14/4. 1962. Aust. Prior. 2/7. 1957. — C. **1962,** 1465 [E. P. 839 516].)

**Harris Research Laboratories, Inc.**, Wilmington, Del., V.St.A., *Bleichen von tierischen Faserstoffen.* (**Niederl. P. 100 621** vom 3/4. 1954, ausg. 15/3. 1962. A. Prior. 29/4. 1953. — C. **1957,** 12639 [F. P. 1 103 589].)

**Alexander Smith, Inc.**, Yonkers, N.Y., V.St.A., *Verbesserung der Eigenschaften von Federn.* (**Niederl. P. 100 926** vom 9/2. 1956, ausg. 16/4. 1962. — C. **1958,** 10240 [F. P. 1 142 161].)

**J. R. Geigy Akt.-Ges., Chemische Fabriken**, Basel (Erfinder: **Willly Frick**, Birsfelden, **Guido Schetty** und **Walter Stammbach**, Basel), Schweiz, *Löslichkeitsverbesserung von Schutzmitteln gegen Keratinschädlinge.* (**D. P. [DDR] 22 962** Kl. 451 vom 24/8. 1959, ausg. 16/4. 1962 [Ausschließungspatent]. Schwz. Prior. 26/8. 1958. — C. **1961,** 10030 [Schwz. P. 347 037].)

**American Viscose Corp.**, Philadelphia (Erfinder: **Orlando A. Battista**, Drexel Hill, und **Patricia A. Smith**, Parkside, Chester), Pa., V.St.A., *Herstellung wässeriger Dispersionen von kristalliner Cellulose.* (**D. A. S. 1 123 460** Kl. 39b vom 28/1. 1958, ausg. 8/2. 1962. A. Prior. 28/1. 1957. — C. **1962,** 18323 [A. P. 2 978 446].)

**Soc. de la Viscose Suisse**, Emmenbrücke, Schweiz, *Herstellung geformter Gebilde aus regenerierter Cellulose.* (**Niederl. P. 100 895** vom 26/3. 1955, ausg. 16/4. 1962. D. Prior. 2/4. 1954. — C. **1958,** 6427 [E. P. 786 480].)

**J. P. Bemberg Akt.-Ges.**, Wuppertal, *Herstellung von Fäden und Folien aus regenerierter Cellulose.* (**Niederl. P. 100 700** vom 6/5. 1957, ausg. 15/3. 1962. D. Prior. 11/5. 1956. — C. **1959,** 16825 [D. A. S. 1 053 719].)

**Algemeene Kunstzijde Unie N. V.**, Arnheim, Niederlande, *Herstellung von künstlichen Fäden aus Viscose.* (**Belg. P. 560 509** vom 3/9. 1957, ausg. 22/4. 1960. A. Prior. 14/9. 1956. — C. **1960,** 12208 [Oe. P. 202 264].)

**Vereinigte Glanzstoff-Fabriken Akt.-Ges.**, Deutschland, *Vergrößerung der Dehnbarkeit von frisch gesponnenen Viscosefäden.* (**F. P. 72 623** vom 22/8. 1957, ausg. 22/4. 1960. D. Prior. 29/8. 1956. Zusatz zu F. P. 1 178 680; C. 1962 6263. — C. **1961,** 14511 [E. P. 843 204].)

**Vereinigte Glanzstoff-Fabriken Akt.-Ges.**, Deutschland, *Verspinnen von Viscose.* (**F. P. 1 211 235** vom 17/12. 1958, ausg. 15/3. 1960. D. Prior. 4/1. 1958. — C. **1959,** 16825 [D. A. S. 1 052 054].)

**Celanese Corp. of America**, New York, N.Y., übert. von: **Fred Fortess** und **William J. Myles**, Summit, N.J., V.St.A., *Behandlung von Textilien aus Celluloseestern.* (**A. P. 3 016 280** vom 30/6. 1955, ausg. 9/1. 1962. — C. **1960,** 7384 [E. P. 813 516].)

**N. V. Onderzoekingsinstituut Research**, Arnheim (Erfinder: **Georg Hennemann**, Velp), Niederlande, *Behandlung künstlicher Fäden aus Polyestern.* (**Niederl. P. 100 459** vom 9/1. 1957, ausg. 15/2. 1962. — C. **1961,** 13405 [F. P. 1 189 299].)

**British Nylon Spinners Ltd.** (Erfinder: **Trevor Raymond White**), *Stabilisierungsmittel für stickstoffhaltige Polykondensationsprodukte.* (**Aust. P. 232 534** vom 10/6. 1959, ausg. 2/3. 1961. E. Prior. 14/6. 1958. — C. **1961,** 16705 [D. A. S. 1 107 398].)

**Hans Weikert**, Memmingen, *Verminderung der plastischen Dehnung von Polyamidtextilprodukten.* (**Niederl. P. 100 867** vom 24/10. 1952, ausg. 16/4. 1962. D. Prior. 27/10. 1951. — C. **1960,** 4714 [D. A. S. 1 066 317].)

**Polyplastic**, Paris, Frankreich, *Lösen von Polymeren.* (**E. P. 879 145** vom 3/2. 1958, ausg. 4/10. 1961. F. Prior. 2/2. 1957. — C. **1960,** 13568 [F. P. 1 166 174].)

Redaktionsschluß: 15. Februar 1963

Herausgeber: Prof. Dr. Heinrich Bertsch, Berlin, u. Prof. Dr. Dr. h. c. Wilhelm Klemm, Münster. Chefredakteure und verantwortlich für den Inhalt: Dr. Eugen Klever, Berlin 30, Geisbergstraße 39, Fernsprecher: 249541 u. Prof. Dr.-Ing. Eberhard Leibnitz, Berlin N 4, Schiffbauerdamm 19, Fernsprecher: 425571.



Verlag: Akademie-Verlag GmbH, Berlin W 8, Leipziger Str. 3—4 (Fernsprecher: 220441, Telex-Nr. 011773, Postscheckkonto Berlin 35021), und Verlag Chemie, GmbH, Weinheim/Bergstr. (Fernsprecher: Weinheim 3635 [Sammelnummer]; Fernschreiber: 0465516 chemieverlwhn; Postscheckkonten: Frankfurt/M. 145314 u. Berlin [West] 7430). Bestellnummer: 1007/134. Das Chemische Zentralblatt erscheint wöchentlich. Preis des Jahrganges einschl. Autoren-, Patent-, Sach- u. Formelregister: DM 1200,—; einseitig bedruckte Ausgabe: DM 1350,—. Abgabe der Zeitschrift nur mit sämtlichen Registern. Abbestellungen nur bis spätestens 6 Wochen vor Ablauf des Kalenderjahres.



Satz u. Druck: VEB Leipziger Druckhaus, Leipzig, III/18/203. IV. 63.
Veröffentlicht unter der Lizenznummer 1273 des Presseamtes beim Vorsitzenden des Ministerrates.
Printed in Germany.

Fortsetzung s. umstehend